Frank, Albert Bernhard

Die pilzparasitären Krankheiten der Pflanzen

Frank, Albert Bernhard

Die pilzparasitären Krankheiten der Pflanzen

Inktank publishing, 2018

www.inktank-publishing.com

ISBN/EAN: 9783747759103

Die

Pilzparasitären Krankheiten der Pflanzen

von

Dr. A. B. Frank
Professor an der Königl. landwirtschaftlichen Hochschule in Berlin

Mit 96 in den Text gedruckten Abbildungen

Breslau
Verlag von Eduard Trewendt
1896.

Vorwort zur zweiten Auflage.

Dem Vorworte, mit welchem ich den ersten Band der neuen Auflage meines Handbuches der Öffentlichkeit übergeben habe, hätte ich einige Bemerkungen hinzuzufügen, welche sich speziell auf den gegenwärtig erscheinenden zweiten Band beziehen.

Die Lehre von den parasitären Krankheiten ist jedenfalls derjenige Teil der Pflanzenpathologie, welcher in den letzten Jahrzehnten die größten Fortschritte aufzuweisen und seinen Umfang am meisten vergrößert hat. Was speziell die Zahl der parasitischen Pilze anlangt, so ist es jetzt schon fast zur Unmöglichkeit geworden, dieselben in einem Werke von bescheidenem Umfange vollzählig aufzuführen. Dennoch habe ich getreu dem Prinzipe, in meinem Buche nicht nur die Krankheiten der Kulturpflanzen, sondern diejenigen der gesamten Pflanzenwelt zu behandeln, auch diejenigen parasitischen Pilze mit aufgenommen, welche auf den wildwachsenden Pflanzen bis jetzt aufgefunden worden sind. Nur mußte ich hier die Beschränkung eintreten lassen, daß nur die in den europäischen Ländern beobachteten Pilze berücksichtigt wurden. Bezüglich der außereuropäischen Länder sind nur die auf Kulturpflanzen auftretenden Pilze behandelt worden. Eine Ausdehnung auf die ausländischen wildwachsenden Pflanzen hätte den Umfang des Werkes, der ohnedies schon mehr als geplant war, gewachsen ist, noch um ein Bedeutendes vergrößert, ohne daß dadurch wohl den Zwecken des Buches wesentlich gedient worden wäre. Wer Interesse dafür hat, die ungeheuren Listen der Schmarotzerpilze, die in den letzten Jahren in außereuropäischen Ländern gesammelt worden sind, einzusehen, hat dazu in Saccardo's großem Sammelwerke Sylloge Fungorum und in den Just'schen botanischen Jahresberichten Gelegenheit.

Bei der Aufzählung und Beschreibung der zahlreichen neuen Pilze, welche durch die verschiedensten Beobachter in den letzten Jahrzehnten bekannt geworden sind, habe ich mich selbstverständlich an die von jene Beobachtern gemachten Angaben halten müssen, wenigstens in allen denjenigen Fällen, wo mir selbst über die betreffenden Pilze keine eigenen Beobachtungen zur Verfügung stehen; hier habe ich objektiv ganz allein den betreffenden Autoren das Wort gelassen, ohne damit sagen zu wollen, daß ich in jedem Falle für dieselben eintreten könnte. Es bezieht sich das insbesondere auf viele der neu aufgenommenen Pilzformen, welche aus Saccardo's Sylloge Fungorum entlehnt worden sind. Es fehlt bis jetzt noch fast gänzlich an einer kritischen Bearbeitung der zahlreichen neuen Pilzformen, deren Beschreibungen in diesem verdienstlichen Werke freilich zunächst nur kompilatorisch zusammengestellt worden sind.

Die Bearbeitung des vorliegenden Bandes hat längere Zeit in Anspruch genommen. Es war daher auch nicht möglich, die neuen litterarischen Erscheinungen der allerletzten Jahre mit zu berücksichtigen; insbesondere konnte das meiste, was seit 1893 erschienen ist, nicht mehr benutzt werden.

Berlin, im Juli 1895.

Der Verfasser.

Inhaltsverzeichnis.

II

I. Abschnitt.

Parasitische Pilze.

Einleitung.

Im Reiche der Pilze giebt es eine sehr große Anzahl Arten, welche Schmarotzer, Parasiten sind, d. h. auf lebenden Körpern andrer Organismen wachsen und ihre Nahrung aus den Bestandteilen des befallenen Körpers nehmen. Diese Ernährungsweise hängt mit der eigentümlichen Natur der Pilze zusammen. Pflanzen, welche wie die Pilze kein Chlorophyll besitzen, sind nicht der gewöhnlichen vegetabilischen Ernährung aus anorganischen Nährstoffen (Kohlensäure) fähig; ihre Nährstoffe müssen schon die Form von organischen Verbindungen haben. Sie bewohnen daher entweder leblose organische Körper oder Orte, wo dergleichen oder die Zersetzungsprodukte solcher vorhanden sind, und ernähren sich aus den organischen Verbindungen, die bei der Fäulnis oder Verwesung derselben gebildet werden; es sind Fäulnisbewohner oder Saprophyten. Oder sie siedeln sich auf den lebenden Körpern gewisser Pflanzen und Tiere an und zehren von deren Bestandteilen, sie sind Parasiten. Der Organismus, welcher von einem Parasit befallen wird, heißt dessen Wirt. Ist derselbe eine Pflanze, so wird er auch als die Nährpflanze des Schmarotzers bezeichnet. Wir finden nun fast bei allen pflanzenbewohnenden Schmarotzerpilzen, daß durch die Ansiedelung, die Ernährung und die Entwickelung des Parasiten, die auf Kosten der Nährpflanzen stattfinden, Störungen der Lebensprozesse veschiedener Art an der Nährpflanze hervorgebracht werden, die meistens den Charakter ausgeprägter Krankheiten haben. Über die ursächliche Beziehung der Schmarotzerpilze zu diesen Krankheiten

Lebensweise der Pilze überhaupt. Schmarotzerpilze als Krankheitserreger.

besteht im großen und ganzen heutzutage kein Zweifel mehr. Es steht fest, daß diese Pilze gleich andern Pflanzen durch selbsterzeugte Keime sich fortpflanzen, aus diesen wieder entstehen und durch ihre Entstehung und Entwickelung die krankhaften Veränderungen an ihrer Nährpflanze hervorbringen. Die unzweifelhafte Beweisführung besteht in dem Gelingen des künstlichen Infektionsversuches: es werden die Keime (Sporen) des parasitischen Pilzes auf eine gesunde Pflanze gebracht, beziehentlich ein Gewebsstück der kranken Pflanze, in welchem das Mycelium des Parasiten vorhanden ist, in eine gesunde Pflanze eingeimpft; wenn nun die Sporen, beziehendlich das Mycelium hier zu einem neuen Pilz sich entwickeln, und wenn dadurch zugleich die charakteristische Krankheit an der Pflanze hervorgebracht wird, während andre unter sonst gleichen Verhältnissen gehaltene, gleich entwickelte Individuen derselben Pflanzenart Pilz und Krankheit nicht zeigen, so ist in streng exakter Weise die Infektionskraft des Pilzes bewiesen. Für viele pilzliche Infektionskrankheiten der Pflanzen besitzen wir solche Beweise, für zahlreiche andre freilich noch nicht. Es soll im folgenden überall hervorgehoben werden, wo dieses bereits der Fall ist. Für die andern Parasiten darf das gleiche Verhältnis angenommen werden, wenn folgende Umstände gegeben sind, die uns als Wahrscheinlichkeitsgründe einstweilen genügen können. Jede von einem Parasiten erzeugte Krankheit ist ausnahmslos von demselben begleitet. Das erste Auftreten des Pilzes geht den pathologischen Veränderungen voraus; denn wenn man das Gewebe an der Grenze der kranken Stelle und des noch gesunden Teiles der Pflanze untersucht, so sieht man gewöhnlich diejenigen Zellen, welche eben erst von den Myceliumfäden des Pilzes erreicht worden sind, noch gesund, und erst diejenigen getötet, welche schon länger den Einflüssen des Parasiten ausgesetzt waren. Der Pilz greift also über den wirklich erkrankten Teil hinaus und die Erkrankung folgt seiner Ausbreitung erst nach. Dadurch ist zugleich die von Manchen gehegte Meinung widerlegt, daß diese Pilze nicht die Ursache, sondern nur sekundäre Begleiterscheinungen der Krankheiten seien, wie dies nur bei den eigentlich saprophyten Pilzen zutrifft, von denen sich viele erst an schon erkrankten und in Fäulnis übergehenden Pflanzenteilen ansiedeln (S. 1); solche Pilze sind natürlich auch keine Krankheitserreger.

Obligate und fakultative Schmarotzerpilze.

Wir können nun aber bei den Schmarotzerpilzen verschiedene Grade des Parasitismus unterscheiden. Es giebt erstens solche, welche auf keine andre Weise zu vollständiger Entwickelung zu bringen sind, als auf den Körpern ihrer Nährpflanzen, indem bei ihnen jeder Versuch, sie auf einer leblosen, mit den nötigen Pilznährstoffen versehenen Unterlage zu erziehen, bisher fehlgeschlagen ist; wir können sie die obligaten Parasiten nennen. Zu ihnen müssen die Peronosporaceen, Ustilagineen und Uredineen sicher gerechnet werden. Neuerdings hat sich die Zahl derselben immer mehr vermindert, indem es uns von sehr vielen Parasiten gelungen ist, sie auch auf geeignetem leblosen Substrate, z. B. Pflaumendekokt, gekochten Pflanzenteilen 2c. vollständig, d. h. bis zur Erreichung ihrer Frucht- und Sporenbildung künstlich zu kultivieren und damit den Nachweis zu führen, daß sie auch in der Natur in dieser Weise saprophytisch, z. B. an toten Pflanzenteilen zu leben vermögen werden. Sie sind als fakultative Parasiten zu bezeichnen. Es wird im folgenden jedesmal angegeben werden, von welchen Pilzen solches bekannt ist. Denn es ist klar, daß die Bekämpfungsweise eines Parasiten erschwert wird, wenn er zu dieser Kategorie gehört, weil eben die Bedingungen seines Vorkommens und Fortkommens in diesem Falle viel weitere sind. Nun ist es freilich im Grunde noch kaum von einem dieser fakultativen Schmarotzer auch nur einigermaßen bekannt, wie groß thatsächlich sein saprophytes Vorkommen im Freien ist. Von vielen derselben ist es sehr wahrscheinlich, daß der Parasitismus die weitaus gewöhnlichste Art ihres Vorkommens ist; ja bei manchen sind vielleicht nur die künstlich geschaffenen Ernährungsbedingungen die einzigen, die ihr saprophytes Wachstum ermöglichten, da man sie wenigstens bisher in der Natur nie anders als parasitär gefunden hat. Wahrscheinlich giebt es alle Abstufungen vom vorherrschenden Parasitismus bis zum vorherrschenden Saprophytismus bei den Pilzen. Denn thatsächlich kennen wir auch einige Pilze, deren weitaus gewöhnlichstes Vorkommen sie als echte Fäulnisbewohner charakterisiert, die aber gleichwohl in besonderen Fällen parasitären Charakter annehmen und lebenden Pflanzen schädlich werden können, wie z. B. die Schwärze (Cladosporium).

Art, wie der Schmarotzerpilz die Nährpflanze bewohnt.

Die Art und Weise der Ansiedelung eines Schmarotzerpilzes hängt natürlich mit der Organisation desselben zusammen. Zunächst tritt hier der Unterschied der epiphyten und der endophyten Parasiten hervor. Unter ersteren verstehen wir diejenigen, welche nur auf der Oberfläche einer Pflanze wachsen, unter letzteren diejenigen, welche zum Teil oder ganz innerhalb der Pflanzenteile sich befinden. Schon bei den einfachsten Pilzen (z. B. Chytridiaceen), welche aus einer einzigen, nahezu isodiametrischen Zelle bestehen, ist diese entweder einer Nährzelle äußerlich aufgewachsen oder sie lebt in einer solchen eingeschlossen oder wohl auch zwischen den Zellen der Nährpflanze. Die Mehrzahl der Pilze hat schlauchförmige oder fadenförmige Zellen, sogenannte Pilzfäden oder Hyphen, die sich in neue Fäden verzweigen, und alle Fäden

1*

sind an ihren Spitzen steten Längenwachstumes fähig, wodurch der Pilz auf weite Strecken seine Nährpflanze über- oder durchwuchern kann. Diesen aus Hyphen bestehenden Teil, welcher das eigentliche Ernährungsorgan des Pilzes ist, nennt man das Mycelium. Dasselbe wächst bei Epiphyten auf der Epidermis der Pflanzenteile, bei Endophyten in den inneren Geweben, hier entweder nur zwischen den Zellen (in den Intercellulargängen) sich verbreitend oder auch die Zellen, d. h. deren Membran durchbohrend, im Innenraum der Zellen sich ansammelnd oder denselben quer durchwachsend. Von dem Mycelium ist gewöhnlich der fruttifizierende Teil des Pilzes deutlich unterschieden, d. h. die Organe, an welchen die Fortpflanzungszellen (Sporen) gebildet werden. Diese im allgemeinen als Fruchtträger zu bezeichnenden Organe sind vom Mycelium entspringende, von diesem Nahrung empfangende Bildungen, auf deren Verschiedenheiten die Unterscheidungen der Pilze in Gattungen und Arten vornehmlich beruht. Bei den Epiphyten befinden sie sich ebenfalls oberflächlich, bei den Endophyten sind es oft die einzigen an der Oberfläche der Nährpflanze erscheinenden Organe des Pilzes oder sie befinden sich ebenfalls im Innern des Pflanzenkörpers; sie sind wegen ihrer Eigentümlichkeit oft eines der Hauptsymptome der Krankheit. Viele Schmarotzerpilze entwickeln mehrere verschiedene Fruchtträger, die entweder nach einander an demselben Mycelium zur Entwickelung kommen oder in einem echten Generationswechsel auf einander folgen, dergestalt, daß aus den Sporen der zuerst gebildeten Fruchtform ein Mycelium mit der zweiten Fruchtform sich entwickelt. Es kann mit diesem Generationswechsel selbst ein Wirtswechsel verbunden sein, so daß die folgende Generation auf einer andern Nährpflanze ihre Entwickelung findet. Diese für die Pathologie der parasitären Krankheiten in hohem Grade wichtigen Verhältnisse können jedoch hier nur erst angedeutet werden; sie sind nach den speciellen Fällen verschieden und finden dort ihre eingehendere Erörterung.

Sporen der Schmarotzerpilze. Die Keime oder Sporen der parasitischen Pilze sind es, aus denen sich der Schmarotzer immer von neuem erzeugt. Die in Rede stehenden Krankheiten sind daher ansteckender Natur, und die Sporen stellen das Kontagium dar. Sie sind bei allen Pilzen von mikroskopischer Kleinheit und nur wo sie in ungeheuren Mengen gebildet werden, dem unbewaffneten Auge als eine Staubmasse erkennbar. So hat z. B. die einzelne Spore des Staubbrandes des Getreides 0,007 bis 0,008 mm im Durchmesser; ein Klümpchen Brandpulver von 1 Kubikmillimeter enthält also gegen 2 Mill. Sporen. Die Spore des Schmarotzers der Kartoffelkrankheit ist durchschnittlich 0,027 mm im Durchmesser. Sie ist eine der größten, jene eine der kleinsten Sporen, und geben diese Maße daher eine ungefähre Vorstellung von den hier herrschenden Größenverhältnissen. Die Kleinheit und sonstige Beschaffenheit der Sporen macht sie zur weiten Verbreitung außerordentlich geschickt. Bei den meisten Pilzen sind es vollständige, mit einer Haut umgebene Zellen, welche im reifen Zustande von dem Pilze sich trennen, um unter geeigneten Bedingungen (zu denen vorzüglich Feuchtigkeit gehört) zu keimen. Wir finden in den Sporen einen Inhalt, bestehend aus Protoplasma, oft mit Öltröpfchen; es ist das Material, welches bei der Keimung zu den Neubildungen verwendet wird. Die Sporenhaut ist entweder homogen oder besteht aus zwei mehr oder minder differenten Schichten: einer äußeren, derben, oft gefärbten, welche Exosporium heißt, und einer inneren, dem Exosporium unmittelbar anliegenden, zarten, farblosen Haut, dem Endosporium. Bei der Keimung wird in den meisten Fällen ein Keimschlauch gebildet, indem das Endosporium das Exosporium durchbrechend in einen gestreckten Schlauch auswächst, der sich dann in der Regel unmittelbar weiter zum Mycelium entwickelt. Bei manchen Schmarotzerpilzen haben die Sporen die Organisation von Schwärmsporen oder Zoosporen: es sind nackte (d. i. von keiner Membran umgebene) plasmatische Zellen, die durch schwingende Wimperfäden (Cilien) in tummelnde Bewegung versetzt werden und nur im Wasser leben, daher auch nur durch das Wasser verbreitet werden, während die mit fester Membran umgebenen Sporen nach erlangter Reife vor der Keimung in einem Ruhezustand sich befinden, in welchem sie Trockenheit ertragen können und daher hauptsächlich durch die Luft ihre weite Verbreitung finden.

Art des Befallens durch einen Schmarotzerpilz.

Eine Pflanze wird von einem Schmarotzerpilz entweder dadurch befallen, daß das in der Nachbarschaft schon vorhandene Mycelium in die Nährpflanze hineinwächst. So besonders bei Parasiten unterirdischer Organe, wo sich oft das Mycelium im Erdboden von Wurzel zu Wurzel verbreitet. Bei allen Schmarotzerpilzen aber, welche oberirdische Organe bewohnen, wird die Übertragung fast immer durch die Sporen vermittelt. Letztere gelangen immer nur an die freie Oberfläche des Pflanzenteiles. Ein wirkliches Eindringen der Sporen selbst findet, auch bei Endophyten, nicht statt. Davon machen nur manche Schwärmsporen eine Ausnahme, welche direkt die Membran einer Epidermiszelle oder einer Alge durchbohren, in die Nährzelle einschlüpfen, um nun in derselben sich weiter zu entwickeln. Viele andre Schwärmsporen werden vor der Keimung zu ruhenden Sporen, sie bekommen eine Sporenhaut und verhalten sich dann allen übrigen mit fester Membran versehenen Sporen gleich. Bei diesen ist es immer der Keimschlauch, welcher vermöge seines Spitzenwachstums ins Innere der Nährpflanze eindringt. Hat der Pflanzenteil Spaltöffnungen, so nimmt jener seinen Weg durch diese natürlichen Poren und gelangt durch sie in die Intercellulargänge des inneren Gewebes; oder der Keimschlauch bohrt sich direkt durch eine Epidermiszelle ein. — Eine dritte Möglichkeit, wie eine Pflanze mit einem parasitischen Pilze behaftet werden kann, ist die, daß schon der Samen von der Mutterpflanze aus den Pilz mitbringt, in der Weise nämlich, daß der letztere in der Frucht wachsend auch in den Samen und in den Keimling eindrang. Denn es kommt vor, daß so verpilzte Samen doch noch keimfähig sind, und also Pflanzen liefern, welche den Parasiten gleich mit auf die Welt bringen. Der nämliche Fall liegt auch z. B. bei der Kartoffelkrankheit vor, wo die geernteten Knollen schon mit dem Pilze infiziert sind und also, als Saatknollen verwendet, schon von vornherein den Parasiten im Leibe haben. Man kann in solchen Fällen logisch von einer Vererbung der parasitären Krankheit reden. Nicht eigentlich gleichbedeutend sind natürlich diejenigen andern Fälle, wo auch durch das Saatgut der Pilz eingeschleppt wird, wo aber die Pilzsporen nur äußerlich den Samen anhaften und erst beim Keimen der letzteren im Boden selbst mitkeimen und dann erst ihre Keimschläuche in die junge Pflanze eindringen lassen. — Die hier skizzierten Möglichkeiten der Behaftung der Pflanzen mit ihren Parasiten sind natürlich bei der Bekämpfung der parasitären Krankheiten in erster Linie in Betracht zu ziehen.

Auswahl des Pflanzentheiles.

Hinsichtlich des Pflanzenteiles, den der Parasit ergreift, zeigen die einzelnen Arten dieser Pilze ein für jeden charakteristisches Verhalten. Selbstverständlich wird dadurch das Wesen der Krankheit mit bestimmt, so daß diese Verhältnisse von hervorragendem pathologischen Interesse sind. Der Parasit überschreitet entweder den Ort seines Eindringens nur wenig, und somit bleibt auch die Erkrankung, die er bewirkt, auf eine kleine Stelle, auf ein einzelnes Organ beschränkt. Es kann dies eine Blüte oder ein Blütenteil, ein kleiner Fleck auf einem Blatte oder einem Stengel sein. Oder zweitens, der Pilz beginnt seine Entwickelung und Zerstörung zwar auch von einem gewissen Punkte aus, greift aber allmählich immer weiter um sich, so daß er endlich einen größeren Teil der Pflanze oder die ganze Pflanze einnimmt und krank macht. Oder drittens, der Parasit dringt zwar an einem bestimmten Punkte in die Nährpflanze ein, bewirkt aber daselbst keine krankhaften Veränderungen, verbreitet sich vielmehr mittelst seines Myceliums in der Pflanze weiter, um endlich in einem andern wiederum bestimmten Organe der Nährpflanze, welches sogar am weitesten von der Eintrittsstelle entfernt liegen kann, seine vollständige Entwickelung, insbesondere seine Fruchtbildung zu erreichen, und gewöhnlich ist es dann dieses Organ der Nährpflanze, welches allein zerstört wird, während der übrige vom Pilze durchwucherte Teil nicht merklich erkrankt (z. B. Brandpilze). Hierauf beschränken sich die allgemeinen Thatsachen, für das weitere muß auf die speziellen Fälle verwiesen werden.

Auswahl der Nährspezies.

Bemerkenswert ist ferner der Umstand, daß im allgemeinen jeder Schmarotzerpilz seine bestimmte Nährpflanze hat, auf welcher allein er gedeiht und in der Natur gefunden wird und für welche allein er somit gefährlich ist. Allerdings kommen viele Parasiten auf nahe verwandten Arten, manche auf allen Arten einer und derselben Gattung vor; auch können nahe verwandte Gattungen von einer und derselben Parasitenspezies befallen werden, also dieselbe Krankheit bekommen, besonders in solchen Pflanzenfamilien, deren Gattungen eine große nahe Verwandtschaft haben, wie bei den Gräsern, Papilionaceen, Umbelliferen ꝛc. Selten aber ist der Fall, daß ein und derselbe Parasit Pflanzen aus verschiedenen natürlichen Familien befallen kann. Näheres ist auch hier unter den speziellen Fällen zu suchen.

Art der Wirkungen, die die Schmarotzerpilze hervorbringen.

Was die Wirkungen, welche die Schmarotzerpilze an ihren Nährpflanzen hervorbringen, anlangt, so verhalten sich auch hierin die einzelnen Parasiten eigenartig. Es sind also hier verschiedene Erkrankungsweisen zu unterscheiden. Was zunächst das allgemeine Krankheitsbild anlangt, so hängt dies ja allerdings schon wesentlich davon ab, welchen Teil der Nährpflanze jeder Parasit auszuwählen pflegt; aber es kommt dabei auch auf die besondere Art der Zerstörung an, welche er daselbst hervorbringt. Dieses äußere Krankheitsbild ist nun bei manchen von einander sehr verschiedenen Pilzen das gleiche. Gewisse Krankheitsnamen bezeichnen also nicht eine bestimmte Krankheit, sondern sie sind Kollektivbegriffe, sie sagen uns also noch nicht, welcher Parasit im speziellen Falle die Ursache ist. Dies gilt z. B. von der Krankheit, die man Wurzelbrand nennt, und welche an den Keimpflanzen von Zuckerrüben, von Cruciferen und vieler andrer Dikotylen unter ganz gleichen Symptomen aufzutreten pflegt; es ist dabei das Mycelium eines Pilzes als Ursache zu finden; aber es giebt verschiedene Pilze, welche unter diesen Erscheinungen auftreten. Ein ebensolcher Kollektivbegriff ist der Ausdruck Fleckenkrankheit, welcher eine Erkrankung kleiner fleckenförmiger Partien auf Blättern und Früchten bezeichnet; auch diese kann, selbst bei einer und derselben Pflanzenart, von verschiedenen Schmarotzerpilzen verursacht werden. Ebenso verhält es sich mit den Bezeichnungen Wurzel- oder Stammfäule bei den Bäumen, Stengelfäule bei krautartigen Pflanzen, Herzfäule bei den Rüben ꝛc.

Wenn wir genauer die Wirkungen, welche die Pilze an den Zellen und Geweben der Nährpflanze hervorbringen, untersuchen, so lassen sich dieselben unter folgende Gesichtspunkte bringen.

1. Der Pilz vernichtet die Lebensfähigkeit der Nährzellen nicht, bringt auch an ihnen keine merkliche Veränderung hervor, weder im Sinne einer Verzehrung gewisser Bestandteile der Zelle, noch im Sinne einer Hypertrophie derselben. Die Zelle fährt auch in ihren normalen Lebensverrichtungen anscheinend ungestört fort, und der ganze Pflanzenteil zeigt nichts eigentlich Krankhaftes. Dieser jedenfalls seltenste und nicht eigentlich der Pathologie angehörige Fall dürfte bei einigen Chytridiaceen und Saprolegniaceen, die unten mit angeführt sind, vorliegen; freilich geht er ohne Grenze in den nächsten über.

2. Die Nährzellen und der aus ihnen bestehende Pflanzenteil werden weder in ihrer ursprünglichen normalen Form noch in ihrem Bestande, soweit er sich auf das Skelett der Zellhäute bezieht, alteriert, aber der Inhalt der Zellen wird durch den Parasit ausgesogen. Enthielten die Zellen Stärkekörner, so verschwinden dieselben; waren Chlorophyllkörner vorhanden, so zerfallen diese unter Entfärbung und lösen sich auf, nur gelbe, fettartige Kügelchen zurücklassend, dieselben, welche auch beim natürlichen Tode der Zelle zurückbleiben; das Protoplasma vermindert sich oder schrumpft schnell zusammen; ein Zeichen, daß diese aussaugende Wirkung das Protoplasma und damit die ganze Zelle tötet. Letztere verliert daher zugleich ihren Turgor, sie fällt mehr oder weniger schlaff zusammen, verliert leicht ihr Wasser und wird trocken, wobei oft der Chemismus an den toten Zellen seine Wirkung äußert, indem der zusammengeschrumpfte Rest des Zellinhaltes, bisweilen auch die Zellmembranen sich bräunen. Diese Einwirkung, die am besten als Auszehrung bezeichnet werden kann, hat für den betroffenen Pflanzenteil eine Entfärbung, ein Gelbwerden, wenn er grün war, oft ein Braunwerden, ein Verwelken, Zusammenschrumpfen und Vertrocknen, oder, bei saftreichen Teilen oder in feuchter Umgebung, faulige Zersetzung zur Folge.

3. Der Pilz zerstört das Zellgewebe total, auch die festen Teile der Zellmembranen desselben. Dies geschieht, indem die Pilzfäden in außerordentlicher Menge die Zellhäute in allen Richtungen durchbohren und dadurch zur Auflösung bringen, zugleich auch im Innern der Zellen in Menge sich einfinden, so daß schließlich das üppig entwickelte Pilzgewebe an die Stelle des verschwundenen Gewebes der Nährpflanze tritt. Die Folge ist eine vollständige Zerstörung, ein Zerfall des in dieser Weise ergriffenen Pflanzenteiles.

4. Der Parasit übt auf das von ihm befallene Zellgewebe eine Art Reiz, eine Anregung zu reichlicherer Nahrungszufuhr von den benachbarten Teilen her und zu erhöhter Bildungsthätigkeit aus, er bewirkt eine sogenannte Hypertrophie, d. h. Überernährung, also das Umgekehrte der beiden vorigen Fälle. Die Pflanze leitet nach dem von dem Pilze bewohnten Teile soviel bildungsfähige Stoffe, daß nicht bloß der Parasit dadurch ernährt wird, sondern auch der Pflanzenteil eine für seine Existenz hinreichende, ja oft eine ungewöhnlich reichliche Ernährung erhält. Es tritt gewöhnlich eine vermehrte Zellenbildung ein, der Pflanzenteil vergrößert sich, bisweilen in kolossalen Dimensionen und fast immer in eigentümlichen abnormen Gestalten, und dabei sind die Gewebe solcher Teile oft außerdem noch reichlich mit Stärkekörnchen erfüllt. Mit dieser Vergrößerung des von ihm bewohnten Organes wächst und verbreitet sich auch der Pilz darin. Man nennt alle solche durch einen abnormen Wachstumsprozeß entstehende lokale Neubildungen an einem Pflanzenteile oder Umwandlungen eines solchen, in welchem der dies verursachende Parasit lebt, Gallen oder Cecidien, und wir nennen daher die hier zu besprechenden Gallen mit Beziehung auf ihre Ursache Mycocecidien (Pilzgallen). Die Wachstumsänderungen, welche diese Art von Parasiten hervorbringt, sind so mannigfaltiger Art, daß eben auch der Begriff Galle, speziell Mycocecidium sich in sehr weiten Grenzen hält. Galle ist nicht immer bloß eine scharf abgegrenzte besondere Neubildung an einem Pflanzenteile, sondern oft der in abnormen Gestalten und Dimensionen entwickelte Pflanzenteil selbst. Ja sogar folgende eigentümliche Veränderung, welche manche Schmarotzerpilze an ihrer Nährpflanze hervorbringen, ist schwer davon zu trennen. Die ganze Pflanze oder ein vollständiger beblätterter Sproß ist von dem Parasit durchwuchert und wächst zu einem anscheinend gesunden Individuum heran, aber der Sproß sieht ganz fremdartig aus, er legt seine gewöhnlichen habituellen Eigenschaften ab und nimmt dafür neue Merkmale an, die sich besonders in einer andern Blattbildung aussprechen, so daß man ihn für eine ganz andre Pflanze halten könnte, bleibt auch gewöhnlich steril (z. B. die von Aecidium Euphorbiae befallenen Sprosse, die durch Aecidium elatinum hervorgebrachten Hexenbesen der Tanne). Für die Nährpflanze haben die Mycocecidien jedenfalls die Bedeutung eines Verlustes an wertvollen Nährstoffen, denn die Galle steht ganz im Dienste des Parasiten; endlich wird sie von diesem ausgezehrt und stirbt ab oder ihr Gewebe wird nach der unter 3 genannten Art vom Pilze wirklich zerstört, sobald dieser darin das Ende seiner Entwickelung erreicht. Sind aber durch die Gallenbildung Pflanzenteile ihrer normalen Funktion entzogen, so wird auch dadurch die Pflanze geschädigt; wenn

also z. B. Blüten oder Früchte zu Mycocecidien degenerieren, so muß Unfruchtbarkeit die Folge sein.

Gegenmittel gegen parasitische Pilze.

Die Mittel zur Bekämpfung der pilzparasitären Krankheiten richten sich in jedem Falle nach der Besonderheit der Lebensweise des Schmarotzers und den Kulturumständen der zu schützenden Pflanze und sind daher erst bei jeder einzelnen Krankheit besonders zu erörtern. Ein Generalmittel gegen die schädlichen Pilze giebt es nicht. Wohl aber werden gewisse chemische Mittel, welche auf die Sporen vieler Pilze tödlich wirken, gegen eine Anzahl von parasitären Krankheiten mit Erfolg gebraucht, freilich je nach den gegebenen Verhältnissen in verschiedener Anwendung, bald als Samenbeize, bald als Bespritzung des Laubes. Diese Mittel sind also im Grunde Desinfektionsmittel; man nennt sie in dieser Anwendung Fungicide, pilzetötende Mittel. Da es aber Substanzen sind, welche für alles Pflanzliche Gifte sind, so hat ihre Anwendung mit Vorsicht und nicht ohne vorherige Prüfung ihrer Wirkung auf die Kulturpflanze zu geschehen. Darum sind denn auch manche empfohlenen Fungicide nicht oder doch nicht für alle Fälle brauchbar. Die wirklich empfehlenswerten stellen wir hier in ihren Rezepten zusammen, um, wenn im folgenden von ihnen die Rede ist, hierher verweisen zu können.

1. Kupfervitriol, wovon eine ½- bis 2 prozentige Lösung in Wasser, besonders als Samenbeize Verwendung findet, zur Laubbespritzung aber wegen seiner schwachen Haftfähigkeit und ätzenden Wirkung nicht brauchbar ist. Daß Kupfervitriol-Lösung in der That Pilzsporen leicht tötet, ist schon konstatiert. Schon Kühn[1]) fand, daß dadurch Brandpilzsporen in kurzer Zeit getötet werden, und neuerdings hat Wütherig[2]) durch besondere Versuche mit einer Mehrzahl parasitischer Pilze nachgewiesen, daß ihre Sporen schon in schwach konzentrierten Lösungen von Kupfersulfat absterben. Indessen darf daraus noch nicht auf eine allgemeine Wirkung dieses Mittels auf alle Pilzsporen geschlossen werden. Namentlich solche, die sich schwer mit Flüssigkeit benetzen lassen, dürften nicht sicher getötet werden.

2. Kupfervitriol-Kalk-Brühe, sogenannte Bordelaiser Brühe oder Bordeaux-Mischung (Bouillie bordelaise), besteht aus einer 2 bis 4 prozentigen Lösung von Kupfervitriol in Wasser, also 2 oder 4 kg Vitriol auf 100 l Wasser. Dazu kommt, um das Kupfervitriol zu neutralisieren, also ihm seine ätzende Wirkung zu nehmen, pro 1 kg Vitriol 225 g gebrannter Kalk, der vorher in Wasser

[1]) Botanische Zeitung 1873, pag. 502.

[2]) Zeitschrift für Pflanzenkrankheiten.

gelöscht und zu einem Brei gerührt wird. Es ist aber vorteilhaft, mehr Kalk, also etwa auch 1 kg zu nehmen, weil dann die Brühe besser auf den Blättern haftet. Man hat jetzt im Handel auch ein Kupferkalk-Pulver, welches beide Bestandteile pulverisiert schon in der richtigen Mischung enthällt, um nur mit Wasser zu einer Brühe angerührt zu werden. In solcher Brühe ist kein Kupfervitriol mehr vorhanden, sondern unlösliches blaues Kupferhydroxyd. Das Aufspritzen auf die Pflanzen geschieht mittelst besonderer Spritzen, welche unter dem Namen Peronospora-Spritzen in verschiedenen Konstruktionen im Handel gehen. Dieselben sind von einem Arbeiter auf dem Rücken getragen zu handhaben. Auch größere, auf Wagen fahrbare Spritzen hat man im großen beim Kartoffelbau neuerdings angewendet. Nun waren aber bisher genauere Untersuchungen darüber, ob denn auch dieses Mittel, in welchem ja eine giftig wirkende lösliche Kupferverbindung gar nicht mehr vorhanden ist (vergl. I. S. 322), auch eine wirklich pilztötende Wirkung ausübt, noch gar nicht angestellt; denn bis jetzt ist eigentlich nur das Kupfervitriol in dieser Beziehung geprüft worden. Nun habe ich aber neuerdings gefunden, daß eine 2 proz. Bordelaiser Brühe für die Sporen verschiedener Peronosporaceen und von Phoma Betae bei ca. 24 stündiger Einwirkung in der That tödlich ist[1]). Man vergl. auch I. S. 322.

3. **Kupfervitriol-Soda-Mischung**, bestehend aus 2 kg Vitriol und 1150 g oder auch 2 kg Soda auf 100 l Wasser, steht jedoch wegen geringerer Haftbarkeit des Ueberzuges auf den Blättern der Bordelaiser Brühe an Wert nach.

4. **Ammoniakalische Kupferlösung, Eau céleste oder Azurin.** Gelöst wird 1 kg Kupfervitriol in 4 l Wasser, dazu wird unter Umrühren 1,5 l käufliches Ammoniak (in Stärke von 0,925) gesetzt. Die dunkelblaue Flüssigkeit wird auf 200 l verdünnt. Das Mittel soll ein festeres Anhaften des Kupferoxydhydrates in kolloidaler Form auf den Blättern bewirken, ist aber wegen seiner ätzenden Eigenschaften für die Pflanzen gefährlich.

5. **Kupfervitriolspeckstein, Sulfostéatite cuprique,** ein pulverförmig anzuwendendes, mittelst Blasebalges auf die Pflanzen zu verstäubendes Mittel, in welchem Kupfervitriol nur mechanisch durch Gips oder Talk verdünnt ist. Hier behält daher das Kupfervitriol seine ätzenden Eigenschaften, an empfindlichen Pflanzen könnten daher

[1]) Frank und Krüger, Arbeiten der deutschen Landwirthschafts-Gesellsch. Heft 2, 1894, pag. 32.

Vergiftungserscheinungen nicht ausgeschlossen sein. Das Mittel ist zwar, besonders bei Wind, schwerer auf die Pflanzen zu bringen und haftet auch viel weniger fest, während es allerdings die leichte Transportfähigkeit vor den flüssigen Mitteln voraus hat und sich da empfehlen wird, wo größere Wassermengen schwer hinzutransportieren sind.

6. Schwefel, d. h. sogenannte Schwefelblumen, ein fein staubartiges Mittel, welches mittelst Blasebalges oder Puderquaste auf den Blättern aufgestäubt wird. Die Art der Wirkung dieses Mittels ist ebenfalls noch nicht genügend aufgeklärt. Die Vermutung, daß die fungicide Wirkung auf der Bildung kleiner Mengen von schwefliger Säure beruhe, steht nicht recht im Einklange mit der Unschädlichkeit des Schwefelns für die Blätter, die doch auch gegen jene Säure äußerst empfindlich sind (I. S. 313). Vielleicht ist die Wirkung eine rein mechanische, da man z. B. auch Weinblätter, die von Straßenstaub ganz bedeckt waren, in derselben Weise wie die geschwefelten von dem Mehltaupilze der Trauben verschont bleiben sah.

7. Eine 1 prozentige Karbolsäure-Lösung in Wasser, ein wegen starker Giftigkeit mit Vorsicht anzuwendendes und jedenfalls nur als Samenbeize brauchbares Mittel.

8. Salicylsäure wird von F. H. Schröder[1]) als Pilzgegenmittel sowohl zum Bespritzen der Pflanzen als auch als Saatgutbeize in verdünnter wässriger Lösung empfohlen. Ob genauere Erfahrungen über die Brauchbarkeit vorliegen, ist mir nicht bekannt geworden.

1. Kapitel.

Monadinen.

Monadinen. Diese auf der Grenze des Pflanzen- und Tierreichs stehenden Organismen weichen von den Pflanzen und insbesondere von den echten Pilzen sehr wesentlich darin ab, daß sie im vegetierenden Zustande überhaupt nicht aus Zellen bestehen, also auch keine Hyphen wie die echten Pilze bilden, sondern eine nackte Protoplasmamasse, ein sogenanntes Plasmodium, darstellen. Dieses verwandelt sich behufs Fruktifikation in eine Zoocyste, d. h. es zerfällt in eine Mehrzahl von Fortpflanzungszellen, die entweder die Form von Zoosporen also mittelst einer Cilie beweglicher Zellen, oder diejenige von Amöben annehmen, d. h. von nackten, durch kriechende Bewegungen unter Gestaltveränderungen sich fortbewegenden Protoplasmagebilden besitzen. Durch Vereinigung und Verschmelzung einer Mehrzahl von Zoosporen oder

1) „Hannoversche Post" 1883, Nr. 1189.

Amöben entstehen neue Plasmodien. Außerdem werden auch Sporocysten gebildet, welche in ruhende Dauersporen zerfallen[1])

1. Familie Vampyrelleae.

Die Zoocysten erzeugen keine Zoosporen, sondern Amöben. Parasiten in Algenzellen. Vampyrelleae in Algen.

I. Vampyrella *Cienk.*

Außer den Zoocysten kommen auch Dauersporen vor, welche in besonderen Sporocysten entstehen. Die Amöben besitzen nur je einen Kern.

Zahlreiche Arten in den Zellen verschiedener Algen, welche dadurch mehr oder weniger geschädigt oder getötet werden nämlich in Spirogyren, Desmidiaceen, Conservaceen, Diatomaceen, Euglenen.

II. Leptophrys *Hertw. et Less.*

Wie vorige Gattung, aber die Amöben mit mehreren Kernen.

Leptophrys vorax *Zopf,* in Desmidiaceen, Diatomaceen und einigen Chlorophyceen.

III. Vampyrellidium *Zopf.*

Außer den Zoocysten kommen auch Dauersporen vor, welche aber nicht in besonderen Sporocysten, sondern direkt aus dem Plasmodium entstehen.

Vampyrellidium vagans *Zopf,* in verschiedenen Phycochromaceen.

IV. Spirophora *Zopf.*

Von voriger Gattung durch die spiralig gekrümmten Pseudopodien der Amöben unterschieden.

Spirophora radiosa *Zopf,* in verschiedenen Phycochromaceen.

2. Familie Monocystaceae.

Es sind nur Sporocysten vorhanden. Parasiten in Algenzellen. Monocystaceae in Algen.

I. Enteromyxa *Cienk.*

Das Plasmodium ist wurmförmig und mehr oder weniger netzförmig verzweigt, mit fingerförmigen Pseudopodien.

Enteromyxa paludosa *Cienk,* in Oscillariaceen und Diatomaceen.

II. Myxastrum *Häckel.*

Mit strahlig sternförmigem Plasmodium.

Myxastrum radians *Häckel,* in Diatomaceen und Peridineen.

3. Familie Pseudosporeae.

Die Zoocysten erzeugen Zoosporen. Dauersporen werden in besonderen Sporocysten erzeugt. Parasiten hauptsächlich in Algenzellen. Pseudosporeae in verschiedenen Kryptogamen.

[1]) Vergl. hauptsächlich Zopf, Pilztiere in Schenk, Handbuch d. Botanik. Breslau 1885.

I. Protomonas *Häckel.*

Ein aus der Verschmelzung von Zoosporen entstandenes Plasmodium ist vorhanden.

Mehrere Arten in Zellen verschiedener Süßwasseralgen, Diatomaceen und Zygnemaceen.

II. Colpodella *Cienk.*

Der Plasmodiumzustand und Amöbenzustand fehlt. Die Sporocysten mit einfacher Membran.

Colpodella pugnax *Cienk* in Chlamidomonas Pulviculus.

III. Pseudospora *Cienk.*

Der Plasmodiumzustand ist unbekannt, nur der Amöbenzustand ist vorhanden. Die Sporocysten mit einfacher Membran.

Mehrere Arten in Zygnemaceen, Ödogonieen, Diatomaceen und in Moosvorkeimen.

IV. Diplophysalis *Zopf.*

Wie vorige Gattung, aber die Sporocysten mit doppelter Membran.

Mehrere Arten in Characeen und in Volvox.

4. Familie Gymnococcaceae.

Gymnococcaceae in Algen.

Es werden Zoosporen erzeugt. Dauersporen werden nicht in besonderen Sporocysten, sondern direkt aus den Amöben und zwar einzeln, nicht in einem Sorus beisammen gebildet. Parasiten in Algenzellen.

I. Gymnococcus *Zopf.*

Die Zoosporen entstehen in besonderen Zoocysten.

Mehrere Arten auf Diatomaceen, Cladophora, Cylindrospermum.

II. Aphelidium *Zopf.*

Die Zoosporen entstehen nicht in Zoocysten, sondern indem die Amöben sich in einen Sorus von Zoosporen verwandeln.

Aphelidium deformans *Zopf.* in Coleochaete-Arten.

III. Pseudosporidium *Zopf.*

Zoocysten sind unbekannt, die Amöben bilden aber Mikrocysten, die bei den vorigen Gattungen fehlen.

Pseudosporidium Brassianum *Zopf.* in verschiedenen kultivierten Algen.

5. Familie Plasmodiophoreae.

Plasmodiophoreae in Phanerogamen.

Es ist kein deutliches Plasmodium vorhanden, welches zuletzt direkt in einen Sorus von Dauersporen sich verwandelt. Die Dauersporen keimen mit Zoosporen. Parasiten in Zellen von Phanerogamen.

I. Plasmodiophora *Woron.*

Das Plasmodium ist von unbestimmter Gestalt und lebt im Protoplasma phanerogamer Nährzellen, in denen es sich zuletzt in einen Haufen zahlreicher kugeliger Dauersporen verwandelt.

Plasmodiophora Brassicae *Woron.* der Urheber einer Krankheit der Kohlgewächse, welche bei uns als die Hernie oder der Kropf der Kohlpflanzen bezeichnet wird, in England und Amerika Clubbing, Club-Root, Hanbury oder Fingers and toes, in Belgien Maladie digitoire und Vingerziekte, in Rußland Kapoustnaja Kila genannt wird. Die erste genaue Beschreibung der Krankheit hat Woronin[1]) gegeben, dem wir auch die Entdeckung des dabei auftretenden Parasiten verdanken. Die kranken Pflanzen zeigen an den Wurzeln ?. meist sehr zahlreiche Anschwellungen von sehr mannigfaltiger Gestalt; bald sind es annähernd runde, an den Hauptwurzeln sitzende, bis zu Faustgröße vorkommende, nicht selten zu mehreren gehäufte Geschwülste; bald sind es Anschwellungen der Seitenwurzeln, wobei diese, während sie im normalen Zustande fadendünn sind, bis zu Fingerdicke anschwellen oder auch aus vielen perlenartig gehäuften, mehr rundlichen Anschwellungen bestehen. Diese Hernie-Geschwülste sind wie die gesunden Wurzeln von weißer Farbe und von derber, fester Beschaffenheit; aber mit zunehmendem Alter werden sie mürbe, dunkler und faulig und verwandeln sich in eine übelriechende, breiige Masse. Während so ein Teil der Wurzel verdirbt, entwickelt der noch gesund gebliebene Teil neue, gesunde Wurzeln, die aber meist auch bald unter Bildung von Anschwellungen erkranken.

Plasmodiophora Brassicae. Hernie der Kohlpflanzen.

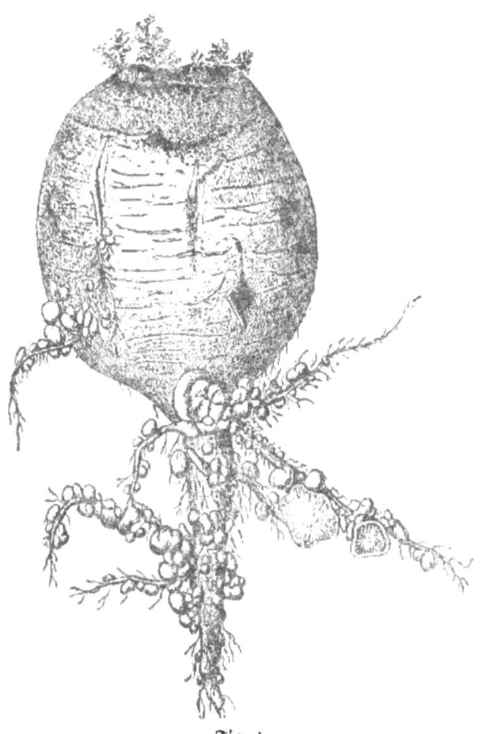

Fig. 1.
Die Kohlhernie (Plasmodiophora Brassicae), an den Wurzeln einer Wasserrübe.

[1]) Pringsheim's Jahrb. f. wissensch. Bot. XI. 1878, pag. 548.

Noch ehe aber die Krankheit dieses Ende nimmt, macht sie sich an dem oberirdischen Teil der Pflanze sehr bemerkbar. Die Anschwellungen der Wurzeln entziehen den übrigen Teilen der Pflanzen die Nahrung. Eine herniöse Pflanze bildet keinen Kohlkopf, keine großen Blätter, beziehentlich auch keinen normalen Rübenkörper; man sieht also zwischen den gesunden kräftigen Kohlpflanzen mehr oder weniger viele Kümmerlinge stehen, welche zurückbleiben, gewöhnlich auch bei intensiverem Sonnenschein leicht welken und endlich ganz ausgehen. Der Ernteausfall kann ein sehr bedeutender sein. Beim Ausziehen der kranken Pflanzen überzeugt man sich, daß die Ursache ihres Zurückbleibens die Hernie-Erkrankung ihrer Wurzeln ist. Schon junge Pflanzen, bald nach der Keimung, können befallen werden, und gehen dann schon zeitig zu Grunde. Aber auch in jedem späteren Lebensstadium kann Infektion eintreten, und selbst an erwachsenen, gut entwickelten Pflanzen kann spät erst eine, dann natürlich für die Produktion nicht mehr sehr nachteilige Erkrankung einzelner Wurzeln eintreten.

Schon an den jüngsten Krankheitsstadien einer herniös anzuschwellen beginnenden Wurzel machen sich auf dem Querschnitte einzelne Zellen des

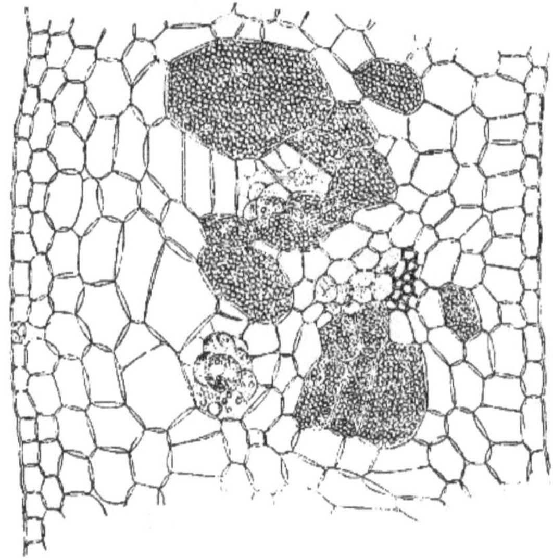

Fig. 2.

Stück eines Durchschnittes durch das Gewebe einer herniekranken Pflanze; die **Plasmodiophora** steckt in den vergrößerten Zellen und erscheint in allen ihren Entwickelungsstufen vom Plasmodium bis zu einem Haufen kugliger Dauersporen; 90fach vergrößert. Nach Woronin.

Rindenparenchyms dadurch bemerkbar, daß sie etwas größer als ihre Nachbarzellen und mit einer undurchsichtigen, feinkörnigen, protoplasmaähnlichen Substanz erfüllt sind. Die letztere ist das in die Zelle eingewanderte Plasmodium unsres Pilzes. Es stellt eine zähe Schleimsubstanz dar, deren Trübung durch zahlreiche sehr kleine Körnchen und Öltröpfchen bedingt ist, und welche ein schaumiges Aussehen zeigt, weil sie gewöhnlich mehrere Vacuolen enthält. Wegen dieser Beschaffenheit ist es dem gewöhnlichen Protoplasma der Nährzelle sehr ähnlich und besonders anfangs oft kaum davon zu unterscheiden; mit zunehmender Ernährung und Verdichtung wird es auffallender. Es kann auch langsam von Zelle zu Zelle wandern, wahrscheinlich indem es durch die Tüpfel der Zellhaut kriecht. Die Anwesenheit des Parasiten in den Zellen bringt nicht nur auf diese einen Reiz zu stärkerem Wachstum, sondern auch auf die Nachbarzellen einen solchen zu stärkerer Vermehrung hervor, woraus dann die starken Hypertrophien der Wurzeln resultieren. In dem Maße als die Geschwülste an Größe zunehmen, nimmt auch die Zahl der vergrößerten, mit Plasmodien erfüllten Zellen in dem parenchymatischen Gewebe derselben zu. Anfangs findet man in diesen Zellen nur die Plasmodien von der beschriebenen Beschaffenheit; später sieht man immer mehr dieser Zellen mit zahlreichen, sehr kleinen, ebenfalls farblosen, kugelrunden Körperchen dicht erfüllt. Es sind die fertigen Sporen der **Plasmodiophora**, in welche das Plasmodium zerfallen ist. Zu geeigneter Zeit kann man auch den Zerfall der Plasmodien in die Sporen an den verschiedenen Zwischenstadien beobachten, welche Woronin genau verfolgt hat. Zu dem Zustande, wo die Hernie-Anschwellungen faulig werden, ist gewöhnlich auch die Sporenbildung beendet, und infolge der Auflösung des Zellgewebes werden die in den Zellen befindlichen Sporenmassen frei und gelangen mit den Zersetzungsprodukten in den Erdboden. Dieselben sind 0,0016 mm groß, kugelrund, haben eine völlig glatte, farblose Membran und feinkörnigen, farblosen Inhalt.

Nach Woronin sollen diese Sporen keimen, indem der Protoplasma-Inhalt durch die Sporenhaut hervorbricht als ein nackter Schwärmer von der Form einer Myxomöbe: ein ungefähr spindelförmiger Körper mit einem schnabelartigen, eine bewegliche Wimper tragenden Vorderende, der aber auch unter Gestaltenwechsel und unter Ausstrecken und Einziehen fadenförmiger Fortsätze kriechend sich fortbewegen kann. Mir ist es trotz wiederholter Versuche nie gelungen, die Sporen dieses Pilzes zur Keimung zu bringen. Auch ist das Eindringen dieses Parasiten in die Kohlwurzeln noch nicht direkt beobachtet worden, auch von Woronin nicht, der nur an Keimpflänzchen, welche in Wasser kultiviert wurden, welches mit herniekranken Wurzelstücken vermengt worden war, allerdings keine Wurzelanschwellungen entstehen sah, aber in Wurzelhaaren und Epidermiszellen der Wurzeln plasmodienartige Gebilde fand, in denen er diejenigen der Plasmodiophora vermutet. Die einzige Beobachtung Woronin's, welche für eine Infektion durch die Sporen spricht, besteht darin, daß Kohlsamen in Mistbeeterde gesäet wurden, zu welcher vorher reichlich herniekranke Wurzelstücke gemengt worden waren und welche mit Wasser begossen wurde, welches eben solche Stücke enthielt, und daß dann die darin gewachsenen jungen Pflänzchen kleine Anschwellungen der Wurzeln bekamen.

Die Krankheit kommt in allen Ländern Europas und Amerikas, wo Arten der Gattung **Brassica** gebaut werden, vor, und zwar sowohl an allen Varietäten von **Brassica oleracea**, wie Kopfkohl, Blattkohl, Blumenkohl, Kohlrabi, als auch an den rübenbildenden Varietäten von **Brassica Napus** und B. Rapa. Auch geht sie auf andre Pflanzen der Cruciferen über; insbesondere ist sie am Levkoje und an Iberis umbellata beobachtet worden. Auch an jungen Radieschen ist in Amerika die Plasmodiophora gefunden worden[1]). Nach Woronin machte der Pilz am Kohl in den Gemüsegärten in der Umgebung von Petersburg bedeutenden Schaden. Rostrup[2]) berichtet über ein verheerendes Auftreten in Jütland. In den achtziger Jahren hat sich die Krankheit auch um Berlin viel gezeigt; ich beobachtete sie namentlich recht stark in den auf den Rieselwiesen angelegten Kohlkulturen, wo sie vermutlich durch den hier beliebten intensiven Betrieb, bei welchem mehrere Jahre hintereinander Kohl gebaut wird, besonders befördert worden sein mag.

Unter den Vorbeugungsmitteln gegen die Krankheit dürfte ein richtiger Fruchtwechsel obenan stehen. Denn wenn Kohl bald wieder nach Kohl folgt, so ist zu erwarten, daß die von der vorhergehenden Kultur zurückgebliebenen Keime des Parasiten sogleich wieder die geeignete Nährpflanze finden, während bei längerem Aussetzen des Kohlbaues die etwa vorhandenen Sporen ihre Keimfähigkeit verlieren dürften, da sie andre Pflanzen als Cruciferen nicht befallen können. Beim Auspflanzen der jungen Pflänzchen auf das Gemüseland ist darauf zu achten, daß unter diesen nicht etwa welche mit Anschwellungen sich befinden, da auch in den Mistbeeten, in welchen die Pflänzchen meist herangezogen werden, bisweilen Hernie auftritt. Brunchorst[3]) erhielt nach Desinfektion der Mistbeeterde mit Schwefelkohlenstoff nur 2 Prozent, in nicht desinfizierter Erde 8 Prozent herniekranker Pflanzen. Selbstverständlich ist es empfehlenswert auf Äckern, wo die Krankheit aufgetreten ist, die kranken Pflanzen und Kohlstücken auszuziehen und zu verbrennen; indes kann das auch bei großer Sorgfalt doch nicht so geschehen, daß die in der Erde schon gefaulten Wurzeln ihre Sporen nicht darin zurückließen. Ein solcher Boden muß für infiziert gelten und es wäre dann wenigstens ein tiefes Rajolen angezeigt, wenn solches Land bald wieder Kohl tragen soll.

II. Tetramyxa *Göbel.*

Tetramyxa in phanerogamen Wasserpflanzen.

Das Plasmodium lebt ebenfalls in phanerogamen Nährzellen und verwandelt sich zuletzt in ein von einer gemeinsamen Membran umgebenes Häufchen von je 4 Sporen, welche Zoosporen erzeugen.

Tetramyxa parasitica *Göbel*[4]), in verschiedenen Wasserpflanzen, besonders in Ruppia rostellata, welche in knollenförmigen Anschwellungen den Parasiten enthält.

4. Organismen, deren Stellung bei den Monadien noch zweifelhaft ist.

Spongospora Solani.

1. Spongospora Solani *Brunch.* Bei einer in Norwegen sehr verbreiteten Art Schorf oder Grind der Kartoffelknollen soll nach Brunchorst[5]) ein mit vorstehendem Namen belegter Organismus die Ur-

---

[1]) Halsted, Garden and Forest 1890, pag. 541.

[2]) Meddelelser fra Botanisk Forening, Kopenhagen 1885, pag. 149.

[3]) Bergen's Museums Aarsberetning 1886. Bergen 1887, pag. 327.

[4]) Flora 1884, Nr. 23. Vergl. auch Just, Botan. Jahresber. für 1887, pag. 534.

[5]) Bergen's Museum Aarsberetning 1886. Bergen 1887, pag. 217.

sache sein. Die kranken Stellen sind anfangs glatte, knotenartige Erhöhungen, die von normalem Kork überzogen sind. Das Gewebe dieser Warzen sticht von dem gelblichweißen der frischen Knollen durch mehr weißliche Farbe ab; seine Zellen sind stärkefrei oder stärkearm, enthalten aber Protoplasmamassen die sich später zu einem Ballen abrunden, der eine schwammähnliche Struktur hat. Das Netz- und Balkenwerk dieser Masse erweist sich später zusammengesetzt aus polyedrischen, etwa 0,0035 mm großen Zellen, welche für Sporen gehalten werden, während die ballenartigen Protoplasmakörper für das Plasmodium eines Myxomyceten angesehen werden. Keimung der vermeintlichen Sporen gelang nicht. Am stärksten soll der Parasit dort aufgetreten sein, wo seit vielen Jahren keine Kartoffeln gebaut worden waren. Mit Unrecht identifiziert Brunchorst die Krankheit mit dem gewöhnlichen Kartoffelschorf (I. pag. 104 und unten 25), bei welchem die hier erwähnten Symptome nicht zutreffen.

2. Tylogonus Agavae *Miliar.* In eigentümlichen polsterförmigen Erhöhungen des Blattes von Agave wurden von Miliarakis[1]) unter der Epidermis im Pallisadengewebe wurm- oder strangförmige, weiße, von einer Gallenhülle umgebene Fäden gefunden, die für das Plasmodium eines mit obigem Namen bezeichneten Pilzes gehalten werden; doch ist nichts Näheres über die Entwickelung ermittelt. Tylogonus Agavae.

Zweites Kapitel.

Spaltpilze oder Bakterien.

Die Spaltpilze sind die kleinsten, einzelligen Organismen, welche durch Spaltung, d. h. durch Teilung der Zelle in zwei gleichgestaltete Tochterzellen sich unbegrenzt vermehren, daher meist in Menge beisammen in den Substanzen vorkommen, in denen sie leben und aus denen sie ihre Nahrung ziehen. Man unterscheidet nach den Gestaltsverhältnissen eine Anzahl Formen. Die Körnerform mit dem Namen Micrococcus, wenn die Zellen nahezu kugelrund sind, ferner die Kurzstäbchen, Bacterium, wenn die Zellen mehr länglich sind, die Langstäbchen oder Bacillus, die Spindelstäbchen oder Clostridium und die schraubenähnlichen Formen Vibrio, Spirillum und Spirochaete. Indessen haben diese Formen nicht den Wert von Gattungen, da es bekannt ist, daß ein und derselbe Spaltpilz je nach den Ernährungsverhältnissen in verschiedenen dieser Formen auftreten kann. Die letzteren treten auch teils in ruhenden, teils in beweglichen Zuständen auf. Von manchen Spaltpilzen ist auch eine Sporenbildung bekannt: es entstehen endogen in der Spaltpilzzelle eine oder zwei runde oder ovale, gewöhnlich stark lichtbrechende Zellen, welche durch Absterben der Mutterzelle frei werden und dann zu neuen Spaltpilzen auskeimen können. Diese Sporen sind gewöhnlich Formen der Spaltpilze.

---

[1]) Miliarakis, Tylogonus Agavae. Athen 1888.

2*

Dauersporen, d. h. sie machen eine Ruheperiode durch, in welcher sie völlige Austrocknung und oft auch hohe Temperaturgrade ohne Schaden ertragen können.

Wirkungen der Bakterien überhaupt.

Die Bakterien sind wegen der verschiedenartigen Zersetzungen, die sie in der Natur veranlassen, von hervorragender Bedeutung. Die meisten sind echte Fäulnisbewohner, von denen viele die eigentlichen Fäulniserscheinungen organischer Substanzen, andre mannigfaltige Gärungen hervorrufen. Es giebt aber auch pathogene Bakterien, welche lebende Körper befallen und dadurch Krankheiten an diesen erzeugen. Für den menschlichen und thierischen Körper sind gerade die Bakterien die allerwichtigsten Krankheitserzeuger, indem hier vielleicht bei allen ansteckenden Krankheiten bestimmte Bakterienarten die Krankheitsursache und die Träger der Ansteckung sind.

Wirkungen der Bakterien auf die Pflanzen.

Dagegen nehmen im Pflanzenreiche unter den durch Pilze veranlaßten Krankheiten die Bakterien eine sehr untergeordnete Stelle ein. Die auffallendste Bakterienwirkung auf die Pflanze ist sogar nicht von pathologischem Charakter, sondern eine vorteilhafte Symbiose, nämlich die in den Wurzelknöllchen der Leguminosen (I. S. 297). Wo man vielleicht berechtigt ist, bei Pflanzenkrankheiten von Bakterien als Krankheitserregern zu reden, da ist es bei einer Anzahl von Fäulniserscheinungen gewisser unterirdischer Pflanzenteile. Sorauer schlägt vor, unter der hypothetischen Annahme, daß diese Krankheiten durch Bakterien veranlaßt werden, dieselben mit dem allgemeinen Namen Rotz oder Bakteriose zu bezeichnen. In Wahrheit handelt es sich aber hier meistens um ganz gewöhnliche Fäulniserscheinungen, welche das regelmäßige Endstadium andrer Krankheiten darstellen, bei denen nachweislich echte höhere Pilze oder auch andre äußere Faktoren die wirklichen primären Krankheitserreger sind, und nur in den infolge der Krankheit abgestorbenen Geweben fäulnisbewohnende Bakterien sekundär sich einfinden und durch die Fäulnis, die sie erregen, das Fortschreiten der Verderbnis des erkrankten Pflanzenteiles kräftig beschleunigen, nicht selten auch mit andern fäulnisbewohnenden Pilzen, insbesondere Schimmelpilzen im Bunde. Da es nun aber in einzelnen Fällen gelungen ist, durch Impfung gesunder Pflanzenteile mit von rotzkranken Pflanzen entnommenen Bakterien ähnliche Fäulniserscheinungen hervorzurufen, so will eine Anzahl von Pathologen diese Bakterien auch als primäre Krankheitserreger aufgefaßt wissen. Auch sind einige Fälle von Hypertrophien, also von wirklichen Gallenbildungen bekannt geworden, bei denen Bakterien die Veranlassung sein sollen. Wir registrieren im folgenden alles, was von einschlägigen Thatsachen bekannt geworden ist. Es wird daraus ersichtlich, daß ein befriedigender Beweis für die Annahme pathogener Bakterien noch nicht geliefert worden ist, und daß man vielfach bei Krankheiten, die durch eine andre Ursache veranlaßt sein mögen oder deren Ursache nicht leicht aufzuklären war oder die wohl auch von den betreffenden Beobachtern zu ungenügend untersucht worden sind, sich mit der Annahme von Bakterien als Ursache zu helfen gesucht hat.

Naßfäule der Kartoffeln.

1. **Die Naßfäule der Kartoffelknollen** ist häufig das Endstadium der durch **Phytophthora infestans** verursachten Kartoffelkrankheit; alles, was sich auf diese letztere bezieht, ist an der von dieser handelnden Stelle dieses Buches (vergl. Peronosporaceen) zu finden. Wenn die erkrankten Knollen in feuchtem Erdboden sich befinden oder auch wenn die Aufbewahrungsräume der Knollen im Winter feucht sind, so gehen die Knollen häufig in einen faulen Zustand über, den man mit obigem Namen bezeichnet, wobei sich das Fleisch des Knollens in eine jauchige, übelriechende Masse verwandelt. Es geschieht dies unter Einwirkung von Bakterien, welche massenhaft in dem flüssigen Brei enthalten sind. Die Wirkung dieser Bakterien besteht in einer Auflösung der Intercellularsubstanz und danach auch der Zellhäute des Kartoffelgewebes, während die Stärkekörner ziemlich unverändert bleiben und daher in der Jauche reichlich vorhanden sind. Die Bakterienform stimmt überein mit derjenigen, welche auch in vielen andern stärkemehlhaltigen Pflanzenteilen beim Faulen derselben unter Wasser auftritt und mit dem **Buttersäurepilz**, **Clostridium butyricum** *Prazm.* (**Amylobacter Clostridium** *Tréc.*, **Bacterium Navicula** *Reinke*) identisch ist, der ja überhaupt allverbreitet in der Natur ist. Dieser Spaltpilz hat die Form von Langstäbchen, welche meist lebhafte Bewegung zeigen, allmählich aber mehr in die Spindelform übergehen, in welcher die Zelle im Innern an einem oder an beiden Enden eine glänzende Kugel, die Spore, bildet. In einem gewissen Entwickelungszustand, besonders gegen das Ende der Zersetzung, zeigen diese Spaltpilze eine Erscheinung, die für den Buttersäurepilz überhaupt charakteristisch ist, wenn er in stärkemehlhaltigem Substrate sich entwickelt: seine Zellen färben sich entweder in der ganzen Länge oder nur an bestimmten Stellen mit Jodlösung schwarzblau, während sonst Bakterien nur blaßgelb dadurch gefärbt werden; sie haben also unveränderte Stärkesubstanz gelöst in sich aufgenommen und aufgespeichert. Der bei der Naßfäule der Kartoffelknollen häufig bemerkbare Buttersäuregeruch rührt von diesem Pilze her. Der letztere ist ein sauerstofffliehender Pilz, daher entwickelt er sich auch innerhalb der Pflanzenteile weiter bei Luftabschluß. Die gebildete Buttersäure ist das Gärungsprodukt dieser Bakterienwirkung. In den letzten Stadien der Naßfäule tritt oft der Buttersäurepilz mehr zurück, vielleicht wegen der Anhäufung von Buttersäure, welche giftig auf ihn wirkt oder wegen reichlicheren Luftzutrittes, welcher dann andre Bakterienformen begünstigt. Auch an der Oberfläche naßfauler Knollen siedeln sich oft andre, sauerstoffbedürftige Bakterien an, besonders häufig das aus sehr kurzen Stäbchen bestehende, oft zu tafelförmigen Kolonieen verbundene **Bacterium merismopedioides** *Zopf* (**Sarcina Solani** *Reinke*). Es können sogar gewisse Schimmelpilze auf den faulen Knollen sich einfinden, um so eher je trockener die Umgebung ist; und diese Pilze sind es denn auch vorwiegend, welche die sogenannte Trockenfäule der Kartoffelknollen begleiten, bei welcher im Gegenteil die Spaltpilze ganz zurücktreten; auch diese ist unten bei der Kartoffelkrankheit erwähnt.

Obwohl es nun am nächstliegenden wäre, das **Clostridium butyricum** auch hier wie bei seinem sonstigen Vorkommen in der Natur als einen Saprophyten zu betrachten, welcher seine Entwickelungsbedingungen nur in einem Pflanzenteile findet, der schon durch einen andern Krankheitserreger getötet worden ist, haben einige Botaniker, besonders Reinke[1]) und Sorauer[2]), ihn für eine primäre Krankheitsursache erklärt und wollen die Fäule der Kartoffelknollen als eine spezifische Krankheit aufgefaßt wissen, welche durch den genannten Spaltpilz charakterisiert sei, ebenso wie die eigentliche Kartoffelkrankheit durch den Pilz **Phytophthora infestans** charakterisiert ist. Die Genannten berufen sich, um dies zu begründen, auf die vermeintlich gelungene Erzeugung der Naßfäule durch künstliche Infektion gesunder Knollen mit den Bakterien des Clostridium. Es hat damit folgende Bewandtnis. Bereits Hallier[3]) konnte durch Übertragung von Bakterienschleim auf gesunde Knollen an diesen Fäulniserscheinungen hervorrufen. Besonders aber haben Reinke und Sorauer solche Versuche gemacht. Sie verwundeten gesunde Kartoffelknollen und brachten in die Wundstellen Bakterien naßfauler Knollen und beförderten durch aufgelegtes nasses Fließpapier u. dergl. die Feuchtigkeitsverhältnisse, oder bedeckten die ganze Schnittfläche eines gesunden Knollens mit einer naßfaulen Kartoffel; sie sahen dann die Zersetzung mehr oder weniger rasch auf den gesunden Knollen übergehen. Nun ist aber doch die gemachte Wunde an dem Knollen offenbar als der primäre schädliche Eingriff in den Organismus zu betrachten. Für einen Kartoffelknollen kann jede Wunde der Ausgangspunkt von Fäulniserscheinungen werden, sobald es dem hinter der Wunde gelegenen lebenden Gewebe nicht rechtzeitig gelingt, den schützenden Wundkork (I. S. 61) zu erzeugen. Und gerade die größeren Feuchtigkeitsverhältnisse, welche die Naßfäule begleiten und welche bei jenen Versuchen besonders groß waren, und vielleicht auch die durch die Bakterien erzeugten Gärungsprodukte scheinen das an der Wunde gelegene lebende Zellgewebe schwerer zur Wundkorkbildung gelangen zu lassen, wodurch eben die gewöhnliche Wundfäule weniger Widerstand findet; in allen naßfaulen Knollen kommt es schwer oder manchmal erst ziemlich spät, nachdem das am wenigsten Widerstand leistende Markgewebe des Knollens schon größtenteils ausgefault ist, zur Bildung einer Korkschicht, durch welche es dem noch übrigen Teile des Knollens gelingt, sich vor dem fortschreitenden Fäulnisprozesse zu schützen. Bei jenen Impfversuchen hat sich auch gezeigt, daß selbst die Wundflächen gegen die Bakterienvegetation Widerstand leisten, wenn sie nur der freien Luft ausgesetzt, also vor zu großer Nässe geschützt waren. Auch der Umstand, daß manchmal am Stielende des Knollens, welches auch eine Wundstelle ist, oder von den Lenticellen, oder von kleinen zufälligen Wundstellen aus, die Fäulnis den Anfang nimmt, deutet darauf hin, daß andre Faktoren die wirklich primären sind, und daß die Fäulnis mit ihren Bakterien erst sekundär nachfolgt. Der gewöhnlichste Bahnbrecher dieser Fäulnisprozesse ist aber, wie schon gesagt, die **Phytophthora infestans** bei der eigentlichen Kartoffelkrankheit, indem diejenigen Stellen der Knollen,

---

[1]) Die Zersetzung der Kartoffel durch Pilze, Berlin 1879.

[2]) Der Landwirt 1877, Nr. 86. Handbuch der Pflanzenkrankheiten. 2. Aufl. II. 1886, pag. 76, und allgemeine Brauer- und Hopfenzeitung. 1884, Nr. 12.

[3]) Reform der Pilzforschung 1875, pag. 9.

welche von diesem Pilze angegriffen und getötet sind, eben die gewöhnlichen Ausgangspunkte der Fäule darstellen. Sehr richtig sagt Sorauer selbst, daß man jede gesunde Knolle unfehlbar naßfaul unter Entwickelung des Clostridium machen kann, sobald man sie einige Zeit unter Wasser getaucht hält; hier ist eben die primäre Ursache der Verderbnis die, daß man den Knollen dadurch zum Erstickungstode bringt und erst sekundär siedeln sich in dem getöteten Körper die Fäulnisbakterien an. Gegen die Annahme daß die Buttersäurebakterien die eigentliche und alleinige Ursache der Knollenfäule der Kartoffeln seien, würde auch schon die Überlegung sprechen, daß diese Bakterien zu den gemeinsten, nirgends im Erdboden fehlenden Organismen gehören und daß ein stetiger Befall der Kartoffeln von Knollenfäule die notwendige Folge sein müßte, wenn diese Bakterien an und für sich Krankheitserreger wären.

2. **Der weiße oder gelbe Rotz der Hyacinthenzwiebeln.** Zu der Zeit, wo die Hyacinthenzwiebeln aus dem Boden ausgehoben worden sind und zum Nachreifen in der Erde eingeschlagen liegen, besonders wenn in dieser Zeit reichliche Niederschläge eintreten, verderben manchmal zahlreiche Zwiebeln, indem sie ein fast gekochtes Aussehen annehmen und sich in eine schmierige, stinkende Masse verwandeln. Da manche Zwiebeln um diese Zeit nur erst kleine Anfänge von Fäulnis zeigen, so werden solche Zwiebeln oft mit auf die Stellagen übertragen und die Verderbnis solcher angegangenen Zwiebeln macht dann hier weitere Fortschritte, besonders wenn dieselben dicht übereinander liegen. Die Krankheit ist schon von Meyen[1]) erwähnt worden. Nach den Erfahrungen Lackner's[2]) ist diese Verderbnis nicht an bestimmte Sorten gebunden, aber bei denjenigen am häufigsten, deren Laub und Zwiebel am fleischigsten sich entwickeln, wie überhaupt die besonders üppig getriebenen Zwiebeln dazu am meisten geneigt sind, so daß die Zwiebel am meisten gefährdet zu sein scheint, wenn sie im unvollständig ausgereiften Zustande aus ihrem natürlichen Wachstumsorte genommen wird. Genauere Untersuchungen über die Erscheinung hat Sorauer[3]) angestellt. Er fand die Anfänge der Erkrankung schon an Pflanzen, die noch im Lande stehen, wenn die Blätter erst halbwüchsig sind und die Blüten sich in voller Entwickelung befinden, indem dann die Blätter von den Spitzen aus anfangen gelb zu werden, der Blütenschaft sich zu strecken aufhört und die Blüten unvollständig sich entfalten; schon zur Zeit des ersten Austreibens der Zwiebel wurde die Krankheit bemerkt, indem der kaum hervorgekommene Blattkegel geschlossen blieb. Es ließen sich dann bereits in der Zwiebel mehr oder weniger deutlich Faulstellen von matt gefärbtem oder gelblichem, in der Mitte braunem Aussehen erkennen, und manchmal konnte man die mittleren Blätter aus der Zwiebel herausziehen, weil ihre Basis verfault war. In den späteren Stadien ist das Vorhandensein einer gelblich weißen, schleimigen Masse in der Zwiebel besonders charakteristisch; dieselbe tritt oft von selbst aus den an der Spitze angeschnittenen Zwiebeln heraus, wenn sie auf den Stellagen liegen. Gewöhnlich finden sich an der fauligen Masse Anguillulen und Milben, die fast stän-

Rotz der Hyacinthen.

[1]) Pflanzenpathologie Berlin 1841, pag. 168.

[2]) Der deutsche Garten. 1878, pag. 54.

[3]) Der weiße Rotz der Hyacinthenzwiebeln. Deutscher Garten 1881, pag. 193.

digen Begleiter der Fäulnis saftreicher Pflanzenteile. Aber immer sind natürlich auch fäulnisbewohnende Pilze vorhanden, und von diesen sind es die Bakterien, welche Sorauer auch hier wieder als den eigentlichen Veranlasser der Zerstörung ansieht. Indessen läßt sich aus Sorauer's Beobachtungen durchaus kein bestimmtes Urteil über die wahre Ursache dieser Verderbnis gewinnen. Es sind zwei ganz verschiedenartige Pilze, welche er hierbei meist beisammen gefunden und denen beiden er auch einen Anteil an der Krankheit zuschreibt. Das eine ist ein Schimmelpilz, der den vollkommneren Pyrenomyceten angehört und den er Hypomyces Hyacinthi genannt hat. Derselbe besitzt große Ähnlichkeit mit dem bei der Kartoffelfäule auftretenden Hypomyces Solani. In seiner üppigsten Entwickelung bedeckt er die erkrankte Stelle mit einem weißen Flaum, der sich bald zu einem weißen Filz verdichtet; auf diesem erheben sich garbenartige Fadenbündel, von der Form einer Isaria, an welcher ellipsoidische, oft schwach gekrümmte, meist vierfächrige Konidien, also von der Form eines Fusisporium, abgeschnürt werden. Auch kommen auf kurzen Fadenzweigen einzeln stehende, kugelige, feinwarzige Dauerkonidien, von der Form eines Sepedonium vor. Die Ascosporenfrüchte des Pilzes erhielt Sorauer in ganz verfaulten Zwiebeln; sie stellen kleine Gruppen von lebhaft roten, in einen Hals ausgezogenen 0,3 bis 0,45 mm hohen Perithecien dar, welche nach Bau und Sporenschläuchen der Gattung Hypomyces angehören. Nach Sorauer findet sich dieser Pilz fast immer in den rotzigen Zwiebeln; aber sein Mycelium gehe manchmal nicht soweit als die Erkrankung des Gewebes bereits fortgeschritten ist; in andern Fällen wieder sei er aber schon in den noch festen Zwiebelschuppen, also bereits vor der eigentlichen Erkrankung, nachzuweisen. Die andern gewöhnlichen Begleiter des Zwiebelrotzes sind Bakterien. Es sind Coccen- und Stäbchenformen, welche Sorauer wegen des meist eintretenden stechenden Buttersäuregeruches zu Clostridium butyricum gehörig betrachtet. Walter[3]), welcher ebenfalls die Bakterien als Ursache der Erkrankung ansieht, nennt dieselben Bacterium Hyacinthi. Nach ihm treten die Bakterien zuerst in den Gefäßen auf und gehen von da aus in das umgebende Gewebe über. Sorauer stützt nun seine Ansicht darauf, daß in den Zellen der erweichenden Zwiebelschuppen immer Bakterien vorhanden seien, noch bevor das Mycelium jenes Hypomyces sich nachweisen lasse; der Inhalt dieser Zellen habe ein trübes, gelbliches Aussehen, das durch die Bakterien verursacht wird, bisweilen sei auch nur der Zellkern mit diesen Organismen angefüllt. Nach Sorauer ist der Hypomyces nur eine Begleiterscheinung des Rotzes, die Bakterien vielmehr geben durch ihre Einwanderung den ersten Anstoß zur Fäulnis. Gleichwohl sagt er, daß „eine vollkommen gesunde" Zwiebel nicht angegriffen werde, sondern daß „prädisponierende Faktoren" hinzutreten müssen; und dies seien bald übermäßige Feuchtigkeit, bald Verwundungen, die beim Ausheben der Zwiebeln vorkommen, bald auch andre Pilzinvasionen, weshalb der Rotz auch mit der Ringelkrankheit oft gemeinsam auftrete. Man könnte also doch die Sache auch so auffassen, daß eben andre Faktoren verschiedener Art die primäre Krankheitsursache bilden, und daß der Rotz eine gewöhnliche Wundfäule oder Todeserscheinung ist, die bei so saftreichen Organen, wie die Zwiebeln sind, eben

[3]) Botan. Zentralbl. 1883, XIV, pag. 315, und Archives Neerlandaises, 1888, pag. 1.

unter diesen Fäulnisprozessen und Bakterien-Entwickelungen sich vollzieht. Die Beobachtung, welche die Zwiebelzüchter gemacht haben, daß auf Ländereien, wo Rotz einmal vorhanden ist, derselbe leicht wiederkommt, sowie daß nasse Witterung und frischer Dung die Krankheit begünstigt, spricht eben auch zunächst nur dafür, daß die Hyacinthenzwiebel gegen allerhand ungünstige Faktoren empfindlich ist und dann unter den beschriebenen Symptomen abstirbt. Für eine pathogene Bakterienwirkung fehlt wenigstens bis jetzt der Beweis. Als wichtigster Schutz wird sich immer Vermeidung zu großer Feuchtigkeit des Bodens empfehlen.

3. Rotz der Speisezwiebeln nennt Sorauer[1]) Fäulniserscheinungen durch welche bisweilen Speisezwiebeln im Boden erkranken und welche denen der Hyacinthenzwiebeln sehr ähnlich sind. Obgleich hier gewöhnlich das Mycelium von Botrytis cana, welche als Parasit der Zwiebelpflanze anerkannt ist, gefunden wird, und nicht selten auch ein Hypomyces wie bei dem Hyacinthenrotz auftritt, hält Sorauer die bei dieser Zwiebelfäule ebenfalls sich zeigenden Bakterien wiederum für die primäre Ursache, und zwar hauptsächlich auf Grund der Beobachtung, daß eine gesunde Speisezwiebel, welche auf eine naßfaule Kartoffelknolle (S. 21.) „unter Luftabschluß" aufgelegt wurde, nach 15 Tagen an der Berührungsstelle eine 2 mm tiefe jauchige Wunde zeigte, woraus der Genannte den Satz ableitet: der Kartoffelrotz übertrage sich auf die Zwiebeln. Es ist klar, daß dieser Versuch nicht beweist, daß die Bakterien die Veranlasser der Beschädigung sind, weil nicht gezeigt ist, daß Luftabschluß und dauernde Bedeckung mit einem feuchtschleimigen Körper nicht allein schon der Zwiebel schaden. Übrigens sind es allerhand Bakterien, welche Sorauer in faulen Zwiebeln gesehen hat: teils Coccen, teils Kurzstäbchen, teils mit Jod sich bläuende Buttersäurepilze, teils lange Stäbchen, teils geschlängelte oder gebrochene Fäden. Die Fäulnis des Gewebes geschieht nach ihm unter starker Aufquellung der Intercellularsubstanz, wobei die Innenschicht der Zellhäute zunächst übrig bleibt; zuletzt zerfalle Inhalt und Wand der Zellen in eine grobkörnige, braune Masse. Anderseits sah Sorauer Zwiebeln, die einen gesunden Wurzel- und Blattkörper entwickelt hatten, wochenlang mit ihren Wurzeln ohne zu erkranken in der als Impfmaterial verwendeten rotzigen Schleimmasse umher wachsen und den Laubkörper kräftig in der Luft entwickeln. *Rotz der Speisezwiebeln.*

Van Tieghem[2]) sah nach Einimpfung von Amylobacter (Clostridium butyricum) in Wunden der Kartoffeln und der Kotyledonen von Vicia Faba sowie in Wunden von Gurken und Melonen Verjauchung des Gewebes eintreten. Dagegen trat an grünen Pflanzenteilen dieser Erfolg nicht ein, desgleichen nicht an Wasserpflanzen, deren Luftlücken mit bakterienhaltigem Wasser injiziert wurden.

4. Der Kartoffelschorf, den wir bereits unter den Erscheinungen der Wundfäule erwähnt haben (I, S. 25), wird von manchen Forschern neuerdings für eine Bakteriose angesehen, d. h. für eine Krankheit, bei welcher Bakterien die primäre Ursache sind. Schorfig nennen wir Kartoffelknollen, wenn ihre Schale nicht glatt, sondern rauh ist durch mehr oder weniger zahlreiche Stellen, die bald etwas erhaben, bald etwas vertieft sind, *Schorf der Kartoffeln.*

---

[1]) Handbuch der Pflanzenkrankheiten. 2. Aufl. II. 1886, pag. 104, und allgem. Brauer- und Hopfenzeitung 1884, Nr. 12.

[2]) Bull. de la soc. bot. de France 1884, pag. 299.

und an denen statt der Korkschicht mit angrenzendem weißfleischigen Gewebe ein totes, braunes, mürbes Gewebe vorhanden ist.

Bolley[1]) hat bei Untersuchung sehr verschiedenartigen Materials in Nordamerika beständig Bakterien in der schorfigen Zone selbst gefunden; er unterscheidet hier eine Anzahl Formen, welche zu den im Erdboden allverbreiteten Formen gehören, wie Bacillus subtilis etc. und denen er auch keine Beziehung zum Schorf zuschreibt; dagegen finde sich beständig eine sehr kleine mikrococcenähnliche Bakterienform unterhalb der Schorfstelle an der Grenze zwischen dem toten und dem lebenden Gewebe, und zwar in dem lebenden Protoplasma der Parenchym- und der jungen Korkcambiumzellen. Bolley übertrug aus der bezeichneten bakterienführenden Gewebezone die Schorfbakterie in Reinkulturen auf Gelatineplatten und erhielt 0,007 mm lange und 0,001 mm breite Stäbchen, welche, wenn der Nährboden zu verarmen begann, sich teilten bis nahezu zur kugeligen Form von 0,0007 bis 0,0008 mm Größe, wie sie im lebenden Gewebe vorkommen, und bildeten endlich arthrospore Dauersporen; Bolley stellt den Pilz daher zur Gattung Bacterium. Der saure Kartoffelsaft verhindert ihre Vegetation nicht, indes wachsen sie in neutralem oder alkalischem Medium besser. Die Schorfbakterie sei daher sowohl saprophytisch, als auch fakultativ parasitär. Durch den Reiz dieses Pilzes auf das lebendige Gewebe werde eine schnellere Zellvermehrung eingeleitet, wie sie gewöhnlich unterhalb der Schorfstellen zu bemerken ist. Bolley hat auch Infektionsversuche ausgeführt, indem er junge Knollen ohne sie vom Stocke zu lösen, nach geschehener Reinigung durch Abbürsten und Abspritzen in Gläser einführte, die mit sterilisierter Erde angefüllt und dann mit bakterienhaltigem Wasser begossen wurden. Die unter solchen Umständen weiter wachsenden Knollen erwiesen sich später mehr oder weniger schorfig, während die nicht mit Bakterien behandelten Knollen gesund und glatt waren. Das was nach bisherigen Erfahrungen als begünstigend für den Schorf sich erwiesen hat, wie direkt aufeinanderfolgender Kartoffelbau auf demselben Acker, Stallmistdüngung, Asche und Kalkzufuhr, stelle sich daher als bakterienbefördernd heraus, Asche und Kalk wegen der Alkalinität. Wasserüberschuß, der ebenfalls schorfbefördernd wirkt, steigere die Lenticellenwucherung zur leichteren Einwanderung des Parasiten. Der Genannte will daher als Maßregel gegen den Schorf angewendet wissen: Auswahl schorffreier Saatknollen, Reinigung und Desinfektion derselben durch $1\frac{1}{2}$ stündiges Einweichen in eine einprozentige Lösung von Quecksilbersublimat. — Unabhängig von Bolley hat gleichzeitig Thaxter[2]) Untersuchungen über den Kartoffelschorf angestellt, wobei die in Südconnecticut auftretende Krankheit ihm als Material diente. Die Anfänge der Schorfstellen begannen von den Lenticellen als bräunliche oder rötliche Flecken unter abnormer Korkproduktion. An den Rändern der jüngeren Flecke wurde eine graue Substanz wahrgenommen, die sich namentlich im feuchten Raume stark vermehrte und aus feinen, 0,0008–0,0009 mm dicken geraden oder spiraligen Fäden bestand, die in stäbchenförmige Glieder sich zerteilten und in dieser Form

[1]) Potato scab, a bacterial Disease. Extracted from the Agircult. Science 1890 IV, pag. 243, cit. in Just Botan. Jahresber. 1890 II., pag. 264. Vergl. auch Zeitschr. f. Pflanzenkrankheiten I. 1891, pag. 36 und II. 1892, pag. 40.

[2]) The Potato „Scab". Annual Report of the Connecticut Agric. Exper. Station 1890, cit. in Just, botan. Jahresber. 1890. II, pag. 266.

auch in Tropfenkultur sowie auf festem Medium sich entwickelten. Von solchen Pepton-Agar-Kulturen wurde Impfmaterial teils in kleine Wunden, teils auf die unverletzte Schale von Kartoffelknollen geimpft. Bei jungen Knollen ergab die Übertragung der Organismen an jeder beliebigen Stelle Schorfbildung, an einer nahezu reifen Knolle versagte aber die Impfung. Thaxter hält den Pilz für einen Hyphomyceten und kommt unter Hinweis auf Bolley's Angaben zu dem Schlusse, daß zwei verschiedene Organismen als Ursache des Schorfes angenommen werden müssen: die Bolley'sche Bakterie vermöge nur ganz junge Knollen anzustecken und erzeuge einen Oberflächenschorf, wo das verkorkte Gewebe mehr vorspringend sei, der von ihm beschriebene Pilz dagegen könne auch ziemlich große Knollen angreifen und bewirke einen Tiefschorf, wo die erkrankten Stellen eine Vertiefung bilden. Der oben (pag. 18) erwähnte, von **Spongospora** begleitete Schorf ist eine von diesem verschiedene Erscheinung.

Schorf der Rüben.

Der Schorf der Runkel- und Zuckerrüben soll nach der von Bolley[1]) in Nordamerika darüber angestellten Untersuchen identisch sein mit dem vorerwähnten Tiefschorf der Kartoffeln, denn derselbe parasitäre Organismus, der den letzteren verursache, sei auch hier von ihm gefunden worden. Die Krankheit entstehe, wenn schorfige Kartoffeln vorher auf dem Acker gewachsen sind, und die Krankheitskeime sollen sich mehrere Jahre von einer Bestellung zur andern erhalten.

Bakterienknoten des Ölbaums.

5. Der Ölbaumkrebs oder die Bakterienknoten des Ölbaums. Mit diesem Namen ist eine Krankheit der Ölbäume bezeichnet worden, die im südlichen Frankreich, Italien und Spanien nicht selten ist und dort **loupe, gale,** beziehentlich **rogna** genannt wird. Die Zweige sind mit kugeligen Anschwellungen bis über Nußgröße bedeckt, die mannigfach rissig oder durch Spalten lappig und faltig erscheinen und in der Mitte eine Vertiefung besitzen, welche durch Zersetzung des Gewebes entstanden ist. Diese Holzknoten vertrocknen ziemlich früh und ziehen oft ein Absterben des Zweiges nach sich. Nach Savastano[1]) kommen diese Anschwellungen an Zweigen ein- bis fünfzehnjähriger Stämme, seltener an Wurzeln, Knospen, Blättern und Blüten vor. Bei ihrer Entstehung sollen allerhand Gelegenheitsursachen als Wunden, ungünstige Boden-, Feuchtigkeits- und Düngungsverhältnisse, sowie Witterungseinflüsse mitspielen; die Ursache sei eine „Bakterie der Ölbaum-Tuberkulose", wie er diese Krankheit nennt. Mit diesem Pilze seien ihm erfolgreiche Krankheitsübertragungen mittelst Impfung geglückt. Diese Bakterienknoten sollen in der Nähe der Cambialzone dadurch entstehen, daß zunächst ein Bakterienherd sich bildet, der dem bloßen Auge als durchscheinender Fleck entgegentritt und um welchen herum das Gewebe hypertrophiert, so daß die Geschwulst unter Vermehrung der Bakterien wächst; zuletzt reißt die Rinde der Geschwulst auf. Prillieux[3]) hat das konstante Vorkommen von Bakterien in diesen Krebsknoten bestätigt. Schon in jungen,

[1]) A discase of beets, identical with Deep Scab of pat atoes. Government agric. Exper. Station for North Dakota. Fargo. Dec. 1891.

[2]) Annuario R. Scuola Super. d'Agric. in Portici. V. pag. 131, cit. in Just Botan. Jahresb. 1885. II, pag. 506. Auch Compt. rend. 20. Dezember 1886.

[3]) Les tumeurs a bacilles des branches de l'olivier et du pin d'Alep. Nancy 1890.

höchstens 2 mm dicken Aufschwellungen sind dieselben zu finden. Diese Anschwellungen bestehen aus hypertrophiertem Rindengewebe; sie sind aus isodiametrischen Parenchymzellen gebildet, welche dünne Wandungen besitzen, hier und da finden sich verholzte sklerenchymatische Zellen. Das Wuchergewebe wird bald von dem gesamten Rindenkörper, bald nur von dem unter der Bastfaserschicht liegenden Gewebe produziert. In der Nähe des Gipfels des Knotens findet man einen oder mehrere Bakterienherde; es sind unregelmäßige Gewebelücken, die mit toten Zellen ausgekleidet sind und eine trübe, weiße Substanz enthalten, die ausschließlich aus Bacillen besteht. Inzwischen wächst der übrige Teil des Knotens noch lebhaft fort. Es bilden sich dann noch weitere isolierte kleine Herde, die sich allmählich vereinigen, und so kommen die großen Lacunen am Gipfel des Krebsknotens zu stande, welche sich mehr und mehr in das Centrum der Geschwulst einsenken, weil diese an den Rändern lebhaft fortwächst, wodurch die Geschwülste die Gestalt von Kratern bekommen. Das Gewebe soll dann immer mehr verholzen und es bilden sich geschlängelte, kurzzellige Gefäßelemente, ähnlich wie im Maserholze. An älteren Geschwülsten sollen auch im Holzkörper Bakterienherde sich finden.

Bakterienknoten der Aleppokiefer.

6. Die Bakterienknoten der Aleppokiefer. Eine der vorigen Krankheit durchaus analoge Erscheinung kommt nach Vuillemin und Prillieux (l. c.) besonders auf einem Strich von 12 Hektaren bei Coaraze in den Alpes-Maritimes an der Aleppokiefer vor, die dadurch mit Zerstörung bedroht ist. Die Knoten sind hier noch größer, zeigen auch nicht das kraterförmige Aussehen durch das Absterben der Centralpartie, sonst aber ist die Übereinstimmung vollständig, auch bezüglich der Bakterien, die sich darin finden. Der Holzkörper des Zweiges geht hier vollständiger mit in die Hypertrophie des Gewebes über, wobei namentlich die Markstrahlen sich ansehnlich vergrößern und Bakterienherde enthalten. Die Reizwirkung der durch die Bakterien bewirkten Gewebezerstörung auf das im Umfange der Herde liegende lebende Gewebe äußert sich hier in noch viel stärkerer Zellenvermehrung als bei der Olive.

Rosenrote Weizenkörner.

7. Rosenrote Weizenkörner. Man sieht mitunter Weizenkörner, welche im übrigen meist regelmäßig gebildet, aber eigentümlich rosenrot gefärbt sind. Nach Prillieux[1]) ist der Sitz der Färbung die sogen. Kleberschicht des Endosperms, oft auch der Embryo und der Umkreis von Höhlungen, welche bisweilen im Innern des Kornes vorhanden sind. In den farbigen Partien befinden sich Massen von Spaltpilzen, bestehend aus Mikrococcen und Kurzstäbchen. Dieselben bewirken eine Lösung der Zellwände der Kleberschicht und der zwischen dieser und der Samenschale liegenden hyalinen Zellschicht. Die erwähnten Höhlungen sind mit wolkigen Bakterienmassen ausgekleidet, und die unter den letzteren liegenden Zellen zeigen die Stärkekörner mehr oder weniger aufgelöst; zuletzt verschleimen auch die Häute dieser Zellen. Die äußeren Bedingungen dieser Veränderung sind noch nicht erforscht.

Gummosis der Tomaten.

8. Bei einer als „Gummosis der Tomaten" bezeichneten Krankheit, wobei die Stengel dieser Pflanzen unter Bräunung und Vertrocknung der Blätter umfallen infolge einer am Stengelgrunde eingetretenen Fäulnis unter reichlicher Gummibildung, soll nach Comes und von Thümen[2]) ein Bacte-

[1]) Ann. des sc. nat. 6 sér. Botan. T. VIII. pag. 248.

[2]) v. Thümen, Bekämpfung der Pilzkrankheiten. Wien 1886, pag. 79.

rium Gummis *Corr.* die Veranlassung sein. Auch bei Capsicum annuum und vielen andern Kräutern soll diese Erkrankung vorkommen. von Thümen nimmt an, daß infolge von Nässe die Pflanzen an einzelnen Stellen aufreißen und daß an diesen Stellen die Bakterien sich ansiedeln.

Zweigbrand der Birnbäume.

9. Eine in Nordamerika verbreitete, als Feuerbrand oder Zweigbrand (Pear blight) bezeichnete Krankheit der Birnbäume und andrer Pomaceen wird von Burill und von Arthur[1]) als von Bakterien verursacht angesehen. Der in dem erkrankten Gewebe in großer Menge enthaltene Spaltpilz wird Micrococcus amylovorus genannt, er tritt auch in zoogloeenartigen Kolonien auf, die meist wurmförmige Gestalt haben. Arthur will durch Impfung mit diesen Bakterien die Krankheit von einem Stamm auf einen andern übertragen haben, während durch Säfte aus kranken Teilen, welche durch Filtration von den Keimen befreit sind, keine Übertragung stattfinden soll. Die Impfung habe nur bei Pomaceen Erfolg, Übertragung auf Nicht-Pomaceen gelingt nicht. Nach Waite[2]) sollen auch die Birnblüten durch den Pilz infiziert werden; der letztere vermehre sich im Nektar der Blüten und werde durch Insekten übertragen.

Orangenflecke.

10. Das Auftreten kleiner, brauner Flecke auf der Schale der Orangen, Citronen und verwandter Früchte (la tavelure des orangers) will Savastano[3]) auf eine „Bakterie der Orangenflecken" zurückgeführt wissen, die er gezüchtet und durch deren Impfung er die Krankheit übertragen haben will.

Schwarze Flecke der Maulbeerblätter.

11. In schwarzen Flecken der Maulbeerblätter in Verona fanden Cuboni und Garbini[4]) Bakterien, welche in Kulturen in feuchten Kammern zu Kolonien von Diplococcus sich entwickeln, die auf Gelatine und auf Kartoffeln reingezüchtet wurden. Die Genannten übertrugen Material dieser Reinkulturen auf gesunde Morus-Blätter, die in feuchter Kammer gehalten wurden und die dann auch schwarze Fleckchen im Blattgewebe erscheinen ließen. Durch Versuche mit Blattfraß und Injektionen wollen sich die Genannten überzeugt haben, daß diese Laubkrankheit mit der als Schlaffsucht bekannten Seidenraupenkrankheit im Zusammenhange stehe.

Schwarze Flecke der Syringa.

12. In schwarzbraunen Flecken, die im Mai auf den jungen Trieben und Blättern verschiedener Varietäten von Syringa in einer holsteinischen Baumschule seit einigen Jahren auftraten, beobachtete Sorauer[5]) Bakterienherde in dem kranken Gewebe, durch welche die Zellen teilweise aufgelöst und so kleine Höhlen im Gewebe erzeugt wurden. Die Bakterien haben die Gestalt etwas ovaler Mikrococcen. Sorauer sieht sie für die primäre Krankheitsursache an, das üppige Mycelium von Botrytis oder Alternaria oder Cladosporium, welches in dem kranken Gewebe wuchert, hält er für eine sekundäre Einwanderung.

Bakterienkrankheit der Weintrauben.

13. Eine Bakterienkrankheit der Weintrauben wollen Cugini und Macchiati[6]) in Oberitalien entdeckt haben, wobei die Beeren braun werden, dann gänzlich zusammentrocknen und zerbrechlich werden. Ein beweglicher

[1]) Annal. Report of the New-York agric. exper. station for 1884 u. 1887, cit. in Just, botan. Jahresb. 1887, II, pag. 352.

[2]) Vergl. Zeitschr. f. Pflanzenkrankheiten 1892, II, pag. 345.

[3]) Bolletin. della soc. dei Naturalisti I, 1887, pag. 77.

[4]) cit. in Just, Botan. Jahresber. 1890, II, pag. 267.

[5]) Zeitschr. f. Pflanzenkrankheiten I. 1891, pag. 186.

[6]) cit. in Zeitschr. f. Pflanzenkrankheiten I. 1891, pag. 22.

Bacillus, welcher Gelatine verflüssigt, soll aus den kranken Beeren erhalten worden sein und wird für die Ursache der Krankheit ausgegeben.

Mosaikkrankheit des Tabaks.

14. Die sogenannte Mosaikkrankheit des Tabaks besteht in dem Auftreten einer mosaikartigen Färbung von hell- und dunkelgrünen Flecken an den Blättern junger, auf das Feld verpflanzter Tabakpflanzen. Die dunkleren Stellen zeigen stärkeres Wachstum, während die helleren später absterben, wodurch unregelmäßige Kräuselungen am Blatte entstehen. Nach A. Mayer[1]) liegt die Ursache weder im Boden noch in Mycelpilzen oder Tieren, dagegen werden Bakterien als Ursache vermutet, denn wenn man den Saft kranker Pflanzen auf die Rippe eines älteren Blattes bringe, so sollen nach 10 bis 11 Tagen die jüngsten Blätter erkranken, während das direkt geimpfte Blatt verschont bleibe; durch Filtrieren werde dem Safte seine Ansteckungsfähigkeit genommen. Die Sache bedarf jedenfalls einer nochmaligen Prüfung.

Feuchter Brand der Kartoffelstengel.

15. Unter dem Namen „feuchter Brand" beschreiben Prillieux und Delacroix[2]) eine Erkrankung der Basis der Kartoffelstengel und der Pelargonienstengel, die im Jahre 1890 an verschiedenen Orten Frankreichs aufgetreten ist. Der Beschreibung nach erinnert die Erscheinung an die Schwarzfüßigkeit der Kartoffelstengel, wobei der Fraß der Larve der Mondfliege oder nach Sorauer auch ein Fusarium (s. unten) die Ursache sein kann. Jedoch sollen in dem absterbenden, zusammenfallenden und sich bräunenden Gewebe des Stengels weder Insektenspuren noch Mycelpilze zu finden sein; aber die Zellen sollen von Bakterien wimmeln, welche die Beobachter **Bacillus caulivorus** nennen und welche 0,0015 mm lang und die Hälfte oder ein Drittel so breit sein sollen; ob der Pilz von andern, bei ähnlichen Erkrankungen auftretenden Spaltpilzen verschieden ist, sei nicht entschieden. Auch auf Bohnen und Lupinen sollen sich die Bacillen haben übertragen lassen, bei andern Pflanzen sei das nicht gelungen.

Rotfleckigkeit von Sorghum.

16. Eine von Palmeri und Comes[3]) beschriebene Erscheinung an **Sorghum saccharatum**, wobei Alkoholgärung nicht bloß in abgeschnittenen Stengeln, sondern auch in der lebenden Pflanze vorkommt unter Rötung der erkrankten Stengel. Die Gärung folge den Gefäßbündeln und verbreite sich von da auch in das Grundgewebe. Als Gärungserreger sollen sich in den Zellen Massen von **Saccharomyces ellipsoideus** und von **Bacterium Termo** finden, von denen angenommen wird, daß sie durch die Spaltöffnungen eindringen. Auch in Nordamerika ist an Sorghum eine Krankheit von Kellermann[4]) beschrieben worden, bei welcher die Blätter Flecken bekommen, bisweilen auch die Wurzeln und die Stengelbasis erkrankt sind und wobei ein als **Bacillus Sorghi** benannter Spaltpilz gefunden wurde, der bei Impfversuchen gesunde Pflanzen angesteckt haben soll.

Sereh des Zuckerrohres.

17. Die Sereh-Krankheit des Zuckerrohres. Die Zuckerrohrkulturen auf Java werden seit ungefähr 14 bis 15 Jahren von einer mit dem vorstehenden javanischen Namen belegten Krankheit heimgesucht, welche besonders seit etwa 9 Jahren in beunruhigender Weise zugenommen hat. In Mittel-Java, welches am stärksten zu leiden hat, ging 1889 die Ernte um

---

[1]) Landw. Versuchsstationen XXXII. 1886, pag. 451.

[2]) Compt. rend. 21. Juli 1890. — Vergl. auch Galloway, Journ. of Mycol. VI. 1893, pag. 114.

[3]) cit. in Just, botan. Jahresber. 1883 I, pag. 315.

[4]) cit. in Journ. of mycolog. Washington 1889. Vol. 5, pag. 43.

$^1/_3$ gegen die von 1887 zurück, was etwa einem Verluste von 5 Millionen holl. Gulden entspricht[1]). Die Krankheit äußert sich darin, daß die Halmglieder außerordentlich verkürzt bleiben, so daß oft gar kein Halm mehr, sondern nur noch fächerartige Blattbüschel gebildet werden, weil zugleich zahlreiche Seitentriebe nebst Luftwurzeln auftreten. Dabei ist der Wurzelapparat im Boden von vornherein wenig entwickelt oder vielfach abgestorben. Die von erkrankten Pflanzen genommenen Stecklinge erkranken in der Regel ebenso, können jedoch nach Benecke[2]) auch gesunde Pflanzen liefern. Die Quantität und Qualität der Zuckerausbeute ist bei den kranken Pflanzen sehr vermindert. Man findet mancherlei tierische und pflanzliche Organismen welche wahrscheinlich sekundär an der Zerstörung der Pflanzen sich beteiligen. Die primäre Ursache ist bisher nicht aufgeklärt; manche haben sie in Nematoden gesucht, wofür das Aussehen der kranken Pflanzen zu sprechen scheint, andre auf Bodenerschöpfung oder auf die Kulturmethode, noch andre auf Bakterien, und die letztere Meinung hat neuerdings immer mehr Wahrscheinlichkeit gewonnen. Nach den Untersuchungen Krüger's[3]) findet man eine große Anzahl Übergänge von den extremen Erkrankungsformen bis zum Habitus der gesunden Pflanze, und die Erkrankung tritt nicht bloß beim jungen Rohr auf, sondern kann auch ältere, bis dahin normal entwickelte Pflanzen ergreifen. In letzterem Falle sind die unteren Stengelglieder normal, und die unterbleibende Streckung der Halmglieder und das Auswachsen der Seitenaugen tritt erst an den oberen Stengelteilen auf und führt erst dort zu der fächrigen Buschform der Pflanze. Charakteristisch für die Krankheit ist die Art, wie die Blätter vorzeitig absterben; dies geschieht nämlich nicht wie bei andern Krankheiten vom Rande her mit am längsten saftig bleibender Mittelrippe, wobei sich zuletzt das Blatt leicht von selbst ablöst; sondern das Absterben findet ganz unregelmäßig statt, und zwar so, daß die Mittelrippe zuerst zu funktionieren aufhört und das umgebende Blattgewebe noch frisch ist und erst infolge dessen abstirbt, wobei die Blätter nicht normal abreißen und ihr aufgespeichertes organisches Material nicht in den Halm zurückführen und auch die Neigung behalten lange am Stengel sitzen zu bleiben. Die nächste Veranlassung dieser Erscheinung und damit das erste Anzeichen der Sereh fand nun Krüger in dem Auftreten einer intensiv roten Färbung in den Gefäßbündeln, oft zuerst an den Stellen der Stengelknoten, wo die Stränge in das Blatt abgehen; in den Internodien zeigen sie sich als lange, rote Linien und zwar manchmal an Stellen, unter denen der Stengel noch ganz gesund erscheint. Krüger sieht darin lokalisierte Infektionsstellen und vermutet daher eine Übertragung der Krankheit durch die Luft. Die Ausbreitung der Sereh durch die Benutzung rotstreifiger Stecklinge deutet auch darauf hin, daß in dieser Veränderung der Gefäßbündel der Anfangszustand der Krankheit zu suchen ist. In den rotgefärbten Partien sind aber keine tierischen Parasiten wahrnehmbar; der Inhalt der Zellen ist abgestorben, die Wandungen sind teils gequollen, teils zerstört und der Sitz des roten Farbstoffes, der durch Alkohol ausziehbar ist. Wohl aber fand Krüger in den Gefäßen der roten Fibrovasalstränge Bakterien, welche dem Bacterium Termo gleich zu sein scheinen,

---

[1]) Botan. Zeitg. 1891, Nr. 1.

[2]) Berichte d. Versuchsstation für Zuckerrohr in West-Java I, 1890.

[3]) Mededeelingen van het Proefstation Midden-Java te Samarang 1890.

und hält daher diese für die Ursache, die Sereh also für eine Bakteriose. Die Krankheit würde hiernach ganz analog sein der oben erwähnten Krankheit von Sorghum saccharatum. Auch der Gang der Ausbreitung der Sereh deutet auf Übertragung durch die Luft hin; die Krankheit läßt auf Java nach Krüger deutlich ein Fortschreiten von Westen nach Osten erkennen; und die erst auf dem Stamme älterer Pflanzen erfolgende Ansteckung zeigte sich manchmal auch selbst an einzelnen Pflanzungen an deren Westseite stärker oder ausschließlich. Das Auftreten von Nematoden (Heterodera radicicola), welche spindelförmige Anschwellungen an den Wurzeln erzeugen, kann nach Krüger mit der Krankheit nichts zu thun haben, erstens weil diese, ebenso wie an vielen andern Pflanzen, am Zuckerrohr auch ohne charakteristische Sereh-Erkrankung auftreten, zweitens weil man serehkranke junge Pflanzen findet, die bei der genauesten Untersuchung keine Nematoden, ja meist noch ziemlich gesunde Wurzeln aufweisen, und drittens weil man durch Einführung von Stecklingen aus nicht infizierten Örtlichkeiten gesunde Pflanzen erhält, also auf nematodenhaltigem Boden und selbst inmitten von serehkranken Stöcken. Ebensowenig als Krankheitsursache aufzufassen ist ein Fadenpilz (Pythium?), welchen Tschirch[1]) in den Rindenzellen der Wurzeln aller Zuckerrohrpflanzen, auch der gesunden, aufgefunden und sehr richtig als zu den so weit verbreiteten, endotrophische Mykorhizen bildenden Pilzen gehörig gedeutet hat. Auch das von demselben Beobachter angegebene häufige Abgebissensein der Wurzelspitzen des Zuckerrohres, dessen Thäter unbekannt ist, ist eine auch anderweitig vorkommende Erscheinung, welche mit der Sereh nichts zu thun haben kann. Die Meinung, daß eine infolge der beständigen vegetativen Vermehrung des Zuckerrohres eingetretene Degeneration der Pflanze die Ursache der Sereh sei, hat Möbius[2]) widerlegt. Das Mittel zur Bekämpfung der Krankheit sehen Krüger wie Benecke[3]) nur in der Einführung von Stecklingen aus krankheitsfreien Gegenden, also aus Ost-Java und aus besonderen Stecklingsfeldern, welche ausschließlich zur Anzucht bestimmt sind, zu den besten Böden gehören müssen und nicht älter als Monate werden dürfen, und wozu nur ganz fehlerfreie, nicht rotstreifige Stecklinge gebraucht werden dürfen.

Bakteriose der Rüben.

18. Als Bakteriose der Rüben beschreibt Sorauer[4]) eine aus Slavonien ihm bekannt gewordene Krankheit, die er auch als Gummosis bezeichnet, weil dabei die Bildung eines syrupartigen Gummis in der Rübe erfolgt, wobei Bakterien die Veranlasser seien. Die Erkrankung soll vom Wurzelende nach oben hin fortschreiten, indem eine Schwarzfärbung des Gewebes, bei hochgradiger Erkrankung eine völlige Auflösung des Gewebes in Gummi eintritt. Auch hierbei soll der erste Anfang der Krankheit in einer anfangs rotbraunen, später schwarzbraunen Verfärbung der Gefäßbündelstränge, analog wie bei der Zuckerrohr-Sereh, auf-

[1]) Schweizer Wochenschrift f. Pharmacie 1891.

[2]) De Bestrijding der onder den nam Sereh saamgevatte ziekte verschijnselen van het Suikerriet. Samarang 1891.

[3]) Mededeelingen van het Proefstation Midden-Java te Samarang 1890.

[4]) Zeitschr. f. Pflanzenkrankheiten. 1891, pag. 360.

treten; jeder Gummitropfen wimmele von zahllosen Bakterien. Sorauer glaubt, daß eine Verringerung des Säuregehaltes der Pflanzengewebe den geeigneten Nährboden für Bakterienentwickelung in der Pflanze schaffe.

---

3. Kapitel.

Chytridiaceen.

Vorkommen, Organisation und Einwirkung der Chytridiaceen.

Die Chytridiaceen gehören zu den einfachsten Organismen, denn es sind mikroskopisch kleine einzellige Wesen, bei denen oft der ganze Protoplasmakörper zum Fortpflanzungsorgane wird, nämlich zum Sporangium, in welchem Schwärmsporen (Zoosporen), die hier meist nur eine einzige Cilie (schwingender Geißelfaden) besitzen, gebildet werden. Es sind fast sämtlich Schmarotzer, einige in niederen Tieren, die Mehrzahl in Pflanzen. Das Vorkommen des einzelnen Individuums beschränkt sich auf eine einzige Zelle der Nährpflanze, welche von den parasitischen Zellen mehr oder weniger vollständig ausgefüllt wird oder auf welcher der Schmarotzer äußerlich ansitzt. Die Chytridiaceen leben zum Teil in Epidermiszellen von Phanerogamen, sind aber hier im allgemeinen wenig schädlich, zum Teil in und auf den Zellen von Thallophyten, und diese veranlassen Krankheiten der Algen und andrer Thallophyten. Eine ausführliche Behandlung der Chytridiaceen ist mehr von mykologischem als pathologischem Interesse. Wir beschränken uns deshalb hier darauf, die parasitischen Formen mit ihren Merkmalen und mit Angabe ihres Vorkommens und ihres Einflusses auf die Nährpflanze kurz anzuführen.

1. Familie Myxochytridinae.

Myxochytridinae.

Die Myceliumbildung fehlt gänzlich. Aus den in die Nährzelle eingedrungenen Schwärmsporen entsteht ein nackter Protoplasmakörper, der sich erst kurz vor der Fruktifikation mit einer Membran umgiebt.

I. Olpidium *A. Br.*

Olpidium.

Der Protoplasmakörper ist nackt, membranlos, lebt innerhalb der Nährzelle und wird später ganz zum Sporangium, indem er sich mit einer Cellulosemembran umkleidet; im Sporangium werden Schwärmsporen gebildet; sie werden meist durch einen Entleerungshals, den das Sporangium nach außen treibt, entleert. Gewisse Individuen werden zu Dauersporen mit dicker, meist glatter Membran und großen Öltropfen, welche nach einer Ruheperiode unter Bildung von Schwärmsporen keimen.

A. In Phanerogamen.

Olpidium Brassicae.

1. **Olpidium Brassicae** *Woron.* In Keimpflänzchen des Kohls, von Woronin[1]) entdeckt, besonders im Wurzelhals (Fig. 3.). Sporangien zu 1 bis mehreren in einer Zelle der Rinde, mit langen Hälsen, welche durch die überliegenden Gewebeschichten bis an die Oberfläche reichen. Dauersporen farblos oder blaßgelb, mit stumpfwarzigem Exospor, in Oberhautzellen. Der Pilz bewirkt Erkrankung des befallenen Gewebes, das Keimpflänzchen fällt an dieser Stelle um und welkt; die Erscheinung ist also einer von den auch durch andre Pilze veranlaßten Fällen des sogenannten Wurzelbrandes oder der „schwarzen Füße" der Keimpflanzen.

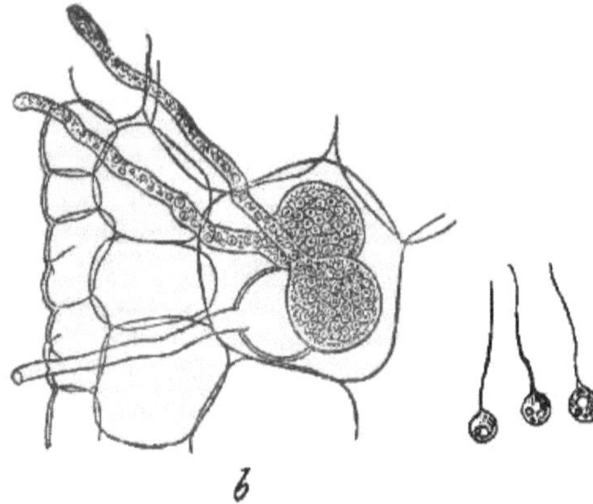

Fig. 3.
Olpidium Brassicae, in einem Kohlkeimpflänzchen, Sporangien mit langen, durch die Epidermis hinausragenden Entleerungshälsen; rechts die Schwärmsporen. 500 fach vergrößert. Nach Woronin.

O. Lemnae.

2. **Olpidium Lemnae** *Fisch.* (**Reessia amoeboides** *Fisch.*) Nach Fisch[2]) in Wasserlinsen (**Lemna minor** und **polyrrhiza**), den Inhalt der befallenen Zellen aufzehrend. Sporangien meist einzeln in den Zellen, Dauersporen mit hellgelblichem oder bräunlichem glatten Exospor.

O. simulans.

3. **Olpidium simulans** *de By.* und *Woron.*[3]) In der Epidermis junger Blätter von **Taraxacum officinale**. Sporangien meist einzeln in erweiterten Epidermiszellen.

B. In Algen.

Olpidium-Arten in Algen.

A. Braun[4]) beobachtete mehrere Arten, nämlich: **Olpidium endogenum** *A. Br.*, Sporangien niedergedrückt kugelig, mit flaschenförmigem, aus der Nährzelle hervorragendem Hals, in verschiedenen Desmidiaceen, oft zahlreich auf dem zu einem bräunlichgrünen Strang zusammengefallenen Inhalte, und **O. entophytum** *A. Br.* in den Zellen von **Vaucheria**, **Cladophora** und **Spirogyra**. Magnus[5]) fand das **O. Zygnemicolum** *Magn.* auf **Zygnema**. Kny[6]) entdeckte eine andre Art (**O. sphacelarum**)

[1]) Pringsheim's Jahrbuch für wissenschaftliche Bot. XI. 1878, pag. 557.
[2]) Kenntnis der Chytridiaceen. Erlangen 1884, pag. 19.
[3]) Berichte der naturwissenschaftl. Gesellschaft. Freiburg 1863, pag. 29.
[4]) Abhandl. d. Berl. Akad. 1855 und Monatsber. d. Berl. Akad. 1856.
[5]) Botanischer Verein der Provinz Brandenburg. XXVI, pag. 79.
[6]) Sitzungsbericht der Gesellschaft naturforschender Freunde zu Berlin, 21. Nov. 1871.

in den Scheitelzellen von Cladostephus und Sphacelaria-Arten; die Scheitelzelle verlängert sich dann keulenförmig, in ihrem Protoplasma wachsen eine oder mehrere parasitische Zellen heran. Eine ganz ähnliche Art (O. tumefaciens) fand Magnus[1]) in den dann angeschwollenen Wurzelhaaren, seltener in Scheitel-, Glieder- und Rindezellen von Ceramium-Arten Ferner hat Cohn[2]) ein O. (Chytridium) Plumulae in den Zellen von Antithamnion Plumula Thur., sowie ein O. (Chytridium) entosphaericum in den Zellen von Bangia fuscopurpurea und Hormidium penicilliformis, die Nährzellen tötend und ganz oder teilweise ausfüllend, beobachtet. O. Bryopsidis *de Bruyne*[3]) auf Bryopsis plumosa.

III. Pseudolpidium *A. Fischer.*

Wie Olpidium, aber die Dauersporen mit dichtstacheliger Membran und ohne Öltropfen. Parasiten in Pilzen. Pseudolpidium.

Pseudolpidium Saprolegniae *(A. Br.)* In den Schläuchen verschiedener Saprolegnia-Arten, die befallenen Stellen wie weiße Knötchen erscheinend. Sporangien meist sehr zahlreich in keulenförmig angeschwollenen Schlauchenden der Saprolegnia, mit Entleerungshälsen. Von A. Braun[4]) und Cornu[5]) zuerst beschrieben und von A. Fischer[6]) genauer unterschieden. Eine andre Art, Ps. fusiforme *(Cornu)* kommt in Achlya-Arten vor.

III. Olpidiopsis *Cornu.*

Von den beiden vorigen Gattungen durch den Sexualakt unterschieden, durch den die Dauersporen entstehen, die deshalb hier noch eine Anhangszelle (die kleine männliche Zelle) neben sich haben. Parasiten in Pilzen und Algen. Olpidiopsis.

A. In Pilzmycelien.

Olpidiopsis Saprolegniae *(Cornu) A. Fisch.* In den Schläuchen von Saprolegnia, dieselben Erscheinungen veranlassend, wie Pseudolpidium Saprolegniae (s. o.), von den früheren Autoren damit verwechselt, von A. Fischer[7]) davon unterschieden. Dauersporen mit dichtstacheliger Membran und ohne Öltropfen, aber mit kugeliger Anhangszelle. Eine andre Art, O. minor *A. Fisch.* kommt in Achlya-Arten vor. In Pilzen.

B. In Algen.

Olpidiopsis Schenkiana *Zopf*[8]), in Spirogyren und andern Zygnemaceen und O. parasitica *(A. Fisch.)*[9]), in Spirogyren, beide Arten mit In Algen.

---

[1]) Sitzungsber. d. Gesellsch. naturf. Freunde zu Berlin, 1872.
[2]) Hedwigia 1865, pag. 169.
[3]) Arch. de Biologie 1890.
[4]) Abhandlung der Berliner Akademie 1855, pag. 61.
[5]) Ann. des sc. nat. 5. sér. T. XV. 1872, pag. 145.
[6]) Rabenhorst Kryptogamen-Flora. 1. Band IV. 1892, pag. 34.
[7]) l. c. pag. 37.
[8]) Nova Acta Acad. Leop. XLVII, 1884, pag. 168.
[9]) Kenntnis der Chytridiaceen. Erlangen 1884, pag. 42.

3*

glatthäutigen Dauersporen mit Oeltropfen; beide zehren den Inhalt der befallenen Algenzellen auf.

IV. Pleotrachelus *Zopf*.

Pleotrachelus. Durch die zahlreichen radiär ausstrahlenden Entleerungshälse des Sporangiums von den vorigen Gattungen unterschieden. Parasiten in Pilzen.

Pleotrachelus fulgens *Zopf*[1], im Mycelium und in Sporangienanlagen von **Pilobulus crystallinus**, Auftreibungen der befallenen Organe veranlassend.

V. Ectrogella *Zopf*.

Ectrogella. Der Protoplasmakörper sowie das daraus entstehende Sporangium wurmförmig gestreckt im Innern der befallenen Diatomaceenzelle, an verschiedenen Punkten kurze Entleerungshälse treibend. Parasiten in Algen.

Ectrogella Bacillariacearum *Zopf*[2]. In verschiedenen Diatomaceen, den Inhalt vollständig aufzehrend.

VI. Pleolpidium *A. Fischer* (Rozella *Cornu*).

Pleolpidium. Das Sporangium mit der Membran der Wirtszelle verwachsen, daher keine Entleerungshälse bildend. Dauersporen mit feinstacheliger Membran und großen Öltropfen, ohne Anhangszelle. Parasiten in Pilzen.

Mehrere Arten — **Pleolpidium Monoblepharidis** *Cornu*, **P. Rhipidii** *Cornu*, **P. Apodyae** *Cornu*[3] — in den Schläuchen von Saprolegniaceen, in kugelig oder keulig angeschwollenen Stellen derselben.

VII. Synchytrium *de By.* und *Woron.*

Synchytrium. Der nackte Protoplasmakörper, welcher sich aus der in die Nährzelle eingedrungenen Spore entwickelt, ist von weißer, gelber oder orangeroter Farbe, umgiebt sich später mit einer Membran und verwandelt sich entweder in einen Sporangien-Sorus, d. h. er zerfällt in eine Anzahl Zellen, deren jede zu einem Sporangium wird, oder er wird zu einer Dauerspore mit dickem, meist braunem, glattem oder warzigem Exospor. Aus den Sporangien werden die Schwärmsporen im Wasser durch ein Loch entlassen. Die Dauersporen überwintern in den verwesenden Pflanzenteilen und bilden im Frühjahre entweder sogleich Schwärmsporen oder der Inhalt tritt hervor und zerfällt entweder in Schwärmsporen oder in einen Sporangien-Sorus, der dann Schwärmer bildet.

---

[1] l. c. pag. 173.
[2] l. c. pag. 175.
[3] l. c. pag. 150—161.

Diese Pilze leben innerhalb der Epidermiszellen grüner Teile sehr verschiedenartiger Phanerogamen, und zwar von Landpflanzen. Die von dem Parasiten bewohnte Epidermiszelle vergrößert sich um das Vielfache ihrer normalen Größe, und oft vermehren und vergrößern sich auch die Nachbarzellen und überwuchern jene, so daß sehr kleine Gallen in Form gelber oder dunkelroter Wärzchen oder Knötchen entstehen. Dem Leben des Pflanzenteiles sind dieselben nicht merklich nachteilig, und nur wo sie in sehr großer Menge nahe beisammen sich bilden, werden sie auffallender und können ein Blatt in seiner normalen Formbildung hemmen. Die ersten Synchytrium-Arten sind 1863 von de Bary und Woronin[1]) entdeckt worden, denen wir auch die näheren Kenntnisse über die Entwickelung derselben verdanken. Durch Schröter[2]) sind viele neue Arten bekannt worden.

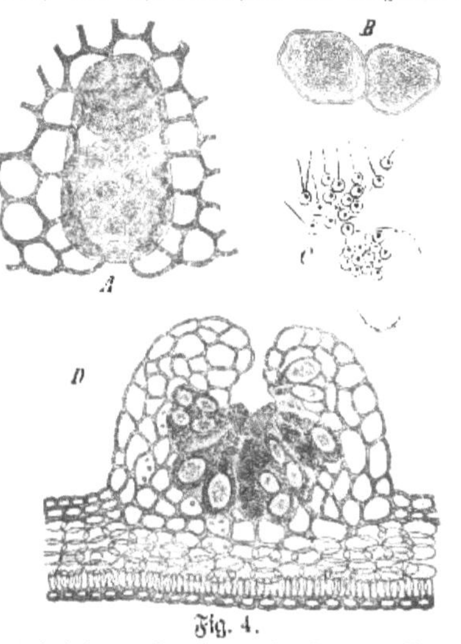

Fig. 4.

Synchytrium Succisae *de By. et Woron.* A. Stück eines senkrechten Querschnittes durch eine Galle. Die Oberfläche am unteren Rande. Eine mächtig vergrößerte Epidermiszelle enthält den Sorus, dessen rotgelbe Zellen durch Druck polygonal abgeplattet sind; im hinteren Ende der Nährzelle die abgestreifte Haut des Parasiten. Ungefähr 100 fach vergrößert. B. Zwei isolierte Zellen des Sorus von A, 500 fach vergrößert. C. Eine der Zellen des Sorus, zum Sporangium ausgebildet, zahlreiche, mit je einer Wimper versehene Schwärmsporen entlassend, 500 fach vergrößert. D. Eine ganze Galle, auf der Unterseite eines Blattes, central und vertikal durchschnitten samt der Blattfläche. Um die in der Mitte befindliche Vertiefung sind die vergrößerten Epidermiszellen gruppiert, in denen die Dauersporen liegen, 25 fach vergrößert. Nach Schröter.

Da die Fortpflanzung dieser Pilze nur durch Schwärmsporen, also durch im Wasser lebende Keime erfolgt, so findet die Übertragung des Pilzes auf die Nährpflanze nur durch Vermittelung des Wassers statt. Daher verbreiten sich diese Pilze nicht so weit wie diejenigen, deren Sporen durch die

[1]) Berichte d. naturf. Gesellsch. zu Freiburg 1863, III. Heft 2.
[2]) Cohn's Beiträge zur Biologie d. Pfl. I, pag. 1, ff.

Luft verweht werden, sondern das Auftreten derselben ist immer nur auf jeweils nahe beisammen stehende Individuen beschränkt und folgt der Verbreitung des Wassers auf dem Boden. Schröter (l. c.) führt mehrere dies bestätigende Beobachtungen an.

Die Gallenbildungen, welche die einzelnen Synchytrien hervorrufen, scheinen für die Species derselben charakteristisch zu sein, doch dürfte auch die Verschiedenheit der Nährpflanze hierauf Einfluß haben. Das Bemerkenswerteste hierüber stellen wir nachstehend zusammen, indem wir die bekannten Arten kurz erwähnen.

Eusynchytrium.

I. **Eusynchytrium.** Das Protoplasma der Parasitenzelle ist durch Öltropfen gelbrot gefärbt. Der Pilz bildet auf der lebenden Pflanze sowohl Sporangien-Sori, als auch zuletzt Dauersporen, oft neben einander auf derselben Pflanze.

Auf Succisa.

1. **Synchytrium Succisae** *de By. et Woron.*, an der Unterseite der Blätter, besonders der Wurzelblätter, auch am Stengel und an den Hüllblättern von **Succisa pratensis**. Die Gallen, in denen die rotgelbe Synchytriumkugel zum Sorus sich entwickelt, sind goldgelbe, halbkugelige Wärzchen, in denen die Nährzelle sich befindet (Fig. 4 A). Diese hat durch mächtige Vergrößerung sich tief in das Gewebe hinein erweitert, ist nur in einer Vertiefung des Scheitels der Galle außen sichtbar. Durch Vermehrung und Vergrößerung der Nachbarzellen werden die Nährzellen bis nahe zum Scheitel umwachsen und auf diese Weise die warzenförmig vorragende Galle gebildet. Die Dauersporen befinden sich in besonderen, etwas später erscheinenden Gallen; diese sind etwa 1 mm hoch und breit, halbkugelig oder kurz cylindrisch, oben abgeflacht und in der Mitte nabelförmig vertieft; um die Vertiefung herum liegen die bräunlichen Dauersporen, welche gruppenweise stehen und meist zu mehreren in einer Epidermiszelle enthalten sind (Fig. 4 D). Nach Schröter[1]) entstehen diese Gallen aus denjenigen, in welchen vorher die Sporangienbildung stattgefunden; die Schwärmsporen schlüpfen in die Zellen des Wärzchens selbst ein und entwickeln sich hier zu Dauersporen. Doch erzeugen die Schwärmsporen auch neue, aber kleine Gallen, in denen dann eine isolierte Dauerspore sich findet.

Auf Stellaria.

2. **Synchytrium Stellariae** *Fuckel* auf **Stellaria media** und **nemorum**, der vorigen fast ganz gleich.

Auf Taraxacum etc.

3. **Synchytrium Taraxaci** *de By. et Woron.*, an den Blättern, Blütenschäften und Hüllblättern von **Taraxacum officinale**, auch auf **Crepis biennis** und **Cirsium palustre**, orangerote, halbkugelige, denen der vorigen Arten ähnliche Gallen bildend, die, wenn sie dicht stehen, Krümmungen und Kräuselungen hervorrufen. Der Parasit teilt sich direkt, d. h. ohne Abstreifung der Haut, in Sporangien. Die Dauersporen liegen einzeln in der Nährzelle. An dieser Art haben de Bary und Woronin (l. c.) zuerst die Entwickelung der Synchytrien ermittelt.

Auf Oenothera.

4. **Synchytrium fulgens** *Schröt.*, bildet nach Schröter[2]) auf den Blättern von **Oenothera biennis** sehr kleine, oft dicht gehäufte orangenrote

---

[1]) l. c. pag. 19.

[2]) Hedwigia XII, pag. 141.

Wärzchen, in denen sich die einzelnen Sporangien schon auf der Wirtspflanze isolieren und ein rostähnliches Pulver bilden.

Auf Trifolium.

5. **Synchytrium Trifolii** *Passer.* (**Olpidium Trifolii** *Schröt.*[1]), auf der Ober- und Unterseite der Blätter von Trifolium repens; auch hier bilden die sich isolierenden Sporangien ein rostähnliches Pulver.

Auf Plantago.

6. **Synchytrium plantagineum** *Sacc. et. Sp.*, auf Blättern von **Plantago lanceolata** in Italien.

Pycnochytrium.

II. **Pycnochytrium** (Chrysochytrium). Der Parasit bildet auf der lebenden Pflanze nur Dauersporen; das Protoplasma desselben ist wie bei den vorigen gefärbt.

Auf Gagea.

7. **Synchytrium laetum** *Schröt.*, auf den Blättern von Gagea-Arten, sehr kleine, schwefelgelbe Pünktchen bildend. Letztere stellen die einfachste Form einer Galle dar, indem nur die Epidermiszelle, in welcher ein Schmarotzer lebt, bauchig aufgetrieben wird und als kleiner Höcker über die Blattfläche hervortritt. Die Dauersporen sind braunwandig, länglich elliptisch.

Auf Myosotis etc.

8. **Synchytrium Myosotidis** *Kühn*, auf **Myosotis stricta** und **Lithospermum arvense** dicht stehende, rotgelbe Knötchen bildend, deren jedes eine keulenförmige, haarartige Aussackung einer Epidermiszelle ist, in welcher die kugelige oder kurz elliptische, braune Dauerspore sich befindet.

Auf Potentilla und Dryas.

9. **Synchytrium cupulatum** *Thomas*. Dem vorigen ähnlich, auf **Potentilla argentea** und **Dryas octopetala**.

Auf Plantago.

10. **Synchytrium punctum** *Sorok.* auf **Plantago lanceolata** und **media**.

Auf verschiedene Dicotylen.

11. **Synchytrium aureum** *Schröt.*, verursacht an Stengeln und Blättern lebhaft goldgelbe Knötchen bis zu Stecknadelkopfgröße. Dieses sind halbkugelige Gallen, die durch Wucherung der Nachbarzellen bei stark vergrößerten Nährzelle entstehen; letztere liegt in der Scheitelmitte des Wärzchens. Die große, kugelige, braune Dauerspore wird einzeln in der Nährzelle gebildet. Dieser Parasit ist bereits auf 88 Pflanzenarten aus 29 Familien, jedoch nur auf Dicotylen, bekannt; besonders auf Primulaceen (am häufigsten unter allen Pflanzen auf **Lysimachia Nummularia**), Labiaten, Scrophulariaceen, Plantaginaceen, Kompositen, Papilonaceen, Rosaceen, Onagraceen, Umbelliferen, Violaceen, Cruciferen, Ranunculaceen, Caryophyllaceen, selbst auf den Blättern junger Holzpflanzen, wie Birke, Ulme, Silberpappel, Esche.

Auf Potentilla.

12. **Synchytrium pilificum** *Thomas*[2]) bildet auf **Potentilla Tormentilla** halbkugelige Wärzchen, die mit strahlenförmigen Haarwucherungen bedeckt sind.

Leucochytrium.

III. **Leucochytrium.** Weiße Synchytrien, d. h. mit farblosem Protoplasma. Entwickelung wie bei II.

Auf Saxifraga.

12. **Synchytrium rubrocinctum** *Magnus*[3]), auf **Saxifraga granulata**. Die Gallenbildung ist auf die Epidermiszelle beschränkt; letztere tritt nicht über die Oberfläche vor, sondern erweitert sich nach innen.

Auf Gagea.

13. **Synchytrium punctatum** *Schröt.*, auf **Gagea pratensis**, aber Gallenbildung wie beim vorigen, aber nach außen vorspringend.

---

[1]) Schröter, Kryptogamenflora von Schlesien, III, pag. 181.

[2]) Berichte d. deutsch. bot. Gesellsch. I, pag. 494.

[3]) Bot. Zeitg. 1874, pag. 345.

Auf Adoxa, Ranunculus, Rumex.

14. **Synchytrium anomalum** *Schröt.*, auf **Adoxa Moschatellina, Ranunculus Ficaria, Rumex Acetosa etc.**; Gallen einfach, bisweilen aber auch zusammengesetzt wie bei den folgenden; Dauersporen länglich, bohnen- oder nierenförmig, von sehr wechselnder Größe, mit hellbrauner glatter Membran.

Auf Mercurialis.

15. **Synchytrium Mercurialis** *Fuckel*, auf den Blättern von **Mercurialis perennis** becherförmige Gallen bildend, indem die sich vergrößernde Nährzelle von den Nachbarzellen umwuchert wird, wodurch ein gestieltes, becherförmiges helles Wärzchen gebildet wird, in deren vertiefter Mitte die Nährzelle mit dem weißen Parasit ruht. An den Stengeln sind die Gallen halbkugelig. Die Dauersporen färben sich dunkler, wodurch das Wärzchen dieselbe Farbe annimmt; sie sind kurz elliptisch und haben braune, glatte Membran. Die Entwickelung dieser Art wurde vollständig von Woronin[1]) beobachtet.

Auf Anemones.

16. **Synchytrium Anemones** *Woron.*, bildet auf **Anemone nemorosa** und **ranunculoides** kleine, fast schwarze Knötchen. Letztere sind halbkugelige Gallen, entstanden durch Umwucherung der benachbarten Zellen um die den Parasiten bergende vergrößerte Epidermiszelle. Der Zellsaft der Wärzchen färbt sich dunkel violett. Die Dauersporen sind kugelig und haben dunkelbraune, höckerige Membran.

Auf Viola etc.

17. **Synchytrium globosum** *Schröt.*, auf **Viola-Arten, Potentilla reptans, Galium Mollugo, Achillea, Cirsium, Sonchus, Myosotis, Veronica-Arten.** Gallen von der Form der vorigen, Dauersporen kugelig oder kurz elliptisch, mit gelber, glatter Membran.

Auf Viola.

18. **Synchytrium alpinum** *Thomas*[2]), bildet auf allen oberirdischen Teilen von **Viola biflora** in den Alpen flachwarzenförmige Auftreibungen.

Auf Lathyrus.

19. **Synchytrium viride** *Schneid.*, auf Stengeln von **Lathyrus niger.**

VIII. Woroninia *Cornu.*

Woroninia.

Die Parasitenzelle bildet wiederum kein einfaches Sporangium, sondern ihre Membran, die hier mit der Membran der Nährzelle fest verwachsen ist, umschließt, ohne jedoch diesen innig anzuliegen, eine Mehrzahl von weißlichgrauen Sporangien, einen sogenannten Sorus. Schwärmsporen mit 2 Cilien. Dauersporen zahlreich beisammen gehäuft, mit farbloser Membran und schwach grauem Inhalt.

Woronina polycystis *Cornu*[3]) in keulig-cylindrisch angeschwollenen Fäden von **Saprolegnia-Arten.**

IX. Rhizomyxa *Borzi.*

Rhizomyxa.

Das Protoplasma zerfällt in einen Sorus von Sporangien oder in einen solchen von Dauersporen. Schwärmsporen mit einer Cilie. Parasiten in Phanerogamen.

Rhizomyxa hypogaea *Borzi*[4]), schmarotzt in den Rindenzellen

---

[1]) Bot. Zeitg. 1868, Nr. 6—7.

[2]) l. c. pag. 176.

[3]) Berichte d. deutsch. bot. Ges. 1889, pag. 255.

[4]) Rhizomyxa, nuovo Ficomicete. Messina 1884.

junger Wurzeln und in den Wurzelhaaren sehr vieler Phanerogamen, Mono- wie Dikotylen, den Inhalt der Zellen aufzehrend, ohne das Gesamtbefinden der Wurzel zu beeinträchtigen. Die Sporangien liegen in den Wurzelhaaren in einer Reihe hintereinander und öffnen sich mit kurzen Papillen nach außen.

X. Rhozella *Cornu.*

Das Protosplasma ist vom Inhalt der Wirtszelle nicht zu unterscheiden, es veranlaßt eine Fächerung der Wirtszelle durch Querwände, wodurch ein Sorus von einreihigen Sporangien entsteht, welche mit der Membran der Wirtszelle innig verwachsen sind. Die Schwärmsporen haben zwei Cilien. Dauersporen stachelhäutig, mit großen Öltropfen. Parasiten in Pilzen. Rhozella.

Rhozella septigena *Cornu*[1]) und **R. simulans** *A. Fischer*[2]) in den Schläuchen von Saprolegniaceen.

XI. Protochytrium *Borzi.*

Kuglige Sporangien mit Schwärmsporen mit einer Cilie. Dauersporen innerhalb einer dünnen Blase. Protochytrium.

Protochytrium Spirogyrae *Borzi* in Spirogyra crassa bei Messina. Dauersporen 0,03—0,04 mm.

2. Familie Mycochytridinae.

Der Parasit ist von Anfang an mit Membran umgeben. Die schlauchförmige Zelle teilt sich später ganz in Sporangien oder läßt nur einzelne Glieder zu solchen werden, oder sie bildet nur ein einziges Sporangium, an dessen Basis sich ein feiner, wurzelartiger Fortsatz befindet, welcher ein zur Nahrungsaufnahme bestimmtes, oft allein in der Nährzelle befindliches mycelartiges Organ darstellt. Mycochytridinae.

I. Myzocytium *Schenk.*

Der ganze, anfangs vegetative Schlauch bildet sich zu Sporangien um, indem er Einschnürungen mit Scheidewänden bildet und so meist in eine Reihe ovaler Sporangien zerfällt, bei Zwergformen nur ein einziges Sporangium bildet. Jedes Sporangium treibt durch die Membran seiner Nährzelle einen Entleerungshals ins Wasser hinaus, durch welchen der Inhalt austritt, um sich zu den Zoosporen umzuwandeln. Schenk[3]) hat das Eindringen der Schwärmsporen in gesunde Algenzellen beobachtet. Bildung von Oosporen ist von Cornu[4]) gesehen worden: es werden von zwei nebeneinander Myzocytium.

[1]) l. c. pag. 168.
[2]) Pringsheim's Jahrb. für wissensch. Botanik XIII. 1882, pag. 50.
[3]) Verhandlung d. phys. mediz. Ges. zu Würzburg 1857 IX, pag. 20 ff.
[4]) Bulletin de la société botanique de France 1869, pag. 222.

liegenden Zellen die eine zum Oogonium, die andre zum Antheridium; das letztere treibt durch die Scheidewand den Befruchtungsschlauch. Das Oogonium entwickelt eine einzige glatte Oospore. Parasiten in Algen.

Myzocytium proliferum *Schenk.* (Lagenidium globosum *Lindstedt*) wurde zuerst von Schenk in den Zellen von Cladophora, Spirogyra und Mougeotia, später von Walz[1]) auch in Zygnema, Mesocarpus und Closterium gefunden. In der befallenen Zelle ist der Inhalt von der Membran abgelöst, bräunlich gefärbt, das Chlorophyll bald noch grün, bald mißfarbig, und bei Spirogyra in ein Band oder in einen Klumpen zusammengezogen, bei Mougeotia und Cladophora in eine mißfarbige krümliche Masse verwandelt.

II. Achlyogeton *Schenk.*

Achlyogeton. Der unverzweigte Schlauch liegt wie bei voriger Gattung in der Längsachse der Nährzelle, von dem zusammengezogenen Zellinhalte umgeben und zerfällt in mehrere Sporangien, welche die Wand der Nährzelle mittelst eines Halses durchbohren; vor der Halsmündung bleiben aber die Schwärmsporen liegen, umgeben sich mit Membran, häuten sich dann und lassen die leeren Häute zurück. Parasiten in Algen.

Achlyogeton entophytum *Schenk*[2]), in den Zellen von Clapophora.

III. Lagenidium *Schenk.*

Lagenidium. Die Entwickelung des Schlauches zu Sporangien oder Sexualorganen, sowie die Entleerung der Schwärmsporen wie bei Myzocytium, aber dem Hauptschlauche sitzen seitlich eine Anzahl kürzerer oder längerer Ästchen an, welche dem Parasiten ein knäueliges Ansehen geben. Parasiten in Algen.

Lagenidium Rabenhorstii *Zopf*[3]) in Zellen von Spirogyra, Mesocarpus, Mougeotia, L. enecans *Zopf*, in Diatomaceen, L. entophytum *Pringsheim*[4]) in den Zygosporen von Spirogyra-Arten, L. gracile *Zopf* ebendaselbst.

IV. Ancylistes *Pfitzer.*

Ancylistes. Der cylindrische Schlauch durchzieht oft die Wirtszelle von einem bis zum andern Ende und teilt sich durch Querscheidewände in 6 bis 30 Zellen, deren jede mittelst eines Fortsatzes die Membran der Wirtszelle durchbohrt. Diese Fortsätze nehmen alles Protoplasma in sich auf, schließen sich hinten durch eine Scheidewand ab und verlängern sich durch Spitzenwachstum weiter. Es sind Sporangien,

[1]) Botanische Zeitung 1870 Tafel IX.

[2]) Botan. Zeitg. 1859, pag. 398.

[3]) Botan. Ver. d. Prov. Brandenburg 1878, pag. 77, u. Nova Acta Acad. Leop. 1884, pag. 145, 154 u. 158.

[4]) Jahrb. f. wissensch. Bot. I., pag. 289 und Zopf, l. c., pag. 154.

die aber keine Schwärmer bilden, sondern einen langen Infektionsschlauch treiben. Trifft ein solcher auf eine gesunde Nährpflanze, so heftet er sich mit dem stark anschwellenden Ende der Membran desselben fest an und durchbohrt sie zuletzt mit einem dünnen Fortsatze, durch welchen das Protoplasma in das Innere der befallenen Alge gelangt, um hier wieder zu cylindrischen Schläuchen heranzuwachsen. Außer diesen ungeschlechtlichen Pflanzen kommen auch solche vor, welche Geschlechtsorgane erzeugen. Dann sind die Gliederzellen die Oogonien, und aus den Gliederzellen dünnerer Individuen werden seitliche Fortsätze getrieben, welche die Antheridien darstellen; diese legen sich den benachbarten Oogonien an und ergießen ihren Inhalt in diese, worauf das Oogonium anschwillt und zuletzt eine Oospore erzeugt. Parasiten in Algen.

Ancylistes Closterii *Pfitzer*[1]), lebt einzeln oder zu mehreren in den Zellen von Closterium, welche dadurch schnell absterben.

V. Rhizophydium *Schenk.*

Die aus der Schwärmspore entstehende kugelige Zelle ist das Sporangium, welches sich außerhalb der Nährzelle befindet und mit einem feinfädigen Fortsatz, dem Haustorium oder primitiven Mycelium, ins Innere derselben hineindringt. Das Sporangium entläßt aus einer oder mehreren Öffnungen oder aus einem Halse die mit einer Cilie versehenen Schwärmer. Dauersporen dem Sporangium gleichgestaltet, mit meist glatter Membran und großem Öltropfen. Meist Parasiten der Algen. Rhizophydium.

A. Auf Pilzen.

Rhizophydium carpophilum *Zopf*[2]). Sporangien kugelig, mit einem weiten Loch sich öffnend. Auf den Oogonien von Saprolegniaceen, die Eier derselben zerstörend. Auf Pilzen.

B. Auf Algen.

Auf den verschiedensten Algen finden sich zahlreiche Arten dieser Gattung, welche alle mehr oder weniger denselben schädlich sind, indem sie Ver- Auf Algen.

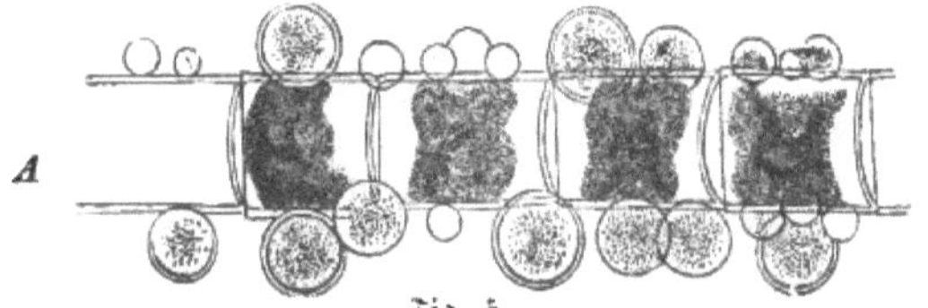

Fig. 5.

Rhizophydium globosum in zahlreichen Individium auf einem Faden von Oedogonium fonticola, dessen Zellen dadurch erkrankt sind, indem ihr Inhalt zusammengeschrumpft ist. Ungefähr 400fach vergrößert. Nach A. Braun.

---

[1]) Monatsber. d. Berl. Akad. Mai 1872.

[2]) Nova acta Acad. Leop. 1884. pag. 200.

färbung und Zerstörung des Inhaltes, wohl auch Vergallertung der Membran der Algenzelle verursachen. Die meisten Arten sind von A. Braun[1]) und von Zopf[2]) beschrieben worden; eine Zusammenstellung findet sich bei A. Fischer in Rabenhorst Kryptogamenflora I. Band IV, pag. 89.

Die häufigsten Arten sind: Rhizophydium globosum *(A. Br.)* auf Desmidiaceen Diatomaceen, Ödogoniaceen ꝛc. (Fig. 5.), Rh. mamillatum *(A. Br.)* auf Coleochaete, Conferva etc., Rh. sphaerocarpum *Zopf* auf Spirogyra, Oedogonium etc., Rh. agile *Zopf* auf Chroococcus, Rh. Lagenula *(A. Br.)* auf Melosira, Rh. ampullaceum *(A. Br.)* auf Oedogonicum, Mougeotia etc., Rh. cornutum *(A. Br.)* auf Wasserblüte verursachender Sphaerozyga circinalis, Rh. transversum *(A. Br.)* auf Chlamydomonas pluvisculus.

VI. Rhizidium *(A. Br.)*

Rhizidium. Wie vorige Gattung, aber der entophyte myceliale Teil hat unterhalb des Sporangiums eine blasenförmige Erweiterung, von welcher er ausgeht. Parasiten in Algen.

Rhizidium Hydrodictyi *A. Br.* auf Hydrodictyon utriculatum dessen befallene Zellen um den dritten Teil dünner als die gesunden bleiben; Rh. Euglenae *Dangeard* auf ruhender Euglena; Rh. Zygnematis *Rosen* auf Zygnema-Arten u. a [3]).

VII. Rhizidiomyces *Zopf.*

Rhizidiomyces. Wie vorige Gattung, aber das Sporangium mit langem Entleerungshals, aus dessen Mündung der Inhalt austritt und dann erst in Sporen zerfällt. Parasiten auf Pilzen.

Rhizidiomyces apophysatus *Zopf*[4]), auf den Oogonien von Saprolegniaceen, deren Inhalt er aufzehrt.

VIII. Septocarpus *Zopf.*

Septocarpus. Wie Rhizophylium (S. 43), aber das Sporangium auf einem Stiele, von welchem es durch eine Querwand abgegrenzt ist. Schmarotzer auf Algen.

Septocarpus corynephorus *Zopf*[5]) auf Pinnularia-Arten.

IX. Entophlyctis *A. Fischer.*

Entophlyctis. Auch das Sporangium befindet sich innerhalb der Nährzelle, sonst mit Rhizophydium und Rhizidium übereinstimmend. Das Sporangium öffnet sich mittelst einer die Wand der Nährzelle durchbohrenden Papille. Parasiten in Algen.

---

[1]) Abhandl. d. Berliner Akad. 1855, pag. 31, ff.

[2]) l. c. 1884, pag. 199 ff. und 1888, pag. 343 und Abhandl. d. naturf. Ges. zu Halle XVII. 1888, pag. 91. ff.

[3]) Vergl. A. Fischer in Rabenhorst Kryptogamenflora l. c. pag. 106.

[4]) Nova Acta Acad. Leop. 1884, pag. 188.

[5]) l. c. 1888, pag. 348.

1. **Entophlyctis intestina** (Rhizidium intestinum *Schenk*[1]) in toten und absterbenden Zellen von Chara und Nitella.

2. **E. bulbigera** (Rhizidium bulbigerum *Zopf*[2]) in Spirogyra.

3. **E. Vaucheriae** (Rhizidium V. *Fisch*[3]), in Vaucheria.

4. **E. apiculata** (Chytridium apiculatum *A. Braun*[4]), in Gloeococcus mucosus.

5. **E. Cienkowskiana** (Rhizidium Cienkowskianum *Zopf*[2]), in Cladophora-Arten, oft zahlreich in einer Zelle.

6. **E. heliomorphae** (Chytridium heliomorphum *Dangeard*[5]), in Nitella, Chara und Vaucheria.

X Rhizophlyctis *A. Fischer*.

Das Sporangium und ebenso die Dauerspore sitzen nicht direkt auf der Nährzelle, sondern besitzen nach verschiedenen Seiten ausstrahlende myceliale Fäden, deren feines Ende in die Nährzellen eindringen. Parasiten in Algen. Rhizophlyctis.

Rhizophlyctis mycophila (Rhizidium mycophilum *A. Braun*[6]), im Schleim von Chaetophora elegans. Andere Arten finden sich auf andern Algen (vergl. Fischer l. c., pag. 120.)

XI. Chytridium *A. Br.*

Das Sporangium sitzt der Nährzelle außen an und dringt mit einem feinfädigen, mycelialen Teil in die Nährzelle ein; an dem letzteren, also innerhalb der Nährzellen bilden sich die kugeligen Dauersporen; doch sind diese noch vielfach unbekannt. Parasiten auf Algen. Chytridium.

1. **Chytridium olla** *A. Braun*[7]). Sporangien an der Spitze mit einem Deckel sich öffnend, auf den Oogonien verschiedener Oedogonium-Arten, die Oospore zerstörend.

2. **Ch. acuminatum** *A. Br.*, dem vorigen ähnlich, aber kleiner, ebendaselbst.

3. **Ch. Mesocarpi** *Fisch.*,[8]), auf Mesocarpus.

4. **Ch. Polysiphoniae** *Cohn*[9]), auf Polysiphonia violacea, Helgoland.

5. **Ch. Epithemiae** *Nowakowski*[10]), mit zwei Deckeln, auf Epithemia.

---

[1]) Über das Vorkommen kontraktiler Zellen im Pflanzenreiche. Würzburg 1858.

[2]) l. c. 1884, pag. 195 u. 166.

[3]) l. c. pag. 26.

[4]) l. c. pag. 57.

[5]) Journal de Bot. 1888, II, pag. 8.

[6]) Vergl. A. Braun, Monatsber. d. Berl. Akad. 1856, pag. 591, und Nowakowski, in Cohn's Beitr. z. Biologie II.

[7]) l. c. 1855, pag. 74.

[8]) Sitzungsber. d. phys. med. Soc. zu Erlangen 1884.

[9]) Hedwigia IV. 1865, pag. 169.

[10]) Cohn's Beitr. z. Biol. II. 1876, pag. 82.

6. Ch. **Lagenaria** *Schenk*[1]). Sporangium mit einem sich aufklappenden Deckel, der myceliale Teil entspringt von einer unterhalb des Sporangiums in der Nährzelle befindlichen Blase. Auf Nitella flexilis.

7. Ch. **spinulosum** *Blytt*[2]). Auf den Zygosporen von Spirogyra.

8. Ch. **Brebissonii** *Dang.*[3]) auf Coleochaete scutata.

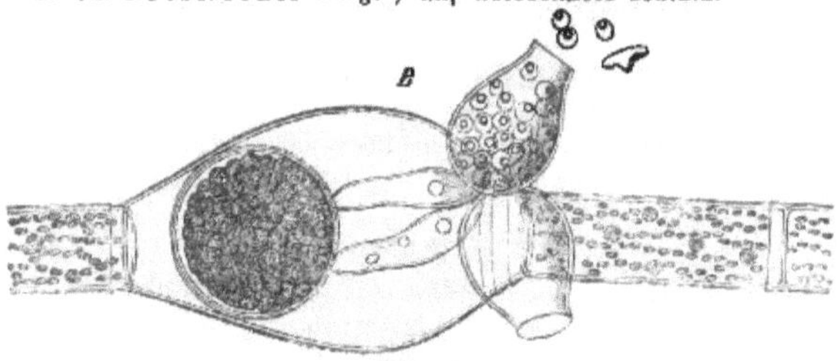

Fig. 6.

B. Chytridium *Olla*, zwei Individuen auf einer Oogonium-Zelle eines Fadens von Oedogonium rivulare, jede mit wurzelartigem Fortsatz in die Nährzelle eindringend und mit diesem an die große Spore sich ansetzend. Das eine Chytridium ist entleert, das andre soeben mit einem abgehenden Deckel sich öffnend und die Schwärmsporen entlassend. 400fach vergrößert. Nach A. Braun.

XII. Polyphagus *Nowakowski*.

Polyphagus. Der Parasit bildet wie Rhizophlyctis eine Centralblase, von welcher nach allen Seiten myceliale Fäden ausstrahlen, von welchen aber erst das Sporangium aussproßt. Dauersporen entstehen durch Kopulation zweier Individuen von gewöhnlicher Struktur. Parasiten auf Algen.

Polyphagus Euglenae *Nowakowski*[4]) (Chytridium Euglenae *A. Br.*) erfaßt mit seinen Myceleuden ruhende Zustände von Euglenen und zerstört dieselben.

XIII. Cladochytrium *Nowakowski*.

Cladochytrium. Von den übrigen Chytridiaceen weicht diese durch Nowakowski[5]) bekannt gewordene Gattung besonders darin ab, daß sie zarte, verästelte Fäden bildet, die als Mycelium bezeichnet werden können und an denen entweder intercalar aus angeschwollenen Stellen, die sich durch Querwände abgrenzen, oder terminal am Ende einzelner Mycelzweige Sporangien entstehen, die innerhalb der Nährzellen sich befinden und durch

[1]) l. c. pag. 242.

[2]) Verhandl. d. wissensch. Ges. zu Christiania 1882, pag. 27.

[3]) Dangeard, in Bull. soc. Linnéenne de Normandie, sér. IV. T. II, pag. 152.

[4]) l. c. pag. 203.

[5]) l. c. pag. 92.

eine halsförmige Mündung oder mittelst eines Deckels sich öffnen. Schwärmer mit einer Cilie. Dauersporen sind unbekannt. Parasiten in Algen und in Phanerogamen.

1. **Cladochytrium elegans** *Nowak.* In dem Schleime der Chaetophora elegans, die Sporangien endständig auf den Zweigen der Myceliumfäden, mit Deckel sich öffnend. Auf Algen.

2. **Cadochytrium tenue** *Nowak.* Die zarten Mycelfäden in den Geweben der vegetativen Organe von Acorus Calamus, Iris Pseudacorus und Glyceria spectabilis wuchernd, die Zellwände durchbohrend; die Sporangien bilden sich intercalar aus Anschwellungen der Fäden und erfüllen ihre Nährzelle teilweis oder ganz; die Zoosporen durch einen Hals aus der Nährzelle hervortretend. Auf Phanerogamen.

XIV. Nowakowskia *Borzi.*

Die Sporangien sind umgeben von sehr feinen, bisweilen ästigen, wurzelartigen Myceliumfäden und enthalten kleine Schwärmer mit einer Cilie. Nowakowskia.

Nowakowskia Horemothecae *Borzi,* auf Horemotheca bei Messina.

XV. Urophlyctis *Schröter.*

Sporangien äußerlich auf der Nährzelle aufsitzend, mit einem Büschel feiner, zarter Rhizoiden in der letzteren wurzelnd. Schwärmer mit einer Cilie. Dauersporen zu mehreren in der Nährzelle, im reifen Zustande ohne jede Spur des Myceliums. Parasiten in Phanerogamen. Urophlyctis.

Urophlyctis pulposa *Schröter*[1]) (Physoderma pulposum *Wallr*), auf Blättern, Stengeln und Blüten von Chenopodium und Atriplex; die Sporangien, bis 0,2 mm groß, sitzen haufenweis auf der Nährpflanze und werden von warzenförmigen Zellwucherungen derselben umgeben, die oft zu Krusten zusammenfließen, mit hell gelbrotem Inhalt. Die Dauersporen, 0,035 bis 0,038 mm groß, kugelig, mit glatter, kastanienbrauner Membran liegen zu mehreren in der Nährzelle; die die Dauersporen enthaltenden Zellen liegen in halbkugeligen oder flachen, 1—2 mm großen Schwielen der Pflanze. Auf Chenopodium und Atriplex.

Urophlyctis Butomi *Schröter*[2]) (Cladochytrium B. *Büsgen*, Physoderma Butomi *Schröter*), auf den Blättern von Butomus umbellatus, Sporangien bis 0,3 mm groß, flach, farblos; Dauersporen 0,02 mm breit, zu mehreren in der Nährzelle, mit brauner Membran, in ovalen bis 1,5 mm langen, anfangs blaßgelben, zuletzt schwarzen Flecken der Blätter. Auf Butomus.

3. **Urophlyctis major** *Schröt.* auf Wurzelblättern von Rumex Acetosa, arifolius und maritimus. Sporangien fehlen. Dauersporen 0,038—0,044 mm. Auf Rumex.

XVI. Physoderma *Wallr.*

Bei diesen Pilzen fehlen die Sporangien; es werden nur Dauersporen gebildet, welche an einem innerhalb der Nährzellen befindlichen sehr feinfädigen Mycelium entstehen, im reifen Zustande in dicht gehäuften Massen im Gewebe liegen und dann nichts mehr vom My- Physoderma.

---

1) Kryptogamenflora Schlesiens III, 1, pag. 197.
2) Cohn's Beitr. z. Biologie IV. 1888, pag. 269.

celium erkennen lassen. Die Dauersporen keimen unter Bildung von Schwärmsporen mit je einer Cilie; darum sind diese Pilze zu den Chytridiaceen zu stellen. Es sind Parasiten in Blättern und Stengeln von Phanerogamen, an denen sie jedoch keine weiteren Veränderungen erzeugen als kleine, punktförmige, braune bis schwarze Wärzchen, die oft zahlreich zu Flecken vereinigt sind; die Wärzchen enthalten in der Epidermis und in den darunter liegenden Zellschichten die blaßbraunen Dauersporen[1]).

1. **Physoderma Menyanthis** *de By.*, auf den Blättern von Menyanthes trifoliata.

2. **Ph. Sparganii ramosi** *(Büsgen)*, in denen von Sparganium ramosum.

3. **Ph. Iridis** *(de By)*, in denen von Iris Pseud-Acorus.

4. **Ph. Alismatis** *(Büsgen)*, (Ph. maculare *Wallr.*) an Stengeln und Blättern von Alisma Plantago.

5. **Ph. Butomi** *Karst.*, auf Butomus umbellatus in Finnland.

6. **Ph. Heleocharidis** *Fuckel* in Stengeln von Heleocharis palustris.

7. **Ph. Gerhardti** *Schröt*, auf Blättern von Phalaris, Glyceria und Alopecurus.

8. **Ph. vagans** *Schröt.* auf Blättern von Ranunculus, Sium, Silaus, Cnidium, Potentilla. etc.

9. **Ph. spesiosum** *Schröt.* auf denen von Symphytum.

10. **Ph. Menthae** *Schröt.* auf Mentha.

11. **Ph. majus** *Schröt.* auf Rumex.

12. **Ph. Hippuridis** Rostr. auf Hippuris vulgaris.

13. **Ph. (Cladochytrium) Flammulae** *(Büsgen)* auf Wurzelblättern von Ranunculus Flammula kleine schwarze Wärzchen bildend.

14. **Ph. (Urophlyctis) Kriegeriana** *(Magnus)* auf allen Teilen von Carum Carvi kleine glashelle, perlenähnliche Auswüchse bildend.

15. **Ph. (Cladochytrium) graminis** *(Büsgen)* in Graswurzeln, von Lagerheim[2]) auf den Blättern von Dactylis glomerata im Schwarzwald gefunden.

---

4. Kapitel.

Saprolegniaceen.

Saprolegniaceen. Von diesen Pilzen, welche zum größten Theile Saprophyten sind, kommen hier nur einige pflanzenbewohnende parasitische Gattungen in Betracht. Ihrer Organisation nach schließen sie sich unmittelbar an die Chytridiaceen an als die nächst höheren Organismen, denn sie haben ein wohlentwickeltes, schlauchförmiges, einzelliges Mycelium

---

[1]) Vergl. de Bary, Morphologie der Pilze. 1884, pag. 178. Büsgen, Cohn's Beitr. z. Biologie d. Pfl. IV, 1887, pag. 279, und Schröter, Jahresber. d. schles. Ges. f. vaterl. Kultur 1882 und Kryptogamenflora Schlesiens, 1886 III. 1, pag. 194.

[2]) Mittheil. d. bot. Ver. f. d. Kr. Freiburg. 1888, Nr. 55—56.

(Fig. 7), Zoosporangien, die meist an den Enden der Schläuche und der Zweige derselben sich bilden und in denen Schwärmsporen mit einer oder meist zwei Cilien erzeugt werden, und meistens auch hochorganisierte Geschlechtsorgane (Fig. 7) in Form von Oogonien, welche

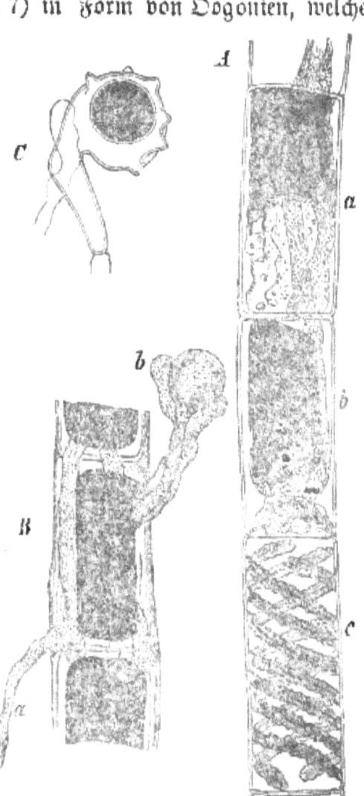

Fig. 7.
Aphanomyces phycophilus *de By.* A. Ein Fadenstück von Spirogyra nitida, aus drei Zellen a, b, c bestehend; a mit desorganisiertem, zum Theil gebräuntem Inhalt und mit zwei Parasitenschläuchen im Innern, die durch die obere Querwand eingetreten sind. Der eine tritt durch die andre Querwand in die Zelle b, deren Inhalt in gleicher Weise erkrankt ist und geht bis zur nächsten Querwand, durch welche die noch unversehrte Zelle c abgegrenzt ist; in letzterer der normale Bau des Zellinhaltes mit den Chlorophyllbändern. 250 fach vergrößert. B Getödtete Zellen derselben Alge mit dem Parasiten. a ein hervorgewachsener Ast des Schlauches. b mehrere solcher Äste, welche junge Geschlechtsorgane, Oogonium und zwei Antheridien tragen. Vergrößerung ebenso. C Reifes Oogonium mit einer Oospore; auswendig der Rest des Antheridiums. Vergrößerung ebenso. Nach de Bary.

aus kugeligen Anschwellungen der Schlauchspitzen entstehen, und von Antheridien. Die Oogonien werden durch die Antheridien befruchtet, in manchen Fällen bringen sie auch parthogenetisch ihre Sporen zur Entwickelung. Diese Oosporen werden einzeln oder zahlreich im Innern des Oogoniums gebildet und sind Dauersporen mit ziemlich dicker Membran, welche erst nach einer Ruheperiode keimen. Sowohl Schwärmsporen als Oosporen bringen wieder die Saprolegniacee hervor. Das Vorkommen der parasitischen Arten hat an ihren Nährpflanzen mehr oder minder bemerkbare Störungen zur Folge, die sich meistens als auszehrende und allmählich tötende Wirkungen darstellen.

I. Aphanomyces *de By.*

Aphanomyces.

Die Schwärmsporen sind anfangs mit einer Haut umgeben, treten aus dem Sporangium aus, sind dann vor der Mündung desselben zu einem Köpfchen vereinigt, häuten sich, lassen die leeren Häute zurück und beginnen dann erst zu schwärmen. Sie werden bei dieser Gattung in langen cylindrischen Sporangien gebildet, in welchen sie in einer einfachen Reihe hinter einander liegen. Die Sporangien sind von den vegetativen Schläuchen abgegrenzt. Die Oogonien enthalten eine einzige Oospore. Mehrere Arten leben saprophyt; parasitisch ist nur

Aphanomyces phycophilus *de By* (Fig. 7), den de Bary[1] in **Spirogyra lubrica** und **nitida** aufgefunden hat. Die Schläuche kriechen im Innern der Nährzellen und treiben durch die Membran derselben kurze Seitenzweige, an deren Enden entweder die Zoosporangien oder die durch kurze, spitze Aussackungen morgensternförmigen Oogonien mit kugliger Oospore stehen. Die Spirogyrafäden, in denen der Parasit wuchert, werden meist eigenthümlich verändert und sterben ab. Ihr Primordialschlauch ist kollabiert, samt dem Inhalt mißfarbig, oft dunkel violett oder braun. Die Zellmembranen, besonders die Seitenwände sind gallertartig gequollen und oft von dem gelösten violetten Pigment durchdrungen. Der Parasit dringt von Zelle zu Zelle; bisweilen ist er in einer solchen schon anwesend, wenn die grüne Farbe noch vorhanden ist, doch ist dann der Primordialschlauch schon zusammengeschrumpft. Nach de Bary scheinen vorzugsweise kranke, schwach vegetierende Spirogyren von dem Parasit aufgesucht zu werden. Kräftig vegetierende in geräumigen Wasserschüsseln befiel derselbe nicht, wohl aber solche, die in flachen Schüsseln gezogen wurden und zum Teil spontan abstarben. Auch soll der Pilz am natürlichen Standorte in der unteren Schicht der Spirogyrenmassen, wo immer krankhaft veränderte und völlig zerfetzte Fäden sich finden, am reichlichsten anzutreffen sein.

In diese Gattung gehört vielleicht auch **Achlyogeton solatium** *Cornu*[2], in den Zellen von Oedogonium, dessen Zellenreihe von den mehr oder weniger verzweigten Fäden durchsetzt wird. Letztere zergliedern sich durch Scheidewände in Sporangien, welche ebenfalls mittelst eines Fortsatzes die Wirtszelle durchbohren. Oogonien bilden sich aus Gliedern des Schlauches im Innern der Algenzellen

II. Saccopodium *Sorok.*

Saccopodium.

Unter diesem Namen hat Sorokin[3] eine Gattung aufgestellt, welche sich den Saprolegniaceen oder Chytridiaceen anreihen dürfte. Die einzige Art S. **gracile** *Sorok.* kommt als Parasit auf Cladophora und Spirogyra-Arten in Kasan vor. Der einzellige, verzweigte Schlauch lebt im Innern der Nährzelle; ein Ast desselben tritt weit nach außen

---

[1] Pringsheim's Jahrb. f. wiss. Botan. II. 1860, pag. 179.

[2] Bullet. de la soc. bot. de France 1870, pag. 297.

[3] Hedwigia 1877, pag. 88.

hervor und trägt auf seiner Spitze ein Köpfchen von 6 bis 12 kugeligen Sporangien, welche Schwärmsporen erzeugen, die durch eine runde Öffnung an der Spitze entleert werden.

---

5. Kapitel.

Peronosporaceen.

Vorkommen, Organisation und Einwirkung der Peronosporeen.

Fast alle Peronosporaceen sind pflanzenbewohnende Parasiten, ihre Wirte meist phanerogame Landpflanzen aus den verschiedensten Familien, an denen sie *sehr verderbliche Krankheiten* verursachen. Alle haben ein endophytes, einzelliges, schlauchförmiges und verzweigtes *Mycelium*, welches streng nur in den Intercellulargängen wächst, bei manchen Arten aber Haustorien ins Innere der Zellen treibt in Form seitlicher Aussackungen von kolbiger oder schlauchförmiger Gestalt (Fig. 8). Alle entwickeln an der Oberfläche des befallenen Pflanzenteiles Fortpflanzungsorgane, die zur Verbreitung durch die Luft dienen: durch Abschnürung entstehende, einzellige, farblose oder blaßgefärbte Sporen, welche mittelst Keimschlauches keimen, also hier *Conidien* zu nennen sind. Dieselben sind als rückgebildete Sporangien zu betrachten; in der That keimen sie auch bei manchen Arten noch unter Bildung von Schwärmsporen, indem sie, wenn sie im Wasser liegen, ihren Inhalt in eine Anzahl Schwärmsporen umbilden, welche ausschwärmen und durch 2 Cilien beweglich sind (Fig. 9). Bei vielen Arten sind Geschlechtsorgane bekannt: *Oogonien* und *Antheridien*, die sich am Mycelium innerhalb der Nährpflanze entwickeln und in der Hauptsache mit denen der Saprolegniaceen übereinstimmen. Die einzeln im Oogonium erzeugte *Oospore* hat den Charakter einer Dauerspore, sie erreicht nach Ablauf des Winters, wenn der sie enthaltende Pflanzenteil durch Fäulnis sich aufgelöst hat, ihre Keimfähigkeit. Bei manchen Arten treibt sie direkt einen Keimschlauch, bei andern tritt der Inhalt

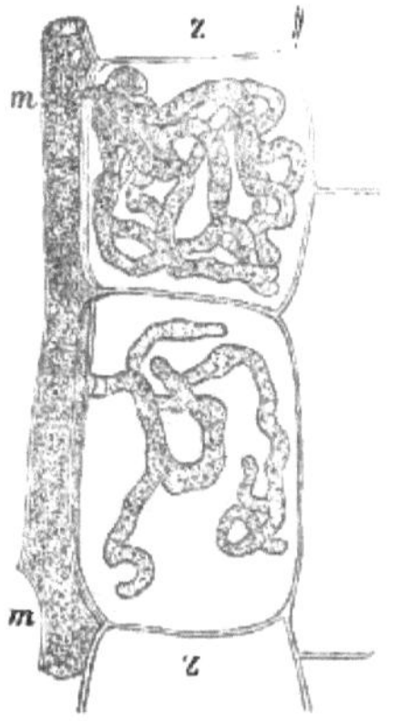

Fig. 8.
Zwei Zellen aus dem Marke einer Asperula odorata, welche von Peronospora calotheca befallen ist. In dem an die beiden Zellen angrenzenden Intercellulargang wächst der *Myceliumschlauch* mm, welcher an jeder der beiden Zellen ein in Form verzweigter Schläuche entwickeltes *Haustorium* durch die Zellmembran in das Innere der Zelle getrieben hat. 390fach vergr. Nach de Bary.

als eine Blase aus dem Exosporium heraus und zerfällt in zahlreiche Schwärmsporen. Die Conidien vermitteln die sofortige Vermehrung und Verbreitung des Pilzes. Die Keimschläuche derselben dringen in die Nährpflanze ein, entweder durch die Spaltöffnungen oder indem sie die Epidermiszellen durchbohren. Die Schwärmsporen, sowohl die aus den Conidien als die aus den Oosporen stammenden, runden sich, nachdem sie eine kurze Zeit lang geschwärmt haben, ab, verlieren die Cilien und umhüllen sich mit einer Membran, worauf sie mittelst Keimschlauches keimen, der sich wie der der Conidien verhält (Fig. 9). Die meisten Peronosporaceen sind von kräftiger Wirkung auf die Nährpflanze, meistens die Gewebe auszehrend und rasch tötend, oft unter nachfolgenden Fäulniserscheinungen. In denjenigen Pflanzenteilen, in denen der Pilz die Oogonien erzeugt, bewirkt er bisweilen zunächst eine Hypertrophie: Größenzunahme und Gestaltsveränderung; die mißgebildeten Teile sind ihren normalen Funktionen entzogen und sterben nach Reifung der Oosporen.

I. Phytophthora *de By.*

Phytophthora.

Die Conidienträger wachsen als Zweige des Myceliums einzeln oder in Büscheln aus dem befallenen Pflanzenteile hervor, wo Spaltöffnungen vorhanden sind, diese vorwiegend als Austrittspunkte benutzend; sie stellen lange, in der freien Luft sich erhebende, baumförmig verzweigte Fäden dar und bilden am Ende jedes Zweiges eine länglichrunde, abfallende Conidie; an jedem Zweige wiederholt sich aber die Conidienbildung, indem die Zweigspitze unter Bildung einer schwachen Anschwellung ein kleines Stück weiter wächst, worauf sie eine neue Conidie erzeugt und abschnürt; die an jedem Zweige sichtbar bleibenden kleinen Anschwellungen geben daher die Zahl der Conidien an, welche an demselben bereits gebildet worden sind. Die Conidienträger, die immer in Menge zum Vorschein kommen, erscheinen in ihrer Gesamtheit dem unbewaffneten Auge wie ein heller, feiner Schimmelüberzug auf dem Pflanzenteile.

Phytophthora infestans und die Kartoffelkrankheit.

1. **Phytophthora infestans** *de By.* (**Peronospora infestans** *Casp.*), die Ursache der Kartoffelkrankheit. Der Pilz befällt sowohl das Kraut als auch die Knollen der Kartoffelpflanze, die dadurch beide unter bestimmten Symptomen erkranken. Nur auf solche Erkrankungen der Kartoffelpflanze, bei welcher sich der genannte Pilz als die Ursache konstatieren läßt, ist die üblich gewordene Bezeichnung Kartoffelkrankheit anzuwenden. Andre etwa unter ähnlichen Syptomen auftretende Erscheinungen dürfen damit nicht verwechselt werden.

Das charakteristische Krankheitsbild ist folgendes. Die Kartoffelkrankheit ist wie kaum eine andre Pflanzenkrankheit epidemischen Charakters, denn sie pflegt über ganze Gegenden und Länder verbreitet aufzutreten und in der Gegend, wo sie einmal ausbricht, gewöhnlich alle Kartoffeläcker, wenn auch in ungleichem Grade, zu befallen. Sie wird zuerst bemerkbar in der Form der Blattkrankheit, Krautverderbnis, Krautfäule oder des Schwarzwerdens des Krautes. Ungefähr von Ende Juni an, je nach Jahren zu etwas verschiedener Zeit, und in den höheren Lagen entsprechend später, zeigen sich, zunächst an einzelnen Stauden, braune Flecke auf einzelnen Fliederblättchen. Die Bräunung beginnt an irgend einer Stelle des Blättchens, in der Mitte oder am Rande oder an der Spitze, und verbreitet sich allseitig weiter. Der gebräunte Teil welkt und schrumpft zusammen; er ist total abgestorben, bei feuchtem Wetter erscheint er weich, bei trocknem zerreiblich dürr. Das sicherste Zeichen der Kartoffelkrankheit ist dabei das, daß man auf der Unterseite des kranken Blattes an der Grenze des gebräunten und des noch lebenden grünen Teiles meist eine ununterbrochene, ziemlich breite Zone von weißlichem, reif- oder schimmelähnlichem Ansehen wahrnimmt; dieselbe rührt von den zahlreichen Conidienträgern her, welche der Pilz hier aus der Epidermis des Blattes hervortreten läßt. Bei feuchtem Wetter und in feuchten Lagen ist dieser weißliche Saum schon auf dem Acker fast ausnahmslos an jedem kranken Blattflecken zu sehen. Wo er nicht vorhanden ist, wie besonders bei trockener Witterung, kann man ihn hervorrufen, wenn das abgepflückte Blatt einige Stunden in einen feuchten Raum gelegt wird. Man darf natürlich nicht jeden sogenannten Brandfleck für ein Zeichen von Kartoffelkrankheit ansehen. So treten besonders beim Beginn des natürlichen Absterbens des Krautes gesunder Pflanzen oft zunächst solche Flecke auf, auch durch andre Ursachen können sie hervorgebracht werden; in allen solchen Fällen ist aber nichts von Conidienträgern und im Innern des Blattes nichts vom Mycelium der **Phytophthora** zu finden. Die Häufigkeit der Flecken und die Größe der vorhandenen nimmt immer mehr zu; auch an Blattstielen und am Stengel zeigen sie sich; manchmal beginnt auch das Absterben und Braunwerden an den jungen Spitzen der Stengel. Schneller oder langsamer wird das ganze Kraut schwarzbraun und abgestorben; bei trockenem Wetter vertrocknet es, bei feuchtem beginnt es unter widerlichem Geruch zu faulen. Oft ist das ganze Kraut eines Ackers lange vor dem natürlichen Absterben der Pflanzen tot und schwarz. Die Krautfäule stellt sich somit als ein verfrühtes Absterben des Krautes dar und wird also für die Produktion der Knollen um so weniger nachteilig sein, je später es eintritt, je mehr es sich dem natürlichen Tode des Krautes nähert, bei welchem die Ausbildung der Knollen vollendet ist. Die Krautverderbnis hat zwar nicht notwendig die Erkrankung der Knollen zur Folge. Meistens aber tritt auf den Äckern, deren Laub vorzeitig schwarz geworden, auch eine Erkrankung der Knollen ein, die sogenannte Knollenfäule oder Zellenfäule. Die frischen Knollen zeigen dann bräunliche, etwas eingesunkene, verschieden große Flecke an der Schale. Auf dem Durchschnitte ist das Gewebe an diesen Stellen meist nur in geringer Tiefe unter der Schale gebräunt, der übrige Teil der Knolle gesund. Manchmal bemerkt man äußerlich noch gar kein sicheres Zeichen der Krankheit, nur eine oft kaum merkliche Mißfarbigkeit; aber auf dem Durchschnitte zeigen sich doch in der Rinde bis zu den Gefäßbündeln einzelne kleine, isolierte oder zusammenhängende, braune Flecke. Wenn anhaltend nasse Witterung herrscht, so kann die Krankheit der Knollen schon im Boden vor der Ernte zum Teil bis zur vollständigen Fäulnis fortschreiten. An denjenigen Knollen aber, die mit jenen ersten Anfängen der Krankheit geerntet worden sind, greift die letztere erst während der Aufbewahrung der Knollen im Winter in den Mieten oder Kellern langsam weiter um sich. Die Flecke vergrößern sich und die Bräunung dringt hier und da tiefer in den Knollen ein; nicht selten verdirbt letzterer endlich auch unter Fäulniserscheinungen. Diese Knollenfäule ist nun nicht mehr als direkte Wirkung des eigentlichen Urhebers der Kartoffelkrankheit, der **Phytophthora infestans** zu betrachten, sondern die notwendige Folge des eingetretenen Todes der Zellen der Kartoffelknollen. Dabei sind in der Regel auch andre Pilze, die mit der **Phytophthora** nichts zu thun haben, beteiligt, nämlich gewöhnliche Fäulnisbewohner, unter deren Einfluß die Zerstörung der kranken Knollen beschleunigt wird. Nur sind je nach den äußeren Umständen die Erscheinungen bei dieser Knollenfäule und die Fäulnispilze, welche sie begleiten, verschiedener Art. Sind die Aufbewahrungsräume trocken, so schrumpft der Knollen zu einer bröckeligen, zuletzt hart werdenden Masse zusammen, was man als trockene Fäule bezeichnet. Meistens siedeln sich auf den trockenfaulen Knollen, vielerlei Schimmelpilze an, welche in Form weißer Polster hervorbrechen, die später gelbliche, zimmtfarbene, grünliche oder bläuliche Farbe annehmen. Am häufigsten bestehen diese Schimmel aus **Fusisporium Solani** *Mart.* und **Spicaria Solani** *Harting.* Beides sind nach Reinke[1]) Conidienformen von Kernpilzen, das erstere gehört zu **Hypomyces Solani**, die letztere zu **Nectria Solani**. Beide sind von Phytophthora schon im Myceliumzustande leicht zu unterscheiden; denn die Myceliumfäden sind mit Querscheidewänden versehen und wachsen nicht bloß zwischen den Zellen, sondern auch ins Innere derselben hinein und pflegen hier gewöhnlich sich in die Stärkekörner einzubohren und dieselben in verschiedenen Richtungen zu durchwuchern, so daß dieselben wie von unregelmäßigen Kanälen durchbohrt und wie zerfressen aussehen. Auf gesunde, lebende Knollen geimpft, vermögen aber die Sporen dieser Pilze, wie de Bary und Reinke gezeigt haben, keine Erkrankung hervorzubringen, da sie eben keine Parasiten sind. Wenn nur ein Stück eines Knollens erkrankt war und dann trockenfaul geworden ist, so grenzt sich oft der lebende saftige Teil durch eine Korkschicht von dem toten ab, wodurch dem letzteren der Saftzutritt abgeschnitten ist, was sein Vertrocknen beschleunigt. Die Korkschicht stellt eine braune, lederartig zähe Schicht dar, welche der erkrankten Partie überall folgt, also bald nur oberflächlich vorhanden ist, bald ins Innere des Knollens eindringt, viele Lücken oder selbst große Hohlräume in dem Knollen austleidet. Das durch eine solche Korkschicht abgeschnittene trockenfaule Gewebe erscheint, wenn es noch nicht ganz vernichtet ist, oft mehr oder weniger weiß pulvrig; es besteht dann noch aus vielen Stärkekörnern, die besonders stark in der beschriebenen Weise verpilzt sind. In feuchter Umgebung aber verwandelt sich der abgestorbene Knollen in eine jauchige, übelriechende Masse; dieses ist die sogenannte nasse Fäule, bei welcher Bakterien die Fäulniserreger sind (S. 21); hier werden auch die Wände der Zellen gelöst und deshalb nimmt das Gewebe eine jauchige Beschaffenheit an, wobei aber die Stärkekörner länger erhalten bleiben. Diese Zersetzung verbreitet sich rascher im Knollen weiter, und dabei ist auch die Bildung einer dem weiteren Forschreiten der Verderbnis Einhalt thuenden Korkschicht erschwert. Daß

[1]) Die Zersetzung der Kartoffel durch Pilze. Berlin 1879.

die kranken Knollen geringere Trockensubstanz und höheren Mineralstoffgehalt und daß die kranken Partien der Knolle viel weniger Zucker aber mehr Stickstoff als die weißen gesunden Partien der Knollen enthalten, wie **Gilbert**[1]) ermittelt hat, läßt sich alles leicht aus der bekannten Wirkung des Pilzes auf die Zellen erklären. Die von der Kartoffelkrankheit befallenen Knollen verwertet man am besten zur Brennerei und Stärkefabrikation. Auch die Verwendung als Viehfutter ist unbedenklich; man kann sie zu diesem Zwecke konservieren durch Dämpfen und Einstampfen in Gruben oder Einsäuern in rohem Zustand.

Der Pilz der kranken Blätter.

In jedem von der echten Kartoffelkrankheit ergriffenen Blatte ist die **Phytophthora infestans** mit Sicherheit zu finden. In der ganzen Umgebung der gebräunten Flecke wächst das Mycelium reichlich im Mesophyll, zwischen den Zellen desselben in verschiedenen Richtungen wuchernd, in Form einzelliger, stellenweise verzweigter, reich mit Protoplasma erfüllter Schläuche von 0,003 - 0,0045 mm Dicke, welche meist keine Haustorien besitzen. Dieses Mycelium verbreitet sich von der kranken Stelle aus allseitig centrifugal im Blatte weiter. In der äußersten Zone, die soeben vom Mycelium erreicht ist, hat das Gewebe noch völlig normale Beschaffenheit. Weiter rückwärts, wo der Pilz schon reichlicher entwickelt ist, beginnt das Gewebe seinen Turgor zu verlieren; das Blatt, wiewohl noch grün, erweist sich hier weicher. Diesem Zustande folgt dann rasch das vollständige Absterben, wobei die Zellen stärker zusammenfallen, der Inhalt desorganisiert und braun gefärbt, die Membranen ebenfalls gebräunt werden. In dem völlig getöteten Gewebe ist der Pilz ebenfalls abgestorben; er findet als Schmarotzer hier nicht mehr seine Ernährungsbedingungen. Dieses Verhalten beweist, daß der Pilz die Zellen krank macht und durch sein Umsichgreifen die Ausbreitung der Krankheit im Blatte bewirkt. In jener Zone um den kranken Fleck, in welcher das Mycelium entwickelt ist, werden auch die Conidienträger gebildet. Bedingung dazu ist, wie schon angedeutet, eine gewisse Feuchtigkeit der umgebenden Luft; denn bei trockenem Wetter vegetiert das Mycelium im Blatte, ohne Fortpflanzungsorgane zu erzeugen. Zweige der Myceliumschläuche dringen an der Unterseite des Blattes durch die Spaltöffnung nach außen und wachsen hier zu den baumförmigen, bis 1 mm hohen Conidienträgern heran (Fig. 9 A, B), welche durch ihre große Anzahl den erwähnten schimmelähnlichen Saum um die kranken Flecken hervorbringen. Der aus der Spaltöffnung hervorwachsende Schlauch bekommt eine dickere Membran als die Myceliumschläuche und erfüllt sich reichlich mit Protoplasma; entweder wächst er zu einem einzigen Conidienträger heran, oder er treibt unmittelbar über der Spaltöffnung mehrere seitliche Ausstülpungen, welche ebenfalls zu je einem Conidienträger auswachsen, so daß ein Büschel solcher aus der Spaltöffnung hervorragt. Auf den Blattnerven, welche keine Spaltöffnungen besitzen, kommen auch Conidienträger einzeln oder in Büscheln vor; hier drängt sich der Conidienträger zwischen je zwei Epidermiszellen nach außen. Die Conidienträger sind in der oberen Hälfte entweder monopodial mit ein oder mehreren Ästen besetzt, welche einfach sind oder wieder einen oder wenige seitliche Ästchen treiben, oder sie sind seltener zwei- bis dreimal gabelig in Äste geteilt, dabei einzellig oder in ihrem Hauptstamme durch einige Querscheidewände geteilt.

[1]) Refer. in Just botan. Jahresber. 1889, II. pag. 198—199.

Die Ästchen letzter Ordnung sind zwei bis dreimal dünner; jedes bildet an der Spitze durch Anschwellung seines Endes und Einwandern des Protoplasmas in die Anschwellung eine Conidie. Nach Abschnürung derselben wiederholt sich die Conidienbildung in der oben beschriebenen Weise. Die

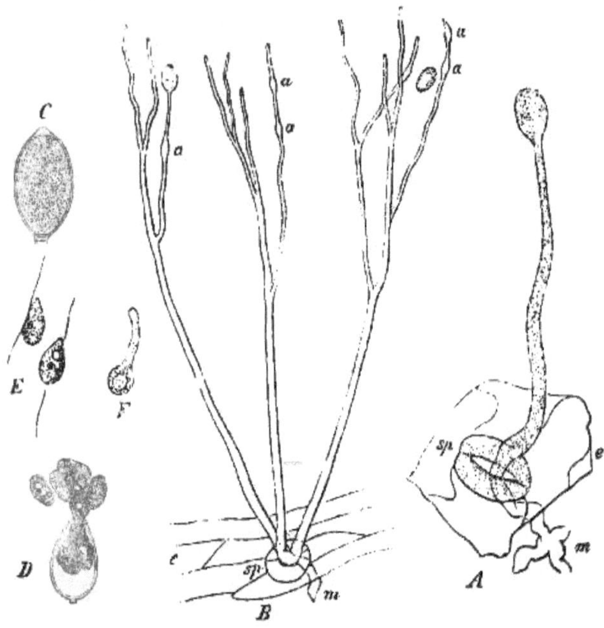

Fig. 9.

Der Parasit der Kartoffelkrankheit (Phytophthora infest aus *de By.*) **auf den Blättern.**

A Ein Stückchen der abgezogenen Epidermis e von der Unterseite des Blattes an einer kranken Stelle. Aus der Spaltöffnung sp ist als unmittelbare Fortsetzung des im Innern des Blattes befindlichen Myceliumschlauches m ein junger Conidienträger aufgewachsen, der noch unverzweigt ist und auf seiner Spitze die erste Conidie zu bilden beginnt. 200 fach vergrößert. B Ein Stück Epidermis e mit einem vollständig entwickelten Conidienträger, der aus der Spaltöffnung sp hervorgewachsen ist, mit dem darunter sichtbaren Myceliumstück m zusammenhängt und zu einem Büschel verzweigter Conidienträger geworden ist. a die eigentümlich angeschwollenen Stellen an den Enden der Aeste, welche die Orte früherer Sporenbildung anzeigen. 120 fach vergrößert. C Eine reife Conidie, an der Spitze mit der Papille, am Grunde mit dem Stielchen. 500 fach vergrößert. D Eine Conidie, in der Form eines Sporangiums keimend, die jungen Schwärmsporen ausschlüpfend. 400 fach vergrößert. E Zwei entwickelte Schwärmsporen. 400 fach vergrößert. F Eine aus einer Schwärmspore gewordene ruhende Spore, mit Keimschlauch keimend. 400 fach vergrößert.

Conidien sind von ovaler Gestalt, im längeren Durchmesser durchschnittlich 0,027 mm, an der Basis mit einem ganz kurzen Stielchen versehen, indem die Abgliederung des Fadens ein wenig unterhalb des Ansatzes der Spore stattfindet. Am Scheitel besitzen sie eine kleine Papille als verdickte Stelle der sonst gleichförmigen, glatten, mäßig dicken, farblosen Membran; der Inhalt ist ganz mit körnigem Protoplasma erfüllt (Fig. 9 C).

Der Pilz der kranken Knollen.

Die kranken Knollen enthalten denselben Parasiten: Myceliumschläuche, in jeder Beziehung denjenigen in den Blättern gleich, wuchern zwischen den großen, mit Stärkekörnern erfüllten Parenchymzellen, selten in dieselben kurze haustorienartige Zweige sendend. Die von dem Pilzmycelium umwachsenen Zellen zeigen gebräuntes Protoplasma, ihre Stärkekörner lösen sich langsam auf, indem sie in der Richtung der Breite schneller abnehmen und daher mehr spindelförmig werden. Die Mycelschläuche finden sich nicht bloß in den gebräunten Stellen, die auf dem Durchschnitte durch einen kranken Knollen sichtbar sind, sondern auch bereits im Umkreise derselben, zwischen Zellen, die noch keine Spur einer Bräunung der Membran oder des Protoplasmas zeigen und überhaupt noch völlig gesund erscheinen. So ist auch hier vor der Erkrankung der Zellen der Parasit zwischen ihnen vorhanden und giebt sich dadurch wiederum als die Ursache jener zu erkennen. Daß dieses Mycelium wirklich der Phytophthora angehört, läßt sich leicht nachweisen, wenn man durchschnittene kranke Knollen, am besten in den ersten Stadien der Krankheit, wo noch keine Schimmelpilze sich angesiedelt haben, unter Glasglocken feucht hält; an den Schnittflächen treiben dann die Mycelfäden die charakteristischen Conidienträger, die dann wie ein weißer Schimmel um die braunen Flecken sich erheben (Fig. 10).

Der Pilz als Ursache der Kartoffelkrankheit. Künstliche Infektionsversuche.

Der Pilz wurde schon im Jahre 1845 gleichzeitig von Frl. Libert und von Montagne an den kranken Kartoffelpflanzen beobachtet. Jene beschrieb ihn unter dem Namen **Botrytis devastatrix**, dieser nannte ihn **B. infestans**. Bald danach ist er von Unger[1]), Caspary[2]) und de Bary[3]) als Peronosporacee erkannt und benannt worden. Daß dieser Pilz auch wirklich die Ursache der Kartoffelkrankheit ist, ist durch das Folgende, was wir über die Entwickelung desselben wissen, unwiderleglich dargethan. Die Conidien sind vom Augenblick ihrer Reife an keimfähig und keimen bei Anwesenheit von Feuchtigkeit schon nach wenigen Stunden. Entweder treibt die Conidie unmittelbar einen Keimschlauch, der sich an der Papille derselben entwickelt. Häufiger spielt sie die Rolle eines Sporangiums, ihr Inhalt zerfällt in eine Anzahl (6—16) gleich großer Portionen, die zu ebensoviel Schwärmsporen sich ausbilden (Fig. 9 D u. E). Letztere verlassen durch die Öffnung, die sich durch Auflösung der Papille bildet, das Sporangium. Sie sind ungleichhälftig oval, nahe dem spitzen Ende mit einem hellen, runden Fleck versehen, hinter welchem zwei lange Cilien sitzen, die nach vorn und hinten gerichtet sind. Nach höchstens halbstündigem Schwärmen im Wasser kommen die Zoosporen allmählich zur Ruhe, runden sich ab und umgeben sich mit einer Zellhaut, worauf sofort die Keimung unter Bildung

---

[1]) Botan. Zeitg. 1847, pag. 314.

[2]) Monatsber. d. Berliner Akad. 1855.

[3]) Journal of Botany 1876, pag. 105, und Die gegenwärtig herrschende Kartoffelkrankheit. Leipzig 1861.

eines Keimschlauches beginnt (Fig. 9 F). de Bary[1]), welcher diese Verhältnisse zuerst beobachtete, hat auch das Eindringen der Keime in gesunde Stengel und Blätter der Kartoffelpflanze verfolgt und nachgewiesen, daß auf diese Weise die Blätter mit der Krankheit infiziert werden. Die Keimschläuche dringen durch die Außenwand der Oberhautzellen in diese ein. Der durch die Zellwand gehende Teil des Keimschlauches bleibt sehr dünn, das eingedrungene Stück schwillt wieder blasenförmig an und verlängert sich zu einem Myceliumschlauch; der Inhalt der Spore wandert in das eingedrungene Stück über. Letzteres wächst nun aus der Epidermiszelle in die Intercellulargänge des darunter liegenden Gewebes. Sporen, die in der Nähe einer Spaltöffnung liegen, können ihren Keimschlauch auch durch diese in die Pflanze senden. Überall, wo ein Keimschlauch eingedrungen und mit Zellwänden in Berührung getreten ist, erscheinen die letzteren intensiv braun gefärbt, und die Färbung kann sich dann auf die nächst benachbarten, nicht direkt vom Pilzfaden berührten Zellen verbreiten. Dann stirbt auch der Zellinhalt unter Bräunung ab. Wir haben also in diesen Erscheinungen den Anfang der Krankheit vor uns.

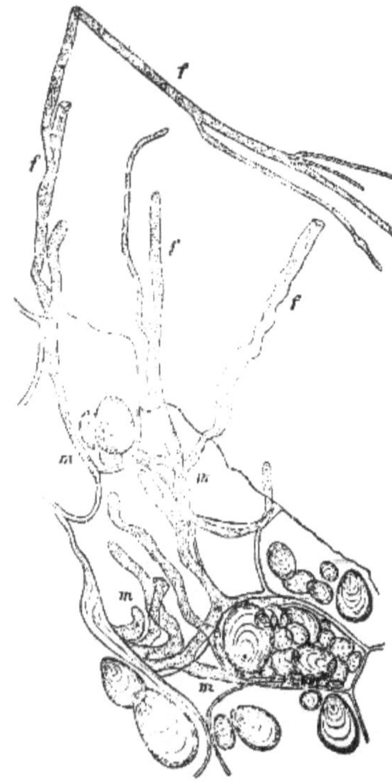

Fig. 10.

Der Parasit der Kartoffelkrankheit (Phytophthora infestans *de By.*) **an den Knollen.** Stück eines Durchschnittes von der Schnittfläche eines kranken Knollen, an welchem Conidienträger des Pilzes f f f (hier zum Teil abgeschnitten) hervorgesproßt sind, denjenigen auf den Blättern gleich; sie treten als Fortsetzungen der Myceliumschläuche m hervor, welche man zwischen den mit Stärkekörnern erfüllten Zellen in großer Zahl bemerkt. Ungefähr 150fach vergrößert.

Auch die Erkrankung der Knollen kann man durch Infektion mit Sporen erzeugen; dies ist zuerst Speerschneider[2]) geglückt. Nimmt man unzweifelhaft gesunde Kartoffeln und befestigt auf ihnen kranke Blattstücke, welche reife

---

[1]) Kartoffelkrankheit, pag. 16—26.

[2]) Bot. Zeitg. 1857, pag. 151,

Conidien tragen, entweder auf die Schnittfläche der zerteilten oder auf die Schale der unverletzten Knollen, so tritt nach wenigen Tagen an den besäeten Stellen die für die Knollenkrankheit charakteristische Bräunung auf, und in diesen Stellen findet sich das Mycelium des Pilzes. Es genügt sogar, um gesunde Kartoffeln anzustecken, nach de Bary's Versuchen, wenn Conidien auf der Oberfläche eines pilzfreien Bodens ausgestreut werden, in welchem die Knollen 1 bis mehrere Centimeter tief untergebracht worden sind, auch wenn der Boden nur mäßig begossen wird. In den unverletzten Knollen dringen die Keimschläuche, indem sie die Korkzellenschichten quer durchwachsen.

Überwinterung des Pilzes. Oosporen-Frage.

Wenn es nun auch unzweifelhaft ist, daß allein die **Phytophthora** die Kartoffelkrankheit verursacht, so ist doch die Frage, wie der Pilz alljährlich zuerst auf den Acker und in das Kraut und die Knollen gelangt, was in sehr verschiedener Weise denkbar ist, noch nicht nach allen Richtungen aufgeklärt. Die Conidien, welche im Sommer auf einem kranken Kartoffelacker gebildet werden und hier unzweifelhaft den Pilz und die Krankheit von Stock zu Stock verbreiten, behalten bis zum nächsten Frühjahre ihre Keimkraft nicht, sondern verlieren nach de Bary's Prüfung dieselbe, wenn sie trocken aufbewahrt werden, nach mehreren Wochen und jedenfalls vor Ablauf des Winters; und diejenigen, welche in den feuchten Ackerboden gelangen, dürften noch rascher vergehen, weil sie keimen und weil es bekannt ist, daß ihre Keimschläuche wenn sie nicht in eine Nährpflanze eindringen können, sehr bald absterben. Die vorjährigen Conidien können also die Krankheit nicht veranlassen. Zweitens könnte nach Analogie vieler andrer Peronosporaceen an etwaige Oosporen gedacht werden, welche überall, wo sie vorkommen, als Dauersporen fungieren und zur Überwinterung der betreffenden Peronosporaceen bestimmt sind. Während nun aber beim Kartoffelpilz gewöhnlich nie eine sexuelle Sporenbildung zu beobachten ist, behauptete eine Reihe englischer Mykologen, die fraglichen Oosporen der **Phytophthora** gefunden zu haben. Schon 1845 wurde von Montagne in den Intercellulargängen faulender Kartoffeln ein Fadenpilz beobachtet mit interstitiell in den Fäden stehenden stacheligen Sporen, den er **Artotrogus hydnosporus** nannte. Smith[1]) hat nun 1875 in kartoffelkranken Blättern, die er in Wasser faulen ließ, reichlich Myceliumfäden mit aufsitzenden sporenähnlichen Körpern von zweierlei Art gefunden: die einen größer und bisweilen einen stacheligen Körper enthaltend, welcher **Artotrogus** glich, die andern kleiner und an dünneren Fäden sitzend. Jene erklärt er für die Oogonien, diese für die Antheridien der **Phytophthora** der Kartoffelkrankheit, eine Behauptung, welcher auch Berkeley[2]) beipflichtete. Smith[3]) hat die vermeintlichen Oosporen gesammelt und in versiegelten Flaschen mit etwas Wasser über Winter aufbewahrt. Die Mehrzahl derselben soll während dieser Zeit bis auf das Doppelte ihres Durchmessers sich vergrößert haben und ihre Membran dunkelbraun und warzig oder stachelig geworden sein. Im Frühjahr sei Bildung von Zoosporen erfolgt, die in einer gemeinschaftlichen Blase aus der Oospore hervortraten, mit zwei Cilien schwärmten, nach einiger Zeit zur Ruhe kamen und Keimschläuche trieben. Auf Kartoffelscheiben ausge-

[1]) Gardener's Chronicle 1875, 10. Juli.
[2]) Gardener's Chronicle 1876, Bd. V, pag. 402.
[3]) l. c. 1876, Bd. VI. pag. 10—12 u. 39—42

säet sollen sie Mycelien mit den Conidienträgern der Phytophthora hervorgebracht haben. Später seien Oosporen auch direkt in Keimschläuche ausgewachsen. Hiergegen ist erstens zu bemerken, daß eine Bildung von Oosporen unter diesen Umständen bei allen übrigen Peronosporaceen unerhört ist, denn diese Organe werden immer in der lebenden Nährpflanze, in der Regel sogar unter eigentümlichen hypertrophischen Erscheinungen derselben gebildet. Nun haben aber die sorgfältigsten Nachforschungen, die auf alle Teile kranker Kartoffelpflanzen gerichtet wurden, niemals diese Organe finden lassen. Zweitens ist es durch de Bary's[1]) spätere Untersuchungen wenigstens sehr zweifelhaft geworden, daß die Smith'schen Körper Organe der Phytophthora sind. Wenn kranke Kartoffelstücke in Wasser gelegt werden, so treibt das Mycelium des Parasiten auch in das Wasser Zweige, welche sich wie Conidienträger verzweigen, auch Zoosporen bilden; aber Oogonien entstehen an ihnen nicht und der Parasit stirbt mit beginnender Fäulnis ab. Nun hat aber de Bary in alten Knollen, welche im Boden ihre Sprossen getrieben hatten und schon stark eingeschrumpft waren, sowie in solchen Knollen und in solchem Kraut, welches durch Phytophthora getötet war, verschiedene andre Peronosporaceen gefunden, welche dort saprophytisch leben, besonders Pythium Artotrogus, P. de Baryanum und P. vexans, mit deren Oogonien und Antheridien wahrscheinlich die vermeintlichen Geschlechtsorgane der Phytophthora verwechselt worden sind. Wenn die aus den Oosporen dieser Pilze kommenden Schwärmsporen auf Teile der Kartoffelpflanze gesäet werden, so starben sie ab und drangen nie in das Gewebe ein, während sie z. B. auf verschiedenem totem Material üppig gediehen. Auch Sadebeck[2]) fand in erkrankten Kartoffelpflanzen das Pythium de Baryanum und konstatierte dabei die Abwesenheit der Phytophthora. Die Angabe Smorawski's[3]), er habe an einem einzigen Präparate junge Oogonien im Zusammenhange mit den Conidienträgern der Phytophthora infestans gesehen, kann wegen sehr flüchtiger Beobachtung keinen Wert beanspruchen. Es muß also angenommen werden, daß der Phytophthora in der Kartoffelpflanze keine überwinternden Oosporen bildet.

Überwinterung des Pilzes in den Knollen.

Dagegen ist es sicher, daß die Phytophthora sich den Winter über durch das in den Knollen perennierende Mycelium erhält. Die während des Winters in den Aufbewahrungsräumen liegenden Kartoffeln enthalten das Mycelium des Pilzes; dieses lebt mit den Knollen weiter, so lange diese der Krankheit nicht erlegen sind. Der Pilz hat aber in den Aufbewahrungsräumen auch Gelegenheit und günstige Bedingungen, Conidienträger zu entwickeln und durch Conidien sich fortzupflanzen. An etwaigen Wundstellen der kranken Flecken der Knollen, sowie auf den jungen Anfängen der Triebe, die sich Ende Winters aus den Augen zu entwickeln beginnen, und in die das Mycelium aus den kranken Knollen eingedrungen ist, kommen nicht selten Conidienträger zum Vorschein[4]). Diese Conidien können nun teils noch während der Aufbewahrung die gesunden Knollen und Trieb-

---

[1]) Journal of Botany 1887, pag. 105 ff. und Botan. Zeitung 1881, pag. 617.

[2]) Bot. Zeitg. 1876, pag. 268.

[3]) Landwirtsch. Jahrb. XIX. 1890, pag. 1 ff.

[4]) Vergl. Kühn, Zeitschrift der landw. Centralver. d. Prov. Sachsen 1871, Nr. 11.

anfänge inficieren, teils werden sie sich bei der Aussaat mit auf die Felder verbreiten und hier auf den jungen Trieben geeignete Bedingungen für ihre Entwickelung finden. Noch sicherer gelangt aber der Pilz durch das in den Saatknollen lebende Mycelium auf den Acker denn es ist auch bei der sorgfältigsten Auslese der als Saatgut zu verwendenden Kartoffeln unmöglich, jede kranke Stelle eines Knollens zu erkennen. An den in den Boden ausgelegten kranken Knollen können sich aber, wie ebenfalls durch Beobachtung nachgewiesen ist, in derselben Weise wie in den Aufbewahrungsräumen, Conidienträger bilden. Besonders aber ist hier nun das Mycelium selbst wieder weiterer Entwickelung fähig. De Bary[1]) hat nachgewiesen, daß in der That das Mycelium in den Saatkartoffeln durch die jungen Triebe emporwächst und hier endlich die Krankheit des Laubes erzeugt. Ist das Mycelium nur spärlich in einen Trieb eingedrungen, so kann derselbe äußerlich gesund erscheinen und sich zunächst normal entwickeln. Wenn aber das Mycelium in reichlicher Menge in einen Trieb gelangt ist, so wird dieser bald getötet. Es kommt daher vor, daß schon beim Austreiben der Knollen einzelne junge schwarzgewordene Triebe gefunden werden, welche das Mycelium massenhaft enthalten und leicht Conidienträger erscheinen lassen. Diese ersten Anfänge der Krautverderbnis und der Bildung frischer Conidien werden zwar, wenn einigermaßen gute Saatkartoffeln gelegt worden sind, nur sehr vereinzelt und unbemerkt auftreten, aber sie genügen bei der von nun an wachsenden Vermehrungsfähigkeit des Pilzes, um denselben früher oder später zu auffallenderer Erscheinung zu bringen De Bary[2]) hat dies auch bei Pflanzungen im freien Lande konstatiert. Im März inficierte Knollen wurden im April ausgepflanzt; einzelne der getriebenen Sprossen wurden braun und enthielten das Mycelium; von diesen aus wurde dann schon im Mai eine weiter gehende Erkrankung der Blätter beobachtet. Diesen Ergebnissen widerstreiten nicht die von Andern gemachten Beobachtungen, wonach kranke Saatkartoffeln, die noch stückweise gesund gewesen sind, bei trockener Aufbewahrung im nächsten Jahre gesunde Pflanzen mit gesunden Knollen ergeben haben[3]); es geht daraus nur hervor, daß das Mycelium aus einem kranken Knollen nicht notwendig auch in den Trieben emporwachsen muß, was übrigens schon die de Bary'schen Versuche gelehrt haben.

Wie die Infektion der Kartoffelpflanze geschieht.

Daraus ergiebt sich, daß die Keime des Kartoffelpilzes in jedem Jahre mit den Saatknollen selbst gelegt werden und daß von diesen der Pilz der Krautfäule seine Herkunft ableitet. Selbstverständlich werden schon ein oder wenige von Hause aus kranke Stauden in einem Acker genügen, um als Infektionsherde die Verseuchung des ganzen Ackers zu veranlassen, wegen der schnellen Vermehrung des Pilzes durch Sporen. Weiter ergiebt sich, daß die Infektion der neuen Knollen teils direkt von dem krank gewesenen Mutterknollen ausgeht, indem das Mycelium aus diesem durch die Stolonen in jene hineinwachsen kann, teils und hauptsächlich aber, wie die oben angeführten

[1]) Kartoffelkrankheit, pag. 48 ff.

[2]) Journal of Botany 1876

[3]) Vergl. z. B. Reeß, Zeitschr. d. landw. Centralver. d. Prov. Sachsen 1872, Nr. 4. Anderweitige derartige Angaben finden sich bei Pringsheim, Annalen der Landwirtschaft Bd. 44, 49 und 57 und Landwirtsch. Jahrbücher 1876, pag. 1137.

Versuche Speerschneider's und de Bary's gezeigt haben, durch die auf dem kranken Laube erzeugten Conidien, welche durch die Luft und dann durch den Boden auf die Knollen gelangen, sei es auf die eigenen Knollen der Pflanze, sei es auf weitere Entfernungen hin nach andern Pflanzen.

Anderweite Nährpflanzen des Kartoffelpilzes.

Es ist aber noch ein andrer Weg denkbar, auf welchem Kartoffelpflanzen mit dem Pilze infiziert werden könnten. Denn die Phytophthora lebt außer auf der Kartoffelpflanze noch auf einigen andern Arten der Gattung Solanum, jedoch fast nur auf solchen, die mit jener die süd- oder mittelamerikanische Heimat teilen. So besonders auf den in den Gärten kultivierten, ebenfalls fiederblätterigen und ausläufertreibenden Arten, wie Solanum etuberosum *Lindl.*, S. stoloniferum *Schl.*, S. utile *Kl.*, S. Maglia *Molin.*, S. verrucosum *Schl.*, und auf dem Bastard S. utile-tuberosum *Kl.*, ferner auf den in unsern Gärten häufig kultivierten Tomaten (S. Lycopersicum), deren Laub oft durch den Pilz erkrankt, sowie auf dem australischen S. laciniatum *Ait.* Lagerheim[1]) beobachtete den Pilz auch in Ecuador auf den dort der schmackhaften Früchte wegen kultivierten „Pepinos“ (Solanum muricatum *Ait.*), welche er zur Fäulnis bringt. Nach de Bary läßt sich der Pilz kümmerlich auch auf Solanum Dulcamara kultivieren, meidet aber übrigens streng unsre einheimischen Nachtschattenarten, die wie S. nigrum u. a. als Unkräuter auf Kulturland wachsen. Ferner fand ihn Berkeley auf den Blättern von Anthocercis viscosa, einer neuholländischen Scrofulariacee, und de Bary in einem Garten bei Straßburg auf der chilenischen Scrofulariacee Schizanthus Grahami. Indessen ist die Annahme naheliegend, daß wenn der Pilz auf diesen Pflanzen gefunden wird, er umgekehrt erst von der Kartoffelstaude auf diese übergegangen ist. Auf allen diesen Pflanzen ruft übrigens der Pilz dieselben Krankheitssymptome hervor, und auf keiner ist er mit Oosporen gefunden worden.

Historisches.

Die im Vorstehenden charakterisierte Kartoffelkrankheit ist erst seit 1845 in Europa allgemein bekannt. Nachdem sie in den Jahren 1843 und 1844 in Nordamerika zuerst besorgniserregend aufgetreten war, brach sie in dem naßkalten Sommer des Jahres 1845 epidemisch in den kartoffelbauenden Ländern Europas aus und dauerte in gleich verheerender Weise bis 1850. Seitdem hat sie zwar an Heftigkeit nachgelassen, ist aber nicht verschwunden; sie zeigt sich fast in jedem Jahre: in trockenen Sommern schwach und selten, in allen nassen Jahren in starkem Grade und allgemein verbreitet. Es ist unzweifelhaft, daß sie schon vor 1845 in Europa gewesen ist; da aber erst in diesem Jahre durch die Heftigkeit ihres Ausbruches die allgemeine Aufmerksamkeit auf sie gelenkt wurde und erst seit dieser Zeit ihre genauere Kenntnis begonnen hat, so läßt sich die Identität von Erkrankungen der Kartoffel, über die aus früheren Jahren berichtet wird, mit der gegenwärtigen nicht mehr mit Sicherheit feststellen. Indessen versichern zuverlässige Beobachter, welche den Ausbruch der Krankheit 1845 erlebten, daß es dasselbe Übel sei, welches schon seit Anfang der vierziger Jahre stellenweise in Deutschland aufgetreten ist, und in Frankreich soll die Krankheit längst vorhanden gewesen sein, aber nur wegen geringer Verbreitung keine allgemeine Aufmerksamkeit erregt haben[2]). Dies deutet darauf hin, daß wahrscheinlich schon in früher Zeit der Pilz mit der Kartoffel nach Europa

[1]) Refer. in Zeitschr. f. Pflanzenkrankheiten II. 1892, pag. 161.

[2]) Vergl. de Bary, Kartoffelkrankheit, pag. 64.

gekommen und hier erst nach langer Dauer unbemerkten Auftretens die jetzige Verbreitung erlangt hat. In der Heimat der Kartoffel, den Hochländern des wärmeren Amerikas, ist die Krankheit von jeher heimisch. Ihre Einwanderung in die alte Welt hat wahrscheinlich mit den Knollen stattgefunden, weil in diesen das Mycelium des Parasiten perenniert.

Wenn auch die Phytophthora die alleinige Ursache der Kartoffelkrankheit ist, so haben doch Witterung und Boden einen großen Einfluß auf die Entwickelung des Pilzes und somit auf die Ausbreitung der Krankheit. Die wichtigste, wenn nicht einzige Rolle hierbei spielt die Feuchtigkeit. Alles, was einen dauernd hohen oder plötzlich sich steigernden Feuchtigkeitsgrad der Luft und des Bodens bewirkt, befördert die Krankheit. So ist es unzweifelhaft, daß die Epidemie, die wahrscheinlich durch die Verbreitung der Phytophthora über die kartoffelbauenden Länder längst vorbereitet war, infolge der abnorm nassen Witterung des Jahres 1845, die dem Pilz mit einem Male ungewöhnlich günstige Bedingungen schuf, plötzlich überall zum Ausbruch kam. In regenreichen Jahren tritt seitdem immer die Kartoffelkrankheit bedeutend stärker auf als in trockenen Sommern. Wenn auf trockene Tage regnerisches Wetter oder kühlere, die Taubildung befördernde Witterung folgt, so erscheint sie nicht selten plötzlich. Eriksson's[1] Beobachtungen in Schweden haben freilich keinen genauen Parallelismus zwischen der Regenmenge und der Intensität der Krankheit ergeben. Eher schien eine ungefähr vierjährige Periode allmählicher Steigerung mit darauf folgendem Abfallen zu einem Minimum zu bestehen. Eingeschlossene Lagen, wie zwischen Wald oder in engen Thälern, desgleichen nasser Boden, wo also häufig Nebel- und Taubildung stattfindet, zeigen gewöhnlich die Kartoffelkrankheit stärker als freie Lagen und trockene Böden. Und aller Einfluß, den man überhaupt den Bodenarten und der Düngung zugeschrieben hat, möchte vielleicht nur auf den verschiedenen Feuchtigkeitsverhältnissen derselben beruhen. Trockne leichte Böden, namentlich Sandböden, zeigen die Krankheit weniger stark als die schwereren Bodenarten. Die fördernde Wirkung des erhöhten Wasserdampfgehaltes der Luft beruht einesteils darauf, daß der Pilz in einer Pflanze, deren Verdunstung gehindert ist, viel rascher zu wachsen und um sich zu greifen scheint, anderenteils und hauptsächlich darauf, daß in feuchter Luft die Bildung von Conidienträgern, die in trockener Umgebung fast ganz unterbleibt, mächtig hervorgerufen und dadurch eine bedeutende Vermehrung des Pilzes bewirkt wird (s. oben), sowie daß die Bildung von Schwärmsporen, die Keimung und das Eindringen derselben nur bei Gegenwart von Feuchtigkeit (Regen- oder Tauwasser) möglich ist. Die Höhe über dem Meere scheint ohne Einfluß zu sein, soweit nicht die größere Feuchtigkeit der Gebirgsgegenden förderlich wirkt; die Krankheit geht vom Tieflande bis an die obere Grenze des Kartoffelbaues.

Einfluß von Witterung und Boden.

Die Kulturmethoden haben keinen besonders ersichtlichen Einfluß gezeigt. Einen Schutz gegen die Krankheit versprach man sich eine Zeitlang von der Gülich'schen Anbaumethode, bei welcher die neuen Knollen sich in Erdhügeln bilden, höher als die tiefsten Stellen der Bodenoberfläche, an denen sich das Regenwasser, welches viele Sporen von den Blättern abwäscht, sammelt. Die Erfahrung hat aber gezeigt, daß auch in diesem Falle

Einfluß der Kulturmethode.

[1] Berichte der Botaniska Sällskapet i Stockholm, 14. Nov. 1884.

der Pilz nicht von den neuen Knollen abgehalten wird, was sich leicht aus dem Vorhergehenden erklärt. Indes soll nach den Versuchen von Jensen[1]) eine 3 bis 5 Zoll hohe Erdschicht über den Knollen diese vor dem Erkranken schützen, wenn man die Erde mit sporenhaltigem Wasser begießt; bei Sandboden soll schon eine 1,5 Zoll hohe Schicht hierzu genügen. Darauf gründete Jensen ein Verfahren zum Schutze der Kartoffeln gegen die Phytophthora, darin bestehend, daß die Pflanzen in 80 cm entfernten Reihen stehend, von einer Seite 26–30 cm hoch angehäufelt werden, so daß das Kartoffelkraut eine merkliche Neigung nach der entgegengesetzten Seite erhält. Nun haben allerdings auch verschiedene Beobachter gefunden, daß bei dem Jensen'schen Verfahren weniger Kranke geerntet werden, nach Maerck[2]) z. B. im Mittel aller Versuche 27,5 Prozent an Kranken, während die gewöhnliche Kulturmethode 35,3 Prozent kranker Knollen ergab. Doch soll nach andern Versuchsanstellern der Ertrag dadurch bedeutend vermindert werden, indem die Knollen sehr klein bleiben, vermutlich weil in den Schutzanhäufelungen der Boden außerordentlich stark austrocknet, was der Knollenbildung besonders bei Böden mit geringer Wasserkapacität nachteilig ist[3]). Für die Beobachtung von Delius[4]), daß die Kartoffeln der kleinen Leute häufig mehr erkrankten als die seinigen, selbst wenn beide von gleichem Saatgute stammten, fehlt es zunächst an einer Erklärung; jedenfalls ist es zweifelhaft, ob, wie der Beobachter will, daraus eine Verbreitung der Pilzkeime durch den Dünger zu folgern ist. Vielfach ist auch der Düngung ein Einfluß zugeschrieben worden. Von den verfehlten Ansichten Liebig's und Andrer, daß die Kartoffelkrankheit durch ungenügende Menge von Kali oder Phosphorsäure bedingt sei, kann gegenwärtig keine Rede mehr sein. Vielfach wurde auch behauptet, daß erhöhte Stickstoffdüngung die Krankheit begünstige. Dies hat sich namentlich bei den Versuchen von Gilbert[5]) gezeigt, wo im Mittel aus den Erträgen von zwölf Jahren bei Nichtstickstoffdüngung die Menge der kranken Knollen zwischen 3,15 und 3,45 Prozent, bei Stickstoffdüngung in verschiedener Form zwischen 4,06 und 7,00 Prozent des Gesammtertrages schwankte; indes trat dieser Unterschied nur in der feuchten, nicht in der letzten vierjährigen trockenen Periode hervor. Man hat auch durch Abschneiden des Laubes kranker Äcker die Knollen vor der Krankheit zu schützen gesucht. Es haben sich aber keine besonders ersichtlichen Resultate gezeigt. Jedenfalls bleiben die Knollen ungewöhnlich klein, wenn der Laubkörper der Kartoffelpflanze allzufrüh genommen wird. Und wenn die Phytophthora im Anfange der Krankheit schon in unterirdischen Ausläufern sich befindet, oder wenn Sporen des Pilzes von benachbarten Äckern durch den Wind herzugeweht werden, so kann auch trotz

[1]) Cit. in Bot. Centralbl. 1883. XV, pag 380. — Die Kartoffelkrankheit und der Schutz gegen dieselbe durch Anhäufeln mit Erde; cit. in Biedermann's Centralbl. f. Agrik. 1885, pag. 473. Vergl. auch Eriksson, Om Potatissjukan dess Historia och Nature etc. Stockholm 1884.

[2]) Zur Bekämpfung der Kartoffelkrankheit, cit. in Biedermann's Centralbl. f. Agrik. 1885, pag. 850

[3]) Vergl. Biedermann's Centralbl. f. Agrik. 1887, pag. 113.

[4]) Zeitschr. d. landw. Centralver. d. Prov. Sachsen 1870, pag. 92.

[5]) Refer. in Just, botan. Jahresber. 1889 II, pag. 197.

der Entlaubung die Krankheit in den Knollen ausbrechen, wie dies ein Versuch Kühn's[1]) gelehrt hat.

Einfluß des Entwickelungszustandes der Pflanze.

Es ist schon von Kühn[2]) hervorgehoben worden, daß es zwei bestimmte Zeitabschnitte im Leben der Kartoffelpflanze giebt, wo die letztere am empfänglichsten für die Krankheit ist. Am schnellsten erliegen junge Triebe, sobald der Pilz wirklich in sie eingedrungen ist, also z. B. von dem kranken Saatknollen aus. Erwachsene Triebe sind dagegen viel widerstandsfähiger, können also gesund bleiben, wenn sie während ihres Jugendzustandes vom Mycelium des Pilzes nicht erreicht worden sind. In einem späteren Stadium, gegen die Zeit der Reife des Kartoffelkrautes, tritt aber wieder eine größere Empfänglichkeit ein, die eben in dem in dieser Zeit gewöhnlichen starken Ausbruch der Krankheit sich kundgiebt, und womit es eben zusammenhängt, daß zu einer und derselben Zeit, z. B. Anfang August, die früheren Sorten rasch durch den Pilz getötet werden, während die späteren Sorten viel schwächer und zwar um so langsamer erkranken, je spätreifender sie sind. Auch hat Kühn die Beobachtung gemacht, daß frühe Sorten, welche ungewöhnlich spät gelegt wurden, wenig erkrankten, während dieselben Sorten, zur gewöhnlichen Zeit gelegt, stark von der Phytophthora befallen wurden. Eine wirkliche Erklärung dieser in der Pflanze selbst liegenden wechselnden Empfänglichkeiten besitzen wir nicht; die Erklärungsversuche Sorauer's[3]) beruhen auf bloßer Spekulation, nicht auf erwiesenen Thatsachen.

Empfänglichkeit der Kartoffelsorten.

Außer Zweifel ist eine verschiedene Empfänglichkeit einzelner Kartoffelsorten für die Krankheit. Dieselbe ist schon durch die vergleichenden Versuche, welche auf Anregung der landwirtschaftlichen Akademien in den Jahren 1871 bis 1873 angestellt worden sind, sowohl bei Kulturen im großen als auch bei direkten Infektionsversuchen erkannt und seitdem wiederholt bestätigt worden. Als Beispiel seien die Versuche Marek's[4]) angeführt, welche z. B. im Jahre 1883 folgende Skala der Widerstandsfähigkeit einzelner Sorten beobachtete; es lieferten: Garnet-Chili 4,5, Seed 5,4, Thusnelda 6,4, Paulsen No. I 6,8, Hertha 7,2, Ceres 7,5, Andersen 8,7, Aurora 9,9, Howora 9,9, Alkohol 12,4, Alkohol violette 12,9 Prozent Kranker. Worauf die verschiedene Empfänglichkeit indes beruht, läßt sich noch nicht genauer beantworten. Die Dicke der Schale dürfte wohl die verschiedene Infizierbarkeit der Sorten nicht bedingen; denn bei sämtlichen ist die Korkschicht für die Phytophthora durchdringbar; indes haben sich freilich die dünnschaligen weißen Sorten zur Erkrankung entschieden mehr als die dickschaligen roten geneigt erwiesen. Auch könnte an die ungleich starke Ausbildung des Laubes bei den einzelnen Sorten gedacht werden, weil die größere Laubentwickelung einen feuchten Raum unter der Pflanze erzeugt, welcher dem Wachstum des Pilzes förderlich ist. Der Kartoffelzüchter Paulsen[5]) behauptet, daß diejenigen Sorten, welche geringen Stärkegehalt besitzen und früh absterben, am wenigsten gegen die Krankheit widerstandsfähig sind, während die lange grünbleibenden Sorten sich als die widerstandsfähigsten zeigen. Die von

[1]) Berichte aus d. physiol. Labor. des landw. Instit. d. Universit. Halle 1872, pag. 82.

[2]) l. c. pag. 81.

[3]) Handbuch d. Pflanzenkrankheiten. 2. Aufl. II. Berlin 1886, pag. 141.

[4]) Cit. in Biedermann's Centralbl. f. Agrik. 1886, pag. 49.

[5]) Biedermann's Centralbl. f. Agric. 1887, pag. 107.

mehreren Forschern ausgesprochene Meinung, daß die Kartoffelkrankheit das Zeichen einer Entartung der Kartoffelpflanze sei, entweder einer durch Kultur überhaupt herbeigeführten Ernährungskrankheit[1]) oder einer Art Altersschwäche[2]) wegen des ungeschlechtlichen Vermehrungsverfahrens, ist durch die Entdeckung des Parasiten widerlegt. Aber auch in dem Sinne, daß die Pflanze durch dieses Vermehrungsverfahren etwa krankhaft disponiert ist und darum den geeigneten Boden für die Entwickelung des Pilzes abgiebt, ist der Satz nicht stichhaltig. Denn auch aus Samen erzogene Pflanzen, in denen also der Organismus zu völlig jugendlicher Regeneration gelangt ist, erliegen, wie de Bary gezeigt hat, der Phytophthora ebenso wie die aus Knollen gezogenen Pflanzen.

Bekämpfungs- und Verhütungsmaßregeln.

Der Kartoffelkrankheit wird zunächst durch alles das entgegengearbeitet werden können, was die Lebensbedingungen des Pilzes ungünstig beeinflußt. Dahin gehört, soweit es in unsrer Macht steht, Verhütung zu großer Feuchtigkeit, möglichste Trockenheit der Aufbewahrungsräume der Knollen im Winter, Trockenlegung zu nasser Felder durch Drainage, Auswahl freier Lagen, Bevorzugung leichterer und rascher trocknender Bodenarten vor den schweren und darum feuchteren Böden, (Mareck, l. c. fand z. B. bei Aussaat von 46 Kartoffelsorten in Sandboden 14,3 Prozent, in Moorboden 26,1 Prozent, in gekalktem Lehmboden 33,2 Prozent, in Humusboden 33,6 Prozent, in Thonboden 36,1 Prozent, in Lehmboden 39,1 Prozent an Kranken), Vermeidung zu starker Düngung mit solchen Stoffen, welche den Feuchtigkeitsgrad des Bodens erhöhen, besonders auch des frischen tierischen Düngers, und überhaupt zu starker Stickstoffdüngungen, Anlage der Reihen in der herrschenden Windrichtung und nicht zu dichter Stand der Stauden. Von großer Wichtigkeit würde sein, solche Sorten ausfindig zu machen, welche der Krankheit am stärksten widerstehen, was bei der jetzt so ergiebig gewordenen Züchtung neuer Sorten nicht schwer sein könnte. Man würde dabei das Augenmerk besonders auf die roten Sorten zu richten haben. Indessen ist hierbei nicht auf allgemein gültige Resultate zu rechnen, sondern die Widerstandsfähigkeit der Sorten muß je nach Gegenden besonders ausprobiert werden, weil klimatische und Bodenverhältnisse hierbei mitsprechen dürften und es also denkbar ist, daß in der einen Gegend diese, in einer andern jene Sorte größere Immunität zeigt.

Verwendung gesunten Saatgutes.

Eine Reihe andrer Mittel richtet sich gegen den Pilz selbst. Obenan steht hier die Verwendung gesunden Saatgutes. Wenn unsre gegenwärtigen Ansichten von der Entstehung des Pilzes nicht falsch sind, so müßte es ein sicheres Radikalmittel zur Vernichtung des Kartoffelpilzes sein, wenn wir im stande wären, allgemein nur lauter pilzfreie Knollen auszusäen. Es ist also besonders nach solchen Jahren, in denen die Krankheit allgemeiner aufgetreten ist, mit größter Sorgfalt auf möglichst gesundes Saatgut zu achten, alle irgendwie verdächtigen Knollen sind auszuschließen oder womöglich Kartoffeln von Äckern, welche befallen waren, nicht als Saatgut zu verwenden, und das letztere aus Gegenden, wo keine Kartoffelkrankheit herrschte, zu beziehen.

---

[1]) Schleiden, Encyklopädie d. theoret. Naturwissensch. in ihrer Anwendung auf d. Landwirtschaft. 3 Bde. Braunschw. 1853, pag. 468 ff.

[2]) Jessen, über die Lebensdauer d. Gewächse u. d. Ursachen verheerender Pflanzenkrankheiten. Verhandl. d. Leop. Carol. Akad. 1855.

Daß ein gemeinschaftliches Verfahren aller Besitzer der Gegend nach solchen Prinzipien von größter Wichtigkeit hierbei wäre, liegt auf der Hand.

In der neueren Zeit hat man sich besonders zu Behandlungsweisen der Kartoffelpflanze mit pilztötenden Mitteln gewendet, in der Absicht, dadurch die Phytophthora zu töten. Schon früher wurden derartige Mittel probiert. Man empfahl Petroleum, mit Kohle und Kalk gemischt, auf den Acker zu bringen; doch ist dies den Pflanzen selbst schädlich. Versuche, das Laub der Kartoffelpflanze zu schwefeln, wie man den Weinstock zur Verhütung des Mehltaupilzes allerdings mit Erfolg schwefelt, haben hier keine befriedigenden Resultate ergeben. Neuerdings ist nun, zuerst wohl 1887[1]), die Behandlung mit den oben erwähnten Kupfermitteln, insbesondere mit der Bordelaiser Brühe (S. 10) bei der Kartoffel probiert worden, nachdem dieses Mittel zur Verhütung der Peronospora des Weinstockes sich so gut bewährt hat (s. unten). Nun hat man aber dabei außer Acht gelassen, daß die Lebensweise der Peronospora des Weinstockes derjenigen des Kartoffelpilzes durchaus nicht gleich ist: jene lebt nur in den oberirdischen Teilen der Pflanze und da ist es ja begreiflich, daß eine Bedeckung dieser Teile mit Kupferkalk den Pilz am Eindringen hindern oder dasselbe doch wenigstens erschweren wird; bei der Kartoffelpflanze darf bezüglich des Laubes dasselbe gelten; aber hier lebt der Pilz doch auch in den Knollen, die ja durch keine Kupferbedeckung gegen das Eindringen desselben geschützt werden können; es könnte also hier höchstens indirekt eine Verminderung der Knollenerkrankung erwartet werden wegen der Verminderung der Pilzfruktifikation auf den Blättern; aber es kommen doch nicht bloß von den Blättern derselben Pflanze, sondern auch aus weiterer Entfernung durch die Luft Sporen unsres Pilzes auf den Acker. Prüft man nun aber die vielen gemachten Versuche, die Kartoffeln mit Kupfer zu bespritzen, auf die Frage, ob dadurch die Knollen vor der Erkrankung beschützt worden sind, so geben sie ein negatives Resultat, denn unter den von den bespritzten Parzellen geernteten Kartoffeln ergaben sich in der That Kranke, wenn auch wohl weniger als auf den nicht bespritzten. Aber nach einer andern Richtung haben diese Versuche ein auffallendes Resultat ergeben: gewöhnlich blieb das Kraut der bespritzten Kartoffeln länger grün und der Ertrag an Knollen wurde bedeutend gesteigert. So erhielt Steglich[2]) auf seinen je 50 qm großen Parzellen folgende Erträge in kg:

Behandlung mit fungiciden Mitteln.

Sorten	unbehandelt	Bordelaiser Brühe
Sächsische weißfleischige Zwiebel . .	50	76
Lercheneier	61,8	67
Bisquit	38,9	64
Champion	119,5	133
Andersen	116	136
Magnum bonum	91,2	100

[1]) Vergl. Biedermann's Centralbl. f. Agrik. 1887, pag. 283.
[2]) Nachrichten aus d. Klub d. Landwirte. Berlin 1893, No. 309.

5*

Es wurde von Steglich auch festgestellt, daß die Kupfervitriol-Specksteinmischung (S. 11) ähnliche, aber schwächere, Eisenvitriol mit Kalk dagegen ungünstige Wirkung hatten. Der Einfluß der Behandlung auf den Stärkemehlgehalt der Kartoffeln bewegte sich in dem gleichen Sinne. Die Bespritzung wurde bei diesen Versuchen dreimal: 12. Juni, 17. Juli und 15. August ausgeführt. In den bei Steglich erwähnten, von Andrä zu Limbach ausgeführten größeren Feldversuchen, wo nur einmal, 3. bis 6. August, bespritzt wurde, erntete man von Magnum bonum-Kartoffeln auf einer 0,428 ha großen unbehandelten Fläche 7750 Pfund, auf einer ebenso großen behandelten Fläche 10100 Pfund. Die Behandlungskosten stellten sich pro ha auf 9 M., der Mehrertrag abzüglich der Behandlungskosten auf 142,32 M. pro ha. Die Versuche von Petermann[1]) ergaben bei Bespritzung mit Eisensulfat 8,3, mit Kupfersulfat 2,5, mit Bordelaiser Mischung 5,5, dagegen auf den nicht behandelten Kontrollparzellen 11,3 bis 13,8 Prozent kranke Knollen; bei Vergleichung der Gesamternten (kranke und gesunde Knollen) aber stellte sich der Ertrag bei Eisensulfat auf 32,93, bei Kupfersulfat auf 35,96, bei Bordelaiser Mischung auf 54,54 und bei den Kontrollparzellen auf 46,37 Kilo, woraus der Vorteil der Bordelaiser Mischung hervorgeht; der geringe Erfolg der reinen Sulfate dürfte auf der ätzenden Wirkung dieser Salze beruhen. Die Marek'schen Versuche[2]) ergaben, daß bei 50 Kartoffelsorten die mit Kupferkalkbrühe bespritzten Stöcke eine Erhöhung der Ernte, bei manchen Sorten um 30—50 Prozent ergaben; die Steigerung wurde durch die Zahl, nicht durch die Größe der geernteten Knollen hervorgebracht. Die Versuche Strebel's[3]) ergaben bei Anwendung von Kupfervitriol-Speckstein einen um 26,3 Prozent höheren, bei Kupferkalkbrühe um 48,7 Prozent höheren Ertrag an Knollen; der Prozentsatz der kranken Knollen bewegte sich bei der unbespritzten Fläche zwischen 5,8 und 23,3 Prozent, bei der bespritzten zwischen 0,0 und 2,8 Prozent. Auch in Nordamerika[4]) sowie in der Schweiz[5]) hat man Kupferbespritzungen an den Kartoffeln mit gleichsinnig günstigem Erfolge vorgenommen. Anderweitige Beobachtungen, die ebenfalls Ertragssteigerung von der Kupferbehandlung ergaben, finden sich in meiner und Krüger's[6]) neuesten Abhandlung über dieses Thema; daselbst sind auch Fälle erwähnt, wo diese Behandlung ungünstig gewirkt hat; denn schwächliche Kartoffelpflanzen können, zumal bei zu starker Bedeckung mit Bordelaiser Brühe, geschädigt werden. Jene günstigen Wirkungen erklärten nun alle bisherigen Beobachter aus der vermeintlichen Zerstörung des Pilzes durch die Kupferbespritzung. Nun ist aber jetzt von mir und Krüger nachgewiesen worden, daß bei vollständigem Fehlen der Phytophthora auch diese vorteilhaften Wirkungen an der Kartoffelpflanze durch das Kupfer hervorgebracht werden, daß es sich also um eine Reiz-

---

[1]) Bull. de la Station agronom. de l'état à Gembloux 1891, No. 48. — Vergl. auch die gleichsinnigen Resultate der von Thienpont in Belgien und Holland gemachten Versuche in Zeitschr. für Pflanzenkrankh. 1892, pag. 46.

[2]) Fühling's landw. Zeitg. 1891, pag. 333 u. 379.

[3]) Refer. in Zeitschr. f. Pflanzenkrankheiten II. 1992, pag. 96.

[4]) Vergl. Zeitschr. f. Pflanzenkrankheiten I. 1891, pag. 100.

[5]) Vergl. dieselbe II. 1892, pag. 179. Über sonstige Bestätigungen ist auch Just, botan. Jahresbericht 1889, II., pag. 200, zu vergleichen.

[6]) Frank und Krüger.

wirkung des Kupfers auf die Lebensthätigkeit der Pflanze handelt, wobei namentlich die Bildung von Assimilationsstärkemehl im Blatte befördert, die Lebensdauer des Blattes verlängert, die Produktion an Knollen vergrößert und die Stärkebildung in denselben vermehrt wird. Ob eine Bekämpfung der Kartoffelkrankheit dadurch erzielbar ist, bleibt also noch unentschieden, wiewohl es denkbar ist, daß mit der Kräftigung der Pflanze, die der Kupferreiz bewirkt, zugleich auch eine größere Widerstandsfähigkeit gegen den Pilz gewonnen wird. Eine Tötung der Sporen, welche auf die gekupferten Blätter auffliegen, dürfte allerdings anzunehmen sein. Daß die Kupferbehandlung der Kartoffeln in andrer Beziehung unbedenklich ist, insbesondere daß in den Knollen so behandelter Pflanzen keine Spur von Kupfer enthalten ist, ist sicher konstatiert.

Ein Versuch, den Kartoffelpilz durch Wärme zu töten, ist von Jensen (l. c.) angegeben worden. Wenn eben geerntete kranke Knollen einer Temperatur von 40—50 Grad C. ausgesetzt wurden, so entwickelten sie danach keine Conidien mehr, indem vielleicht das Mycelium getötet worden war, während die gleichen nicht erwärmten Knollen reichlich Conidienträger produzierten.

2. Phytophthora omnivora *de By.* Dieser Pilz befällt eine sehr große Anzahl verschiedener Pflanzen, besonders gern im Keimlingsalter, und bringt an allen sehr schwere Erkrankungen hervor. Die aus den Spaltöffnungen hervortretenden Conidienträger sind sehr kurz und erzeugen höchstens 2, meistens 0,050 bis 0,060 mm lange Conidien, die in feuchter Luft mittelst Keimschlauch, im Wasser unter Bildung von 10 bis 50 Schwärmsporen keimen. Der Pilz besitzt auch Oosporen mit bräunlichem, glattem Exosporium. Hierher gehört erstens der zuerst von R. Hartig[1]) entdeckte Parasit, welcher die Buchenkotyledonenkrankheit hervorbringt, welche in manchen Gegenden, so bei Frankfurt a. M., im Hessischen und Thüringischen, in den Buchensaatkämpen epidemisch aufgetreten ist. Einige Wochen nach der Keimung, wenn der Trieb über den Samenlappen begonnen hat, bekommen die Kotyledonen am Grunde einen schwarzen Fleck, der sich immer weiter verbreitet und auch dem Stengel sich nach unten mitteilt, so daß die ganze Keimpflanze binnen wenigen Tagen abgestorben ist. Nach den Berichten beginnt die Krankheit gewöhnlich von den an den Waldbestand anstoßenden, also beschatteten Rändern der Saatkämpen oder an den Seiten der Fußsteige; teils sterben ganze Stellen, teils nur Stücke derselben, teils nur einzelne Individuen innerhalb derselben; in einem Falle hatte man bis zu 80 Prozent der Sämlinge durch die Krankheit verloren. Standortsverhältnisse, Feuchtigkeitsgrad und Bodenart haben keinen sichtbaren Einfluß erkennen lassen. Das Mycelium lebt in den noch grünen Kotyledonen und bildet hier außerhalb Conidienträger und gleichzeitig im Innern des Blattes Oogonien und Antheridien. Die Oogonien gelangen mit den abfaulenden Kotyledonen zur Erde. Nach Hartig's Berechnung können in einem einzigen Samenlappen 700000 Stück Oosporen enthalten sein, woraus die Gefahr erhellt, die den Buchenkeimpflanzen droht, wenn sie in einem Boden sich entwickeln, auf welchem ein Jahr zuvor die Krankheit gewesen ist. Hartig fand in der That, daß einige Hand voll solchen Bodens

Ph. omnivora an Buchensämlingen und anderen Keimpflanzen und an Succulenten.

[1]) Zeitschr. f. Forst- u. Jagdwesen VIII. 1875, pag. 121, und Untersuchungen aus d. forst.-bot. Instit. zu München I, 1880.

genügten, um auf einem großen Buchensaatbeet sämtliche etwa 8000 Pflanzen zu töten. Die Oosporen behalten nach Hartig ihre Keimfähigkeit mindestens 4 Jahre. Weiter hat derselbe beobachtet, daß die aus den Conidien stammenden Schwärmsporen ihre Keimschläuche in die Samenlappen oder jungen Blätter eindringen lassen und hier binnen 3 bis 4 Tagen neue Conidienträger erzeugen; durch sie wird also der Pilz und die Krankheit sofort auf benachbarte Pflänzchen weiter verbreitet. Später hat de Bary[1]) durch künstliche Infektionsversuche erwiesen, daß der nämliche Pilz sich auf viele andre Pflanzen und zwar auf Kräuter, z. B. auf Cleome violacea, Gilia capitata, Polygonum tataricum, Clarkia elegans, Lepidium, Oenothera, Epilobium etc. übertragen ließ, wo er namentlich ein Umfallen der Keimpflanzen bewirkt; dagegen nicht auf Solanum-Arten, was also beweist, daß er mit dem Kartoffelpilze nicht identisch ist. Ferner hat de Bary gezeigt, daß auch der von Schenk[2]) an Sempervivum-Arten im Leipziger botanischen Garten beobachtete und Peronospora Sempervivi genannte Pilz, sowie der von Lebert und Cohn[3]) in den Jahren 1868 und 1869 in Breslau auf verschiedenen Cacteen beobachtete Parasit Peronospora Cactorum, welcher eine Fäule der Kaktusstämme hervorbringt, mit dem in Rede stehenden Pilze identisch sind. Endlich ist durch R. Hartig[4]) nachgewiesen worden, daß auch Sämlinge andrer Waldbäume, nämlich des Ahorn, der Fichte, Tanne, Lärche und Kiefer von diesem Pilze befallen werden, wobei diese Keimpflänzchen unter Verfaulen der Wurzel und des Stengelchens umfallen. Um die Krankheit namentlich bei Buchen und andern Waldbäumen zu verhüten, wird man das abgestorbene Laub kranker Pflanzen durch Untergraben oder Verbrennen zu vernichten suchen müssen und solche Saatkämpe, in denen vorher die Krankheit aufgetreten ist, wenigstens in den nächsten Jahren zur Buchensaat nicht wieder verwenden dürfen. Regen und Beschattung befördern den Pilz außerordentlich. Indes ist derselbe nur Keimpflanzen gefährlich.

3. Phytophthora Phaseoli *Thaxter*[5]), auf Phaseolus lunatus neuerdings in Amerika verheerend aufgetreten, soll von der vorigen Art verschieden sein.

II. Peronospora *de By.*

Peronospora. Diese Gattung unterscheidet sich von der vorigen nur dadurch, daß die fein zugespitzten kurzen Ästchen der Conidienträger hier nur ein einziges Mal je eine Conidie abschnüren (Fig. 11 u. 12). Im übrigen treten diese Pilze in derselben Erscheinung und unter denselben pathologischen Veränderungen auf wie die Phytophthora: die vom Pilze befallenen und mit den Fruchthyphen sich bedeckenden grünen Pflanzenteile erscheinen wie mit einem weißen, grauen oder schmutzig violetten Schimmel überzogen und erkranken dabei unter Mißfarbigwerden, Welken und Vertrocknen oder Faulen; bei manchen Arten werden die-

[1]) Botan. Zeitung 1881, pag. 585.
[2]) Botan. Zeitung 1875, pag. 691.
[3]) Cohn's Beitr. z. Biologie d. Pflanzen I, 1. Heft, pag. 51.
[4]) l. c. und Lehrbuch d. Baumkrankheiten, 2. Aufl. pag. 57.
[5]) Report of the Mycologist. New Haven 1890, pag. 167.

jenigen Teile, in denen die bei dieser Gattung häufig vorkommenden Oosporen gebildet werden, durch Hypertrophie vergrößert und verunstaltet. Zahlreiche Phanerogamen werden durch diese Parasiten befallen; wir unterscheiden diese Krankheiten nach den Arten, in welche man die Gattung Peronospora einteilt. Es ist klar, daß diese Speciesunterscheidung für die Pathologie von größter Wichtigkeit ist, weil durch sie zugleich der Umfang jeder einzelnen Krankheit bestimmt wird, indem jede Art von Peronospora nur auf ihre speziellen Nährpflanzen übertragbar ist.

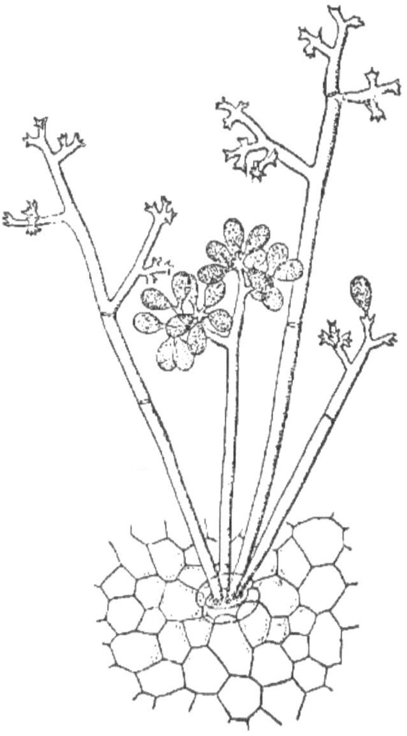

1. Gruppe. Zoosporiparae *de By.* (Plasmopara *Schröt.*) Die Conidien bilden bei der Keimung mehrere Schwärmsporen. **1. Zoosporiparae.**

1. **Peronospora viticola** *de By.* (Plasmopara viticola *Berl. et de Toni*) der falsche Mehltau oder die Blattfallkrankheit des Weinstocks. **Blattfallkrankheit des Weinstockes.** Dieser Parasit befällt Rebenarten, fast alle amerikanischen namentlich **Vitis aestivalis, Labrusca, vulpina** und **cordifolia,** sowie den europäischen Weinstock. Die Krankheit beginnt bei uns aufzutreten von Ende Juni bis Anfang September. Es erscheinen auf der Unterseite der Blätter kleine, weiße, schimmelähnliche Rasen von Conidienträgern. Die befallenen Blattstellen werden braun und trocken; die Blätter fangen an sich zu kräuseln, werden braun und trocken und fallen ab. Dann geht der Pilz auch auf die Blattstiele, jungen Triebe und Ranken, Traubenstiele, Blüten und auf die Beeren über; letztere werden besonders in jungem Zustande befallen und vertrocknen

Fig. 11.
Peronospora viticola, ein Büschel von Conidienträgern, aus einer Spaltöffnung der Blattepidermis des Weinstockes hervorgewachsen, zum Teil noch Sporen tragend. 250fach vergrößert. Nach Cornu.

dann oder fallen ab (Fig. 11). Das Mycelium hat zahlreiche Haustorien; die Conidienträger treten büschelweise aus den Spaltöffnungen hervor und sind rispenförmig verzweigt; die letzten Zweige sind kurz und dichtstehend, in 2 oder 3 Spitzchen auslaufend. Die ovalen, 0,012—0,03 mm langen Conidien haben keine Papille; sie bilden meist 5 bis 6 Schwärmer. Letztere kommen nach 15 bis 20 Minuten zur Ruhe und keimen; die Keimschläuche dringen in Blätter und Früchte unter Durchbohrung der Epidermis ein. Oosporen werden in den Blättern und in den Früchten sehr reichlich gebildet; sie haben ein dickes, hellgelbes, glattes Epispurium. Prillieux[1]), der gleich Cornu[2]) den Pilz genauer studierte, zählte bis zu 200 Stück Oosporen in einem Quadratmillimeter Blattfläche. Dieselben dienen zur Überwinterung des Pilzes; die Keimfähigkeit derselben erhält sich trotz Austrocknung einige Jahre lang. Eine Überwinterung des Myceliums in der Pflanze dürfte für gewöhnlich nicht stattfinden, da dasselbe wenigstens nach den genannten Beobachtern nicht in die älteren holzigen Teile der Rebe eindringt, sondern nur die weichen diesjährigen Organe befällt und mit diesen abstirbt, nur die massenhaften Oosporen zurücklassend, von denen also allein die Infektion in jedem Jahre ausgeht. Später haben aber Baccarini und andre[3]) auch in ein- und mehrjährigen Stammteilen der Rebe das Mycelium des Pilzes samt Oosporen finden können. Und Baillon[4]) sah Reben aus einer infizierten Lage, welche zur Zeit der Vegetationsruhe entblättert in Kies gepflanzt und im Laboratorium gehalten wurden, im nächsten Sommer in den Blättern wieder an Peronospora erkranken. Die Hauptverbreitung des Pilzes erfolgt dann im Sommer durch die Conidien und zwar von Stock zu Stock und selbst von Gegend zu Gegend. Nach den Beobachtungen Prillieux' ist aber Feuchtigkeit die wichtigste Bedingung für die Entwickelung und Verbreitung des Parasiten. Trockenes Wetter hält denselben außerordentlich zurück und bringt die Krankheit zum Stillstand, Regenwetter befördert die Entwickelung des Pilzes mächtig.

Historisches. Die Phytophthora viticola ist seit langer Zeit in Nordamerika verbreitet. Mit Sicherheit ist der Pilz schon von Schweiniz († 1834) dadaselbst gesammelt worden. Genaueres über seine große Häufigkeit in Nordamerika auf den dort gebauten Reben ist von Farlow[5]) mitgeteilt worden. Nach Europa ist er ohne Zweifel mit amerikanischen Reben eingeführt worden. Zuerst konstatierte ihn 1878 Planchon in mehreren Gegenden des südlichen Frankreichs; im Jahre 1879 zeigte sich der Parasit schon bis zum Departement der Rhone und bis Savoyen verbreitet[6]), und erschien nach Pirotta[7]) in Italien in der Provinz Pavia. Das nächste Jahr 1880

[1]) Le Peronospora viticola, Extrait du Journ. de la soc. centrale d'Horticole de France 3. sér. T. 2. 1880. — Annales d'institut nat. agronom. Paris 1881. — Bull. de la soc. bot. de France, 34, pag. 85.

[2]) Etudes sur la nouvelle maladie de la vigne. Mém. de l'acad. des soc. XXII. No. 6. — Vergl. auch Cuboni, La peronospora dei grappoli. Atti del Congr. Nazion. di botan. crittogam. in Parma. Varese 1887.

[3]) Vergl. Just, botan. Jahresb. 1889. II, pag. 201.

[4]) Bull. mensuel de la soc. Linnéenne de Paris 1889, No. 96.

[5]) Referat in Just, botan. Jahresbericht für 1877, pag. 98.

[6]) Compt. rend. T. 89. 6. Okt. 1879.

[7]) Daselbst 27. Okt. 1879.

zeigte er sich noch weiter in Frankreich und sogar bis Algier verbreitet; und in demselben Jahre war auch schon das ganze südtiroler Weingebiet befallen[1]). Im Jahre 1881 wurde der Pilz von Gennadius[2]) in Griechenland entdeckt, und im Jahre 1882 erschien er auch im Elsaß. Im Jahre 1887 wurde er auch aus dem Kaukasus gemeldet[3]). Jedenfalls hat er sich jetzt über das ganze europäische Weingebiet, auch über alle deutschen Weinländer verbreitet, nicht nur am ganzen Rhein, sondern auch bis Berlin und anderwärts.

Bekämpfung.

Die Bekämpfung dieses Rebenfeindes wird zunächst auf möglichste Zerstörung der Oosporen gerichtet sein müssen; wo die Krankheit geherrscht hat, soll man möglichst alle trockenen Weinblätter im Herbste sammeln und verbrennen. Von direkten Gegenmitteln hatte man Schwefeln des Laubes oder Behandlung desselben mit Kalk[4]) vorgeschlagen; beides hat sich jedoch nicht sicher bewährt; auch ist das Bespritzen mit Eisensulfatlösung ohne Wirkung und sogar leicht schädlich. Seit einigen Jahren wird aber das von Millardet vorgeschlagene Mittel, die Bespritzung mit Kupfervitriol-Kalkbrühe (Bordelaiser-Brühe, S. 10) mit Erfolg angewendet. Nach den von Prillieux[5]) angestellten Prüfungen wird das Mycelium des Pilzes in den bespritzten Blättern nicht getötet, der Pilz bringt auch die Conidienträger auf den Blättern zur Entwickelung, aber er verbreitet sich nicht und die Sporen sind nicht keimfähig; jedenfalls behalten die bespritzten Stöcke ihre Blätter grün bis zur Lese und lassen die Trauben vollkommen reifen, während nicht bespritzte Stöcke von Blättern entblößt sind. Weitere Bestätigungen der vorteilhaften Wirkung dieses Mittels liegen auch aus Italien von Hugues, Cuboni und Briosi, aus der Schweiz von Dufour, aus Schachinger aus Österreich, von Chmielewski dem südlichen Rußland, aus Amerika von Galloway[6]) vor. Der Letztere fand, daß unter den Kupfermitteln die Bordelaiser-Brühe die beste Wirkung hat und daß der Erfolg am größten ist, wenn die Stöcke einmal und zwar im Frühlinge vor der Blüte bespritzt werden. Das Mittel erfreut sich gegenwärtig am ganzen Rhein, in Württemberg ꝛc. großer Beliebtheit. In mehreren Kantonen der Schweiz ist jetzt das Bespritzen mit Bordelaiser Brühe für die Weinbauer durch die Regierungen obligatorisch gemacht[7]). Die Bespritzung wird im Frühjahr vorgenommen und später, mit Ausnahme der Hauptblütezeit, erneuert, namentlich wenn durch Regen die Kupferbedeckung abgewaschen worden ist, was übrigens nicht leicht geschieht. Auch empfiehlt es sich, den Boden um die Stöcke herum nach dem Umgraben mit Bordelaiser Brühe oder mit einer mindestens ½ proz. Kupfervitriol-Lösung

---

1) Referat in Just, bot. Jahresber. für 1885, pag. 509.

2) Compt. rend. 18. Juli 1881.

3) Vergl. Just, botan. Jahresber. 1887 II, pag. 357.

4) Vergl. Cuboni, Rivista de viticoltura etc. Conegliano 1885. Cerletti, Atti della R. Academia dei Lincei. Rom 1886, pag. 95.

5) Journ. d'agriculture. XX. 1885. T. II, pag. 731.

6) Vergl. Just, botan. Jahresber. 1887 II, pag. 356—357; 1888 II, pag. 347 und 1889 II, pag. 203. Vergl. auch Zeitschr. f. Pflanzenkrankheiten I, 1891, pag. 33, 252 und II, 1892, pag. 97.

7) Vergl. Zeitschr. f. Pflanzenkrankheiten II, 1892, pag. 57.

zu begießen. Nach Pichi[1]) soll auch das bloße Begießen des Erdbodens um die Weinstöcke mit einer mindestens 5 proz. Lösung oder bloßes Einmengen von Kupfervitriol in den Boden den Erfolg gehabt haben, daß die Weinstöcke mehr vor der Peronospora geschützt blieben, als die nicht so behandelten Nachbarstöcke. Daß die Kupferbehandlung an sich für den Weinstock nicht nachteilig, sondern eher vorteilhaft ist, hat Rumm[2]) konstatiert. Auch ist festgestellt, daß der von solchen Stöcken gewonnene Wein nur unbedeutende Spuren von Kupfer enthält[3]), sowie daß ein Gehalt von Kupfer, welcher geringer ist als 0,150 gr pro Liter, die Gärung ganz unbehelligt läßt, indem die letztere erst bei über 0,3 gr Kupfer pro Liter gestört wird[4]).

Auf Umbelliferen. 2. Peronospora nivea *de By.* auf sehr vielen Umbelliferen, sowohl wildwachsenden, wie Aegopodium Podagraria, Anthriscus sylvestris, Heracleum Sphondylium, Conium maculatum, Meum athamanticum etc. als auch auf kultivierten, besonders auf Petersilie, Kerbel, Mohrrüben, Pastinak, Anis, Pimpinella Saxifraga, bisweilen epidemisch über ganze Ackerstücke verbreitet, auf der Unterseite der Blätter weiße Schimmelrasen bildend, an welchen Stellen die Blätter rasch gelb, zuletzt schwarz und trocken werden. Oosporen mit dünnem, blaßbraunem, fast glatten Exospor.

Auf Geranium. 3. Peronospora pusilla *de By.*, auf den Blättern von Geranium pratense, silvaticum und andern Arten.

Nahe verwandt mit dieser Gruppe wegen der Bildung von Schwärmsporen aus den Conidien sind folgende Parasiten:

Auf Erigeron. 4. Basidiophora entospora *Roze et Cornu*[5]), in den dadurch absterbenden Wurzelblättern von Erigeron canadensis, mit unverzweigten keulenförmigen Conidienträgern, welche an der Spitze an ganz kurzen Ästchen Conidien abschnüren, die unter Bildung von Schwärmsporen keimen, und mit Oosporen, welche ein dickes, faltig eckiges, braungelbes Exosporium besitzen.

Auf Setaria. 5. Sclerospora graminicola *Schröter* (Protomyces graminicola *Sacc.*, Peronospora Setariae *Passer.*, Ustilago Urbani *Magn.*) auf Arten von Setaria, mit dicken, an der Spitze büschelästigen Conidienträgern, deren Conidien mit Schwärmsporen keimen, und mit massenhaften an Brandpilze erinnernden, glatthäutigen Oosporen, die wie ein rotbraunes Pulver aus dem zerstörten Blattgewebe hervortreten[6])

Auf Equisetum. 6. Sclerospora Magnusiana *Sorok.*, auf Stengeln von Equisetum im Ural.

2. Plasmatoparae. 2. Gruppe. Plasmatoparae *de By.* (Plasmopara *Schröt.*) Die Conidien entleeren bei der Keimung das ganze Protoplasma, welches sich dann in eine einzige ruhende Spore verwandelt.

[1]) Nuovo Giornale botan. ital. XXIII. 1891, pag. 361.

[2]) Berichte d. deutsch. bot. Gesellsch. 1893.

[3]) Vergl. Rossel, Journ. d'agriculture suisse. Genève 1886, No. 49.

[4]) Vergl. Zeitschr. f. Pflanzenkrankheiten I, 1891, pag. 184 und II, 1892, pag. 53.

[5]) Ann. des sc. nat. 5. sér. T. XI. 1869, pag 84.

[6]) Vergl. Schröter, Hedwigia XVIII, 1879, pag. 83 und Prillieux, Bull. de la soc. bot. de France 1884, pag. 397.

7. **Peronospora pygmaea** *Unger* (Plasmopara pygmaea *Schröt.*) auf der Unterseite der Blätter von Ranunculaceen, besonders Arten von Anemone, Aconitum, Isopyrum, mit wenigästigen Conidienträgern und mit dünnhäutigen, gelblichbraunen, fast glatten Oosporen. Auf Ranunculaceen.

8. **Peronospora densa** *Rabenh.* (Plasmopara densa *Schröt.*), auf Rhinanthaceen, nämliche Arten von Alectorolophus, Euphrasia, Pedicularis und Bartschia. Auf Rhinanthaceen.

In diese oder in die vorige Gruppe gehören auch folgende zum Teil noch nicht vollständig bekannte Arten:

9. **Peronospora obducens** *Schröt.*, auf den Kotyledonen von Impatiens Nolitangere. Auf Impatiens.

10. **Peronospora ribicola** *Schröt.*, auf Ribes rubrum. Auf Ribes.

11. **Peronospora Epilobii** *Rabenh.*, auf Epilobium palustre und parvifolium. Auf Epilobium.

12. **Peronospora Halstedii** *Farlow*[1]) in Nordamerika auf Helianthus tuberosus, Madia sativa und andern Compositen. Auf Compositen.

3. Gruppe. **Acroblastae** *de By.* (Bremia *Regel.*) Die Conidien treiben bei der Keimung aus ihrer Scheitelpapille einen Keimschlauch. 3. Acroblastae.

13. **Peronospora gangliformis** *de By.* (Bremia Lactucae *Regel*) auf den grünen Teilen verschiedener Compositen, besonders Lactuca sativa und auf L. Scariola, Lampsana communis, Senecio-Arten, Sonchus-Arten, Crepis- und Hieracium-Arten, Leontodon, Lappa, Cirsium-Arten, Artischocken, Cichorien und Endivien. Die Conidienträger, besonders auf der unteren Blattfläche, weiße Schimmelrasen bildend, sind 2 bis 6 mal dichotom geteilt, die letzten Teilungen blasenförmig erweitert und an den Rändern mit zwei bis acht pfriemenförmigen, conidientragenden Ästchen besetzt. Die Conidien sind fast kugelrund. Oosporen finden sich z. B. bei Senecio reichlich, selten bei Lactuca; sie haben ein gelbbraunes, fast glattes Erosporium. Das Mycelium besitzt Haustorien. Der Pilz bewirkt ein Zusammenschrumpfen, Schwarzwerden und Verderben der befallenen Teile. Bei der **Krankheit des Gartensalat** macht er manchmal empfindlichen Schaden, weil er nicht bloß im Sommer, sondern auch im Winter auftritt. In den französischen Gärtnereien wird im Winter und Frühjahr viel Salat exportiert, der dann gewöhnlich verdorben ankommt, wenn die Krankheit, dort „le Meunier" genannt, in unbemerkten Anfängen vorhanden war[2]). Auch an Blumenpflanzen in Gärten und Gewächshäusern macht der Pilz Schaden, so trat er z. B. in einer Cinerarien-Kultur verheerend auf[3]). Auch in Nordamerika ist die Krankheit bekannt. Gegenmittel sind: möglichst schnelles Entfernen der zuerst befallenen Pflanzen aus den Beeten, Vertauschung der Erde in den Kästen, in denen die Krankheit ausgebrochen, nebst den Blattresten, mit frischer Erde, wegen der in jener enthaltenen Sporen, Entfernung solcher Unkräuter der oben aufgezählten Compositen, auf denen der Pilz sich zeigen sollte. Auf Salat, Cichorien und anderen Compositen.

4. Gruppe. **Pleuroblastae** *de By.* Die Conidienträger treiben bei der Keimung einen Keimschlauch, der nicht aus dem Scheitel, sondern an 4. Pleuroblastae.

---

[1]) Hedwigia XXIII, 1883, pag. 143.

[2]) Vergl. Cornu, in Compt. rend. 1878, Nr. 21.

[3]) Monatsschr. d. Vereins z. Beförd. d. Gartenbaues 1878, pag. 543.

der Seite hervortritt. Auf diese Gruppe wird von manchen neueren Mykologen die Gattung Peronospora beschränkt, während dann die vorhergehenden Arten mit besonderen daselbst angegebenen Gattungsnamen belegt werden.

A. Die Oosporen mit glattem oder höchstens unregelmäßig faltigem, aber nicht warzig oder netzförmig verdicktem Exosporium. Die Wand des Oogonium ist dick und fällt nach der Sporenreife nicht zusammen, sondern bleibt deutlich von der Oospore geschieden.

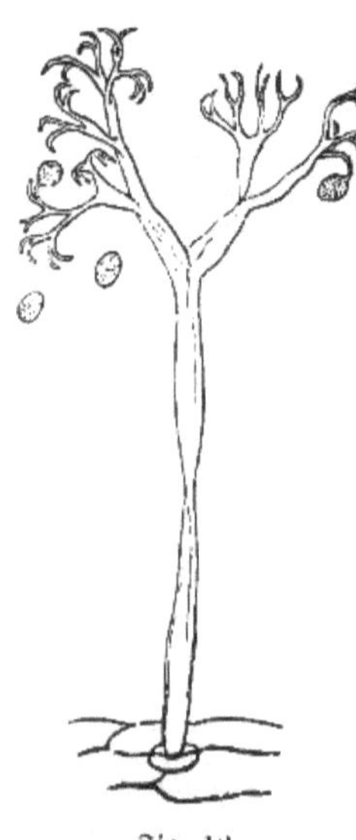

Fig. 12.
Ein Conidienträger von Peronospora parasitica *de By.* aus einer Spaltöffnung hervorgewachsen. 200 fach vergrößert.

Auf Leindötter, Raps, Rübsen, Kohl, Levkoie, Goldlack und vielen anderen Cruciferen.

14. **Peronospora parasitica** *de By.* (Botrytis parasitica *Pers.*), auf den allermeisten Cruciferen, sehr häufig auf den Unkräutern **Capsella bursa pastoris, Thlaspi arvense, Draba verna, Lepidium, Raphanus, Sinapis, Cardamine pratensis, Diplotaxis tenuifolia, Erysimum cheiranthoides, Sisymbrium officinale** und **Alliaria, Berteroa, Alyssum calycinum, Dentaria**; auch erzeugt er eine Krankheit des Leindötter, Raps, Rübsen, Kohl-Levkoie und Goldlack. Die befallenen Teile, Blätter, Stengel, Blütenstand, bedecken sich mit dem grauweißen Schimmel der Conidienträger und werden gelbfleckig oder schrumpfen ganz zusammen. Bei Leindötter, bei **Thlaspi**, auch oft bei **Capsella**, entwickelt sich der Parasit am liebsten im Blütenstande, und zwar in der ganzen Hauptachse der Traube, oder in einzelnen Blütenstielen oder auf unreifen Früchten in allen Entwickelungsstadien derselben, wobei auch diese Teile mit dem Schimmel der Conidienträger überzogen sind. Die Hauptachse ist dann mehr oder weniger hypertrophisch angeschwollen und gekrümmt und enthält dann die Oosporen. Die befallenen Früchte aber schrumpfen zuletzt zusammen und verderben, so daß die Samenbildung vereitelt wird. Das Mycelium ist durch seine zahlreichen, großen Haustorien, welche oft die Nährzelle fast ausfüllen, ausgezeichnet. Die Conidienträger (Fig. 12) sind mehrmals dichotom verzweigt, die letzten dünnsten Gabelzweige sind fein pfriemenförmig und gebogen, jeder mit einer farblosen, elliptischen Conidie. Die Oosporen haben ein dünnes, gelbliches oder bräunliches, ziemlich glattes Exosporium. Fälle, wo an den erwähnten kultivierten Cruciferen, besonders am Raps und Rübsen, großer Schaden durch den Pilz gemacht worden ist, sind mehrfach bekannt[1]). Auch in Nordamerika hat man in Norfolk einen Befall von Turnips-Feldern durch

[1]) Vergl. deutsche landwirtsch. Presse VIII, pag. 303.

den Pilz, beobachtet[1]). Ebenso giebt Spegazzini das Vorkommen des Pilzes in Argentinien an[2]).

Auf Reseda. 15. **Peronospora crispula** *Fuckel*, auf Reseda luteola, ist vielleicht mit der vorigen Art identisch.

Auf Helianthemum. 16. **Peronospora leptoclada** *Sacc.*, auf Helianthemum guttatum in Italien.

Auf Corydalis. 17. **Peronospora Corydalis** *de By.* auf der unteren Seite der Blätter und an den Stengeln der Corydalis cava, die dadurch bald schwarz werden und absterben, einen gleichförmigen weißen Schimmelüberzug bildend.

B. Oosporen wie bei A, aber die Wand des Oogoniums ist dünn und fällt nach der Sporenreife zusammen, so daß sie nicht deutlich von der Oospore sich abhebt.

Auf den Speisezwiebeln. 17. **Peronospora Schleideni** *Unger*, an den grünen Teilen von Allium Cepa und fistulosum, die an den befallenen Teilen mit dem bräunlichen Schimmel der Conidienträger sich bedecken, verblassen und absterben. Die Conidienträger sind entweder 4 bis 6 mal dichotom oder tragen monopodial mehrere seitliche Äste, die in der gleichen Weise verzweigt sind; die oberen Äste sind ein- oder mehrmals gabelig, die letzten Ästchen gebogen, Conidien sehr groß, verkehrt eiförmig oder birnförmig, schmutzig violett. Oosporen dünn und glatthäutig. Der Pilz scheint in ganz Europa verbreitet zu sein, hat neuerlich auch in Italien stark um sich gegriffen[3]). Schwefeln im Frühling soll genützt haben.

Auf Runkelrüben. 18. **Peronospora Schachtii** *Fuckel*, bei einer Krankheit der Herzblätter der Runkel- und Zuckerrüben, auf den befallenen jüngeren Blättern, die dann etwas dicklich, gelbgrün und gekräuselt aussehen, unterseits einen blaugrauen Überzug bildend. Die Conidienträger sind in 2 bis 5 kurze Zweige geteilt, die letzten Ästchen kurz, gerade, abstehend, stumpf, die Conidien eiförmig, schmutzig violett. Die Krankheit ist seit 1854 bekannt und stellenweis in der Provinz Sachsen verderblich aufgetreten. Nach Kühn[4]) überwintert das Mycelium am Kopf der Samenrübe, daher tritt der Pilz in jedem Jahre zuerst an Samenrüben auf. Die Bekämpfung ist also auf genaue Kontrolle der Samenrüben zu richten, den als erkrankt sich erweisenden Pflanzen ist rechtzeitig der Kopf abzustechen, oder sie sind ganz auszuziehen und vom Felde zu entfernen. Außerdem geschieht die Überwinterung auch durch die in den befallenen Blättern gebildeten dick- und braunhäutigen Oosporen. Es ist noch zweifelhaft, ob dieser Pilz nicht etwa mit dem folgenden identisch ist. Das gegen andre Peronosporaceen angewandte Mittel, die Bespritzung mit Kupfervitriol-Kalkbrühe, ist von Girard[5]) auch auf einer Fläche von 14 Hektaren Zuckerrüben, von denen 4 Prozent angeblich durch diesen Pilz erkrankt waren, angewandt worden, worauf die Krankheit verschwand und die Rüben sich zwar nicht mehr vergrößerten, aber 0,5 Prozent mehr Zucker in ihrem Safte enthielten, als die erkrankten, aber nicht bespritzten.

---

[1]) Vergl. Zeitschr. f. Pflanzenkrankheiten I. 1891, pag. 102.

[2]) Refer. in Zeitschr. f. Pflanzenkrankheiten II, 1892, pag. 161.

[3]) Vergl. Zeitschr. f. Pflanzenkrankheiten 1892. II. pag. 308.

[4]) Zeitschr. d. landwirtsch. Centralver. d. Prov. Sachsen, 1872; vergl. auch botan. Zeitg. 1873, pag. 499.

[5]) Compt. rend. 1891, pag. 1523.

Auf Spinat und anderen Chenopodiaceen.

19. Peronospora effusa *de By.*, auf verschiedenen Chenopodiaceen, am häufigsten auf Atriplex patula, von welcher erwachsene Blätter und ganze Triebe bis zu den jüngsten Blättern befallen werden, gewöhnlich mehr oder minder unter Hypertrophie, indem die Teile auffallend bleich bleiben, die Blätter sich verdicken und etwas umrollen, die Zweige etwas dicker und kürzer sind, und wohl auch in größerer Zahl gebildet werden. Die so veränderten Teile enthalten in Menge die Oosporen. Auch auf Chenopodium-Arten kommt der Pilz vor. Bei der Krankheit des Spinat zeigt sich der Parasit gewöhnlich in einzelnen Flecken an der Unterseite der Blätter, die daselbst sich entfärben, wässerig werden, wie gekocht aussehen und rasch verderben. Auch in Nordamerika ist die Art auf Atriplex gefunden worden. Die Conidienträger stellen einen blaß violetten oder grauen Schimmelüberzug dar, sind kurz und dick, oben 2 bis mehrmals gabelig geteilt, die letzten Ästchen entweder dick, kurz pfriemenförmig und hakenförmig herabgebogen, oder aber schlanker und ziemlich gerade abstehend, die Conidien elliptisch, blaß violett. Oosporen mit lebhaft braunem, unregelmäßig faltigem Exosporium.

Auf Ackerspörgel.

20. Peronospora obovata *Bonorden*, auf Stengeln und Blättern des Ackerspörgels (Spergula arvensis), und der Spergula pentandra, die dadurch sich entfärben und verwelken, einen grauen Schimmelüberzug bildend. Die Conidienträger sind 5 bis 7 mal gabelig in abstehende Äste geteilt, die letzten Ästchen kurz pfriemenförmig, gerade oder schwach gekrümmt, die Conidien verkehrt ei- oder keulenförmig, blaß violett.

Auf Herniaria.

21. Peronospora Herniariae *de By.*, auf den krautigen Teilen der Herniaria hirsuta und glabra.

Auf Urticae.

22. Peronospora Urticae *de By.*, auf den Blättern der Urtica urens und dioica.

Auf Mohn.

23. Peronospora arborescens *de By.*, auf den Blättern und den Stengeln von Papaver somniferum, Rhoeas, dubium und Argemone, sowohl auf Keimpflanzen und auf den ersten Wurzelblättern, die ganze Unterseite derselben überziehend, als auch später in den oberen Teilen, besonders in den Blütenstielen, die dann verunstaltet werden, indem sie sich etwas verdicken und oft in Schlangenlinien hin und her krümmen. Die Conidienträger sind ziemlich hoch, oben 7 bis 10 mal dichotom, die Äste gebogen und sperrig abstehend, allmählich verdünnt, die letzten sehr dünn, kurz pfriemenförmig, mehr oder weniger gebogen, die Conidien fast kugelig, fast farblos.

Auf Fumaria.

24. Peronospora affinis *Rossmann*, auf den Blättern von Fumaria officinalis und andern Arten.

Auf Ranunculus und Myosurus.

25. Peronospora Ficariae *Tul.*, auf Blättern von Ranunculus, Ficaria, acris, repens, bulbosum und andern Arten, sowie auf Myosurus minimus einen zusammenhängenden grauen Schimmelüberzug bildend. Die befallenen Blätter sehen etwas bleichgrün aus, haben meist einen längeren, steif aufrechten Stiel und etwas kleinere Blattfläche und sterben zeitig ab. Das Mycelium überwintert nach de Bary in den perennierenden Teilen, z. B. in den Brutknospen von Ranunculus Ficaria.

Auf Viola.

26. Peronospora Violae *de By.*, auf den Blättern von Viola biflora, Riviniana und tricolor var. arvensis.

Auf Euphorbia.

27. Peronospora Euphorbiae *Fuckel*, auf Euphorbia Esula, platyphylla, falcata etc.

28. Peronospora Chrysosplenii *Fuckel*, auf den Blättern von Chrysosplenium alternifolium und Saxifraga granulata.
Auf Chrysosplenium.

29. Peronospora Potentillae *de By.*, (Peronospora Fragariae *Roze* et *Cornu*), auf den Blättern verschiedener Potentilla-Arten, auf denen von Alchemilla, Agrimonia, Sanguisorba, Poterium, Fragaria und Rubus.
Auf Potentilla etc.

30. Peronospora conglomerata *Fuckel* (Peronospora Erodii *Fuckel*), auf den Blättern von Erodium Cicutarium und verschiedenen Geranium-Arten.
Auf Erodium und Geranium.

31. Peronospora Trifoliorum *de By.*, auf der unteren Blattfläche verschiedener Arten von Trifolium, Melilotus, Medicago und Lotus, unter gelber Entfärbung der befallenen Blattstellen, bisweilen unter gänzlichem Verderben der Pflanze. Befallene Medicago lupulina soll nach Rostrup[1]) zur Entwickelung 4- bis 5 zähliger Blätter neigen. Die Conidienträger sind mehrmals dichotom, die letzten Ästchen pfriemenförmig und schwach gebogen, die Conidien blaß violett, die Oosporen lebhaft braun.
Auf Klee, Luzerne rc.

32. Peronospora Cytisi *Rostr.*, welche nach Rostrup[2]) in Keimlingspflanzen von Cytisus Laburnum in einem Saatbeet bei Roskilde in Seeland 1890 viel Schaden machte und schon 1888 aufgetreten war, gehört auch in diese Gruppe. Denn Kirchner[3]), welcher den Pilz auch bei Hohenheim an Cytisus Laburnum und C. alpinus fand, hat die Keimung der Conidien und die Oosporen beobachtet.
Auf Cytisus.

33. Peronospora candida *Fuckel*, auf Blättern von Anagallis coerulea, Primula veris und Androsace.
Auf Anagallis etc.

34. Peronospora Lamii *A. Br.*, auf den Blättern von Lamium purpureum und amplexicaule, Stachys palustris, Salvia pratensis, Thymus und Calamintha.
Auf Labiaten.

35. Peronospora grisea *Unger*, auf den grünen Teilen vieler Arten von Veronica.
Auf Veronica.

36. Peronospora Antirrhini *Schröt.*, auf den Blättern von Antirrhinum Orontium.
Auf Antirrhinum.

37. Peronospora Linariae *Fuckel*, auf Arten von Linaria und Digitalis. An den deformierten Pflanzen entstehen Samen, obgleich an den Placenten und Scheidewänden die Oosporen gebildet werden[4]).
Auf Linaria und Digitalis.

38. Peronospora lapponica *Lagerh.*, auf Euphrasia officinalis in Lappland.
Auf Euphrasia.

39. Peronospora Vincae *Schröt.*, auf den Blättern der Vinca minor.
Auf Vinca.

40. Peronospora Phyteumatis *Fuckel*, auf denen des Phyteuma spicatum und nigrum.
Auf Phyteuma.

41. Peronospora Valerianellae *Fuckel*, die untere Blätterfläche von Valerianella olitoria und andre Arten mit weißlichem Schimmelrasen überziehend.
Auf Valerianella.

---

[1]) Botan. Centralbl. 1886, XXVI, pag. 191.

[2]) Zeitschr. f. Pflanzenkrankheiten 1892, II, pag. 1.

[3]) Daselbst pag. 324.

[4]) Magnus im Sitzungsber. d. Gesellsch. naturf. Freunde. Berlin 1889, pag. 145.

Auf Karden.

42. Peronospora Dipsaci *Tul.*, auf allen grünen Teilen von Dipsacus Fullonum und sylvestris, vorzüglich an den Wurzelblättern, aber auch am Stengel und den oberen Blättern, in welchem Falle die Pflanzen klein bleiben und ein verkümmertes Aussehen erhalten. Die Conidienträger sind 6 bis 7 mal dichotom, die letzten Ästchen pfriemlich, steif und sperrig abstehend, die Conidien elliptisch, schmutzigviolett. Nach Kühn[1]) wurde einmal in der Gegend von Halle ein 5 Morgen großer Acker von Karden befallen und dadurch die Pflanzen und Blütenköpfe verdorben. Der Pilz erhält sich auf den zur Überwinterung bestimmten Herbstpflanzen.

Auf Dipsacus und Knautia.

43. Peronospora violacea *de By.*, ein Parasit des Dipsacus pilosus und der Knautia arvensis, von dem vorigen durch sein ausschließliches Vorkommen in den chlorophyllosen Blütenteilen unterschieden[2]). Die Blumenkrone ist schon im Knospenzustande von den Conidienträgern bedeckt, wodurch die Köpfchen ein graues Aussehen bekommen. Die Blüten bleiben halb geschlossen und werden schnell welk und braun; nach dem Absterben werden sie gewöhnlich von Cladosporium überzogen. Der Pilz lebt auch in den Staubgefäßen und treibt auch auf ihnen zahlreiche Conidienträger, desgleichen auf der Narbe. Der Pollen gelangt nicht zur Ausbildung. Die Folge ist Sterilität. An den kranken Pflanzen sind sämtliche Köpfchen befallen. Die Conidienträger treten zwischen zwei Epidermiszellen hervor, sind 5 bis 7 mal gabelig, mit spitzwinkelig abgehenden Ästen, die letzten Ästchen pfriemlich, gerade, die Conidien eiförmig, braunviolett. Das ganze Gewebe der befallenen Blütenteile ist mit Oosporen erfüllt.

Auf Anthemis etc.

44. Peronospora leptosperma *de By.*, in den Stengeln, Blättern und Hüllblättern von Anthemis, Matricaria, Tripleurospermum, Tanacetum.

Auf Tripleurospermum-Blüten.

45. Peronospora Radii *de By.*, ebenfalls an Tripleurospermum inodorum, das Mycelium nach de Bary in der Pflanze verbreitet, die Conidienträger aber ausschließlich auf den Strahlblüten, die dadurch zusammenschrumpfen. Die Conidienträger treten einzeln aus der Epidermis der Blumenkrone und des Griffels.

C. Oosporen mit regelmäßig netzförmig verdicktem Exosporium. Die Wand des Oogoniums ist dünn und fällt nach der Sporenreife zusammen.

Auf Alsineen.

47. Peronospora Alsinearum *Casp.*, auf Blättern, Stengeln, Blütenstielen und Kelchen verschiedener Alsineen, wie Stellaria media und andren Arten, Cerastium-Arten, Lepigonum rubrum, Arenaria, sowie von Scleranthus annuus.

Auf Holosteum.

48. Peronospora Holostei *Casp.*, auf Blättern, Stengeln und Blüten von Holosteum umbellatum.

Auf Arenaria und Möhringia.

49. Peronospora Arenariae *Berk.*, auf Arenaria serpyllifolia und Möhringia trinervia.

Auf Sileneen.

50. Peronospora Dianthi *de By.*, auf Arten von Dianthus, Silene, Melandrium, sowie auf Agrostemma Githago graue Schimmelrasen auf der Unterseite der rasch gelb werdenden Blätter bildend.

Auf Linum.

51. Peronospora Lini *Schröt.*, auf Linum catharticum.

Auf Wicken, Linsen, Erbsen und Lathyrus.

52. Peronospora Viciae *de By.*, auf verschiedenen Vicieen, insbesondere auch auf Futterwicken, Linsen, Erbsen und Lathyrus-Arten, auch auf Un-

---

[1]) Hedwigia 1875, pag. 33.

[2]) Vergl. Schröter in Hedwigia, 1874, Nr. 12.

kräutern wie Vicia tetrasperma. Die dichtstehenden Conidienträger sind 6 bis 8 mal gabelig, die Zweige sperrig und steif, die letzten Ästchen kurz pfriemenförmig, gerade, die Conidien elliptisch, blaß schmutzig violett, die Oosporen blaß gelbbraun, netzförmig verdickt. Von dem neuerlich gebauten Lathyrus sylvestris wurden seit Ausgang der achtziger Jahre größere Kulturen bei Jastrow in Westpreußen und bei Lupitz in der Altmark mehrere Jahre hintereinander befallen. Durch Abmähen der befallenen Pflanzen wurde gesunder Nachwuchs erzielt, da der Pilz nicht in den unterirdischen Teilen überwintert, sondern nur durch die Oosporen, die in den befallenen Blättern zurückbleiben, alljährlich sich zu erneuern scheint. Bespritzen mit Kupfervitriol-Kalkbrühe soll gute Dienste geleistet haben[1]).

53. **Peronospora Myosotidis** *de By.*, auf Arten von Myosotis, Symphytum und Lithospermum. In Frankreich zerstörte der Pilz in Gewächshäusern Heliotropium peruvianum nach Lalaune[2]). Auf Myosotis etc.

54. **Peronospora Asperuginis** *Schröt.*, auf Asperugo procumbens. Auf Asperugo.

55. **Peronospora Chlorae** *de By.*, auf Gentianaceen, besonders Chlora- und Erythraea-Arten. Auf Gentianaceen.

56. **Peronospora Anagallidis** *Schröt.*, auf Blättern von Anagallis coerulea. Auf Anagallis.

57. **Peronospora calotheca** *de By.*, an den Stengeln und der unteren Blattseite von Asperula odorata, Sherardia arvensis und an Arten von Galium, besonders G. Aparine, Mollugo und sylvaticum einen grauen Schimmelüberzug bildend. Auf Asperula, Galium etc.

D. Oogonien unbekannt. Von den folgenden Arten ist daher vorläufig unentschieden, in welche der vorigen Abteilungen sie gehören.

58. **Peronospora trichotoma** *Massee*, soll eine Erkrankung der Wurzelknollen der Colocasia esculenta veranlassen, das Kraut aber nicht befallen[3]). Auf Colocasia.

59. **Peronospora Rumicis** *Corda*, an der unteren Blattseite und an verkrüppelten Blütenständen von Rumex Acetosa, Acetosella und andern Arten, in deren Wurzeln das Mycel perenniert. Auf Rumex.

60. **Peronospora Polygoni** *Thümen*, auf Polygonum convolvulus und aviculare. Auf Polygonum.

61. **Peronospora Scleranthi** *Rabenh.*, auf Scleranthus annuus. Auf Scleranthus.

62. **Peronospora pulveracea** *Fuckel*, auf den Blättern von Helleborus foetidus, niger und odorus. Auf Helleborus.

63. **Peronospora parvula** *Schneid.*, auf Isopyrum. Auf Isopyrum.

64. **Peronospora Bulbocapni** *Reich.*, auf Corydalis cava bei Wien. Auf Corydalis.

65. **Peronospora Cyparissiae** *de By.*, auf Euphorbia Cyparissias. Auf Euphorbia.

66. **Peronospora Thesii** *Lagerh.*, auf Thesium pratensis im Schwarzwald. Auf Thesium.

67. **Peronospora tribulina** *Pass.*, auf Tribulus terrestris in Italien. Auf Tribulus.

---

[1]) Jahresbericht des Sonderausschusses für Pflanzenschutz. Jahrb. d. deutsch. Landw.-Gesch. 1892, pag. 420.

[2]) Actes de la soc. Linn. de Bordeaux, 41, 1887, pag, L. II.

[3]) Naturforscher 1888, Nr. 9.

Auf Myrica.

68. **Peronospora rufibasis** *Berk et Br.*, auf Myrica gale in England.

Auf Rubus.

69. **Peronospora Rubi** *Rabenh.*, auf den Blättern von Rubus caesius und fruticosus.

Auf Fragaria.

70. **Peronospora Fragariae** *Roze et Cornu*, auf Blättern von Fragaria in Frankreich.

Auf Rosen.

71. **Peronospora sparsa** *Berk.*, auf den Blättern der kultivierten Rosen, einen zarten grauen Schimmel auf der unteren Blattseite bildend und braune Flecken an der Oberseite, später Abfallen der einzelnen Blättchen veranlassend. Die Conidienträger sind wiederholt dichotom, die letzten Ästchen gabelig, an der Spitze etwas gekrümmt, die Conidien kugelig. Der Pilz ist seit einiger Zeit in England bekannt[1]), 1876 hat er sich nach Wittmack[2]) in den Rosentreibereien einer Handelsgärtnerei zu Lichtenberg bei Berlin gezeigt und einen großen Teil der Rosen vernichtet. In den Rosenkulturen Roms hat er ebenfalls viel Schaden gemacht[3]). Auch in Starrwitz in Schlesien ward er neuerdings und zwar in Sämlingsbeeten auf Rosenwildlingen sehr schädlich beobachtet[4]).

Auf Primula.

72. **Peronospora interstitialis** *B. et Br.*, auf Primula veris.

Auf Androsace.

73. **Peronospora Androsaces** *Niessl.*, auf Androsace elongata bei Brünn.

Auf Plantago.

74. **Peronospora alta** *Fuckel*, auf den Blättern von Plantago major und lanceolata.

Auf Scrophularia und Verbascum.

75. **Peronospora sordida** *Berk.*, auf Scrophularia- und Verbascum-Arten.

Auf Nicotiana.

76. Eine **Peronospora Nicotianae** *Spegaz.*, auf Nicotiana longiflora in Argentinien wird von Spegazzini[5]) angegeben.

Auf Hyoscyamus.

78. **Peronospora Hyoscyami** *de By.*, auf den Blättern von Hyoscyamus niger und in Kalifornien auf Nicotiana glauca[6]).

Auf Knautia und Scabiosa.

79. **Peronospora Knautiae** *Fuckel*, auf den Blättern von Knautia arvensis und Scabiosa columbaria.

Auf Senecio.

80. **Peronospora Senecionis** *Fuckel*, auf Blättern von Senecio cordatus.

III. Cystopus *Lév.*

Cystopus, der weiße Rost.

Die Parasiten, welche wir in dieser Gattung vereinigen, bilden ihre Conidienträger in Form kurzer, unverzweigter, cylindrischer oder keulenförmiger Zellen, welche in großer Anzahl dicht gedrängt, nebeneinanderstehend unter der Epidermis ein zusammenhängendes, ausgebreitetes, weißes Lager darstellen, durch welches sehr bald die Epidermis emporgehoben und durchbrochen wird. An der Spitze jedes Conidienträgers werden mehrere Sporen reihenförmig abgeschnürt, so daß die oberste Spore jeder Reihe die älteste ist (Fig. 13 B). Jede Spore

[1]) Regel's Gartenflora 1863, pag. 204.

[2]) Sitzungsber. d. Gesellsch. naturf. Freunde zu Berlin. 19. Juni 1877.

[3]) Cuboni in Le stazioni sperimentali agrarie ital. Rom 1888, pag. 295.

[4]) Zeitschrift f. Pflanzenkrankheiten I. 1891, pag. 181, u. II, 1892, pag. 356.

[5]) Zeitschr. f. Pflanzenkrankheiten II. 1892, pag. 161.

[6]) Garden. Chronicle 1891, pag. 211.

ist von der anderen durch ein sehr kurzes, schmales Zwischenstück geschieden, und an diesen Stellen trennen sich die zahlreichen Sporen voneinander, so daß das Conidienlager eine pulverförmige, weiße Beschaffenheit annimmt. Die Myceliumschläuche verbreiten sich in den inneren Geweben intercellular und senden reichlich Haustorien in die Nährzellen. Außerdem besitzen diese Pilze ebenfalls Oosporen, welche von Oogonien und Antheriden erzeugt werden (Fig. 14 A, B, C), und in ihrem Vorkommen und ihrer Beschaffenheit mit denjenigen der übrigen Gattungen übereinstimmen. Die Keimung der Conidien geschieht wie bei den schwärmsporenbildenden Peronospora-Arten. Die Oosporen sind Dauersporen, welche im Frühlinge nach ihrer Entstehung unter Bildung von Schwärmsporen keimen. Die Krankheitseffekte sind denjenigen, welche die Peronospora-Arten hervorbringen, analog. Jedoch ist die aussaugende und tötende Wirkung des conidienbildenden Pilzes auf die Zellen der grünen Organe weit weniger heftig, indem die befallenen Blätter oft noch lange frisch und grün bleiben und erst nach längerer Zeit sich

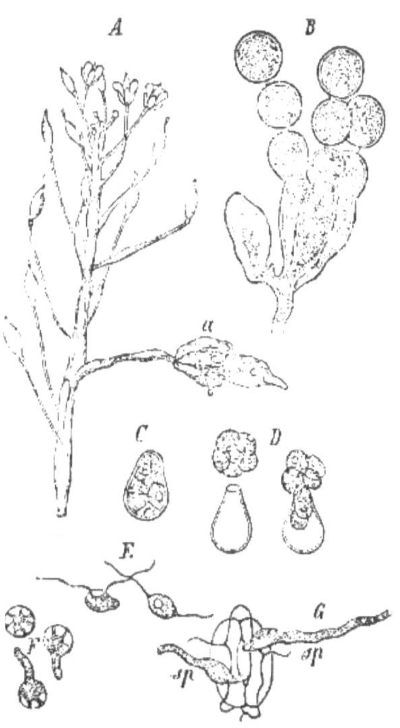

Fig. 13.

Cystopus candidus *Lév.* A Ein befallener Blütenstand von Capsella Bursa pastoris. Stengel und Blütenstiele mit den weißen Flecken der Conidienlager; a eine durch den Pilz in allen Teilen stark vergrößerte und verunstaltete Blüte, welche auf den Kelch- und Blumenblättern und dem Stiele ebenfalls weiße Conidienlager zeigt. B Ein Büschel Conidienträger von einem Mycelaste entspringend, mit reihenförmig abgeschnürten Conidien. C Eine Conidie keimend, wobei der Inhalt in mehrere Schwärmsporen zerfällt. D Austritt der Schwärmsporen. E Entwickelte und schwärmende Schwärmsporen. F Zur Ruhe gekommene Sporen, teilweise mit Keimschlauch keimend. G Keimende Sporen sp auf der Epidermis, in eine Spaltöffnung eindringend. B—G 400fach vergrößert, nach de Bary.

6*

gelb färben. Darum sind die blasenförmig aufbrechenden weißen Flecke der Conidienlager hier das auffallendste Symptom der Krankheit, die deshalb auch mit dem Namen **weißer Rost** belegt worden ist. Im oosporenbildenden Zustande bringt dagegen wenigstens Cystopus candidus Hypertrophieen und Mißbildungen in einem solchen Grade hervor, wie es bei Peronospora kaum vorkommt. Folgendes sind die bekannteren Arten dieser Gattung.

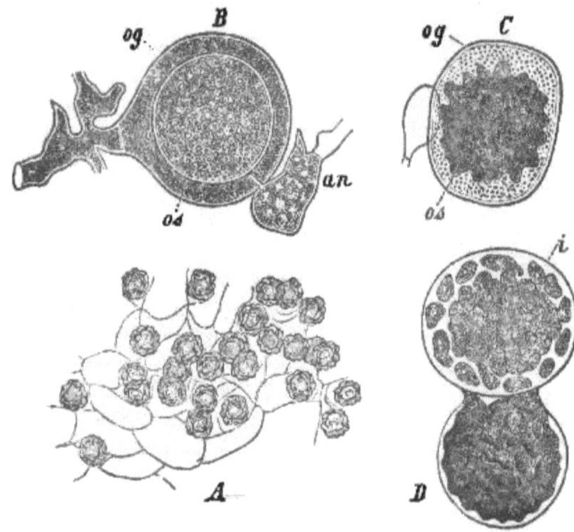

Fig. 14.

Oosporen des Cystopus candidus *Lév.* A Durchschnitt durch das Gewebe einer durch den Pilz verunstalteten und vergrößerten Blüte (Fig. 13 A); man sieht zahlreiche gelbbraune Oosporen in dem Gewebe zerstreut. 100fach vergrößert. B Die Geschlechtsorgane, die der Bildung der Oosporen vorausgehen. An einem Mycelaste steht als kugelige Anschwellung das Oogonium **og** mit der Befruchtungskugel oder der jungen Oospore **os**. Das Antheridium **an**, als Endanschwellung eines benachbarten Mycelfadens, legt sich dem Oogonium an, treibt durch dasselbe einen Befruchtungsschlauch nach der Befruchtungskugel. Diese entwickelt sich infolgedessen zu der in C dargestellten reifen Oospore **os**, die in der jetzt noch deutlichen, später mehr zusammenfallenden Oogoniumhaut **og** eingeschlossen ist. Der Rest des Antheridiums an der Seite. D keimende Oospore; der Inhalt tritt in einer Blase eingeschlossen hervor und ist bereits in zahlreiche Schwärmsporen zerfallen. B—D ungefähr 400fach vergrößert, nach de Bary.

Auf Cruciferen. 1. **Cystopus candidus** *Lév.*, (**Uredo candida** *Pers.*), auf vielen Cruciferen, jedoch nur auf einigen Arten häufig, auf andern viel seltener, auf vielen noch gar nicht beobachtet; bei uns am gemeinsten auf **Capsella Bursa pastoris**, hier oft in Gemeinschaft mit **Peronospora parasitica**, häufig auch am Leindotter, seltener auf **Nasturtium amphibium** und **sylvestre**,

Cheiranthus Cheiri, Thlaspi arvense, Turritis glabra, Cardamine pratensis, Berteroa incana, Diplotaxis tenuifolia, Iberis umbellata, Lepidium sativum und **graminifolium, Sisymbrium Thalianum, Arabis Turritis** und **hirsuta, Senebiera Coronopus, Raphanus Raphanistrum** und **sativum, Sinapis arvensis,** sowie auch auf **Brassica Napus, rapa, nigra** und **oleracea;** so hat der Pilz z. B. nach Schröter[1]) in Neapel in Blumenkohlkulturen sehr geschadet. Der Pilz ist auch in Nordamerika an vielen Cruciferen gemein, desgleichen nach Spegazzini[2]) auch in Argentinien, auch in Persien (von (Hausknecht) an Capsella Bursa pastoris gefunden worden. Er befällt die Blätter, Stengel, Infloreseenzaxen, Blütenstielchen, sowie sämmtliche Organe der Blüte. Auf allen diesen Teilen bilden die Conidienlager rundliche bis längliche, erhabene, weiße und, so lange die Epidermis auf ihnen noch unversehrt ist, etwas glänzende Flecke. Im Blütenstand, wo der Pilz zugleich mit den Conidien auch die Oosporen oder auch wohl die letzteren allein entwickelt, bewirkt er stets eine unter bedeutender Vergrößerung der Teile eintretende Mißbildung (Fig. 13 A). Infloreseenzaxe und Blütenstielchen verdicken sich mehr oder weniger und krümmen sich durch ungleichseitiges Längenwachstum oft unregelmäßig, die Infloreseenzaxen von Capsella bisweilen lockenförmig in mehreren Kreisen. Die Blütenblätter sind sämtlich bedeutend vergrößert, Kelch- und Blumenblätter grün, dick, fleischig, die Staubgefäße mit stark entwickeltem Filament, oft mit deutlicher, meist pollenloser oder ganz fehlender Anthere, die Fruchtknoten zu einem langen, unregelmäßigen, grünen, schotenförmigen Körper mit fehlschlagenden Samenknospen degeneriert. Der Plan des Blütenbaues ist trotzdem nicht alteriert und meist deutlich in allen seinen Gliedern zu erkennen (wenigstens bei Camelina und Capsella). Nach Schnetzler[3]) ist dagegen beim kultivierten Rettig der Kelch- und Blumenblattkreis auf je zwei Blätter reduziert, die mehr oder minder blattartig umgewandelten Staubgefäße dagegen in der 6-Zahl vorhanden. Ähnliches finde ich an einer Blüte von **Raphanus Raphanistrum;** die Vergrößerung der Teile ist hier am bedeutendsten: der Fruchtknoten zu einem fingerförmigen, ca. 6 cm langen Körper ausgewachsen. Samen werden in den deformierten Fruchtknoten nie erzeugt; der Pilz hat also in den Blüten Sterilität zur Folge. Alle hypertrophierten Teile des Blütenstandes enthalten in Menge die Oosporen (Fig. 14 A); diese haben ein gelbbraunes, dickes Exosporium, welches mit unregelmäßigen starken Warzen, die stellenweise in gewundene Kämme zusammenfließen, besetzt ist (Fig. 14 C). Die Conidien sind sofort nach der Reife keimfähig. Die Oosporen erreichen nach de Bary[4]) nach mehrmonatlicher Ruhe ihre Keimfähigkeit; bei Anwesenheit von Feuchtigkeit treiben sie dann das Endosporium als einen dicken, kurzen Schlauch hervor, welcher zu einer großen, runden Blase anschwillt, in der sich das Protoplasma zu zahlreichen Schwärmsporen umformt (Fig. 14 D). Letztere treten alsbald aus derselben hervor und entwickeln sich dann ebenso weiter wie die aus den Conidien entstandenen. Die In-

[1]) Illustrierte Gartenzeitung 1884, pag. 246.

[2]) Zeitschr. f. Pflanzenkrankheiten II, 1892, pag. 161.

[3]) Bullet. de la soc. Vaudoise des sc. nat. 1876, citiert in Just, Bot. Jahresber. f. 1876, pag. 140.

[4]) Ann. des sc. nat. sér. 4. T. XX., und Morphologie und Physiologie der Pilze &c.

fektion der Nährpflanzen geschieht nach de Bary durch die Schwärmer beiderlei Sporen. Die Keimschläuche derselben können nur durch die Spaltöffnungen oberirdischer Teile eindringen, nicht in die Wurzeln. Bei Capsella und Lepidium sativum dringen sie zwar in alle Spaltöffnungen ein, entwickeln sich aber nur dann weiter, wenn sie in die Cotyledonen eingetreten sind, so daß das Mycelium von hier aus die ganze oberirdische Pflanze durchwächst. Dagegen vermögen nach demselben Forscher die eingedrungenen Keimschläuche an der Heliophila crithmifolia auch in den andern Blättern zum Mycelium sich zu entwickeln. Als Maßregel, um die verschiedenen kultivierten Cruciferen, die dem weißen Rost ausgesetzt sind, vor der Krankheit zu bewahren, muß hiernach die Vernichtung des alten kranken Strohs durch Verbrennen sowie die möglichste Säuberung der Kulturländereien von denjenigen Unkräutern, welche vorzüglich den Cystopus candidus tragen (Capsella Bursa pastoris) bezeichnet werden.

Auf Capparis. 2. **Cystopus Capparidis** *de By.*, auf den Blättern von Capparis-Arten in Südeuropa; nach Pirotta[1]) wahrscheinlich mit voriger Art identisch.

Auf Portulaca. 3. **Cystopus Portulacae** *Lév.*, auf den grünen Teilen von Portulaca oleracea und sativa. Die Conidien sind hier ungleich, indem die endständigen jeder Reihe größer als die übrigen und mit dickerer, gelblicher Membran versehen sind und keine Schwärmsporen erzeugen.

Auf Amaranthus. 4. **Cystopus Bliti** *Lév.*, auf den Blättern und Stengeln von Amaranthus Blitum. Die Conidien sind ungleich, nämlich die endständigen kleiner und mit dickerer, fast farbloser Membran versehen, ebenfalls steril. Die Oosporen besitzen ein braunes Exosporium mit gewundenen und netzförmig verbundenen Falten und finden sich meist in den Stengeln.

Auf Lepigonum. 5. **Cystopus Lepigoni** *de By.*, auf Lepigonum medium, besonders durch das dicht mit kleinen, oft dornigen Wärzchen besetzte Exosporium der Oosporen vom vorigen unterschieden.

Auf Compositen. 6. **Cystopus Tragopogonis** *Schröt.* (Cystopus cubicus *Lév.*), auf verschiedenen Compositen. Oosporen mit runden oder gelappten hohlen Warzen dicht bedeckt. Auf Cirsium arvense, oleraceum, palustre findet sich eine Form oder eigene Art, **Cystopus spinulosus** *de By.*, wo das Exosporium durch kleine, solide, meist spitz dornige Wärzchen dicht bedeckt ist. Bei allen sind die Conidien ungleich, die endständigen größer und steril, mit sehr dicker, meist farbloser Membran.

IV. Pythium *Pringsh.*

Pythium. Von dieser Gattung sind nur einige Arten Parasiten in Pflanzen, andre leben saprophytisch. Bei den ersteren wächst das Mycelium nicht nur zwischen den Zellen, sondern auch quer durch dieselben hindurch. Dadurch sowie durch den Umstand, daß das Mycelium im erwachsenen Zustande oft vereinzelte Querwände besitzt, weicht es von dem der übrigen Peronosporaceen ab und kann leicht mit dem andrer Pilze verwechselt werden. An Stelle der Conidien werden Sporangien gebildet, d. h. die Erzeugung der Schwärmsporen in denselben erfolgt schon am Pilze; doch kommt es auch hier vor, daß das Sporangium

[1]) Cit. in Botan. Centralbl. 1884. XX. pag. 323.

noch als wirkliche Conidie abfällt und dann erst mit Schwärmsporen keimt. Die Sporangien befinden sich auch nicht an besonderen Conidienträgern, sondern teils am Ende der Myceläste, teils intercalar in denselben und zwar bald innerhalb der Nährpflanze, bald an ihrer Oberfläche. Auch bringen die Sporangien die Schwärmsporen nicht in ihrem Innern zur Ausbildung, sondern der noch ungeteilte Inhalt derselben wird in eine Blase entleert und zerfällt hier erst in Schwärmsporen, die durch das Platzen der Blase frei werden. Die Oosporen und ihre Bildung in Oogonien mit Antheridien stimmen im wesentlichen mit denen der übrigen Peronosporaceen überein.

Die hierher gehörigen Parasiten befallen teils verschiedenartige Kryptogamen, besonders im Wasser oder auf stark benetztem Boden wachsende, teils die Keimpflanzen phanerogamer Gewächse, gewöhnlich die Stengelchen derselben krank und schlaff machend und diejenige Erscheinung veranlassend, welche man das Umfallen der Keimpflanzen oder den Wurzelbrand oder schwarze Beine der Keimpflanzen zu nennen pflegt. Indessen kann diese Erkrankungsweise auch noch durch verschiedene andre Pilze verursacht werden (vergl. S. 34, 70 und unten Phoma). Auf den getöteten Pflanzen leben die Pythium-Arten oft saprophytisch weiter, besonders wenn jene im Wasser sich befinden, wo dann die Mycelfäden weit herauswachsen, an saprophyte Saprolegniaceen erinnernd.

Peronospora de Baryanum *Hesse.* Das Mycelium dieses Parasiten besitzt reichlich verästelte dünne Fäden, welche sowohl zwischen den Zellen als auch quer durch dieselben hindurchwachsen, bei trockner Luft kaum über die Oberfläche der Nährpflanze hervortreten, bei feuchter Luft und besonders im Wasser weit herauswachsen. Sie bilden manchmal innerhalb der Nährpflanze, am häufigsten aber an den aus der Wirtspflanze herauswachsenden Mycelästen endständige oder intercalare, kugelrunde Sporangien, welche entweder direkt Schwärmsporen erzeugen und dieselben aus einem schnabelartigen Entleerungshalse entlassen, oder zu kugeligen oder eiförmigen, ziemlich dickwandigen, farblosen Conidien werden, welche besonders an der Luft entstehen und als ruhende Dauerzellen abfallen, die mehrere Monate lang keimfähig bleiben, auch wenn sie eingetrocknet oder eingefroren waren; diese keimen unter Schwärmsporen- oder Keimschlauchbildung. Außerdem werden auch Oosporen mit farblosem glattem Exosporium gebildet, welche ebenfalls nach mehrmonatlicher Ruhepause keimen und zwar mittelst Keimschlauches. Peronospora de Baryanum.

Nach neueren Untersuchungen, besonders denjenigen de Bary's[1]), kommt dieser Pilz auf folgenden sehr verschiedenartigen Pflanzen vor, und es sind daher mehrere früher als eigene Arten beschriebene Pilze hierher zu rechnen.

Auf Keimpflanzen verschiedener Phanerogamen bei der Erkrankung, die man das Umfallen oder den Wurzelbrand der Keimpflanzen nennt, ist der Wurzelbrand der Keimpflanzen.

[1]) Botan. Zeitg. 1881, pag. 528.

Pilz zuerst von Hesse[1]) beobachtet worden, nämlich an **Camelina, Trifolium repens, Spergula arvensis, Panicum miliaceum** und **Zea Mais**. Hierher gehört aber auch der Pilz, welcher von Lohde[2]) unter dem Namen **Lucidium pythioides** beschrieben und in den Keimpflanzen von **Stanhopea saccata, Lepidium sativum, Sinapis** und **Beta vulgaris** beobachtet worden ist, der also als Ursache des Wurzelbrandes der Rüben auftreten kann. Die befallenen jungen Pflänzchen fallen um, indem ihr hypocotyles Stengelglied schwarz, welk und dünn wird, und bald zu faulen beginnt. Im ganzen Parenchym desselben wachsen reichlich die Pilzfäden. Auch im Kraut und in den Knollen der Kartoffelpflanze ist, wie oben S. 60 erwähnt wurde, der Pilz sowohl parasitisch wie saprophytisch von de Bary gefunden worden. Von Prim[3]) wurde der Pilz auf **Impatiens Sultani** beobachtet. Auch bei Feldkulturen von Erbsen und Lupinen hat man neuerdings Wurzelerkrankungen durch ein **Pythium** beobachtet[4]). Es ist daher sehr wahrscheinlich, daß **Pythium de Baryanum** noch auf vielen andern phanerogamen Keimpflanzen auftreten kann, wiewohl Hesse eine Anzahl Pflanzen aufzählt, wie Lein, Mohn, Raps, Erbse, Esparsette 2c., bei denen ihm Infektionsversuche nicht gelungen seien. Es dürfte sich dies bei Wiederholung der Versuche vielleicht nicht bestätigen und das so häufig bei allerlei Keimpflanzen in Saatbeeten 2c., besonders bei sehr dichtem Stande eintretende Umfallen vielfach von diesem Pilze verursacht sein. Es ist bemerkenswert, daß nur die junge Keimpflanze dem Pilze so leicht erliegt. Sämlinge, die ein gewisses Alter und eine gewisse Erstarkung des hypocotylen Stengelgliedes erreicht haben, bekommen den Pilz viel seltener, und wenn es geschieht, so ist es nur eine kleinere Stelle der Rinde, welche der Pilz befällt und krank macht; die Pflanze bleibt aber am Leben und wächst schließlich die Krankheit wieder aus. Da von dem Pilze nachgewiesen ist, daß er auch saprophytisch lebt, so ist anzunehmen, daß er im Erdboden sehr verbreitet ist.

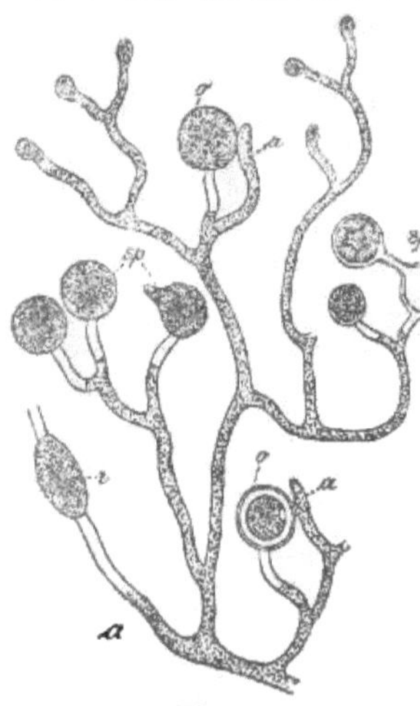

Fig. 15.

Pythium de Baryanum. Ein Stück Mycelium mit Sporangien (sp), rechts ein entleertes, Oogonien (o) und Antheridien (a); bei i eine intercalare Conidie; 250fach vergrößert. Nach Hesse.

---

1) Pythium de Baryanum, ein endophytischer Schmarotzer. Halle 1874.

2) Verhandl. d. bot. Sect. d. 47. Vers. deutsch. Naturforscher u. Ärzte zu Breslau 1874. Vergl. Bot. Zeitg. 1875, pag. 92.

3) Garden. Chronicle. 1888, pag. 267.

4) Jahresber. des Sonderausschusses f. Pflanzenschutz. Jahrb. d. deutsch. Landw. Gesellsch. 1891, pag. 209.

Über den Wurzelbrand der Rüben oder die schwarzen Beine der Rüben sind von Karlson[1]) im Gouvernement Charkow Untersuchungen angestellt worden. Derselbe berichtet, daß daselbst der Wurzelbrand im Jahr 1880 zunächst 10—15 Prozent, 1883 schon ca. 50 Prozent, 1884 mindestens 30, auf vielen Feldern 70—80 Prozent Erkrankungen unter den jungen Rübenpflanzungen veranlaßte. Auch in Deutschland kennt man die Krankheit in allen rübenbauenden Gegenden; der Schaden, den sie veranlaßt, ist bald nur gering, bald steigt er auf 25, 50, 70, 80 und selbst 100 Prozent. Nach Karlson ist es nicht zu bezweifeln, daß der Pilz durch den Samen übertragen wird, denn das Durchscheinende und Braunwerden des hypokotylen Gliedes geht gewöhnlich von dem Samen aus. Sterilisieren des Bodens verhinderte daher auch nicht das Auftreten der Krankheit. Von der Oberfläche der Samenkerne abgeschabte Masse ergab dieselben Pilze, welche auch beim Wurzelbrand auftreten. Karlson hat verschiedene Pilzformen gefunden, die er aber nicht näher beschreibt. In der That können verschiedene Pilze den Wurzelbrand der Rüben veranlassen; man vergleiche namentlich das unten bei Phoma Betae und Rhizoctonia Gesagte, auch Verwundungen durch Insekten können derartige Erscheinungen hervorrufen (vergl. Atomaria linearis). Karlson hat auch konstatiert, daß die Samen verschiedener Herkunft sehr ungleiche Resultate bezüglich Auftretens des Wurzelbrandes ergaben; während manche sehr gut aufliefen, zeigten sich bei andern 30, wieder bei andern 100 Prozent Kranke, so daß ein solcher Schlag vollständig an Wurzelbrand zu Grunde ging. Darum wird denn auch durch Beizung der Samen der Wurzelbrand bedeutend vermindert. Karlson erhielt von einem Saatgut, welches bei Vorversuchen etwas über 60 Prozent Wurzelbrand ergab, nach Beizung mit

Wurzelbrand der Rüben.

1 Prozent	Karbolsäure-Lösung	38 Prozent	Wurzelbrand
2 „	„ „	26 „	„
1 „	Kupfervitriol- „	30 „	„
2 „	„ „	20 „	„

Die Beizung geschah nach dreitägigem Feuchtliegen der Körner zwei Stunden lang. Daß die Beizung den Wurzelbrand vermindert, aber nicht verhütet, erklärt Karlson daraus, daß der Pilz auch im Erdboden vorhanden ist. Die eigentliche Ursache will Karlson auch nicht in dem Pilz sehen, sondern in einer gewissen Schwäche und Kränklichkeit der Pflanzen. Es sei daher außer der Samenbeize alles das ein Gegenmittel gegen den Wurzelbrand, was die Kräftigung der Pflanze zum Ziele hat und sie rasch über die gefährliche Periode ihrer Zartheit und Schwäche hinausbringt. Hauptsächlich sei die Samenkultur auf die Erzielung gesunder Pflanzen zu richten. Zu Mutterrüben seien die besten und schwersten Rüben zu benutzen; dieselben sollen ebenso wie die andern eingemietet werden und im nächsten Jahre einzeln in größeren Entfernungen zwischen die Reihen gesetzt werden; die Samen solcher Pflanzen bekommen nach Karlson fast keinen Wurzelbrand. Normale Samenrüben ergaben ihm 15—20 Prozent, die von Stecklingen geernteten Samen dagegen 60—70 Prozent Wurzelbrand. Man hat auch die Beobachtung gemacht, daß nach Düngung mit Aetzkalk (6 Centner pro Morgen) fast gar kein Wurzelbrand sich zeigte; ebenso

[1]) Zeitschr. des Vereins f. d. Rübenzucker-Industrie ꝛc. 1891, pag. 371.

günstigen Erfolg zeigte Düngung mit Superphosphatgips (375 kg pro Hektar)[1].

In Equisetum-Vorkeimen.

In den Vorkeimen von Equisetum arvense ist dieser Pilz von Sadebeck[2]) entdeckt und Pythium Equiseti genannt worden. Die in einer Kultur gezogenen Vorkeime gingen infolge Befallens durch diesen Pilz zu Grunde und verschwanden vollständig. Die Wurzelhaare und die Zellen des Vorkeimes waren von dem Mycelium durchzogen, dessen Fäden in verschiedenen Richtungen quer durch die Zellen hindurchwuchsen. Es ist dies wahrscheinlich derselbe Pilz, der auch Milde[3]) schon die Kulturen der Vorkeime des Equisetum arvense zerstörte. Sadebeck hat auch die Sporangien und die Geschlechtsorgane des Pilzes beobachtet, die sich besonders aus den massenhaft aus Vorkeimen herauswachsenden Fäden bildeten, nachdem die erkrankten Vorkeime in Wasser gelegt worden waren. Auch die Infektion gesunder Vorkeime, welche mit kranken zusammengebracht wurden, ist Sadebeck gelungen. Bemerkenswert ist, daß nur diejenigen Kulturen erkrankten, welche auf Sand erzogen worden waren, nicht diejenigen, welche gleichzeitig daneben auf Gartenerde sich befanden, und daß immer zuerst die Wurzelhaare von den Mycelfäden durchzogen waren, was dafür zu sprechen scheint, daß das Substrat die Keime der Parasiten in sich tragen kann. — Das ebenfalls auf Equisetum-Vorkeimen von Sadebeck[4]) gefundene Pythium autumnale dürfte wohl auch mit diesem Pilze identisch sein.

In Farnvorkeimen.

In Farnprothallien hat Lohde (l. c.) ein Mycelium mit Sporangien und Dauerconidien gefunden und unter dem Namen Pythium circumdans beschrieben, welches unter denselben Erscheinungen auftrat und vielleicht auch hierher gehört. Einen verwandten Organismus hat Lohde (l. c.) ebenfalls in Farnprothallien gefunden und Completoria complens genannt.

In Lycopodiaceen-Vorkeimen.

In Vorkeimen von Lycopodiaceen sind von mehreren Beobachtern ähnliche Pilze gefunden worden, die möglicherweise auch hierher zu rechnen sind[5]).

In Wasserpflanzen.

2. Pythium Cystosiphon *Lindst.* (Cystosiphon pythioides *Roze et Cornu*[6])) in kleinen, schwimmenden Wasserpflanzen, besonders Lemna arrhiza, minor, gibba und in Riccia fluitans.

In Algen.

3. Pythium gracile *Schenk*[7]) in den Zellen von Spirogyra-, Cladophora- und Vaucheria-Arten mit stark verzweigten Schläuchen, welche in

---

[1]) Jahresber. des Sonderausschusses f. Pflanzenschutz. Jahrb. d. deutsch. Landw. Gesellsch. 1891, pag. 205; 1892, pag. 414.

[2]) Sitzungsber. d. bot. Ver. d. Prov. Brandenburg, 28. Aug. 1874, und Cohn's Beitr. z. Biologie d. Pfl. 1. Heft 3, pag. 117 ff.

[3]) Nova acta Acad. Leop. XXIII. P. II, pag. 641.

[4]) Tageblatt der 49. Vers. deutscher Naturforscher und Ärzte 1876, pag. 100.

[5]) Vergl. Treub, Ann. de Buitenzorg IV, 1884, Bruchmann, Botan. Centralbl. XXI. 1885, pag, 309, und Göbel, Botan. Zeitg. 1887, pag. 165.

[6]) Ann. des sc. nat. 5. sér. T. XI, pag. 72.

[7]) Verhandl. d. phys. med. Gesellsch. Würzburg, 14. Nov. 1857. IX., pag. 12 ff.

den Algenzellen vielfach hin- und hergebogen sind und die Scheidewände derselben durchbohren. Aus der Nährzelle ragen Aeste der Schläuche hervor, welche zu den Sporangien werden, in denen Schwärmsporen mit je einer Wimper in verschiedener Anzahl sich bilden. Der Parasit bewirkt, daß das Protoplasma der Zelle zusammenschrumpft und sich trübt, infolgedessen jede weitere Entwickelung der Zelle aufgehalten wird. Die Infektion geschieht nach Schenk's Beobachtungen dadurch, daß die Schwärmsporen sich an der Algenzelle festsetzen und einen in dieselbe eindringenden Fortsatz treiben, worauf die ganze Spore in das Innere der Zelle hineinwächst; aus dem unteren Teile entwickeln sich dann die in der Zelle nach allen Richtungen wachsenden Schläuche, aus dem oberen Teile das aus der Zelle hervortretende Sporangium. Geschlechtsorgane sind nicht sicher bekannt.

4. **Pythium Chlorococci** *Lohde* in den Zellen von Chlorococcum, welche dadurch getötet werden[1]). In Chlorococcum.

In dem Lebermoose **Pellia epiphylla** kommt bisweilen ein von Schacht zuerst gesehener, von mir genauer beschriebener[2]) und **Saprolegnia Schachtii** *Frank* genannter Pilze vor. Nach Fischer's Meinung[3]) soll dieser Pilz mit Pythium de Baryanum identisch sein, was ich jedoch vorläufig bezweifle, weil ich Sporangien oder Conidien nicht gefunden habe und weil die nur selten von mir gesehenen Oogonien mehrere Anlagen von Oosporen enthielten, besonders aber deshalb, weil dieser Pilz in Pellia, ganz im Gegensatz zu Pythium de Baryanum, ein interessantes Beispiel eines für den Wirt so gut wie ganz unschädlichen Symbionten ist, denn das Mycelium, welches gewöhnlich das Laub dieses Mooses ganz durchzieht, zehrt zwar die Stärkekörner in den befallenen Zellen auf, hat aber auf den Gesundheitszustand des Mooses nicht den geringsten schädlichen Einfluß. Da aber die systematische Stellung des Pilzes unsicher ist, so schließe ich ihn vorläufig hier an. In Pellia.

Ebenfalls noch unsicher ist die Stellung des Pilzes **Saprolegnia de Baryi** *Walz*[4]), der in den Zellen der Alge **Spirogyra densa** lebt, die sehr dünnen, zarten, verzweigten Fäden innerhalb der Algenzelle kriechend und in das umgebende Wasser heraustretend, wo sie endständige kuglige Sporangien tragen, in denen Schwärmsporen entstehen, auch Conidien sowie Oogonien kommen wie bei den Pythium-Arten vor. Nach Walz tötet der Parasit die Algenzelle: sobald ein Faden in eine solche eingedrungen ist, zieht sich der Inhalt derselben zusammen und verliert seine charakteristische regelmäßige Anordnung; später nimmt beides zu; die Stärkekörner schwinden, das Chlorophyll wird endlich schwarz oder braun oder auch hellgelb bis farblos; die Celluloseschicht der Zellwand quillt etwas auf. Zuletzt verschwindet die Zelle völlig, und es bleiben nur die Oosporen übrig. In Spirogyra.

[1]) Tagebl. d. 47. Naturforscher-Versammlung 1874, pag. 204.
[2]) Vergl. erste Aufl. dieses Werkes 1880, pag. 384.
[3]) Rabenhorst, Kryptogamenflora I, 4. Abtl., pag. 405.
[4]) Bot. Ztg. 1870, pag. 537.

6. Kapitel.

Die Protomycetaceen.

Protomycetaceen. Diese kleine Gruppe von Schmarotzerpilzen, welche als Krankheitserreger nur geringe Bedeutung haben, steht naturgeschichtlich ziemlich selbständig in der Klasse der Pilze da; die nächste Verwandtschaft scheint sie mit den Brandpilzen zu haben, indem diese Pilze ein endophytes, aus gegliederten Fäden bestehendes Mycelium besitzen, von welchem einzelne Gliederzellen der Fäden zu Sporen werden, welche also den Charakter von Chlamydosporen, wie bei den Brandpilzen haben. Doch weicht das Keimungsprodukt dieser Sporen wesentlich von demjenigen der genannten Pilze ab. Denn diese Sporen werden, nachdem sie den Winter im Ruhezustand verbracht haben, zu Sporangien, d. h. sie erzeugen aus ihrem Protoplasma zahlreiche kleine Sporen, welche aus dem Sporangium entleert werden. Am genauesten bekannt ist die Gattung

Protomyces *Ung.*

Protomyces. Die hierhergehörigen Pilze erzeugen auf Stengeln und Blattstielen und Blattrippen schwielenförmige, bleiche oder lange, saftigbleibende, später nur bräunlich und trocken werdende Geschwülste, in denen das Mycelium mit den Sporen zwischen den Zellen sich befindet.

Auf Umbelliferen. 1. Peronospora macrosporus *Ung.* (Physoderma gibbosum *Wallr.*), auf mehreren Umbelliferen, am häufigsten auf Aegopodium Podagraria, von de Bary auch auf Heracleum Sphondylium und Meum athamanticum, von Rießl auf Carum Carvi gefunden und von Sadebeck[1]) im Allgäu an fast sämtlichen wilden und kultivierten Mohrrübenpflanzen, an denen dadurch die Fruchtbildung vereitelt wird, sowie an Meum mutellina beobachtet. Der Pilz bringt an den Blattstielen und Blattrippen, sowie an den Stengeln, selbst bis in die Dolden, ziemlich große, schwielenförmige Geschwülste (Fig 16 A) hervor, die oft so zahlreich sind, daß die Teile ganz damit bedeckt und bisweilen sogar verkrüppelt und in ihrer Entwickelung gehindert erscheinen. Die Verdickungen bilden sich schon während des Wachstums der Teile und sind anfangs von bleicher Farbe; später werden sie bräunlich und trockener. In denselben wächst das Mycelium des Pilzes zwischen den Parenchymzellen in Form septierter und verzweigter Fäden, welche die Sporen intercalar durch kugelige Anschwellung einzelner Gliederzellen bilden (Fig. 16 B). Die reifen Sporen sind etwa $^1/_{20}$ mm große Kugeln, mit dicker, farbloser, glatter, geschichteter Membran und protoplasmareichem Inhalt (Fig. 16 C). Sie finden sich reichlich in den Geschwülsten. De Bary[2]) hat die Keimung beobachtet: die überwinterte Spore (richtiger Sporangium zu nennen) schwillt an, streift ihre Außenhaut ab (Fig. 16 D), worauf durch freie Zellbildung im Innern der Zelle zahllose, $^1/_{450}$ mm kleine,

---

[1]) Sitzung d. Gesellsch. f. Botan. zu Hamburg; cit. in Bot. Centralbl. XXXVI. 1888, pag. 144.

[2]) Beitrag zur Morphologie der Pilze. Erste Aufl. I., pag. 14.

längliche Sporen aus dem Protoplasma entstehen, die an einer Seite der Mutterzelle zusammenrücken (Fig. 16 E), dann durch Platzen der letzteren herausgeschleudert werden. Darauf kopulieren sie paarweis miteinander und treiben dann einen Keimschlauch. De Bary übertrug den Pilz mit Erfolg durch Sporenaussaat auf geeignete Nährpflanzen.“

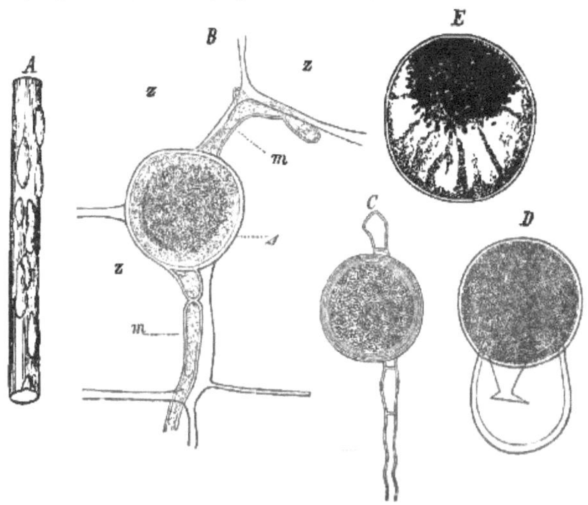

Fig. 16.

Protomyces macrosporus. A Stück eines Blattstieles von Aegopodium Podagraria, mit Geschwülsten, 2 mal vergrößert. B Partie eines Durchschnittes durch eine Geschwulst; zzz Parenchymzellen, mm ein zwischen denselben wachsender Mycelfaden mit einer Spore s. C Ein Stück Mycelfaden mit einem reifen Sporangium. D Sporangium keimend, die Außenhaut abstreifend. E Sporenbildung. B—E 390 mal vergrößert, nach De Bary.

2. **Protomyces pachydermus** *Thm.*, von v. Thümen[1]) in ebensolchen schwielenförmigen Anschwellungen in den Blütenschaften und Blättern von Taraxacum officinale gefunden. Auf Taraxacum.

3. **Protomyces Chrysosplenii** *Berk. et B.*, auf Blättern von Chrysosplenium in England. Auf Chrysosplenium.

4. **Protomyces Kreutensis** *Kühn*, auf Aposeris foetida. Auf Aposeris.

5. **Protomyces carpogenus** *Sacc.*, auf Kürbissen. Auf Kürbissen.

6. **Protomyces melanoides** *Berk. et Br.* auf Phlox in England. Auf Phlox.

7. **Protomyces Ari** *Cooke*, auf Arum maculatum in England. Auf Arum.

8. **Protomyces rhizobius** *Trail.*, in vergrößerten Zellen der Wurzelrinde von Poa annua. Auf Poa.

9. **Protomyces concomitans** *Berkl.*, auf kultivierten Orchideen in England. Auf Orchideen.

---

[1]) Hedwigia 1874, Nr. 7.

Melanotaenium auf Galium und Linaria.

Die Gattung **Melanotaenium** *de By.* ist vorläufig noch zweifelhaft in dieser Pilzgruppe aufzuführen, weil ihre Sporenkeimung noch unbekannt ist. **Melanotaenium endogenum** *de By.* (Protomyces endogenus *Ung.*) auf Galium Mollugo, zuerst von Unger[1]) beobachtet. Der Pilz bewirkt ein ganz fremdartiges Aussehen der Pflanze: Der Stengel ist verkürzt, hat verdickte Internodien und angeschwollene Knoten, bildet kurze, dicke, bleiche Blätter und bleibt unfruchtbar. Die Knoten, die Streifen der Internodien und die Blattrippen haben bläulichschwarze Farbe; in diesen werden die zahlreichen Sporen gebildet, und zwar an einem zwischen den Zellen wachsenden fädigen Mycelium, intercalar in den Fäden. — **Melanotaenium caulium** *Schröt.* in verdickten Stengeln von Linaria vulgaris in Schlesien.

---

7. Kapitel.

Brandpilze (Ustilagineen) als Ursache der Brandkrankheiten.

Begriff und Symptome der Brandkrankheiten.

Die durch Brandpilze verursachten Pflanzenkrankheiten sind daran kenntlich, daß statt wohlgebildeter Organe eine schwarze oder braune, pulverförmige Masse auftritt, in welche der verdorbene Pflanzenteil scheinbar sich umgewandelt hat, indem er entweder innerhalb seiner äußeren Umhüllungen nichts als schwarzes Pulver einschließt, oder gänzlich in solches aufgelöst erscheint. Die dunkle Masse, die man Brand nennt, besteht überall aus den zahllosen Sporen des Schmarotzerpilzes. Die Brandpilze sind charakterisiert als endophyte Parasiten, deren deutlich entwickeltes, aus Fäden bestehendes Mycelium zwischen und in den Zellen der Nährpflanze wächst und die auch die Sporen meist innerhalb des Pflanzengewebes bilden in großen, unbestimmt geformten Massen, nicht an distinkten Fruchtträgern, sondern durch unmittelbare Zergliederung oder Abschnürung zahlreich gebildeter Zweige der Pilzfäden. Die pulverförmige Anhäufung der Sporenmassen innerhalb des vom Pilze zerstörten Pflanzenteiles und die durch die Farbe der Sporen bedingte dunkle Färbung des Brandpulvers sind für die durch Ustilagineen erzeugten Krankheiten charakteristische Merkmale, wiewohl hinsichtlich der Färbung der Sporen je nach den verschiedenen Arten dieser Pilze alle Übergänge bis zu fast völliger Farblosigkeit vorkommen.

Arten der Brandkrankheiten.

Es giebt zahlreiche Arten von Brandpilzen. Jede derselben hat ihre eigenen Nährpflanzen; es giebt daher Brandkrankheiten an zahlreichen Pflanzen, jedoch nur an Phanerogamen. Jeder Brandpilz hat auch seine eigentümliche Lebensweise, besonders insofern, als es jeweils verschiedene Teile der Nährpflanze sind, in denen der Parasit seine

---

[1]) Exantheme der Pflanzen, pag. 341. — De Bary, Beitr. zur Morphol. der Pilze, I. Frankfurt 1864, pag. 19, Taf. II. Fig. 8—10.

Sporen erzeugt, und die also in Brandpulver umgewandelt werden, so daß mithin jede Brandkrankheit ihre eigentümlichen Symptome hat. Bald sind es die Blüten, und zwar bisweilen nur der Staubbeutel, bald der ganze Blütenstand, bald die Früchte oder nur der Samen, meist der Fruchtknoten, bald die grünen Blätter oder die Stengel, in wenigen Fällen sogar die Wurzeln, in denen der Pilz seine Sporen entwickelt und an deren Stelle also Brandpulver zum Vorschein kommt. Weitere, die einzelnen Brandkrankheiten unterscheidende Symptome liegen in der besonderen Beschaffenheit, die der brandige Pflanzenteil annimmt, ferner in der Farbe, im Geruch und in sonstiger, zumal in mikroskopischer Beschaffenheit des Brandpulvers. Denn jede Ustilaginee ist durch die Beschaffenheit der Sporen charakterisiert; die letztere ist das wichtigste Merkmal zur Bestimmung eines Brandpilzes. Jede Brandkrankheit kann nur durch Sporen der ihr eigentümlichen Ustilaginee, nicht eine Brandkrankheit durch eine andre erzeugt werden.

Entwickelung der Brandpilze.

In Pflanzen, die von einem Brandpilz befallen sind, findet man, bevor die Teile brandig geworden sind, das Mycelium des Pilzes, und zwar nicht bloß in den Teilen, in denen später die Sporen sich bilden, sondern meist auch in andern Organen, insbesondere oft in den Stengeln, innerhalb deren das Mycelium nach den Orten der Sporenbildung hinwächst. Es stellt feine, farblose, verzweigte und stellenweis mit Scheidewänden versehene Fäden dar, welche meist sowohl zwischen den Zellen, als auch quer durch dieselben hindurch wachsen. Erst in den Teilen, wo der Pilz zur Sporenbildung gelangt, vermehren sich die Myceliumfäden bedeutend, sie erfüllen hier nicht nur das Innere der Zellen, sondern durchwuchern auch die Membranen derselben (Fig. 17 A) so reichlich, daß sie dieselben bald zerstören und daß ein dichtes Gewirr von Pilzfäden an die Stelle des Zellgewebes tritt. Dabei werden gewöhnlich die Hautgewebe und die etwa schon vorhandenen festeren Teile der Fibrovasalstränge verschont. An allen Fäden dieser Pilzmasse entstehen nun die sporenbildenden Fäden (Fig 17 B); dies sind zahlreiche, von jenen entspringende kurze Zweige, welche an ihren Enden oder in größerer Ausdehnung anschwellen unter gleichzeitigem gallertartigen Aufquellen ihrer Membran und unter Auftreten eines dichten, glänzenden, ölhaltigen Inhaltes. Dadurch bekommen die Enden aller Zweige immer deutlicher eine oder mehrere perlschnurförmig hintereinander liegende, kugelige Anschwellungen. Der Inhalt jedes dieser Glieder umgiebt sich nun mit einer neuen Zellmembran und wird dadurch zur jungen, anfangs noch farblosen Spore. In diesem Zustande, der gewöhnlich noch in die jugendliche Entwickelungsperiode der Pflanzenteile fällt, hat die von den Hautgeweben eingeschlossene Pilzmasse eine farblose, weiche, gallertartige Beschaffenheit. Sie färbt sich nun allmählich dunkel, indem die zahllosen jungen Sporen, aus denen sie jetzt hauptsächlich besteht, sich weiter ausbilden, und die Membranen derselben ihre eigentümliche Farbe annehmen. Gleichzeitig wird die gallertartige Membran der sporenbildenden Fäden durch Verschleimung immer mehr gelockert und aufgelöst, und verschwindet endlich, gleich den übrigen Teilen der Fäden, so daß die Sporen sich isolieren und allein übrig bleiben. Dann ist aus der farblosen, gallertartigen Pilzmasse das dunkle, trockene, feine Pulver geworden, welches anfänglich noch von den Hautgeweben umschlossen ist. Bei vielen Brandkrankheiten zerreißen letztere zeitig, und der Pflanzenteil erscheint dann ganz in Brandpulver zerfallen. Wenige Ustilagineen bilden ihre Sporen äußerlich auf der Oberfläche des Pflanzenteiles; in diesem Falle treten die Fäden über die Epidermis hervor, um auf derselben ähnliche Komplexe sporenbildender Fäden zu bilden (Fig. 23). Dieses sind die allgemeinen Charakterzüge, in denen die verschiedenen Brandpilze hinsichtlich ihrer Entwickelung in der Nährpflanze übereinstimmen; spezielleres ist unten bei den einzelnen Ustilagineen angegeben. Die Sporen sind je nach Arten verschieden, entweder einfache, meist kugelrunde Zellen, oder mehrzellig. An ihrer Membran unterscheiden wir eine äußere dicke, gefärbte Schicht (Exosporium); der Inhalt besteht aus Protoplasma, in welchem oft ein deutlicher Kern sichtbar ist.

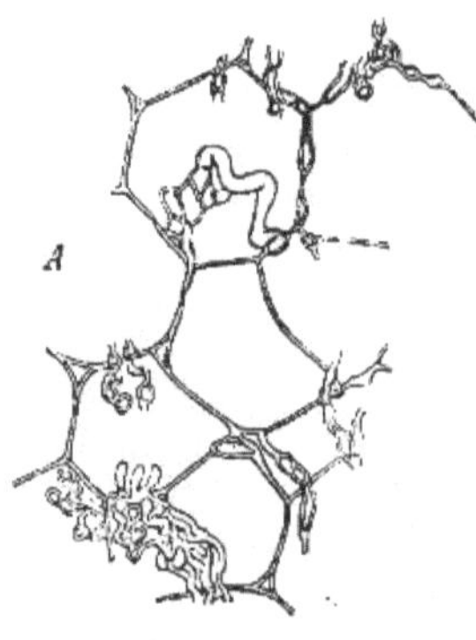

Fig. 17.
Ustilago Carbo *Tul.*, in jungen Haferblüten. **A** Durchschnitt durch ein Stück des Zellgewebes einer jungen Blüte; die Myceliumfäden zahlreich vorhanden in den Zellmembranen und quer durch dieselben von einer Zellhöhle zur andern wachsend. 500fach vergrößert. **B** Sporenbildende Fäden des Pilzes aus demselben Gewebe, von welchem einige vom Pilze durchwucherte Zellhautstücke zu sehen sind. Die Fäden zu runden oder ovalen, farblosen Gliedern angeschwollen, aus deren Inhalt je eine Spore wird. 500fach vergrößert.

Keimung der Brandpilze. Die beschriebenen Sporen der Brandpilze sind nach dem jetzigen mykologischen Sprachgebrauche als Chlamydosporen zu bezeichnen, weil sie unmittelbar aus Gliederzellen des Myceliums hervorgehen und weil sie bei ihrer Keimung besonderen Fruchtträgern den Ursprung geben. Diese Chlamydosporen spielen die Rolle von Dauersporen, denn sie machen vor ihrer Keimung eine Ruheperiode durch, die oft den auf ihre Erzeugung folgenden Winter umfaßt. Es gelingt zwar wohl, die Brandpilzsporen unmittelbar nachdem sie reif geworden sind, zur Keimung zu bringen; aber meistens dürfte ihre Keimfähigkeit mit vorschreitendem Alter zunehmen. Ich konnte z. B. Sporen von Tilletia Caries im Herbst nach ihrer Entstehung nicht zur Keimung bringen, während dies Ende des Winters leicht gelang. Auch ist bekannt, daß die Sporen der Ustilagineen, trocken aufbewahrt, ihre Keimfähigkeit ziemlich lange behalten. Nach Hoffmann[1]) sind diejenigen von Ustilago Carbo nach 31 Monaten, die von U. destruens nach 3 ½ Jahren, die von U. maydis und Tilletia caries nach 2 Jahren noch keimfähig. Liebenberg[2]) fand diejenigen von Tilletia caries sogar noch nach 8 ½ Jahren, die von Ustilago Carbo nach 7 ½ Jahren, die von U. destruens nach 5 ½ und die von Urocystis occulta nach 6 ½ Jahren noch keimfähig. Jedoch ist immer ihre Keimfähigkeit im ersten Jahre nach der Reife am größten. Die Keimung erfolgt auf jeder feuchten Unterlage, oft schon einen oder wenige Tage nach Eintritt der Keimungsbedingungen. Die Spore treibt einen das Exosporium durchbrechenden farblosen Keimschlauch, in den der Sporeninhalt einwandert. Der Keimschlauch entwickelt sich zu einem sogen. Promycelium (Fig. 19, 21, 22): ein ziemlich kurzer, meist einfacher, bisweilen mit mehreren Querwänden versehener Faden, der sich mehr oder weniger vom Substrat erhebt, ziemlich bald sein Längenwachstum einstellt und an seiner Spitze oder Seite Zellen abschnürt, welche ebenso farblos sind wie das Promycelium und den größten Teil des Protoplasma des letzteren aufnehmen. Sie werden Sporidien genannt; die Art ihrer Bildung und ihre Form ist eines der wichtigsten Merkmale, nach welchen die Ustilagineengattungen unterschieden werden. Die Sporidien lösen sich vom Promycelium ab und stellen eine zweite Generation von Keimen dar, denn sie können, auf feuchte Unterlage gelangt, sogleich wieder einen Keimschlauch treiben, der mitunter wieder sekundäre Sporidien abschnürt. In eine lebhafte Vegetation gehen die Sporidien verschiedener Getreide bewohnender Brandpilze über, wenn sie organische Stoffe in ihrem Substrate finden, mit Hilfe deren sie sich dann saprophytisch ernähren, was Brefeld[3]) zuerst beobachtet hat. Es tritt dann nämlich eine immer wiederholte

[1]) Pringsheim's Jahrb. f. wissensch. Botanik II., pag. 267.
[2]) Österr. landw. Wochenblatt 1879, Nr. 43 u. 44.
[3]) Botanische Untersuchungen über Hefepilze, Heft IV. Leipzig 1883.

Sprossung neuer Sporidien an den vorhandenen ein, und zwar in der Form der hefeartigen Sprossung. Ich fand, daß hauptsächlich die zuckerartigen Verbindungen es sind, durch welche die Sporidien zu dieser starken Vermehrung durch Sprossung veranlaßt werden. Da nun bei der Keimung der Getreidekörner Zucker gebildet wird und auch zum Teil aus dem Korn nach außen diffundiert, die Sporen der Getreidebrandpilze aber an der Oberfläche der Körner haften und ihre Keime von dort aus in die junge Getreidepflanze eindringen, so ist die Beförderung der Sporidiensprossung durch Zucker ein Mittel, durch welches die Infektion der jungen Pflanze durch den Pilz erleichtert wird.

Infektion der Nährpflanzen mit den Keimen der Brandpilze.

Bereits durch die Untersuchungen, welche Kühn[1]) mit Tilletia caries, Hoffmann[2]) mit Ustilago Carbo und Wolff[3]) außer mit diesen beiden Brandpilzen mit Ustilago destruens, maydis, Urocystis occulta u. a. angestellt haben, ist festgestellt worden, daß die Keimschläuche der Sporidien, sobald sie sich an der Oberfläche ihrer geeigneten Nährpflanze befinden, in die letztere eindringen, indem sie mit ihrer Spitze durch die Membran der Epidermiszellen sich einbohren und von hier aus in das darunter liegende Gewebe eindringen, wo sie weiter zum Mycelium heranwachsen. Bei diesen getreidebewohnenden Ustilagineen dringen aber die Keimschläuche immer nur in die junge Nährpflanze und nur an einem bestimmten Organe in dieselbe ein: weiter ausgebildeten oder erwachsenen Pflanzen sind die Keime dieser Brandpilze ungefährlich. Bei denjenigen der eben genannten Arten, welche in Blütenteilen ihre Sporen bilden, also bis in diese Teile gelangen müssen, dringen die Keimschläuche am leichtesten am Wurzel-, und ersten Stengelknoten und dem dazwischen liegenden Stengelgliede der Keimpflanzen der betreffenden Getreidearten ein. Von dort aus wächst das Mycelium im jungen Halme nach dem Blütenstande aufwärts. Dieser Weg ist um diese Zeit sehr kurz, denn das Eindringen geschieht in derjenigen Entwickelungsperiode, wo die Getreidepflanze den Halm noch nicht gestreckt hat, der letztere also noch so kurz ist, daß die junge Anlage des Blütenstandes tief zwischen den unteren Blättern sich befindet. Diejenigen Ustilagineen aber, welche in den Blättern ihre Sporen bilden, wie Urocystis occulta, lassen, wie Wolff gezeigt hat, ihre Keimschläuche vornehmlich durch das erste Scheidenblatt des jungen Getreidepflänzchens eindringen; dabei gelangt das Mycelium ebenfalls auf dem kürzesten Wege nach dem Orte der Fruktifikation, indem es quer durch

[1]) Krankheiten der Kulturgewächse, Berlin 1859.
[2]) Karsten's bot. Untersuchungen. 1866, pag. 206.
[3]) Botan. Zeitg. 1873. Nr. 42—44.

das Blatt und in die inneren von jenem umhüllten Blätter hinüberwächst. Beim Maisbrand ist dagegen, wie Brefeld[1]) konstatiert hat, die Infektionsperiode über den größten Teil der Entwickelungsperiode der Pflanze ausgedehnt; es können hier noch an der nahezu erwachsenen Pflanze an beliebigen Teilen der Blätter, Blattscheiden oder der Blütenstände die Keimschläuche der Ustilago Maidis eindringen. Man findet daher hier auch manchmal vereinzelte Infektionsstellen an den genannten Teilen, indem daselbst noch ziemlich spät kleine Geschwulstbildungen sichtbar werden, die hier das charakteristische Krankheitssymptom des Brandes bilden. In Übereinstimmung hiermit steht die Thatsache, daß Infektionsversuche auch im großen gelingen, d. h. daß man den Brand an den Pflanzen erzeugen kann, wenn man die Samen mit keimfähigen Brandpilzsporen gemengt aussäet. Solche Versuche hat schon Gleichen[2]) 1781 mit Erfolg angestellt. Gleichen besäete z. B. 3 Parzellen mit Weizenkörnern, und zwar:

1. naß und mit Brandstaub vermengt, und erntete	178 gute,	166	brandige Ähren,
2. „ „ rein gesäet, und erntete	340 „	3	„ „
3. trocken und rein gesäet, und erntete	300 „	3	„ „

Bei einem andern Versuche mit Ustilago Carbo bestellte er 4 Parcellen mit Sommerweizen und zwar:

1. naß u. mit Brand vom Weizen vermengt, u. erntete	339 gute,	188	brandige Ähren
2. „ „ „ „ von der Gerste vermengt, u. erntete	168 „	234	„ „
3. „ „ rein gesäet, und erntete	198 „	4	„ „
4. trocken und rein gesäet, und erntete	102 „	0	„ „

Später sind solche Versuche vielfach mit gleichem Erfolg wiederholt worden[3]). Kühn zählte von Rispenhirse, die mit Ustilago destruens infiziert worden war, auf je 100 Pflanzen durchschnittlich 98 brandige. Ich säete auf zwei Parcellen von je 3 qm Größe Weizen, welche mit Brandsporen von Tilletia caries vermengt worden und Weizen, welcher nicht infiziert wurde; ersterer brachte 52, letzterer gar keine Brandpflanze. Auf einer gleich großen Fläche wurden von Hirse, welcher mit Ustilago destruens vermengt worden war, 60 Brandpflanzen, auf der nicht infizierten Fläche keine geerntet. Auf 2 je 4 qm großen Beeten säete ich Hafer mit Ustilago Carbo vom Hafer gemengt und rein; das erstere Beet lieferte 63, das letztere 1 Brandpflanze.

Wirkung der Brandpilze auf ihre Nährpflanzen.

Die Wirkung der Ustilagineen auf ihre Nährpflanzen ist bei jeder Art dieser Parasiten eine bestimmte. Im allgemeinen tritt die krank-

[1]) Neue Untersuchungen über Brandpilze. Nachrichten aus dem Klub der Landwirte. Berlin 1888.

[2]) Auserlesene mikroskopische Entdeckungen ꝛc. Nürnberg 1871, pag. 46 ff.

[3]) Vergl. Kühn, Sitzungsber. d. naturf. Gesellsch. Halle 24. Januar 1874.

7*

hafte Veränderung nur an denjenigen Organen der Nährpflanze hervor, in denen der Pilz seine Sporen bildet. Dies ist am auffälligsten da, wo die Sporenbildung auf die Blüten oder Früchte beschränkt ist; hier entwickelt sich die junge Nährpflanze, obwohl sie das Mycelium des Pilzes in ihrem Stengel enthält, in allen Teilen und während der ganzen Periode bis zum Erscheinen der Blüten oder Früchte meist normal und gesund, und erst diese letzteren Teile werden zerstört, indem in ihnen der Pilz zur Bildung der Sporen vorschreitet. Es ist klar, daß dieses gutartige Verhalten des Myceliums im Stengel ein Umstand ist, ohne welchen es dem Pilze nicht gelingen würde, seine Sporenbildung zu erreichen, weil die letztere die ungestörte Funktion des Stengels zur Voraussetzung hat, indem dieser hier anstatt den reifenden Früchten dem Pilze die Nahrung zuführt. Diejenigen Organe, in denen die Sporenbildung erfolgt, werden meistens in der oben besprochenen Weise frühzeitig und ohne vorhergegangene wesentliche Veränderung ihrer Gestalt unmittelbar zerstört. Je nachdem dies den Stengel, die grünen Blätter, den Blütenstand, einzelne Blütenteile oder die Früchte betrifft, ist die Erscheinung der brandkranken Pflanze eine sehr verschiedene. Manche Brandpilze bewirken aber an Teilen, in denen sie die Sporen bilden, bevor sie dieselben zerstören, eine Hypertrophie (Seite 9): diese Teile werden übermäßig ernährt und vergrößert, bisweilen in kolossalen Dimensionen und unter Mißbildungen. Gewöhnlich nimmt dann der Pilz mit seinen sporenbildenden Fäden von dem größten Teile des hypertrophierten Organes Besitz, so daß dieses endlich auch in Brandmasse zerfällt.

Äußere Umstände, welche die Entwickelung der Brandpilze begünstigen.

Hiernach liegt die Veranlassung zur Entstehung der Brandkrankheiten, zumal bei unserm Getreide, darin, daß Keime der betreffenden Ustilagineen in Form von Brandstäubchen, die von brandkranken Pflanzen stammen, zu jungen Pflanzen gelangen. Für die Keimung der Sporen, die Entwickelung des Promyceliums und der Sporidien, sowie für das Eindringen der Keimschläuche in die Nährpflanze ist aber dauernde Feuchtigkeit eine Hauptbedingung. Auf trockener Unterlage und in trockener Luft findet keine Keimung statt, und wenn sie schon begonnen hat, so wird sie durch Eintritt von Trockenheit unterbrochen. Versuche im kleinen zeigen eine überraschend reichliche und üppige Entwickelung der Keimlinge der Sporen in einer mit Wasserdampf geschwängerten Luft. Damit stimmt die Erfahrung überein, daß das Auftreten des Brandes durch anhaltende größere Feuchtigkeit begünstigt wird. Bei nassem Wetter, zumal in der Zeit der ersten Entwickelung der Saat, bei großer Bodenfeuchtigkeit, bei eingeschlossener Lage des Ackers, z. B. in Gebirgsgegenden oder in der Nähe von Waldungen, überhaupt in allen Lagen, zu denen die Luft nicht ungehinderten Zutritt hat und die daher zu häufiger und anhaltender Tau- und Nebelbildung geneigt sind, kommt der Brand besonders häufig vor. Geognostische und geographische Verhältnisse zeigen keinen Einfluß. Man kennt den Getreidebrand auf allen Bodenarten. Er kommt sowohl in den Auen und in den höheren Strichen des Flachlandes, als in den Gebirgen vor, und in den letzteren geht er mit dem Getreide bis an dessen obere Grenze, wo er wegen der hier herrschenden größeren Feuchtigkeit oft ungemein stark auftritt (besonders Ustilago Carbo am Hafer). Der Düngung ist ein Einfluß nur dann und insofern zuzugestehen, als mit derselben ein andauernd größerer Feuchtigkeitsgrad der Bodenoberfläche verbunden sein sollte. Der das Auftreten des Brandes begünstigende Einfluß, den man frischer Mistdüngung zuschreibt, ist teils auf diese Weise zu erklären, teils aber auch aus der Möglichkeit der Anwesenheit entwickelungsfähig gebliebener Sporidienkeime im Dünger, worauf wir unten noch zurückkommen. Irrig aber wäre es zu glauben, daß Brandpilze nur auf kräftig ernährten Pflanzen sich entwickeln können, denn auch auf dürftigem Boden und selbst an den kleinsten Kümmerlingen kann man den Brand beobachten. Aus dem Umstande, daß die Keime der Brandpilze im allgemeinen nur in die junge Getreidepflanze eindringen können, werden wir schließen müssen, daß größere Gelegenheit für die Entwickelung des Brandes gegeben ist, wenn infolge äußerer Faktoren die Pflanzen lange in ihren ersten Entwickelungsstadien zurückgehalten werden, als wenn sie schnell und kräftig sich entwickeln. Unzweifelhaft hat auch die Saatzeit einen Einfluß. Schon Brefeld hatte bei seinen Infektionsversuchen gefunden, daß bei 10° C eine Ansteckung sehr erfolgreich ist, während bei über 15° C. kaum noch Erfolg eintrat. Man darf darin wohl eine Akkomodation der Getreide-Brandpilze an die durchschnittlichen Temperaturen des Frühlings und Herbstes, wo die Sommer- und Wintersaaten keimen, erkennen. Dies wird auch durch eine Beobachtung von Kellermann und Swingle[1]) bestätigt, welche an einem versuchsweise erst spät ausgesäten Hafer keinen Brand entstehen sahen und auch alle diejenigen Haferpflanzen, welche aus zahlreichen ausgefallenen Körnern aufgelaufen waren und eine zweite Ernte ergaben, absolut brandfrei fanden, auch wenn die erste, welche den Ausfall geliefert hat, sehr stark brandig gewesen war.

Die Maßregeln zur Verhütung der Brandkrankheiten müssen sich hiernach vor allen Dingen gegen die entwickelungsfähigen Keime Verhütungs-Maßregeln.

[1]) Report of the Experim. Station, Kansas State agricult. college. Manhattan, Kansas. Topeka 1890.

der Brandpilze richten. Aus den angeführten Thatsachen können wir, mit besonderer Beziehung auf das Getreide, den Satz ableiten, daß Brand nur entsteht, wenn mit der aufgekeimten Saat entwickelungsfähige Keime des betreffenden Brandpilzes in Berührung kommen, und die äußeren Bedingungen der Entwickelung derselben gegeben sind. Es handelt sich also um die Frage, auf welchen verschiedenen Wegen solche Keime in die Kulturen gelangen können.

Verbreitung des Brandes durch das Saatgut. "Beizen" desselben.

Nach dem Vorhergehenden ist hinlänglich klar, daß die von brandigen Getreidepflanzen stammenden Sporen nicht etwa schon in derselben Kultur auf die gesunden Pflanzen ansteckend wirken und hier den Brand verbreiten können. Denn zur Zeit, wo auf einem Getreidefelde der erste Brand erscheint, sind alle Pflanzen längst über jene Jugendperiode ihrer Entwickelung hinaus, in welcher allein die Keimschläuche jener Pilze in sie eindringen können; vielmehr hängt die Zahl der brandigen Pflanzen, die auf einem Felde stehen, nur davon ab, wie viel Keimpflänzchen anfangs mit Pilzkeimen infiziert worden sind. Es ist nun klar, daß diejenigen Sporen, welche auf der jungen Saat ihre weitere Entwickelung finden, hauptsächlich mit dem Saatgut eingeschleppt werden, welches von Feldern stammt, auf denen Brand war. Solche Körner sind sicher an ihrer Oberfläche mit Sporen behaftet. Ganz besonders gilt dies von denjenigen Brandpilzen, deren Sporen im Innern der geschlossen bleibenden Körner enthalten sind, welche mit geerntet und ausgedroschen werden, also vorzüglich vom Steinbrand des Weizens. Aber auch Sporen solcher Ustilagineen, deren Brandmasse auf dem Felde frei verfliegt, werden unzweifelhaft in Menge an den Oberflächen aller Teile des Getreides, in welchem der Brand vorkam, festgehalten und gelangen so auch mit an die geernteten Körner. Solche Sporen sind aber gerade für ihre künftige Weiterentwickelung in der günstigsten Lage, denn sie werden mit den Körnern trocken aufbewahrt, behalten also ihre Keimkraft bis zur Zeit der Aussaat, und da sie eben mit den Körnern zugleich ausgesäet werden, so befinden sie sich in der unmittelbarsten Nähe der keimenden Nährpflanze, in welche ihre Keimschläuche eindringen müssen. Daß die Brandpilzsporen die Keimfähigkeit so lange Zeit behalten, als gewöhnlich bis zur Wiederverwendung der Körner als Saatgut vergeht, ergiebt sich aus den oben darüber gemachten Angaben, und es hängt damit eben auch ihr Charakter als Dauersporen zusammen. Um diese Keime unschädlich zu machen, giebt es kein andres Mittel als die Desinfektion des Saatgutes, also die Behandlung desselben mit einer Beize, welche die Keimfähigkeit der Sporen vernichtet, ohne den Getreidekörnern selbst zu schaden. Schon seit längerer Zeit kennt man die günstigen Wirkungen des Beizens, besonders mit Kupfervitriol. So gaben nach Prévost Getreidekörner, welche mit Brandstaub bestreut und danach mit Kupfervitriol behandelt wurden, nur 1 Brandähre auf 4000 Ähren, dagegen ohne Kupfervitriol 1 Brandähre auf je 3 Ähren, und ohne alle Behandlung mit Brand oder Beize 1 Brandähre auf 150 Ähren. Nach Plathner gab brandiger Weizen von 1000 Körnern:

Durch Schwingen gereinigt:	422	Brandähren.
Mit reinem Wasser gewaschen:	116	"
Mit Kalk gebeizt:	68	"
Mit Kupfervitriol gebeizt:	28—31	"

Auch nach Kühn[1]) ist Kupfervitriol das wirksamste Mittel. Derselbe fand die Sporen des Flugbrandes und des Steinbrandes nach Behandlung mit Alaun-, Schwefelsäure- oder Eisenvitriolbeizen noch keimfähig, während Kupfervitriol schon nach halbstündigem Einbeizen die Keimkraft vernichtet. Er fand ferner, daß für unverletzte, normale Weizenkörner ein 12- bis 16stündiges Einweichen in sehr verdünnte Kupfervitriollösung ohne merkbaren Nachteil auf das Bewurzelungs- und Entwickelungsvermögen bleibt; erst eine erheblich längere Einwirkung schwächt (I. S. 321); besonders sind die mit Maschinen gedroschenen Körner, weil sie öfter kleine Verletzungen haben, empfindlicher. Letzteres ist besonders von Linhart[2]) zahlenmäßig festgestellt worden, welcher fand, daß die Behandlung mit Kupfervitriol den mit Handdrusch gewonnenen Körnern am wenigsten schadet; fast ebenso günstig ist das Austreten mit Pferden, während die durch Göpeldrusch und noch mehr die durch Maschinendrusch gewonnenen Körner eine bedeutende Verminderung der Keimfähigkeit zeigten. Nach Kühn's Rezept macht man eine ½proz. Lösung von Kupfervitriol und läßt diese Flüssigkeit ungefähr eine Hand breit über den Körnern stehen, wirft letztere nach ungefähr 12 Stunden aus, wäscht sie mit Wasser und läßt sie trocknen. Eine wichtige Bedingung dabei aber ist die, daß man die Körner in der Flüssigkeit nochmals kräftig aufrührt, um die kleinen Luftblasen, die sich an denselben erhalten, zu beseitigen. Denn nur dadurch ist eine wirkliche Benetzung der Sporen mit der Kupferlösung, worauf die ganze Wirkung beruht, zu erzielen; die Sporen sind aber wegen der wachsartigen Beschaffenheit ihres Episporiums schwer benetzbar und haften besonders leicht an den Luftbläschen, welche sich in der Flüssigkeit bilden. Die Nichtberücksichtigung dieses Umstandes könnte leicht den Erfolg der Samenbeize vereiteln. Was an der Oberfläche der Beizflüssigkeit schwimmt, wird abgeschöpft. Genauere Prüfungen

[1]) Bot. Zeitg. 1873, pag. 502.

[2]) Refer. in Just, botan. Jahresbericht 1885 II, pag. 510.

über den Einfluß des Beizens mit Kupfervitriol auf das Weizenkorn, welche Sorauer[1]) und Dreisch[2]) vorgenommen haben, zeigten freilich, daß selbst die durch Handdrusch gewonnenen ganz unversehrten Körner doch um einige Prozente Keimungsverlust hatten und auch in der Keimung verlangsamt waren. Nach Graßmann[3]) ergab Weizen, der ungebeizt 98 Prozent Keimlinge lieferte, bei einer Beize von 3 Pfund Vitriol auf 20 Centner 93 Prozent, bei 5 Pfund 62,5 Prozent, bei 6 Pfund 51,25 Prozent, bei 7 Pfund 38,75 Prozent und bei 9 Pfund 16,5 Prozent Keimlinge. Die Kupferbeize ist also praktisch als bewährt anzuerkennen, nur muß bei Abmessung des Saatquantums auf den Ausfall durch die Verminderung der Keimfähigkeit Rücksicht genommen werden. Auch wird die Verminderung der Keimfähigkeit infolge des Beizens nach Dreisch durch nachherige Behandlung mit Kalkmilch abgeschwächt. Kühn[4]) bestätigte dies und empfiehlt daher, um die bei Gerste und Hafer besonders große Empfindlichkeit gegen Kupfervitriol zu vermeiden, zur Bekämpfung des Flugbrandes bei diesen Cerealien nach der Kupferbeize sogleich auf die Körner Kalkmilch (für je 100 kg 110 l Wasser und 6 kg gebrannten Kalk) aufzugießen und unter Durchrühren 5 Minuten einwirken zu lassen. Weil besonders bei Gerste und Hafer eine Beize mit Kupfervitriol ziemlich großen Verlust der Keimfähigkeit zur Folge hat, ist von Kühn[5]) früher eine 12 stündige Beize mit verdünnter Schwefelsäure empfohlen worden. Nach Dreisch wirkt aber 0,75 proz. Schwefelsäure noch schädlicher als Kupfervitriol auf die Keimfähigkeit des Weizens, doch läßt sich durch nachheriges Abwaschen diese nachteilige Wirkung aufheben. Märcker[6]) fand, daß bei 10 stündiger Einquellung in Kühn'sche Schwefelsäurebeize eine dickschalige Probsteier Gerste nur 1 Prozent, eine feinschalige Chevalier-Gerste 5 Prozent Erniedrigung der Keimfähigkeit bedingte; er empfiehlt also das Mittel zur Bekämpfung des Staubbrandes; man braucht nur die Aussaatmenge etwas stärker zu nehmen. Zoebl[7]) empfiehlt schweflige Säure als Beizmittel, weil die Sporen von Tilletia caries schon nach 3—5 Minuten dadurch

[1]) Handb. d. Pflanzenkrankheiten. 2. Aufl. II, pag. 205.

[2]) Untersuchungen über die Einwirkung verdünnter Kupferlösungen auf den Keimprozeß des Weizens. Dresden 1873.

[3]) Landwirtsch. Jahrb. XV. 1886, pag. 293.

[4]) Mitteilungen des landw. Inst. d. Univers. Halle, 31. März 1889, und Frühling's Landw. Zeitg. 1889, pag. 260.

[5]) Biedermann's Centralbl. f. Agrikulturchemie 1883, pag. 52.

[6]) Biedermann's Centralbl. f. Agrikulturchemie 1887, pag. 395.

[7]) Österr. landw. Wochenblatt 1879, Nr. 13.

getötet werden, die Weizenkörner aber frühestens erst nach einer Stunde beschädigt werden sollen. Er rät, die schweflige Säure durch Verbrennen von Schwefelfäden in einem Faße herzustellen und das letztere dann durch das Spundloch zu füllen. Daß Kalk allein schwächer wirkt als Kupfervitriol ist auch später nachmals von Gibelli[1]) konstatiert worden, welcher aus einem mit Tilletia infizierten Saatgute ohne Beize 45 Prozent, nach Beizung mit Kupfervitriol 1 Prozent, nach Beizung mit Kalkmilch 7 Prozent kranker Pflanzen erhielt. — Auch durch Absengen mittelst Feuers hat man vorgeschlagen, die an den Körnern haftenden Sporen zu töten, indem man die Körner durch ein Strohfeuer laufen läßt. Dies Verfahren ist aber sehr unsicher; denn Schindler[2]) fand, nachdem er Sporen des Weizensteinbrandes 2 Stunden lang in Temperaturen von 50—100° C. erhielt, erst von 80° C. an den beschädigenden Einfluß in verminderter Keimung; erst über 95° C. erhitzte Sporen waren sicher tot. Von Jensen[3]) ist ein Heißwasserverfahren empfohlen worden; er fand nämlich, daß, während ein trocknes Erhitzen des Saatgutes des Hafers bis auf 54° C. 7 Stunden lang den Brand nicht verminderte, eine vollständige Befreiung vom Brande ohne jede Spur einer Schädigung der Ernte durch ein 5 Minuten langes Eintauchen in Wasser von 53—56° C. erzielt wurde. Bei Gerste fand Jensen die gewöhnlichen Beizmittel sonst ganz erfolglos, auch 5 Minuten langes Eintauchen in Wasser wirkte nicht, wohl aber ein 5stündiges Erwärmen des Saatgutes in feuchter Erde bei 52° C., wodurch die Gerste ohne Beeinträchtigung der Keimfähigkeit total brandfrei geworden sein soll. Endlich fand er beim Weizen, daß durch ein 5 Minuten dauerndes Eintauchen des Saatgutes in Wasser von 52—60° C. die Keimfähigkeit nicht merkbar beeinträchtigt, aber die Sporen des Weizensteinbrandes vollständig getötet wurden. Auch Kellermann und Swingle[4]), welche 51 verschiedene Behandlungsmethoden geprüft haben, nennen unter den bewährtesten Methoden das Jensen'sche Heißwasserverfahren bei einer 15 Minuten dauernden Einwirkung; als ebenfalls günstig geben sie an ½ proz. Kupfervitriollösung bei 24stündiger Einwirkung oder 8 proz. Kupfervitriollösung bei 24stündiger Einwirkung mit nach-

[1]) Cit. in Biedermann's Centralbl. 1879, pag. 190.

[2]) Forschungen auf d. Gebiete d. Agrikulturphysik 1880 III, Heft 3.

[3]) Journ. of the R. Agric. Soc. of England XXIV. Part. II. und Mitt. beim Nord. Landw. Kongreß zu Kopenhagen 1888; cit. im Centralbl. f. Agrikulturchemie 1889, pag. 50.

[4]) Experiment Station, Kansas State agricult. college. Manhattan, Kansas 1890.

folgender Kalkung, oder aber 4proz. Bordeau-Mischung bei 36stündiger Wirksamkeit. Eriksson[1]) prüfte das Jensen'sche Verfahren auf Parzellen von 4 qm und fand, daß dadurch der Krankheitsprozentsatz bei Triumphhafer von 23,3 auf 11,1 und von 48 auf 5,4, bei chinesischem Hafer von 42,6 auf 0,9 und von 75,2 auf 5 Prozent herabgedrückt wurde. Das von Jensen vorgeschlagene Verfahren, die Körner in einen Kasten oder wie andre vorschlugen, in einen Sack zu schütten, welcher dann in Wasser von 52½° C. eingetaucht werden soll, dürfte wohl kaum mit Sicherheit die Erwärmung der Körner auf die gewünschte Temperatur erwarten lassen, dagegen ist anderseits bei der Schwierigkeit, in der Praxis die richtige Temperatur herzustellen, eine Verbrühung der Samen gar leicht zu befürchten. Kühn (l. c.) hat für den Gerstenbrand bestätigt, daß eine Erwärmung auf 52½° C. die Sporen fast alle tötet; allein selbst bei 5 Minuten langer Erwärmung fanden sich noch vereinzelte keimfähige Sporen. Nach alledem dürften also doch die Kupfermittel allen übrigen Verfahren vorzuziehen sein. Vielleicht könnte aber die Kupfervitriol-Kalkbrühe (Bordeaux-Mischung) auch hier an die Stelle des reinen Vitriols treten; man würde dann wahrscheinlich die ätzenden Wirkungen auf den Keimling, welche die Anwendbarkeit des Kupfervitriols besonders bei Hafer und Gerste verbieten, umgehen können.

Verschleppung durch Stroh von brandigen Feldern

Auch an dem Stroh, welches von brandigen Getreidefeldern stammt, haftet eine Menge von Sporen. Wenn diese mit jenem in den Stalldünger kommen, so müssen sie hier wegen der Feuchtigkeit und der organischen Nährstoffe, die ihnen geboten sind, keimen und in die oben erwähnte, längere Zeit anhaltende hefeartige Sporidien-Sprossung übergehen und somit entwickelungsfähig sich erhalten. Wenn das Stroh also bald wieder mit dem Dünger auf den Acker zurückkehrt, so ist die Möglichkeit nicht ausgeschlossen, daß noch lebende Pilzkeime dorthin gebracht werden. Es ist also ratsam, Stroh von stark brandigen Feldern nicht in den Dünger zu bringen.

Brandsporen im tierischen Dung.

Auch diejenigen Sporen von Brandpilzen, welche an dem Stroh haften, das von Tieren gefressen wird, verlieren bei der Durchwanderung durch den tierischen Verdauungskanal ihre Keimfähigkeit nicht; sie erscheinen in den Extrementen unversehrt und keimungsfähig wieder. Ja es scheint sogar, als wenn ihre Entwickelungsfähigkeit dadurch begünstigt werde, was man aus folgendem Versuche von Morini[2]) schließen dürfte. Derselbe verfütterte an eine Kuh Kleie, die mit Sporen des

[1]) Mitteil. d. Experimentalfeld d. kgl. Landw.-Akademie 11. Stockholm 1890.

[2]) Cit. im Botan. Centralbl. XXI. 1885, pag. 367.

Maisbrand vermengt war. Mit den Excrementen, in denen keimende Sporen nachzuweisen waren, düngte er zu Mais und erhielt lauter brandige Pflanzen. Von 30 andern Maiskörnern, welche er mit Gummilösung befeuchtete und mit Brandsporen bedeckte, erhielt er dagegen nur 4 brandige Pflanzen.

Schicksal ausgefallener Brandsporen im Ackerboden.

Eine ungeheure Menge von Sporen gelangt von dem noch auf dem Halme stehenden Getreide oder bei der Ernte sogleich in den Ackerboden. Es ist zu erwarten, daß viele dieser Sporen ohne zu keimen jahrelang im Boden keimfähig verbleiben können, da wir wissen, wie lange dieselben ihre Keimfähigkeit behalten können. Und selbst die wirklich keimenden dürften durch ihre hefeartigen Sporidiensprossungen sich lange Zeit lebend erhalten. Beim Steinbrande des Weizens ist die Sporenmasse sogar in geschlossenen Körnern enthalten, welche bei der Ernte ausfallen und unverletzt längere Zeit auf dem Boden liegen müssen, bis ihre Schale soweit verwest ist, daß die Sporen in Freiheit gesetzt werden und keimen können. Man findet auf den Stoppelfeldern noch spät im Jahre von der Ernte zurückgebliebene wohl erhaltene Brandkörner. Um also die Infektion des Ackerbodens mit Brandpilzsporen zu verhüten, ist es angezeigt, soviel als möglich die brandigen Getreidepflanzen, sobald sie auf dem Acker erkennbar sind, auszuraufen.

Andere Nährpflanzen als Träger und Verbreiter des Brandes.

Endlich können bei denjenigen Ustilagineen, welche auch noch auf andern Nährspecies vorkommen, auch die letzteren zu einer Infektionsquelle werden. Der Staubbrand, welcher verschiedene Getreidearten befällt, entwickelt sich auch auf einigen wildwachsenden Gräsern, wie Arrhenatherum elatius, Avena flavescens, pubescens etc. oft reichlich; und von diesen können keimfähige Sporen auf junge Getreidesaaten verweht werden.

Diese außer dem Saatgute noch vorhandenen Quellen von Pilzkeimen erklären mit die bisweilen aufgetauchten Klagen von Landwirten, daß trotz Beizens dennoch Brand sich gezeigt habe.

Historisches.

Der Brand war als Krankheit des Getreides schon im Altertume bekannt und hieß bei den römischen Schriftstellern uredo (von urere brennen), offenbar wegen seiner schwarzen Farbe. Die Meinung, welche die Ursache des Brandes in ungünstigen Witterungs- und Bodenverhältnissen sucht, finden wir schon bei Plinius und Theophrast ausgesprochen, und sie bestand bis in unser Jahrhundert. Man hielt das schwarze Brandpulver für eine krankhafte Bildung der Pflanze selbst, ähnlich wie die pathologische Gewebebildung beim tierischen Brande. Persoon hat zuerst in seiner Synopsis fungorum 1801 diese Gebilde unter die Pilze aufgenommen. Später hielten nur wenige Botaniker, wie Turpin und Schleiden, an der alten Ansicht, daß der Brand eine pathologisch veränderte Zellbildung der Pflanze sei, fest. Aber trotzdem betrachtete man diese Pilze vielfach als Produkte krankhafter Zustände der Pflanze und glaubte an eine Urzeugung derselben in der

Fig. 18.
Der **Flugbrand** (Ustilago Carbo) in den Rispen des Hafers und in den Aehren der Gerste; b die brandigen, g die gesunden Aehrchen.

letzteren. Dieser Ansicht huldigte besonders Unger und selbst Meyen[1]), trotzdem daß dieser 1837 die Pilzfäden in den erkrankenden jungen Organen entdeckt und die Entstehung der Sporen an diesen erkannt hatte. Daß die Sporen der Brandpilze keimen können, hat schon Prévost[2]) 1807 entdeckt, und Tulasne[3]) hat es 1854 allgemeiner nachgewiesen. Infektionsversuche, bei denen das Eindringen der Keimlinge der Sporen in die Nährpflanze direkt verfolgt wurde, stellte zuerst Kühn[4]) 1858 mit Tilletia caries, dann Hoffmann (l. c.) 1866 mit Ustilago Carbo und Wolff (l. c.) 1873 mit einer größeren Anzahl von Brandpilzen an. Über die Entwickelung und die Biologie der Ustilagineen verdanken wir Tulasne (l. c.), de

[1]) Pflanzenpathologie, pag. 103, 122, u. Wiegmann's Archiv 1837.

[2]) Mém. sur la cause imméd. de la carie. Montauban 1807.

[3]) Ann. des sc. nat. 1854.

[4]) Krankheiten der Kulturgewächse. Berlin 1859.

Bary[1]) Fischer von Waldheim[2]) und Brefeld (l. c.) die meisten Kenntnisse.

Wir stellen im folgenden die wichtigsten Ustilagineen zusammen, geordnet nach Gattungen, mit besonderer Berücksichtigung der auf Kulturpflanzen vorkommenden.

I. Ustilago *Link*.

Die Sporen sind einzellig, annähernd kugelrund oder abgeplattet, zu einem losen Pulver gehäuft. Das Promycelium bekommt Scheidewände und zerfällt in Glieder, welche die Sporidien darstellen; häufiger bildet es an der Seite kurze Zweiglein, welche sich als Sporidien abschnüren (Fig. 19). Ustilago.

I. Auf Gramineen.

1. Der Staubbrand, Flugbrand, Nagelbrand, Rußbrand oder Ruß, Ustilago Carbo *Tul.* (in älteren Schriften Uredo segetum *Pers.*, Uredo carbo *DC.*, Ustilago segetum *Ditm.*, Caeoma segetum *Link*), der häufigste Brand am Hafer, an der Gerste und am Weizen (nicht am Roggen), und zwar auf allen als Getreide gebauten Arten dieser Gattungen, ferner auf vielen Wiesengräsern, am häufigsten auf dem französischen Raigras (Arrhenatherum elatius), auch auf Avena pubescens, flavescens etc. sowie auf Festuca elatior. Er bildet ein schwarzes, geruchloses Pulver in den Ähren und Rispen, deren Ährchen meist vollständig vernichtet werden, so daß das Brandpulver sehr rasch zum Vorschein kommt und der Blütenstand schon bei seinem Erscheinen schwarz aussieht. Die brandigen Ährchen sind anfangs nur von den allein unzerstört bleibenden dünnen, grauen Häuten der Spelzen umschlossen, die aber bald zerreißen, worauf das Ganze, höchstens mit Ausnahme der härteren Teile der Spelzen und der Grannen, in schwarzen Staub zerfällt. Letzterer wird in kurzer Zeit durch Wind und Regen fortgetrieben, und es bleibt die kahle Spindel des Blütenstandes auf dem Halme zurück. Meistens werden alle Ährchen des Blütenstandes durch den Brand zerstört. Bisweilen sind nur die untern Teile der Spelzen durch den Brand ergriffen, oder die unteren Ährchen der Ähre oder der Rispe sind brandig, und die oberen bringen gute Körner. Hat die

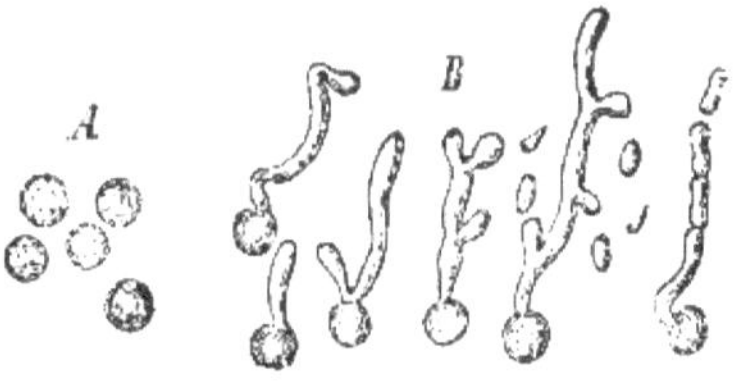

Staubbrand auf Hafer, Gerste, Weizen 2c.

Fig. 19.
Sporen des **Staubbrand** (Ustilago Carbo *Tul.*), 400fach vergrößert. A mehrere ungekeimte Sporen. B Sporen gekeimt, mit Promycelium, welches zum Teil in Sporidien (s) zerfällt oder solche an der Seite abschnürt.

---

[1]) Untersuchungen über die Brandpilze. Berlin 1853.

[2]) Beiträge zur Biologie und Entwick. d. Ustilagineen. Pringsheim's Jahrb. für wiss. Bot. VII. — Aperçu systématique des Ustilaginées. Paris 1877. — Les Ustilaginées et leurs plantes nouricières. Ann. des sc. nat. 6. sér. T. IV, pag. 190 ff.

Pflanze mehrere Halme, so trägt in der Regel jeder eine brandige Ähre, doch kommt es mitunter vor, daß an solchen ein oder einige Halme gute Ähren bringen. Solche partielle Erkrankungen erklären sich daraus, daß die gesund gebliebenen Teile, bevor der Parasit sich in sie verbreitete, bereits denjenigen Alterszustand erreicht hatten, in welchem der Pilz nicht mehr die geeigneten Bedingungen für seine Ernährung findet. Die Sporen sind kugelrund, braun, mit glattem Exosporium, 0,005 bis 0,008 mm im Durchmesser. Dieser Brand ist zwar sehr schädlich, aber nur insofern, als er einen nach seiner Häufigkeit sich richtenden Ausfall in der Körnerernte bedingt, der allerdings auf manchen Feldern ein großer ist, aber er verunreinigt Körner und Mehl nicht, weil die Brandmasse zur Zeit der Ernte größtenteils von den Halmen abgestäubt ist.

Den auf der Gerste vorkommenden Flugbrand hält Brefeld (l. c.) für eine eigene Spezies, weil die Sporidien nur schwer Sprossungen treiben bei künstlicher Kultur, und nennt ihn Ustilago Hordei *Bref.* Neuerdings wollen Kellermann und Swingle[1]) sogar die auf Gerste, Hafer und Weizen vorkommenden Pilze als drei verschiedene Arten betrachtet wissen. Rostrup[2]) unterscheidet sogar fünf verschiedene Arten, nämlich außer Ustilago Hordei *Bref.* noch: Ustilago Jensenii *Rostr.* in Dänemark auf Hordeum distichum, Ustilago Avenae *Rostr.* auf Hafer, Ustilago perennans *Rostr.* auf Avena elatior und Ustilago Tritici *Rostr.* auf Weizen. Bei der sonstigen Übereinstimmung könnte es sich aber hier wohl eher um Varietäten des Flugbrandes handeln. Übrigens hat auch Kühn[3]) Sporidiensprossungen am Gerstenbrande eintreten sehen, nachdem die Sporen vorher einige Minuten auf etwa 52° C. erwärmt worden waren. Ich habe auf einer 4 qm großen Fläche von Hafer, der mit Sporen von Hafer-Ustilago gemengt war, 63 Brandpflanzen und auf einer Fläche von 3 qm von Gerste, die mit Sporen von Hafer-Ustilago gemengt war, 14 Brandpflanzen geerntet. Dies scheint zu bedeuten, daß derselbe Pilz auf beide Getreidearten, viel leichter aber auf dieselbe Art, von welcher er stammt, übergeht.

Hirsebrand. 2. Der Hirsebrand, Ustilago destruens *Schlechtd.* (Ustilago Panici miliacei *Pers.*), bildet ein schwarzes Pulver in der eingeschlossen bleibenden Rispe der Hirse (Panicum miliaceum), welche dadurch meist ganz zerstört wird und als rundliche schwarze Masse aus der obersten Blattscheide hervortritt. Die rundlich-eckigen Sporen sind 0,008—0,012 mm im Durchmesser, braun und durch das undeutlich netzförmig gezeichnete Exosporium von dem vorigen Pilz unterschieden. Die Krankheit ist in manchen Jahren in den Hirsefeldern häufig und schädlich.

Maisbrand. 3. Der Maisbrand oder Beulenbrand, Ustilago maydis *Lév.* an der Maispflanze, und zwar in den Seitentrieben, auf welchen sich die Kolben entwickeln; dieselben wachsen dadurch zu einer unförmigen Beule aus, welche mitunter die Größe eines Kinderkopfes erreicht, aus dem verunstalteten Kolben und den umhüllenden Scheiden besteht und später ganz

---

[1]) Report of the Experiment Station, Kansas State agric. college. Manhattan, Kansas. For the year 1889. Topeka 1890, pag. 147.

[2]) Oversigt over d. k. Danske Vidensk. Selsk. Forhandl. Kopenhagen 1890.

[3]) Mitteilungen d. landw. Inst. d. Univers. Halle, 31. März 1889.

oder größtenteils in ein schwarzes Brandpulver zerfällt, dessen Sporen kugelig, 0,009 bis 0,011 mm im Durchmesser und mit braunem, feinstacheligem Exosporium versehen sind. Bisweilen sind auch an den Blattscheiden kleinere Brandbeulen vorhanden; auch die männlichen Blütenstände können befallen werden. Die Krankheit hat oft Vereitelung der Körnerbildung zur Folge und ist daher sehr schädlich, besonders in den eigentlich maisbauenden Ländern, wo dieser Brand nicht selten ist. Derselbe kommt auch in ganz Deutschland auf dem Mais vor.

4. Ustilago Fischeri *Passer.* ist auf Mais in der Umgegend von Parma von Passerini[1]) gefunden worden, wo er auf einigen Feldern die Hälfte der Ernte verdarb. Er bildet die Sporen in der Spindel der weiblichen Kolben und behindert die Ausbildung der meisten Körner, die entweder gar nicht entwickelt werden oder sehr klein bleiben und dann auch mit Brandstaub erfüllt sind; doch können zugleich auch gesunde Körner auf einem solchen Kolben sich bilden. Die Sporen sind 0,004–0,006 mm, kugelig, mit fein punktiert rauhem Exosporium. Auf Mais.

5. Ustilago Reiliana *Kühn*[2]), kommt auf Sorghum vulgare vor, besonders bei Kairo (wo die Krankheit „Homari" genannt wird), auch in Italien, sowie auf den männlichen Rispen des Mais; auch hat Kühn den Pilz durch Aussaatinfektion auf Sorghum saccharatum übertragen. Er zerstört die ganze Rispe dieser Gräser, indem er sie in eine große Brandblase verwandelt. Die Sporen sind kugelig, 0,009–0,014 mm, äußerst feinstachelig. Auf Sorgho.

6. Der Sorghum-Brand, Ustilago Tulasnei *Kühn* (Tilletia Sorghi *Tul.*) auf der Moorhirse (Sorghum vulgare) und auf Sorghum saccharatum in Ägypten, Abessynien, Griechenland, Italien und Südfrankreich nicht selten, bildet meist nur in den Fruchtknoten, seltener auch in den Staubgefäßen ein schwarzes Pulver bei sonst unveränderter Rispe. Die Sporen sind kugelig, 0,005–0,0095 mm, glatt. Auf Sorgho.

7. Ustilago cruenta *Kühn*, auf Sorghum saccharatum, an den Rispenästen, bisweilen auch an den Spelzen und inneren Blütenteilen, kleine braunrote Erhabenheiten bildend, die mit rötlich-schwarzem Brandstaub erfüllt sind, von Kühn (l. c.) bei Schwusen in Schlesien und bei Halle gefunden. Auf Sorghum saccharatum.

8. Ustilago Sacchari *Rabenh.*, in den Stengeln von Saccharum Erianthus in Italien. Sporen 0,008–0,018 mm, glatt. Auf Saccharum.

9. Ustilago Digitariae *Rabenh.* (Ustilago pallida *Kcke.*), welche in ähnlicher Weise wie der Hirsebrand die junge Rispe und das oberste Halmglied des Blutfennich (Panicum sanguinale) mehr oder weniger vollständig zerstört und von Rabenhorst[3]) schon 1847 in Italien entdeckt wurde, mit 0,006–0,009 mm großen glatten Sporen, bei denen das Promycelium gerade ist und sich nahe der Spore abgliedert wie ein einziges Sporidium. Auf Panicum sanguinale.

10. Ustilago Rabenhorstiana *Kühn*, welche erst 1876 von Kühn[4]) bei Halle in Kulturen des Blutfennichs, dessen Samen aus Auf Panicum sanguinale.

[1]) Citiert in Just, Bot. Jahresbericht für 1877, pag. 123.

[2]) Die Brandformen der Sorghum-Arten. Mitteilgn. d. Ver. f. Erdkunde 1877, pag. 81–87.

[3]) Flora 1850, pag. 625.

[4]) Hedwigia 1876, pag. 4, und Frühling's landw. Zeitg. 1876, pag. 35.

der Oberlausitz stammte, beobachtet worden ist. Der Pilz zerstört die Rispe ebenso wie der vorige. Die Sporen sind 0,0085–0,012 mm groß, mit körnig rauhem Exosporium; sie entwickeln ein gebogenes, nicht sich abgliederndes Promycelium. Für die Selbständigkeit dieser Form scheint der Umstand zu sprechen, daß Kühn bei Aussaatinfektionen den Pilz überaus leicht auf den Blutfennich übertragen konnte, aber nicht auf Sorghum-Arten, und ebensowenig Ustilago destruens auf Panicum sanguinale. — Ustilago Setariae *Rabenh.* auf Setaria glauca ist vielleicht damit identisch.

Auf Setaria italica.

11. Ustilago Crameri *Kcke* ist auf der Kolbenhirse (Setaria italica) und auf Setaria viridis von Körnicke[1]) bei Zürich gefunden und dann durch Aussaatinfektion kultiviert worden. Der Pilz bildet bei äußerlich unveränderter Rispe das schwarze Sporenpulver nur im Innern der Fruchtknoten; letztere bleiben von ihrer zarten Haut, mit welcher die Spelzen verwachsen sind, geschlossen; dieselbe zerreißt aber später oft. Die Sporen sind kugelig oder länglich, 0,007—0,009 mm im Durchmesser und glatt.

Auf Setaria glauca etc.

12. Ustilago neglecta *Niessl* (Ustilago Panici glauci *Wallr.*), welche in derselben Weise, wie die vorige Art auf Setaria glauca, viridis, verticillata auftritt, hat längliche oder eiförmige, 0,009—0,013 mm lange Sporen mit fein stacheligem Exosporium.

Auf Panicum.

13. Ustilago trichophora *Kze.*, auf Panicum colonum.

Auf Pennisetum.

14. Ustilago Penniseti *Kcke.*, auf Pennisetum vulpinum, von Körnicke[2]) beobachtet.

Auf Ischaemum.

15. Ustilago Ischaemi *Fuckel* zerstört den ganzen Blütenstand von Andropogon Ischaemum. Sporen 0,007—0,010 mm, glatt.

Auf Bromus.

16. Ustilago bromivora *F. de Wldh.* bildet ein schwarzes Pulver in den zerstörten Blüten bei unveränderten Spelzen und Rispen von Bromus secalinus, mollis, macrostachys etc. Sporen 0,006—0,011 mm groß, fein warzig oder fast glatt.

Auf Phragmites.

17. Der Rohrschilfbrand, Ustilago grandis *Fr.* (Ustilago typhoides *F. de Wldh.*) bildet sein schwarzes Sporenpulver in den Halmgliedern des Schilfrohres (Phragmites communis), welche dadurch sich verdicken, so daß sie fast wie ein Rohrkolben aussehen, von der Oberhaut des Halmes lange bedeckt bleiben, graubräunlich aussehen und später aufspringen. Die Sporen sind kugelig, 0,007—0,010 mm, mit glattem Exosporium. Der Pilz ist dem Rohr schädlich, indem die Halme dadurch unbrauchbar werden, da sie keine Rispe bringen, kurz bleiben und verderben, so daß schon im Juni der Unterschied an gesunden und kranken hervortritt. In Mecklenburg befiel die Krankheit 1888 $\frac{1}{8}$ Morgen Rohr, in nächstfolgenden Jahren schon $2\frac{1}{2}$ Morgen auf derselben Fläche, jedoch nur die im Wasser wachsenden Halme, nicht die auf dem Ufer stehenden.

Auf Triticum repens und anderen Gräsern.

18. Ustilago hypodytes *Fr.*, sehr ausgezeichnet durch die Bildung der Sporenmasse auf der Oberfläche der Halmglieder, die dadurch ringsum mit schwarzer Brandmasse bedeckt erscheinen, desgleichen auf der Innenseite der Blattscheiden, wodurch der Halm in seiner Entwickelung gehemmt wird; an verschiedenen Gräsern, besonders Triticum repens, Elymus arenarius, Bromus erectus, Calamagrostis Epigeios, Stipa pennata und

[1]) Fuckel, Symbolae mycologicae, 2. Nachtrag, pag. 11.

[2]) Vergl. Körnicke, Hedwigia 1877, pag. 34 ff.

capillata, Psamma arenaria. Die Sporen sind 0,003—0,006 mm im Durchmesser, glatt.

Auf Glyceria.

19. Ustilago longissima *Lév.*, in den Blättern des Süßgrases (Glyceria spectabilis, fluitans, plicata, aquatica und nemoralis) in langen parallelen Streifen, welche mit dem olivenbraunen Brandpulver erfüllt sind und bald aufplatzen, wodurch die Blätter zerschlitzt werden und absterben, und der Halm endlich verkümmert ohne zu blühen. Die kugeligen Sporen haben 0,0025—0,0035 mm im Durchmesser und ein glattes, sehr blaß olivenbraunes Exosporium.

Auf Phalaris.

20. Ustilago echinata *Schröt.*, auf Phalaris arundinacea, ebenso wie die vorige Art in den Blättern. Die Sporen sind 0,012—0,015 mm im Durchmesser, das Exosporium ist dicht stachelig, ziemlich dunkelbraun.

Auf Oryza.

21. Ustilago virens *Cooke*, in den Körnern von Oryza sativa in Indien.

Auf Setaria.

22. Ustilago Kolaczekii *Kühn*, in Fruchtknoten von Setaria geniculata; Sporen 0,008—0,011 mm, glatt.

Auf Zizania.

23. Ustilago lineata *Cooke*, in den Blättern von Zizania in Amerika.

Auf Aira und Glyceria.

24. Ustilago grammica *Berk. et Br.*, in den Stengeln von Aira und Glyceria aquatica in England.

Auf Arrhenatherum.

25. Ustilago Notarisii *F. de Wldh.*, in den Blättern eines Arrhenatherum in Italien.

Auf Aegilops.

26. Ustilago Passerinii *F. de Wldh.*, im Blütenstand von Aegilops ovata in Italien.

II. Auf Cyperaceen.

Auf Carex, Rhynchospora, Scirpus.

27. Ustilago urceolorum *Tul.* (Uredo Caricis *Pers.*) Ustilago Montagnei *Tul.*), auf zahlreichen Arten von Carex, wie C. pilulifera, humilis, montana, hirta, brizoides, stellulata, muricata, vulgaris, rigida etc., ferner auf Rhynchospora-Arten und auf Scirpus caespitosus, deren Früchte durch den Pilz verdorben werden, indem die Sporen sich auf der Oberfläche des Fruchtknotens bilden, der dann als ein verdickter, runder, schwarzer Körper hervorbricht. Die Sporen sind rundlich-eckig, 0,012—0,024 mm im Durchmesser, mit dunkelbraunem, körnig-rauhen Exosporium.

Auf Carex.

28. Ustilago olivacea *Tul.*, in den Fruchtknoten von Carex arenaria, acuta, ampullacea, vesicaria, riparia und filiformis ein olivenbraunes, in langen Fäden aus dem Utrikulus heraushängendes Pulver bildend, mit hell olivenfarbigen, oft gestreckten, 0,006—0,016 mm langen, fein höckerigen Sporen.

Auf Carex.

29. Ustilago subinclusa *Kcke.*, Sporenmassen innerhalb des Fruchtknotens von Carex acuta, ampullacea, vesicaria, riparia, vom Utrikulus umhüllt und aus oft eckigen, dunkelolivenbraunen, grob höckerigen Sporen bestehend.

III. Auf Juncaceen.

Auf Luzula.

30. Ustilago Luzulae *Sacc.*, im kuglig angeschwollenen Fruchtknoten von Luzula pilosa und spadicea, wobei die Pflanzen oft kleiner bleiben als die gesunden. Sporen unregelmäßig rundlich, mit dunkelbraunem körnigen Exosporium, 0,019—0,026 mm groß.

Auf Luzula.

31. Eine unbenannte Brandart ist von Buchenau[1]) in den Blütenachsen von Luzula flavescens und A. Forsteri gefunden worden, wo der Pilz eine Umbildung der Blüten in Form einer Viviparie zur Folge hat: jede Einzelblüte ist in einen dichten Büschel grüner, langzugespitzter Hochblätter verwandelt, deren einige wieder in ihrer Achsel einen ganz kleinen Sproß tragen. Die Hauptachse des Triebes ist in eine schwarze, eiförmige, dicht von Brandpulver erfüllte Masse umgewandelt, und auch die Basen der oberen Blätter sind davon eingehüllt.

IV. Auf Liliaceen.

Auf Gagea, Scilla, Muscari

32. **Ustilago Vaillantii** *Tul.*, bildet ein olivenbraunes Pulver in den Staubbeuteln der Blüten von Gagea lutea, Scilla bifolia und maritima und Muscari comosum. Die Sporen sind, 0,007—0,012 mm im Durchmesser, mit papillösem Exosporium.

Auf Gagea.

33. **Ustilago Ornithogali** *Kühn* (Ustilago umbrina *Schröt.*), in den Blättern der meisten Gagea-Arten, in denen die Sporen ein dunkel olivenbraunes Pulver in aufbrechenden länglichrunden Pusteln bilden. Die Sporen sind eiförmig bis kugelig, abgeplattet, 0,010—0,018 mm lang, mit glattem, hellbraunem Exosporium.

Auf Tulipa.

34. **Ustilago Heufleri** *Fuckel*, tritt in ähnlicher Weise wie der vorige Pilz in den Blättern von Tulipa sylvestris auf.

V. Auf Aroideen.

Auf Arum.

35. **Ustilago plumbea** *Rostr.*, in Blättern von Arum maculatum in Dänemark.

VI. Auf Palmen.

Auf Dattelpalmen.

36. **Ustilago Phoenicis** *Corda*, auf der Dattelpalme, bildet ein schwarzviolettes Pulver in den Datteln, deren um den Kern liegende Fleischsubstanz dadurch zerstört wird. Die Sporen sind ungefähr kugelig, 0,004 bis 0,005 mm im Durchmesser, mit glattem, grauviolettem Exosporium.

VII. Auf Artocarpaceen.

Auf Feigen.

37. **Ustilago Ficuum** *Rchdt.*, zerstört das Fruchtfleisch der Feigen, so daß nur die äußere derbe Schicht übrig bleibt und das Innere in schwarzvioletten Staub verwandelt wird.

VIII. Auf Polygonaceen.

Auf Polygonum.

38. **Ustilago utriculosa** *Tul.*, in den Blüten von Polygonum Hydropiper, lapathifolium, Persicaria, minus und aviculare. Das Mycelium findet sich außerhalb der Blüten nirgends; der Fruchtknoten wird mit Ausnahme der Epidermis zerstört und zerfällt in violettbraunes Pulver. Die Sporen sind 0,009—0,012 mm im Durchmesser, das Exosporium ist netzförmig gezeichnet, hellviolett.

Auf Polygonum Convolvulus und dumetorum.

39. **Ustilago anomala** *J. Kunze*, zerstört die inneren Blütenteile von Polygonum Convolvulus und dumetorum, Sporen denen der vorigen Art ähnlich, aber blaß braun.

Auf Polygonum Bistorta und viviparum.

40. **Ustilago Bistortarum** *Schröt.* (Tilletia bullata *Fuckel*), bildet in den Blättern von Polygonum Bistorta und viviparum große, inwendig

---

[1]) Abhandl. d. naturwiss. Ver. zu Bremen 1870 II., pag. 389.

durch Brandpulver schwarze Buckel. Die Sporen sind kugelig, 0,015 bis 0,016 mm im Durchmesser, mit stacheligem Exosperium.

41. Ustilago marginalis *Lév.*, erzeugt Wülste in dem umgerollten Blattrande von Polygonum Bistorta. Sporen 0,010—0,013 mm. Auf Polygonum Bistorta.

42. Ustilago vinosa *Tul.*, in den innern Blütenteilen von Oxyria digyna ein violettes Pulver bildend; Sporen 0,007—0,010 mm, sehr blaß violett, mit großen halbkugeligen Warzen. Auf Oxyria.

43. Ustilago Göppertiana *Schröt.*, in Blattstielen von Rumex Acetosa in Schlesien. Auf Rumex.

44. Ustilago Kühniana *Wolff*, in Blättern, Stengeln und Blütenständen von Rumex Acetosella und Acetosa, mit rundlichen, 0,010—0,016 mm großen, rötlichvioletten, netzförmig gezeichneten Sporen. Auf Rumex.

45. Ustilago Parlatoreï *F. de Wldh.*, von Fischer von Waldheim[1]) bei Moskau auf Rumex maritimus gefunden, in dessen sämtlichen oberirdischen Teilen die dem vorigen Pilze sehr ähnlichen Sporen gebildet werden. Die Stengel sind dabei verkürzt und verdickt und kommen nicht zur Blüte. Auf Rumex maritimus.

46. Ustilago Warminghi *Rostr.*, in den Blättern von Rumex crispus in Finnmarken. Auf Rumex crispus.

IX. Auf Caryophyllaceen.

47. Ustilago antherarum *Fr.* (Ustilago violacea *Tul.*) in den Antheren verschiedener Caryophyllaceen, wie Saponaria officinalis, Silene nutans, inflata, quadrifida u. a., Lychnis diurna, Lychnis verspertina, Lychnis Flos cuculi, Lychnis Viscaria, Dianthus deltoides, Dianthus Carthusianorum, Malachium aquaticum, Stellaria graminea ein lilafarbenes Pulver bildend. Dabei sollen die Blüten der Lychnis diurna hermophrodit werden[2]). Ebenso giebt Magnin[3]) für Lychnis vespertina an, daß der Pilz in den männlichen Blüten nur eine leichte Deformation den Antheren hervorbringt, in den weiblichen aber Atrophie der Griffel und oberen Teile der Fruchtknoten und dafür das Erscheinen von Antheren, des einzigen Organes, in welchem er Sporen bilden kann, bedingt. Die Sporen sind 0,005—0,009 mm groß, das Exosporium netzförmig gezeichnet, sehr hell violett. Auf Caryophyllaceen.

48. Ustilago major *Schröt.*, in den Antheren von Silene Otites; Sporen schwarz-violett, 0,007—0,013 mm lang, sonst wie vorige. Auf Silene.

49. Ustilago Holosteï *de By*, in den Antheren von Holosteum umbellatum, Sporen dunkelviolett, 0,008—0,018 mm groß, sonst denen der vorigen gleich. Auf Holosteum.

50. Ustilago Duriaeana *Tul.*, in den Samen der sonst unveränderten Kapsel von Cerastium-Arten, Sporen 0,010—0,012, dunkelbraun, netzig und warzig. Auf Cerastium.

X. Auf Utricularlaceen.

51. Ustilago Pinguiculae *Rostr.*, in den Antheren von Pinguicula vulgaris in Dänemark. Auf Pinguicula.

[1]) Hedwigia 1876, pag. 177.

[2]) Vergl. Hoffmann's mykol. Berichte in Bot. Zeitg. 1870, pag. 72 und 82.

[3]) Ann. de la soc. bot. de Lyon 1889.

XI. Auf Dipsaceen.

Auf Knautia. 52. Ustilago Scabiosae *Sowerby*, lebt mit ihrem Mycelium nur in den Antherenwänden[1]) von Knautia arvensis und sylvatica und bildet die Sporen in den Antheren, die anstatt mit Pollen mit blaßviolettem Pulver erfüllt sind. Die Sporen haben netzförmig gezeichnetes, fast farbloses Exosporium.

Auf Scabiosa und Knautia. 53. Ustilago intermedia *Schröt.*, (Ustilago Succisae *Magn.*, Uredo flosculorum *DC.*), in den Antheren von Scabiosa Columbaria, Knautia arvensis und Succisa pratensis, Sporen 0,010—0,018 mm, sonst wie vorige, auch in der Keimung nicht abweichend[2]).

XII. Auf Labiaten.

Auf Betonica. 54. Ustilago Betonicae *Beck.*, ebenfalls nur in den Antheren von Betonica Alopecurus, Sporen dunkelviolett, 0,007—0,017 mm groß, Exosporium netzförmig gezeichnet.

XIII. Auf Compositen.

Auf Tragopogon und Scorzonera. 55. Ustilago receptaculorum *Fr.*, bildet ein schwarzviolettes Pulver in den von den Hüllblättern umschlossen bleibenden Blütenköpfen von Tragopogon pratensis, orientalis, porrifolius und Scorzonera humilis und purpurea, deren Blüten dadurch zerstört werden. Die Sporen bilden sich auf der Oberfläche des Blütenbodens und sind 0,010—0,016 mm im Durchmesser, dunkelviolett, mit schwach netzförmig gezeichnetem Exosporium.

Auf Carduus und Silybum. 56. Ustilago Cardui *F. de Wldh.*, in den Fruchtknoten von Carduus acanthoides, nutans und Silybum Marianum; Sporen 0,014—0,017 mm violett oder hellbraun, netzförmig gezeichnet.

Auf Helichrysum und Gnaphalium. 57. Ustilago Magnusii *(Ule.)*, (Sorosporium Magnusii *Ule.*, und Sorosporium Aschersonii *Ule.*, Entyloma Magnusii und Entyloma Aschersonii *Woron.*), am Stengelgrunde, am Wurzelhalse und an den Wurzeln von Helichrysum arenarium und Gnaphalium luteo-album Anschwellungen bis zu Haselnußgröße bildend, worin das bräunliche Sporenpulver enthalten ist. Sporen unregelmäßig rundlich oder polyedrisch, 0,010—0,023 mm groß, glatt.

XIV. Auf Koniferen.

Auf Juniperus. 58. Ustilago Fussii *Niessl*, in den Nadeln von Juniperus communis und nana in Transylvanien.

XV. Auf Farnen.

Auf Osmunda. 59. Ustilago Osmundae *Peck.*, in den Wedelfiedern von Osmunda regalis in Nordamerika.

II. Cintractia *Cornu*.

Cintractia. Die Sporen sind denen von Ustilago gleich, aber zu einem gallertartigen kompakten Stroma vereinigt, von welchem sie sich im Reifezustand ablösen, wobei das Stroma lange Zeit neue Sporen zu erzeugen fortfährt, durch welche die älteren nach außen gedrängt werden.

[1]) Fischer v. Waldheim, Bot. Zeitg. 1867, Nr. 50.

[2]) Vergl. Schröter, Cohn's Beitr. z. Biologie d. Pfl., II. Bd., pag. 349 ff.

[3]) Hedwigia 1878, pag. 18.

1. **Cintractia axicola** *Cornu* (**Ustilago axicola** *Berk.*), im Blütenstand von **Cyperus, Fimbristylis** und **Scirpus** in Nordamerika und Westindien. Auf Cyperaceen.

2. **Cintractia Junci** *Trel.* (Ustilago **Junci** *Schw.*) im Blütenstande von **Juncus tenuis** in Nordamerika. Auf Juncus.

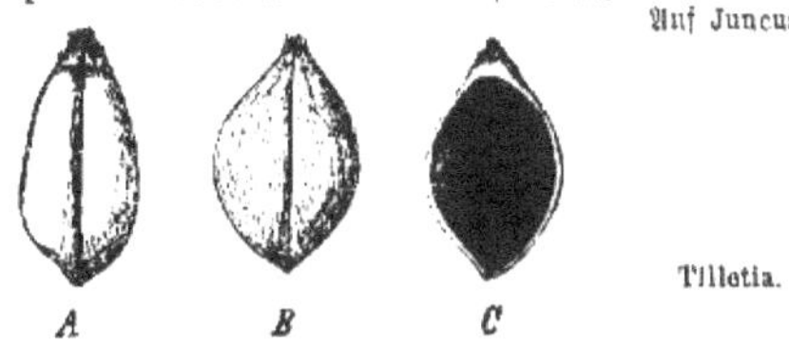

Fig 20.
A gesundes Weizenkorn. B Brandkorn des Weizenneinbrandes (Tilletia Caries *Tul.*). C dasselbe im Durchschnitt, ganz mit Brandmasse erfüllt.

III. Tilletia *Tul.*

Tilletia.

Die Sporen sind einzellig, kugelrund, zu einem losen Pulver gehäuft. Das Promycelium bleibt ungeteilt und bildet die Sporidien auf seiner Spitze; dieselben sind von gestreckt linealischer Gestalt und stehen zu mehreren wirtelförmig, meist paarweis durch Queräste kopulierend (Fig. 21); die kopulierten Paare abfallend und mit Keimschlauch keimend, der wieder ein sekundäres Sporidium bilden kann (Fig. 21 s'). Sämmtlich Gramineen bewohnende Parasiten.

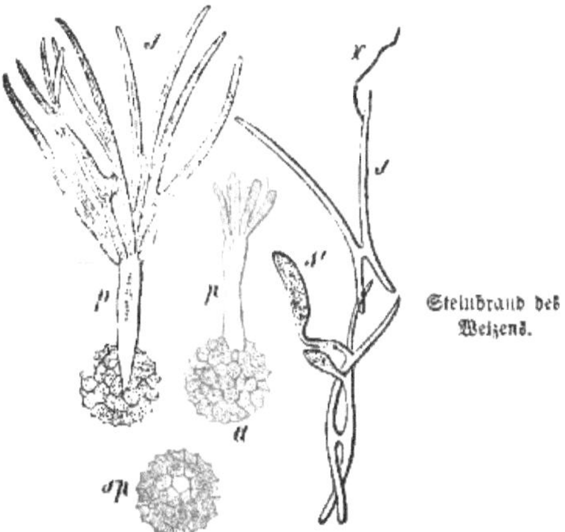

Fig. 21.
Steinbrand des Weizens (Tilletia Caries *Tul.*), 400 fach vergrößert. sp eine Spore; p p keimende Spore mit Promycelium, welches auf der Spitze die cylindrischen Sporidien, einen Quirl bildend, und paarweis kopulierend, trägt, bei **a** im Beginne der Entwickelung, bei s fertig. Rechts zwei abgefallene und keimende Sporidienpaare, bei x einen Keimschlauch treibend, der an der andern ein sekundäres Sporidium s' gebildet hat.

1. **Der Steinbrand, Schmierbrand, Faulbrand, Faulweizen geschlossener Brand**, Tilletia caries *Tul.* (Uredo caries *DC.*, Ustilago sitophila *Ditm.*, Caeoma sitophilum *Link.*), der schädlichste Brand, auf Weizen, Spelz und Einkorn beschränkt, in den geschlossen bleibenden Körnern als ein schwarzbraunes, frisch wie Häringslake stinkendes Pulver, bei übrigens fast unveränderter Ähre, daher die kranken Pflanzen auf dem Acker nicht leicht zu erkennen sind. In der Regel sind sämtliche Körner der Ähre brandig; diese bleibt etwas länger grün als die gesunden, ihre Spelzen stehen etwas spreizend ab, so daß sie das Korn nicht ganz bedecken, weil dieses mehr als die gesunden Körner anschwillt. Letzteres ist kürzer aber dicker als das gesunde Weizenkorn, von nahezu kugeliger Gestalt (Fig. 20), hat eine anfangs grünliche, im Alter mehr graubraune, dünne, leicht zerdrückbare Schale,

Steinbrand des Weizens.

ist leichter als die gesunden Körner, auf Wasser schwimmend, und enthält statt weißen Mehles nur schwarze, anfangs schmierige, später trockene Brandmasse. Der Geruch rührt her von einem durch den Pilz erzeugten eigentümlichen flüchtigen Stoff, Trimethylamin, welches mit dem in den Häringen identisch ist. Die kranken Ähren bleiben mit den geschlossenen Brandkörnern bis zur Reife der Pflanze stehen. Diese gelangen daher mit in die Ernte, die Brandmasse verunreinigt das Mehl, welches dadurch eine unreine Farbe und widerlichen Geruch bekommt. Die Sporen sind kugelig, durchschnittlich 0,017 mm im Durchmesser, das Exosporium blaßbraun, mit stark ausgebildeten netzförmigen Verdickungen.

Auf Weizen. 2. **Tilletia laevis** *Kühn*, mit der vorigen Art ganz übereinstimmend hinsichtlich des Vorkommens, der Beschaffenheit des Brandkornes, des Geruches und der Größe und Gestalt der Sporen, aber mit glattem Exosporium. Kommt sowohl allein, als mit der vorigen vor, besonders im Sommerweizen der Alpenländer, wo an manchen Orten nur diese, an andern nur die vorige vorkommt[1]).

Auf Roggen. 3. Der Kornbrand, **Tilletia secalis** *Kühn* (**Ustilago secalis** *Rabenh.*), bildet ein braunes Pulver von demselben Geruche wie Tilletia caries, in den Körnern des Roggens, hat kugelige, 0,018—0,023 mm große Sporen mit stark netzförmig gezeichnetem Exosporium. Diesen Brand hat Rabenhorst 1847 in Italien, Corda[2]) in Böhmen gefunden, Kühn[3]) hat ihn von Ratibor in Schlesien 1876 erhalten. Nach Cohn's[4]) weiteren Nachforschungen ist diese lokale Krankheit in der dortigen Gegend schon seit mindestens 30 Jahren endemisch. In demselben Jahre 1876 ist sie nach von Nießl[5]) auch um Brünn in großer Menge aufgetreten.

Auf Triticum repens. 4. **Tilletia controversa** *Kühn*, in den Körnern der Quecke (Triticum repens) bei unveränderter Ähre, wie der Steinbrand, auch von demselben Geruche; die Sporen sind durchschnittlich 0,021 mm im Durchmesser, ungleich gestaltet, kugelig, eiförmig, elliptisch oder eckig, die netzförmigen Zeichnungen des Exosporiums treten stärker leistenförmig hervor. Das Mycelium des Pilzes überwintert in den unterirdischen Ausläufern der Quecke. Kühn hält diesen Pilz, den andre Botaniker mit dem Steinbrand identifizierten, für eine selbständige Spezies.

Auf Lolium 5. **Tilletia Lolii** *Awd.*, in den Körnern von Lolium perenne, temulentum und arvense. Sporen durchschnittlich 0,019 mm, mit netzförmigem Exosporium.

Auf Hordeum 6. **Tilletia Hordei** *Kcke.*, in Persien in den Körnern von Hordeum murinum und fragile gefunden.

Auf Molinia 7. **Tilletia Moliniae** *Winter* (**Vossia Moliniae** *Thümen*), im Fruchtknoten von Molinia coerulea, ein längliches Brandkorn bildend; Sporen 0,020—0,030 mm lang, meist eiförmig oder elliptisch, Exosporium von dichtstehenden Poren durchsetzt.

---

[1]) Vergl. Kühn in Hedwigia 1873, pag. 150.

[2]) Oekon. Neuigkeiten und Verhandlungen 1848, pag. 9.

[3]) Fühling's landw. Zeitg. 1876, pag. 649 ff. und Bot. Zeitg. 1876, pag. 470 ff.

[4]) Jahresber. d. schles. Gesellsch. f. vaterl. Kultur 1876, pag. 135.

[5]) Hedwigia 1876, pag. 161. Vergl. auch Körnicke, Verhandlung des naturhistorischen Ver. f. Rheinland u. Westfalen 1872 und Hedwigia 1877, pag. 29.

8. Tilletia sphaerococca *F. de Wldh.* (T. decipiens *Kcke.*) auf Agrostis vulgaris, A. alba und A. Spica venti, die Fruchtknoten der kleinen Blüten dieser zartrispigen Gräser in lauter kleine Brandkörner verwandelnd, die auch den eigentümlichen Geruch der meisten Arten haben. Die beiden erstgenannten Straußgrasarten nehmen dabei oft eine Zwergform an (Linné's Agrostis pumila), werden bisweilen nur 4 cm hoch; doch hat Kühn sie auch bis gegen 40 cm, d. h. der normalen Größe nahekommend, gefunden und Agrostis Spica venti, wenn sie von dem Parasit befallen wird, überhaupt nie verzwergt gesehen. Die Sporen sind 0,024—0,026 mm groß und haben netzförmig gezeichnetes Exosporium. Auf Agrostis.

9. Tilletia endophylla *de By.* (Tilletia olida *Winter*), bewohnt die Blätter von Brachypodium pinnatum und sylvaticum, ihr geruchloses schwarzes Brandpulver bricht in langen, schmalen Längslinien aus den Blättern und Blattscheiden, wodurch dieselben verkümmern, gelb und zerrissen werden. Die Sporen sind kugelig oder länglich, 0,017—0,028 mm, mit schwarzbraunem, netzförmigem Exosporium. Auf Brachypodium.

10. Tilletia Calamagrostis *Fuckel*, mit 0,012—0,016 mm großen netzförmig gezeichneten Sporen in den Blättern von Calamagrostis epigeios. Auf Calamagrostis.

11. Tilletia de Baryana *F. de Wldh.* (Tilletia Milii *Fuckel*, Tilletia striiformis *Nicol.*), zerstört in derselben Weise die Blätter von Holcus mollis, Lolium perenne, Festuca ovina und elatior, Bromus inermis, Poa pratensis, Dactylis glomerata, Briza media, Arrhenatherum elatius, Milium effusum, Agrostis und Calamagrostis-Arten. Sie unterscheidet sich durch kurz stachelige Sporen, die 0,010—0,012 mm groß sind. Auf verschiedenen Gräsern

12. Tilletia separata *Kze.*, in den Fruchtknoten von Apera Spica-venti, Sporen 0,024 mm, mit netzförmigem Exosporium. Auf Apera.

13. Tilletia calospora *Pass.*, in den Fruchtknoten von Andropogon agrestis in Italien. Auf Andropogon.

14. Tilletia Rauwenhoffii *F. de Wldh.*, in den Fruchtknoten von Holcus lanatus in Belgien. Auf Holcus.

15. Tilletia Oryzae *Pat.*, in den Körnern von Oryza sativa in Japan. Auf Oryza.

16. Tilletia Fischeri *Karst.*, in den Fruchtknoten von Carex canescens in Finnland. Auf Carex

17. Tilletia arctica *Rostr.*, in Blättern und Stengeln von Carex festiva in Finmarken. Auf Carex.

18. Tilletia Thlaspeos *Beck*, in den Samen von Thlaspi alpestre in Österreich. Auf Thlaspi.

19. Tilletia Sphagni *Nawaschin*, in den Kapseln der Torfmoose, wo man die Sporen dieses Pilzes früher fälschlich für Mikrosporen der Torfmoose hielt. Man findet bisweilen in derselben Kapsel oder in kleineren Kapseln neben tetraedrischen größeren auch kleinere polyedrische Sporen. Die letzteren gehören, wie Nawaschin[1]) gezeigt hat, einem Brandpilz an, dessen Mycel die eigentlichen Sporenmutterzellen zerstört und auch in der Kapselwand intercellular wächst. Auf Torfmoosen.

[1]) Botan. Centralbl. 1890, Nr. 35.

III. Cordalia *Gobi.*

Cordalia. Die einzelligen, hellvioletten Sporen brechen durch die Epidermis der Nährpflanze in violetten Häufchen hervor und werden meist reihenförmig übereinanderstehend von den beisammenstehenden sporenbildenden Fäden abgeschnürt. Die Keimung geschieht mittelst eines Promyceliums, welches eine endständige Sporidie abschnürt[1]). Der Pilz ist dadurch biologisch eigentümlich, daß er nur in Gesellschaft von Rostpilzen auf den Nährpflanzen auftritt, indem er die Rosthäufchen, namentlich Äcidien bewohnt.

In Äcidien verschiedener Pflanzen. Cordalia persicina *Gobi,* (Tubercularia persicina *Dittm.*), bewohnt besonders häufig das Aecidium auf Tussilago, das der Ribes-Arten, das der Asperifoliaceen, die Roestelia cornuta etc., in Form unregelmäßiger lilaer und violetter Pusteln hervorbrechend, welche bisweilen die Äcidien ganz verdrängen, mitunter aber auch außerhalb der Äcidien im Blattgewebe schmarotzen. Die Sporen sind 0,006 mm groß, glatt, blaßlila. Der Einfluß auf die Nährpflanze scheint nicht schädlicher als der der Äcidien zu sein.

IV. Schizonella *Schröt.*

Schizonella. Die Sporen bestehen aus je zwei einander gleichen Zellen, welche aber nur mit schmaler Verbindungsstelle vereinigt sind. Ihre Bildung geschieht, indem in den Knäueln der sporenbildenden Fäden zunächst einfache Zellen entstehen, die dann durch eine Scheidewand sich teilen und allmählich bis auf ein schmales Verbindungsstück auseinander rücken. Die Keimung geschieht nach der Art von Ustilago.

Auf Carex. Schizonella melanogramma *Schröt.*, (Geminella foliicola *Schröt.*, G., melanogramma *Magn.*), bildet die Sporen in den Epidermiszellen der Blätter von Carex rigida, praecox, digitata etc., aus denen sie in schwarzbraunen Längsstreifen hervorbrechen. Sporen 0,008—0,012 mm lang, umbrabraun.

V. Schröteria *Winter* (Geminella *Schröt.*).

Schröteria. Die Sporen bestehen aus je zwei einander gleichen Zellen, welche mit breiter Berührungsfläche verbunden sind. Ihre Bildung geschieht, indem die gewöhnlich spiralig verschlungenen sporenbildenden Fäden sich in Gliederzellen abschnüren. Jede Gliederzelle wird durch Bildung einer Scheidewand zur zweizelligen Spore[2]). Die Sporidien bilden sich auf der Spitze des Promyceliums.

Auf Veronica. 1. Schröteria Delastrina *Winter* (Geminella Delastrina *Schröt.*, Thecaphora Delastrina *Tul.*), bildet ein schwarzes Brandpulver in den Früchten von Veronica arvensis, hederaefolia, triphyllos und praecox, die dann keine Samen entwickeln. Das Mycelium findet sich nach Winter (l. c.) im Mark der ganzen Pflanze und dringt aus den Placenten in die

[1]) Vergl. Gobi, Abhandl. der Petersburger Akademie 1885.
[2]) Nach Winter, Flora 1876 Nr. 10.

Samenknospen ein, um in denselben die Sporen zu bilden. Diese sind 0,016—0,023 mm lang, mit graugrünem, warzigem Exosporium.

2. **Schröteria Decaisneana** *De Toni* (Geminella D. *Boud.*) in den Früchten von Veronica hederacea, Sporen kleiner als bei voriger, 0,010—0,012 mm. Bei Paris. Auf Veronica.

VI. Paipalopsis *Kühn.*

Die Sporen sind meist zwei- oder mehrzellig und bilden ein helles Pulver an der Oberfläche des befallenen Pflanzenteiles. Die Sporidien bilden sich an der Seite des Promycels wie bei Ustilago. Paipalopsis.

Paipalopsis Jrmischiae *Kühn*[1]), auf den Blütenteilen von Primula officinalis, besonders auf den Staubgefäßen, dem Fruchtknoten und bisweilen auch auf der Blumenkronröhre, wo die Sporen einen hellen mehlartigen Überzug darstellen. Auf Primula.

VII. Urocystis *Rabenh.*

Sporen aus mehreren Zellen zusammengesetzt, von denen eine oder mehrere mittlere größer und gefärbt, eine Anzahl peripherischer kleiner, farblos oder blasser sind. Die Bildung dieser Sporenknäuel geschieht, indem die sporenbildenden Fäden mehr oder minder deutliche Spiralwindungen beschreiben und später aus ihren Gliedern die centralen Zellen bilden, während dünnere Fäden sich um diese legen, mit ihnen verwachsen und zu den peripherischen Zellen werden[2]). Nur die großen centralen Zellen sind keimfähig. Das Promycelium bildet die Sporidien an der Spitze, wie Tilletia (Fig. 22). Urocystis

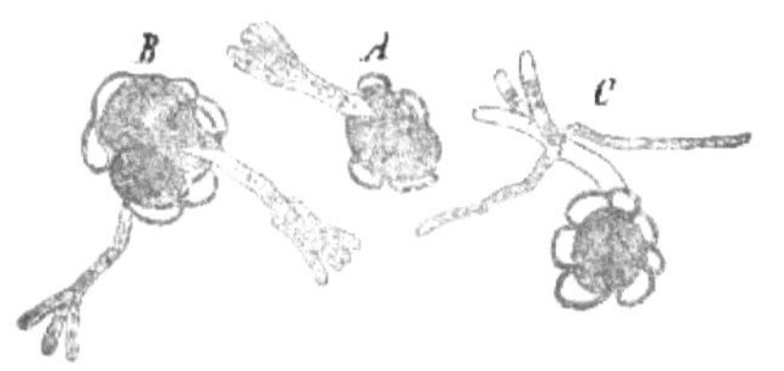

Fig. 22.
Roggen-Stengelbrand (Urocystis occulta *Rabenh.*). 300fach vergrößert. Drei Sporenknäuel, keimend mit Promycelium und Sporidienbildung. Jeder Sporenknäuel aus 1 bis 3 großen innern, braunen und mehreren kleineren, hellen peripherischen Zellen zusammengesetzt; nur aus den ersteren kommen die Keimschläuche. Nach Wolff.

1. Der **Roggenstengelbrand** oder **Roggenstielbrand**, Urocystis occulta *Rabenh.* (Uredo occulta *Wallr.*, Polycystis occulta *Schlechtend.*) in den Halmgliedern und in den Blattscheiden des Roggens vor der Blütezeit. Die genannten Teile bekommen zuerst sehr lange, anfangs graue, etwas schwielenförmige Streifen, die im Innern ein schwarzes Pulver enthalten; bald brechen dieselben von selbst auf und lassen ihren Inhalt hervortreten. In diesen Streifen ist das Parenchym durch den Parasit zerstört Roggenstengelbrand.

[1]) Cit. in Bot. Centralblatt 1883, XIII pag. 1.
[2]) Vergl. Winter, Flora 1876, Nr. 10.

worden, und die Sporenmasse desselben ist an dessen Stelle getreten. Die Halme werden dadurch zerschlitzt und brechen endlich zusammen. Bisweilen geht dieser Brand bis in die Ähre, deren Spelzen dann mehr oder weniger verkrüppelt sind und wie die Blattscheiden zwischen ihren Nerven schwarze Brandschwielen haben. Meistens wird aber die Ähre vom Parasit direkt nicht angegriffen. Jedoch kommt es nur in den seltensten Fällen vor, daß solche Pflanzen reifende, körnerhaltige Ähren bringen; denn entweder ist der Halm, noch ehe die Ähre erscheint, zusammengebrochen oder wenn die Krankheit erst während des Blühens oder der Reifung der Ähre einen stärkeren Grad erreicht, so knickt der brandige Halm unter der schwerer werdenden Ähre um; diese wird dann nicht mehr ernährt und vertrocknet. Die Sporenknäuel sind durchschnittlich 0,024 mm im Durchmesser, dunkelbraun, mit 1—3 centralen Zellen. Dieser dem Roggen sehr schädliche Brand ist zwar viel seltener als der im übrigen Getreide vorkommende Flugbrand und Steinbrand, aber unter den bekannten Brandkrankheiten des Roggens die häufigste.

Auf andern Gramineen. Auf andern Gramineen kommen auch Urocystis-Formen vor, bei denen ebenfalls durch eine schwarze Brandmasse die Blätter und Blattscheiden, zum Teil auch die Halme in langen Streifen zerschlitzt werden. Ob es berechtigt ist, sie alle mit der vorstehenden Spezies zu vereinigen, wie Winter thut, ist zweifelhaft. Es ist hier zu nennen eine in Neuholland auf dem Weizen (Triticum vulgare) gefundene Form, die Körnicke[1]) von der auf dem Roggen für verschieden hält und Urocystis Tritici *Kcke.*, genannt hat, ferner eine Form auf Lolium perenne, die Fischer von Waldheim[2]) zu Urocystis occulta zieht, eine auf Triticum repens, Urocystis Agropyri *Schröt.*, mit 0,012—0,020 mm großen Sporenknäueln, eine auf Arrhenatherum elatius, die Fuckel[3]) zu Urocystis occulta, Schröter zu Urocystis Agropyri rechnet, ferner Urocystis Ulii *Magn.* auf Poa pratensis, mit 0,024—0,030 mm großen Sporenknäueln mit sehr hohen Randzellen, endlich Urocystis Alopecuri n. sp., die ich schon in der ersten Auflage dieses Buches beschrieben, in Blättern, Blattscheiden und Halmen von Alopecurus pratensis, mit 0,013- 0,031 mm großen Sporenknäueln, deren 1 bis 3 große Innenzellen von zahlreichen Randzellen ganz eingehüllt sind, welche in Farbe und Größe fast in die Innenzellen übergehen, Urocystis Festucae *Ule*, auf Festuca ovina.

Zwiebelbrand. 2. Der Zwiebelbrand, Urocystis Colchici *Rabenh.* (Urocystis cepulae *Frost.*, Urocystis magica *Passer.*, Urocystis Ornithogali *Kcke.*), bildet ein schwarzes Pulver in den Blättern verschiedener Liliaceen, besonders von Allium Cepa, rotundum, magicum, Scilla bifolia, Ornithogalum umbellatum, Muscari comosum und racemosum, Convallaria Polygonatum, Paris quadrifolia und Colchicum autumnale. Nach der Ansicht von Magnus[4]) wäre freilich der auf Allium vorkommende Pilz von dem auf Colchinum verschieden. An den Speisezwiebeln ergreift der Brandpilz schon die jungen Samenpflanzen, was zur Folge hat, daß dieselben keine Zwiebeln ansetzen und zu Grunde gehen. Anfangs ist der Pilz nur auf die äußeren

---

[1]) Hedwigia 1877, Nr. 3.

[2]) Aperçu des Ustilaginées, pag. 41.

[3]) l. c. pag. 41.

[4]) Botan. Centralbl. 1880, pag. 349.

Zwiebelschalen beschränkt, das Mycelium findet sich nur in der Nachbarschaft der schwarzen Brandflecke; später ist es überall in den Blättern, Zwiebeln und Wurzeln vorhanden. Mycelium und Sporen bilden sich zwischen den Zellen der Nährpflanze. Die Sporenknäuel sind 0,016–0,0[illegible]0 mm im Durchmesser, meist nur aus einer, seltener zwei großen centralen Zellen, aber sehr vielen Nebenzellen zusammengesetzt. In Amerika ist der Pilz schon vor längerer Zeit nach Farlow[1]) in den Staaten Massachusetts und Connecticut an den Speisezwiebeln sehr schädlich aufgetreten. Im Jahre 1879 fand ich die Krankheit auch bei Leipzig.

Auf Carex.

3. Urocystis Fischeri *Kcke.*, in den Blättern und Halmen von Carex muricata und acuta.

Auf Luzula.

4. Urocystis Luzulae *Winter* (Polycystis Luzulae *Schröt.*), in den Blättern von Luzula pilosa.

Auf Juncus.

5. Urocystis Junci *Lagerh.*, auf Juncus bufonius in Schweden und Juncus filiformis in der Schweiz.

Auf Gladiolus.

6. Urocystis Gladioli *Sm.*, in den Knollen und den Stengeln von Gladiolus communis und imbricatus.

Auf Ranunculaceen.

7. Urocystis pompholygodes *Rabenh.* (Urocystis Anemones *Schröt.*), bildet ein schwarzes, durch eine Spalte hervorbrechendes Pulver in den Stengeln und Blättern verschiedener Ranunculaceen, wie Anemone, Hepatica, Pulsatilla, Adonis, Helleborus, Actaea, Aconitum, Ranunculus-Arten. Die Sporenknäuel sind bis 0,035 mm im Durchmesser, mit ein oder zwei centralen Zellen.

Auf Thalictrum.

8. Urocystis sorosporioides *Kcke.*, in den Blättern und Blattstielen von Thalictrum minus und foetidum.

Auf Adonis.

9. Urocystis Leimbachii *Oertel*, in Blättern von Adonis aestivalis in Thüringen.

Auf Spiraea.

10. Urocystis Filipendulae *Tul.*, in den Stielen und Rippen der Wurzelblätter von Spiraea Filipendula.

Auf Viola.

11. Urocystis Violae *F. de Wldh.*, in angeschwollenen und verkrümmten Blättern von Viola odorata, hirta, canina und tricolor. Nach Roumeguère[2]) ist dieser Pilz seit 1882 sehr verderblich in den Toulouser Veilchenkulturen aufgetreten.

Auf Viola tricolor.

12. Urocystis Kmetiana *Magn.*, in den Fruchtknoten von Viola tricolor in Ungarn nach Magnus[3]).

Auf Corydalis.

13. Urocystis Corydalis *Niessl.*, in den Blättern von Corydalis cava.

Auf Primula.

14. Urocystis primulicola *Magn.*, in den Fruchtknoten von Primula farinosa auf der Insel Gotland, neuerdings auch in Italien aufgefunden.

VIII. Sorosporium *Rud.*, Thecaphora *Fingerh.* und Tolyposporium *Wor.*

Sorosporium. Thecaphora. Tolyposporium.

Diese drei schwer zu unterscheidenden Gattungen besitzen Sporenknäuel, die aus sehr vielen einander gleichen Zellen zusammengesetzt

[1]) Nach Just, botan. Jahresber. für 1877, pag. 122.

[2]) Rev. mycol. VII. 1885, pag. 165.

[3]) Verhandl. d. Bot. Ver. d. Prov. Brandenburg XXXI. Berlin 1890, pag. XIX.

sind. Sporidien sind entweder noch unbekannt oder bilden sich nach der Art derer von Ustilago.

Auf Caryophyllaceen. 1. **Sorosporium Saponariae** *Rud.*, in den noch geschlossenen Blütenknospen von Saponaria officinalis, wo der Pilz auf der Oberfläche aller Blütenteile mit Ausnahme der Außenseite des Kelches, also auf allen bedeckten Teilen, die Sporen in Form eines blaß rötlichbraunen Pulvers

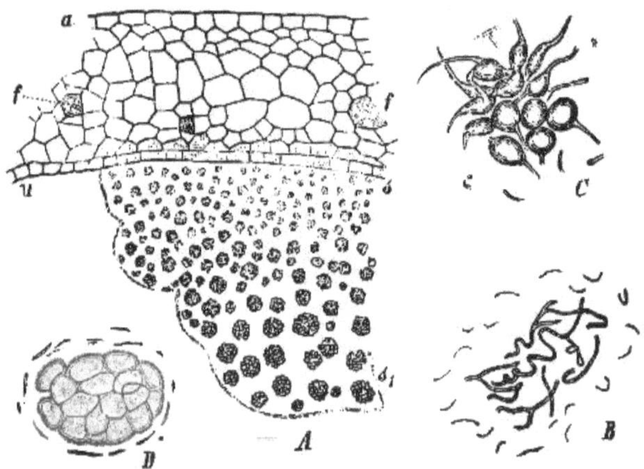

Fig. 23.

Sorosporium Saponariae *Rud.*, A Stück eines Durchschnittes durch ein befallenes Blatt von Cerastium arvense, a die Außen- und die Innenseite, ff Gefäßbündel. Auf der Innenseite u ist der Pilz durch die Epidermis frei hervorgewachsen und stellt eine dicke Pilzmasse ss, dar, von der hier nur der eine Rand zu sehen ist. s die innerste jüngste Schicht des Sporenlagers, wo die Sporenknäuel noch in der Bildung begriffen sind; s, die ältere äußere Schicht, in welcher schon ausgebildete Sporenknäuel sich befinden. 100fach vergrößert. B Erster Anfang eines Sporenknäuel, indem die Fäden der Pilzmasse unter Verdickung und oft spiraligen Windungen zu einem Knäuel sich verschlingen. 500fach vergrößert. C Späterer Entwickelungszustand eines Sporenknäuels, wo die Fäden des Knäuels starke Anschwellungen bekommen. Aus dem Inhalt jeder Anschwellung entwickelt sich eine Spore. 500fach vergrößert. D Der reife Sporenknäuel, noch von den gallertartig aufgequollenen Fäden der Pilzmasse umhüllt. 500fach vergrößert.

bildet. Außerdem ist er auch beobachtet worden auf verschiedenen Arten von Dianthus, Silene, Gypsophila, Lychnis und Stellaria. Ich fand ihn auf Cerastium arvense, wo er an den Spitzen der Triebe gallenartige Mißbildungen veranlaßt: die obersten Internodien sind verkürzt, die Blätter kürzer, aber verdickt und sehr verbreitert, eiförmig-dreieckig, und schließen zu einer angeschwollenen Knospe zusammen, wodurch die Blütenbildung vereitelt wird. Auf der Innenseite dieser Blätter und an den inneren Blättern auch auf der Außenseite der Blattbasis werden die Sporen gebildet (Fig. 23 A). Die Mycelfäden, welche meist intercellular wachsen, treten vorwiegend durch die Spaltöffnungen, später auch unmittelbar durch die Epidermiszellen auf die Oberfläche, breiten sich dort aus, vermehren sich durch Verzweigung daselbst außerordentlich und verflechten sich innig zu einer sehr dicken, oft den Durchmesser des Blattes übertreffenden, farblosen, weichfleischigen Pilzmasse. In dieser beginnt die Sporenbildung an der äußeren Oberfläche und schreitet nach innen gegen die Epidermis zu fort, so daß dort noch die ersten Sporenbildungen stattfinden, wenn an der Oberfläche schon reife Sporenknäuel vorhanden sind (Fig. 23 A, s und s_1). In dem zarten Pilzfadengeflecht erscheinen die ersten Anlagen der Sporenknäuel als 0,022 mm große, runde Knäuel verschlungener Fäden (Fig. 23 B), in denen die Anfänge der Sporen als helle Kerne von anfangs nur 0,001—0,002 mm Durchmesser sichtbar werden. Die Kerne wachsen bedeutend und jeder bildet sich zu einer Spore aus (Fig. 23 C). Aus jeder solchen Gruppe wird ein runder Sporenknäuel, der zuletzt 0,04—0,09 mm Durchmesser hat und aus zahlreichen, ungefähr 0,013 mm großen, rundlichen, durch gegenseitigen Druck abgeplatteten oder kantigen Sporen mit blaß gefärbtem, fein warzigem Exosporium besteht (Fig. 23 D). Die ihn umgebende Hülle des ursprünglichen Hyphengeflechtes erweicht gallertartig und schwindet, worauf die zahlreichen Sporenknäuel staubartig sich isolieren. Das Mycelium ist nach de Bary in der Nährpflanze perennierend und erzeugt an den befallenen Stöcken den Brand alljährlich.

2. **Sorosporium** (Tolyposporium) **bullatum** *Schröt.*, in den Früchten von Panicum Crus galli, die dadurch zu einem aus den unveränderten, weit klaffenden Blütenspelzen hervorragenden, unförmigen, dunkelgrauen, mit schwarzbraunem Pulver erfüllten Körper werden. Auf Panicum.

3. **Sorosporium Lolii** *Thüm.*, in den Fruchtknoten von Lolium perenne bei Laibach. Auf Lolium.

4. **Thecaphora Westendorpii** *Fisch.*, in den Ähren von Lolium perenne in Belgien. Auf Lolium.

5. **Thecaphora olygospora** *Cocc.*, in den Blütenständen von Carex digitata in Italien. Auf Carex

6. **Tolyposporium Cocconi** *Morini*, in Blättern von Carex recurva in Italien. Auf Carex.

7. **Thecaphora aterrimum** *Tul.*, in Stengeln und Ähren von Carex-Arten in Frankreich und Italien. Auf Carex.

8. **Sorosporium Junci** *Schröt.* (Tolyposporium *J. Woron.*), bildet schwarze, gallenartige, harte Anschwellungen in den Fruchtknoten und Blütenstielen von Juncus bufonius und capitatus. Auf Juncus.

9. **Thecaphora Pimpinellae** *Juel*, in den Früchten von Pimpinella Saxifraga in Schweden. Auf Pimpinella.

10. **Sorosporium hyalinum** *Winter* (Thecaphora hyalina *Fingerh.*, Thecaphora deformans *Dur. et Mnt.*, Thecaphora affinis *Schneid.*, Thecaphora Lathyri *Kühn*), ein chokoladenbraunes Sporenpulver in den Samen von Convolvulus arvensis und sepium, sowie von Lathyrus pratensis, Astragalus glycyphyllos und Phaca alpina bildend, wobei die Frucht entweder kaum merklich verändert ist oder wie bei Astragalus und Phaca klein und aufgedunsen aussieht; bisweilen werden auch nur ein oder wenige Samen in einer Frucht brandig. Auf Convolvulus, Lathyrus etc.

11. **Thecaphora Cirsii** *Boud.*, in den Köpfchen von Cirsium anglicum bei Paris. Auf Cirsium.

Auf Cirsium. 12. Thecaphora Traili *Cooke*, in den Blüten von Cirsium heterophyllum in Schottland.

IX. Tuburcinia *Berk. et Br.*

Tuburcinia. Die Sporenknäuel stimmen mit denen der Gattung Sorosporium überein. Die Keimung geschieht aber nach Woronin[1]) nach Art von Tilletia mit kranzkörperförmigen Sporidien. Außerdem verhält sich diese Gattung auch dadurch eigentümlich, daß hier nach Woronin (l. c.) auf der Nährpflanze auch eine Bildung von Conidien erfolgt, welche auf kurzen Fäden abgeschnürt werden, die in Form eines weißen Schimmels an der Oberfläche des Pflanzenteiles hervortreten.

Auf Trientalis. 1. Tuburcinia Trientalis *Berk. et Br.* (Sorosporium Trientalis *Woron.*), bildet ein schwarzes, aus den Blättern und Blattstielen von Trientalis europaea hervorbrechendes Pulver, dessen Sporenknäuel 0,100 mm im Durchmesser sind, wobei die Stengel etwas angeschwollen, die Blätter kleiner und bleicher sind und unterseits den schimmelartigen Anflug der Conidien tragen. Nach Woronin[1]), der den Entwickelungsgang dieses Pilzes verfolgt hat, entstehen aus den Conidien im Sommer und Herbst in der Nährpflanze nur Haufen von Dauersporen ohne Conidienbildung. Diese Dauersporen keimen im Herbste und aus ihren Sporidien entwickelt sich das in den überwinternden Sprossen der Trientalis perennierende Mycelium, welches im Frühling in die oberirdischen Stengel in die Höhe wächst und wieder die Frühjahrsform der Krankheit erzeugt.

Auf Veronica. 2. Tuburcinia Veronicae *Schröt.* (Sorosporium Veronicae *Winter*), bildet ein zimtbraunes Sporenpulver in den angeschwollenen und gekrümmten Stengeln und Blattstielen von Veronica triphyllos und hederifolia.

Auf Geranium. 3. Tuburcinia Cesatii *Sorok.*, in Blättern und Stengeln von Geranium im Ural.

X. Sphacelotheca *de By.*

Sphacelotheca. Die Sporenmasse stellt einen fruchtartigen Körper dar, welcher in der Samenknospe der Nährpflanze entsteht, aus der Blüte hervorwächst, indem er durch Wachstum an seiner Basis sich vergrößert; er besteht aus einer äußeren Wand, welche von hellen, rundlichen Zellen gebildet wird, aus der von der Wand umgebenen dunklen Sporenmasse und aus einer hellen Mittelsäule[2]).

Auf Polygonum. Sphacelotheca Hydropiperis *de By.* (Ustilago Candollei *Tul.*), in den Fruchtknoten von Polygonum Bistorta, viviparum, mite, Hydropiper und alpinum, mit schwarzviolettem Sporenpulver; Sporen 0,008—0,017 mm, violett, glatt oder feinkörnig. Die von Solms[3]) auf Polygonum chinense in Buitenzorg beobachtete Ustilago Treubii *Solms* dürfte eine ähnliche gallenbildende Ustilaginee sein.

---

[1]) Beitr. z. Morphol. u. Physiol. der Pilze. V. Reihe, Frankfurt 1882.

[2]) Vergl. de Bary, Vergleichende Morphol. der Pilze 1884, pag. 187.

[3]) Ann. du Jardin botan. de Buitenzorg 1886, pag. 79.

X. Graphiola *Fr.*

Diese Gattung ist erst von E. Fischer[1]) genauer untersucht und den Ustilagineen zugeteilt worden. Die Sporenmasse stellt ein fruchtkörperartiges Gebilde dar, welches von einer Hülle (Peridie) umgeben ist und im Grunde eine Schicht von sporentragenden Fäden enthält: letztere stellen dicke, quergegliederte, protoplasmareiche Fäden dar; die Gliederzellen derselben wölben sich tonnenförmig und lassen mehrere kugelige Sporen aus sich hervorsprossen, welche den Inhalt der Trägerzelle aufnehmen und die gleiche Größe wie diese erreichen. Die leicht abfallenden Sporen erscheinen in größerer Menge gelb. Eine mittlere unfruchtbare Fadenpartie wirkt als Ausstreuungsapparat der Sporen. Die letzteren keimen mit einem Keimschlauch, welcher eine längliche Sporidie abschnürt. Graphiola.

Graphiola Phoenicis *Fr.*, auf den Blättern der Dattelpalme sowohl am natürlichen Standort der Pflanze als auch in unsern Gewächshäusern. Die Fruchtkörper stellen zerstreute, harte, schwarze Schwielen von etwa 1,5 mm Länge dar, um welche bisweilen ein hellerer Hof eine Verfärbung des Blattgewebes durch den Pilz anzeigt. E. Fischer[2]) hat später auch die Sporen des Pilzes auf Dattelblätter ausgesäet und erfolgreiche Infektionen erzielt. An andern Palmen scheinen andre Arten dieser Gattung vorzukommen. Auf Dattelpalmen.

Anhang.

Die zu den Ustilagineen gehörenden, aber pathologisch abweichenden Parasiten.

An die Brandkrankheiten schließen wir eine Anzahl Parasiten, welche naturgeschichtlich zu den Ustilagineen gehören, welche aber auf ihren Nährpflanzen Krankheitssymptome verursachen, die von denen der eigentlichen Brandkrankheiten bedeutend abweichen, weil dabei von dem Auftreten eines Brandpulvers überhaupt nichts zu bemerken ist. Es bezieht sich dies auf folgende Gattungen. Verwandte Ustilagineen.

I. Entyloma *de By.*

Die Arten dieser Gattung verursachen nur kranke Blattflecken, und zwar auf den verschiedensten Pflanzen. Die von ihnen bewohnten Blattstellen zeigen sich entweder buckel- oder schwielenartig angeschwollen oder von unveränderter Dicke, von bleicher, gelber oder brauner Farbe und werden zuletzt trocken und zerbröckeln. Das Mycelium besteht aus sehr feinen, unregelmäßig verzweigten, zwischen den Zellen der Nährpflanze wachsenden Fäden. Diese bilden nach de Bary[3]) an etwas Entyloma.

[1]) Botan. Zeitg. 1883, Nr. 45.

[2]) Verhandl. der schweiz. naturf. Gesellsch. in Solothurn 1888, pag. 53.

[3]) Bot. Zeitg. 1874, Nr. 6 u. 7; Taf. II.

dünneren Zweigen Sporen, indem die Zweige kugelig oder oval anschwellen, über der Anschwellung sich weiter fortsetzen und dann denselben Prozeß viele Male wiederholen können. Jede Anschwellung gliedert sich zu einer Spore ab, so daß die Sporen intercalar in den Fäden sich befinden. Im reifen Zustand sind sie um das mehrfache der ursprünglichen Größe angeschwollen, haben dickwandige, meist blaß bräunlich gefärbte Membran, und erfüllen oft die Intercellulargänge in solchen Massen, daß die Zellen zusammengedrückt werden. Die von de Bary beobachtete Keimung ist im wesentlichen derjenigen von Tilletia gleich, der Pilz also den Ustilagineen anzuschließen. Außer dieser endophyten Sporenbildung ist aber zuerst von Schröter[1]) bei dieser Gattung auch eine Conidienbildung beobachtet worden, was bei Pilzen aus dieser Verwandtschaft sehr selten ist. Nach dem, was ich an einer Entyloma-Form auf Pulmonaria gesehen, wachsen zuerst aus den Spaltöffnungen der Unterseite Büschel von Fäden heraus, die sich auf der Epidermis ausbreiten; dann dringen auch zwischen den Epidermiszellen Fäden hervor, endlich ist die Oberhaut bedeckt von einer dem Auge weiß erscheinenden dicken Lage feiner Fäden, an denen spindelförmige Conidien kettenförmig sich abgliedern. Conidienbildungen, welche zu diesen Pilzen gehören, sind schon wiederholt beobachtet und früher unter dem Namen **Fusidium** beschrieben worden.

Auf Gräsern. 1. **Entyloma crastophyllum** *Sacc.*, bildet schwarzgraue, längliche, flache Flecken in den Blättern von **Poa annua** und **nemoralis** und von **Dactylis glomerata**. Ob

2. **Entyloma irregulare** *Johans.*, auf **Poa annua** in Island und Schweden, und

3. **Entyloma Catabrosae** *Johans.*, auf **Catabrosa aquatica** in Island damit identisch sind, bleibt zu entscheiden.

4. **Entyloma catenulatum** *Rostr.*, in grauen Blattflecken von **Aira caespitosa** in Dänemark.

Auf Carex. 5. **Entyloma caricinum** *Rostr.*, auf Blättern von **Carex rigida** in Grönland.

Auf Narthecium. 6. **Entyloma Ossifragi** *Rostr.*, auf Blättern von **Narthecium ossifragum** in Dänemark.

Auf Spinacia. 7. **Entyloma Ellisii** *Halst.*, auf **Spinacia oleracea** in Nordamerika.

8. **Entyloma Ungerianum** *de By.* (**Protomyces microsporus** *Ung.*),
Auf Ranunculus. lebt in den Blättern und Blattstielen von **Ranunculus repens** und **bulbosus** und verursacht bleiche, buckel- oder schwielenförmige Auftreibungen, in deren Zellen das Chlorophyll verschwindet, und welche, noch ehe das Blatt seine normale Lebensdauer vollendet hat, eintrocknen, braun und

[1]) Cohn's Beitr. z. Biologie der Pfl. II. 1877. pag. 349 ff. — Untersuchungen über diese Pilze lieferte auch Fischer v. Waldheim, Bull. de la soc. des sc. nat. de Moscou 1877. No. 2, und Ann. des sc. nat. 6 sér. T. IV. pag. 190 ff.

bröckelig werden. Die Sporen sind 0,012—0,021 mm, fast farblos, mit höckeriger Oberfläche. De Bary (l. c.) hat gesunde Blätter durch keimende Sporen infiziert, die Keimschläuche durch die Spaltöffnungen eindringen und darnach die Krankheit an den infizierten Blattstellen eintreten sehen. Conidienbildung fehlt.

9. **Entyloma verruculosum** *Passer.*, in Blättern von Ranunculus lanuginosus, von vorigem durch 0,010—0,015 mm große, warzige, blaßbräunliche Sporen unterschieden. Auf Ranunculus lanuginosus.

10. **Entyloma Ranunculi** *Schröt.*, auf Ranunculus Ficaria, auricomus, sceleratus, acer, durch glatte Sporen und kleine, nicht geschwollene Flecken mit Conidienrasen von Entyloma Ungerianum verschieden. Marshall Ward[1]) infizierte Ranunculus Ficaria durch die Conidien und erhielt nach 13 bis 19 Tagen die charakteristischen kranken Blattflecken. Dabei zeigte sich eine leichtere Infizierbarkeit solcher Pflanzen, die in einem schattigen, feuchten Graben gewachsen waren, gegenüber solchen von trockenen, freien Plätzen. Die bekannte Änderung der anatomischen Struktur der Schattenpflanzen, insbesondere die größere Zahl und größere Weite der Spaltöffnungen derselben führt der genannte Forscher zur Erklärung jener Thatsache an. Auf Ranunculus Ficaria etc.

11. **Entyloma Winteri** *Link.*, auf den Blättern von Delphinium elatum in Transsylvanien. Auf Delphinium.

12. **Entyloma Thalictri** *Schröt.*, auf Blättern von Thalictrum in Schlesien. Auf Thalictrum

13. **Entyloma Menispermi** *Farl. et Trel.*, auf Menispermum canadensis in Nordamerika. Auf Menispermum.

14. **Entyloma fuscum** *Schröt.*, in anfangs weißen, später schwarz werdenden, meist rot gesäumten Blattflecken von Papaver Rhoeas und Argemone. Auf Papaver.

15. **Entyloma bicolor** *Zopf*, in oberseits braunen, unterseits grauweißen Flecken von Papaver Rhoeas und dubium, vielleicht mit dem vorigen identisch. Auf Papaver.

16. **Entyloma Glaucii** *Dang.*, auf Glaucium. Auf Glaucium.

17. **Entyloma Corydalis** *de By.*, in den Blättern von Corydalis cava und solida, mit dem auf Calendula fast in allen Stücken übereinstimmend. Auf Corydalis.

18. **Entyloma Helosciadii** *Magn.*, auf Blättern von Helosciadium nodiflorum. Auf Helosciadium.

19. **Entyloma Eryngii** *de By.* (Physoderma Eryngii *Corda*), auf Eryngium, zeigt in allen Stücken die größte Ähnlichkeit mit Entyloma Ungerianum. Auf Eryngium.

20. **Entyloma Chrysosplenii** *Schröt.*, in gelblichweißen, flachen runden Flecken der Blätter von Chrysosplenium alternifolium. Auf Chrysosplenium.

21. **Entyloma canescens** *Schröt.*, mit glatten Sporen und meist mit weißen Conidienrasen, auf braunen Blattflecken von Myosotis-Arten von Schröter (l. c.) gefunden. Auf Myosotis.

22. **Entyloma serotinum** *Schröt.*, vom vorigen kaum verschieden, nach Schröter in kranken Blattflecken von Borrago officinalis, und Auf Borrago.

---

[1]) Philos. Transactions of the roy. soc. of London 1887, pag. 173.

[2]) De Bary, Beitr. z. Morphol. d. Pilze I. Frankfurt 1864, pag. 22. Taf. II, Fig. 11.

Symphytum officinale. In einzelnen Gärten um Graz ist 1891 Borrago ganz unverwendbar durch diesen Parasiten geworden[1]). Damit wahrscheinlich identisch ist einer von mir auf Pulmonaria officinalis gefundener Pilz, der die Blätter in großen, braunen, bröckelig zerfallenden, nicht angeschwollenen Flecken verdirbt.

Auf Limosella. 23. Etyloma Limosellae *Winter* (Protomyces Limosellae *Kze.*) bildet kleine, warzenartige Pünktchen in der Blattsubstanz von Limosella aquatica.

Auf Linariae. 24. Entyloma Linariae *Schröt.*, in den Blättern von Linaria vulgaris, flache, weißliche Flecken bildend.

Auf Calendula. 25. Entyloma Calendulae *de By.*, mit glatten Sporen, bringt auf den Blättern von Calendula officinalis nicht angeschwollene, unregelmäßig zerstreute, meist runde Flecken hervor, welche undurchsichtig, erst bleich, dann braun sind, zuletzt trocken werden und zerbröckeln.

Auf Picris. 26. Entyloma Picridis *Rostr.*, bildet graubräunliche flache Flecken in den Blättern von Picris hieracioides.

Auf Stenactis. 27. Entyloma Fischeri *Thümen*, in den Blüten von Stenactis bellidiflora fast flache, blaß gelbgrüne, später braungrüne Flecken bildend.

Auf Matricaria etc. 28. Entyloma Matricariae *Rostr.*, auf Blättern von Matricaria und Tripleurospermum in Schweden.

Auf Aster. 29. Entyloma Compositarum *Farl.*, auf Aster puniceus in Nordamerika.

Auf Rhagadiolus. 30. Entyloma Rhagadioli *Pass.*, auf Blättern von Rhagadiolus stellatus in Italien.

Auf Lobelia. 31. Entyloma Lobeliae *Farl.*, auf Blättern von Lobelia inflata in Nordamerika.

II. Doassansia *Cornu.*

Doassansia. Die Sporen sind zu einem fruchtartigen Körper vereinigt, der in den Atemhöhlen der befallenen Blätter sitzt und aus einer braunen Hülle palissadenförmiger dickwandiger Zellen und aus einer vielzelligen Sporenmasse besteht; die Sporen keimen unter Durchbrechung der Hülle mit Keimschläuchen, welche an der Spitze ähnlich wie Tilletia Sporidien bilden[2]). Das Blattgewebe wird nicht zerstört, sondern zeigt nur bräunliche, rundliche Flecken, welche mit winzigen schwarzen Pusteln, den Sporenkörpern, übersäet sind.

1. Doassansia Alismatis *Fr.* (Perisporium Alismatis *Fr.*, Dothidea Alismatis *Lasch.*), auf den Blättern von Alisma Plantago.

2. Doassansia Sagittariae *(Fuckel)* (Physoderma *S. Fuckel*), auf den Blättern von Sagittaria.

3. Doassansia Farlowii *Cornu*, auf den Früchten von Potamogeton.

4. Doassansia Martionoffiana *Schröt.*, in Blättern und Früchten von Potamogeton in Sibirien.

5. Doassansia Niesslii *de Toni* (Doassansia punctiformis *Schröt.*), in Blättern von Butomus umbellatus.

---

[1]) Jahresbericht des Sonderausschusses f. Pflanzenschutz, Jahrb. d. deutsch. Landw.-Ges. 1891, pag. 221.

[2]) Vergl. Fisch, Berichte der deutsch. bot. Ges. 1984, pag. 405.

6. **Doassansia Hottoniae** *de Toni* (Entyloma Hottoniae *Rostr.*), in Blättern von Hottonia in Dänemark.

7. **Doassansia Comari** *Berk. et de Toni*, in Blättern von Comarum palustre in England.

III. Rhamphospora *Cunningh.*

Die Sporen entstehen ebenfalls zahlreich in den Atemhöhlen, sind aber isoliert, farblos und bilden bei der Keimung einen Keimschlauch, der an der Spitze ein Köpfchen von 4 bis 6 Zweigen bekommt, deren jeder am Ende 2 bis 3 kleine Sterigmen trägt, auf denen sich je ein langes dünnes Sporidium entwickelt; diese kopulieren ähnlich wie Tilletia und Entyloma. Die Gattung ist wahrscheinlich der vorigen nahe verwandt. Rhamphospora

Rhamphospora Nymphaeae *Cunningh.*, auf der Oberseite der Blätter von Nymphaea lotus, stellata und rubra hellgelbe Flecken bildend, von Cunnigham[1] in Indien beobachtet.

IV. Entorhiza *Weber.*

Die Sporen sind einzellig, bilden aber keine pulverförmige Masse, sondern sitzen einzeln endständig an schraubig gewundenen Fäden, welche innerhalb der Nährzellen in Wurzelverdickungen wachsen. Bei der Keimung bildet sich ein Promycelium mit einer endständigen Sporidie[2]. Entorhiza.

Entorhiza cypericola *Weber* (Schinzia c. *Magn.*), in den Wurzeln von Cyperus flavescens und Juncus bufonius, eine ca. 3 mm dicke Anschwellung an der Spitze der Wurzel bildend. Das Mycelium sitzt in Form von Hyphenknäueln in den Wurzelrindenzellen, welche radial zur Wurzelaxe gestreckt sind, und bildet schraubig gewundene Zweige, an denen die 0,017—0,020 mm großen, warzigen, gelben Sporen entstehen.

Magnus[3]) unterscheidet den Pilz in Juncus bufonius als besondere Art **Schinzia Aschersoniana** sowie eine dritte Art, **Schinzia Casparyana** auf Juncus Tenageia, Lagerheim[4]) eine vierte Art **Entorhiza digitata** in den Wurzeln von Juncus articulatus.

---

8. Kapitel.

Rostpilze (Uredinaceen) als Ursache der Rostkrankheiten.

Mit dem Kollektivnamen Rost bezeichnen wir diejenigen Krankheiten, welche durch Pilze aus der Familie der Rostpilze (Uredinaceen), Begriff und Symptome der Rostkrankheiten.

[1]) Refer. in Just, botan. Jahresber. für 1888. I, pag. 318.

[2]) Vergl. Weber, über den Pilz der Wurzelanschwellungen von Juncus bufonius. Botan. Zeitg. 1884, pag. 369.

[3]) Berichte d. deutsch. bot. Ges. 1888, pag. 100.

[4]) Hedwigia 1888, pag. 261.

9*

Äcidiomyceten oder Äcidiaceen verursacht wird. Es giebt eine große Anzahl von Rostpilzen, welche an den verschiedensten Pflanzen aus den Abteilungen Gefäßkryptogamen und Phanerogamen vorkommen. Sie haben folgende charakteristische Merkmale. Die Rostpilze sind endophyte Parasiten, welche oberirdische Pflanzenteile, vorwiegend Stengel und Laubblätter bewohnen. Ihr Mycelium besteht aus septierten und verzweigten Fäden, die zwischen den Zellen der Nährpflanze wachsen und bald den ganzen oberirdischen Pflanzenkörper, bald nur gewisse Teile, manchmal sogar nur kleine Stellen derselben durchziehen. An denselben Teilen werden die Sporenlager des Pilzes erzeugt. Dieselben stellen kleine, meist zahlreiche Sporenhäufchen von lebhafter Farbe, gelb, feuerrot, rostrot, braun oder schwarz, dar, welche stets an der Oberfläche des Pflanzenteiles sich befinden und also etwa wie ein Ausschlag an der Pflanze erscheinen. Ihre Entstehung erfolgt nämlich immer entweder unmittelbar unter der Epidermis, die dann oft durchbrochen wird, oder innerhalb der Epidermiszellen. An den Sporenlagern kommen die Mycelfäden des Pilzes in großer Zahl zusammen und treiben nach außen hin dicht beisammenstehende kurze Zweige, deren Spitzen sich unmittelbar in Sporen umbilden. Zu den wichtigsten Charakteren der Rostpilze gehört nun die Beschaffenheit dieser Sporen und ihres Keimungsproduktes. Hinsichtlich der Entwickelung dieser Pilze treten uns aber sehr mannigfaltige Verhältnisse entgegen, welche keineswegs unter ein und dasselbe Schema zu bringen sind, sondern einzeln für sich erläutert werden müssen. Der Entwickelungsgang der Rostpilze ist für die genaue Kenntnis der Rostkrankheiten die allerwichtigste Grundlage. Es soll daher hier auch zunächst im allgemeinen eine Darstellung der verschiedenen Entwickelungsformen, die unter den Rostpilzen überhaupt bekannt sind, gegeben werden. Indem wir dabei von den einfachsten Verhältnissen ausgehen, wird zugleich dasjenige klar hervortreten, was bei allen diesen Verschiedenheiten das Gleichbleibende und somit allen Rostpilzen Gemeinsame ist.

Entwickelungsformen der Rostpilze.

Bei den Rostpilzen bildet das parasitisch wachsende Mycelium auf der Nährpflanze wenigstens eine Art von Sporen, welche hier den Namen Teleutosporen führen. Diese kommen also bei allen Uredineen vor und liefern daher auch die Charaktere, nach welchen man diese Pilze in Gattungen einteilt, indem auf die verschiedene Form der Teleutosporen die Merkmale der Gattungen und also auch unsre unten befolgte Einteilung begründet sind. Die Teleutosporen werden immer in großer Anzahl beisammen, in Form kleiner, an der Oberfläche der Pflanzenteile erscheinender Lager gebildet. Sie sind nach dem mykologischen Sprachgebrauch als Chlamydosporen zu charakterisieren, weil sie unmittelbar von Myceliumfäden erzeugt werden und weil aus ihnen bei der Keimung direkt eigentümliche Fruchtträger hervorgehen. Sie sind also das Analogon der Sporen der Brandpilze, die wir ebenfalls als Chlamydosporen charakterisiert haben. Auch physiologisch stimmen sie mit denselben überein, indem sie meist die Bedeutung von Dauer- oder Wintersporen haben: sie besitzen eine dicke, meist braune bis schwarzbraune, sehr widerstandsfähige Haut und überdauern, auf den toten Pflanzenteilen sitzen bleibend, den Winter, worauf sie im Frühlinge keimen. Ihr Keimungsprodukt ist ein Promycelium mit Sporidien ganz ähnlich dem gleichnamigen Keimungsprodukt der Chlamydosporen der Brandpilze. Das Promycelium stellt auch hier einen kurzen, durch Querwände gegliederten Schlauch dar, dessen Gliederzellen auf kurzen Seitenästchen (Sterigmen) je ein Sporidium abschnüren (Fig. 25). Aus den Sporidien, welche sogleich keimfähig sind, entwickelt sich im Frühling der parasitische Pilz auf der Nährpflanze von neuem. In diesen Punkten stimmen alle Uredinaceen überein. Es kommen nun aber folgende verschiedene Formen des Entwickelungsganges vor.

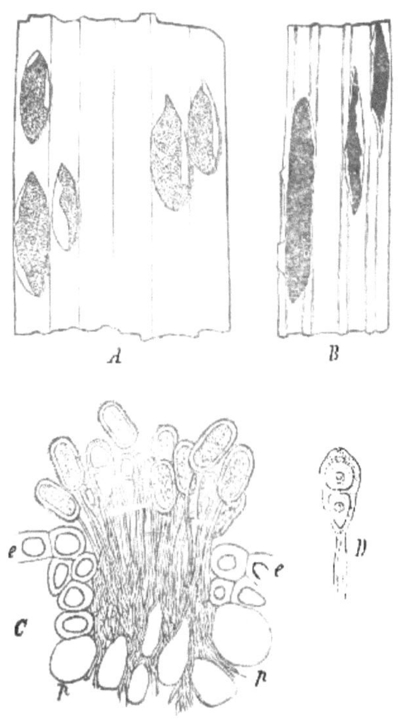

Fig. 24.

Der gemeine Getreiderost (Puccinia graminis *Pers.)* A Ein Stückchen Roggenblatt mit mehreren hervorbrechenden roten Häufchen von Uredosporen. Schwach vergrößert. B Ein Stückchen Roggenblattscheide mit mehreren hervorbrechenden schwarzen Teleutosporenhäufchen. Schwach vergrößert. C Durchschnitt durch ein Sporenhäufchen, zeigt die Abschnürung der Uredosporen. In der Mitte sind bereits einige junge Teleutosporen zu sehen, welche später allein das Häufchen bilden. ee Epidermis; pp Parenchymzellen, zwischen denen die Fäden des Pilzmyceliums, welche gegen das Sporenlager hin laufen. 200fach vergrößert. D Eine Teleutospore aus den reifen Häufchen in B. 300fach vergrößert.

Rostpilze, die nur Teleutosporen besitzen

1. Eine Anzahl Rostpilze bildet überhaupt nur diese Teleutosporen auf der Nährpflanze und die ganze Entwickelung vollzieht sich nur in der soeben beschriebenen Weise. Der Entwickelungsgang ist also hier der allereinfachste. So verhalten sich z. B. **Puccinia Malvacearum, P. Caryophyllearum, Chrysomyxa abietis** u. a.

Rostpilze mit Uredosporen

2. Bei einigen Rostpilzen werden auf der Nährpflanze, bevor die Teleutosporen zum Vorschein kommen, sogen. Uredosporen oder Sommersporen erzeugt. Sie entstehen ebenfalls in kleinen nackten Häufchen, durch Abschnürung auf kurzen Myceliumzweigen, von denen sie sich sogleich abgliedern und abfallen (Fig. 24). Sie sind sofort nach ihrer Reife keimfähig und erzeugen in derselben Vegetationsperiode den Pilz von neuem. Die Vermehrung der Rostpilze im Sommer wird namentlich durch diese Sporen bewerkstelligt. Letztere können daher mit den Conidien andrer Pilze verglichen werden. Die Uredosporen sind meist durch lebhaft rote oder gelbe Farbe ausgezeichnet, indem sie in ihrem Protoplasma einen Fettfarbstoff von entsprechender Farbe in Form kleiner Öltropfen enthalten.

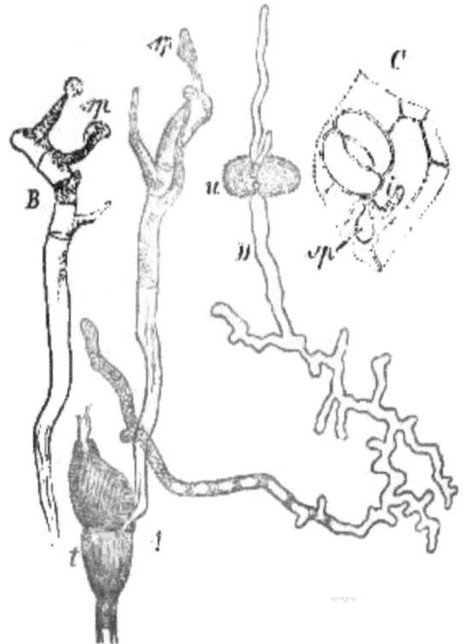

Fig. 25.

Puccinia graminis *Pers.* A und B Keimung einer Teleutospore t mit Bildung des Promyceliums, welches bei sp Sporidien abschnürt. C Keimung eines Sporidiums sp auf dem Blatte von **Berberis** (Stück abgezogener Epidermis mit einer Spaltöffnung), i das durch die Epidermiszelle eingedrungene Stück des Keimschlauches. D Keimung einer Uredospore u mit zwei langen verzweigten Keimschläuchen. Nach de Bary.

Generationswechselnde Rostpilze.

3. Bei vielen Uredinaceen endlich ist noch ein besonderer Entwickelungszustand vorhanden, welcher mit der die Teleutosporen, beziehentlich die Uredo- und Teleutosporen tragenden Generation regelmäßig abwechselt. Es tritt also hier ein wirklicher Generationswechsel ein. Diese eingeschaltete Generation nennt man generell das Äcidium. Wo dasselbe auftritt, erscheint es als die erste Generation, welche im Frühjahr von den Sporidien erzeugt wird. Das Äcidium ist ebenfalls ein parasitärer Myceliumzustand mit eigentümlicher Fruktifikation. Die letztere stellt kleine Früchte dar, welche häufig von einer eigenen hautartigen Hülle umgeben sind; im Grunde derselben befinden sich dicht beisammenstehende, kurz cylindrische Zellen, auf welchen durch wiederholte Abschnürung reihenweis übereinanderstehende Sporen abgegliedert werden, welche wie die Uredosporen lebhaft gelb oder rotgelb gefärbt sind. Früher galten diese Äcidienzustände für selbständige Pilze; Gattungsnamen wie **Aecidium**, **Roestelia**, **Peridermium**, **Caeoma** beziehen sich auf diese Bildungen. Konstant kommen in Begleitung dieser Äcidienfrüchte Spermogonien vor, kleine kapselartige Behälter, welche massenhaft sehr kleine, sporenähnliche Zellchen, die Spermatien entleeren, beide in jeder Beziehung den gleichnamigen Organen der Ascomyceten gleichend; sie stehen zwischen oder im Umkreise der Äcidien-

früchte, oder auf derjenigen Seite der vom Pilze bewohnten Blattstelle, welche der mit den Äcidienfrüchten besetzten gegenüberliegt, und erscheinen früher, bevor die Äcidienfrüchte reif sind (Fig. 26). Welche Bedeutung sie bei der Entwickelung der letzteren haben, ist noch unbekannt. Die Äcidiosporen sind

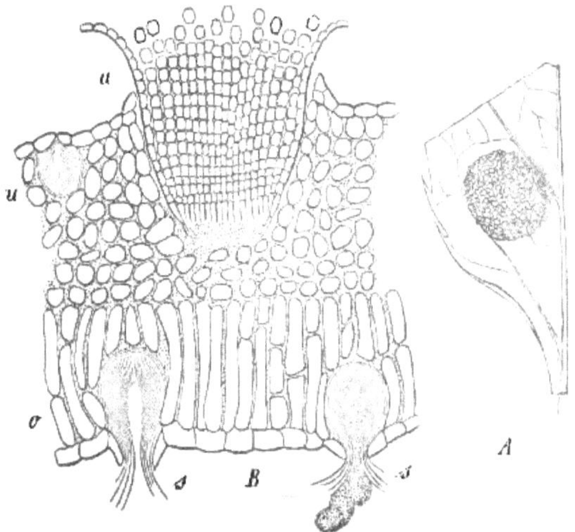

Fig. 26.

Das Aecidium der Berberize. A Ein Blattstück von der Unterseite gesehen, mit einem Polster, auf welchem zahlreiche Früchtchen sitzen, wenig vergrößert. B vergrößerter Durchschnitt durch ein solches Polster und durch einen hervorgebrochenen Aecidium-Becher a mit den zahlreichen in Reihen abgeschnürten Sporen und zwei Spermogonien ss, deren eins seine Spermatien als eine Schleimmasse ausstößt; o die Oberseite, u die Unterseite des Blattes. Zwischen den Zellen des sehr stark entwickelten Parenchyms des Polsters ist das Mycelium überall verbreitet.

meist sogleich nach der Reife keimfähig; ihre Keimschläuche dringen wieder in eine Nährpflanze ein und erzeugen auch hier ein parasitisches Mycelium, welches nun aber nicht wieder dem Äcidiumzustande gleicht, sondern andre Fruktifikationen, nämlich die Teleutosporen, eventuell zusammen mit den Vorläufern derselben, den Uredosporen, hervorbringt. Hinsichtlich des Auftretens der Äcidiumgeneration besteht nun ein doppeltes Verhalten. Entweder kommt diese auf der nämlichen Nährpflanzenspezies zur Entwickelung, welche auch die zweite Generation, die Uredo- und Teleutosporen, trägt. Oder aber der Pilz benutzt dazu eine ganz andre Nährpflanze, so daß also mit dem Generationswechsel auch ein Wirtswechsel verbunden ist, und die Äcidiosporen dann erst wieder auf die ursprüngliche Nährpflanzenspezies zurückkehren. Nach de Bary nennt man jene Rostpilze autöcische, diese heteröcische. Viele Äcidien solcher heteröcischer Rostpilze sind bereits mit den zugehörigen Uredo- und Teleutosporenpilzen auf Grund gelungener

Infektionsversuche in Zusammenhang gebracht worden. Von manchen aber ist bis jetzt eine Zugehörigkeit noch nicht ermittelt worden; wir führen diese am Schlusse der Rostpilze für sich besonders auf.

Bezüglich des Zusammenhanges der heteröcischen Rostpilze mit Äcidien auf andern Nährpflanzen sind jedoch unsre Ansichten noch keineswegs geklärt. Als die ersten Entdeckungen darüber gemacht worden waren, kamen die Mykologen wohl einstimmig zu der Annahme, daß jedem heteröcischen Rostpilze immer ein bestimmtes Äcidium einer bestimmten andern Nährpflanze zugehöre und umgekehrt. In der neueren Zeit sind nun eine Menge Übertragungsversuche mit den verschiedensten Rostpilzen und Äcidien gemacht worden, um diese theoretisch vermuteten festen Beziehungen herauszufinden. Dabei ist man aber vielfach zu sehr unerwarteten Resultaten gekommen, indem von verschiedenen Forschern aus einem und demselben Rostpilze Äcidien auf verschiedenen Nährpflanzen, und umgekehrt aus anscheinend einer und derselben Äcidiumform Rostpilze auf verschiedenen Nährpflanzen gezogen werden konnten, bisweilen so, daß ein und derselbe Pilz in der einen Gegend diese, in einer andern eine andre heteröcische Form erzeugt. Diese Beobachtungen lassen nun eine zweifache Erklärung zu. Die Einen, die starr an der alten schulgerechten Theorie festhalten, trennen einen und denselben Rostpilz in so viel verschiedene Arten, als er Äcidien liefert, auch wenn die Teleutosporen gar keine morphologischen Unterschiede darbieten sollten, während eine andre, augenscheinlich natürlichere Erklärung annimmt, daß die Äcidien überhaupt in keiner so festen Beziehung, als man bisher glaubte, zu den Teleutosporen-Arten stehen, sondern daß sie mehr fakultativ sich bilden und oft je nach Gewohnheit, wie es das Vorkommen der Pflanzen in den verschiedenen Gegenden mit sich bringt, bald auf dieser bald auf jener Nährpflanze, was natürlich nicht ausschließt, daß bei andern Rostpilzen sich eine ganz feste Beziehung zu einem und demselben Äcidium gebildet hat. Nach der letzteren Ansicht würde man einem Äcidium nicht ohne weiteres seine Angehörigkeit ansehen können; es würden verschiedene Rostpilze in dem gleichen Gewande eines und desselben Äcidiums auftreten können, wenn sie dieselbe Wirtspflanze für ihre Zwischengeneration sich auswählen. In der That giebt es im allgemeinen auf einer und derselben Nährpflanze immer nur eine einzige Äcidiumform, während von Teleutosporen, also von Rostpilzarten, mehrere auf einer und derselben Nährpflanze vorkommen können. Welche dieser Ansichten die richtige ist, läßt sich jetzt noch nicht beantworten. Die Lehre von den Rostpilzen ist also gegenwärtig noch keineswegs abgeschlossen, und wir können daher auch nur objektiv alle Befunde über Beziehungen heteröcischer Rostpilze im folgenden registrieren.

Perennierende Rostpilze.

Außer dem Entwickelungsgang ist aber auch die Lebensdauer des parasitischen Myceliums in der Nährpflanze für die Kenntnis der einzelnen Rostpilze von Wichtigkeit. Bei den meisten durchlebt dasselbe nur eine Vegetationsperiode gleich den Pflanzenteilen, in welchen es sich angesiedelt hat, und es bleiben nur die Teleutosporen auf den abgestorbenen Pflanzenüberresten den Winter über lebensfähig zurück. Es giebt aber auch Rostpilze, deren Mycelium in perennierenden Pflanzenteilen viele Jahre lang am Leben bleibt und alljährlich von neuem Sporen zur Entwickelung bringt; solche Pflanzen bleiben also viele Jahre mit der Rostkrankheit behaftet; besonders sind es Holzpflanzen, in deren Ästen oder Stämmen solche perennierende Uredinaceen vorkommen.

Die pathologischen Veränderungen, welche durch Rostpilze hervorgerufen werden, sind zweierlei Art. Die Zellen, mit denen die Hyphen des Myceliums in Berührung kommen, zeigen entweder alle Symptome der Auszehrung, wie sie oben pag. 8 charakterisiert worden sind. Der befallene Pflanzenteil zeigt dann Veränderung der grünen Farbe in Gelb und vorzeitiges Verwelken und Absterben. Die durch die hervorbrechenden Sporenhäufchen verursachten zahlreichen Verletzungen der Epidermis beschleunigen die schädliche Wirkung. Die andre Art der Einwirkung ist eine Hypertrophie, eine Gallenbildung (S. 9): die Zellen des befallenen Gewebes wachsen stärker und vermehren sich durch Teilung oft in sehr hohem Grade, erfüllen sich dabei wohl auch noch überdies ungewöhnlich reich mit Stärkekörnern, die neues Material zu weiterem Wachstum liefern. Der Pflanzenteil bekommt infolgedessen eine abnorme Gestalt, die je nach den einzelnen Fällen von großer Mannigfaltigkeit sein kann: bald ist nur ein einzelnes Organ oder ein Teil eines solchen zu einer Mißbildung von unbestimmter, wechselnder Form und Größe geworden, bald handelt es sich um einen Sproß, der in seiner Totalität eine regelmäßige, charakteristische Formwandlung erleidet, durch die er einen völlig fremdartigen Habitus annehmen kann. Der Pilz reift seine Sporen zu der Zeit, wo die von ihm hervorgerufene Deformation den Höhepunkt ihrer Entwickelung erreicht hat und in voller Lebensthätigkeit sich befindet. Wenn aber dann der Parasit zu leben aufhört, so stirbt mit ihm auch der ihn bergende Teil der Nährpflanze, mögen dies nur begrenzte hypertrophische Stellen eines Blattes, mag es ein Blütenstand oder eine Frucht, mag es ein ganzer Sproß sein 2c. Also sind auch in diesem Falle die vom Schmarotzer bewohnten Organe dem Dienste ihrer Pflanze entzogen, sie verderben vorzeitig, ohne ihre normalen Funktionen verrichtet zu haben; und der ungewöhnlich große Verbrauch organischen Materials, welcher zur Bildung dieser Hypertrophien erforderlich ist, ist ein um so größerer Verlust für die Pflanze.

Wirkungen der Rostpilze auf die Nährpflanzen

Die Entwickelung der Rostpilze, insbesondere die Keimung der Sporen und das Eindringen der Keime in die Nährpflanze, wird durch reichliche und dauernde Feuchtigkeit der Umgebung im hohen Grade begünstigt, weshalb das Auftreten und Umsichgreifen der Rostkrankheiten unter sonst gleichen Umständen durch Feuchtigkeit mächtig gefördert wird. Die Häufigkeit dieser Krankheiten in nassen Sommern, an feuchten Orten, wo wegen des Wasserreichtums des Bodens oder wegen eingeschlossener Lage zwischen Wald oder in Thälern der Gebirge 2c. Gelegenheit zu steter Nebel- und Taubildung gegeben ist, bestätigt das Gesagte. Indessen soll damit nicht behauptet sein, daß trockene

Einfluß äußerer Umstände.

Witterung vor Rost schützt; denn z. B. der Getreiderost ist selbst in trockenen Jahren zu finden; es ist immer so viel Feuchtigkeit vorhanden, um den Sporen dieser Pilze Keimung und Eindringen in die Nährpflanze zu ermöglichen. Sind sie aber einmal in die letztere eingewandert, so haben sie in dieser eine gesicherte Entwickelung und sind dann von äußeren Verhältnissen ziemlich unabhängig.

Bekämpfung der Rostkrankheiten im allgemeinen.

Die Maßregeln zur Bekämpfung der Rostkrankheiten müssen begründet werden in erster Linie auf die Entwickelungsweise, die jedem Rostpilze, wie im Vorhergehenden angedeutet wurde, eigen ist. Im allgemeinen also möglichste Beseitigung der Sporen, besonders der Teleutosporen, also derjenigen Pflanzenteile, auf welchen diese sich gebildet haben, sowie Fernhaltung oder Ausrottung derjenigen Nährpflanze, auf welcher sich bei Heteröcie die eine Generation entwickeln muß. Außerdem sind in der Behandlung des Bodens, in der Auswahl der Lage, in der Methode der Kultur möglichst alle diejenigen Maßregeln zu befolgen, welche ein Übermaß von Feuchtigkeit in und über dem Boden verhüten. Die speziellen Vorschriften haben sich selbstverständlich nach den jeweiligen Verhältnissen, die bei den einzelnen Rostkrankheiten in Betracht kommen, zu richten. Auch hat sich mehrfach in der auffallendsten Weise die Thatsache bemerkbar gemacht, daß die einzelnen Sorten derselben Kulturspezies in sehr ungleicher Weise von Rostpilzen befallen werden, so daß also in der Auswahl gegen Rost widerstandsfähiger Sorten ein wichtiges Hilfsmittel gegeben sein kann.

Historisches.

Der Rost des Getreides war schon im Altertum bekannt, den Griechen unter dem Namen ἐρυσίβη, den Römern als rubigo oder robigo. Die letzteren verehrten eine besondere Gottheit, Robigo oder Robigus, die sie durch Opfer und Feste, die sogenannten Robigalien, welche jährlich am 25. April gefeiert wurden, zur Abwendung der Krankheit geneigt zu machen suchten. Von der Natur des Rostes wußte man bis in den Anfang unsres Jahrhunderts nichts. Man hielt ihn für eine krankhafte Bildung der Pflanze, hervorgerufen durch ungünstige äußere, besonders Witterungs-Einflüsse. Persoon[1]) zählte diese Bildungen zum ersten Male 1801 unter den Pilzen auf. Damals herrschte aber unter den Botanikern die Meinung, daß diese Pilze nicht fortpflanzungsfähig seien, vielmehr durch spontane Zeugung aus den schon krankhaft veränderten Teilen der Nährpflanze sich bildeten. Unger[2]), sowie nach ihm noch Meyen[3]), behaupten, daß die Bildung der Sporen der Uredineen aus einer schleimigen Substanz geschehe, welche auf der äußeren Oberfläche der erkrankten Zellen abgeschieden werde und die Intercellulargänge erfülle; sie haben offenbar das Mycelium gesehen, aber

---

[1]) Synopsis methodica fungorum. Göttingen 1801, pag. 225.

[2]) Die Exantheme 2c. 1833.

[3]) Pflanzenpathologie. 1841, pag. 131.

nicht richtig erkannt. Erst Tulasne[1]) hat diese Parasiten genauer erforscht, von vielen Gattungen die Zusammengehörigkeit von Uredo- und Teleutosporen nachgewiesen und die Keimfähigkeit und Art der Keimung der Sporen kennen gelehrt. Der Entwickelungsgang der generationswechselnden Uredineen ist zuerst durch de Bary[2]) an den wirtswechselnden Puccinia-Arten des Getreides aufgeklärt worden. In der Folge hat man noch von vielen andern Uredinaceen die Entwickelung erforscht, und es sind dadurch bereits zahlreiche generations- und auch wirtswechselnde Rostpilze, aber auch viele von einfacherem Entwickelungsgange bekannt geworden.

I. Uromyces *Link.*

Uromyces.

Die Teleutosporen sind einzellig, hell- bis dunkelbraun, meist mit mehr oder weniger deutlicher, farbloser Stielzelle, unter sich nicht verwachsen, leicht abfallend, daher meist mehr oder weniger locker pulverige Häufchen bildend.

A. Lepturomyces.

Lepturomyces.

Nur Teleutosporen werden gebildet; dieselben keimen sogleich nach der Reife.

Auf Cytisus.

1. **Uromyces pallidus** *Niessl*, auf Cytisus hirsutus und prostratus, Sporenlager halbkugelig polsterförmig, blaßbraun, auf oberseits bleichen Flecken der Blätter.

B. Micruromyces.

Micruromyces.

Nur Teleutosporen werden gebildet, in locker pulverförmigen Häufchen; sie keimen erst nach späterer Zeit.

Auf Gagea und Ornithogalum.

2. **Uromyces Gageae** *Beck* (Uromyces Ornithogali *Lév.*), auf den Blättern verschiedener Arten von Gagea und von Ornithogalum umbellatum polsterartig vorspringende, längliche, braune Sporenlager bildend.

Auf Scilla und Muscari.

3. **Uromyces Scillarum** *Winter*, auf Scilla bifolia und Muscari-Arten bleiche Blattflecken verursachend, auf denen die rundlichen Sporenhäufchen mehr oder weniger kreisförmig angeordnet sind.

Auf Crocus.

4. **Uromyces Croci** *Pass.*, auf Crocus vernus.

Auf Ranunculus.

5. **Uromyces Ficariae** *Winter*, auf Ranunculus Ficaria bleiche Blattstellen verursachend, welche an beiden Seiten Gruppen zahlreicher brauner Sporenhäufchen tragen; an den Blattstielen schwielenartige Verdickungen bewirkend.

Auf Solidago.

6. **Uromyces Solidaginis** *Niessl*, auf den Blättern von Solidago Virgaurea unregelmäßige Gruppen von dunkelbraunen Sporenhäufchen bildend auf bleichen oder bräunlichen Flecken.

---

[1]) Mém. sur les Ustilaginées et les Urédinées. Ann. sc. nat. 3. sér. T. VII. und 4. sér. T. II.

[2]) Neue Untersuchungen über Uredineen. Monatsber. d. Berl. Akad. 1865. — Vergl. auch dessen Morphologie u. Physiologie der Pilze &c. Leipzig 1866, pag. 184 ff; und neue Untersuchungen über Uredineen. Zweite Mitteilung. Monatsber. d. Berl. Akad. 19. April 1866. — Recherches sur les champignons parasites. Ann. sc. nat. 4. sér. T. XX.

C. Hemiuromyces.

Hemiuromyces. Es werden nur Uredo- und Teleutosporen gebildet. Die Uredosporen sind hellbraun, seltener orangegelb, feinstachelig.

Auf Allium und Gagea. 7. Uromyces aculatus *Fuckel*, auf Allium sphaerocephalum, victorialis und Gagea pratensis und arvensis in Deutschland und Sibirien.

Auf Veratrum. 8. Uromyces Veratri *Winter*, auf den Blättern von Veratrum album und Lobelianum.

Auf Rumex. 9. Uromyces Rumicis *Winter*, auf den Blättern von Rumex maritimus, palustris, conglomeratus, obtusifolius, crispus, Patientia Hydrolapathum, maximus, aquaticus, alpinus etc. in kleinen, rundlichen Sporenhäufchen auf oft geröteten Blattflecken; die vom Pilze bewohnten Stellen bleiben oft nach der Entfärbung der Blätter allein noch länger grün.

Auf Rumex alpinus. 10. Uromyces alpinus *Schröt.*, auf den Blättern von Rumex alpinus in Schlesien.

Auf Chenopodium und Schoberia. 11. Uromyces Chenopodii *Schröt.*, auf Stengeln und Blättern von Chenopodium fruticosum und Schoberia maritima in Italien und Deutschland.

Auf Dianthus etc. 12. Uromyces Dianthi *Niessl* (Uromyces caryophyllinus *Schröt.*), auf Dianthus Caryophyllus, superbus, prolifer und auf Gypsophila paniculata kleine, rundliche oder längliche Sporenhäufchen bildend.

Auf Lychnis etc. 13. Uromyces verruculosus *Schröt.*, auf Lychnis vespertina und Cucubalus baccifer einzelne oder kreisförmig angeordnete Sporenhäufchen auf den Blättern, längliche Häufchen auf den Stengeln bildend. Teleutosporen feinwarzig.

Auf Lychnis viscaria. 14. Uromyces cristatus *Schröt. et Niessl.*, auf Lychnis Viscaria Teleutosporen mit länglichen, gebogenen Verdickungen.

Auf Lepigonum. 15. Uromyces sparsus *Winter*, auf Lepigonum medium rundliche oder elliptische, stark gewölbte Sporenlager bildet.

Auf Euphorbia. 16. Uromyces scutellatus *Lév.* [Uromyces excavatus *(DC.) Magnus*], auf Euphorbia Cyparissias, Esula, Gerardiana, verrucosa und andern Arten. Die befallenen Pflanzen verändern ihren Habitus, indem sie keine Blüten bringen, unverzweigt bleiben und mit lauter eirunden, kurzen Blättern dicht besetzt sind; die Unterseite der letzteren ist meist ganz bedeckt mit den runden Sporenhäufchen, welche bald wie runde, mit einem Loch sich öffnende Warzen, bald mehr wie flache Lager erscheinen und braune, staubige Häufchen von Teleutosporen darstellen; die Uredosporen sind meist nur spärlich den Teleutosporen beigemischt. Die Teleutosporen sind bald glatt, bald mit verschiedenartigen Verdickungen versehen.

Auf Euphorbia exigua. 17. Uromyces tuberculatus *Winter*, auf Euphorbia exigua, welche in keiner Weise im Habitus verändert wird, zerstreute, rundliche oder längliche Sporenlager bildend. Teleutosporen mit großen Warzen bedeckt.

Auf Pistacia. 18. Uromyces Terebinthi *Winter* (Pileolaria Terebinthi *Cast.*), auf den Blättern von Pistacia Terebinthus in Südeuropa. Die Teleutosporenlager sind schwärzlich-braune, rundliche Polster, ihre Sporen sind durch einen sehr langen, dauerhaften Stiel ausgezeichnet, rundlich linsenförmig, an der Einfügungsstelle des Stieles vertieft genabelt. Die Uredosporenlager haben hell rotbraune Farbe und werden von Spermogonien begleitet[1]).

---

[1]) Vergl. Schröter in Cohn's Beitr. zur Biologie der. Pfl. III. Heft 5, pag. 75.

19. Uromyces Alchemillae *Winter*, auf den Alchemilla-Arten Auf Alchemilla.
orangegelbe, gestreckte Uredohäufchen und braune Teleutosporenlager bildend. Die befallenen Blätter bleiben kleiner und haben längere Stiele.

20. Verschiedene Uromyces-Formen auf Leguminosen, welche Leguminosen-Roste ohne Äcidien.
darin übereinstimmen, daß sie kleine, rundliche oder unregelmäßige, oft zusammenfließende Häufchen von braunen Uredosporen und dunkelbraunen Teleutosporen bilden, aber kein Äcidium besitzen. Die wichtigeren Leguminosenroste haben Äcidien und gehören daher in die Gruppe E. Die hierher gehörigen sind von den Autoren als verschiedene Arten beschrieben worden und zwar als Uromyces punctatus *Schröt.*, auf Astragalus glycyphyllus und andern Arten (Fig 27), Uromyces Cytisi *Schröt.*, auf Arten von Cytisus und Genista, Uromyces Oxytropidis *Kunze*, auf Oxytropis-Arten, Uromyces Anthyllidis *Schröt.*, auf Anthyllus vulneraria, Uromyces Ononidis *Pass.* auf Ononis, Uromyces Lupini *Berk. et Curt.* auf Lupinus luteus und albus, Uromyces striatus *Schröt.* (z. Teil) auf Lotus und Tetragonolobus, Uromyces Trigonellae *Pass.* auf Trigonella foenum graecum. Die Unterschiede wurden auf die Beschaffenheit der Teleutosporen gegründet, welche mit verschieden großen Wärzchen punktiert, oft auch mit kurzen Leisten bedeckt sind. Nach Winter[1]) sollen aber diese Bekleidungen variabel sein, und er vereinigt deshalb alle diese Formen in eine Art Uromyces Genistae tinctoriae *Winter*. Dagegen will Hariot[2]) diese Formen zum Teil für specifisch selbständige angesehen wissen. Ein Uromyces Glycyrrhizae *Magn.*, wurde auf Glycyrrhiza glabra aus der alten Welt und auf G. lepidota aus Nordamerika durch Magnus[3]) aufgefunden; derselbe weicht von den übrigen Papilionaceen-Rosten wesentlich dadurch ab, daß das Mycelium die ganzen Frühlingssprosse der Pflanze durchzieht und überall Uredohäufchen, jedoch ohne Spermogonien bildet.

D. Uromycopsis.

Uredosporen fehlen; es werden aber außer Teleutosporen auch Äcidien Uromycopsis.
gebildet.

21. Uromyces Erythronis *Winter*, auf Lilium-Arten, Erythronium, Auf Liliaceen.
Fritillaria Meleagris, Scilla bifolia und Allium Victorialis, die Äcidien, Caeoma Lilii *Link*, oft mit den dunkelbraunen Teleutosporenlagern gemischt oder auch gesondert.

22. Uromyces Behenis *Winter*, auf Silene inflata, Otites und Auf Silene.
andern Arten; Teleutosporenlager gesondert oder zwischen den Äcidien (Aecidium Behenis *DC.*, Caeoma Lychnidearum *Link*), welche auf bleichen, oft violett gehöften Flecken stehen.

23. Uromyces Aconiti Lycoctoni *Winter*, auf Aconitum Lycoc- Auf Aconitum.
tonum kleine, dunkelbraune Sporenhäufchen bildend; die Äcidien (Acidium bifrons *DC.*), auf gelben, verdickten Blattstellen.

24. Uromyces minor *Schröt.*, auf Trifolium montanum in Schlesien. Auf Trifolium montanum.

25. Uromyces Hedysari obscuri *Winter*, auf Hedysarum obscu- Auf Hedysarum.
rum. Sporen dicht warzig, mit großer Papille am Scheitel. Verschieden

---

[1]) Rabenhorst's Kryptogamenflora. Die Pilze. I, 1. Leipzig 1892, pag. 147.

[2]) Les Uromyces des Légumineuses. Revue Mycol. Januar 1892.

[3]) Ber. d. deutsch. bot. Gesellsch. 1890, pag. 377.

ist Uromyces Hasslinskii *De Toni.*, auf Hedysarum obscurum in der Tatra durch den Mangel der Papille und sehr kleine Sporenhäufchen.

Auf Primula. 26. Uromyces Primulae integrifoliae *Winter*, auf Primula Auricula und andern Arten.

Auf Verbascum etc. 27. Uromyces Verbasci *Niessl.* (Uromyces Scrophulariae *Berk. et Br.*), auf Verbascum-Arten, Scrophularia nodosa und Rhinanthus major kleine, braune Sporenhäufchen bildend, die oft mit den Äcidien vermischt sind.

Auf Jasminum. 28. Uromyces Cunninghamianus *Barclay*, auf Jasminum grandiflorum im Himalaya in Höhen zwischen 4000 und 5000 Fuß. Nach Barclay[1]) erzeugen die Sporidien der überwinterten Teleutosporen ein Mycelium, welches an Blättern und Stengeln junger Triebe starke Hypertrophien veranlaßt und Spermogonien und dann Äcidien hervorbringt. Später entstehen innerhalb der Äcidienbecher, die sich noch vergrößern, die Teleutosporen. Uredo fehlt. Die Äcidiumsporen haben die Rolle der fehlenden Uredosporen übernommen, denn sie keimen gleich nach der Reife und erzeugen wieder neue Äcidien, denen jedoch keine Spermogonien vorausgehen. Die neuen Äcidiumsporen erzeugen dann immer wieder neue Äcidien, in denen auch später Teleutosporen entstehen.

Auf Phyteuma. 29. Uromyces Phyteumatum *Winter*, auf Phyteuma spicatum und andern Arten, meist über das ganze Blatt verbreiteten Sporenhäufchen bildend; die befallenen Blätter sind meist schmäler und länger gestielt.

Auf Adenostyles. 30. Uromyces Cacaliae *Winter*, auf Adenostyles albifrons und alpina, auf rundlichen oder länglichen Blattflecken.

Auf Astragalus. 31. Uromyces lapponicus *Lagerh.*, mit dem zugehörigen Aecidium Astragali *Eriks*, auf Astragalus.

E. Euuromyces.

Euuromyces. Äcidien, Uredo- und Teleutosporen vorhanden.

a. Autöcische Arten.

Rost auf Runkel- und Zuckerrüben. 32. Der Rost der Runkelrüben, der Zucker- wie der Futterrüben, Uromyces Betae *Tul.* Die Blätter bedecken sich im Sommer auf beiden Seiten mit zahllosen, rotbraunen, rundlichen Uredohäufchen (Uredo Betae *Pers.*), welche durch die sie anfangs überziehende, dann aufplatzende Epidermis hervorbrechen. Die dunkelbraunen Häufchen der Teleutosporen, welche gestielt, glatt, braun, am Scheitel mit Papille versehen sind, erscheinen teils in denselben Häufchen wie die Uredosporen, teils für sich an den Blattstielen. Die Blätter werden bei diesem Rost rasch gelb oder bräunlich und verderben. Manchmal sind nur einzelne Blätter von dem Pilze befallen, oft ist es die ganze Pflanze; ich sah sogar an Rübenpflanzen im Herbste alle Blätter und besonders auch die jungen Herzblätter unter Schwarzwerden erkrankt, so daß die Erscheinung der Herzfäule, die durch Phoma Betae verursacht wird, ähnlich sah; doch zeigte das Mycelium auch in den Herzblättern durch sein intercellulares Wachstum deutlich seine Zugehörigkeit zu diesem Rostpilze. Kühn[2]) hat die Entwickelung dieses Pilzes verfolgt. Die Teleutosporen keimen im folgenden Frühling. Wenn ihre Sporidien auf Rübenblätter ausgesäet werden, so entwickelt sich in diesen ein Äcidium, welches mit seinen zahlreichen Becherchen und Spermogonien oft das ganze

[1]) Transactions of the Linnean Soc. of London. 1891.

[2]) Zeitschr d. landw. Centralver. d. Prov. Sachsen 1869. Nr. 2.

Blatt bedeckt. Man findet daher auch das Äcidium im Frühling besonders an den Samenrüben. Die Keimschläuche der Äcidiumsporen können durch die Spaltöffnungen in Rübenblätter eindringen und dann in diesen wieder die Uredoform erzeugen. Die zu ergreifenden Vorbeugungsmaßregeln werden hiernach bestehen im Verbrennen des alten rostigen Rübenstrohes und in sorgfältiger rascher Entfernung solcher Rübenblätter, an denen sich im Frühjahr Äcidien bemerklich machen.

33. Uromyces Salicorniae *Winter*, auf Salicornia herbacea, die dunkelbraunen Teleutosporenlager dick polsterförmig, die Äcidien (Aecidium Salicorniae *DC.*) auf den Cotyledonen ganz junger Pflänzchen. Auf Salicornia.

34. Uromyces Acetosae *Schröt.*, auf Rumex Acetosa und Acetosella intensiv rote Flecken erzeugend; Teleutosporen mit hinfälligem Stiel, mit Wärzchen besetzt. Auf Rumex.

35. Uromyces Aviculariae *Schröt.* (Uromyces Polygoni *Winter*) auf Polygonum aviculare und Rumex Acetosella. Der Pilz hat ein Äcidium, welches im Frühling an den Cotyledonen und ersten Blättern dieser Pflanzen auftritt. Im Sommer erscheinen die rotbraunen, nicht selten die Blätter ganz bedeckenden Uredohäufchen, sowie auf den Stengeln die schwarzbraunen, der Unterlage fest anhaftenden Räschen der Teleutosporen, welche glatt und durch sehr lange, dauerhafte Stiele ausgezeichnet sind. Auf Polygonum und Rumex Acetosella.

36. Uromyces inaequialtus *Lasch* (Uromyces Silenes *Fuckel*), auf Silene nutans, meist kreisförmig angeordnete Teleutosporenlager bildend, Äcidien auf gelblichen oder violetten Flecken. Auf Silene.

37. Uromyces Geranii *Winter*, auf Geranium pratense, palustre, pusillum und andern Arten; Sporenhäufchen klein, unregelmäßig oder kreisförmig geordnet; Äcidien auf stark polsterförmig verdickten geröteten Blattstellen. Auf Geranium.

38. Der Kleerost, Uromyces apiculatus *Schröt.* (Uromyces Trifolii *Winter*), auf Trifolium pratense, repens, hybridum, medium, fragiferum, montanum und agrarium, auch auf Onobrychis. Die Uredosporen bilden rundliche Häufchen auf den Blättern der Teleutosporen, welche unregelmäßig gestaltet, glatt und am Scheitel wenig oder nicht verdickt sind (Fig. 27), an den Blattstielen und Stengeln längliche, schwielenförmige schwarzbraune Lager. Die Äcidien stehen auf gewölbten Blattflecken oder an mehr oder weniger verkrümmten Blattstielen und Stengeln. Möglichste Vernichtung des alten rostigen Kleestrohes und Entfernung etwa sich zeigender Äcidienstellen am jungen Klee sind Vorbeugungsmaßregeln hier, wie bei folgenden Arten dieser Uromyces Gruppe. In Nordamerika ist das reichliche Auftreten des Pilzes auf Trifolium pratense und hybridum beobachet worden [1]. Auf Klee und Esparsette.

Fig. 27.

Teleutosporen der **Roste der Papilionaceen.** a Uromyces Pisi. — b U. Viciae Fabae (von Orobus tuberosus). — c U. apiculatus (von Trifolium hybridum). — d U. Phaseolorum (von Phaseolus). — e U. striatus (von Trifolium arvense). — f U. punctatus (von Astragalus glycyphyllos). — 200 fach vergrößert

[1] Coulter's Botanic. Gazette 1888, pag. 301.

Auf Ackerbohnen, Wicken, Lathyrus und Orobus.

39. Der Wickenrost, Uromyces viciae fabae *Schrot.*, auf Ackerbohnen (Viciae Faba), verschiedenen Wickenarten, als Vicia sativa, narbonensis, Cracca, dumetorum, pisiformis, augustifolia, lathyroides etc., sowie auf Ervum lens und hirsutum, Lathyrus palustris und Orobus-Arten. Die Uredo- und Teleutosporenlager sind klein, rundlich, ordnungslos zerstreut; die Äcidien (Aecidium leguminosarum *Rabenh.*) stehen in Gruppen oder sind über der ganzen Blattfläche verteilt. Die Teleutosporen sind glatt und am Scheitel stark verdickt (Fig. 27). Die Entwickelung dieses Rostes und die Zugehörigkeit des Äcidiums ist durch de Bary[1]) ermittelt worden. Die Teleutosporen keimen in der Regel erst nach der Überwinterung; die Sporidien derselben dringen durch die Epidermiszellen in die Nährpflanze ein und bilden hier ein Mycelium, an welchem die Spermogonien und Äcidien erscheinen. Die Äcidiumsporen treiben ihre Keimschläuche durch die Spaltöffnungen in die Nährpflanze und bilden Mycelium, welches nach etwa einer Woche Uredo hervorbringt. Auch die Keimschläuche der Uredosporen dringen durch die Spaltöffnungen ein, woraus wieder Uredo- und später Teleutosporen hervorgehen. Zum Teil im Widerspruch hiermit stehen die Beobachtungen, welche Plowright[2]) bei Infektionsversuchen gemacht haben will, wonach er durch Aussaat von Uromyces Viciae fabae nur auf Bohnen und Erbsen ein Äcidium erzielte, nicht auf den andern Vicia-, Lathyrus- und Ervum-Arten.

Auf Phaseolus

40. Der Bohnenrost, Uromyces Phaseolorum *Tul.*, (Uromyces appendiculatus *Link.*), auf Phaseolus vulgaris und nanus; die braunen Uredo- und die schwarzbraunen Teleutosporenlager sind rundlich, über die ganze Blattfläche verstreut; die Äcidien bilden viele kleine Gruppen, die ebenfalls zerstreut auf den Blättern stehen. Die Entwickelung dieses Rostes ist ebenfalls durch de Bary aufgeklärt worden.

Auf Statice.

41. Uromyces Limonii *Winter*, auf Statice Limonium und andern Arten; die rundlichen Sporenlager stehen zerstreut oder kreisförmig; die Äcidien (Caeoma Statices *Rud.*), auf schwielenartigen Verdickungen.

Auf Prunella.

42. Uromyces Prunellae *Schneid.*, auf den Blättern von Prunella vulgaris in Schlesien.

Auf Valeriana.

43. Uromyces Valerianae *Winter*, auf Valeriana officinalis, dioica und andern Arten; Sporenlager unregelmäßige Gruppen bildend, Äcidien auf polsterförmigen Verdickungen oder die ganze Blattfläche bedeckend.

b. Heteröcische Arten.

Auf Dactylis und andren Gräsern.

44. Uromyces Dactylidis *Oth.* (Puccinella graminis *Fuckel*), auf Dactylis glomerata, Poa nemoralis, Festuca elatior und Arrhenatherum elatius, ein dem Grasroste, besonders der Puccinia striaeformis, im äußeren sehr ähnlicher, übrigens nicht häufiger Rost. Die kleinen orangefarbenen Uredohäufchen haben kugelige Sporen, die mit kolbenförmigen Paraphysen untermengt sind; die schwarzen Teleutosporenhäufchen stehen auf den Blattflächen und Blattscheiden ziemlich zahlreich, sind klein, rund oder länglich, dauernd von der Epidermis bedeckt. Die Teleutosporen sind fast kugelig, oder verkehrt eiförmig, stets einzellig, mit einem der Spore fast gleichlangen

[1]) Ann. des sc. nat. 4. sér. T. XX.

[2]) Garden. Chronicle 1888, pag. 18 und 135.

farblosen Stiel. Nach Schröter's[1]) Infektionsversuchen ist dieser Pilz gleich allen gräserbewohnenden Uredineen heteröcisch, sein Äcidium ist das auf Arten von Ranunculus, nämlich Ranunculus repens, bulbosus, acris und polyanthemus vorkommende Aecidium Ranunculacearum *DC.*, und es muß daher die Nähe dieser Kräuter, wenn sie von diesem Pilze befallen sind, als eine Gefahr für jene Gräser betrachtet werden. Erfolglos blieben Schröter's Versuche, die Sporidien auf Ranunculus auricomus und Ranunculus Flammula zu übertragen, obgleich auch auf diesen wie auf vielen andern Ranunculaceen Äcidien vorkommen. Letztere dürften daher zu andern Uredineen gehören.

Auf Poa.

45. Uromyces Poae *Rabenh.*, auf Poa nemoralis und pratensis, dem vorigen ganz ähnlich, aber ohne Paraphysen in den Uredohäufchen. Nach Schröter's[2]) Infektionsversuchen gehört hierzu das Aecidium Ficariae *Pers.* auf Ranunculus Ficaria; nach Plowright soll dagegen das Äcidium auf Ranunculus repens zu diesem Pilze gehören.

Auf Scirpus.

46. Uromyces maritimae *Plowr.*, auf Scirpus maritimus in England, steht nach Plowright[3]) mit dem Aecidium glaucis *Dozy et Molkenb.* auf Glaux maritima im Generationswechsel.

Auf Scirpus.

47. Uromyces lineolatus *Winter*, auf gelblichen oder braunen Flecken der Blätter von Scirpus maritimus. Nach Dietel's[4]) Versuchen soll hierzu ein Äcidium gehören, welches sowohl auf Hippuris vulgaris (Aecidium Hippuridis *Joh. Kze.*), als auch auf Sium latifolium (Aecidium Sii latifolii) sich ausbilde.

Auf Juncus.

48. Uromyces Junci *Winter* (Puccinella truncata *Fuckel*), auf Juncus obtusiflorus bräunliche oder gelbliche Flecken erzeugend. Hierzu gehört das Aecidium zonale *Duby* auf Pulicaria dysenterica und Buphthalmum salicifolium.

Erbsenrost auf Pisum, Vicia, Lathyrus

49. Der Erbsenrost, Uromyces pisi *Schrot.* (Fig. 27a) auf Pisum sativum und arvense, Vicia Cracca und cassubica und Lathyrus silvestris, pratensis, tuberosus und sativus, rundliche, rotbraune Uredo-Häufchen und ebensolche schwarzbraune Teleutosporenhäufchen zerstreut auf Blättern und Stengeln bildend. Auf den genannten Nährpflanzen kommt kein Äcidium vor. Vielmehr steht mit dem Erbsenroste das auf Euphorbia Cyparissias häufige Aecidium Euphorbiae *Gmel.* im Generationswechsel. Das ist durch Schröter[5]) bewiesen worden, indem es ihm gelungen ist, aus den Sporen des Äcidiums der Wolfsmilch auf Erbsen, Vicia Cracca und Lathyrus pratensis den Uredozustand des Uromyces Pisi zu erzeugen. Auch das auf Euphorbia Esula wachsende Äcidium erzeugt nach Klebahn[6]) den Erbsenrost. Die von dem Äcidium befallenen Wolfsmilchpflanzen sind leicht an ihrem veränderten Habitus zu erkennen, welcher sehr ähnlich demjenigen ist, welchen der andere Wolfsmilchparasit Uromyces scutellatus *Pers.* erzeugt. Das Mycelium durchzieht einen ganzen oberirdischen Sproß und

---

[1]) Sitzungsber. d. schles. Ges. f. vaterl. Kult. 6. Nov. 1873. Desgl. Cohn's Beitr. z. Biol. d. Pflanzen I, Heft 3. 1875, pag. 7.

[2]) l. c. III, Heft 1, pag. 59.

[3]) Gardener's Chronicle 1890, pag. 682.

[4]) Hedwigia 1890, pag. 149.

[5]) Hewigia 1875, pag. 98.

[6]) Zeitschr. f. Pflanzenkh. II, 1892, pag. 335.

zwar schon von dessen Jugendzustand an. Derselbe entwickelt sich infolgedessen in einer ganz abweichenden Form, die kaum noch an die Wolfsmilch erinnert. Diese Sprosse bilden niemals Blüten, sondern sind bis zur Spitze mit Blättern besetzt, gewöhnlich erreichen sie die Höhe der normalen nicht ganz, wachsen gerade aufrecht, völlig unverzweigt; die Blattstellung ist unverändert, aber die Blätter sind nicht wie sonst genau lineal, schmal und langgestreckt, sondern kaum ein Dritteil so lang und länglichrund oder eirund. Alle diese Blätter sind auf der Unterseite vollständig mit den orangeroten Äcidienbecherchen besetzt. Die ersten Blätter dieser Sprosse sind gewöhnlich noch annähernd normal; es folgen dann die abnormen, von denen die zuerst erscheinenden gewöhnlich nur mit zahlreichen, gelbbraunen, punktförmigen Spermogonien unterseits bedeckt sind, welche einen süßlichen Duft verbreiten; darauf kommen bis zur Spitze lauter äcidientragende Blätter. Der Sproß schließt in dieser Form ab, selten wächst seine Endknospe später unter Bildung normaler Blätter weiter. Diese kranken Sprosse haben wohlgebildetes Chlorophyll, die Stengel und Blattoberseiten sehen grün aus, und alle Organe sind vollkommen lebensthätig; aber bald nachdem die Sporen gereift sind, sterben die Sprosse ab. Bei der Bekämpfung des Erbsenrostes würde also namentlich die Zerstörung der in der Nähe wachsenden Wolfsmilchpflanzen in Betracht kommen.

Luzernerost auf Medicago und Trifolium.

50. **Der Luzernerost, Uromyces striatus** *Schröt.* (Uromyces Medicaginis falcatae *Winter*), auf Medicago sativa, media, falcata, lupulina und anderen Arten und auf Trifolium arvense, procumbens und striatum, von dem vorigen besonders durch die mit geschlängelten zarten Längsleisten besetzten Teleutosporen (Fig. 27 e) unterschieden. Auch dieser Pilz ist in Nordamerika auf Medicago lupulina beobachtet worden[1]). Nach neueren Angaben Schröter's[2]) soll dieser Rost ebenso wie der Erbsenrost (s. unten) sein Äcidium auf Euphorbia Cyparissias bilden, würde also entweder mit diesem zu vereinigen sein oder es würde das Äcidium auf dieser Wolfsmilch als zu verschiedenen Rostpilzen gehörig zu betrachten sein.

F. Uromyces-Arten von unbekannter Stellung.

Auf Euphorbia.

51. **Uromyces Kalmusii** *Sacc.*, auf Euphorbia cyparissias bei Prag, von Uromyces scutellatus durch größere Sporen und hervortretende Sporenhäufchen unterschieden.

Auf Salsola.

52. **Uromyces Salsolae** *Reich.*, auf Salsala Soda in Ungarn.

Auf Brassica.

53. **Uromyces Brassicae** *Niessl*, auf Stengeln von Brassica in Frankreich.

Auf Dianthus.

54. **Uromyces sinensis** *Speg.*, an Blättern kultivierter Dianthus sinensis bei Belluno.

Auf Acacia.

55. **Uromyces (Pileolaria) Pepperianus** *Sacc.*, auf Acacia-Arten, besonders A. salicina in Australien, wo der Pilz sehr schädlich ist und das Eingehen der Sträucher zur Folge hat[3]).

Auf Primula.

56. **Uromyces apiosporus** *Hazsl.*, auf Primula minima in Ungarn.

---

[1]) *Coulter's* Botanic. Gazette. 1888, pag. 301.

[2]) Pilze Schlesiens I, pag. 306.

[3]) Vergl. Ludwig, Centralbl. f. Bakterologie VII, pag. 83.

II. Puccinia *Pers.*

Diese Gattung ist charakterisiert durch zweizellige, gestielte Teleutosporen, welche sich unterhalb der Epidermis entwickeln (Fig. 24, 29). Die Stielzelle ist farblos, die Spore ist durch eine Querscheidewand in eine obere und eine untere Zelle geteilt; beide Sporenzellen haben ein braunes, meist glattes Exosporium[1]). Die Teleutosporenlager erscheinen daher als schwarze oder braune Häufchen oder Krusten. Bei der Keimung wird das Promycelium aus den oberen Teilen der Sporenzellen getrieben, deren jede einen einzigen Keimporus besitzt. Puccinia.

A. Leptopuccinia.[2])

Nur Teleutosporen werden gebildet; dieselben keimen sogleich nach der Reife. Die Teleutosporenlager haben gewöhnlich die Form kleiner, halbkugeliger, festbleibender Polster von hellbrauner Farbe. Leptopuccinia.

1. Der Malvenrost, Puccinia Malvacearum *Mont.* auf verschiedenen Malvaceen, am meisten auf Malva sylvestris, Althaea officinalis und auf der bei uns kultivierten Althaea rosea. Er bildet an der unteren, seltener an der oberen Seite der Blätter erhabene, anfangs rötlichbraune, später dunkeler braune Teleutosporenlager, welche auf der Blattmasse halbkugelig, auf den Nerven mehr länglich sind und an der andern Seite des Blattes durch einen etwas vertieften, mißfarbigen, kranken Flecken bezeichnet sind. Bei reichlichem Auftreten werden die Blätter ganz verdorben; auch Kelchblätter und junge Früchte werden befallen. Der Parasit hat nur diese eine Generation; denn nach Magnus[3]) und Reeß[4]) keimen die Sporen sogleich nach der Reife; die Sporidienkeime dringen in die Blätter der Nährpflanze ein und entwickeln ein mit starken Haustorien in die Zellen eindringendes Mycelium, welches auf die Eintrittsstelle beschränkt bleibt, so daß jedes Teleutosporenlager das Ergebnis einer besonderen Infektion ist. Diese rasche Entwickelung erklärt die leichte Ausbreitung der Krankheit. Dieselbe ist erst in jüngster Zeit in Europa eingewandert und verbreitet sich über den Erdteil. Sie ist in Chile einheimisch, wo sie schon von Bertero auf der dort kultivierten Althaea officinalis beobachtet worden ist (Montagne, Flora chil. VIII., pag. 43), kommt auch in Australien, z. B. in Melbourne, sowie am Cap auf denselben Nährpflanzen vor. Im Jahre 1873 erschien sie plötzlich in Europa; die Zeit ihrer Einwanderung läßt sich nicht genau Malvenrost.

[1]) Es giebt Puccinia-Arten, besonders gräserbewohnende, bei denen manche Sporen ohne Querwand, daher einzellig sind und hiernach zu Uromyces (pag. 139) gehören müßten. Fuckel hatte für einige solche Arten die Gattung Pucciniella aufgestellt. Bei manchen Arten wird dieses Verhältnis geradezu Regel, diese sind natürlich zu Uromyces zu rechnen, wie Uromyces Dactylis, obgleich sonst alle gräserbewohnenden Roste zu Puccinia gehören. Man sieht hieraus, daß eine natürliche Grenze zwischen beiden Gattungen nicht besteht.

[2]) Die Gattung Puccinia zerfällt nach der Form des Entwickelungsganges des Rostpilzes in die analogen Untergattungen wie Uromyces.

[3]) Bot. Zeitg. 1874, pag. 329.

[4]) Sitzungsber. d. phys.-medic. Soc. Erlangen 13. Juli 1874.

10*

feststellen, wenigstens ist sie nach Rabenhorst's Fungi europaei, Nr. 1774 schon 1869 bei Castelserás in Spanien gesammelt worden. In jenem Jahre aber zeigte sie sich im Sommer fast gleichzeitig in Frankreich, so bei Bordeaux, Montpellier ꝛc., und in verschiedenen Gegenden Englands, im Oktober desselben Jahres schon bei Rastatt; 1874 wurde sie in ganz Holland, ferner bei Stuttgart, Erlangen, Nürnberg, zugleich auch bei Lübeck und auf Fünen, sowie in der Umgegend Roms und Neapels angetroffen, 1875 bei Erfurt, 1876 bei Münster, Bremen, Braunschweig, Greifswald, desgleichen bei Linz, in Krain, in der Lombardei, sowie in Ungarn, wo die Krankheit seitdem im Waagthale an der kultivierten Althaea rosea große Zerstörungen angerichtet haben soll, 1877 in der Mark Brandenburg, bei Tetschen an der Elbe, bei St. Goar am Rhein, in der Schweiz, sowie auch bereits bei Athen[1]). Seit 1887 ist er auch bei Stockholm aufgetreten. Gegenwärtig ist er auch in Nordamerika sehr verbreitet, wohin er also auf weitem Umwege gelangt ist. Nach Farlow[2]) soll jedoch der amerikanische Malvenrost eine distinkte Spezies oder Varietät sein, die Puccinia Malvastri *Peck.*, welche durch mehr dunkel rötlichbraune Sporenhäufchen und etwas breitere und länger gestielte Sporen sich unterscheiden soll. Es ist kaum zweifelhaft, daß in vielen Fällen die Verbreitung auf dem Handelswege stattgefunden hat, durch den Versand lebender Pflanzen, vielleicht auch durch Sämereiwaren. Um die Krankheit zu verhüten, müssen alle mit dem Pilze behafteten Blätter der am Orte befindlichen Nährpflanzen möglichst beseitigt werden.

Auf Buxus.

2. Puccinia Buxi *DC.*, an der Unterseite der Blätter von Buxus sempervirens.

Auf Circaea.

3. Puccinia Circaeae *Pers.*, auf Circaea lutetiana, intermedia und alpina, zweierlei Teleutosporenlager bildend, hellbraune, deren Sporen sofort keimen, und dunkelbraune, deren Sporen dies erst im Frühjahre thun.

Auf Chrysosplenium.

4. Puccinia Chrysosplenii *Grev.*, auf Chrysosplenium. Doch soll diese Art nach Dietel[3]) noch eine zweite Sporenform besitzen, welche mit Puccinia Saxifragae (s. unten) identisch ist.

Auf Caryophyllaceen.

5. Puccinia Caryophyllearum *Wallr.* (Puccinia Arenariae *Schröt.*, Puccinia Dianthi *DC.*, Puccinia Spergulae *DC.*), an zahlreichen Caryophyllaceen (wo die Formen oft wieder nach den Nährpflanzen benannt worden sind), und zwar besonders Alsineen, namentlich Stellaria Holostea, media, nemorum, graminea etc., Möhringia trinervia, Arenaria serpyllifolia, Sagina procumbens etc. Malachium aquaticum, Cerastium triviale, glomeratum, Spergula pentandra, sowie auf der als Futterpflanze kultivierten Spergula arvensis, ferner auch auf Sileneen, wie Dianthus barbatus, plumarius, Lychnis diurna, vespertina, Agrostemma Githago, Silene acaulis, auch auf Corrigiola und Herniaria. Der Pilz bildet nur Teleutosporen, welche

---

[1]) Die Berichte über die Wanderung sind zu finden in Bot. Zeitg. 1874, pag. 329 und 361, und 1875, pag. 119 und 675, sowie in Just, bot. Jahresb. für 1877, pag. 67—68 und 129. Die Verbreitung auf bisher verschonte Gegenden geht immer weiter; 1878 fand ich den Pilz auch zum erstenmale bei Leipzig. Seit der Zeit ist er wohl in Deutschland überall verbreitet.

[2]) Ref. in Just, bot. Jahresb. 1885, I, pag. 289.

[3]) Berichte d. deutsch. bot. Ges. 1891, pag. 35.

an der Unterseite der Blätter und an den Stengeln in halbkugeligen, graubraunen, fest auf der Nährpflanze haftenden Räschen stehen und lang gestielt, in der Mitte eingeschnürt und blaßbraun sind. Auf breiten Blättern stehen die Räschen in runden Gruppen beisammen, auf schmalen Teilen sind sie in eine Reihe gestellt und fließen oft zusammen. An den befallenen Stellen verlieren die Organe ihre grüne Farbe. An dem die Nelken bewohnenden Pilz hat de Bary[1]) die Entwickelung verfolgt; die Teleutosporen keimen sogleich nach ihrer Reife noch auf der Nährpflanze; die Keimfädchen der Sporidien dringen in die Spaltöffnungen der Nährpflanze ein und erzeugen wieder die Teleutosporenform, also ohne Generationswechsel. Dieser Rost wird also sogleich durch Ansteckung von den Pflanzen, die den Pilz tragen, auf gesunde Pflanzen verbreitet. Cooke[2]) führt eine Beobachtung an, nach der der Pilz durch den Nelkensamen verbreitet werden zu können scheint.

Auf Thlaspi und Arabis.

6. **Puccinia Thlaspeos** *Schubert*, auf Thlaspi alpestre und montanum und auf Arabis hirsuta; außerdem **Puccinia Thlaspidis** *Vuill.*, auf Thlaspi alpestre in den Vogesen.

Auf Atragene und Anemone.

7. **Puccinia solida** *Schw.* (Puccinia Atragenes *Fuckel*, Puccinia Anemones viginianae *Schw.*), auf Atragene alpina, Anemone montana, alpina und silvestris.

Auf Rhamnus Staddo.

8. **Puccinia Schweinfurthii** *Magn*[3])., auf Rhamnus Staddo in der Kolonie Eriträa; das Mycelium durchzieht ganze Sprosse und verwandelt sie in Hexenbesen, auf deren Blättern es fruktifiziert. Es werden nur Teleutosporen beschrieben; der Pilz gehört also vielleicht mit in diese Abteilung.

Auf Globularia.

9. **Puccinia Globulariae** *DC.* (Puccinia grisea *Winter*), auf Globularia vulgaris und nudicaulis in den Alpen.

Auf Glechoma etc.

10. **Puccinia Glechomatis** *DC.* auf Glechoma hederacea, Salvia glutinosa und Lophanthus nepetoides halbkugelige, graubraune Häufchen auf den Blättern bildend; Teleutosporen elliptisch oder fast kugelig, mit hellem Spitzchen am Scheitel.

Auf Teucrium.

11. **Puccinia annularis** *Strauss* (Puccinia Teucrii *Fuckel*), auf Teucrium Scorodonia und Chamaedrys; Sporen am Scheitel abgerundet oder verschmälert, aber ohne Spitzchen.

Auf Veronica u. Paederota.

12. **Puccinia Veronicae** *Winter*, auf Veronica officinalis, montana, urticifolia, spicata, longifolia, alpina und Paederota Ageria. Diese Art hat zweierlei Teleutosporen: sofort keimende, die nicht vom Stiele abfallen, und leicht abfallende, nicht sofort keimende[4]). Außerdem werden noch unterschieden: **Puccinia Veronicae Anagallidis** *Oudem.*, auf Veronica Anagallis, und **Puccinia Albulensis** *Magn.*, auf Veronica alpina.

Auf Galium.

13. **Puccinia Valantiae** *Pers.*, auf Galium cruciatum, vernum, Mollugo, verum, silvaticum und saxatile, an den Blättern in rundlichen, blaßbraunen Häufchen auf gelben Flecken, an Stengeln und Blütenstielen in länglichen Schwielen oft unter Verkrümmungen der Teile auftretend.

---

[1]) Recherches sur les champ. parasites. Ann. des sc. nat. 4. sér. T. XX.

[2]) Refer. in Zeitschr. f. Pflanzenkrankheiten II, 1892, pag. 244.

[3]) Vergl. Magnus, Berichte d. deutsch. bot. Gesellsch. X, pag. 43.

[4]) Vergl. Schröter, Cohn's Beitr. z. Biologie d. Pflanzen III, Heft 1, pag. 89, und Magnus, Berichte d. deutsch. bot. Ges. 1890, pag. 167.

Auf Crucianella. 14. Puccinia Crucianellae *Desm.*, auf Crucianella in Frankreich.

Auf Aster etc. 15. Puccinia Asteris *Duby*, (Puccinia Millefolii *Fuckel*, Puccinia Doronici *Nissl.* etc.), auf Aster Amellus, Tripolium und alpinus, Achillea Millefolium, Ptarmica und Clavennae, Artemisia austriaca, Doronicum austriacum, Centaurea Scabiosa, montana und maculosa und auf Cirsium oleraceum halbkuglig polsterförmige Häufchen bildend.

B. Micropuccinia.

Micropuccinia. Nur Teleutosporen werden gebildet, in locker pulverförmigen, schwarzbraunen oder schwarzen Häufchen; sie keimen erst nach späterer Zeit. Unter die folgenden Arten sind freilich auch solche aufgenommen, welche doch vielleicht auch Uredosporen und vielleicht auch ein Äcidium besitzen, welche aber bisher nur in der Teleutosporenform bekannt sind.

Auf Koeleria. 16. Puccinia longissima *Schröt.*, auf Koeleria cristata schwarzbraune, durch die Epidermis hervortretende längliche Lager bildend, Sporen schmal keulenförmig, kurz gestielt [1]).

Auf Tulipa. 17. Puccinia Tulipae *Schröt.*, auf Tulipa Gesneriana kleine, rundliche ordnungslos oder in Kreisen stehende Häufchen bildend.

Auf Ornithogalum. 18. Puccinia Lojkajana *Thüm.*, auf Ornithogalum umbellatum längliche bis lineale, oft zusammenfließende Häufchen bildend.

Auf Narcissus. 19. Puccinia Schröteri *Pass.*, auf Narcissus poëticus längliche, oft zusammenfließende Häufchen bildend.

Auf Galanthus. 20. Puccinia Galanthi *Unger*, auf Galanthus nivalis bleiche Blattflecken verursachend.

Auf Geranium. 21. Puccinia Morthieri *Kke* (Puccinia Geranii *Fuckel*), auf Geranium sylvaticum in kleinen, rundlichen Sporenlagern auf Flecken, die an der Oberseite blasig aufgetrieben und blutrot gefärbt sind; Teleutosporen glatt.

Auf Geranium. 22. Puccinia Geranii silvatici *Karst*, auf Geranium sylvaticum Anschwellungen, Verkrümmungen und Drehungen verursachend, auf denen die Sporenlager dicht gedrängt sitzen. Teleutosporen warzig. In den Alpen, in Lappland, auch im Himalaya. Nach Barclay[2]) treten die Teleutosporen innerhalb eines Jahres in zwei Generationen auf, welche beide sofort oder nach einem Ruhestadium keimen können.

Auf Viola. 23. Puccinia Fergussoni *Berk et Br.*, auf Viola palustris und epipsila rundliche gelbliche Flecken verursachend.

Auf Viola. 24. Puccinia alpina *Fuckel*, auf Viola biflora aufgetriebene Blattstellen und Schwielen an Stengeln und Blattstielen verursachend.

Auf Cardamine. 25. Puccinia Cruciferarum *Rud.*, auf Cardamine alpina, resedifolia und Hutchinsia alpina und brevicaulis.

Auf Dentaria. 26. Puccinia Dentariae *Winter*, auf Dentaria bulbifera, Anschwellungen an den Blattstielen und Blättern verursachend.

Auf Draba. 27. Puccinia Drabae *Rud.*, auf Draba aizoides am Blütenstand und an den jungen Schötchen.

Auf Arabis u. Erysimum. 28. Puccinia Holboelli *Rostr.*, auf Arabis Holboellii und Erysimum hieracifolium in Dänemark.

---

[1]) Vergl. Schröter in Cohn's Beitr. z. Biologie d. Pflanzen III, pag. 70.
[2]) Ann. of Botany 1890, pag. 27.

29. Puccinia Thalictri *Chevall.*, auf Thalictrum minus, flavum, aquilegifolium und Jacquinianum in kleinen Sporenlagern über die ganze Blattfläche zerstreut. Auf Thalictrum.

30. Puccinia singularis *Magn.* (Puccinia Bäumleri *Lagerh.*), auf Anemone ranunculoides, abweichend durch die Lage des Keimporus der unteren Teleutosporenzellen auf der Mitte der Seitenwand[1]). Auf Anemone.

31. Puccinia Atragenes *Hausm.*, auf Atragene alpina. Auf Atragene.

32. Puccinia Saxifragae *Schlechtd.*, auf Saxifraga granulata, rotundifolia, longifolia, Aizoon, mutata und aizoides. Nach Dietel[2]) wären jedoch hier wieder verschiedene Arten zu unterscheiden. Auf Saxifraga.

33. Puccinia Sedi *Kcke.*, auf Sedum elegans dicht stehende, rundliche Sporenlager bildend. Auf Sedum.

34. Puccinia Aegopodii *Link*, auf Aegopodium Podagraria, Imperatoria Ostruthium und Astrantia major in kleinen Sporenlagern an Blättern und Blattstielen, oft Anschwellungen und Verkrümmungen verursachend. Auf Aegopodium.

35. Puccinia enormis *Fuckel*, auf Chaerophyllum Villarsii, Anschwellungen, Krümmungen und Drehungen verursachend. Auf Chaerophyllum.

36. Puccinia sandica *Johans.*, auf Epilobium anagallidifolium in Norwegen. Auf Epilobium.

37. Puccinia asarina *Kze.*, auf Asarum europaeum. Auf Asarum.

38. Puccinia Betonicae *Winter*, auf Betonica officinalis. Auf Betonica.

39. Puccinia Vossii *Kcke.*, auf Stachys recta. Auf Stachys.

40. Puccinia rubefaciens *Johans.*, auf Galium boreale in Norwegen. Auf Galium.

41. Puccinia Campanulae *Carm.*, auf Campanula Rapunculus und Jasione montana. Auf Campanula.

42. Puccinia Virgaureae *Winter*, auf Solidago Virgaurea sehr kleine, punktförmige Sporenlager bildend. Auf Solidago.

43. Puccinia Peckiana *Howe*, auf Rubus villosus und occidentalis in Amerika, von Lagerheim[3]) auch auf Rubus arcticus in Lappland gefunden. Auf Rubus.

C. Hemipuccinia.

Es werden nur Uredo- und Teleutosporen gebildet, bei manchen kommen auch zugleich Spermogonien vor, aber Äcidien fehlen. Die Uredosporen sind orangegelb, oder hell- oder rötlichbraun, feinstachelig, seltener glatt. Die Teleutosporen stehen in schwarzbraunen oder schwarzen locker pulverförmigen oder festsitzenden Häufchen. Auch unter den hier zusammengestellten Formen sind noch viele, deren Entwickelungsgang noch unbekannt ist, und von denen wahrscheinlich noch Äcidien werden nachgewiesen werden. Insbesondere dürfte das von den hier aufgezählten, Gräser und Halbgräser bewohnenden Formen zu erwarten sein. Hemipuccinia.

44. Der Maisrost, Puccinia Maydis *Carrad* (P. Sorghi *Schw.*), auf den Blättern von Mais in elliptischen braunen Häufchen von Uredosporen (Uredo Zeae *Desm.*) und tief schwarzen, nicht von der Epidermis Auf Mais.

[1]) Vergl. Magnus, Sitzungsber. d. Ges. naturf. Freunde zu Berlin, 1890, pag. 29 und 145, und Lagerheim, Hedwigia 1890, pag. 172.

[2]) Berichte d. deutsch. bot Ges. 1891, pag. 35.

[3]) Botaniska Notiser 1887, pag. 60.

bedeckten Häufchen von Teleutosporen; letztere sind kurzgestielt, länglichrund, am Scheitel abgerundet, aus zwei ziemlich gleichen Zellen zusammengesetzt. Dieser Rost ist in Italien häufig, wo er schon 1815 bekannt war; kommt aber jetzt auch in Deutschland vor. In Nordamerika ist er seit längerer Zeit auf Mais und Sorgho beobachtet worden; desgleichen hat man ihn im Kaplande gefunden.

Auf Mais und Sorgho.

45. **Puccinia purpurea** *Cooke*, auf den Blättern von Mais und Sorgho rote Flecken erzeugend, mit braunen Uredosporen und schwarzbraunen Teleutosporenhäufchen. In Ostindien und Südafrika.

Auf Brachypodium.

46. **Puccinia Baryi** *Winter*, auf Brachypodium silvaticum und pinnatum; die Uredohäufchen gelb, mit Paraphysen, die Teleutosporenlager lange von der Epidermis bedeckt bleibend, Sporen unregelmäßig, sehr kurz gestielt.

Auf Molinia

47. **Puccinia australis** *Kcke.*, auf Molinia serotina; die Uredohäufchen orangegelb, die Teleutosporen lang gestielt, aus der Epidermis hervorbrechend.

Auf Festuca.

48. **Puccinia gibberosa** *Lagerh.*, auf Festuca silvatica bei Freiburg i. Br., mit blaßbraunen Uredosporen; Teleutosporen kurzgestielt.

Auf Cynodon.

49. **Puccinia Cynodontis** *Desm.*, auf Cynodon Dactylon, Uredosporen hellbraun, Teleutosoporen langgestielt.

Auf Anthoxanthum.

50. **Puccinia Anthoxanthi** *Fuckel*, auf Anthoxanthum odoratum; Uredohäufchen rostgelb, Teleutosporen sehr langgestielt, hervorbrechend.

Auf Andropogon.

51. **Puccinia Cesatii** *Schröt.*, auf Andropogon Ischaenum; Uredosporen braun, Teleutosporen langgestielt.

Auf Elymus.

52. **Puccinia Elymi** *Westend.*, auf Elymus arenarius bei Ostende; Uredosporen rot, Teleutosporen kurz gestielt.

Auf Carex.

53. **Puccinia microsora** *Kcke.*, auf Carex vesicaria gelbe Uredohäufchen und kleine, längliche Teleutosporenlager bildend, in denen häufig einzellige neben den zweizelligen Teleutosporen vorkommen.

Auf Carex.

54. **Puccinia caricicola** *Fuckel*, auf Carex supina, Teleutosporen wie bei den vorigen, am Scheitel stark verdickt.

Auf Luzula.

55. **Puccinia Luzulae** *Lib.* (Puccinia oblonegata *Winter*), auf Luzula campestris und pilosa, mit sehr blaß gelben, glatten Uredosporen; Teleutosporen am Scheitel stark verdickt.

Auf Luzula.

56. **Puccinia obscura** *Schröt.*, auf Luzula campestris, multiflora, pilosa, maxima und pallescens, mit hellbraunen, stacheligen Uredosporen; Teleutosporen mit schwach verdicktem Scheitel.

Auf Juncus.

57. **Puccinia litoralis** *Rostr.* (Puccinia Junci *Winter*), auf Juncus conglomeratus und compressus, Uredosporen rostfarben.

58. **Puccinia Veratri** *Niessl*, auf Veratrum album.

59. **Puccinia Allii** *Winter*, auf Allium oleraceum; meist um ein centrales, gelbes Uredosporenlager stehen die von der Epidermis bedeckt bleibenden, mit braunen Paraphysen gemischten Teleutosporenlager.

Auf Asphodelus.

60. **Puccinia Asphodeli** *Duby*, auf Asphodelus in Frankreich und Italien.

Auf Iris.

61. **Puccinia Iridis** *Winter*, auf Iris germanica und andern Arten.

Auf Polygonum.

62. **Puccinia Polygoni** *Alb. et Schw.*, auf Polygonum Convolvulus und dumetorum, mit rotbraunen Uredohäufchen und polsterförmigen, besonders an den Stengeln sitzenden Teleutosporenlagern, deren Sporen ziemlich lang gestielt, am Scheitel stark verdickt sind.

Auf Polygonum amphibium.

63. **Puccinia Polygoni amphibii** *Pers.*, auf Polygonum amphibium zimmtbraune Uredohäufchen und kleine, von der Epidermis lange bedeckt bleibende Teleutosporenlager bildend.

Auf Polygonum Bistorta etc.

64. **Puccinia Bistortae** *DC.*, auf Polygonum Bistorta und viviparum, kleine Häufchen auf gelben oder braunen Blattflecken bildend.

Auf Polygonum Bistorta.

65. **Puccinia mamillata** *Schröt.*, auf Polygonum Bistorta in Schlesien, von der vorigen durch warzenartige Spitzchen am Ende und an der Seite der Teleutosporen unterschieden.

Auf Rumex

66. **Puccinia Rumicis** *Lasch* (Puccinia Acetosae *Körn.*), auf Rumex Acetosa, Acetosella und arifolius, auf Blättern und Stengeln.

Auf Rumex scutatus.

67. **Puccinia Rumicis scutati** *Winter*, auf Rumex scutatus.

Auf Oxyria.

68. **Puccinia Oxyriae** *Fuckel*, auf Oxyria digyna.

Auf Impatiens.

69. **Puccinia Nolitangeris** *Corda* (Puccinia argentata *Winter*), auf Impatiens nolitangere, in kleinen, rundlichen Sporenlagern.

Auf Peucedanum.

70. **Puccinia Oreoselini** *Strauss*, auf Peucedanum Oreoselinum und alsaticum. Magnus[1]) hat die Entwickelung wie folgt ermittelt. Das wahrscheinlich aus den Sporidienkeimen der überwinterten Teleutosporen hervorgehende, zuerst sich bildende Mycelium erreicht im Blatte eine große Ausdehnung und entwickelt erst Spermogonien, dann große Rasen, in denen zuerst die gelbbraunen Uredo-, dann die warzigen Teleutosporen erzeugt werden. Die Keimschläuche der Uredosporen dringen in die Spaltöffnungen der Blätter ein und entwickeln hier als zweite Generation ein die Eintrittsstelle nur wenig überschreitendes Mycelium, welches sogleich ein kleines Häufchen von Uredo-, dann Teleutosporen anlegt.

Auf Sellerie und anderen Umbelliferen

71. **Puccinia bullata** *Pers.*, auf Sellerie, wo der Pilz in England schädlich geworden ist[2]), Petersilie, Aethusa Cynapium, Seseli, Libanotis, Cnidium, Silaus, Archangelica, Thysselinum, Laserpitium, Peucedanum Cervaria, Anethum graveolens, Conium maculatum, rundliche oder längliche zerstreute Sporenhäufchen bildend, ohne Spermogonien; Teleutosporen glatt. Cooke[3]) führt eine Beobachtung an, nach der der Sellerierost durch den Samen verbreitet werden zu können scheint.

Auf Cicuta.

72. **Puccinia Cicutae** *Lasch*, auf Cicuta virosa, ohne Spermogonien; Teleutosporen grobwarzig.

Auf Apium.

73. **Puccinia Castagnei** *Thüm.*, auf Apium graveolens bei Marseille und Lyon, von den beiden vorigen Arten durch feinstachelig punktierte Teleutosporen unterschieden.

Auf Anthriscus.

74. **Puccinia Anthrisci** *Thüm.*, auf Anthriscus sylvestris; Uredo- und Teleutosporen fein netzförmig gezeichnet.

Rost der Steinobstgehölze.

75. Der **Rost der Steinobstgehölze**, **Puccinia Pruni** *Pers.*, auf den Blättern von Prunus spinosa, domestica, insititia und armeniaca, Persica vulgaris und Amygdalus communis, in Deutschland und Italien sowie in Nordamerika beobachtet. Der Pilz bildet auf der unteren Blattseite dunkelbraune, staubige Häufchen von Teleutosporen, welche kurz gestielt, an der Oberfläche stachelig und in der Mitte stark eingeschnürt sind, indem sie aus zwei fast kugelrunden Zellen bestehen, die einander gleich sind oder deren untere etwas kleiner ist. Manchmal geht diesen Sporen kein Uredo

---

[1]) Hedwigia 1877, Nr. 5.

[2]) Gardener's Chronicle 1876, pag. 531, 623, 690, und 1886, pag. 756.

[3]) Refer. in Zeitschr. f. Pflanzenkrankh. II. 1892, pag. 244.

voraus, andre Male ist es der Fall: auf der unteren Blattseite erscheinen zuerst kleine hellbraune Häufchen länglicher Uredosporen, denen dann in denselben Häufchen die Teleutosporen folgen. Die befallenen Blätter färben sich früher oder später gelb oder braun.

Auf Prunus cerasus. 76. **Puccinia Cerasi** *Winter* (Mycogone Cerasi *Béreng.*), auf Prunus cerasus, mit Teleutosporen, welche glatt, in der Mitte nur wenig eingeschnürt und fast farblos sind.

Auf Vinca. 77. **Puccinia Vincae** *Berk.* (P. Berkeleyi *Pers.*, auf Vinca minor und herbacea; den Teleutosporen gehen Uredolager voraus, welche teils mit Spermogonien gemischt, teils ohne solche auftreten.

Auf Strachys. 78. **Puccinia Stachydis** *DC.*, auf Stachys recta, kleine rundlich polsterförmige Uredo- und Teleutosporenhäufchen bildend.

Auf Plantago. 79. **Puccinia Plantaginis** *West.*, auf Plantago lanceolata in Belgien.

Auf Cirsium, 80. **Puccinia suaveolens** *Pers.*, auf Cirsium arvense, von den andern Rostpilzen der Kompositen durch ihre biologischen Verhältnisse und durch die eigentümliche Erkrankung, die sie an den Ackerdisteln hervorbringt, sehr abweichend. Der Pilz durchzieht die ganze Pflanze; die das Mycelium in sich tragenden Sprosse schießen zeitiger und schneller als die gesunden, schon im April oder Mai, in die Höhe. Ein Äcidium hat dieser Pilz nicht, wohl aber werden allerwärts auf der Unterseite der Blätter zahllose Spermogonien in Form kleiner, dunkler Pünktchen sichtbar, welche um diese Zeit einen eigentümlichen süßen Geruch um die Pflanze verbreiten. Unmittelbar darauf bedeckt sich die Unterseite aller Blätter mit den rostbraunen, stäubenden, rundlichen, oft zusammenfließenden Häufchen von kugelrunden, braunen Uredosporen (Uredo suaveolens *Pers.*). Diese Sprosse zeigen übrigens in ihrer Gestalt nichts Abnormes; aber sie kommen nie zur Blüte und verwelken, nachdem die Sporen zur Entwickelung gelangt sind, schnell. Rostrup[1]) hat auf ein eigentümliches Generationsverhältnis bei diesem Pilze aufmerksam gemacht. Das Mycelium, welches Spermogonien und Uredo erzeugt, perenniert in den unterirdischen Teilen der Disteln und dringt von hier aus auch in die jungen oberirdischen Sprosse. Es bildet hier hauptsächlich Uredo und nur wenige Teleutosporen. Aus den Uredosporen aber entwickelt sich im Juli eine zweite Generation, jedoch nur auf solchen Exemplaren, die von der ersten Generation nicht angegriffen worden und die dann auch ihre normale Entwickelung vollenden, indem in ihnen das Mycelium nur fleckenweise an den Blättern auftritt und nur wenige eiförmige braune Uredosporen, dagegen eine Menge Teleutosporen bildet. Diese zweite Form kann mit der auf Disteln vorkommenden Puccinia Compositarum leicht verwechselt werden. Nach Magnus[2]) ist der auf Centaurea Cyanus vorkommende Rostpilz mit Puccinia suaveolens identisch und hat auch dieselbe Entwickelung, nur daß das Mycelium der ersten Generation nicht perenniert (vergl. unten Puccinia Compositarum pag. 159).

Auf Sonchus. 81. **Puccinia Sonchi** *Desm.*, auf Sonchus arvensis, rundlich polsterförmige Uredo- und Teleutosporenlager ohne Spermogonien bildend; zweizellige Teleutosporen mit zahlreichen einzelligen gemischt.

---

[1]) Verhandl. d. skandinav. elften Naturforscher-Versammlung zu Kopenhagen 1873. Vergl. Bot. Zeitg. 1874, pag. 556.

[2]) Sitzungsber. des bot. Ver. d. Prov. Brandenburg 30. Juli 1875.

Auf Tanacetum.

82. **Puccinia Tanaceti Balsamitae** *Winter*, auf Tanacetum Balsamitae, rundliche oder verlängerte Sporenlager, ohne Spermogonien, bildend.

Auf Carthamus.

83. **Puccinia Carthami** *Corda*, auf kultiviertem Carthamus tinctorius in Schlesien und Böhmen.

Auf Picris.

84. **Puccinia Picridis** *Hazsl*, auf Picris in Ungarn.

Auf Asperula.

85. **Puccinia helvetica** *Schröt.*, auf Asperula taurina Uredo- und Teleutosporen bildend.

Auf Taraxacum.

86. **Puccinia Taraxaci** *Plowr.*, auf Taraxacum in England, mit braunen Uredosporen und mit Spermogonien.

Auf Campanula.

87. **Puccinia Heideri** *Wettst.*, auf Campanula barbata in Steiermark.

D. Pucciniopsis.

Pucciniopsis.

Uredosporen fehlen; es werden aber außer Teleutosporen auch Äcidien gebildet.

Auf Ornithogalum und Gagea.

88. **Puccinia Liliacearum** *Duby*, auf den Blättern von Ornithogalum umbellatum, nutans, pyrenaicum und Gagea lutea, wegen der bei Puccinien ungewöhnlichen Krankheitserscheinung bemerkenswert. Die Blätter sind in ihrer oberen Hälfte bis an die Spitze abnorm verdickt, daher keulenförmig und wegen der Schwere dieses Teiles etwas gekrümmt. Der kranke Teil ist dicht bedeckt mit zahlreichen, kleinen, halbkugeligen Wärzchen, die auf ihrem Scheitel eine grübchenförmige Mündung bekommen; es sind die kleinen Teleutosporenlager; aus den Mündungen werden die braunen, sehr kurzgestielten, verkehrt eiförmigen, in der Mitte schwach eingeschnürten Teleutosporen in zierlichen Ranken herausgequetscht, wobei jedoch die Sporen nicht durch Schleim, sondern nur durch Adhäsion aneinanderhängen. Die Blätter und ihre Keulen bleiben während der Entwickelung des Pilzes grün, sterben aber früher als gewöhnlich ab. Der Pilz verhält sich auch biologisch eigentümlich, indem auf den hypertrophierten Teilen mit den Teleutosporenhäufchen zusammen, jedoch in der Entwickelung ihnen etwas vorausgehend, Spermogonien als kleine, orangerote Pusteln mit farblosen, ovalen Spermatien auftreten. Der vollständige Entwickelungsgang des Pilzes ist noch unbekannt. Indessen sollen nach Winter[1]) auch vereinzelt Äcidien vorkommen, die ich jedoch bei den von mir im April 1878 bei Dresden epidemisch auf Ornithogalum umbellatum beobachteten Pilze nicht gefunden oder übersehen habe.

Auf Anemone.

89. **Puccinia Anemones** *Pers.* (Puccinia fusca *Winter*), auf der Unterseite der Blätter von Anemone nemorosa und ranunculoides, sowie von Pulsatilla-Arten, gleichmäßig verteilte, runde, oft zusammenfließende, lebhaft braune, staubige Häufchen von Teleutosporen ohne Uredo. Die Teleutosporen sind mäßig lang gestielt, in der Mitte eingeschnürt, aus 2 fast gleichen, kugeligen Zellen bestehend und mit warzigem Episporium versehen. Die befallenen Blätter sterben zeitig ab. Die Äcidien kommen immer getrennt von der Teleutosporengeneration auf besonderen Individuen vor. Die Äcidienfrüchte (Aecidium leucospermum *DC.*), sind gleichmäßig und zahlreich über die ganze untere Blattfläche verteilt, haben farblose Sporen, und zugleich stehen kleine, punktförmige, dunkle Spermogonien dazwischen, sowie an der oberen Blattseite. Die von den Äcidien befallenen Pflanzen zeichnen

---

[1]) Rabenhorst's Kryptogamenflora I. 1, Leipzig 1884, pag. 194.

sich durch ihre eigentümliche Erkrankung aus. Das Mycelium ist im ganzen Blatte verbreitet; diese Blätter wachsen etwas früher und schneller als die gesunden hervor, der Stiel ist bei steif aufrechter Richtung länger, die Teile der Blattfläche kürzer und schmäler als im normalen Zustande[1]) Auch diese Blätter sterben bald nach der Entwickelung des Pilzes ab. Die so befallenen Pflanzen bleiben ohne Blüten; seltener bilden sich solche, die aber dann in einzelnen Teilen abortiert sind[2]). Schröter (l. c.) erklärt das Aecidium leucospermum als Generation der genannten Puccinia. — Außerdem wird auf Anemone sylvestris noch eine Puccinia compacta *de By.* unterschieden.

Auf Trollius und Aconitum. 90. **Puccinia Trollii** *Karst.*, auf Trollius europaeus und Aconitum Lycoctonum; die Teleutosporenlager bringen blasige Auftreibungen und Schwielen an den Blättern hervor. Auf Aconitum, aber nicht auf Trollius ist ein Äcidium, welches rundliche Gruppen bildet, bekannt; es ist aber unentschieden, ob es hierher gehört.

Auf Falcaria. 91. **Puccinia Falcariae** *Pers.*, auf Falcaria Rivini, über die ganze Blattfläche verteilte kleine dunkelbraune Teleutosporenlager bildend. Auf derselben Pflanze findet sich im Frühlinge häufig das Aecidium Falcariae *DC.*, welches mit seinen kleinen, punktförmigen Spermogonien die gesamte Oberfläche der Blätter dieser Pflanze bedeckt, worauf die Äcidienbecher auf der ganzen Unterseite des Blattes hervorbrechen. Nach de Bary steht dieses Äcidium im Generationswechsel mit der auf der nämlichen Nährpflanze vorkommenden eben genannten Puccinie.

Auf Carum. 92. **Puccinia Bulbocastani** *Fuckel* (Puccinia Bunii *Winter*), auf Carum Bulbocastanum, woselbst auch das zugehörige Äcidium (Aecidium Bunii *DC.*) auftritt.

Auf Peucedanum. 93. **Puccinia carniolica** *Voss*, auf Peucedanum Schottii in Krain.

Auf Smyrnium. 94. **Puccinia Smyrnii** *Biv.*, auf Smyrnium Olusatrum in Frankreich, Italien und England.

Auf Ribes. 95. **Puccinia Ribis** *DC.*, auf den Blättern von Ribes rubrum, Grossularia, alpinum, nigrum und petraeum an der Oberseite der Blattfläche hervorbrechend, gelb oder rötlich gesäumte, runde, dunkelbraune Teleutosporenhäufchen bildend. Uredo fehlt; wohl aber giebt es auf verschiedenen Arten von Ribes ein Aecidium Grossulariae *DC.*, auf Blättern und Früchten, von welchem freilich nur vermutet werden kann, daß es eine Generation dieser Puccinia darstellt.

Auf Thymus. 96. **Puccinia caulincola** *Schneider* (Puccinia Schneideri *Schröt.*), auf Thymus serpyllum, die Teleutosporenlager auf schwielenförmigen Verdickungen der Stengel, Blattstiele und Rippen; dazu gehört wahrscheinlich das Aecidium Thymi *Fuckel*.

Auf Valeriana. 97. **Puccinia Valerianae** *Carest.*, auf Valeriana officinalis, oft Äcidien und Teleutosporenlager gleichzeitig bildend.

Auf Senecio etc. 98. **Puccinia conglomerata** *Winter* (Puccinia Senecionis *Lib.*), auf Senecio nemorensis, Homogyne alpina und Adenostyles albifrons und alpina, kleine, rundliche Teleutosporenlager bildend. Nach Dietel[3]) sollen

[1]) Vergl. Schröter in Cohn's Beitr. z. Biol. d. Pfl. III, Heft 1, pag. 61 und Brand- und Rostpilze Schlesiens. Abhandl. d. schles. Ges. 1869.

[2]) Vergl. Magnin, Compt. rend. 1890, pag. 913.

[3]) Hedwigia 1891, pag. 291.

aber hier fünf verschiedene Arten enthalten sein, nämlich **Puccinia conglomerata** *Kze. et Schm.*, auf Homogyne alpina; **Puccinia Senecionis** *Lib.*, auf Senecio saracenicus, nemorensis, triangularis; **Puccinia expansa** *Link*, auf Senecio Doronicum, cordatus, subalpinus, aquaticum, Adenostyles, alpina und albifrons; Puccinia Trauzschelii *Diet.*, auf Cacalia hastata. **Puccinia uralensis** *Trauzsch.*, auf Senecio nemorensis.

99. **Puccinia Bellidiastri** *Winter*, auf Bellidiastrum Michelii. Auf Bellidiastrum.

E. Eupuccinia.

Äcidien, Uredo- und Teleutosporen vorhanden. Eupuccinia.

a. Autöcische Arten.

100. Der Lauch- oder **Zwiebelrost**, **Puccinia Porri** *Winter*, auf allen grünen Teilen der Zwiebeln (Allium fistulosum und Cepa), des Schnittlauchs, von Allium Porrum und vieler andrer Allium-Arten. Die rotgelben Uredohäufchen sind rund oder elliptisch, konvex, bleiben lange von der hellen Epidermis bedeckt, die zuletzt über ihnen aufplatzt, treten in großer Anzahl auf, fließen daher stellenweise zusammen und bewirken rasch in ihrer Umgebung eine Verfärbung des Grün in Gelb; ihre Sporen sind rund oder eiförmig (Uredo limbata *Rabenh.*). Die Teleutosporen erscheinen bald nach jenen an denselben Organen und in ebenso geformten, schwärzlichen Häufchen, welche dauernd von der Epidermis bedeckt bleiben; sie sind mit einem ziemlich kurzen, farblosen Stiel versehen, braun, am Scheitel nicht verdickt, und es fehlt hier sehr vielen Sporen die Querscheidewand in der Mitte, so daß diese einzellig sind; daher ist der Pilz auch Uromyces alliorum *DC.* und Puccinia mixta *Fuckel* genannt worden. An denselben Nährpflanzen kommt ein Äcidium vor, welches vielleicht in den Entwickelungskreis dieses Pilzes gehört. Vernichtung des rostigen Zwiebelstrohes und Wegnahme der äcidientragenden Teile sind als Vorbeugungsmittel zu empfehlen. Zwiebelrost.

100a. Der **Spargelrost**, **Puccinia Asparagi** *DC.*, auf den grünen Teilen des Spargels im Sommer und Herbst rostbraune Uredohäufchen und danach zahlreiche schwarze Näschen von Teleutosporen bildend, in deren Umkreis meist das Gewebe gelb wird. Wahrscheinlich gehört zu diesem Schmarotzer ein im Frühjahr selten auf den grünen Teilen des Spargels vorkommendes Äcidium. Verbrennen des rostigen Strohes im Herbste und Abschneiden der Spargelzweige, auf denen im Frühjahr das Äcidium sich zeigen sollte, sind Gegenmittel. Spargelrost.

101. **Puccinia Silenes** *Schrot.*, auf Silene inflata in kleinen, unregelmäßigen Lagern von hellbraunen Uredo- und dunkelbraunen Teleutosporen, Äcidien auf bleichen Blattflecken. Auf Silene.

102. Der **Veilchenrost**, **Puccinia violae** *DC.*, auf den Blättern von Viola odorata, sylvestris, canina, hirta u. a., sowie auf kultivierten Stiefmütterchen, auch auf Veilchenarten in Nord-Amerika. An der Unterseite der Blätter und an den Blattstielen erscheinen im Sommer und Herbst zahlreich und oft die ganze Blattfläche bedeckend kleine hellbraune Uredohäufchen, denen die dunkelbraunen Teulotosporen folgen, welche leicht abfallen und kurz gestielt, glatt, in der Mitte nicht eingeschnürt sind. Die befallenen Blätter entfärben sich und verderben rasch. Wahrscheinlich steht mit dem Schmarotzer im Generationswechsel das Aecidium violae *Schum.*, welches im Frühlinge auf denselben Nährpflanzen erscheint und dieselben ganz verun- Veilchenrost.

staltet, indem die Äcidien Stengel und Blattstiele, die dann abnorm anschwellen, und Teile der Blätter und selbst Blüten ganz überziehen. Auch hier kommt oft schon auf den äcidientragenden Teilen die zweite Generation des Pilzes zur Entwickelung, nachdem die Äcidien reife Sporen gebracht haben.

Auf Caltha. 103. **Puccinia Calthae** *Link.*, auf Caltha palustris mit glatten Teleutosporen; Äcidien auf Blattflecken oder Schwielen am Blattstiel.

Auf Caltha. 104. **Puccinia Zopfii** *Winter*, ebenfalls auf Caltha palustris, Uredo und Äcidien dem vorigen gleich, aber die Teleutosporen feinwarzig.

Auf Pimpinella etc. 105. **Puccinia Pimpinellae** *Strauss.* (Pimpinellae reticulata *de By.*). Auf Pimpinella, Angelica, Trinia, Athamantha, Ostericum, Heracleum, Eryngium, Anthriscus, Chaerophyllum, Myrrhis etc. Teleutosporen mit netzförmig gezeichneten Sporen. Die Uredo bildet zahlreiche, lebhaft braune, staubige, runde Häufchen, die Teleutosporen dunkelbraune Räschen an der Unterseite der Blätter; Äcidien auf verdickten Blattflecken oder Schwielen.

Auf Sanicula 106. **Puccinia Saniculae** *Grev.*, auf Sanicula europaea mit glatten Teleutosporen; Äcidien auf roten Blattflecken.

Auf Bupleurum. 107 **Puccinia Bupleuri** *Rud.*, auf verschiedenen Bupleurum-Arten, mit ebenfalls glatten Teleutosporen; Äcidien über die ganze Blattfläche zerstreut.

Auf Ferulago. 108. **Puccinia Ferulae** *Rud.*, auf Ferulago galbanifera.

Auf Myricaria. 109. **Puccinia Thümeniana** *Voss.*, auf Myricaria germanica.

Auf Epilobium. 110. **Puccinia pulverulenta** *Grev.* (Puccinia Epilobii *DC.*), auf Epilobium hirsutum, parviflorum, roseum und andern Arten. Wahrscheinlich gehört dazu das Aecidium Epilobii *DC.*

Auf Aristolochia. 111. **Puccinia Aristolochiae** *Winter*, auf Aristolochia Clematitis und rotunda.

Auf Thesium. 112. **Puccinia Thesii** *Winter*, auf verschiedenen Thesium-Arten.

Auf Fragaria. 113. **Puccinia Fragariae** *Barcl.*, auf Fragaria vesca in Simla in Indien.

Auf Primula. 114. **Puccinia Primulae** *Winter*, auf Primula elatior, officinalis und acaulis.

Auf Soldanella. 115. **Puccinia Soldanellae** *Winter*, auf Soldanella-Arten.

Auf Mentha etc. 116. **Puccinia Menthae** *Pers.*, welche in Europa Mentha arvensis, aquatica, silvestris, viridis, piperita, die Arten von Thymus, Satureja, Origanum, Calamintha, Clinopodium, in Amerika, sowie am Kap verwandte Labiaten befällt. Die blaßbraunen, runden, zahlreichen Uredohäufchen (Uredo Labiatarum *DC.*) bedecken die untere Fläche des Blattes, welches an diesen Stellen oberseits rötlich oder bräunlich gefleckt ist. Später erscheinen ebendaselbst die kleinen, runden, dunkelbraunen Häufchen der Teleutosporen; letztere sind leicht ablösbar, mäßig lang gestielt, rundlich, am Scheitel mit Papille und mit warziger Membran. Auch ein Äcidium kommt auf diesen Nährpflanzen vor, welches in den Entwickelungsgang des Parasiten gehören könnte.

Auf Salvia. 117. **Puccinia obtusa** *Schröt.*, auf Salvia verticillata; Teleutosporen abgestutzt, mit glatter Membran.

Auf Convolvulus. 118. **Puccinia Convolvuli** *Winter*, auf Convolvulus arvensis und sepium.

Auf Sweertia. 119. **Puccinia Sweertiae** *Winter*, auf Sweertia perennis.

Auf Gentiana. 120. **Puccinia Gentianae** *Link*, auf Gentiana Cruciata, asclepiadea, Pneumonanthe, utriculosa und ciliata.

Auf Adoxa.

121. **Puccinia Adoxae** *DC*, auf Adoxa moschatellina. Die Entwickelung beginnt nach Schröter[1]) mit dem Aecidium albescens *Grev.* auf derselben Pflanze im Frühling. Die Aecidiumsporen erzeugen jenen Pilz, und zwar zuerst Uredo-, dann die Teleutosporen, die auf Stengeln, Blattstielen und Blättern dunkelbraune Häufchen bilden.

Auf Galium und Asperula.

122. **Puccinia galiorum** *Link*, auf vielen Arten von Galium und Asperula, kleine, rostbraune Uredohäufchen und konvexe, dunkelbraune Häufchen von Teleutosporen auf der Unterseite der Blätter und an den Stengeln bildend. Die befallenen Teile färben sich gelb oder braun. Diesem Pilze geht an den Blättern im Frühling Aecidium galii *Pers.* voraus.

Auf Cichoriaceen und Cynareen.

123. **Puccinia Compositarum** *Schlechtend.*, auf sehr vielen Compositen, jedoch nur auf Cichoriaceen und Cynareen, und zwar auf Arten von Hieracium, Crepis, Picris, Taraxacum, Leontodon, Cichorium, Prenanthes, Lactuca, Mulgedium, Lampsana, Centaurea, Lappa, Cirsium, Carduus, Serratula, in Europa und auch in Nordamerika sehr häufig. Der Schmarotzer bildet ziemlich kleine, aber zahlreiche, auf der Unterseite oder auf beiden Seiten der Blätter, auch an den Stengeln hervorbrechende Uredo- und Teleutosporenhäufchen. Die befallenen Blätter werden vorzeitig mißfarbig und vertrocknen. Die Uredohäufchen enthalten braune Sporen (Uredo flosculosorum *Alb. et Schw.*); die schwarzbraunen oder schwarzen Teleutosporenhäufchen sind durch leicht ablösbare, ziemlich dünnwandige, ungefähr eiförmige, in der Mitte nicht eingeschnürte Sporen ausgezeichnet. Der Entwickelungsgang dieser Rostformen ist noch keineswegs klar und es sind hier wohl verschiedene Rostpilzarten zu unterscheiden. Auf denselben Pflanzen, besonders häufig auf Taraxacum officinale, Lampsana und Lappa, kommt das Aecidium Compositarum *Mart.* vor; es bildet auf der Unterseite der Blätter isolierte, runde Gruppen, wo an der entsprechenden Stelle die Oberseite des Blattes mehr oder weniger gerötet ist. Nach Magnus brachten die Aecidiumsporen von Taraxacum, auf Hieracium gesäet, die Puccinia Compositarum hervor. Anderseits ist von einem auf Taraxacum vorkommenden Aecidium die Zugehörigkeit zu Puccinia sylvatica (s. u.) nachgewiesen. Ferner hat Schröter[2]) als **Puccinia Hieracii** *Schum.* eine Form bezeichnet, welche auf den obengenannten Compositen vorkommt und nach Schröter kein Aecidium haben soll, also der Puccinia suaveolens (S. 154) ähnelt und ihre Entwickelung mit Spermogonien beginnt, welche lokal auf schwieligen Erhabenheiten der überwinterten Blätter im Frühjahr entstehen, aber sehr bald durch die an derselben Stelle erscheinenden Uredohäufchen verdrängt werden, in denen auch schon Teleutosporen vorkommen. Der Pilz verbreitet sich dann durch Uredosporen, und erst vom August an erscheinen wieder Teleutosporen im Uredo oder in eigenen Häufchen. Uredo- und Teleutosporen sind denen der Puccinia Compositarum gleich. Endlich ist eine eigentümliche Form zu erwähnen, welche auf Centaurea montana vorkommt, die **Puccinia montana** *Fuckel.* Diese hat ähnlich wie Puccinia suaveolens (S. 154) zwei Generationen von Uredo- und Teleutosporen. Die im Frühjahr auftretenden Uredolager, in denen später Teleutosporen gebildet werden, sind über die ganze Blattfläche dicht verbreitet und die von ihnen bewohnten Pflanzen sind schmächtiger, bleicher, schmalblättriger als die gesunden und

---

[1]) Vergl. Schröter, Cohn's Beitr. z. Biol. d. Pflanzen III, Heft 1, pag. 77.

[2]) Cohn's Beitr. z. Biol. d. Pflanzen III, Heft 1, pag. 73.

meist steril; es kommen aber keine Spermogonien dabei vor. Die später erscheinenden kleinen Lager von Uredo- und Teleutosporen stehen in regellosen Gruppen auf unveränderten Blättern. Ob ein auf derselben Nährpflanze vorkommendes Äcidium in den Entwickelungsgang dieser Puccinia gehört, wie Winter[1]) annimmt, ist noch fraglich. — Winter (l. c.) trennt noch eine Puccinia Prenanthis ab, die auf Arten von Lactuca Prenanthes und Mulgedium sich findet und besonders wegen eines auf dieser Pflanze vorkommenden Äcidiums (Aecidium Prenanthes *Pers.*), welches Winter zu dieser Puccinia zieht, abweichend sein soll, weil dasselbe keine Peridienumhüllung besitze und nur mit einem kleinen, unregelmäßigen Loche am Scheitel sich öffne. — Schröter[2]) trennt auch noch Puccinia Cirsii lanceolati *Schröt.*, auf Cirsium lanceolatum, Puccinia Lampsanae *Fuckel*, auf Lampsana und Crepis paludosa, und Puccinia Crepidis *Schröt.*, auf Crepis virens und tectorum als äcidienbildende Arten ab.

Auf Tragopogon. 124. Puccinia Tragopogonis *Corda*, auf Tragopogon pratensis, ein von de Bary[3]) in seiner Entwickelung verfolgter Parasit. Derselbe hat ein Äcidium, dessen Mycelium im Frühling die ganze Pflanze durchzieht und über alle grüne Teile verbreitete Äcidien entwickelt. Die Äcidiumsporen auf Blätter gesäet, bringen hier ein streng lokalisiertes Mycelium hervor, welches die Teleutosporen ohne oder mit spärlicher Uredo entwickelt. Doch besteht hier keine strenge Scheidung auf verschiedene Individuen; ich fand auf denselben Pflanzen, die mit schon älteren Äcidien bedeckt waren, die Teleutosporenhäufchen. Letztere sind rund oder elliptisch, bleiben ziemlich lange von der Epidermis bedeckt und enthalten leicht sich ablösende, denen der Puccinia compositarum sehr ähnliche Sporen. Ganz ähnlich ist die Puccinia Podospermi *DC.* auf Podospermum, Scorzonera und Rhagadiolus, die aber nach Schröter[4]) regelmäßig und reichlich Uredo bildet.

Auf Artemisia etc. 125. Puccinia discoïdearum *Link* (Puccinia Artemisiarum *Duby.*, Puccinia Tanaceti *DC.*), auf den Blättern von Artemisia Dracunculus, Artemisia Absinthium und vulgare, Tanacetum vulgare und Chrysanthemum in kleinen, rundlichen, braunen Uredohäufchen und in ebensolchen, schwarzen, aus der Epidermis hervorbrechenden Häufchen von Teleutosporen, welche derbwandig, ziemlich lang gestielt sind und der Unterlage fest aufsitzen. Die vom Pilze befallenen Blätter verfärben sich allmählich und vertrocknen. Mit diesem Parasit ist vielleicht identisch der Sonnenrosenrost, Puccinia helianthi (*Alb. et Schw.*). Derselbe ist in Nordamerika auf Helianthus annuus und tuberosus seit langer Zeit bekannt, zeigt sich aber seit 1866 epidemisch und verheerend im südlichen Rußland auf den dort im Großen zur Ölgewinnung gebauten Sonnenrosen und verbreitet sich seitdem westwärts, hat sich in Italien, Ungarn und Schlesien und auch anderwärts in Deutschland gezeigt. Seine Sporen stimmen mit dem eben genannten überein, nur sind die Sporenhäufchen entsprechend größer; dieselben erscheinen auf den Laub- und Hüllblättern der Sonnenrose, und die befallenen Teile werden vorzeitig welk, schwarz und vertrocknen. Woronin[5]) hat den

[1]) l. c. pag. 208.

[2]) Kryptogamenflora Schlesiens. Pilze, pag. 313—319.

[3]) Recherches sur les champ. parasites. Ann. sc. nat. sér., 4. T. XX.

[4]) l. c. pag. 79.

[5]) Bot. Zeitg. 1872, Nr. 38 u. 39.

Entwickelungsgang dieses Pilzes vollständig verfolgt: die Teleutosporen keimen leicht im Frühlinge des nächsten Jahres, schwerer schon im Juli, nicht mehr im zweiten Jahre. Auf Sonnenrosenblättern bringen sie ein von Spermogonien begleitetes Äcidium hervor; aus den Sporen dieses entwickelt sich auf derselben Nährpflanze sogleich die Uredo- und Teleutosporengeneration. Man hielt den Sonnenrosenrost früher für eine eigene Spezies. Woronin[1]) hat nun aber junge Pflänzchen der Sonnenrosen durch Teleutosporen der Puccinia discoïdearum von Tanacetum vulgare angesteckt; es bildeten sich Äcidien, und aus den Sporen dieser entwickelte sich das Mycelium mit den Uredohäufchen. Auch an den eben genannten Nährpflanzen hat man ein Äcidium beobachtet, welches im Frühling den Sommer- und Teleutosporen vorangeht. Trotz dieses Nachweises bezweifelt Schröter[2]), daß durch diese Puccinien der eigentliche Sonnenrost erzogen werden könne, der vielmehr eine Kulturvarietät zu sein und nur schwer auf andre Pflanzen überzugehen scheine, indem er betont, daß im Westen Deutschlands, bis wohin der Sonnenrost noch nicht vorgedrungen, trotz der großen Verbreitung des Rostes auf Tanacetum und Artemisia die Sonnenrose intakt bleibe. Zur Verhütung dieser gefürchteten Krankheit muß man die alten, rostigen Stengel und Blätter der Sonnenrosen verbrennen, und es mag auch geraten sein, die Unkräuter, welche Nährpflanzen dieser Puccinie sein könnten, von den Äckern zu entfernen; auch muß man die Blätter mit den etwa sich zeigenden ersten Äcidien im Frühling sorgfältig abpflücken.

B. Heteröcische Arten.

126. Der gemeine Getreide- oder Grasrost, Puccinia graminis *Pers.*, der gewöhnlichste Rost an unserm Getreide, nämlich am Roggen, Weizen, Gerste, Hafer, und zwar an allen Arten dieser Cerealien, außerdem an vielen Gräsern, besonders häufig an Triticum repens, Lolium perenne, Dactylis glomerata, Agrostis vulgaris. Dieser Pilz scheint mit den Gramineen über die ganze Erde verbreitet zu sein; so ist er auch in Nordamerika an Gräsern wie an Ceralien, desgleichen am Kap der guten Hoffnung sowie auf dem Weizen in Indien gefunden worden. In unsern Gebirgen geht er mit dem Getreide bis an dessen obere Grenze. Er siedelt sich in allen grünen Teilen seiner Nährpflanze an, am reichlichsten an den Blattflächen und Scheiden. Zuerst erscheinen die Häufchen der Uredosporen: meist in großer Zahl über die Oberseite, bisweilen auch über die Unterseite des Blattes zerstreute, längliche bis strichförmige, den Nerven parallele, rostrote, pulverige Häufchen, welche durch die Epidermis hervorbrechen (Fig. 24). Rings um dieselben bildet sich in der Blattsubstanz ein schmaler, gelber oder mißfarbiger Hof, der das Absterben des Gewebes an dieser Stelle anzeigt. Oder das umgebende Gewebe erhält sich wohl auch lange grün, und nur die von den Sporenhäufchen eingenommenen Stellen selbst haben erkranktes Gewebe. Nicht selten sind alle Blätter befallen. Ist dies schon in einer frühen Entwickelungsperiode der Fall, wo die Pflanze der Thätigkeit der Blätter noch bedarf, so ist eine kümmerliche Entwickelung der Ähre und mangelhafte oder selbst ganz unterdrückte Bildung der Körner die Folge. Aber der Pilz selbst kann sich auf die oberen Teile des Halmes und

Puccinia graminis, Getreiderost.

[1]) Bot. Zeitg. 1875, pag. 340.

[2]) Hedwigia 1875, pag. 181.

sogar bis in den Blütenstand, besonders auf die Spelzen verbreiten und dann bringt er auch hier dieselbe Krankheit wie an den Blättern hervor und trägt noch viel mehr zu einem Mißraten der Körner bei. Je nach der Entwickelungsperiode der Pflanze, in welcher der Parasit in sie gelangt, ist also die Schädigung in der Körnerproduktion größer oder geringer. Die Uredosporen haben länglich runde oder elliptische Gestalt, sind ungefähr 0,036 mm lang, 0,018 mm breit; die Keimporen befinden sich auf der Mitte der längeren Seiten. Der Uredozustand dieses Rostes führte früher den Namen **Uredo linearis** *Pers.* Die leichte Ausbreitung des Pilzes und der Krankheit von Pflanze zu Pflanze, von Acker zu Acker erklärt sich aus der Leichtigkeit, mit welcher diese Sommersporen durch den Wind und durch Insekten verbreitet werden können, aus der ungeheuren Anzahl, in der sie gebildet werden (in dem Sporenhäufchen gehen auf die Länge eines Millimeters ungefähr 50 in einer Reihe nebeneinanderstehender Sporen) und aus der schnellen Keimung. In Wassertropfen erfolgt letztere schon in wenigen Stunden; ein starker Tau, ein schwacher Regen genügt dazu. Späterhin, wenn die Sporenbildung in den Uredohäufchen nachläßt, brechen die schwarzen, strichförmigen Häufchen der Teleutosporen durch die Epidermis hervor; manche bilden sich an derselben Stelle, wo ein Uredoräschen stand, so daß nach Verschwinden der roten Sporen an derselben Stelle die Teleutosporen erscheinen. Beim Getreide stehen die meisten schwarzen Sporenhäufchen auf den untersten Blattscheiden und Halmgliedern, so daß nach der Ernte die Mehrzahl derselben auf der Stoppel zurückbleibt. Bei niedrigeren Gräsern, deren dürre Halme über Winter stehen bleiben, sind sie gleichmäßiger, selbst bis in die Ähre verbreitet (z. B. bei **Triticum repens**). Die Teleutosporen sind von ungefähr verkehrt eiförmiger Gestalt, mit ziemlich regelmäßig rund gewölbtem Scheitel und einem Stiel ungefähr von der Länge der Spore (Fig. 24, D). Das zum gemeinen Getreiderost gehörige Äcidium ist nach den Untersuchungen de Bary's[1]) das **Accidium Berberidis** *Pers.* auf der Berberitze oder dem Sauerdorn, auf dessen Blättern und jungen Früchten es durch die von den Teleutosporen erzeugten Sporidien im Frühling hervorgerufen wird. Die zahlreichen, kleinen, orangegelben Becherchen sitzen an der Blattunterseite in Gruppen auf polsterartig verdickten, gelben Stellen (Fig. 26, A), die an der oberen Blattseite durch eine Rötung des Gewebes bezeichnet sind; und an dieser Seite stehen die kleinen punktförmigen Spermogonien, von denen oft auch welche an der Unterseite in der Peripherie der Äcidiengruppe sich befinden. Eine genauere Beschreibung dieses Pilzzustandes ist S. 135 (Fig. 26) gegeben worden. Ebenfalls durch de Bary ist nachgewiesen, daß wenn die Äcidiumsporen der Berberitze auf Blättern von Gramineen gelangen und keimen, und die Keimschläuche in die Blätter eindringen, dort wieder der eigentliche Getreiderost aus ihnen hervorgeht. Dadurch wurde die wissenschaftliche Bestätigung und Erklärung geliefert für die vielfach, besonders in England gemachte Erfahrung, daß da, wo Berberitzensträucher in der Nähe von Getreidefeldern häufig sind, das Getreide stark von Rost zu leiden hat, was

[1]) Neue Untersuchungen über Uredineen. Monatsber. d. Berliner Akad. 1865. — Vergl. auch dessen Morphologie u. Physiol. d. Pilze &c. Leipzig 1866, pag. 184 ff.

man schon früher mit dem Rostpilze auf den Blättern dieses Strauches in Zusammenhang gebracht hat[1]). Nach Plowright[2]) gehört auch das auf Mahonia aquifolia vorkommende Äcidium hierher. In den getreidebauenden Gegenden hat fast jede Berberize im Frühling den Pilz; die unter und neben solchen Sträuchern wachsenden Gräser bedecken sich besonders reich mit Rost, und die hier gebildeten Uredosporen können dann weiter ihren Weg auf entferntere Nährpflanzen finden. Wenn in den Wintersaaten das Mycelium überwintern könnte, so würde das erste Erscheinen der getreidebewohnenden Generation des Schmarotzers in jedem Jahre auch ohne das Äcidium der Berberize möglich sein. Doch fehlt es dafür an einem eigentlichen Beweis; nach de Bary's Erfahrungen ist es nicht der Fall. Ich habe auch in den perennierenden Teilen von Triticum repens, dessen alte Halme ganz von Rost bedeckt waren, im Winter kein Mycelium gefunden. Die Notwendigkeit des Äcidiumzustandes für den Getreiderost ist indessen durch Plowright[3]) zweifelhaft gemacht worden. Derselbe glaubt durch den folgenden Versuch zu der Annahme berechtigt zu sein, daß die Sporidien des Promyceliums auch direkt auf die Gramineen übergehen können. Er säete in Blumentöpfen, die unter Glasglocken gehalten wurden, Weizen und legte auf die Erde der Blumentöpfe vorjährige Strohreste, welche reichlich Teleutosporen von Puccinia graminis trugen. Nur die in dieser Weise infizierten Weizenpflanzen bekamen Rost in Form von Uredo, die nicht infizierten nicht. Das Eindringen der Keimschläuche ist dabei allerdings nicht beobachtet worden. Plowright weist auch auf die Thatsache hin, daß Puccinia graminis in Gegenden vorkommt, die gar keine Berberizen haben.

Die Vorbeugungsmaßregeln gegen diesen Getreiderost werden sein: Vernichtung der mit Teleutosporen besetzten Strohhalme und Stoppeln durch Verbrennen, Vertilgung des Sauerdorns in den getreidebauenden Gegenden; Beseitigung der Feldraine, weil auf den Gräsern derselben (besonders Triticum repens und Lolium perenne) der Rost sich reichlich anzusiedeln pflegt, so daß von hier aus das Getreide angesteckt werden kann. Ein Mittel gegen den Rost ist die Auswahl derjenigen Varietäten zum Anbau, die sich in der betreffenden Gegend widerstandsfähiger gegen die Krankheit gezeigt haben. Ein solches ungleiches Verhalten einzelner Sorten läßt sich in der That beobachten. So ist besonders der Sommerroggen sehr zum Rost geneigt; er wird manchmal während der Bestockung so befallen und zerstört, daß es zu keiner Halmbildung kommt. Ich habe beobachtet, daß Sommerroggen vollständig in dieser Weise befallen, unmittelbar danebenstehender Winterroggen sowie andre Halmfrüchte so gut wie völlig rostfrei waren. Nach den Anbauversuchen von Werner und Körnicke[4]) in Poppelsdorf haben sich als widerstandsfähig besonders der rheinische Roggen und der Correns-Staudenroggen, stark befallbar der große russische, der Garde du Korps-Roggen und der römische Roggen erwiesen. Was den Weizen anlangt, so wird dem englischen Weizen sowie dem Spelt im allgemeinen größere Widerstandsfähigkeit als dem gemeinen Weizen zuge-

[1]) Vergl. Meyen, Pflanzenpathologie, pag. 133—135.
[2]) Proc. of the Roy. Soc. XXXVI, 1883/4, pag. 1.
[3]) Gardeners Chronicle 9. September 1882.
[4]) Fühling's landw. Zeitg. 1878, Heft 12.

11*

schrieben[1]). Werner, Körnicke und Havenstein[2]) geben nach ihren vergleichenden mehrjährigen Versuchen in Poppelsdorf als die widerstandsfähigsten Weizensorten den Kessingland-Weizen und den Spalding's prolific Wheat an. Als gegen Rost widerstandsfähige Gerstensorten geben Werner und Körnicke[3]) die Gold-Melone, Prima-Donna und die frühe vierzeilige Oderbruch-Gerste an. Nach Strebel's Beobachtungen in Hohenheim erwiesen sich am meisten rostig Frankensteiner, Probsteier und schwedischer samtartiger Weizen, sowie alle Roggensorten, wenig befallen Mainstag-, Sandomir-, Mold's-, Kolossal-, Hybrid-, Goldtropfen-, Hallets-Weizen, sowie tyroler und weißer Vogelsdinkel, fast oder ganz rostfrei Shiriff's quare head, deutscher Juliweizen, schwarzer Winteremmer und Wintergerste. Nach Brümmer waren dagegen in Kappeln sehr stark befallen Shiriff's quare head, Kaiserweizen, cujavischer Weizen, Mold's veredelter Weißweizen, Probsteier-, Sandomir-, Spelz-, Seeländerweizen, Victoria d'automne, Golden trop, Hallet's pedigree white, Hallet's geneologischer Nursery, schottischer blutroter Weizen ꝛc., wenig befallen: Richelle blanche de Naples, Poulard blanc nisson Tangerock, Chiddam und Rivett's Grannenweizen[4]). Übrigens kann auch eine in der Jugend stark von Rost befallene Getreidepflanze entgegen der gewöhnlichen Regel, wonach dann der Rost sich auch bis auf die oberen Teile und die Ähre der Pflanze fortsetzt, in späterer Entwickelungsperiode den Rost gleichsam verlieren, indem nach den getöteten und abgetrockneten unteren Blättern die oberen Blätter und die Ähren rostfrei und ganz gesund zur Entwickelung kommen. Einen solchen Fall erwähnt Sorauer[5]), wo nach einem starken Gewitterregen diese Wendung eintrat. Für solche und ähnliche Beobachtungen fehlt es natürlich noch immer an einer Erklärung.

Unter den übrigen im Kulturverfahren liegenden Faktoren ist besonders die rostbegünstigende Wirkung einer reichlichen Stickstoffgabe hervorgetreten; insbesondere wird übereinstimmend von zahlreichen Landwirten behauptet, daß die Kopfdüngung mit Chilisalpeter das Getreide rostig macht, und daß die gleichen Sorten unter sonst gleichen Verhältnissen zu gleicher Zeit gebaut, ohne Chili-Kopfdüngung gesund bleiben[6]). Mehrfach hat sich auch frühe Saat als Vorbeugungsmittel gegen den Rost erwiesen.

Puccinia striaeformis, Getreiderost.

127. Puccinia striaeformis *Westend.* (Puccinia straminis *Fuckel*, Puccinia Rubigo vera *Winter*), eine andre Art Getreiderost, nicht selten auf Roggen, Weizen und Gerste, wo sie bisweilen auch zusammen mit der vorigen auftritt, sowie auf wildwachsenden Gräsern, unter denen Bromus mollis am häufigsten davon befallen wird. Dieser Rost stimmt in seinen Erscheinungen mit dem vorigen überein und unterscheidet sich nur in folgendem. Die Uredosporen haben ziemlich genau kugelrunde Gestalt und bilden durchschnittlich kleinere, meist minder langgestreckte Häufchen; sie stellen den früher Uredo rubigo vera *DC.* genannten Pilz dar. Die ziemlich ebenso kleinen, schwarzen Teleutosporenhäufchen sind hier dauernd von

[1]) Vergl. Fühling's landw. Zeitg. 1871, pag. 678.
[2]) Centralbl. f. Agrikulturchemie 1878, pag. 838.
[3]) Fühling's Landw. Zeitg. 1879, Heft 3.
[4]) Biedermann's Centralbl. f. Agrikulturchemie 1885, pag. 189.
[5]) Pflanzenkrankheiten. 2. Aufl. II, pag. 221.
[6]) Vergl. Sorauer in Zeitschr. f. Pflanzenkrankheiten II. 1892, pag. 219.

der Epidermis bedeckt und sehen daher nur wie schwarze Flecken der Blattsubstanz aus. Die Teleutosporen sind durch ihren sehr kurzen Stiel ausgezeichnet, ungefähr keulenförmig, der Scheitel nicht gerundet, sondern bald breit abgestutzt, bald unregelmäßig zugespitzt, infolge des Raummangels unter der Epidermis (Fig. 28). Das zugehörige Äcidium ist nach de Bary's Infektionsversuchen[1]) das Aecidium asperifolii *Pers.*, welches auf den Blättern vieler Asperifoliaceen, besonders auf Anchusa officinalis, Borago officinalis, Lycopsis arvensis, Cynoglossum officinale etc., sehr ähnlich dem der Berberitze in großen, gelben, polsterförmigen Flecken auftritt. Von diesem Schmarotzer ist es gewiß, daß er im Uredozustande in jungen Gramineen überwintert, daß also Wintersaaten schon vom Herbste her mit dem Schmarotzer in den Frühling kommen können. Das Äcidium ist daher nicht unbedingt erforderlich für das Wiedererscheinen im Frühling; um so mehr müßte gegen die diesen Rost tragenden, wildwachsenden Gräser in der Nähe der Getreideäcker vorgegangen werden, denn Bromus mollis trägt häufig zur Zeit der Herbstbestellung noch ungemein reichlich den Uredozustand dieses Pilzes. Aber auch jene Asperifoliaceen müssen, insofern sie die Nährpflanzen des Äcidiums sind, als dem Getreidebau schädliche Pflanzen gelten.

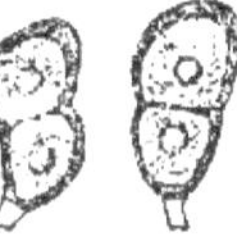

Fig. 28.
Teleutosporen von **Puccinia striaeformis** von zweizeiliger Gerste; 200fach vergrößert.

In Indien, wo dieser Rost der gewöhnlichste auf Weizen und häufiger als **Puccinia graminis** ist, soll es nach Barclay[2]) kein Äcidium auf den Asperifoliaceen geben, ebensowenig wie in den indischen Weizendistrikten, wo auch **Puccinia graminis** auftritt, Berberitzen vorhanden sind, sodaß also die Lebensweise der Getreideroste in Indien möglicherweise eine ganz andre als in Europa ist.

128. **Puccinia coronata** *Corda*, den Kronenrost, die dritte Art Getreiderost, die jedoch unter dem Getreide vielleicht auf den Hafer beschränkt ist (Haferrost), auf diesem aber sehr häufig allein oder auch mit **Puccinia graminis** zusammen den Rost bildet; außerdem befällt sie auch viele Gräser, besonders häufig **Holcus lanatus, Calamagrostis epigeios, Aira caespitosa, Lolium perenne** etc. Im Uredozustande ist sie nicht von der **Puccinia straminis** zu unterscheiden. Die Teleutosporenhäufchen bleiben ebenfalls von der Epidermis überzogen, sie sind durchschnittlich etwas größer als bei jener, und es ist für sie charakteristisch, daß sie vorwiegend, wenn auch nicht ausschließlich, an den Blattflächen, auf beiden Seiten derselben auftreten, so daß da, wo dieser Parasit mit **Puccinia graminis** auftritt, besonders am Hafer, die Teleutosporenlager beider Pilze zum größten Teil auf Blattfläche und Blattscheide getrennt sind. Der wichtigste Unterschied liegt in der Form der Teleutosporen; diese sind sehr kurz gestielt, ungefähr keulenförmig und am Scheitel mit einer Krone aus mehreren unregelmäßigen, zacken- oder dornförmigen Fortsätzen der Sporenmembran versehen (Fig. 29). De Bary (l. c.) hat das zu diesem Rost gehörige

Puccinia coronata. Haferrost.

---

[1]) Neue Untersuchungen über Uredineen. 2. Mitteilung, Monatsber. d. Berliner Akad. 19. April 1866.

[2]) The Journ. of Botany British and Foreign. 1892, No. 349.

Äcidium in dem **Aecidium Rhamni** *Pers.* gefunden. Dasselbe wächst auf **Rhamnus cathartica** und **Frangula** und vielleicht noch auf andern Arten dieser Gattung, sowohl an erwachsenen Pflanzen wie an jungen Sämlingen. Es tritt sowohl auf den Blättern in dicken Polstern, besonders an den Rippen, als auch auf Blattstielen, Zweigen, Blütenstielen und allen Blütenteilen auf. Die letztgenannten Organe erleiden dabei eine bedeutende Hypertrophie und Mißbildung; sie schwellen um das Mehrfache ihres Querdurchmessers an, wobei sie sich oft unregelmäßig krümmen, die Blütenteile vergrößern sich in allen Dimensionen bedeutend. Die ganze Oberfläche der hypertrophierten Teile bedeckt sich dicht mit den gelbroten Äcidienbecherchen. Für diesen Getreiderost spielen also die genannten Arten Kreuzdorn, die

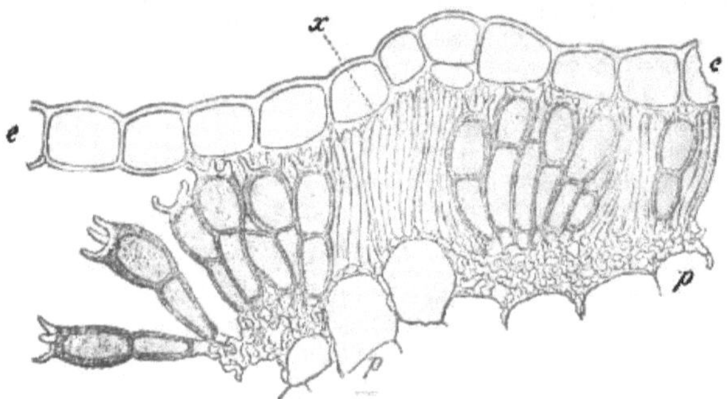

Fig. 29.
Teleutosporenlager von **Puccinia coronata;** Stück eines Durchschnittes durch ein Haferblatt, wo man die Teleutosporen unterhalb der nicht durchbrochenen Epidermis e, zwischen dieser und den Mesophyllzellen des Blattes p stehen sieht; bei x unausgebildet gebliebene, ebenfalls gebräunte Teleutosporen. 480fach vergrößert.

auch wirklich in manchen Jahren epidemisch vom Äcidium befallen sind, dieselbe Rolle wie der Sauerdorn für die **Puccinia graminis**. Nach Barclay[1]) kommt der Kronenrost im Himalaya auf **Brachypodium sylvaticum**, **Piptatherum holciforme** und auf **Festuca gigantea** und das dazu gehörige Äcidium auf **Rhamnus dahurica** vor. Neuerdings hat Klebahn[2]) auf Grund seiner und andrer Forscher Übertragungsversuche die Ansicht ausgesprochen, daß man in der **Puccinia coronata** zwei verschiedene Arten vor sich habe; die eine, welche auf dem Hafer, auf **Arrhenatherum elatius**, **Festuca elatior**, **Lolium perenne** etc. vorkommt, bilde das Äcidium auf **Rhamnus cathartica** und andern Arten außer auf **Rhamnus Frangula**; die zweite, welche besonders **Dactylis glomerata**, **Festuca sylvatica** und wohl noch andere Gräser bewohnt, stehe mit dem Äcidium auf **Rhamnus Frangula** in Generationswechsel. Ich habe den oben bei **Puccinia graminis** erwähnten Versuch Plowright's (pag. 163) mit **Puccinia coronata** angestellt, indem ich im

[1]) Transact. of the Linn. Soc. of London, 6. Dez. 1891.
[2]) Zeitschr. f. Pflanzenkrankh. II. 1892, pag. 340.

April überwintertes und eben in der Keimung begriffenes Teleutosporenmaterial zwischen und auf Keimpflanzen von Hafer, der unter Glocke wuchs, legte, aber ohne Rost auf dem Hafer erzeugen zu können.

129. **Puccinia sessilis** *Schneider*, auf Blättern von **Phalaris arundinacea**, in zahlreichen sehr kleinen Häufchen, die Teleutosporen von der Epidermis bedeckt, fast stiellos, keilförmig, mit abgestutztem Scheitel. Nach Winter[1]) gehört hierzu **Aecidium alii ursini** *Pers.*, auf den Blättern des **Allium ursinum**. Dagegen giebt Plowright[2]) an, daß ihm mit einer von **Puccinia sessilis** nicht unterscheidbaren Form in England die Übertragung auf **Allium ursinum** nicht gelungen sei; dagegen hat er eine abweichende, von ihm als **Puccinia Phalaridis** *Plowr.* bezeichnete Form auf **Arum maculatum** übertragen können und das **Aecidium Ari** daraus entstehen sehen, wie auch umgekehrt aus dem letzteren wieder die **Puccinia Phalaridis** erzeugen können. Dietel[3]) nimmt auf Grund seiner Versuche an, daß **Phalaris arundinacea** zwei morphologisch kaum unterschiedene Puccinien besitzt, deren eine mit dem Äcidium auf **Arum**, deren andere mit dem auf **Allium ursinum** zusammengehört. Auf Phalaris.

Ferner wird von Soppitt[4]) eine **Puccinia Digraphidis** *Sopp.* auf **Phalaris arundinacea** unterschieden, welche mit dem **Aecidium Convallariae** *Schum.* auf **Convallariae majalis, Polygonatum** und **Majanthemum** im Generationswechsel befunden wurde, was auch Klebahn[5]) bestätigte. Später hat Plowright[6]) noch eine Puccinie auf **Phalaris arundinacea** in England beobachtet, aus welcher er das Äcidium auf **Paris quadrifolia** erziehen konnte, welche aber weder auf **Allium** noch auf **Convallaria** noch auf **Arum** übertragbar war. Im Widerspruch damit steht wiederum die Angabe Carlisle's[7]), wonach das Äcidium von **Paris** in genetischer Beziehung zu einer auf **Bromus asper** vorkommenden, als **Puccinia intermixta** *Carlisle* bezeichneten Teleutosporenform gehöre.

130. Der Schilfrost, **Puccinia arundinacea** *Hedw.* (**Puccinia Phragmitis** *Schum.*), auf Blattflächen und Scheiden von **Phragmites communis** und **Arundo Donax** mit ziemlich großen, elliptischen und linienförmigen braunen Uredo- und ebensolchen, schwarzen, unbedeckten, polsterförmigen Teleutosporenhäufchen auf beiden Blattseiten. Die Teleutosporen sind länglich, ziemlich gleichhälftig zweizellig, an der Querscheidewand eingeschnürt, mit sehr langen Stielen. Winter[8]) hat durch Infektionsversuche gezeigt, daß aus den Teleutosporen dieses Schilfrostes das **Aecidium rumicis** *Schlechtend.* auf **Rumex Hydrolapathum**, und aus den Sporen dieses wieder der Rost auf dem Schilfrohr entstehen. Rostrup[9]) berichtet, er habe aus dieser Puccinie Auf Phragmites

---

1) Bot. Zeitg. 1875, pag. 371.
2) Extracted from the Linnean Societys Journal Botany. 4. Mai 1887.
3) Hedwigia 1890, pag. 149.
4) Journ. of Botany. 1890, pag. 213.
5) Zeitschr. f. Pflanzenkrankh. II. 1892, pag. 342.
6) Gardeners Chronicle, 30. Juli 1892.
7) Gard. Chronicle 1890, pag. 270.
8) Botan. Zeitg. 1875, pag. 693.
9) Nogle nye Jagttagelser angaaende heteroeciske Uredineer. Kopenhagen 1884.

auch auf verschiedenen Arten von Rheum Äcidien erhalten. Dasselbe wird auch von Plowright[1]) angegeben.

Auf Phragmites. 131. Puccinia Magnusiana *Kcke.*, auf Phragmites communis, von der auf derselben Pflanze vorkommenden Puccinia arundinacea durch die kleinen, orangegelben Uredohäufchen und die kleinen, nur wenig polsterförmigen, sondern punkt- oder strichförmigen Teleutosporenlager unterschieden. Plowright[2]) giebt an, daß Puccinia Magnusiana das Äcidium auf Ranunculus repens erzeuge, was aber auch Uromyces Poae (S. 145) thun soll. — Auf dem Schilfrohr kommen übrigens noch andre Roste vor. So hat Plowright noch eine Art unterschieden, Puccinia Trailii *Plowr.*, welche ihr Äcidium nur auf Rumex Acetosa, nicht auf den andern Rumex-Arten bilden soll. Weiter sind zwei afrikanische Arten von Schilfrosten auf Phragmites und Arundo beschrieben worden, deren Äcidien aber bis jetzt noch nicht bekannt sind, nämlich Puccinia Trabuti *Roum. et Sacc.*, in Algier, und Puccinia torosa *Thüm.*, am Kap, endlich auch noch eine australische Art: Puccinia Tepperi *Ludwig*, welche in Australien neben Puccinia Magnusiana vorkommt[3]).

Auf Poa. 132. Puccinia Poarum *Nielsen*, auf Poa annua, pratensis und nemoralis; Teleutosporen sehr kurz gestielt, von der Epidermis bedeckt bleibend. Nach den von Nielsen[4]) angestellten Infektionsversuchen steht dieser Rost mit dem Aecidium Tussilaginis *Pers.*, das häufig auf Tussilago farfara vorkommt, im Generationswechsel.

Auf Sesleria. 133. Puccinia Sesleriae *Reichardt*, auf Sesleria coerulea, wozu nach Reichardt[5]) ein auf Rhamnus saxatilis vorkommendes Äcidium gehört.

Auf Molinia. 134. Puccinia Moliniae *Tul.*, auf Molinia coerulea, die Teleutosporen in polsterförmig hervorbrechenden Lagern. Dazu gehört das Aecidium Orchidearum *Desm.*, auf Orchis militaris und Listera ovata.

Auf Alopecurus. 135. Puccinia perplexans *Plowr.*, auf Alopecurus pratensis, Arrhenatherum elatius und Poa, soll nach Plowright (l. c.) mit einem Aecidium auf Ranunculus acris im Generationswechsel stehen.

Auf Agrostis. 136. Puccinia Agrostidis *Plowr.*, auf Agrostis vulgaris und alba in England. Plowright[6]) hat durch Infektionsversuche den Zusammenhang dieses Pilzes mit dem Aecidium Aquilegiae *Pers.* auf Aquilegia nachgewiesen.

Auf Festuca. 137. Puccinia Festucae *Plowr.*, auf Festuca ovina und duriuscula in England, von Plowright (l. c.) als zu Aecidium Periclymeni *Schum.* auf verschiedenen Arten von Lonicera gehörig nachgewiesen.

Auf Chrysopogon. 138. Puccinia Chrysopogonis *Barcl.*, auf Chrysopogon Gryllus bei Simla im Himalaya. Nach Barclay[7]) gehört hierzu das Aecidium Jasmini *Barcl.*, auf Jasminum humile.

---

1) Botan. Jahresber. 1883 I, pag. 384.
2) Botan. Centralbl. XXIII. 1885, Nr. 1.
3) Vergl. Ludwig in Zeitschr. f. Pflanzenkrankheiten II. 1892, pag. 130.
4) Citiert in Just, bot. Jahresber. f. 1877, pag. 127.
5) Verhandl. k. k. zool.-bot. Gesellsch. Wien 1877, pag. 841.
6) Gardeners Chronicle 1890, pag. 41.
7) Transact. of the Linn. Soc. 6. Dez. 1891.

139. Puccinia persistens *Plowr.*, auf Triticum repens in England. Plowright[1]) zieht hierzu ein Äcidium auf Thalictrum flavum und minor. — Auf Triticum repens.

140. **Puccinia caricis** *DC.*, auf verschiedenen Arten von Carex, besonders Carex pseudo-cyperus, riparia und paludosa, an den Blattflächen, welche rings um jedes Sporenhäufchen sich gelb oder braun verfärben. Die kleinen, kurzen, durch die Epidermis hervorbrechenden Uredo- und Teleutosporenhäufchen erscheinen beide hauptsächlich auf der Unterseite des Blattes. Die Uredosporen sind länglich-eiförmig, die Teleutosporen kurzgestielt, keilförmig, am Scheitel mit sehr starker Membranverdickung. Nach Magnus[2]) und Schröter[3]) steht mit diesem Rost das Aecidium urticae *DC.*, im Generationswechsel, welches auf den Blattnerven, Blattstielen und Stengeln von Urtica dioica, urens und pilulifera vorkommt und an diesen Teilen starke Hypertrophien, Anschwellungen und Krümmungen veranlaßt. In Carex soll die Puccinie nach Schröter perennieren. Später ist es Schröter[4]) gelungen, die auf den oben angeführten Carex-Arten vorkommende Puccinia auf Urtica zu übertragen, wonach also alle diese Formen zu einer und derselben Spezies gehören würden. — Auf Carex pseudocyperus etc.

141. **Puccinia silvatica** *Schröt.*, auf Carex brizoides und divulsa. Aus diesem Pilz konnte Schröter (l. c.) ein Äcidium auf Taraxacum officinale erziehen, während auch umgekehrt durch Aussaat dieser Äcidiumsporen auf Carex brizoides hier wieder Rost hervorgerufen wurde. Klebahn[5]) hat diese Puccinie auch auf Carex arenaria angetroffen und sie von dieser Nährpflanze auf Taraxacum übertragen können. Nun ziehen aber auf Grund von Kulturversuchen Schröter[6]) das Äcidium auf Senecio nemorensis und Dietel[7]) dasjenige auf Lappa officinalis ebenfalls zu Puccinia silvatica. — Auf Carex brizoides und divulsa.

142. **Puccinia Dioecae** *Magn.*, auf Carex dioica und Davalliana Das Äcidium ist nach Rostrup (l. c.) das Aecidium Cirsii *DC.*, auf Cirsium, Serratula und Saussurea. — Auf Carex dioica und Davalliana.

143. **Puccinia Vulpinae** *Schröt.*, auf Carex vulpina mit dem Äcidium auf Tanacetum nach Schröter[8]). — Auf Carex vulpina.

144. **Puccinia tenuistipes** *Rostr.*, auf Carex muricata; das Äcidium soll auf Centaurea Jacea vorkommen[9]). — Auf Carex muricata.

145. **Puccinia limosae** *Magnus*, auf Carex limosa. Diesen Rost konnte Magnus[10]) aus Sporen eines Aecidium auf Lysimachia vulgaris, welche an derselben Stelle wuchs, erzeugen. — Auf Carex limosa.

---

[1]) Monogr. of British Uredineae, London 1889, pag. 180.

[2]) Sitzungsber. des Ver. naturf. Freunde zu Berlin, 17. Juni 1873.

[3]) Schles. Gesellsch. f. vaterl. Kultur, 6. November 1873. Desgl. Cohn's Beitr. z. Biol. d. Pfl. III., pag. 1 ff.

[4]) Cohn's Beitr. z. Biol. d. Pfl. III. 1. Heft, pag. 57.

[5]) Zeitschr. f. Pflanzenkrankh. II. 1892, pag. 336.

[6]) Schlesiens Pilze I, pag. 328.

[7]) Österr. bot. Zeitschr. 1889, Nr. 7.

[8]) Pilze Schlesiens, pag. 330.

[9]) Vergl. Rostrup, Hedwigia 1887, pag. 180. Schröter, Pilze Schlesiens, pag. 329.

[10]) Tageblatt d. Naturf.-Vers. zu München 1877, pag. 199.

Auf Carex arenaria. 146. **Puccinia arenariicola** *Plowr.*, auf **Carex arenaria** in England, wurde von Plowright[1]) aus dem **Aecidium Centaureae** auf **Centaurea nigra** durch Infektion erhalten, wie auch umgekehrt aus der **Puccinia** dieses Äcidium wieder erzeugt werden konnte, während auf **Urtica** kein Äcidium daraus entstand. Dagegen konnte auch Plowright aus **Puccinia caricis** das **Aecidium urticae** erzeugen.

Auf Carex arenaria. 147. **Puccinia Schoeleriana** *Plowr.*, auf **Carex arenaria** in England. Plowright[1]) konnte aus diesem Pilze das **Aecidium Jacobaeae** *Grev.* auf **Senecio Jacobaea** hervorbringen, während **Centaurea** den Pilz nicht annahm.

Auf Carex vulgaris etc. 148. **Puccinia paludosa** *Plowr.*, auf **Carex vulgaris, stricta, fulva** in England, soll nach Plowright (l. c.) zu einem Äcidium auf **Pedicularis palustris** gehören.

Auf Carex extensa. 149. **Puccinia extensicola** *Plowr.*, auf **Carex extensa** in England, soll nach Plowright (l. c.) zu einem Äcidium auf **Aster Tripolium** gehören.

Auf Eriophorum 150. **Puccinia Eriophori** *Thüm.*, auf **Eriophorum angustifolium**, mit welchem Rostrup (l. c.) ein auf **Cineraria palustris** auftretendes Äcidium im Generationswechsel stehend vermutet.

Auf Scirpus. 151. **Puccinia Scirpi** *DC.*, auf **Scirpus**, soll nach Chodat[2]) zu **Aecidium Nymphoidis** *DC.* gehören.

F. Arten unbekannter Stellung, ohne Äcidium und Uredo.

Auf Gladiolus 152. **Puccinia Gladioli** *Cast.*, auf **Gladiolus**-Arten in Frankreich und Algier und auf **Romulea ramiflora** in Italien.

Auf Tulipa. 153. **Puccinia Prostii** *Moug.*, auf **Tulipa silvestris** und **Celsiana** in Frankreich und Italien.

Auf Ornithogum. 154. **Puccinia Ornithogali** *Hazsl.*, auf **Ornithogalum Borschianum** in Ungarn.

Auf Scilla. 155. **Puccinia Scillae** *Link.*, auf **Scilla bifolia** in Ungarn.

Auf Polygonum. 156. **Puccinia Fagopyri** *Bard.*, auf den Blättern von **Polygonum Fagopyrum** in Simla in Indien, mit braunen Uredosporen.

Auf Thalictrum. 157. **Puccinia rhytismoidis** *Johans.*, auf **Thalictrum alpinum** in Norwegen.

Auf Berberis. 158. **Puccinia Berberidis** *Mont.*, auf **Berberis glauca** und **spinulosa** in Chili.

Auf Frankonia. 159. **Puccinia pulvinulata** *Rud.*, auf **Frankonia pulverulenta** in Südeuropa.

Auf Umbilicus. 160. **Puccinia Umbilici** *Guep.*, auf **Umbilicus pendulinus** in Belgien, Frankreich und England.

Auf Arachis 161. **Puccinia Arachidis** *Speg.*, auf den Blättern von **Arachis hypogaea** in Südamerika.

Auf Senecio. 162. **Puccinia glomerata** *Grev.*, auf **Senecio Jacobaea** in England.

Auf Carduus. 163. **Puccinia Cardui** *Plowr.*, auf **Carduus lanceolatus** und **crispus** in England.

---

[1]) l. c. 5. Mai 1887 u. Monogr. of British Uredineae, London 1889.

[2]) Archives des sc. phys. et. nat. Genf 1889, pag. 387.

III. Uropyxis *Schröt.*

Wie Puccinia, nur hat jede Sporenzelle mehrere, an den Seitenwänden symmetrisch stehende Keimporen. Uropyxis.

Uropyxis Amorphae *Schröt.* (Puccinia Amorphae *Curt.*), auf den Blättern von Amorpha fruticosa und canescens in Nordamerika, mit Uredo- und Teleutosporen. Auf Amorpha.

IV. Rostrupia *Lagerh.*

Die Teleutosporen sind meist drei- bis vierzellig, im übrigen denen von Puccinia sehr ähnlich[1]). Rostrupia.

Rostrupia Elymi (Puccinia Elymi *Westend.*, Puccinai triarticulata *Berk. et Curt.*) auf Elymus. Auf Elymus.

V. Chrysospora *Lagerh.*

Die Teleutosporen sind zweizellig, wie bei Puccinia, und stehen auf einem gelatinösen Stiel, keimen aber in ganz andrer Weise, nämlich indem jede Sporenzelle durch drei Querwände in vier Zellen sich teilt, deren jede dann als Promycelium ein Sterigma mit einer einzigen Sporidie treibt, ähnlich wie bei Coleosporium. Lagerheim[2]) hat folgende Art entdeckt. Chrysospora.

Chrysospora Gynoxidis *Lagerh.*, auf Gynoxis pulchella und buxifolia in Ecuador, lebhaft rote, ringförmige Sporenlager bildend, denen auf der Oberseite des Blattes im Centrum des Ringes stehende Spermogonien entsprechen; andre Sporenformen werden nicht gebildet. Auf Gynoxis.

VI. Diorchidium *Kalchbr.*

Die Teleutosporen bestehen aus zwei nebeneinander auf einem gemeinsamen Stiele sitzenden Zellen, deren Scheidewand in der Verlängerung des Stieles liegt. Jede Zelle hat zwei Keimporen auf den Seitenflächen. Es kommen entweder nur Teleutosporen oder zugleich Uredosporen vor. Verschiedene Arten auf Dicotylen in den wärmeren Ländern Amerikas und Afrikas. Genauer bekannt ist Diorchidium.

Diorchidium Steudneri *Magn.*, auf der abessinischen Leguminose Ormocarpum bibracteatum, nur Teleutosporen in festen, dunkelbraunen Häufchen auf beiden Seiten der Fiederblättchen bildend. Das obere Ende des Stieles der Spore bildet infolge Aufquellens der Membran eine Verdickung, die sich mit der Spore abtrennt und dieselbe bei Zutritt von Wasser mit einer gallertartigen, leicht anklebenden Hülle umgiebt, wodurch die Verbreitung der Sporen erleichtert wird[3]). Auf Ormocarpum.

---

[1]) Vergl. Lagerheim, Journ. de Botan. 1889, pag. 185.

[2]) Berichte d. deutsch. bot. Gesellsch. IX, pag. 344.

[3]) Vergl. Magnus, Berichte d. deutsch. bot. Gesellsch. 1891, pag. 91.

VII. Triphragmium *Link.*

Triphragmium

Diese Gattung ist charakterisiert durch gestielte, dreizellige Teleutosporen, deren drei Zellen in der Mitte zusammenstoßen (Fig. 30). Außerdem findet sich ein Uredozustand, aber kein Äcidium.

Auf Spiraea ulmaria.

1. **Triphragmium Ulmariae** *Link* auf **Spiraea ulmaria.** An der Unterseite der Blätter brechen die Sporenhäufchen hervor, und daselbst rötet sich das Blatt, besonders an der Oberseite, und wird zuletzt mißfarbig und dürr. Zuerst erscheinen gelbrötliche Sporenhäufchen, welche aus Uredosporen (**Uredo Ulmariae** *Alb. et Schw.*) bestehen, in deren Begleitung Spermogonien an der oberen Seite des Blattes auftreten. Danach bilden sich an der Stelle der Uredosporen die schwarzbraunen, abstäubenden Teleutosporen. Die Äcidienform scheint durch den Uredozustand vertreten zu werden, da sich Spermogonien in dessen Begleitung finden.

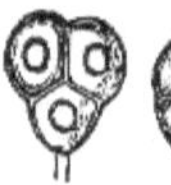

Fig. 30. Teleutosporen von **Triphragmium Ulmariae,** in zwei verschiedenen Stellungen gesehen. 200fach vergrößert.

Auf Spiraea Filipendula.

2. **Triphragmium Filipendulae** *Winter*, auf **Spiraea Filipendula,** und dem vorigen durchaus ähnlich.

Auf Meum.

3. **Triphragmium echinatum** *Lév.*, auf **Meum athamanticum** und **Mutellina**; der Uredozustand fehlt, nur Teleutosporen finden sich; diese sind mit langen Stacheln bedeckt.

Auf Isopyrum

4. **Triphragmium Isopyri** *Moug.*, auf **Isopyrum thalictroides** in Frankreich und Italien.

VIII. Sphaerophragmium *Magn.*

Sphaerophragmium.

Die Teleutosporen bestehen aus vier bis neun Zellen, welche zu einem kugeligen Körper, wie die drei Sporen von Triphragmium zusammengewachsen sind.

Auf Acacia.

Sphaerophragmium Acaciae *Magn.* (**Triphragmium A.** *Cooke*), auf **Acacia**; den Teleutosporen gehen Uredosporen voraus[1]).

IX. Phragmidium *Link.*

Phragmidium.

Die hierhergehörigen Rostpilze haben ebenfalls gestielte, aber vielzellige Teleutosporen, nämlich von walzenförmiger Gestalt und durch mehrere Querscheidewände in eine Reihe übereinanderstehender Zellen geteilt; die Stiele sind farblos, der Sporenkörper dunkelgefärbt (Fig 32). Dieselben bilden sich auf der Unterseite der Blätter in schwarzen Häufchen. Ebendaselbst gehen ihnen meist Uredosporen voraus, welche ein lebhaft orangerotes Pulver in kleinen, runden, zahlreichen, oft zusammenfließenden Häufchen darstellen. Die befallenen Blätter, besonders die mit den Sporenhäufchen besetzten Stellen, ändern ihre Farbe in gelb oder rot. Die Äcidiumform dieser Pilze wurde früher meist mit dem Uredozustand verwechselt. Sie wohnt autöcisch auf den gleichen

[1]) Vergl. Magnus, Berichte d. deutsch. bot. Ges. IX, pag. 118.

Nährpflanzen und geht dem Uredo- und Teleutosporenzustand voraus. Sie hat die mit dem Gattungsnamen Caeoma belegte Form (Fig. 31), d. h. sie stellt orangegelbe, unregelmäßig ausgebreitete, oft peripherisch sich weiter entwickelnde Lager dar, in denen die Sporen nach Äcidienart kettenförmig übereinanderstehend abgeschnürt werden, haben keine eigentliche Peridienhülle, sondern sind nur von einem Kranze keulenförmiger

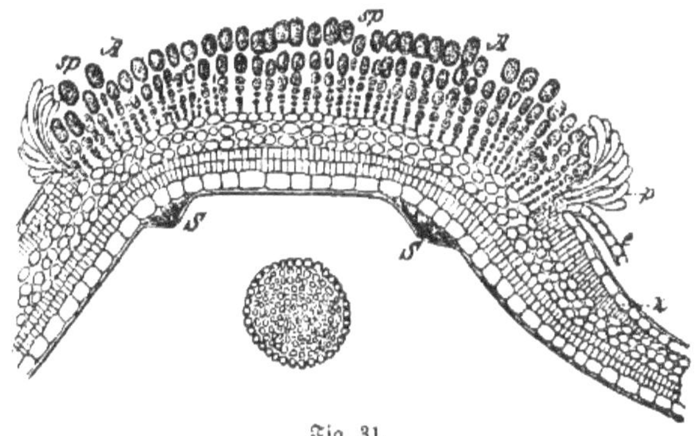

Fig. 31.
Durchschnitt durch eine Blattstelle von Rosa canina mit einem Caeoma (Äcidienzustand) von Phragmidium tuberculatum. A das Caeoma-Lager mit den kettenförmig übereinanderstehenden Sporen sp; umrandet von dem Kranze von Paraphysen p; zur Seite greift das Pilzlager x, noch weiter unten die Epidermis, die bei e durch das Sporenlager aufgebrochen werden ist. SS Spermogonien auf der andern Seite des Blattes. 70fach vergrößert. Darunter eine Caeoma-Spore stark vergrößert, um das grobwarzige Exosporium zu zeigen. Nach J. Müller.

Paraphysen umgeben. Dieser Äcidienzustand bringt gewöhnlich an den Stengelteilen, Blatt- und Blütenstielen, welche er befällt, Anschwellungen hervor und kann in den Stengelteilen, die er bewohnt, überwintern. Als Mittel gegen diese Roste würde also die Vernichtung aller die Teleutosporen tragenden Teile vor dem Eintritt des Winters sowie im Frühlinge das Abschneiden der etwa mit der Äcidiumgeneration besetzten Teile in Betracht kommen.

A. Phragmidiopsis.

Phragmidiopsis.

Nur Äcidium und Teleutosporen kommen vor; Uredo fehlt.

1. **Phragmidium carbonarium** *Winter* (**Xenodochus carbonarius** *Schlechtend.*), auf **Sanguisorba officinalis**, der Äcidienzustand in großen, orangeroten Polstern auf Stengeln und Blättern, die Teleutosporenlager schwarz, polsterförmig, die Teleutosporen kurz gestielt, bestehen aus einer rosenkranzförmig eingeschnürten Reihe von 4 bis 22 Zellen.

Auf Sanguisorba

B. Euphragmidium.

Euphragmidium.

Äcidium, Uredo- und Teleutosporen sind vorhanden.

Rost der Rosen.

2. Rost der Rosen, Phragmidium subcorticium *Winter*, an der kultivierten Rosa centifolia, sowie an den wildwachsenden Arten Rosa canina, arvensis, gallica, cinnamomea, pimpinellifolia, tomentosa etc. Der Uredozustand (Uredo Rosae *Pers.*), bildet auf der Unterseite der Blätter zahlreiche, runde Häufchen von Sporen, welche oft die ganze Blattunterseite lebhaft rotgelb bestäuben. Bald danach treten ebendaselbst die schwarzen, unregelmäßig verbreiteten und zusammenfließenden Häufchen der Teleutosporen auf. Letztere haben einen langen, unten verdickten Stiel, sind 4- bis 9zellig und am Ende mit einem farblosen, kegelförmigen Spitzchen versehen (Fig. 32). Die befallenen Blätter vergilben allmählich, während die Teleutosporen sich auf ihnen entwickeln. Eriksson[1]) berichtet von einem verderblichen Auftreten dieses Pilzes mehrere Jahre hintereinander, wobei sich aber nur der Äcidiumzustand und vereinzelte Uredohäufchen, aber keine Teleutosporen zeigten, was auf ein Perennieren des Myceliums im Rosenstocke hinzudeuten scheint. Genauer ist der Entwickelungsgang des Pilzes durch eine bei mir angestellte Untersuchung J. Müller's[2]) aufgeklärt worden. Hiernach erscheint der Äcidiumzustand in Form schön orangegelb gefärbter kreisrunder, aber oft zu beträchtlicher Länge zusammenfließender Lager mit Ausnahme der Zeit vom Dezember bis März das ganze Jahr hindurch auf der Unterseite der Blätter, der Blattstiele, an den Kelchen der Blüten und besonders an den Rosenstämmchen, meist starke Hypertrophien, Verdickungen und Krümmungen veranlassend und gewöhnlich in Begleitung von Spermogonien. Es wurde nachgewiesen, daß das Mycelium dieses Pilzzustandes in der Rinde und im Holze des Stammes überwintert und im nächsten Frühjahre neue Äcidien daselbst hervortreten läßt. Es wurde auch beobachtet, daß die Äcidiumsporen keimen, auf den Rosenblättern durch die Spaltöffnungen eindringen und dann den Uredo- und Teleutosporenpilz erzeugen. Die Teleutosporen nach Überwinterung zum Keimen zu bringen, gelang nicht, so daß hier vielleicht die Erhaltung des Pilzes mehr durch die perennierende Äcidienform vermittelt wird. Die Rosenstämmchen werden an den vom Äcidium befallenen Stellen brüchig, was sich beim Umlegen derselben bemerkbar macht.

Fig. 32. Teleutospore von **Phragmidium subcorticium.**

Auf Rosa alpina.

3. Phragmidium fusiforme *Schröt.* (Phragmidium Rosae alpinae *Winter*), auf Rosa alpina, dem vorigen ähnlich, aber die Teleutosporen 7- bis 13zellig, in der Mitte etwas dicker. Der Äcidienzustand findet sich auf den Blättern.

Auf Rosa canina etc.

4. Phragmidium tuberculatum *J. Müller* auf Rosa canina und cinnamomea. Der von J. Müller[3]) aufgefundene Pilz unterscheidet sich namentlich durch sein Äcidium, welches nur auf Blättern in Form kreisrunder Lager auf purpurroten Flecken auftritt, ohne Hypertrophie zu erzeugen, und

[1]) Beitr. zur Kenntnis der Krankheiten unserer kultivierten Pflanzen I.

[2]) Die Rostpilze der Rosa- und Rubus-Arten. Landw. Jahrb. XV. 1886, pag. 721.

[3]) l. c. pag. 729.

dessen Sporen nicht wie die der andern Arten stachelig, sondern grobwarzig sind. Die Uredo- und Teleutosporenlager sind sehr klein (Fig. 31).

5. **Rost der Brombeersträucher, Phragmidium violaceum** *Winter*, besonders auf Rubus fructicosus im Herbst. Die Äcidien nebst Spermogonien stehen auf rotgesäumten, unregelmäßigen Flecken der Blätter. An der Unterseite der Blätter werden dann zuerst die brennend orangeroten Staubmassen der Uredosporen (Uredo Ruborum *DC*) sichtbar, welche anfangs runde Häufchen bilden, aber, in dem Filz des Blattes hängen bleibend, oft ein großes Stück der Blattfläche bedecken. Sehr bald erscheinen daselbst die tief schwarzen, zuletzt ziemlich großen und zahlreichen Häuschen der Teleutosporen. Letztere sind 3- bis 5zellig, cylindrisch, am Scheitel mit kegelförmiger Papille, warzig verdickt; der Stiel ist am Grunde schwach angeschwollen. Das Blatt ist an jedem Punkte, wo es unterseits ein Teleutosporenhäufchen trägt, an der Oberseite intensiv purpurrot gefleckt; später stirbt das Centrum dieser Flecken ab unter Bräunung und bleibt von einem purpurroten Hof gesäumt. Unter diesen Veränderungen verderben die Blätter vorzeitig. Die schon von Tulasne beobachtete Keimung der Teleutosporen ist von J. Müller[1] nochmals genau verfolgt worden, besonders in Bezug auf die Infektion der Nährpflanze; hiernach dringen die Keimschläuche nach Bildung einer sich fest auf die Epidermis auflegenden Anschwellung (Appressorium) an der Grenzwand je zweier Epidermiszellen in das Brombeerblatt ein. Rost der Brombeersträucher.

6. **Phragmidium Rubi** *Winter*, auf Rubus fruticosus, caesius, saxatilis und im Norden auf R. arcticus, vom vorigen durch die sehr kleinen Sporenlager, welche auch nur einen gelblichen oder bräunlichen Flecken oder gar keine Fleckenbildung veranlassen, und durch die kürzeren, am Grunde stark verdickten Sporenstiele und die 3- bis 8zelligen Sporen unterschieden. Die Äcidien kommen auf den Blättern vor. Auf Rubus-Arten.

7. **Rost der Himbeersträucher, Phragmidium intermedium** *Ung.* (Phragmidium Rubi idaei *Winter*), auf Rubus Idaeus, die Äcidien bilden kreisförmige Gruppen auf den Blättern (Uredo gyrosa *Rebent.*); die Uredohäufchen sind sehr klein und stehen zerstreut auf der Blattunterseite, daselbst erscheinen später die ebenfalls sehr kleinen schwarzen Häufchen der Teleutosporen; letztere haben einen nach unten etwas verdickten Stiel, sind 6- bis 10zellig, am Scheitel mit kurzem Spitzchen. Die Himbeerblätter vergilben und bräunen sich schließlich, sobald einmal die Teleutosporen auf ihnen sich gebildet haben. Rost der Himbeersträucher.

8. **Phragmidium obtusum** *Link* (Phragmidium Fragariae *Winter*), auf Poterium Sanguisorba, Potentilla alba, Fragariastrum und micrantha, Äcidien besonders an Stengeln und Blattnerven, Uredo- und Teleutosporenlager klein, zerstreut, Teleutosporen ziemlich kurz gestielt, 3- bis 5zellig, grobwarzig. Schröter[2]) trennt diese Form in zwei Arten: **Phragmidium Sanguisorbae** *Schröt.*, auf Poterium und **Phragmidium Fragariastri** *Schröt.*, auf Potentilla-Arten. Auf Poterium und Potentilla.

9. **Phragmidium Tormentillae** *Fuckel*, auf Potentilla Tormentilla und procumbens, vom vorigen durch langgestielte, 3- bis 8zellige, glatte Teleutosporen unterschieden. Auf Potentilla Tormentilla.

---

[1]) l. c. pag. 375.

[2]) Pilze Schlesiens, pag. 341.

Auf Potentilla strigosa.

10. **Phragmidium papillatum** *Dietel*, auf Potentilla strigosa.

Auf Potentilla-Arten.

11. **Phragmidium Potentillae** *Winter*, auf Potentilla argentea, mixta, recta, supina, cinerea, opaca, verna, aurea, alpestris, mit 3- bis 7zelligen, glatten Teleutosporen auf sehr langen, unten nur wenig verdickten Stielen.

Auf Rosen.

12. **Phragmidium devastatrix** *Sorok.*, auf den Spitzen der jungen Rosensprößlinge in Mittelasien.

X. Gymnosporangium *DC.* der Koniferen und die Gitterroste der Kernobstgehölze.

Gymnosporangium auf Juniperus-Arten.

An den lebenden Stämmen und Ästen von Koniferen, besonders der Juniperus-Arten, kommt ein Rost vor, Gymnosporangium *DC.* oder Podisoma *Link*, von dem mehrere Arten unterschieden werden. Gemeinsam ist diesen, daß sie in Form meist zahlreich beisammen stehender, ziemlich großer, 2—4 cm langer, 1—2 cm dicker, stumpf kegelförmiger, gelber bis rotbrauner, je nach der Feuchtigkeit des Wetters mehr oder weniger gallertartiger Fruchtkörper aus der Rinde hervorbrechen (Fig. 33 A). Diese bestehen aus zahlreichen, durch Gallerte zusammengehaltenen, farblosen, einzelligen Fäden, welche von der Basis gegen die Oberfläche der Auswüchse hin gerichtet sind und die Stiele der Sporen darstellen, die auf den Enden derselben stehen und daher zumeist an der Oberfläche sich befinden. Dieselben sind aus je zwei orangefarbenen, ungefähr kegelförmigen, mit den Grundflächen sich berührenden Zellen zusammengesetzt (Fig. 33 B), ähneln daher in Haupt-

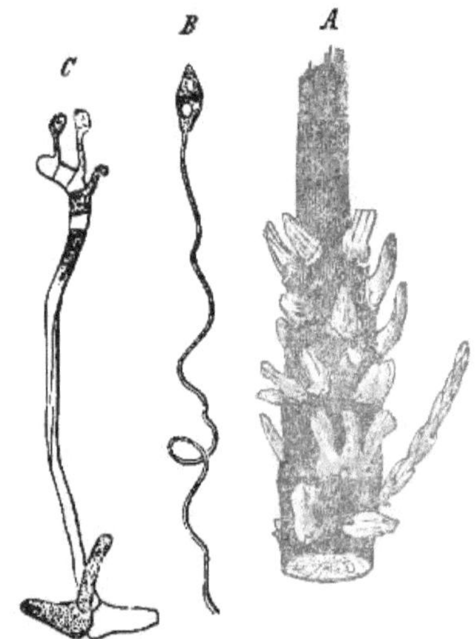

Fig. 33.

Gymnosporangium fuscum *DC.* A Zweigstück von Juniperus Sabina mit einer verdickten Stelle, an welcher die (hier wenig aufgequollenen) Fruchtkörper des Pilzes hervorbrechen. Rechts ein grünes Zweiglein. Natürliche Größe. B Eine Teleutospore mit Stiel aus einem Fruchtkörper, 200fach vergrößert. C Eine solche keimend, ein Promycelium bildend, an welchem Sporidien abgeschnürt werden. 250fach vergrößert.

sache den Sporen der Puccinien und stellen wie diese den Teleutosporenzustand von Rostpilzen dar. Diese Sporenhäufchen erscheinen im Frühjahr; nach kurzer Zeit zerfließen sie mehr oder weniger und bald vertrocknen und verschwinden sie und hinterlassen helle, von der aufgeborstenen Rinde umsäumte Narben. An denselben Stellen, wo die Fruchtkörper stehen, findet man das Mycelium des Pilzes im Inneren der Rinde, die Zellen derselben umspinnend. Nach Cramer[1]) pereniert das Mycelium des Gymnosporangium fuscum in den einmal ergriffenen Stellen der Äste der Juniperus Sabina und breitet sich weiter aus; schon Anfang November werden die für das nächste Jahr bestimmten Teleutosporenlager angelegt und sind als halbkugelige, rotgelbe Auftreibungen zu erkennen. Die von dem Parasit befallenen Stellen der Äste sind immer mehr oder minder angeschwollen. Der Pilz veranlaßt also eine Hypertrophie; Cramer[2]) giebt darüber folgendes an. Dieselbe erstreckt sich nicht bloß auf die Rinde, sondern auch auf das Holz, obwohl in dieses so wenig wie in das Cambium Pilzfäden eindringen. An einer Geschwulst, welche 11 Jahresringe zeigte, waren diese sämtlich verdickt, so daß also diese Stelle ebenso lange den Parasiten beherbergt haben mußte; die Rinde war 4 mm dick, unterhalb der Geschwulst nur 1 mm. Die älteren Geschwülste sind oberflächlich von den Narben der alten Sporenlager aufgerissen, aber selbst an den dicksten Geschwülsten bekleidet noch eine zusammenhängende, tiefere Rindenschicht das Cambium, und der Holzkörper ist intakt. Aus diesem Grunde und weil der Parasit die grünen Teile meist verschont, leiden die Pflanzen unter dieser Krankheit verhältnismäßig wenig. Bei der Vermehrung der Juniperus Sabina durch Stecklinge hat man beobachtet, daß die Abkömmlinge kranker Individuen ebenfalls jene Fruchtkörper hervorbringen.

Mit diesen Pilzen im Generationswechsel stehen aber Äcidiengenerationen, welche verschiedene Kernobstgehölze bewohnen und früher mit dem Gattungsnamen Roestelia *Rebent.*, Gitterrost, bezeichnet wurden. Sie verursachen an der Unterseite der Blätter und an jungen Früchten orangegelbe bis karminrote, polsterartig verdickte Flecken, welche ganz diejenige Beschaffenheit zeigen, die oben für die Äcidien im allgemeinen angegeben worden ist, insbesondere auch das Verschwinden des Chlorophylls, die Vermehrung der Mesophyllzellen und Erfüllung derselben mit Stärkemehl. Zwischen den Zellen dieses hypertrophierten Teiles wachsen zahlreiche orangegelbe Myceliumfäden, und hier bilden

Gitterrost (Roestelia) der Kernobstgehölze.

[1]) Über den Gitterrost der Birnbäume. Solothurn 1876, pag. 7.
[2]) l. c. pag. 8.

sich auch endogen sowohl die Spermogonien, deren Mündungen als zahlreiche, sehr kleine, orangerote Wärzchen an der Oberseite des kranken Blattfleckens sichtbar werden, als auch die eigentlichen, hier ziemlich großen und eigentümlichen Äcidienfrüchte, welche auf der Unterseite der Blattgeschwulst, auf jungen Früchten aber oft an der ganzen Oberfläche derselben hervorbrechen. In ihrem Bau stimmen dieselben im wesentlichen mit Äcidium überein (vergl. S. 135); doch stellen sie größere röhren- oder flaschenförmige Behälter dar, deren einschichtig zellige Hülle (Peridie) gewöhnlich unterhalb der Spitze mit zahlreichen Längsspalten gitterförmig sich öffnet, um die Sporen austreten zu lassen (Fig. 34). Letztere werden ebenfalls reihenweis übereinander von den Basidien abgeschnürt, jedoch so, daß allemal jede Spore mit einer später verschwindenden Zwischenzelle abwechselt. Zuletzt bleiben die entleerten Röstelien als vertrocknete Anhängsel auf dem Blatte bis zum Abfall desselben erhalten.

Fig. 34.
Ein Stück Birnblatt mit drei Polstern, auf denen die Früchte des **Gitterrostes** (**Roestelia cancellata** *K. bent.*) sitzen. Wenig vergrößert.

Diese kranken Blattstellen zeigen sich im Frühjahre, bald nachdem das Gymnosporangium auf seinen Nährpflanzen fruktifiziert hat, etwa im Mai, anfangs als kaum einen Quadratmillimeter große, undeutliche Flecken oft in großer Anzahl an einem Blatte. Allmählich werden sie größer und deutlicher; zeitig erscheinen an ihrer Oberseite Spermogonien, deren Zahl mit Zunahme des Umfanges des Fleckens sich vergrößert; gegen Ende Juli erreichen die Flecken ihre volle Größe, beginnen polsterförmig anzuschwellen und ihre Röstelien zu entwickeln. Oft schon im Juli bekommen die befallenen Blätter auch an den vom Pilze nicht ergriffenen Stellen ein kränkliches Ansehen und werden mehr gelblich. Es werden also nicht nur die Blätter in der Assimilationsthätigkeit geschwächt, sondern es wird auch zur Ausbildung der Blattgeschwülste ein ansehnliches Quantum assimilierter Nahrung der Pflanze entzogen. Daher erklärt es sich, warum ein Minderertrag an Früchten die Folge ist, auch wenn diese selbst nicht vom Pilze angegriffen werden, warum also besonders bei Birnbäumen das meiste oder alles Obst vorzeitig abfällt; ja nach Cramer[1]) kann es sogar geschehen, daß wenn die Krankheit sich alljährlich wiederholt, der Baum gänzlich abstirbt.

Generationswechsel zwischen Gymnosporangium und Roestelia.

Daß die Teleutosporen des Gymnosporangium keimen, sobald sie reif sind, gewöhnlich schon in dem Schleim, in welchen die Sporenlager zerfließen, war schon Gasparrini[2]) bekannt und wurde von Tulasne[3]) genauer beobachtet. Jede Sporenzelle treibt aus den in der Nähe der Grenzwand beider Zellen zu 4 im Kreuz stehenden Keimporen einen oder mehrere Keimschläuche, die zu einem Promycelium werden, an welchem Sporidien sich bilden (Fig. 33 C), in der für die Teleutosporen überhaupt charakteristischen Weise. Daß durch diese Sporidien der Gitterrost auf den Pomaceen hervorgebracht wird, daß dieser also der Äcidienzustand jenes Rostes ist, wurde von Oersted[4]) bewiesen. Derselbe säete Sporidien des Gymnosporangium fuscum auf Birnbaumblätter aus und sah nach sieben Tagen an diesen Punkten gelbe Flecken auftreten, in denen sich das Mycelium nachweisen ließ und auf denen nach weiteren zwei bis drei Tagen Spermogonien der Roestelia sich zeigten. In der gleichen Weise hat Oersted[5]) auch die andern bekannten drei europäischen Arten von Gymnosporangium mit Erfolg auf Pomaceen übertragen und so die zu ihnen gehörigen Formen von Röstelien, die auf den Kernobstgehölzen vorkommen, bezeichnet. In neuerer Zeit haben nun auch viele andre Forscher Übertragungsversuche mit den Gymnosporangium-Formen auf verschiedene Pomaceen angestellt. Dabei hat sich nun zwar die Zusammengehörigkeit von Gymnosporangium mit den Röstelien der Pomaceen überhaupt immer bestätigt, aber bezüglich des Zusammenhanges der einzelnen Formen dieser Pilze sind schließlich die größten Differenzen und Verwirrungen entstanden. Da die Frage in diesem Augenblicke noch ganz unentschieden ist, so registrieren wir in folgendem objektiv alle bisher von den einzelnen Forschern bei ihren Impfversuchen erhaltenen Ergebnisse. Aus denselben glaubte Tubeuf[6]) den Schluß ziehen zu müssen, daß eine und dieselbe Gymnosporangium-Art verschiedene Formen von Röstelien erzeugen kann und daß verschiedene Arten von Gymnosporangium auf dieselbe Wirtspflanze wenn auch mit verschiedenem Erfolge übertragbar

[1]) l. c. pag. 4.

[2]) Vergl. Reeß, Rostpilzform der deutschen Koniferen. Abhandl. d. naturf. Gesellsch. Halle XI, pag. 59.

[3]) Ann. sc. nat. 4. sér. T. II. 1854.

[4]) Bot. Zeitg. 1865, pag. 291.

[5]) Bot. Zeitg. 1867, pag. 222.

[6]) Centralblatt f. Bakterologie u. Parasitenkunde. IX. 1891. pag. 89.

12*

sind. Die Annahme, an welcher man seit den Oersted'schen Übertragungsversuchen festhielt, daß jede Roestelia-Form immer einer bestimmten Gymnosporangium-Art zugehören müsse, würde dann also eine irrige gewesen sein. Doch scheinen anderseits wieder die unten erwähnten Infektionsversuche Fischer's für eine feste Beziehung zu bestimmten Roestelia-Formen zu sprechen. Inzwischen ist es Plowright[1]) auch gelungen, umgekehrt durch Aussaat der Sporen der Roestelia lacerata auf junge Juniperus communis-Pflänzchen im zweiten Jahre nach der Impfung Anschwellung der Rinde und Entstehung des Gymnosporangium clavariaeforme zu erzielen. Da Röstelien also die Äcidien des Gymnosporangium sind, so geben die Juniperus-Arten den geeigneten Boden für die Fortpflanzung der Röstelien.

Diese Parasiten haben also nur zwei Generationen, nämlich keinen Uredozustand, wenn nicht gewisse, den Teleutosporen gleiche, nur viel dünnwandigere zwischen diesen vorkommende Sporen nach Kienitz-Gerloff's[2]) Meinung als Uredosporen aufzufassen sind, die sich hier von den Teleutosporen noch nicht vollständig differenziert haben sollen. Jedenfalls geht aus dem obigen hervor, daß die Roste der Kernobstgehölze alljährlich durch die auf den Juniperus-Arten gebildeten Teleutosporen erzeugt werden. Die unten anzuführenden Beobachtungen über das Auftreten des Gitterrostes geben dafür auch die Bestätigung im großen. Das einzige Mittel, diese Roste zu verhüten, ist daher nach den gegenwärtigen Kenntnissen nur die sorgfältigste Entfernung aller mit dem Pilze bedeckten Juniperus-Äste oder die gänzliche Ausrottung dieser Nährpflanzen in der Nähe der Obstbäume. Die einheimischen vier Spezies von Gymnosporangium, die aber auch außerhalb Europas, in Nord-Amerika, beobachtet worden sind, führen wir hier zusammen mit ihren zugehörigen, ebendaselbst vorkommenden Gitterrosten auf.

Gymnosporangium fuscum und der Gitterrost der Birnbäume.

1. Gymnosporangium fuscum *DC.* (G. Sabinae *Winter*, Podisoma fuscum *Corda*), auf dem Sadebaum (Juniperus Sabina), desgleichen auf Juniperus oxycedrus, virginiana, phoenicea, sowie auf Pinus halepensis beobachtet, mit kegelförmigen oder cylindrischen, oft seitlich zusammengedrückten orangefarbenen Fruchtkörpern, deren Sporen sehr lang gestielt, und teils ungefähr rund und braun, teils gestreckt spindelförmig und gelb sind. Zu ihm gehört der Gitterrost der Birnbäume (Roestelia cancellata *Rebent.*), welcher auf der Unterseite polsterförmig angeschwollener Blattflecken, seltener auf jungen Früchten sitzt und ellipsoidische, blaßgelbe, bis 3 mm lange Peridien hat, die mit Längsspalten gitterförmig unter dem mützenartig ganz bleibenden Scheitel sich öffnen. Die durch diesen Pilz verursachten Krankheitserscheinungen sind oben schon erwähnt worden. Die

---

[1]) Extracted from the Linnean Society's Journal Botany, 5. Mai 1887.

[2]) Botan. Zeitung 1888, pag. 389.

Beobachtungen, welche über das Auftreten dieser Krankheit der Birnbäume gemacht worden sind, bestätigen durchaus, daß dieselbe durch in der Nähe stehende, Gymnosporangium tragende Sadebäume verursacht wird. Oersted beobachtete sie in Gärten, in denen Sadebaumbüsche angepflanzt waren, welche den Pilz hatten; auch berichtet er, daß auf der Insel Seeland erst seit der Einführung der Juniperus Sabina der Birnrost alljährlich sich zeigt. Sehr verbreitet ist die Krankheit in der Schweiz, wo sie in vielen Ortschaften epidemisch ist und der Obstertrag durch sie erheblich zurückgegangen ist. Cramer[1]) hat hier mehrfach überzeugend nachweisen können, wie die in der Schweiz zur Einfriedigung beliebten Hecken aus Sadebaum (Sevi der Schweizer), die in Menge das Gymnosporangium tragen, die nächststehenden Obstbäume am stärksten anstecken und wie der Grad der Erkrankung wesentlich durch die Entfernung vom Infektionsherd und die herrschende Windrichtung bedingt wird. Auch Sorauer[2]) berichtet einen Fall, wo der in einem Garten stark auftretende Rost an Birnbäumen und andern Pomaceen nach Ausrottung des Sadebaumes daselbst verschwand. Außer auf Birnbäume soll Gymnosporangium fuscum auch auf Pirus Michauxii und tormentosa übergehen. Und Farlow[3]) giebt an, daß in Amerika die Roestelia cancellata auch auf Apfelbäumen, und das Gymnosporangium fuscum auch auf Juniperus communis auftritt. Nach den Impfversuchen Rathay's[4]) soll durch Gymnosporangium clavariaeforme (s. Nr. 3), das auf Juniperus communis wächst, ein Gitterrost auf dem Birnbaum erzeugt worden sein. Plowright (l. c.) ist nach seinen in England angestellten Impfversuchen zu der Ansicht gekommen, daß auf Juniperus Salina zwei Arten von Gymnosporangium existieren müssen, denn er konnte den Pilz nicht nur auf den Birnbaum, sondern besonders leicht und vielfach auch auf Crataegus Oxyacantha, einmal auch auf Mespilus germanica übertragen. Diese zweite Art führen wir unter Nr. 2 auf.

2. **Gymnosporangium confusum** *Plowr.* Diese zweite, auf Juniperus Sabina vorkommende, erst neuerdings von Fischer[5]) genauer unterschiedene Art, weicht von der vorigen in den Teleutosporen nur wenig, nämlich darin ab, daß die obere Zelle am Scheitel mehr abgerundet, weniger konisch ist und die Spore eine mittlere Größe von 0,035 mm hat, während sie bei der vorigen Art 0,042—0,045 mm lang ist. Der Hauptunterschied liegt in der zugehörigen Röstelie. Durch die Übertragungsversuche Fischer's (l. c.) ist nachgewiesen worden, daß diese schon von Plowright in Amerika vermutete, den Sadebaum bewohnende Art auch in der Schweiz neben der andern vorkommt, und daß aus den Teleutosporen auf Quittenblättern und auf Crataegus Oxyacantha eine Röstelie erzeugt werden kann, welche von der R. cancellata des Birnbaums auch

Gymnosporangium confusum.

[1]) l. c. pag. 9 ff.

[2]) The Gymnosporangia or Cedar Apples of the United States. Boston 1880.

[3]) Obstbaumkrankheiten, 1879, pag. 241.

[4]) Vorläufige Mitteilung über den Generationswechsel unter einheimischen Gymnosporangien. Österr. Bot. Zeitschr. 1880, pag. 241.

[5]) Über Gymnosporangium Salinae und Gymnosporangium confusum. Zeitschr. f. Pflanzenkrankheiten I. 1891, pag. 194.

gestaltlich wesentlich verschieden ist, denn sie hat eine cylindrische, von oben an mehr oder weniger weit nach unten in Lappen zerreißende Peridie, deren Zellen auf ihren Seitenwänden mit Leisten, nicht wie bei **Roestelia cancellata** mit Höckern verdickt sind, und etwas kleinere Sporen. Einmal ist Fischer die Übertragung auch auf den Birnbaum gelungen, aber auch hier bildete sich die eben beschriebene Rösteliaform, zum Beweise, daß diese einem andern Pilze als die **Roestelia cancellata** angehört. In allen übrigen Fällen erwiesen sich Birnen-, Apfelbaum und **Sorbus Aucuparia** gegen dieses **Gymnosporangium** immun, während das echte **Gymnosporangium Sabinae** nur auf den Birnpflanzen, nicht auf **Crataegus** und Quitte seine Röstelien ausbildete. Umgekehrt gelang es Fischer auch durch Infektion von Sadebaumpflanzen mit den Sporen dieser Quitten-Röstelie die Bildung von **Gymnosporangium**-Lagern hervorzurufen, obgleich das Eindringen der Keimschläuche der leicht keimenden **Roestelia**-Sporen nicht beobachtet werden konnte. Auch Klebahn[1]) giebt das Vorkommen von **Gymnosporangium confusum** bei Bremen an und berichtet von gelungenen Übertragungsversuchen auf **Crataegus**.

Gymnosporangium clavariaeforme und der Weißdornrost.

3. **Gymnosporangium clavariaeforme** *DC.* auf dem gemeinen Wachholder, mit gelben, cylindrischen oder bandförmigen, oft gekrümmten Fruchtkörpern und sehr lang gestielten, schlank spindelförmigen Sporen. Oerstedt hat aus den Sporen dieser Art auf **Crataegus**-Arten den auf diesen Sträuchern häufig vorkommenden Weißdornrost (**Roestelia lacerata** *Sow.*), gezüchtet. Dieser ist durch die langhalsigen bis 6 mm langen, nicht bis zur Basis in Fasern zerreißende Peridien charakterisiert, welche auf Anschwellungen der Zweige, Blätter und jungen Früchte stehen. Rathay (l. c.) will durch Impfversuche dieses **Gymnosporangium** mit Erfolg auf **Crataegus Oxyacantha** und **monogyna**, auf **Sorbus torminalis** und wie erwähnt auf den Birnbaum übertragen haben. Farlow (l. c.) fand in Amerika die **Roestelia lacerata** auf **Amelanchier canadensis** und auf wilden und kultivierten Apfelbäumen. Plowright (l. c.) hat in England dieses **Gymnosporangium** ebenfalls oft auf **Crataegus**, wenige Male auf den Birnbaum, nicht auf Apfelbaum und Eberesche übertragen können. Auch Tharter[2]) konnte in Amerika den Pilz auf **Crataegus tomentosa**, aber nicht auf Apfelbaum impfen. Kürzlich hat auch Tubeuf (l. c.) über die Resultate seiner Übertragungsversuche mit **Gymnosporangium clavariaeforme** berichtet: ausgesäet auf **Crataegus**, erschien eine **Roestelia** von der Gestalt der **Roestelia cornuta**; auf **Sorbus Aucuparia** und **Cydonia vulgaris** entwickelte sich der Pilz nur bis zur Spermogonienbildung; auf **Sorbus latifolia** bildeten sich nur einige wenige Röstelien, die eine sehr unscheinbare kurze Peridie besaßen; auf **Crataegus Oxyacantha, grandiflora, sanguinea** und **nigra** wurde die echte **Roestelia lacerata** ebenfalls erhalten, während auf **Pirus Malus, Sorbus Aria, Sorbus Chamaemespilus** und auf **Mespilus** die Impfungen nicht anschlugen.

Gymnosporangium conicum und der Ebereschenrost.

4. **Gymnosporangium conicum** *DC.* (**Gymnosporangium juniperinum** *Winter*), ebenfalls auf dem gemeinen Wachholder, aber mit mehr

---

[1]) Zeitschr. f. Pflanzenkrankheiten II. 1892, pag. 94 und 335.

[2]) Contributions from the cryptog. Laboratory of Harvard Univers. 8. Dec. 1886, Proceed. of the American Acad. of arts and sc. Boston 1887, pag. 259.

kegelförmigen oder halbkugeligen, fast goldgelben Fruchtkörpern und kürzer gestielten, teils braunen und größeren, teils gelben und kleineren Sporen. Zu ihm gehört der Ebereschenrost (Roestelia cornuta *Ehrh.*), der auf Sorbus Aucuparia und torminalis, sowie auf Aronia rotundifolia sehr langhalsige, oft hornartig gekrümmte, nur an der Spitze zerreißende Peridien bildet und dem Laub dieser Gehölze ebenfalls sehr schädlich ist. Nathan (l. c.) schließt aus seinen Impfversuchen, daß dieses Gymnosporangium außer auf Sorbus auch auf Sorbus Aria, Aronia rotundifolia, Cydonia vulgaris und auf den Apfelbaum übergehen könne. Farlow (l. c.) konstatierte in Amerika das Gymnosporangium auf Juniperus virginiana und die Roestelia cornuta auf Amelanchier canadensis, Pirus americana und verschiedenen Crataegus-Arten. Bei Plowright's (l. c.) Impfversuchen in England ging dieser Pilz nur auf Eberesche, nicht auf Apfelbaum über.

5. Außerdem sind noch folgende Roestelia-Formen auf Pomaceen bekannt, deren zugehörige Gymnosporangium-Arten aber noch nicht entdeckt sind, oder über die noch Zweifel bestehen. Andere Pomaceen-Roste.

a. Der Apfelrost (Roestelia penicillata *Fr.*), welcher die Apfelbäume, Sorbus Aria, torminalis und Chamaemespilus, vielleicht auch Mespilus germanica befällt. Die Peridien stehen in geringer Zahl regellos oder kreisförmig auf orangegelben Blattflecken und sind gestaltlich denen von Roestelia lacerata auf dem Weißdorn ähnlich, aber sie zerreißen bis auf den Grund in Fasern und die Zellen derselben sind mit leistenförmigen Verdickungen versehen, während die der oben genannten Arten mehr warzenförmige Verdickungen besitzen. Es ist daher die von manchen Mykologen angenommene spezifische Identität des Apfelrostes mit dem Weißdornroste von Winter bezweifelt worden. Allerdings hat Oerstedt durch Aussaat von Sporen des Gymnosporangium clavariaeforme auch auf Apfelbaum Spermogonien gezüchtet; doch ist es eben zweifelhaft, ob die Roestelia lacerata nachgefolgt sein würde, wenn die Entwickelung über den Spermogonienzustand hinausgegangen wäre. Nach R. Hartig[1]) ist dieser Pilz in den bayrischen Alpen ungemein häufig auf Sorbus Aria und Chamaemespilus, und in gleicher Häufigkeit finde sich daselbst auf Juniperus communis eine Teleutosporenform, die er Gymnosporangium tremelloides nennt, in Nostoc ähnlichen halbkugeligen Massen. Er will durch Infektionsversuche im Garten daraus die Roestelia-Form auf Sorbus Aria erzeugt haben. Nach Farlow (l. c.) kommt in Amerika Roestelia penicillata ebenfalls auf Apfelbaum, sowie auf Pirus angustifolia und Amelanchier canadensis vor. Apfelrost.

b. Der Mispelrost (Aecidium Mespili *DC.*), auf Mespilus germanica und Cotoneaster vulgaris, mit cylindrischen oder cylindrisch-bauchigen Peridien, welche durch seitliche Längsrisse in schmale, anfangs an der Spitze zusammenhängende, aber bald sich trennende Fasern zerreißen. Mispelrost.

c. Von amerikanischen Roestelia-Formen zählt Farlow (l. c.) noch folgende auf: Amerikanische Roestelia-Formen.

aa. Roestelia botryapites *Schw.*, auf Blättern von Amelanchier canadensis. Nach Thaxter[2]) gehört diese Form zu Gymnosporangium biseptatum.

[1]) Lehrbuch d. Baumkrankheiten, 2. Aufl., pag. 133.
[2]) Botan. Gazette. 1889, pag. 153.

bb. Roestelia transformans *Ellis*, auf Blättern, Früchten und jungen Trieben von Pirus arbutifolia und auf Blättern des Apfelbaumes.

cc. Roestelia hyalina *Cooke*, auf Blättern von Crataegus.

dd. Roestelia aurantica *Peck*, auf Früchten und Trieben von Crataegus-Arten, Amelanchier canadensis, auf Quitte und auf Apfelbaum; soll nach Thaxter[1]) zu Gymnosporangium clavipes gehören.

Amerikanische Gymnosporangium-Arten.

d. Von amerikanischen Gymnosporangium-Arten werden bei Farlow (l. c.) und späteren noch folgende erwähnt.

aa. Gymnosporangium Ellisii *Berk.*, auf Cupressus thiyoides, mit bis $^1/_4$ Zoll langen fadenförmigen Sporenmassen und 3- bis 4zelligen Teleutosporen. Nach Thaxter's[1]) Vermutung gehört dazu vielleicht die Roestelia transformans.

bb. Gymnosporangium macropus *Lnk.* auf Juniperus virginiana, wo der Pilz an den kleinen Zweigen silbergraue knotige Anschwellungen erzeugt.[2]) Durch Impfversuche sollen damit Spermogonien auf Blättern von Amelanchier und Crataegus tomentosa erhalten worden sein. Bei Impfversuchen Thaxter's[1]) soll der Pilz erfolgreich auf Apfelbaum übertragen worden sein und dort eine Roestelia pyrata erzeugen.

cc. Gymnosporangium biseptatum *Ellis*, auf Cupressus thujoides und Libocedrus decurrens. Damit soll Infektion von Crataegus unter Bildung von Spermogonien, nach Thaxter (l. c.) solche von Amelanchier canadensis gelungen sein.

dd. Gymnosporangium clavipes *Cooke* et *Peck*, auf Juniperus virginiana, ist von Thaxter (l. c.) ebenfalls auf Amelanchier canadensis übertragen worden.

ee. Gymnosporangium globosum auf Juniperus virginiana will Thaxter (l. c.) erfolgreich auf Crataegus coccinea. Pirus americana und Malus und auf Amelanchier canadensis übertragen haben.

ff. Gymnosporangium Nidus avis *Thaxter* auf Juniperus virginiana, ist von Thaxter (l. c.) auf Amelanchier canadensis, Pirus Malus und Quitte übertragen worden.

gg. Gymnosporangium Cunninghamianum *Barcl.*, auf Cupressus torulosa im Himalaya, wozu nach Barclay's[4]) Kulturversuchen eine Äcidienform auf Pirus Pashia gehört.

XI. Coleopuccinia *Patouill.*

Coleopuccinia.

Jede der zweizelligen Teleutosporen ist mit ihrem Stiel in eine Gallertscheide eingeschlossen, und die benachbarten Scheiden sind mit einander verklebt.

Auf Amelanchier.

Coleopuccinia sinensis *Patouill.*, auf den Blättern einer Amelanchier aus Yuan-nan[5]).

---

[1]) Botan. Gazette. 1889, pag. 163.

[2]) Vergl. Sanford, Ann. of. Botany I. London 1887—88, pag. 263.

[4]) Scientific mem. by medical officers of the army of India. Calcutta 1890, pag. 71.

[5]) Vergl. Patouillard, Revue mycol. XI, pag. 35.

XII. Ravenelia *Berk.*

Die Teleutosporen sind zu einem kopfförmigen Körper vereinigt, welcher wie eine schirmartige Masse auf einem Stiele steht. Die Zahl der Zellen eines Teleutosporenkopfes schwankt zwischen 2 und 30. Zwischen Stiel und Sporenkopf befindet sich eine Region von Cystzellen, d. i. dünnwandige, blasenförmige Zellen, welche allmählich in die Zellen des Stieles übergehen, bei der Sporenreife zerreißen und die Abtrennung der Sporen vermitteln, wobei ihre Zellreste eine Art Halskrause um den Sporenkopf darstellen. Den Teleutosporen gehen gelbliche Uredosporen voraus, welche durch eine kraterähnliche Öffnung der Epidermis der Nährpflanze austreten, worauf die dunkelbraunen Teleutosporenköpfe aus dem Grunde der Höhle sich erheben[1]). Ravenelia.

In Amerika und Ostindien vorzugsweise auf Acacia-Arten und verwandten Leguminosen vorkommende Rostpilze, von denen entweder nur Teleutosporen bekannt sind, wie bei Ravenelia indica *Berk.* auf den Hülsen von Bauhinia und Cassia auf Ceylon, oder Uredo- und Teleutosporen, wie bei Ravenelia glanduliformis *Berk.* et *Curt.*, auf den Blättern von Tephrosia-Arten in Nordamerika, oder außer Uredo- und Teleutosporen auch ein Äcidium, wie bei Ravenelia Hieronymi *Speg.* auf den Ästchen von Acacia cavenia in Argentinien. Auf Acacia, Bauhinia, Cassia.

XIII. Cronartium *Fr.*

Bei dieser Gattung sind die Teleutosporen mit einander gewebeartig verbunden zu einem von der Unterlage aufsteigenden cylindrischen, säulenförmigen Körper, welcher durch basales Wachstum in die Länge wächst und aus zahlreichen, gestreckten, der Länge nach parallel liegenden, braunwandigen Sporenzellen zusammengesetzt ist. Beim Keimen dieser Teleutosporensäule bilden sich an der Außenseite der äußeren Zellen kleine, kuglige, farblose Sporidien. Den Teleutosporen geht unmittelbar eine Uredogeneration voran: kleine, pustelförmige, blasse Sporenhäufchen, die von einer Peridie umgeben sind und ovale, mit stacheligem Exosporium versehene, blaßbraune Sporen bilden. Nach Ausstreuung dieser wächst durch die Öffnung der Peridie die in dem Uredolager angelegte junge Teleutosporensäule hervor. Über den Entwickelungsgang ist nichts Näheres bekannt. Äcidien fehlen. Alle Cronartium-Arten bewirken an den Blattstellen, welche von den Teleutosporen besetzt sind, ein Mißfarbigwerden und Absterben des Gewebes. Cronartium.

1. Cronartium asclepiadeum *Fr.*, auf den Blättern von Cynanchum vincetoxicum und Gentiana asclepiadea, an der Unterseite auf den kranken Flecken große Gruppen dicht stehender, brauner, fadenförmiger Teleutosporensäulen bildend. Nach Cornu und Klebahn ist das zu Auf Cynanchum.

[1]) Vergl. Berkeley, Gardener's Chron. 1853, pag. 211 und Cooke, Journ. of the Royal Microscop. Soc. 1880, pag. 384.

diesem Pilze gehörige Äcidium das Peridermium Pini a. corticola auf der Kiefer (s. S. 193).

Auf Paeonia. 2. Cronartium Paeoniae *Tul.* (Cronartium flaccidum *Wint.*), auf der Unterseite großer, kranker, bräunlicher oder schwarzer Flecken der Blätter von Paeonia officinalis.

Auf Ribes. 3. Cronartium ribicola *Dietr.*, auf der Unterseite der Blätter von Ribes rubrum, Grossularia, alpinum, aureum und nigrum, in Norddeutschland, den Ostseeprovinzen, sowie im Innern Rußlands, um Moskau bis zum Ural verbreitet. Nach Klebahn[1]) steht dieser Pilz im Generationswechsel mit einem Blasenroste der Weymouthskiefer, dem Peridermium Strobi *Kleb.*, welches an der Rinde dieses Baumes auftritt wie das ganz ähnliche Peridermium Pini auf der gemeinen Kiefer, welches zu einem andern Rostpilz gehört (s. S. 195) und welches nach Klebahn auch gewisse Verschiedenheiten von der neuen Form auf der Weymouthskiefer zeigt. Klebahn übertrug die Peridermium-Sporen auf Ribes und erhielt hier das Cronartium. Dasselbe ist auch Wettstein[2]) und Sorauer[3]) mit verschiedenen Ribes-Arten geglückt. Auch umgekehrt konnte Klebahn[4]) diese Sporidien von Cronartium ribicola erfolgreich auf junge Weymoutskiefern impfen, indem an einem der geimpften Exemplare eine Anschwellung sich bildete, auf welcher die charakteristischen Spermogonien erschienen. Zu bemerken ist, daß nach Klebahn von Ribes Grossularia nur die hochstämmigen, auf Ribes aureum gepfropften Stachelbeeren für die Infektion mit Peridermium Strobi empfänglich sind, worin vielleicht ein Einfluß der Unterlage auf das Pfropfreis zu sehen ist[5]).

Auf Balsamina. 4. Cronartium Balsaminae *Niessl.*, auf Balsamina hortensis.

XIV. Alveolaria *Lagerh.*

Alveolaria. Die Teleutosporen bilden eine cylindrische, orangegelbe Säule, die aus niedrigen, kreisrunden Zellscheiben, den Sporen, besteht. Jede Sporenscheibe ist aus vielen, fest verbundenen Teilsporen zusammengesetzt. Bei der Keimung lösen sich die Sporenscheiben von einander und jede Teilspore ist keimfähig; die Keimung geschieht wie bei Puccinia. Lagerheim[6]) hat diese Gattung in einigen Arten in Ecuador entdeckt.

XV. Trichospora *Lagerh.*

Trichospora. Die Teleutosporenlager sind fadenförmig, orangegelb und bestehen aus langen, spulenförmigen Sporen, die mit einander fest verbunden bleiben und zwischen sich sehr schmale und lange, sterile Zellen haben. Im reifen Zustande ist jede Spore durch drei Querwände vierzellig,

[1]) Abhandl. des naturw. Ver. zu Bremen X, pag. 145, und Berichte d. deutsch. bot. Gesellsch. 1888.

[2]) Sitzungsber. d. zool.-bot. Gesellsch. Wien 1890, pag. 44.

[3]) Zeitschr. f. Pflanzenkrankheiten I. 1891, pag. 183.

[4]) Bericht d. deutsch. botan. Gesellsch. 1890.

[5]) Zeitschr. f. Pflanzenkrankheiten II. 1892, pag. 335.

[6]) Berichte d. deutsch. bot. Gesellsch. IX, pag. 344.

bei der Keimung wächst aus diesen vier Zellen je ein Sterigma mit einer Sporidie. Lagerheim (l. c.) hat folgende Art entdeckt.

Trichospora Tournefortiae *Lagerh.*, auf Tournefortia-Arten in Ecuador. Der Pilz befällt alle oberirdischen Teile, den Teleutosporen gehen Spermogonien voraus. Auf Tournefortia

XVI. Chrysomyxa *Ung.*

Die Gattungs-Charaktere von Chrysomyxa liegen in dem orangegelben, fleischigen, polsterförmigen, unter der Epidermis der Nährpflanze sich bildenden und durch dieselbe hervorbrechenden Lager der Teleutosporen, welche cylindrisch, fast fadenförmig, büschelförmig verzweigt und durch Querscheidewände in mehrere übereinanderstehende Zellen geteilt sind, deren Protoplasma durch ein orangegelbes Öl gefärbt ist (Fig. 35). Bei der Keimung bleiben die unteren dieser Zellen steril, während von den oberen jede ein mehrzelliges Promycelium mit meist vier, auf kurzen Stielen stehenden Sporidien entwickelt. Von diesen Pilzen sind jetzt mehrere Arten bekannt, welche besonders der Fichte schädlich sind; diese Arten haben aber sehr verschiedenen Entwickelungsgang und bei einigen Arten ist es der Äcidienzustand, bei einer andern, wo die Äcidien fehlen, der Teleutosporenzustand, welche die Fichtennadeln befällt und verdirbt. Bei manchen dieser Arten geht den Teleutosporen ein Uredozustand voraus, der bei dieser, wie bei der folgenden Gattung nackte, pulverförmige, orangegelbe Häufchen darstellt, und in beiden Gattungen durch die reihenförmig übereinander zur Abschnürung kommenden Sporen von den Uredoformen der andern Gattungen sich unterscheidet. Chrysomyxa.

A. Leptochrysomyxa.

Es sind nur Teleutosporen bekannt, welche sofort nach der Reife keimen. Leptochrysomyxa

1. Der Fichtennadelrost oder die Gelbfleckigkeit der Fichtennadeln oder Gelbsucht der Fichten, Chrysomyxa abietis *Ung.* An den diesjährigen Nadeln bilden sich von Ende Juni an, wenn dieselben noch weich sind, in der ganzen Breite derselben strohgelbe Ringe oder Querbinden (Fig. 35A). Der übrige Teil des Blattes behält die grüne Farbe, und in diesem Zustande bleiben die Nadeln an den Zweigen bis zum folgenden Frühjahr. In den gelben Flecken wird das Teleutosporenlager schon im Oktober oder November angelegt; aber erst im Mai erreicht es seine Ausbildung; auf den nun zweijährigen, kranken Nadeln brechen auf der Unterseite an den gelben Flecken linienförmige, den zu beiden Seiten der Mittelrippe laufenden Spaltöffnungsreihen entsprechende, mit der Unterlage fest verwachsene, orangerote Polster hervor. Bald ist es nur ein kleines Stück, bald der größere Teil der Nadel oder selbst die ganze Nadel, wo die Gelbfärbung eingetreten ist; immer erstreckt sich das Teleutosporenlager nahezu über die ganze Länge des kranken Teiles und kommt nur auf Fichtennadelrost.

diesem vor. Es bildet sich unter der Epidermis und der subepidermalen, dickwandigen Zellschicht und durchbricht beide. Das Parenchym der kranken Stellen ist reichlich durchwuchert von den verästelten, septirten, und gelbe Öltropfen führenden Myceliumfäden; diese treffen unter den Sporenlagern zahlreich zusammen und verflechten sich; aus diesem Geflecht erheben sich die oben beschriebenen Sporen. Nach erlangter Reife keimen dieselben noch auf den am Zweige stehenden kranken Nadeln, nach der Keimung vertrocknen die Teleutosporenlager, und die kranken Nadeln werden jetzt dürr und fallen ab. In diesem Verlust einjähriger Nadeln liegt der schädliche Charakter der Krankheit. An den Zweigen, die von dem Roste ergriffen sind, ist in der Regel die Mehrzahl der einjährigen Nadeln gelb und geht also verloren. Die Krankheit befällt die Fichten in jedem Lebensalter, nicht bloß hochstämmige, sondern auch strauchförmige Pflanzen, und sogar an jungen Saaten ist sie beobachtet worden.

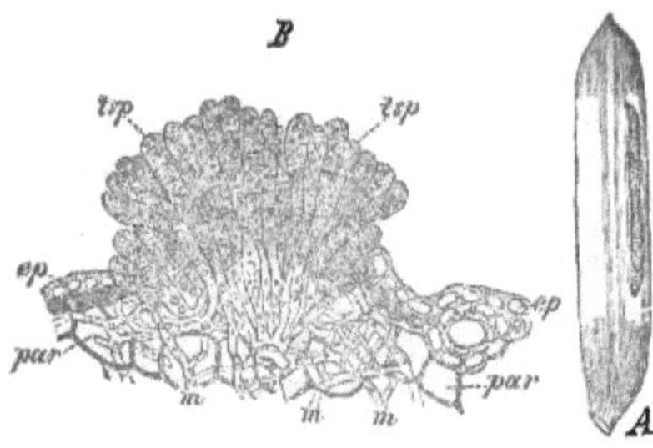

Fig. 35.

Der Fichtennadelrost (**Chrysomyxa abietis** *Ung.*) A Eine kranke Fichtennadel; auf der rechten Hälfte des gelben Fleckens mit einem hervorgebrochenen roten Sporenlager. B Durchschnitt durch ein Sporenlager **tsp**; ep Epidermis, **par** Parenchym der Nadel; m Myceliumfäden, welche zahlreich nach dem Sporenlager hin laufen. 200fach vergrößert. Nach Reeß.

Der Entwickelungsgang des Parasiten ist von Reeß[1]) verfolgt worden. Danach existiert der Pilz nur in der Teleutosporenform; ihm fehlen Uredo und Äcidium. Bei der Keimung, die unter günstigen Feuchtigkeitsbedingungen stattfindet, treiben die Sporen das oben beschriebene Promycelium mit Sporidien. Bringt man Sporidien auf ganz junge Fichtennadeln, wie sich solche zur Zeit, wo die Teleutosporen keimen, an den Zweigen befinden, so treiben dieselben einen Keimschlauch, welcher die Epidermiszellen der jungen Nadeln durchbohrt und ins Innere derselben eindringt. Reeß hat durch solche Aussaaten auf gesunde Fichten das Mycelium des Pilzes, die Krankheit und die Teleutosporenlager in den Nadeln erzeugen können. Das Mycelium überschreitet den Punkt seines Eintrittes nicht weit, die Krankheit ist daher auf eine Stelle der Nadel lokalisiert; in den eigentlich perennierenden Teilen der Nährpflanze lebt das Mycelium nicht, muß sich also alljährlich von neuem erzeugen. In den Zellen des befallenen Gewebes verschwindet das Chlorophyll alsbald, dafür bildet sich in denselben zeitiger als im gesunden Blatte Stärkemehl in Menge, doch wird dasselbe später wieder vom Pilz verzehrt.

Die Bekämpfung ist nur dadurch möglich, daß alles kranke Holz rechtzeitig, d. h. vor der im Frühjahr erfolgenden Bildung der Sporen, abgeräumt wird.

[1]) Bot. Zeitg. 1865, Nr. 51 u. 52, und besonders: Rostpilzformen der deutschen Koniferen in Abh. d. naturf. Ges. Halle XI. Bd., pag. 80.

Auf den Fichtennadelrost wurde man zuerst im Jahre 1831[1]) im Harz aufmerksam, wo er in großer Ausdehnung und besorgniserregend auftrat, stellenweise in solchem Grade, daß oft ganze Berghänge gelb erschienen; er zeigte sich sowohl auf den Höhen wie in den Thälern, in geschützter wie in exponierter Lage, an einzelnen Bäumen wie in den Beständen, auf trockenem wie auf feuchtem Boden. Einen so hohen Grad hat die Krankheit dort seitdem wohl nicht wieder erreicht, und die Befürchtungen sind sehr übertrieben worden. Aber die Krankheit ist auch heute noch im Harz verbreitet, wenn auch wenig intensiv, und die Möglichkeit eines stärkeren Ausbruches ist dauernd gegeben. Sie begleitet die Fichte dort von den Thälern an bis zur Baumgrenze; ich fand sie auch noch am Gipfel des Brockens an den Zwergfichten. Im Jahre 1850 bemerkte man den Rost auch bei Tharand und an andern Orten des Erzgebirges[2]) und gegenwärtig noch ist er durch dieses Gebirge stellenweise anzutreffen. Nach anderweiten von Reeß[3]) zusammengestellten Notizen hat man ihn auch in Neu-Vorpommern, in Thüringen, bei Halle, in Oberhessen, im Odenwald, im Schwarzwald, um München und bei Gratz gefunden; aus dem Riesengebirge wird er von Schröter angegeben. Während er aber im Norddeutschen Gebirge bis an die Baumgrenze hinaufgeht, scheint er in den eigentlichen Alpenländern in in der Fichtenregion durch das Aecidium abietinum (S. 190) vertreten zu werden; ich habe ihn wenigstens im Berchtesgadener Land, im Pongau und Pinzgau nirgends finden können. Von Rostrup[4]) wird die Krankheit in Dänemark angegeben, und nach Eriksson ist sie auch in Schweden nicht selten[5]).

B. Hemichrysomyxa.

Nur Uredo- und Teleutosporen sind bekannt; doch giebt es vielleicht auch einen noch unbekanten Äcidiumzustand. Hemichrysomyxa.

2. **Chrysomyxa pirolata** *Winter*, auf Pirola rotundifolia und minor kleine, rundliche, wachsartige, gelbrote Teleutosporenlager bildend, denen orangegelbe, kleine, rundliche, pulverförmige Häufchen von Uredosporen voraus gehen. Auf Pirola.

3. **Chrysomyxa albida** *Kühn*, auf den Blättern von Rubus fruticosus von Kühn[6]) im Schwarzwald beobachtet, von J. Müller[7]) auch in Schlesien gefunden. Die Teleutosporen sind farblos, bilden daher kleine, runde, weiße Lager; ihnen gehen lichtgelbe Häufchen von Uredosporen voraus. Die Keimung der Teleutosporen erfolgt nach Kühn sofort nach der Reife. Von Dietel[8]) wird der Pilz zur Gattung Phragmidium unter Auf Rubus.

---

[1]) Vergl. v. Berg, Über das Gelbwerden der Fichtennadeln am Harze. Allgem. Forst- und Jagdzeitung 1831, pag. 494.

[2]) Vergl. Stein, Tharander Jahrbuch 1853, pag. 108 ff.

[3]) l. c. pag. 81.

[4]) Citiert in Just, bot. Jahresber. f. 1877, pag. 130.

[5]) Mitteilungen d. Experimentalfeld d. Kgl. Landb. Akademie 11, Stockholm 1890.

[6]) Botan. Centralbl. XIV. 1883, pag. 154. — Hedwigia 1884, Nr. 11, pag. 167.

[7]) Die Rostpilze der Rosa- und Rubus-Arten. Landw. Jahrb. XV. 1886, pag. 739.

[8]) Beitr. zur Morphol. d. Uredineen. Bot. Centralbl. XXXII.

dem Namen Phragmidium albidum gezogen. Über eine auf Stämmen und Blättern von Rubus auftretende, überwinternde Uredoform, die möglicherweise einer andern Chrysomyxa angehört, ist J. Müller[1]) zu vergleichen.

Auf Empetrum. 4. Chrysomyxa Empetri *Rostr.*, (Uredo Empetri *Pers.*, Caeoma Empetri *Winter*), auf den Blättern von Empetrum nigrum.

Euchrysomyxa.

C. Euchrysomyxa.

Äcidium, Uredo- und Teleutosporen sind vorhanden.

Auf Rhododendron. 5. Chrysomyxa Rhododendri *de By.*, auf den Blättern der Alpenrosen Rhododendron ferrugineum und hirsutum, in den Alpengegenden; die rundlichen oder länglichen Uredohäufchen und die ebenso gestalteten braunroten bis orangegelben gewölbten Teleutosporenlager stehen auf rotvioletten, gelblichen oder braunrothen Blattflecken und erscheinen im Juni und Juli nach dem Schmelzen des Schnees auf den überwinterten Blättern. Nach de Bary[2]) keimen die Teleutosporen sehr bald, und die Keimschläuche der Sporidien dringen in die Nadeln der Fichte ein, und hier entwickelt sich daraus das im Juli oder August erscheinende

Fichtennadelácidium. Aecidium abietinum *Alb. et Schw.*, das Fichtennadeläcidium. Der Parasit ist auf die einzelne Nadel beschränkt und stimmt also hierin mit dem andern Fichtennadelrost, Chrysomyxa abietis (S. 187). Er befällt ebenfalls die junge, erstjährige Nadel; diese wird ganz oder nur in einem Teile, welcher den Pilz enthält, blaßgelb entfärbt (Fig. 36), zeigt aber sonst keine Veränderung, ebensowenig wie der Zweig, an welchem die kranken Blätter sitzen. Auf dem entfärbten Teile der Nadel erscheinen kleine, punktförmige Spermogonien zusammen mit den Äcidien, deren ein oder mehrere nicht regelmäßig reihenweis auf einer Nadel sitzen. Dieselben haben eine weiße, sehr vergängliche Peridie, welche bald ziemlich kurz, bald bis 3 mm lang am Rande gezähnt ist und meist in der Längsrichtung der Nadel einen etwas größeren Durchmesser hat, als in der Querrichtung. Die Bildung der Sporen geschieht nach der gewöhnlichen Art der Äcidien. Nach der Reife der Äcidien vertrocknen die Nadeln und fallen ab. Nach Reeß[3]) geht das Mycelium nicht über die kranke Stelle der Nadel hinaus; es kann also nicht perennieren; die Sporen aber verlieren schon nach einigen Wochen ihre Keimfähigkeit. Die Krankheit scheint, wenn auch nicht ausschließlich, so doch hauptsächlich den Alpenländern anzugehören; ich traf sie, wie schon in der vorigen Auflage erwähnt wurde, 1878 sowohl in den nördlichen (bayrischen) als auch in den Centralalpen (Tauern) allgemein verbreitet und den dort fehlenden Fichtennadelrost vertretend. Sie kommt dort schon unten in den Thälern vor, selbst an kleinen, niederen Bäumchen, die in den Gärten gezogen werden, und geht hinauf durch die ganze Fichtenregion bis an die obere Grenze der-

Fig. 36. **Das Fichtennadeläcidium.** Eine kranke Fichtennadel, auf dem gelben Fleck zwei hervorgebrochene Äcidien und mehrere punktförmige Spermogonien. Schwach vergrößert.

[1]) Die Rostpilze der Rosa- und Rubus-Arten. Landw. Jahrb. XV. 1886, pag. 739.

[2]) Botan. Zeitg. 1879.

[3]) l. c., pag. 99.

selben, z. B. auf dem Watzmann bis 1450 m, im Stubachthal in den Tauern bis 1750 m ü. M. Mit zunehmender Höhe wird sie häufiger; während in den tieferen Lagen oft nur einzelne Nadeln erkranken, sind in der oberen Nadelholzregion nicht selten die meisten der an einem diesjährigen Triebe sitzenden Nadeln ergriffen. Sehr auffallend zeigte sich dies im Stubachthal, wo am oberen Saume des Fichtengürtels der Rost verheerend epidemisch auftrat, und schon aus einiger Entfernung die stark entlaubten und stark vergilbten Bäume auffielen und selbst die letzten Zwergfichten den Schmarotzer trugen, während tiefer, etwa von 1370 m an abwärts die Fichte zwar nicht verschont, doch auffallend gesünder war und von einem eigentlichen Schaden nicht mehr die Rede sein konnte. de Bary, welcher später dieses Verhalten des Pilzes bestätigte, hat die Erklärung dafür in dem Nachweise des Generationswechsels mit den bekanntlich an der oberen Fichtengrenze wachsenden Alpenrosen gegeben. Auf den letzteren erhält sich übrigens der Pilz auch ohne das Zwischentreten der Äcidiengeneration, weil durch Vermittelung der reichlich sich bildenden Uredosporen die neuen Blätter wieder direkt angesteckt werden. Dagegen ist umgekehrt die Gegenwart der Alpenrosen die Veranlassung für die alljährliche Entstehung des Fichtennadeläcidiums in den Alpen. — Auch in Amerika ist von Farlow[1]) das **Aecidium abietinum** in den White mountains, und zwar auf **Abies nigra** beobachtet worden; auf den Bäumen der unteren Region fand sich der Pilz nicht, wohl aber massenhaft auf den niedrigen Pflanzen der höheren Bergregion; indes zeigten die in der Nähe wachsenden **Rhododendron lapponicum** und **Ledum latifolium** keine **Chrysomyxa**.

6. **Chrysomyxa himalense** *Barclay*[2]), auf Blättern, Blattstielen, Zweigen und Früchten von **Rhododendron arboreum** im Himalaya. — Auf Rhododendron arboreum.

7. **Chrysomyxa Ledi** *de Bary* (**Coleosporium Ledi** *Schröt.*), auf den Blättern von **Ledum palustre** im norddeutschen Tieflande, im Uredo- und Teleutosporenzustande fast ganz mit **Chrysomyxa Rhododendri** übereinstimmend. — Auf Ledum und das Fichtennadeläcidium. de Bary (l. c.) hat gezeigt, daß dieser Pilz jenen gewissermaßen in den Ebenen und in den niederen Gebirgen auf dem den Alpenrosen nächst verwandten **Ledum** vertritt, denn er erzeugt ebenfalls das Fichtennadeläcidium, welches denn auch in der That im norddeutschen Tieflande ebenfalls an den Fichten und zwar in Gesellschaft von **Ledum palustre** vorkommt; nach R. Hartig[3]) soll er auch in Rußland häufig sein. Auch in Schweden kommt das Fichtennadeläcidium nach Rostrup[4]) und Eriksson[5]) sogar sehr oft verheerend vor, aber nicht in Dänemark, weil dort das **Ledum** fehle. Ferner konstatierte Rostrup[6]) die Uredosporen auf **Ledum palustre** in Grönland, wo die Fichte überhaupt nicht vorkommt, woraus zu folgen scheint, daß das Äcidium keine obligatorische, sondern nur eine fakultative Rolle bei der Verbreitung des Pilzes spielt. Dieses Äcidium

---

[1]) Appalachia III., 3. Januar 1884.

[2]) Scientific. mem. by medical officers of the army of India. Calcutta 1890, pag. 79.

[3]) Lehrbuch der Baumkrankheiten, 2. Aufl., pag. 152.

[4]) l. c. 1883, pag. 222.

[5]) l. c.

[6]) Nogle nye Jagttagelser angaaende heteroeciske Uredineer. Vidensk. selsk. Forhandl. 1884.

gleicht fast ganz dem alpinen, nur sind die Zellen der Peridie nicht zusammengedrückt, sondern bikonkav plattenförmig und an den Enden nicht schief übereinandergreifend, sondern erweitert und abgeplattet. Schröter[1]), welcher den Teleutosporenzustand auf Ledum palustre auffand, hat bereits ermittelt, daß auch dieser Pilz in den Blättern der Nährpflanze überwintert und schon zeitig im Frühjahr die Teleutosporenlager hervortreten läßt, die dann alsbald keimen. Im Tieflande hat also die Nähe von Ledum palustre für die Fichte die Gefahr des Rostes.

XVII. Coleosporium *Lév.*

Coleosporium.

Die Gattung Coleosporium hat ebenfalls rote Teleutosporenlager, welche sich unter der Epidermis bilden und cylindrische oder keulenförmige, durch Querscheidewände meist mehrzellige, nicht gestielte und dicht gedrängt beisammen und mit der Längsaxe rechtwinkelig zur Oberfläche des Pflanzenteiles stehende Sporen haben, dieselben sind aber nicht verzweigt und bleiben dauernd von der Epidermis bedeckt, worin der Unterschied von der vorigen Gattung liegt. Ihnen voraus gehend oder mit ihnen gleichzeitig treten auf denselben Blättern orangegelbe, staubige Uredohäufchen auf, die keine Peridie und Paraphysen haben und in denen die runden, mit stacheligem Exosporium versehenen Sporen abweichend von andern Uredoformen kettenförmig zu mehreren von jeder Basidie abgeschnürt werden, also gerade so wie bei der vorigen Gattung. Beide Sporenlager bilden sich an der Unterseite der Blätter in Form kleiner unregelmäßiger Flecken. Solcher Rostpilze kennt man mehrere Arten, die auf verschiedenen Pflanzen, hauptsächlich auf Kräutern vorkommen. Von den meisten dieser Pilze kennt man noch kein Äcidium, einer derselben aber interessiert besonders aus dem Grunde, weil von ihm ein heteröcisches Äcidium bekannt ist, welches derselbe auf der Kiefer bildet und wodurch er zum Urheber einer eigentümlichen Rostkrankheit dieses Baumes wird.

A. Hemicoleosporium.

Hemicoleosporium.

Nur Uredo- und Teleutosporen sind bis jetzt bekannt.

Auf Anemone.

1. **Coleosporium Pulsatillae** *Winter*, auf Anemone Pulsatilla und pratensis.

Auf Rhinanthaceen.

2. **Coleosporium Rhinanthacearum** *Fr.* (Coleosporium Euphrasiae *Schum.*), auf den meisten Rhinanthaceen, besonders auf den Arten von Melampyrum, Rhinanthus, Pedicularis und Euphrasia. Vergleiche wegen des Äcidiums unten Colesporium Senecionis.

Auf Cerinthe.

3. **Coleosporium Cerinthes** *Schröt.*, auf Cerinthe minor in Schlesien.

Auf Campanulaceen.

4. **Coleosporium Campanulacearum** *Fr.*, auf den meisten Arten von Campanula, sowie auf Phyteuma, Jasione, Specularia und Lobelia.

[1]) Cohn's Beitr. z. Biologie d. Pfl. III. Heft 1, pag. 53.

Auf Compositen.

5. **Coleosporium Synantherarum** *Fr.* (Coleosporium Sonchi *Winter*), auf vielen Compositen, besonders häufig auf Tussilago farfara, Petasites-Arten, Adenostyles, Inula-Arten, Cacalia, Sonchus-Arten, Cineraria und gewissen Arten von Senecio, wie Senecio nemorensis, subalpinus, cordatus, aquaticus, nebrodensis und saracenicus, während die auf Senecio vulgaris und verwandten Arten vorkommende Form zur folgenden Spezies gehört. Die Teleutosporen sind hier meist vierzellig. Wegen des Äcidiums der auf Tussilago vorkommenden Form vergleiche das unten bei Colesporium Senecionis gesagte.

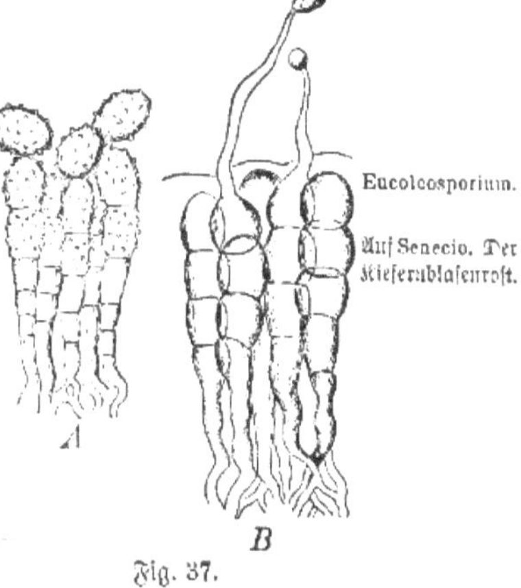

Fig. 37.
Coleosporium Rhinanthacearum, A Teil eines Uredosporenlagers, mit kettenförmig sich abgliedernden Sporen. B Teil eines Teleutosporenlagers unterhalb der Epidermis, durch letztere wachsen die Promyceliumfäden zweier keimenden Teleutosporen heraus. Nach Tulasne.

B. **Eucoleosporium.**

Eucoleosporium.

Äcidium, Uredo- und Teleutosporen sind vorhanden.

Auf Senecio. Der Kiefernblasenrost.

6. **Coleosporium Senecionis** *Fr.*, sehr häufig im Sommer bis in den Herbst auf Senecio viscosus, silvaticus, vulgaris, vernalis und Jacobaea. Die Teleutosporen sind meist einzellig. Bezüglich des zugehörigen Äcidiums sind bis in die jüngste Zeit die Ansichten recht wechselnd gewesen. Zuerst hat Wolf[1]) auf Grund seiner Infektionsversuche als Äcidium erklärt den Kiefernblasenrost, **Peridermium Pini** *Wallr.* (Aecidum Pini *Pers.*). Dieser ist von den gewöhnlichen Äcidienformen durch relativ große blasen- oder schlauchförmige, unregelmäßig zerreißende Peridien unterschieden. In denselben entstehen die Sporen durch kettenförmige Abschnürung, wobei zwischen den Sporen jeder Kette Zwischenstücke, gebildet aus einer gallertigen Membranlamelle, vorhanden sind. Dieser Parasit lebt in zwei Formen auf zweierlei Teilen der Kiefer, wonach er auch zwei verschiedene Krankheitserscheinungen hervorruft. Der die Äste und Zweige bewohnende Pilz (Peridermium Pini a. corticola) hat zahlreiche, nebeneinander stehende, 3—6 mm große, blasenförmige oder sackartig erweiterte gelblichweiße Peridien, welche das orangegelbe Sporenpulver enthalten und auf ihren Basidien die Sporen zu 20 und mehr in einer Reihe tragen. Diese Früchte brechen aus der Borke hervor, die dadurch rissig und rauh wird und gewöhnlich bald Harzergüsse austreten läßt. Die Krankheitserscheinungen sind genauer von R. Hartig[2]) untersucht worden. Fruktifizierend zeigt sich der Blasen-

[1]) Bot. Zeitg. 1874, und besonders: Landwirtsch. Jahrb. 1877, pag. 723 ff.

[2]) Bot. Zeitg. 1873, pag. 355, und besonders: Wichtige Krankheiten der Waldbäume. Berlin 1874.

rost gewöhnlich an den wenigjährigen Zweigen jüngerer Kiefern, und solche Zweige sterben bald ab; junge Pflänzchen können dadurch bald zu Grunde gehen. Aber auch die in älteren Kiefernbeständen häufig vorkommenden Krankheitszustände, welche die Forstleute mit dem Namen Krebs, Räude oder Brand der Kiefer, oder als Kienpest oder Kienzopf bezeichnen, hat R. Hartig als durch das Mycelium dieses Pilzes, der hier nur nicht immer fruktifiziert, veranlaßt nachgewiesen. Das Mycelium ist hauptsächlich in der Rinde zu finden, wo es intercellular zwischen den Parenchymzellen und den Siebröhren wächst und zahlreiche Haustorien ins Innere der Parenchymzellen sendet. Durch die Markstrahlen gelangen die Myceliumfäden auch in den Holzkörper; hier ist ein Verkienen des Holzes, soweit es vom Mycelium ergriffen ist, eine Erfüllung der Zellen mit Terpentin, zum Teil eine Zerstörung der Harzkanäle und ein Ausfließen des Terpentins nach außen die Folge. Eine Bildung von Jahresringen erfolgt an solchen Stellen nicht mehr, und der Ast oder Stamm wächst nur noch an derjenigen Seite in die Dicke, welche vom Pilze nicht ergriffen ist. Von der zuerst befallenen Stelle verbreitet sich aber das Mycelium, wenn auch nur langsam, in der Rinde allseitig weiter. Nach R. Hartig kann das Mycelium und die Krankheit den Stamm in seinem ganzen Umfange in einigen Jahren umklammern; oft aber bedarf es dazu eines Zeitraumes von 50 und mehr Jahren. Wenn es soweit gekommen ist, so stirbt der über der krebsigen Stelle liegende Stammteil, dann Zopf genannt, ab. Betrifft dies nur den oberen Teil der Krone, so daß darunter noch belaubte Äste stehen, so bleibt der Baum am Leben, und es tritt oft die bekannte Erscheinung nach Verlust des Gipfeltriebes ein, daß ein oberster Ast sich aufwärts krümmt und das Höhenwachstum übernimmt. Wenn aber der Kienzopf unterhalb der ganzen Krone sich bildet, so geht nach Verlust der letzteren der ganze Stamm zu Grunde. Die Krankheit scheint ebensoweit wie die Kiefer selbst verbreitet zu sein. Auch auf **P. Mughus, uncinata** und **nigricans** kommt der Pilz vor. Desgleichen ist auch von **Pinus**-Arten im Himalaya der Pilz bekannt[1]). — Die andre auf den Nadeln der Kiefer lebende Form des Blasenrostes (**Peridermium Pini** b. **acicola**) hat nur 2 bis $2^1/_2$ mm hohe, etwas flach zusammengedrückte, übrigens denen der vorigen Form gleiche Peridien, welche einzeln oder zu mehreren in einer Reihe auf den Nadeln stehen. Dieser Kiefernadelrost zeigt sich im Mai, Juni und Juli an den einjährigen Nadeln; diese sind an den Stellen, wo sie die Peridien tragen, gelblich entfärbt. Letztere brechen durch die Epidermis aus der unteren wie oberen Seite der Nadel hervor; das Mycelium wuchert im Mesophyll. Diese Krankheitsform hat nur den vorzeitigen Verlust von Nadeln zur Folge. An dem oben citierten Orte hat Wolff mitgeteilt, daß es ihm gelungen ist, nach Aussaat der Sporen, sowohl der nadeln- wie der rindebewohnenden Form des **Peridermium**, auf Stöcke von **Senecio viscosus** und **silvaticus** die Sporen keimen, die Keimschläuche durch die Spaltöffnungen der Pflanzen eindringen und in den Blättern nach ein bis zwei Wochen zu sporenbildendem **Coleosporium** sich entwickeln zu sehen. Vergleichende Infektionsversuche mit andern Compositen gelangen dagegen nicht. Dasselbe bestätigte Cornu[2]), welcher die Sporen des nadelbewohnenden **Peridermium**

[1]) Bull. de la soc. bot. de France 1877, pag. 314.
[2]) Bull. de la soc. bot. de France, 14. Juni 1880.

mit positivem Erfolge auf Senecio vulgaris, aber nicht auf Sonchus oleraceus übertragen konnte. Dagegen hat Cornu vergeblich versucht, das rindebewohnende Peridermium auf Senecio zur Entwickelung zu bringen; wohl aber glückte es ihm, dasselbe auf Cynanchum vincetoxicum zu übertragen und daraus das Cronartium asclepiadeum (S. 185) zu erzeugen. Später hat Klebahn[1]) diesen nämlichen Infektionsversuch mit dem gleichen Erfolge wiederholen können. Danach würden also die rinden- und die nadelbewohnende Form des Kiefernblasenrostes zwei verschiedene Arten und auch in ihrem Generationswechsel sehr abweichend sein. Diese Beobachtungen waren Veranlassung, daß man zunächst zwei Arten des Kiefernblasenrostes unterschied: **Peridermium oblongisporum** *Fuck.*, auf den Nadeln, zu Coleosporium Senecionis gehörig, und **Peridermium Cornui** *Rostr.* et *Kleb.*, auf der Rinde, zu Cornartium asclepiadeum gehörig. Nun hat aber Klebahn[2]) neuerdings folgende Beobachtung gemacht. Während es ihm leicht gelang, aus Material von Rindenrost, von St. Germain und Greiz bezogen, auf Cynanchum vincetoxicum das Cronartium zu züchten, schlug die Infektion mit dem um Bremen vorkommenden Rindenrost der Kiefer an Cynanchum vincetoxicum, welche Pflanze auch in Nordwest-Deutschland fehlt, vollständig fehl. Ebenso negativ waren aber auch die Versuche, den Pilz auf Ribes, Paeonia, Senecio, Sonchus, Tussilago, Alectorolophus, Melampyrum, Campanula, Phyteuma, Pirola, Empetrum, wo etwa zugehörige Teleutosporen hätten vermutet werden können, zu übertragen. Klebahn zieht nun daraus ohne weiteres den Schluß, daß der nordwest-deutsche Rindenrost der Kiefer nicht mit Peridermium Cornui identisch, sondern eine dritte selbständige Art sei, für die er den Namen **Peridermium Pini** *Kleb.* in Anspruch nimmt, und deren Aecidiumzustand noch ganz rätselhaft sei. Ebenfalls Klebahn[3]) verdanken wir nun noch eine weitere Entwickelung dieser Frage. Derselbe nimmt an, daß auch der Kiefernadelrost wiederum aus drei Arten besteht. Es ist ihm nämlich die Erzeugung des Coleosporium auf Senecio aus Peridermium oblongisporum nur mit Material aus gewissen Gegenden gelungen; Nadelrost aus andern nordwest-deutschen Gegenden schlug, auf Senecio geimpft nicht an, wohl aber auf Alectorolophus und Melampyrum, welche Pflanzen dann auch in der Nähe des Standortes dieses Kiefernadelrostes mit Coleosporium Rhinanthacearum bedeckt waren. Für diese vermeintliche Art wird die Bezeichnung **Peridermium Stahlii** *Kleb.* eingeführt. Endlich fand sich wieder in einer andern nordwest-deutschen Gegend Tussilago reichlich mit Coleosporium besetzt und in der Nähe ebenfalls Kiefernnadelrost; auch hier glückte es mit diesem Nadelroste künstlich auf Tussilago die Uredo zu erzeugen; für Klebahn handelt es sich hier um eine dritte Art Kieferurost: **Peridermium Plowrightii** *Kleb.*, Uredo und Teleutosporenform dieses Pilzes würden also auf Tussilago wachsen. Das Coleosporium Synantherarum *Fr.*, welches außer auf Tussilago noch auf vielen andern Compositen vorkommt, scheint nach Klebahn eine Sammelspezies zu sein; denn er konnte die Uredo von Tussilago leicht wieder auf dieselbe Nährpflanze, aber nicht auf Sonchus übertragen. Die morphologischen

---

1) Berichte d. deutsch. bot. Ges. 1890, Generalversammlungsheft.

2) Zeitschr. f. Pflanzenkrankheiten. II, 1892, pag. 259.

3) l. c. pag. 264.

Unterschiede der hier angenommenen verschiedenen Arten von Kiefernrosten sind bei der großen Variabilität der Sporen sehr unbedeutende. Die Annahme verschiedener Arten scheint mir hier zu weit gegangen; es muß eher den Eindruck machen, daß es hier um lokale Gewohnheitsrassen sich handelt.

Die Keimung der Teleutosporen von Coleosporium, die schon seit Tulasne bekannt ist, besteht in der Bildung eines sporidientragenden Promyceliums, welches von jeder Zelle der Spore getrieben werden kann. Sie erfolgt schon im Sommer sobald die Teleutosporen reif sind, unter den geeigneten Bedingungen. Wolff fand, daß man durch Aussaat der Sporidien auf Senecio-Pflanzen das Coleosporium nicht wieder erzeugen kann, daß hingegen durch die Uredosporen der Pilz leicht auf diesen Nährpflanzen fortgepflanzt wird. Es bleibt daher nur die freilich noch durch den Infektionsversuch zu erweisende Vermutung übrig, daß die Sporidien dieser und der andern genannten Coleosporium-Arten den geeigneten Boden für ihre weitere Entwickelung auf der Kiefer finden und den Blasenrost als ihr Äcidium wieder erzeugen. Wenn sich dies bestätigt, so würde als Prophylaxis vorzuschreiben sein, vor allem die genannten beiden Senecio-Arten, welche in Kiefernwäldern, besonders auf Holzschlägen gemein sind und oft epidemisch an Rost leiden, beziehentlich das Cynanchum vincetoxicum sowie die Rhinanthaceen und Tussilago auszurotten. Das Auftreten von Coleosporium auf Senecio vulgaris in Gegenden ohne Kiefern und Blasenrost ließe sich vielleicht daraus erklären, daß auf dieser fast den ganzen Winter grünenden Pflanze der Pilz perenniert und mit keimfähigen Uredosporen durch den Winter kommt; ich fand auch wirklich noch spät im November auf ihr frische Uredohäufchen. Auch Wolff giebt das Perennieren des Pilzes in den Blattrosetten von Senecio viscosus und silvaticus an.

XVIII. Melampsora *Cast.*

Melampsora Die in die Gattung Melampsora gehörigen Rostpilze bilden ihre Teleutosporen mit einander gewebeartig verbunden zu einer einfachen parenchymatischen Zellenschicht, welche mit dem Gewebe der Nährpflanze fest verwachsen bleibt und entweder unmittelbar unter der Epidermis oder bei Pflanzen, welche geräumige Epidermiszellen besitzen, in denselben sich befindet. Die Sporen sind cylindrische oder prismatische, einfache Zellen, welche alle mit ihrer Achse rechtwinkelig zur Oberfläche des Pflanzenteiles gestellt sind; da, wo sie unter der Epidermis sich bilden, ist ihre Länge meist mehrmals größer als ihre Breite, da, wo sie in den Epidermiszellen entstehen, richtet sich ihre Länge nach der Tiefe dieser. Die Seitenwände, mit denen diese Sporen aneinander grenzen, sind wie bei einem Parenchym homogene gemeinschaftliche Membranen. An der unteren Fläche steht diese Gewebeschicht mit den Myceliumfäden im Zusammenhange, welche das Innere des Pflanzenteiles durchziehen (Fig. 38 A). Die Membranen der Sporen sind mehr oder minder braun gefärbt. Die ursprünglich angelegte Zahl dieser Sporenzellen wird während der Ausbildung noch vergrößert durch Teilung durch Längswände, die oft kreuzweis gegeneinander gerichtet sind, oft aber auch keine Regelmäßigkeit zeigen. Das Sporenlager erscheint, da es unter oder in der Oberhaut liegt, wie ein dunkelbrauner oder schwarzer Fleck des Pflanzenteiles. Dasselbe kommt hier gewöhnlich erst gegen das Ende der Vegetationsperiode zum Vorschein, wenn der befallene Teil durch den Pilz bereits in einen krankhaften Zustand versetzt worden ist; beim Abfallen oder Absterben des Pflanzenteiles hat es seine vollständige Ausbildung erreicht. Nach Ablauf des Winters keimen die Sporenlager an den auf dem Boden liegenden vorjährigen Pflanzenteilen, indem das Promycelium aus dem Scheitel der Sporen nach außen hervorwächst. Auf denselben Teilen auf welchen der Pilz seine Teleutosporenlager reift, bildet er vorher Uredosporen in gelblichen bis rotgelben, abstäubenden Häufchen; diese werden bei Melampsora einzeln, nicht kettenförmig an den Basidien abgeschnürt und jedes Uredolager ist hier von einer Hülle, gleich der Peridie der Äcidien, umgeben, oder es besitzt statt derselben wenigstens Paraphysen. Über den Entwickelungsgang dieser Pilze herrscht noch Unklarheit. Während einerseits nach den unten zu erwähnenden Angaben R. Hartig's die weidenbewohnende Spezies ohne Zwischentreten eines Äcidiums direkt wieder aus den Sporidien entstehen kann, sollen nach andern Autoren diese und andre Arten Äcidien besitzen. Die Verhütung dieser Krankheiten wird sich also hauptsächlich auf die möglichste Vernichtung des mit den Teleutosporen behafteten Laubes oder Strohes der betreffenden Nährpflanzen und bei den Arten mit Äcidien auf die Ausrottung der Nährpflanzen der letzteren erstrecken müssen.

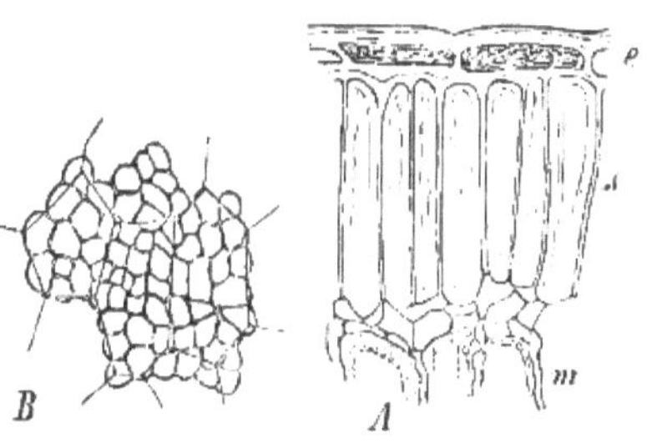

Fig. 38.

Teleutosporen des Pappelrostes (Melampsora populina *Lév.*). A Querdurchschnitt durch ein Teleutosporenlager. e Epidermis. s Teleutosporen, unten mit gegliederten Myceliumfäden zusammenhängend, welche sich (bei m) zwischen die Parenchymzellen des Blattes verlieren. 200 fach vergrößert. B Teleutosporenlager von außen gesehen, um die Stellung der Sporen unter den in der Zeichnung angedeuteten Epidermiszellen zu zeigen. Vergrößerung ebenso.

1. **Melampsora lini** *Desm.*, der Flachs- oder Leinrost, am Flachs und andern Leinarten, bei uns besonders an Linum catharticum. Ungefähr Flachsrost.

zur Blütezeit der Pflanze erscheinen an den oberen Blättern die lebhaft rotgelben Rosthäufchen der Uredo (Uredo lini *DC.*), später an den unteren Blättern und an den unteren Stengelteilen die Teleutosporenlager als schwarze, unregelmäßige Flecken. Die runden Uredohäufchen sind von einer Peridie wie bei den Äcidien umhüllt, welche sich zeitig in der Mitte unregelmäßig öffnet; die runden oder eckigen Sporen sind mit keulen- oder kolbenförmigen Paraphysen gemengt. Die Teleutosporen bilden sich unter der Epidermis. Der Parasit ist für seine Nährpflanzen überaus schädlich, für den Flachs noch besonders dadurch, daß durch seine Teleutosporenlager die Flachsfasern brüchig werden. Auf dieser Kulturpflanze ist die Krankheit besonders in Belgien unter dem Namen le feu oder la brûlure du lin verbreitet und gefürchtet. Wir kennen zwar den Entwickelungsgang des Parasiten noch nicht, müssen aber vermuten, daß er alljährlich aus den mit Teleutosporenlagern bedeckten vorjährigen Teilen der Leinpflanze seinen Anfang nimmt. Es ist nicht unmöglich, daß auch in die Samenernte, die von rostigen Feldern stammt, solche Fragmente mit gelangen, und also auch das Saatgut die Krankheit verbreiten kann; wenigstens sah Körnicke[1] den Rost auf einer Leinvarietät auftreten, deren Samen aus Kopenhagen bezogen war, während alle andern Leinbeete in demselben Garten verschont blieben und auch später aus derselben Quelle bezogene Samen abermals rostige Pflanzen lieferten. Der auf dem wildwachsenden Linum catharticum vorkommende Rostpilz ist mit dem des Flachses wohl spezifisch identisch, obgleich er in seinen Sporen kleiner ist; aber es ist fraglich, ob er leicht auf den Flachs übergeht, denn in Deutschland, wo er auf jener Pflanze ungemein häufig ist, zeigt sich der Flachsrost nur sporadisch, in den meisten Ländern ist er ganz unbekannt. Die Vermutung, daß Kalimangel am Flachsrost schuld sei, hat sich nicht bestätigt[2].

Auf Euphorbia. 2. **Melampsora Helioscopiae** *Cast.*, auf Euphorbia helioscopia, exigua, Peplus, Esula, Cyparissias u. a., bildet an den Blättern zuerst rotgelbe Uredohäufchen (Uredo Helioscopiae *Pers.*), welche mit denen der vorigen Art ganz übereinstimmen, etwas später an den Blättern und besonders an den Zweigen und Stengeln, diese bisweilen fast ganz schwärzend, die dunkeln Teleutosporenlager, die auch hier unter der Epidermis entstehen.

Auf Euphorbia dulcis. 3. **Melampsora Euphorbiae dulcis** *Oth.* (Melampsora congregata *Dietel*), auf Euphorbia dulcis und carniolica. Dietel[3] hat das dazu gehörige Äcidium in der Form eines Caeoma aufgefunden.

Auf Circaea. 4. **Melampsora Circaeae** *Winter*, auf den Blättern der Circaea-Arten, mit blaßgelben, kleinen, mit Peridie umhüllten Uredolagern (Uredo Circaeae *Schum.*), und flachen gelbbräunlichen Teleutosporenlagern, welche unter der Epidermis sich befinden.

Auf Epilobium. 5. **Melampsora Epilobii** *Winter*, auf Epilobium-Arten, mit einem dem vorigen ähnlichen Uredozustand (Uredo pustulata *Pers.*), und schwarzbraunen, unter der Epidermis stehenden Teleutosporenlagern.

Auf Hypericum. 6. **Melampsora Hypericorum** *Winter*, auf Hypericum perforatum und andern einheimischen Arten; Uredolager wie vorher

[1] Hedwigia 1877, pag. 18.
[2] Vergl. Biedermann's Centralbl. f. Agrikulturchemie 1880, pag. 381.
[3] Österr. bot. Zeitschr. 1889, pag. 256.

(Uredo Hypericorum *DC*): Teleutosporenlager sehr klein und vereinzelt, gelbbraun, unter der Epidermis.

7. **Melampsora vernalis** *Niessl*, auf Saxifraga granulata; Uredo unbekannt; Teleutosporenlager klein, dicht stehend, gelbbraun, unter der Epidermis. Nach Plowright[1]) gehört hierzu das auf derselben Nährpflanze wachsende Caeoma Saxifragae. Auf Saxifraga.

8. **Melampsora salicina** *Lév.*, der Weidenrost. Dieser Krankheit sind vielleicht alle Arten der Gattung Salix ausgesetzt. Unter den Bäumen und Großsträuchern, die im Tieflande wild wachsen und kultiviert werden, zeigt sie sich sehr häufig an Salix fragilis, alba, amygdalina, Caprea, aurita, cinerea, viminalis, purpurea. Sie befällt aber auch auf dem Hochgebirge die dort heimischen strauchförmigen Weiden; so sah ich sie auf Salix Lapponum im Riesengebirge bis an deren obere Grenze an der Schneekoppe, bis ca 1560 m sich erheben, und traf sie in den Alpen auf den den Regionen über der Baumgrenze (zwischen 1600 und 1900 m) angehörenden niedrigen Alpen- und Gletscherweiden, nämlich in den nördlichen Alpen (Watzmann) auf Salix retusa, in den Centralalpen auf Salix arbuscula, reticulata und retusa (aber nicht auf Salix herbacea, auf der sie jedoch von Unger[2]) beobachtet worden ist), und zwar sowohl in der Uredo- als in der Teleutosporenform, so daß der Pilz und die Krankheit auch in jenen Höhen wirklich heimisch sind und sich jährlich wiedererzeugen. Auch aus den Schweizeralpen wird das Vorkommen des Pilzes an Salix retusa angegeben. Wahrscheinlich ist die Krankheit mit den Weiden über alle Erdteile verbreitet. Der Weidenrost zeigt sich im Sommer an den Blättern, fast immer nur an der Unterseite bilden sich zahlreiche, kleine, rundliche, jedoch oft zusammenfließende und oft einen großen Teil des Blattes bedeckende, lebhaft rotgelbe, pulverförmige Häufchen von Uredosporen (früher unter den verschiedenen Bezeichnungen Uredo mixta *Dub.*, epitea *Kze.*, Vitellinae *DC.*, Caprearum *DC.*). Sie haben keine Peridie, enthalten aber außer den ungefähr kugeligen, übrigens in der Gestalt wechselnden Sporen keulenförmige Paraphysen. Die Blätter werden an den von den Sporenhäufchen eingenommenen Stellen gelb oder rötlich oder braun; mehr und mehr nimmt das ganze Blatt ein mißfarbiges Aussehen an und stirbt ab, während es noch am Zweige sitzt; inzwischen bilden sich die subepidermalen Teleutosporenlager an der Oberseite, seltener auch an der Unterseite als anfangs rötlichbraune, später sich schwärzende Flecken. Die Krankheit kann die Weiden in jedem Lebensalter befallen; ich sah sie an Keimpflänzchen von Salix amygdalina, welche schon durch die Uredo, die sich hier hauptsächlich am Stengelchen und den Blattstielen entwickelt, fast vernichtet waren. Manche Salix-Arten sind dem Pilze besonders ausgesetzt; so ist namentlich die zur Kultur des Sandbodens benutzte Salix caspica oft durch den Pilz vernichtet worden. R. Hartig empfiehlt, dafür die widerstandsfähigere behaarte Salix pruinosa × daphnoides anzupflanzen. Weidenrost.

Bezüglich des Entwickelungsganges des Weidenrostes bestehen noch Kontroversen. Zuerst hatte R. Hartig[3]) beobachtet, daß die Sporidien, welche im Frühjahr von den Teleutosporen gebildet werden, auf lebende

---

[1]) Gardeners Chronicle, 12. Juli 1890.

[2]) Exantheme, pag. 229.

[3]) Wichtige Krankheiten der Waldbäume. Berlin 1874.

Weidenblätter gesäet, an denselben den Pilz wieder hervorbringen, sowie auch, daß wenn die Uredosporen im Sommer sogleich wieder auf gesunde Weidenblätter gesäet werden, an letzteren nach acht bis zehn Tagen der Pilz auftritt. Es würde daraus hervorgehen, daß dieser Rost nicht notwendig einen Aecidiumzustand zu durchlaufen braucht. Dahingegen sollen nach Rostrup[1]) die Sporidien der auf Salix caprea cinerea, aurita etc. vorkommenden Form (Melampsora Capreurum *DC.*), auf den Blättern von Evonymus die Aecidienform Caeoma Evonymi *Schröt.* hervorbringen, und aus denjenigen des Rostes auf Salix pruinosa, daphnoides, viminalis u. a. (Melampsora Hartigii *Thüm.*) soll das Caeoma Ribesii *Link* auf den Blättern und jungen Früchten von Ribes rubrum, nigrum und alpinum, welches über Europa und Sibirien verbreitet ist, entstehen. R. Hartig[2]) hält jedoch diesen Generationswechsel nur für einen fakultativen, da der Weidenrost sich auch da üppig entwickele, wo weit und breit keine Ribes-Pflanzen sind. Thümen unterscheidet den Weidenrost wieder in eine Anzahl Arten nach Verschiedenheiten der Uredosporen und Teleutosporen; doch sind andre Mykologen dem nicht gefolgt[3]).

Auf Salix repens. 9. **Melampsora repentis** *Plowr.*, auf Salix repens, von Plowright[4]) als besondere Art unterschieden, weil es ihm geglückt ist, die Teleutosporen auf Orchis maculata zu übertragen, wo nach einiger Zeit daraus das Caeoma Orchidis *Winter* entstand, welches auf verschiedenen Arten von Orchis und auf Gymnadenia conopsea bekannt ist.

Auf Salix herbacea etc. 10. **Melampsora arctica** *Rostr.*, auf Salix herbacea, groenlandica und glauca in Grönland.

Pappelrost. 11. **Melampsora populina** *Lév.*, der Pappelrost, auf Populus pyramidalis, nigra und monilifera, bildet an der Unterseite der Blätter im Sommer meist zahlreiche, kleine, runde, über die ganze Blattfläche zerstreute gelbe Häufchen von Uredosporen (Uredo populina *Pers.*); dieselben haben eine Peridie und mit Paraphysen gemengte, langgestreckte, fast keilförmige Sporen. An allen Punkten, wo solche Häufchen stehen, bekommt das Blatt auch oberseits bald gelbliche Flecken, und auf den letzteren treten dann allmählich die ebenfalls ziemlich kleinen, aber zahlreichen, zuerst roten, dann schwarzwerdenden, krustenförmigen Flecken der Teleutosporenlager auf, die wiederum subepidermal entstehen. Die Blätter sterben dann, während sie noch am Zweige hängen, vorzeitig ab.

Von diesem Pilz sind als eigene Arten **Melampsora Tremulae** *Tul.*, auf Populus tremula und **Melampsora aecidioides** *Schröt.*, auf Populus alba und canescens unterschieden worden, wegen der ungefähr kugeligen Uredosporen.

Kieferndrehrost. Der Aspenrost (Melampsora Tremulae) ist nun von verschiedenen Forschern untersucht worden in Bezug auf den zu ihm gehörigen Aecidienzustand, indessen mit so überaus ungleichem Resultate, daß die Frage vor-

[1]) Fortsatte Undersogelser over Snyltesvampes Angreb par Skovtraeerne. Kopenhagen 1883, pag. 205.

[2]) l. c. pag. 144.

[3]) Vergl. Winter, l. c. pag. 239.

[4]) Zeitschr. f. Pflanzenkrankheiten I, 1891, pag. 131.

läufig noch nicht für abgeschlossen gelten kann. Schon 1874 hatte R. Hartig[1]) auf eine Beziehung zu dem Caeoma pinitorquum *A. Br.*, das die Kieferndrehrostkrankheit veranlaßt, aufmerksam gemacht. Aus der Beobachtung, daß in den von diesem Pilze befallenen Kiefernschonungen fast ausnahmslos Aspen auftreten, hatte er auf die Beziehung zu irgend einem Aspenpilze geschlossen; **Melampsora Tremulae** hielt er aber deshalb für zweifelhaft, weil dieser Pilz auch in solchen Gegenden auftritt, wo der Kieferndrehrost unbekannt ist. Später hat aber Rostrup (l. c.) in der That durch Infektion der Kieferntriebe mit den Sporidien des Aspenrostes des **Caeoma pinitorquum** hervorrufen können, und auch R. Hartig[2]) ist dies hernach gelungen; ebenso hat dieser Forscher nach Aussaat von Sporen das **Caeoma pinitorquum** auf Aspenblätter der Uredoform hervorgehen sehen; das gleiche ist Sorauer[3]) gelungen. Über das Caeoma pinitorquum wissen wir durch die Untersuchungen de Bary's[4]) und R. Hartig's[5]) folgendes. Der Parasit befällt schon junge, wenige Wochen alte Kiefersämlinge, an denen die bis zolllangen, orangegelben, aufgeschwollenen, dann mit einer Längsspalte aufplatzenden Fruchtlager sowohl im oberen Teile des Stengels, als auch an den Kotyledonen und an den kleinen Blättchen der Knospe auftreten. Im späteren Alter kommen die Fruchtlager immer nur an den jungen Trieben vor und erscheinen im Juni, wenn die Nadeln eben aus ihrer Scheide hervorgetreten sind. Am meisten befällt der Pilz junge Schonungen von ein- bis zehnjährigem Alter, was sich wohl eben durch die Infektion mit den Sporen, die von den am Boden liegenden Aspenblättern ausgeht, erklärt; selten erscheint der Pilz neu in zehn- bis dreißigjährigen und selbst fünfzigjährigen Beständen; in einigen Beständen hat man ihn 10 bis 12 Jahre hindurch alljährlich ununterbrochen wiederkehren sehen. Die Sporenlager werden unter der Epidermis und der subepidermalen Zellenschicht angelegt. Vorher entstehen über denselben zwischen der Cuticula und der Epidermis äußerst kleine, als kegelförmige Erhebungen hervortretende Spermogonien. Um diese Zeit erscheint die Stelle, welche das Sporenlager enthält, äußerlich weißlich, 1 oder 2 cm lang und von sehr verschiedener Breite, bald als ein schmaler Strich, oft als ein breiter, den vierten Teil des Zweigumfanges umfassender Fleck. Das Sporenlager wird gebildet von den an dieser Stelle in Menge zusammentreffenden Myceliumfäden, welche hier ein dichtes Geflecht bilden und gegen die Oberfläche zu gerichtete zahlreiche, kurze, keulenförmige Basidien treiben, welche auf ihrem Scheitel eine Kette von Sporen tragen, deren oberste die älteste ist, und welche durch Zwischenstücke verbunden sind; dieselben haben meist kugelige oder etwas unregelmäßige Gestalt, ein farbloses, stacheliges Episporium und feinkörnigen, blaßgelbrötlichen Inhalt. Diejenigen Basidien, welche ihre Sporen abgestoßen haben, verlängern sich noch etwas und erscheinen zwischen den vorhandenen Sporenketten als keulenförmige Zellen. In der zweiten Hälfte des Juni platzen

[1]) Wichtige Krankheiten der Waldbäume, pag. 91.

[2]) Botan. Centralbl. 1885, Nr. 38, pag. 362.

[3]) Pflanzenkrankheiten, 2. Aufl. II, pag. 242.

[4]) Monatsber. d. Berliner Akad. d. Wiss. Dezemb. 1863.

[5]) Zeitschr. f. Forst- und Jagdwesen, IV. 1871, pag. 99 ff., sowie wichtige Krankh. der Waldbäume.

die Sporenlager auf, die orangegelben Sporenmassen treten hervor und verstäuben. Die Rinde ist an diesen Stellen durchwuchert von den septierten, mit orangegelben Öltröpfchen erfüllten Myceliumfäden, welche zwischen den Zellen wachsen und hier und da kurze Äste (Haustorien) ins Innere der Zellen treiben; auch im Bast, in den Markstrahlen des Holzkörpers und im Mark ist das Mycelium vorhanden. Das ganze vom Pilz bewohnte Gewebe stirbt nach Verstäubung der Sporen ab, färbt sich braun und vertrocknet. Dies geschieht mehrere Millimeter breit im Umfange des Sporenlagers; die Höhlung des letzteren wird oft von ausgetretenem Harz erfüllt und auf dem abgestorbenen Gewebe siedeln sich oft fäulnisbewohnende Pilzformen an. Wenn der Pilz nur an einer vereinzelten Stelle eines Triebes sich zeigt, so bekommt dieser gewöhnlich daselbst eine Biegung infolge einer lokalen Hypertrophie der Gewebe, die durch den Schmarotzer veranlaßt wird. Da dann der obere gesunde Teil des Triebes wieder aufwärts wächst, so nimmt derselbe eine S-Form an. Die Wunden werden durch Überwallung meist schon nach einem Jahre geschlossen, und die Krankheit hat dann keinen weiteren Nachteil. Keimpflanzen, sowie ein- und zweijährige Kiefernpflanzen gehen jedoch, wenn sie an den Stengeln ergriffen werden, gewöhnlich zu Grunde, weil ihre dünnen Triebe von den Sporenlagern vollständig zerstört werden. Sind die Keimpflanzen nur an den Kotyledonen befallen, so überstehen sie die Krankheit. Wenn der Rost ältere Pflanzen ergreift, so wird er oft mit der Zeit immer heftiger, so daß endlich sämtliche Triebe mit Ausnahme eines kurzen Stumpfes gänzlich absterben. Schonungen, welche eine Reihe von Jahren unter der Krankheit gelitten haben, sehen aus wie vom Wild verbeizt oder von Raupenfraß ruiniert, indem die Neubelaubung der abgestorbenen Triebe durch Entwickelung von Scheidenknospen einen buschartigen Wuchs hervorruft. In der Regel sollen Kulturflächen, auf denen der Rost vor dem sechs- bis achtjährigen Alter auftritt, als verloren zu betrachten sein. Der Umstand, daß der Pilz an einmal befallenen Pflanzen regelmäßig alljährlich wiederkehrt und sich über immer zahlreichere Triebe der Pflanze verbreitet, spricht für die Annahme, daß das Mycelium perenniert und sich in der Pflanze weiter verbreitet, was von Kern[1]) bestätigt wurde. Der Verdacht des zugehörigen Äcidiums lenkte sich anfangs auf irgend eine Ackerpflanze, denn nach R. Hartig's Versicherung lagen ausnahmslos alle von ihm in Augenschein genommenen erkrankten Bestände (über 30 an Zahl) unmittelbar oder doch sehr nahe an einem Felde, und immer trat die Krankheit zuerst in der an das Feld stoßenden Seite auf und drang von dort aus tiefer in den Bestand vor, auch zeigten sich die infizierten Stellen im ersten Jahre der Krankheit fast ausnahmslos an derjenigen Seite der Triebe, die dem Felde zugewandt war, und an der Grenze der Verbreitung, vom Felde am weitesten entfernt, waren es die kräftigsten über die andern hervorragenden Kiefern, welche sich an ihren Gipfeltrieben erkrankt zeigten. Ein Einfluß der Güte und der Feuchtigkeitsverhältnisse des Bodens ist nicht hervorgetreten; doch hat sich naßkalte Witterung als förderlich für die Verbreitung des Pilzes erwiesen. Die Kieferndrehkrankheit ist erst seit dem Jahre 1860 bekannt, wo sie in der Gegend von Göttingen und Neustadt-Eberswalde auftrat. Um so auffallender ist ihr jetziges verheerendes Auftreten und ihre Ver-

[1]) Botan. Centralbl. XIX. 1884. pag. 358.

breitung, denn nach den von R. Hartig mitgeteilten Berichten ist sie in zahlreichen Gegenden Norddeutschlands beobachtet worden. Nach Kern[1]) ist der Pilz auch in Rußland an vielen Orten auf der Kiefer gefunden worden.

Lärchennadelrost.

Weiter hat aber R. Hartig[2]) auch das **Caeoma Laricis** *R. Hart.*, den **Lärchennadelrost**, durch Infektion mit Sporidien des Aspenrostes bekommen. Dieser Parasit bewohnt die Nadeln der Lärche, gewöhnlich die Mehrzahl der an einem Zweige sitzenden, und zwar entweder die ganze Nadel oder häufiger den oberen Teil derselben. Die Nadel erleidet dadurch keine Gestaltsveränderung, aber sie wird, soweit das Mycelium des Pilzes in ihr verbreitet ist, bleichgelb und welk. Zugleich brechen durch die Epidermis des kranken Teiles mehrere kleine, elliptische, gelbe Sporenhäufchen hervor, welche zu beiden Seiten der Mittelrippe in einer Reihe oder auch einzelner stehen. Zusammen mit diesen, besonders gegen die Spitze der Nadel zu, kommen Spermogonien vor, die als sehr kleine, dunkle Pünktchen erscheinen. Dies geschieht im Monat Mai. Sobald die Sporen verstäubt sind, trocknet und schrumpft der kranke Teil des Blattes, und bald ist die Nadel verdorben. Der Pilz hat daher eine frühzeitige Entlaubung der Lärche zur Folge; er befällt sowohl junge Sämlinge als auch erwachsene Bäume und zeigt sich dann oft über die ganze Krone von den untersten Ästen bis in den Gipfel verbreitet. Auch dieser Pilz ist erst in der jüngsten Zeit bekannt geworden; von R. Hartig[3]) wurde er 1873 zuerst erwähnt; 1874 zeigte er sich in der Leipziger Gegend, ich traf ihn daselbst epidemisch in einem kleinen Bestande älterer Lärchen an allen Individuen.

Caeoma Mercurialis.

Damit nicht genug, will Rostrup (l. c.) durch Infektion mit Sporidien von **Melampsora Tremulae** auch das **Caeoma Mercurialis** *Winter* auf **Mercurialis perennis** erhalten haben.

Aecidium Clematitis.

Endlich glaubt Rathay (l. c.) auch das **Aecidium Clematitis** auf **Clematis vitalba** durch Infektion mit Sporidien von **Melampsora populina** gewonnen zu haben.

Unter diesen Umständen bleibt zu entscheiden, ob der auf Populus tremula vorkommende Rost verschiedene Spezies repräsentiert und ob die erwähnten Äcidien nur fakultativen Charakter besitzen. Kürzlich erklärte sich R. Hartig[4]) dahin, daß alle auf den Populus-Arten vorkommende **Melampsora**-Pilze nur Formen derselben Spezies und ihre Verschiedenheiten nur durch die Natur der Wirtspflanze bedingt seien; es sei ihm nämlich gelungen, die auf **Populus nigra** auftretende Form direkt auf **Populus tremula** und die von **Populus balsamifera** auf **Populus nigra** zu übertragen; auch gelinge es sowohl den Pilz der Aspe als den der Schwarzpappel auf die Lärche zu impfen.

Birkenrost.

12. **Melampsora betulina** *Desm.*, der **Birkenrost**, im Sommer auf den Blättern der Birken unterseits kleine, aber überaus zahlreiche, gelbe Uredohäufchen bildend, denen der **Melampsora populina** ganz gleich. Die zahllosen gelben oder rötlichen Fleckchen, welche durch die Sporenhäufchen auch oberseits verursacht werden, entfärben und verderben das Blatt

1) Refer. in Just botan. Jahresber. 1885. I, pag. 292.
2) Allgem. Forst- u. Jagd-Zeitung 1885 pag. 326.
3) Bot. Zeitg. 1873, pag. 356.
4) Botan. Centralbl. 1891. XLXI, pag. 18.

fast völlig. Während des Absterbens entwickeln sich die Teleutosporenlager. Die Krankheit befällt die Birken in jedem Lebensalter, auch schon als Keimpflänzchen. Plowright[1]) berichtet, daß es ihm gelungen sei, in England aus diesem Pilz das Caeoma Laricis und umgekehrt aus den Sporen dieses Caeoma den Birkenrost zu erzeugen. Er hält also das Lärchen-Caeoma sowohl zum Aspen- wie Birkenrost gehörig, denn auch in England trete Caeoma Laricis sehr häufig mit Melampsora auf Populus tremula zusammen auf.

Auf Carpinus. 13. **Melampsora Carpini** *Fuckel*, der Buchenrost, auf den Blättern von Carpinus Betulus, kleine, mit Peridie versehene, orangegelbe, runde Uredohäufchen, später kleine, zerstreute, gelbbräunliche, subepidermale Teleutosporenlager bildend.

Auf Quercus. 14. **Melampsora Quercus** *Schröt.*, auf den Blättern von Quercus pedunculata und Quercus Ilex.

Auf Sorbus und Spiraea. 15. **Melampsora pallida** *Rostr.*, auf der Blattunterseite von Sorbus Aucuparia und torminalis, und von Spiraea Aruncus, blaßgelbliche, kleine Uredohäufchen und kleine, bleichgelbe Teleutosporenlager bildend, welche aber hier innerhalb der Epidermiszellen sich befinden. Mit diesem Pilze ist

Auf Sorbus Aria. 16. **Melampsora Ariae** *Fuckel* auf Sorbus Aria wahrscheinlich identisch.

Auf Prunus Padus. 17. **Melampsora areolata** *Fr.* (Thecopsora areolata *Magnus*), auf den Blättern von Prunus Padus und virginiana im Sommer. Die Blätter erkranken unter Auftreten vieler dunkelroter Flecken, welche auf beiden Seiten des übrigens noch grünen Blattes sichtbar sind. An der Unterseite zeigt sich meist auf jedem dieser Flecken eine Gruppe sehr kleiner, punktförmiger, weißlichgelber Häufchen von Uredosporen. Diese haben eine Peridie, aber keine Paraphysen, und bilden ei- oder kugelrunde Sporen. Auf denselben Flecken entstehen an der Oberseite etwas später die schwarzbraunen Teleutosporenlager, die auch hier von denjenigen der meisten übrigen Melampsora-Arten dadurch sich unterscheiden, daß sie innerhalb der Epidermiszellen sich bilden, so daß jede Epidermiszelle von mehreren Sporen fast ausgefüllt ist. Jede Sporenzelle teilt sich hier durch 4 kreuzweis stehende Längswände in eine Rosette von 4 Sporen, die in der centralen Ecke am Scheitel je einen deutlichen Keimporus haben; mitunter kommen auch höhere Teilungen vor; jede Epidermiszelle enthält eine oder mehrere Sporenrosetten. Während der Ausbildung der Teleutosporenlager erkrankt das ganze Blatt, färbt sich braun und stirbt noch am Zweige ab.

Auf Prunus Cerasus. 18. **Melampsora Cerasi** *Schulzer.*, ist an den Blättern des Kirschbaumes in Ungarn und in Italien gefunden worden und vielleicht von dem vorigen Roste verschieden.

Auf Vaccinium. 19. **Melampsora Vaccinii** *Winter* (Thecopsora Myrtillina *Karst.*), auf den Blättern von Vaccinium Myrtillus, uliginosum, Vitis idaea und oxycoccus, sehr kleine, rundliche, gelbe, mit Peridie versehene Uredohäufchen (Uredo Vacciniorum *Rabenh.*), und erst an den abgestorbenen Blättern die ziemlich unscheinbaren schwarzbraunen Teleutosporenlager innerhalb der Epidermis bildend.

---

[1]) Zeitschr. f. Pflanzenkrankheiten. I. 1891, pag. 130.

20. **Melampsora sparsa** *Winter*, auf den Blättern von **Arctostaphylos alpina** in den schweizer Alpen — Auf Arctostaphylos.

21. **Melampsora Pirolae** *Schröt.*, auf den Blättern der **Pirola**-Arten, meist im Uredozustand (Uredo Pirolae *Mart.*). — Auf Pirola

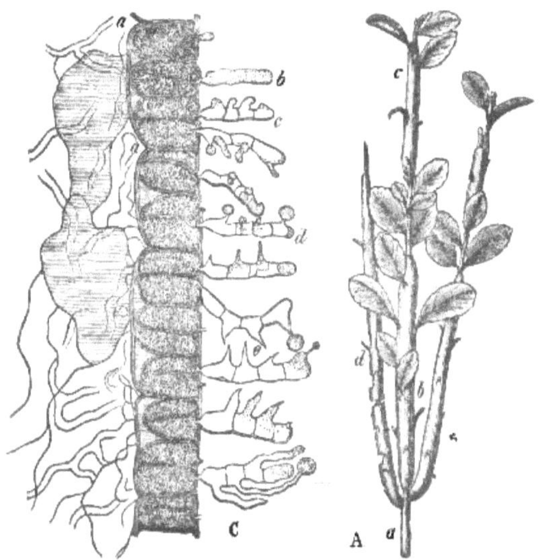

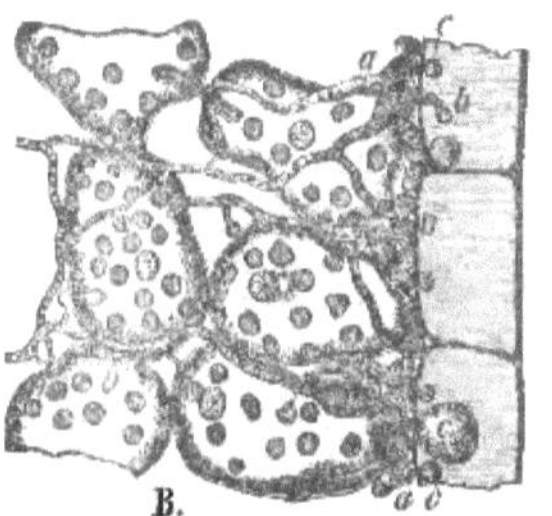

Fig. 39.
Calyptospora Göppertiana. A. eine Pflanze von **Vaccinium Vitis idaea**: b, c. die diesjährigen, unter dem Einfluß des Parasiten dicker gewordenen Zweige, d abgestorbene befallene Zweige; a der alte Trieb. — B Rinden- und Epidermiszellen eines befallenen Zweiges; das intercellular wachsende Mycelium legt keulenförmig anschwellende Äste a an die Epidermiszellen, worauf warzenförmige Ausstülpungen b und c ins Innere der Epidermiszellen getrieben werden als Anfänge der Teleutosporenbildung. — C Durchschnitt durch einen solchen Zweig mit dem fertigen Teleutosporenlager a, den ganzen Innenraum der Epidermiszellen erfüllend; die Teleutosporen sind gekeimt, haben nach außen die Promycelien b, c, d getrieben mit kleinen Sterigmen e, auf denen die Sporidien abgeschnürt werden. B 200-, C 100fach vergrößert. Nach R. **Hartig.**

22. **Melampsora guttata** *Schröt.* (Thecopsora Galii *De Toni*), auf **Galium Mollugo, verum, silvaticum** und **uliginosum** kleine, mit Peridie versehene Uredohäufchen und schwärzliche, in den Epidermiszellen sitzende Teleutosporenlager bildend. — Auf Galium.

Auf Stellaria und Cerastium.

23 **Melampsora Cerastii** *Winter* (Melampsorella Caryophyllacearum *Schröt.*) auf Stellaria uliginosa, Holostea, media, nemorum, glauca, graminea und auf Cerastium arvense und triviale. Sie erscheint zuerst in der Uredoform (Uredo Caryophyllacearum *Rabenh.*), dann in der Teleutosporenform auf den unteren überwinterten Blättern. Die Teleutosporen bilden sich ebenfalls innerhalb der Epidermiszellen und sind durch die hellrote Farbe von den andern Melampsora-Arten verschieden.

XIX. Calyptospora *Kühn*.

Calyptospora und Tannennadelácidium.

Aus dieser Gattung ist nur ein einziger Parasit bekannt, die Calyptospora Göppertiana *Kühn* auf den Preußelbeersträuchern (Vaccinium Vitis idaea). Diesem Pilz fehlt die Uredo, sein Teleutosporenzustand stimmt mit Melampsora insofern überein, als die Teleutosporen in Form eines einschichtigen Lagers innerhalb der Epidermiszellen entstehen, so daß jede Zelle von mehreren prismatischen, mit der Längsachse rechtwinkelig zur Oberfläche gestellten, braunwandigen Sporen ausgefüllt ist (Fig. 39 C). Die Teilung der Sporenzellen durch Längswände geschieht nicht selten in kreuzweiser Richtung, so daß vierzellige Rosetten erkennbar sind, häufiger aber in keiner bestimmten Orientierung, so daß unregelmäßige Zellgruppen in der Epidermiszelle entstehen. Die Eigentümlichkeit dieses Parasiten liegt aber in der Krankheitserscheinung, unter welcher er auftritt. Die Teleutosporenlager bilden hier keine Flecken auf Blättern, sondern finden sich in den Stengeln und zwar meist in der ganzen Ausdehnung derselben; die befallenen Sprossen sind bis zu Gänsekieldicke angeschwollen, an ihrer fortwachsenden Spitze weißlich, an den älteren Teilen korkbraun gefärbt (Fig. 39 A). Die Geschwulst rührt her von einer Hypertrophie der Rinde, deren von den Myceliumhyphen umsponnene Zellen vermehrt und vergrößert sind zu einem schwammigen Gewebe und später sich bräunen. Die Blätter der kranken Sprosse sind meist normal gebildet; selbst der Blattstiel nimmt nicht an der Hypertrophie teil, sondern ragt aus einem Grübchen der Rindengeschwulst hervor. An alten Büschen erkennt man, daß die Krankheit sich alljährlich an demselben Individuum wiederholt. Kühn hat die Keimung der Teleutosporen und die Bildung des Promyceliums mit vier Sporidien beobachtet. Nach R. Hartig[1]) können diese Sporidien wieder direkt in den Preußelbeersträuchern den Pilz hervorbringen, aber auch fakultativ einen heteröcischen Äcidiumzustand erzeugen, nämlich das **Aecidium columnare** *Alb. et Schw.*, oder **Tannennadeläcidium**, auf den Nadeln der Weißtanne. Die walzenförmigen, nach oben etwas verjüngten, bis 3 mm langen, weißen Peridien sitzen in zwei regel-

[1]) Forst- und Jagdzeitung 1880 und Lehrbuch der Baumkrankheiten. 1. Aufl. Berlin 1882, pag. 56.

mäßigen Reihen neben der Mittelrippe auf der Unterseite einzelner, zwischen gesunden stehenden, jungen, erstjährigen Nadeln, welche in der Gestalt nicht verändert, aber gelblichgrün entfärbt sind. Die Sporen bilden sich kettenförmig, aber allemal mit einer Zwischenzelle abwechselnd. An der Oberseite der kranken äcidientragenden Nadeln befinden sich Spermogonien. Die Krankheit ist also mit dem Vorkommen des Pilzes auf die einzelne Nadel beschränkt; sie ist übrigens nicht häufig.

XX. Endophyllum *Lév.*

Diese Gattung hat Sporenlager, welche ganz einem Aecidium gleichen, nämlich halbkugelig warzenförmige, am Scheitel sich öffnende Peridien, in welchen die Sporen kettenförmig abgeschnürt werden, und in deren Begleitung Spermogonien auftreten. Trotzdem verhalten sich die Sporen wie die Teleutosporen bei den übrigen Rostpilzen; denn de Bary[1]) fand, daß die Sporen der ersten unten erwähnten Art gleich nach der Reife keimfähig sind und ein Promycelium mit Sporidien erzeugen; die Keime der letzteren dringen wieder in dieselbe Nährspezies ein, und entwickeln sich zu einem fast die ganze Pflanze durchziehenden Mycelium, welches im nächsten Jahre wieder Spermogonien und Äcidien hervorbringt. Endophyllum.

1. **Endophyllum Sempervivi** *Lév.*, auf verschiedenen Sempervivum-Arten; die 1—2 mm großen, halbkugeligen Sporenlager stehen auf Blättern, welche etwas länger und schmäler als die gesunden Blätter und mehr bleich gefärbt sind. Das Mycelium überwintert in den kranken Blättern und bringt im Frühlinge die Sporenlager zur Entwickelung. Auf Sempervivum.

2. **Endophyllum Sedi** *Winter*, auf Sedum maximum, acre, boloniense, sexangulare, reflexum, wie der vorige Pilz, aber die Peridien bedeutend kleiner. Auf Sedum.

3. **Endophyllum Euphorbiae sylvaticae** *Winter* (Aecidium Euphorbiae sylvaticae *DC.*), auf Euphorbia amygdaloides, gleichmäßig auf der Unterseite der Blätter zerstreute, weißliche, schüsselförmige Sporenlager bildend. Die kranken Blätter sind etwas kürzer, breiter und fleischiger als die gesunden und mehr gelblichgrün gefärbt. Auf Euphorbia.

XXI. Pucciniosira *Lagerh.*

Die Teleutosporen werden wie bei der vorigen Gattung in Ketten abgeschnürt und sind von einer Peridie umgeben, keimen auch ebenso, sind aber zweizellig, also Puccinia-artig. Lagerheim[2]) fand diese Gattung in einigen Arten in Ecuador. Auf Pucciniosira.

---

[1]) Ann. sc. nat. 4. sér. T. XX, pag. 78 und Morphol. und Physiol. der Pilze rc. pag. 188.

[2]) Berichte d. deutsch. bot. Ges. IX, pag. 344.

XXII. Isolierte Uredo- und Aecidienformen.

Isolierte Uredo- und Aecidienformen. Es ist noch eine Anzahl Rostkrankheiten übrig, bei denen der Parasit entweder im Uredo- oder im Äcidiumzustande allein, nicht von Teleutosporen begleitet auftritt. Sie gehören offenbar zu irgend welchen Teleutosporenformen, die Äcidien wahrscheinlich in den Entwickelungsgang heteröcischer Uredineen; aber man weiß bis jetzt nicht, welche vielleicht längst bekannte Teleutosporenformen mit ihnen im Generationswechsel stehen. Wir führen daher diese noch unvollständig bekannten Rostpilze im nachstehenden auf.

A. Uredo.

Uredo. Auf Blättern kleine, staubförmige, gelbe Sporenlager bildend, in denen die Sporen einzeln auf den Basidien abgeschnürt werden. Es sind die Sommersporen noch unbekannter Rostpilze, wahrscheinlich meist zu Melampsora-Arten gehörig.

Auf Farnen. 1. **Uredo Polypodii** *Pers.*, auf Phegopteris Dryopteris und polypodioides, Scolopendrium officinarum und Cystopteris fragilis, die Sporenlager von einer Peridie umhüllt.

Auf Cocos. 2. **Uredo Palmarum** *Cooke*, auf den Blättern von Cocos nucifera in Südamerika.

Auf Quercus. 3. **Uredo Quercus** *Duby*, auf Quercus pedunculata, kleine orangegelbe Häufchen bildend.

Auf Phillyrea. 4. **Uredo Phillyreae** *Cooke* auf Phillyrea media.

Auf Morus. 5. **Uredo Mori** *Bard.*, auf den Blättern von Morus alba in Simla in Indien.

Auf Ficus. 6. **Uredo Fici** *Cast.*, auf der Unterseite der Blätter von Ficus Carica in Italien, Nordafrika und Amerika.

Auf Viola. 7. **Uredo alpestris** *Schröt.*, auf Viola biflora.

Auf Trapaeolum. 8. **Uredo Tropaeoli** *Desm.*, auf den Blättern von Tropaeolum in Belgien, Frankreich und England.

Weinrebenrost. 9. **Uredo Vitis** *Thüm.*, einen Weinrebenrost auf Vitis vinifera, hat von Thümen[1]) aus Südcarolina erhalten. Der Pilz bildet auf der Unterseite der Blätter kleine, halbkugelige, hell orangegelbe Häufchen auf kleinen, braunen, oberseits strohgelben Blattflecken. Die Häufchen bestehen aus kugeligen oder elliptischen, einzelligen, fast wasserhellen Sporen mit dickem, aber glattem Exosporium. Weiteres ist nicht bekannt. Vielleicht ist mit diesem Pilz identisch der von Lagerheim[2]) in Jamaica beobachtete und **Uredo Violae** genannte Rost auf Weinblättern.

Auf Agrimonia. 10. **Uredo Agrimoniae Eupatoriae** *DC.*, auf Agrimonia Eupatoria und andern Arten, mit Peridie. Nach Dietel soll dazu eine Teleutosporenform gehören, welche einer Melampsora entspricht[3]).

---

[1]) Pilze des Weinstockes. Wien 1878, pag. 182.

[2]) Compt. rend. 1890, pag. 728.

[3]) Hedwigia 1890, pag. 152.

11. **Uredo aecidioides** *J. Müll.*[1] (**Uredo Mülleri** *Schröt.*), auf den überwinternden Blättern von **Rubus fruticosus** und andern Brombeerarten kreisförmige, orangegelbe Lager bildend, welche ein Spermogonium in ihrer Mitte haben, daher den Äcidien ähneln, doch durch einzelne Sporenabschnürung und durch den Mangel von Peridien und Paraphysen sich davon unterscheiden. Auf Rubus.

12. **Uredo Symphyti** *DC.*, auf **Symphytum**-Arten, in zahlreichen kleinen Sporenhäufchen meist die ganze Blattunterseite bedeckend. Auf Symphytum.

B. Aecidium.

Die Charaktere von Aecidium sind, wie schon oben (S. 135) erwähnt, die kleinen, umgrenzten und von einer becher- bis walzenförmigen, am Scheitel sich öffnenden Peridie umgebenen Sporenhäufchen mit kettenförmiger Abschnürung der Sporen. In Begleitung der meist in Gruppen auftretenden Äcidienfrüchte kommen Spermogonien vor. Wir führen hier diejenigen Äcidien an, deren hinzugehörige Teleutosporenformen noch unbekannt sind. Aecidium.

1. **Aecidium elatinum** *Alb. et Schw.* (**Peridermium elatinum** *Kze. et Schm*). Dieser Rostpilz bewohnt die Weißtannen und ist nach de Bary's[2] Untersuchungen die Ursache zweier eigentümlichen Krankheiten Hexenbesen und Krebs der Weißtanne.

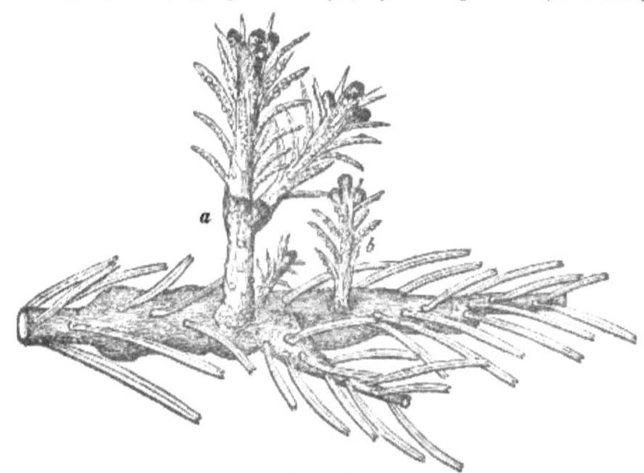

Fig. 40.
Tannenzweig mit 2jährigem Hexenbesen (a) von **Aecidium elatinum**; aus dem verdickten Teile des Tannenzweiges ist eine schlafende Knospe b ein Jahr später zum Austreiben gekommen und entwickelt sich ebenfalls als Hexenbesen. Auf der Unterseite der Nadeln der Hexenbesen sieht man die Äcidienfrüchte. Nach R. Hartig.

---

[1] J. Müller, die Rostpilze der **Rosa**- und **Rubus**-Arten. Landw. Jahrb. XV. 1886, pag. 740.

[2] Bot. Zeitg. 1867, Nr. 33.

dieses Baumes, die als Hexenbesen und als Krebs oder Rindenkrebs der Weißtanne bekannt sind. Die Hexenbesen stimmen mit den gleichnamigen, aber durch andre Ursachen veranlaßten Bildungsabweichungen andrer Bäume in der vermehrten Bildung von Sprossen überein. Es sind etwas angeschwollene Triebe, welche nicht wie die normalen Seitentriebe der Tanne horizontal abstehen, sondern sich senkrecht aufwärts stellen und wie kleine, dem Baume aufgewachsene, selbständige Bäumchen oder Büsche aussehen. Ihre Nadeln stehen nicht wie an den normalen Zweigen in zwei Reihen, sondern wie an den Gipfeltrieben rings um den Sproß zerstreut und abstehend, und viele bringen aus ihren Achseln ebenfalls abstehend gerichtete Zweige mit wiederum ringsum zerstreuten Nadeln. Überdies sind an allen diesen abnormen Trieben und deren Zweigen auch die Nadeln abweichend gebildet: kürzer und relativ breiter, auch meist gelbgrün gefärbt. Auf der Unterseite derselben stehen die Äcidienfrüchte in zwei parallelen Reihen als niedrige, gelbweiße Becher, welche orangegelbe Sporen enthalten, die auf den Basidien in Reihen unmittelbar hintereinander ohne Zwischenzellstücke gebildet werden. Die Äcidienfrüchte werden mehrere Zellenlagen unterhalb der Epidermis angelegt und brechen durch diese hervor. An der oberen Seite der äcidientragenden Nadeln befinden sich die Mündungen kleiner Spermogonien als orangefarbene Pünktchen. Die Nadeln und sämtliche Achsen des Hexenbesens sind von den farblosen, septierten und mit Haustorien in die Zellen eindringenden Mycelfäden durchwuchert. Nach der Reife der Äcidien vertrocknen die Nadeln und fallen ab; der Hexenbesen steht im Winter auf der belaubten Tanne kahl; aber das Mycelium perenniert in ihm und wächst im Frühjahr in die neuen Triebe und in die Nadeln derselben hinein, um wieder zu fruktifizieren. Dies kann sich eine Reihe von Jahren wiederholen, man will bis 20jährige Hexenbesen gefunden haben; aber endlich brechen dieselben ab. — Die andre genannte Krankheitserscheinung, der Krebs der Weißtanne, bildet meist an älteren Stämmen ringsum tonnenförmige Anschwellungen mit stark rissiger Rinde, über welchen der Stamm meist etwas dicker als darunter ist. Die Krebsgeschwülste beruhen auf einem größeren Durchmesser sowohl des Holzes als der Rinde. Die Jahresschichten des Holzkörpers haben sowohl unter einander, als auch jede einzelne an verschiedenen Stellen ungleiche Dicke, stellenweise unterbleibt die Holzbildung ganz; der Holzkörper wird dadurch gefurcht und die Lücke durch Rindengewebe ausgefüllt. Der Verlauf der Holzfasern ist daselbst unregelmäßig geschlängelt, maserartig. In der Rinde findet eine starke Vermehrung der Zellen statt, welche in radialen Reihen stehen. Damit hängt ein vielfaches Bersten der Rinde an der Oberfläche zusammen. Die Folge ist, daß die rissige Rinde mehr oder weniger abbröckelt. Dies kann bis zur Entblößung des Holzkörpers fortschreiten. Letzterer wird an diesen Stellen mehr oder minder morsch, weshalb an krebsigen Stellen leicht Windbruch stattfindet; auch siedeln sich dann dort oft andre Pilze, z. B. **Polyporus fulvus**, an. In den Krebsgeschwülsten findet sich stets ein Mycelium, welches sich demjenigen in den Hexenbesen gleich verhält. Seine Fäden wachsen zwischen den Zellenreihen des hypertrophierten Rindengewebes, dringen auch in die Cambiumschicht und, wiewohl spärlicher, in das Holz ein, wo sie aber ebenfalls Haustorien in die Zellen senden. Über die Geschwülste geht das Mycelium nicht hinaus. Es treten aber an den Krebsstellen nie Fruktifikationen auf. Außer auf den Stämmen kommt auch an den Ästen und Zweigen jeglicher Ordnung der Krebs vor, selbst an zweijährigen Trieben, und oft sieht man an älteren Geschwülsten die Abnormität des Holzes bis in die ältesten Jahreslagen sich erstrecken, was auf die zeitige Anwesenheit des Parasiten deutet. Auch zeigt an der Ursprungsstelle des Hexenbesens der denselben tragende Ast stets eine kleine Krebsgeschwulst; ebenso sieht man bisweilen aus älteren Geschwülsten einen Hexenbesen hervorgehen. Dann besteht zwischen den Mycelien beider Mißbildungen ein kontinuierlicher Zusammenhang. Es muß daraus geschlossen werden, daß der Parasit beider identisch ist, daß beide eine und dieselbe Ursache haben und daß der Pilz nur in den grünen Nadeln die Bedingungen zur Fruchtbildung findet. In den Krebsstellen perenniert das Mycelium ohne zu fruktifizieren lange Zeit; aus alten Geschwülsten geht hervor, daß der Pilz 60 und mehr Jahre perennieren kann. Die Sporen sind zwar sogleich nach der Reife keimfähig, aber der Keimschlauch dringt in kein Organ der Weißtanne ein, und es ist nicht möglich, aus den Sporen wieder das Äcidium zu erzeugen. Die für sie bestimmte Nährpflanze ist unbekannt. Unter diesen Umständen kennen wir gegenwärtig kein Mittel zur Verhütung der Krankheit. Ihr Vorkommen dürfte mit der Tanne dieselbe Verbreitung haben, nach de Bary ist sie im Schwarzwald, insbesondere um Freiburg i. Br. überall häufig in der ganzen Höhenregion dieses Baumes (280 bis 800 ü. M.) und sowohl in engen feuchten Schluchten, wie an luftigen Orten. Ich sah sie auch in der Schweiz am Rigi. Auch aus Ungarn wird sie angegeben.

2. **Aecidium strobilinum** *Reess* (Licea strobilina *Alb.* et *Schw.*), auf den grünen lebenden Zapfenschuppen der Fichte, wo die halbkugeligen, mit Querriß sich öffnenden dunkelbraunen Äcidien dicht gedrängt auf der Innenseite, bisweilen auch auf der äußeren Seite der Schuppen stehen. Die kranken Zapfen bringen keine Samen; zur Erde gefallen werden sie durch das Aussperren der Schuppen kenntlich. Die Krankheit ist von Norddeutschland bis in die Voralpen verbreitet[1]). Auf Fichtenzapfen.

3. **Aecidium conorum Piceae** *Reess*, ebenfalls auf den Zapfenschuppen der Fichte, aber die 4—6 mm großen, weißen Äcidien stehen nur in geringer Anzahl auf der Außenseite der Schuppen[2]).

4. **Aecidium corruscans** *Reess*[3]), auf den Nadeln junger Triebe der Fichte, wobei die Nadeln kürzer und breiter und ihrer ganzen Länge nach von dem goldgelben, aufplatzenden Äcidium bedeckt sind, wobei der Trieb in seiner Gesamtheit wie ein fleischiger Zapfen aussieht. Die Krankheit ist in Schweden und Finnland häufig; in Schweden werden die befallenen Triebe gegessen („Mjölkomlor"). Auf Fichtennadeln.

5. **Aecidium Bermudianum** *Farlow*[4]), auf Juniperus Bermudiana und virginiana in Amerika, Gallen bildend ähnlich denen von Gymnosporangium globosum. Auf Juniperus.

6. **Aecidium Convallariae** *Schum.*, auf den Arten von Convallaria, Streptopus, Majanthemum bifolium, Paris quadrifolia, auf allen grünen Teilen, selbst auf den Perigonblättern, meist kreisförmig angeordnete Auf Convallaria etc.

---

[1]) Vergl. Reeß, die Rostpilzformen der deutschen Koniferen.

[2]) Reeß, l. c. pag. 100.

[3]) l. c., pag. 215.

[4]) Botan. Gazette XII. 1887, pag. 205.

Äcidien bildend und bleiche Flecke hervorrufend. Man vergleiche das oben unter Puccinia sessilis Gesagte (S. 167).

Auf Leucojum. 7. Aecidium Leucoji *Bergam. Bals* et *de Not.*, auf Leucojum aestivum in Italien und Ungarn.

Auf Muscari. 8. Aecidium Muscari *Linhart*, auf Muscari comosum in Ungarn.

Auf Asphodelus. 9. Aecidium Asphodeli *Cast.*, auf Asphodelus bei Marseille.

Auf Arum. 10. Aecidium Ari *Desm.*, auf Arum maculatum regellos oder kreisförmig angeordnet auf bleichen Flecken der Blätter. Man vergleiche das oben unter Puccinia sessilis Gesagte (S. 167).

Auf Euphorbia dulcis etc. 11. Aecidium Euphorbiae *Gmel.*, auf Euphorbia dulcis, verrucosa, Gerardiana, Esula, virgata und lucida; die Äcidien sind kegel-, später krugförmig, mit zerschlitztem vergänglichem Rande und stehen meist über die ganze Blattfläche zerstreut. Die ganze Nährpflanze wird hier in derselben Weise deformiert, wie durch das Äcidium des Erbsenrostes (S. 145).

Auf Euphorbia cyparissias. 12. Aecidium lobatum *Kcke.*, auf Euphorbia cyparissias, dieselben Veränderungen wie der vorige Pilz erzeugend; die Äcidien sind nur wenig vorragend, am Rande in nur wenige, meist vier, breite Lappen geteilt.

Auf Myrica. 13. Aecidium myricatum *Schw.*, auf den Blättern von Myrica cerifera in Nordamerika.

Auf Osyris. 14. Aecidium Osyridis *Rabenh.*, auf Osyris alba.

Auf Barbaraea. 15. Aecidium Barbaraeae *DC.*, auf Barbaraea arcuata.

Auf Nasturtium. 16. Aecidium Nasturtii *Hazsl.*, auf Nasturtium in Ungarn.

Auf Berberis. 17. Aecidium Magelhaenicum *Berk.*, auf Berberis vulgaris, von dem gewöhnlichen Äcidium der Berberitze sehr verschieden dadurch, daß es hexenbesenartige Bildungen erzeugt, indem die rosettenartig stehenden Blätter schon in der Jugend ergriffen werden und kleiner bleiben und aus ihren Achseln teils blühende teils nicht blühende lange Triebe sich entwickeln, an denen im nächsten Frühjahr wieder äcidientragende Blattrosetten sich bilden. Die Äcidien stehen in großer Zahl über die ganze Blattfläche verteilt und zeichnen sich durch lang cylindrische, weiße Peridien aus. Magnus[1]) hat die Verschiedenheit dieses Pilzes von dem gewöhnlichen Berberitzen-Äcidium auch dadurch dargethan, daß er durch Impfversuche die Unfähigkeit des Pilzes, auf Triticum repens überzugehen, konstatierte.

Auf Actaea. 18. Aecidium Actaeae *Wallr.*, auf Actaea spicata.

Auf Aconitum. 19. Aecidium Aconiti Napelli *DC.*, auf Aconitum Napellus gelbe, später bräunliche Blattflecken hervorrufend.

Auf Ranunculus. 20. Aecidium Ranunculacearum *DC.*, auf verschiedenen Arten von Ranunculus.

Auf Anemone. 21. Aecidium punctatum *Pers.*, auf Anemone ranunculoides, coronaria und Eranthis hiemalis; die befallenen Blätter sind kleiner, schmäler geteilt, länger gestielt als die gesunden und gleichmäßig mit den bräunlichen kleinen Äcidien bedeckt.

Auf Anemone Hepatica. 22. Aecidium Hepaticae *Berk.*, auf Aenomone Hepatica rundliche Gruppen auf gelben Blattflecken bildend.

Auf Thalictrum. 23. Aecidium Thalictri flavi *DC.*, auf Thalictrum-Arten dicke Polster oder Schwielen bildend. Identisch ist wohl Aecidium Sommerfelti *Johans.*, auf Thalictrum alpinum in Island und Norwegen.

---

[1]) Verhandl. d. bot. Ver. d. Prov. Brandenburg 1875, pag. 87.

24. **Aecidium Thalictri foetidi** *Magn.*, auf Thalictrum foetidum in der Schweiz. Auf Thalictrum foetidum.

25. **Aecidium Clematidis** *DC.*, auf Clematis recta, Vitalba und Viticella, starke Anschwellungen und Verkrümmungen der befallenen Teile verursachend. Auf Clematis.

26. **Aecidium Isopyri** *Schröt.*, auf Isopyrum in Schlesien. Auf Isopyrum.

27. **Aecidium Pastinacae** *Rostr.*, mit Pastinaca sativa in Dänemark. Auf Pastinaca.

28. **Aecidium Foeniculi** *Cast.*, auf den Früchten von Foeniculum bei Marseille. Auf Foeniculum.

29. **Aecidium Mei Mutellinae** *Winter*, auf Meum Mutellina ziemlich starke Anschwellungen bewirkend. Auf Meum.

30. **Aecidium Sii latifolii** *Fiedl.*, auf Sium latifolium (vergleiche oben Uromyces lineolatus, S. 145). Auf Sium.

31. **Aecidium Seseli** *Niessl*, auf Seseli glaucum und Laserpitium Siler Verdickungen und Verkrümmungen verursachend. Auf Seseli und Laserpitium.

32. **Aecidium Grossulariae** *DC.*, nicht selten auf Blättern und Früchten der Stachelbeeren, oft viel Schaden machend. Es ist ungewiß, ob der Pilz zu der Puccinia Ribis *DC* (siehe S. 156) gehört; Klebahn[1]) vermutet auf Grund von freilich nicht genügend beweisenden Infektionsversuchen eine Zusammengehörigkeit mit einer Puccinia auf Carex Goodenoughii. Bei Aussaatversuchen von Äcidiumsporen auf Stachelbeerblättern sah ich, daß die Keimschläuche hier nicht eindringen, sondern nur in dicht spiraligen Windungen auf der Epidermis hinwachsen. Auf Stachelbeeren.

33. **Aecidium Parnassiae** *Winter*, auf Parnassia palustris gelbliche, später braune Flecken auf den Blättern bildend. Auf Parnassia.

34. **Aecidium Aesculi** *Ell.* et *Kellerm.*, auf Blättern von Aesculus. Auf Aesculus.

35. **Aecidium pallidum** *Schneider*, auf Lythrum Salicaria auf der Unterseite der Blätter. Auf Lythrum.

36. **Aecidium Hippuridis** *Joh. Kze.*, auf Hippuris vulgaris, ohne oder mit geringer Fleckenbildung. (Vergleiche oben Uromyces lineolatus S. 145.) Auf Hippuris.

37. **Aecidium Circaeae** *Cesati*, auf Circaea lutetiana und alpina, kreisförmig oder ordnungslos gruppiert auf bräunlichen Blattflecken. Auf Circaea.

38. **Aecidium carneum** *Nees*, auf Phaca frigida und Oxytropis campestris. Auf Phaca und Oxytropis.

39. **Aecidium Astragali** *Eriks.*, auf Astragalus alpinus in Norwegen. Auf Astragalus.

40. **Aecidium esculentum** *Barclay*[2]), an den Blütensprossen von Acacia eburnea Hypertrophien, Drehungen und Blüten-Prolifikationen bewirkend. Die Äcidien entstehen massenhaft und bilden dicke Krusten, welche in Indien gekocht eine beliebte Speise sind. Auf Acacia eburnea.

41. **Aecidium Schweinfurthii** *Henn.*, auf Fruchtknoten und jungen Früchten von Acacia fistula unregelmäßig zerrissene, oft hornähnliche, 5—10 cm lange und breite Gallen bildend[3]). Auf Acacia fistula.

---

[1]) Zeitschr. f. Pflanzenkrankh. II. 1892, pag. 341.

[2]) Journ. of the Bombay Nat. Hist. Soc. 1890, pag. 1.

[3]) Hennings, Verhandl. d. bot. Ver. d. Prov. Brandenburg 1889, pag. 299.

Auf Acacia etbaica.

42. **Aecidium Acaciae** (*Henn.*) auf Acacia etbaica in der Colonie Eriträa, dichte hexenbesenartige Zweigbüschel bildend, deren Triebe blattlos, stark verlängert und aufwärts gewachsen sind. Spermogonien und Äcidien sitzen auf der Oberfläche der Uredo des Hexenbesens [1]).

Auf Fraxinus.

43. **Aecidium Fraxini** *Schw.*, auf Fraxinus viridis in Nordamerika, sehr schädlich.

Auf Ligustrum.

44. **Aecidium Ligustri** *Strauss*, auf Ligustrum vulgare.

Auf Phillyrea.

45. **Aecidium Phillyreae** *DC.*, auf Phillyrea media, oft starke Anschwellungen und Deformirungen verursachend.

Auf Limnanthemum.

46. **Aecidium Nymphoides** *DC.*, auf Limnanthemum nymphoides, soll nach Chodat zu Puccinia Scirpi *DC.* gehören (siehe oben S. 170.)

Auf Lysimachia.

47. **Aecidium Lysimachiae** *Wallr.*, auf Lysimachia thyrsiflora.

Auf Plantago.

48. **Aecidium Plantaginis** *Ces.*, auf Plantago laceolata und virginica, in Ungarn, Italien Nordamerika.

Auf Melampyrum.

49. **Aecidium Melampyri** *Schm. et Kze.*, auf Melampyrum pratense und nemorosum, unregelmäßige purpurrote Flecken erzeugend.

Auf Pedicularis.

50. **Aecidium Pedicularis** *Libosch.* auf Pedicularis palustris und silvatica unter oft starken Anschwellungen und Verkrümmungen.

Auf Prunella.

51. **Aecidium Prunellae** *Winter*, auf Prunella vulgaris.

Auf Knautia.

52. **Aecidium Scabiosae** *Doz.* et *Molk.*, auf Knautia silvatica.

Auf Sambucus.

53. **Aecidium Sambuci** *Schw.*, auf Sambucus canadensis in Nordamerika.

Auf Chrysanthemum.

54. **Aecidium Leucanthemi** *DC.*, auf Chrysanthemum Leucanthemum und montanum.

Auf Achillea.

55. **Aecidium Ptarmicae** *Schröt.*, auf Achillea Ptarmica.

Auf Centaurea.

56. **Aecidium Cyani** *DC.*, auf Centaurea Cyanus.

Auf Serratula.

57. **Aecidium Serratulae** *Schröt.*, auf Serratula tinctoria in Schlesien.

Auf Petasites etc.

58. **Aecidium Compositarum** *Martius*, auf Petasites-Arten, Bellis perennis, Doronicum Pardalianches, Aposeris foetida, Lactuca Scariola etc. und andern Compositen, wo überall die Äcidien noch nicht mit Teleutosporenzuständen in Zusammenhang gebracht sind.

Auf Homogyne.

59. **Aecidium Homogynes** *Schröt.*, auf Homogyne alpina in Schlesien.

Auf Senecio.

60. **Aecidium Senecionis crispati** *Schröt.*, auf Senecio crispatus in Schlesien.

Auf Artemisia.

61. **Aecidium Dracunculi** *Thüm.*, auf Artemisia Dracunculus in Sibirien.

Auf Lynosyris.

62. **Aecidium Linosyridis** *Lagerh.*, auf Linosyris vulgaris.

C. Caeoma *Tul.*

Caeoma.

Mit diesem Gattungsnamen belegt man Äcidienzustände von Rostpilzen, bei denen die Sporen ebenfalls kettenförmig abgeschnürt werden und in deren Begleitung Spermogonien vorkommen. Aber die Sporenhäufchen sind von keiner Peridie, höchstens bisweilen von Paraphysen umhüllt und nicht begrenzt, sondern breiten sich in centrifugaler Richtung

[1]) Vergl. Magnus, Berichte d. deutsch. bot. Gesellsch. X, pag 43.

unregelmäßig aus, so daß am Rande die jüngsten, noch nicht sporentragenden Basidien stehen. Diejenigen dieser Formen, zu denen bis jetzt die Teleutosporen noch nicht aufgefunden sind, stellen wir hier zusammen.

1. Caeoma Abietis pectinatae *Reess*[1]), auf den Nadeln der Weißtanne, dem Aecidium columnare (S. 206) sehr ähnlich, aber ohne Peridie und längliche, gelbe Sporenlager auf der Unterseite der Nadel zu beiden Seiten der Mittelrippe bildend, mit zahlreichen Spermogonien zusammen. In Bayern nicht selten. Auf Weißtanne.

2. Caeoma Allii ursini *Winter*, auf **Allium ursinum, acutangulum, oleraceum, Cepa, fistulosum** und **Porrum**, einzeln oder in kreisförmigen Gruppen. Auf Allium.

3. Caeoma Galanthi *Winter*, auf **Galanthus nivalis**. Auf Galanthus.

4. Caeoma Ari *Winter*, auf **Arum maculatum**. Auf Arum.

5. Caeoma Chelidonii *Magnus*, auf **Chelidonium majus**. Auf Chelidonium.

6. Caeoma Fumariae *Link*, auf **Corydalis cava** und **fabacea**. Auf Corydalis.

7. Caeoma Moroti *Har.* et *Poir.*, auf Cardamine in Finnland. Auf Cardamine.

8. Caeoma Aegopodii *Winter*, auf **Aegopodium Podagrariae** und Chaerophyllum aromaticum. Auf Aegopodium etc.

9. Caeoma Ligustri *Winter*, auf **Ligustrum vulgare**. Auf Ligustrum.

10. Caeoma Cassandrae *Gobi*, auf **Andromeda calyculata**, von der Gobi[2]) vermutet, daß sie zu **Melampsora Vaccinii** gehört, mit der sie an der gleichen Lokalität vorkam. Auf Andromeda.

D. Hemileia *Berk.* et *Br.*

Hemileia, die Kaffeeblattkrankheit.

Diese noch ungenügend bekannte Gattung wird zu den Uredinaceen gerechnet. Der hierher gehörige Parasit interessiert uns, weil er eine Kaffeeblattkrankheit verursacht. Dieselbe trat zuerst 1869 auf Ceylon und gleich danach auch auf dem südlichen indischen Kontinent auf, ist später auch auf Sumatra und in Tonkin gefunden worden. Man schätzt auf Ceylon den Schaden, den die Krankheit seit ihrem ersten Auftreten bis 1880 gemacht hat, auf 12 bis 15 Millionen Pfund Sterling. In der jüngsten Zeit ist die Krankheit auch in den Kaffeeplantagen Ostafrikas aufgetreten. Die Blätter bekommen braune Flecke und sind an diesen Stellen auf der Unterseite mit einem orangeroten Sporenpulver überzogen. Die Sporen sind einzellig, eiförmig, teils glatt, teils warzig, 0,035–0,04 mm lang. Der Pilz ist von Berkeley und Broome **Hemileia vastatrix** genannt worden. Die Keimung der Sporen hat man beobachtet; übrigens ist aber der Pilz noch ganz ungenügend bekannt[3]).

---

[1]) l. c. pag. 115.

[2]) Cit. in Just, bot. Jahresber. 1885. II, pag. 512.

[3]) Vergl. Just, bot. Jahresb. f. 1876, pag. 103 und 130, und Revue Mycol. 1888.

Neuntes Kapitel.

Die durch Hymenomyceten verursachten Krankheiten.

Hymenomyceten. Die Hymenomyceten umfassen fast lauter Pilze, deren Fruchtkörper große Dimensionen besitzen und im gewöhnlichen Leben als Schwämme bezeichnet werden. Die Mehrzahl derselben gehört auch nicht zu den Parasiten, aber einige derselben sind als Urheber von Pflanzenkrankheiten hier zu erwähnen. Mykologisch sind die Hymenomyceten oder Hautpilze dadurch charakterisiert, daß ihre Sporen durch Abschnürung in eigentümlicher Weise von besonderen Zellen, welche Basidien heißen, gebildet werden. Ein solches Basidium ist bei den Hymenomyceten eine längliche Zelle, welche auf ihrem Scheitel meist vier kurze feine Ästchen, sogenannte Sterigmen treibt, deren jedes an seinem Ende eine Spore abschnürt. Bei allen Hymenomyceten sind die Basidien in großer Anzahl zu einer hautartigen Schicht vereinigt, welche bestimmte Teile des Fruchtkörpers bedeckt, eine sogenannte Fruchtschicht oder Hymenium bildend.

A. Exobasidium *Woron.*

Exobasidium. Diese Gattung ist durch ihren Parasitismus auf Blättern, Stengeln und Wurzeln und mehr noch durch die von allen übrigen Hymenomy-

Fig. 41.
Zweig von Vaccinium Vitis idaea mit verpilzten Stellen und Fruchtkörpern von **Exobasidium Vaccinii,** im Stengel und auf den Blättern **aa**. Nach R. Hartig.

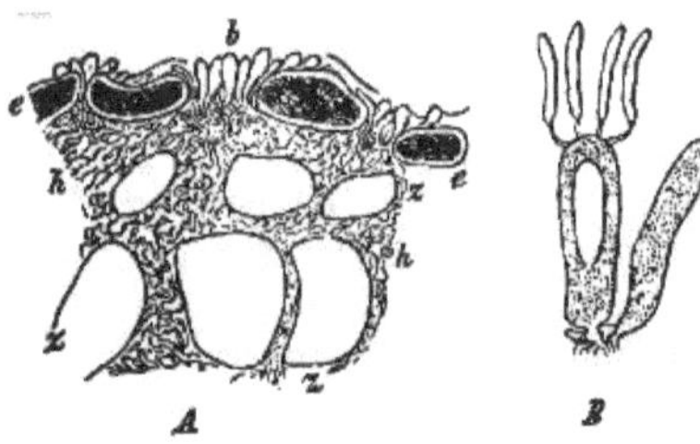

Fig. 42.
Exobasidium Vaccinii *Woron.* **A** Durchschnitt durch eine kranke Blattstelle des Preußelbeerstrauches. **zz** Parenchymzellen des Blattes, zwischen denen das Mycelium **hh** sich mächtig entwickelt hat. Es treibt nach außen, die Epidermiszellen **ee** auseinanderschiebende Äste, welche zu den Basidien **b** werden. **B** Zwei Basidien stärker vergrößert; das eine reif, an der Spitze 4 Sporen an kurzen Sterigmen abschnürend.

ceten abweichende, sehr einfache Fruchtbildung charakterisiert, indem sie keinen eigentlichen Fruchtkörper, sondern eine bloße Hymeniumschicht besitzt, welche in der Epidermis der Nährpflanze gebildet wird und aus dieser hervortritt. Dieselbe besteht aus typischen Hymenomyceten-Basidien, die am Scheitel auf vier feinen Ästchen (Sterigmen) eben so viele Sporen abschnüren (Fig. 42 B). Die drei bis jetzt bekannten Arten bringen an ihren Nährpflanzen starke Hypertrophien in Form eigentümlicher Gallen hervor.

Auf Preußelbeeren und Heidelbeeren.

1. **Exobasidium Vaccinii** *Woron.*, auf Blättern, Stengeln und Blüten der Preußelbeeren (Vaccinium Vitis idaea), der Heidelbeeren (Vaccinium myrtillus), des Vaccinium uliginosum sowie von Andromeda. Die Blätter bekommen unterseits große, fleischige, weiße Anschwellungen, die nicht selten das ganze Blatt einnehmen, welches dann nach oben sich zusammenwölbt; an der Oberseite ist die kranke Stelle nur tief gerötet. Wenn der Pilz die Stengel befällt, so schwellen diese gewöhnlich ringsum zu einer fleischigen Verdickung an und tragen dann meist kleinere, ebenfalls ganz oder in der unteren Hälfte degenerierte Blätter (Fig. 41). Der Blütenstand bekommt dann sehr verdickte Blütenstiele und bedeutend vergrößerte und verdickte Deckblätter, hinter denen die Blüten bald ziemlich regelmäßig sich ausbilden, bald durch Verdickung unförmig werden oder verkümmern. Die Anschwellungen kommen durch eine Hypertrophie des Parenchyms zu stande, indem die Zellen desselben vermehrt und erweitert sind und kein Chlorophyll erzeugen. In diesem Gewebe ist das Mycelium des Pilzes verbreitet in Form feiner, farbloser, septierter und verzweigter Fäden, die zwischen den Zellen und teilweise innerhalb derselben wachsen. In der Nähe der Epidermis der Unterseite des Blattes werden sie reichlicher und verdrängen die Zellen der Epidermis und die darunter liegende Zellschicht fast gänzlich, an der Stelle derselben eine wachsartig fleischige, weiße Pilzmasse bildend. Von den Fäden derselben gehen nach außen hin dicke, keulenförmige Zweige ab, welche dicht beisammenstehend die Hymeniumschicht darstellen (Fig. 42 A). Durch ihr Wachstum heben sie die resistente Cuticula allmählich in die Höhe und zerreißen sie. Es sind die oben beschriebenen Basidien, auf deren freiliegendem Scheitel vier kurz cylindrische oder spindelförmige, schwach gekrümmte, einzellige, farblose Sporen abgeschnürt werden. Dieselben geben der Oberfläche der Anschwellung ein mattes, weißes, wie bereiftes Aussehen. Nach der Sporenbildung werden mit dem Absterben des Pilzes die Teile braun und schrumpfen. Nach Woronin[1]) teilen sich bei der Keimung die Sporen durch mehrere Querscheidewände und zeigen dann hefeartige Sprossung, indem die Keimschläuche sich als einzellige Glieder abschnüren, was durch mehrere Generationen sich wiederholen kann. Auf ganz junge, gesunde Blätter gesäet, treiben nach Woronin die Sporen Keimschläuche, welche vorzugsweise auf der Unterseite des Blattes, teils durch die Spaltöffnungen, teils durch die Wände der Epidermiszellen eindringen. Acht bis zehn Tage nach der Infektion ist das Blatt bereits angeschwollen; nach vierzehn Tagen hat der Pilz neue Sporen gebildet. Der Pilz kommt vereinzelt nicht selten vor; einen Fall, wo auf einem 2—3 m breiten und 600 m langen Waldstreifen fast sämtliche Heidelbeerpflanzen befallen waren, erwähnt Sadebeck[2]). Ein von Rostrup[3]) in Dänemark auf Vaccinium Oxycoccus gefundenes

[1]) Verhandl. d. naturf. Gesellsch. zu Freiburg 1867, Heft IV.

[2]) Botan. Centralbl. XXV. 1886, pag. 289.

[3]) Botanisk Tidskrift. XIV, pag. 4. 1885.

Exobasidium Oxycocci *Rostr.* ist vielleicht mit dem vorstehenden spezifisch identisch.

Auf Alpenrosen.

2. Exobasidium Rhododendri *Fuckel* erzeugt auf der Unterseite der Blätter und an den Blattstielen von Rhododendron ferrugineum und hirsutum kugelige, erbsen- bis walnußgroße, weichfleischige, saftige, glatte, rotwangige Auswüchse, welche meist mit schmaler Basis der Blattfläche aufsitzen und daher einem Gallapfel ähneln, in der Schweiz unter dem Namen „Alpenrosenäpfeli" oder „Saftäpfel" bekannt. Sie wurden früher für ein Insekt-Gebilde gehalten; Fuckel[1]) hat dem Pilz seine richtige Stellung angewiesen und fand die Bildung und Form der Sporen, durch welche die Oberfläche der Galle zu einer gewissen Zeit wie bereift erscheint, ganz übereinstimmend mit der vorigen Art, zu der dieser Pilz vielleicht auch gehört. Diese Gallen wurden von Fuckel und von Kramer[2]) in der Schweiz, von mir im Stubachthal auf den hohen Tauern in Menge, sowie auf dem Watzmann, auf der genannten Nährpflanze angetroffen.

Auf Laurus canariensis.

3. Exobasidium Lauri *Geyler*, ist nach Geyler's[3]) Untersuchungen die Ursache der sogenannten Luftwurzeln von Laurus canariensis auf den canarischen Inseln (Madre de Louro bei den Portugiesen genannt). Es sind Auswüchse, die Bory de St. Vincent als einen Pilz, Clavaria lauri *Bory* beschrieb, Schacht[4]) für normale Luftwurzeln des Lorbeers hielt. Sie kommen aber nicht regelmäßig vor und im ganzen nicht häufig, nur in feuchten, schattigen Schluchten und oft in verschiedenen Höhen am Stamme, besonders in der Nähe von Astwunden. Sie vegetieren von Ende Herbst bis Anfang Sommer, dann färben sie sich dunkler, schrumpfen und fallen ab. Es sind 8—19 cm lange, unregelmäßig geformte, einer Clavaria oder einem Elenngeweihe ähnliche, etwas verästelte, längswulstige Körper von bräunlichgelber Farbe, weicher, spröder Beschaffenheit und haben einen dem Lorbeer gleichen aromatisch bitteren Geschmack und Geruch. Sie zeigen auf dem Querschnitte ein Mark, umgeben von einem dünnen Holzcylinder und um diesen eine Rinde, deren Zellen gleich denen des Markes mit Stärkekörnern erfüllt sind. Eine äußere braune Rindenzone zeigt zwischen ihren Zellen das Mycelium des Pilzes und an ihrer Außenseite die aus schlauchförmigen Basidien bestehende Hymeniumschicht. Die Basidien schnüren auf vier Sterigmen eben so viel längliche Sporen ab. Nach Geyler's plausibler Vermutung sind diese Körper überhaupt nicht Wurzeln, sondern durch den Pilz verbildete Sprößlinge des Stammes.

B. Aureobasidium *Viala* et *Boyer*.

Aureobasidium.

Der Fruchtkörper besteht nur aus einem sammetartigen Hymenium, welches unmittelbar aus der Nährpflanze hervorbricht und aus Basidien besteht, auf deren Scheitel meistens je 6, bisweilen auch nur 4 oder 2 cylindrische Sporen abgeschnürt werden.

---

[1]) Symbolae mycologicae. Zweiter Nachtrag, pag. 7.

[2]) Nach einer Notiz Geyler's in Bot. Zeitg. 1874, pag. 324.

[3]) Bot. Zeitg. 1874. Nr. 21. Taf. VII.

[4]) Lehrb. d. Anat. u. Phys. d. Gew. II, pag. 156.

Aureobasidium Vitis *Viala* et *Boyer*[1]), veranlaßte auf Weinbeeren in den Jahren 1882 bis 1885 in der Bourgogne besonders in nassen Jahren in den Monaten September und Oktober eine Krankheit, wobei die Beere anfangs einen kleinen dunklen Fleck zeigt, wo die Haut der Beere einsinkt und vertrocknet, und samenartige, kleine, hellgelbe Pusteln bekommt, welche aus dem Hymenium bestehen. Die Basidien sind die Zweigenden des Myceliums, dessen septirte Fäden das ganze Fruchtfleisch durchziehen.

C. Hypochnus *Fr.*

Diese Gattung macht den Übergang zu den größeren Schwämmen, die wir als Baumparasiten im nächsten Abschnitte aufführen. Sie ist durch einen ganz dünn hautartigen Fruchtkörper charakterisiert, welcher aus locker verflochtenen Hyphen besteht, auf der Unterlage unregelmäßig ausgebreitet und an seiner ganzen Oberfläche mit der Hymeniumschicht bedeckt ist. Alle früher bekannten Arten dieser Gattung sind Saprophyten, welche tote Hölzer und Rinden bewohnen. Als Parasiten sind nur bekannt geworden. Hypochnus.

1. **Hypochnus cucumeris** *Frank*, welchen ich als Ursache eines Absterbens der Gurkenpflanzen vor einigen Jahren im Garten meines Institutes auftreten sah[2]). Ein grauer oder bräunlichgrauer häutiger Pilz saß am Wurzelhalse rings um den Stengel, daselbst mit seinen Myceliumfäden in das Stengelgewebe eindringend und dasselbe in einen breiig weichen, faulen Zustand verwandelnd. Die Pilzhaut wuchs noch einige Centimeter weit am Stengel aufwärts, ließ sich hier aber leicht von der intakt gebliebenen Stengeloberfläche abziehen, war also dort nur oberflächlich weiter gewachsen. Wenn die Stengelbasis ganz verpilzt und faulig war, so schritt das Absterben von den unteren Blättern nach den oberen zu rasch fort. Die Pilzhaut war auf ihren älteren Teilen mit der Hymeniumschicht überzogen; diese besteht aus länglichen Basidien, die auf den vier feinen Sterigmen je eine ovale, farblose Spore abschnüren. Die Sporen sah ich noch 24 Stunden mit einem gewöhnlichen Keimschlauche keimen. Auf daneben wachsende Unkräuter war der Pilz nicht übergegangen. Später beobachtete ich ihn aber auch am Stengelgrunde von Lupinen und Klee emporklettern. Auf Gurken 2c.

2. **Hypochnus Solani** *Prill.* et *Delacr.*, an den unteren Teilen von Kartoffelstengeln in Grignon von Prillieux und Delacroix[3]) beobachtet; der Pilz soll der Kartoffelpflanze wenig schädlich gewesen, die Knollen fast normal ausgebildet gewesen sein. Ich habe den Pilz auf der Kartoffelpflanze in Deutschland 1894 beobachtet; ob er von dem vorigen unterschieden ist, lasse ich zweifelhaft. Auf Kartoffeln.

---

[1]) Sur un Basidiomycète inférieur, parasite des grains de raisin. Compt. rend. 1891, pag. 1148. — Vergl. auch Zeitschr. f. Pflanzenkrankheiten II. 1892 pag. 48.

[2]) Landwirtsch. Jahrbücher und Berichte der deutsch. botan. Gesellsch. 1883, pag. 62.

[3]) Bull. de la soc. mycol. de France. VII. 1891, pag. 220.

D. Die größeren, auf Bäumen schmarotzenden Schwämme.

Baumschwämme als Ursache von Holzkrankheiten.

An Stämmen und Ästen, sowie an Stöcken oder Wurzeln lebender Bäume wachsen, wie allbekannt, sehr häufig größere Schwämme, ähnlich denen, die auf Waldboden vegetieren. Dabei zeigen sich gewöhnlich die Partien des Baumes, aus denen sie hervorbrechen, mehr oder weniger abgestorben. Im Volke werden diese Erscheinungen insgesamt „der Schwamm" genannt. Wissenschaftlich neigte man sich bis vor nicht langer Zeit der Ansicht zu, daß diese Pilze eigentliche Saprophyten seien, die sich nur in denjenigen Teilen des Stammes ansiedeln, welche aus irgend einer Ursache bereits abgestorben sind. Man dachte dabei an die zahlreichen, jenen sehr ähnlichen, auf lebloser Holzunterlage wachsenden Schwämme, wo das saprophyte Verhältnis unzweifelhaft ist. Durch die unten zu citierenden Arbeiten R. Hartig's ist aber bereits für eine große Anzahl dieser Baumschwämme festgestellt, daß sie lebende Teile des Baumes als Parasiten befallen können, in diesen allmählich sich entwickeln und ausbreiten und dadurch erst den befallenen Teil krank machen, dessen Zersetzungserscheinungen sich dann mit der Pilzentwickelung steigern. In den auf diese Weise erkrankten und sogar in den abgestorbenen Teilen vermag der Pilz sich dann noch weiter zu ernähren, gelangt hier sogar gewöhnlich erst zur vollständigen Entwickelung der Fruchtkörper, so daß es aussieht, als sei der nun erst auffallend werdende Pilze sekundär an dem in Zersetzung begriffenen Teile aufgetreten. Der Pilz ist daher allerdings nicht so streng parasitisch, wie etwa die Rostpilze und die vorerwähnten Exobasidien, sondern seine Ernährungsbedingungen halten die Mitte zwischen dem parasitischen und dem saprophyten (S. 3) Modus. Und wie Versuche gezeigt haben, kann man diese Pilze sogar auf leblosem Substrate kultivieren, auch hat man sie an den Bäumen bisweilen in Begleitung von Zersetzungserscheinungen angetroffen, die aus andern Ursachen entstanden waren. Allein der von R. Hartig geführte Nachweis, daß sie auch parasitisch und als primäre Krankheitserreger auftreten können, und daß dieses Verhältnis in der Natur sogar das gewöhnliche ist, weist ihnen jetzt auch in der Pflanzenpathologie einen wichtigen Platz an. Nach dem, was besonders durch R. Hartig über die Bedingungen des Befallenwerdens der Bäume durch diese Parasiten bekannt geworden und unten im einzelnen beschrieben ist, scheint es, als ob viele dieser Pilze besonders leicht an Wundstellen der Wurzeln, Stämme oder Äste in den Baumkörper eindringen, womit freilich nicht gesagt sein soll, daß sie nur an solchen Stellen eindringen können. Jedenfalls wird dem Auftreten mancher dieser Schwammkrankheiten entgegengearbeitet werden können durch möglichste Beschützung der Bäume vor Verwundung und durch die oben (Band I, S. 151) besprochene rationelle Behandlung der Baumwunden.

Die meist ansehnlichen Fruchtkörper dieser Pilze wachsen fast immer aus dem Substrate hervor, erscheinen also auswendig an den Stämmen, Ästen oder Wurzeln. Wir unterscheiden an ihnen die meist durch ihre eigentümliche Gestaltung ausgezeichnete, gewöhnlich die Unterseite der Körper einnehmende Hymenialschicht. Nach der Beschaffenheit derselben werden hauptsächlich die Gattungen dieser Pilze unterschieden. Im Innern des Substrates ist das Mycelium vorhanden und sehr oft wächst es dort, ohne daß es durch die Anwesenheit von Fruchtkörpern auswendig verraten würde, weil die Fruchtbildung bei diesen Pilzen meist spät, oft gar nicht eintritt. Man findet dann auch die durch den Pilz veranlaßte Krankheit, ohne daß äußerlich ein Schwamm zu bemerken ist. Doch ist dann immer das Mycelium im Innern zu finden. Die Fäden desselben durchwuchern die Gewebe, besonders das Holz; wo es sich in inneren Lücken reichlicher entwickeln kann, wird es gewöhnlich in Form von weißen Pilzhäuten auffallender; bei manchen nimmt es auch die eigentümliche Form der Rhizomorphen an, von der unten die Rede sein wird.

Solcher baumbewohnender Hymenomyceten ist eine große Anzahl bekannt, und auch in den einzelnen Ländern und Erdteilen kommen besondere Arten vor. Die Mehrzahl derselben ist noch nicht darauf untersucht worden, ob ihnen parasitärer Charakter zukommt oder nicht. Wir führen selbstverständlich hier nur diejenigen an, von welchen das letztere mehr oder weniger bestimmt nachgewiesen worden ist. Die übrigen können wenigstens vorläufig noch nicht in der Pathologie besprochen werden.

I. Trametes *Fr.*

Bei diesen Pilzen besteht das Hymenium wie bei den Löcherpilzen (S. 228) aus zahlreichen, dicht beisammenstehenden und zusammengewachsenen porenförmigen Röhren; die Substanz des Fruchtkörpers setzt sich aber ohne Veränderung zwischen die Röhren fort, so daß auf dem Durchschnitte die Röhrenschicht nicht als eine andersfarbige Schicht von der Substanz des Fruchtkörpers sich abgrenzt. Der letztere hat bei diesen Pilzen eine kuchen-, polster- oder konsolförmige Gestalt. Aus dieser Gattung kennen wir folgende Parasiten genauer. Trametes.

1. **Trametes radiciperda** *R. Hart.* (Polyporus annosus *Fr.*). Dieser gefährliche Parasit ist nach R. Hartig[1]) die Ursache einer Zersetzungserscheinung des Holzes der Nadelbäume, welche vorzugsweise mit zu den- Rotfaule der Kiefern und Fichten durch **Trametes radiciperda.**

[1]) Zersetzungserscheinungen des Holzes, pag. 14 ff. Taf. I—IV.

jenigen gehört, die man als Rotfäule bezeichnet. Unsre Kenntnisse über diesen Pilz und die von ihm verursachte Zerstörung verdanken wir allein den Untersuchungen des genannten Forschers, deren Resultate nachstehende sind. Der Pilz befällt vorzugsweise Kiefern, auch Weymuthskiefern, sowie Fichten, Tannen, Wachholder, kaum Laubholz; indessen giebt Rostrup[1] an, daß der Pilz in Dänemark auch die jungen Buchen tötet, welche als Unterholz in den Kiefernbeständen vorkommen. Seine Fruchtträger sitzen äußerlich an den durch den Parasiten getöteten Wurzeln und Stöcken gewöhnlich zahlreich beisammen und verwachsen oft nachträglich untereinander zu größeren Fruchtkörpern, die nicht selten 10 bis 30, ausnahmsweise selbst 40 cm nach einer Richtung Flächenausdehnung haben. Es sind stiellose, mit der einen Seite aufgewachsene, meistens etwa 5 mm dicke, lederartige, kuchenförmige Körper, welche auf der freien Außenseite mit der weißen Porenschicht bekleidet sind; stellenweise hebt sich aber auch am Rande der Fruchtkörper zurück und stellt sich frei, seine chokoladenbraune, gefurchte und buckelige sterile Seite zeigend; der Rand ist etwas wulstig und beiderseits weiß (Fig. 43).

Vorkommen und äußere Erscheinung der Krankheit.

Der Pilz und die von ihm verursachte Krankheit ist über ganz Deutschland, einschließlich der Alpen verbreitet, auch in Frankreich ist sie beobachtet worden; ebenso in Italien auf Tannen und Lärchen[2]). Standort scheint ohne Einfluß; denn der Pilz zeigt sich im Flachlande, wie im Gebirge, auf Sandboden wie auf steinigem Gebirgsboden, auf trockenen wie frischen Böden. Er kann schon in 15- bis 20jährigen Schonungen, aber auch noch in 100jährigen Beständen auftreten. Die Krankheit wird erkennbar an dem Vertrocknen der ganzen Pflanze. An jüngeren Bäumen geschieht das oft plötzlich: ohne daß bis dahin etwas Krankhaftes zu bemerken gewesen wäre, können im Sommer an mitten im Triebe stehenden Pflanzen die noch unfertigen neuen Triebe plötzlich welken und mit der ganzen Pflanze vertrocknen. In andern Fällen erkennt man zunächst ein Kränkeln an der Kürze der letztjährigen Triebe, worauf im folgenden Herbst oder Frühjahr vor dem Treiben Bräunung und Tod der ganzen Pflanze eintritt. Die Krankheit zeigt ihre ansteckende Eigenschaft darin, daß neben dem abgestorbenen Baume meist noch ein oder mehrere erkrankte sich befinden; dieses Absterben der Nachbarbäume hört auch dann nicht auf, wenn die dürren Bäume gefällt werden; es entstehen durch Umsichgreifen des Absterbens in centrifugaler Richtung in den Beständen Lücken und Blößen, die in 5 bis 10 Jahren eine Größe von 10 Ar und mehr erreichen. Die Erscheinung ist also eine ganz ähnliche, wie die durch Agaricus mellius (S. 236) hervorgerufene.

Krankheitsverlauf.

Das Absterben und Dürrwerden ist die Folge einer Fäulnis der Wurzeln, verursacht durch den in denselben lebenden Parasiten. Wenn man die abgestorbenen Bäume ausrodet, so findet man an den Stöcken und Wurzeln, sowohl an den stärkeren, wie an den schwächeren Seitenwurzeln, die oben beschriebenen weißen Fruchtträger in verschiedener Form und Größe. Da sie sich nur im freien Raume bilden können, so entwickeln sie sich häufiger im lockeren als im festen Boden. Außerdem finden sich, auch wo keine Fruchtträger gebildet sind, stecknadelkopfgroße und größere gelbweiße Pilzpolster, die auf der Rinde der Wurzeln zum Vorschein kommen. Es

[1]) Botan. Centralbl. 1888, pag. 370.

[2]) Vergl. Cuboni, Bullettino di Notizie agrarie, Roma 1889, pag. 250.

sind Anfänge von Fruchtträgern, und man bemerkt beim Abheben der Rindeschüppchen, daß es die Endigungen zarter weißer Pilzhäute sind, die bald papierartig, bald nur wie ein Schimmelanflug erscheinen und zwischen den Rindeschuppen von innen aus sich entwickelt haben. Wurzeln und Wurzelstock solcher Bäume sind verfault. Von der infizierten Wurzel aus greift bei der Fichte die Rotfäule stammaufwärts weiter, zunächst in der Längsrichtung, dann auch in horizontaler Richtung um sich greifend. Von der Lage der Infektionsstelle hängt es ab, an welcher Seite die Rotfäule, und ob sie nahe dem äußeren Umfange oder näher dem Centrum des Stammes emporsteigt. Zuletzt kann nur die der Infektionsstelle gegenüberliegende Seite verschont geblieben und die Fäulnis bis zu 6—8 m emporgestiegen sein. Von oben nach unten sind dann alle Stadien der Zersetzung vertreten Zuerst tritt in dem gelblichweißen, gesunden Holze schmutzig violette Färbung auf; diese geht über in völlig ausgebleichte, hellgelblichweiße Farbe und wird dann schnell bräunlichgelb oder hellbraun. Auf dem bräunlichen Grunde treten zahlreiche, kleine, schwarze Flecke, besonders im lockeren Frühjahrsholze der Jahresringe auf, und die größeren schwarzen Flecke umgeben sich mit einer weißen Zone. Mit fortschreitender Zersetzung gehen sie fast sämtlich verloren, während die weißen Flecke sich vergrößern und zusammenfließen, so daß das Frühlingsholz zuletzt ganz zerfasert und verpilzt ist und eine lockere, weiße Substanz darstellt, welche das übrig gebliebene, gelbliche Holzgewebe überwiegt. Solches Holz hat im nassen Zustande die Eigenschaften des Badeschwammes, im trocknen schrumpft es auf die Hälfte oder ein Drittel seines Volumens zusammen und ist dann federleicht. Während das faule Holz harzarm ist, schlägt sich Harz an der Grenze des gesunden Holzes im Innern der Holzfasern und Markstrahlzellen nieder. Ist die Fäulnis soweit nach außen gedrungen, daß nur noch ein schmaler gesunder Splintstreifen vorhanden ist, und auch wenn endlich die Fäulnis bis an die Rinde vorgerückt ist, so ergießt sich der Terpentin nach außen. Solche Harzflüsse zeigen sich dann zuerst auf derjenigen Seite, an welcher die infizierte Wurzel sich befindet, und sind ein sicheres Zeichen innerlicher Rotfäule. Bei der Weymuthskiefer und der gemeinen Kiefer ist der Krankheitsverlauf im wesentlichen derselbe. Nur bewirkt hier der größere Harzgehalt eine vollständige Verkienung des angrenzenden gesunden Holzes. Diese verhindert bei der gemeinen Kiefer sogar das Empordringen des Pilzmyceliums und der Holzzersetzung über den Stock nach oben, daher die

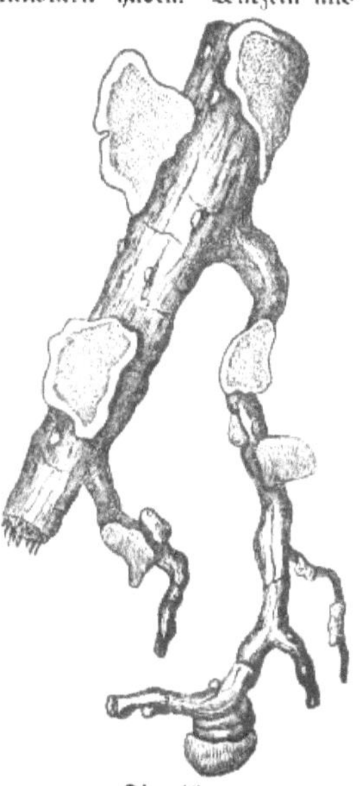

Fig. 43.
Fichtenwurzel mit den Fruchtkörpern von **Trametes radiciperda** in natürlicher Größe. Nach R. Hartig.

Abhiebsfläche des getöteten Kiefernstammes nur einige hellbraungelbe Flecke zeigt.

Verhalten des Myceliums und Zersetzungsprozesse der Holzzellen.

Das Mycelium des Pilzes besteht aus meist isoliert bleibenden, spärlich septierten Hyphen mit reichlicher Verzweigung, besonders mit vielen kürzeren, rechtwinklig stehenden Seitenhyphen, welche an vielen Punkten die Zellwände durchlöchern. Die Fäden wachsen daher sowohl innerhalb der Zellen als auch quer durch die Membranen hindurch. Sie sind farblos, nur da, wo schwarze Flecke sich zeigen, sind sie dunkelbraun gefärbt und meist reicher verästelt und mit einander verflochten. Das Mycelium wächst zumeist im Rindenkörper fort, von dort dringt es durch die Markstrahlen in den Holzkörper und verbreitet sich dort nach allen Seiten und weit rascher als in der Rinde. In der Rinde der zuerst befallenen Wurzel aufwärts fortwachsend und diese tötend, gelangt es in den Wurzelstock und geht von hier aus nach unten auf alle andern bis dahin gesunden Wurzeln über, wodurch es den Tod des Baumes veranlaßt. Von dem in der Rinde wachsenden Mycel aus drängen sich zahlreiche Hyphen als ein Filzgewebe nach außen zwischen die Rindenschuppen, um die oben erwähnten Mycelhäute und Polster zu bilden. Im Holze aber erzeugt das Mycelium die als Rotfäule bezeichnete Zersetzung. Das erste Stadium derselben, die schmutzigviolette Farbe des Holzes, beruht auf der Bräunung des Inhaltes der Markstrahlzellen, in welchen zugleich etwa vorhandene Stärkekörner aufgelöst werden. Mit der Verzehrung des Markstrahlinhaltes schwindet die violette Farbe. Der durch weißgelbe, dann bräunlichgelbe Farbe charakterisierte nächste Zustand zeigt die Myceliumfäden in den Holzzellen mit viel reichlicher entwickelten Seitenästen, durch welche die Zellwände an zahllosen Stellen durchbohrt sind, sowohl durch die Tüpfel, als auch an andern Punkten. Wegen der geringeren Nahrung, die sie in den Holzzellen finden, sind die Hyphen dort nur an ihren wachsenden jungen Spitzen mit Protoplasma erfüllt, die älteren Teile derselben entleeren sich. Das Holz ist jetzt bereits chemisch verändert; aus der von R. Hartig mitgeteilten Analyse dieses Zersetzungszustandes ergiebt sich, daß das Holz spezifisch leichter geworden ist und die organische Substanz bei fast unverändertem Wasserstoffgehalte an Kohlenstoff relativ zugenommen hat. Im nächsten Stadium ist die chemische Veränderung in denselben Richtungen weiter fortgeschritten. In den weißen Flecken, die jetzt um die schwarzen Myceliumnester auftreten, bestehen die Membranen der Holzzellen nur noch aus reiner Cellulose (reagieren mit Chlorzinkjod violett), das Lignin ist aufgelöst oder umgewandelt, und zwar zuerst in den inneren Membranschichten, zuletzt in der äußern primären Membran (Mittellamelle); letztere löst sich dann rasch vollständig auf, so daß die Holzzellen sich isolieren und auch ihre Tüpfel nicht mehr erkennen lassen. Außerhalb der weißen Flecken, in den bräunlichgelben Holzpartien, werden dagegen nur die inneren Membranschichten, nachdem sie sich in Cellulose umgewandelt, aufgelöst, die dünnen primären Membranen und die Tüpfel bleiben am längsten resistent. Da das Frühjahrsholz weniger lange widersteht als das meist mit Terpentin sich füllende Herbstholz, und von den weißen Flecken die Zersetzung besonders nach oben und unten schneller sich verbreitet, so findet mehr ein Zerfallen des Holzes in lange Faserpartien statt.

Infektionsversuche. Gegenmaßregeln.

R. Hartig hat durch Infektionsversuche den Beweis geliefert, daß der Pilz die Ursache der Rotfäule ist. Er band ein mycelhaltiges frisches

Rindenstück auf die gesunde unverletzte Wurzel einer Kiefer und bedeckte die Wurzel wieder mit Erde; von der bezeichneten Stelle aus fand er das Mycelium in das Rindengewebe der Wurzel eingedrungen und durch die Markstrahlen in dem Holzkörper sich verbreiten. Von 6 etwa 2—3 m hohen Kiefern, die in dieser Weise infiziert wurden, starben 4 binnen 1½ Jahren unter allen Symptomen der Krankheit. Ferner hat R. Hartig in diesen Beständen die Infektion der Nachbarbäume durch das Mycelium unter der Erde verfolgt. Ausnahmslos erwiesen sich die dem Infektionsherde zugekehrten Wurzeln als erkrankt. Kreuzungsstellen einer kranken mit einer gesunden Wurzel und namentlich Verwachsung der Wurzeln, wie dies im Boden häufig vorkommt, sind die Infektionspunkte. Im ersten Stadium zeigt sich der Parasit auf der gesunden Wurzel nur von der Berührungsstelle aus nach beiden Seiten hin auf geringe Entfernung verbreitet. Es beweist dies, daß der Pilz in der That primär, als Parasit auftritt, der Erkrankung vorausgeht. Die Sporen sind zwar sogleich nach der Reife keimfähig, doch ist es noch nicht gelungen aus ihnen die Entwickelung des Pilzes zu verfolgen. Meist treten anfänglich in dem Bestande, nachdem er vielleicht 30 Jahre und länger gesund geblieben ist, nur einige oder wenige erkrankte Stellen auf. Sobald aber einmal die erste Stelle sich etwas vergrößert hat, zeigen sich plötzlich an verschiedenen andern Punkten des Bestandes neue, wahrscheinlich infolge Verbreitung der Sporen der nun in größerer Anzahl vorhandenen Fruchtträger. R. Hartig vermutet Verbreitung der Sporen besonders durch Mäuse. Hat die Krankheit diese Ausdehnung erreicht, so ist nichts mehr zu retten. Sind aber nur eine oder wenige Stellen infiziert, so ist nach R. Hartig ein wirksames Mittel, rings um die erkrankten Stellen Gräben zu ziehen. Diese müssen einen Spatenstich breit sein, und in ihnen müssen alle Wurzeln durchstochen oder durchhauen werden. Diese Isoliergräben müssen auch die am Rande stehenden kränkelnden Bäume mit umfassen, und wenn man in ihnen noch auf faule Wurzeln stößt, noch ein Stück tiefer in den Bestand hinein gelegt werden. Wegen der Schwierigkeit einer korrekten Ausführung des Verfahrens im großen glaubt jedoch R. Hartig jetzt Bedenken tragen zu müssen, dasselbe im wirtschaftlichen Betriebe noch weiter zu empfehlen[1]). Zur Aufforstung der gerodeten Bestände ist womöglich Laubholz zu verwenden, da es gegen den Parasiten geschützt ist, an Stelle der zerstörten Kiefernbestände also Birke oder Akazie; andernfalls aber sind die wieder angebauten Koniferen unter sorgfältiger Aufsicht zu halten, um etwaige Erkrankungen, die durch noch nicht zersetzte Pilzreste erfolgen sollten, rechtzeitig zu erkennen und solche Pflanzen zu entfernen. Auch tritt nach den Erfahrungen der Forstleute in mit Laubholz gemischten Beständen die Rotfäule gar nicht oder weit weniger auf, vermutlich weil das Laubholz unterirdisch mehr oder weniger isolierend wirkt.

Ringschäle der Kiefer rc. durch Trametes Pini.

2. **Trametes Pini** *Fr.* Diese Art kommt nach R. Hartig[2]) vorzugsweise auf der Kiefer, demnächst auf Lärchen und auf Fichten, am seltensten auf Weißtannen vor und unterscheidet sich von der vorigen schon darin, daß sie nicht Wurzeln, sondern Äste, besonders Astbrüche bewohnt. Der Parasit erzeugt hier ebenfalls eine Art Rotfäule, die auch als Ringschäle,

---

[1]) Lehrbuch der Baumkrankheiten, 2. Aufl., pag. 164.

[2]) Wichtige Krankheiten der Waldbäume. Berlin 1874, pag. 47 ff. und Zersetzungserscheinungen des Holzes. Berlin 1878, pag. 22 ff.

Rindschäle oder Kernschäle bezeichnet wird. Seine Fruchtkörper erscheinen als sogenannter „Schwamm" auf den Ästen und Stämmen; man spricht dann von „Schwammbäumen". Die Fruchtkörper sind sogenannte halbierte, d. h. stiellose und an dem einen Rande angewachsene, mit dem andern horizontal abstehende Hüte von polster- und konsolförmiger Gestalt, 8—16 cm breit, bis 10 cm dick, einzeln oder zu mehreren dachziegelförmig übereinander; sie sind von vieljähriger Dauer (bis zu 50 Jahren), sehr hart, korkig-holzig, braunschwarz, gezont und durch tiefe konzentrische Furchen uneben, höckerig und rissig, innen gelbbraun; die Sporen stehen unterseits, sind ziemlich groß, rundlich oder länglich, rötlichgelb. Die Fruchtträger vergrößern sich alljährlich: der horizontale Rand wächst um eine neue Zone, welche auf der Unterseite wieder Poren trägt; aber auch das ganze Hymenium setzt eine neue Schicht an, indem die Hyphen der Porenwände an der Spitze sich verlängern und dadurch das Wachstum der Poren in vertikaler Richtung vermitteln, wodurch der Fruchtkörper dicker wird.

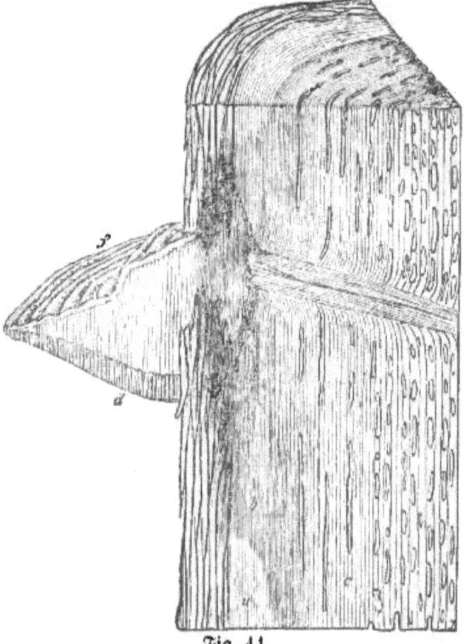

Fig. 44.
Kiefernstammstück mit einem durchschnittenen Fruchtkörper von **Trametes Pini**, a gesundes Splintholz, b verkientes Holz in der Nähe des Fruchtkörpers, c zersetztes Holz; f die gezonte Oberseite des Fruchtkörpers; d das aus Röhren bestehende Hymenium an der Unterseite; e ältere Schichten des Hymeniums. R. Hartig.

Verlauf und Symptome der Krankheit.

Die Krankheit zeigt sich erst in einem gewissen höheren, ungefähr über 50 jährigem Alter des Baumes. Bodenbeschaffenheit und Klima haben keinen direkten Einfluß. Die Infektion geschieht an frischen, nicht alsbald verharzten Astbruchflächen; darum ist die Möglichkeit derselben erst von dem Alter an gegeben, wo diejenigen Astbrüche vorkommen, deren Bruchfläche auch Kernholz zeigt, welches sich nicht oder nur schwach mit Harz überzieht. Auch weil die spröderen Äste in der Krone alter Kiefern leichter durch Sturm und Schnee gebrochen werden, als die jüngeren Pflanzen, sind ältere Bestände vorzugsweise gefährdet. Darum tritt der Parasit auch an Bestandesrändern und andern dem Sturme stärker exponierten Stellen häufiger als im Innern der Bestände auf. Die vom infizierten Aste ausgegangene Krankheit zeigt sich zunächst im Holze des Baumes nach oben und unten in Form eines etwa fingerdicken, rotbraunen Längsstreifens, der im Querschnitt anfänglich nur eine kleine Stelle ist. Da das Mycelium mit Vorliebe in demselben Jahresringe bleibt, so schreitet auch die Zersetzung vorwiegend in peripherischer Richtung fort, und wenn sie nur erst wenige Jahresringbreiten umfaßt, nimmt sie oft schon die halbe Peripherie ein oder bildet einen in sich geschlossenen Ring (Ringschäle). Die Fäulnis verbreitet sich allmählich in der Querrichtung über einen großen Teil des Stammes mit Ausschluß der Splintschicht. Auf der Grenze des Splintes und des zersetzten Kernholzes bildet sich eine harzreiche Zone von rosenroter Farbe. Durch das Harz wird die Zersetzung aufgehalten. Bei der harzärmeren Tanne und Fichte fehlt diese Zone und der Pilz dringt deshalb hier bis zur Rinde vor. In dem rotbraun gefärbten Holze treten sehr bald unregelmäßig geformte Löcher auf, die sich seitlich vergrößernd ineinanderfließen und eine vollständige Trennung zweier Jahresringe bewirken können. Es wird dabei das Holz in lange Fasern oder Blätter zerlegt, welche aus den widerstehenden harzreichen Herbstholzschichten bestehen. Die Löcher zeigen teilweise eine weiße Pilzauskleidung. Bei Fichte und Lärche bilden sich weiße Flecken in dem zersetzten Holze, und in der Mitte derselben entstehen die Höhlungen. Selbst wenn die Fäulnis im Holze bis nahe zum Wurzelstock herabgeschritten ist, erhält die wenn auch dünne Splintschicht den Baum am Leben, er stirbt nicht durch Vertrocknen, sondern wird durch Sturm gebrochen.

Verhalten des Myceliums und der Fruchtträger.

In dem erkrankten Holze findet sich das Mycelium des Parasiten in Form spärlich septierter Fäden, welche innerhalb der Holz- und Markstrahlzellen wachsen und stellenweise durch die Membranen in benachbarte Zellen übertreten. Sie bilden meist reichlich Seitenäste, welche die Seitenwände der Zellen an zahlreichen Punkten durchbohren; da sie meist kurz bleiben und bisweilen nicht bis in das Lumen der Nachbarzelle hineinwachsen, so haben sie einige Ähnlichkeit mit den Haustorien andrer Pilze. Mit fortschreitender Zersetzung entspringen von den dicken Hyphen auch feinere Hyphen. Bei der harzarmen Weißtanne wird der Entwickelung des Myceliums kein Hindernis bereitet; dasselbe durchzieht den ganzen Holzstamm, durchwächst auch die Rinde und tritt gleichmäßig auf einer großen Fläche hervor, wo es dann zur Bildung der Fruchtträger kommt. Bei der Kiefer, Lärche und Fichte kann wegen der im Splint sich bildenden harzreichen Zone das Mycelium nur da nach außen dringen, wo ein nicht überwallter Aststumpf eine Brücke aus dem Kernholz bildet. Das Mycel verbreitet sich dann bei der Lärche und Fichte auf eine bis handgroße Fläche, und wo es zwischen den Borkeschuppen hervorwächst, entsteht ein kleiner Fruchtträger, deren oft viele zu einem Überzuge verwachsen. Bei der Kiefer aber verhindert die Verharzung der um den Aststumpf liegenden Rindenteile die Ausbreitung des Myceliums, und es bildet sich nur von dem einen Punkte des Aststumpfes aus ein einziger, aber um so größerer Fruchtträger.

Zersetzungsprozeß der Holzzellen.

Die feineren Vorgänge bei der Zersetzung des Holzes zeigen sich zuerst in einer völligen Auflösung der Markstrahlen, die sich dann auf die angrenzenden Holzzellen fortsetzt, wodurch die erwähnten Löcher entstehen. Die Veränderung in der Holzzelle besteht darin, daß der Holzstoff extrahiert wird und reine Cellulose zurückbleibt, worauf die Mittellamelle sich vollständig auflöst, sodaß die Holzzellen sich isolieren.

15*

Infektionsversuche.

R. Hartig senkte in Bohrlöcher gesunder Kiefern einen Span mycelhaltigen kranken Holzes und sah, vorausgesetzt, daß das Mycel noch lebend und das Bohrloch nicht übermäßig durch Terpentinerguß erfüllt war, das Mycelium und mit ihm die Krankheit in das Holz des Baumes sich verbreiten. Es gelang ihm auf diese Weise, schon 30jährige Kiefern künstlich zu infizieren.

Gegenmaßregeln

Die Gegenmaßregeln müssen darauf gerichtet sein, die Entstehung von Astwunden an älteren Bäumen zu verhüten. Das Anfliegen von Sporen ist durch Entfernung der mit Schwämmen behafteten Bäume zu verhüten. Die letzteren müssen noch in einem Zustande, wo das untere wertvolle Stammende gesund und nutzbar ist, gehauen werden.

II. Polyporus *Fr.*, Löcherpilz.

Polyporus.

Die Löcherpilze zeichnen sich durch das aus zahlreichen, verwachsenen, engen Röhren bestehende Hymenium aus, welches eine von der Substanz des Fruchtkörpers verschiedene, andersfarbige Schicht darstellt. Von den sehr zahlreichen Arten dieser Gattung wachsen nicht wenige an Nadel- und Laubbäumen, und sind wahrscheinlich in gleicher Weise wie andre Baumschwämme Parasiten und Erreger derjenigen Krankheiten, in deren Begleitung sie vorkommen.

Weißfäule der Weißtanne durch Polyporus fulvus.

1. **Polyporus fulvus** *Scop.*, welcher nach R. Hartig[1]) im Riesengebirge und Schwarzwalde eine **Weißfäule der Weißtanne** (Abies pectinata) veranlassen soll. Die Fruchtträger kommen an Ästen und am Stamme hervor, ihre Form ist je nach der Ansatzfläche sehr mannigfaltig: an horizontalen Ästen längs der Unterseite derselben oft in einer Erstreckung von 20 cm und mehr, an senkrechten Flächen konsolförmig, halbkugelig und dreikantig. Sie sind von vieljähriger Dauer und harter, korkig-holziger Beschaffenheit; die Oberseite ist meist nicht deutlich gefurcht, sondern unregelmäßig buckelig, im allgemeinen glatt, gelb, später aschgrau; auf dem unteren Teile entwickeln sich die genau vertikal verlaufenden, ziemlich engen, zimmtbraunen Porenkanäle, welche sich alljährlich verlängern, ohne jedoch dabei irgend welche Schichtung zu zeigen, und bis 3 cm lang werden. Das Innere ist löwengelb. Der Pilz soll vorzugsweise an den durch Aecidium elatinum (S. 209) entstandenen Krebsstellen sich ansiedeln, deren Holz, wenn es nur von jenem Parasiten bewohnt ist, gesund und fest, dagegen bei gleichzeitiger Anwesenheit des Löcherpilzes weißfaul sein soll. Von der Infektionsstelle aus verbreitet sich das Mycelium nicht bloß in der Längsrichtung, sondern auch durch alle Holzschichten und durch die Rinde bis nach außen, wo es die Fruchtträger bildet. Das Holz wird an diesen Stellen mürbe wie lockere Pappe, von geringerem specifischem Gewicht und von schmutzig hellgelber Farbe mit weißen Flecken, oft durch feine Linien vom gesunden Holz abgegrenzt. Sturm und Schneeanhang brechen die Stämme an der kranken Stelle. Das Mycelium im Holze besteht in den ersten Zersetzungsstadien aus sehr dicken, bräunlichgelben, reichlich septierten Hyphen, die oft traubenförmig gehäufte Seitenäste bilden oder sich unentwirrbar darmförmig verschlingen, in späteren Zersetzungsstadien aber immer feinere und farblose Hyphen treiben; zuletzt besteht das Mycelium nur aus einem äußerst zarten

[1]) Zersetzungserscheinungen des Holzes, pag. 40ff.

farblosen, reichverzweigten Hyphengeflecht. Die Zersetzung des Holzes zeigt zunächst Aufzehrung des Inhaltes der Markstrahlzellen und stellenweise in deren Wandungen auftretende Löcher, dann Auflösung zuerst der primären Membran, danach der mittleren und inneren Schale der Holzzellhäute.

Polyporus vaporarius an Fichten und Kiefern.

2. **Polyporus vaporarius** *Fr.*, verursacht nach R. Hartig[1]) an Fichten und vornehmlich an Kiefern, besonders in älteren Beständen, eine von den Wurzeln, aber auch von oberirdischen Wunden (Schälstellen, Windbrüche) ausgehende Zersetzungserscheinung des Holzes, wobei dasselbe zunächst sich hellbraun, bald darauf dunkel rotbraun färbt und eine auffallende Volumverminderung erfährt, welche Veranlassung zu vertikalen und horizontalen Rissen und Sprüngen giebt, durch die das Holz in rechteckige Stücke zerfällt; dasselbe ist sehr leicht und trocken, zwischen den Fingern zu Pulver zerreibbar, geruchlos. Äußerlich zwischen den Spalten des Holzes und zwischen Rinde und Holz vegetiert das Mycelium, in Holzspalten eine zarte, lockere, weiße Wolle, zwischen der getöteten Rinde und dem Holze eigentümliche schneeweiße, vielverästelte und anastomosierende, den Rhizomorphen ähnliche Stränge bildend. Nur selten erscheinen in den Spalten oder unter der Rinde auf der Außenfläche des Holzes die Fruchtträger, die bei diesem Pilz nur dünne haut- oder krustenförmige, selten bis zu 5 mm dicke, fest aufgewachsene, weiße oder gelblichweiße Ausbreitungen, sogenannte umgewendete Hüte darstellen, deren freie Seite mit der Porenschicht bekleidet ist. Die Kanäle erreichen 3—5 mm Länge, stehen vertikal, daher sie an den meist auf vertikalen Flächen sitzenden Fruchtträgern oft bis zur Hälfte offen sind und langgezogene Mündungen haben. Der Pilz kommt auch am Bauholz in den Gebäuden vor und wird hier leicht mit dem Hausschwamm verwechselt, der durch mehr aschgraue Farbe seiner Mycelbildungen sich unterscheidet.

Polyporus mollis an Kiefern.

3. **Polyporus mollis** *Fr.*, von R. Hartig[2]) einige Male an Kiefern beobachtet in Begleitung einer Krankheit, die mit der vorigen große Ähnlichkeit hatte. Der Unterschied besteht in dem Fehlen der dort vorkommenden Mycelstränge und wolleartigen Mycelausfüllungen; vielmehr sind die Mycelkrusten kreideartig, wegen der großen Menge an Harz, die sich an den Hyphen ablagert; auch zeichnete sich das zersetzte Holz durch intensiven Terpentingeruch aus. An dem rotbraunen Holz entstehen in feuchter Luft die Fruchtträger als verschieden große, rotbraune Polster, deren bisweilen mehrere zusammenfließen, bald mehr wie eine niedrige Kruste, bald wie eine Konsole oder ein schirmförmiger Hut mit mehr oder minder centralem Stiele. Sie haben eine weiche, fleischig faserige Beschaffenheit, zottig behaarte Oberfläche, innen rotbräunliche Farbe, etwa 5 mm lange, gelblichgrüne, bei Berührung sich rotfärbende Poren und nur kurze, wenigmonatliche Dauer. Im Innern durchziehen Myceliumfäden die Holzzellen in horizontaler und vertikaler Richtung, Höhlen und Membranen durchbohrend. Letztere zeigen zahllose spiralige Streifen und Spalten, die zum Teil von den Pilzbohrlöchern ihren Ausgang nehmen.

Polyporus borealis an Fichtenstämmen.

4. **Polyporus borealis** *Fr.* Dieser Schwamm kommt nach R. Hartig[3]) an der Fichte im Harz, um München, in den bayrischen und

[1]) l. c., pag. 45 ff.
[2]) l. c., pag. 49 ff.
[3]) l. c., pag. 54 ff.

und salzburger Alpen vor und bewirkt eine Art **Weißfäule**, die von oberirdischen Wundflächen ausgehend über einen großen Teil des Bauminnern sich verbreiten. Die Grenze zwischen dem gesunden und dem kranken Holze ist durch eine dunkler gelbbraun gefärbte Linie bezeichnet; das kranke Holz selbst hat hell bräunlichgelbe Färbung. Etwas von jener Grenze entfernt treten schwärzliche Flecke auf, und zugleich mit ihnen zunächst im Frühlingsholze jedes Jahresringes in Abständen von 1—1½ mm übereinander horizontal verlaufende, von weißem Mycel erfüllte Unterbrechungen des Holzes; in der Tangentialrichtung erstrecken sie sich oft 3—5 cm weit. Das Holz zerbricht dabei sehr leicht in kleine, würfelige Stücke. Aus dem gefällten Holze wuchert das Mycel leicht hervor, und hier bilden sich auch die Fruchtträger. Diese sind frisch sehr saftreich, schön weiß, bald konsolenförmig oder mit angedeutetem seitlichen Stiel, 6—7 cm breit; auf der Oberseite zottig behaart ohne konzentrische Furchen; die weißen Poren in der Mitte bis 1 cm lang. An der Grenze des kranken Holzes sind die Mycelfäden reich verästelt, sehr dick und gelb gefärbt, besonders in den Markstrahlzellen. Darauf schwindet die Gelbfärbung des Mycels; an den schwärzlichen Stellen haben die Mycelfäden eine dunkelbraune Färbung angenommen. Dieselben sterben bald ab und verschwinden. Die Auflösung der horizontalen Partien des Holzes rührt her von der Neigung des Myceliums, vorwiegend in horizontaler Richtung zu wachsen, die Wandungen zu durchbohren und aufzulösen; zunächst ist es das Mycel der Markstrahlen, welches die Auflösung in dieser Richtung herbeiführt. Warum dies nur Markstrahlen in bestimmten Abständen sind, ist unerklärt. Mit zunehmender Zersetzung entspringen aus den Mycelfäden immer zartere Hyphen; zuletzt füllen die letzteren wie eine Wolle die Organe aus, nehmen aber wieder dickere Hyphenform an, wenn sie ins Freie treten. Die Membranen werden allmählich von innen nach außen, nach vorheriger Umwandlung in Cellulose, aufgelöst.

Rotfäule der Laubhölzer durch Polyporus sulphureus.

5. **Polyporus sulphureus** *Fr.*, ein auf verschiedenen Laubhölzern, nämlich auf Eiche, Nußbäumen, Birnbäumen, Kirschbäumen, Baumweiden, Silberpappeln, Erlen und Robinien, desgleichen auch an der Lärche beobachteter Parasit, welcher nach R. Hartig[1]) eine **Rotfäule** hervorruft. Der Ausgangspunkt derselben ist ein oberirdischer Stammteil, fast immer ein Ast. Wo durch Zusammentrocknen der abgestorbenen Rinde oder aus andrer Veranlassung ein Spalt sich bildet, wächst das Mycel hervor, und es erscheinen an solchen Stellen alljährlich aufs neue die durch ihre Größe auffallenden, meist zahlreich übereinanderstehenden, hell rötlichschwefelgelben Fruchtträger, welche halbierte, seitlich angewachsene, meist horizontale, bis 20 cm breite, 2—3 cm dicke Hüte darstellen, mit welliger, glatter, glanzloser Oberseite; das Innere ist rein weiß, von käseartiger Beschaffenheit, die Poren stehen unterseits, sind eng, etwa 1 cm lang, schwefelgelb. Das Holz erhält zuerst fleischrote Farbe, die dann in eine hellrotbraune übergeht; noch in ganz festem Zustande zeigt es die großen Gefäße mit weißer Pilzmasse erfüllt, daher auf dem Querschnitte helle Punkte, auf dem Längsschnitte feine weiße Linien. Mit zunehmender Zersetzung wird das Holz leichter und trockner und bekommt infolge der Volumenverminderung zahlreiche, rechtwinkelig aufeinanderstoßende, radial und tangential verlaufende

[1]) l. c., pag. 110 ff.

Risse, die ebenfalls mit großen, dicken, weißen Pilzhäuten erfüllt sind. Das Holz wird wie mürber Torf zerreibbar, zerfällt in Stücken, und der Stamm wird hohl. Außer in den Gefäßen und Holzspalten findet sich Mycelium, wiewohl spärlich, in den Holzzellen, und zwar reichlicher in dem eben erkrankten, als in dem bereits stark zersetzten Holze. Es sind farblose, die Wandungen durchbohrende, reichlich verästelte Hyphen, denjenigen gleich, welche die Gefäße und Spalten ausfüllen. Die Zersetzung beginnt mit einer Bräunung der Membranen und des Zellinhaltes und Erfüllung der Holzzellen mit brauner Flüssigkeit, wobei etwa vorhandene Stärkekörner aufgelöst werden. In den Verdickungsschichten der Holzzellen tritt eine bis zur Bildung von Spalten sich steigernde spiralige Streifung ein, und es werden dieselben immer gallertartiger und zuletzt ganz aufgelöst. Die chemische Analyse von Pilzmasse befreiten, stark zersetzten Holzes zeigte eine auffallende prozentische Vermehrung des Kohlenstoffs und Verminderung des Sauerstoffs. In dem stark zersetzten Eichenholze bilden sich an den in den Holzzellen wachsenden Mycelfäden oft zahlreiche, kugelige, farblose Chlamydosporen.

Weißfäule der Weiden und andrer Laubhölzer durch Polyporus igniarius.

6. Polyporus igniarius *Fr.* Der Weidenschwamm. Dieser allbekannte, auch mit dem Namen falscher Feuerschwamm bezeichnete, an den Stämmen verschiedener Laubhölzer, besonders der Weiden und Pappeln, auch der Eichen, Rotbuchen und Weißbuchen, und sehr häufig an den Obstbäumen vorkommende Pilz ist nach R. Hartig's[1]) Untersuchungen ein wahrer Parasit, welcher das lebende Holz befällt und zersetzt und als der gefährlichste Holzparasit der Obstbäume zu betrachten ist. Die harten, bis 0,4 m großen, sehr verschieden gestalteten, bald fast halbkugeligen, bald mehr dreiseitig hufförmigen, seitlich angewachsenen Fruchtträger sind von vieljähriger Dauer und vergrößern sich alljährlich um eine neue Schicht. Die glanzlose, graue oder schwärzliche Oberseite ist durch ihre meist durch Furchung deutlich abgesetzten konzentrischen Zonen ausgezeichnet, auch oft mit zahlreichen Rissen versehen, am jungen Rande sehr fein sammetartig rostbraun. Die poröse Unterseite ist ebenfalls rost- oder zimmtbraun. Nahe dem Rande bilden sich in dem Maße, als dieser wächst, neue Poren, anfänglich in Form kleiner Grübchen. Die Kanäle wachsen auch in lotrechter Richtung, wodurch alljährlich eine neue Zone auf der Porenschicht hinzukommt.

Nach den von R. Hartig an der Eiche angestellten Untersuchungen beginnt die Krankheit an Wundstellen des oberirdischen Stammes und verbreitet sich mit dem Mycelium zunächst im Splint und Bast in vertikaler, und von da aus in horizontaler Richtung nach dem Kernholz. Überall bringt das Mycelium zunächst eine Bräunung des Holzes hervor, die auf einer Erfüllung der Zellen mit brauner Flüssigkeit beruht, darauf folgt nach Aufzehrung des Zellinhaltes der Holzelemente rasch eine gelblichweiße Farbe. Diese Weißfäule ist der charakteristische Zersetzungszustand des Holzes bei diesem Pilze. Überall ist daher die weißfaule Partie nach dem gesunden Holze hin von einem braunen Rande eingefaßt. Das weißfaule Holz zeichnet sich durch große Leichtigkeit, Weichheit und ziemliche Trockenheit aus. Das Mycelium dringt zuerst in den Gefäßen vorwärts und verbreitet sich von diesen aus seitlich, besonders durch die Markstrahlen, deren

[1]) l. c. pag. 114 ff.

Zellinhalt es verzehrt und in denen es vielverästelte, farblose, protoplasmareiche, stellenweise septierte, oft in verschlungenen Windungen den ganzen Innenraum der Zellen ausfüllende Hyphen bildet. Im weiteren Zersetzungsstadium treten feinere Mycelhyphen auf, welche zu einem unentwirrbaren feinen Filz sich verflechten, bei Luftzutritt aber wieder kräftiger werden. Vom Splint aus geht das Mycel auch ins Rindengewebe, wo es zu einer braunen Pilzmasse erstarkt, und auch nach außen, um zwischen den Borkerissen, also ohne daß dazu eine Wundstelle nötig wäre, frei hervorzutreten und die Anfänge von Fruchtträgern zu entwickeln. In dem weißfaulen Zersetzungszustand sind die Verdickungsschichten der Holzzellen in Cellulose umgewandelt, mehr oder minder von der primären Membran abgelöst, spiralig gespalten und schwinden allmählich; gleichzeitig werden auch etwa vorhandene Stärkekörner aufgelöst.

Polyporus dryadeus an Eichen.

7. **Polyporus dryadeus** *Fr.*, von R. Hartig[1]) auf Eichen beobachtet, soll eine von den Ästen ausgehende Zersetzung veranlassen, die zunächst in einer Braunfärbung des Holzes besteht, zu welcher dann längliche, teils gelbe, teils rein weiße Flecke und Strichelchen treten, wobei es aber charakteristisch ist, daß bis zum letzten Zersetzungsstadium auch noch größere und kleinere Teile des Holzes fest und von der ursprünglichen braunen Kernholzfarbe bleiben. In den weißfaulen Flecken sind die Holzelemente in Cellulose umgewandelt und werden aufgelöst; die dadurch entstehenden Höhlungen, sowie besonders die Gefäße erfüllen sich mit weißen, lockeren Mycelmassen; auch stellt sich auf Tangentialflächen eine reichliche Mycelbildung in dünnen Häuten ein. Stellenweise bilden sich im kranken Holze auch zimmtbraune Flecken; und in der Nähe einer äußeren Wundfläche (bei Luftzutritt), wo auch die Fruchtkörper sich entwickeln, nehmen die von Mycel ausgefüllten Stellen zimmtbraune Färbung an, weil das Mycel hier aus braungefärbten, sehr dickwandigen Fäden besteht; doch verlaufen auch hier noch in der braunen Masse zarte Stränge weißen Mycels. Die selten sich bildenden, bis 25 cm breiten Fruchtträger haben hufförmige Gestalt und sind von kurzer Dauer. Die Zersetzung des Holzes in den gelben Partien besteht in einer allmählichen Auflösung der Membranen von innen nach außen ohne vorherige Umwandlung in Cellulose, während in den weißen Flecken die Membranen zuerst die Cellulosereaktion annehmen und dann gelöst werden. Auffallend ist dabei die starke Vergrößerung der Bohrstellen, welche die Mycelfäden in den Membranen hervorgebracht haben. Wenn dieser Pilz mit dem vorigen gleichzeitig in einer Eiche sich ausbreitet, so entsteht nach R. Hartig[2]) auf der Grenze eine gelblich-weiße Färbung des Holzes und sämtliche größere Markstrahlen stellen schneeweiße Bänder dar, weil sie aus völlig unveränderten Stärkemehlkörnern bestehen, während die Zellmembranen fast völlig aufgelöst oder in Cellulose umgewandelt sind.

Polyporus fomentarius, Zunderschwamm an Buchen und Eichen.

8. **Polyporus fomentarius** *Fr.*, der Zunderschwamm, an Rotbuchen und Eichen, mit dreieckig polsterförmigen, im Umfange halbkreisförmigen, unterseits flachen Fruchtkörpern, die oberseits konzentrisch gefurcht, anfangs weißfarbig, dann grau sind, eine dicke, sehr harte Rinde und unterseits sehr lange, kleine, deutlich geschichtete Poren haben, die anfangs grau-

[1]) l. c. pag. 124.

[2]) Lehrbuch der Baumkrankheiten. 2. Aufl., pag. 174.

grünlich bereift, später rostfarbig sind. Der Pilz bewirkt nach Rostrup[1]) eine Weißfäule; sein Mycelium entwickelt sich oft üppig in Spalten des zerstörten Holzes in Form von starken Häuten oder Lappen; dabei wird das Holz in radialer und tangentialer Richtung zerklüftet und zerspringt zuletzt leicht in parallepipedische Stücke.

9. **Polyporus betulinus** *Fr.*, der Birkenschwamm, an Birken, mit Fruchtträgern, die zuerst in ungefähr halbkugeliger Gestalt an der Rinde zum Vorschein kommen, dann halbkreisförmig hufförmige Gestalt annehmen, am Rande stumpf, hinten sehr kurz stielartig verschmälert, von korkartiger Substanz, kahl, ohne Zonen, graubraun und unterseits weiß sind. Das Mycelium bringt eine Rotfäule des Holzes hervor[2]). — Polyporus betulinus an Birken.

10. **Polyporus laevigatus** soll nach Mayr[2]) an Birken eine Weißfäule veranlassen. Seine Fruchtkörper bilden eine der Rinde aufliegende dunkelbraune Kruste. — Polyporus laevigatus an Birken.

11. **Polyporus Schweinitzii** *Fr.*, an Kiefern, Weymouthskiefern und Lärchen[3]), mit großen meist trichterförmigen, kurzgestielten, einzeln oder dachziegelförmig wachsenden, schwammigkorkigen, filzigen, braungelben, später kastanienbraunen Fruchtkörpern mit grünlichgelben Poren. — Polyporus Schweinitzii an Kiefern &c.

III. Daedalea *Pers.*

Das Hymenium dieser Schwämme besteht ebenfalls aus Poren, welche aber mehr weit und gewunden, labyrinthartig erscheinen. Die Substanz des Hutes erstreckt sich unverändert zwischen die Poren herab. Die Hüte sind dauerhaft, von korkig lederartiger Beschaffenheit. — Daedalea.

Daedalea quercina *Pers.* Dieser Schwamm bildet meist halbiertsitzende, blaß holzfarbige, kahle Konsole meist an alten Eichenstöcken sowie an bearbeitetem Eichenholze. R. Hartig[4]) hat aber den Pilz auch an Astwunden älterer Eichen beobachtet und vermutet daher in ihm ebenfalls einen Parasiten. Bei der Zersetzung durch diesen Schwamm werde das Eichenholz graubraun gefärbt. — An Eichen.

IV. Hydnum *L.*, Stachelschwamm.

Die Stachelschwämme haben ein aus vielen stachelförmigen Vorsprüngen bestehendes Hymenium. Eine Anzahl Arten derselben wächst an Baumstämmen und Stöcken, und einige wenige von diesen sind ebenfalls als Urheber parasitärer Krankheiten bezeichnet worden. — Hydnum.

1. **Hydnum diversidens** *Fr.* Die saftigen, gelblichweißen Fruchtträger bilden sich an Wundstellen des Holzkörpers und an der Rinde völlig zersetzter Äste, es sind meist dachziegelförmig übereinander stehende, stiellose, halbierte, seitlich angewachsene Hüte, welche das aus ungleichlangen Stacheln — Weißfäule der Eichen und Buchen durch Hydnum diversidens.

---

[1]) Fortsatte Undersogelser et. Kopenhagen 1883, pag. 238.

[2]) Vergl. H. Mayr, Botanisches Centralbl. 1885 und Rostrup, l. c., pag. 242.

[3]) Vergl. Magnus, botan. Centralbl. XX. 1884, pag. 182.

[4]) Lehrbuch der Baumkrankheiten. 2. Aufl., pag. 178.

bestehende Hymenium auf der Unterseite tragen oder auch umgewendete Hüte, welche ganz aufgewachsen sind und mit der hymeniumtragenden Seite frei liegen. R. Hartig[1]) fand den Pilz an etwa 80jährigen Eichen und Buchen, wo er eine von dem infizierten Äste aus im Stamme auf- und abwärts steigende Weißfäule zur Folge hatte. Eine rotbraune Färbung bezeichnet die Grenze des gesunden und kranken Holzes; sie ist hervorgebracht durch Bräunung des Inhaltes der parenchymatischen Zellen, wobei Aufzehrung des Stärkemehls stattgefunden hat. Die Farbe ändert sich dann rasch in eine graugelbe, die zuerst im Frühjahrsholz der Jahresringe beginnt. Dann tritt an die Stelle des Frühjahrholzes ein weißes, verfilztes Mycel, etwa 1 mm starke Pilzhäute bildend. Das graugelbe Holz ist sehr leicht, mürbe, leicht zerbrechlich. Die Mycelfäden durchbohren hier die Holzzellwände meist rechtwinkelig; die Bohrlöcher erweitern sich trichterförmig. Die Verdickungsschichten heben sich von der primären Membran ab, verwandeln sich gallertartig und werden allmählich gelöst; zuletzt schwinden auch die primären Membranen, wobei das Mycel die erwähnte üppige Entwickelung annimmt. Die Membranen zeigen dabei keine Cellulosereaktion.

Hydnum Schiedermayri an Apfelbäumen.

2. **Hydnum Schiedermayri** *Heufl.*, an Apfelbäumen, nach Thümen[2]) in Böhmen, Schlesien, Ungarn, Krain, Slavonien ꝛc., jedoch verhältnismäßig selten auftretend, aber als Parasit den Bäumen verderblich. Der Pilz bildet unregelmäßig höckerig knollige Massen bis zu über 30 cm im Durchmesser, von weichfleischiger Beschaffenheit und schön schwefelgelber Farbe, die Oberfläche ist dicht mit hängenden, schwefelgelben 0,5 bis 2 cm langen weichen Stacheln besetzt. Das Mycelium durchzieht das Holz und verleiht ihm eine grünlich-hellgelbe Farbe, weiche, zerreibliche Beschaffenheit und einen Anisgeruch, der auch für den ganzen Pilz charakteristisch ist.

V. Thelephora *Ehrh.*, Warzenschwamm.

Telephora.

Die lederartigen, verschieden gestalteten Fruchtkörper dieser Pilze zeichnen sich durch ihr glattes (weder mit Vertiefungen, noch mit Vorsprüngen versehenes) Hymenium aus, welches der Substanz des Fruchtkörpers unmittelbar aufgewachsen ist. Die meisten Arten wachsen auf der Erde. Für uns kommt nur in Betracht:

Rebhuhn des Eichenholzes durch Telephora perdix.

1. **Telephora perdix** *R. Hart.* Nach R. Hartig[3]) ist dieser Pilz die Ursache eines Zersetzungsprozesses des Eichenholzes, der bei den Förstern Rebhuhn heißt, sich besonders häufig am unteren Stammende älterer Eichen zeigt und in einer dunkelrotbraunen Färbung des Holzes besteht, bald in mehr oder weniger geschlossenen Ringen, bald durchweg bis zur Splintschicht, wobei auf dem dunkeln Grunde weiße Flecke in der verschiedensten Anordnung und Größe auftreten, die sich schnell zu scharf umränderten Höhlungen mit meist schneeweißer Wandbekleidung auflösen, deren Größe von der eines Borkenkäferganges bis zu dreifacher Größe variiert. Allmählich vergrößern sich die Höhlungen, während die dazwischen liegende Holz-

---

[1]) Zersetzungserscheinungen, pag. 124.

[2]) Zeitschr. f. Pflanzenkrankheiten I. 1891, pag. 132. — Vergl. auch Schröter, die Pilze Schlesiens I, pag. 455.

[3]) l. c. pag. 103 ff.

masse große Festigkeit behält. An der Grenze des gesunden und kranken Holzes sind farblose, wenig septierte, reich verästelte, dünnwandige Hyphen durch die Holzzellen und deren Membranen gewachsen. Besonders auffallend ist die bis zu den letzten Zersetzungsstadien und auch an dem die Höhlen erfüllenden Mycelium erkennbare, sehr ungleiche Stärke der Pilzhyphen und deren Äste. Aus dem zersetzten Holze wächst das Mycelium hier und da auf die freie Oberfläche hervor, um eine dünne, bräunlichgelbe Schicht zu bilden von Stecknadelkopfgröße bis zu mehreren Centimeter Durchmesser, den Anfang eines Fruchtträgers. Auch im Innern der Höhlungen können sich, wenn die Eiche schon mehr oder weniger hohl ist, Fruchtträger bilden. Diese stellen eine ausgebreitete, aufgewachsene Kruste dar, deren ganze freie Oberfläche mit der Hymeniumschicht bedeckt ist. Sie sind perennierend und zeigen ein eigentümliches periodisches Wachstum, indem die Mehrzahl der vorher steril gebliebenen Basidien an der Spitze weiter wächst, um eine neue Hymeniumschicht über der alten zu bilden. Indem sich dies vielmal wiederholt, bekommt der Fruchtträger einen geschichteten Bau und allmählich nahezu halbkugelige Form.

Die braune Färbung des Holzes rührt von dem gebräunten Inhalt der parenchymatischen Zellen her, in denen das Stärkemehl zunächst unverändert bleibt. Dann heben sich die gebräunten Verdickungsschichten von der primären Membran ab und lösen sich, nachdem die braune Farbe verschwunden ist, zugleich mit den Stärkekörnern auf. Die Membranen verwandeln sich bei der Entfärbung in Cellulose. Zuletzt schwinden auch die primären Membranen. Die schneeweiße Mycelbekleidung der Höhlen ändert sich später in eine gelblichweiße, wobei eine üppige Mycelentwickelung in allen Zellen stattfindet, deren Membranen an unzähligen Stellen von den Fäden durchfressen werden und sich auflösen, aber dabei keine chemische Veränderung erleiden.

Thelephora laciniata an Fichten.

2. Thelephora laciniata *Pers.* Die stiellosen, gehäuft stehenden und mehr oder weniger zusammenfließenden, rostbraunen, am Rande zerschlitzten Fruchtträger dieser Pilze wachsen auf der Erde und an alten Baumstämmen, sind nicht eigentlich parasitisch, können aber den Fichten zuweilen dadurch schädlich werden, daß sie sich auf nahe am Boden wachsende Äste oder auf junge 1- bis 2jährige Pflanzen hinaufschieben, sie ganz umwachsen und dadurch ersticken. Seltener ergreift der Pilz in dieser Weise Tannen, Weymouthskiefern oder Rotbuchen[1]).

VI. Stereum *Pers.*

Stereum.

Von der vorigen Gattung ist diese nur dadurch unterschieden, daß zwischen dem Hymenium und der Substanz des Fruchtkörpers eine faserige Zwischenschicht sich befindet. Von den vielen auf Baumstämmen wachsenden Arten ist bis jetzt folgende als Ursache einer Holzkrankheit bezeichnet worden.

Mondringe und weißpfeifiges Holz der Eiche durch Stereum hirsutum.

Stereum hirsutum *Fr.* (Telephora hirsuta *Willd.*), ein gemeiner Schwamm an Stämmen verschiedener Laubbäume, dessen Fruchtträger äußerlich, meist aus der toten Rinde hervortreten, in Form halbierter,

[1]) Vergl. R. Hartig, Untersuchungen aus d. forstbot. Institut. I. 1880, pag. 164.

an der Seite ohne Stiel angewachsener, horizontaler, lederartiger Hüte mit rauh behaarter, undeutlich konzentrisch gezonter, graubrauner Oberseite und gelblicher, glatter und kahler Hymenialfläche. Nach R. Hartig[1]), der das Vorkommen des Pilzes an Eichen untersuchte, bringt derselbe im Holze eine dunkelbraune Färbung hervor, die im Querschnitt zunächst in der Breite mehrerer Jahresringe auftretend sogenannte Mondringe bildet; dann verfärbt sich die Mitte des braunen Mantels gelb oder schneeweiß, welchen Zustand man als gelb- und weißpfeifiges Holz bezeichnet. Häufig wird aber die ganze Holzmasse, besonders der innere Kern, auch Aststumpfe, oder aber gleichmäßig das ganze Holz in dieser Weise zersetzt, wobei weißes Pilzmycel an die Stelle des Holzgewebes tritt. Die Markstrahlen beginnen diese Umwandlung zuerst. Das Mycelium zeichnet sich durch seine meist äußerst feinen, reich verästelten Hyphen aus. Der Auflösungsprozeß des Holzes ist wiederum von zweifacher Art: wo auf den braunen Zustand rasch der schneeweiße folgt, besteht eine Entfärbung und Umwandlung aller Zellwände in Cellulose unter spät erfolgender Auflösung des Stärkemehls, dagegen in dem gelben Zersetzungszustande eine Auflösung der Zellwände vom Lumen aus, ohne vorherige Umwandlung in Cellulose und eine rasche Auflösung des Stärkemehls unter üppiger Entwickelung zarten Mycelfilzes.

VII. Corticium *Fr.*

Corticium.

Der Fruchtkörper stellt eine auf der Unterlage aufgewachsene Haut dar, von unregelmäßigem Umrisse, deren Oberfläche von der glatten, wachsartig weichen, in trockenem Zustande rissig zerteilten Hymeniumschicht bedeckt ist. Die meisten Arten wachsen auf faulen Ästen und Holz.

An Erlen, Eichen, Haseln.

Corticium comedens *Fr.* (Thelephora decorticans *Pers.*), wächst als ein fleischfarbiger, im Umfange weißflockiger, die Rinde endlich absprengender Schwamm auf toten Ästen von Erlen, Eichen und Haseln; Rostrup[2]) glaubt aber, daß er in geschlossenem unterdrücktem Stande auch primär als Parasit Erlen und Eichen befallen könne.

VIII. Agaricus melleus *Vahl.*

Agaricus melleus an den Wurzeln der Nadelhölzer.

Die Fruchtträger dieses unter dem Namen „Hallimasch" bekannten eßbaren Schwammes wachsen meist in Mehrzahl, selbst zu Hunderten am Grunde der Stämme oder an den Wurzeln der von dem Pilze getöteten Bäume oder in unmittelbarer Nähe derselben aus dem Boden heraus. Es sind 5—13 cm hohe 4—10 cm breite, ziemlich flache, in der Mitte gebuckelte Hüte mit langem, centralem, unten verdicktem Stiel, welcher in der Mitte einen häutigen Ring trägt (Fig. 45, 46). Die Oberfläche des Hutes ist hellbraun, in der Mitte dunkler, mit dunkelbraunen haarigen Schüppchen besetzt, der Stiel fleischig, massiv, blaß, bräunlichgelb und ebenfalls schuppig, die Lamellen weißlich, mit dem Stiel zusammenhängend. Das unterirdische Mycelium dieses Pilzes befällt die lebenden Wurzeln aller Nadelhölzer und hat deren Tod zur Folge.

[1]) l. c. pag. 129 ff.

[2]) Fortsatte Undersogelser etc. Kopenhagen 1883, pag. 245.

Vorkommen des Agaricus melleus.

R. Hartig[1]) hat nachgewiesen, daß **Agaricus melleus** die Ursache einer sehr verbreiteten, früher unter dem Namen Harzsticken, Harzüberfülle oder Erdkrebs bekannten Krankheit in den Nadelholzwaldungen ist. Zwischen dem 5. und 30jährigen, zuweilen auch noch in höherem Alter tritt plötzlich Absterben einzelner Pflanzen ein, das sich in den folgenden Jahren auch auf die Nachbarpflanzen erstreckt, so daß kleinere und größere Lücken in den Beständen entstehen. Die Krankheit ist beobachtet worden an allen europäischen Nadelholzbäumen, auch an den bei uns eingeführten amerikanischen und japanischen Koniferen; nach R. Hartig[2]) scheint der Pilz auch an **Prunus avium** und **domestica** parasitisch vorzukommen, saprophytisch aber tritt er nach demselben Autor nicht nur an toten Wurzeln und Stöcken sämtlicher Laub- und Nadelholzbäume auf, sondern auch an Bauholz, welches von diesen Bäumen stammt, besonders an Brücken, Wasserleitungen, in Bergwerken 2c. Früher glaubte man auch, daß der Pilz die Ursache der Wurzelfäule des Weinstockes sei, während hier nach R. Hartig ein andrer Pilz, nämlich **Dematophora necatrix** vorliegt. Indessen haben später die Beobachtungen Schnetzler's[3]) und Dufour's[4]) gegen Hartig's Behauptung bewiesen, daß die Fruchtkörper von **Agaricus melleus** auch auf wurzelfaulen Reben auftreten.

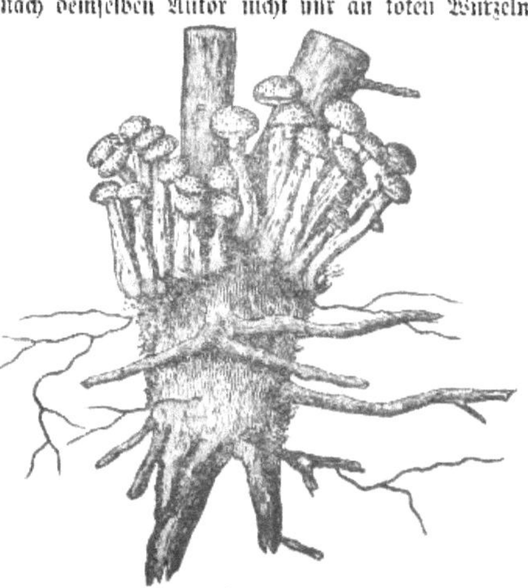

Fig. 45.
Agaricus melleus, zahlreiche Fruchtkörper entspringen aus der Rinde des Wurzelstockes einer jungen durch den Pilz getöteten Kiefer. Die schwarzen Fäden an den Wurzeln sind verästelte **Rhizomorpha**-Stränge. Verkleinert. Nach R. Hartig.

Der in der lebenden Rinde der Wurzeln wachsende Pilz tötet dieselben, und es zeigt sich dann, wenigstens an den stärkeren Wurzeln und dem Wurzelstocke, meist reichlicher Harzerguß, durch welchen die benachbarte Erde verkittet und an den Wurzeln festgehalten wird. Nach der Entfernung der Rinde sieht man das schneeweiße Mycelium in Form von Häuten oder Lappen. In der Nähe der Wurzeln findet sich in der Erde meist noch eine

[1]) Bot. Zeitg. 1873, pag. 295. — Wichtige Krankheiten der Waldbäume, pag. 12 ff. — Zersetzungserscheinungen des Holzes, pag. 59 ff.
[2]) Lehrbuch der Baumkrankheiten, 2. Aufl., pag. 179.
[3]) Botan. Centralbl. XXVII. 1886, pag. 274.
[4]) Actes Soc. helvet. des sc. nat. Genf. 1886, pag. 80.

für diesen Pilz charakteristische Myceliumform, welche man als **Rhizomorpha** bezeichnet: das sind dünnen Wurzeln ähnliche, runde Stränge von dunkelbrauner, innen weißer Farbe mit zahlreichen Verzweigungen (in dieser Form früher als **Rhizomorpha subterranea** *Pers.* bezeichnet). Die Rhizomorphen umklammern hier und da die Wurzeln, dringen in deren Rinde ein und wachsen zwischen Rinde und Holzkörper weiter in Gestalt mehr plattgedrückter bis bandförmiger, ebenfalls brauner Stränge, welche zahlreiche, rechtwinkelig abgehende, dünnere Zweige aussenden (diese Form früher **Rhizomorpha subcorticalis** *Pers.* oder **Rhizomorpha fragilis** *Roth* genannt), gehen hier aber auch oft fächerförmig sich verbreitend in das schneeweiße, hautartige Mycelium über. Am Wurzelstocke oder an einzelnen Punkten der oberflächlich streichenden Wurzeln entwickeln sich die oben beschriebenen Hüte des Hallimasch; sie entspringen hier von dem zwischen den Rindenrissen hautartig ausgebreiteten Mycelium. Aber auch aus den runden Rhizomorphensträngen, welche von der Pflanze aus die Erde durchziehen, können Fruchtträger entspingen; selbst noch an Fruchtträgern, die in 0,3 m Entfernung von der Pflanze standen, ließ sich die Verbindung durch einen Rhizomorphenstrang beim sorgfältigen Ausgraben nachweisen. Der Tod der Wurzeln führt rasch das Dürrwerden und Absterben des ganzen Baumes herbei, und darin zeigt die Krankheit eine Ähnlichkeit mit der echten Wurzelfäule (Band I, S. 260), so daß man sie wohl auch mit diesem Namen bezeichnet hat, doch unterscheidet sie sich schon darin, daß bei ihr die Bäume dürr werden, bei jener noch lebend umfallen.

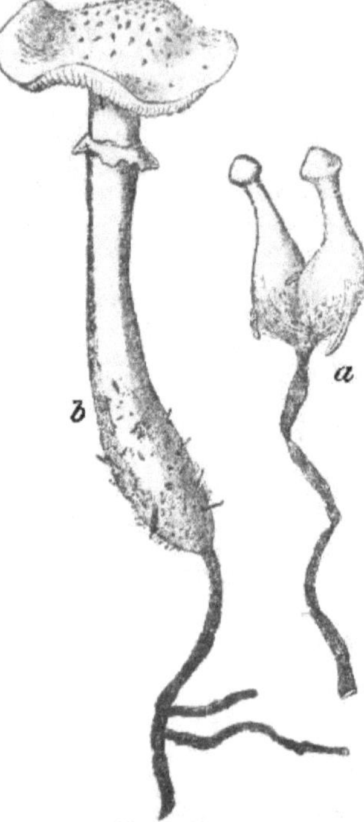

Fig. 46.
Agaricus melleus, a junge Fruchtkörper, b ein erwachsener Fruchtkörper, beide auf schwarzen **Rhizomorpha**-Strängen stehend, in natürlicher Größe.

Verhalten des Myceliums und Wirkung desselben auf die Pflanze.

Das Mycelium wächst in der lebenden Rinde von den Wurzeln aus im Stamm aufwärts so lange, bis das inzwischen eintretende Dürrwerden des Baumes auch das Vertrocknen der Rinde zur Folge hat. Darum gelangt es an jungen Pflanzen nicht weit über die Wurzeln, an älteren Bäumen aber bisweilen bis zu einer Höhe von 2—3 m. Außerdem wächst das Mycelium aber auch in den Holzkörper hinein und bewirkt an den Wurzeln und unteren Stammteilen vor und nach deren Tode einen Zersetzungsprozeß des Holzkörpers, der ebenfalls von R. Hartig an der Fichte untersucht worden ist. Die Randhyphen der **Rhizomorpha subcorticalis** gelangen aus dem Baste in den Holzkörper entweder durch die Markstrahlen oder auch durch unmittelbares Eindringen in die Wandungen der Holzfasern. Wenn durch das Vertrocknen der Rinde dem Aufwärtswachsen der Myceliumhäute ein Ziel gesetzt ist, so entwickeln sich in dem zwischen der vertrockneten Rinde und dem Holze gebildeten Raume zahlreiche, runde, schwarzbraune, der **Rhizomorpha subterranea** entsprechende Stränge und wachsen der Oberfläche des Holzes innig angeschmiegt noch weit am Baume empor, den Holzkörper mit einem regellosen Netzwerk umspinnend. Auch von diesen Rhizomorphensträngen dringen zahlreiche Hyphen, die aus der äußeren Rinde derselben entspringen, in der eben bezeichneten Weise in den Holzkörper ein. Hier verbreiten sie sich besonders in den Harzkanälen rasch und zerstören das angrenzende Holzparenchym, wodurch sie Harzausfluß (Harzsticken) veranlassen. Da, wo ein Rhizomorphenstrang dem Holze anliegt, färbt dieses sich braun, und die Färbung rückt als feine, dunkle Linie tiefer in das Innere des Holzes, oft im Holzquerschnitt ein Dreieck bildend, dessen Basis in der Oberfläche liegt. Sind Pilzhäute um die ganze Oberfläche des Holzkörpers gelagert, so dringt die schwarze Linie gleichmäßig in das Innere vor. Oft läuft sie auch in unregelmäßigen Linien durch das Holz. Derjenige Teil des Holzkörpers, welcher zwischen der schwarzen Linie und der Oberfläche liegt, ist von schmutzig gelber Farbe, sehr weich und mürbe. Diese Zersetzung wird durch die im Holze verbreiteten Mycelfäden bewirkt. Das zuerst vordringende Mycel in den Markstrahlen und den angrenzenden Holzfasern ist einfach fädig, sparsam septiert und treibt zahlreiche zarte Seitenhyphen, welche rechtwinkelig die Membranen durchbohren. Wo eine Hyphe an der Holzzellmembran anliegt, frißt sie nicht selten unter sich ein Loch in die Wand. Im dickwandigen Herbstholze, und zwar seltener bei der Fichte las bei der Kiefer, bohren die Fäden sowohl horizontale als auch lotrechte Kanäle in den Wandungen. Die schwarzen Linien werden dadurch gebildet, daß in den dort befindlichen Holzzellen die Mycelhyhen blasenförmige Anschwellungen bilden, die in der Regel das ganze Innere der Zelle als blasig schaumige Zellgewebsmasse ausfüllen und braun gefärbt sind. Mit dem Absterben und Schrumpfen des blasigen Myceliums schwindet die Färbung, und einfache, dünne Hyphen treten an die Stelle. Das Holz ist dadurch in den weichen Zersetzungszustand übergegangen: seine Membranen zeigen die Reaktion reiner Cellulose und sind von innen nach außen allmählich dünner geworden, die Bohrlöcher der Mycelfäden erweitert. Endlich löst sich auch die äußere primäre Membran und mit ihr verschwindet der Tüpfel.

An oberirdischen Baumteilen dringt, wegen des Trockenwerdens des Baumes, das Mycelium und der Zersetzungsprozeß vielleicht kaum tiefer als 10 cm nach innen. An Wurzeln und Wurzelstöcken aber findet der Pilz die Bedingungen zu einer üppigen Entwickelung auf eine größere Reihe von Jahren, und R. Hartig hat nicht nur gesehen, daß in der Nähe von durch den Parasiten getöteten älteren Kiefern noch nach 5 Jahren die Fruchtträger aus dem Boden hervorkommen, sondern er hat auch nachgewiesen, daß der Pilz unter diesen Umständen auch als Saprophyt auftritt, der in den völlig abgestorbenen und in Wund- und Wurzelfäule (Band I, S. 260) übergegangenen Baumteilen neben andern Pilzmycelformen an der Zersetzung des Holzes sich beteiligt.

Der Nachweis des echten Parasitismus des **Agaricus melleus** ist durch R. Hartig's Beobachtungen erbracht, welche den ansteckenden Charakter der — Ansteckender Charakter.

Krankheit bestätigt haben. Dieselbe verbreitet sich in den Beständen von gewissen Punkten aus im Laufe der Jahre radial nach außen. Die Pilzbildung an den Wurzeln geht dem Erkranken der Pflanze voran, und es läßt sich beobachten, wie gesunde Bäume von benachbarten kranken infiziert werden. In gemischten Beständen können Kiefern Fichten und umgekehrt anstecken. Anderseits hat Brefeld[1]) durch künstliche Kulturen auf Pflaumendecoct und Brotrinde die Sporen des Pilzes zur Keimung, zur Bildung des Myceliums und der charakteristischen Rhizomorphenstränge bringen können, wodurch ebenfalls der Beweis geliefert wird, daß die Rhizomorphe in den Entwickelungsgang dieses Pilzes gehört.

Gegenmaßregeln.

Die Maßregeln gegen die Krankheit sind dieselben wie die gegen Trametes radiciperda, wegen der ganz analogen Lebensweise des Pilzes; also Ziehung von Isoliergräben rings um die erkrankten Plätze, um die unterirdische Infektion gesunder Bäume zu verhüten, und Ausrodung nicht nur der erst kürzlich getöteten, sondern auch der schon längere Zeit abgestorbenen Wurzeln und Stöcke, weil der Pilz an diesen als Saprophyt noch lange fortlebt; auch wird die zeitige Entfernung der jungen Fruchtträger der Verbreitung des Pilzes entgegen wirken.

IX. Die Agaricineen der Hexenringe.

Hexenringe.

Unter Hexenringen auf Wiesen und Grasplätzen versteht man das Auftreten ungefähr kreisrunder Stellen, die bis zu 16 m Durchmesser erreichen können, um welche sich ein freudig grüner Ring herumzieht, der von einem äußeren Ringe umgeben ist, wo das Gras mehr oder weniger abgestorben ist. Die runde Stelle selbst sieht auch manchmal schlechter aus als der sonstige Bestand. In dem kranken äußeren Kreise zeigen sich in den einzelnen Jahren mehr oder minder viele Hautschwämme, die mitunter so dicht stehen, daß sie sich gegenseitig drücken. Die Kreise wachsen mit jedem Jahre, indem dann auch der Kreis, in welchem die neuen Pilze erscheinen, weiter hinausgerückt ist. Die Erscheinung ist durch die Veränderungen, welche der Pilz bewirkt, leicht erklärbar. Das Mycelium wächst im Erdboden centrifugal nach allen Seiten weiter, während die inneren älteren Teile allmählich absterben. Der größte Bedarf an Nährstoffen für den Pilz, insbesondere an Stickstoff, Kali und Phosphorsäure, ist in dem Ringe wo die zahlreichen großen Fruchtkörper gebildet werden. Darum sterben hier die andern Pflanzen oder kümmern aus Nahrungsmangel, vielleicht auch weil zum Teil das Mycelium direkt die Wurzeln tötet. Die bald vergehenden zahlreichen Hüte wirken dann aber düngend für die Grasnarbe und daraus erklärt sich das üppigere Wachstum in dem Ringe, der sich inwendig an den äußeren anschließt. Auch die inneren Teile der kreisförmigen Stellen sind durch den Pilz an Nährstoffen vermindert worden,

[1]) Sitzungsber. d. Gesellsch. naturf. Freunde zu Berlin, 16. Mai 1876, — Bot. Zeitg. 1876, pag. 646.

die durch das centrifugale Wachstum des Pilzes mit nach außen gewandert sind. Durch die Bodenanalysen, welche Lawes, Gilbert und Warrington[1]) an solchen Hexenringen angestellt haben, ist erwiesen, daß der Stickstoffgehalt des Bodens außerhalb des Ringes am größten, im Ringe selbst kleiner und innerhalb desselben noch kleiner war, im Mittel im Verhältnis von 0,281: 0,266: 0,247. Und Cailletet[2]) hat bezüglich der Alkalien und der Phosphorsäure die Verarmung des Bodens innerhalb der Hexenringe nachgewiesen. Daher ist es denn auch erklärlich, daß der Bestand der Pflanzen innerhalb der Hexenringe sich ändert, wie Lawes und Gilbert[3]) angeben, nach denen Rotklee und Lathyrus verschwanden, nur Weißklee noch übrig blieb[4]). Es sind verschiedene Agaricineen in den Hexenringen beobachtet worden, nämlich Agaricus campestris, multifidus, oreades, giganteus, nudus, Hygrophorus virgineus und coccineus, sowie auch eine Clavaria vermicularis[5]). Nach den Angaben von Lawes und Gilbert erschienen die Ringe erst nach einer starken Düngung von Superphosphat oder von Mineraldüngern, nicht auf den mit Stickstoff gedüngten Parzellen.

Zehntes Kapitel.

Gymnoasci.

Mit diesen Pilzen beginnt die große Abteilung der Schlauchpilze (Ascomyceten), zu denen auch alle noch folgenden Pilze gehören. Dieselben sind charakterisiert durch ihre eigentümliche Sporenbildung: die Sporen entstehen hier nämlich in den sogenannten Sporenschläuchen (asci), d. h. mehr oder weniger schlauchartige, protoplasmareiche Zellen, welche im Innern durch freie Zellbildung eine bestimmte Anzahl von Sporen (Ascosporen genannt) erzeugen. Aus den Sporenschläuchen werden die Sporen in verschiedener Weise, bald durch elastisches Ausspritzen, bald dadurch, daß die Haut des Ascus sich auflöst, befreit. Ascomyceten.

Die Gymnoasci sind die unvollkommensten Ascomyceten, weil bei ihnen die Sporenschläuche nicht auf einem Fruchtkörper gebildet werden, sondern unmittelbar einzeln aus Zweigen des Myceliums Gymnoasci.

[1]) Gardener's Chron. 1883. I, pag. 700.

[2]) Compt. rend. LXXXII., pag. 1205.

[3]) Jahresber. f. Agrikulturchemie 1883, pag. 309.

[4]) Centralbl. f. Agrikulturchemie 1876, pag. 414.

[5]) Vergl. George Jorden in Botan. Zeitg. 1862, pag. 407, sowie die Angaben von Lawes und Gilbert.

entspringen. Eine Anzahl Arten aus dieser Familie sind Parasiten auf Holzpflanzen und verursachen an denselben eigentümliche Krankheiten, die aber keinen einheitlichen Charakter tragen, sondern unter verschiedenen Symptomen auftreten. Es sind endophyte Parasiten, aber ihre Sporenschläuche treten über die Epidermis der Nährpflanze hervor (Fig. 48. u. 50), nicht mit einander im Zusammenhang, wiewohl in der Regel in großer Anzahl, wodurch der erkrankte Pflanzenteil wie mit einem sehr feinen grauen Schimmel- oder Reifüberzug bedeckt erscheint. Die hier zu besprechenden parasitischen Pilze gehören alle in die Gattung

Taphrina,

Taphrina. auf welche sich also die im vorstehenden erwähnten Merkmale beziehen. In dem Verhalten des Myceliums zeigen sich bei den einzelnen Taphrina-Arten gewisse Ungleichheiten. Bei manchen Arten ist ein deutliches Mycelium zu finden, welches von den Blättern aus bis in die mehrjährigen Triebe verfolgt werden kann und dort perenniert, um alljährlich von dort aus wieder in die Knospen und neuen Triebe einzudringen. Bei andern Arten ist zur Zeit der Reife ein Mycelium nicht wahrnehmbar, und die einzelnen Sporenschläuche bilden anscheinend jeder für sich ein besonderes Pflänzchen. Dies rührt daher, daß das Mycelium nur zwischen den Epidermiszellen und der Cuticula hinläuft, in den jungen Trieben zuletzt nur in den Knospen vorhanden bleibt und dort überwintert, in den Blättern aber, wo es zur Fruktifikation gelangt, gänzlich in der Bildung von Sporenschläuchen aufgeht, indem nämlich jede Teilzelle des Myceliums zu einem nach außen wachsenden Schlauche sich ausstülpt[1]). Früher hatte man für die so sich verhaltende Artengruppe die Gattung Ascomyces aufgestellt. Anders ist derjenige Zustand dieser Pilze, welcher durch eine unmittelbare Sporeninfektion auf den Blättern erzeugt wird; die an beliebigen Punkten eines gesunden Blattes eindringenden Keime entwickeln sich zu einem Mycelium, welches nur einen beschränkten Teil des Blattes durchzieht und also auch nur diesen krank macht, aber auch mit diesem vollständig wieder abstirbt, indem der kranke Blattfleck später vertrocknet oder das ganze Blatt abfällt. In den Sporenschläuchen von Taphrina entstehen immer je 8 einzellige, farblose Sporen, die jedoch manchmal schon innerhalb des Sporenschlauches keimen, und da das letztere bei diesen Pilzen oft in der Form hefeartiger Sprossung ge-

---

[1]) Vergl. Sadebeck, Untersuchungen über die Pilzgattung **Exoascus**, Hamburg 1884, und C. Fisch, über die Pilzgattung **Ascomyces**. Botan. Zeitung 1885, Nr. 3.

schieht, so hat dies früher zu dem Irrtum Anlaß gegeben, daß die Sporenschläuche mehr als 8 Sporen bilden.

In der folgenden Darstellung geben wir die Arten nach der neueren Abgrenzung, die wir hauptsächlich den Arbeiten Sadebeck's[1]) und Johanson's[2]) verdanken.

1. **Taphrina Tosquinetii** *Magn.* (Exoascus alnitorquus *Sadeb.*, Exoascus Alni *de By.*, Ascomyces Tosquinetii *Westd.*, Taphrina alnitorqua *Tul.*), auf den Blättern und auf den Schuppen der weiblichen Kätzchen von Alnus glutinosa. An den Schuppen der Kätzchen bringt der Pilz Hypertrophien hervor, wodurch dieselben zu taschenähnlichen Gebilden auswachsen. (Fig. 47). Die an den Blättern verursachten Krankheiten treten in zwei Modifikationen auf. Entweder werden sämtliche Blätter eines Triebes in der Reihenfolge ihres Alters nach und nach befallen, indem sie kraus und wellig werden und wobei sie bisweilen das 2- bis 3fache ihrer normalen Größe erreichen, bei trockenem Wetter allmählich sich unter Austrocknung etwas einrollen und leicht abfallen. Diese Erkrankung ist vom Frühjahr an bis zum Herbst zu beobachten. Oder aber es erscheinen nur einzelne Stellen der Blätter verschiedener Zweige blasig aufgetrieben, was sich erst vom Juli an zeigt. Die Oberfläche aller von dem Pilze deformierten Teile bedeckt sich infolge des Hervorbrechens der Asci mit einem grauen Reif. Bei diesem Pilze geht das Mycelium ganz und gar in der Bildung der Sporenschläuche auf; die letzteren stehen daher dicht beisammen; jeder grenzt sein unteres Ende zu einer kleinen Stielzelle ab, welche sich unten etwas zuspitzt und zwischen die Epidermiszellen hineinragt (Fig. 48). Auf Alnus glutinosa.

Fig. 47.
Taphrina Tosquinetii. Drei vom Pilze verunstaltete weibliche Kätzchen von Alnus. Nach R. Hartig.

2. **Taphrina Alni incanae** *Kühn* (Exoascus alnitorquus *Tul.*, Exoascus alni *de By.*, Taphrina amentorum *Sadeb.*), bisher mit der vorigen Art verwechselt, bringt auf Alnus incana ebensolche taschenförmige Miß- Auf Alnus incana.

[1]) Untersuchungen über die Pilzgattung Exoascus. Jahrb. d. Hamburgischen Wissensch. Anstalten 1884. — Kritische Untersuchungen über die durch Taphrina-Arten hervorgebrachten Baumkrankheiten. Daselbst 1890.

[2]) Kgl. Vetenskaps Akad. Förhandlingar. Stockholm 1885, Nr. 1, und 1887, Nr. 4.

bildungen der Kätzchenschuppen hervor, wie der vorige an der gemeinen Erle. Nach Sadebeck ist das eine selbständige Art, welche sich durch das Fehlen einer abgegrenzten Stielzelle der Asci unterscheidet.

Auf Alnus glutinosa.

3. **Taphrina Sadebecki** *Johans.* (Exoascus flavus *Sadeb.*). Diese früher mit der erst genannten verwechselte Art erzeugt auf der Unterseite, selten auf der Oberseite der Blätter von Alnus glutinosa rundliche, gelbe Flecke, deren Farbe von den gelben Inhaltsmassen der Sporenschläuche herrührt. Die Stielzelle der letzteren dringt nicht zwischen die Epidermiszellen ein.

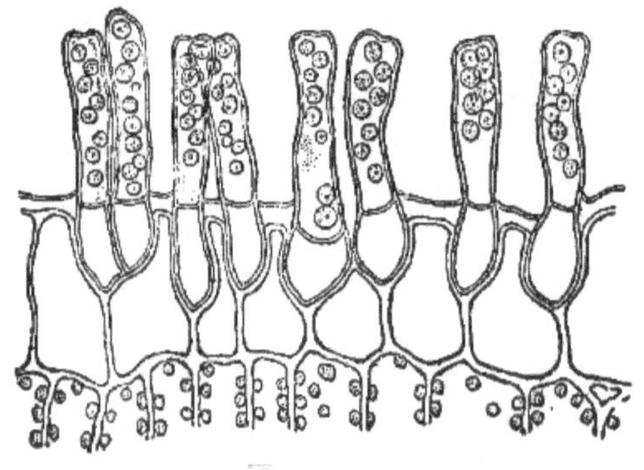

Fig. 48.
Querschnitt aus einem Erlenblatte mit reifen Sporenschläuchen der Taphrina Tosquinetii, welche zwischen den Epidermiszellen sitzen. Nach Sadebeck.

Auf Alnus incana

4. **Taphrina epiphylla** *Sadeb.* (**Exoascus epiphyllus** *Sadeb.*), auf den Blättern von **Alnus incana** wellige Kräuselungen bewirkend, welche sich mit einem intensiv grauweißen Reif bedecken. Die Sporenschläuche stehen hier mehr oder weniger zerstreut, weil nur ein Teil der Mycelfäden zur Bildung derselben verwendet wird; die die Stielzelle darstellende Hyphenzelle ist ziemlich breit und dringt nicht zwischen die Epidermiszellen ein. — Identisch mit diesem Pilze ist **Exoascus borealis** *Johans.*, welcher an **Alnus incana** hexenbesenartige Zweigwucherungen erzeugt. Sadebeck hat den Beweis dieser Identität erbracht, indem er die Sporen der **Taphrina epiphylla** von Blättern der Grauerle auf Knospen dieser Pflanze aussäete und in zahlreichen Fällen gelungene Infektionen erhielt, infolge deren sich aus solchen Knospen die Hexenbesen entwickelten. Nach Tubeuf[1]) sind Hexenbesen an den Grauerlen im bayrischen Walde, um München und in den bayrischen Alpen sehr häufig, oft über 100 Stück an einem Baume.

Auf Blättern von Betula.

5. **Taphrina Betulae** *Fuckel* (**Ascomyces Betulae** *Magn.*), bewirkt auf der Oberseite der Blätter von **Betula alba** blasige Auftreibungen, welche

[1]) Sitzungsber. des botan. Ver. München 10. Dezember 1888, und allgem. Forst- und Jagdzeitung 1890, pag. 32.

durch die hervorbrechenden Asci gelblich sich färben. Die Stielzelle der letzteren dringt nicht zwischen die Epidermiszellen ein.

6. **Taphrina turgida** *Sadeb.* (Exoascus turgidus *Sadeb.*), auf Betula alba die sogenannten Hexenbesen oder Donnerbesen erzeugend, alljährlich sich vergrößernde dichte Zweigwucherungen, die sich sowohl auf großen Bäumen als auf strauchartigen Exemplaren finden. Auf der Unterseite der Blätter dieser Hexenbesen erscheinen die Sporenschläuche, welche einen grauweißen Reif bilden, und deren Stielzellen zwischen die Epidermiszellen eindringen. Die Blätter sind anfangs wellig gekräuselt und besitzen nicht das frische Grün der gesunden Blätter. Die auf Betula pubescens vorkommenden Hexenbesen sollen von einer andern Species, **Taphrina betulina** *Rostr.*, erzeugt werden[1]). Hexenbesen von Betula

7. **Taphrina flava** *Farlow*, erzeugt auf den Blättern von Betula alba in Amerika intensiv gelb gefärbte Flecke. Andre Betula bewohnende Arten.

8. **Taphrina carnea** *Johans.*, veranlaßt auf den Blättern von Betula nana, intermedia und odorata kugelig blasige Auftreibungen.

9. **Taphrina nana** *Johans.*, erzeugt an jüngeren Zweigen von Betula nana Mißbildungen. — Davon sollen verschieden sein **Taphrina bacteriosperma** *Johans.*, und **Taphrina alpina** *Johans.*, welche an der nämlichen Nährpflanze hexenbesenartige Bildungen hervorbringen.

10. **Taphrina Ulmi** *Fuckel*, erzeugt auf der Oberseite der Ulmenblätter mehr oder weniger blasige, grauweiß bereifte Stellen. Die Sporenschläuche stehen mehr zerstreut, weil nur ein Teil der Mycelfäden in der Bildung der Asci aufgeht, und sie besitzen daher eine ziemlich breite Stielzelle. Auf Ulmen.

11. **Taphrina Celtis** *Sadeb.*, bringt an den Blättern von Celtis australis ähnliche Veränderungen hervor wie die vorige Art. Auf Celtis.

Fig. 49. **Taphrina aurea.** Ein Pappelblatt mit den vom Pilze erzeugten Blasen. Nach R. Hartig.

12. **Taphrina aurea** *Fr.* (Taphrina populina *Fr.*, Exoascus aureus *Sadeb.*, Erineum aureum *Pers.*) Dieser Pilz bewirkt auf den Blättern von Populus nigra blasig aufgetriebene Stellen (Fig. 49), welche zur Reifezeit der Sporenschläuche von einem goldgelben Reif überzogen erscheinen. Die Sporenschläuche dringen mit ihrem unteren stielartigen Ende, welches jedoch nicht durch eine Scheidewand abgegrenzt ist, zwischen die Epidermiszellen ein. Auf Populus nigra.

13. **Taphrina rhizophora** *Johans.* Diese früher mit der vorigen Art vermengte Spezies bringt auf den weiblichen Kätzchen von Populus alba taschenartige Auftreibungen der Fruchtknoten hervor. Die Asci stellen Auf Populus alba.

[1]) **Rostrup**, Botanisk Tidsskrift. Kopenhagen 1883, und Botanisches Centralbl. XV., pag. 149.

einen gelben Reif auf den befallenen Teilen dar, sie dringen mit ihrem stielartigen Ende ziemlich tief, wurzelartig, zwischen die Epidermiszellen ein.

Auf Populus tremula.

14. Taphrina Johansonii *Sadeb.*, wurde früher ebenfalls mit den vorigen Arten vereinigt; sie bewohnt die weiblichen Kätzchen von Populus tremula, wo sie die Fruchtknoten in derselben Weise wie der vorige Pilz deformiert; die Asci sind aber fast um die Hälfte kleiner.

Auf Quercus-Arten.

15. Taphrina coerulescens *Sadeb.* (Ascomyces coerulescens *Desm.* et *Mont.*), erzeugt auf den Blättern von Quercus pubescens und Quercus rubra mehr oder weniger blasig aufgetriebene Flecke. Die Sporenschläuche verhalten sich wie bei den vorigen Arten.

16. Taphrina Kruchii *Vuill.*, erzeugt auf der Stecheiche in Italien Hexenbesen, nach Kruch[1]) und Vuillemin[2]).

17. Taphrina rubro-brunnea *Sacc.* (Ascomyces rubro-brunnea *Peck.*), auf kleinen, blasig aufgetriebenen Flecken der Blätter von Quercus rubra in Nordamerika.

Auf Carpinus.

18. Taphrina Carpini *Rostr.*, erzeugt auf Carpinus betulus die Hexenbesen, deren wellig gekräuselte, gelbgrüne Blätter sich unterseits mit einem weißlichen Reif bedecken, der durch die Sporenschläuche hervorgebracht wird, welche sich so wie bei den vorigen Arten verhalten.

Auf Ostrya.

19. Taphrina Ostryae *Mass.*, bringt nach Massalongo[3]) auf den Blättern von Ostrya carpinifolia zeitig absterbende Flecke hervor.

Auf Acer tataricum.

20. Taphrina polyspora *Sorok.* (Exoascus aceris *Link*), erzeugt blasige Auftreibungen und kranke Flecke auf den Blättern von Acer tataricum[4]).

Auf Acer spicatum.

21. Taphrina lethifera *Sacc.* (Ascomyces lethifera *Peck.*), auf den Blättern von Acer spicatum in Nordamerika.

Auf Juglans.

22. Taphrina Juglandis *Berk.*, auf Juglans nigra[5]).

Auf Rhus.

23. Taphrina purpurascens *Robins.*, bewirkt Kräuselungen und Auftreibungen an den Blättern von Rhus copallina.

Auf Agrostemma.

24. Taphrina Githaginis *Rostr.*, auf Agrostemma Githago in Dänemark. Das Mycelium durchdringt die ganze Wirtspflanze ohne dieselbe gestaltlich zu verändern, und die Sporenschläuche brechen überall auf Stengeln und Blättern hervor.

Auf Heracleum etc.

25. Taphrina Umbelliferarum *Rostr.*, bringt auf Heracleum Sphondylium und Peucedanum palustre große graue Flecke auf den Blättern hervor, nach Rostrup (l. c).

Auf Potentilla.

26. Taphrina Potentillae *Farlow*, (Taphrina Tormentillae *Rostr.*), auf Potentilla Tormentilla, geoides und canadensis gelbgrün gefärbte Verdickungen der Stengel und Blätter erzeugend, in Amerika, von Rostrup (l. c.) in Dänemark, von mir auch im Grunewald bei Berlin gefunden.

Auf Birnbaum.

27. Taphrina bullata *Sadeb.* (Exoascus bullatus *Fuckel*, Ascomyces bullatus *Berk.*), bringt blasige Auftreibungen und Flecke auf den Blättern des Birnbaumes hervor, welche sich mit einem mehligen Reif bedecken.

[1]) Malpighia IV, 1890—91, pag. 424.

[2]) Revue mycologique Juli 1891, pag. 191.

[3]) Botan. Centralbl. XXXIV. 1888, pag. 389.

[4]) Fisch, Botan. Centralbl. 1885 XXII, pag. 126.

[5]) Comes, Le crittogame parasite etc. Napoli 1882, pag. 234.

Die Asci besitzen eine durch eine Scheidewand abgegrenzte Stielzelle. Ein perennierendes Mycelium ist bei dieser Art noch nicht gefunden worden.

28. Taphrina Crataegi *Sadeb.*, früher mit der vorigen Art vermengt, bringt an den Blättern von Crataegus Oxyacantha häufig rötlich gefärbte Auftreibungen Flecke und hervor, welche durch die Asci weiß bereift sind. Sadebeck hält diesen Pilz für eine selbständige Art, weil er Taphrina bullata leicht auf den Birnbaum, nicht aber auf den Weißdorn übertragen konnte. Ein perennierendes Mycelium ist nach Sadebeck bei dieser Species vorhanden. Auf Crataegus.

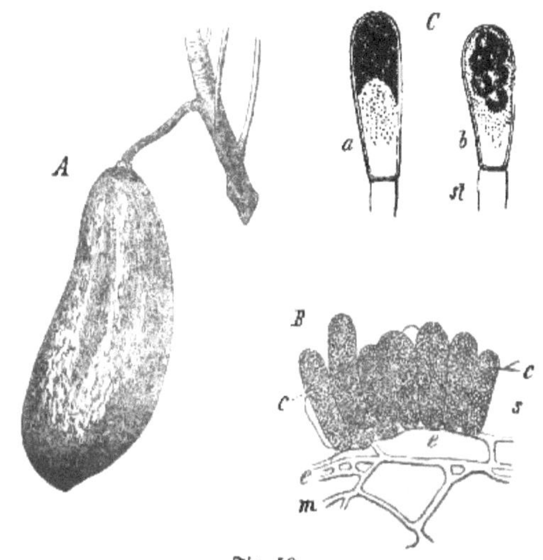

Fig. 50.
Der Pilz der Pflaumentaschen (Taphrina Pruni *Tul.*). A eine Tasche in natürlicher Größe. B Durchschnitt durch den oberflächlichen Teil einer solchen. Die Myceliumfäden m haben zwischen der Epidermis e und der abgehobenen Cuticula c eine Anzahl Sporenschläuche s gebildet, in denen noch keine Sporenbildung eingetreten ist. C zwei Sporenschläuche mit der Stielzelle st, stärker vergrößert, bei a noch unreif, bei b mit 6 Sporen im Innern.

29. Taphrina Pruni *Tul.* (Exoascus Pruni *Fuckel*). Dieser Pilz ist ein Parasit der Prunus domestica, virginiana und Padus und die Ursache einer Mißbildung und Verderbnis der unreifen Früchte, die an den Pflaumenbäumen Taschen, Narren, Schoten, Hungerzwetschen, in der Schweiz Turcas oder Pochette, in England Bladder-plum genannt werden, auch in Amerika bekannt sind, bald spindelförmige gerade oder gekrümmte, bald wie eine Schote zusammengedrückte, bis fingerlange, kernlose, innen hohle Gebilde (Fig. 50 A) darstellen, welche an der Oberfläche unregelmäßig runzelig oder warzig und bleich, gelblich oder rötlich sind, später durch die Asci Taschen auf Prunus domestica etc.

weiß oder bräunlich bepudert aussehen, ungenießbar sind und frühzeitig verderben und abfallen. Die Krankheit ist in manchen Jahren sehr häufig und kann einen bedeutenden Ausfall in der Obsternte zur Folge haben. Sie wurde schon von Cäsalpin 1583 und seitdem von vielen Schriftstellern erwähnt, bei denen sie als Folge der verschiedensten Ursachen betrachtet, bald den Einflüssen der Witterung, namentlich dem Regen, bald den Stichen von Insekten, bald einer unvollkommenen Befruchtung zugeschrieben wird. Fuckel[1]) hat den diese Krankheit verursachenden Parasiten zuerst aufgefunden, de Bary[2]) die Entwickelung desselben und die Krankheitsgeschichte genauer kennen gelehrt. Die Mißbildungen werden schon wenige Wochen nach der Blüte, Ende April oder Anfang Mai an den jungen, noch kleinen Früchten bemerkbar; nach dieser Zeit treten an den weiter entwickelten gesunden Früchten keine Erkrankungen ein. Sobald die Entartung an der jungen Frucht bemerkbar wird, findet sich im Siebteile der Gefäßbündel, welche das Fruchtfleisch durchziehen, das Mycelium des Pilzes, und es läßt sich in diesem Gewebe zurückverfolgen in den Stiel bis in den Zweig hinein. Es besteht aus feinen, verzweigten und durch zahlreiche Querwände in kürzere oder längere Glieder geteilten Fäden. Das Mycelium verbreitet sich weiter durch das ganze Parenchym des Fruchtfleisches. Infolgedessen erhält dieses eine abnorme Ausbildung und die ganze Frucht eine veränderte Gestalt. Die Abgrenzung einer inneren, kleinzelligen Gewebeschicht der Fruchtwand, welche normal zum Steinkern sich ausbildet, unterbleibt; im Parenchym des Fruchtfleisches findet eine abnorme Zellenvermehrung statt, der ganze Körper wird daher größer als die gesunde Frucht, die Zellen selbst sind kleiner. Besonders zahlreiche Äste des Myceliums verbreiten sich unter der Epidermis und senden zwischen den Zellen der letzteren hindurch Zweige, die sich dann zwischen der Epidermis und der Cuticula verbreitern und dort eine zusammenhängende Schicht kleiner, rundlicher Zellen bilden. Dieses sind die Anlagen der Asci; sie strecken sich senkrecht zur Oberfläche der Frucht, wodurch sie die Cuticula abheben und endlich durchbrechen. Die Asci sind kurz cylindrisch-keulenförmig und verschreiten alsbald zur Sporenbildung, nachdem der untere kleinere Teil der Zelle durch eine Querwand als kurzer Stiel sich abgegrenzt hat. Die Asci erreichen ihre Reife ungleichzeitig. Die 6—8 kugeligen Sporen werden aus der Spitze des reifen Schlauches herausgeschleudert. Nach der Bildung und Verstreuung der Sporen wird die Tasche welk und verdirbt unter Ansiedelung von Schimmelpilzen. Die Sporen keimen sofort nach der Reife unter reichlicher hefeartiger Sprossung. Wie die Keime in die Nährpflanze eindringen und sich hier zum Mycelium entwickeln, ist bis jetzt nicht beobachtet worden. Die Anwesenheit des Myceliums in den Zweigen spricht für ein Perennieren des Pilzes in der Nährpflanze. Die Thatsache, daß derselbe Baum meistens alljährlich eine Anzahl Taschen erzeugt, könnte mit dem Perennieren im Zusammenhange stehen. Als Mittel gegen die Krankheit ist daher zu empfehlen, die Taschen so früh als möglich abzupflücken und zu vernichten, um die Sporenbildung zu verhüten, und die Zweige, welche sich stark befallen zeigen, bis ins ältere Holz zurückzuschneiden, um das in den jüngeren Zweigen befindliche Mycelium zu beseitigen. Nach Rudow[3]) sollen die

[1]) Enumeratio fungorum Nassoviae, pag. 29.
[2]) Beitr. z. Morphol. der Pilze. I., pag. 33.
[3]) Botan. Centralbl. XLII., pag. 282.

von Blattläusen abgesonderten Zuckersäfte die Ansiedelung von Exoascus pruni begünstigen; an von Blattläusen sorgfältig gereinigten Teilen soll sich der Pilz nicht ansiedeln können.

Auf Prunus serotina.

30. **Taphrina Farlowii** *Sadeb.*, bringt an den Früchten von Prunus serotina in Amerika dieselben Mißbildungen wie der vorige Pilz hervor, wird aber von Sadebeck als eigene Art abgegrenzt, weil die Stielzellen etwa 1/3 der Länge der Asci erreichen und die letzteren viel weiter von einander entfernt stehen. Die Entwickelungsgeschichte des Pilzes ist die gleiche.

Herenbesen der Kirschbäume.

31. **Taphrina Cerasi** *Sadeb.* (Exoascus deformans b. Cerasi *Fuckel*, Exoascus Wiesneri *Rathay*) bringt die Herenbesen der Kirschbäume hervor, und zwar auf Prunus avium und Cerasus[1]). Die oft ziemlich dichten, nestartigen Wucherungen bestehen aus kurzen, unten ziemlich verdickten Zweigen und erreichen oft ein hohes Alter und großen Umfang infolge des Perennierens des Myceliums in den Zweigen; dasselbe verbreitet sich bis in die Blätter. Die Blätter dieser Herenbesen sind auf der Unterseite durch die Sporenschläuche weiß bereift. Diese besitzen eine besondere Stielzelle.

Herenbesen von Prunus insititia etc.

32. **Taphrina Insititiae** *Sadeb.*, bringt Herenbesen an Prunus insititia und domestica hervor und unterscheidet sich durch kürzere Asci von der vorigen Art. Sadebeck berichtet von ziemlich starkem Auftreten der Herenbesen auf den Pflaumenbäumen um Hamburg, sowie von dem Erfolge, den das Zurückschneiden der erkrankten Äste, welche wegen Mangels der Blüten nachteilig sind, gehabt hat.

Kräuselkrankheit des Pfirsichbaumes.

33. **Taphrina deformans** *Tul.* (Exoascus deformans *Fuckel*, Ascomyces deformans *Berk.*), bewirkt eine Kräuselkrankheit des Pfirsichbaumes, Cloque du Pêcher der Franzosen. Im Frühlinge zur Zeit der Belaubung kräuseln sich die jungen Blätter ähnlich wie die, welche von Blattläusen verunstaltet werden, indem sie sich mit den Rändern zusammenziehen und blasig aufwerfen oder wellig kraus werden. Die Unterseite des Blattes wird dabei konkav und bedeckt sich von der Blattspitze beginnend, vollständig mit dem weißen, reifartigen Überzug der Sporenschläuche. Der Pilz hat dieselbe Lebensweise wie die vorhergehenden. Wie schon in der vorigen Auflage dieses Buches berichtet, fand ich sein Mycelium von derselben Form und von den Siebteilen der Zweiglein aus in die Blätter, Rippen und Nerven eindringen, unter der Epidermis der Unterseite des Blattes sich verbreiten und Zweige zwischen die Cuticula und die Epidermis senden, wo aus ihnen in ganz derselben Weise wie bei jenen Pilzen die Sporenschläuche sich entwickeln. Das Vorhandensein eines fädigen Myceliums im Blatte ist schon von Prillieux[2]) angegeben worden. Die mit Stielzellen versehenen Asci sind 0,035 bis 0,040 mm lang und enthalten 6 bis 8 kugelrunde Sporen. In den Teilen des Blattes, die nicht mit den Sporenschläuchen bedeckt sind, hat das Mesophyll seine normale Beschaffenheit; aber dort wo der Pilz fruktifiziert, wird die Blattmasse etwas dicker und fleischiger, indem besonders das Schwammgewebe der unteren Blattseite seine Zellen vermehrt, die Intercellularen fast verliert, dichter wird und aus ziemlich kugelrunden, chlorophylllosen Zellen zusammengesetzt erscheint. Nach

[1]) Rathay, Über die Herenbesen der Kirschbäume rc., Sitzungsber. der Wiener Akad. LXXXIII. 1. März 1881.

[2]) Bull. de la soc. bot. de France 1872, pag. 227—230.

der Sporenbildung vertrocknet das Blatt und fällt früh ab. Es scheinen immer sämtliche Blätter eines Zweigleins zu erkranken, was dafür spricht, daß das Mycelium aus dem älteren Zweige in die Knospe eindringt. Auch diese Krankheit pflegt sich alljährlich am Baume wieder zu zeigen, und Bäume, welche mehrere Jahre hindurch daran leiden, können darüber eingehen. Wahrscheinlich perenniert also auch hier das Mycelium in den Zweigen. Über die Erzeugung des Pilzes aus den Sporen ist nichts bekannt. Somit möchte auch hier die Heilung der Krankheit durch Zurückschneiden der kranken Zweige, die Verhütung durch schnelle Entfernung der kranken Blätter zu erzielen sein.

Auf Prunus chamaecerasus.

34. **Taphrina minor** *Sadeb.*, auf Prunus chamaecerasus und früher mit der vorigen Art vereinigt. Der Pilz befällt einzelne Sprossen, ohne sie zu Hexenbesen umzubilden; vielmehr werden nur die Blätter mehr oder weniger kräuselig und bedecken sich unterseits mit dem weißen Reif der Asci; letztere sind etwas kürzer als bei der vorigen Art und haben größere Sporen.

Auf Aspidium.

35. **Taphrina filicina** *Rostr.*, bringt auf den Blättern von Aspidium spinulosum blasige Auftreibungen hervor.

Auf Polystichum.

36. **Taphrina lutescens** *Rostr.*, auf Polystichum Thelypteris auf der dänischen Insel Seeland; bildet gelbe, aber nicht aufgetriebene Flecke auf den Blättern.

Eremothecicum auf Linaria.

37. Unter dem Namen **Eremothecicum** hat Borzi[1]) eine neue hierhergehörige Gattung aufgestellt, welche ein feinfädiges, ausgebreitetes Mycelium besitzt mit einzeln an den Spitzen der Fäden stehenden flaschenförmigen Ascis, welche 30 und mehr keulig-nadelförmige Sporen enthalten. **Eremothecium Cymbalariae** *Borzi* wurde im Innern der reifenden Kapseln von Linaria Cymbalaria, die Scheidewände und Placenten überziehend gefunden; es bewirkt keine Mißbildung, verhindert aber das Aufspringen der Kapseln.

Elftes Kapitel.

Erysipheae, Mehltaupilze.

Mehltau.

Die hierher gehörigen Pilze sind epiphyte Parasiten, welche auf grünen Pflanzenteilen ausgebreitete, weiße, schimmel- oder mehlartige Überzüge bilden, die unter dem Namen **Mehltau** bekannt sind. Man darf damit natürlich nicht denjenigen Mehltau verwechseln, welcher tierischen Ursprungs ist, nämlich aus den leeren Bälgen von Blattläusen besteht. Der pilzliche Mehltau wird gebildet von dem Mycelium, welches auf der Oberfläche des Pflanzenteiles wächst und hier auch seine Fortpflanzungsorgane entwickelt.

Mycelium und Sporenbildung der Mehltaupilze.

Das Mycelium der Mehltaupilze besteht aus einer Menge feiner, spinnewebeartiger Fäden, welche septiert und verzweigt sind und in allen möglichen Richtungen auf der Oberfläche der Epidermis hinwachsen

[1]) Nuov. giorn. botan. Ital. XX, 1888, pag. 452.

(Fig. 51 A) und sich centrifugal weiter ausbreiten. Bald überzieht der Pilz nur die Oberseiten der Blätter, bald anfänglich die Unterseiten und greift später auf die Oberseiten über, bald befällt er beide ohne Unterschied und dann oft auch den Stengel und geht selbst bis auf die Früchte. Die Mycelfäden liegen überall der Epidermis dicht auf,

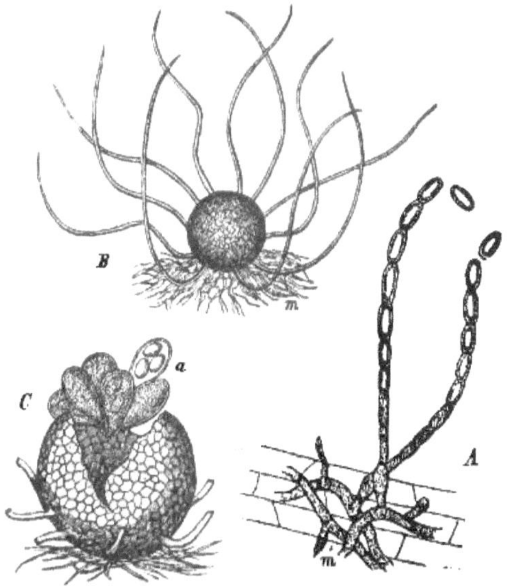

Fig. 51.

Mehltaupilze. A Erysiphe graminis *Lév.* auf einem Grasblatte. Conidienträger mit kettenförmig abgeschnürten Sporen. m Mycelium. 100fach vergrößert. B Perithecium von Erysiphe communis *Link* mit langen Anhängseln; m Mycelium. Schwach vergrößert. C Ein ebensolches Perithecium, die Anhängel abgerissen, durch Druck das Perithecium geöffnet und das Büschel der meist noch unreifen Sporenschläuche hervorgedrückt. Bei a ein fast reifer Sporenschlauch mit Sporen, zum Teil sichtbar. 200fach vergrößert.

dringen selbst nicht in dieselbe ein, sind aber an vielen Punkten durch sogenannte Haustorien oder Saugorgane (Fig. 55) mit der Epidermis in organischem Zusammenhange. Dieselben sind nach de Bary[1]) kleine Auswüchse an der unteren, die Epidermis berührenden Seite des Fadens, die je nach Arten verschiedenen Bau haben. Entweder sind es unmittelbar vom Mycelfaden entspringende, äußerst dünne, röhrchen-

[1]) Beitr. z. Morphol. u. Physiol. d. Pilze, III. Frankfurt 1870, pag. 23.

förmige Ausstülpungen, welche die Außenwand der Epidermiszelle durchbohren und dann im Innern der Zelle blasig anschwellen. Oder der Faden treibt eine seitliche, halbrunde Aussackung, aus welcher erst das Saugröhrchen entspringt; oder endlich es bildet sich eine unregelmäßig gelappte, fast scheibenförmig der Epidermiszelle fest anliegende Ausstülpung, welche dann an irgend einem Punkte das Saugröhrchen ins Innere der Zelle sendet (Fig. 55). Wenn das Mycelium eine gewisse Ausbreitung erlangt hat, so entsteht auf demselben die erste Generation von Fortpflanzungsorganen in Form von Conidienträgern: an vielen Stellen richten sich einzelne, kurze, einfache Zweige der Mycelfäden auf und schnüren an ihrer Spitze je eine oder mehrere in einer Reihe übereinander stehende Conidien ab (Fig. 51 A). Da diese Conidienträger gewöhnlich in großer Anzahl erscheinen und die von ihnen abfallenden Conidien sich anhäufen, so nimmt der Mehltau in dieser Periode eine noch dickere, mehlartige Beschaffenheit an. Die Conidien sind oval, einzellig, farblos und sofort nach ihrer Ablösung keimfähig. Bei der Keimung wachsen sie an dem einen Ende in einen Keimschlauch aus, aus welchem sich auf einer geeigneten Nährpflanze wieder ein neues Mycelium entwickelt. Auf diese Weise geschieht während des Sommers die Vermehrung des Pilzes und die Verbreitung der Krankheit. Während die Entwickelung der Conidien zu Ende geht, folgt als zweite Generation von Fortpflanzungsorganen auf demselben Mycelium die Bildung der Perithecien. Das sind ungefähr kugelrunde, schwarze Kapseln, so klein, daß sie eben noch mit bloßem Auge erkannt werden können, aber in Menge auf dem Mehltau zerstreut, so daß dieser wie mit vielen feinen, schwarzen Pünktchen besäet erscheint oder mehr ein schwarzbräunliches Kolorit annimmt. Die Entstehung derselben auf dem Mycelium, wobei man sexuelle Vorgänge annimmt, ist als von rein mykologischem Interesse hier zu übergehen. Anfänglich sind sie farblos, nehmen mit zunehmender Größe gelbe, dann bräunliche, endlich schwarze Farbe an. Ihre ziemlich dünne Hülle besteht aus vielen fest verbundenen, parenchymatischen, braunen Zellen und ist auswendig meist mit einem eigentümlichen Besatze von Fäden versehen, welche Verlängerungen einzelner Zellen der Fruchthülle sind. Diese sogenannten Anhängsel (fulcra oder appendicula) sind bei jeder Art von bestimmtem, konstantem Baue (Fig. 52, 53, 54), und dienen daher mit zur Unterscheidung dieser Pilze. Das reife Perithecium ist von krustig spröder Beschaffenheit, läßt sich leicht zerdrücken und zeigt dann im Innern einen Sporenschlauch oder ein Büschel solcher, die im Grunde befestigt sind und je 2—8 einzellige, länglichrunde, ziemlich derbwandige, farblose bis bräunliche Sporen enthalten (Fig. 51 B und C); nur die Gattung Saccardia soll mehrzellige Sporen haben. Bei den meisten Arten bilden die Schläuche ihre Sporen noch in demselben Sommer, sobald die Perithecien auf der Nährpflanze ihre Ausbildung erreicht haben; bei Erysiphe graminis dagegen nach Wolff[1]) überhaupt erst im Frühjahr. In allen Fällen aber scheinen die Ascosporen ihre Keimfähigkeit erst nach der Überwinterung zu erlangen. Dieselben werden in Freiheit gesetzt, nachdem die auf den vorjährigen Pflanzenresten zurückgebliebenen Perithecienhüllen inzwischen verwest sind. Die Keimung geschieht unter Bildung von Keimschläuchen. Die weitere Entwickelung die Ascosporen ist aber bis jetzt nur in einem Falle, nämlich an Erysiphe graminis von Wolff[1]) beobachtet worden. Dieselben treiben, wenn sie im Frühjahr aus dem platzenden Sporenschlauch ausgetreten sind, schon nach ca. 6 Stunden Keimschläuche. Auf Weizenblätter gesäet, bildeten die Sporen an der Spitze ihrer Keimschläuche eine Anschwellung, aus welcher ein Haustorium in eine Epidermiszelle eindrang, worauf aus dem zwischen der Spore und dem Haustorium liegenden Stücke des Keimschlauches sich auf dem Blatte ein Mycelium entwickelte, welches bereits nach 10 Tagen Conidienträger hatte. Man darf hiernach die Ascosporen als die Überwinterungsorgane betrachten, aus denen der Pilz jedes Jahr sich entwickelt und wodurch die Krankheit neu erzeugt wird, während die Conidien als die eigentlichen Sommersporen die schnelle Verbreitung des Pilzes während des Sommers besorgen.

Die alte Gattung Oïdium.

Bisweilen durchläuft ein Mehltaupilz den eben beschriebenen Entwickelungsgang nicht vollständig, indem er bei der Conidienbildung stehen bleibt. Solche Formen stellte man früher in die Gattung Oïdium. Diese Gattungsbezeichnung muß einstweilen für diejenigen beibehalten werden, deren Perithecien noch nicht bekannt sind. Alle andern, deren Perithecien man kennt, werden nach der Beschaffenheit dieser in eine Reihe von Gattungen (s. S. 259 ff.) gebracht.

Wirkung der Mehltaupilze auf die Pflanze.

Die Wirkung des Mehltaues auf den befallenen Pflanzenteil scheint von den Punkten auszugehen, wo Haustorien in der Epidermis eingedrungen sind. Denn man bemerkt oft zuerst dort die Membran und den Inhalt der Epidermiszelle gebräunt. Späterhin treten an dem ganzen befallenen Organe Krankheitssymptome auf, welche als die schließliche Folge der fortdauernden Aussaugung durch den Pilz betrachtet werden müssen. Dieselben sind verschieden, je nachdem der Pflanzenteil in völlig ausgebildetem Zustande oder bereits während seines Wachstums angegriffen wird. Im ersteren Falle verlieren die völlig

[1]) Bot. Zeitg. 1874, pag. 183.

erwachsenen grünen Blätter schneller oder langsamer ihr gesundes Grün, werden mehr gelb oder bräunlich, sterben endlich unter Zusammenschrumpfen ab und vertrocknen an der Pflanze oder fallen ab. Überzieht der Mehltau jugendliche Teile, wachsende Stengel und Triebspitzen samt den daran sitzenden unentwickelten Blättern, so tritt eine Stockung des Wachstums und baldiges Verkümmern und Absterben ein; jedes junge Blatt bleibt dann auf der Größe, die es gerade erreicht hatte, stehen, und die Stengelspitze trocknet ein. Die verkümmerten Teile sind dann gewöhnlich ganz von dem weißen Mehltau befallen. Da der Pilz meistens schnell die Pflanze überzieht, so können krautartige Pflanzen dadurch ganz unterdrückt werden; an Holzpflanzen beschränkt sich der Schaden auf einzelne Triebe, beziehentlich Früchte. In allen diesen Fällen besteht also die Einwirkung in einer allmählichen Auszehrung der ergriffenen Teile. Selten ist die andre Form der Einwirkung, die sich als Hypertrophie darstellt; so zeigen z. B. die Stengel von Galeopsis, wenn sie von Erysiphe lamprocarpa befallen sind, bisweilen starke Verkrümmungen und Anschwellungen.

Wirkungen äußerer Einflüsse.

Äußere Einflüsse können die Entwickelung des Mehltaues befördern. Dies gilt vom Klima, von der Lage, von der Witterung und von der Bodenbeschaffenheit, zum Teil wohl auch von den Kulturmethoden. Wie bei den meisten pilzparasitischen Krankheiten, so läßt sich um so mehr bei der epiphytischen Natur der hier in Betracht kommenden Schmarotzer eine dauernd reichliche Feuchtigkeit als das kräftigste Beförderungsmittel der Mehltaukrankheiten erwarten. In der That weisen auch auf dieses Moment die meisten in dieser Beziehung gemachten Erfahrungen[1]) hin, welche sich vorzugsweise auf die Traubenkrankheit beziehen. In den feuchten Küstenländern tritt dieselbe weit stärker als auf dem Kontinente auf, desgleichen in Gegenden mit regelmäßigen, häufigen Niederschlägen, wie an den Südabhängen der Alpen, häufiger, als in andern; niedere und feuchte Lagen leiden mehr als hoch und trocknen gelegene Weinberge. Auch die größere Wärme der südlichen Klimate scheint den Pilz zu begünstigen. Nach einer Beobachtung[2]) sollen gesunde Reben plötzlich nach Sirokko-Wetter erkankt sein, während andre Winde keinen Schaden brachten. Auch bezüglich des Mehltaues des Getreides ist die Beobachtung gemacht worden, daß regenreiche Sommer und die Lagen in engen Thälern, an Gewässern, Hecken ꝛc. den Pilz begünstigen[3]).

---

[1]) Vergl. v. Mohl, Botan. Zeitg. 1860, pag. 168. — Botan. Zeitg. 1854, pag. 259. — Conté in Compt. rend. 1868, pag. 1258, 1358.

[2]) Botan. Zeitg. 1869, pag. 243.

[3]) Vergl. Wagner in Jahresb. des Sonder-Aussch. f. Pflanzenschutz in Jahrb. d. deutsch. Landw. Ges. 1892, pag. 407.

Mehrseitig ist behauptet worden, daß horizontal auf dem Boden liegende Reben gesunde Trauben lieferten, während die an den aufrecht gezogenen desselben Stockes befindlichen Trauben erkrankten; doch sind in dieser Beziehung auch die gerade entgegengesetzten Angaben gemacht worden. Ebenso würde der etwaige Zusammenhang mit der Düngung nicht ohne weiteres aufzuklären sein. Man hat mehrfach Mangel an Düngung als einen die Krankheit begünstigenden Umstand bezeichnet, und will besonders nach Düngung mit Kali einen günstigen Erfolg beobachtet haben[1]). Eine Gabe von Holzasche um die Stöcke in den Boden eingegraben soll die so behandelten Pflanzen vor der Traubenkrankheit geschützt haben, während die daneben stehenden ungedüngten vollständig vom Mehltau überzogen wurden[2]). Beobachtungen, wonach die von Gallmilben hervorgerufenen Deformationen eine Prädisposition für Erysipheen-Entwickelung schaffen sollen, werden von Halsted und andern mitgeteilt[3]).

Die Verhütungsmaßregeln gegen den Mehltau werden sich zunächst gegen die Überwinterungssporen des Pilzes, wo solche gebildet werden, zu richten haben. Das Stroh und alle Reste kranker Pflanzen, auf denen Mehltau mit Perithecien sitzt, dürfen nicht auf den Kompost oder sonst irgendwohin kommen, wo die Sporen im Frühjahr keimen würden, sondern sind am besten durch Verbrennen zu vernichten. Ist im Sommer der erste neue Mehltau erschienen, so kann man durch Entfernen der befallenen Blätter die ersten Herde für weitere Verbreitung unterdrücken. Aber wir besitzen gegen diese Pilze auch ein direktes Zerstörungsmittel, welches nicht zugleich die Nährpflanze angreift und daher nicht bloß ein Verhütungs-, sondern bei schon ausgebrochenem Mehltau ein wirkliches Heilmittel ist. Die Wirksamkeit des Mittels hängt damit zusammen, daß die Erysiphen epiphyt sind, also von äußerlichen Mitteln auch wirklich getroffen werden. Dieses Mittel ist das Schwefeln, d. h. das Bepudern der Pflanzen mit Schwefelblumen, was besonders gegen die Traubenkrankheit in Anwendung ist. Erfahrungsgemäß tötet der aufgestreute Schwefel nicht nur den vorhandenen Pilz, sondern schützt auch gesunde Pflanzen vor dem Befallenwerden. Man bedient sich dazu entweder eines trockenen Maurerpinsels, besser der besonders dazu gefertigten Schwefelquaste. Diese stellt einen Pinsel dar aus starken Wollfäden, welche in einen siebartigen Blechboden gefaßt sind, in welchen durch den hohlen Stiel die Schwefelblumen eingeschüttet werden; bei geringem Schütteln werden Gegenmittel.

[1]) Vergl. Biedermann's Centralbl. f. Agrikulturchemie 1876. I., pag. 465.

[2]) Land- und forstw. Zeitg. Wien 1867, pag. 729.

[3]) Journ. of. Mycol. V. 1889, pag. 85, 134, 209.

die letzteren gleichmäßig über die Pflanzen verteilt. Oder man benutzt einen Handblasebalg, an dessen Spitze der mit Schwefelblumen gefüllte Behälter mit schnabelförmiger Streuvorrichtung angebracht ist. Man soll das Schwefeln wenigstens dreimal vornehmen, nämlich kurz vor der Blüte, kurz nachher und im August. Es wird berichtet, daß ein einmaliges Schwefeln zwar etwas Erfolg gegenüber den ungeschwefelten Weinstöcken ergeben habe, aber ein vollständiger Schutz gegen den Pilz erst durch drei- bis sechsmaliges Schwefeln erzielt worden sei. Nach den Versuchen von Mach[1]) wirkt der Schwefel um so besser, je größer seine Feinheit ist; die Schwefelblumen seien meist gröber als der gepulperte Schwefel, und besonders fein soll der aus der Schwefelleber durch Säurezusatz, am besten durch Salzsäure gefällte und vorsichtig getrocknete Schwefel sein. Außerdem sind noch andre Mittel in Vorschlag gebracht worden: eine Mischung von 1 kg frisch gelöschtem Kalk und 3 kg Schwefelblumen mit 5 kg Wasser gekocht, dann mit 1 hl Wasser verdünnt und die Flüssigkeit aufgespritzt[2]). Ferner hat man eine aus Sicilien stammende, feine, 40 Prozent Schwefel enthaltende Erde (minerale greggio) gestreut[3]). Auch die bei der Bereitung des Schwefels in Sicilien bleibenden Rückstände (Ginese genannt), welche bis zu 51 Prozent Schwefel enthalten können, hat man verwendet[4]), desgleichen fein pulverisierten Schwefelkies, der 46—52 Prozent Schwefel enthielt[5]), und will nach allen diesen Mitteln dieselben oder selbst günstigere Resultate als beim Schwefeln erhalten haben. Wie zu erwarten, hat man auch bei andern Mehltaupilzen, da es die gleichen Bildungen sind wie der Weintraubenpilz, die günstige Wirkung des Schwefelns konstatiert. So bei dem Mehltau auf Weizen und Gerste[6]) und besonders beim Rosenmehltau. Gegen den letzteren sind empfohlen worden[7]): Schwefelblumen, oder schwefelhaltiges Wasser, oder Kalk mit Schwefelblumen gekocht; oder 1 Teil Schwefelkalium auf 100 Teile Wasser oder 1 Teil schwarze Seife in 20 Teilen Wasser, oder eine Lösung von unterschwefligsaurem Natron, oder verdünnte Leimlösung oder Schwefeldampf. Ferner ist empfohlen worden eine Mischung von

[1]) Pomolog. Monatshefte von Lucas. 1884, pag. 170.

[2]) Wiener landw. Zeitg. 1868, Nr. 22.

[3]) Wochenbl. der Annal. der Landwirtsch. in d. Preuß. Staaten 1871, Nr. 6.

[4]) Landw. Versuchsstationen 1876, Nr. 1.

[5]) Compt. rend. 1876. II, pag. 214, 966.

[6]) Haberlandt, citiert in Biedermann's Centralbl. f. Agrikulturchemie 1876, I, pag. 475.

[7]) Wochenbl. d. Annalen d. Landw. in d. Kgl. preuß. Staaten 1870, Nr. 21, u. Gartenflora 1889, pag. 501.

100 Teilen Schwefelkalcium und 10 Teilen Gummiarabicum in 2 Kannen Wasser gelöst, oder statt dessen 4 gr Schwefelleber pro 1 l Wasser, oder die Polysulfure Grison genannte Mischung, die aus 250 gr Schwefel und ebensoviel gelöstem Kalk auf 3 l Wasser gekocht besteht[1]). Auch gegen den Traubenpilz sind diese Mittel empfohlen worden, besonders aber auch wässrige Lösungen von Alkalisulfiden, welche durch einen Zerstäuber auf die Blätter gebracht hier durch die Kohlensäure der Luft sich zersetzen und Schwefel in fein verteilter Form absetzen. Letzteres Mittel bewährte sich in halbprozentiger Lösung am besten, und die Kosten stellten sich dafür auf höchstens 4 Fr. pro Hektar gegenüber 30—40 Fr. für dreimalige Schwefelung derselben Fläche[2]). Auch gegen den Stachelbeer-Mehltau in Nordamerika soll das Bespritzen mit einer Lösung von Schwefelleber vorteilhaft gewirkt haben[3]). Dem Apfelmehltau desgleichen auch dem Weinmehltau soll in Amerika durch eine Bespritzung der jungen Blätter mit ammoniakalischer Kupferlösung vorgebeugt worden sein[4]). Die Frage, worauf die Wirkung die schwefelhaltigen Mittel beruht ist noch nicht entschieden; die meisten sind geneigt sie dahin zu beantworten, daß es auf die Bildung schwefliger Säure ankommt. Moritz[5]) und Baserow[6]) haben nachgewiesen, daß Schwefel an der Luft und bei Einwirkung des Sonnenlichtes sich langsam auf den Pflanzen zu schwefliger Säure oxydiert. Poliaci[7]) fand, daß sowohl der Weinmehltau als auch die Weinblätter selbst, wenn sie mit Schwefel bestreut worden sind, Schwefelwasserstoff entwickeln. Es ist indessen zu berücksichtigen, daß sowohl schweflige Säure wie Schwefelwasserstoff schon in geringen Mengen für die Pflanzen selbst starke Gifte sind; freilich ist anderseits nicht festgestellt, ob die Mehltaupilze eine größere Empfindlichkeit gegen diese Gifte besitzen. Nicht unwahrscheinlich ist auch diejenige Ansicht, welche eine bloß mechanische Wirkung des Schwefelpulvers und ähnlicher, staubförmiger Einstreuungen annimmt. Man hat in der That mehrfach die Beobachtung gemacht, daß auch Chausseestaub, wenn er dick auf den Pflanzen lag, vor der Traubenkrankheit schützte[8]). Endlich würde eine

[1]) Revue horticole. Paris 1885, pag. 109, 226, 410.

[2]) Centralbl. f. Agrikulturchemie 1885, pag. 821.

[3]) Journ. of Mycology. Washington 1891. V, pag. 33.

[4]) Report of the chief of the Section of veget. pathol. for the year 1889. Washington 1893.

[5]) Landwirtsch. Versuchsstationen XXV. 1880, Heft. 1.

[6]) Centralbl. f. Agrikulturchemie 1883, pag. 700.

[7]) Vergl. Just, bot. Jahresber. 1876, pag. 125 u. 96.

[8]) Vergl. Monatsschr. f. Pomologie von Oberdieck und Lucas 1857, pag. 322, und v. Mohl, Bot. Ztg. 1860, pag. 172.

Wahl solcher Rebenvarietäten in Betracht zu ziehen sein, welche erfahrungsmäßig von dem Pilze weniger stark befallen werden, worüber unten bei der Traubenkrankheit näheres bemerkt ist.

Historisches.

Der Mehltau scheint schon im Altertume bekannt gewesen zu sein, wenn man gewisse Stellen bei alten Schriftstellern so auslegen darf, wie z. B. bei **Plinius**, welcher mit roratio einen Tau bezeichnet, der das Abfallen der Weinbeeren bedingt. Dagegen bedeutet ἐρυσίβη der Griechen, wiewohl **Linné** davon den Namen **Erysiphe** zur Bezeichnung des Mehltaupilzes entlehnte, etwas ganz andres, nämlich den Rost (robigo der Römer, s. S. 138). Die Bezeichnung Mehltau ist ein von Alters her im Volksmunde gebräuchliches Wort und hängt mit der Vorstellung zusammen, welche derartige Überzüge auf Pflanzen als mit dem Regen oder Tau niedergefallen betrachtete. Bis heute hat sich diese Vorstellung im Volke erhalten; „es ist etwas aufgefallen" heißt es allgemein, wenn plötzlich eine solche oder ähnliche Krankheit, die man sich nicht erklären kann, zum Vorschein kommt; Mehltau, Mehltaukram, Mehldreck, Lohe sind anderweite gangbare Bezeichnungen dafür. Die botanischen Schriftsteller nahmen den Namen Mehltau, **Albigo**, für die in Rede stehende Krankheit. Als Pilze wurden diese Bildungen zuerst von **Linné** unter dem Namen **Mucor Erysiphe** bezeichnet, **Persoon** beschrieb sie als **Sclerotium Erysiphe** und **Hedwig** stellte für sie die jetzige Gattung **Erysiphe** auf. Ungeachtet der Erkenntnis ihrer Pilznatur wurden die Mehltaupilze nicht für das Primäre, sondern für Produkte krankhafter organischer Exkrete der Pflanze gehalten von **Unger**[1]) und selbst noch von **Meyen**[2]). Erst **Tulasne's**[3]), **Mohl's**[4]) und **de Bary's**[5]) Arbeiten haben die richtige Kenntnis der Natur und Entwickelung der Erysipheen und ihrer Beziehungen zur Nährpflanze vermittelt

Zahl, Verbreitung und Vorkommen der Erysiphen.

Es giebt in Europa einige 30 Arten Mehltaupilze, auch in andern Weltteilen sind solche gefunden worden, und es kann nicht bezweifelt werden, daß die Krankheit über die ganze Erde verbreitet ist. Jede Mehltaupilzart hat ihre besonderen Nährpflanzen, auf denen sie allein zu finden ist. Diese sind entweder auf eine Gattung beschränkt, oder es sind Gattungen aus einer und derselben Familie, bei einigen sogar Pflanzen aus sehr verschiedenen Familien. Es kann daher nicht irgend ein Mehltau auf jede beliebige Pflanze übergehen, sondern Übertragung ist nur innerhalb des Kreises der Nährpflanzen einer jeden Erysiphee möglich. Daher ist die Unterscheidung der einzelnen Mehltaupilzarten und die Umgrenzung ihres Nährpflanzenkreises von

---

[1]) Exantheme der Pflanzen. Wien 1883, pag. 396.

[2]) Pflanzenpathologie, pag. 178.

[3]) Nouvelles observations sur les Erysiphes. Ann. des sc. n at. 4. sér. T. VI. pag. 299. — Bot. Zeitg. 1853, pag. 257. — Selecta Fungorum Carpologia I.

[4]) Über die Traubenkrankheit. Bot. Zeit. 1854, pag. 137.

[5]) Beitr. zur Morphol. u. Physiol. d. Pilze. III. Frankfurt 1870.

besonderer Wichtigkeit. Wir führen hier die einzelnen Arten nach den Gattungen an, in die man jetzt die alte Gattung Erysiphe, die früher sämtliche Arten umfaßte, zerteilt hat.

I. Podosphaera *Kze.* et *Lév.*

Perithecien mit einem einzigen Ascus mit 8 Sporen. Anhängsel auf dem Scheitel des Peritheciums, gerade, an ihrem Ende ein- oder mehrmals dichotom verzweigt (wie in Fig. 53). Conidien kettenförmig. Podosphaera.

1. **Podosphaera tridactyla** (*Wallr.*), (**Podosphaera Kunzeï** *Lév.*, **Erysiphe tridactyla** *Rabenh.*), auf den Blättern von **Prunus Padus** sowie des Pflaumenbaumes (**Prunus domestica**) und des Schwarzdorns. In Michigan ist der Pilz auch auf Kirschbäumen sehr schädlich aufgetreten[1]). Die Anhängsel doppelt so lang als der Durchmesser des Peritheciums. Auf Prunus.

2. **Podosphaera Oxyacanthae** (*DC.*), (**Podosphaera clandestina** *Lév.*, **Erysiphe clandestina** *Link.*), auf den Blättern des Weißdorns, von **Sorbus Aucuparia** und **Mespilus germanica**, in Nordamerika auch auf den Blättern des Apfelbaumes. Anhängsel kaum so lang als der Durchmesser des Peritheciums. Auf Weißdorn 2c.

3. **Podosphaera myrtillina** (*Schubert*) (**Podosphaera Kunzeï** *Lev.*, **Erysiphe myrtillina** *Fr.*), auf den Blättern von **Vaccinium Myrtillus** und **uliginosum**. Auf Vaccinium.

4. **Podosphaera Schlechtendalii** *Lév.*, auf den Blättern von **Salix alba** und **viminalis** in Frankreich. Auf Salix.

II. Sphaerotheca *Lév.*

Perithecien mit einem einzigen achtsporigen Ascus. Anhängsel am Grunde des Peritheciums entspringend, unverzweigt, flockig geschlängelt (wie in Fig. 51 B). Conidien kettenförmig. Sphaerotheca.

1. **Sphaerotheca pannosa** (*Wallr.*) *Lév.*, mit dickem, fast tuchartigem, weißem Mycelium und mit farblosen Fäden. Dieser Mehltau ist überall unter dem Namen Rosenweiß oder Rosenschimmel bekannt, überzieht Zweige und Blätter kultivierter Rosen und ist besonders für junge Triebe und Blätter verderblich, die dadurch im Wachstum zurückgehalten und getötet werden; bisweilen werden selbst die Blütenknospen vernichtet. Auch auf den Pfirsichbäumen kommt er vor und überzieht hier die Oberfläche und die Blätter junger Triebe, wobei die Blätter schrumpfen und oft sämtlich abfallen und die Früchte mitten in ihrer Ausbildung zurückbleiben und verderben. Auch in Nordamerika soll dieser Mehltau gefunden worden sein, und zwar in Kalifornien auf Pfirsichbäumen, in Iowa auf Himbeeren, in Michigan auf Stachelbeeren[1]). Auf Rosen.

2. **Sphaerotheca Castagneï** *Lév.* (**Erysiphe macularis** *Schlechtend.*), das Mycelium in begrenzten Flecken auftretend, die sich vergrößern und zusammenfließen, später immer sich mit zahlreichen Perithecien bedeckend, deren Anhängsel braun gefärbt sind, daher bräunliche Farbe annehmend. Auf Hopfen 2c.

[1]) Nach Farlow, refer. in Just, botan. Jahresber. für 1877, pag. 98.

17*

Dieser Mehltau ist auf zahlreichen Pflanzen verschiedener Familien verbreitet, und zwar 1. auf Hopfen, besonders den jungen Trieben und Blättern höchst verderblich; 2. auf Rosaceen und verwandten Familien, nämlich auf **Fragaria, Potentilla, Geum, Alchemilla arvensis** und **Alchemilla vulgaris** (auf dieser hoch in die Gebirge gehend), **Sanguisorba officinalis, Spiraea Ulmaria** sowie auf dem Apfelbaum, 3. auf Balsamineen, nämlich auf **Impatiens Nolitangere,** 4. auf Cucurbitaceen, besonders auf Blättern der Gurken und Kürbisse, 5. auf Compositen sehr verbreitet, und zwar auf **Taraxacum officinale, Crepis, Senecio, Erigeron,** 6. auf Scrofulariaceen nämlich auf **Veronica, Euphrasia,** Melampyrum, 7. auf Plantagineen, und zwar **Plantago-Arten.**

Auf Epilobium. 3. **Sphaerotheca Epilobii** (*Link*) *Sacc.*, auf **Epilobium-Arten.**

Auf Sorbus. 4. **Sphaerotheca Niesslii** *Thüm.*, auf **Sorbus Aria** in Nieder-Österreich.

Auf Stachelbeeren. 5. **Sphaerotheca morsuvae** *Berk.* et *Curt.*, ein nordamerikanischer, bei uns unbekannter Pilz auf den Stachelbeerfrüchten, mit seinem dick polsterförmigen Mycelium die Beeren bedeckend und einhüllend, wodurch dieselben ausgesaugt, getötet und zum Abfallen gebracht werden. Er tritt in Pennsylvanien auf den in den Gärten gebauten Stachelbeeren epidemisch auf und soll mehrere Jahre hindurch die Ernte vollständig vernichtet haben [1].

Auf Geranium. 6. **Sphaerotheca fugax** *Penz.* et *Sacc.*, auf Geranium silvaticum in Italien.

Auf Draba. 7. **Sphaerotheca Drabae** *Juel*, auf Draba hirta in Norwegen.

Auf Apargia u. Erigeron. 8. **Sphaerotheca detonsa** *Kickx*, auf Apargia und Erigeron in Belgien.

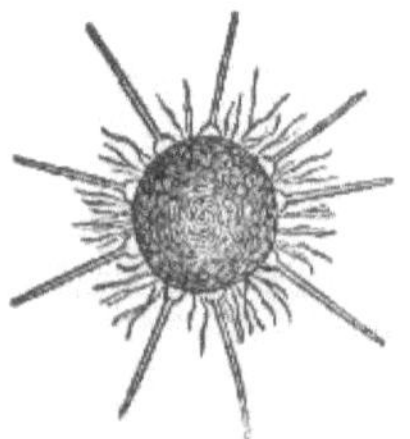

Fig. 52. **Perithecium** von **Phyllactinia suffulta,** von oben gesehen, darunter feine Mycelfäden. Im Umfange des Peritheciums entspringen die nadelförmigen, am Grunde blasenförmig verdickten Anhängsel. Schwach vergrößert.

III. Phyllactinia *Lév.*

Phyllactinia. Perithecien mit mehreren, zweisporigen Schläuchen. Anhängsel unverzweigt, nadelförmig gerade, am Grunde verdickt (Fig. 52). Conidien einzeln.

Auf verschiedenen Holzpflanzen. **Phyllactinia suffulta** (*Rabenh.*), (**Phyllactina guttata** *Lév.*, **Erysiphe guttata** *Link*), nur auf Holzpflanzen, aber in verschiedenen Familien, nämlich auf den Blättern des Birnbaums, Weißdorns, von **Lonicera Xylosteum,** der Esche, der gemeinen und der grauen Erle, Birke, Eiche, Buche, Hainbuche, Hasel, **Hippophaë, Cornus, Celastrus etc.**

IV. Uncinula *Lév.*

Uncinula. Perithecien mit mehreren, zwei- bis achtsporigen Schläuchen. Anhängsel aus dem oberen Teile des Peritheciums entspringend, an der

[1]) Vergl. Schweinitz, Synopsis of North American Fungi, pag. 270. — Cooke, The Erysiphei of the United States, Journ. of Botany 1872 No. 1. — Berkeley und Curtis in Grevillea IV., pag. 158.

Spitze hakenförmig oder rankenförmig eingerollt, dabei unverzweigt oder einmal gabelig geteilt (Fig. 53). Conidien kettenförmig.

1. Uncinula Bivonae *Lév.*, mit zweisporigen Schläuchen, auf den Blättern von Ulmus campestris. Auf Ulmus.

2. Uncinula macrospora *Peck*, auf Ulmus americana und alata in Nordamerika.

3. Uncinula Salicis *Wallr.* (Uncinula adunca *Lév.*), mit viersporigen Schläuchen auf den Blättern der Weiden- und Pappelarten und der Birken. Auf Weiden und Pappeln.

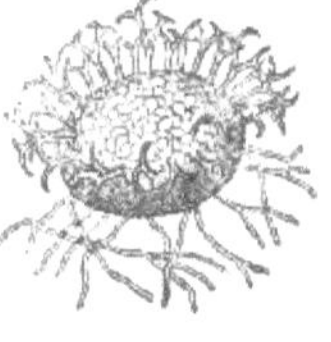

Fig 53. **Perithecium** von Uncinula bicornis *Lév.*, unten auf Myceliumfäden sitzend; um den Scheitel die Anhängsel. Schwach vergrößert.

4. Uncinula Prunastri *DC.*, (Uncinula Wallrothii *Lév.*), mit sechssporigen Schläuchen, auf den Blättern des Schwarzdorns. Auf Schwarzdorn.

5. Uncinula Aceris *DC.* (Uncinula bicornis *Lév.*, Erysiphe bicornis *Link*), mit achtsporigen Schläuchen, auf den Blättern der Ahorne, vorzüglich auf Acer campestre, hier besonders die jungen Blätter und Triebe oft verderbend. Auf Acer campestre.

6. Uncinula Tulasnei *Fuckel*, auf Acer platanoides von der vorigen durch die kugeligen Conidien, die dort wie gewöhnlich ellipsoidisch sind, unterschieden. Auf Acer platanoides.

7. Uncinula spiralis *Berk.* et *Curt.* (Uncinula americana *How.*), mit sechssporigen Schläuchen, in Nord-Amerika auf den Blättern der dort einheimischen Reben, Vitis Labrusca und Vitis cordifolia. Der Pilz erscheint erst auf den älteren Blättern, macht daher unbedeutenden Schaden, soll zwar auch auf die Kämme der reifen Beeren übergehen, aber ohne diesen schädlich zu werden[1]). Ob der Pilz mit dem europäischen Oïdium Tuckeri (S. 265) identisch ist, bedarf noch der Entscheidung. Farlow[2]) bezeichnet die Meinung, daß Oïdium Tuckeri in Amerika vorkomme, als nicht sicher erwiesen und hält eine Verwechselung mit der dort häufigen Uncinula für möglich, von deren Oïdium-Form er sogar bemerkt, daß sie sich von dem Oïdium Tuckeri vielleicht gar nicht unterscheide. Auf amerikanischen Reben.

8. Uncinula subfusca *Berk.* et *Curt.* (Uncinula Ampelopsidis *Peck*), ist in Nord-Amerika auf den Blättern von Ampelopsis quinquefolia gefunden worden. Auf Ampelopsis.

9. Uncinula Clintoni *Peck*, auf den Blättern der Tilia americana in Nordamerika. Auf Tilia.

10. Uncinula geniculata *Ger.*, auf den Blättern von Morus rubra in Nordamerika. Auf Morus.

11. Uncinula circinata *Coat.* et *Peck*, auf Acer saccharinum, spicatum und rubrum in Nordamerika, durch unverzweigte Anhängsel ausgezeichnet. Auf Acer in Amerika.

12. Uncinula flexuosa *Peck*, auf den Blättern von Aesculus Hippocastanum in Nordamerika. Auf Aesculus.

---

1) Refer. in Just, botan. Jahresber. für 1876, pag. 139.

2) Vergl. F. v. Thümen, Pilze des Weinstockes. Wien 1878, pag 184 u. 12.

V. Pleochaeta *Sacc.* et *Speg.*

Pleochaeta. Peritheeien mit zahlreichen, borstenförmigen, an der Spitze geraden Anhängseln und mit zweisporigen Schläuchen.

Auf Celtis. Pleochaeta Curtisii *Sacc.* et *Speg.* (Uncinula polychaeta *Berk.* et *Curt.*), auf Celtis occidentalis in Nordamerika.

VI. Microsphaera *Lév.* (Calocladia *Lév.*)

Microsphaera. Perithecien mit mehreren, vier- bis achtsporigen Schläuchen, Anhängsel aus dem mittleren Teile der Perithecien entspringend, an ihrer Spitze wiederholt in regelmäßige, kurze Dichotomien geteilt (Fig. 54). Conidien kettenförmig.

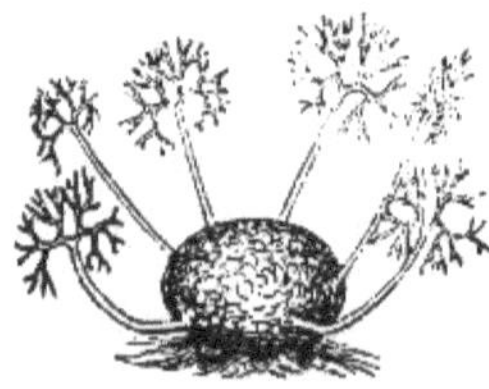

Fig. 54.
Perithecium von Microsphaera Grossulariae *Lév.* mit den an der Spitze wiederholt dichotomen Anhängseln. Schwach vergrößert.

Auf Rhamnus. 1. Microsphaera divaricata *Wallr.*, (Calocladia divaricata *Lév.*, Erysiphe divaricata *Link.*). Perithecien mit viersporigen Schläuchen; die Stützfäden 5 Mal so lang als das Perithecium, die letzten Zweige derselben an der Spitze verdickt und gekrümmt. Auf den Blättern von Rhamnus frangula und cathartica, oft schon an den jungen Trieben und diese rasch vernichtend, auch auf den Früchten.

Auf Alnus etc. 2. Microsphaera Alni *DC.* (Microsphaera Hedwigii, penicillata, Friesii *Lév.*, Erysiphe penicillata *Link.*), wie die vorige, aber die Schläuche 4- bis 8-sporig, und die Anhängsel nur wenig länger als das Perithecium. Auf den Blättern von Alnus glutinosa, Betula alba und pubescens, Rhamnus cathartica und Viburnum Opulus und Lantana; in Nordamerika, auch auf Syringa vulgaris, Juglans, Carya, Corylus, Platanus und Ulmus.

Auf Lonicera tatarica. 3. Microsphaera Ehrenbergii *Lév.*, auf Lonicera tatarica: Anhängsel ungefähr so lang als das Perithecium.

Auf Evonymus. 4. Microsphaera Evonymi *DC.* (Microsphaera comata *Lév.*, Erysiphe comata *Link*). Perithecien mit acht viersporigen Schläuchen; Anhängsel sehr lang, haarförmig. Auf den Blättern von Evonymus europaeus.

Auf Stachelbeeren. 5. Microsphaera Grossulariae *Lév.* Anhängsel der Perithecien mehrmals dichotom verzweigt, mit geraden, fadenförmigen, zweizähnigen letzten Zweigen; Schläuche 4—5 sporig. Auf den Blättern der Stachelbeeren.

Auf Astragalus. 6. Microsphaera Astragali *DC.* (Microsphaera holosericea *Lév.*, Erysiphe holosericea *Link*). Anhängsel einmal dichotom geteilt, mit fadenförmigen, geraden letzten Zweigen, nicht gezähnt. Auf den Blättern von Astragalus glycyphyllos und virgatus.

Auf Berberis. 7. Microsphaera Berberidis *DC.* (Calocadia Berberidis *Lév.*). Anhängsel dreimal dichotom geteilt, mit fadenförmigen, geraden letzten Zweigen, nicht gezähnt. Auf den Blättern der Berberitze. Oidium Berberidis *Thüm.* ist wohl ein Conidienzustand dieses Pilzes.

8. Microsphaera Lonicerae *DC.* (Microsphaera Dubyi *Lév.*), Anhängsel 3 bis 4 mal dichotom geteilt; Schläuche 4- bis 5 sporig wie bei den vorigen Arten. Auf den Blättern der Lonicera-Arten. Auf Lonicera.

9. Microsphaera Lycii *Lasch,* Anhängsel 2 bis 3 mal dichotom geteilt, mit verdünnten Endästen. Schläuche 2 sporig. Auf Lycium barbarum und ruthenicum. Auf Lycium.

10. Microsphaera abbreviata *Peck,* auf den Blättern von Quercus bicolor in Nordamerika. Auf Quercus bicolor.

11. Microsphaera quercina *(Schw.) Burill,* auf Quercus alba, coccinea, rubra etc. in Nordamerika. Auf Quercus alba etc.

12. Microsphaera Platani *Howe* auf Platanus occidentalis in Nordamerika. Auf Platanus.

13. Microsphaera Vaccinii *Cook.* et *Peck,* auf den Blättern von Vaccinium vacillans. Auf Vaccinium.

14. Microsphaera ferruginea *Erikss.,* auf der unteren Blattseite von Verbena hybrida einen rostroten Überzug bildend, in Schweden. Auf Verbena.

15. Microsphaera Symphoricarpi *Howe,* auf Symphoricarpus racemosus in Nordamerika. Auf Symphoricarpus.

16. Microsphaera Menispermi *Howe,* auf Menispermum canadense in Nordamerika. Auf Menispermum.

VII. Erysiphe *Lév.*

Perithecien mit mehreren, zwei- bis achtsporigen Schläuchen; Anhängsel meist unverzweigt, flockig geschlängelt (Fig. 51 B). Conidien kettenförmig. Erysiphe.

1. Erysiphe Cichoracearum *DC.* (Erysiphe lamprocarpa *Link*). Schläuche meist zweisporig, Anhängsel braun gefärbt. Die Haustorien sind nicht gelappt. Ein auf den Blättern und Stengeln krautartiger Pflanzen zahlreicher Familien verbreiteter Mehltau, nämlich 1. auf Compositen und zwar Lappa, Cirsium, Centaurea, Sonchus, Prenanthes, Taraxacum, Cichorium Intybus, Hieracium, Scorzonera hispanica, Xanthium, 2. auf Plantagineen, nämlich Plantago major, 3. auf Scrofulariaceen, und zwar auf Verbascum, 4. auf Boragineen, nämlich Symphytum. Dieser Parasit bringt an seinen Nährpflanzen außer den gewöhnlichen Symptomen bisweilen auch Hypertrophien hervor; so fand ich an einem Blütenschaft von Plantago major Anfang von Verbänderung und an den untersten Deckblättern Phyllodie. Auf Compositen, Plantagineen, Scrofulariaceen, Boragineen.

2. Erysiphe Galeopsidis *DC.* (Erysiphe lamprocarpa *Link*), von der vorigen Art durch die gelappten Haustorien unterschieden. Die Sporen reifen erst Ende des Winters. Auf Labiaten, besonders Galeopsis, Stachys, Lamium, Lycopus etc. Auch hier werden bisweilen Hypertrophien an der Nährpflanze erzeugt; ich fand an einem Stengel von Galeopsis pubescens starke geschlängelte Krümmungen, Verdickung und Verbänderung und zugleich eine Anhäufung kleiner Adventivsprosse an den verdickten Stengelteilen. Auf Labiaten.

3. Erysiphe communis *Wallr.* Schläuche mit 4 und mehr Sporen, Anhängsel braungefärbt, zwei oder drei Mal länger als das Perithecium. Die Haustorien sind gelappt. Bis jetzt auf folgenden Pflanzen gefunden: 1. auf Papilionaceen, und zwar auf Ononis, Lathyrus, 2. Ranun- Auf verschiedenen Pflanzenfamilien.

culaceen, nämlich auf Clematis, Thalictrum, Ranunculus-Arten, Delphinium Ajacis, Aquilegia, Caltha, 3. Geraniaceen, und zwar Geranium pratense, 4. Onagraceen, nämlich Circaea, 5. Lythrariaceen, nämlich Lythrum Salicaria, 6. Polygonaceen, nämlich Rumex Acetosella und Polygonum aviculare, 7. Dipsaceen, und zwar auf Knautia und Dipsacus sylvestris, 8. Valerianaceen, nämlich Valeriana officinalis, 9. Convolvulaceen, nämlich Convolvulus arvensis.

Auf Cornus. 4. Erysiphe tortilis *Wallr.*, Schläuche vier- bis sechssporig. Anhängsel braun gefärbt, zehn und mehrmal länger als das Perithecium. Auf den Blättern von Cornus sanguinea.

Auf Artemisia u. Tanacetum. 5. Erysiphe Linkii *Lév.* Durch die farblosen Anhängsel und zweisporige Schläuche unterschieden, auf den Blättern von Artemisia vulgaris und Absynthium und Tanacetum vulgare.

Auf Weizen und andern Gramineen. 6. Erysiphe graminis *Lév.* Perithecien in dem dick polsterförmigen Mycelium halb eingesenkt, mit farblosen Anhängseln; Schläuche vier- oder achtsporig. Der Conidienzustand ist das alte Oidium monilioides *Link.* Auf den Blättern verschiedener Gramineen, sowohl Getreidearten als Gräsern, z. B. häufig auf Dactylis. Von den Getreidearten wird besonders der Weizen oft befallen. Auch in England und in Nordamerika soll der Weizenmehltau oft sehr schädlich auftreten [1]).

Auf verschiedenen Pflanzenfamilien 7. Erysiphe Martii *Lév.* Wie die vorige, aber die Perithecien auf dünnem Mycelium sitzend, nicht eingesenkt. Dieser Mehltau ist verbreitet auf folgenden Familien: 1. Papilionaceen und zwar auf Rotklee (oft große Striche in den Kleeäckern weiß färbend, indem er die Pflanzen ganz überzieht), Inkarnatklee, Trifolium medium, filiforme etc., auf Melilotus, Medicago, Orobus, Vicia, Lupinus, auch auf Acacia Lophantha beobachtet. 2. Hypericaceen, nämlich Hypericum, 3. Urticaceen, nämlich Urtica dioica, 4. Spiräaceen, nämlich Spiraea ulmaria, 5. Cruciferen, nämlich auf Hesperis, Capsella und Brassica-Arten, 6. Rubiaceen, und zwar auf Galium-Arten, 7. Convolvulaceen, nämlich auf Calystegia sepium.

Auf Umbelliferen. 8. Erysiphe Umbelliferarum *de By.* Dieser mit der vorigen Art früher vereinigte Pilz, welcher sich durch genau walzenförmige, nicht ellipsoidische Conidien unterscheidet, kommt auf verschiedenen Umbelliferen vor, besonders Anthriscus, Pastinaca, Heracleum, Peucedanum, Angelica, Pimpinella, Falcaria.

Auf Euphorbia. 9. Erysiphe gigantasca *Sorok.* et *Thüm.*, auf Euphorbia platyphyllos und Esula in Kasan.

Auf Alnus. 10. Erysiphe vernalis *Karst.*, auf Ästchen von Alnus incana in Finnland.

Auf Weinstock. 11. Erysiphe necator *Schwz.* ist schon von Schweinitz [2]) auf den Trauben von Vitis labrusca in den Weinbergen Pensylvaniens gefunden worden. Er soll die Trauben zerstören.

12. Erysiphe vitigera *Cooke* et *Mass.*, ist auf den Blättern von Vitis vinifera bei Melbourne in Australien sehr schädigend beobachtet worden. Von dem Oidium Tuckeri (s. unten) dürften dieser und der vorige Pilz

---

[1]) Vergl. Just, bot. Jahresber. für 1877, pag. 98 u. 101, und 1883, I, pag. 368.

[2]) l. c. pag. 270. — Vergl. auch F. v. Thümen, Pilze des Weinstockes, pag. 11.

verschieden sein, da die Conidien davon abweichend zu sein scheinen und bisher bei jenem noch keine Perithecien gefunden worden sind.

13. Erysiphe Liriodendri *Schw.*, auf Liriodendron tulipifera in Nordamerika. Auf Liriodendron.

VIII. Erysiphella *Peck.*

Den Perithecien fehlen die Anhängsel. Erysiphella.

Erysiphella aggregata *Peck.*, auf den weiblichen Kätzchen von Alnus serrulata in Nordamerika. Auf Alnus.

IX. Saccardia *Cooke.*

Perithecien mit mehreren achtsporigen Schläuchen; die Sporen sind mehrzellig. Saccardia.

1. Saccardia quercina *Cooke*, auf den Blättern von Quercus virens in Nordamerika. Auf Quercus in Amerika.

2. Saccardia Martini *Ell.*, auf den Blättern von Quercus laurifolia in Nordamerika.

X. Oïdium-Formen.

Außer den aufgezählten Mehltaukrankheiten giebt es noch einige, bei denen bis jetzt der Parasit nur im conidienbildenden Zustand (Oïdium-Form) gefunden worden ist, die Perithecien unbekannt sind. Bis zum Bekanntwerden der letzteren bleibt es unentschieden, ob die folgenden Pilze zu einer der aufgezählten Erysipheen gehören oder besondere Arten sind. Oïdium-Formen.

1. Oïdium Tuckeri *Berk.*, der Pilz der Traubenkrankheit. Der Mehltau des Weinstockes wurde zuerst 1845 in England von einem Gärtner in Margate, Namens Tucker, entdeckt. Berkeley erkannte 1847, daß es ein Pilz ist. Im Jahre 1848 bemerkte man die Traubenkrankheit in Frankreich zuerst bei Versaille. In den nächsten Jahren verbreitete sie sich weiter und 1851 kannte man sie so ziemlich in allen weinbauenden Ländern Europas: ganz Frankreich, die Schweiz und Deutschland waren infiziert und besonders furchtbar hauste sie im gesamten Mittelmeergebiete, in Italien, Kleinasien, Syrien, Algier, und 1852 erschien sie auch auf Madeira. Vielfach zeigte sich der Pilz zuerst in den Treibereien und danach auch im Freien. Es ist aber kaum zu bezweifeln, daß die Krankheit stellenweise schon weit früher aufgetreten, aber nicht allgemeiner beachtet worden ist; so in gewissen Gegenden Frankreichs und auf Madeira[1]). In der neueren Zeit scheint der Pilz mehr zurückgetreten zu sein, während die Peronospora viticola (S. 71) mehr die Aufmerksamkeit auf sich zog; indessen ist er neuerdings mehrfach in London und im Elsaß bemerkt worden[2]).) Bald nach der Blüte des Weinstockes erscheinen zuerst auf den jüngeren Blättern die sehr dünnen, spinnewebartigen, weißen Mehltauüberzüge, welche sich rasch vergrößern und auf die Zweige und älteren Blätter übergehen. An diesen Traubenkrankheit

---

[1]) Vergl. die Angaben bei Hallier, Phytopathologie, pag. 296—297.

[2]) Jahresber. d. Sonderaussch. f. Pflanzenschutz in Jahrb. d. deutsch. Landw. Ges. 1893, pag. 433.

Teilen ist oft keine besonders schädliche Wirkung des Pilzes zu bemerken. Wenn dagegen das Oïdium auf die jungen Beeren übergeht, so verderben dieselben, meist noch ehe sie die Größe von Erbsen erreicht haben. Es bilden sich auf derselben zuerst braune Flecken, welche späterhin zusammenfließen und das Absterben der Epidermis anzeigen. Letztere vermag dann nicht mehr durch Wachstum der Ausdehnung des Beerenfleisches zu folgen und berstet; es bilden sich anfangs feine, dann weit klaffende Risse, was Absterben und Fäulnis der Beere zur Folge hat. Nur die Samenkerne bekommen trotzdem anscheinend normale Ausbildung. Beeren, die einseitig vom Parasiten befallen sind, können auch nur einseitig erkranken und verderben und dadurch unregelmäßige Form annehmen. Überall, wo die Traubenkrankheit untersucht wurde[1]), zeigte sich immer derselbe Pilz: ein nur auf der lebenden Epidermis wachsendes, durch die oben (S. 251) beschriebenen, lappig geteilten Haustorien auf ihr befestigtes Mycelium, mit Conidienträgern, deren jeder meist eine einzige, eiförmige Spore abschnürt (Fig. 55). Die Verbreitung des Pilzes auf der Pflanze erfolgt nicht nur

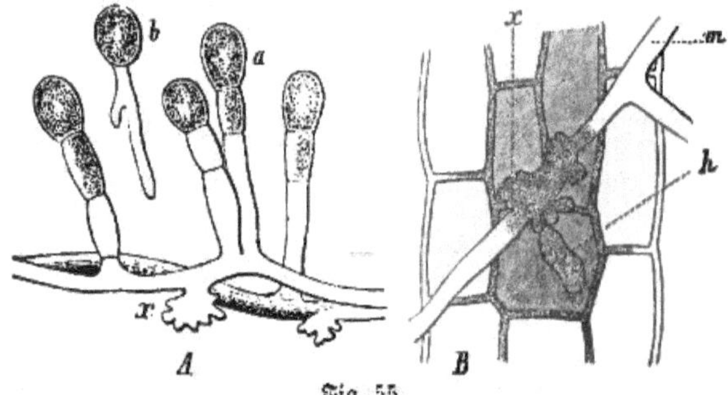

Fig. 55.

Der Pilz der Traubenkrankheit (Oidium Tuckeri *Berk.*) A Conidienträger, die aus dem Mycelium entspringen und eine einzige Conidie a an ihrer Spitze abschnüren. x die Haustorien. b eine keimende Conidie. 400fach vergrößert. Nach Schacht. B Ein Stück abgezogene Epidermis einer befallenen Weinbeere. m ein Myceliumfaden, in der Mitte ein gelapptes Haustorium x bildend, aus welchem ein Saugröhrchen h in die Epidermiszelle eingedrungen ist. Rings um die Stelle ist die Epidermis gebräunt. Vergrößerung ebenso. Nach de Bary.

durch das wachsende Mycelium, sondern vorzugsweise auch durch die abgelösten und an andre Punkte gewehten Conidien, welche hier sogleich wieder keimen und das Mycelium erzeugen. Da bei diesem Pilze keine Perithecien bekannt sind, so überwintern hier vielleicht Mycelteile oder die Conidien auf der Rinde der Reben. Es kommt, besonders in den Ländern südlich der Alpen und westlich des Rheins, auch noch eine andre Fruchtform im Mehltau des Weinstockes vor, die schon anfänglich für eine fremdartige Pilzbildung betrachtet und Ampelomyces quisqualis *Ces.* oder Cicinnobolus

[1]) Vergl. v. Mohl, Bot. Zeitg. 1852, pag. 9; 1853, pag. 588; 1854, pag. 137.

florentinus *Ehrb.* genannt wurde. Später haben Tulasne und v. Mohl sie für eine Fruchtform der Mehltaupilze, für die Pykniden derselben gehalten, die man auch noch an andern Arten von Mehltaupilzen auffand. De Bary (l. c.) hat aber einen fremdartigen, in den Erysiphen schmarotzenden Pilz erkannt und ihn Cicinnobolus Cesatii *de By.* genannt. Sein Mycelium wächst in den Mycel- und Fruchthyphen der Erysiphe (Fig. 56) und bildet seine Pyknidenkapsel innerhalb einer sich ausweitenden Conidie, diese vollständig erfüllend. Aus der reifen Pyknide werden die im Innern gebildeten zahlreichen, kleinen Sporen an der Spitze in rankenförmigen Massen ausgestoßen (Fig. 56 r). Auch in jungen Perithecien von Erysiphe können sich die parasitischen Pykniden bilden. De Bary konnte diesen Parasit des Trauben-Oïdiums auch durch Aussaat der Sporen auf den Mehltau von Galeopsis etc. züchten. Ein Cicinnobolus ist auch neuerdings auf Sphaerotheca Castagneï des Hopfens beobachtet worden[1]). Was seinen Einfluß auf das Oïdium anlangt, so ist zwar unleugbar, daß er dasselbe an der Fruktifikation hindert und bei reichlicher Entwickelung fast ganz vernichten kann[2]), doch möchte es nicht geraten sein, gar zu sanguinische Hoffnungen auf seine Nützlichkeit zu bauen.

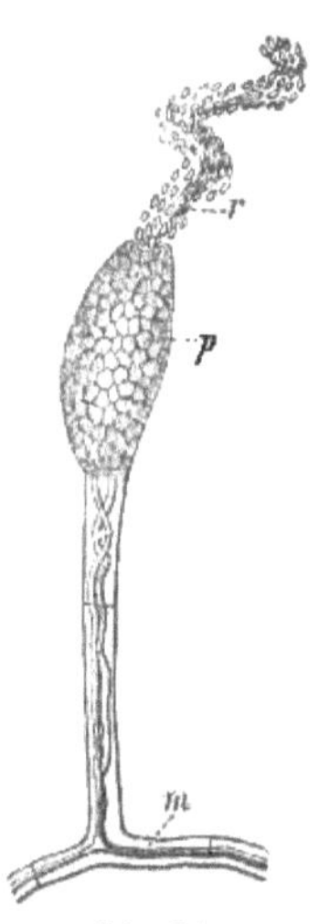

Fig. 56.
Cicinnobolus Cesatii *de By.* Der Parasit im Traubenpilze. m sein Mycelium. p Pyknidenfrucht. r ausgestoßene Sporen. Nach de Bary.

Nach den Perithecien des Traubenpilzes muß noch geforscht werden. Ob sie auf andern Nährspezies als Vitis vinifera sich entwickeln, und welches ihr Vaterland ist, oder ob sie nur unter gewissen Bedingungen auf dem Weinstocke entstehen und unter welchen, sind Fragen, welche die Zukunft beantworten muß. Fuckel[3]) rechnete dieses Oïdium mit zu Sphaerotheca Castagneï. De Bary (l. c.) hat aber gezeigt, daß vor allem die Verschiedenheit des Haustoriums dagegen spricht, in welchem der Traubenpilz eher der auf sehr verschiedenenen Pflanzen vorkommenden Erysiphe communis, sowie der Uncinula adunca auf Pappeln ähnelt.

Von den äußeren Einflüssen welche die Traubenkrankheit begünstigen, und von den Gegenmitteln ist oben (S. 256) schon die Rede gewesen.

Hinzuzufügen ist, daß gewisse Rebsorten für die Krankheit empfänglicher zu sein scheinen. Als solche werden besonders Malvasier und Muscateller, dagegen Traminer und Rießlinge als widerstandsfähiger bezeichnet. Übrigens ist nachgewiesen, daß der Pilz nicht bloß unsern Weinstock befällt, sondern bei uns auch amerikanische Arten, nämlich Vitis aestivalis, Vitis

---

[1]) Vergl. Fautrey, Revue mycolog. 1890, pag. 73 u. 176.

[2]) Vergl. auch Schulzer von Müggenburg, Öster. botan. Zeitschr. 1875, pag. 298, und F. v. Thümen, l. c., pag. 179.

[3]) Symbolae mycolog., pag. 79.

riparia und Vitis candicans[1]). Man vergleiche übrigens das über das amerikanische Oïdium bei Uncinula spiralis (S. 261) Gesagte.

Auf Laurus.
2. Oïdium Passerinii, auf Laurus lusitanica in Frankreich und Italien.

Auf Viola.
3. Oïdium Violae *Pass.*, auf kultivierter Viola tricolor in Italien.

Auf Abelmoschus u. Hibiscus.
4. Oidium Abelmoschi *Thüm.*, auf Abelmoschus moschatus und Hibiscus esculentus.

Auf Erdbeeren.
5. Oidium Fragariae *Harz*, auf Ananaserdbeeren in Münchener Treibhäusern.

Auf Himbeeren.
6. Oïdium Ruborum *Rabenh.* Auf den Blättern der in den Gärten kultivierten Himbeersträucher[2]).

Auf Apfelbaum.
7. Oïdium farinosum *Cooke*, auf den Blättern des Apfelbaumes, nach Thümen[3]) in Krain, Siebenbürgen, bis ins nördliche Frankreich und England verbreitet. Es fragt sich ob der Pilz mit Podosphaera Oxyacanthae oder Sphaerotheca Castagneï identisch ist.

Auf Mespilus.
8. Oïdium mespilinum *Thüm.*, auf Mespilus germanica in Istrien.

Auf Cydonia.
9. Oïdium Cydoniae *Pass.*, auf Blättern von Cydonia vulgaris in Italien.

Auf Colutea.
10. Oïdium Coluteae *Thüm.*, auf Colutea arborescens in Görz.

Auf Erica.
11. Oïdium ericinum *Eriks.*, auf den als Topfpflanzen kultivierten Erica gracilis etc. in Schweden.

Auf Verbena.
12. Oïdium Verbenae *Thüm.* auf Verbena in Görz.

Auf Jasminum.
13. Oïdium pactolinum *Cooke*, auf Jasminum Sambac in Gewächshäusern in England.

Auf Tabak.
14. Oïdium Tabaci *Thüm.*, auf den Blättern des Tabaks in Portugal und in Italien.

Auf Salvia.
15. Oïdium Verbenacae *Pass.*, auf Salvia Verbenaca in Italien.

Auf Hyssopus.
16. Oïdium Hyssopi *Eriks.*, auf Hyssopus officinalis in Schweden.

Auf Solanum.
17. Oïdium lycopersicum *Cooke* et *Mass.*, auf Blättern und Stengeln von Solanum lycopersicum in England.

Auf Chrysanthemum.
18. Oïdium Chrysanthemi *Rabenh.*, wurde von Rabenhorst[4]) auf den Winter-Chrysanthemums einer Dresdner Handelsgärtnerei (wohl Chrysanthemum indicum oder sinense?) im Herbst gefunden, wo fast alle Individuen sowohl auf den Blütenknospen, welche verdarben, als auch auf den Blättern befallen waren. Auch in Schweden wurde der Pilz auf dieser Pflanze von Eriksson beobachtet. — Einen ähnlichen Mehltau fand A. Braun[5]) auf den Cinerarien im Berliner botanischen Garten. Einen andern beobachtete ich im Leipziger Garten auf Hardenbergia.

Auf Valerianella.
19. Oïdium Valerianellae *Fuckel*, auf Valerianella carinata.

---

[1]) Vergl. F. v. Thümen, l. c., pag. 3.

[2]) Von Rabenhorst (Fungi europaei Nr. 2473), auch von Fuckel (Symb. mycol., pag. 86) beobachtet.

[3]) Österr. landw. Wochenbl., Wien 1888, pag. 126 und: Aus dem Laboratorium der k. k. chem. physiol. Versuchsstation zu Klosterneuburg, Nr. 14.

[4]) Hedwigia 1. 1853, Nr. 5.

[5]) Pflanzenkrankheiten durch Pilze, pag. 174.

Zwölftes Kapitel.

Perisporieae.

Perisporieae. Rußtau.

In dieser Familie sind sowohl Pilze von saprophyter Lebensweise (die Haupt-Schimmelpilzgattungen Penicillium und Aspergillus gehören hierher), als auch solche von parasitärer Natur vereinigt. Die letzteren, mit denen wir es hier allein zu thun haben, sind durch gewisse übereinstimmende Merkmale charakterisiert, welche sich vorzüglich auf die Krankheits-Symptome beziehen, unter welchen sie an ihren Nährpflanzen auftreten. Sie sind wie die Erysipheen vorwiegend epiphyte Parasiten, welche sich also nur oder hauptsächlich auf der Oberfläche der Pflanzenteile, meist auf Blättern und Stengelorganen, ausbreiten. Sie besitzen ein kräftig entwickeltes, dauerhaftes, meist gebräuntes Mycelium und erscheinen daher wie dunkle, ziemlich schwarze Überzüge auf der Pflanze, die man generell **Rußtau** zu nennen pflegt. Die mit diesem Namen bezeichneten Krankheitserscheinungen der Pflanzen können also von sehr verschiedenartigen Pilzen veranlaßt sein, da es, wie das Folgende zeigen wird, zahlreiche solche Perisporieen giebt, welche auf den verschiedensten Pflanzen vorkommen. Das Mycelium dieser Pilze zeigt oft eine reichliche Conidienbildung, indem auf seitlichen Zweigen der Myceliumfäden ebenfalls braun gefärbte, leicht keimende **Conidien** abgeschnürt werden; je nach ihrer verschiedenen Form hat man früher diese Conidienbildungen, die bisweilen als die einzige Fruktifikationsform auf dem Mycelium gefunden werden, mit verschiedenen Pilznamen belegt, die wir bei den einzelnen Gattungen mit anführen. Die Myceliumfäden selbst haben häufig die Neigung, in sporenartige Zellen zu zerfallen, die ebenfalls selbständig keimen können, die also nach dem gegenwärtigen Sprachgebrauch als **Gemmen** oder **Chlamydosporen** zu bezeichnen sind; besonders häufig kommt es vor, daß Myceliumfäden in kurze, sich abrundende Gliederzellen sich teilen und also perlschnurförmige Ketten brauner Chlamydosporen darstellen, eine früher allgemein unter dem Namen Torula beschriebene Form; nicht minder häufig bilden sich aus solchen Gliederzellen durch noch weiter gehende Zellteilungen Zellkomplexe von unregelmäßiger Form und verschiedener Größe, deren Teilzellen ebenfalls keimfähig sind. Die **Perithecien**, d. s. die die Sporenschläuche erzeugenden Früchte, entwickeln sich auf dem rußtauartigen Mycelium, also ebenfalls oberflächlich, kommen jedoch sehr oft nicht zur Perfektion, wodurch dann eine genaue Bestimmung des Pilzes verhindert wird; es sind kleine, einzeln stehende, runde oder flache, ebenfalls dunkelgefärbte Kapseln ohne Mündung; doch kommt bei manchen eine sehr unscheinbare

Mündung vor, wodurch dieser Pilz schon den Übergang zu den Pyrenomyceten machen. Was den Einfluß dieser Pilze auf die Pflanze anlangt, so ist derselbe im allgemeinen viel gutartiger als er sonst bei eigentlichen Parasiten zu sein pflegt. Man ist überhaupt zu der Ansicht berechtigt, daß diese Pilze, wenigstens diejenigen, welche streng nur auf der Oberfläche der Pflanzenteile leben und nicht ins Innere derselben eindringen, sich auch nur von Substanzen ernähren, die an der Oberfläche der Pflanzenteile sich ansammeln, namentlich von Ausscheidungen der Blattläuse ꝛc., also nicht zu den echten Parasiten zu rechnen sind, obwohl sie allerdings durch ihre starke Anhäufung auf der Pflanze sekundäre Störungen veranlassen können.

I. Capnodium.

Capnodium.

In diese Gattung gehören die Pilze, welche am häufigsten den Rußtau veranlassen. Sie ist charakterisiert durch die Gestalt der Perithecien; diese sind vertikal verlängert, cylindrisch bis keulenförmig, nicht selten sogar verzweigt und öffnen sich am Scheitel, indem sie daselbst meist lappig zerreißen (Fig. 59); sie enthalten mehrere verkehrt eiförmige, achtsporige Asci; die Sporen sind vier- bis mehrzellig, oft mit Quer- und Längswänden, gelb oder gelbbraun. Das Mycelium bildet eine gleichmäßig zusammenhängende, dünne, leicht von den Blättern abhebbare, schwarzbraune Kruste und trägt gewöhnlich verschiedenartige Formen von Chlamydosporen und Conidien, nicht selten auch Conidienfrüchte (Pykniden) und Spermogonien. Dagegen treten die Perithecien verhältnismäßig selten auf. Daher sind möglicherweise in der erstgenannten gemeinsten Spezies verschiedene Arten vereinigt; anderseits ist es fraglich, ob von den andern Spezies, welche man unterschieden hat und bei denen vielfach die Perithecien noch unbekannt sind, nicht auch die meisten zu der erstgenannten Art zu rechnen sind. Trotz dieser vollständigen Unsicherheit in der Abgrenzung der Arten zählen wir hier die bisher aufgestellten Spezies mit ihren Nährpflanzen auf.

Rußtau des Hopfens.

1. **Capnodium salicinum** *Mont.* (**Fumago salicina** *Tul.*) Zu dieser Species gehört besonders der Rußtau des Hopfens, auch schwarzer Brand am Hopfen genannt, ferner der Rußtau vieler einheimischer Holzpflanzen, namentlich der Ulmen, Pappeln, Weiden, Birken, Eichen, Linden, Pflaumen, Apfelbäume ꝛc.

Das Mycelium dieses Pilzes ist streng epiphyt, bildet meist eine dünne, schwarze oder schwarzbraune, zusammenhängende Kruste, die sich mit Leichtigkeit von der Epidermis abheben läßt, und dringt auch nicht einmal mit Haustorien, wie die Mehltaupilze, in die Epidermiszellen ein. Anfangs besteht es aus farblosen, durch Querscheidewände ziemlich kurz gegliederten und reichlich verzweigten Fäden, die gewöhnlich zu einer lückenlosen, parenchymatösen

Schicht aneinander geschlossen sind (Fig. 57 A). Die äußeren Membranschichten dieser Zellen sind oft gallertartig aufgequollen, dadurch einigermaßen mit einander verklebt und wohl auch der Epidermis besser anhaftend. Auf dieser farblosen Schicht treten alsbald verschiedene weitere Bildungen des Myceliums auf, deren Zellen von dunkler Farbe sind und die Schwärzung bedingen. Diese Zellen sind von größerem Durchmesser und haben ziemlich dicke, mehr oder wenig dunkelbraun gefärbte Membranen. Sie treten an vielen Stellen als Sprossungen aus der farbloen parenchymatösen Schicht hervor. Entweder werden sie zu langgestreckten, gleichförmigen, septierten Fäden, die unter Verzweigung und oft auch unter gegenseitigen Anastomosen in gerader oder geschlängelter Richtung auf der Unterlage umherwachsen und diesen Charakter beibehalten. Bisweilen treten diese Fäden zu Strängen von bandförmiger Gestalt zusammen, ja sie können sich stellenweise sogar zu kleinen parenchymatischen Zellenflächen vereinigen. Ferner treten verschiedenartige Bildungen auf, die man als Gemmen oder Chlamidosporen bezeichnen muß, weil sie sich leicht von der Unterlage ablösen und den Charakter von Fortpflanzungsorganen haben. Dieses sind erstens die früher als Torula bezeichneten Bildungen. Sie entstehen, indem die Gliederzellen der Fäden durch nachträgliche Teilung mittelst Querwänden zu ungefähr isodiametrischen Zellen werden, welche bauchig aufschwellen; dadurch werden die Fäden torulös, d. h. perlschnurförmig gegliedert, und die Gliederzellen lösen sich leicht von einander. Jede kann durch eine nochmalige Querwand zweifächerig werden (Fig. 57 A, t). Diese Torula entsteht sowohl durch Umwandlung schon gebräunter Fäden, als auch unmittelbar aus farblosen und zarteren Fäden, indem erst mit oder nach der Anschwellung der Zellen die Bräunung

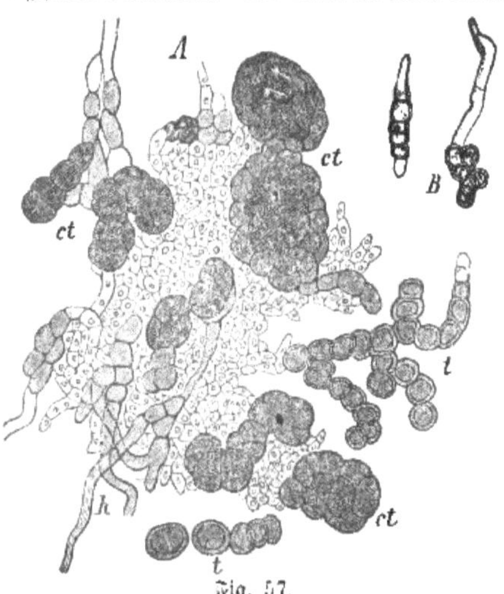

Fig. 57.
Mycelium des Rußtaupilzes von der Oberfläche eines Eichenblattes. A Auf der farblosen parenchymatösen Schicht, die in der Zeichnung nur zum Teil ausgeführt ist, sieht man die verschiedenen andern Bestandteile des Myceliums und zwar braungefärbte Fäden (h) und die verschiedenen Formen von Gemmen, nämlich die Ketten von Torula (t) und die Zellenkörper von Coniothecium (ct). 300fach vergrößert. B Gemmen, in eine Zuckerlösung ausgesät und nach zwei Tagen gekeimt, mit farblosen Keimschläuchen.

der Membranen eintritt. Überhaupt sind hinsichtlich der Stärke der Fäden und der Bräunung der Membranen alle Übergänge vorhanden. Zweitens tritt Gemmenbildung in derjenigen Form ein, welche die Mykologen als **Coniothecium** bezeichnet haben: ein oder mehrere beisammenstehende Gliederzellen schwellen an und teilen sich wiederholt durch Scheidewände, die in verschiedenen Richtungen des Raumes stehen, so daß unregelmäßige, verschieden große Zellenkomplexe entstehen (Fig. 58 A, c t), welche dem Mycelium aufsitzen, bisweilen noch deutlich mit dem Faden, der sie erzeugte, in Verbindung sind, und wegen der tiefen Bräunung der Membranen schwarz und völlig undurchsichtig werden. Zwischen Coniothecium und Torula besteht nach dem Gesagten ebenfalls keine feste Grenze. Beide Formen von Gemmen sind keimfähig; ihre Zellen können Keimschläuche treiben, die wieder zu Myceliumfäden heranwachsen (Fig. 58 B). **Zopf**[1]) hat auch die einzelnen Gliederzellen der braunen Mycelfäden nach Zerstückelung in gleicher Weise keimfähig gefunden. Oft bleibt die ganze Rußtaubildung auf diesem Zustande stehen. Bisweilen aber erscheinen eigentliche Fruchtorgane, die aus dem Mycelium ihren Ursprung nehmen. Das sind 1. **Conidienträger** (Fig. 58), häufig von der Form des **Cladosporium**, d. h. einfache, kurze, bisweilen jedoch auch längere, durch einige Querwände septierte, oft etwas knickig verbogene, vertikal auf dem Mycelium aufgerichtete, braune Fäden, die auf der helleren Spitze zuerst am Scheitel, dann auch an einer oder einigen seitlichen, äußerst kleinen Vorsprüngen eine elliptische, anfangs einzellige, später oft zweizellige und sich bräunende Conidie, wohl auch mehrere dergleichen kettenförmig verbunden abschnüren, die sehr leicht von dem Träger abfallen. Sie hießen bei den älteren Mykologen Cladosporium Fumago *Link*. Dieselben entspringen entweder unmittelbar aus einer einfachen braunen Mycelhyphe oder aus den Coniothecium-Körpern, sowohl aus sehr kleinen, wie aus großen, schwarzen Knollen oder Polstern, deren Oberfläche bisweilen wie bespickt mit Conidienträgern erscheint (Fig. 58 A) 2. Eine Reihe andrer Conidienträgerformen hat **Zopf**[2]) bei Kultur des Pilzes auf Fruchtsäften, jedoch auch spontan auf Pflanzen eines Palmenhauses beobachtet, und teilweise sind sie auch früher schon spontan gefunden worden (vergl. unten Rußtau des Kaffeebaumes). Zunächst einfache Fruchthyphen, welche Zweige bilden, die sich dem Hauptfaden anlegen; nach oben wird das Fadenbüschel

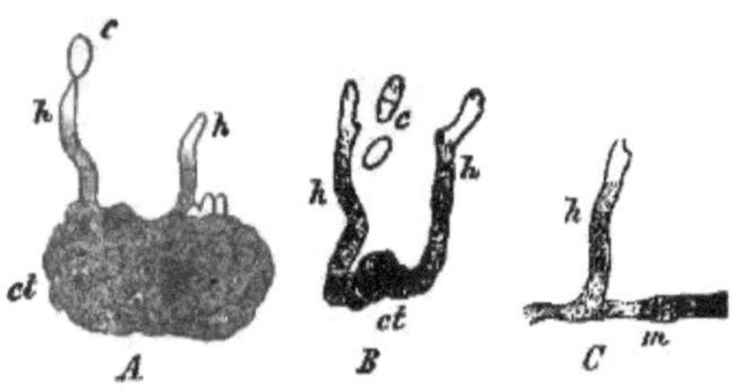

Fig. 58.

Conidienträger (Cladosporium) des Rußtaupilzes, Fruchthyphen h, auf denen die Conidien c abgeschnürt werden, bei A auf einem Coniothecium-Körper, ct, bei B auf kleineren, mehr Torula-artigen Gemmen ct, bei C aus einem Myceliumfaden m entspringend. 300fach vergrößert.

[1]) Die Conidienfrüchte von **Fumago**. Halle 1878, pag. 11.

[2]) l. c. pag. 15 ff.

kurzzellig und schnürt an der Spitze und seitlich, meistens nur einseitig kleine ellipsoidische Conidien ab, eingehüllt in Gallert, die durch Vergallertung der äußeren Membranteile der Zweige und Conidien entsteht. Oder Bündel solcher Conidienträger, indem mehrere Stämme vereinigt sind zu einem Stiel, der oben das Köpfchen der Sporen trägt, die ganz ebenso gebildet werden. Endlich Conidienfrüchte, identisch mit den von Tulasne Spermogonien genannten Organen; sie entstehen aus den Bündeln von Conidienträgern, indem die peripherischen Hyphenzweige des Köpfchens sich verlängern zu Hyphen, welche das Köpfchen überwallen und um dasselbe eine bauchige Hülle bilden, die auf ihrer Innenseite ebenfalls Conidien abschnürt und nach oben in einen dünnen, von einem Kanal durchsetzten Hals ausläuft, der eine gefranzte Mündung hat; aus letzterer werden die in Gallert gehüllten Conidien entleert (Fig. 59 cf); diese stimmen genau, auch in ihrer Keimfähigkeit, mit den Conidien der vorerwähnten Früchte überein. Diese flaschenförmigen, im Innern sporenbildenden Früchte sind also eine Art Conidienfrüchte und verdienen nicht die Bezeichnung Spermogonien. 3. Pykniden, d. s. ebenfalls geschlossene, mit einer halsförmigen Mündung versehene flaschenförmige Früchte, in welchen längliche, durch mehrere Querwände gefächerte, dunkelgefärbte Sporen gebildet werden (Fig. 59 g u. st). 4. Die ähnlich gestalteten, oben beschriebenen Perithecien (Fig. 59 pe). Auch aus den Sporen aller dieser Früchte kann wieder Rußtau hervorgehen.

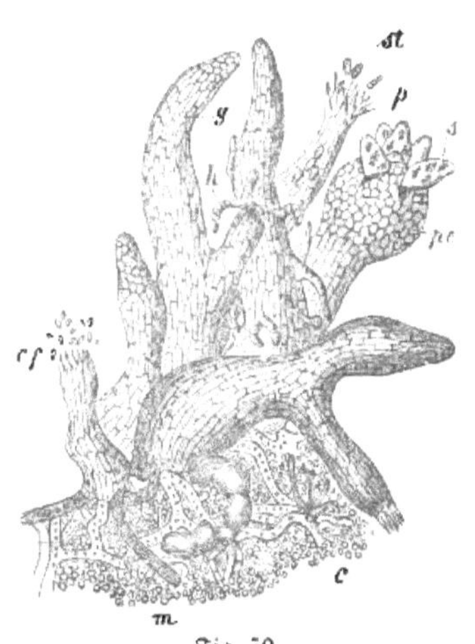

Fig. 59.

Verschiedene Früchte des Rußtaupilzes. m Mycelium mit Conidienträgern bei c (wie in Fig. 58). Auf dem Mycelium stehen Conidienfrüchte (cf), Pykniden (g, bei st die Sporen ausstoßend) und Perithecien pe (s die durch Druck absichtlich hervorgequetschten Sporenschläuche mit den mehrzelligen Sporen. Nach Tulasne.

Dieser Pilz siedelt sich, wie andre Rußtaupilze, wenn sie Laubhölzer befallen, meist auf der oberen Seite der Blätter an und kann sich wegen des centrifugalen Wachstums endlich über die ganze Blattfläche ausbreiten und greift dann auch mehr oder weniger auf die untere Blattseite über. Er zeigt sich bei uns im Freien gewöhnlich erst im Sommer und erreicht gegen den Herbst hin seine höchste Entwickelung. Er ist in allen Gegenden und Lagen verbreitet, doch wird er unverkennbar durch geschützte, der Sonne mehr entzogene und feuchtere Lagen, sowie durch regnerische Witterung begünstigt. Man hat den Rußtau mit den Blattläusen in Beziehung gebracht, da er sich am leichtesten an den Stellen ansiedelt, welche mit den von diesen

Tieren abgesonderten Zuckersekreten bespritzt sind. Meyen[1]) ist geradezu der Ansicht, daß der Rußtau nur eine Folge des durch die Blattläuse verursachten Honigtaues sei, und Zopf (l. c.) hat neuerdings dasselbe noch bestimmter behauptet. Ohne Zweifel bieten die mit Honigtau überzogenen Stellen dem Pilze eine günstige Unterlage und Nahrung, da er ja auch künstlich auf Zuckersäften gut ernährt werden kann. Immerhin können dieselben nicht als die eigentliche Ursache, sondern nur als eine fördernde Gelegenheit betrachtet werden. Wie ich schon in der ersten Auflage des Buches S. 572 gezeigt habe, bewohnt dieser Rußtaupilz ständig die Oberfläche der Zweige der Holzpflanzen und wächst alljährlich auf die jüngeren Zweige über, ohne immer auf die Blätter überzugehen und ohne daß Honigtau zugegen wäre. Schon an den diesjährigen Zweiglein der laubwechselnden Gehölze findet man, besonders wenn ihre Blätter Rußtau haben, die Rinde oft mehr oder minder reichlich mit dem Pilze bedeckt, und er läßt sich bis auf ältere Zweige verfolgen; ja er überzieht auch solche Zweige, die gar keinen Rußtau auf den Blättern haben, und ist eigentlich ein überall verbreiteter Pilz, der auf den dunklen Ästen und Baumstämmen nur wenig sich bemerkbar macht. Auf der rauheren toten Borke alter Äste und der Baumstämme ist in geschützten, schattigen, feuchten Lagen fast keine Stelle zu finden, wo der Pilz nicht wäre; und gerade an solchen Orten zeigt sich auch der Rußtau häufig auf den Blättern. Auf den Zweigen findet man ihn gewöhnlich in der Myceliumform mit meist sehr reichlicher Gemmenbildung: die braunen Fäden, die bisweilen auch zu Strängen und Zellflächen verschmelzen, wachsen nicht bloß oberflächlich, sondern dringen auch mit Vorliebe in alle Risse und Lücken des Periderms und unter die sich abschülfernden Korkzellen; die Gemmenbildung zeigt sowohl die Torula- als ganz besonders häufig die Coniothecium-Form. Häufig wachsen hier in Gesellschaft dieser Pilze auch grüne Zellen von Algen (Pleurococcus) oder Flechtengonidien. Ebenso kann von den rußtaubedeckten Blättern des Hopfens der Pilz auf den Stengel und auf die Hopfenstangen gelangen, von letzteren also auch wieder auf die nächsten Kulturen übergehen. Von den Baumzweigen gelangen die Gemmen sowie die Sporen wieder leicht auf das neue Laub, wobei die Niederschläge unzweifelhaft eine bedeutende Rolle spielen. Das fast ausschließliche Auftreten des Rußtaues auf der Oberseite der Blätter erklärt sich zum Teil daraus. Auch entsteht er an den Blättern gewöhnlich zuerst an denjenigen Stellen, die am leichtesten benetzt und auf denen Tau und Regenwasser am längsten festgehalten werden, nämlich in den Vertiefungen, welche die Blattrippen an der Blattoberfläche bilden, sowie an der Spitze des Blattes und der Blattzähne. Allerdings begünstigen die durch Honigtau klebrigen Stellen der Blattoberflächen die Ansiedelung des Pilzes in hohem Grade. Auch die natürliche Rauhigkeit der Blätter leistet ihr Vorschub, wie bei den Blättern des Hopfens und der Ulmen. Der Ursprung des blattbewohnenden Rußtaues von den über dem Laube befindlichen Zweigen und Ästen verrät sich auch darin, daß in demselben oft etwas von jenen grünen Algenzellen vorhanden ist, wie ich es z. B. auf Laub von Linden, die als Unterholz im Walde standen, und sogar auf Rohrschilf, welches unter Weiden wuchs, gefunden habe. Auch ist bemerkenswert, daß Rußtau fast immer nur unter Bäumen auftritt. Ebenso

[1]) Pflanzenpathologie, pag. 188.

ist der Übergang des Pilzes von den Blättern der Gehölze auf allerlei unter ihnen befindliche niedrige Pflanzen evident. In den Glashäusern lebt der Pilz ständig auf den immergrünen Blättern und hier wird seine Verbreitung außer durch den Honigtau der Blatt- und Schildläuse vorzugsweise durch das Besprengen der Pflanzen bewirkt.

Einen augenfällig schädlichen Einfluß auf die Gesundheit der Pflanze bringt der Pilz nicht hervor. Mit Rußtau ganz bedeckte Blätter können sehr lange ihre frische, gesunde Beschaffenheit behalten; hebt man den Überzug ab, so sieht man darunter das Blatt rein grün. Wie aus der vorangehenden Beschreibung ersichtlich, besitzt ja auch der Pilz keine eigentlichen parasitären Angriffsmittel. Und nachdem Meyen[1]) schon die Meinung ausgesprochen, daß dieser Pilz kein eigentlicher Schmarotzer sei, sondern sich aus den Zuckersäften des Honigtaues ernähre, und auch von Fleischmann[2]) bezüglich des Hopfenrußtaues dasselbe behauptet worden ist, hat Zopf[3]) durch die Kultur des Pilzes auf Fruchtsäften die Fähigkeit desselben, auch bei nicht parasitischer Ernährung sich zu entwickeln, erwiesen. Das Vorkommen auf abgestorbenen Teilen des Periderms und der Borke u. s. w. sowie der Umstand, daß der Pilz keine Auswahl trifft in den Pflanzen, die er befällt, steht damit im Einklange. Auch wo kein Honigtau vorhanden ist, könnte der auf den Blättern sich sammelnde Staub, Exkremente und andre Abfälle von allerlei Tieren dem Pilze ähnliche Nahrungsstoffe bieten. Anderseits herrscht aber Übereinstimmung darüber, daß die Decke von Rußtau dem Blatte das Licht entzieht und es dadurch in seiner Assimilation schwächt. Das endliche Kränkeln solcher Blätter, die sehr lange Zeit von Rußtau bedeckt sind, wie beim Hopfen, wo derselbe oft schon im Juli erscheint, sind vielleicht hiermit in Zusammenhang zu bringen, wie es denn auch nicht bezweifelt werden darf, daß aus eben diesem Grunde der Rußtau eine Beeinträchtigung der Gesamtproduktion der Pflanze zur Folge haben kann.

Daß sich zur Verhütung des Rußtaues sehr wenig thun läßt, ergiebt sich aus der Allverbreitung des Pilzes und aus der Leichtigkeit, mit der er auf die Blätter übergeht. Bespritzen mit Kalkwasser hat sich als unwirksam erwiesen. Vernichtung des rußtaubedeckten abgefallenen Laubes, beim Hopfen der ganzen Ranken, Verwendung neuer, reiner Hopfenstangen, möglichste Beseitigung der Blattläuse, Auswahl freier, der Luft und der Sonne ausgesetzter Lagen, öfteres Abspritzen der Pflanzen zur Entfernung der Unreinigkeiten auf den Blättern möchten die einzigen in unsrer Hand liegenden Maßregeln sein.

2. **Capnodium Tiliae** *Sacc.* (Fumago Tiliae *Fuckel.*) Vom Rußtau auf der Linde will Fuckel[4]) im Winter auf den abgefallenen Ästchen die Perithecien gefunden haben; dieselben sollen 16sporige Asci besitzen. Auf den Blättern der Linde wächst der Rußtau in der Mycelium- und Gemmenform (Capnodium Persoonii *Berk.* et *Desm.* und Coniothecium Tiliae *Lasch*); auch fand ich bei diesem mehrmals zugleich eine eigentümliche Conidienform: auf kurzen, gegliederten, braunen Hyphen eine vielzellige, braune — Auf Linden.

[1]) l. c. pag. 187.

[2]) Landwirtsch. Versuchsstationen 1867, Nr. 5.

[3]) l. c. pag. 13.

[4]) Symb. mycolog., pag. 143.

Spore von der regelmäßigen Form eines dreistrahligen Sternes, übereinstimmend mit dem Triposporium elegans *Corda*, welches Corda auf Birkenspänen fand.

Auf Gewächshauspflanzen.

3. Capnodium Footii *Berk.* et *Desm.*, auf Blättern verschiedener immergrüner Gewächshauspflanzen, soll durch borstenförmige Gestalt der Perithecien unterschieden sein[1]).

Auf Taxus.

4. Capnodium Taxi *Sacc.* et *Roum.*, auf der Unterseite der Blätter von Taxus in Frankreich, ebenfalls mit stabförmigen Perithecien.

Verschiedene andre Formen.

Von Saccardo[2]) werden verschiedene Arten aufgezählt, von denen allen aber die Perithecien unbekannt sind, nämlich Capnodium Araucariae *Thüm.* auf Araucaria excelsa, Capnodium elongatum *Berk.* et *Desm.*, auf Persica, Smilax, Liriodendron, Pinus etc., Capnodium Lonicerae *Fuckel* auf Lonicera Xylosteum, Capnodium quercinum *Berk.* et *Desm.*, auf den Blättern von Quercus-Arten, Capnodium Persoonii *Berk.* et *Desm.*, auf Blättern von Corylus, Capnodium Nerii *Rabenh.*, auf Blättern und Zweigen von Nerium Oleander, Capnodium Armeniacae *Thüm.*, auf Aprikosenblättern.

Daß die einzelnen Pflanzen im allgemeinen nicht besondere Arten von Rußtaupilzen besitzen, geht daraus hervor, daß ein Übergang des Rußtaues auf darunterstehende Pflanzen oft beobachtet worden ist, außer den oben erwähnten Fällen, von Meyen ein solcher vom Schneeball auf Buchsbaum, von mir von Linden auf Heidelbeeren, von Rüstern und Hopfen zugleich auf Ahorn, Ampelopsis, Aesculus, Cornus und Bryonia.

II. Meliola *Fr.*

Meliola.

Die Perithecien sind kugelig, ohne Mündung, und stehen auf einem strahlig sich ausbreitenden Mycelium. Die Sporen sind mehrzellig, farblos oder braun. Diese Rußtaupilze kommen in zahlreichen Arten meist auf den Blättern von Holzpflanzen der wärmeren Länder vor[3]). Die Unterscheidung der Arten ist auch hier sehr unsicher und die Gattung selbst ist in dem von Saccardo angenommenen Umfange, in welchem wir sie hier aufführen, noch zweifelhaft, so lange eine kritische Untersuchung dieser Pilze, besonders bezüglich ihrer Perithecien, fehlt.

Rußtau der Orangenbäume.

1. Meliola Citri *Sacc.* (Fumago Citri *Pers.*, Capnodium Citri *Berk.* et *Desm.*, Apiosporium Citri *Briosi* et *Passer.*), Rußtau der Orangenbäume, befällt in Italien, wo der Pilz wie überhaupt in Südeuropa seit Anfang dieses Jahrhunderts bekannt ist, alle Orangenarten (Citrus limonum, aurantium, deliciosa und biguaradia), die Blätter mit einem aschgrauen, später schwärzlichen Überzug bedeckend, daher bei Palermo Aschenkrankheit (mal di cenere) genannt[4]). Nach Farlow[5]) sollen auch in Kalifornien

---

[1]) Journ. horticult. Soc. London T. IV. pag. 251.

[2]) Sylloge fungorum. I. Patavii 1882, pag. 75.

[3]) Vergl. Saccardo, Sylloge Fungorum, I. pag. 60 und IX. pag. 413.

[4]) Vergl. Just, botan. Jahresber. 1877, pag. 147, und Hedwigia, 1878, pag. 14.

[5]) Just, botan. Jahresber. 1876, pag. 177.

die Orangen- und Olivenbäume vom Rußtau befallen worden sein, was die Fruchtbildung der Bäume vereitelt haben soll. In Begleitung dieses Pilzes treten auch Pykniden auf, die man als Chaetophoma Citri *Sacc.* bezeichnet hat.

2. **Meliola Penzigi** *Sacc.* (Capnodium Citri *Penzig*), ebenfalls auf Blättern von Citrus in Italien, und in Begleitung von Pykniden (Chaetophoma Penzigi *Sacc.*) Auf Citrus.

3. **Meliola Camelliae** *Sacc.* (Fumago Camelliae *Catton.*), auf Blättern und Zweigen von Camellia japonica und Citrus in Italien[1]). Auf Camellia

4. **Meliola Mori** *Sacc.* (Fumago Mori *Cattan.*), auf Ästchen und Knospen der Maulbeerbäume in Italien. Auf Morus.

5. **Meliola Niessleana** *Winter*, auf den Blättern von Rhododendron chamaecistus in den Alpen. Auf Rhododendron chamaecistus.

6. **Meliola zig-zag** *B. et C.*, auf den Blättern von Cinnamomum zeylanicum auf Ceylon und Kuba. Auf Cinnamomum.

III. Dimerosporium *Fuckel.*

Die Perithecien sind kugelig, ohne Mündung, und enthalten mehrere rundliche oder länglichrunde, achtsporige Asci mit zweizelligen Sporen. Das kräftig entwickelte, gleichmäßig weit ausgebreitete Mycelium trägt oft Conidien. Diese Pilze bewohnen lebende oder auch abgestorbene Pflanzenteile. Dimerosporium.

1. **Dimerosporium pulchrum** *Sacc.* (Apiosporium pulchrum *Sacc.*), auf Ligustrum vulgare, Cornus sanguinea, Carpinus Betulus und Lonicera Xylosteum in Italien und in der Schweiz. Das Mycelium überzieht oft die ganzen Blätter dicht und trägt schwarzbraune Conidien, die durch Quer- und Längswände vielzellig, brombeerenförmig werden, und hellgelbbraune Perithecien. Auf Ligustrum, Cornus etc.

2. **Dimerosporium oreophilum** *Speg.*, auf den Ästchen von Rhododendron ferrugineum in den Alpen. Auf Rhododendron.

3. **Dimerosporium maculosum** *Sacc.*, auf den Blättern von Rhododendron Chamaecistus in den Alpen.

Zahlreiche exotische Arten sind bekannt aus den wärmeren Ländern der alten und neuen Welt[2]).

IV. Asterina *Lév.*

Die Perithecien sind sehr flach gewölbt oder ganz flach gedrückt und haben einen gefransten Rand, dessen Zellen strahlig angeordnet sind; sie haben keine eigentliche Mündung, aber am Scheitel eine lockere Struktur und zerreißen vom Centrum aus nach der Peripherie. Die Asci sind fast kugelig und enthalten 8 ein-, zwei- oder mehrzellige braune oder farblose Sporen. Die Perithecien sitzen auf einem oberflächlich kriechenden, braunschwarzen Mycelium. Von diesen Pilzen kommen manche auf lebenden, manche auf abgestorbenen Pflanzenteilen vor. Asterina.

[1]) Penzig, Note micologiche, seconda contribuzione allo studio dei funghi agrumicoli. Venedig 1884.

[2]) Vergl. Saccardo, Sylloge Fungorum I., pag. 51, und IX., pag. 401.

Auf Rhamnus. 1. Asterina rhamnicola (*Rabenh.*) (Capnodium rhamnicolum *Rabenh.*), auf der Oberseite der Blätter von Rhamnus Frangula.

Auf Silene. 2. Asterina Silenes *Sacc.*, auf den Wurzelblättern von Silene nutans bei Brünn.

Auf Prunus. 3. Asterula Beijerinckii *Vuill.*, auf den Blättern von Prunus-Arten in Frankreich; mit einzelligen, farblosen Sporen; zusammen mit einem Pyknidenzustand (Phyllosticta Beijerinckei *Vuill.*), nach Vuillemin[1]).

Auf Veronica. 4. Asterina Veronicae (*Lib.*) (Sphaeria abjeta *Wallr.*, Asteroma Veronicae *Desm.*, Dimerosporium abjectum *Fuckel*, Meliola abjecta *Schröt.*), auf den Blättern von Veronica officinalis; besonders auf der oberen Blattseite anfangs runde, später zusammenfließende schwarze Flecke bildend.

Auf Scabiosa. 5. Asterina Scabiosae *Rich.*, auf den Stengeln von Scabiosa Columbaria bei Paris.

Auf tropischen Pflanzen. 6. Eine sehr große Anzahl Asterina-Arten ist auf den Blättern immergrüner Pflanzen sowie auch krautartiger Gewächse in den warmen Ländern der alten und neuen Welt bekannt[2]). Von Nutzpflanzen bewohnenden ist zu nennen: Asterina pseudocuticulosa *Winter*[3]), auf den Blättern des Kaffeebaumes auf der Insel S. Thomé.

V. Thielavia *Zopf.*

Thielavia. Die Perithecien sind kugelig, ohne Mündung, und enthalten zahlreiche eiförmige Asci mit je 8 einzelligen, braunen, gurkenförmigen Sporen.

Auf Senecio- und Papilionaceen-Wurzeln. Thielavia basicola *Zopf*, auf den Wurzeln von Senecio elegans von Zopf[4]) im botanischen Garten zu Berlin beobachtet. Braune, septierte Myceliumfäden treten anfangs in den äußersten Zellenreihen der Wurzelrinde auf, später dringen sie bis ins Centrum der Wurzel vor. Auf dem Mycelium bilden sich zweierlei Arten Conidien: erstens mehrzellige, zuletzt in kurze, braune Gliederzellen zerfallende Sporen (früher unter dem Namen Torula basicola *Berk.*, später als Helminthosporium fragile *Sorok.* beschrieben); zweitens zarte, farblose, kurz cylindrische Conidien, welche in einem am Grunde etwas angeschwollenen Fadenzweige endogen entstehen, der sich an der Spitze öffnet und die Conidie ausschlüpfen läßt. Außerdem stehen auf dem Mycelium die glänzend schwarzen Perithecien. Die Wurzeln erscheinen durch den Pilz wie mit braunem oder schwarzem Pulver überzogen. Die befallenen Pflanzen sollen zu Grunde gegangen sein. Neuerdings hat Zopf[5]) denselben Pilz unter den nämlichen Krankheitserscheinungen auch auf den Wurzeln mehrerer Papilionaceen, besonders auf der gelben Lupine und andern Lupinenarten, auf Pisum sativum, Trigonella coerulea und Onobrychis Crista galli beobachtet und bezeichnet jetzt die Krankheit als Wurzelbräune der Lupinen.

---

1) Journ. Botan. 1888, pag. 255.
2) Vergl. Saccardo, Sylloge Fungorum I., pag. 39 und IX., pag. 380
3) Hedwigia 1886, pag. 35.
4) Verhandl. d. bot. Ver. d. Prov. Brandenburg 1876, pag. 101.
5) Zeitschr. f. Pflanzenkrankh. I. 1891, pag. 72.

VI. Apiosporium.

Die Perithecien sind äußerst klein, punktförmig, bald kugelig, bald flach, ohne Mündung, mit einem einzigen acht- bis vielsporigen Ascus. Die Sporen sind einzellig, farblos. Aus dieser Gattung sind viele Arten beschrieben worden, die aber meist nur im Zustande des schwarze Überzüge bildenden Myceliums und conidien- oder chlamydosporenbildend vorkommen. Manche der beschriebenen Arten finden sich nur auf alter Rinde oder Holz. Wir führen hier nur diejenigen an, welche auf der Rinde von Zweigen und auch auf den Blättern auftreten, also eigentlichen Rußtau darstellen; wahrscheinlich leben diese Pilze ständig auf der Rinde der Zweige und breiten sich gelegentlich auch auf den Blättern aus, wie wir es auch bei Capnodium schon gefunden haben. Die Perithecien, welche zu diesem Pilze gehören sollen, hat Fuckel beschrieben; er will sie auf den Zweigen, deren Blätter den Rußtau tragen, gefunden haben. Es bestehen aber Zweifel, ob es sich um echte Perithecien gehandelt hat. Die Speziesunterscheidung ist hier äußerst unsicher. Apiosporium.

1. Apiosporium pinophilum *Fuckel* (Torula pinophila *Chev.*, Antennaria pinophila *Nees ab Es.*), der Rußtau der Tanne, in dicken, schwarzen, krümeligen Krusten die ein- und wenigjährigen Zweige überziehend, meistens die Nadeln freilassend, in unsern Gebirgsgegenden überall verbreitet. Der Pilz wuchert zwischen der Haarbekleidung der Zweige, die Haare selbst umspinnend, sehr reichlich dunkelbraune, perlschnurförmige Ketten von Chlamydosporen bildend, auf die sich die oben angeführten Synonyme beziehen. Manche dieser Ketten nehmen die doppelte und dreifache Stärke an, oft sich wiederholt dichotom verzweigend, in abstehende, conisch zugespitzte Äste und dadurch geweihähnliche Form bekommend. Außerdem bilden sich oft vielzellige Komplexe von Chlamydosporen (Coniothecium). Bisweilen geht der Pilz auf die Nadeln über und erscheint hier wie der gewöhnliche Rußtau der Laubhölzer. Ich sah ihn auch von der Tanne auf daruntenstehende Blätter von Rotbuchen übergehen. In besonders dichten Tannenforsten bilden die Pilzpolster lange, dünne, pechschwarze Fäden, welche Zweige und Nadeln klumpig einspinnen, Thümen[1]) hat diesen Zustand Racodium Therryanum *Thüm.* genannt; er ist offenbar nur eine Entwickelungsform unsres Pilzes. Auch auf den Zweigen der Fichte kommt bisweilen ein ganz gleicher Rußtau vor, der wohl demselben Pilze angehört und hier auch in der Regel die Nadeln freiläßt. In der gleichen Weise findet man Rußtau auch manchmal auf unsrer Calluna vulgaris, desgleichen auf exotischen Ericaceen, wie Erica arborea und auf tapischen Eriken. In den Glashäusern werden auch allerhand Koniferen bisweilen vom Rußtau befallen, der sich aber von dem überhaupt in den Glashäusern verbreiteten kaum unterscheiden läßt und von dem es daher fraglich ist, ob er mit dem der Tanne spezifisch identisch ist. Rußtau der Tanne.

---

[1]) Rußtau und Schwärze. Aus den Laboratorien d. k. k. chemisch. Versuchsstation zu Klosterneuburg. 1890, Nr. 13.

Auf Eiche. 2. Apiosporium quercicolum *Fuckel*, auf den Eichenblättern, vielleicht aber doch mit dem Capnodium identisch.

Auf Populus tremula. 3. Apiosporium tremulicolum *Fuckel*, auf den Zweigen und Blättern von Populus tremula.

Auf Cornus. 4. Apiosporium Corni *Wallr.*, auf den Blättern von Cornus sanguinea, vielleicht gleich dem vorigen Pilze auch nur zu Capnodium gehörig.

Rußtau der Alpenrosen. 5. Apiosporium Rhododendri *Fuckel*, der Rußtau der Alpenrosen, auf den Zweigen und auf der Unterseite der Blätter von Rhododendron ferrugineum, in den Alpen verbreitet, vorzüglich torulöse Ketten von Chlamydosporen bildend (Torula Rhododendri *Kze.*). Der Pilz scheint der Pflanze nicht schädlich zu sein.

VII. Lasiobotrys.

Lasiobotrys. Die kleinen Perithecien sind zu mehreren oder vielen dicht zusammengedrängt auf dem Rande eines flach gewölbten schwarzen Stromas, welches mit zahlreichen, abstehenden, braunen Haaren besetzt ist. Die Asci sind cylindrisch, achtsporig, die Sporen länglichrund, einzellig, farblos.

Auf Lonicera. Lasiobotrys Lonicerae *Kze.* (Dothidea Lasiobotrys *Fr.*), auf den Blättern verschiedener Lonicera-Arten meist runde Gruppen von 1—4 mm Durchmesser bildend, die zerstreut auf der Oberfläche des Blattes sitzen.

VIII. Perisporieenartige Pilze, welche bisher nur nach ihren Conidienformen bekannt und benannt sind.

Conidienformen von Perisporieen. Es sind endlich auch manche rußtauartige Pilze gefunden und beschrieben worden, von denen aber nur Conidienbildungen, keine Perithecien bis jetzt bekannt sind, und welche daher von den Mykologen unter den Namen beschrieben worden sind, mit welchen solche unvollständige, nur Conidien bildende Pilze früher oder jetzt noch belegt worden sind. Bei manchen dieser Pilze handelt es sich nicht einmal um wirkliche Conidienformen, sondern um Myceliumbildungen, deren Fäden in rundliche Gliederzellen zerfallen, die sporenartig auskeimen können und daher nach dem neueren Sprachgebrauch als Chlamydosporen zu bezeichnen sind. Dies bezieht sich namentlich auf die unter dem Namen Torula und Antennaria beschriebenen Formen. Man vergleiche auch die oben unter Apiosporium und Capnodium erwähnten Conidien- und Chlamydosporenformen.

Auf Farnen. 1. Antennaria semiovata *Berk.* et *Br.*, auf Farnen, soll nach Tulasne von Capnodium salicinum nicht verschieden sein.

Auf Allium. 2. Torula Allii *Sacc.*, schwarze Überzüge auf mißfarbigen Flecken der Zwiebeln von Allium Cepa bildend.

Auf Quercus 3. Sporidesmium helicosporum *Sacc.*, von Saccardo[1]) in Italien auf der Blattunterseite von Quercus pedunculata gefunden, bildet

[1]) Rabenhorst, Fungi europaei. No. 2272.

zur Herbstzeit einen Rußtau von tiefschwarzer, fein staubiger, daher fast abfärbender Beschaffenheit vorwiegend auf der Unterseite der Blätter. Das Mycelium besteht aus isolierten, feinen, farblosen oder bräunlichen, auf der Epidermis kriechenden Fäden, auf denen in Menge die Conidien abgeschnürt und angehäuft werden; diese sind aus stumpfer Basis spindelförmig, braun, mit zahlreichen Querwänden und nach oben in einen langen, rankenförmig gekrümmten, farblosen Faden verdünnt.

4. Gyroceras Celtis *Mont.*, auf der Unterseite der Blätter von Celtis australis ebenfalls in Italien. Die frei auf der Oberfläche wachsenden Fäden des Myceliums tragen auf vielen kurzen Seitenzweiglein je eine sehr große, horn- oder sichelförmig gekrümmte, braunschwarze Spore, welche aus einer Reihe kurzer Gliederzellen besteht. Auf Celtis.

5. Auf den Zweigen von Hippophaës rhamnoides sah Schlechtendal[1] in großer Menge eine Torula, deren Auftreten mit einem krankhaften Zustande des ganzen Strauches zusammenhing. Auf Hippophaë.

6. Der Rußtau der Pistacien, an der Unterseite der Blätter truppweise stehende, kleine, kugelige, tiefschwarze, harte Pyknideu mit lanzettlichlinealischen, geraden, einzelligen, farblosen Sporen. Auf Pistacia Lentiscus bei Kephyssos in Griechenland, nach F. v. Thümen[2]). Rußtau der Pistacien.

7. Torula Epilobii *Corda* fand Schlechtendal (l. c.) auf den Blattflächen und Stengeln von Epilobium montanum so stark verbreitet, daß die Pflanzen am Blühen behindert wurden oder ganz abstarben. Auf Epilobium.

8. Hirudinaria Oxyacanthae *Sacc.* (Torula Hippocrepis *Sacc.*, Hippocrepidium Oxyacanthae *Sacc.*), in Italien auf Crataegus Oxyacantha, dem unter Nr. 3 genannten Pilze ganz ähnlich, aber jede Spore besteht aus zwei solchen Sporidesmium-Körpern, die aber nur kurze, farblose Spitzen haben und am stumpfen Ende verbunden sind, und zwar so, daß sie mit einander einen oft spitzen Winkel bilden und daher schwalbenschwanz- oder hufeisenförmig erscheinen; sie entstehen, indem die Mutter- und Basalzelle der Sporen nach zwei Seiten auswächst[3]). Auf Crataegus.

9. Hirudinaria Mespili *Ces.* (Hippocropidium Mespili *Sacc.*) Sporen denen der vorigen Art gleichend, auf Mespilus germanica in Italien. Auf Mespilus.

10. Antennaria cytisophila *Fr.*, auf Ästchen von Cytisus incanus in Frankreich. Auf Cytisus.

11. Cycloconium oleaginum *Cast.*, auf der Oberseite der Blätter des Ölbaumes genau kreisrunde kranke Flecke erzeugend, auf denen das sehr vergängliche schwarze epiphyte Mycelium wächst, welches eiförmige, zweizellige, 0,017—0,025 mm lange Sporen auf kurzen Trägern abschnürt. In Frankreich und Italien. Auf Ölbaum.

12. Antennaria elaeophila *Mont.*, auf den Blättern und Zweigen des Ölbaumes tief schwarze, ausgebreitete, krustige Mycelien bildend, deren Fäden rosenkranzförmig sich gliedern. In Frankreich, Italien, Portugal.

13. Gyroceras Plantaginis *Sacc.* (Torula Plantaginis *Corda*, Apiosporium Plantaginis *Fuckel*), besonders auf Plantago media, ausgezeichnet durch sein Vorkommen auf der Unterseite der Wurzelblätter, Auf Plantago.

[1]) Botan. Zeitg. 1852, pag. 618.

[2]) Bot. Zeitg. 1871, pag. 27.

[3]) Vergl. Flora 1876, pag. 206.

die an diesen Stellen sich allmählich gelb färben. Der Pilz stellt einen samtartig schwarzen Überzug dar und ist nur im torulabildenden Zustande bekannt.

Auf Erythraea.

14. Apiosporium Centaurii *Fuckel*. Diese Form, ebenfalls nur eine Torula, fand Fuckel auf allen grünen Teilen von Erythraea Centaurium.

Rußtau des Kaffeebaums

15. Syncladium Nietneri *Rabenh.*[1]), der Rußtau des Kaffeebaumes auf Ceylon, stimmt nach der Beschreibung des Mycels mit Capnodium und hinsichtlich der zu mehreren zusammengewachsenen, aufrechten Fruchthyphen, die an der Spitze Conidien abschnüren, mit den oben beschriebenen Conidienträgerbündeln von Capnodium salicinum überein. Auf Coffea arabica in unsern Glashäusern finde ich den Rußtau dem der andern Glashauspflanzen gleich; bis zur Bildung von Conidienträgerbündeln habe ich ihn hier nicht entwickelt gesehen.

Kole roga des Kaffeebaums.

16. Pellicularia Koleroga *Cooke*. Dieser Pilz ist der Begleiter einer auf dem Kontinent von Ostindien aufgetretenen Kaffeekrankheit, welche dort „Kole roga" (schwarzer Schimmel) genannt wird. Die Blätter werden auf der Unterseite in unregelmäßigen Flecken oder über die ganze Fläche mit weißlichgrauem Filz überzogen, der aus einem dichten Gewirr ästiger und septierter Myceliumfäden besteht und sich abziehen läßt. Dazwischen liegen kugelige, einzellige, farblose, stachelige Sporen ohne Spur einer Anheftung. Die systematische Stellung des Pilzes ist vorläufig unentschieden. Er scheint Verwandschaft mit Erysiphe zu haben. Cooke[2]), dem wir diese Mitteilungen verdanken, rät, da es sich um einen epiphyten Schmarotzer handelt, das Schwefeln als Gegenmittel.

Auf Vaccinium etc.

17. Antennaria arctica *Rostr.*, auf den Zweigen von Vaccinium uliginosum und Phyllodoce coerulea in Grönland.

Rußtau der Eriken.

18. Stemphylium ericoctonum *A. Br.* et *de By.*, der Rußtau oder die Bräune der Eriken, befällt im Winter die in den Gewächshäusern kultivierten Eriken, und zwar, wie es scheint, alle Arten derselben. Über diese Krankheit hat de Bary[3]) folgendes mitgeteilt. Die Pflanzen werden welk, die jungen Blätter bekommen gelbe oder rote Flecke oder werden ganz gelb, die älteren vertrocknen bald, nehmen schmutzigbraune Farbe an und fallen früh und leicht ab, worauf die Pflanzen gewöhnlich eingehen. Der Pilz ist dem bloßen Auge kaum bemerkbar. Das Mycelium besteht aus sehr feinen, verzweigten Fäden, welche anfangs farb- und scheidewandlos, später braungelb und mit spärlichen Scheidewänden versehen sind. Sie umspinnen die befallenen Teile, indem sie auf deren Oberfläche hinkriechen, auch zwischen den Borsten der Blätter auf- und niedersteigen. An dem Mycelium kommen verschiedene Arten Conidien zur Entwickelung. In der Periode, wo die Fäden noch farblos sind, werden farblose, längliche, ein- oder zweizellige Conidien einzeln oder in Büscheln abgeschnürt auf der Spitze ganz kurzer oder etwas verlängerter, aufrecht abstehender Zweige der Fäden. Wenn das Mycelium braungelb geworden und massiger entwickelt ist, entsteht auf ganz kurzen, seitlichen Zweigen der Fäden je eine große, ovale, braune Spore, welche durch Quer- und Längsscheidewände vielzellig

[1]) Hedwigia 1859, Nr. 3.

[2]) Refer. in Just, botan. Jahresber. 1876, pag. 126.

[3]) Bei A. Braun, Über einige neue oder weniger bekannte Pflanzenkrankheiten, in Verhandl. d. Ver. zur Beförd. d. Gartenb. in d. kgl. preuß. Staaten. 1853, pag. 178.

ist und sehr leicht sich ablöst; auf diese Form bezieht sich der Name des Pilzes. Alle diese Sporen keimen sehr leicht unter Bildung von Keimschläuchen, deren die vielzelligen Sporen aus mehreren ihrer Zellen je einen treiben können. Daß der Pilz die Ursache der Krankheit ist, geht daraus hervor, daß er auf allen kranken Teilen vorhanden ist und sein Auftreten bereits an den anscheinend noch gesunden Pflanzen beginnt. De Bary vermutet, daß er auf den älteren Teilen der Eriken stets mehr oder weniger vegetiert und nur in manchen Jahren, besonders durch feuchte Atmosphäre begünstigt, überhand nimmt und dadurch verderblich wird. Man wird also durch möglichstes Trockenhalten der Pflanzen und durch Lüften der Häuser dem Pilze entgegen arbeiten können.

Dreizehntes Kapitel.

Pyrenomycetes.

Bei den Pyrenomyceten oder Kernpilzen sind die die Sporenschläuche erzeugenden Früchte ebenfalls Perithecien, d. h. kleine rundliche oder flaschenförmige Kapseln, die aber auf ihrem Scheitel durch einen feinen Porus nach außen geöffnet sind, durch welchen die natürliche Ausstoßung der Sporen nach erlangter Reife erfolgt. Pyrenomycetes.

Die Pyrenomyceten machen eine der größten und mannigfaltigsten Abteilung der Pilze aus. Die dahin gehörenden Parasiten haben daher auch keinen einheitlichen pathologischen Charakter, sondern bringen die verschiedenartigsten Pflanzenkrankheiten hervor; viele Pyrenomyceten sind überhaupt nicht Parasiten.

Um die parasitischen Pyrenomyceten übersichtlich zu ordnen, muß die mykologische Einteilung dieser Pilze benutzt werden: ich lege hier diejenige Einteilung zu Grunde, welche ich jüngst in meinem Lehrbuche der Botanik[1]) aufgestellt habe und in der auch für die Nicht-Mykologen größtenteils leicht kontrolierbare Merkmale verwendet sind. Nun wird aber die Erkennung und Bestimmung der Pyrenomyceten vielfach durch den Umstand erschwert, daß die Perithecien, auf welche die Einteilung begründet werden muß, bei vielen dieser Pilze gewöhnlich nicht zur Entwickelung kommen, bei manchen überhaupt gar nicht bekannt sind. Dafür treten diese Pilze in verschiedenartigen Conidienformen auf, von denen es überhaupt bei den Pyrenomyceten einen großen Reichtum giebt. Es liegt die Annahme nahe, daß bei diesen Pyrenomyceten die Fortpflanzung und Erhaltung der Spezies schon durch die Conidien so genügend bewirkt wird, daß die Entstehung von Perithecien überflüssig geworden und diese Früchte hier aus dem Entwickelungsgange

---

[1]) Band II. pag. 140.

des Pilzes ganz verschwunden sind. Für die Abteilungen, in welche wir diese Pyrenomyceten stellen, sind daher nur die betreffenden Conidienformen maßgebend, in welchen sie in der Natur aufzutreten pflegen. Das Nähere wird aus dem Folgenden selbst ersichtlich sein.

A. Scleropyrenomycetes.

Scleropyrenomycetes.

Die Perithecien sind kleine, rundliche, schwarze, ziemlich harte, zerstreut auf der Oberfläche des Myceliums oder des befallenen Pflanzenteiles frei stehende Kapseln, welche daher wie dunkle Wärzchen oder Pünktchen erscheinen. Auf dem Mycelium kommen außer den Perithecien oft noch verschiedene Conidienformen vor.

I. Coleroa *Fr.*

Coleroa.

Blätterbewohnende Pilze, deren kuglige Perithecien dunkelbraun oder schwarz, ziemlich dünnhäutig, aber dicht mit Borsten besetzt sind. Die Asci sind mit zarten Paraphysen (sterilen Fäden) gemischt und enthalten 8 zweizellige, blaß gefärbte Sporen. Die Perithecien stehen auf den Blättern meist gruppenweise auf einem allmählich mehr und mehr krank und braun werdenden Fleck. Wir nehmen diese Gattung hier in dem von Winter[1]) aufgefaßten Sinne, während Saccardo die folgenden Arten in die Gattung Venturia (s. unten) stellte.

Auf Rubus.

1. Coleroa Chaetomium *Kze.* (Dothidea *Ch. Fr.*, Stigmatea *Ch. Fr.*, Venturia Kunzii *Sacc.*), auf der oberen Blattseite von Rubus caesius und Idaeus. Zu diesem Pilz soll nach Fuckel als Conidienform Exosporium Rubi *Nees ab Es.* gehören, welches auf den kranken Flecken ein wärzchenförmiges, plattgedrücktes, schwarzes Stroma bildet, auf welchem zahlreiche keulenförmige, quergefächerte, geringelte Conidien beisammen entstehen.

Auf Alchemilla.

2. Coleroa Alchemillae *Grev.* (Asteroma Alchemillae *Grev.* Stigmatea Alchemillae *Fr.*), auf der Oberseite der Blätter von Alchemilla vulgaris, die Perithecien mehr oder weniger strahlig gruppiert.

Auf Potentilla anserina.

3. Coleroa Potentillae *Fr.* (Dothidea Potentillae *Fr.*, Stigmatea Potentillae *Fr.*), auf der Oberseite der Blätter von Potentilla anserina, die Perithecien in schwarze, den Blattnerven parallele Striche geordnet.

Auf Potentilla cinerea.

4. Coleroa subtilis *Fuckel* (Stigmatea subtilis *Fuckel*, Venturia subtilis *Sacc.*), auf Blättern von Potentilla cinerea, mehr rundliche, graufleckige Gruppen bildend.

Auf Geranium.

5. Coleroa circinans (*Fr.*) (Stigmatea circinans *Fr.*, Venturia circinans *Sacc.*), Venturia glomerata *Cooke* auf der Oberseite der Blätter von Geranium rotundifolium und molle, meist in Gruppen den Hauptnerven entlang geordnet.

Auf Petasites.

6. Coleroa Petasitidis *Fuckel* (Stigmatea Petasitidis *Fuckel*, Venturia Petasitidis *Sacc.*), auf der oberen Blattfläche von Petasites officinalis unregelmäßige, purpurviolette Flecke bildend.

[1]) Rabenhorst's Kryptogamenflora. Die Pilze I. 2. Abt., pag. 198.

7. Coleroa bryophila *Fuckel* (Stigmatea bryophila *Fuckel*, Venturia bryophila *Sacc.*), auf den Blättern verschiedener Laub- und Lebermoose, die sich dadurch braun färben. Nach Fuckel sollen die Perithecien in der Jugend Spermatien erzeugen und die Asci erst nach dem Absterben des Mooses entwickeln. Auf Moosen.

II. Stigmatea *Fr.*

Blätterbewohnende Pilze, deren sehr kleine, oberflächlich vorragende Perithecien halbkugelig, mit flacher Basis der Epidermis eingewachsen und kahl sind, meist Paraphysen und achtsporige Schläuche mit zweizelligen, farblosen oder blaßgefärbten Sporen besitzen. Stigmatea.

1. Stigmatea Robertiani *Fr.* (Dothidea Robertiani *Fr.*), auf der Oberseite der Blätter von Geranium Robertianum. Auf Geranium.

2. Stigmatea Alni *Fuckel*, an der Oberseite lebender Blätter von Alnus glutinosa, daselbst einen braunen Fleck erzeugend und nach Fuckel[1]) ein frühzeitiges Abfallen der Blätter veranlassend. Auf Alnus.

3. Stigmatea Andromedae *Rehm.*, an der Unterseite der Blätter von Andromeda polifolia. Auf Andromeda.

4. Stigmatea Ranunculi *Fr.*, auf bleichen Flecken der Blätter von Ranunculus repens. Auf Ranunculus.

5. Stigmatea Juniperi (*Desm.*) *Winter* (Dothidea Juniperi *Desm.*) auf der Unterseite der Nadeln von Juniperus communis. Auf Juniperus.

III. Trichosphaeria *Fuckel.*

Meist holzige Pflanzenteile bewohnende Pilze, deren kleine, kuglige, häutige bis hartholzige, behaarte oder borstige Perithecien gewöhnlich auf einem stark entwickelten flockigen Mycelgeflecht sitzen. Die Schläuche, welche mit reichlichen Paraphysen gemischt sind, enthalten 8 ein- oder zweizellige, eiförmige oder längliche Sporen. Die meisten Arten sind Saprophyten; parasitisch hat man folgende Art beobachtet. Trichosphaeria.

Trichosphaeria parasitica *R. Hart.*, auf der Tanne, auch auf Fichte und Hemlockstanne. Nach R. Hartig[2]) perenniert das farblose Mycelium des Pilzes auf der Unterseite der Zweige und wächst von dort aus auf die Unterseite der Tannennadeln, welche deshalb an dem Zweige festgesponnen werden und trotz ihres Absterbens an demselben hängen bleiben. Mit der Entwickelung der neuen Triebe wächst das Mycelium auch auf diese und tötet die jungen, noch nicht völlig ausgebildeten Nadeln. Auf der Unterseite der Nadeln bildet das Mycelium allmählich sich bräunende, dicke Polster, welche durch Verwachsung zahlreicher Mycelfäden entstehen; letztere entsenden auch feine Haustorien in die Außenwand der Epidermiszellen; später dringen auch Mycelfäden ins Innere des Blattes ein. Auf den Mycelpolstern entstehen die schwarzbraunen, in ihrer oberen Hälfte borstig behaarten Perithecien, die mit bloßem Auge kaum erkennbar sind. Die Auf Tannen und Fichten.

---

[1]) Symbolae mycolog. I, pag. 97.

[2]) Ein neuer Parasit der Weißtanne. Allgem. Forst- und Jagd-Zeitg., Januar 1884, und Hedwigia 1888, pag. 12. Vergl. auch Tubeuf, daselbst 1890, pag. 32.

Schläuche derselben enthalten je acht, ein- oder zweizellige, oft aber auch vierzellige rauchgraue Sporen. Die Verbreitung des Pilzes geschieht nicht nur durch das Mycelium, welches von Zweig zu Zweig weiter wachsen kann, sondern auch durch Sporeninfektion. Nach R. Hartig erkrankten besonders natürliche Verjüngungen unter Mutterbestand. Es ist daher Abschneiden der erkrankten Zweige zu empfehlen.

IV. Herpotrichia *Fuckel.*

Herpotrichia.

Die Perithecien sind von holziger bis kohliger Beschaffenheit und mit langen, gekräuselten, zur Seite kriechenden Haaren bedeckt. Paraphysen sind meist zahlreich vorhanden, die Asci 8sporig, die Sporen länglich spindelförmig, zwei- oder mehrzellig. Von diesen sonst nur saprophyten Pilzen ist als parasitär beobachtet worden:

Auf Fichten, Krummholz und Wachholder.

Herpotrichia nigra *R. Hart.* Dieser Pilz bewohnt nach R. Hartig[1]) die Fichte, Krummholzkiefer und den Wachholder in den höheren Gebirgsregionen. Das schwarzbraune Mycelium überwuchert ganze Zweige und Pflanzen, deren Nadeln völlig einspinnend, jedoch nur mit einem lockeren Geflecht, welches aber besonders über den Spaltöffnungen knollige Verdickungen bildet, auch Saugwärzchen in die Außenwand der Epidermis, später auch Fäden ins Innere des Blattes durch die Spaltöffnungen sendend. In dem Myceliumfilz auf der Nadel bilden sich zahlreiche, ziemlich große, kuglige, schwarzbraune Perithecien. Nach R. Hartig entstehen in den Knieholzbeständen große Fehlstellen, welche wie durch Feuer zerstört aussehen. In den Fichtensaat- und Pflanzkämpen der höheren Lagen werden oft sämtliche Pflanzen von dem unter dem Schnee wachsenden Mycelium überwuchert, besonders, wenn sie auf die Erde niedergedrückt waren, und erscheinen nach Abgang des Schnees getötet. R. Hartig rät, die Fichtenkämpe in tieferen Lagen und mehr auf Erhebungen als in Vertiefungen anzulegen.

V. Acanthostigma *de Not.*

Acanthostigma

Die Perithecien sind sehr klein, häutig, mit steifen Haaren oder Borsten besetzt; die Sporen sind mehrzellig, an beiden Enden verschmälert.

Auf Flechten.

Acanthostigma Peltigerae *Fuckel* (Trichosphaeria Peltigerae *Fuckel*), auf dem Thallus der Flechte **Peltigera canina** schmarotzend, wo die sehr kleinen Perithecien auf kranken, weißlichen Flecken sitzen[2]).

VI. Rosellinia *Ces.* et *de Not.*

Rosellinia.

Meist holzige Pflanzenteile bewohnende Pilze, deren holzige, oft kohlige, schwarze, kugelige Perithecien kahl sind und auf einem stark entwickelten, faserigen Mycelium sitzen. Die 8sporigen Schläuche sind mit Paraphysen gemischt, die Sporen einzellig, länglich oder spindelförmig, braun oder schwarz. Nur eine außer den vielen saprophyten Arten ist parasitär.

---

[1]) **Herpotrichia nigra,** Allgem. Forst- u. Jagd-Zeitg., Januar 1888.

[2]) Vergl. Fuckel, Symbol. mycolog. 2. Nachtrag, pag. 25.

Eichenwurzeltöter.

Rosellinia quercina *R. Hart.*, der Eichenwurzeltöter. Dieser von R. Hartig[1]) näher studierte Pilz befällt die Wurzeln ein- bis dreijähriger Eichen; man sieht dann in den Eichensaatbeeten die jungen Pflanzen verbleichen und vertrocknen, weil die Hauptwurzel durch den Pilz getötet wird. Beim Herausziehen solcher Pflanzen aus dem Boden zeigen sich an der Hauptwurzel hier und da zarte, weiße, verästelte, aus vielen Fäden zusammengesetzte Myceliumstränge, sowie besonders am Grunde der freien Seitenwurzeln schwarze, stecknadelkopfgroße Kugeln, welche als Sclerotien d. i. knollenförmige Ruhezustände des Myceliums zu betrachten sind. An bereits getöteten Pflanzen färbt sich das Mycelium braun und wächst bisweilen auch in dem unteren Teile des Stengels in die Höhe. Aber auch zwischen den umgebenden Erdschichten verbreitet sich das Mycelium und ergreift benachbarte Wurzeln, so daß endlich größere Plätze in den Saatbeeten verdorren. Die Sclerotien können später wieder neue Myceliumfäden aus sich hervorwachsen lassen; und das so entstandene Mycelium verbreitet sich auch wieder auf oder im Boden und kann Wurzeln gesunder Pflanzen befallen. Es dringt am leichtesten nahe der Spitze in die Pfahlwurzel oder in die feinen Seitenwurzeln ein, die Wurzelrindezellen mit einem üppigen pseudoparenchymatischen Gewebe erfüllend, welches auch wieder als Dauermycel oder Sclerotiumzustand sich kundgiebt. In den älteren Teil der Pfahlwurzel dringt das Mycelium an den Punkten ein, wo der Korkmantel derselben durch die Seitenwurzeln durchsetzt wird. Das Mycelium bildet an diesem Punkte zunächst knollenförmige Körper, von welchen sich zapfenförmige Fortsätze in das Gewebe der Eichenwurzel einschieben. Bei trocknem oder kaltem Wetter kann die Wurzel sich durch Bildung einer Wundkorkschicht gegen das vom Pilze bereits getötete Gewebe in der Umgebung jener Infektionsknöllchen schützen, während, wenn die Vegetationsbedingungen für den Pilz günstig bleiben, sein Mycelium von dort aus weiter in die Wurzel sich verbreitet und diese tötet. Die Sclerotien sind also für den Pilz ein Mittel, den Winter sowie auch Trockenperioden zu überstehen. R. Hartig hat an dem oberflächlich vegetierenden Mycelium auch Fruktifikationen beobachtet; erstens eine Conidienform, nämlich quirlig verästelte Fruchthyphen, welche Conidien abschnüren, außerdem aber auch stecknadelkopfgroße, schwarze, kugelförmige Peritheceien, welche entweder an der Oberfläche der kranken Eichenpflanzen oder in der Nähe derselben auf der Oberfläche des Erdbodens wachsen; dieselben enthalten Asci, in denen je 8 kahnförmige, dunkle Sporen gebildet werden. R. Hartig empfiehlt gegen die Krankheit, die jedoch meist nur in nassen Jahren sich zeigt, um die erkrankten Stellen der Saatkämpe Isoliergräben anzulegen und keine kranken Pflanzen zur Verschulung in Pflanzkämpe zu verwenden.

VII. Cucurbitaria *Fr.*

Cucurbitaria.

Die Perithecien stehen in rasenförmigen Gruppen beisammen auf der Oberfläche des befallenen Pflanzenteiles, sind kugelig, kahl und enthalten mit Paraphysen gemischte, 6- bis 8sporige Schläuche; die Sporen sind durch Quer- und Längswände mauerförmig, vielzellig, gelb oder braun. Die zahlreichen, hierhergehörigen Arten bewohnen

[1]) Untersuchungen aus d. forstbot. Institut zu München I., pag. 1.

holzige Äste verschiedener Pflanzen doch eigentlich nur tote Teile; als parasitär sind folgende Arten bekannt:

Auf Cytisus Laburnum.

1. **Cucurbitaria Laburni** *Fr.* Dieser auf Cytisus Laburnum häufige Pilz befällt nach Tubeuf[1]) auch lebende Zweige, jedoch nur Wundstellen, besonders Hagelschlagwunden, von denen aus sein Mycelium sich weiter verbreitet und dann das Absterben der Rinde und Zweige auf größerer Ausdehnung und selbst das Absterben der ganzen Pflanzen veranlassen kann. Das Mycelium wächst unter der Rinde als ein dünnes Lager oder Stroma, auf welchem, nachdem die Rinde abgefallen oder aufgebrochen ist, die zahlreichen Perithecien entstehen. Außer denselben kommen aber auch verschiedene Conidienzustände vor. Dies sind nach Tubeuf teils einzellige, auf conidientragenden Fäden stehende Conidien, teils sehr verschiedenartige Pykniden, kleine mit Mündung versehene Kapseln, die durch die verschiedenen Conidien (Stylosporen), die in ihnen erzeugt werden, sich unterscheiden: bald einzellige, braune, runde Conidien, bald mauerförmig gefächerte, braune oder zweizellige, braune Conidien (diese Form früher als Diplodia Cytisi *Awd.*) beschrieben. Tubeuf konnte teils mit den Sporen, von denen alle genannten Arten keimfähig sind, teils mittelst Mycelium den Pilz mit Erfolg auf gesunde Cytisus-Pflanzen übertragen.

Auf Sorbus.

2. **Cucurbitaria Sorbi** zeigt nach Tubeuf[2]) dasselbe Verhalten auf Sorbus Aucuparia.

VIII. Plowrightia *Sacc.*

Plowrightia.

Auf holzigen Pflanzenteilen wachsende Pilze. Die Perithecien stehen wie bei der vorigen Gattung rasenförmig beisammen auf einem schwarzen, kissenförmig convexen Stroma; die mit Paraphysen gemengten Asci enthalten 8 ungleich zweifächerige, ovale, farblose oder blaßgefärbte Sporen.

Black Knot der Kirsch- und Pflaumenbäume.

Plowrightia morbosa *Sacc.* (Sphaeria morbosa *Schw.*, Gibbera morbosa *Plowr.*, Botryosphaeria morbosa *Ces.* et *de Not.*, Cucurbitaria morbosa *Farl.*), bringt in Amerika eine unter dem Namen „black Knot" oder schwarzer Krebs bekannte Gallenbildung an den Kirsch- und Pflaumenbäumen hervor. In den halbkugeligen, knotenartigen, bis 1 cm hohen, meist zu mehreren beisammenstehenden Geschwülsten ist nämlich nach Farlow[3]) stets das Mycelium dieses Pilzes zu finden. Es beginnt seine Entwickelung im Cambium. Dadurch wird letzteres zu einer Hypertrophie veranlaßt, nämlich zu einer Wucherung, die als Knoten sich kenntlich macht, und in welcher der Unterschied zwischen Holz und Rinde aufgehoben ist, indem sie aus einem parenchymatösen Gewebe gebildet ist, in welchem die Myceliumstränge des Pilzes sich verbreiten. Die Gallen haben mehrjähriges Wachstum; ein solches von dreijähriger Dauer ist sicher konstatiert. Der Pilz bringt auf den Geschwülsten auch seine Früchte zur Entwickelung, deren mehrere

---

[1]) Cucurbitaria Laburni, Cassel 1886.

[2]) Allgem. Forst- u. Jagdzeitung 1887, pag. 79.

[3]) Bulletin of the Bussey institution, Botanical articles 1876, pag. 440 ff. Referiert in Just, bot. Jahresber. 1876, pag. 181. — Vergl. Plowright, cit. in Just, bot. Jahresber. 1875, pag. 225.

Formen beschrieben werden, nämlich zuerst Conidien in Form eines sammetartigen Überzuges (besonders von der Form des Cladosporium), Pykniden (der Gattung Hendersonia entsprechend, später von Saccardo als Hendersonula morbosa bezeichnet), Spermogonien und endlich die Perithecien mit zweizelligen Sporen, welche im Januar oder später reif werden. Die Keimung der Ascosporen ist zwar beobachtet, aber die Erzeugung der Krankheit durch den Pilz ist noch nicht verfolgt worden. Neuerdings hat Humphrey[1]) den Pilz wiederum untersucht; er konnte aber die Hendersonula-Pykniden nicht auffinden und erklärt ihre Zugehörigkeit zu Plowrightia für unsicher; dagegen konnte er bei Aussaat der Ascosporen in Nährgelatine mit Pflaumenaufguß Pyknidenfrüchte erziehen, die jedoch mit der Hendersonula-Form nicht übereinstimmen. Die Krankheit hat in manchen Gegenden der Vereinigten Staaten fast alle kultivierten Pflaumenbäume zerstört; sie findet sich dort aber auch auf den wildwachsenden Prunus-Arten, nämlich auf der in Hecken und Gebüschen gemeinen Prunus virginiana, auch auf Prunus pensylvanica und americana, während P. serotina und maritima frei gefunden wurden. Der Pilz ist also wahrscheinlich von den wilden auf die kultivierten Arten übergegangen. Von den Pflaumenbäumen werden alle Sorten gleich angegriffen, von den Kirschen scheinen manche Sorten mehr empfänglich zu sein als andre. Zur Bekämpfung der Krankheit empfiehlt Farlow, diejenigen Äste, an denen sich Knoten befinden, nicht bloß abzusägen, sondern auch zu verbrennen, weil auch an den vor der Ausbildung der Perithecien im Sommer gefällten Bäumen diese Früchte im März des folgenden Jahres zur Reife gelangen, Ansteckung also auch von dort aus stattfinden kann. In Europa sind der Pilz und die Krankheit nicht bekannt; doch könnten sie durch Import amerikanischer Arten nach Europa übergeführt werden.

IX. Gibbera *Fr.*

Die Perithecien sind in kleinen Gruppen aneinander gewachsen, convex bis kegelförmig, schwarz, kohlig, behaart, ohne äußerlich sichtbares Mycelium. Sporen zweizellig, blaß gefärbt. Gibbera.

Gibbera Vaccinii *Fr.* (Sphaeria Vaccinii *Sow.*), bildet auf den lebenden Stengeln von Vaccinium vitis idaea kohlschwarze, behaarte, etwa $^1/_4$ mm große Perithecien, welche zu mehreren in kleinen Häufchen verwachsen sind. Dieselben enthalten cylindrische, achtsporige Sporenschläuche und Paraphysen. Die Sporen sind länglichrund, in der Mitte mit einer Scheidewand und daselbst etwas eingeschnürt. Mäßig befallene Zweige zeigen gewöhnlich keine kranken Symptome, doch scheinen die stärker ergriffenen allmählich die Blätter zu verlieren und dürr zu werden. Auf Vaccinium.

B. Cryptopyrenomycetes.

Die Perithecien, kleine, einfache, rundliche, dunkle Kapseln, stehen nicht frei auf der Oberfläche, sondern sind dem Pflanzenteile, den der Pilz bewohnt, eingewachsen, nur mit dem Scheitelteil, in welchem sich Cryptopyrenomycetes.

[1]) The Black Knot of the Plum. Annual Report of the Massachusetts. Agric. Exper. Station 1890; ref. in Zeitschr. f. Pflanzenkrankh. I., pag. 174.

die Mündung befindet, mehr oder weniger hervorragend; später kommen sie allerdings manchmal durch Verschwinden der sie bedeckenden Gewebeschichten an die Oberfläche. Bei diesen Pilzen werden sehr häufig vor der Bildung der Perithecien eine oder mehrere verschiedene Arten von Conidien erzeugt, und nicht selten kommt es dann überhaupt nicht zur Perithecienbildung; jedenfalls sind die Conidien, wo sie vorkommen, die hauptsächlichsten Fortpflanzungsorgane dieser Pilze, welche besonders die rasche Verbreitung derselben im Sommer bewirken, während die Perithecien meistens ihre Sporen erst spät im Herbst oder nach Überwinterung reifen, also mehr für die Wiedererzeugung des Pilzes im nächsten Frühjahre in Betracht kommen. Indessen können bei manchen dieser Pilze unzweifelhaft auch Myceliumteile auf abgestorbenen oder lebenden Pflanzenteilen überwintern und in der Conidienbildung fortfahren. Die Mehrzahl dieser Pyrenomyceten ist bis jetzt nur auf toten Pflanzenteilen, also saprophyt bekannt; diese bleiben hier alle ausgeschlossen. Manche der gewöhnlich saprophyt auf toten Pflanzenteilen wachsenden Arten gehen aber gelegentlich auf die lebende Pflanze und bringen dann gewisse Krankheitserscheinungen hervor. Wieder andre beginnen ihre Entwickelung regelmäßig streng parasitär, kommen aber dann auch erst auf dem inzwischen abgestorbenen Pflanzenteile zur vollständigen Entwickelung, namentlich werden die Perithecien nicht selten erst gebildet, wenn der befallene Pflanzenteil abgestorben ist und während des Herbstes und Winters zu verwesen beginnt. Aus den angeführten Gründen werden die meisten dieser Pilze nur im Conidienzustande gefunden und erkannt. Wir führen aber an dieser Stelle nur diejenigen Kryptopyrenomyceten auf, von denen Perithecien sicher bekannt sind und wenigstens zur geeigneten Zeit gefunden werden können. Die bloßen Conidienformen stellen wir unten unter C zusammen.

I. Pleospora *Rabenh.*

Pleospora

Die Perithecien enthalten Paraphysen und achtsporige, länglich-keulenförmige Asci; die Sporen sind länglich und mauerförmig vielzellig, d. h. nicht nur durch mehrere Querwände, sondern auch durch Längswände gefächert, meist honiggelb oder gelbbraun gefärbt. Bei der Keimung dieser Sporen vermag meist jede Teilzelle einen Keimschlauch zu treiben. Das Mycelium wächst vorwiegend in den oberflächlichen Zellschichten der Pflanzenteile in Form mehr oder weniger braungefärbter, durch viele Querwände in kurze Glieder geteilter Fäden, die sich meist reichlich verzweigen und dadurch mehr oder weniger zu einer zelligen Schicht sich aneinander schließen. Unter den mannigfaltigen Conidienformen, welche von vielen dieser Pilze gebildet werden, ist die gewöhnlichste diejenige, welche den Namen Cladosporium führt; sie besteht aus aufrechten, ebenfalls braungefärbten, unverzweigten Hyphen, welche an einigen Punkten an der Spitze ellipsoidische, ein- oder wenig-zellige, braune Conidien abschnüren (Fig. 60). Diese Mycelium- und Conidienbildungen erscheinen auf den Pflanzen als ein mehr oder weniger dichter, schwarzbrauner oder schwarzer Überzug, den man allgemein die Schwärze nennt. Mit den Namen Cladosporium herbarum etc., womit man diese überaus gemeinen Conidienzustände bezeichnet, ist nach dem eben Gesagten über die Species des im gegebenen Falle vorliegenden Pilzes noch nichts entschieden, da eben sehr viele Arten dieser Gattung und wohl auch verwandter Pyrenomyceten-Gattungen mit solchen oder davon kaum sicher unterscheidbaren Conidien fruktifizieren. Eine andre häufige Conidienform ist Sporidesmium genannt worden; sie bildet auf kurzen Hyphen stehende, bräunliche, große, spindel- oder verkehrt keulenförmige Sporen, welche durch zahlreichere Quer- und zum Teil auch durch Längswände septiert sind (Fig. 61); wenn diese Sporen kettenförmig übereinander zu mehreren gebildet werden, so ergiebt sich die als Alternaria bezeichnete Form. Conidien von cylindrisch-wurmförmiger Gestalt mit vielen Querwänden, ohne Längswände, werden als Helminthosporium bezeichnet. Sind die Conidien von oblonger Gestalt, braungefärbt, und durch mehrere Scheidewände, die in verschiedenen Richtungen stehen, vielfächerig, so hat man dafür den Namen Macrosporium. Wenn Cladospoirum herbarum in einer Nährflüssigkeit wächst, so entwickelt es sich nach Laurent[1]) und Lopriore[2]) als eine Wassermycelform, welche das zuerst genauer von Loew[3]) beschriebene Dematium pullulans darstellt, für dessen braune, septierte Mycelfäden es charakteristisch ist, daß sie an den Seiten ihrer Gliederzellen wiederholte hefeartige Sprossungen entwickeln, welche als Flüssigkeitsconidien gelten müssen. Nicht selten schwellen einige intercalar stehende Gliederzellen dieses Wassermyceliums zu dicken, runden, braunhäutigen Chlamydosporen an. Endlich treten diese Pilze auf ihren Nährpflanzen manchmal auch in Form verschiedener Pyknidenfrüchte auf, und zwar von der Beschaffenheit, für welche die Pilznamen Phoma, Septoria und dergl. üblich sind und deren Bau unten am betreffenden Orte näher beschrieben ist. Diese verschiedenen Conidienfruktifikationen sind keineswegs sämtlich bei jeder Art von Pleospora und verwandten Pyrenomyceten bekannt; unsre Kenntnis darüber und über die Bedingungen

---

[1]) Recherches sur le polyphormisme du Cladosp. herb. Ann. de l'Inst. Pasteur 1888.

[2]) Berichte d. deutsch. bot. Ges. 19. Febr. 1892 u. Landw. Jahrb. XXII.

[3]) Pringsheim's Jahrb. f. wiss. Bot. VI.

des Auftretens dieser polymorphen Früchte sind noch äußerst lückenhaft. Bauke[1]) hat zwar bei Aussaaten von Pleospora herbarum in künstliche Nährlösung aus Conidien, wenigstens aus Sporidesmium, immer wieder dieses letztere, aus den Conidien der Pykniden immer nur Pykniden, aus den Ascosporen der Perithecien aber sowohl Conidien als auch Pykniden oder Perithecien, und zwar immer nur eine von beiden Früchten hervorgehen sehen, so daß er dieselben als Wechselgenerationen, von denen eine die andre vertritt, betrachtet. Man darf daraus aber nicht ohne weiteres Schlüsse auf das Verhalten des Pilzes auf seinem natürlichen pflanzlichen Substrate ziehen. Oft hat hier allerdings der Pilz zur Zeit der Beobachtung noch keine Perithecien, sondern nur eine oder die andre Form von Conidien oder Pykniden; und dann ist er eben einstweilen nur mit dem Namen, der diese letztere Fruktifikation bezeichnet, zu belegen, wie das auch im folgenden zum Teil geschehen ist.

Schwärze des Getreides.

1. Cladosporium herbarum *Link*, die Schwärze des Getreides und andrer Pflanzen. Obgleich es ein Conidienzustand ist, welcher diesen Namen trägt, führen wir ihn doch an dieser Stelle auf, weil es unzweifelhaft ist, daß Pyrenomyceten aus der Gattung Pleospora und verwandter Gattungen mit solchen Conidien fruktifizieren. Immer, wenn Getreide nach erlangter Reife noch eine Zeit lang auf dem Halme steht oder überhaupt auf dem Felde verweilt, also namentlich wenn längeres Regenwetter die Erntearbeiten verzögert, bedecken sich Halme, Blätter und besonders die Ähren mit vielen kleinen oder größeren, mitunter zusammenfließenden schwarzen, rußähnlichen Flecken. Diese Flecke werden von einem Pilz gebildet; sein Mycelium besteht aus verhältnismäßig dicken, kräftigen, mehr oder weniger braunen, teilweise auch farblosen Fäden, die durch zahlreiche Querwände in kurze Gliederzellen geteilt, reichlich verzweigt sind und der Unterlage äußerst dicht und fest angeschmiegt wachsen, in jede Vertiefung derselben sich einsenken und vielfach auch wirklich in die feste Masse der Zellmembranen sich eingraben, Epidermiszellen und selbst tiefer liegende Zellen durchwachsend, doch vorwiegend in Richtungen parallel der Oberfläche. Die endophyten Fäden sind gewöhnlich farblos. An den oberflächlich wachsenden Hyphen entwickeln sich als Zweige derselben die Conidienträger: sie stehen, senkrecht von der Oberfläche sich erhebend, entweder einzeln oder in Büscheln; die letzteren entspringen manchmal von einem subepidermal gebildeten sclerotienartigen, knollenförmigen, braunen Hyphenkomplex; es sind etwa 0,03—0,05 mm lange, einfache, braune Fäden von oft etwas knickiger oder knorriger Form meist mit einer oder wenigen Scheidewänden und oben mit einigen kleinen Vorsprüngen (Fig. 60). An letzteren entstehen die Sporen durch Abschnürung oft zu mehreren kettenförmig; sie fallen äußerst schnell ab und sind rundlich bis ellipsoidisch, einzellig oder mit ein bis drei Querscheidewänden, blaßbraun, 0,005—0,018 mm lang. Dieselben sind sofort keimfähig und bilden leicht an andern Stellen des Pflanzenteiles, desgleichen auf gewöhnlichen Pilznährlösungen wieder Mycelium und Coni-

[1]) Botan. Zeitg. 1877, pag. 321 ff.

dien. Auch bei andern Gelegenheiten zeigt sich die Schwärze auf dem Getreide, aber fast immer sind es auch dann bereits abgestorbene Teile, welche befallen werden. So besonders wenn in regenlosen Sommern das Getreide vor der Reife auf dem Felde abstirbt und notreif oder in den Körnern ganz verkümmert ist und in diesem Zustande gelb und trocken auf dem Halme bleibt; auch dann schwärzt sich der letztere oft mehr oder weniger bis in die Ähren durch das Cladosporium. Bei Dürre finden sich oft Blattläuse

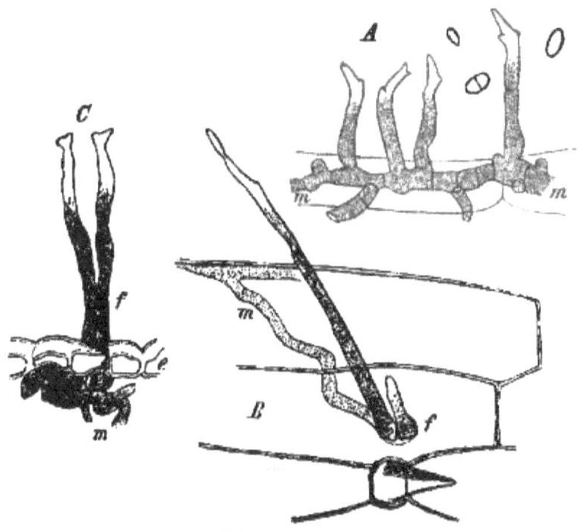

Fig. 60.

Die Schwärze des Getreides, Cladosporium herbarum *Link.* A und B auf noch lebenden Roggenblättern. A ein auf der Epidermis hinwachsender Mycelfaden m m, von welchem mehrere aufrechte Conidienträger sich abzweigen, nebst einigen abgefallenen Sporen. B unterhalb der Epidermiszellen wachsender, farbloser Mycelfaden m, welcher bei f eine Epidermiszelle querdurchbohrend nach außen tritt, um sogleich mehrere Conidienträger zu bilden. C Querdurchschnitt durch ein Stück eines von der Schwärze stark befallenen und abgestorbenen Haferblattes. e Epidermis, m die unter derselben entwickelte, gebräunte dichtere Myceliumschicht, von welcher man einen Faden die Epidermis durchbohrend nach außen wachsen und die Beschaffenheit von Conidienträgern f annehmen sieht. 300fach vergrößert.

am Getreide ein; und ihre zuckerhaltigen Ausscheidungen (Honigtau) dürften vielleicht die Keimung und Entwickelung der Cladosporium-Sporen auf dem Getreide besonders begünstigen. Auch wenn Blätter oder Ähren des Getreides aus andern Ursachen vorzeitig abgestorben sind, und sich entfärbt haben, so z. B. an durch Frost oder durch parasitische Pilze oder schädliche Insekten getöteten Teilen, siedelt sich gern nachträglich Cladosporium an und schwärzt nun die durch jene andre Ursache zerstörten Teile. Die hier beschriebenen Erscheinungen kann man in Deutschland nicht bloß am Roggen, sondern auch an anderm Getreide, besonders an Weizen und Gerste beobachten.

Nun hat schon Corda[1]) das Cladosporium herbarum für einen wirklichen Parasiten der Roggenpflanze gehalten und ihm die Ursache des Verkümmerns der Ähren und Körner zugeschrieben. Auch Haberland[2]) sah ihn für einen Parasiten an. Aus den hier angeführten Gründen war es aber nicht unberechtigt, daß Kühn[3]) diesen Pilz für einen Saprophyten erklärte und jene anderweiten Einflüsse für die eigentliche Ursache der Beschädigungen hielt, in deren Begleitung der Pilz erst sekundär auftritt. Allein ich habe in der vorigen Auflage dieses Buches (S. 581) gezeigt, daß der Pilz auch parasitisch auftreten und direkt schädlich werden kann. Auf niedrig gelegenen Roggenfeldern bei Leipzig war schon kurz nach der Blüte, Mitte Juni, ein Gelbwerden der Blätter fast an allen Pflanzen eingetreten. Meist war schon das oberste Blatt unter der Ähre ergriffen, die unteren bereits stärker entfärbt. Fast immer begann das Gelbwerden am Grunde der Blattfläche auf deren Oberseite und verbreitete sich von hier aus allmählich weiter aufwärts. Auf der Mitte der eben entstandenen gelben Flecken befand sich eine geringe Menge einer mehlartigen, grauen Masse, welche aus Pollenkörnern des Roggens bestand, die sich hier auf der Oberseite der Blattbasis leicht ansammeln können. Stets befanden sich darin Sporen und Myceteile von Cladosporium, und der Pilz kam hier zu weiterer Entwickelung. Seine braunen Fäden zogen sich über die Epidermis des Blattes hin, trieben bald an verschiedenen Stellen neue Conidienträger und drangen auch in die Epidermis ein. Die Fäden waren dann unterhalb der letzteren deutlich nachzuweisen und von hier aus drangen sie an manchen Stellen wieder an die Oberfläche, oft so, daß sie die Epidermis bald durch eine Spaltöffnung, bald mitten durch eine Epidermiszelle, bald an der Grenze zwischen zwei solchen durchbohrten, oft um auswendig sofort unter Bräunung ihrer Membran sich vertikal als Conidienträger aufzurichten (Fig. 60 B). In der Umgebung der kranken Stellen war die Epidermis rein. Die zunehmende Entwickelung der Conidienträger hatte auf den schon länger erkrankten Stellen endlich Bildung der charakteristischen schwarzbraunen Flecke der Schwärze zur Folge; und diese Stellen dürften wieder Ausgangspunkte für die weitere Verbreitung des Pilzes auch nach andern Blättern gewesen sein. In den erkrankten Stellen enthielten die Mesophyllzellen keine Chlorophyllkörner mehr, sondern im wässrigen Safte gelbe, ölartige Körper. Sehr bald wurden die vergelbten Stellen hellbraun und trocken. Man greift wohl nicht fehl, wenn man annimmt, daß durch die Pollenmassen die Ansiedelung des Cladosporium begünstigt, oder sogar der Pilz übertragen worden ist. Denn man findet sehr oft nach der Blüte des Getreides die in den Ähren verbliebenen Reste der Staubbeutel von diesem Pilze bedeckt, oft unter deutlicher Schwärzung. Von Caspary sind in Rabenhorst's Herbarium mycologicum II. Nr. 232 Gerstenblätter verteilt worden, die zur Blütezeit braune Flecke bekommen hatten, auf denen ein dem beschriebenen ganz ähnlicher Pilz sich findet; er ist zwar dort Helminthosporium gramineum *Rabenh.* genannt, doch eigentlich nur eine kräftige Cladosporium-Form. Es handelt sich hier offenbar um einen dem von mir beobachteten ganz ähnlichen Fall. Dieselbe Erscheinung des Schwarzbraunfleckigwerdens der Blätter junger

---

[1]) Ökonomische Neuigkeiten u. Verhandlungen 1846, pag. 651.

[2]) Fühling's landw. Zeitg. 1878, pag. 747.

[3]) Fühling's landw. Zeitg. 1876, pag. 734.

Gerste beobachtete ich im Juni 1883 bei Angermünde; auch hier war ein Cladosporium als der Veranlasser zu konstatieren. Wenn auf Getreideblättern die Schwärze stark entwickelt ist, so brechen Büschel von Conidienträgern und auch einzelne Conidienträger durch die Epidermis hervor. Unter der letzteren bildet dann das Mycelium oft streckenweise dichte Lager aus verflochtenen Hyphen, welche sich ebenfalls bräunen und oft das Zellgewebe daselbst verdrängen (Fig. 60 C). Ein Fall, wo der Weizen schon im Mai sich mit Schwärze zu bedecken anfing, infolgedessen die Ähren- und Körnerbildung geschmälert wurde, wird auch von Thümen[1]) erwähnt. Im Juni 1892 kamen bei mir Roggenpflanzen aus einer Gegend der Mark zur Untersuchung, welche vor der Reife weiße Ähren bekommen hatten, weil die Pflanzen von Cladosporium befallen waren, welches sich äußerlich noch wenig als Schwärze zeigte, indem nur erst geringe Conidienbildung eingetreten war, wogegen das Mycelium die inneren Gewebe der oberen Teile des Halmes unter der Ähre zum Teil stark durchwuchert hatte, was eben die Ursache des allmählichen Absterbens der Ähre war. Endlich hat Lopriore[2]) bei einer in meinem Institute angestellten Untersuchung junge Weizenpflänzchen mit einer zur Dematium-Sporenbildung gelangten Reinkultur von Cladosporium, welches von verpilzten Weizenkörnern (s. unten) entnommen war, in Pflaumendekokt erfolgreich infizieren können, wobei die Myceliumfäden durch Spaltöffnungen oder Epidermiszellen in das Blattgewebe eindrangen und von Scheide zu Scheide ins Innere des Halmes wucherten, so daß die Pflanzen erkrankten und kümmerlich, wenn auch bis zur Ährenbildung sich entwickelten.

Cladosporium auf Getreidekörnern.

Das Cladosporium kann auf dem von der Schwärze befallenen Getreide auch bis auf die Körner solcher Pflanzen sich verbreiten und also mit diesen übertragen werden. Solche mit der Schwärze behaftete Getreidekörner sollen nach mehrfachen Berichten krankhafte Erscheinungen im tierischen Organismus hervorrufen, wenn sie zur Nahrung verwendet werden. Nach den Angaben Eriksson's[3]) ist in Schweden der sogenannte „Oerräg“ oder „Taumelroggen“ eine häufige Erscheinung; er besteht aus kleinen geschwärzten Roggenkörnern; die daraus bereiteten Nahrungsmittel sollen Schwindel, Zittern, Erbrechen etc. hervorrufen. Eriksson fand, daß Roggen von diesen Eigenschaften von Cladosporium herbarum, welches er ebenfalls für einen Parasiten hält, zur Reifezeit in Blättern und Körnern befallen ist, wodurch die Ausbildung der letzteren beeinträchtigt werde. Auch Woronin[4]) berichtet, daß in Süd-Ussurien infolge starker Niederschläge „Taumelgetreide“ vorkomme, und daß dabei Cladosporium herbarum auftrete, und zwar auf Roggen, Weizen, Hafer und andern Gräserarten. Durch diese Angaben veranlaßt, ließ Lopriore[5]) frisches Stroh und Ähren von Getreide, welches durch Cladosporium stark geschwärzt war, an Pferde, Hunde, Kaninchen, Ratten und Hühner verfüttern, ohne daß die Tiere nach dessen Genusse irgend welche Erkrankungen zeigten. Auch an den Gerstenkörnern, besonders wenn sie aus beregneter Ernte stammen, ist Cladosporium herbarum ge-

---

1) Fühling's landw. Zeitung 1886, pag. 606.

2) Die Schwärze des Getreides. Landw. Jahrb. XXIII. 1894.

3) Om Oer-räg. Kgl. Landsk. Akad. Handl. Stockholm 1883.

4) Botan. Zeitg. 6. Februar 1891.

5) Berichte d. deutsch. bot. Ges. 19. Februar 1892.

funden worden. Zuerst hat das Wohltmann[1]) 1886 in Schweden beobachtet; und neuerdings hat Zöbl[2]) gefunden, daß die Braunspitzigkeit der Gerstenkörner, die an beregneten Gerstenproben beobachtet wird, durch diesen Pilz veranlaßt ist, und daß solche Körner zwar keine Beeinträchtigung der Ausbildung erkennen lassen, wohl aber eine schwächere Keimungsenergie entwickeln und beim Keimen leicht schimmeln, also für Brauzwecke einen verminderten Wert besitzen. Vor einigen Jahren kam mir ein Weizensaatgut vor, dessen Körner teilweise durch kleine schwarzbraune Punkte und Streifen auffielen, welche oberflächlich auf der Schale saßen und aus Mycelium von Cladosporium herbarum bestanden, das besonders zwischen den Haaren an der Spitze des Kornes die charakteristischen Conidienträger mit Sporen aufwies. Es blieb unentschieden, ob dieser Pilz nicht vielleicht auch dem unten genannten Weizenblattpilze (S. 202) angehörte. Mit diesem Material hat Lopriore (l. c.) in meinem Institute Untersuchungen angestellt, welche zeigten, daß die aus solchen verpilzten Körnern aufkeimenden Weizenpflänzchen durch diesen Pilz sogleich wieder befallen werden können; manche Keimlinge wurden schon sehr frühzeitig getötet, bei andern wuchs das Mycelium durch den Gefäßteil des Halmes nach aufwärts und griff entweder nur die unteren Teile des Halmes an oder konnte bis hinauf zur Ähre gelangen, deren Fruchtknoten dann in ihrer weiteren Ausbildung behindert wurden. Es ist damit die Möglichkeit dargethan, daß der Pilz auch durch den Samen übertragen werden kann; es ist daher Auswahl gesunden Saatgutes, Vermeidung der Aussaat braunspitziger Getreidekörner zu empfehlen; daher dürfte die Beizung des Saatgutes mit 1—1½ prozentiger Schwefelsäure oder mit Kupfervitriol auch zur Abwehr dieses Parasiten vorteilhaft sein. Selbstverständlich ist diese Übertragung durch das Saatgut nicht der einzige Weg, wie der Pilz auf die Pflanze gelangt, denn die gewöhnliche Entstehung der Schwärze auf den bis dahin gesunden Getreidepflanzen bei Notreife oder nach Beregnung zur Erntezeit ist auf Anflug von Sporen von außen zurückzuführen, denn es ist unzweifelhaft, daß der Pilz auch im Ackerboden reichlich vorhanden ist. Auch künstlich konnte Lopriore die junge gesunde Weizenpflanze von außen infizieren, wie oben erwähnt wurde.

Zu welchen Pyrenomyceten gehört das Getreide-Cladosporium?

Zu welchen Pyrenomyceten das auf Getreide vorkommende Cladosporium gehört, ist noch ziemlich dunkel und im einzelnen Falle oft nicht zu beantworten, da sich gewöhnlich keine Perithecien auf den mit Schwärze behafteten Halmen finden lassen. Auf alten abgestorbenen Getreidehalmen, besonders auf Stoppeln, kennt man drei verschiedene Arten von Pleospora, von denen also wahrscheinlich eine oder auch alle zu unserm Pilze gehören. Es sind dies: 1. Pleospora vagans *Niessl* mit meist zerstreut stehenden, niedergedrückt kugeligen, kahlen Perithecien und 0,022—0,030 mm langen Sporen mit 5 Querwänden außer den Längswänden, 2. Pleospora infectoria *Fuckel* mit reihenweis auf schwarzgefärbten Halmstellen stehenden kahlen, kugligen Perithecien und 0,017—0,026 mm langen Sporen mit 5 Querwänden, 3. Pleospora polytricha *Tul.* (Pyrenophora relicina *Fuckel*), mit dickwandigen, harten Perithecien, welche mit Haaren bekleidet sind, auf

[1]) Fühling's landw. Zeitg. 1. März 1888.

[2]) Farbe der Braugerste. Österr. Zeitschr. f. Bierbrauerei 1892, Nr. 23 u. 25 und Braunspitze Gerste. Allgem. Brauer- und Hopfenzeitung. 1892, Nr. 106.

welchen oft Conidien (Cladosporium) gebildet werden, und mit 0,035 bis 0,045 mm langen Ascosporen mit 3 bis 5 Querwänden und ziemlich starken Einschnürungen an den Querwänden. Ferner ist aber auch von der spezifisch weizenbewohnenden unten erwähnten Leptosphaeria Tritici beobachtet, daß sie meist in Gesellschaft von Conidienträger von der Form des Cladosporium vorkommt, so daß also vielleicht auch die Leptosphaeria eine Cladosporium-Fruktifikation besitzt.

Die Maßregeln, welche gegen die Schwärze des Getreides anwendbar sind, werden sich außer der schon erwähnten Auswahl und Behandlung des Saatgutes, auf dem Felde selbst nur darauf beschränken können, das Getreide früh zu ernten und einzufahren, bei Regenwetter die Garben, auf Stangen oder auf langen, horizontal straff gezogenen Stricken aufzuhängen, womöglich unter einer leichten Bedachung. Mittel gegen die Schwärze.

Auch die Schwärze auf andern Pflanzen, bestehend in Cladosporium, kommt unter denselben Umständen wie auf dem Getreide sehr häufig vor; so z. B. auf dem Stroh und den reifen gelben Hülsen der Erbsen, wenn diese bei feuchtem Wetter längere Zeit im Freien bleiben. Nach Sorauer[1]) soll aber auch hier der Pilz in feuchten Jahren, besonders bei gelagerten Pflanzen auf noch lebenden reifenden Hülsen auftreten und einen Ausfall in der Ernte verursachen. Ähnliches berichtet er von Mohnköpfen. Auch in Italien ist auf frischen Erbsenhülsen ein Cladosporium beobachtet worden[2]) Auf diesen Pflanzen sind wieder andre Arten von Pleospora bekannt und es besteht hier dieselbe Möglichkeit, aber auch derselbe Zweifel bezüglich der Zugehörigkeit derselben zur Schwärze. Schwärze der Erbsen rc.

2. Pleospora Oryzae *Garov.* Am nächsten mit der Schwärze verwandt ist vielleicht auch die Reiskrankheit, die schon seit alter Zeit in den Reisfeldern Oberitaliens bekannt und Reisbrand (Brusone oder Carolo del riso) genannt worden ist. Die Blätter und Blattscheiden vertrocknen, werden mattrot, die Stengelknoten sind schwärzlich, eingeschrumpft, oft zerrissen, die Ährchen mißfarbig, leer und fallen bei der geringsten Berührung ab. Nach Garovaglio[3]) soll der vorstehend genannte Pilz die Ursache sein. Das Mycelium findet sich im Gewebe der befallenen Teile und erzeugt an der Oberfläche schwärzliche Flecke, die aus truppweise beisammenstehenden Spermogonien, Pykniden und Perithecien bestehen sollen. Reiskrankheit.

3. Pleospora Hyacinthi *Sor.*, die Schwärze der Hyacinthen. Dieser von Sorauer[4]) untersuchte Pilz stellt einen fest auf den Zwiebelschuppen sitzenden braunen Überzug dar; seine Myceliumfäden dringen auch ins innere Gewebe der Schuppen ein, und auf der Oberfläche derselben bilden sich zahlreiche Conidienträger in der Form von Cladosporium fasciculare *Fr.*, nämlich dicht büschelförmig auf den Trägern stehende einzellige bis vierzellige spitz eirunde Conidien. An den älteren faulwerdenden Zwiebeln entstehen unter der Epidermis eingesenkte, später etwas hervortretende Kapseln, von denen die einen einzellige, farblose Sporen entleeren; Sorauer Schwärze der Hyacinthen.

---

[1]) Handb. d. Pflanzenkrankheiten. 1. Aufl., pag. 348.

[2]) Cugini und Macchiati, Bullet. della R. Stazione Agrar. di Modena 1891.

[3]) Del Brusone o Carolo del Riso. Mailand 1874.

[4]) Untersuchungen über die Ringelkrankheit und den Rußtau der Hyacinthen. Berlin und Leipzig 1878.

nennt sie Spermogonien, obgleich er ihre Sporen keimfähig fand; eine andre Art Kapseln, die er allein Pykniden nennt, erzeugt braune, meist zweizellige, ebenfalls keimfähige Sporen. Selten beobachtete Sorauer, ebenfalls an älteren, faulen, mit Schwärze behafteten Zwiebeln Perithecien, die ebenfalls im Gewebe eingesenkt sind und zwischen Paraphysen länglich keulenförmige, achtsporige Schläuche enthalten; die gelben bis braunen Sporen sind durch Quer- und Längswände mauerförmig in 20 bis 25 Fächer geteilt; diese Sporen keimen sofort nach ihrer Entleerung aus den Schläuchen. Auch diese Schwärze teilt mit andern die Eigentümlichkeit, daß sie vorzugsweise auf schon abgestorbenen Teilen, nämlich auf den im Vertrocknen begriffenen äußeren Schuppen solcher Zwiebeln auftritt, welche durch andre Krankheiten verdorben sind, und zeigt sich dann sowohl, wenn die Zwiebeln in der Erde, als auch wenn sie auf den Stellagen der Zwiebellager sich befinden. Das Mycelium wächst aus den äußeren Zwiebelschuppen allmählich in die darunter liegenden weiter. Sorauer hat auch das Eindringen der Keimschläuche der Conidien in lebende Zwiebelschalen beobachtet. Doch ist aus seinen Mitteilungen nicht bestimmt zu erkennen, in welchem Grade der Pilz für sich allein auf gesunde Zwiebeln einzuwirken vermag. Als Vorbeugungsmittel empfiehlt Sorauer, die Zwiebeln im Boden eine möglichst vollkommene Ausreifung erlangen zu lassen. — Über eine ähnliche, von Cladosporium begleitete Schwärze an den Tazetten hat Massink[1]) berichtet.

Schwärze der Runkelrübenblätter.

4. Pleospora putrefaciens (*Fuckel*) *Frank*, die Schwärze oder Bräune der Runkelrübenblätter. Mit diesem Namen muß, soweit der vorgenannte Pilz beteiligt ist, eine sehr häufige Blattkrankheit der Rüben bezeichnet werden, welche darin besteht, daß im Spätsommer und Herbst die erwachsenen Blätter stellenweise hellbraun und dann immer dunkler, bis schwarz werden; bei trockenem Wetter vertrocknen diese Stellen, bei Anwesenheit von Feuchtigkeit faulen sie. Hin und wieder kann wohl auch ein ganzes Blatt braun werden. Es ist aber entschieden unzutreffend, diese Krankheit als „Herzfäule" zu bezeichnen, wie dies von Fuckel[2]), welcher den in Rede stehenden Rübenpilz zuerst beobachtete, geschehen ist, was dann in alle Lehrbücher übergegangen ist. Ich habe bei meinen neueren Untersuchungen über die echte Herzfäule der Rüben als Ursache derselben einen ganz andern Pilz, Phoma Betae (s. unten) nachgewiesen, dessen Mycelium gerade vorzugsweise die jungen Herzblätter der Rüben befällt, ohne jedoch auf denselben zu fruktifizieren. Zugleich habe ich mich überzeugt, daß Pleospora putrefaciens die Herzblätter meidet und meist nur die älteren Blätter befällt, auf denen sie vorhanden sein kann, während gleichzeitig die Herzblätter von Phoma Betae getötet sind. Darum ist auch die hier charakterisierte Schwärze der älteren Rübenblätter, soweit meine Erfahrungen reichen, nicht von hervorragendem Schaden, während der echte Herzfäulepilz überaus gefährlich ist. Die durch Fuckel herbeigeführte Verwechselung ist vielleicht durch die gleichzeitige Anwesenheit eines unerkannt gebliebenen, die Herzblätter tötenden Parasiten veranlaßt worden. Auf den an der Schwärze erkrankten Teilen der Rübenblätter erscheint in Form eines sammet-

---

[1]) Untersuchungen über die Krankheiten der Tazetten und Hyacinthen. Oppeln 1876.

[2]) l. c. pag. 350.

artigen olivbraunen Überzuges die Conidienform Sporidesmium putrefaciens *Fuckel.* Saccardo hat den Pilz in Clasterosporium putrefaciens *Sacc.* umbenannt; indes ganz mit Unrecht, denn der Name Clasterosporium ist für diejenigen Formen aufgestellt worden, deren Sporen nur Querscheidewände besitzen, während der Rübenpilz sehr häufig auch einige Längswände in den Sporen besitzt, was also der Charakter von Sporidesmium ist. Ich habe schon in der ersten Auflage dieses Buches S. 586 gezeigt, daß dieser Pilz auf den Rübenblättern in zwei Conidienformen fruktifiziert. Ich fand, daß das endophyte Mycelium in der Epidermis gegliederte Fäden bildet, die sich vielfach zu einem zusammenhängenden Lager aneinanderlegen und dabei bis an die Oberfläche treten, besonders da, wo aus diesem Lager die kleinen dunkelbraunen Büschel der Conidienträger sich bilden, welche aufrecht hervortreten (Fig. 61). Zuerst erscheint ein einziger Conidienträger, dann werden an seiner Basis succesiv noch mehrere hervorgetrieben, das Räschen wird dichter. Jeder Conidienträger ist ein sehr kurzer, etwas krummer, ziemlich dicker Stiel, auf dessen Spitze eine große Sporidesmium-Spore abgeschnürt wird. Diese ist 0,082 mm lang, eiförmig bis verkehrt keilförmig, mit mehreren Quer- und oft mit schiefen Längsscheidewänden, braun, am stumpfen Ende befestigt, am andern Ende in eine hellere, mehr oder weniger lange Spitze verlängert. Nachdem mehrere solche Conidienträger ihre Sporen abgegliedert haben, werden in denselben Büschel längere Conidienträger getrieben, welche andre, kleinere, ellipsoidische, ein- oder zweizellige Sporen abschnüren und also ganz mit Cladosporium übereinstimmen (Fig. 61, cl). Kürzlich habe ich auch die zu diesem Pilze gehörigen Perithecien aufgefunden. Auf den noch an der Pflanze stehenden absterbenden Blättern bilden sich an den von der Schwärze befallenen Stellen zerstreut stehende, in der Blattmasse nistende kleine, schwarze, runde Körperchen, die Anlagen der Perithecien, oft während daneben noch die Conidienträger vorhanden sind. Zu dieser Zeit ist in den Perithecienanlagen noch nichts von Schläuchen zu erkennen;

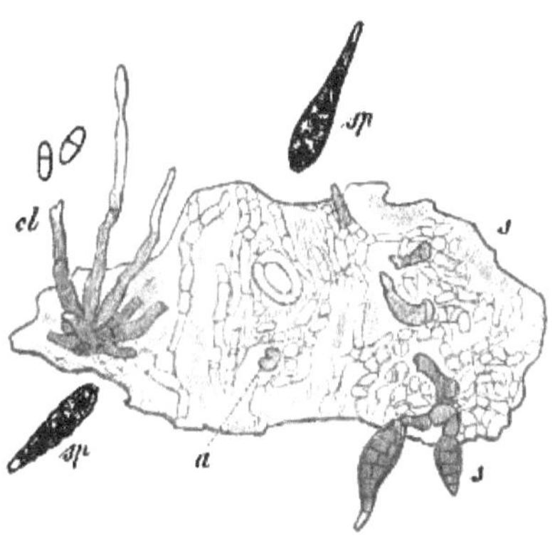

Fig. 61.
Der Pilz der Schwärze der Runkelrübe. Ein Stück abgeschnittener Oberfläche eines Runkelrübenblattes mit dem unter der Epidermis vielfach sichtbaren Mycelium, welches nach außen Conidienträger hervortreibt. Diese sind zuerst Sporidesmium putrefaciens *Fuckel* (bei s). Links bei cl ein älteres Räschen von Conidienträgern, welches eine Cladosporium-Form darstellt; die kurzen Träger des Sporidesmium, die ihre Sporen bereits abgeschnürt haben, sind am Grunde noch erkennbar. sp abgefallene reife Sporidesmium-Sporen. a erster Anfang eines Räschens von Sporidesmium, soeben aus der Epidermis hervorwachsend. 200fach vergrößert.

aber sehr bald, nachdem das tote Blatt einige Zeit im Herbste auf dem Boden gelegen hat, beginnt die Bildung der Asci, und man kann in manchen dieser Früchte schon vor Eintritt des Winters einzelne Schläuche mit fertigen Sporen finden. Die Reifung schreitet nun aber erst während des Winters weiter fort; und im Frühlinge fand ich auf solchen Blättern die im Herbst mit Sporidesmium und Perithecienanfängen behaftet waren und die ich während des Winters im Freien auf dem Erdboden hatte liegen lassen, die Perithecien völlig reif. Dieselben nisten entweder noch in dem faulen Blatte, mit dem Scheitelteile, in welchem die Mündung sich befindet, frei liegend, oder wenn die Blattsubstanz inzwischen mehr oder weniger verrottet ist, bleiben sie für sich zurück. Die länglich keulenförmigen Schläuche enthalten je acht länglichrunde, 0,028 mm lange, gelblichbraune Sporen, welche sieben Querwände besitzen, an denen die Sporenoberfläche schwache Einschnürungen zeigt, und außerdem durch einige Längswände mauerförmig vielzellig sind (Fig. 62). Gemäß der Zahl der Querwände der Sporen steht dieser Pilz der Pleospora herbarum, der gemeinsten auf vielen Kräutern vorkommenden Art, am nächsten, doch ist die Länge der Sporen geringer; ich habe daher den obigen Namen für diese Art gewählt. Die Ascosporen sind sofort, nachdem sie aus den Schläuchen entleert sind, keimfähig; bei der Keimung bilden die meisten Fächer einer und derselben Spore Keimschläuche. Durch die auf den alten Blättern sitzenden Perithecien geschieht also offenbar hauptsächlich die Überwinterung des Pilzes.

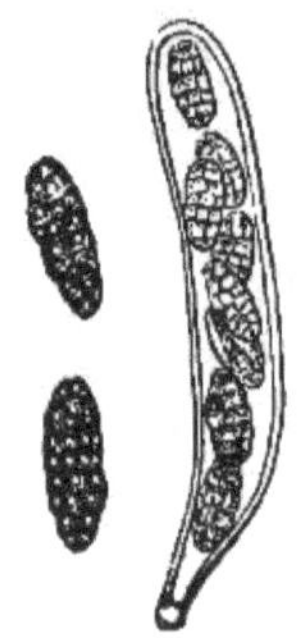

Fig. 62. **Pleospora putrefaciens.** Ein Sporenschlauch aus einem Perithecium mit acht mauerförmig vielzelligen braunen Sporen, von denen zwei daneben bei noch stärkerer Vergrößerung.

Kräuselkrankheit der Kartoffeln.

5. Die Kräuselkrankheit der Kartoffeln wird nach Schenk[1]) durch einen Pilz verursacht, der mit dem zuletzt erwähnten am nächsten verwandt ist. Man kennt diese Krankheit schon seit dem vorigen Jahrhundert, wo sie 1770 in England, 1776 in Deutschland epidemisch und sehr schädlich auftrat. Sie darf mit der Kartoffelkrankheit nicht verwechselt werden. Kühn[2]) hat sie zuerst genauer beschrieben, jedoch keinen Pilz gefunden. Ihre Symptome sind folgende. Die Pflanzen haben nicht das frische intensive Grün der gesunden, die Blattstiele und Fiederblättchen sind meist nach unten gebogen, die Blättchen selbst gefaltet oder hin und her gebogen, und an Stengeln, Blattstielen und Blättern treten braune Flecke auf, an denen zuerst die äußeren, später auch die tiefer liegenden Zellen, am Stengel sogar bis ins Mark gebräunt sind. Dann tritt Vertrocknen der Blätter und Stockung des Wachstums ein; und wenn die Pflanzen sich bis zur Ernte lebend erhalten, so ist doch kein oder nur sehr spärlicher Knollenansatz an ihnen vorhanden. In den gebräunten Flecken fand Schenk verzweigte und septierte Myceliumfäden, welche die Gefäße und die die Gefäßbündel um-

[1]) Biedermann's Centralbl f. Agrikulturchemie, 1875. II., pag. 280.

[2]) Krankheiten der Kulturgewächse, pag. 200, und Berichte aus dem phys. Labor. d. landw. Inst., Halle 1872, pag. 90.

gebenden Parenchymzellen durchwachsen und nahe der Oberfläche aus kürzeren, braunen Zellen bestehen; aus den letzteren sprossen durch die nach außen gekehrte Wand der Epidermiszellen die einfachen oder am Grunde verzweigten Conidienträger nach außen in Form kleiner, dunkler borstenähnlicher Räschen. Sie schnüren an ihrer Spitze längliche, mit Querscheidewänden und bisweilen mit einigen Längsscheidewänden versehene, braune Conidien ab. Wegen der großen Ähnlichkeit mit dem vorerwähnten Pilze bezeichnet ihn Schenk als Varietät desselben mit dem Namen Sporidesmium exitiosum var. Solani. Außer dieser Krankheitsform beobachtete Schenk noch eine zweite, mit jener in denselben Kulturen auftretende, bei welcher dieselben Symptome und außerdem noch die von früheren Beobachtern erwähnte mehr glasig spröde Beschaffenheit des Stengels, aber keine Pilze zu finden waren, welche also mit der von Kühn beschriebenen Kräuselkrankheit übereinstimmen würde. Hallier[1]) will beide Krankheiten vereinigt wissen; der Verlauf sei zweijährig. Im ersten Jahre durchdringe das Mycelium, indem es in den großen Tüpfelgefäßen des Stengels fortwächst, die ganze Pflanze, auch die Stolonen bis zu den jungen Knollen, an denen es einen schwarzen Fleck erzeuge, im zweiten Jahre verbreite sich das Mycelium zunächst im Gefäßbündelkreise des ausgesäeten kranken Knollens weiter; infolgedessen keimen die Knollen gar nicht oder nur mit einem einzelnen Auge und diese Triebe werden wieder kräuselkrank und sterben bald ab, Mycelium trete in diesen aber nicht auf. Es würde demnach also durch die Knollen die Krankheit übertragen werden. Der in der Rede stehende Pilz soll nach Hallier zu der Pleospora polytricha *Tul.* gehören, deren borstig behaarte Perithecien auf den abgestorbenen Stengeln, Stolonen und Knollen der Kartoffelpflanze sich finden sollen. Es ist mir nicht bekannt, daß jemand neuerdings alle diese Angaben auf ihre Richtigkeit geprüft hat.

Schwärze der Orangenfrüchte.

6. Pleospora Hesperidearum *Catt.*, die Schwärze der Orangenfrüchte, verursacht nach Cattaneo[2]) auf den Orangenfrüchten kleine verfärbte Stellen, welche sich allmählich ausbreiten und sich mit einem schwarzen Überzug bedecken, der aus der Conidienform Sporidesmium piriforme *Corda* besteht, welche nach Cattaneo zu der oben genannten Perithecienfrucht gehört. Der Pilz veranlaßt ein allmähliches Schrumpfen und Hartwerden der Früchte.

II. Leptosphaeria *Ces.* et *de Not.*

Leptosphaeria.

Diese Gattung stimmt mit Pleospora in jeder Beziehung überein und unterscheidet sich nur durch die Sporen, welche wie dort meist gefärbt, aber nur mit zwei bis vielen Querwänden versehen sind, die Längswände fehlen ihnen.

Roggenhalmbrecher.

1. Leptosphaeria herpotrichoides de *Not.* (Sphaeria culmifraga *Fr.*, Leptosphaeria culmifraga *Ces.* et *de Not.*), der Roggenhalmbrecher. Das Mycelium lebt im Halmgrunde der Roggenpflanze vom Frühlinge an, zerstört die jüngeren Bestockungstriebe, welche bis ins Herz verpilzt werden, und dringt endlich auch in den Grund des Haupthalmes,

[1]) Österreichisches landw. Wochenbl., 1876, pag. 110 und deutsche landw. Presse 1876, Nr. 13 u. 14.

[2]) La nebbia degli Esperidii, refer. in botan. Centralbl. 1880, pag. 399.

welcher daselbst gebräunt und morsch wird, so daß von Anfang Juni an die Roggenhalme umknicken oder ganz abbrechen und notreif werden, ähnlich wie nach den Angriffen der Hessenfliege. In den Stoppeln reifen die Perithecien; sie sitzen zahlreich zwischen Scheide und Halm, mit vielen braunen Mycelfäden umgeben, und ragen nur mit ihrer kurzen, halsförmigen Mündung nach außen. Die Sporen sind 0,025—0,027 mm lang, spindelförmig, gerade oder schwach gekrümmt, gelb, mit sechs bis acht Querwänden, das dritte Fach etwas dicker. Der Pilz ist als Parasit erst im Frühlinge 1894 von mir entdeckt worden[1]), wo er epidemisch in der Mark Brandenburg und den Nachbarländern auftrat. Der Schaden schwankte zwischen 6 und 90 Prozent.

Weizenblattpilz. 2. Leptosphaeria Tritici *Pass.*, der Weizenblattpilz auf der Weizenpflanze, die Blätter und Blattscheiden befallend und zerstörend, von den untersten älteren Blättern allmählich nach den oberen fortschreitend, so daß nach und nach alle Blätter unter Gelb-, Welk- und Trockenwerden verderben. Schon junge Pflanzen können dadurch getötet werden. Gelangt die Pflanze zu Halm- und Ährenbildung, so werden die Körner nach Maßgabe der Zerstörung der Blätter mehr oder weniger mangelhaft ausgebildet, der Weizen also notreif. Die befallenen Blätter und Blattscheiden sind innerlich durch und durch von dem ziemlich farblosen Mycelium des Pilzes durchwuchert und zeigen zerstreut stehende, sehr kleine, deutlich nur mit der Lupe erkennbare schwarze Pünktchen, d. h. die in der Blattmasse nistenden, mit der Mündung hervorragenden kugeligen Perithecien, welche ziemlich bald nach dem Absterben des Blattes reif werden und in keulenförmigen, mit Paraphysen gemischten Schläuchen je acht mit drei Querwänden versehene, spindelförmige, gerade oder etwas gekrümmte, gelbliche, 0,018—0,019 mm lange Sporen enthalten (Fig. 63). Bisweilen treten auch braune conidientragende Fäden, von der Form des Cladosporium (s. S. 193) aus dem erkrankten Blatte heraus. Der Pilz ist bisher nur in Italien beobachtet worden. Jüngst hat ihn Janczewski[2]) auf krankem Getreide auch in Galizien und Lithauen gefunden Er hält ihn ebenfalls für einen Parasiten und hat außer dem Cladosporium noch zwei Fruktifikationen in seiner Begleitung gefunden, die er zu diesem Pilze gehörig betrachtet; kleine, mit bloßem Auge nicht sichtbare in der Blattmasse eingesenkte runde Conceptakeln, die einen von der Form eines Phoma, die andern von der einer Septoria; jene nennt er Spermogonien, diese Pykniden. In den letzten Jahren habe ich von diesem Pilze und oft zugleich von Sphaerella exitialis (s. unten) befallenen Weizen auch aus sehr vielen Gegenden Deutschlands erhalten[3]); die oben gegebene Beschreibung seines Auftretens und seiner Beschädigungen beziehen sich auf diese Vorkommnisse. Außer dem Cladosporium fand ich bei dem deutschen Pilze ebenfalls regelmäßig eine begleitende Pyknidienform, welche mit Septoria graminum *Desm.* in den fadenförmigen, oft etwas gekrümmten, 0,060—0,065 mm langen, 0,0012 mm dicken Stylosporen übereinstimmt. Diese Pykniden sind nur 0,06—0,07 mm im Durchmesser und erscheinen dem bloßen Auge als kaum sichtbare braune Pünktchen auf dem

[1]) Deutsche landw. Presse 27. Juni u. 22. August 1894.

[2]) Polymorphisme du Cladosporium herbarum. Bull. de l'Acad. des sc. de Cracovie. Dezember 1892.

[3]) Deutsche landw. Presse, 22. August 1894.

kranken Teile des Blattes; ich finde sie an den jungen, im Frühlinge erkrankenden Weizenpflanzen meist allein für sich, die Perithecien der Leptosphaeria erscheinen gewöhnlich erst an älteren Pflanzen. In Begleitung dieser Pilze fand ich außer der erwähnten Sphaerella exitialis auch bisweilen noch Septoria glumarum und Septoria Briosiana sowie Phoma Hennebergii, alle ebenfalls auf den Blättern. Auch in Italien ist diese Septoria schon seit längerer Zeit bekannt und zeigte sich schon im November auf den Blättern der Wintersaaten[1]). Auch auf erkranktem Hafer und Gerste habe ich im Jahre 1894 in Pommern Leptosphaeria Tritici gefunden.

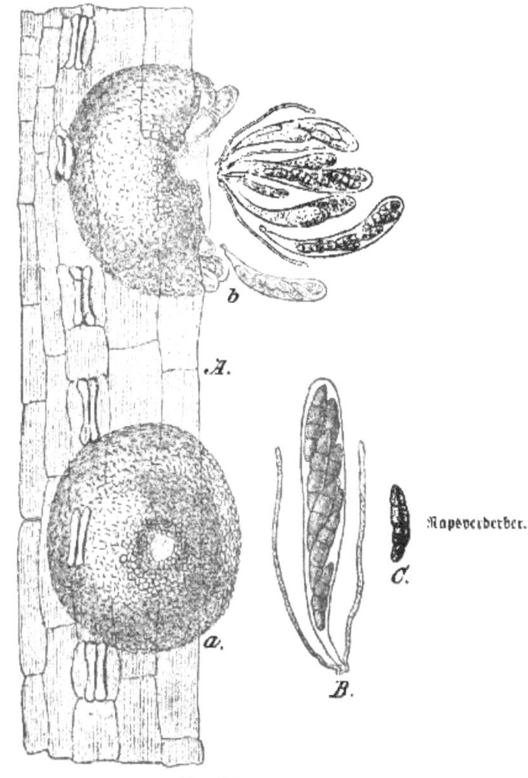

Fig. 63.

Leptosphaeria Tritici. A. Ein Stück Weizenblatt, bei a mit einem ganzen, bei b mit einem aufgeschnittenen Perithecium, letzteres mit herausgedrückten Sporenschläuchen in verschiedenen Reifezuständen und mit Paraphysen. Auf dem Scheitel der Perithecien ist die durch die Epidermis hervorbrechende porenförmige Mündung sichtbar. B Ein reifer Sporenschlauch mit zwei Paraphysen. C eine der acht vierzelligen, gelben Sporen aus dem Sporenschlauch. B und C noch stärker vergrößert.

Rapsverderber.

3. **Leptosphaeria Napi** (*Fuckel*) *Sacc.* (Pleospora Napi *Fuckel*), **der Rapsverderber oder die Schwärze des Rapses.** Raps und Rübsen werden auf allen grünen Teilen und besonders auf den grünen Schoten von einer Krankheit befallen, die durch Kühn[2]) genauer bekannt geworden ist. Sie zeigt sich gewöhnlich im Juni, bei den Sommersaaten später. Es bilden sich kleine, schwarzbraune oder braunschwarze Flecke, die aus dem Pilze bestehen; das umliegende Gewebe bleibt zunächst

[1]) Passerini, La Nebbia dei Cereali. Parma 1876.

[2]) Hedwigia 1855, pag. 86, und Krankheiten der Kulturgewächse, pag. 165.

grün, dann wird es mißfarbig und trocknet ein. An den Schoten hat dies zur Folge daß sie einschrumpfen, dürr werden und leicht von selbst aufspringen. Bei spätem Befall können die Samen zur Ausbildung kommen, bei zeitigem schrumpfen und verderben sie ebenfalls. Die Krankheit vermindert daher sowohl den Körnerertrag als den Futterwert des Strohes; an den am stärksten und frühesten befallenen Stellen soll der Ertrag zuweilen gleich Null sei. Kühn hat gezeigt, daß die Krankheit von einem Pilz herrührt, dessen dünne, farblose, verästelte Fäden zunächst zwischen den inneren Zellen verbreitet sind, eine Trübung des Zellinhalts, Mißfarbigwerden der Chlorophyllkörner, endlich auch eine Bräunung der Zellmembranen hervorbringen. Unter der Epidermis der krank gewordenen Stellen entwickelt sich das Mycelium zu einer Art Lager, indem die Fäden stärkere Äste bekommen, die sich immer dichter aneinander drängen und in mehreren Schichten übereinander liegen. Von diesem Lager dringen nun einzelne Fäden durch die Epidermis hervor, um hier zu Conidienträgern zu werden. Das sind ziemlich kurze, vertikal von der Oberfläche der Pflanzenteile sich erhebende, unverzweigte Fäden, welche einige Querwände bekommen und sich bräunen. Sie schnüren an der Spitze eine Spore ab, die bei ihrem ersten Auftreten rund ist, dann eiförmig langgestreckt, im reifen Zustande spindel- oder verkehrt keulenförmig, durch mehrere Querscheidewände septiert und braun wird, oben in eine langgezogene Spitze endigt, 0,12—0,14 mm lang ist. Diese Sporen fallen sehr leicht ab und keimen dann äußerst leicht wieder; oft wächst, noch wenn sie auf dem Conidenträger stehen, ihre fadenförmige Spitze weiter und kann eine zweite, diese wohl eine dritte Spore erzeugen, so daß mehrere kettenförmig übereinander stehen (die Form Alternaria *Nees*). Dieser Conidienzustand ist als Sporidesmium exitiosum *Kühn* oder Polydesmus exitiosus *Mont.* bezeichnet worden. Auf den Blättern erzeugt der Pilz rundliche, braune, oft von einem gelben oder rötlichen Hofe umgebene Flecke. Hier hat ihn Kühn auch in der Form von Pykniden, diese als Depazea Brassicae bezeichnet, d. h. als sehr kleine, schwarze, runde, in der Blattmasse zum Teil eingesenkte Kapseln, angetroffen. Die Zusammengehörigkeit beider Pilzformen wurde dadurch konstatiert, daß durch künstliche Aussaat der Conidien auf grüne Blätter Flecke entstanden, in denen die Depazea sich bildete, und daß auch im freien Felde auf den Depazea-Flecken die Conidienträger gesehen wurden. Wenn zu diesem Pilze eine Perithecienform gehört, ist nicht zu bezweifeln. Daß wir die eingangs genannte Leptosphaeria dafür ansprechen, so geschieht dies auf die Ansicht Fuckel's[1]) hin; doch bedarf dies noch des sicheren Nachweises. Fuckel hat diese Perithecien im Frühling auf dürren Stengeln von Brassica Napus und Rapa gefunden; ihre Asci enthalten acht spindelförmige, nur durch Querwände in meist sechs, selten bis zu zehn Zellen geteilte gelbe Sporen. Dagegen zieht Comes[2]) den Rapsverderber in den Formenkreis der auf abgestorbenen Stengeln zahlreicher Kräuter wachsenden Pleospora herbarum.

Daß der Pilz die Ursache der Krankheit ist, hat Kühn durch Infektionsversuche nachgewiesen, bei denen er durch Aussaat von Conidien auf den Schoten schon nach wenigen Tagen kranke Flecke erzeugen konnte. Die Keimschläuche dringen durch die Spaltöffnungen ein. Die Sporen haben noch

[1]) l. c. pag. 136.

[2]) Le Crittogame parassite. Napoli 1882, pag. 434.

nach Jahresfrist ihre Keim- und Infektionskraft. Die leichte Keimfähigkeit und schnelle Entwickelung des Pilzes erklärt es, daß die Krankheit auf dem Felde, besonders wenn Gewitter und feuchtwarme Witterung herrschen, oft in wenig Tagen mit rapider Schnelligkeit um sich greift. Außerdem kommt der Pilz noch auf andern Cruciferen, z. B. auf verschiedenen Unkräutern, wie Hederich und Diplotaxis tenuifolia, vor, und an den Blättern aller dieser Pflanzen findet er sich auch während des Winters. Bei der so großen Verbreitung des Schmarotzers läßt sich schwer etwas gegen denselben thun. Kühn rät, befallene Pflanzen zeitig zu ernten und in Haufen zu setzen, so daß die Schoten nach innen stehen, der Regen von diesen abgehalten wird, aber Luft frei durchstreifen kann, um das Trockenwerden der Schoten zu beschleunigen, deren Körner dann auszureifen vermögen.

Möhrenverderber hat Kühn (l. c.) einen Pilz genannt, der von Polydesmus exitiosus keine nennenswerten Verschiedenheiten zeigt und daher für eine Varietät desselben gehalten wird. Er bringt an den Möhren, immer von den Blattspitzen und den äußeren Blättern beginnend, schwarzgraue Flecke hervor, die sich ausbreiten, zusammenfließen und endlich das ganze Kraut schwärzen können; auch auf die Wurzel soll der Pilz bisweilen übergehen. Möhrenverderber.

III. Didymosphaeria *Fuckel.*

Die Perithecien haben eine papillenförmig hervorragende Mündung, um welche die Oberhaut des Pflanzenteiles meist geschwärzt ist durch eine aus fest verbundenen braunen Fäden bestehende Schicht, und enthalten zwischen Paraphysen achtsporige Schläuche, deren Sporen zweizellig, braun oder farblos sind. Die meisten leben auf abgestorbenen, nur die wenigen hier erwähnten auf lebenden Stengeln, ohne erhebliche Beschädigung zu veranlassen. Didymosphaeria.

1. Didymosphaeria Genistae *Fuckel*, an lebenden Ästchen von Genista pilosa. Auf Genista.

2. Didymosphaeria epidermidis *Fuckel*, an lebenden Ästen von Berberis und Corylus. Auf Berberis und Corylus.

3. Didymosphaeria albescens *Niessl.*, auf gebleichten Flecken des Periderms lebender Äste von Lonicera Xylosteum und Myricaria germanica. Auf Lonicera und Myricaria.

IV. Venturia *Ces.* et *de Not.*

Die eingesenkten Perithecien sind an ihrer hervorragenden Mündung mit steifen, dunklen Borsten besetzt und enthalten Paraphysen und Asci, die Sporen sind zweizellig, farblos oder grünlich oder bräunlich gefärbt. Die meisten Arten leben saprophyt auf toten Pflanzenteilen, nur wenige auf lebenden Blättern. Wir nehmen die Gattung hier in dem von Winter[1]) aufgefaßten Sinne. Venturia.

1. Venturia Geranii (*Fr.*) *Winter* (Dothidea Geranii *Fr.* Stigmatea Geranii *Fr.*), an der Oberseite der Blätter von Geranium pusillum, molle etc., auf einem purpurroten Fleck zerstreut oder in kreisförmiger Anordnung stehende Perithecien bildend. Auf Geranium.

---

[1]) Rabenhorst, Kryptogamenflora. Die Pilze I. 2. Abth., pag. 433.

Auf Rumex. 2. Venturia Rumicis (*Desm.*) *Winter*, auf den Blättern verschiedener Rumex-Arten; die Perithecien stehen in kleinen Gruppen auf kleinen, bräunlichen, dürren Blattflecken, welche grün oder purpurn umrandet sind. Fuckel rechnet hierher als Conidienform Ramularia obovata (s. unten).

Auf Epilobium. 3. Venturia maculaeformis (*Desm.*) *Winter* (Dothidea maculaeformis *Desm.*, Sphaerella Epilobii *Fuckel*, Dothidea Johnstonii *Berk.* et *Br.*), auf Blättern verschiedener Epilobium-Arten, wo die Perithecien gesellig auf kleinen weißlichen oder bräunlichen kranken Flecken sitzen, welche von einem purpurbraunen Hofe gesäumt sind.

Auf Dryas. 4. Venturia islandica *Johans.*, auf Dryas octopetala in Island.

Auf Comarum. 5. Venturia palustris *Bomm.* et *Rouss.*, auf Comarum palustre in Belgien.

Auf Erica. 6. Venturia Straussii *Sacc.* et *Roum.*, auf Blättern und Ästchen von Erica scoparia in Frankreich.

Auf Lonicera. 7. Venturia Lonicerae *Sacc.*, auf den unteren Blättern von Lonicera Xylosteum.

V. Gibellina *Pass.*

Gibellina. Die Perithecien sitzen in einer in dem Pflanzenteile mehr oder weniger ausgebreiteten schwarzgrauen, von Pilzfäden gebildeten stromaartigen Schicht und brechen mit einer halsartigen Mündung hervor; sie enthalten Paraphysen und achtsporige Schläuche; die Sporen sind länglichrund, zweizellig, bräunlich.

Auf Weizen. Gibellina cerealis *Pass.*, auf dem Weizen, bisher nur in Italien, von Passerini[1]) beobachtet; der Pilz erzeugt auf den Blattscheiden schwarze, zum Teil zusammenfließende Streifen, in denen die hervortretenden Perithecien reihenweise sitzen; die Sporen sind 0,022—0,030 mm lang. Infolgedessen verfärben sich und vertrocknen die Blattspreiten. Passerini[2]) erhielt durch Ausstreuen kranker Halmstücke und Einsaat von Weizenkörnern in Gartenerde im ersten Jahre nicht kranke Pflanzen, bei der Aussaat im zweiten Jahre aber reichlich neue Perithecien auf den aufgekommenen Getreidepflanzen; nach seiner Vermutung bleiben die Sporen nicht ungekeimt jahrüber in der Erde, sondern bilden ein Mycelium, welches vielleicht in den Wurzeln überwintere.

VI. Ophiobolus *Riess.*

Ophiobolus. Die Perithecien sind ohne Stroma dem Pflanzenteile eingesenkt, nur mit der meist cylindrisch verlängerten halsförmigen Mündung hervorragend, später mehr oder weniger hervortretend, und durch ihre sehr langen Asci ausgezeichnet, welche fadenförmig lange, oft mit zahlreichen Querwänden versehene gelbliche Sporen enthalten. Paraphysen vorhanden.

Weizenhalmtöter. Ophiobolus herpotrichus (*Fr.*) *Sacc.* (Sphaeria herpotricha *Fr.*, Rhaphidophora herpotricha *Tul.*), der Weizenhalmtöter auf Weizen, wobei auf den unteren Blättern und Halmgliedern eine Schwärzung und

1) Revue mycolog. 1886, pag. 177.

2) Bolletino del Comizio agrar. parm. Parma 1890.

kleine schwarze Pünktchen, die Perithecien, sich zeigen. Infolge des Befallens werden die Pflanzen trocken und weißlich, die Ähren krümmen sich mehr oder weniger, zeigen schwarz- und braunfleckige Spelzen und enthalten verkümmerte oder klein bleibende Körner. Die 0,5—0,75 mm großen, schwarzen Perithecien findet man besonders an den Stoppeln entwickelt, oft einem braunfädigen Myceliumpilz aufsitzend. Die Asci sind 0,18—0,20 mm lang, die Sporen fast so lang als die Asci. Wahrscheinlich überwintern die Perithecien, weshalb Verbrennen solcher Stoppeln angezeigt ist. Der Pilz ist zuerst in Italien beobachtet worden; Morini[1] hat die erwähnte Erkrankung des Weizens in Italien beschrieben und dabei außer Sphaerella exitialis und verschiedene auf Gramineen bekannte Septoria-Formen auch den vorstehenden Pilz gefunden, den er als Ophiobolus herpotrichus *Sacc.* var. breviasca *Morin.* bezeichnet. Eine zugleich gefundene Hendersonia herpotricha *Sacc.* wird als zugehörige Pyknidenform vermutet. Nach Pillieux und Delacroix[2] hat der Pilz sich neuerdings auch in Frankreich, so besonders an der Umgegend von Paris gezeigt, wo man ihn Maladie du Pied oder Piétin du Blé genannt hat.

Im Sommer 1894 habe ich den Pilz zum erstenmal in vielen Gegenden Deutschlands beobachtet, wo sein Mycelium nicht nur den Halmgrund durchwucherte, sondern auch bis in die Wurzeln hinabwuchs und diese tötete, so daß die Weizenhalme zeitig abstarben, weiß und notreif wurden[3]; der oben gegebene deutsche Name dürfte daher bezeichnend sein. In einem Falle fand ich an den verpilzten Teilen auch eine Pyknidenform, welche ich Phoma Tritici nenne und welche vielleicht zu Ophiobolus gehört.

VII. Dilophia *Sacc.*

Die Perithecien, dicht gedrängt stehend, sind in den Pflanzenteil eingesenkt und bleiben dauernd von der Epidermis bedeckt. Die Schläuche enthalten je acht fast fadenförmige, lange, mit zahlreichen Querwänden versehene Sporen, die an jedem Ende mit einem fadenförmigen Anhängsel versehen sind. Dilophia.

Dilophia graminis *Sacc.*, auf den Blättern und Blattscheiden verschiedener Gramineen, sowohl des Getreides als der Gräser. Schon vor der Blütezeit finden sich auf den grünen Blättern kleine, weißliche, etwas in die Länge gezogene Flecke, auf deren Mitte kleine schwarze Pünktchen sichtbar werden, die bisweilen so dicht stehen, daß die ganze Mitte wie ein schwärzlicher Fleck erscheint. Auf den Blattscheiden werden die bleichen Flecke bisweilen größer, bis zur Länge von einem oder einigen Centimetern, die Scheide rings umgebend, und sind dann mit zahlreichen schwarzen Pünktchen versehen. Das Wachstum der Halme kann dadurch schon zeitig gehemmt werden. Die schwarzen Pünktchen sind aber keine Perithecien, sondern Pykniden, in denen cylindrische, einzellige, farblose, 0,010 mm lange, an beiden Enden mit einigen abstehenden ästigen Haaren versehene Stylosporen erzeugt werden. In dieser Form ist der Pilz schon länger unter dem Namen Dilophospora graminis *Desm.*, bekannt und wiederholt gefunden Auf Getreide und Gräsern.

---

[1]) Nuovo giorn. botan. ital. XVIII. 1886, pag. 32.

[2]) Bull. Soc. Mycol. de France VI. 1890, pag. 110.

[3]) Deutsche landw. Presse, 22. August. 1894.

worden. Nach Fuckel[1]) sollen sich später aus den Pyknideu die im Frühjahre auf dem abgestorbenen Stroh reifenden Perithecien bilden, indem Sporenschläuche mit 0,072 mm langen Sporen von der oben beschriebenen Beschaffenheit sich in ihnen entwickeln; vielleicht aber erscheinen die Perithecien zwischen den alten Pykniden. Auch Saccardo hat diese Perithecien gefunden und danach dem Pilze obigen Namen gegeben. Nicht erwiesen ist Fuckel's Annahme, daß Mastigosporium album *Riess.* (s. unten) die Conidienform des Pilzes sei; ich habe weder nach Mastigosporium die Dilophospora folgen, noch der letzteren jenes vorausgehen sehen. Die Stylosporen sind, wie Karsten[2]) beobachtet hat, keimfähig: sie bekommen in der Mitte eine Einschnürung, zu beiden Seiten derselben eine Anschwellung und lösen sich daselbst in zwei Hälften; an der nämlichen Stelle entsteht der Keimschlauch. Weitere Entwickelung ist nicht beobachtet worden. Dieser Pilz wurde in der Pyknidenform schon von Desmazieres[3]) 1840 in Frankreich auf Roggen beobachtet. In England hat ihn Berkeley[4]) 1862 bei Southampton in einem Weizenfelde gefunden, wo die Ähren fast völlig körnerlos blieben, weil der Pilz in den Spelzen und Ährenspindeln sich entwickelt hatte. Fuckel[5]) fand den Schmarotzer an Holcus lanatus im Rheingau, Karsten (l. c.) an Festuca ovina: um Leipzig ist er in den siebziger Jahren von mir mehrfach an Dactylis glomerata beobachtet worden. Auf dem Getreide scheint er in Deutschland noch nicht bemerkt worden zu sein.

Sphaerella und Laestadia.

VIII. Sphaerella *Ces* et *de Not.* und Laestadia *Awd.*

Die sehr kleinen, schwarzen, dünnwandigen Perithecien sind nur der Epidermis oder den oberflächlichen Gewebeschichten eingesenkt, seltener treten sie später mehr oder weniger hervor; sie sind kugelig und haben nur einen einfachen Porus am Scheitel; sie enthalten keine Paraphysen, nur ein Büschel keulenförmiger Schläuche mit je 8 ungleich zweizelligen, eiförmigen, meist farblosen Sporen. Formen, bei denen die Sporen einzellig sind, hat man mit dem besonderen Gattungsnamen Laestadia bezeichnet; indessen dürfte diese Unterscheidung gewisse Schwierigkeiten haben, da bisweilen die Septierung der Sporen undeutlich und im nicht völlig reifen Zustande jedenfalls noch nicht vorhanden ist. Die meisten Arten dieser umfangreichen Gattung finden sich auf abgestorbenen, verwesenden Blättern oder Stengeln der verschiedensten Pflanzen. Manche derselben hat man für die Perithecien solcher Pilze gehalten, welche auf kranken Flecken lebender Blätter in der Form von Conidien oder von Pykniden auftreten (s. unten); doch ist dies noch keineswegs sicher entschieden. Einige Sphaerella-Arten aber treten mit ihren Perithecien

---

[1]) Symbolae mycolog., pag. 130 und 300.

[2]) Botanische Untersuchungen, pag. 336.

[3]) Ann. des sc. nat. 2. sér. T. XIV.

[4]) Vergl. Bot. Zeitg. 1863, pag. 245.

[5]) Bot. Zeitg. 1862, pag. 250. Symbolae mycol., pag. 180 u. 1. Nachtrag, pag. 12.

wirklich parasitisch auf lebenden Blättern auf, hier **Blattfleckenkrankheiten** verursachend, reifen jedoch die Perithecien meist auch erst auf den abgestorbenen Blättern. Diese Arten zählen wir hier auf.

Auf Farnen.

1. **Auf Farnen.** a) **Sphaerella Polypodii** *Fuckel* (Sphaerella tyrolensis *Auersw.*), auf dürr werdenden braunen Flecken der lebenden Blätter von Polypodium vulgare, Aspidium Filix mas, Asplenium Trichomanes, Pteris aquilina.

b) **Sphaerella Filicum** *Awd.*, auf beiden Seiten brauner Flecken an lebenden Blättern von Aspidium Filix mas, spinulosum und Asplenium Adientum nigrum.

c) **Sphaerella Pteridis** *de Not.*, auf den Blättern von Pteris aquilina.

d) **Sphaerella Equiseti** *Fuckel*, auf Equisetum palustre und sylvaticum.

Auf Gramineen

2. **Auf Gramineen.** a) **Sphaerella exitialis** *Morini*, auf den Blattscheiden und Blättern des Weizens, wo die braunen, kugeligen Perithecien auf beiden Blattseiten stehen und schwarzgraue Streifen bilden, worauf die Blätter vertrocknen und infolgedessen die Ähren und Körner sich mangelhaft entwickeln. Sporen cylindrisch, eiförmig, 0,014—0,016 mm lang, ungleich zweizellig. Der Pilz war bisher nur in Italien von **Morini**[1]) beobachtet worden; im Sommer 1894 habe ich ihn in verschiedenen Gegenden Deutschlands auf Weizenblättern aufgefunden, teils für sich allein, teils in Gesellschaft mit Leptosphaeria Tritici und andern Weizenpilzen. Ebenso fand er sich in Pommern auf Gerste.

b) **Sphaerella basicola** *Frank*, auf den unteren Blattscheiden des Roggens, 1894 in vielen Gegenden Deutschlands, oft in Gesellschaft mit Leptosphaeria herpotrichoides (S. 301) von mir gefunden. Die Perithecien stehen einzeln, zerstreut, in der Außenseite der Scheide, sind 0,12—0,18 mm im Durchmesser, mit dünner, brauner Wand, einfacher, runder, porenförmiger Mündung, rötlichem Kern und 0,010—0,012 mm langen, spindelförmigen, in der Mitte eingeschnürten Sporen.

c) **Sphaerella leptopleura** *de Not.*, auf Blattscheiden des Roggens in Italien. Die Perithecien der Länge nach reihenförmig geordnet, Sporen ein- oder undeutlich zweizellig.

d) **Sphaerella longissima** *Fuckel*, auf Blättern von Bromus asper, Perithecien dicht stehend und lange Streifen bildend.

e) **Sphaerella recutita** *Cooke*, auf den Blättern von Dactylis glomerata, auf denen die Perithecien in langen, parallelen Reihen stehen, wodurch das Blatt grau gefärbt erscheint und abstirbt. Sporen länglichkeulenförmig, 0,012—0,014 mm lang.

f) **Laestadia canificans** *Sacc.*, auf Blättern von Triticum repens, die dadurch fast grau erscheinen.

g) **Sphaerella Hordeï** *Karst.*, auf den Oberseiten der Blätter von Hordeum vulgare in Finnland, schädlich; die schwarzen Perithecien sind niedergedrückt kugelig, die Sporen länglich spindelförmig, an der Scheidewand eingeschnürt, 0,018—0,024 mm lang.

---

[1]) Nuovo giorn. botan. ital. XVIII. 1886, pag. 32.

h) **Sphaerella Zeae** *Sacc.*, auf Maisblättern trockene weißliche, gelb gesäumte Flecke bildend, auf denen die punktförmigen Perithecien herdenweise stehen. Sporen oblong-spindelförmig, gekrümmt, 0,020 mm lang. Bisher nur in Oberitalien gefunden.

i) **Sphaerella paulula** *Cooke*, auf Blattscheiden des Mais in Amerika; Sporen 0,005 mm lang.

k) **Sphaerella Ceres** *Sacc.*, auf bleichen Blattflecken von Sorgho in Italien. Auf den Flecken sollen zunächst Pykniden mit eiförmigen, zweizelligen, 0,014 mm langen Sporen, später die Perithecien auftreten, deren Sporen oblong-eiförmig, in der Mitte eingeschnürt, 0,020 mm lang sind.

Auf Junceaceen. 3. **Auf Junceaceen.** **Sphaerella Luzulae** *Cooke*, auf Blättern von **Luzula albida** in Österreich.

Auf Liliaceen. 4. **Auf Liliaceen.** a) **Sphaerella allicina** *Awd.*, auf Blättern und Schäften verschiedener **Allium**-Arten, besonders Zwiebel und Knoblauch. Die dicht herdenweise stehenden Perithecien sind von der grauschimmernden Epidermis gedeckt. Sporen oblong, nicht eingeschnürt, 0,016 mm lang. Ob dieser und der folgende Pilz wirklich an lebenden Teilen auftreten, ist mir nicht sicher.

b) **Sphaerella Schoenoprasi** *Awd.*, auf Blättern von **Allium Schoenoprasum** und **Porrum** große graue Flecke bildend, in denen die Perithecien dicht herdenweise sitzen. Sporen oblong, schwach eingeschnürt, 0,017—0,021 mm lang. Auch Pykniden mit einzelligen, spindelförmigen, 0,025—0,028 mm langen Sporen sind dabei gefunden worden.

c) **Sphaerella brunneola** *Cooke*, auf Blättern von **Convallaria majalis**.

Auf Polygonaceen. 5. **Auf Polygonaceen.** **Sphaerella Polygonorum** *Sacc.*, auf Blättern von **Polygonum** und **Rumex**.

Auf Caryophyllaceen. 6. **Auf Caryophyllaceen.** a) **Sphaerella tingens** *Niessl.*, auf roten Blattflecken von **Arenaria ciliata** in der Schweiz.

b) **Sphaerella isariphora** *Ces.* et *de Not.* (**Sphaerella Stellariae** *Fuckel*), auf **Stellaria**, vielleicht zu **Isariopsis** gehörig (s. unten).

Auf Cupuliferen. 7. **Auf Cupuliferen.** a) **Sphaerella punctiformis** *Rabenh.*, auf der unteren Blattseite von **Quercus**, **Fagus**, **Castanea**, **Aesculus**, **Cornus**.

b) **Laestadia sylvicola** *Sacc.* et *Roum.*, auf beiden Blattseiten von **Quercus Robur**.

c) **Laestadia punctoidea** *Awd.*, auf der oberen Blattseite der Eichenblätter.

d) **Laestadia contecta** *Sacc.*, auf **Quercus coccifera** in Frankreich.

e) **Laestadia Cerris** *Pass.*, auf Blättern von **Quercus Cerris** in Italien.

Auf Betulaceen. 8. **Auf Betulaceen.** a) **Sphaerella harthensis** *Awd.*, auf der unteren Blattseite von **Betula**.

b) **Sphaerella Alni** *Sacc.*, auf **Alnus glutinosa**.

Auf Cannabinaceen. 9) **Auf Cannabinaceen.** **Sphaerella erysiphina** *Cooke*, auf bräunlichen, trocknen, schwärzlich gerandeten Blattflecken des Hopfens, in England.

Auf Ulmaceen. 10. **Auf Ulmaceen.** a) **Sphaerella comedens** *Pass.*, auf trocknen, hellbraunen Flecken der Blätter von **Ulmus campestris**.

b) **Sphaerella ulmifolia** *Pass.*, auf Blättern von **Ulmus campestris** in Italien.

Auf Platanaceen.

11. Auf Platanaceen. Sphaerella Platani *Ell.* et *Mort.*, auf den Blättern von Platanus occidentalis in Amerika.

Auf Salicaceen.

12. Auf Salicaceen. a) Sphaerella genuflexa *Awd.* auf den unteren Blattseiten von Salix alba.

b) Sphaerella salicicola *Fuckel*, auf der oberen Blattseite von Salix caprea, nigricans und triandra.

c) Sphaerella maculari s *Awd.*, auf den oberen Blattseiten von Populus tremula: Sporen 0,007—0,009 mm lang.

d) Sphaerella crassa *Awd.*, auf den oberen Blattseiten von Populus tremula und alba: Sporen 0,018—0,025 mm lang.

e) Sphaerella major *Awd.*, auf den unteren Seiten der Blätter von Populus tremula: Sporen 0,014 mm lang.

f) Sphaerella maculans *Pass.*, auf Blättern von Populus alba in Italien.

Auf Ranunculaceen.

13. Auf Ranunculaceen. a) Sphaerella Pulsatillae *Awd.*, auf Pulsatilla pratensis.

b) Sphaerella Adonidis *Sacc.*, auf Adonis vernalis.

Auf Magnoliaceen.

14. Auf Magnoliaceen. a) Sphaerella Liriodendri *Cooke*, auf den oberen Blattseiten von Liriodendron tulipifera in Amerika.

Auf Berberideen.

15. Auf Berberideen. Sphaerella Berberidis *Awd.*, auf Berberis vulgaris.

Auf Cruciferen.

16. Auf Cruciferen. a) Sphaerella brassicaecola *Ces.* et *de Not.*, auf bräunlichen, vertrocknenden Blattflecken von Kohl, Raps, Rettich und Meerrettich, auf denen die Perithecien dicht herdenweise an beiden Blattseiten stehen. Sporen oblong oder schwach keulenförmig, 0,018 mm lang.

b) Sphaerella Cruciferarum *Sacc.*, auf Stengeln und Schoten von Erysimum, Lepidium und andern Cruciferen.

17. Auf Aurantiaceen. a) Sphaerella Hesperidum *Penz.* et *Sacc.*, auf Blättern von Citrus Limonum in Norditalien.

b) Sphaerella inflata *Penz.*, auf lebenden Ästchen von Citrus Aurantium in Italien.

Auf Celastraceen.

18. Auf Celastraceen. Sphaerella Evonymi *Awd.*, auf der unteren Blattseite von Evonymus europaeus.

Auf Anacardiaceen.

19. Auf Anacardiaceen. Sphaerella Pistaciae *Cooke*, auf Blättern von Pistacia in Südfrankreich.

Auf Tiliaceen.

20. Auf Tiliaceen. Sphaerella sparsa *Awd.*, auf den Blattunterseiten von Tilia parvifolia.

Auf Oxalideen.

21. Auf Oxalideen. Sphaerella depazeaeformis (*Awd.*) *Winter* (Sphaerella Carlii *Fuckel*, Carlia Oxalidis *Rabenh.*, Laestadia Oxalidis *Sacc.*), auf rundlichen, weißlichen, später braunen Blattflecken von Oxalis Acetosella und corniculata.

Auf Vitaceen.

22. Auf Vitaceen. Sphaerella Vitis *Fuckel*, siehe unten Cercospora vitis.

Auf Buxaceen.

23. Auf Buxaceen. Laestadia excentrica *Sacc.*, auf weißen Blattflecken von Buxus sempervirens in Frankreich.

Auf Ribesiaceen.

24. Auf Ribesiaceen. Sphaerella Ribis *Fuckel*, auf den oberen Blattseiten von Ribes rubrum.

Auf Umbelliferen.

25. Auf Umbelliferen. a) Sphaerella sagedioides *Winter*, auf Stengeln von Daucus Carota und Dipsacus sylvestris bei Zürich.

b) Sphaerella rubella *Niessl* et *Schröt.*, auf Stengeln von Angelica sylvestris.

Auf Araliaceen. 26. Auf Araliaceen. Sphaerella hedericola *Cooke*, auf Blättern von Hedera Helix.

Auf Cornaceen. 27. Auf Cornaceen. Laestadia sytema solare *Sacc.*, auf der oberen Seite der Blätter von Cornus sanguinea, kreisförmig um kranke Flecke stehend.

Auf Thymeläaceen. 28. Auf Thymeläaceen. Sphaerella Laureolae *Awd.*, auf Blättern von Daphne Laureola.

Auf Onagraceen. 29. Auf Onagraceen. Sphaerella Epilobii *Sacc.* auf Epilobium.

Auf Spiräaceen. 30. Auf Spiräaceen. Sphaerella maculans *Sacc.* et *Roum.*, auf den Blätterunterseiten von Spiraea Ulmaria.

Auf Rosaceen. 31. Auf Rosaceen. a) Sphaerella Dryadis *Awd.*, auf den oberen, und Sphaerella Biberwierensis *Awd.*, auf den unteren Blattseiten von Dryas octopetala.

b) Laestadia rhytismoides *Sacc.*, auf den oberen Blattseiten von Dryas octopetala.

c) Sphaerella Winteri *Sacc.*, auf Blättern von Rubus corylifolius in Italien.

d) Laestadia Rosae *Awd.*, auf den unteren Blattseiten von Rosa canina.

e) Sphaerella Fragariae *Sacc.* (Stigmatea Fragariae *Tul.*), ist die Ursache der Fleckenkrankheit der Erdbeerblätter, wo auf den kleinen, weißen, dunkelrot gesäumten Flecken gewöhnlich Pykniden (Phyllosticta fragaricola s. unten) auftreten; doch sind auch andre Formen, nämlich Ascochyta und Septoria gefunden worden. Tulasne[1]) hat auf ihnen auch Conidienträger von der Form der Ramularia (s. unten) beobachtet. An den älteren verwesenden Blättern hat derselbe im Winter eine andre Form von Conidienträgern und mit diesen zusammen Perithecien mit länglich eiförmigen, schwach eingeschnürten, 0,015 mm langen Sporen gefunden. Erstere entsprechen der Gattung Graphium, d. h. es sind stielförmige, dunkel gefärbte Körper, die aus vielen parallel verwachsenen Hyphen bestehen, welche oben pinselförmig auseinander treten und Ketten elliptischer, einfacher Sporen abschnüren. Ob nun aber die auf den faulenden Blättern gefundenen Perithecien, wie Tulasne annimmt, mit jenem Schmarotzer der Blattflecke zusammengehören, ist freilich nicht sicher erwiesen. Fuckel[2]) will statt des Graphium eine andre, wenn auch ähnliche Form von Conidienträgern, einen Stysanus, gefunden haben. Auch er sieht die Perithecien als Organe des Parasiten an, ohne dies näher zu begründen. Überhaupt bedarf es genauerer Untersuchungen darüber, ob oder wie weit die hier erwähnten Pilzformen zusammengehören. Diese Fleckenkrankheit ist außerordentlich häufig, meist jedoch ohne bemerkbaren Schaden zu machen. Bespritzung mit Kupfervitriol ist dagegen empfohlen worden. In Nordamerika soll eine Bespritzung stark erkrankter Erdbeerpflanzen bald nach der Fruchternte mit einer 2prozent. Schwefelsäurelösung zwar die alten Blätter getötet, aber auf dem neu gebildeten Laub das Auftreten des Pilzes verhütet haben, was bei den nicht behandelten Pflanzen nicht eintrat[3]).

---

[1]) Fungorum Carpologia I., pag. 288. Taf. XXXI.

[2]) l. c. pag. 108.

[3]) Report of the chief of the Section of veget. pathol. for the year 1889. Washington 1890.

Einen Fall, wobei die Blätter von Treib-Erdbeeren, die in sehr kräftigem Boden standen, durch die zahlreichen Flecken bis zum Vertrocknen beschädigt wurden, die Krankheit sich aber verlor, als die Pflanzen im Frühjahr in lockeren Gartenboden gepflanzt wurden, erwähnt Sorauer[1]).

32. **Auf Pomaceen.** a) Sphaerella sentina *Fuckel*, siehe unten Septoria piricola. Auf Pomaceen.

b) Sphaerella Bellona *Sacc.*, siehe unten Phyllosticta pyrina.

c) Sphaerella pomi *Pass.*, in kleinen braunen nicht berandeten Flecken auf der Blattoberseite des Apfelbaumes in Oberitalien.

d) Laestadia radiata *Sacc.*, auf Sorbus torminalis.

33. **Auf Leguminosen.** a) Sphaerella Vulnerariae *Fuckel*, auf braunen, trockenen Blattflecken von Anthyllis vulneraria. Sporen cylindrisch oder schwach keulenförmig, 0,010—0,013 mm lang. Fuckel rechnet hierzu als Conidienform Cercospora radiata und als Spermogonienform die Ascochyta Vulnerariae. Auf Leguminosen.

b) Sphaerella phaseolicola *Sacc.*, auf Blättern von Phaseolus blaßrötliche Flecken bildend, auf denen später die Perithecien erscheinen. Sporen oblong, 0,015—0,020 mm lang. In Frankreich.

c) Sphaerella Morieri *Sacc.*, auf braunen Flecken der Blätter von Pisum und Phaseolus, auf denen später die Perithecien mit ellipsoidischen, 0,016—0,018 mm langen Sporen sich bilden. In Frankreich.

d) Sphaerella pinodes *Niessl*, auf Stengeln von Pisum sativum.

e) Sphaerella Cytisi sagittalis *Auct.*, auf den Stengelflügeln von Cytisus sagittalis.

f) Sphaerella Ceratoniae *Pass.*, auf Blättern von Ceratonia Siliqua in Sicilien.

34. **Auf Ericaceen.** a) Sphaerella Vaccinii *Cooke*, auf Blättern von Vaccinium Myrtillus und arboreum. Auf Ericaceen.

b) Sphaerella brachytheca *Cooke*, auf den oberen Blattseiten von Vaccinium Vitis idaea.

c) Laestadia Rhododendri *Sacc.*, auf roten Blattflecken von Rhododendron ferrugineum in Italien.

35. **Auf Pirolaceen.** Sphaerella Pirolae *Rostr.*, auf Blättern von Pirola grandiflora in Grönland. Auf Pirolaceen.

36. **Auf Primulaceen.** Sphaerella Primulae *Wint.*, auf Blättern von Primula minima und Androsace. Auf Primulaceen.

37. **Auf Oleaceen.** Sphaerella verna *Sacc.* et *Speg.*, auf der Blattunterseite von Forsythia viridissima in Italien. Auf Oleaceen.

38. **Auf Convolvulaceen.** Sphaerella adusta *Niessl.*, auf Stengeln von Convolvulus arvensis bei Brünn. Auf Convolvulaceen.

39. **Auf Labiaten.** a) Sphaerella umbrosa *Sacc.*, auf Galeopsis versicolor in Italien. Auf Labiaten.

b) Sphaerella polygramma *Niessl.*, auf Stengeln von Ballota nigra.

40. **Auf Rubiaceen.** Sphaerella coffeïcola *Cooke*, auf Blättern von Coffea arabica in Venezuela. Auf Rubiaceen.

41. **Auf Caprifoliaceen.** a) Sphaerella Clymenia *Sacc.*, auf Lonicera Caprifolium in Frankreich und Italien. Auf Caprifoliaceen.

---

1) Pflanzenkrankheiten. 2. Aufl. II., pag. 368.

b) Sphaerella ramulorum *Pass.*, auf lebenden Zweiglein von Lonicera Caprifolium in Italien.

c) Sphaerella Symphoricarpi *Pass.*, auf lebenden Zweiglein von Symphoricarpus racemosus in Italien.

d) Sphaerella Lantanae *Aud.*, auf der unteren Blattseite von Viburnum Lantana.

e) Sphaerella Tini *Arcang.*, auf Blättern von Viburnum Tinus in Italien.

Auf Compositen. 42. Auf Compositen. a) Sphaerella praecox *Pass.*, auf Stengeln von Lactuca saligna in Italien.

b) Sphaerella Jurineae *Fuck.*, auf Jurinea cyanoides.

c) Sphaerella Arnicae *Speg.*, auf Arnica montana in Italien.

Auf verschiedenen Pflanzen. 43. Auf verschiedenen Pflanzen. Laestadia maculiformis *Sacc.*, auf lebenden Blättern verschiedener Bäume, durch bauchig spindelförmige Sporen kenntlich.

IX. Physalospora *Niessl.*

Physalospora. Perithecien wie bei Sphaerella, aber außer den Sporenschläuchen auch Paraphysen enthaltend; Sporen einzellig farblos.

Auf Citrus. 1. Physalospora citricola *Penz.*, auf trockenen, weißen Blattflecken von Citrus Limonium in Italien.

Auf Weinbeeren. 2. Physalospora Bidwillii *Sacc.*, auf Weinbeeren, siehe unten Phoma uvicola.

X. Arcangelia *Sacc.*

Arcangelia. Perithecien wie bei Sphaerella, aber in den Thallus von Lebermoosen eingesenkt, schwarz, mit Haaren besetzt.

Auf Riccia. Arcangelia Hepaticarum *Sacc.*, im lebenden Thallus von Riccia tumida in Italien.

XI. Hypospila *Fr.*

Hypospila. Perithecien wie bei voriger Gattung, dünnhäutig, ohne Paraphysen und mit langgestreckten Schläuchen mit je acht meist einzelligen, länglichen farblosen Sporen. Die Gattung unterscheidet sich durch ein schwarzes, zelliges Stroma, welches wie ein Schild den Scheitel des Peritheciums umgiebt und als schwarzer Fleck auf dem Blatte erscheint.

Auf Dryas. Hypospila rhytismoides *Niessl.*, (Sphaeria rhytismoides *Fr.*, Sphaerella rhytismoides de *Not.*, Sphaerella Dryadis *Fuckel*), an der Oberseite brauner Flecke der Blätter von Dryas octopetala.

C. Schwärzeartige Pyrenomyceten, von denen nur Conidien bekannt sind.

Conidienzustände schwärzeartiger Pyrenomyceten. In dieser Gruppe führen wir diejenigen parasitischen Pilze auf, deren Perithecien unbekannt sind, welche aber auf der Oberfläche der befallenen Pflanzenteile dieselben oder ähnliche conidientragende Fäden in mehr oder minder ausgebreiteten, meist dunkelbraunen Räschen bilden, wie es viele Pilze der vorhergehenden Gruppen thun, zu denen daher wahrscheinlich die nachfolgenden Pilze gestellt werden müssen, wenn ihre Perithecien sicher aufgefunden sein werden. Zum Teil möchte vielleicht der parasitäre Charakter dieser Pilze noch zweifelhaft sein, indem manche derartige Pilzformen auf Pflanzenteilen, die schon aus einer andern Ursache abgestorben sind, also sekundär auftreten könnten.

I. Cladosporium *Link.*

Die aufrecht stehenden, mäßig langen, unverzweigten braunen Conidienträger schnüren an der Spitze an kleinen, seitlichen Vorsprüngen die Sporen ab und haben daher eine etwas unregelmäßig knickige oder knorrige Form; die Sporen sind eiförmig oder elliptisch, ein- oder zweizellig, bräunlich. Die Conidienträger wachsen vereinzelt oder büschelweise, bisweilen in dichten Räschen aus der Epidermis hervor, wie in Fig. 60 dargestellt ist. Die meisten dieser Pilze haben wir schon S. 292 erwähnt als die Schwärze verschiedener Pflanzen bedingend. Von den folgenden Formen lassen sich die zugehörigen Perithecien noch nicht angeben. Cladosporium.

1. Cladosporium fasciculare *Fr.*, auf den Blättern der Hyacinthen und Lilien. Auf Hyacinthen und Lilien.

2. Cladosporium velutinum *Ell.* et *Tracy*, auf Phalaris canariensis in Missouri. Auf Phalaris.

3. Cladosporium Hordeï *Pass.*, auf Blättern der zweizeiligen Gerste in Frankreich. Auf Gerste.

4. Cladosporium carpophilum *Thüm.*, nach Thümen[1]) auf kranken mißfarbigen Flecken der Pfirsichfrüchte. Die Sporen sind ein- oder zweizellig, 0,020 mm lang. Nach Erwin Smith[2]) ist der Pilz auch in Nordamerika in manchen Gegenden sehr häufig. Er befällt die halb ausgewachsenen Früchte, und unter den Pilzflecken bildet die Frucht eine schützende Korklage; beim späteren Wachsen der Frucht zerklüftet dieselbe tief und unregelmäßig, was durch Regenwetter begünstigt wird. Auf Pfirsichen.

5. Cladosporium condylonema *Pass.*, auf Blättern von Prunus domestica in Italien. Auf Prunus domestica.

6. Cladosporium juglandinum *Cooke*, auf Blättern von Juglans in England. Auf Juglans.

7. Cladosporium elegans *Penz.*, auf den Blättern der Citrus-Arten in Gewächshäusern in Italien. Auf Citrus.

8. Cladosporium Rhois *Arcang.*, auf den Blättern von Rhus coriaria in Italien. Auf Rhus.

9. Cladosporium Paeoniae *Pass.*, auf Blätter von Paeonia officinalis. Auf Paeonia.

---

[1]) Fungi pomicoli, Wien 1879, pag. 13.

[2]) Journ. of Mycology. V. Washington 1889, pag. 32.

Auf Sanicula. 10. Cladosporium punctiforme *Fuckel*, auf Blättern von Sanicula europaea.

Auf Oliven. 11. Ein Cladosporium auf Oliven wurde von Cuboni[1]) in Toscana beobachtet, wo es kreisrunde, eingesenkte, rostrote Flecke erzeugte, unter denen das Fruchtfleisch fault.

Auf Tomaten. 12. Cladosporium fulvum *Cooke*, auf gelben Flecken der Blätter der Tomaten, die in Glashäusern im Depart. du Nord kultiviert wurden[2]), auch in England und Amerika bekannt[3]). Auf Tomatenfrüchten ist ein Cladosporium Lycopersici *Plowr.*, angegeben worden.

Auf Gurken. 13. Cladosporium cucumerinum *Ell. et Art.*, auf kranken, grauen, später grünschwarzen Flecken der Gurken, die dadurch schon zeitig vernichtet werden können und wobei häufig Tropfen gummiartiger Substanz infolge der Zerstörung der Zellen an den kranken Flecken austreten. Die Krankheit wurde von Arthur[4]) bei New-York beobachtet, 1892 auch von mir in einer Gärtnerei bei Berlin, wobei sich herausstellte, daß Bespritzung mit Kupfervitriol-Kalkbrühe keinen Erfolg hatte, weil die Sporen dieses Pilzes sehr widerstandsfähig gegen Kupfer sind[5]).

II. Helminthosporium *Link.*

Helminthosporium. Diese Form unterscheidet sich von der vorigen durch kurz cylindrische oder spindelförmige, mit mehreren Querwänden septierte, also wurmförmige Sporen, ist ihr aber sonst im äußeren Auftreten sehr ähnlich.

Auf Gerste. 1. Helminthosporium gramineum *Eriks.*, von Eriksson[6]) als Ursache einer Krankheit der Gerste in Schweden im Jahre 1885 beobachtet, wobei die Blätter, von den unteren beginnend, lange, schmale, dunkelbraune Flecke bekommen, die von einem gelben Rande eingefaßt sind und sich in der Längsrichtung des Blattes ausbreiten. Manche der so befallenen Pflanzen sterben ab, ehe sie die Ähre entwickelt haben. Auf den Flecken fruktifiziert der Conidienpilz, wodurch die Teile schwarz bestaubt erscheinen. Die einzelnen oder zu wenigen beisammenstehenden bräunlichen Conidienträger schnüren länglich cylindrische, bräunliche, mit 1 bis 5 Querwänden versehene, sehr große, nämlich 0,050—0,100 mm lange und 0,014—0,020 mm dicke Sporen ab. In der Gegend von Stockholm wurden 1 bis 5 Prozent, bei Upsala 10—20 Prozent aller Pflanzen schließlich durch die Krankheit getötet. Im Jahre 1889 wurde dieser Pilz auf Gerste von Kirchner[7]) auch bei Hohenheim, sowie in Tirol und Vorarlberg beobachtet. Ich habe ihn neuerdings auch in verschiedenen Gegenden Deutschlands gefunden.

Auf Mais. 2. Helminthosporium turcicum *Pass.*, von Passerini[8]) bei

[1]) Bulettino di Notizie agrario. Roma 1889, pag. 250.

[2]) Refer. in Zeitschr. f. Pflanzenkrankh. II. 1892, pag. 109.

[3]) Garden. Chronicle 1887, II, pag. 532.

[4]) Bull. of the Agricultural Exper. Station of Indiana. 1889.

[5]) Jahresber. d. Sonderaussch. f. Pflanzenschutz in Jahrb. d. deutsch. Landw. Ges. 1893, pag. 423.

[6]) Über eine Blattfleckenkrankheit der Gerste. Refer. in Botan. Centralblatt XXIX. 1887, pag. 89.

[7]) Zeitschr. f. Pflanzenkrankheiten I. 1891, pag. 24.

[8]) La Nebbia del gran turco. Parma 1876.

einer Krankheit des Mais in Oberitalien beobachtet, wobei die Blätter gelbfleckig wurden und vorzeitig abstarben und diesen Conidienpilz trugen. Die Sporen sind 0,085–0,092 mm lang, mit 5–8 Scheidewänden.

Auf Mais.

3. Helminthosporium inconspicuum *C.* et *Ell.*, auf Maisblättern in Nordamerika. Sporen 0,08–0,12 mm lang, mit drei bis fünf Scheidewänden.

Auf Oryza

4. Helminthosporium sigmoideum *Cav.*, auf Halmen und Blättern von Oryza sativa in Italien.

Auf Sagittaria

5. Helminthosporium heteronemum *Oudem.* (Macrosporium heteronemum *Desm.*), auf den Blättern von Sagittaria sagittaefolia große, rundliche, hellbraune Flecke bildend, auf deren oberen Seite kleine, schwarze Räschen zerstreut stehen. Der Pilz ist zuerst von Desmazieres[1]) beobachtet worden. Er bildet Büschel conidientragender Fäden, welche aus der Epidermis, nicht aus den Spaltöffnungen hervorbrechen und eine verkehrt keulenförmige, durch viele Querwände septierte, braune Spore abschnüren.

Auf Arenaria.

6. Helminthosporium nubigenum *Speg.*, auf den Blättern von Arenaria tetraquetra in Frankreich.

Auf Nelken.

7. Helminthosporium echinatum *E.*, auf Nelken in England, wo der Pilz nach Smith[2]) schädlich geworden ist.

Auf Sarracenia.

8. Helminthosporium Sarraceniae *Mac. Mill.*, auf den Blättern von Sarracenia purpurea in Amerika[3]).

Auf Cornus.

9. Helminthosporium phyllophilum *Karst.*, auf Blättern von Cornus alba in Finnland.

Auf Kirschen.

10. Helminthosporium Cerasorum *Berl.* et *Vogl.* (Septosporium Cerasorum *Thüm.*), auf reifen Kirschen in Görz.

Auf Pfirsichen.

11. Helminthosporium carpophilum *Lév.*, auf rundlichen, mehr oder weniger ausgedehnten schwarzen, harten Flecken auf den Pfirsichfrüchten bei Paris nach Léveillé[4]). Die Fruchthyphen tragen am Scheitel eine spindelförmige, mit 4–5 Querscheidewänden versehene Spore.

Auf Fraxinus.

12. Helminthosporium reticulatum *Cooke*, auf Blättern von Fraxinus in England.

III. Heterosporium *Klotzsch.*

Heterosporium.

Die Sporen sind von Helminthosporium nur dadurch verschieden, daß sie stachelige oder körnigrauhe Oberfläche besitzen. Diese Pilze bilden ebenfalls braune Flecke auf grünen Pflanzenteilen.

Auf Allium.

1. Heterosporium Allii *E.* et *M.*, auf Allium-Arten.

Auf Ornithogalum.

2. Heterosporium Ornithogali *Klotzsch.*, auf Blättern von Ornithogalum.

Auf Iris.

3. Heterosporium gracile *Sacc.*, auf Iris germanica.

Auf Spinacia.

4. Heterosporium variabile *Cooke*, auf den Blättern von Spinacia in England.

Auf Dianthus.

5. Heterosporium echinulatum *Cooke* (Helminthosporium echinulatum *Berk.*, Heterosporium Dianthi *Sacc.* et *Roum.*), auf den Blättern

[1]) Ann. des sc. nat. 3. sér. T. XX (1853), pag. 216.

[2]) Gard. Chronicle 1886, pag. 244.

[3]) Mac Millan, Bull. of the Torrey Botan. Club. New York 1891, pag. 214.

[4]) Ann. des sc. nat. 1843, pag. 215.

von Dianthus barbatus und Caryophyllus, eine Nelkenkrankheit verursachend[1]).

IV. Ceratophorum *Sacc.*

Ceratophorum.

Die Conidien gleichen denen von Helminthosporium, tragen aber am oberen Ende einige aufrechte und nach der Seite gerichtete lange, gerade, borstenförmige, farblose Fortsätze.

Auf Cytisus.

Ceratophorum setosum *Kirchn.*, auf Blättern und Stengeln einjähriger Sämlinge von Cytisus capitatus von Kirchner[2]) beobachtet. Es erscheinen braune Flecke, die sich allmählich über die genannten Teile ausbreiten und dieselben zum Absterben bringen. In allen erkrankten Organen befindet sich ein farbloses, reich verzweigtes Mycelium, von welchem Zweige an die Außenfläche der abgestorbenen Teile wachsen und hier je eine 0,04—0,08 mm lange Conidie von der oben beschriebenen Form, mit 3—8 Querwänden erzeugen, welche in Wasser sehr leicht keimen.

V. Sporidesmium *Link.* und Clasterosporium *Schw.*

Sporidesmium u. Clasterosporium.

Die Conidien sind länglich eiförmig oder verkehrt keulenförmig mit mehreren Querwänden, oft auch mit einigen Längswänden, bräunlich (vergl. Fig. 61, S. 299). Die Bezeichnung Sporidesmium will Saccardo für die zugleich mit Längswänden versehene Sporenform, Clasterosporium für die nur mit Querwänden versehene angewendet wissen. Doch ist dies ein wechselnder Charakter, so daß sich diese Unterscheidung nicht überall durchführen läßt.

Auf Pfirsich- und Mandelbäumen.

1. Sporidesmium Amygdalearum *Pass.* (Clasterosporium Amygdalearum *Sacc.*), nach Passerini in Oberitalien auf den Blättern der Pfirsich- und Mandelbäume Flecke verursachend, infolge deren schon die jungen Blätter abfallen sollen. Die Conidienträger bilden schwarze Büschel und erzeugen elliptische oder verkehrt eiförmige, drei- bis fünffach septierte Sporen. Clasterosporium Amygdalearum *Sacc.* ist vielleicht derselbe Pilz.

Auf Ulmen.

2. Sporidesmium Ulmi *Fuckel*, auf den Blättern der Ulmen.

Auf Reseda.

3. Sporidesmium septorioides *West.*, auf Reseda odorata in Belgien.

Auf Ahornkeimpflanzen.

4. Sporidesmium acerinum (*R. Hart.*) (Cercospora acerina *R. Hart.*), bringt an den Ahornkeimpflanzen eine von R. Hartig[3]) beobachtete Krankheit hervor, wobei die Cotyledonen oder die ersten Laubblätter schwarze Flecke bekommen, in deren Gewebe das Mycelium des Pilzes wächst und die Epidermiszellen durchbrechend äußerlich in einzelnen zerstreut stehenden, kurzen Conidienträgern hervortritt, welche eine schlank keulenförmige, fadenartig verdünnte, mit mehreren Querscheidewänden versehene Conidie an ihrer Spitze erzeugen. R. Hartig hat den Pilz falsch bestimmt, denn die Gattung Cercospora ist morphologisch wesentlich anders.

---

[1]) Vergl. Just, botan. Jahresber. 1888 II., pag. 357 und 1890 II., pag. 278.

[2]) Zeitschr. f. Pflanzenkrankh. II. 1892, pag. 324.

[3]) Untersuchungen aus dem forstbot. Institut zu München. I., pag. 58, und Lehrb. d. Baumkrankheiten, pag. 113.

Die Myceliumfäden bilden oft wie andre verwandte Pilze mehrzellige, braune Komplexe von Chlamydosporen, wie aus den Abbildungen R. Hartig's zu ersehen ist; letzterer nennt sie freilich völlig inkorrett Sclerotien; er hat ihre Keimfähigkeit konstatiert. Der Pilz lebt auch sehr gut saprophyt im Erdboden.

5. Sporidesmium dolichopus *Pass.*, auf kranken Flecken der Kartoffelblätter, die durch Phytophthora infestans veranlaßt sind, daher zweifelhaft, ob wirklich parasitär. Die Sporen sind 0,075 mm lang, keulenförmig, bräunlich, mit 10—12 Scheidewänden und in einigen Fächern auch mit Längswänden. In Italien. Auf Kartoffeln.

6. Sporidesmium mucosum *Sacc.*, auf der Fruchtschale der Kürbisse, in Italien, von mir auch bei Berlin beobachtet. Auf Kürbissen.

VI. Alternaria *Nees ab Es.*

Die Conidien sind von der Beschaffenheit derjenigen von Sporidesmium, stehen aber in kettenförmigem Verbande übereinander. Diese Form ist jedoch von Sporidesmium nicht generisch verschieden, vielmehr kann wahrscheinlich jedes Sporidesmium bei reicher Ernährung in die Form der Alternaria übergehen. Alternaria.

1. Alternaria tenuis *Nees ab Es.* Dieser als Saprophyt verbreitete Pilz ist nach Behrens[1]) die Ursache des Schwammes der Tabaksetzlinge. Bei dieser Krankheit werden die Keimpflanzen des Tabaks schlaff, schmutzig dunkelgrün, an ihrer Oberfläche naß und schleimig und werden endlich von einem sammetartig schwarzen Rasen überzogen. Letzterer besteht aus den Conidien des Pilzes, dessen farblose, gegliederte Myceliumfäden die Pflänzchen vollständig umspinnen und stellenweise auch in sie eindringen. Zuerst werden die Sporidesmium-Conidien gebildet; dieselben sind 0,03—0,04 mm lang; dann erscheinen auf ähnlichen kurzen Conidienträgern ebenfalls in kettenartigen Verbänden einzellige, ovale, farblose, 0,006—0,009 mm lange Sporen (vermutlich Cladosporium). Constantin[2]) und Behrens konnten auch auf künstlichen Nährsubstraten aus den Sporidesmium-Sporen beide Conidienformen wieder erziehen, die einzellige auch in einer Form mit verzweigten Conidienträgern (Hormodendron), jedoch aus den einzelligen Conidien auch immer nur diese wieder. Die Infektion von Tabakkeimpflänzchen gelang leicht, aber nicht an andern Keimpflanzen. Nach Behrens greift der Pilz gesunde Tabakpflanzen nicht an, sondern nur solche, welche durch ungünstige Bedingungen geschwächt und dazu disponiert worden sind. Hohe Luft- und Bodenfeuchtigkeit und mangelnder Luftwechsel seien hauptsächlich diese Faktoren, worauf also bei der Erziehung der Tabaksetzlinge Rücksicht zu nehmen ist. Wahrscheinlich kann der Pilz auch durch den Samen übertragen werden, da Behrens an einzelnen Samen anhaftende Alternaria-Sporen finden konnte. Auf Tabak.

2. Alternaria Brassicae *Sacc.*, auf trockenen Blattflecken des Kohls und auf Früchten von Papaver somniferum. Auf Kohl und Papaver.

---

[1]) Über den Schwamm der Tabaksetzlinge. Zeitschr. f. Pflanzenkrankh. II. 1892, pag. 327.

[2]) Revue générale de Botan. par Bonnier 1889, pag. 453 u. 501.

Auf Weinstock. 3. Alternaria Vitis *Cav.*, auf sich entfärbenden Flecken längs den Nerven an der Blattoberseite des Weinstocks in Italien.

VII. Fusariella *Sacc.*

Fusariella. Durch die gekrümmt spindelförmigen, übrigens ebenfalls durch Querwände drei bis mehrzelligen, braunen Sporen von den verwandten Formen unterschieden.

Auf Allium. 1. Fusariella atrovirens *Sacc.* (Fusarium atrovirens *Berk.*), bildet kleine schwarze Flecke auf Allium-Arten in England, wodurch die Pflanzen sterben.

Auf Myrten. 2. Fusariella cladosporioides *Karst.*, bildet dunkle Flecke auf den Blättern der Myrten und tötet diese; in Finnland.

VIII. Brachysporium *Sacc.*

Brachysporium. Von Sporidesmium durch die mehr kurzen, ei- oder birnförmigen, aber jedenfalls mit mehreren Querwänden versehenen Conidien unterschieden. Die kurzen Conidienträger bestehen aus blasigen Gliederzellen.

Auf Knoblauch. Brachysporium vesiculosum *Sacc.*, soll auf den Blüten und Früchten des Knoblauchs schwärzliche Flecke bilden, durch welche die Fruchtbildung beeinträchtigt wird. Sporen 0,008—0,010 mm lang, mit 3 bis 6 Querwänden.

IX. Dendryphium *Wallr.*

Dendryphium. Die aufrechten Conidienträger bilden oben kurze Zweige, auf denen meist in Ketten geordnet cylindrische, mit zwei oder mehr Querwänden versehene, braune Conidien abgeschnürt werden.

Auf Papaver. Dendryphium penicillatum *Fr.*, weit ausgebreitete schwarzbraune Räschen auf abgestorbenen Flecken der Blätter und Stengel von Papaver somniferum bildend.

X. Macrosporium *Fr.*

Macrosporium. Die in Büscheln stehenden aufrechten, braunen Conidienträger bilden in der Nähe der Spitze länglichrunde oder keulenförmige, durch Quer- und Längswände vielzellige braune Conidien.

Auf Zwiebeln. 1. Macrosporium parasiticum *Thüm.*, auf den kranken Partien, welche Peronospora Schleideni (S. 77) auf Allium-Arten, besonders auf Zwiebeln erzeugt, tritt manchmal eine Schwärzung ein, veranlaßt durch den genannten Pilz. Sporen 0,042—0,048 mm lang, mit 6—10 Querwänden. Kingo Migabe[1]), welcher diese Zwiebelkrankheit auch in Bermuda beobachtete, machte Kulturen mit den Conidien und will als Perithecienform Pleospora herbarum erhalten haben. Es ist noch zweifelhaft, ob der Pilz, wie Thümen annahm, parasitär ist. Er könnte möglicherweise nur sekundär auftreten. Von Schipley[2]) und von Kean[3]) wurde die Ansicht ausgesprochen, daß der Pilz die Zwiebeln nicht zur Erkrankung bringen könne, wenn sie nicht zuvor von der Peronospora befallen waren. Mit diesem Pilz ist wahrscheinlich Macrosporium Alliorum *Cooke* et *Mass.*, in England identisch.

[1]) Ann. of Botany III., No. 9.

[2]) Ann. of Botany III. 1889, pag. 268.

[3]) Daselbst IV. 1889, pag. 170.

2. Macrosporium Cheiranthi *Fr.*, auf Blättern und Schoten von Cheiranthus Cheiri etc. Auf Cheiranthus.

3. Macrosporium uvarum *Thüm.*, auf reifen oder fast reifen Weinbeeren schwärzlich-graugrüne, sammetartige Räschen bildend, wodurch die Beeren absterben und unbrauchbar werden sollen. Sporen 0,012—0,0024 mm lang, mit 5—6 Querwänden. Von Thümen bei Görz beobachtet. Auf Weinbeeren.

4. Macrosporium Camelliae *Cooke* et *Mass.*, auf Blättern von Camellia japonica in England. Auf Camellia.

5. Macrosporium rosarium *Penz.*, auf trockenen Blattflecken von Citrus Limonum in Italien. Auf Citrus.

6. Macrosporium trichellum *Arc.* et *Sacc.*, auf kranken Blattflecken von Evonymus japonicus und Hedera Helix. Auf Evonymus und Hedera.

7. Macrosporium nigricans *Atins.*, veranlaßt nach Atkinson[1] eine Erkrankung der Baumwollenpflanze in Amerika. Auf der Baumwollenpflanze.

8. Macrosporium Carotae *Ell.* et *Lange*, auf den Blättern der Mohrrüben in Nordamerika, die dadurch gelb, dann braunschwarz werden und absterben. Die Conidien sind keulenförmig, mit 5—7 Querwänden, in den oberen Fächern auch mit Längswänden, 0,050—0,070 mm lang. Auf Mohrrüben

9. Macrosporium sarcinaeformis *Cav.*, soll nach Cavara[2] auf Rotklee Blattflecke erzeugen. Auf Rotklee.

10. Macrosporium Meliloti *Peck.*, auf Blättern von Melilotus in Nordamerika. Auf Melilotus.

11. Macrosporium Schemnitziense *Bäuml.*, auf Blättern von Galeobdolon luteum in Ungarn. Auf Galeobdolon.

12. Macrosporium Lycopersici *Plowr.*, auf den Früchten von Solanum Lycopersicum in England. Sporen 0,02—0,07 mm lang, unregelmäßig birnenförmig, wurmförmig septiert. Auf Solanum Lycopersicum und Datura.

13. Macrosporium Cookei *Sacc.*, auf Blättern von Solanum Lycopersicum und Datura Stramonium in Amerika.

14. Macrosporium peponicolum *Rabenh.*, auf der Fruchtschale vom Kürbis. Auf Kürbis.

XI. Napicladium *Thüm.*

Auf kurzen, büschelig stehenden Conidienträgern sitzen auf der Spitze einzeln stehende, längliche, braungefärbte Conidien mit zwei oder mehr Querwänden. Napicladium.

1. Napicladium arundinaceum *Sacc.*, bildet auf den Blättern des Schilfrohrs große, weit verbreitete, sammetartige, olivenschwarze Überzüge. Die Sporen sind 0,040—0,045 mm lang. Ob der Pilz parasitären Charakter hat, dürfte noch zweifelhaft sein. Auf Schilfrohr.

2. Napicladium pusillum *Cav.*, auf den Beeren des Weinstocks in Italien. Sporen 0,020—0,029 mm lang. Auf Weinbeeren.

XII. Zygodesmus *Corda.*

Die Conidienträger sind an ihrem Ende mehr oder weniger in kurze Äste verzweigt, auf welchen kugelige, außen feinstachelige Conidien abgeschnürt werden. Zygodesmus.

[1] Botanical Gazette 1891, pag. 61.

[2] Cit. in Just, Botan. Jahresb. f. 1890. I., pag. 222.

Auf Pyrola. Zygodesmus Pyrolae *Ell.* et *Halsted.*, auf den Blattstielbasen von Pyrola rotundifolia in Nordamerika rotgraue Überzüge bildend; die Conidien sind rötlichbraun, 0,008—0,010 mm lang. Die befallenen Blattstiele erscheinen etwas verdickt und gedreht und werden schließlich getötet.

XIII. Acrosporium *Rabenh.*

Acrosporium. Ein fein sammetartiger Überzug besteht aus blaßbraunen Räschen von aufrechten, unverzweigten Conidienträgern, die gewöhnlich im unteren Teile eine Querwand, auf der Spitze mehrere Höckerchen (Sporenansätze) zeigen. Die Sporen sind länglich-elliptisch, stumpf, einzellig, farblos. Dieser Pilz scheint hiernach von Cladosporium nicht wesentlich abzuweichen.

Auf Kirschen. Acrosporium Cerasi *Rabenh.* (Fusicladium Cerasi *Sacc.*). A. Braun[1]) beschreibt eine Krankheit der jungen Früchte der Weichselkirschen, wo auf den noch grünen, erbsengroßen Kirschen 2—3 mm große, rundliche, mißfarbige (licht graubräunliche) Flecke sich zeigten, welche zur Folge hatten, daß die Früchte im Wachstum zurückblieben und endlich ganz abgedörrt und gebräunt waren. Der Pilz kommt nach Thümen[2]) auch auf Süß- und Sauerkirschen vor. Ich fand ihn auf diesen Früchten auch im Altenlande bei Hamburg.

XIV. Haplobasidium *Eriks.*

Haplobasidium. Conidienträger kurz keulenförmig, einfach, durch die Epidermiszellen einzeln hervorwachsend, auf der Spitze mit einer Mehrzahl kurz warzenförmiger conidientragender Ästchen. Conidien einfach, kugelig. Dürfte in die Verwandtschaft von Botrytis gehören.

Auf Thalictrum. Haplobasidium Thalictri *Eriks.*, auf trockenen Blattflecken von Thalictrum flavum in Schweden.

XV. Acladium *Link.*

Acladium. Die aufrechten, unverzweigten Conidienträger, welche mit mehreren Querscheidewänden versehen sind, tragen die einzelligen Conidien unmittelbar seitlich sitzend.

Lederbeeren des Weinstocks. Acladium interaneum *Thüm.*, auf einzelnen Beeren des Weinstocks, welche eine braune Farbe und dicke lederartige Haut bekommen, welche sich in der unteren Hälfte der Beere faltig zusammenzieht, eine in Tirol beobachtete und als Lederbeeren bezeichnete Erscheinung. Auf den erkrankten Teilen wachsen kriechende, bündelförmige, sehr lange und unverzweigte langgliederige und dickwandige Myceliumhyphen, von denen die aufrechten Conidienträger entspringen; die zahlreichen Conidien sind 0,008 mm lang, eirund-elliptisch, farblos.

---

1) Über einige neue oder weniger bekannte Krankheiten der Pflanzen. Berlin 1854.

2) Pomolog. Monatshefte 1885, pag. 202.

XVI. Fusicladium *Bonord.*

Fusicladium.

Das Mycelium bildet ein in der Substanz des Pflanzenteiles oberflächlich eingewachsenes, flaches, dünnes Lager oder Stroma von unbestimmter Form; auf diesem erheben sich überall ziemlich dicht stehende, einfache, sehr kurze, dicke Fäden, die an ihrer Spitze eine oder mehrere, ei- oder keulenförmige, meist ein- oder zweizellige Conidien abschnüren (Fig. 64). Diese Pilzbildungen erscheinen auf den Pflanzenteilen wie dunkel olivbraune Überzüge; sie sind ausgeprägt parasitär und beschädigen daher die befallenen Teile erheblich.

Auf Sorghum.

1. Fusicladium Sorghi *Passer.*, ein Parasit des Sorghum halepense, welcher auf den Blättern eigentümliche augenförmige Flecke von verschiedener Größe erzeugt. Dieselben haben zugleich auf beiden Blattseiten einen blutroten bis schwarzroten Saum, welcher ein helles, gelbliches oder bräunliches Feld mit großem, dunklem Mittelfleck umgiebt. Letzterer hat auf der Unterseite ein dunkelgraues, fast staubartiges Aussehen durch die dort befindlichen Sporen. Zahlreiche dicht beisammenstehende, äußerst kurze Conidienträger brechen unter Verdrängung der Epidermis nach außen und jede schnürt auf ihrer Spitze eine kugelige Spore oder deren mehrere kettenförmig hinter einander ab. Das Mycel durchdringt die ganze kranke Stelle, die Schwärzungen rühren von gebräunten Mycelfäden her.

Rostflecke der Äpfel

2. Fusicladium dendriticum *Fuckel* (Cladosporium dendriticum *Wallr.*). Dieser Parasit des Apfelbaumes befällt sowohl die Blätter als auch die reifenden Äpfel. Auf den letzteren verursacht er die sogenannten Rostflecke, ungefähr runde, schwarze, fest in der Schale eingewachsene Krusten, die nicht selten an ihrem Rande durch eine weiße Linie gesäumt sind, während auf ihrer Mitte, wenn sie eine gewisse Größe erreicht haben oft braune Korkbildung hervortritt. Auf den reifen Äpfeln sind diese Flecke so häufig, daß oft nur wenig ganz reine Früchte gefunden werden. Die meisten Flecke sind etwa 3 bis 5 mm im Durchmesser, manche noch größer, und oft fließen mehrere zusammen. An manchen Früchten ist ein großer Teil der Oberfläche davon eingenommen, so daß dieselben sehr unansehnlich und bisweilen auch in ihrer gleichmäßigen Ausbildung gehemmt sind. So lange die Äpfel frisch bleiben, erhalten sich nicht nur die Pilzflecke, sondern sie leben und vergrößern sich während des ganzen Winters. Das Wachstum geschieht centrifugal. Wie Sorauer[1] bereits beschrieben hat, wächst das zunächst farblose Mycelium in der Epidermis (Fig. 64 A) und spärlicher auch in den angrenzenden Parenchymzellen. Dann treten im Innern der Epidermiszellen dickere Äste der Mycelfäden dichter zusammen, um eine braune, aus einem pseudoparenchymatischen Gewebe bestehende Kruste zu bilden. Diese nimmt nun weiterhin bedeutend an Stärke zu und hebt dadurch die Außenwand der Epidermiszelle ab (Fig. 64 B). Diese abgestoßenen Häutchen bilden den erwähnten weißen Saum. Das Pilzstroma liegt nun frei an der Oberfläche. Das zunächst darunter befindliche Gewebe färbt sich dann braun, und unter den 3 bis 5 erkrankten Zellschichten entsteht Kork, der endlich, zuerst im Centrum, das Stroma abstößt, während

[1] Bot. Zeitg. 1875, Nr. 4, und Monatsschr. des Ver. zur Beförd. des Gartenb. in königl. preuß. St. 1875.

21*

in der Peripherie der Pilz weiter um sich greift. Sorauer hat beschrieben, daß die oberflächlichen Zellen des Stroma zu kurzen, aufrechten, braunen Hyphen, den Conidienträgern, auswachsen; diese schnüren an ihrer verjüngten Spitze eine oder zwei verkehrt birnen- oder rübenförmige, einzellige oder mit einer Querwand versehene, blaßbraune 0,030 mm lange Sporen ab (Fig. 64 C). Die Conidien keimen rasch mit einem Keimschlauch, der leicht wieder sekundäre Conidien bildet. Sorauer erkannte richtig die Identität dieser von ihm zuerst auf den Äpfeln beobachteten Conidienfruktifikation mit dem schon lange auf den Apfelblättern bekannten Pilze obigen Namens. Aber nicht immer entwickeln sich Conidienträger auf den Rostflecken des Apfels; sie sind sogar manchmal selten, und dies erklärt, warum sie früher nicht beobachtet worden sind; aber solche sterile Krusten sind den Mykologen längst bekannt unter dem Namen Spilocaea pomi *Fr.*[1]). Diese nehmen, wie ich schon in der vorigen Auflage S. 588 beschrieben habe, bisweilen eine Entwickelung an, welche die Fries'sche Diagnose, die von mit einander verwachsenen kugeligen Sporidien redet, erklärt. Die hervorbrechende Pilzkruste entwickelt sich, anstatt Conidienträger zu treiben, selbst sehr kräftig, und es lösen sich die braunen, unregelmäßig rundlichen oder eckigen Zellen des Stroma krümelig von einander. In Wassertropfen verteilen sich die isolierten Zellen ähnlich wie Sporen (Fig. 64 D) und keimen sehr rasch unter Bildung farbloser, die braune Zellmembran durchbrechender, langgestreckter Keimschläuche (Fig. 64 E). Man kann sie also

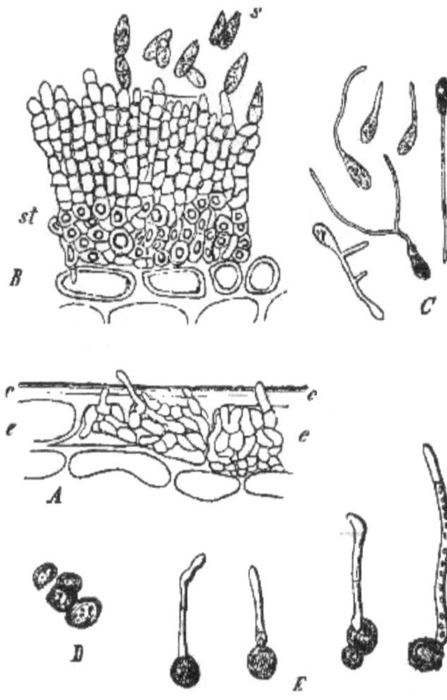

Fig. 64.

Fusicladium dendriticum *Fuckel.* A Stück eines Durchschnittes durch einen Rostfleck eines Apfels; e Epidermis mit dem Mycelium, c Cuticula. B Das in der Epidermis zu einem Stroma st entwickelte Mycelium; die Cuticula abgehoben und fast spurlos verschwunden. An der Oberfläche des Stroma werden Sporen s abgeschnürt. C Keimende Sporen. D Isolierte Zellen des Stroma. E Keimende Stromazellen.

[1]) Fries, Systema mycol. III. (1829), pag. 501.

mit den Chlamydosporen andrer Pilze (S. 269) vergleichen. Zur Bildung der Fusicladium-Conidienträger scheint ein ruhiges Verweilen des Apfels in nicht zu trockener Luft erforderlich zu sein. Bei noch größerer Feuchtigkeit der Umgebung tritt wieder eine andre Entwickelung ein: die Hyphen werden sehr lang, ästig und verworren und stellen einen rauchbraunen Schimmel auf den Flecken dar; aber auch auf diesen Fäden werden Conidien abgeschnürt. Fortpflanzungsfähig wird der Pilz also unter allen Umständen. Eine höhere Fruchtform zu erzielen ist mir nicht gelungen. Über die erste Entstehung des Pilzes auf den Äpfeln ist nichts bekannt. Die Infektion muß jedenfalls zeitig erfolgen; sie gelang mir mit Conidien und Chlamydosporen auf reifen Äpfeln nicht mehr, auch hat Sorauer schon einige Wochen nach dem Abblühen die Flecke auftreten sehen.

Das blattbewohnende Fusicladium dendriticum bildet zur Herbstzeit schwarze, am Rande etwas strahlige Flecke auf der Blattoberseite. Nach Sorauer dringen zunächst Büschel von Conidienträgern aus der Epidermis hervor. Ein Stroma entwickelt sich hier erst später in der Epidermis und bekleidet sich dann auch mit kurzen Conidienträgern. Später hat Sorauer[1]) auch festgestellt, daß der Pilz auch auf den Zweigen des Apfelbaumes auftritt. Es zeigen sich anfangs kleine Auftreibungen, deren Rinde sich verfärbt, abhebt und aufreißt, worauf eine schüsselförmige krustige Vertiefung erscheint, welche das conidienabschnürende Stroma darstellt. Sorauer nennt diese kranken Stellen „Grind". Er bemerkte, daß die hier gebildeten Conidien nach der Jahreszeit etwas wechselnd in der Gestalt sind; zur Herbstzeit herrschen die gewöhnlichen ovalen oder elliptischen Conidien des Fusicladium vor; im Frühjahr und Sommer überwiegen oft die birnen- oder rübenförmigen Gestalten, welche zur Bezeichnung Napicladium Soraueri *Thüm.* Veranlassung gegeben hatten. Die Grindstellen werden später durch eine Korkzone abgegrenzt und abgestoßen. Doch kann der Pilz auch tiefer in die Rinde eingreifen, ohne daß eine schützende Korkzone entsteht, und von solchen Stellen aus kann später Frostkrebs seinen Anfang nehmen. Als Gegenmittel gegen diesen sowie die folgenden Pilze ist Entfernung des erkrankten Laubes, Zurückschneiden der befallenen Zweige und Bespritzungen der Pflanzen mit Bordelaiser Brühe oder andern Kupfermitteln[2]) anzuraten. In Amerika will man auch von Bespritzungen mit unterschwefelsaurem Natron oder Schwefelkalium guten Erfolg beobachtet haben[3]). — Auf Blättern und Zweigen des Apfelbaums.

3. Fusicladium pyrinum *Fuckel* (Helminthosporium pyrinum *Lib.*), ein dem vorigen sehr ähnlicher Parasit auf Früchten, Blättern und einjährigen Zweigen des Birnbaumes; Sorauer (l. c.) hat diese Krankheit „Schorf" oder „Grind" genannt. An den Birnen bringt er ebensolche „Rostflecken" hervor, wie jener. Diese sind schon 1864 in Böhmen beobachtet und der beteiligte Pilz Cladosporium polymorphum *Peyl.* genannt worden[4]). In ganz ähnlichen Krusten tritt der Pilz an den Zweigen auf. Hier bedeckt anfangs das Periderm die Flecke, dann zerreißt dieses über ihnen und dieselben treten hervor. Die Spitzen der Triebe, die bisweilen — Auf Birnbaum.

[1]) Österr. landw. Wochenbl. 1890, pag. 121.

[2]) Vergl. Galloway und Southwort, in Journ. of Mycology. 1889. V, pag. 210, und Göthe in Gartenflora 1887, pag. 293 und 1889, pag. 241.

[3]) Refer. in Zeitschr. f. Pflanzenkrankh. II. 1892, pag. 53.

[4]) Lotos 1865, pag. 18.

zu $^2/_3$ mit den Krusten überzogen sind, sterben ab und die Knospen vertrocknen. Auf den Blättern erscheint der Pilz in der Weise wie der vorige auf beiden Blattseiten. Solche Blätter fallen etwas zeitiger ab, zeigen sich auch oft verkrümmt. Der Pilz wird vom vorigen hauptsächlich durch die knorrige Form der Conidienträger unterschieden, die von einem Seitwärtswachsen der Spitze nach geschehener Sporenabschnürung herrührt. Prillieux[1]) hat über das Vorkommen der Krankheit in den Gärten bei Paris berichtet, wo sie „Sprenkelung" (travelure) genannt wird, und hat ebenfalls ihr Auftreten an den Zweigen beobachtet, woraus er es erklärt, warum an einzelnen Bäumen jedes Jahr gesprenkelte Birnen gebildet werden und warum die Krankheit durch Pfropfreiser verbreitet wird.

Auf Eberesche. 4. Fusicladium orbiculatum *Thüm.*, ein ebensolcher Pilz auf den Blättern der Ebereschen, mit kürzeren, stumpfkegelförmigen Conidienträgern mit breiter Basis.

Auf Zitterpappel. 5. Fusicladium tremulae *Frank*, auf den Blättern der Zitterpappel, von mir zuerst bei Berlin beobachtet[2]). Im Frühlinge zeigen sich viele, namentlich jüngere Blätter unter Schrumpfung ganz oder stückweise vertrocknet und auf den kranken Stellen mit einem graubräunlichen oder grünlich schwarzen Überzug bedeckt. Daselbst findet man das Mycelium des Pilzes in den Epidermiszellen in Form eines zelligen Stroma, von welchem aus sich die zahlreichen kurzen Conidienträger erheben, die an ihrer Spitze je eine spindelförmige, dreizellige, braune, 0,018—0,023 mm lange Conidie abschnüren. Durch diese Conidienlager, die an beiden Blattseiten hervorbrechen, wird der dunkle Überzug hervorgebracht. Ich beobachtete, daß diese Conidien in ein bis zwei Tagen keimen; ihr Keimschlauch wächst auf der Oberfläche des Blattes hin und bildet eine flache Anschwellung (Haftorgan oder Appressorium), welche sich der Cuticula fest auflegt, besonders an der Grenzwand zweier Epidermiszellen, und unter sich einen engen Porus bohrt, durch welchen der Faden in die Epidermiszelle eindringt. Pilzräschen überwintern an den Zweigen und von diesen geht wahrscheinlich der Pilz im nächsten Jahre wieder auf das neue Laub. Rostrup[3]) hat gleichzeitig über einen in Dänemark auf Zitterpappel, sowie auf Populus alba und canescens, desgleichen auch auf Salix alba unter den gleichen Symptomen auftretenden Pilz berichtet, der meist zwei-, selten dreizellige Conidien besitzt und den er Fusicladium ramulosum *Rostr.*, nennt; dieser Pilz dürfte wohl mit dem meinigen identisch sein. Prillieux und Delacroix[4]) beobachteten auf jungen Blättern der Pyramidenpappeln in Frankreich eine Conidienform, welche ihnen mit meinem Pilz identisch zu sein schien.

Auf Archangelica und Angelica. 6. Fusicladium depressum *Sacc.* (Cladosporium depressum *B.* et *Br.*), auf der unteren Blattseite von Archangelica und Angelica.

Auf Tragopogon. 7. Ein als Fusicladium praecox *Niessl* bezeichneter Pilz auf lebenden Blättern von Tragopogon orientalis ist eigentlich nur eine Clado-

[1]) Compt. rend. 1877. pag. 910.

[2]) Über einige neue oder weniger bekannte Pflanzenkrankheiten. Berichte d. deutsch. bot. Ges. 1882, pag. 29, und Landwirtsch. Jahrb. 1883, pag. 525.

[3]) Fortsatte Undersogelser over Snylteswampes Angreb paa Skovtraeerne. Kopenhagen 1883, pag. 294.

[4]) Bull. Soc. Mycol. de France. V. 1890, pag. 124.

sporium-Form, welche aus der Epidermis hervorbricht, in kleinen, zerstreuten Büscheln kurzer, einfacher, oben höckeriger, brauner Fäden, auf deren Spitze ellipsoidische, blaßbraune, ein- oder zweizellige Sporen abgeschnürt werden.

XVII. Morthiera *Fuckel* (Entomosporium *Lév.*)

Wie bei der vorigen Gattung stehen auf einem dünnen Stroma rasenförmig beisammen sehr kurze Conidienträger, deren jeder eine eigentümlich gebaute Spore trägt; die letztere besteht meist aus vier kreuzweise verbundenen Zellen, d. h. zwei Zellen stehen übereinander, und die untere trägt beiderseits eine dritte und vierte, bisweilen auch noch mehr Zellen; letztere sowie die Endzelle setzen sich in eine steife farblose Borste von der Länge der Spore fort. Morthiera.

1. Morthiera Mespili *Fuckel* (Entomosporium Mespili *Sacc.*), auf den Blättern und Zweigen von Cotoneaster vulgaris und tomentosa, Mespilus germanica, sowie des Birnbaumes, wo der Pilz eine von Sorauer[1]) genauer untersuchte und Blattbräune genannte Krankheit hervorbringt. Schon am jungen, weichen Blatte treten kleine, karminrote Flecke, wie feine Spritztröpfchen auf. Später vergrößern und vermehren sich dieselben; die Mitte jedes Fleckes, der nun rot bis braun erscheint und durch die ganze Dicke des Blattes hindurchgeht, bildet eine runde, schwarzkrustige Stelle. Das Blatt bräunt sich und fällt ab, so daß oft schon Ende Juli Entblätterung der Zweige eintritt. Wird noch ein zweiter Trieb gebildet, so zeigt sich auch auf ihm die Krankheit, wobei immer nur an den Zweigspitzen einige Blätter stehen bleiben. In den kranken Flecken befindet sich ein Pilzmycelium zwischen den Mesophyllzellen, deren Zellsaft hier gerötet wird. Durch Absterben und Bräunung des Zellinhaltes wird der Fleck braun. In der Epidermis vereinigen sich die Pilzfäden zu einem dem der vorigen Pilze ganz ähnlichen krustigen Stroma, welches die Cuticula sprengt und dann die beschriebenen Conidienträger treibt, deren Sporen 0,018—0,022 mm lang sind. Saccardo[2]) unterscheidet als Entomosporium maculatum *Lév.* eine Form, welche auf Birnbaum, Mispel und Quitte vorkommen, die oben angegebene Sporengröße und besonders lange Borsten haben soll, während sein Entomosporium Mespili 0,025 mm lange Sporen mit kürzeren Borsten haben soll. Mir ist die specifische Verschiedenheit zweifelhaft. Bei der Keimung der Conidien tritt der Keimschlauch häufig in der Nähe der Borste hervor. Sorauer infizierte junge Blätter einjähriger Birnensämlinge mit den Sporen; er sah den Keimschlauch sich in die Epidermiswand einbohren. Nach zwei Wochen traten an den Infektionsstellen die charakteristischen Flecke auf, später ein Conidienstroma. An den abgefallenen kranken Blättern hat Sorauer im Winter eine Perithecienfrucht aufgefunden, die er für die der Morthiera hält: in der Blattmasse sitzende, sehr kleine, selten bis 0,2 mm Durchmesser große, rundliche Kapseln mit schwarzer, aus mehreren Zellschichten bestehender Wand, ohne deutliche Mündung. Dieselben enthalten keulenförmige Auf Birnbaum, Cotoneaster und Mespilus.

[1]) Monatsschr. d. Ver. zur Beförd. d. Gartenbaues in d. kgl. preuß. St. Januar 1878.

[2]) Sylloge Fungorum III, pag. 657.

Sporenschläuche und Paraphysen. Jeder Schlauch hat acht fast farblose, ei- oder keulenförmige, durch eine Querwand in zwei ungleiche Zellen geteilte Sporen. Danach wäre der Pilz eine Form von Stigmatea oder eher von Sphaerella. Die Schlauchsporen sind im April und Mai reif und keimfähig. Indessen ist es noch zweifelhaft, ob diese Perithecien zu der Morthiera gehören. Jedenfalls überwintert der Pilz aber auch an der Pflanze in der Conidienform, die Sorauer an den Zweigen und sogar an den Knospenschuppen bemerkte. Die Wildlinge in den Baumschulen wurden weit stärker als die edlen Sorten befallen. In Amerika hat man Bespritzungen mit Bordelaiser Brühe oder Ammoniakkupferlösung erfolgreich gegen diese Blattbräune angewendet. Die Bespritzung soll vorgenommen werden, wenn die Blätter zu zweidrittel ausgewachsen sind, und nach je zwölf Tagen zwei bis fünfmal wiederholt werden[1]).

Auf Crataegus. 2. Eine in Nord-Amerika auf Crataegus-Arten gefundene Morthiera Thümenii *Cooke* ist der vorigen sehr ähnlich oder mit ihr identisch.

XVIII. Steirochaete *A. Br.* et *Casp.* und Colletotrichum *Corda.*

Steirochaete und Colletotrichum. Auf einem undeutlich zelligen Stroma stehen zahlreiche braune gerade, nach oben verdünnte steife Fäden, zwischen denen kurze, einfache, sporentragende Fäden stehen, auf denen elliptische, einzellige, farblose oder blaßgrüne Conidien abgeschnürt werden.

Auf Malven und Baumwollenpflanzen. 1. Steirochaete Malvarum *A. Br* et *Casp.* Unter diesem Namen ist ein Pilz beschrieben worden, den Caspary und A. Braun[2]) gefunden haben bei einer Krankheit verschiedener Malven-Species, die im Berliner Botanischen Garten im freien Lande gezogen wurden. Auf den Stengeln und Blattstielen waren grünschwarze, vertiefte Flecke von 0,5 bis 5 cm Länge entstanden. Die Epidermis war zerstört, und das darunter liegende Gewebe bis zum Holz war gebräunt und zusammengesunken. Blätter, an deren Basis sich ein solcher Fleck befand, waren verwelkt, und viele Stöcke starben gänzlich ab. Auf den älteren Flecken kamen zahlreiche schwarze Pilzrasen von der oben beschriebenen Beschaffenheit zum Ausbruch durch die Cuticula. Neuerdings ist der Pilz in Nordamerika auf den Malvensämlingen sehr schädlich aufgetreten und von Southworth, der darüber berichtet, Colletotrichum Althaeae genannt worden, hinterher aber als identisch mit dem hier angeführten erklärt worden[3]). Es wäre zu vermuten, ob mit diesem Pilze nicht auch der neuerdings auf den unreifen Kapseln und Blättern der Baumwollenpflanze von Atkinson[4]) beobachtete und Colletotrichum Gossypii *Atkins.* genannte Pilz identisch ist. Nach Eriksson[5]) ist diese Malvenkrankheit seit 1883 auch in Schweden bekannt.

Auf Spinat. 2. Colletotrichum Spinaciae *Ell.* et *Halsted.*, in N. Jersey auf Spinat-Blätter Flecke erzeugend. Conidien sichelförmig spindelig, farblos, 0,014—0,020 mm lang.

---

[1]) Vergl. Galloway, Report of the division of veg. pathol. for. 1890. Washington 1891, pag. 396.

[2]) Über einige neue oder weniger bekannte Pflanzenkrankheiten. Berlin 1854.

[3]) Journ. of Mycol. VI. 1890, pag. 45 und 115.

[4]) Journ. of Mycolog. VI, pag. 173.

[5]) Zeitschr. f. Pflanzenkrankh. I. 1891, pag. 108.

3. Colletotrichum ampelinum *Cav.*, auf Blättern von Vitis Labrusca in Italien. Auf Vitis Labrusca.

4. Colletotrichum peregrinum *Pass.*, auf den Blättern von Aralia Sieboldii in Italien. Auf Aralia.

5. Colletotrichum exiguum *Penz.* et *Sacc.*, auf Blättern von Spiraea Aruncus. Auf Spiraea.

6. Colletotrichum Pisi *Pat.*, auf den Hülsen von Pisum sativum in Quito. Auf Pisum.

7. Colletotrichum oligochaetum *Cav.*, auf Blättern und Stengeln von Lagenaria vulgaris in Italien. Auf Lagenaria.

8. Colletotrichum Lycopersici *Chester*[1]), auf den Früchten kultivierter Tomaten in Amerika. Auf Tomaten.

9. Colletotrichum nigrum *Ell.* et *Halst.*, auf Früchten von Capsicum annuum in Amerika nach Halsted[2]). Auf Capsicum.

D. Pyrenomyceten, welche Blattfleckenkrankheiten verursachen und nur mit conidientragenden Fäden fruktifizieren, die in sehr kleinen farblosen oder bräunlichen Büschcheln allein aus den Spaltöffnungen hervortreten.

Blattfleckenkrankheiten mit aus den Spaltöffnungen tretenden Conidienträgerbüscheln.

Mit den in der Überschrift angedeuteten Merkmalen ist eine große Zahl naheverwandter Pilzformen, die zugleich sehr übereinstimmende Krankheitserscheinungen an den verschiedensten Pflanzen veranlassen, charakterisiert. Es erscheinen auf sonst noch lebenskräftigen Blättern, meistens zur Sommerszeit, verhältnismäßig kleine, weißliche, gelbe oder braune Flecke, an denen die Blattsubstanz abstirbt und vertrocknet, oder endlich wohl ganz zerfällt, so daß das Blatt durchlöchert wird. Anfangs verhältnismäßig klein, nehmen sie allmählich bis zu einer gewissen Größe zu, indem die Erkrankung im ganzen Umfange centrifugal fortschreitet, so daß der Fleck an seinem Rande die Übergangszustände vom lebendigen zum abgestorbenen Blattgewebe erkennen läßt, wobei bisweilen die erste Veränderung in einer Rötung der Zellsäfte, die sich dann wieder verliert, besteht, der Fleck also bisweilen rot gesäumt erscheint. Das Absterben des Gewebes wird durch ein endophytes Mycelium (Fig. 65) bewirkt; der Pilz fruktifiziert mit conidientragenden Fäden, welche ausschließlich aus den Spaltöffnungen der kranken Blattstelle in Form kleiner Büschel hervortreten (Fig. 66). Diese erscheinen unter der Lupe als zerstreut stehende, weiße oder, wenn die Fäden braun gefärbt sind, als dunkle, sehr kleine Pünktchen, die zunächst auf der Mitte des Fleckes, als dem ältesten Teile, erscheinen und denen im Umkreise weitere nachfolgen in dem Maße als die kranke Stelle größer wird. Da sie nur aus den Spaltöffnungen hervorkommen, so sind sie

[1]) Bullet. of the Torrey Botan. Club. New York 1891, pag. 371.

[2]) Daselbst 1891, pag. 14.

gewöhnlich nur auf der Unterseite des Fleckes oder wenigstens in größter Menge dort vorhanden.

Die Farbe, welche diese kranken oder toten Flecke besitzen, ist je nach Pflanzenarten etwas verschieden. Abgesehen von dem Vorhandensein oder Fehlen eines roten Saumes zeigt der Fleck bald eine gelbe Farbe, was von der Desorganisation des Chlorophylls herrührt, bald

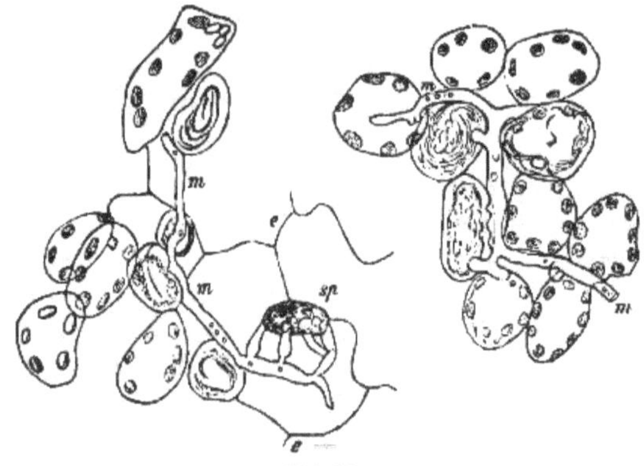

Fig. 65.

Mycelium der Cercospora cana *Saccardo*, im Mesophyll von Erigeron canadensis. Rechts ein Mycelfaden m m mit haustorienartigen Ästchen an Mesophyllzellen sich ansetzend, deren Inhalt dann sogleich desorganisiert wird. Links ein Mycelfaden m m unter einer Spaltöffnung s p Zweige abgebend, die sich in der Spaltöffnung zu einem Hyphenknäuel, als Anlage der Conidienträger, verflechten. e darunter liegende Epidermis. 300fach vergrößert.

eine braune Färbung, indem dann der Zellinhalt und wohl auch die Zellhäute der befallenen Gewebe gebräunt sind, bald auch eine weiße Farbe, die ihren Grund hat in dem vollständigen Ausbleichen des Gewebes infolge der Entleerung und Schrumpfung der Zellen und der Erfüllung des Gewebes mit Luft. Für die Pflanzen sind in den meisten Fällen diese Krankheiten nicht sehr schädlich, weil jeder Blattfleck in der Regel auf verhältnismäßig kleiner Größe beschränkt bleibt. Kleine Blätter können allerdings von einem Fleck schließlich ganz eingenommen werden, also vollständig vertrocknen. Aber große Blätter bleiben trotz ihrer Flecke im ganzen am Leben bis zum natürlichen Tode. Indes treten diese Pilze doch mitunter in solcher Menge auf, daß die Blätter zu viel solcher Flecke bekommen; dann vermindert sich selbstverständlich nach Maßgabe der Zahl und Größe derselben die Arbeit des Blattes, und das letztere geht wohl auch vor der Zeit zu Grunde.

Parasitismus dieser Pilze.

Über den Parasitismus und die ursächlichen Beziehungen dieser Pilze zu den Blattfleckenkrankheiten habe ich[1]) die ersten Beobachtungen gemacht und bereits in der ersten Auflage dieses Buches (S. 593) mitgeteilt. Sie haben Nachstehendes ergeben. Diese Pilze haben ein endophytes Mycelium, welches immer in dem noch lebenden Mesophyll rings um die abgestorbenen Teile reichlich entwickelt ist, aber auch nicht über diese Stellen hinausgreift, so daß jeder kranke Fleck einen Pilz für sich hat und von diesem erzeugt worden ist. Die verhältnismäßig dünnen, verzweigten, mit spärlichen Scheidewänden versehenen Fäden wachsen nur zwischen den Zellen (Fig. 67) und umspinnen diejenigen des Schwammparenchyms oft in Menge. Bei Isariopsis pusilla auf Cerastium triviale ist die erste sichtbare Wirkung die, daß die befallene Stelle des noch grünen Blattes ihren Turgor verliert; dann entfärbt sie sich in Gelb, indem die Chlorophyllkörner sich auflösen; endlich vertrocknet die Blattsubstanz unter fast vollständigem Ausbleichen. Auf Rumex sanguineus ist der erste bemerkbare Anfang der durch Ramularia obovata verursachten Krankheit ein runder Fleck von höchstens 1—2 mm Durchmesser, wo das Gewebe noch lebendig und grün ist, nur durch Rötung der Zellsäfte einiger Epidermiszellen ein etwas mißfarbiges Aussehen erzeugt wird. Hier sind bereits Myceliumfäden in den Intercellulargängen zu finden. Die Flecke vergrößern sich dann, die Myceliumfäden werden reichlicher; bald wird das Centrum der erkrankten Stelle braun infolge der Desorganisation der Zellinhalte, endlich dürr. Der Saum des Fleckes bleibt aber gerötet, sowohl an der oberen wie an der unteren Blattseite; vorwiegend sind es die Epidermiszellen, aber auch einige Mesophyllzellen, deren Säfte sich färben. Dieser Prozeß schreitet centrifugal fort. Die Zellen und ihre Chlorophyllkörner sind in den geröteten Partien noch frisch und

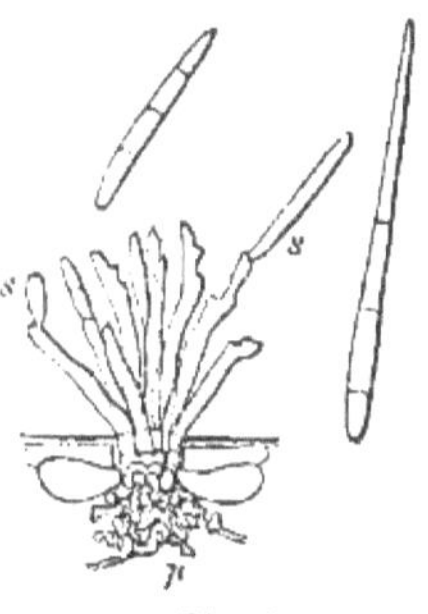

Fig. 66.
Conidienträgerbüschel von Cercospora cana *Saccardo*, auf Erigeron canadensis. Durchschnitt durch die Epidermis an einer Spaltöffnung, unter welcher das Mycelium einen Fadenknäuel p gebildet hat, aus welchem das Hyphenbüschel der Conidienträger durch die Spaltöffnung hervorsproßt. Bei s Conidienabschnürung. Daneben reife Conidien. 300 fach vergrößert.

---

[1]) Botan. Zeitg. 1878, Nr. 40.

lebendig. Stets ist das Mycelium schon in dem ganzen geröteten Areal zu finden, darüber hinaus in dem rein grünen Teile noch nicht. Die Rötung ist also das erste Symptom der Einwirkung des Parasiten. In den Blättern von Erigeron canadensis ist das Mycelium von Cercospora cana in gleicher Weise zu finden und noch besonders dadurch ausgezeichnet, daß sich an der Seite der Fäden ziemlich viele sehr kurze Auswüchse bilden, welche sich den Mesophyllzellen äußerlich fest anlegen, und daher wohl als Haustorien gelten dürfen, wiewohl ich ein eigentliches

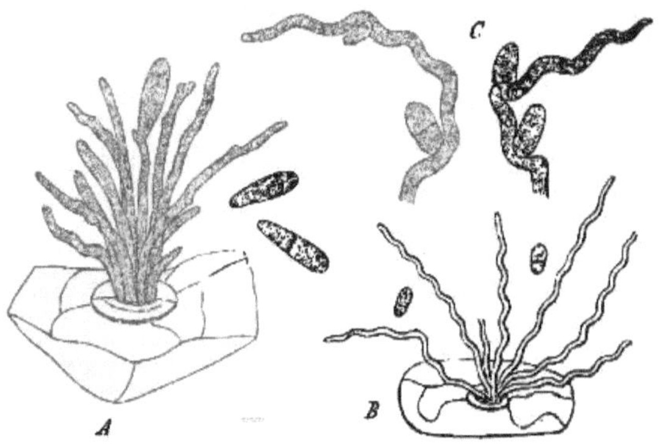

Fig. 67.

Conidienträgerbüschel von Ramularia. A Ramularia obovata *Fuckel*, aus einer Spaltöffnung des Blattes von Rumex sanguineus hervorgewachsen, nebst einigen abgefallenen Sporen. 300fach vergrößert. B Ramularia Bistortae *Fuckel*. Conidienträgerbüschel aus einer Spaltöffnung des Blattes von Polygonum Bistorta hervorgewachsen, nebst einigen abgefallenen Sporen. 100fach vergrößert. C Abschnürung der Sporen an den Conidienträgern von R. Bistortae; 300fach vergrößert.

Eindringen in die Nährzelle nicht sehen konnte (Fig. 65). Die Wirkung des Myceliums ist eine äußerst verderbliche; jede Mesophyllzelle, mit welcher ein Myceliumfaden in Berührung gekommen ist, zeigt bald ihr Protoplasma und Chlorophyll desorganisiert und schrumpft zusammen. Zur lokalen Fleckenbildung kommt es bei Erigeron seltener: das Mycelium durchzieht meist das ganze kleine Blatt; letzteres welkt rasch und wird unter schwärzlicher oder bräunlicher Entfärbung dürr; doch bleibt der Pilz auf das Blatt beschränkt, und dieses bedeckt sich, besonders unterseits, mit den grauweißen Sporen.

Entwickelung der Conidienträger.

Die Entwickelung der Conidienträger ist bei allen diesen Parasiten ziemlich gleichartig. Sie nimmt ihren Anfang damit, daß die in der Nähe der Atemhöhlen der Spaltöffnungen wachsenden Mycelfäden

Zweige abgeben, die alle gegen die Spaltöffnungen sich wenden, unter derselben zusammentreffen und zu einem runden Knäuel sich verflechten (Fig. 65, sp und Fig. 66 p), der sich, indem er an Umfang zunimmt, von unten in die Spaltöffnung einpreßt und die Schließzellen auseinanderdrängt, die dabei bisweilen absterben und undeutlich werden, so daß der Scheitel des Hyphenknäuels in der erweiterten Spaltöffnung freiliegt. Auf diesem entwickelt sich nun ein Büschel von Conidienträgern. Dies geschieht aber meist erst, wenn das Gewebe an dieser Stelle abgestorben ist, weshalb gewöhnlich nur auf der toten Mitte des Fleckes der Pilz zum Ausbruch kommt. Übrigens hängt dies auch von Feuchtigkeitsverhältnissen ab. Bei Ramularia obovata auf Rumex sanguineus kann dies in trockener Luft wochenlang unterbleiben; demungeachtet wächst das Mycelium im Blatte weiter und vergrößert den kranken Fleck, bildet auch in den Spaltöffnungen die Hyphenknäuel; erst bei Eintritt von Feuchtigkeit erfolgt der Ausbruch der Conidienträger in einem oder wenigen Tagen.

Keimung und Infektion.

Die Conidien sind sofort nach ihrer Reife keimfähig und erzeugen, auf gesunde Blätter ihrer Nährspecies gebracht, dieselbe Pilzform und Krankheit in kurzer Zeit von neuem. Die Keimung erfolgt auf Wassertropfen sehr schnell, z. B. bei Isariopsis pusilla schon nach elf Stunden. Die Spore treibt einen langen, ziemlich dünnen, scheidewandlosen Keimschlauch. Derselbe tritt bei den cylindrischen oder schlank keulenförmigen, meist ein- oder zweizelligen Sporen von Cylindrospora und Cercospora aus irgend einem Punkte an der Seite einer der Sporenzellen hervor (Fig. 68), bei den meist ein- oder zweizelligen, länglich eiförmigen Sporen der Ramularia und Isariopsis aus einem Ende oder aus beiden Enden der Conidie, oft etwas seitlich vom Scheitel. Wenn hier nur eine Sporenzelle den Keimschlauch getrieben hat, so wird oft die Scheidewand in der Mitte der Spore aufgelöst, und es wandert dann auch der Inhalt der andern Zelle in den Keimschlauch ein; haben beide Zellen einen Keimschlauch getrieben, so bleibt die Scheidewand. Wenn die Sporen von Isariopsis auf dem Objektträger keimen, so findet man außer denjenigen, deren Keimschlauch auf der Unterlage lang hingewachsen ist, auch solche, bei denen er vertikal aufwärts gerichtet, kurz geblieben ist und auf seinem Scheitel sogleich wieder eine sekundäre Conidie abschnürt, welche der ursprünglichen gleich, nur ein wenig kleiner ist. Werden Sporen in Wassertropfen auf gesunde Blätter ihrer Nährpflanzen gesäet, so zeigen alle meine drei Versuchspilze ein und dasselbe Verhalten. Die hier gekeimten Sporen lassen ihre feinen Keimschläuche, meist ohne Zweigbildung und ohne die anfängliche Richtung erheblich zu ändern, auf weite Strecken über viele Epidermiszellen hinwachsen. Trifft die Spitze des Keimschlauches eine Spaltöffnung, so ändert sich meist das Wachstum, indem der Faden unter kleinen Schlängelungen, oft auch unter dichotomer Verzweigung und netzförmiger Anastomosierung der Zweige die Schließzellen überspinnt (Fig. 68), auch in die Spalte sich einsenkt; und mit-

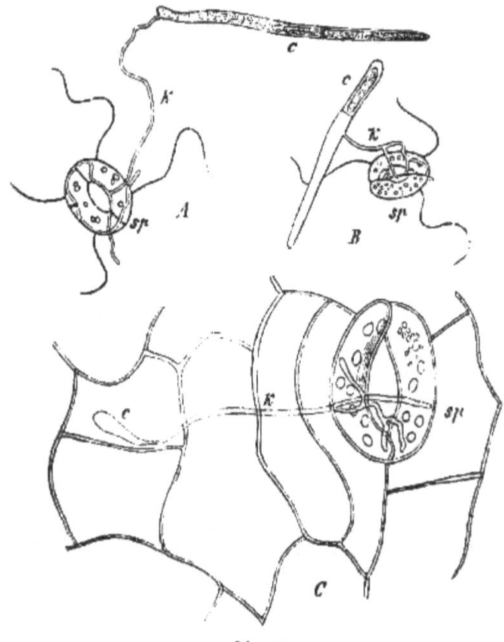

Fig. 68.
A und B die Keimung der Sporen von Cercospora cana auf den Blättern von Erigeron canadensis. C Dasselbe von Ramularia obovata auf Rumex sanguineus. k Keimschlauch, welcher auf eine Spaltöffnung sp gelangt ist und dieselbe unter Verästelung überspinnt. 500fach vergrößert.

unter ist es deutlich, daß er durch die Atemhöhle ins Innere sich fortsetzt. Es macht den Eindruck, als wenn die Pilzfäden schon auf den Schließzellen der Spaltöffnungen ernährt würden, und sie dann desto sicherer ins Innere wachsen könnten. Die Infektion gesunder Blätter durch die Sporen gelingt leicht und sicher; nach kurzer Zeit treten an den besäeten Punkten der Blattfläche die charakteristischen Erkrankungen des Gewebes ein. Gesunde Pflanzen von Cerastium triviale von einem

Standorte entnommen, wo der Pilz sich nicht zeigte, pflanzte ich in einen Topf und besäete viele der ausgebildeten Blätter mit frischen Sporen von Isariopsis pusilla, worauf die Kultur unter einer Glasglocke gehalten wurde. Nach dreizehn Tagen zeigten bereits einige Sprosse die gelblichen Flecke der Krankheit auf den Blättern; nach weiteren vier Tagen hatten von den so behandelten 18 Sprossen sechs mehr oder weniger zahlreiche Blattflecke bekommen, und an den letzteren waren auch schon die Isariopsis-Conidienträger hervorgebrochen. In weißen Quarzsand, der unzweifelhaft nichts von dem Pilze enthielt, ließ ich Samen von Cerastium triviale aufkeimen. Die Keimpflanzen wurden ebenso mit Sporen besäet und dann unter Glasglocke gehalten. Nach zehn Tagen waren zahlreiche Keimpflänzchen erkrankt: die Cotyledonen welk, mehr oder minder entfärbt und meist mit einer Anzahl von Conidienträgern der Isariopsis besetzt. Nach weiteren drei Tagen waren die ergriffenen Keimpflänzchen fast ganz zu Grunde gegangen, während die übrigen von Parasiten nicht ergriffenen, normal und gesund sich entwickelten. Isariopsis-Sporen, die von Cerastium arvense stammten, wurden auf Sprosse erwachsener Pflanzen wie auch auf Keimpflanzen von Cerastium triviale mit Erfolg übertragen. — Mit den Conidien von Ramularia oborata gelingt die Infektion von Rumex sanguineus sicher, gleichgültig ob die obere oder untere Seite des Blattes besäet wird und sowohl an den Blättern eingewurzelter Pflanzen als auch an abgeschnittenen, mit dem Stiele in Wasser gestellten Blättern. Nach 10—14 Tagen treten die rotgesäumten kranken Flecke an den besäeten Stellen auf. Ist ein einzelnes größeres Stück des Blattes gleichmäßig mit Sporen betupft worden, so erscheinen nur auf diesem Stück viele dichtstehende Flecken, die früher oder später zusammenfließen. In den so erhaltenen Flecken war das Mycelium nachzuweisen. — Eine Anzahl halberwachsener gesunder Pflanzen von Erigeron canadensis wurde in einen Blumentopf gepflanzt; an zwei Individuen eine Anzahl Blätter der unteren Stengelhälfte mit reifen Sporen der Cercospora teils ober- teils unterseits besäet. Am zehnten Tage nach der Aussaat zeigten sich die ersten Erkrankungen, am siebzehnten Tage waren sämtliche infizierte Blätter der Krankheit erlegen, alle übrigen Blätter und Individuen vollkommen gesund.

Unterscheidung der Gattungen.

Die hierher gehörigen zahlreichen Pilzformen hat man nach der Beschaffenheit ihrer Conidienträger und Conidien in eine Anzahl von Gattungen gebracht, deren Merkmale wir hier voranstellen, da man mit diesem Gattungsnamen die betreffenden Parasiten bezeichnet. Diese Formen zeigen freilich vielerlei Übergänge in einander, so daß die Bezeichnung dieser Pilze bei den einzelnen Autoren manches

Willkürliche hat. Es sind hier hauptsächlich folgende Formen festzuhalten.

Ramularia, Ovularia, Didymaria, Piricularia.

1. Ramularia *Ung.* Die Conidienträger stellen niedrige, weiße Räschen dar; sie bestehen aus Fäden, die nur ein kurzes Bündel bilden und sogleich auseinander treten als einfache, kurze, oben durch die Sporenansätze meist etwas zackige oder knieförmige oder gebogene Hyphen. Diese Zacken, Kniee oder Biegungen erhalten sie durch die mehrmals wiederholte Sporenabschnürung. Die Conidie wird nämlich auf der Spitze abgeschnürt, worauf die letztere zur Seite ein Stück weiter wächst, um abermals eine Spore zu bilden, was sich mehrmals wiederholt (Fig. 67). Die Conidien sind eirund bis länglich, einzellig oder mit einer oder einigen Querscheidewänden versehen, farblos. Neuerdings ist von Saccardo und andern diese Form noch in weiteren Gattungen zerlegt worden, indem man diejenigen mit einzelligen Sporen als Ovularia, die mit zweizelligen Sporen als Didymaria, die mit drei- oder mehrzelligen, eiförmig-cylindrischen Sporen als Ramularia, die mit drei- oder mehrzelligen, verkehrt keulig-birnförmigen Sporen als Piricularia bezeichnet hat. Indessen dürften diese Unterscheidungen nicht überall anwendbar sein, weil das Vorhandensein von Scheidewänden in den Sporen hier bisweilen wechselnd zu sein scheint.

Cercospora, Passalora.

2. Cercospora *Fres.* und Passalora *Fr.* Diese Form ist von der vorigen nur dadurch verschieden, daß die Sporen nach oben mehr oder weniger lang, schwanzartig ausgezogen, daher verkehrt keulenförmig und meist mit zwei oder mehreren Querscheidewänden versehen sind (Fig. 68). Die Conidienträger sind entweder farblos oder braun. Der Name Passalora bezieht sich auf Formen, wo die Spore nur eine Scheidewand besitzt und oft bräunlich gefärbt ist.

Scolecotrichum.

3. Scolecotrichum *Kze.* Die Conidienträger sind sehr zahlreich zu einem dichten Büschel vereinigt, kurz, aufrecht, braun, nicht oder wenig septiert, eigentümlich höckerig hin- und hergekrümmt, und bilden an der Spitze und an den Seiten einige ellipsoidische, zweizellige, blaßbraune Sporen.

Isariopsis.

4. Isariopsis *Fres.* Diese Gattung stimmt in ihrem parasitischen Verhalten und in der Conidienbildung mit Ramularia überein[1]), aber hier erhebt sich das Bündel der Conidienträger als ein dicker und hoher Stamm, welcher aus zahlreichen, der Länge nach parallel und dicht aneinander liegenden Hyphen besteht, deren obere Enden in verschiedenen Höhen des Stammes rutenförmig sich abzweigen teils als isolierte Hyphen, teils als dünnere Hyphenbündel, die sich dann erst

[1]) Vergl. Frank, Botan. Zeitg. 1878, pag. 626.

in einzelne Hyphen trennen, so daß der Conidienträger an die Pilzgattung Isaria erinnert. Alle diese Hyphenzweige haben aber den Charakter der einfachen Conidienträger von Ramularia; sie zeigen dieselben höckerigen Enden und dieselben länglichrunden, an der etwas eingeschnürten Mitte mit meist einer Querscheidewand versehenen farblosen Sporen[1]).

5. Cylindrospora *Grev.* oder Cylindrosporium *Ung.* und Cercosporella *Sacc.* Die Conidienträger sind hier auf das äußerste reduziert, so daß eigentlich nur die Sporenbüschel aus den Spaltöffnungen als kleine, weiße Häufchen hervorbrechen, wie es bereits Unger[2]) beschrieben hat. Gewöhnlich treten sie an der Unterseite der Blätter auf. Die Sporen sind cylindrisch, einzellig oder bei Cercosporella mit mehreren Scheidewänden versehen, richten sich gewöhnlich über der Spaltöffnung strahlenförmig auseinander und häufen sich, indem immer mehr daraus hervorkommen, zu einem Häufchen an. Zugleich hängen sie oft kettenförmig in gebrochenen Reihen zusammen. Die erste Spore treibt nämlich an ihrer Spitze einen Fortsatz, der sich als eine zweite Spore abgrenzt, und an dieser kann sich dasselbe wiederholen. Unger (l. c.) hat unter dem Namen Cylindrospora concentrica *Grev.* und major *Ung.* viele solche auf verschiedenen Pflanzen vorkommende Formen zusammengefaßt, welche jetzt specifisch genauer unterschieden sind. Manche ältere Mykologen haben hierhergehörige Pilze sogar mit in die Gattung Fusidium *Link* gestellt, wo vielmehr saprophyte Pilze andern Verhaltens hingehören. Übrigens dürfte von manchen der mit vorstehenden Namen belegten Formen noch zu entscheiden sein, ob sie wirklich Conidienträgerbüschel, die aus den Spaltöffnungen hervortreten, darstellen. Nicht hierher gehören würden jedenfalls diejenigen cylindrischen Conidienformen mit Namen Cylindrosporium, von denen man jetzt weiß, daß es Conidienzustände von Entyloma (s. oben S. 128) sind.

Cylindrospora u. Cercosporella.

Es ist nicht zu bezweifeln, daß diese Pilze Conidienformen von Pyrenomyceten sind, daß also Perithecien zu ihnen gehören. Was für welche das sind, ist freilich noch fast in keinem Falle mit Sicherheit erkannt. Denn es ist eben charakteristisch für diese Pilze, daß man von ihnen auf den kranken Blattflecken nie etwas andres als Conidienträger findet. Es ist nicht unwahrscheinlich, daß es sich hierbei auch um Sphaerella-Arten handelt. Besonders hat Fuckel eine solche Zusammengehörigkeit angenommen und viele Autoren haben dies ohne weiteres acceptiert. Fuckel hat aber in ganz kritikloser Weise, bloß weil man auf derselben Nährspecies, auf welcher jene Conidienpilze

Zugehörige Perithecien.

[1]) Fresenius, Beitr. z. Mykologie, pag. 87. Taf. XI. Fig. 18—28.

[2]) Exantheme, pag. 166.

auftreten, auch das Vorkommen von Sphaerella-Arten kennt, diese Beziehung angenommen. Perithecien von Sphaerella-Arten sind aber auf verwesenden, am Boden liegenden Pflanzenteilen sehr verbreitete Pilze, die auch auftreten, wo solche Fleckenkrankheiten nicht bestanden haben. Mehr Gewicht hat eine Bemerkung Kühn's auf der Etiquette der Cylindrospora evanida in Rabenhorst's Fungi europaei Nr. 2260, wo dieselbe bezeichnet wird als „die Conidienform eines Kernpilzes, dessen Perithecien sich bereits zu bilden beginnen, wenn die Conidienform voll entwickelt ist." Daß die Entwickelung mit Perithecien abschließt, konnte ich unzweifelhaft ermitteln bei meinen künstlichen Infektionsversuchen der Blätter von Erigeron canadensis mit den Conidien von Cercospora cana. In den durch den Pilz erkrankten Blättern waren das, wie oben beschrieben, leicht kenntliche Mycelium und an demselben die Hyphenknäuel in den Spaltöffnungen zu finden. Nur wenige dieser Knäuel hatten Conidienträger getrieben; die meisten derselben vergrößerten sich allmählich und schwärzten sich äußerlich, sie wurden zu Anfängen von Perithecien, welche schon bald nach dem Absterben des Blattes mittelst der Lupe als zahlreiche kleine, schwarze Kügelchen in der Blattmasse sich kenntlich machten, ohne jedoch völlig reif zu werden. Wo die Entwickelung dieser Pilze mit Perithecien abschließen sollte, da würden die letzteren unzweifelhaft die Überwinterungsorgane des Pilzes darstellen, nach Analogie andrer Pyrenomyceten. Es ist aber sehr wohl möglich, daß es zu diesem Zwecke nicht notwendig der Bildung von Perithecien bedarf, wenn nämlich die Conidien von den toten Blättern keimfähig durch den Winter kommen sollten. In solchem Falle wäre es aber denkbar, daß dem einen oder dem andern dieser Pilze die Perithecienbildung als überflüssig ganz verloren gegangen ist.

Vorkommen. Die in Rede stehenden Pilze sind bereits auf einer großen Anzahl von Phanerogamen aufgefunden worden und sind offenbar über die ganze Erde verbreitet. Es dürfte keine Pflanzenfamilie geben, die nicht derartige Parasiten aufweist[1]).

Gegenmaßregeln. Um diese Blattfleckenkrankheiten zu bekämpfen, wäre das möglichst frühzeitige Absammeln und Vernichten der erkrankten Blätter jedenfalls ein zweckmäßiges Mittel, denn es würde den Pilz vernichten, mag derselbe nun in der Conidienform auf den alten Blättern überwintern oder mag er überwinternde Perithecien auf den abgefallenen Blättern bilden. Bei dem fördernden Einfluß, den feuchte Luft auf den Ausbruch der Conidienträger und auf die Keimung der Sporen und das

[1]) Eine Zusammenstellung aller bisher bekannten Arten der obigen Gattungen findet sich in Saccardo, Sylloge Fungorum IV.

Eindringen der Keimschläuche ausübt, wird alles das, was die Luftfeuchtigkeit mindert, auch der Ausbreitung dieser Krankheiten entgegenarbeiten.

1. Auf Gramineen. a) Ramularia pusilla *Ung.* (Ovularia pusilla *Sacc.*), auf mißfarbenen Flecken der Poa nemoralis: Conidienträgerbüschel weiß, mit ovalen, einzelligen, 0,005—0,001 mm langen Sporen. Auf Gramineen.

b) Ramularia pulchella *Ces.* (Ovularia pulchella *Sacc.*), auf Dactylis glomerata: Conidienträgerbüschel rötlich, Sporen oval, einzellig, 0,008 bis 0,012 mm lang.

c) Scolecotrichum graminis *Fuckel* verursacht an verschiedenen Gräsern eine Krankheit, bei welcher schon während der Blütezeit oder noch früher die Blätter schnell auf größeren Strecken, bisweilen total, sich entfärben und endlich vollständig ausbleichen oder bräunlich werden und vertrocknen und wobei auf den völlig ausgebleichten Stellen nach kurzer Zeit viele äußerst feine, mit unbewaffnetem Auge noch deutlich erkennbare, tiefschwarze, bisweilen in Längsreihen geordnete Pünktchen auftreten, und die noch grünen Teile der kranken Blätter nicht selten sich röten. Schon bei der ersten Spur der Erkrankung, die in einem Gelbfleckigwerden besteht, findet man in den kranken Stellen Myceliumfäden in den Intercellulargängen des Gewebes. In den Mesophyllzellen sind hier an die Stelle des Chlorophylls gelbe, ölartige Körnchen oder größere Kugeln getreten. Unter den Spaltöffnungen verflechten sich die Pilzfäden zu einem Polster von Conidienträgern, welche durch die Spaltöffnung hervorbrechen, später auch die Epidermis im Umkreise emporheben. Erst nach dem Ausbruche färben sich die kleinen Polster dunkelbraun; es sind die erwähnten kleinen Pünktchen. Die Conidienträger haben die oben beschriebene Beschaffenheit. Die Sporen sind ellipsoidisch, zweizellig, blaßbraun, 0,035—0,045 mm lang. Die in trockenen Blättern im Herbst vorkommende Sphaeria recutita *Fuckel* soll nach Fuckel[1]) der Perithecienzustand dieses Pilzes sein, doch ist ein Nachweis dieses Zusammenhanges nicht erbracht. Der Pilz scheint weit verbreitet zu sein. Fuckel fand ihn im Rheingau, ich in verschiedenen Gegenden Sachsens auf Poa trivialis, Anthoxanthum odoratum, Alopecurus pratensis. Auf dem Kamme des Riesengebirges an Phleum alpinum und auf den Alpen an Poa minor fand ich den Pilz in einer abweichenden Sporenform, mit verkehrt keulenförmigen, also ungleich zweizelligen Sporen, die ich schon in der vorigen Auflage dieses Buches als Scolecotrichum alpinum unterschieden habe. Auch in der Nähe von Stockholm hat Eriksson[2]) auf Phleum pratense einen Pilz gefunden, den er mit Scolecotrichum graminis identifiziert, sowie einen ähnlichen durch kleine Sporen unterschiedenen auf Avena sativa.

d) Scolecotrichum Hordei *Rostr.*, von Rostrup bei Kopenhagen auf Gerste beobachtet. Die Gerstenpflanzen haben bleiche Blätter mit weißlichen Streifen, auf denen die kleinen, punktförmigen, grauen Conidienträger-

[1]) Symbolae mycolog. I., pag. 107.

[2]) Bidrag. till Känedomen om vara odlade växters sjukdomar. I. 1885. und Mitteil. a. d. Experimentalfelde d. Kgl. Landb.-Akad. Nr. 11. Stockholm 1890.

22*

büschel stehen, mit länglichen, zweizelligen, blaßbräunlichen Conidien. Die befallenen Pflanzen verwelkten endlich, ohne Früchte zu entwickeln.

e) Scolecotrichum Roumeguerii *Cav.*, auf Blättern von Phragmites communis in Frankreich.

f) Fusoma triseptatum *Sacc.*, auf Blättern von Calamagrostis, mit dreizelligen, spindelförmigen, büschelförmig hervorbrechenden Sporen, dürfte eine hierher gehörige Pilzform sein.

g) Piricularia Oryzae *Cav.*, auf trockenen, braungesäumten Blattflecken der Reispflanze in Italien. Sporen verkehrt keulenförmig, mit zwei Scheidewänden, bräunlich, 0,020—0,022 mm lang.

h) Cercospora Sorghi *E.* et *E.*, auf Blättern von Sorghum halepense und Zea Mais in Nordamerika. Sporen 0,07—0,08 mm lang.

i) Cercospora Köpkei *Krüger*[1]), auf purpurbraunen Blattflecken des Zuckerrohres in Java, wo die Krankheit Amak Krapak genannt wird. Sporen 0,02—0,05 mm lang, spindelförmig, mit 3—4 Scheidewänden.

Auf Commelynaceen.

2. Auf Commelynaceen. Cylindrosporium Tradescantiae *Ell.* et *Kell.*, auf Tradescantia virginica in Amerika.

Auf Dioscoreaceen.

3. Auf Dioscoreaceen. Cercospora scandens *Sacc.* et *Wint.*, auf Tamus communis in der Schweiz.

Auf Liliaceen.

4. Auf Liliaceen. a) Ovularia elliptica *Berk.*, auf Lilium in England.

b) Cylindrosporium inconspicuum *Wint.*, auf Lilium Martagon in der Schweiz.

c) Cercosporella liliicola *Sacc.*, auf Lilium candidum in Frankreich.

d) Cercosporella hungarica *Bäuml.*, auf Lilium Martagon in Ungarn.

e) Cercospora Majanthemi *Fuckel*, auf großen, verbleichenden Blattflecken von Majanthemum bifolium; an der Unterseite derselben die zahlreichen schwarzgrünen Conidienträgerbüschel, die aus aufrechten, gebogenen, braunen Hyphen bestehen; Conidien cylindrisch, oft gekrümmt, mit vielen Scheidewänden, braun.

f) Cercospora Asparagi *Sacc.*, in Italien auf den grünen Zweigen des Spargels graue Flecke bildend. Fäden der Conidienträger sehr lang, geschlängelt, braun; die Sporen verkehrt keulenförmig, lang zugespitzt, 7- bis 8 fach septiert, farblos; 0,012—0,013 mm lang. Cercospora caulicola *Wint.*, auf derselben Pflanze in Amerika.

g) Cercospora concentrica *Cooke* et *Ellis*, in grauen Flecken auf den Blättern von Yucca filamentosa. Sporen cylindrisch, 3- bis 4 fach septiert.

h) Cylindrospora Colchici *Sacc.*, auf Colchicum officinale in Frankreich.

i) Cylindrosporium veratrinum *Sacc.* et *Wint.*, auf Veratrum viride in Amerika.

k) Cercospora smilacina *Sacc.*, auf Smilax aspera etc. in Frankreich und Amerika.

l) Cercospora Paridis *Eriks.*, auf Paris in Schweden.

Auf Irideen.

5. Auf Irideen. a) Scolecotrichum Iridis *Fautr.* et *Roum.*, auf Iris germanica in Frankreich.

---

[1]) Krüger, Krankheiten und Feinde des Zuckerrohres in Java. Dresden 1890, pag. 115.

b) Cylindrosporium Iridis *Ell.* et *Halst.*, auf Iris versicolor in Nordamerika; die cylindrischen Sporen sind 0,015—0,022 mm lang.

Auf Alismaceen.

6. **Auf Alismaceen.** Ramularia Alismatis *Fautr.*, Cercospora Alismatis *Ell.* et *Holw.*, und Ovularia Alismatis *Pass.*, auf Alisma Plantago.

Auf Myricaceen.

7. **Auf Myricaceen.** Ramularia destructiva *Pl.* et *Thil.*, auf Myrica Gale in England.

Auf Salicaceen.

8. **Auf Salicaceen.** a) Cercospora salicina *E.* et *E.*, auf Blättern von Salix nigra in Nordamerika.

b) Ramularia rosea *Sacc.* (Fusidium roseum *Fuckel*), auf Salix viminalis, triandra und vitellina.

c) Cercospora populina *E.* et *E.*, auf Blättern von Populus alba und angulata in Nordamerika.

Auf Moraceen.

9. **Auf Moraceen.** a) Cercospora Bolleana *Speg.*, auf Ficus Carica in Italien.

b) Cercospora pulvinata *Sacc.* et *Wint.*, und Cercospora moricola *Cooke*, auf Morus alba in Amerika.

Auf Urticaceen.

10. **Auf Urticaceen.** a) Ramularia Urticae *Ces.*, auf Urtica dioica mit ellipsoidischen bis cylindrischen Sporen.

b) Ramularia Parietariae *Passer.*, auf Parietaria, der vorigen ähnlich.

c) Ramularia Celtidis *Ell.* et *K.*, auf Celtis occidentalis in Amerika.

Auf Betulaceen.

11. **Auf Betulaceen.** a) Passalora bacilligera *Fr.* (Cladosporium bacilligerum *Mont.*), auf braunen Blattflecken von Alnus glutinosa, unterseits schwarze Conidienträgerbüschel bildend, deren Sporen verkehrt keulenförmig, nur mit einer Querscheidewand versehen sind. — Passalora microsperma *Fuckel*, auf Alnus incana, soll durch kürzere Sporen abweichen.

b) Ramularia alnicola *Cke.*, auf Alnus glutinosa in England.

Auf Platanaceen.

12. **Auf Platanaceen:** Cercospora platanicola *E.* et *E.*, auf Platanus occidentalis in Amerika.

Auf Ranunculaceen.

13. **Auf Ranunculaceen.** a) Ramularia didyma *Ung.*, auf Ranunculus repens und andern Arten. Sporen eiförmig, zweizellig, in der Mitte eingeschnürt.

b) Ramularia scelerata *Cke.*, auf Ranunculus sceleratus in England.

b) Ramularia Hellebori *Fuckel*, auf Helleborus foetidus, mit cylindrischen, einzelligen Sporen.

c) Cercospora Ranunculi *Ell.* et *Holw.*, auf Ranunculus repens in Amerika.

d) Ramularia Ranunculi *Peck.*, auf Ranunculus recurvatus in Amerika.

e) Ovularia decipiens *Sacc.*, auf Ranunculus acris, mit einzelligen Sporen.

f) Ramularia gibba *Fuckel*, auf Ranunculus repens.

g) Ramularia aequivoca *Sacc.*, auf Ranunculus auricomus.

h) Cercospora squalidula *Peck.*, auf Clematis virginiana in Amerika.

i) Cylindrospora crassiuscula *Ung.*, auf Aconitum Teliphonum.

k) Ramularia monticola *Speg.*, auf Aconitum Napellus in Italien.

l) Cercospora Calthae *Cooke*, auf Caltha in England.

m) Cercospora variicolor *Wint.*, auf Paeonia officinalis in Amerika.

Auf Berberideen. 14. Auf Berberideen. a) Ovularia Berberidis *Cke.*, auf Berberis asiatica in Kew.

b) Cercospora Caulophylli *Peck.*, auf Caulophyllum thalictroides in Amerika.

Auf Magnoliaceen. 15. Auf Magnoliaceen. Cercospora Liriodendri *Ell.* et *Harkn.*, und Ramularia Liriodendri *Ell.* et *Ev.*, auf Liridendron tulipifera in Nordamerika.

Auf Lauraceen. 16. Auf Lauraceen. Cercospora unicolor *Sacc.* et *Penz.*, auf Laurus nobilis in Frankreich.

Auf Cruciferen. 17. Auf Cruciferen. a) Ramularia Armoraciae *Fuckel*, auf Blättern des Meerrettigs. Sporen länglich, eiförmig, einzellig, 0,015 bis 0,020 mm lang.

b) Cercospora Armoraciae *Sacc.*, auf mißfarbigen Blattflecken des Meerrettigs in schwarzen Räschen ausbrechend; Conidien stabförmig, mehrfach septiert, 0,10—0,12 mm lang.

c) Ramularia matronalis *Sacc.*, auf Hesperis matronalis in Frankreich.

d) Ramularia Cochleariae *Cooke*, auf Cochlearia officinalis in England.

e) Cercospora Nasturtii *Pass.*, auf Sisymbrium austriacum in Ungarn.

f) Cercospora Bizzozerianum *Sacc.* et *Berl.*, auf Lepidium latifolium in Italien.

g) Cercospora Lepidii *Peck.*, auf Lepidium campestre in Amerika.

h) Cercospora Cheiranthi *Sacc.*, auf Cheiranthus Cheiri.

i) Ovularia Brassicae *Bres.*, auf Brassica Napus.

k) Cylindrosporium Brassicae *Fautr.* et *Roum.*, auf Blättern von Brassica in Frankreich.

l) Cercospora Bloxami *Berk.* et *Br.*, auf bleichen, kreisrunden Blattflecken des Raps und Rübsens in England. Conidien verlängert spindelförmig, mit vielen Querwänden.

Auf Cappărideen. 18. Auf Cappărideen. a) Cercospora Capparidis *Sacc.*, auf runden, hellen, braungesäumten Flecken von Capparis spinosa. Conidienträgerbüschel bräunlich; Sporen fast cylindrisch, 2- bis 3 fach septiert, farblos.

b) Cercospora Cleomis *Ell.* et *Halstr.*, auf Cleome pungens in Amerika; die Sporen sind länger als bei voriger Art, nämlich 0,075 bis 0,100 mm lang.

Auf Papaveraceen. 19. Auf Papaveraceen. Cercospora Sanguinariae *Peck.*, und Cylindrosporium circinans *Wint.*, auf Sanguinaria canadensis in Amerika.

Auf Resedaceen. 20. Auf Resedaceen. Cercospora Resedae *Fuckel*, auf trockenen bleichen Blattflecken der Reseda odorata, braune Conidienträgerbüschel bildend, Sporen fast cylindrisch, 4- bis 5 fach septiert, farblos. In Amerika hat diese Krankheit auf der Reseda viel Schaden gemacht; nach Fairchild[1]) hat Bespritzung mit Bordelaiser Brühe dagegen günstig gewirkt.

[1]) Die Cercospora-Krankheit der Reseda. Report of the chief of veget. Pathol. for the year 1889. Washington 1890.

21. Auf Violaceen. a) Cercospora Violae *Sacc.*, auf rundlichen, bleichen Blattflecken von Viola odorata: Conidienträger kurz, braun, Sporen sehr lang, stabförmig, vielgliedrig, farblos. Auf Violaceen.

b) Ramularia violae *Fuckel* (Ramularia lactea *Sacc.*), auf weißlichen, braungesäumten Blattflecken von Viola hirta, odorata und tricolor. Sporen cylindrisch, einzellig.

c) Ramularia Violae *Trail.*, auf Viola silvatica in Schottland.

d) Cercospora Ji *Trail.*, auf Viola palustris in Schottland.

e) Cercospora Violae silvaticae *Oud.*, auf Viola silvatica in Holland.

f) Cercospora Violae tricoloris *Br.* et *Cav.*, auf kultivierter Viola tricolor in Italien.

g) Ramularia agrestis *Sacc.*, auf Viola tricolor var. arvensis in Italien.

22. Auf Cistaceen. a) Cercospora Cistinearum *Sacc.*, auf Helianthemum vulgare in Italien. Auf Cistaceen.

b) Cercospora Capparidis *Sacc.*, auf Capparis spinosa und rupestris in Italien und Frankreich.

23. Auf Papayaceen: Cercospora Caricae *Speg.*, auf den Blättern von Carica Papaya in Brasilien. Auf Papayaceen.

24. Auf Polygonaceen. a) Ramularia obovata *Fuckel* (Ovularia obliqua *Oud.*), (Fig. 66 A), auf mißfarbigen oder gebräunten, purpurrot gesäumten, mäßig großen, aber oft in großer Zahl vorhandenen Flecken der Blätter von Rumex-Arten, besonders Rumex crispus und sanguineus, vom Frühjahr bis Herbst. Sporen einzellig, verkehrt eiförmig-länglich. Fuckel hält diesen Pilz für den Conidienzustand der Sphaerella Rumicis *Fuckel*, die in abgestorbenen Blättern vorkommt; aber ein Beweis dafür ist nicht gegeben. Auf Polygonaceen.

b) Ramularia pratensis *Sacc.*, auf Rumex Acetosa.

c) Ovularia rubella *Sacc.*, auf Rumex aquaticus.

d) Ramularia Bistortae *Fuckel* (Bostrichonema alpestre *Ces.*) Fig. 66 B, C), auf Polygonum Bistorta, zahlreiche kleine, braune, von einem gelben Hofe umgebene Flecke bildend, die unterseits durch die zahlreichen Pilzräschen weiß bestäubt erscheinen. Diese sind durch ihre sehr abweichende Form ausgezeichnet: ziemlich lang, einfach und fast genau regelmäßig und zierlich spiralig gewunden, ähnlich den Fäden eines Spirillum. Jede Spiralwindung entspricht einem Sporenansatz, indem der Faden um die Spore seitlich in einem Bogen weiter wächst. Sporen ein- oder zweizellig, eiförmig. Von Fuckel im Rheingau, von mir auf dem Kamme der Sudeten, desgleichen auf Polygonum viviparum im Kapruner Thal auf den hohen Tauern in der Region der Alpenrosen gefunden (auf dieser Pflanze wohl schon von Unger[1]) in den Alpen beobachtet und Cylindrospora Polygoni genannt); wahrscheinlich ist auch Dactylium spirale *Berk. et White*, welches in England auf Polygonum viviparum gefunden wurde, dasselbe. Dagegen fand ich auf dem Brocken an Polygonum Bistorta eine von der Ramularia obovata (s. unter a) kaum verschiedene Form, auch die Flecke größer und rötlich gesäumt.

---

[1]) Exantheme. Wien 1833, pag. 169.

e) Ovularia rigidula *Delacr.*, auf Blättern von Polygonum aviculare in Frankreich.

f) Cercosporella Oxyriae *Rostr.*, auf weißen, violettgesäumten Blattflecken von Oxyria digyna in Grönland und Ramularia Oxyriae *Trail.*, in Norwegen.

Auf Chenopodiaceen.

25. Auf Chenopodiaceen. a) Cercospora beticola *Sacc.* (Depazea betaecola *DC.*), auf den Blättern der Zuckerrüben ungefähr runde, verbleichende, braunrot umrandete Flecke bildend, welche nur selten bis 2 cm Durchmesser erreichen, meist kleiner bleiben, aber oft in so großer Zahl auf den erwachsenen Blättern auftreten, daß dadurch die Rübenblätter leiden; auch auf den Blattstielen bringt der Pilz Flecke hervor, welche zunächst oberflächlich sind, aber allmählich durch Fäulnis des Gewebes sich vertiefen können. Auf der Unterseite der kranken Flecke stehen aschgraue Conidienträgerbüschel, auf denen cylindrische, 0,07—0,12 mm lange, meist mit mehreren Scheidewänden versehene, farblose Conidien abgeschnürt werden. Die Keimschläuche der letzteren dringen nach Thümen[1]) durch die Spaltöffnungen der Rübenblätter ein, worauf daselbst in kurzer Zeit ein neuer kranker Fleck erzeugt wird, was ich nach eigenen Versuchen bestätigen kann. In nassen Jahren ist diese Blattfleckenkrankheit oft reichlich auf den Rüben zu finden. Die meisten Autoren haben den Pilz mit dem unrichtigen Namen Depazea betaecola bezeichnet, indem sie die Conidienträgerbüschel für Pyknidenhielten.

b) Cercospora Chenopodii *Fres.*, auf verbleichenden Flecken der Blätter von Chenopodium. Conidienträgerbüschel an der Basis bräunlich; Sporen cylindrisch, oft gekrümmt, mit 3—5 Scheidewänden, farblos.

c) Ramularia dubia *Riess*, auf Atriplex patula, ist mit vorigem Pilz vielleicht identisch.

Auf Amaranthaceen.

26. Auf Amaranthaceen. Cercospora gomphrenicola *Speg.*, auf Gomphrena glauca in Italien.

Auf Caryophyllaceen.

27. Auf Caryophyllaceen. a) Isariopsis pusilla *Fres.* (Isariopsis alboroseila *Sacc.*, Phacellium inhonestum *Bonord.*), auf Cerastium triviale und arvense in Deutschland ziemlich verbreitet, auf Stellaria nemorum von mir im Riesengebirge gefunden. Sie kann an allen grünen Teilen, selbst die Kelchblätter nicht ausgenommen, und auch schon an den Keimpflanzen auftreten und bewirkt Bleich- und Trockenwerden der Teile, auf denen dann die weißen Conidienträger, vorwiegend auf der Unterseite der Blätter, erscheinen. Über Entwickelung des Pilzes und Infektion s. oben S. 333. Fuckel hält diesen Pilz für einen Entwickelungszustand der Sphaerella Cerastii *Fuckel*, deren Perithecien auf abgestorbenen Teilen von Cerastium vorkommen. Einen Beweis dafür hat er nicht erbracht. Ich habe vielfach und zu allen Jahreszeiten die durch den Pilz getöteten Pflanzen nach diesen Perithecien durchsucht, aber immer vergebens.

Mit Isariopsis nahe verwandt scheinen einige auf Blattflecken beobachtete Conidienträgerformen zu sein, die als Stysanus bezeichnet worden sind, worunter man stielförmige, aus vielen parallelen Hyphen zusammengesetzte, dunkel gefärbte Körper versteht, die an der Spitze durch die abgeschnürten Sporen bestäubt sind. Fuckel[2]) hat einen Stysanus pusillus

[1]) Bekämpfung der Pilzkrankheiten. Wien 1886, pag. 50.

[2]) l. c. pag. 101 und 102.

an kranken Blättern von Stellaria media und einen Stysanus pallescens auf solchen von Stellaria nemorum beschrieben und hält beide, ohne einen Beweis zu geben, für Entwickelungszustände von Sphaerella.

b) Isariopsis Stellariae *Trail.*, auf Stellaria graminea in Schottland.

c) Ramularia silenicola *C. Mass.*, und Ramularia didymarioides *Br.* et *Sacc.*, auf Silene inflata, erstere in Italien, letztere in Frankreich.

d) Ovularia Stellariae *Sacc.*, auf Stellaria nemorum.

e) Ramularia lychnicola *Cke.*, auf Lychnis diurna in England.

f) Cylindosporium Saponariae *Roum.*, auf Saponaria officinalis in Frankreich.

28. Auf Umbelliferen. a) Cercospora Apii *Fres.* (Cercosporella Pastinacae *Karst.*), auf braunen Blattflecken von Apium graveolens, Petroselinum sativum, Daucus Carota und Pastinaca sativa, in Deutschland, Frankreich und Nordamerika beobachtet, braune Conidienträgerbüschel bildend; Sporen verkehrt keulenförmig, mit lang ausgezogener Spitze und drei bis zahlreichen Scheidewänden, farblos, 0,05—0,08 mm lang. Auf Umbelliferen.

b) Passalora polythrincioides *Fuckel* (Cladosporium depressum *Berk.* et *Br.*), auf Angelica sylvestris und Imperatoria Ostruthium, dem vorigen Pilze ähnlich, aber mit kürzeren Conidienträgern und größeren Sporen.

c) Cylindrosporium Pimpinellae *C. Mass.*, auf Pimpinella nigra in Italien.

d) Cylindrosporium septatum *Romell*, auf Laserpitium latifolium in Schweden.

e) Ramularia Levistici *Oud.*, auf Levisticum officinale in Holland.

f) Ramularia Heraclei *Sacc.*, auf Heracleum und Apium graveolens, Sporen 0,022 mm lang.

g) Cercosporella rhaetica *Sacc.* et *Wint.*, auf Imperatoria.

h) Ramularia oreophila *Sacc.*, auf Astrantia major in Italien und in der Schweiz.

i) Cercospora Bupleuri *Pass.*, auf Bupleurum tenuissimum in Italien.

29. Auf Cornaceen. a) Ramularia stolonifera *Et.* et *E.*, auf Cornus sanguinea in Amerika. Auf Cornaceen.

b) Ramularia angustissima *Sacc.*, auf Cornus sanguinea in Italien.

30. Auf Hamamelidaceen. Ramularia Hamamelidis *Peck.*, auf Hamamelis in Amerika. Auf Hamamelidaceen.

31. Auf Ribesiaceen. Cercospora marginalis *Thüm.*, bewirkt Trockenwerden der Blattränder der Stachelbeeren. Auf der Unterseite der kranken Stellen sitzen schwarze Conidienträgerbüschel mit keulenförmigen, 0,024 mm langen Conidien mit meist zwei Querwänden. Von Thümen bei Görz beobachtet. Auf Ribesiaceen.

32. Auf Saxifragaceen. a) Cercosporella Saxifragae *Rostr.*, auf schwarzen Flecken der Blätter von Saxifraga cernua in Norwegen. Auf Saxifragaceen

b) Ramularia Mitellae *Peck.*, auf Mitella diphylla in Amerika.

c) Cylindrosporium microspermum *Sacc.*, auf Blättern von Saxifraga rotundifolia in Italien.

Auf Celastraceen. 33. Auf Celastraceen. a) Ramularia Evonymi *Ell.* et *K.*, auf Evonymus atropurpurea in Amerika.

b) Cercosporella Evonymi *Erikss.*, auf Evonymus europaeus in Schweden.

c) Cercospora Evonymi *Ell.*, auf Evonymus in Amerika.

Auf Rhamnaceen. 34. Auf Rhamnaceen. a) Cercospora Rhamni *Fuckel*, auf den Blättern von Rhamnus cathartica.

b) Ramularia Alaterni *Thüm.*, auf Rhamnus Alaternus in Frankreich.

Auf Vitaceen. 35. Auf Vitaceen. Auf dem Weinstock treten Blattfleckenkrankheiten auf, bei denen Conidienträgerformen erscheinen, von denen es verschiedene Arten geben dürfte; wenigstens ist eine ganze Anzahl solcher unter verschiedenen Namen aufgestellt worden. Ihre Beschreibung ist bisher zum Teil sehr ungenügend gegeben worden; sie gehören streng genommen vielleicht nicht alle an diese Stelle, vielleicht sind auch manche dieser Formen nicht specifisch verschieden. Wir zählen sie hier nach den vorliegenden Beschreibungen auf.

a) Cercospora vitis *Sacc.* (Cladosporium viticolum *Ces.*, Cladosporium ampelinum *Passer.*, Helminthosporium vitis *Pirotta*), am Weinstock in Europa wie in Nordamerika bekannt. Auf beiden Seiten der ziemlich großen kreisrunden, hellbraunen Blattflecke stehen schlanke Büschel brauner, unverzweigter Fäden; Sporen verkehrt keulenförmig, mit mehreren Querscheidewänden versehen, nach oben mehr oder weniger in einen schwanzförmigen Fortsatz verlängert, braun, 0,05—0,07 mm lang. Mit diesem Pilz ist wohl als identisch zu betrachten derjenige, den Fuckel[1]) als Conidienform von Sphaerella vitis *Fuckel* beschreibt. Thümen[2]) führt zwar diesen besonders auf unter dem Namen Septosporium Fuckelii *Thüm.*, der Unterschied ist aber eigentlich nur der, daß Thümen bei Cercospora vitis die Spore umgekehrt stehen läßt, so daß der Schwanz der Stiel wäre. Nun finde ich aber gerade an den von Saccardo ausgegebenen Exemplaren seines Pilzes die Sporen so wie beim Fuckel'schen Pilz stehen, der vermeintliche Stiel ist die Spitze. Was die behauptete Zugehörigkeit dieser Conidienträger zu Sphaerella vitis *Fuckel* (Sphaeria vitis *Rabenh.*) betrifft, einem Pyrenomyceten, dessen Perithecien an dürren Weinblättern gefunden werden, so hat jedenfalls Thümen Recht, daß dies zunächst nur auf Vermutung beruht.

b) Cladosporium Rösleri *Cattan.* (Cladosporium pestis *Thüm.*), dem vorigen Pilze ziemlich ähnlich, aber die ebenfalls aus den Spaltöffnungen hervortretenden Conidienträger bilden nur dünne Bündel, sind ziemlich kurz und schnüren an der Spitze cylindrische, einzellige, seltener mit einer oder zwei Querwänden versehene Sporen ab. Die Flecke, die dieser Pilz bewohnt, sollen nur klein sein, später sich wenig vergrößern, daher einigermaßen dem schwarzen Brenner (s. unten) ähneln, mit welchem Namen nach Thümen[3]) dieselben in Niederösterreich auch bezeichnet werden sollen. Bei Kirchner[4]) wird die Krankheit als „Herbstbrenner" bezeichnet. Von

[1]) l. c. pag. 104.

[2]) Pilze des Weinstockes, pag. 172.

[3]) l. c. pag. 169.

[4]) Krankheiten und Beschädigungen unserer landwirtsch. Kulturpflanzen. Stuttgart 1890, pag. 353.

Hazslinski[1]) wird dieser Pilz als die Conidienform von Sphaerella vitis *Fuckel* angesehen, was aber ebensowenig wie hinsichtlich der vorigen Form erwiesen ist.

c) Septocylindrium dissiliens *Sacc.* (Torula dissiliens *Duby*), dem vorigen sehr ähnlich und vielleicht nur ein andrer Entwickelungszustand desselben, ebenfalls auf sehr kleinen, trockenen, braunen, zuletzt schwarz werdenden Blattflecken und ebenfalls mit kurzen, einfachen Conidienträgern, welche dünne, braune Räschen bildend cylindrische oder keulenförmige, olivenbraune, 0,05–0,07 mm lange Sporen mit meist je 3 Scheidewänden abschnüren[2]). In Oberitalien.

d) Dendryphium Passerinianum *Thüm.*, mit aufrechten, ziemlich kurzen, gegliederten, als schwarze Pünktchen erscheinenden Conidienträgern, die an der Spitze mehrere aus rosenkranzförmig gereihten kugelig-elliptischen, 0,006 mm langen, braunen Sporen bestehende Äste haben, auf großen, hellbraunen, dürren Blattflecken, auf beiden Blattseiten.

e) Septonema Vitis *Lév.*, auf kleinen, braunen, trockenen Blattflecken unterseits schwarze Räschen von kurzen Conidienträgern bildend, auf welchen kettenförmig angeordnet, spindelförmige, braune, mit 4—6 Querwänden versehene Conidien abgeschnürt werden. Bei Bordeaux beobachtet.

f) Cercospora Vulpinae *E.* et *E.*, auf Vitis vulpina in Amerika.

g) Cercospora truncata *E.* et *E.*, auf Vitis indivisa in Amerika.

h) Cercospora Ampelopsidis *Peck.*, auf Ampelopsis quinquefolia in Nordamerika.

36. Auf Aceraceen: Cylindrosporium saccharinum *Ell.* et *Ev.*, auf Acer saccharinum in Nordamerika. Auf Aceraceen.

37. Auf Euphorbiaceen. a) Cercospora albidomaculans *Wint.*, auf Ricinus communis in Amerika. Auf Euphorbiaceen.

b) Cercospora Mercurialis *Pass.*, auf Mercurialis in Italien.

38. Auf Anacardiaceen. Cercospora Bartholomaei *Ell.* et *Kell.*, und Cercospora Toxicodendri *Ell.*, auf Rhus Toxicodendron in Amerika. Auf Anacardiaceen.

39) Auf Juglandaceen. Cylindrosporium Juglandis *Kell.* et *Sw.*, auf Juglans nigra in Amerika. Auf Juglandaceen.

40. Auf Tropäolaceen. Cercospora Tropaeoli *Atk.*, auf kultiviertem Tropaeolum in Nordamerika. Auf Tropäolaceen.

41. Auf Xanthoxyleen. a) Cercospora afflata *Wint.*, und Cercospora Pteleae *Wint.*, auf Ptelea trifoliata in Amerika. Auf Xanthoxyleen.

b) Cercospora glandulosa *Ell.* et *K.*, auf Ailanthus glandulosa in Amerika.

42. Auf Oxalideen. Cylindrosporium Oxalidis *Traill.*, auf Oxalis Acetosella in Schottland. Auf Oxalideen.

43. Auf Balsaminaceen. a) Ramularia Impatientis *Peck.*, auf Impatiens fulva in Amerika. Auf Balsaminaceen.

b) Cercospora Impatientis *Bäuml.*, auf Impatiens Nolitangere in Ungarn.

c) Cercospora Campi Silii *Speg.*, auf Impatiens Nolitangere in Italien.

---

[1]) Just, bot. Jahresber. 1876, pag. 180.

[2]) Thümen, l. c. pag. 175.

Auf Geraniaceen.

44. Auf Geraniaceen. Ramularia Geranii *Fuckel*, auf Geranium pusillum, mit cylindrischen, zweizelligen Sporen, womit wahrscheinlich identisch ist das Fusidium Geranii *Westend.*, auf dürr werdenden Blattflecken von Geranium pusillum und pratense. Dieses soll nach Tulasne[1]) später unter der Epidermis eingesenkte Perithecien (Stigmatea Geranii *Tul.*) bekommen. Auf kultivierten Geranium-Arten in Texas ist eine Cercospora Brunkii *Ell.* et *Gallow.* beobachtet worden.

Auf Malvaceen.

45. Auf Malvaceen. a) Ramularia Malvae *Fuckel*, auf Malva rotundifolia. Sporen spindelförmig, meist schwach gekrümmt, einzellig.

b) Cercospora nebulosa *Saccardo*, auf länglichen, grauen Flecken des Stengels von Althaea rosea: Conidienträger braun. Sporen stabförmig, 5- bis 6fach septiert, farblos. In Oberitalien.

c) Cercospora althaeina *Sacc.*, auf Althaea rosea, durch kürzere und spärlich septierte Sporen von voriger unterschieden.

e) Ramularia areola *Atkins.*, auf den Blättern der Baumwollenpflanzen in Amerika.

d) Cercospora Malvarum *Sacc.*, auf Malva moschata in Frankreich.

f) Cercospora gossypina *Cooke*, auf den Blättern der Baumwollenpflanzen; die dazu gehörigen Perithecien werden als Sphaerella gossypina *Atkins.*, bezeichnet[2]).

Auf Tiliaceen.

46. Auf Tiliaceen. Cercospora microsora *Sacc.*, auf Tilia in Frankreich, Italien und Nordamerika.

Auf Aurantiaceen.

47. Auf Aurantiaceen: a) Ramularia Citri *Penz.*, auf Blättern von Citrus Aurantium in Gewächshäusern in Italien.

b) Cercospora fumosa *Penz.*, auf Citrus Limonum in Italien.

Auf Philadelphaceen.

48. Auf Philadelphaceen: Ramularia Philadelphi *Sacc.*, auf Philadelphus coronarius. Sporen cylindrisch spindelförmig.

b) Cercospora angulata *Wint.*, auf Philadelphus coronarius in Amerika.

c) Cercospora Deutziae *E.* et *E.*, auf Deutzia gracilis in Nordamerika.

Auf Myrtaceen.

49) Auf Myrtaceen: Cercospora Myrti *Eriks.*, auf den Blättern der Myrten in Schweden eine Blattfleckenkrankheit erzeugend; Conidien 0,060—0,100 mm lang, mit 3 bis 6 Querwänden.

Auf Onagraceen.

50. Auf Onagraceen. a) Ramularia Chamaenerii *Rostr.*, auf Epilobium latifolium auf Island.

b) Cercospora Epilobii *Schn.*, auf Epilobium montanum und alpinum.

c) Cercospora montana *Speg.*, auf Epilobium montanum in Italien, wohl mit der vorigen identisch.

d) Fusidium punctiforme *Schlechtend.*, mit cylindrischen Sporen auf braunen, trockenen, blutrot gesäumten Blattflecken von Epilobium montanum.

Auf Lythraceen.

51. Auf Lythraceen. Cercospora Lythri *Niessl.*, auf Lythrum Salicaria.

Auf Aristolochiaceen.

52. Auf Aristolochiaceen. Cercospora olivasceus *Sacc.*, auf Aristolochia Clamatitis etc. in Italien und Frankreich.

---

[1]) Fungor. Carpologia II., pag. 290.

[2]) Bull. of the Torrey Botan. Club, New-York 1891, pag. 300.

53. Auf Spiräaceen. a) Cylindrosporium Filipendulae *Thüm.*, auf Blättern von Spiraea Filipendula. Auf Spiräaceen.

b) Ramularia Spiraeae *Peck.*, auf Spiraea opulifolia in Amerika.

c) Cercospora Spiraeae *Thüm.*, daselbst in Österreich.

d) Ramularia Ulmariae *Cooke*, auf Spiraea ulmaria. Sporen cylindrisch, einzellig.

54. Auf Rosaceen. a) Ramularia Tulasnei *Sacc.*, auf den Blattflecken der Erdbeeren (vergl. oben S. 312). Auf Rosaceen.

b) Ramularia modesta *Sacc.*, auf Fragaria indica in Italien.

c) Ramularia arvensis *Sacc.*, auf Potentilla reptans in Italien.

d) Cercospora Rubi *Sacc.*, auf großen Blattflecken von Rubus kleine, dunkle Conidienbüschel bildend, mit stabförmigen, nach oben verdünnten, mehrfach septierten Sporen. In Oberitalien.

e) Scolecotrichum bulbigerum *Fuckel*, auf Blattflecken von Poterium Sanguisorba, wozu eine später sich entwickelnde Perithecienfrucht, Sphaerella pseudomaculaeformis *Fuckel*, gehören soll.

f) Ramularia pusilla *Ung.*, und Ramularia Schröteri *Kühn*, auf Alchemilla vulgaris, mit einzelligen Sporen.

g) Ovularia alpina *C. Mass.*, auf Alchemilla alpina in Italien.

h) Bostrichonema modestum *Sacc.*, auf Alchemilla alpina in England mit geschlängelten Conidienträgern und zweizelligen Sporen.

i) Cercospora rosicola *Pass.*, auf Rosa centifolia etc.

k) Ramularia Banksiana *Sacc.*, auf Rosa Banksia in Italien.

55. Auf Pomaceen. a) Cercospora Ariae *Fuckel*, auf gelben Blattflecken von Sorbus Aria, unterseits weiße Conidienträger bildend, mit spindelförmig-cylindrischen, gekrümmten, ein- bis dreifach septierten Sporen. Auf Pomaceen.

b) Cercospora Mali *E. et E.*, auf Apfelblättern in Amerika.

c) Cercospora tomenticola *Sacc.*, auf Cydonia vulgaris in Görz.

d) Ovularia (Ramularia) necans *Pass.*, auf den Blättern von Mespilus und Cydonia; Sporen einzellig, kugelig, farblos, 0,0075 bis 0,012 mm lang. Nach Woronin wäre dieser Pilz der Conidienzustand des Discomyceten Sclerotinia Mespili (s. unten).

56. Auf Amygdalaceen. a) Cercospora persica *Sacc.* (Cercosporella persica *Sacc.*), auf den Blättern von Persica vulgaris, unterseits weiße Conidienträgerbüschel bildend, mit cylindrischen, farblosen, 0,04 bis 0,05 mm langen Sporen. Auf Amygdalaceen.

b) Cercospora circumscissa *Sacc.*, auf den Blättern der Zwetschen dunkle Büschel mit nadelförmigen, bräunlichen, 0,05 mm langen Sporen bildend.

c) Cercospora rubrocincta *E. et E.*, und consobrina *E. et E.*, auf Blättern von Persica vulgaris, in Amerika.

d) Cercospora cerasella *Sacc.*, auf blaßbräunlichen, rundlichen Blattflecken der Kirschbäume, mit braunen Conidienträgerbüscheln, auf welchen stabförmig-verkehrt keulenförmige, 0,04—0,06 mm lange, bräunliche Conidien abgeschnürt werden.

e) Cylindrosporium Pruni-Cerasi *C. Mass.*, auf Blättern von Prunus Cerasus in Italien.

f) Ramularia lata *Sacc.*, auf Prunus laurocerasus in Frankreich.

g) Cylindrosporium Padi *Karst.*, soll in Amerika eine Entblätterung der Pflaumenbäume verursachen, gegen welche mit Erfolg Bespritzung mit Bordelaiser Brühe dreimal im Juli und August angewendet wurde[1]).

Auf Leguminosen.

57. Auf Leguminosen. a) Cercospora Meliloti *Oud.*, auf trockenen, weißlichen Blattflecken des Steinklee bräunliche Conidienträgerbüschel bildend, mit stab- oder verkehrt keulenförmigen, durch ein oder mehrere Scheidewände septierten, farblosen, 0,023—0,065 mm langen Sporen.

b) Cercospora Davisii *Ell.* et *Ev.*, auf Melilotus alba in Amerika.

c) Cercospora zebrina *Passer.*, auf schwarzen, wie ein Querband von der Mittelrippe zum Blattrande laufenden Flecken von Trifolium agrarium, medium etc. Sporen sehr lang, mehrfach septiert.

d) Cercospora helvola *Sacc.*, auf Medicago sativa und Trifolium alpestre.

e) Cercospora Medicaginis *Ell.* et *Ev.*, auf Medicago denticulata in Amerika.

f) Ramularia Schulzeri *Bäuml.*, auf Lotus corniculatus in Ungarn.

g) Ramularia sphaeroidea *Sacc.* (Ovularia sphaeroidea *Sacc.*), auf trockenen, braunen Blattflecken von Lotus, unterseits weiße Conidienbüschel bildend, mit kugeligen, 0,008—0,01 mm großen, farblosen Sporen.

h) Cercospora radiata *Fuckel*, auf braunen Blattflecken von Anthyllis vulneraria, schwarze Conidienträgerbüschel bildend, mit fast cylindrischen, 3- bis 5fach septierten, farblosen Sporen. Cercospora brevipes *Penz.* et *Sacc.*, ist wohl damit identisch.

i) Cercospora zonata *Winter*, große, braunrote, konzentrisch gezonte Blattflecke auf Vicia Faba bildend, welche oberseits kleine schwarze Pünktchen der Conidienträgerbüschel tragen mit cylindrisch-keulenförmigen, farblosen, mit 4 Scheidewänden versehenen, 0,04—0,065 mm langen Conidien. In Portugal beobachtet.

k) Ramularia Viciae *Frank* (Ovularia fallax *Sacc.*?), auf sich bräunenden Blattflecken von Vicia tenuifolia; Conidienträger bogig aufsteigend, einfach, oben durch einige Sporenansätze gezähnelt. Sporen fast kugelrund, am Grunde mit Papille, einzellig. Bei Dresden von mir beobachtet.

l) Cercospora Viciae *Ell.* et *Holw*, auf Vicia sativa in Amerika.

m) Cercospora Fabae *Fautr.*, auf Vicia Faba in Frankreich. Sporen 0,06—0,11 mm lang, mit 7—9 Scheidewänden.

n) Isariopsis carnea *Oud.*, auf Lathyrus pratensis in Holland.

o) Scolecotrichum densum *Fuckel*, auf Orobus tuberosus. Identisch damit ist wohl Ovularia densa *Sacc.*, auf Lathyrus pratensis.

p) Cylindrosporium Glycyrrhizae *Hark*, auf Glycyrrhiza lepidota in Amerika.

q) Cercospora Coronillae *C. Mass.*, auf Coronilla Emerus in Italien.

r) Ramularia Galegae *Sacc.*, auf Galega officinalis in Italien.

[1]) Zeitschr. f. Pflanzenkrankheiten II. 1892, pag. 352.

s) Cercospora olivascens *Sacc.*, auf bräunlichen Blattflecken von Phaseolus in Italien und Frankreich, graue Conidienträgerbüschel bildend; Conidien nadelförmig, 0,13—0,15 mm lang, farblos, mit 8—12 Querwänden.

t) Isariopsis griseola *Sacc.*, auf braunen Blattflecken von Phaseolus, welche unterseits kleine, braune Räschen der lang stielförmigen aus vielen Fäden bestehenden Conidienträger zeigen. An den oben abstehenden oder zurückgebogenen Fäden werden cylindrisch-spindelförmige, gekrümmte, 0,05—0,06 mm lange Conidien mit 1 bis 3 Querwänden gebildet. In Oberitalien beobachtet.

u) Cercospora canescens *Ell.* et *Mart.*, auf Phaseolus in Nordamerika; Sporen 0,010—0,12 mm lang.

v) Cercospora Phaseolorum *Cooke*, auf Phaseolus in Nordamerika; Sporen 0,04—0,55 mm lang.

w) Cercospora phaseolina *Speg.*, auf Phaseolus in Argentinien; Sporen 0,020—0,045 mm lang.

x) Cylindrosporium Phaseoli *Rabenh.*, auf den Blättern von Phaseolus.

y) Cercospora personata *Ell.*, auf Arachis hypogaea in Amerika.

z) Cercospora Lupini *Peck.*, auf Lupinus diffusus in Amerika.

za) Cercospora longispora *Peck.*, auf Lupinus in Amerika.

zb) Cercospora filispora *Peck.*, auf Lupinus perrennis in Amerika.

zc) Cercospora condensata *Ell.* et *K.*, und Cercospora olivacea *Ell.*, auf Gleditschia triacanthus in Amerika.

zd) Cercospora simulata *Ell.* et *Ev.*, auf Cassia marylandica in Amerika.

58. Auf Ericaceen. a) Ramularia Vaccinii *Peck.*, auf Vaccinium in Amerika. Auf Ericaceen.

b) Ramularia multiplex *Peck.*, auf Vaccinium Oxycoccus in Amerika.

c) Ramularia angustata *Peck.*, auf Azalea nudiflora in Amerika.

59. Auf Primulaceen. a) Ramularia Lysimachiae *Thüm.*, auf Lysimachia thyrsiflora. Auf Primulaceen.

b) Ovularia Corcellensis *Sacc.* et *Berl.*, auf Primula acaulis in der Schweiz.

c) Ramularia Primulae *Thüm.*, auf Primula und Ovularia primulana *Karst.*, auf Primula veris.

d) Cercospora Primulae *Fautr.*, auf Primula elatior in Frankreich.

60. Auf Gentianaceen. Cylindrospora evanida *Kühn*, auf gelbbraun werdenden Blattflecken der Gentiana asclepiadea, mit cylindrischen Sporen, zuerst von Kühn[1]) auf dem Riesengebirge, von mir auch in den bayrischen Alpen gefunden. Anfänge von Perithecien erscheinen nach Kühn bald nach den Conidienträgern Auf Gentianaceen.

60. Auf Oleaceen. a) Ovularia Syringae *Berk.*, auf Syringa in England. Auf Oleaceen.

b) Cercospora Lilacis *Sacc.*, auf Syringa vulgaris.

---

[1]) Rabenhorst, Fungi europaei, No. 2260.

c) Cercospora cladosporioides *Sacc.*, auf Olea europaea in Italien.

d) Scolecotrichum Fraxini *Pass.*, auf Fraxinus Ornus in Italien.

e) Cercospora Fraxini *Ell.* et *K.*, texensis *Ell.* et *Gall.*, fraxinea *E.* et *E.*, fraxinites *E.* et *E.* und Cylindrosporium Fraxini *Ell.* et *Everh.*, Cylindrosporium viridis *Ell.* et *E.* und Cylindrosporium minus *E.* et *K.*, auf Fraxinus viridis in Amerika.

Auf Asclepiadaceen. 62. Auf Asclepiadaceen. Cercospora Bellynckii *Sacc.*, auf Cynanchum Vincetoxicum in Italien und Belgien.

Auf Apocynaceen. 63. Auf Apocynaceen. a) Ramularia Vincae *Sacc.*, auf Vinca major in Italien.

b) Cercospora neriella *Sacc.*, auf Nerium Oleander in Italien.

Auf Solanaceen. 64. Auf Solanaceen. a) Cercospora concors *Sacc.* Auf lebenden Kartoffelblättern fand Caspary[1]) im Sommer 1855 bei Berlin einen Pilz, den er Fusisporium concors *Casp.* genannt hat, der aber nach der gegebenen Beschreibung und Abbildung zu den Pilzen dieser Gruppe gehört, da er die für diese charakteristischen, aus den Spaltöffnungen tretenden Büschel von Conidienträgern zeigt; auch wird von ihm ein endophytes Mycelium angegeben. Die Conidien sind schwach keulenförmig, mit drei Querwänden versehen, farblos, 0,035—0,045 mm lang.

b) Cercospora solanicola *Atk.*, auf kleinen, schwarzgesäumten Flecken der Kartoffelblätter in Nordamerika. Sporen 0,1—0,23 mm lang, mit 10—30 Scheidewänden.

c) Cercospora crassa *Sacc.*, auf Datura Stramonium: Conidienträger braun, Sporen lang, fadenförmig zugespitzt, 2- oder 3 fach septiert, braun. — Cercospora Daturae *Peck.*, auf derselben Pflanze in Amerika.

d) Cercospora Dulcamarae *Peck.*, auf Solanum Dulcamara in Amerika.

e) Cercospora Solani *Thüm.*, auf Solanum nigrum.

f) Cercospora nigrescens *Wint.*, auf Solanum nigrum in Portugal.

g) Cercospora solanacea *Sacc.* et *Berl.*, auf Solanum verbascifolium in Australien.

Auf Polemoniaceen. 65. Auf Polemoniaceen. Cercospora Omphalodes *Ell.* et *Holw.*, auf Phlox divaricata in Amerika.

Auf Plantaginaceen. 66. Auf Plantaginaceen. a) Cercosporella pantoleuca *Sacc.*, auf Plantago lanceolata und major in Italien, in der Schweiz und Frankreich.

b) Ramularia plantaginea *Sacc.* et *Berl.*, auf Plantago lanceolata bei Rouen.

c) Cercospora Plantaginis *Sacc.*, auf Plantago-Arten in Italien.

d) Cylindrosporium rhabdosporium *Berk.* et *Br.*, auf Blättern von Plantago in England.

Auf Scrofulariaceen. 67. Auf Scrofulariaceen. a) Ramularia Veronicae *Fuckel*, auf Veronica hederaefolia, mit einzelligen Sporen.

b) Cylindrospora nivea *Ung.*, mit schneeweißen Sporenhäufchen auf Veronica Beccabunga.

[1]) Monatsber. d. Berliner Akad. 1855, pag. 314, Fig. 19—20.

c) Stysanus Veronicae *Pass.*, ebenfalls auf kranken Blattflecken in Veronica longifolia. Über diese Conidienform vergl. oben S. 344.

d) Ramularia Veronicae *Fautr.*, auf Veronica hederaefolia in Frankreich.

e) Ramularia Beccabungae *Fautr.*, auf Veronica Beccabunga in Frankreich.

f) Ramularia variabilis *Fuckel*, auf Verbascum und Digitalis.

g) Ovularia duplex *Sacc.*, und Ovularia carneola *Sacc.*, auf Scrofularia nodosa in Frankreich.

h) Ramularia Scrofulariae *Fautr.* et *Roum.*, auf Scrofularia aquatica in Frankreich.

i) Cylindrosporium Scrofulariae *Ell.* et *Everh.*, auf Scrofularia in Amerika.

k) Cercospora Pentstemonis *Ell.* et *K.*, auf Pentstemon in Amerika.

l) Ovularia Bartsiae *Rostr.* (Ramularia Bartsiae *Johanns.*), auf der Blattunterseite von Bartsia alpina in Norwegen und Island, mit länglichen, 0,015—0,020 mm langen Conidien.

m) Ramularia obducens *Thüm.*, auf Pedicularis palustris in der Schweiz.

n) Cercospora Catalpae *Wint.*, auf Catalpa bignonioides in Amerika.

68. Auf Labiaten. a) Ramularia Lamii *Fuckel*, auf Lamium amplexicaule, mit einzelligen Sporen. Auf Labiaten.

b) Ramularia lamiicola *C. Mass.*, auf Lamium album in Italien.

c) Ramularia Ballotae *C. Mass.*, auf Ballota nigra in Italien.

d) Ovularia Betonicae *C. Mass.*, auf Betonica Alopecurus in Italien.

e) Ramularia Marrubii *C. Mass.*, auf Marrubium vulgare in Italien.

f) Ramularia ovata *Fuckel*, auf Salvia pratensis, mit eiförmigen einzelligen Sporen.

g) Ramularia Menthae *Thüm.*, auf Mentha arvensis bei Orenburg.

h) Ramularia menthicola *Sacc.*, auf Mentha silvestris in Italien.

i) Ramularia Stachydis *C. Mass.*, auf Stachys annua in Italien.

k) Ramularia Harioti *Sacc.*, auf Prunella vulgaris in Frankreich.

l) Ramularia microspora *Thüm.*, auf Teucrium Chamaedrys.

m) Ramularia Leonuri *Sacc.*, auf Leonurus Cardiaca.

n) Ramularia Ajugae *Sacc.*, auf Ajuga reptans.

69. Auf Boraginaceen. a) Ramularia calcea *Ces.*, auf braunen Blattflecken von Symphytum officinale. Sporen eiförmig, mehrzellig. Auf Boraginaceen.

b) Ovularia Asperifolii *Sacc.*, und farinosa *Sacc.*, auf Symphytum und Cynoglossum.

c) Ramularia cylindroides *Sacc.*, auf Pulmonaria officinalis.

70. Auf Rubiaceen. a) Cercospora Cephalanthi *Ell.* et *K.*, auf Cephalanthus occidentalis in Amerika. Auf Rubiaceen.

b) Cercospora Galii *Ell.* et *Holw.*, auf Galium Aparine in Amerika.

c) Ramularia Göldiana *Sacc.*, auf Blättern und Zweigen des Kaffeebaumes in Brasilien.

d) Cercospora coffeicola *B.* et *C.*, auf Blättern des Kaffeebaumes in Guatemala und Jamaica.

e) Cercospora Cinchonae *E.* et *E.*, auf kultivierter Cinchona in Nordamerika.

Auf Caprifoliaceen. 71. Auf Caprifoliaceen. a) Cercospora depazeoides *Sacc.* (Passalora penicillata *Ces.*, Exosporium depazeoides *Desm.*), auf weißlichen Blattflecken von Sambucus nigra, welche auf der Oberseite durch die dunklen Bündel der Conidienträger schwarz punktiert sind. Diese sind schlank, fast pinselförmig. Sporen fast fadenförmig, mit 3—6 Scheidewänden, farblos.

b) Cercospora penicillata *Fuckel*, auf Viburnum Opulus, der vorigen sehr ähnlich.

c) Ramularia sambucina *Sacc.*, auf Sambucus nigra und canadensis.

d) Cercospora tinea *Sacc.*, auf Viburnum Tinus in Italien.

e) Ramularia Adoxae *Karst.* (Fusidium Adoxae *Rabenh.*), auf Blättern von Adoxa moschatellina, mit cylindrischen Sporen, daher wohl eine Cylindrospora; von Fuckel gemeinschaftlich mit Pykniden (Septoriaform) gefunden.

f) Cercospora varia *Peck.*, auf Viburnum in Amerika.

g) Ramularia Diervillae *Peck.*, auf Diervilla in Amerika. Ramularia Weigeliae *Speg.*, auf Weigellia rosea in Italien.

h) Cercospora Antipus *Ell.* et *Holw.*, auf Lonicera flava in Amerika.

i) Cercospora Symphoricarpi *Ell.* et *Ev.*, auf Symphoricarpus in Nordamerika.

Auf Campanulaceen. 72. Auf Campanulaceen. a) Ramularia macrospora *Fres.*, auf großen, hellbraunen Blattflecken von Campanula-Arten; Sporen eiförmig bis länglich, ein- oder zweizellig.

b) Cercospora Phyteumatis *Frank*, auf schwarzen, in der Mitte weißen Blattflecken von Phyteuma spicatum, unterseits die weißen Conidienträgerbüschel, mit linealischen, meist 2- bis 3fach septierten, farblosen Sporen.

c) Scolecotrichum ochraceum *Fuckel* (Bostrichonema ochraceum *Sacc.*), auf Phyteuma nigrum, mit geschlängelten Conidienträgern und zweizelligen Sporen.

d) Ramularia Prismatocarpi *Oud.*, auf Prismatocarpus Speculum in Holland.

Auf Lobeliaceen. 73. Auf Lobeliaceen. Cercospora ochracea *Sacc.* et *Malb.*, auf Lobelia urens in Frankreich.

Auf Cucurbitaceen. 74. Auf Cucurbitaceen. a) Cercospora Elaterii *Passer.*, auf runden, trockenen Blattflecken von Ecballium Elaterium, die oberseits die schwarzen Räschen der Conidienträger zeigen. Sporen farblos, mit wenigen Scheidewänden.

b) Scolecotrichum melophthorum *Prill.* et *Delacr.*, auf braunen, vertieften Flecken auf Stengeln und Früchten der Melonen in französischen Gärten, wo die Krankheit „La Nuile" heißt und nach Prillieux und Delacroix[1]) von dem vorgenannten Pilze begleitet wird, der einen olivbraunen Überzug bildet und sich auch künstlich auf verschiedenen Medien kultivieren ließ. Sporen länglich eiförmig, ein- oder zweizellig, 0,010 mm lang.

[1]) Bull. Soc. Mycol. de France VII. 1891, pag. 218.

c) Ramularia Bryoniae *Fautr.* et *Roum.*, auf Bryonia dioeca in Frankreich.

75. Auf Valerianaceen. a) Ramularia Centranthi *Brun.*, auf Centranthus ruber in Frankreich.

b) Ramularia Valerianae *Sacc.*, auf Valeriana in Italien.

76) Auf Dipsaceen. a) Cercospora elongata *Peck.*, auf Dipsacus silvestris in Amerika.

b) Ramularia Succisae *Sacc.*, auf Knautia silvatica in Italien.

c) Ramularia silvestris *Sacc.*, auf Dipsacus silvestris in Frankreich.

77. Auf Compositen. a) Ramularia filaris *Fres.*, auf Senecio nemorensis, Hieracium Pilosella und Adenostyles. Conidienträger nach oben oft in dünnere Fortsätze auswachsend; Sporen länglich oder fast cylindrisch, meist zweizellig. Auf Compositen.

b) Ramularia pruinosa *Speg.*, auf Senecio Jacobaea.

c) Ramularia Senecionis *Sacc.*, auf Senecio vulgaris.

d) Cercospora Jacquiniana *Thüm.*, auf Senecio Jacquiniana in Graubünden.

e) Cercospora ferruginea *Fuckel*, auf mißfarbigen Flecken von Artemisia vulgaris, die unterseits durch den Pilz rostbraun gefärbt sind. Die Fäden der Conidienträger sind sehr lang, etwas ästig, braun, die Conidien verlängert-keulenförmig, mit mehreren Scheidewänden, braun.

f) Cercospora cana *Sacc.* (Cercosporella cana *Sacc.*), auf braun sich färbenden Blättern von Erigeron canadensis, die meist auf der ganzen Unterseite durch die farblosen Conidienträger weißlich erscheinen. Die Fäden ziemlich kurz, oben durch die Sporenansätze höckerig; Sporen fast cylindrisch, mit 3—4 Scheidewänden, farblos.

g) Ovularia Doronici *Sacc.*, auf Doronicum Pardalianches in Frankreich.

h) Ovularia Inulae *Sacc.*, auf Inula dysenterica in Italien und Frankreich.

i) Ramularia Virgaureae *Thüm.*, auf Solidago virgaurea, mit einzelligen Sporen.

k) Cercospora fulvescens *Sacc.*, auf kleinen Blattflecken der Solidago virgaurea.

l) Ramularia Bellidis *Sacc.*, auf Bellis perennis in Italien.

m) Ramularia Bellunensis *Speg.*, auf Chrysanthemum Parthenium in Italien.

n) Cercospora Calendulae *Sacc.*, runde, graue, braungesäumte Flecke auf Calendula officinalis bildend. Fäden der Conidienträger blaßbraun, Sporen verkehrt keulen- oder stabförmig, 3- bis 5fach septiert, farblos.

o) Cercosporella septorioides *Sacc.*, auf Adenostyles albifrons.

p) Ramularia cervina *Speg.*, auf Homogyne alpina in Italien.

q) Cercospora Carlinae *Sacc.*, auf Carlina vulgaris in Italien.

r) Ramularia Cardui *Karst.*, auf Carduus crispus in Finnland.

s) Ramularia Vossiana *Thüm.*, auf Cirsium oleraceum, mit einzelligen Sporen.

t) Ramularia melaena *Fuckel*, auf Cirsium heterophyllum, mit zweizelligen Sporen.

23*

u) Cercosporella Triboutiana *Sacc.* et *Letend.*, auf Centaurea nigrescens.

v) Ovularia Serratulae *Sacc.*, auf Serratula tinctoria in Italien.

w) Ramularia Cynarae *Sacc.*, auf Cynara scolymus in Frankreich.

x) Ramularia Lampsanae *Sacc.*, auf Lampsana communis.

y) Ramularia Taraxaci *Karst.*, auf Taraxacum officinale.

z) Ramularia Thrinciae *Sacc.* et *Berl.*, auf Thrincea bei Rouen.

za) Ramularia Sonchi oleracei *Fautr.*, auf Sonchus obraceus in Frankreich.

zb) Ramularia Picridis *Faut.* et *Roum.*, auf Picris in Frankreich.

Pyrenomyceten in Conidienfruktifikation in Form eines Stroma.

E. Pyrenomyceten, welche nur in der Conidienfruktifikation bekannt sind von der Form eines kleinen, meist lager- oder polsterförmigen, seltener stielförmigen Stromas, welches aus der Oberfläche der Pflanzenteile hervorwächst.

Verschiedenartige Pilze, von denen man noch keine andre Fruktifikation als eine Conidienbildung von der in der Überschrift charakterisierten Beschaffenheit kennt, und die man vermutungsweise auch für Angehörige von Pyrenomyceten betrachtet, sind als Parasiten hier aufzuführen. Es stehen hier, wenn auch verwandte, doch immerhin ziemlich ungleichartige Formen beisammen, die wenigstens darin übereinstimmen, daß sie ein frei über die Oberfläche des Pflanzenteiles hervortretendes Conidien-Stroma besitzen, welches keine Beziehungen zu den Spaltöffnungen zeigt. Ihr Mycelium ist endophyt, tritt aber bei manchen Arten auch an die Oberfläche des Pflanzenteiles hervor. Ebensowenig einheitlich ist der pathologische Charakter dieser Parasiten, da sie auf den verschiedensten Pflanzenteile nund unter mannigfaltigene Symptomen auftreten.

I. Mastigosporium *Riess.*

Mastigosporium.

Zahlreiche sehr kurze, dicke, farblose, conidientragende Fäden stehen an der Oberfläche des Pflanzenteiles beisammen und tragen je eine elliptische, mit 3—5 Querscheidewänden versehene Spore, die an der Spitze ein feines, fadenförmiges Anhängsel besitzt; kleine weiße Häufchen bildend.

Auf Alopecurus.

Mastigosporium album *Riess.* Auf den Blättern und Blattscheiden von Alopecurus pratensis und agrestis finden sich nicht selten schwarzbraune, in die Länge gezogene Flecke, die bisweilen noch von einem mehr oder weniger deutlichen vergelbten Hofe umgeben sind und oft auf ihrer etwas bleicheren Mitte eine weiße, strichförmige Stelle haben. Der Fleck hat auf beiden Blattseiten dieselbe Beschaffenheit. Das weiße Häufchen besteht aus den Sporen des genannten Pilzes. Diese sind länglich, farblos, 0,045—0,05 mm lang, mit 3—4 Querwänden und am Scheitel mit 1, 2 oder 3 borstenförmigen Anhängen versehen, welche die Länge der Spore erreichen können. Jede Spore sitzt an der Oberfläche des Blattes auf einem kurzen, dicken, farblosen

Stielchen, welches von den Myceliumfäden entspringt, die nicht nur auf der Oberfläche der Epidermis wachsen, sondern auch durch dieselbe ins Innere des Blattes zu verfolgen sind. Das Gewebe ist hier in der ganzen Dicke des Blattes gebräunt, infolge der Wirkung des Parasiten. Im höheren Gebirge fand ich den Pilz seltsamerweise ohne den Borstenanhang, sowohl im höchsten Teile des Erzgebirges an Alopecurus pratensis, als auch auf dem Brocken an Calamagrostis Halleriana, wo er ebensolche Flecke erzeugt. Ob dies ein specifischer Unterschied ist, kann ich nicht sagen; eine sonstige Abweichung besteht nicht.

II. Fusisporium *Link*.

Das conidientragende Stroma ist ein kleines, hellrotes Polster, welches aus der Oberfläche der Pflanzenteile hervorbricht und aus verflochtenen, verzweigten Fäden zusammengesetzt ist, die auf den ungleich hohen Spitzen ihrer Zweige je eine spindelförmige, meist etwas gekrümmte, mit Querscheidewänden versehene Conidie abschnüren. Die meisten dieser Pilzformen sind Saprophyten und bleiben hier ausgeschlossen. Fusisporium.

1. Fusisporium anthophilum *A. Br.*, von A. Braun[1]) auf den Blüten von Succisa pratensis bei Berchtesgaden gefunden, wo die lichtorangeroten Polsterchen aus den Lappen der Blumenkrone und aus den Staubbeuteln hervorbrechen. Im Innern dieser Teile befindet sich das Mycelium. Die Folge ist, daß die Blumenkrone sich nicht entfaltet und nicht abgeworfen wird, die Staubbeutel in der Blumenkrone versteckt bleiben und schlecht entwickelten Pollen enthalten. Auf Succisa.

2. Fusisporium Zavianum *Sacc.*, nach F. v. Thümen's[2]) Angaben von Saccardo in Venetien am Weinstock gefunden, wo der Pilz auf bräunlichroten Flecken der Stengel, Blätter, Blütenstiele und Ranken erst weißliche, faserige, dann sich hellrosa färbende Überzüge bildet. Die spindelförmigen, gekrümmten Conidien sind 0,03—0,04 mm lang. Aus den Angaben ist nichts über die Ansiedelung des Pilzes an der Nährpflanze zu entnehmen. Auch liegt kein Beweis dafür vor, daß der Pilz die Ursache des Absterbens der Teile ist. Auf Weinstock.

III. Fusarium *Link*, Phleospora *Wallr.* und Endoconidium *Prill.* et *Delacr.*

Das flache oder etwas konvexe, meist weiße oder hellrötliche Stroma ist nicht von fädiger, sondern von zellgewebeartiger, parenchymatischer Struktur und dicht mit conidientragenden Fäden besetzt, die bei Fusarium auf ihren Enden spindelförmige, oft etwas gekrümmte, mit Querscheidewänden versehene Conidien abschnüren. Der Unterschied von der vorigen Form ist kein scharfer. Die Abweichungen von Endoconidium sind im Nachfolgenden erwähnt. Viele hier nicht erwähnte Arten dieser Pilzformen sind Saprophyten. Fusarium, Phleospora, Endoconidium.

[1]) Rabenhorst, Fungi europ. No. 1964.

[2]) Pilze des Weinstockes, pag. 25.

Auf Getreideähren. 1. Fusarium heterosporum *Nees.* An den Ähren aller Getreidearten und auf manchen Gräsern treten, besonders wenn Regen längere Zeit die reifenden Halme auf dem Felde trifft, rosenrote Polsterchen an den Spelzen auf, wobei gewöhnlich auch die Körner mangelhaft ausgebildet sind. Die Sporen sind verschiedengestaltig, anfangs fast kugelig, reif spindelförmig, mit 3—5 Querwänden, 0,030—0,05 mm lang. Der Pilz ist wohl nicht parasitär, sondern saprophyt auf schon abgestorbenen Teilen; mit Vorliebe siedelt er sich auf den mit Mutterkorn behafteten Blüten und auf Mutterkörnern selbst an. Es werden übrigens noch gewisse Formen beschrieben, welche von diesem Pilze etwas abzuweichen scheinen; nämlich Fusarium miniatulum *Sacc.* (Fusarium miniatum *Prill.* et *Delacr.*), auf Roggenkörnern, wo die Sporen 0,019—0,022 mm lang und ebenfalls mit Scheidewänden versehen sind, Fusarium Tritici *Eriks.*[1]) auf Weizenspelzen, wo die Sporen 0,012—0,020 mm lang und durch 1 bis 2 Scheidewände geteilt sind, und Fusarium Schribauxii *Delacr.* auf Weizenkörnern mit 0,035—0,040 mm langen, 4fach septierten Sporen. Nach Woronin[2]) tritt im Ussurienlande fast alljährlich die Erscheinung des Taumelgetreides auf, wobei die Körner und das daraus bereitete Brot berauschende Eigenschaften bekommen. Es soll hauptsächlich dadurch entstehen, daß die Garben lange auf den Feldern liegen gelassen werden, und unter den vielen Pilzen, welche Woronin auf solchen Körnern auffand (S. 295), war der Eingangs genannte der häufigste. Prillieux[3]) berichtet über Taumelroggen, der 1890 in einigen Orten des Departements Dordogne beobachtet wurde, nach dessen Genusse sämtliche Personen von Mattigkeit und Übelbefinden ergriffen wurden, ebenso Haustiere erkrankten. Dabei wurden die von Woronin angegebenen Pilze nicht gefunden; aber in der Kleberschicht war ein Mycelium vorhanden, welches bei Kultur auf feuchter Unterlage Fruchtträger lieferte, die der Gattung Dendrodochium *Bon.* entsprachen, jedoch dadurch unterschieden waren, daß die Sporen im Innern der Hyphenäste gebildet und aus diesen entleert wurden; Prillieux nennt deshalb diesen Pilz Endoconidium temulentum. Die dazugehörige Ascosporenform stellt kleine, gelblichrote Apothecien dar und wird Phialea temulenta genannt.

Auf Narcissus. 2. Fusarium bulbigenum *Cooke* et *Mass.*, auf kranken Zwiebeln von Narcissus in England.

Auf Runkelrüben. 3. Fusarium Betae *Rabenh.*[4]), bildet auf zahlreichen, kleinen, mißfarbigen, rotgesäumten Flecken der Runkelrübenblätter dunkle Polsterchen von kurzen sporenabschnürenden Fäden mit sehr langen stabförmigen oder verkehrt keulenförmigen, farblosen Sporen mit mehreren Querscheidewänden. Die Krankheit hat Ähnlichkeit mit Cercospora beticola *Sacc.* (S. 344), doch ist der Pilz keine Cercospora, da die Polster nicht aus den Spaltöffnungen, sondern oft neben einer solchen aus der Epidermis hervorbrechen, wie ich schon in der ersten Auflage dieses Buches S. 601 geltend machte. Saccardo[5])

---

[1]) Botan. Centralbl. 1891, pag. 299.

[2]) Bot. Zeitg. 1891, No. 6. — Vergl. auch Sorokin, refer. in Zeitschr. f. Pflanzenkrankh. I. 1891, pag. 236.

[3]) Compt. rend. 1891, pag. 894, und Zeitschr. f. Pflanzenkrankh. II. 1892, pag. 110.

[4]) Rabenhorst, Fungi europ., Nr. 69.

[5]) Sylloge Fungorum X, pag. 637.

muß dies nicht verstanden haben, denn er citiert den Pilz jetzt als Cercospora Betae *Frank*, welchen Namen ich demselben eben gerade nicht gegeben habe.

4. Fusarium Mori *Lév.* (Septoria Mori *Lév.*, Fusarium maculans *Béreng.*, Phleospora Mori *Sacc.*), erzeugt die Fleckenkrankheit der Maulbeerblätter, welche seit ungefähr 1846 in Deutschland, Frankreich und Italien, zuerst nur an Sämlingen und zweijährigen Pflanzen, später auch an den kräftigsten Bäumen auftrat. Sie zeigt sich anfangs in lichtgelbroten Flecken, die allmählich schmutzigbraun werden und sich vergrößern, worauf das Blatt vertrocknet. Die kranken Blätter sind zwar den Seidenraupen nicht schädlich, aber die Bäume leiden durch die Krankheit bedeutend. Schon H. v. Mohl[1]) zeigte, daß bei dieser Fleckenkrankheit die Myceliumfäden des Pilzes in den Intercellulargängen des Mesophylls der kranken Blattstellen wachsen und daß die Bildung der Pilzfrüchte unter der Epidermis durch Zusammentreten zahlreicher Fäden geschieht. Diese Früchte treten sowohl auf der Ober- wie Unterseite des Blattes in Form kleiner Pusteln durch die Epidermis. Dieselben sind nun aber keine kapselförmigen Pykniden, so daß der übliche Name Septoria für den Pilz nicht zutrifft, sondern sie stellen ein parenchymatisches, flaches braunes Stroma dar, welches von der durchbrochen werdenden Epidermis weit kelchartig umgeben ist; auf der Oberfläche des Stromas werden in Schleim eingebettet die zahlreichen, cylindrischen, gekrümmten, 0,05 mm langen, mit 3 oder mehr Querwänden versehenen Sporen gebildet. Saccardo hat darum den Pilz in Phleospora umgetauft; indes dürfte der Name Fusarium angezeigt sein, da der Pilz mit der Diagnose dieser Conidienform übereinstimmt und ein neuer Name überflüssig erscheint. Eine Form, welche man als Septoria moricola *Pass.* (Phleospora moricola *Sacc.*), unterschieden hat, weil die Blattflecke im Herbst auftreten, keine rötliche Farbe zeigen und die Sporen viele Scheidewände haben sollen, dürfte wohl kaum als selbständige Species gelten können. Fuckel[2]) hält die an abgefallenen Maulbeerblättern im Winter sich erzeugenden Perithecien der Sphaerella Mori *Fuckel* für Organe dieses Pilzes; doch ist dafür bis jetzt ein Beweis nicht beigebracht. Fleckenkrankheit der Maulbeerblätter.

5. Fusarium Celtidis *Ell.* et *Tracy.*, auf Celtis occidentalis in Missouri; Conidien fünffächerig, 0,04—0,06 mm lang. Auf Celtis.

6. Phleospora Aceris *Sacc.* (Septoria Aceris Lib.), auf den Blättern von Acer campestre, platanoides und Pseudoplatanus. Auf Acer.

7. Phleospora Aesculi *Cooke*, auf den Blättern von Castanea vesca in England. Auf Castanea.

8. Fusisporium Ricini *Béreng.* auf den Stengeln von Ricinus communis, welche dadurch beschädigt werden sollen, in Italien. Auf Ricinus.

9. Phleospora Oxyacanthae *Walbr.* (Septoria Oxyacanthae *Kze.*), auf Blättern von Crataegus. Auf Crataegus.

10. Phleospora Trifolii *Cavara*, auf den Blättern von Trifolium repens in Italien. Auf Trifolium.

11. Fusarium Myosotidis *Cooke*, auf Blättern von Myosotis in England. Auf Myosotis.

12. Fusarium pestis *Sorauer*. Eine in Deutschland nicht seltene Krankheit der Kartoffelpflanze, die man als Stengelfäule oder Schwarz- Schwarzbeinigkeit der Kartoffel.

---

[1]) Bot. Zeitg. 1854, pag. 761.

[2]) l. c. pag. 105.

beinigkeit bezeichnet hat, zeigt sich darin, daß zur Zeit, wo das Kraut erwachsen oder auch noch nicht vollständig erwachsen ist, zwischen den gesunden Pflanzen in mehr oder weniger großer Anzahl einzelne Stauden als krank auffallen, indem die Blätter sämtlich von unten her im ganzen gelb und schlaff werden und vertrocknen, worauf allmählich die Stengel sich umneigen. Dicht über der Bodenoberfläche findet man eine Stelle des Stengels geschwärzt, erweicht und getötet, und diese Stelle ist die Veranlassung des Absterbens des ganzen Stengels. Die Ursache der Erkrankung dieser Stengelpartie ist, wie Sorauer[1]) zuerst angegeben hat, eine Verpilzung des Gewebes, namentlich des Rinde- und Markparenchyms, wobei oft der Pilz an der Oberfläche in Form von kreideweißen Räschen fruktifiziert, welche aus dem mit obigem Namen bezeichneten Fusarium-Conidienstroma bestehen. Später tritt dieselbe Krankheitserscheinung oft auch an den Stolonen der kranken Stauden ein. Die neuen Knollen pflegen dabei gesund zu sein, bleiben jedoch infolge der Verderbnis des Krautes in der Entwickelung zurück. Die Wurzeln der kranken Stauden sind anfangs gesund, sterben aber später offenbar infolge der zunehmenden Stengelfäule ab. Ganz dieselbe Krankheitserscheinung kann übrigens auch durch die Made der Mondfliege hervorgerufen werden; man findet dann in dem geschwärzten faulen Stengelgrunde die Fraßhöhle dieses Insektes als Ursache. Es ist noch nicht bekannt, ob eine Übertragung dieses Pilzes durch die Saatknollen anzunehmen ist. Thatsächlich zeigt sich die Krankheit oft in gewissen Sorten häufig, während daneben stehende andre Sorten unversehrt bleiben. Auch in Belgien ist die Krankheit im Jahre 1891 mehrfach aufgetreten[2]).

Auf Uredineen. 13. Mehrere uredineenbewohnende Fusarien wurden von J. Müller[3]) auf Rosa und Rubus-Blättern in den Phragmidium-Häufchen (S. 174) gefunden, nämlich Fusarium spermogoniopsis *J. Müll.* auf Rubus fruticosus, Fusarium uredinicola *J. Müll.*, auf Blättern und Stämmen der Rosen, Himbeeren und Brombeeren in den daselbst auftretenden Uredineen, jedoch auch auf rostfreien Stellen.

IV. Monilia *Pers.*

Monilia. Aus der Epidermis des befallenen Pflanzenteiles treten rundliche, konvexe, hellfarbige Polsterchen, welche aus wiederholt büschelförmig verzweigten aufrechten Fäden bestehen, auf denen die einzelligen ovalen, Conidien kettenförmig abgegliedert werden, und zwar so, daß die Conidienketten an ihrer Spitze weiter sprossen, indem immer aus den obersten Conidien die nächst jüngere hervorsprießt, wie auch durch seitliche Sprossung aus älteren Conidien die Ketten sich verzweigen können.

Schimmel des Obstes. Monilia fructigena *Pers.* (Oidium fructigenum *Schm.* et *Kze.*, Oospora fructigena *Wallr.*, Torula fructigena *Pers.*). Schimmel des Obstes. Auf Pflaumen, Kirschen, Aprikosen, Pfirsichen, Äpfeln und Birnen

[1]) Österr. landw. Wochenbl. 1888, Nr. 33.

[2]) Zeitschr. f. Pflanzenkrankh. I. 1891, pag. 353.

[3]) Die Rostpilze der Rosa- und Rubus-Arten. Landw. Jahrb. XV. 1886, pag. 745.

bildet sich im Sommer bisweilen ein weißlicher oder gelblich-aschgrauer, staubiger Schimmel, welcher in rundlichen, konvexen Polsterchen von oben beschriebener Beschaffenheit durch die Schale hervorbricht. Die Sporen sind 0,025 mm lang. Gewöhnlich trifft man diesen Schimmel auf reifen Früchten, sowohl auf abgefallenen, als auch auf noch hängenden; und die letzteren bleiben dann oft den ganzen Winter und sogar bis zum Frühjahre vertrocknet auf dem Baume. Während man früher annahm, daß der Pilz nur an reifen, auf dem Boden liegenden Früchten vorkomme, hat F. von Thümen[1]) angegeben, daß er schon auf halbreifem, noch hängendem Obst auftritt. Hallier[2]) bestätigte dies; nach ihm kriechen die Mycelfäden teils auf der Oberfläche, teils brechen sie aus dem Innern hervor. Die Pflaumen werden meistens unter dem Einfluß des das Fruchtfleisch durchziehenden Myceliums weichlich, mißfarbig und bedecken sich dann mit den sporentragenden Polstern. Die Conidien sah Hallier in Nährstofflösung keimen und auf Pflaumen ausgesäet, Keimschläuche entwickeln, welche die Fruchtschale überspinnen; letztere bekommt infolgedessen Risse, durch welche das Mycelium eindringt, wobei es zwischen den Zellen des Fruchtfleisches hinwächst. Nach einer Notiz Sorauer's[3]) hat der Pilz neuerlich in Holstein die Kirschenernte dadurch bedeutend geschädigt, daß das Mycelium die Blütenstiele, Kelche und jungen Fruchtknoten befiel und verdarb, auch bisweilen bis in den Zweig hinabdrang, meist unter Auftreten von Gummosis. Am meisten wurden Schattenmorellen befallen. Aber diese Thatsachen dürften immer noch kein hinreichender Grund sein, den Pilz zu den Parasiten zu rechnen. Ich fand ihn auch bereits im Frühlinge auf Kirschbäumen und zwar sehr häufig fruktifizierend an Blütenstielen und Blättern, welche durch einen Frost getötet worden waren, also wohl ebenfalls sekundär, selbst in die ein- und wenigjährigen Zweige ließ sich hier sein Mycelium manchmal in der Rinde verfolgen; jedoch nur da, wo durch die Frostwirkung Rinde und Cambium gebräunt und tot waren. Häufig war daselbst Gummifluß eingetreten. Die Conidien des Pilzes sah ich in Pflaumendecoct zu kleinen Mycelien sich entwickeln, welche hier bald wieder Conidienträgerbüschel mit Conidienketten, jedoch in viel kleinerer Conidienform erzeugten. Auf lebende Blüten- und Blattstiele des Kirschbaums ausgesäete Sporen sah ich zu langen Keimschläuchen auskeimen, welche jedoch nur auf der Oberfläche der Epidermis hinwuchsen, ein Eindringen in dieselben nicht erkennen ließen. F. v. Thümen erwähnt, daß die vom Pilze befallenen Früchte, wenigstens Äpfel und Birnen, der Fäulnis länger widerstehen als die gleichzeitig mit ihnen auf dem Boden liegenden gesunden, und daß an Früchten, die nur stellenweise befallen sind, die verpilzten Stellen sich länger fest erhalten als die pilzfreien. Hallier hat wohl die richtige Erklärung hierfür gegeben, daß nämlich der Fruchtschimmel neben sich keine Hefe- und ähnlichen Bildungen aufkommen läßt, die an den andern Stellen die Frucht rasch in Fäulnis versetzen. Erwin Smith[4]), welcher neuerdings über das Auf-

[1]) Öster. landw. Wochenbl. 1875, Nr. 41, und Fungi pomicoli, pag. 22.

[2]) Wiener Obst- und Gartenztg. 1876, pag. 117.

[3]) Zeitschr. f. Pflanzenkrankh. I. 1891, pag. 183, und Jahresb. des Sonderausschusses f. Pflanzenschutz in Jahrb. d. deutsch. Landw. Ges. 1891, pag. 212.

[4]) Peach root and peach blight. Journ. of Mycology. Washington 1889. V., pag. 120.

treten des Pilzes auf Pfirsichen in den großen Pfirsichdistrikten zwischen Chesapeake und Delaware Bay in Nordamerika berichtet, wo stellenweise die ganze Ernte dadurch vernichtet wurde, beobachtete, daß die Infektion schon im Frühjahr an den noch ganz kleinen Früchten durch hängen gebliebene vorjährige Früchte eintrat, und daß das Mycel auch in die Zweige hinabstieg. Besonders trat der Schimmel auf den reifen Früchten auf, sowohl an noch hängenden als auch an den als gesund gepflückten auf dem Transporte. Der Pilz ließ sich auch auf andre Obstfrüchte überimpfen. Jedenfalls ist das allgemeine und sorgfältige Einsammeln und Vernichten aller kranken Früchte angezeigt.

V. Microstroma *Niessl.*

Microstroma. In flachen Räschen dicht beisammenstehende, sehr kurze, aufrechte Fäden gliedern an der Spitze einzellige, ovale, farblose Conidien ab.

Auf Eiche. 1. Microstroma album *Sacc.* (Microstroma quercinum *Niessl.*, Fusisporium album *Desm.*), bildet weiße Häufchen auf der Unterseite der Eichenblätter.

Auf Nußbaum. 2. Microstroma Juglandis *Sacc.* (Fusidium Juglandis *Béreng.*), in kleinen, weißen Räschen auf der Unterseite bleicher dürrer Flecke der Blätter des Nußbaumes. Wahrscheinlich ist das Fusisporium pallidum *Niessl.* hiermit identisch.

VI. Melanconium *Link.*

Melanconium. Die Sporenlager bilden schwarze, aus dem Pflanzenteile hervorbrechende Polster, welche einzellige, dunkle Sporen tragen. Meist saprophyte Pilze.

Bitterrost der Weinbeeren. Melanconium fuligineum *Cav.* (Greeneria fuliginea *Scribner*), auf reifenden Weinbeeren in Nordamerika und Italien, die als „Bitterrost" bezeichnete Krankheit verursachend[1]); zerstreute dunkle Häufchen bildend; Sporen ellipsoidisch, braun, 0,009—0012 mm lang.

VII. Coryneum *Nees.*

Coryneum. Aus dem befallenen Pflanzenteile brechen kleine, meist dunkle Polster, welche gestielte, keulen- oder spindelförmige, durch Querwände mehrzellige braune Sporen tragen. Diese Pilze wachsen gewöhnlich auf abgestorbenen Pflanzenteilen, besonders auf dürren Ästen; nur folgende Arten, welche mit in diese Gattung gestellt wurden, hat man als Parasiten bezeichnet.

Auf Kirschbäumen rc. 1. Coryneum Beyerinckii *Oud.* Diesen Pilz hatte Beyerink als Ursache der Gummibildung bei den Kirschbäumen angesehen, offenbar mit Unrecht, weil er keineswegs ein konstanter Begleiter dieser Erscheinung ist (I., pag. 56). Später beschrieb Vuillemin[2]) eine in Lothringen und den umgebenden Ländern aufgetretene Krankheit der Kirschbäume, die auch Zwetschen-, Aprikosen- und Pfirsichbäume befiel und bei welcher nach der Blüte auf den Blättern abgestorbene Flecke sich bildeten und die Früchte vertrockneten, und sah hierbei den nämlichen Pilz auftreten, den er als die

[1]) Vergl. Just, bot. Jahresb. 1888 II., pag. 356, und 1887, pag. 533.
[2]) Journ. de Botan. 1887, pag. 315.

Ursache der Krankheit betrachtet. Später fand er[1]) an den am Baume hängen gebliebenen frühzeitig vertrockneten Früchten auch überwinternde Conidienbildungen sowie Perithecien, welche er als Zugehörige des Coryneum absieht; sie stimmen mit Ascospora überein, weshalb er den Pilz als Ascospora Beyerinckii bezeichnet.

2. Coryneum Laurocerasi *Prill.* et *Delacr.*, auf Blättern von Prunus Laurocerasus in Frankreich[2]). Auf Prunus Laurocerasus.

VIII. Dematophora *R. Hart.*

Das auf Pflanzenwurzeln wachsende, helle bis schwärzliche Mycelium entwickelt steif borstenförmige Conidienträger, welche aus der Länge nach verwachsenen Fäden bestehen, und nach oben rispenartig verzweigt sind; die fadenförmigen Zweige tragen an vielen übereinander stehenden seitlichen Höckern je eine einzellige, ovale Spore (Fig. 69). Dematophora.

Dematophora necatrix *R. Hart.*, der Wurzelpilz oder Wurzelschimmel des Weinstocks. Seit dem Jahre 1877 ist man in Frankreich, Italien, in der Schweiz, in Österreich und in Baden auf eine Krankheit des Weinstockes aufmerksam geworden, welche wegen gewisser Ähnlichkeiten mit der Reblauskrankheit anfänglich vielfach mit dieser verwechselt worden ist, dann aber als etwas andres erkannt und mit dem Namen Blanc des racines, Champignon blanc, Blanquet oder Pourridié de la vigne, Morbo bianco bezeichnet worden ist. Ich habe bereits in der vorigen Auflage dieses Buches S. 516 die Ergebnisse meiner Untersuchungen mitgeteilt, die ich über diese Krankheit anstellte bei ihrem ersten Auftreten zu Hagnau am Bodensee und bei Müllheim in Baden, in welchen Gegenden bis neuerdings die Krankheit immer mehr zunimmt[3]). In den Weinbergen beginnen an einzelnen Stellen die Reben zu kränkeln, gelb und welk zu werden und sterben ab; diese Stellen werden allmählich, jedoch sehr langsam, größer, indem das Absterben am Rande derselben ringsum fortschreitet. An den kranken Weinstöcken fand ich ausnahmslos auf den Wurzeln und auf den in der Erde befindlich gewesenen Teilen des Stammes ein üppig entwickeltes Mycelium in Form zarter, faseriger Häute und Stränge von teils schneeweißer, teils gelblicher, teils aschgrauer oder bräunlich-schwarzer Farbe, welche den genannten Teilen nicht bloß oberflächlich anhaften, sie oft ganz umspinnend, sondern auch unter die Schuppen der Rinde eindringen und durch die Rinde bis nach der Grenze des Holzes sich verbreiten; auf der Oberfläche des letzteren wachsen sie dann oft in strahlig faserigen Ausbreitungen weiter; an manchen Stellen brechen sie wieder aus der noch nicht abgelösten Rinde hervor in Form heller Pusteln oder faseriger Bänder oder Stränge. Auch zwischen der angrenzenden Erde verbreitet sich das Mycelium von den Wurzeln aus; die von kranken Teilen abgelösten Erdstückchen sind gewöhnlich damit reich durchwuchert. Die Rinde der mit dem Pilz behafteten Wurzeln ist abgestorben, gebräunt, aufgelockert, rissig, vertrocknet, beziehentlich faulig; das Holz wird mürbe und brüchig. Oft kommt

Wurzelschimmel des Weinstocks.

[1]) Daselbst 1888, pag. 255.

[2]) Bull. soc. mycol. de France 1890, pag. 179.

[3]) Vergl. darüber Jahresber. d. Sonderausschusses f. Pflanzenschutz, in Jahrb. d. deutsch. Landw. Ges. 1892, pag. 217.

aus einem schon stark zersetzten älteren Stammstücke noch ein neuer jüngerer Trieb, aber von dem kranken Stücke aus hat sich dann oft schon der verpilzte Zustand auf die Basis des Triebes verbreitet und bringt diesen dann ebenfalls zum Absterben. Die Fäden der dunklen, lockeren Mycelhäute sind ziemlich dick, braun- und derbwandig, septiert, reich verzweigt und dadurch charakteristisch, daß der Faden oft unterhalb der Scheidewand blasig aufgetrieben ist. Die weißen Häute und Stränge bestehen aus Fäden von genau derselben Beschaffenheit, nur sind sie farblos und offenbar jüngere Zustände der später gebräunten Hyphen; doch geben sie auch vielen feineren Zweigen den Ursprung, an denen die blasigen Anschwellungen gewöhnlich fehlen. Die gelben Mycelien sind meist am feinfädigsten und dicht verfilzt. Sowohl auf der Wurzel wie innerhalb der Wurzelrinde bilden sich auch stärkere, dunkle Stränge, welche den Rhizomorphen gleichen, denn sie bestehen aus einem hellen, lockeren, parallelfaserigen Mark, welches den gelblichen Mycelsträngen in seiner Beschaffenheit entspricht, und aus einer dunkelbraunen Rindeschicht. Letztere stellt ein braunwandiges Pseudoparenchym dar, hervorgegangen aus erweiterten und dicht verbundenen Hyphen. Wo die Rhizomorphe im Gewebe der Wurzelrinde entsteht, da schließt sie oft in ihrem Marke noch Gewebereste ein, und jenes Pseudoparenchym bildet sich in der Höhlung der Rindezellen, die dann von einer schaumigen, braunen Gewebemasse erfüllt werden, wie sie oben von den schwarzen Linien im Fichtenholze bei Agaricus melleus beschrieben wurde. An Stellen, wo der Rhizomorphenstrang frei liegt, ist er noch mit einer Hülle lockerer, schwärzlicher Fäden umgeben, indem nach außen das Pseudoparenchym in die gewöhnliche Mycelform sich auflockert. Nach dem Holz gelangt das Mycelium hauptsächlich durch die breiten Markstrahlen der Rinde, welche es in zahlreichen, feinen Fäden durchzieht, wächst dann ebenso auch in den Markstrahlen des Holzes und von da in die Holzzellen, endlich auch in das Mark, alle diese Gewebe mehr oder weniger bräunend, teils in der Membran, teils durch braune, amorphe Zersetzungsprodukte innerhalb der Zellen. Nach dem Absterben der Rinde wächst das Mycelium auch zwischen Holz und Bast üppig weiter. Doch habe ich im Holze nur selten und zwar nur nahe der Oberfläche die im Fichtenholze bei Agaricus melleus vorkommenden schwarzen Linien gefunden, die hier auf dieselbe Weise wie dort entstehen. Von Phylloxera oder andern Insekten ist an den kranken Reben keine Spur zu finden. Es kann also nicht zweifelhaft sein, daß allein der beschriebene Mycelpilz die Ursache der Wurzelerkrankung ist. Einen Namen konnte ich dem Pilz damals nicht geben, da an meinem Material keine Fruktifikation zu finden war. Schnetzler[1]) beobachtete dieselbe Krankheit 1877 an Reben von Sion und Cully (Wadland) und hat ebenfalls das parasitische Mycel aufgefunden. Er hält den Pilz wegen seiner Rhizomorphenstränge bestimmt für den Agaricus melleus und fand auch einen diesem Pilz gleichenden Fruchtträger am Grunde eines Weinbergpfahles, von dem aus eine Rhizomorphe sich nach den Rebenwurzeln verbreitete. Auch Millardet[2]) hält den Pilz wegen der Rhizomorphen-

[1]) Observations faites sur une maladie de la vigne connue vulgairement sur le nom de „Blanc", in Compt. rend. 1877, pag. 1141 ff.

[2]) Le „Pourridié de la vigne", in Compt. rend. 11. August 1879, pag. 379.

stränge für identisch mit Agaricus melleus. Die Krankheit sei häufig mit Phylloxera kompliziert; es wird von ihm sogar angenommen, daß der Pilz erst nach dem Befallen durch die Reblaus auftrete, wenn diese schon wieder verschwunden sei, daß er aber den gesunden Reben nichts schade. Diese Annahme ist nach meinen obigen Mitteilungen nicht zutreffend. Die Ähnlichkeit mit dem Agaricus melleus ist allerdings eine große, auch darin, daß der Pilz an den von ihm getöteten Pflanzenteilen noch als Saprophyt weiter vegetieren kann. Stücke faulender Rebenwurzeln und Stämme, welche Mycel enthielten, legte ich auf feuchten Boden in Töpfen aus. Das Mycel brach üppig daraus hervor und überzog die Oberfläche der Erde in graubraunen, faserigen, lappigen Häuten, die sich zum Teil auch in die Lücken der Erde vertieften. Trotzdem ist jene Annahme unerwiesen, da man nie die Fruchtträger des Agaricus aus dem Mycel der kranken Reben hat hervorgehen sehen. Daß Agaricus melleus in der Umgebung von Neapel einmal auf Wurzeln alter Weinstöcke gefunden worden ist[1]), entscheidet für unsere Frage nichts. Auch stimmen die Rhizomorphen dieses Pilzes in ihrem Baue nicht mit denjenigen des Agaricus mellons überein. Auf den Wurzeln von Reben, die wahrscheinlich an der in Rede stehenden Krankheit gestorben waren, hat von Thümen[2]) Roesleria hypogaea gefunden; aber dieser Pilz ist unzweifelhaft saprophyt, also sekundär; man findet seine kleinen, gestielten Köpfchen, auf denen die Sporenschläuche sich befinden, sehr häufig auf abgestorbenen Rebenwurzeln. Mit dem von mir beschriebenen Pilze stimmt er in keinem Punkte überein. Ich habe auch an meinen Reben keine Spur von ihm gefunden. Nun hat aber R. Hartig[3]) wirklich Conidienträger an diesem Pilze beobachtet und danach dem letzteren den obigen Namen gegeben. Es sind 1,5—2 mm hohe, schwarzbraune, an der Spitze farblose, steif aufrechte, borstenähnliche Träger von der oben beschriebenen Beschaffenheit (Fig. 69). Die Conidien sind nur 0,002—0,003 mm lang. Nach R. Hartig sitzen die Conidienträger zahlreich teils auf kleinen dunklen knolligen Körperchen (Sclerotien), welche unter der Wurzelrinde entstehen und aus ihr hervorbrechen, teils auch auf dem gewöhnlichen fädigen Mycelium. Perithecienbildung konnte R. Hartig nicht erzielen. Nach den neueren Untersuchungen von Viala[4]) lebt die Dematophora sowohl als Parasit als auch als Saprophyt; auf lebenden Pflanzen wachsen sie nur in der Myceliumform und können hier jahrelang steril bleiben; nur bei künstlichen Kulturen bringen sie ihre Fruktifikationen hervor. Als solche hat Viala außer den Conidienträgern auch noch Pykniden und endlich auch Perithecien gefunden. Letztere entstanden nur auf ganz abgestorbenen und zersetzten Rebstöcken; sie waren ungefähr 2 mm groß, beinahe sphärisch und ohne Mündung, braun, sehr hart, weshalb Viala sie zu den Tuberaceen rechnet. Die Sporen der achtsporigen Schläuche sind 0,04 mm lang, 0,007 mm breit, an beiden Enden zugespitzt, schwarz. Viala hat noch eine zweite Art beobachtet, die in Rebbergen in Südfrankreich auf Sand-

---

[1]) Vergl. v. Thümen, Pilze des Weinstocks. Wien 1878, pag. 209.

[2]) l. c. pag. 210.

[3]) Untersuchungen aus d. forstbot. Instit. zu München III. 1883.

[4]) Compt. rend. 1890, pag. 156, und Monographie du Pourridié des vignes etc. Paris 1891; refer. in Zeitschr. f. Pflanzenkrankh. II. 1892, pag. 167.

boden, jedoch selten vorkommt; er nennt sie Dematophora glomerata *Viala;* Perithecien sind von ihr nicht bekannt; sie unterscheidet sich durch unverzweigte Conidienträger und größere, nämlich 0,0055 lange Conidien.

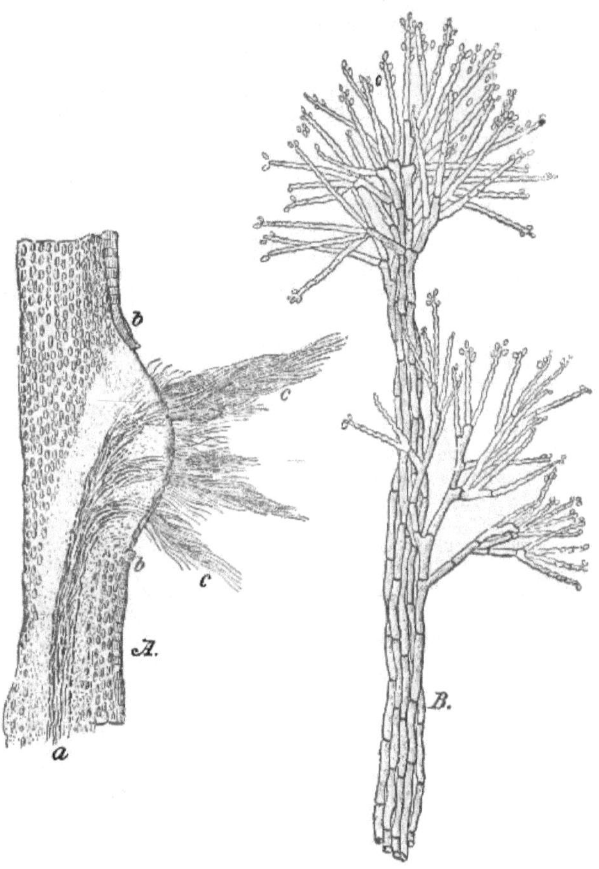

Fig. 69.

Dematophora necatrix. A ein Rhizomorphenast a hat die Korkschicht bb einer Nebenwurzel durchbrochen und einen knollenförmigen, sclerotienartigen Körper gebildet, aus welchem bei c junge Fruchtträger hervorwachsen; 50 fach vergrößert. B Spitze eines Fruchtträgers mit rispenartig verzweigten Fäden, an welchen Sporen abgeschnürt werden; 420 fach vergrößert. Nach R. Hartig.

Es ist noch der Ansichten zu gedenken, wonach verschiedenartige Pilze als Ursache der Wurzelfäule des Weinstocks auftreten können. Foex und Viala[1]) hatten außer Dematophora ein als Fibrillaria bezeichnetes Mycelgebilde gefunden, welches nach den Kulturen zu einer Psathyrella-Art, also zu einem Hymenomyceten gehört; sie konnten indes nachweisen, daß dieses nur auf bereits in Zersetzung begriffenem Holze wächst. Roumeguère[2]) will aber gefunden haben, daß diese an Weinpfählen entwickelten Psathyrellen auch fakultativ parasitär auf die Rebenwurzeln übergehen. Und Millardet[3]) hält an der Ansicht fest, daß es wenigstens zwei Arten von Wurzelfäule gebe, von denen die eine durch die Rhizomorphe des Agaricus mellens, die andre durch diejenige der Dematophora verursacht werde. Auch Schnetzler[4]) und Dufour[5]) bringen Beobachtungen bei, welche das Auftreten der Fruchtkörper von Agaricus melleus auf wurzelfaulen Reben gegen Hartig's gegenteilige Behauptung beweisen. Andre Pilze bei der Wurzelfäule des Weinstocks.

Der Wurzelpilz des Weinstocks geht, wie ich schon in der ersten Auflage dieses Buches gezeigt habe, auch auf andre Pflanzen über, wenn diese in dem infizierten Boden wachsen. In Hagnau am Bodensee gingen andre Pflanzen, z. B. Bohnen, Kartoffeln, Runkeln, welche man auf den durch die abgestorbenen Reben leer gewordenen Stellen anbaute, gewöhnlich auch unter denselben Erscheinungen zu Grunde. Auch amerikanische Reben, die man nachpflanzte, wurden von der Krankheit ergriffen. Ebenso berichtete Schnetzler (l. c.), daß Pfirsich-, Mandel- und Pflaumenbäume, die in den Weinbergen wuchsen, ebenfalls von dem Pilze getötet wurden. Bei R. Hartig's Versuchen tötete das Mycelium junge Ahorne, Eichen, Buchen, Kiefern, Fichten ꝛc. Ich habe schon in meinen citierten ersten Mitteilungen über diesen Pilz bewiesen, daß die Krankheit durch das Mycelium auf gesunde Pflanzen übertragen wird, und zwar durch Infektion der Wurzeln im Boden, sowie daß der Parasit auf sehr verschiedenartigen Pflanzen gedeiht und von einer Nährspecies auf eine andre übergehen und die Krankheit übertragen kann. Die erkrankten Bohnen, welche man in Hagnau an den Stellen gezogen hatte, auf welchen die kranken Reben gestanden hatten, zeigten nämlich dasselbe weiße bis bräunliche, locker fädige oder Stränge oder Häute bildende Mycel, dicht auf der Oberfläche der Wurzeln und des Wurzelhalses wachsend, bis an die Bodenoberfläche oder noch ein Stück weiter heraufgehend, auch von den Wurzeln aus in die anhängenden Bodenteile sich erstreckend, die Beschaffenheit der Mycelfäden bis ins kleinste Detail mit denen des Weinpilzes übereinstimmend. Vielfach zeigten sich die ersten Angriffspunkte an den noch gesunden Wurzeln: bisweilen an einem einzigen Punkte einer solchen der Ansatz einer weißen Pilzmasse und allemal genau an dieser Stelle auch das Gewebe der Wurzel gebräunt und eingesunken, und stets ging diese Verderbnis so weit als der Pilz reichte. Anfänglich setzt sich das Mycel nur epiphyt an, und das genügt schon, um die Wurzelepidermis zu töten. Hat der Pilz die oberflächlichen Gewebe zerstört, so dringt er auch ins Innere zwischen die Zellen der Rinde und des Holz- Wurzelpilz des Weinstocks geht auf andre Pflanzen über.

[1]) Revue mycol. VII. 1885, pag. 75.
[2]) Daselbst, pag. 77.
[3]) Revue mycol. VII. 1885.
[4]) Botan. Centralbl. XXVII. 1886, pag. 274.
[5]) Actes Soc. helvét. des sc. nat. Genf 1886, pag. 80.

ringes ein, überall rasch Tod und Fäulnis erzeugend. Die größte Angriffsfläche findet der Pilz am Wurzelhalse und unteren Stengelende da, wo die meisten stärkeren Wurzeln zusammentreffen. Hier dringt das Mycelium bis in die Markhöhle vor und wächst hier im Stengel bis zu 2 mm über den Boden empor, die Markhöhle in dieser ganzen Erstreckung inwendig rötlichbraun oder schwärzlich färbend und mit einer lockeren, wolligen, schneeweißen Mycelmasse ausfüllend, deren Fäden alle in der Längsrichtung hinaufgewachsen sind und denen des Myceliums auf den Wurzeln gleichen. Diese weiße Watte ist gewöhnlich durch die mehrfach beschriebene schwärzliche, pseudoparenchymatische Schicht begrenzt. Ebensolche schwarze, dünne Häute oder Krusten bilden sich auch später äußerlich auf dem Holze der abgestorbenen Stengelbasis und werden, wenn die Rinde sich ablöst, wie eine schwarze Marmorierung sichtbar. Sie sind den Rhizomorphenbildungen in der Rebenrinde analog, aber entsprechend den dünneren Stengeln hier schwächer und dünner. Selbst wenn das ganze Wurzelsystem durch den Pilz getötet wird, sucht der noch lebende Stengel immer wieder durch Bildung neuer Nebenwurzeln, die nahe am Boden hervorbrechen, sich zu erhalten. Da aber auch diese bald ergriffen werden, so kränkelt die Pflanze fort und geht endlich ein. Ich habe Feuerbohnen ausgesäet in Töpfen, nachdem ich die Erde derselben vermischt hatte mit Stücken der durch den Pilz getöteten Rebenwurzeln und Erdstückchen, die von den kranken Wurzeln abgelöst worden waren, wodurch also das Mycelium in die Erde gebracht wurde. Die im August gesäeten Pflanzen wurden im Dezember untersucht. Sie hatten es zwar bis zum Blühen gebracht, die Blüten fielen aber ab, die unteren Blätter waren welk und gelb geworden und zum Teil abgefallen; die unterirdischen Teile zeigten mit Ausnahme junger Nebenwurzeln, die vor kurzem noch aus der Basis des Stengels in der Nähe der Bodenoberfläche getrieben worden waren, das ganze Wurzelsystem abgestorben und abgefault. An vielen Stellen der Oberfläche der Wurzeln hatten sich faserige Stränge und Häute von Mycelium angesetzt, das Mark des unteren Wurzelhalses und unteren Stengelendes zeigte sich meist gebräunt, hohl und die Höhlung mit weißem Pilzmycel ausgekleidet. Die Fäden des Myceliums waren in jeder Beziehung den oben beschriebenen gleich. Die Übereinstimmung des Pilzes und der Symptome der Krankheit beweisen, daß die Infektion vollkommen gelungen war.

Gegenmittel. Als Gegenmittel würden sich empfehlen: Ziehung von Isoliergräben in den Weingärten rings um die erkrankten Stellen, Wurzel- und Stockrodung der getöteten Reben, vielleicht auch Desinfektion des Bodens mittelst Schwefelkohlenstoff oder Petroleum wie sie gegen die Reblaus angewendet wird. Viala stellt die Drainage als das wirksamste Präventivmittel hin. Beinling[1]) berichtet, daß gegen den neuerdings in Baden in erschreckender Weise zunehmenden Wurzelschimmel Eisenvitriol mit gutem Erfolge angewendet worden ist. Im Herbst 1890 wurden je 4000—5000 Rebstöcke mit je 120—200 gr Eisenvitriol gedüngt; die sehr herunter gekommenen Stöcke zeigten im August 1891 freudiges Wachstum und zahlreiche neue Wurzeln gegenüber den nicht so behandelten, vom Wurzelschimmel befallenen Reben. Nach demselben Beobachter soll die Krankheit durch die vielfach übliche Verjüngungsmethode, wobei mehrjährige Ruten und sogar alte Stöcke in den Boden eingelegt

[1]) Zeitschr. f. Pflanzenkrankh. II. 1892, pag. 208.

(„vergrubt“) werden, sehr begünstigt werden, während gewöhnliche Stecklinge keinen Wurzelschimmel bekommen.

IX. Graphium *Corda*.

Stielförmige Conidienträger bestehen aus der Länge nach verwachsenen Fäden, welche oben pinselförmig auseinandertreten und in reihenweis übereinanderstehende Sporen zerfallen, wodurch ein Sporenköpfchen auf der Spitze des Stieles gebildet wird. Graphium.

Graphium clavisporum *Berk.* et *Curt.* Auf kranken Blattflecken des Weinstocks in Nordamerika. Conidienträger aufrecht, schwarz, Sporen meist cylindrisch, mit mehreren Scheidewänden[1]). Nach Scribner[2]) wäre jedoch dieser Pilz identisch mit Cercospora vitis *Sacc.* (S. 346.) Auf Weinstock.

F. Pyrenomyceten, welche nur in Conidienfrüchten in der Form von Pykniden oder Spermogonien bekannt sind.

Eine sehr große Anzahl parasitischer Pyrenomyceten ist bekannt, deren einzige Fruktifikation in der Bildung von Conidienfrüchten besteht, die man mit dem Namen Pykniden bezeichnet. Darunter versteht man solche Früchte, welche unter dem Hautgewebe des Pflanzenteiles verborgen liegen und nur ihre reifen Conidien nach außen hervorquellen lassen. Die Pykniden sind entweder wirklich geschlossene Kapseln oder Säckchen von ungefähr kugeliger oder, wenn sie mit flacher Basis dem Pflanzenteile eingewachsen sind, mehr halbkugeliger Gestalt; diese sind ringsum von einer dünnen, mehr oder weniger bräunlichen Hülle umschlossen, welche aus einer oder wenigen pseudoparenchymatischen Lagen von Pilzzellen besteht; am Scheitel aber, welcher durch die Oberhaut der Pflanze hervorbricht, ist die Pyknidenhülle von einem vorgebildeten Porus unterbrochen, durch welchen die Sporenentleerung erfolgt. Die obere Wölbung der Pyknidenhülle ist aber bei manchen Formen unvollständig, indem die Oberhaut des Pflanzenteiles die obere Bedeckung mehr oder weniger allein vertritt, so daß also auch kein eigentlicher Porus zu erkennen ist; wir haben dann streng genommen keine ringsum geschlossene Kapsel, sondern mehr ein eingewachsenes flaches, rundliches Sporenlager, welches vorwiegend nur von der Epidermis, beziehentlich von der Cuticula überdeckt ist. Zwischen beiden Formen kommen aber, selbst bei einer und derselben Species, Übergangsbildungen vor, so daß man alle solche eingewachsenen Conidienfrüchte Pykniden nennen kann, gleichgültig ob der nach außen gekehrte Teil ihres Fruchtgehäuses unvollständig oder bis zur Bildung Pyrenomyceten in Form von Pykniden bei Blatt- und Fruchtflecken-krankheiten.

[1]) Vergl. Thümen, Pilze des Weinstocks, pag. 177.

[2]) Report of the fungus diseases of the grape vine. Departem. of agricult. Sectio of plant pathology. Washington 1886.

eines wahren Porus vollständig ist. In allen Fällen ist die Innenwand, vorzugsweise auf der Basis der Pyknide, mit zahlreichen kurzen sporenabschnürenden Fäden besetzt. Die Sporen werden bei der Reife, sobald Feuchtigkeit hinzutritt, aus dem Porus, beziehentlich aus der am Scheitel aufreißenden Epidermis der Pflanze hervorgepreßt, meist in Schleim eingebettet, oft in Form gallertartiger Ranken oder Würste, die dann sich bald auflösen und die Sporen in die Umgebung fließen lassen. Bei den meisten dieser Formen sind die Conidien leicht keimfähig. Diejenigen, bei denen dies nicht der Fall ist, würden nach der üblichen Terminologie als Spermogonien, ihre Sporen als Spermatien zu bezeichnen sein.

Hinsichtlich ihres pathologischen Charakters stimmen die meisten dieser Pykniden-Pilze darin überein, daß ihr endophytes Mycelium im allgemeinen nur kleine Stellen oberirdischer Pflanzenteile bewohnt und diese tötet, und wir es daher hier wieder meist mit Blattfleckenkrankheiten oder Fruchtfleckenkrankheiten zu thun haben. Auch sie treten meist in größerer Anzahl von Infektionsstellen auf, so daß die befallenen Teile oft mehr wegen der großen Anzahl der Flecke als wegen der Gefährlichkeit der einzelnen verpilzten Stelle beschädigt werden. Manche erzeugen außer auf den Blattflächen auch auf den Zweigen und Blattstielen kranke Flecke und bewirken dann oft ein Abbrechen des Blattstieles, also wirkliche Entblätterung. Bei einigen durchzieht das Mycelium auch größere Strecken des Pflanzenteiles, so daß der letztere nicht mehr in begrenzten Flecken, sondern in größerer Ausdehnung erkrankt und verdirbt. Überall sind auf den verpilzten und erkrankten, nämlich bleich oder gelb, grau oder braun gefärbten Teilen die Pykniden für das unbewaffnete Auge als sehr kleine, dunkle Pünktchen sichtbar, auf denen zur Zeit der Sporenentleerung ein kleines, helles Schleimhäufchen erkennbar wird.

I. Gloeosporium *Desm.* et *Mont.* und verwandte Formen.

Gloeosporium. Die Pyknidenfrucht hat hier meist kein vollständiges Fruchtgehäuse. Sie stellt ein kleines, scheiben- oder kissenförmiges Lager dar, welches zwischen der Epidermis und der Cuticula sich bildet; die letztere, welche meist allein, die Bedeckung des Sporenlagers bildet, wird zuletzt am Scheitel unregelmäßig durchbrochen durch die farblose oder hell lachsfarbene Schleimmasse, in welcher die meist einzelligen, farblosen, eiförmigen oder länglichen Conidien eingebettet herausgepreßt werden (Fig. 71). Formen, wo die Sporen durch eine Querscheidewand zweizellig sind, hat man mit dem Gattungsnamen Marsonia, diejenigen, wo mehr als eine Scheidewand vorhanden, mit dem Namen Septogloeum benannt. Vielleicht sind dies aber keine für Gattungsunterschiede verwendbare Merkmale. Auf zahlreichen Pflanzenarten und über die ganze Erde verbreitet sind diese Pilzformen gefunden worden.

1. Auf Farnen. a) Gloeosporium Phegopteridis *Frank*, auf Phegopteris polypodioides unregelmäßige, braune Flecke erzeugend, die bisweilen die Wedel ganz bedecken. Auf der Unterseite dieser Flecken werden die Sporen in weißlichen Schleimmassen in großer Menge ausgestoßen. Die Sporen sind etwas ungleichseitig eiförmig, unten abgestutzt, oben in eine schwach sichelförmige, kegelförmige Spitze verlängert, einzellig, farblos. Von mir in der sächsischen Schweiz gefunden. Auf Farnen.

b) Gloeosporium Pteridis *Hark.* und Gloeosporium leptospermum *Pck.*, auf Pteris aquilina in Amerika.

c) Septogloeum septorioides *Pass.*, auf Wedeln von Pteris aquilina in Italien.

2. Auf Cycadeen. Gloeosporium Denisonii *Sacc.* et *Berl.*, auf den Samen von Encephalartus Denisonii in Australien und Gloeosporium Encephalarti *Cooke* et *Mass.*, auf den Blättern von Encephalartus horridus. Auf Cycadeen.

3. Auf Koniferen. Gloeosporium Taxi *Karst.* et *Har.*, auf Nadeln von Taxus in Frankreich. Auf Koniferen.

4. Auf Gramineen. Septogloeum oxysporum *Bomm.*, auf Grasblättern in Belgien. Auf Gramineen.

5. Auf Cyperaceen. Septogloeum dimorphum *Sacc.* (Kriegeria Eriophori *Bres.*), auf Blättern von Eriophorum angustifolium. Auf Cyperaceen.

6. Auf Liliaceen. a) Gloeosporium veratrinum *Allesch.*, auf Blättern von Veratrum Lobelianum. Auf Liliaceen.

b) Myxosporium dracaenicolum *B.* et *Br.*, auf den Blättern kultivierter Dracänen in England, gehört wohl mit in die Verwandtschaft dieser Gattung.

7. Auf Aroideen. Gloeosporium Thümenii *Sacc.*, auf den Blättern von Alocasia cucullata. Auf Aroideen.

8. Auf Musaceen. Gloeosporium Musarum *Cooke* et *Mass.*, auf den Früchten von Musa in Australien. Auf Musaceen.

9. Auf Orchideen. a) Gloeosporium cinctum *Berk.* et *C.*, auf Blättern von verschiedenen kultivierten Orchideen in Amerika. Auf Orchideen.

b) Gloeosporium affine *Sacc.*, auf Vanilla und andern Warmhaus-Orchideen.

c) Gloeosporium Vanillae *Cke.* et *Mass.* (Hainsea Vanillae *Sacc.* et *Ell.*, bewirkt eine Krankheit der Vanille auf den Seychellen, Réunion und Mauritius, wobei die Schoten schwarz werden und abfallen. In den lebenden Blättern fand Massee[1]) Mycelium und auf der Oberfläche derselben die Conidienfrüchte als rosen- oder ambrafarbene Pusteln auf kranken Flecken. Auf den absterbenden und toten Blättern und Stammteilen zeigten sich Pykniden in der Form einer Cytispora, und in späteren Stadien in dem Stroma der Cytispora die Perithecien, wonach der Pilz als Calospora Vanillae *Mass.* bezeichnet wird. Gesunde Blätter mit den Sporen des Gloeosporium und der Cytispora zu infizieren ist Massee nicht gelungen,

[1]) Refer. in Zeitschr. f. Pflanzenkrankh. II. 1892, pag. 362.

wohl aber soll durch Aussaat der Ascosporen auf gesunde Blätter wieder Gloeosporium erzeugt worden sein. Auch auf andern Orchideen aus den Gattungen Oncidium und Dendrobium hat Massee den Pilz beobachtet.

Auf Cupuliferen. 10. Auf Cupuliferen. a) Gloeosporium Fagi *West.* (Gloeosporium exsiccans *Thüm.*), auf runden Flecken an der oberen Blattseite von Fagus sylvatica; Sporen länglich eiförmig, 0,0015—0,020 mm lang.

b) Gloeosporium Fuckelii *Sacc.* (Gloeosporium Fagi *Fuckel*), auf trockenen Flecken der Blätter von Fagus sylvatica, die sich dadurch dunkel braunrot verfärben. Sporen lanzettförmig gerade; 0,006—0,008 mm lang.

c) Gloeosporium fagicolum *Pass.*, auf Blättern von Fagus silvatica in Frankreich.

d) Gloeosporium ochroleucum *B.* et *C.*, auf Castanea vesca in Amerika.

e) Gloeosporium quercinum *West.*, auf Eichenblättern.

f) Gloeosporium gallarum *Ch. Rich.*, auf Eichengallen in Frankreich.

g) Gloeosporium Coryli *Desm.*, und Gloeosporium perexiguum *Sacc.*, auf Blättern von Corylus Avellana.

Auf Betulaceen. 11. Auf Betulaceen. a) Gloeosporium Carpini *Desm.*, auf Blättern von Carpinus Betulus, Sporen fadenförmig, gekrümmt, 0,010—0,015 mm lang.

b) Gloeosporium Robergei *Desm.*, auf Blättern von Carpinus Betulus, Sporen spindelförmig, 0,012—0,015 mm lang.

c) Gloeosporium Betulae *Fuckel*, an trocken werdenden Blättern von Betula alba, Pykniden schwärzlich, Sporen cylindrisch, gerade.

d) Marsonia Betulae *Sacc.*, auf Blättern von Betula alba.

e) Gloeosporium betulinum *West.*, auf Blättern von Betula alba und verrucosa. Sporen eiförmig.

f) Gloeosporium Betularum *Ell.* et *Mart.*, auf Blättern von Betula nigra und lenta in Amerika.

g) Gloeosporium alneum *West.*, auf Blättern von Alnus glutinosa und incana in Belgien und Italien.

Auf Salicaceen. 12. Auf Salicaceen. a) Marsonia Castagnei *Sacc.*, (Gloeosporium Castagnei *Mont.*), auf runden, braunen Blattflecken von Populus alba, Pykniden unterseits. Sporen ei- oder birnförmig.

b) Gloeosporium Populi albae *Desm.* (Leptothyrium circinans *Fuckel*), bildet auf großen, braunen, dürren Blattflecken von Populus alba oberseits glänzend schwarze Pykniden in einem großen Kreise, der sich allmählich erweitert und den toten Fleck umgiebt; Sporen spindelförmig, 0,012—0,016 mm lang.

c) Gloeosporium Tremulae *Passer.* (Leptothyrium Tremulae *Lib.*), auf Populus tremula.

d) Gloeosporium cytisporeum *Pass.*, auf Blättern von Populus canescens in Italien.

e) Gloeosporium dubium *Bäuml.*, auf Blättern von Populus tremula in Ungarn.

f) Marsonia Populi *Sacc.* (Gloeosporium Populi *Mont.* et *Desm.*), auf Blättern von Populus nigra, italica und alba.

g) Gloeosporium Salicis *Westend.* (Gloeosporium aterrimum *Fuckel*), auf schwarzen Blattflecken von Salix alba, Pykniden oberseits, Sporen länglich.

h) Marsonia Salicis *Trail.*, auf Blättern von Salix in Norwegen.

13. Auf Celtideen. Gloeosporium Celtidis *Ell.* et *Ev.*, auf den Blättern von Celtis occidentalis in Amerika. Auf Celtideen.

14. Auf Juglandaceen. a) Marsonia Juglandis *Sacc.* (Gloeosporium Juglandis *Mont.*), auf Blättern von Juglans regia und nigra. Auf Juglandaceen.

b) Gloeosporium epicarpii *Thüm.*, auf der grünen Fruchtschale der Wallnüsse in Istrien nach F. v. Thümen[1]) verschieden große, runde oder längliche, etwas eingedrückte, graubräunliche, rotbräunlich umsäumte Flecke veranlassend, auf deren Mitte die kleinen schwärzlichen Pykniden hervorbrechen. Sporen 0,012 mm lang, spindelförmig, zugespitzt, andre schmal elliptisch, stumpf.

15. Auf Platanaceen. a) Gloeosporium nervisequum *Sacc.* (Hymenula Platani *Lév.* Fusarium nervisequum *Fuckel*). Der Parasit lebt an den Blättern von Platanus orientalis und bewirkt ein Absterben, Dürr- und Morschwerden der Blattrippen. Dies beginnt von irgend einem Punkte, häufig an der Vereinigung der drei Hauptrippen und folgt dann dem Laufe der Rippen, setzt sich auch auf die Seitenrippen und oft auch auf dem Blattstiel fort. Gewöhnlich wird auch das an die befallenen Rippen zunächst angrenzende Blattgewebe gebräunt. Die Folge ist, daß das Blatt schon mitten im Sommer meist noch grün abfällt, indem die verpilzte morsche Stelle des Blattstiels bricht. Auf den erkrankten Rippen zeigen sich, sowohl an der Ober- wie Unterseite, kleine, graubraune, längliche Pünktchen. Jedes ist eine durch die Epidermis hervorbrechende, flache Pyknidenfrucht, mit zahlreichen, dicht gedrängt stehenden, kurzen, einfachen sporentragenden Fäden; die Sporen sind 0,012—0,015 mm lang, eiförmig, einzellig, farblos. Der Pilz ist in Deutschland auf den Platanen nicht selten, neuerdings z. B. um Berlin ziemlich verbreitet und sehr schädlich, an manchen Bäumen fast völlige Entblätterung bewirkend, ähnlich einer Frostwirkung. In verschiedenen Gegenden Frankreichs ist diese Platanenkrankheit ebenfalls erheblich schädlich aufgetreten[2]). Auch aus Nordamerika wird neuerdings über das starke Auftreten dieser Krankheit berichtet[3]). Tulasne[4]) betrachtete den Pilz als die Conidienform von Calonectria pyrochroa (*Desm.*) *Sacc.*, deren Perithecien auf abgestorbenen Platanenblättern sich finden. Doch ist in Deutschland dieser Ascomycet noch nicht beobachtet worden, obgleich das Gloeosporium hier sehr häufig ist. — Die als Gloeosporium valsoideum *Sacc.* bezeichnete Form, welche in Italien auf den jüngeren Zweigen von Platanus occidentalis gefunden worden ist, dürfte vielleicht mit unserm Pilze identisch sein, da sie auch in Größe und Gestalt der Sporen mit diesem übereinstimmend angegeben wird, was also bedeuten würde, daß derselbe auch auf den Zweigen vorkommt. Auf Platanaceen.

b) Gloeosporium Platani *Oud.* (Fusarium Platani *Mont.*), soll auf der unteren Blattseite von Platanus occidentalis und orientalis in Belgien und Holland, Frankreich und Italien vorkommen. Die Sporen haben dieselbe Größe

---

[1]) Fungi pomicoli, pag. 58.

[2]) Vergl. Cornu, Journ. de Botan. 1887, pag. 188, Henri, Revue des eaux et forêts 1887, Roumeguère, Revue mycol. 1887, pag. 177.

[3]) Vergl. Southworth, Journ. of Mycology, 1889. V., pag. 51, und Halsted, Garden and Forest 1890, pag. 295.

[4]) Selecta Fung. Carpol. III. pag. 93.

wie die des vorigen, sollen aber mehr spindelförmig sein. Ob der Pilz spezifisch verschieden vom vorigen ist, möchte zweifelhaft sein.

Auf Caryophyllaceen. 16. Auf Caryophyllaceen. Marsonia Delastrii *Sacc.* (Gloeosporium Delastrii *de Lacr.*), auf braunen Blattflecken junger Pflanzen von Agrostemma Githago, Lychnis dioica, chalcedonica und Silene inflata. Sporen verlängert keulenförmig, an der Basis mit 1—3 Scheidewänden. Fuckel[1]) hält diesen Pilz für den Conidienzustand von Pyrenopeziza Agrostemmatis *Fuckel*, deren Fruchtbecher an den abgestorbenen unteren Blättern dieser Pflanze gefunden wurden.

Auf Ranunculaceen. 17. Auf Ranunculaceen. Gloeosporium Ficariae *Cooke*, auf den Blättern von Ficaria ranunculoides in England.

Auf Magnoliaceen. 18. Auf Magnoliaceen. a) Gloeosporium Liriodendri *E.* et *E.*, auf Blättern von Liriodendron tulipifera in Nordamerika.

b) Gloeosporium Magnoliae *Pass.*, auf Blättern von Magnolia fuscata in Italien.

c) Gloeosporium Haynaldianum *Sacc.* et *Roum.*, auf Blättern von Magnolia grandiflora in den Ardennen.

Auf Berberideen. 19. Auf Berberideen. Gloeosporium Berberidis *Cke.*, auf Berberis asiatica in Kiew.

Auf Lauraceen. 20. Auf Lauraceen. Gloeosporium nobile *Sacc.*, auf den Blättern von Laurus nobilis.

Auf Violaceen. 21. Auf Violaceen. Marsonia Violae *Sacc.* (Gloeosporium Violae *Pass.*), auf Blättern von Viola biflora in Italien.

Auf Myricariaceen. 22. Auf Myricariaceen. Marsonia Myricariae *Rostr.*, auf Blättern von Myricaria germanica in Norwegen.

Auf Cruciferen. 23. Auf Cruciferen. Gloeosporium concentricum *Berk.* et *Br.*, auf Blättern von Brassica.

Auf Capparidaceen. 24. Auf Capparidaceen. Gloeosporium hians *Penz.* et *Sacc.*, auf Blütenknospen von Capparis spinosa in Italien.

Auf Cistaceen. 25. Auf Cistaceen. Gloeosporium phacidioides *Spg.*, auf den Blättern von Helianthemum vulgare in Italien.

Auf Vitaceen. Der schwarze Brenner. 26. Auf Vitaceen. a) Gloeosporium ampelophagum *Sacc.* (Phoma uvicola *Arcang.*, Sphaceloma ampelinum *de By.*), der schwarze Brenner oder das Pech der Reben, oder die Anthracose. Bei dieser Krankheit des Weinstockes bilden sich auf allen grünen Teilen, Blättern, Blattstielen, Internodien und Ranken sowohl wie Beeren braune, etwas vertiefte, mit einem dunkleren, wulstigen Rande versehene Flecke, welche zuerst ganz klein sind und allmählich an Umfang zunehmen, wobei sie gewöhnlich im Umriß abgerundete Ausbuchtungen mit spitzen Winkeln dazwischen zeigen, wie ein Geschwür weiter fressend. Die braune Mitte ist vollständig abgestorben und geht durch die ganze Dicke des Blattes, so daß dieses endlich durchlöchert werden kann. Auf den Blättern treten die Flecke bisweilen in großer Anzahl auf; dann schrumpft das Blatt bald zusammen, bräunt sich und verdirbt. Erscheinen die Flecke an den jungen Trieben, so werden diese samt den daran sitzenden jungen Blättern schnell zerstört, schrumpfen und sehen schwarz, wie verbraunt aus. Schon härter gewordene Triebe widerstehen zwar länger, aber die Flecke fressen hier nicht nur im Umfange weiter, sondern das Gewebe wird auch bis an das Holz kariös, und dann

[1]) l. c., pag. 395.

sterben die Stengel endlich auch ab. Ebenso können die Beerenansätze durch die Krankheit zerstört werden.

Es kann zweifelhaft sein, ob den vielen Nachrichten, die in den letzten Jahrzehnten über die Rebenkrankheit obigen Namens veröffentlicht worden sind, überall dieselbe Krankheit und derselbe Pilz zu Grunde gelegen haben. Diejenige Krankheit aber, welche nach Meyen[1]) schon in den 30er Jahren überaus verderblich in den Gärten in der Nähe von Berlin auftrat, und die von diesem Forscher unter dem Namen „Schwindpocken" umständlich behandelt worden ist, stimmt nach den beschriebenen Symptomen und nach den Angaben über den dabei gefundenen Pilz so sehr überein mit derjenigen Krankheit, welche neuerdings durch de Bary's[2]) Untersuchungen bekannt geworden ist, daß sich kaum an der Identität zweifeln läßt. Gegenwärtig ist man beinahe in allen weinbauenden Ländern auf die Krankheit aufmerksam geworden.

Der Pilz, welcher diese Krankheit verursacht, ist von de Bary 1873 unter dem Namen Sphaceloma ampelinum beschrieben worden. Seine Fäden verbreiten sich zuerst in der Außenwand der Epidermiszellen, treten dann an die Oberfläche und verflechten sich hier zu dichten Knäueln, auf denen Büschelchen kurzer, dicker Ästchen getrieben werden, die als Conidienträger auf ihrer Spitze kleine, 0,005—0,006 mm lange, ellipsoidische, farblose Sporen abgliedern. Durch Tau und Regen werden diese Sporen verbreitet. De Bary hat sie mit Wassertropfen auf gesunde grüne Rebenteile gebracht, wo sie keimten, ihre Keimschläuche eindrangen und nach etwa acht Tagen an den besäeten Punkten wieder die charakteristischen geschwürartigen Flecke erzeugten. Cornu[3]) hat die anatomischen Veränderungen, die der Pilz namentlich an den Stengeln hervorbringt, genauer untersucht. Hier wird der junge Kork befallen, und zwar dessen äußere Lage. Es bildet sich ein brauner, abgestorbener, eingesunkener Fleck, der später im Centrum weiß oder grau wird. Da das Gewebe abgestorben ist, so entsteht infolge des Dickenwachstums der benachbarten Teile eine Wunde. Die angrenzenden Zellen wachsen und teilen sich, und eine Korklage sucht die gebräunten und kariösen Stellen abzugrenzen. Die Markstrahlen strecken sich fächerförmig; das Holz verändert sich nur insofern, als das Cambium unregelmäßige Contour bekommt. An den Beeren erfolgt Vertrocknen der Epidermis und der darunter liegenden Schichten, die sich bräunen und schwärzen; auch unter ihnen bildet sich eine Korkschicht. Die Flecke entsprechen Tau- oder Regentropfen, welche kapillar zwischen den Beeren festgehalten werden und offenbar das Vehikel für die Sporen sind. Bereits de Bary hat in Begleitung seines Sphaceloma in alten Flecken, besonders, wenn sie feucht gehalten werden, auch noch wirkliche Pykniden, die unter die Oberfläche eingesenkt sind, gefunden; die Zusammengehörigkeit mit dem Conidienpilze mußte er aber unentschieden lassen. Cornu[4]) hat ebenfalls angegeben, daß der Pilz der Anthracose in seltenen Fällen auch in Pyknidenform (Phoma) fruktifiziert. Bald darauf hat R. Göthe[5]) nicht nur

[1]) Pflanzenpathologie, pag. 201, wo auch die ältere Litteratur zu finden.
[2]) Bot. Zeitg. 1874, pag. 451.
[3]) Soc. bot. de France. 26. Juli 1878.
[4]) Compt. rend. 1877, pag. 208.
[5]) Mitteilungen über den schwarzen Brenner 2c. Berlin und Leipzig 1878.

die de Bary'schen Beobachtungen bestätigt, sondern auch die Pykniden aufgefunden, welche sich im Winter an dem erkrankten Holze zu bilden pflegen. Manche Pocken bekommen nämlich rundliche Erhebungen, die aus vergrößerten Zellen bestehen und im Innern kleine, rundliche Behälter bilden, in denen die dem Sphaceloma ähnlichen ovalen Sporen abgeschnürt werden. Letztere sind im Frühling keimfähig, und es konnte durch sie auf grünen Teilen der Brenner wieder erzeugt werden. Es sind also dies die Wintersporen des Brenners. Man darf daher wohl annehmen, daß diese Fruktifikation die vollkommene Pyknidenfrucht darstellt, und daß die zuerst als Sphaceloma bezeichneten Conidienbildungen nur unvollkommene Pyknidenfrüchte desselben Pilzes sind.

Frage der Identität mit andern Pilzen.

In Nordamerika kennt man seit längerer Zeit unter dem Namen Black Root (schwarze Fäule) eine Rebenkrankheit, die de Bary für identisch mit der europäischen hielt, was jedoch nach Prillieux[1]) und andern nicht der Fall ist (vergl. die unten unter Phoma genannten Parasiten des Weinstocks). Wahrscheinlich gehört aber hierher die in Italien beobachtete Krankheit der Reben und Weinbeeren, die man dort „Nebel" (nebbia), „Blattern" (vajolo), „Pusteln" (pustola) oder „Blasen" (bolla) genannt hat. Nach den Exemplaren, welche unter Nr. 2266 der Rabenhorst'schen Fungi europaei mit dem jedenfalls wenig passenden Namen Ramularia ampelophaga *Passer.*[2]) verteilt worden sind, zeigen die Blattflecken die größte Ähnlichkeit mit denen des schwarzen Brenners. Auf der Mitte derselben befindet sich ein weißlicher, mehliger Überzug, der von sehr feinen, aus dem Innern des schnell verderbenden Gewebes hervorkommenden, dicht verwebten Pilzhyphen gebildet wird, auf denen unmittelbar kleine, ellipsoidische Sporen abgeschnürt zu werden scheinen; mehr kann ich an dem trocknen Material nicht erkennen. Der Pilz erinnert daher sehr an den von de Bary beobachteten. Die Wirkung des Schmarotzers ist eine äußerst heftige: die kranke Stelle schwindet rasch zusammen, zerbröckelt und durchlöchert das Blatt. Arcangeli[3]) sieht in der von ihm bei Pisa beobachteten Krankheit die wirkliche Anthracose, nennt aber den Pilz Phoma uvicola *Arcang.* Hierauf hat Saccardo[4]) die beiden eben genannten Pilznamen als mykologisch unrichtig verworfen und glaubt den Schmarotzer Gloeosporium ampelophagum *Sacc.* nennen zu müssen. Auch Thümen[5]) hielt den Saccardo'schen Pilz für identisch mit de Bary's Sphaceloma. Ob der junge Pilz, welcher in England in den Treibhäusern auf halbreifen Weinbeeren rotbraune Flecke bildet, die zuletzt die ganze Beere einnehmen, und welchen Berkeley Ascochyta rufo-maculans, Thümen[6]) Gloeosporium rufo-maculans genannt hat, wirklich ein Gloeosporium und etwa mit dem in Rede stehenden identisch ist, konnte ich nicht entscheiden.

---

1) L'anthracose de la vigne etc. Bull. de la soc. de France, 14. Nov. 1879.

2) La Nebbia del Moscatello etc. Parma 1876.

3) Nuova giornale botan. Italiano, 1877, pag. 74.

4) Rivista de Viticolt. ed Enologia ital. 1877, pag. 494. Citiert in Just, Bot. Jahresber. für 1877, pag. 153.

5) Die Pilze des Weinstocks. Wien 1878, pag. 9 und 18. — Fungi pomicoli. Wien 1879, pag. 63 und 124.

6) Fungi pomicoli, pag. 61.

Der Brenner dürfte vielfach durch Einführung von Reben mit schon erkranktem Holze in die Weinberge gelangen. Die Bekämpfungsmittel bestehen in dem Zurückschneiden und Verbrennen des kranken Holzes im Herbste und in dem Abschneiden und Verbrennen der befallenen jungen Triebe im Frühlinge. Bespritzungen der Weinstöcke mit Kupfervitriol-Kalkbrühe ist auch gegen diese Krankheit empfohlen worden. Die Abreibung der Ruten im Februar und März mit 5 prozentiger Eisenvitriollösung soll das Auftreten der Krankheit einschränken. Gegenmaßregeln

b) Gloeosporium crassipes *Speg.*, in Oberitalien auf den Beeren des Weinstocks, große, über die ganze Beere sich verbreitende Flecke von graubrauner Farbe mit schwärzlichem Rande bildend. Die Pykniden unter der Epidermis, fast kegelförmig hervorbrechend, enthalten sehr dicke Tragzellen, auf denen 0,02—003 lange, elliptische oder nachenförmige Conidien abgeschnürt werden. Andre Wein-Gloeosporium-Arten.

c) Gloeosporium Physalosporae *Cav.*, in Italien auf trocknen Flecken der Weinbeeren in Gemeinschaft mit Physalospora Baccae, zu welcher der Pilz vielleicht als Conidienform gehört; die Sporen sind cylindrisch oder spindelförmig, 0,014—0,020 mm lang.

d) Gloeosporium pestiferum *C.* et *M.*, auf den Trieben, Blattstielen, Blütenstielen und Beeren von Vitis vinifera in Australien, sehr schädlich[1]). Von Sphaceloma ampelinum durch die größeren, 0,014 bis 0,015 mm langen Sporen unterschieden.

e) Septogloeum Ampelopsidis *Sacc.* (Gloeosporium Ampelopsidis *Ell.* et *Ev.*), auf Blättern von Ampelopsis quinquefolia in Amerika.

27. Auf Aceraceen. a) Gloeosporium acerinum *West.*, auf Blättern von Acer Pseudoplatanus und platanoides. Auf Aceraceen.

b) Gloeosporium Aceris *Cooke*, auf Blättern von Acer rubrum in Amerika.

c) Septogloeum acerinum *Sacc.* (Gloeosporium acerinum *Pass.*), auf Blättern von Acer campestre in Italien.

d) Gloeosporium Saccharini *Ell.* et *Ev.*, auf Blättern von Acer saccharinum in Amerika.

e) Gloeosporium campestre *Pass.*, auf Blättern von Acer campestre in Italien.

f) Marsonia truncatula *Sacc.*, auf Blättern von Acer campestre und Negundo.

28. Auf Anacardiaceen. Gloeosporium Toxicodendri *E.* et *M.*, auf Rhus Toxicodendron in Amerika. Auf Anacardiaceen.

29. Auf Geraniaceen. Gloeosporium Pelargonii *Cooke* et *Mass.*, auf den Blättern kultivierter Pelargonien in England. Auf Geraniaceen.

30. Auf Buxaceen. Gloeosporium pachybasium *Sacc.*, auf Blättern von Buxus sempervirens in Frankreich und Italien. Auf Buxaceen.

31. Auf Celastraceen. a) Marsonia Thomasiana *Sacc.*, auf den Blättern von Evonymus latifolius. Auf Celastraceen.

b) Septogloeum carthusianum *Sacc.*, auf Blättern von Evonymus europaeus in Italien.

32. Auf Hypericaceen. Gloeosporium cladosporioides *Ellis.* et *Halsted*, auf Blättern und Stengeln von Hypericum mutilum in Nordamerika. Auf Hypericaceen.

---

[1]) Vergl. Garden. Chronicle, 17. Jan. 1891.

Auf Aurantiaceen 33. Auf Aurantiaceen. a) Gloeosporium Aurantiorum *West.*, auf großen, unregelmäßigen Blattflecken von Citrus Aurantium in Belgien. Sporen 0,003 mm lang.

b) Gloeosporium intermedium *Sacc.*, auf Blättern von Citrus Aurantium in Frankreich und Italien häufig; Sporen 0,014—0,018 mm lang.

c) Gloeosporium Hendersonii *B.* et *Br.*, auf Blättern von Citrus Aurantium in Gewächshäusern in England; Sporen 0,012—0,015 mm lang.

d) Gloeosporium Hesperidearum *Catt.*, auf großen Blattflecken der Citrus-Arten in Italien; Sporen 0,014 - 0,018 mm lang.

e) Gloeosporium depressum *Penz.*, ebendaselbst, Sporen 0,007 bis 0,0085 mm lang.

f) Gloeosporium Spegazini *Sacc.*, citricolum *Cooke* et *Mass.*, und hysterioides *Ell.* et *Ev.*, auf den Blättern von Citrus-Arten.

Auf Tiliaceen. 34. Auf Tiliaceen. Gloeosporium Tiliae *Oud.*, auf Blättern von Tila-Arten.

Auf Ribesiaceen. 35. Auf Ribesiaceen. a) Gloeosporium Ribis *Mont.* et *Desm.*, auf franken Blattflecken der Stachel- und Johannisbeeren, Pykniden an der oberen Blattseite; Conidien 0,010 mm lang, länglich, gekrümmt.

b) Gloeosporium curvatum *Oudem.*, auf Blattflecken von Ribes nigrum; Pykniden an der unteren Blattseite, Conidien länglich, sichelförmig gekrümmt, 0,014—0,020 mm lang.

c) Gloeosporium tubercularioides *Sacc.*, auf Blättern von Ribes aureum, ohne Flecke zu erzeugen. Sporen 0,012—0,015 mm lang

Auf Cactaceen. 36. Auf Cactaceen. Gloeosporium Cereï *Pass.*, und Gloeosporium amoenum *Sacc.*, auf Cereus in Italien.

Auf Araliaceen. 37. Auf Araliaceen. a) Gloeosporium Helicis *Oudem.*, auf den Blattflecken von Hedera Helix, Sporen 0,022 mm lang.

b) Gloeosporium paradoxum *Fuckel*, auf den Blättern von Hedera Helix, ohne Flecke zu bilden, Sporen 0,012—0,015 mm lang. Als Ascosporenfrucht wird der Discomycet Trochila Craterium angesehen.

Auf Onagraceen. 38. Auf Onagraceen. a) Gloeosporium Epilobii *Pass.*, auf Blättern von Epilobium angustifolium in Frankreich.

b) Marsonia Chamaenerii *Rostr.*, auf Blättern von Epilobium angustifolium in Grönland.

Auf Thymeläaceen. 39. Auf Thymeläaceen. a) Marsonia Daphnes (Gloeosporium Daphnes *Oud.*), auf Blättern von Daphne Mezereum in Frankreich und Holland.

b) Marsonia andurnensis *Sacc.*, auf den Stengeln von Passerina annua in Italien.

Auf Rosaceen. 40. Auf Rosaceen. a) Gloeosporium Potentillae *Ouds.*, auf Potentilla anserina und Fragaria in Amerika.

b) Marsonia Potentillae *Fisch.* (Septoria Potentillarum *Fuckel*), auf den Blättern von Potentilla-Arten.

c) Gloeosporium Fragariae *Mont.*, auf dunkelroten in der Mitte schwärzlichen Blattflecken der Erdbeeren, Sporen cylindrisch.

d) Gloeosporium Sanguisorbae *Fuckel*, auf braunen Flecken der Blätter von Sanguisorba officinalis, Pykniden unterseits, Sporen länglich

e) Gloeosporium venetum *Speg.* (Gloeosporium necator *Ellis.* et *Ev.*), ist nach Scribner[1]) die Ursache der Himbeer-Anthracose, eine Krankheit, welche in Nordamerika unter Himbeeren und Brombeeren verbreitet ist. Sie erscheint auf den Stengeln als kleine, purpurrote, später in der Mitte weißgraue, rotgesäumte Flecke, die immer mehr zusammenfließen und schließlich den ganzen Stengelumfang einnehmen, worauf die Stengel erkranken, kleine Blätter zeigen, und ihre Früchte nicht oder unvollkommen reifen. Auch auf Blattstielen und Rippen erscheinen kleine Flecke, wobei das Blatt sich einwärts rollt. Die Blattflecke trocknen oft bald zusammen und fallen aus, so daß das Blatt durchlöchert erscheint. Die Mycelfäden wachsen zwischen den Zellen, in den Stengeln auf Rinde und Cambium beschränkt. Die Pykniden entleeren die sehr kleinen, farblosen, ovalen oder länglichen Conidien in Schleim eingebettet. Dieselben keimen leicht; ihr Eindringen in die Pflanze ist aber noch nicht beobachtet worden; ebensowenig die Überwinterung des Pilzes.

41. Auf Pomaceen. a) Gloeosporium Cydoniae *Mont.*, auf braunen Blattflecken von Cydonia vulgaris, Pykniden zahlreich, sehr klein, schwärzlich, mit weißlichen, ausgestoßenen Sporenmassen, Sporen cylindrisch, gerade. Auf Pomaceen.

b) Gloeosporium minutulum *Br.* et *Ev.*, an den Blattrippen von Mespilus und Cydonia in Italien.

c) Gloeosporium fructigenum *Berk.*, auf unreifen Äpfeln ebenfalls von Berkeley[2]) in England, später auch in Nordamerika beobachtet, die Bitterfäule der Äpfel veranlassend. An der noch am Baume hängenden Frucht bilden sich einzelne, runde, braune Flecke, welche sich mit kleinen, schwarzen, erhabenen Pünktchen bedecken. Letzteres sind die Pykniden, in welchen unregelmäßig cylindrische, 0,02—0,03 mm lange Sporen gebildet werden. Nach den in Amerika gemachten Beobachtungen[3]) keimen die Sporen leicht, infizieren aber nur solche Äpfel, welche an ihrer Schale vorher verletzt worden sind.

d) Gloeosporium versicolor *Berk.* et *Curt.*, auf Äpfeln in Nordamerika, soll von vorigem verschieden sein[4]), da die Sporen keulenförmig, 0,01 mm lang sind.

42. Auf Amygdalaceen. a) Gloeosporium laeticolor *Berk.* Auf den Pfirsichen und Aprikosen finden sich nach Berkeley[5]) in England, nach Klein[6]) auch in Baden oft kreisrunde, eingedrückte, mißfarbige Flecke, die von einem helleren, breiten Rande umgeben, in der Mitte weißlich ausgebleicht sind. Auf ihnen befinden sich zahlreiche winzige, lachsfarbene Pusteln, welche die die Epidermis durchbrechenden Pykniden darstellen. Die Sporen sind länglich-spindelförmig, 0,016—0,017 mm lang. Auf Amygdalaceen.

---

[1]) Report of the chief of the section of veget. pathol. for the year 1887. Departem. of agricult. Washington 1888, pag. 357.

[2]) Gardener's Chronicle 1856, pag. 245.

[3]) Report of the chief of the section of veget. pathol. Departem. agric. for the year 1887. Washington 1888, pag. 348.

[4]) Grevillea III., pag. 13.

[5]) Gardener's Chronicle 1859, pag. 604.

[6]) Jahresber. d. Sonderaussch. f. Pflanzenschutz im Jahrb. d. deutsch. Landw.-Gesellsch. 1893, pag. 430.

b) Gloeosporium prunicolum *E.* et *E.*, auf Blättern von Prunus virginiana in Amerika.

c) Gloeosporium ovalisporum *E.* et *E.*, auf Blättern von Prunus serotina in Amerika.

Auf Leguminosen. 43. **Auf Leguminosen.** a) Gloeosporium Cytisi *B.* et *Br.*, auf Blättern von Cytisus Laburnum in England.

b) Gloeosporium Trifolii *Peck.*, auf Trifolium pratense in Amerika.

c) Gloeosporium Meliloti *Trel.*, auf Melilotus alba in Amerika.

d) Marsonia Meliloti *Trel.*, auf Stengeln von Melilotus alba in Amerika.

e) Gloeosporium Morianum *Sacc.*, auf kranken, ockergelben Flecken der Blätter der Luzerne in Oberitalien; die punktförmigen, bräunlichen Pykniden befinden sich an der oberen, seltener an der unteren Blattseite: die Sporen sind länglich cylindrisch, gerade, farblos, 0,006—0,007 mm lang.

f) Gloeosporium Medicaginis *E.* et *E.*, auf den Blättern von Medicago sativa in Nordamerika.

Fleckenkrankheit der Bohnenhülsen. g) Gloeosporium Lindemuthianum *Sacc.*, **die Fleckenkrankheit der Bohnenhülsen.** An den noch grünen, unreifen Hülsen von Phaseolus vulgaris (Busch- und Stangenbohnen) treten nicht selten braune, eingesunkene, von einem etwas wulstigen Rande umgebene Flecke auf, die bis über 1 cm im Durchmesser erreichen können und oft in großer Anzahl auf einer Frucht auftreten (Fig. 70). Die letztere wird dadurch oft schon frühzeitig verdorben, kann aber auch bis zur Bildung reifer Samen sich entwickeln, wenn die Flecke erst in späterer Zeit auf den schon fast reifen Hülsen auftreten. Die Krankheit kam in der neueren Zeit bei uns nicht selten vor und ist in manchen Jahren so stark gewesen, daß fast keine gesunde Bohne geerntet wurde. Der Parasit, welcher diese Krankheit verursacht, ist von mir genauer untersucht worden[1]). Seine farblosen oder bräunlichen, gegliederten Mycelfäden durchbohren die Zellwände und füllen die Zellen aus, wodurch das Gewebe zerstört wird. Noch vor völliger Zerstörung des letzteren bildet das Mycelium die als kleine, dunkle Pünktchen auf den kranken Flecken erscheinenden Pykniden zwischen der Epidermis und der Cuticula. Ein flaches Lager zahlreicher kurzer Tragzellen, welches auf der Epidermis sitzt, wird nur von der Cuticula überdeckt (Fig. 71). Die länglich cylindrischen, einzelligen, geraden oder etwas gekrümmten, farblosen, 0,015—0,019 mm langen Conidien werden in einem hellgrauen Schleimhäufchen durch die aufreißende Cuticula entleert. Die Conidien konnte ich bei Aussaat in Wasser in 24 Stunden zur Keimung bringen. Auf lebloser Unterlage treiben sie einen gewöhnlichen langen Keimschlauch, an welchem sich wieder sekundäre Conidien von typischer Form bilden können. Auf eine Bohnenhülse ausgesäet treibt dagegen die keimende Conidie sogleich eine Aussackung, welche sich als abgeflachte Anschwellung fest auf die Oberhaut der Frucht aufdrückt und eine verdickte, violettgefärbte Membran bekommt. Dieses Organ funktioniert als Appressorium (Anheftungsapparat); denn es treibt aus seiner Unterseite einen feinen, farblosen

---

[1]) Über einige neue und weniger bekannte Pflanzenkrankheiten. Landwirtsch. Jahrbücher 1883, pag. 511 und Ber. d. deutsch. bot. Ges. I. 1883, pag. 31.

Fortsatz, welcher die Außenwand der Epidermiszelle durchbohrt und dann in Form eines erweiterten, darmartig gewundenen Fadens den Innenraum der Epidermiszelle ausfüllt, um von hier aus als Mycelium in die benachbarten Zellen weiter zu dringen. Diese Infektion geschieht in ziemlich kurzer Zeit. Meine Infektionsversuche, bei denen auf gesunde Bohnenhülsen Tröpfchen sporenhaltigen Wassers an bestimmten Punkten aufgepinselt wurden, schlugen alle prompt an, indem genau an den Infektionspunkten bereits fünf Tage nach der Aussaat die charakteristischen kranken verpilzten Flecke sich gebildet hatten. Aussaaten auf Gurken und andre Pflanzen blieben erfolglos, woraus erhellt, daß der Pilz ein für die Bohnenpflanze spezifischer Parasit ist. Ich habe auch nachweisen können, daß der Pilz durch den Samen übertragen wird. Die verpilzten Flecke gehen nämlich durch die ganze Fruchtwand hindurch und das Mycelium gelangt so auch auf den darunter liegenden Samen, in dessen Schale und Cotyledonen er ebenfalls eindringt. Geschieht dies zu einer Zeit, wo der Samen nahezu reif ist, so bildet sich derselbe trotz der verpilzten Stelle, die er bekommen hat und die äußerlich am Samen durch braune oder schwärzliche Färbung der Schale sich verrät, doch im übrigen normal aus und ist keimfähig. Aber solche Keimpflanzen haben eben schon erblich von der Mutterpflanze her den Parasiten in sich; die Cotyledonen zeigen bei der Keimung ihren verpilzten kranken Fleck, auf welchem dann auch bald die Pykniden des Pilzes wieder gebildet werden. Von diesen aus geschieht dann weitere Infektion der größer werdenden Pflanze; dieselbe zeigt nach und nach am Stengel und am Blattstiele und zuletzt auch auf den jungen Hülsen durch den Pilz hervorgerufene braune Flecke. Besonders die dem Erdboden genäherten Früchte, werden leicht befallen.

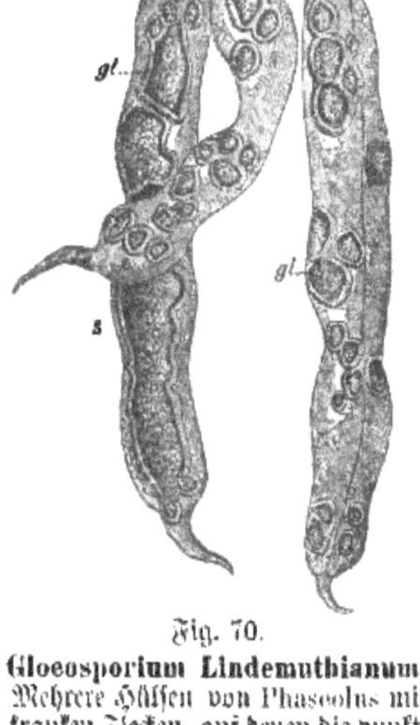

Fig. 70.
Gloeosporium Lindemuthianum. Mehrere Hülsen von Phaseolus mit kranken Flecken, auf denen die punktförmigen Conidienlager sichtbar sind.

Als Gegenmittel käme zunächst in Betracht, pilzfreie Samen zu verwenden. Etwaige verpilzte Stellen sind durch ihre braune oder schwärzliche Farbe der Samenschale allerdings nur an den weißsamigen Sorten leicht zu erkennen; denn an den schwarzen und bunten Samen gelingt dies nur schwierig. Da Feuchtigkeit und Nässe des Bodens die Verbreitung des Pilzes sehr befördern, so ist auf möglichst freie, luftige Anlage der Kulturen Bedacht zu nehmen und dafür zu sorgen, daß die Hülsen nicht in zu nahe

Berührung mit dem Erdboden kommen. Buschbohnen sind darum der Krankheit auch mehr ausgesetzt als Laufbohnen. Bespritzen mit Kupfervitriol-Kalkbrühe ist auch hier empfohlen worden.

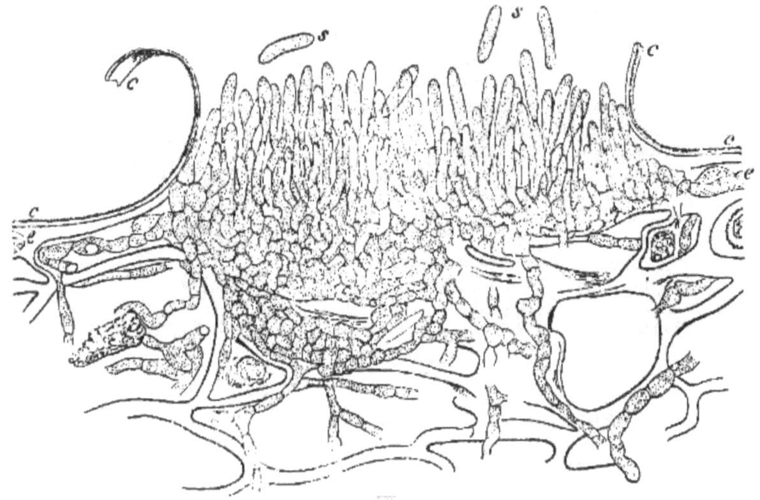

Fig. 71.

Gloeosporium Lindemuthianum. Durchschnitt durch ein Conidienlager, welches in der Epidermis ee sich entwickelt und die Cuticula cc durchbrochen hat. In den darunterliegenden Zellen der Fruchtschale wachsen die Myceliumfäden; bei s Sporen. 260fach vergrößert.

h) Septosporium curvatum *Rabenh.* Unter diesem Namen ist von A. Braun[1]) einen Pilz beschrieben worden, welcher zu Gloeosporium zu stellen sein dürfte. Er befällt die Blätter der Robinien, welche dadurch mitten im Sommer anfangs gelbliche, bald hellbraun werdende Flecke von unregelmäßiger Form bekommen, die oft den größten Teil eines Blättchens einnehmen. Die Folge ist ein baldiges Ablösen der Blättchen von den am Baume bleibenden Blattstielen, und Abfallen derselben. An der Unterseite der braunen Flecke treten auf der Mitte derselben zahlreiche zerstreut stehende, sehr kleine Höckerchen auf, die anfangs von der Epidermis bedeckt sind, später sich öffnen und ein kleines, weißes Häufchen von Sporen hervortreten lassen. Es sind sehr kleine, in der Blattmasse sitzende Pykniden, in welchen die cylindrischen, meist geraden, oft mit einer oder zwei Querwänden versehenen, farblosen Sporen gebildet werden. Möglicherweise könnte dieser Pilz mit Gloeosporium revolutum *Ell. et Ev.*, der in Nordamerika auf Blättern von Robinia gefunden wurde, identisch sein.

---

[1]) Über einige neue oder weniger bekannte Pflanzenkrankheiten. Berlin 1854. Vergl. auch Thümen, Blattfleckenkrankheit der Robinen. Refer. in der Hamburger Gartenzeitung 1887, pag. 424.

44. Auf Ericaceen. a) Gloeosporium truncatum *Sacc.*, auf Blättern von Vaccinium Vitis idaea. Auf Ericaceen.

b) Gloeosporium alpinum *Sacc.*, auf Blättern von Arctostaphylos alpinus in Tyrol.

45. Auf Oleaceen. a) Gloeosporium fraxineum *Pck.*, Gloeosporium aridum *Ell.* et *Ev.*, Gloeosporium punctiforme *Ell.* et *Ev.*, Gloeosporium irregulare *Pck.*, Gloeosporium decipiens *E.* et *E.*, alle auf Fraxinus americana in Amerika. Auf Oleaceen.

b) Gloeosporium Fraxini *Hark.*, auf Fraxinus Oregana in Amerika.

c) Gloeosporium Orni *Sacc.*, auf Blättern von Fraxinus Ornus in Italien.

46. Auf Scrophulariaceen. a) Gloeosporium Rhinanthi *Karst.* et *Har.*, an den Stengeln von Rhinanthus hirsutus in Frankreich. Auf Scrophulariaceen.

b) Marsonia Melampyri *Trail.*, auf Blättern von Melampyrum arvense in Schottland.

c) Gloeosporium Veronicarum *Ces.*, auf den Blättern von Veronica officinalis und hederaefolia.

d) Gloeosporium pruinosum *Bäuml.*, auf Verronica officinalis in Ungarn.

e) Gloeosporium arvense *Sacc.* et *Penz.*, auf Blättern von Veronica hederifolia in der Schweiz.

f) Gloeosporium Mougeotii *Desm.*, auf Bartsia alpina.

47. Auf Solanaceen. Gloeosporium phomoides *Sacc.*, auf Tomaten in Amerika. Auf Solanaceen.

48. Auf Caprifoliaceen. Gloeosporium tineum *Sacc.*, auf Blättern von Viburnum Tinus in Italien. Auf Caprifoliaceen.

49. Auf Campanulaceen. Marsonia Campanulae *Bresad.* et *Allesch.*, auf Blättern von Campanula latifolia. Auf Campanulaceen.

50. Auf Cucurbitaceen. Gloeosporium lagenarium *Sacc.* (Fusarium langenarium *Pass.*). In England, Frankreich und Amerika hat eine durch diesen Pilz veranlaßte Krankheit der Gurken und Melonen in den Treibhäusern große Verheerungen angerichtet[1]). Die Früchte bekommen kreisrunde, eingesunkene, braune Flecke, in denen der Pilz lebt und ein Sporenlager bildet, dessen Sporen als schleimige Kugeln oder Ranken von hellachsroter Farbe an der Oberfläche erscheinen. Derselbe Pilz lebt auch in den Blättern und bringt hier braune Flecke hervor. Die Krankheit erscheint plötzlich und befällt alle Pflanzen. Die Gärtner geben an, daß man sie nur beseitigen könne durch Reinigen und Ausschwefeln der Treibhäuser und Bestellen mit neuen Pflanzen. Auf Kürbissen kommt ein ähnlicher Pilz, Gloeosporium orbiculare *Berk.*, vor, welcher nach Berkeley kleinere Sporen haben soll. Auf Cucurbitaceen.

51. Auf Compositen. Gloeosporium Kalchbrenneri *Rabenh.*, auf Inula ensifolia in Ungarn. Auf Compositen.

II. Actinonema *Fr.*

Diese Gattung schließt sich im Bau den Pykniden an die vorige innig an, ist aber ausgezeichnet durch das scheinbar auf der Oberfläche Actinonema.

1) Gardener's Chronicle 1876. II, pag. 175, 269, 303, 336, 400, 495.

des Blattes sich ausbreitende Mycelium, welches strahlig nach außen laufende, dendritisch sich verzweigende, dunkle Fäden darstellt (Fig. 72 A). Dasselbe wächst aber zwischen der Epidermis und der Cuticula, ist daher nur scheinbar oberflächlich; es besteht aus ziemlich starken Fäden, die genau in einer einfachen Schicht, einer dicht am andern liegen, alle regelmäßig in radialer Richtung laufend und dabei dichotom sich verzweigend. Von diesem subcuticularen Mycelium gehen aber zahlreiche Fäden in die Epidermiszellen und zwischen die Mesophyllzellen des Blattes. An zahlreichen Punkten entstehen auf dieser subcuticularen

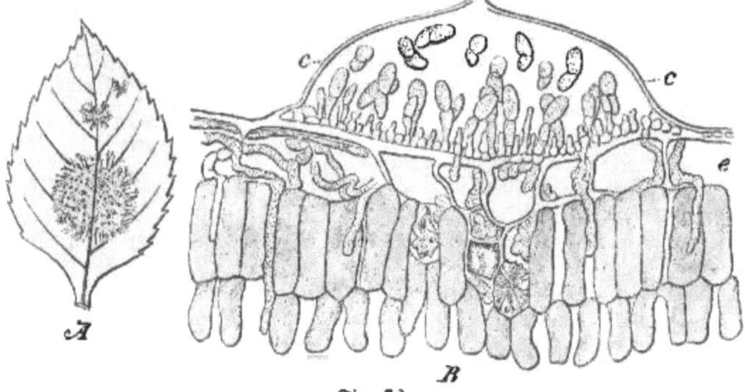

Fig. 72.

Actinonema Rosae. A Ein Rosenblättchen mit mehreren Pilzflecken mit punktförmigen Pykniden. B Durchschnitt durch eine Pyknide, welche unter der Cuticula cc sich gebildet hat; e Epidermiszelle, in welchem Myceliumfäden, ebenso wie in dem darunter liegenden Mesophyll wachsen. 350 fach vergrößert.

Faserschicht die kleinen, punktförmigen Pykniden. Eine solche Frucht wird dadurch gebildet, daß von jenen Mycelfäden viele sehr kurze Ästchen sich abzweigen, durch welche die Cuticula gehoben wird, ohne gesprengt zu werden; sie bietet dann Raum zur Anlage der sehr flachen Pyknide (Fig. 72 B). Jene Ästchen stellen die Tragzellen dar, welche an ihrer Spitze je eine ei- oder keulenförmige, zweizellige, farblose Conidie abschnüren. Wenn dies geschieht, wird die Cuticula durch den Druck, den die sich häufenden Sporen ausüben, über diesem Lager unregelmäßig durchrissen, worauf die Sporen frei werden. Die Cuticula stellt hier die alleinige Bedeckung des Sporenlagers dar, eine Pilzzellschicht beteiligt sich daran nicht (Fig. 72 B c).

Das Rosen-Asteroma. 1. Actinonema Rosae *Fr.* (Asteroma radiosum *Fr.*) Das Rosen-Asteroma. Auf der Oberseite der Blätter der Rosen entstehen kranke Flecke von bräunlichgrauer Farbe und ungefähr kreisrundem Umriß, deren Rand ringsum in strahlig faserige Linien ausläuft, welche von den centrifugal weiter wachsenden, dendritisch sich verzweigenden Mycelfäden herrühren. Wegen des peripherischen Wachstums des Pilzes trifft man die Flecke je nach ihrem Alter von kaum 1 mm großem Durchmesser bis zu solchen, die fast die Breite des ganzen Blattes einnehmen. Zerstreut auf den größeren Flecken bemerkt man die mit unbewaffnetem Auge als kleine, dunkle Pünktchen erscheinenden Pykniden (Fig. 72 A). Die Conidien sind 0,015 bis 0,018 mm lang, ei- oder keulenförmig, an der etwas eingeschnürten Mitte durch eine Scheidewand zweizellig, farblos (Fig. 72 B). Die Wirkung des Pilzes auf das von ihm bewohnte Blattgewebe besteht oft in einer Rötung der Zellsäfte, worauf aber bald Absterben der Zellen unter Gelb- oder Braunfärbung des desorganisierten Zellinhaltes und der Zellhäute eintritt. Die Folge ist das vorzeitige Abfallen der Blättchen. Die Krankheit ist besonders seit dem Ausgang der siebziger Jahre in manchen deutschen Rosenzüchtereien sehr verderblich aufgetreten, indem große Rosenpflanzungen dadurch vernichtet worden sind. In Schweden ist der Pilz von Eriksson[1]) beobachtet worden. Die Entwickelung des Pilzes und der von ihm verursachten Krankheit ist durch meine Untersuchungen[2]) genauer bekannt geworden. Die aus den Pykniden entleerten Sporen keimen auf Wassertropfen in 24 Stunden. Infektionsversuche, bei denen ich Sporen auf gesunde Rosenblätter brachte, zeigten mir nach zehn Tagen neue kranke Flecke mit dem charakteristischen Pilze, wobei das Eindringen der Keimschläuche durch die Cuticula und die Entwickelung des subcutikularen Myceliums verfolgt werden konnte. Die Verbreitung des Pilzes geschieht also durch die reichlich auf den kranken Rosenblättern gebildeten Conidien. Schon das junge, noch weiche Blatt kann von dem Pilze befallen werden; aber auch während der ganzen Lebensdauer bleibt dasselbe infizierbar, und selbst auf ganz alten Blättern kann der Pilz sich noch ansiedeln, hier sogar auf schon absterbenden Partien, welche aus andrer Ursache oder wegen Alters des Blattes aufzutreten beginnen. Die Verbreitung der Sporen von Pflanze zu Pflanze kann durch den Regen und durch das Bespritzen der Pflanze geschehen. Auch am Holze und an den Knospen können Sporen haften, woraus sich erklärt, warum eine Pflanze, die einmal den Pilz hatte, die Krankheit später wiederbekommt und warum die Krankheit auch durch die Augen infizierter Pflanzen auf die damit veredelten Rosen übertragen wird. Auch auf dem abgefallenen Laub setzt der Pilz seine Entwickelung und selbst die Bildung neuer Pykniden fort und kann in diesem Zustande überwintern und von dort aus im Frühlinge keimfähige Sporen auf die Rosenpflanzen gelangen lassen. Die Gegenmaßregeln gegen das Rosen-Asteroma bestehen also vorzüglich in sorgfältiger Entfernung und Verbrennung des kranken abgefallenen Laubes im Herbste. Die erkrankten Rosenstöcke sind womöglich zu kassieren und durch gesunde zu ersetzen. Einführung von Pflanzen aus infizierten Rosenzüchtereien ist zu vermeiden. Die Witterungsverhältnisse sind insofern von Einfluß, als feuchtes Wetter die Verbreitung des Pilzes wesentlich begünstigt. Am meisten haben sich der Krankheit ausgesetzt erwiesen Remontantrosen, wie überhaupt alle Varietäten mit rauher Oberfläche und starker Behaarung und Stacheln; am widerstandsfähigsten waren Thee- und Bourbonrosen, die jedoch in stark infizierten Gärtnereien auch erkrankten.

[1]) Bidrag till Kännedomen om vara odlade växters sjukdomar I. 1885.

[2]) Über das Rosen-Asteroma. Rosen-Jahrbuch I. 1883, pag. 196.

2. Actinonema Padi *Fr.* (Asteroma Padi *DC.*), bewirkt an Prunus Padus eine vollständige Zerstörung der Blätter. Von irgend einem Punkte der Oberseite des noch grünen Blattes aus verbreitet sich der faserige, strahlig gelappte, graue oder bräunliche, der Blattmasse fest anhaftende, weil in der Cuticula eingewachsene Pilz ringsum. In der Mitte der befallenen Stelle wird die Blattmasse braun, trocken, schrumpft und zerbröckelt, und der Pilz hört nicht eher auf zu wachsen, bis er das ganze Blatt eingenommen und zerstört hat. An zahlreichen Punkten entstehen auf diesem Mycelium die kleinen, punktförmigen, denen des vorigen Pilzes ganz ähnlichen Pykniden.

3. Actinonema Crataegi *Pers.*, auf der oberen Blattseite von Crataegus torminalis.

4. Actinonema Ulmi *Allesch.*, auf Blättern von Ulmus campestris.

5. Actinonema Tiliae *Allesh.*, auf Blättern von Tilia.

6. Actinonema Podagrariae *Allesch.*, auf Blättern von Aegopodium Podagraria.

7. Actinonema Pirolae *Allesch.*, auf Blättern von Pirola secunda.

8. Actinonema Fraxini *Allesch.*, auf Blättern von Fraxinus excelsior.

9. Actinonema Lonicerae alpigenae *Allesch.*, auf Blättern von Lonicera alpigena.

III. Phyllosticta *Pers.*

Phyllosticta.

Diese Gattung können wir durch folgende Merkmale charakterisieren. Die Pykniden sind hier vollständige Säckchen, d. h. auch nach außen von einer dünnhäutigen, aus bräunlichen Pilzzellen bestehenden Hülle umgeben, die am Scheitel durch einen runden Porus geöffnet ist. Sie sitzen ebenfalls unter der Cuticula oder unter der Epidermis und sind von ungefähr kugliger oder mehr linsenförmig oder halbkugelig abgeflachter Form. Sie erzeugen kleine, einzellige und meist farblose, vorwiegend eiförmige oder oblonge Conidien. Das Hauptcharakteristikum dieser Pilze ist ihr Auftreten auf kleinen, meist kreisförmig umschriebenen kranken Flecken auf Blättern; es sind also echte Blattfleckenkrankheiten erzeugende Pilze. Ihre Zahl ist eine außerordentlich große; wir geben sie hauptsächlich nach der Aufzählung von Saccardo[1]).

Auf Cycadeen.

1. Auf Cycadeen. Phyllosticta cycadina *Pass.*, auf den Blättern von Cycas revoluta im botanischen Garten zu Parma.

Auf Gramineen.

2. Auf Gramineen. a) Phyllosticta sorghina *Sacc.*, auf bleichen Blattflecken von Sorgho; Sporen elliptisch, farblos, 0,005 mm lang.

b) Phyllosticta stomaticola *Bäuml.*, auf Blättern von Arrhenatherum elatius in Ungarn.

c) Phyllosticta crastophylla *Sacc.*, auf Blättern von Setaria verticillata in Italien.

Auf Cyperaceen.

3. Auf Cyperaceen. Phyllosticta Caricis *Sacc.*, auf Blättern von Carex muricata.

---

1) Sylloge fungorum III. Patavii 1884.

Auf Typhaceen.
4. Auf Typhaceen. Phyllosticta typhina *Sacc.* und Phyllosticta Renouana *Sacc.*, auf Blättern von Typha.

Auf Aroideen.
5. Auf Aroideen. Phyllosticta acorella *Sacc.* und Phyllosticta Acori *Oud.*, auf Acorus Calamus.

Auf Palmen.
6. Auf Palmen. Phyllosticta Cocos *Cooke* und Phyllosticta corvina *Sacc.*, auf Blättern von Cocos nucifera.

Auf Liliaceen.
7. Auf Liliaceen. a) Phyllosticta liliicola *Sacc.*, auf den Blättern von Lilium candidum.

b) Phyllosticta Draconis *Berk.*, auf den Blättern von Dracaena Draco.

c) Phyllosticta cruenta *(Fr.) Sacc.*, auf Polygonatum multiflorum.

d) Phyllosticta Aloës *Kalch.*, auf Aloë latifolia.

e) Phyllosticta Cordylines *Sacc.* et *Berl.*, auf Cordyline terminalis in England.

f) Phyllosticta Danaës *Pass.*, auf Ruscus racemosus in Frankreich.

g) Phyllosticta ruscicola *Dur.* et *Mont.*, auf Ruscus.

h) Phyllosticta Uvariae *Berk.*, auf Uvaria.

Auf Dioscoreaceen.
8. Auf Dioscoreaceen. a) Phyllosticta Tami *Sacc.*, auf Tamus communis in Italien.

b) Phyllosticta Dioscoreae *Cooke.*, auf Dioscorea.

Auf Orchidaceen.
9. Auf Orchidaceen. Phyllosticta Donkelaeri *West.*, auf den Blättern von kultiviertem Oncidium in Belgien.

Auf Alismaceen.
10. Auf Alismaceen. a) Phyllosticta Alismatis *Sacc.* et *Speg.* und Phyllosticta Curreyi *Sacc.*, auf Alisma Plantago.

b) Phyllosticta sagittifolia *Brun.*, auf Sagittaria sagittifolia in Frankreich.

Auf Potamogetonaceen.
11. Auf Potamogetonaceen. Phyllosticta potamia *Cke.*, auf Potamogeton in England.

Auf Betulaceen.
12. Auf Betulaceen. a) Phyllosticta betulina *Sacc.*, auf den Blättern von Betula alba, vielleicht zu Sphaerella maculiformis gehörig, mit der sie zusammen vorkommt.

b) Phyllosticta alnigena *Thüm.*, auf den Blättern von Alnus cordifolia.

c) Phyllosticta alnicola *C. Mass.*, auf Alnus glutinosa.

d) Phyllosticta Carpini *Schulz*, und Phyllosticta carpinea *Sacc.*, auf den Blättern von Carpinus Betulus.

e) Phyllosticta Coryli *West.*, und Phyllosticta corylaria *Sacc.*, auf den Blättern von Corylus Avellana.

Auf Cupuliferen.
13. Auf Cupuliferen. a) Phyllosticta Quercus *Sacc.*, auf Eichenblättern.

b) Phyllosticta globulosa *Thüm.*, auf Blättern von Quercus pedunculata.

c) Phyllosticta quernea *Thüm.*, auf Blättern von Quercus pubescens.

d) Phyllosticta ilicina *Sacc.*, und Phyllosticta Quercus Ilicis *Sacc.*, auf Blättern von Quercus Ilex. Phyllosticta ilicicola *Pass.* ist vielleicht damit identisch.

e) Phyllosticta phomiformis *Sacc.*, auf Quercus alba.

f) Phyllosticta vesicatoria *Thüm.*, auf Quercus cinerea.

g) Phyllosticta Quercus rubrae *W. R. Ger.*, auf Quercus rubra in Nordamerika.

h) Phyllosticta *Ell.* et *Langl.*, auf Quercus virens in Nordamerika.

i) Phyllosticta maculiformis *Sacc.*, und Phyllosticta Nubecula *Pass.*, auf den Blättern von Castanea vesca, vielleicht zu Sphaerella maculiformis gehörig.

Auf Salicaceen. 14. Auf Salicaceen. a) Phyllosticta populea *Sacc.*, Phyllosticta Alcides *Sacc.* und Phyllosticta cinerea *Pass.*, auf der oberen Blattseite von Populus alba.

b) Phyllosticta bacteriiformis (*Pass.*) *Sacc.* und Phyllosticta populina *Sacc.*, auf Blättern von Populus nigra.

c) Phyllosticta Populorum *Sacc.*, auf Blättern von Populus balsamifera.

d) Phyllosticta salicicola *Thüm.*, auf Salix alba in Frankreich.

Auf Myricaceen. 15. Auf Myricaceen. Phyllosticta Myricae *Cooke*, auf Myrica cerifera in Amerika.

Auf Urticaceen. 16. Auf Urticaceen. a) Phyllosticta Urticae *Sacc.*, auf Urtica dioica in Italien.

b) Phyllosticta Cannabis *Speg.*, auf Blattflecken von Cannabis sativa, Sporen elliptisch-cylindrisch, gerade oder gekrümmt, 0,004—0,006 mm lang.

c) Phyllosticta Humuli *Sacc.* et *Speg.*, auf dunkelbraunen Blattflecken des Hopfens; Sporen oblong, gerade oder gekrümmt, 0,006—0,009 mm lang.

Auf Moraceen 17. Auf Moraceen. a) Pyllosticta morifolia *Pass.*, auf Morus alba.

b) Phyllosticta osteospora *Sacc.*, auf Blättern von Morus, auch auf Rhamnus und Populus.

c) Phyllosticta sycophila *Thüm.*, und Phyllosticta Caricae *C. Mass.*, auf Blättern von Ficus Carica.

Auf Ulmaceen. 18. Auf Ulmaceen. a) Phyllosticta ulmicola *Sacc.*, Phyllosticta ulmaria *Pass.* und lacerans *Pass.*, auf den Blättern von Ulmus campestris.

b) Phyllosticta Celtidis *Ell.* et *Kell.*, auf den Blättern von Celtis occidentalis in Nordamerika.

c) Phyllosticta destruens *Desm.*, auf Celtis australis.

Auf Platanaceen. 19. Auf Platanaceen. Phyllosticta Platani *Sacc.*, auf unteren Blattseiten von Platanus orientalis.

Auf Polygonaceen. 20. Auf Polygonaceen. a) Phyllosticta Polygonorum *Sacc.*, auf Blättern von Polygonum Persicaria.

b) Phyllosticta Nieliana *Roum.*, auf Polygonum Bistorta in Frankreich.

c) Phyllosticta Rheï *Ell.* et *Ev.*, und Phyllosticta Fourcadeï *Sacc.*, auf Rheum.

d) Phyllosticta Acetosae *Sacc.*, auf Rumex Acetosa in Italien.

Auf Chenopodiaceen. 21. Auf Chenopodiaceen. a) Phyllosticta Betae *Oud.*, auf hellen, braunberandeten Blattflecken von Beta vulgaris.

b) Phyllosticta Atriplicis *Desm.*, auf den Blättern von Atriplex und Chenopodium.

c) Phyllosticta Chenopodii *Sacc.*, auf den Blättern verschiedener Chenopodium-Arten.

Auf Amaranthaceen. 22. Auf Amaranthaceen. a) Phyllosticta Celosiae *Thüm.*, auf den Blättern von Celosia cristata.

b) Phyllosticta Gomphrenae *Sacc.*, auf Gomphrena globosa in Italien.

c) Phyllosticta Amaranthi *Ell.* et *K.*, auf Amaranthus retroflexus in Amerika.

23. Auf Caryophyllaceen. a) Phyllosticta Saponariae *Sacc.*, auf Saponaria officinalis. Auf Caryophyllaceen.

b) Phyllosticta Dianthi *West.*, auf Dianthus barbatus.

c) Phyllosticta Zahlbrukneri *Bäuml.*, auf Silene nutans in Ungarn.

d) Phyllosticta nebulosa *Sacc.*, auf Silene pendula.

24. Auf Portulacaceen. Phyllosticta Portulacae *Sacc.*, auf Blättern von Portulaca oleracea; Sporen eiförmig, 0,004—0,005 mm lang. Auf Portulaceen.

25. Auf Ranunculaceen. a) Phyllosticta corrodens *Pass.* und bacteriosperma *Pass.*, auf Clematis Vitalba in Italien. Auf Ranunculaceen.

b) Phyllosticta Thalictri *Westend.*, auf Thalictrum flavum in Belgien.

c) Phyllosticta Ranunculorum *Sacc.*, auf Ranunculus repens.

d) Pyllosticta Ranunculi *Sacc.*, auf Ranunculus acer.

e) Phyllosticta Ajacis *Thüm.*, auf Blättern von Delphinium Ajacis.

f) Phyllosticta helleborella *Sacc.*, auf den Blättern von Helleborus mit Spaerella Hermione. — Phyllosticta atrogonata *Voss.* und helleboricola *C. Mass.*, ebendaselbst.

g) Phyllosticta Trollii *Trail.*, auf Trollius europaeus in Schottland.

h) Phyllosticta Paeoniae *Sacc.*, auf Blättern von Paeonia corallina. Phyllosticta baldensis *C. Mass.*, auf Paeonia peregrina auf dem Monte Baldo.

26. Auf Berberidaceen. a) Phyllosticta Westendorpii *Thüm.*, auf Berberis vulgaris und altaica. Auf Berberidaceen.

b) Phyllosticta Berberidis *Rabenh.*, auf Berberis vulgaris.

c) Phyllosticta Mahoniae *Sacc.*, auf Blättern von Mahonia Aquifolium.

d) Phyllosticta Epimedii *Sacc.*, auf Epimedium alpinum in Italien.

27. Auf Magnoliaceen. a) Phyllosticta Magnoliae *Sacc.*, auf Magnolia grandiflora. Auf Magnoliaceen.

b) Phyllosticta Liriodendri *Thüm.*, Phyllosticta liriodendrica *Cooke*, Phyllosticta tulipiferae *Pass.* und Phyllosticta circumvallata *Wint.*, auf Blättern von Liriodendron tulipifera.

28. Auf Lauraceen. Phyllosticta nobilis *Thüm.*, laurella *Sacc.* und Lauri *West.*, auf Blättern von Laurus nobilis. Auf Lauraceen.

29. Auf Menispermaceen. a) Phyllosticta abortiva *Ell.* et *K.*, und Phyllosticta Menispermi *Pass.*, auf Menispermum canadense. Auf Menispermaceen.

b) Phyllosticta Thunbergii *Wint.*, auf Cocculus Thunbergii in Japan.

30. Auf Nymphäaceen. Phyllosticta hydrophila *Speg.*, auf Blättern von Nymphaea alba in Italien. Auf Nymphäaceen.

31. Auf Cruciferen. a) Phyllosticta Napi *Sacc.*, auf bleichen, trockenen Blattflecken von Brassica Napus; Sporen oblong-cylindrisch, gekrümmt, 0,004— 0,006 mm lang. Auf Cruciferen.

b) Phyllosticta Brassicae *West.*, auf ebensolchen Blattflecken von Brassica Napus und oleracea, mit eiförmigen Sporen.

c) Phyllosticta Cheiranthorum *Desm.*, auf Blättern von Cheiranthus.

d) Phyllosticta Erysimi *West.*, auf Erysimum Alliaria.

e) Phyllosticta anceps *Sacc.*, auf Nasturtium anceps und amphibium.

Auf Papaveraceen. 32. Auf Papaveraceen. Phyllosticta Sanguinariae *Wint.*, auf Sanguinaria canadensis in Amerika.

Auf Capparidaceen. 33. Auf Capparidaceen. Phyllosticta Capparidis *Sacc.* et *Speg.*, auf Capparis rupestris in Italien.

Auf Violaceen. 34. Auf Violaceen. Phyllosticta Violae *Desm.*, auf Blättern von Viola odorata und tricolor, Phyllosticta Libertiana *Sacc.* et *March.*, und Phyllosticta Libertiae *Sacc.*, auf Viola odorata.

Auf Myricariaceen. 35. Auf Myricariaceen. Phyllosticta germanica *Speg.*, auf Myricaria germanica.

Auf Cistaceen. 36. Auf Cistaceen. a) Phyllosticta cistina *Thüm.*, auf Cistus-Arten in Frankreich, Portugal und Griechenland.

b) Phyllosticta Helianthemi *Roum.*, auf Helianthemum vulgare in Frankreich.

Auf Ternströmiaceen. 37. Auf Ternströmiaceen. Phyllosticta Camelliae *West.*, und Phyllosticta camelliaecola *Brun.*, auf Camellia japonica.

Auf Aurantiaceen. 38. Auf Aurantiaceen. a) Phyllosticta disciformis *Penz.*, Phyllosticta ocellata *Pass.*, Phyllosticta Beltranii *Penz.* und Phyllosticta lenticularis *Pass.*, auf Blättern von Citrus Limonum.

b) Phyllosticta micrococcoides *Penz.*, auf jungen Blättern der Citronen.

c) Phyllosticta marginalis *Penz.*, auf Blättern von Citrus medica in Italien.

d) Phyllosticta Hesperidearum *Penz.* (Phoma Hesperidearum *Catt.*), auf den Blättern verschiedener Aurantiaceen.

e) Phyllosticta deliciosa *Pass.*, auf Blättern von Citrus deliciosa.

Auf Aceraceen. 39. Auf Aceraceen. a) Phyllosticta acericola *C.* et *E.*, und Phyllosticta Aceris *Sacc.*, auf den Blättern von Acer campestre; Phyllosticta campestris *Pass.*, daselbst in Frankreich.

b) Phyllosticta Pseudoplatani *Sacc.*, Platanoides *Sacc.*, fallax *Sacc.*, auf Acer Pseudoplatanus.

c) Phyllosticta Monspessulani *Pass.*, auf Acer monspessulanum in Frankreich.

d) Phyllosticta Saccharini *Ell.* et *Mart.*, auf Acer saccharinum in Nordamerika.

e) Phyllosticta Negundinis *Sacc.* et *Speg.*, und Phyllosticta fraxinifolia *Sacc.*, auf Negundo fraxinifolia.

Auf Hippocastanaceen. 40. Auf Hippocastanaceen. a) Phyllosticta aesculina *Sacc.*, Phyllosticta aesculicola *Sacc.* und Phyllosticta sphaeropsidea *Ell.* et *Ev.*, auf Aesculus Hippocastanum; Phyllosticta Aesculi *Ell.* et *Ev.*, auf Aesculus glabra in Nordamerika.

b) Phyllosticta Paviae *Desm.*, und Phyllosticta paviaecola *Brun.*, auf Pavia macrostachya.

Auf Tropäolaceen. 41. Auf Tropäolaceen. Phyllosticta Tropaeoli *Sacc.*, auf den Blättern von Tropaeolum majus.

42. Auf Vitaceen. a) Phyllosticta viticola *Sacc.*, mit ellipsoidischen, sehr hell olivengrünen, 0,005 mm langen Sporen, und Phyllosticta Vitis *Sacc.*, mit oblong-eiförmigen, farblosen, 0,006 mm langen Sporen, beide in Italien auf dem Weinstock auf oberseits weißlichen, trockenen, meist dunkelberandeten Blattflecken. Auf Vitaceen.

b) Phyllosticta Labruscae *Thüm.*, auf kranken Blattflecken von Vitis Labrusca. Nach Scribner[1]) soll jedoch dieser Pilz identisch sein mit Phoma uvicola, und darum kommen sowohl in Frankreich wie in Nordamerika die Blattfleckenkrankheit und der durch den letzteren Pilz veranlaßte Black-Root immer gemeinsam vor; die erstere geht dem letzteren voraus.

c) Phyllosticta viticola *Thüm.*, auf Blättern von Vitis vulpina. Soll ebenfalls mit Phoma uvicola identisch sein.

d) Phyllosticta neurospilea *Sacc.* et *Berl.*, auf Vitis antarctica in Australien.

e) Phyllosticta spermoides *Speg.*, auf Vitis riparia in Nordamerika.

f) Phyllosticta microspila *Pass.*, auf Vitis vinifera in Italien.

g) Phyllosticta Bizzozeriana *C. Mass.*, auf Vitis vinifera in Italien.

43. Auf Rhamnaceen. a) Phyllosticta Rhamni *West.*, auf Blättern von Rhamnus Frangula und Alaternus. Auf Rhamnaceen.

b) Phyllosticta Frangulae *West.*, auf Rhamnus Frangula.

c) Phyllosticta Cathartici *Sacc.*, auf Rhamnus cathartica.

d) Phyllosticta Alaterni *Pass.*, auf Rhamnus Alaternus in Frankreich.

e) Phyllosticta rhamnigena *Sacc.*, auf Rhamnus cathartica und Alaternus in Italien, Frankreich und Portugal.

44. Auf Celastraceen. a) Phyllosticta Evonymi *Sacc.*, evonymella *Sacc.*, nemoralis *Sacc.*, auf den Blättern von Evonymus europaeus. Auf Celastraceen.

b) Phyllosticta pustulosa *S.* et *R.*, und Phyllosticta Bolleana *Sacc.*, auf den Blättern von Evonymus japonicus.

45. Auf Ilicineen. Phyllosticta Haynaldi *Sacc.*, auf Blättern von Ilex Aquifolium. Auf Ilicineen.

46. Auf Geraniaceen. Phyllosticta Trailii *Sacc.* (Phyllosticta Geranii *Trail.*), auf Geranium sylvaticum in Norwegen. Auf Geraniaceen.

47. Auf Malvaceen. a) Phyllosticta althaeina *Sacc.*, auf Althaea rosea. Phyllosticta althaeicola *Pass.*, auf Althaea officinalis in Frankreich. Auf Malvaceen.

b) Phyllosticta destructiva *Desm.*, auf Althaea, Malva, Lycium und Evonymus.

c) Phyllosticta sidaecola *Cke.*, auf Sida napaea in Kiew.

d) Phyllosticta gossypina *Ell.* et *M.*, auf Baumwollenblättern in Nordamerika.

e) Phyllosticta syriaca *Sacc.*, auf Hibiscus syriacus in Italien.

48. Auf Tiliaceen. Phyllosticta Tiliae *Sacc.*, auf den Blättern von Tilia. Auf Tiliaceen.

---

[1]) Report of the chief of the Section of veget. Pathol. for the year 1887. Departement of agricult. Washington 1888.

Auf Oxalideen.

49. Auf Oxalideen. Phyllosticta Oxalidis *Sacc.*, auf Oxalis Acetosella in Italien.

Auf Euphorbiaceen.

50. Auf Euphorbiaceen. Phyllosticta Mercurialis *Desm.*, auf Mercurialis annua in Frankreich und Belgien.

Auf Buxaceen

51. Auf Buxaceen. Phyllosticta limbalis *Pers.* und Phyllosticta buxina *Sacc.*, auf Buxus sempervirens.

Auf Anacardiaceen.

52. Auf Anacardiaceen. a) Phyllosticta Rhois *West.*, auf Blättern von Rhus Cotinus.

b) Phyllosticta Toxicodendri und toxica *Ell.*, auf Rhus Toxicodendron.

c) Phyllosticta Terebinthi *Pass.*, auf Pistacia Terebinthus.

Auf Juglandaceen.

53. Auf Juglandaceen. a) Pyllosticta juglandina *Sacc.*, mit eiförmigen, sehr hell olivengrünen, 0,004 mm langen Sporen, und Phyllosticta Juglandis *Sacc.*, mit eiförmig-oblongen, farblosen, 0,006 bis 0,007 mm langen Sporen, beide auf großen trockenen, braun berandeten Blattflecken des Wallnußbaumes.

b) Phyllosticta Caryae *Peck.* und caryogena *Sacc.*, auf Carya in Nordamerika.

Auf Zanthoxylaceen.

54. Auf Zanthoxylaceen. Phyllosticta Ailanthi *Sacc.*, auf Aelanthus glandulosa.

Auf Cactaceen.

55. Auf Cactaceen. Phyllosticta Opuntiae *Sacc.*, auf den Zweigen von Opuntia Ficus indica.

Auf Umbelliferen.

56. Auf Umbelliferen. a) Phyllosticta Saniculae *Brun.*, auf Sanicula europaea in Frankreich.

b) Phyllosticta Chaerophylli *C. Mass.*, auf Chaerophyllum hirsutum in Italien.

c) Phyllosticta Laserpitii *Sacc.*, auf Laserpitium latifolium in Italien.

d) Phyllosticta Bupleuri *Sacc.*, auf Bupleurum falcatum.

e) Phyllosticta Angelicae *Sacc.*, auf Angelica sylvestris.

Auf Cornaceen.

57. Auf Cornaceen. a) Phyllosticta cornicola *Rabenh.*, auf Cornus sanguinea, sericea und paniculata.

b) Phyllosticta Corni *West.*, auf Cornus alba.

Auf Araliaceen.

58. Auf Araliaceen. Phyllosticta hedericola *Dur.*, Hederae *Sacc.*, concentrica *Sacc.*, auf den Blättern von Hedera Helix.

Auf Crassulaceen.

59. Auf Crassulaceen. a) Phyllosticta Aizoon *Cke.*, auf Sedum Aizoon in Kiew.

Auf Ribesiaceen.

60. Auf Ribesiaceen. a) Phyllosticta ribicola (*Fr.*) *Sacc.*, auf den Blättern von Ribes rubrum; Sporen oblong, gekrümmt, 0,015 bis 0,017 mm lang.

b) Phyllosticta Grossulariae *Sacc.*, auf der oberen Blattseite von Ribes Grossularia; Sporen eiförmig oder elliptisch, 0,005—0,006 mm lang.

Auf Philadelphaceen.

61. Auf Philadelphaceen. Phyllosticta Philadelphi *Desm.* und Phyllosticta coronaria *Pass.*, auf Philadelphus. — Phyllosticta Deutziae *Ell.*, auf Deutzia in Nordamerika.

Auf Proteaceen

62. Auf Proteaceen. Phyllosticta Owaniana *Wint.*, auf Brabejum stellatifolium am Kap.

Auf Myrtaceen.

63. Auf Myrtaceen. a) Phyllosticta nuptialis *Thüm.*, auf Blättern von Myrtus communis.

b) Phyllosticta Eucalypti *Thüm.*, und Phyllosticta Globuli *Pass.*, auf Eucalyptus Globulus.

64. Auf Punicaceen. Phyllosticta punica *Sacc.*, auf den Blättern von Punica Granatum. Auf Punicaceen.

65. Auf Thymeläaceen. Phyllosticta Laureolae *Desm.*, auf Blättern von Daphne Laureola. Auf Thymeläaceen.

66. Auf Lythraceen. Phyllosticta Nesaeae *Peck.*, auf Nesaea verticillata in Amerika. Auf Lythraceen

67. Auf Onagraceen. a) Phyllosticta Epilobii *Brun.*, auf Epilobium hirsutum in Frankreich. Auf Onagraceen.

b) Phyllosticta lutetiana *Sacc.*, auf Circaea lutetiana in Italien.

68. Auf Spiräaceen. a) Phyllosticta Arunci *Sacc.*, auf Spiraea Aruncus. Auf Spiräaceen.

b) Phyllosticta Filipendulae *Sacc.* und Phyllosticta filipendulina *Sacc.*, auf Spiraea Filipendula.

c) Phyllosticta Ulmariae *Sacc.*, auf Spiraea Ulmaria.

69. Auf Rosaceen. a) Phyllosticta Tormentillae *Sacc.*, auf Tormentilla erecta in Italien. Auf Rosaceen.

b) Phyllosticta potentillica *Sacc.*, auf Potentilla reptans in Italien.

c) Phyllosticta fragaricola *Desm.* et *Rob.*, auf runden, rot umrandeten, zuletzt in der Mitte weißlichen Blattflecken der Erdbeeren; gehört wahrscheinlich zu Sphaerella Fragariae (S. 312).

d) Phyllosticta Rosae *Desm.* und Phyllosticta Rosarum *Pass.*, auf purpurrot gesäumten kranken Blattflecken der kultivierten Rosen.

e) Phyllosticta fuscozonata *Thüm.*, auf großen, trockenen, braungesäumten Blattflecken der Himbeeren; Sporen cylindrisch-oblong, gerade, 0,007—0,009 mm lang.

f) Phyllosticta rubicola *Rabenh.* (Depazea areolata *Sacc.*), auf den Blättern von Rubus caesius.

g) Phyllosticta Ruborum *Sacc.*, auf kleinen Blattflecken der Brombeeren und Himbeeren; Sporen oblong, 0,005 mm lang.

h) Phyllosticta Pallor *Oud.* (Ascochyta Pallor *Berk.*), auf bleichen, rundlichen Flecken der Zweige der Himbeeren Sporen wurstförmig, schwach gekrümmt.

i) Phyllosticta variabilis *Peck.*, auf Rubus odoratus in Amerika. Auf Pomaceen.

70. Auf Pomaceen. a) Phyllosticta Mespili *Sacc.*, auf hellbraunen, dunkel berandeten Flecken der Blätter der Mespilus germanica. Sporen oblong, 0,004 mm lang, olivengrünlich.

b) Phyllosticta Cydoniae *Sacc.*, auf dunkelbraunen Blattflecken der Quitte, Sporen cylindrisch, gerade oder gekrümmt, 0,010 mm lang.

c) Phyllosticta crataegicola *Sacc.*, auf Blättern von Crataegus Oxyacantha. Phyllosticta rubra *Peck.*, auf Crataegus tomentosa in Amerika.

d) Phyllosticta Crataegi *Sacc.*, auf Crataegus-Arten in Amerika.

e) Phyllosticta Pirorum *Cooke*, auf Birnenblättern in Amerika.

f) Phylosticta pirina *Sacc.*, auf trockenen, weißlichen, braunberandeten Flecken der Birnen- und Apfelblätter; Sporen eiförmig, einzellig, 0,004 mm lang. Zu diesem Pilze soll als Perithecienzustand Sphaerella Bellona *Sacc.*, gehören, die auf abgestorbenen Birnblättern vorkommt, während auf abgestorbenen Apfelblättern Leptosphaeria Pomona *Sacc.* gefunden worden ist.

g) Phyllosticta piriseda *Pass.*, auf weißen, kleinen Flecken der Blätter des Birnbaumes in Italien.

h) Phyllosticta Briardi *Sacc.*, auf braunen Flecken der Apfelblätter in Frankreich.

i) Phyllosticta Mali *Prill.* et *Delacr.*, auf kleinen, braunen, dunkel umrandeten Blattflecken der Apfelbäume in Frankreich; die Sporen sind oval, 0,0065—0,0085 mm lang.

k) Phyllosticta Aucupariae *Thüm.*, auf Sorbus Aucuparia.

l) Phyllosticta Sorbi *West.*, auf Sorbus Aucuparia und domestica.

Auf Amygdalaceen.

71. Auf Amygdalaceen. a) Phyllosticta vulgaris *Desm.* var. Cerasi, auf großen, rundlichen, zuletzt ausbleichenden und braun berandeten Blattflecken des Kirschbaumes; Sporen cylindrisch-eiförmig, farblos, 0,010 bis 0,014 mm lang.

b) Phyllosticta prunicola *(Opiz) Sacc.*, auf den Blättern von Prunus Cerasus und domestica.

c) Phyllosticta Mahaleb *Thüm.*, und Phyllosticta Passerinii *Berl.* et *Vogl.*, auf den Blättern von Prunus Mahaleb.

d) Phyllosticta serotina *Cooke*, und Phyllosticta Treleasii *Berl.* et *Vogl.*, auf den Blättern von Prunus serotina in Nordamerika.

e) Phyllosticta Laurocerasi *Sacc.*, auf den Blättern von Prunus Laurocerasus.

f) Pyllosticta vindabonensis *Thüm.*, auf graubraunen Flecken der Früchte der Aprikosen; Sporen elliptisch oder fast cylindrisch, farblos oder hell rauchgrau, 0,0035 -0,005 mm lang.

g) Phyllosticta Persicae *Sacc.*, auf dunklen, rotberandeten Blattflecken der Pfirsichen; Sporen oblong, farblos, 0,006—0,007 mm lang.

Auf Papilionaceen.

72. Auf Papilionaceen. a) Phyllosticta Medicaginis *Sacc.*, auf gelben Blattflecken der Luzerne; Sporen sehr klein, cylindrisch, gekrümmt, farblos.

b) Phyllosticta Trifolii *Rich.*, auf Trifolium repens in Frankreich.

c) Phyllosticta Fabae *West.*, auf großen, braunen, rot umrandeten Blattflecken von Vicia Faba; Sporen länglich-eiförmig, farblos, 0,010 mm lang.

d) Phyllosticta Viciae *Cooke*, auf bleichen, rot berandeten Blattflecken der Wicken; Sporen ellipsoidisch, farblos.

e) Phyllosticta Pisi *West.*, auf braunen, schwarz berandeten Flecken an der Unterseite der Blätter der Erbsen in Belgien; Sporen eiförmig, farblos.

f) Phyllosticta orobina *Sacc.*, und Phyllosticta orobella *Sacc.*, auf den Blättern von Orobus vernus.

g) Phyllosticta lathyrina *Sacc.* et *Wint.*, auf Lathyrus sylvestris.

h) Phyllosticta minussinensis *Thüm.*, auf Lathyrus pisiformis in Sibirien.

i) Phyllosticta phaseolina *Sacc.* und Phyllosticta Phaseolorum *Sacc.*, auf großen, gelben Blattflecken an der Blattoberseite von Phaseolus, in Italien; Sporen länglich-eiförmig, farblos, 0,006 mm lang.

k) Phyllosticta Robiniae (*Rob.*) *Sacc.*, auf den Blättern von Robinia Pseud-Acacia, Phyllosticta Pseud-Acaciae *Pass.* und Phyllosticta advena *Pass.*, ebendaselbst.

l) Phyllosticta gallarum *Thüm.* und Phyllosticta Borszczowii *Thüm.*, auf Caragana arborescens.

m) Phyllosticta laburnicola *Sacc.*, Phyllosticta Cytisi *Desm.*, Phyllosticta Cytisorum *Pass.*, und Phyllosticta coniothyrioides *Sacc.*, auf Blättern von Cytisus Laburnum.

n) Phyllosticta cytisella *Sacc.*, auf Cytisus nigricans.

o) Phyllosticta astragalicola *Mass.*, auf Astragalus glycyphyllos in Italien.

p) Phyllosticta Siliquastri *Sacc.*, auf Cercis Siliquastrum in Italien.

q) Phyllosticta Wistariae *Sacc.*, auf Wistaria sinensis in Frankreich.

r) Phyllosticta Ceratoniae *Berk.*, auf Ceratonia Siliqua in Portugal.

73. Auf Erikaceen. a) Phyllosticta Rhododendri *West.*, auf Blättern von Rhododendron arboreum. Auf Erikaceen.

b) Phyllosticta Saccardoi *Thüm.*, auf Rhododendron ponticum.

c) Phyllosticta Arbuti unedinis *Pass.*, auf Arbutus unedo in Frankreich.

d) Phyllosticta Ledi *Rostr.*, auf Ledum groenlandicum in Grönland.

74. Auf Primulaceen. Phyllosticta primulicola *Desm.*, auf den Blättern von Primula veris und elatior. Auf Primulaceen.

75. Auf Oleaceen. a) Phyllosticta fraxinicola *Curr.*, Phyllosticta osteospora *Sacc.*, Phyllosticta viridis *Ell.* et *Kell.*, Phyllosticta variegata *Ell.* et *Ev.* und Phyllosticta Fraxini *Ell.* et *M.*, auf Blättern verschiedener Fraxinus-Arten. Auf Oleaceen.

b) Phyllosticta Ligustri *Sacc.*, und Phyllosticta ligustrina *Sacc.*, auf Blättern von Ligustrum vulgare.

c) Phyllosticta insulana *Mont.*, auf den Blättern des Ölbaums in Frankreich.

d) Phyllosticta Syringae *West.*, auf den Blättern von Syringa vulgaris in Belgien, Frankreich, Italien und Portugal.

e) Phyllosticta Halstedii *Ell.* et *Ev.*, auf Syringa vulgaris in Nordamerika.

f) Phyllosticta goritiense *Sacc.*, Phyllosticta Pillyreae *Sacc.*, Phyllosticta phylliricola *Rabenh.* und Phyllosticta phillyrina *Thüm.*, auf Phillyrea-Arten.

g) Phyllosticta Forsythiae *Sacc.*, auf Forsythia suspensa in Italien.

76. Auf Asclepiadaceen. a) Phyllosticta Vincetoxici *Sacc.*, Phyllosticta Asclepiadearum *West.* und Phyllosticta atromaculans *Speg.*, auf Cynanchum Vincetoxicum in Italien. Auf Asclepiadaceen.

b) Phyllosticta Cornuti *Ell.* et *K.*, auf Asclepias Cornuti in Amerika.

77. Auf Apocynaceen. Phyllosticta Nerii *West.*, auf den Blättern von Nerium Oleander. Auf Apocynaceen.

Auf Gentianaceen. 78. Auf Gentianaceen. Phyllosticta Erythraeae *Sacc.* et *Speg.*, auf Erythraea Centaurium in Italien.

Auf Globulariaceen. 79. Auf Globulariaceen. Phyllosticta Globulariae *West.*, auf Globularia vulgaris in Belgien.

Auf Convolvulaceen. 80. Auf Convolvulaceen. a) Phyllosticta nervisequa *Sacc.*, und Phyollosticta Calystegiae *Sacc.*, auf Calystegia sepium in Italien.

b) Phyllosticta Pharbitis *Sacc.*, auf Pharbitis hispida in Italien und Frankreich.

c) Phyllosticta Batatae *Thüm.* und Phyllosticta bataticola *Ell.* et *Mort.*, auf den Blättern der Bataten in Nordamerika.

Auf Solanaceen. 81. Auf Solanaceen. a) Phyllosticta Tabaci *Pass.*, erzeugt zahlreiche, helle, trockene Flecke auf den Blättern des Tabaks; Sporen eiförmig, gerade, farblos, 0,007 mm lang.

b) Phyllosticta capsulicula *Sacc.*, auf kleinen, schwarzen Flecken der Fruchtkapseln des Tabaks, Sporen eiförmig, gekrümmt, farblos, 0,007 bis 0,011 mm lang.

c) Phyllosticta Dulcamarae *Sacc.*, auf Blättern von Solanum Dulcamara.

d) Phyllosticta hortorum *Speg.*, auf Solanum Melongena in Italien.

e) Phyllosticta Aratae *Speg.*, auf Blättern von Solanum glaucum.

f) Phyllosticta Pseudo-capsici *Roum.*, auf Blättern von Solanum Pseudo-capsicum in Frankreich.

g) Phyllosticta Solani *Ell.*, auf mehreren nordamerikanischen Solanum-Arten.

h) Phyllosticta Lycopersici *Peck.*, auf den Früchten von Lycopersicum esculentum in Nordamerika.

i) Phyllosticta Physaleos *Sacc.*, auf Physalis Alkekengi in Italien.

k) Phyllosticta Petuniae *Speg.*, auf Blättern von Petunia.

Auf Verbenaceen. 82. Auf Verbenaceen. Phyllosticta Verbenae *Sacc.*, auf Verbena officinalis in Frankreich.

Auf Labiaten. 83. Auf Labiaten. a) Phyllosticta Teucrii *Sacc.*, auf Teucrium Chamaedrys in Italien.

b) Phyllosticta Lamii *Sacc.*, auf Lamium album und Orvala.

c) Phyllosticta Glechomae *Sacc.*, auf Glechoma hederacea in Italien.

d) Phyllosticta Galeopsidis *Sacc.*, auf Galeopsis versicolor in Italien.

e) Phyllosticta Ajugae *Sacc.* et *Speg.*, auf Ajuga reptans in Italien.

f) Phyllosticta Venziana *Mort.*, auf Lamium in Italien.

g) Phyllosticta Melissophylli *Pass.*, auf Melissophyllum in Italien.

Auf Plantaginaceen. 84. Auf Plantaginaceen. Phyllosticta Plantaginis *Sacc.*, auf Plantago major in Italien.

Auf Asperifoliaceen. 85. Auf Asperifoliaceen. Phyllosticta Pulmonariae *Fuckel*, auf Pulmonaria.

Auf Bignoniaceen. 86. Auf Bignoniaceen. a) Phyllosticta Bignoniae *West.*, auf Catalpa syringaefolia.

b) Phyllosticta Tweediana *Penz.* et *Sacc.*, auf Bignonia Tweediana in Italien.

c) Phyllosticta Tecomae *Sacc.*, erysiphoides *Sacc.*, Henriquesii *Thüm.*, auf Blättern von Tecoma radicans.

87. Auf Scrofulariaceen. a) Phyllosticta Pentstemonis *Cke.*, auf Pentstemon grandiflorus in Kew. Auf Scrofulariaceen.

b) Phyllosticta Digitalis *Bell.*, und Phyllosticta tremniacensis *C. Mass.*, auf Digitalis lutea.

c) Phyllosticta Verbasci *Sacc.*, und Phyllosticta verbascicola *Ell.* et *K.*, auf Verbascum.

d) Phyllosticta Paulowniae *Sacc.*, auf Paulownia imperialis in Italien und Frankreich.

e) Phyllosticta Scrophulariae *Sacc.*, und Phyllosticta scrophularina *Sacc.*, auf Scrophularia nodosa in Italien.

f) Phyllosticta Linariae *Sacc.*, auf Linaria Elatine in Frankreich.

88. Auf Campanulaceen. Phyllosticta Campanulae *Sacc.*, auf Campanula Trachelium und glomerata. Auf Campanulaceen.

89. Auf Dipsaceen. Phyllosticta Cephalariae *Wint.*, auf Cephalaria am Kap. Auf Dipsaceen.

90. Auf Cucurbitaceen. a) Phyllosticta Cucurbitacearum *Sacc.*, auf hellen, trockenen Blattflecken des Kürbis; Sporen oblong, gekrümmt, farblos, 0,005—0,006 mm lang. Auf Cucurbitaceen.

b) Phyllosticta orbicularis *E.* et *E.*, auf den Blättern des Kürbis in Nordamerika, mit geraden Sporen.

c) Phyllosticta Lagenariae *Pass.*, auf Blättern von Lagenaria vulgaris in Italien.

91. Auf Kompositen. a) Phyllosticta dahliaecola *Brun.*, auf Dahlia in Frankreich. Auf Kompositen.

b) Phyllosticta Scorzonerae *Pass.*, auf Scorzonera humilis in Frankreich.

c) Phyllosticta Cirsii *Desm.*, auf Cirsium lanceolatum und arvense in Italien.

d) Phyllosticta Sonchi *Sacc.*, auf Sonchus oleraceus in Italien.

e) Phyllosticta Leucanthemi *Speg.*, auf Chrysanthemum Leucanthemum in Italien.

f) Phyllosticta Lappae *Sacc.*, auf Lappa minor in Italien.

g) Phyllosticta Jacobaeae *Sacc.*, auf Senecio Jacobaea in Italien.

h) Phyllosticta Farfarae *Sacc.*, auf Tussilago Farfara in Italien.

i) Phyllosticta Arnicae *Fuckel.*, auf Arnica montana in der Schweiz.

k) Phyllosticta Aronici *Sacc.*, auf Aronicum scorpioides in der Schweiz und Italien.

l) Phyllosticta Cynarae *West.*, auf Cynara in Belgien.

92. Auf Caprifoliaceen. a) Phyllosticta vulgaris *Desm.*, (Phyllosticta Lonicerae *West.*), auf Lonicera Caprifolium, Periclymenum, ciliatum und Xylosteum. Auf Caprifoliaceen.

b) Phyllosticta Caprifolii (*Opitz*) *Sacc.*, auf Lonicera Caprifolium und Pallasii.

c) Phyllosticta nitidula *Dur.*, und Phyllosticta Implexae *Pass.*, auf Lonicera implexa.

d) Phyllosticta Weigeliae *Sacc.*, auf Weigelia rosea in Italien.

e) Phyllosticta Sambuci *Desm.*, und Phyllosticta sambucicola *Kalchb.*, auf Blättern von Sambucus nigra, racemosa und Ebulus.

f) Phyllosticta Ebuli *Sacc.*, auf Sambucus Ebulus.

g) Phyllosticta Opuli *Sacc.*, auf Blättern von Viburnum Opulus.

h) Phyllosticta tinea *Sacc.*, tineola *Sacc.*, Roumeguérii *Sacc.* und Viburni *Pass.*, auf Viburnum Tinus.

i) Phyllosticta Symphoricarpi *West.*, und symphoriella *Sacc. et March.*, auf Symphoricarpus racemosus.

Depazea. Anhang. Mit dem Namen Depazea *Fr.* sind verschiedene blattfleckenerzeugende Pilze bezeichnet worden, welche ebensolche kleine Pykniden besitzen, deren Sporen aber noch unbekannt waren. In der Folge sind sie mehrfach als Angehörige von Phyllosticta erkannt worden. Zu denjenigen, bei denen die Sporen noch unbekannt sind und welche einstweilen noch mit jenem Namen benannt werden, gehören besonders Depazea Sorghi *Auzi* auf Sorgho, Depazea polygonicola *Lasch.* auf Buchweizen, Depazea Spinaciae *Fr.* auf Spinat, Depazea Meliloti *Lasch.* auf Melilotus.

IV. Phoma *Fr.*

Phoma. Diese Gattung hat wie die vorige unter der Epidermis, beziehendlich unter der Korkhaut sitzende, vollständig sackförmig geschlossene, mit einem deutlichen Porus am Scheitel nach außen geöffnete, rundliche Pykniden mit brauner, häutiger oder lederartiger Wand und mit ebenfalls einzelligen, farblosen, kugeligen bis cylindrischen Conidien, welche bei der Reife aus dem Porus in wurmförmigen Massen hervorquellen. Sie unterscheidet sich von der vorigen aber darin, daß diese Pilze nicht auf umschriebenen kranken Blattflecken vorkommen, sondern meist größere Teile der Pflanzen auf Blättern, Stengeln, Wurzeln oder Früchten befallen, unter Entfärbung, Vertrocknung oder Fäulnis der getöteten Partien. Darum dürfen auch die unten mit aufgeführten, aber auf Blattflecken vorkommenden Formen richtiger zu Phyllosticta zu rechnen sein. Die meisten Arten von Phoma sind rein saprophyt und bleiben hier ausgeschlossen. Unter dem Namen Macrophoma hat man diejenigen Phoma-Arten zusammengefaßt, deren Sporen größer als 0,015 mm sind, und als Dendrophoma diejenigen bezeichnet, wo die in den Pykniden befindlichen Basidien, von denen die Sporen abgeschnürt werden, quirlförmig ästig sind; doch dürften diese Merkmale als sichere Gattungsunterschiede kaum brauchbar sein.

Auf Weizen. 1. Phoma Hennebergii *Kühn.*, auf den Spelzen bis an die Basis der Grannen des Weizens und Dinkels. Diese Teile nehmen ein schmutziggraues Aussehen an; in der Mitte, die allmählich in weißgrau ausbleicht, werden zerstreut stehende, schwarze, 0,01—0,15 mm große Pünktchen, die Früchte des Pilzes, sichtbar. Die Sporen sind cylindrisch, gerade oder schwach gekrümmt, 0,014—0,018 mm lang. Bei frühzeitigem Auftreten veranlaßt der Pilz eine minder vollkommene Ausbildung und in sehr ungünstigen Fällen Verkümmerung der Körner, auch eine Verminderung des Futterwertes der Spreu. Zuerst hat Kühn[1]) den Pilz bei Kreuth in Oberbayern am Sommerweizen beobachtet; in der neueren Zeit habe ich ihn auch in verschiedenen Gegenden Norddeutschlands gefunden. Solche Ähren, wo ein bis mehrere Blüten befallen sind und weißfleckige Spelzen zeigen, finden sich dann mehr oder minder zahlreich unter den gesunden Ähren. Von Eriksson[2]) ist der Pilz 1889 auch bei Stockholm auf einem ca. 40 Ar großen Acker Sommerweizen beobachtet worden, wo fast keine einzige gesunde Ähre zu finden war und die Körner sämtlich mißfarbig und geschrumpft waren. Seit 1894 habe ich den Pilz außer auf den Spelzen auch auf den Blättern des Weizens in Begleitung andrer Weizenblattpilze, besonders Leptosphaeria Tritici (S. 302) gefunden[3]).

2. Phoma Secalis *Prill.* et *Delacr.*, auf gelbwerdenden Blattscheiden des Roggens. Sporen 0,014 mm lang, 0,004 mm breit, ovalspindelförmig, farblos. Von Prillieux und Delacroix[4]) in Frankreich beobachtet. Auf Roggen.

3. Phoma necatrix *Thüm.*, auf Halmen, Blättern und Blattscheiden der Reispflanzen in Italien, nach Thümen[5]). Sporen 0,010—0,012 mm lang. Auf Reis.

4. Phoma crocophila *Sacc.* (Perisporium crocophilum *Mont.*), auf den Zwiebeln des Safrans bei einer Tacon genannten Krankheit desselben in Frankreich. Die sehr kleinen Pykniden enthalten sehr kleine, kugelige Sporen[6]). Auf Safran.

5. Phoma Betae *Frank*, die Ursache der Herzfäule und der Trockenfäule der Zuckerrüben (Beta vulgaris). Die Krankheit beginnt meist etwa von Anfang August an sich zu zeigen an dem Schwarzwerden und Vertrocknen der jüngsten Herzblätter, während zugleich nach und nach auch die älteren Blätter in derselben Weise absterben, sodaß dann im September manche Rübenpflanze ihre sämtlichen Blätter verloren hat. Ebenso geht sie an den Samenstengeln in braunen Streifen bis nach den Blüten und Fruchtknäulen hinauf. Die Pflanze macht dann, da der Wurzelkörper noch am Leben ist, Versuche, durch Austreiben von Seitenknospen eine abermalige Belaubung zu erzeugen, die aber nicht viel mehr nützt. Denn nur selten bleibt es bei der Herzfäule allein; von dem Herz und von der Basis der toten Blätter aus setzt sich die Bräunung des Gewebes auch in die Rinde des Rübenkörpers fort und erzeugt dort Fäulniserscheinungen, vorwiegend am Kopf und im oberen Teile der Rübe. Je früher die Krankheit auftritt und je rascher sie fortschreitet, desto größer ist die Benachteiligung der Ausbildung des Rübenkörpers. Der Pilz, welcher diese Krankheit verur- Herzfäule und Trockenfäule und Wurzelbrand der Zuckerrüben.

[1]) Rabenhorst, Fungi europaei Nr. 2261.

[2]) Mitteil. a. d. Experimentalfelde der Kgl. Landb.-Akad. Nr. 11. Stockholm 1890. Refer. in Zeitschr. f. Pflanzenkrankh. I. 1891, pag. 29.

[3]) Jahresber. d. Sonderaussch. f. Pflanzenschutz in Jahrb. d. deutsch. Landw. Ges. 1893, pag. 408, und Zeitschr. f. Pflanzenkrankh. III., 1893, pag. 28.

[4]) Bull. Soc. Mycol. de France V. 1890, pag. 124.

[5]) Pilze der Reispflanzen, pag. 12.

[6]) Vergl. Montagne, Mém. Soc. de Biologie I. 1849, pag. 68.

facht, ist erst kürzlich von mir entdeckt und beschrieben worden[1]). Die erkrankten Teile der Rübenpflanze sind von ziemlich dicken, mit Querscheidewänden versehenen Myceliumfäden durchzogen, welche die Zellhäute durchbohrend und den Innenraum der Zellen in den verschiedensten Richtungen durchwachsend, von Zelle zu Zelle weiter dringen, indem sie jede lebende Zelle, die sie erreicht haben, sehr bald töten unter Bräunung und Schrumpfung des Protoplasmas. An den getöteten Teilen, sowohl auf den Blättern, als auch besonders häufig auf den Blattstielen und am Blattstielgrunde, desgleichen auch an den erkrankten Teilen des Rübenkörpers, bildet der Pilz seine Pykniden, kleine, dem bloßen Auge wie dunkle Pünktchen erscheinende, etwa 0,2mm im Durchmesser große Kapseln, die in den äußeren Zellgewebschichten nisten, eine aus wenigen Zellschichten bestehende braune Wand besitzen und auf ihrem Scheitel mit einem kleinen, runden Porus nach außen geöffnet sind. Diese Pykniden stehen ganz regellos zerstreut, bald dichter, bald spärlicher, und manchmal kommen sie an erkrankten Stellen der

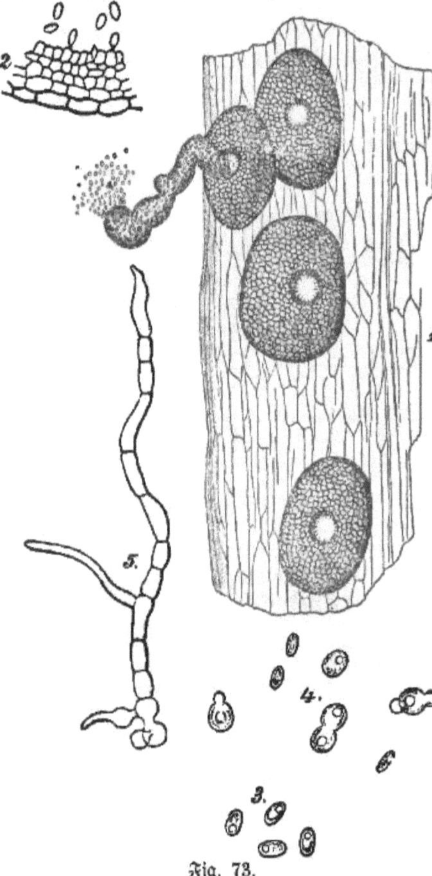

Fig. 73.

Phoma Betae. 1. Mehrere Pykniden auf einem Stück eines Blattstielgrundes der Zuckerrübe. Eine Frucht entleert soeben die Sporen aus ihrer Mündung, 100fach vergrößert. 2. Stückchen eines Durchschnittes durch die Fruchtwand einer Pyknide, mit der Sporenbildung auf der Innenseite. Stärker vergrößert. 3. Reife Sporen. 4. Sporen in verschiedenen Stadien der Keimung. 5. Ein aus einer Spore entstandener Keimling.

[1]) Zeitschr. für Rübenzucker-Industrie XLII, 1892, pag. 903.

Entwickelung; am öftersten trifft man sie auf den älteren Blattstielen. Die in den Pykniden in großer Anzahl gebildeten Conidien werden in wurstförmigen Massen hervorgepreßt, worauf sie sich im Wasser und in der Feuchtigkeit des Bodens schnell verteilen. Sie sind länglich rund, farblos, einzellig, 0,001 mm lang (Fig. 73). In Pflaumendecoct oder dergleichen, besonders leicht in Rübenblätterdecoct, keimen sie schon in 24 Stunden; sie schwellen dabei auf das Doppelte der ursprünglichen Größe an und treiben dann an einem oder an beiden Enden einen Keimschlauch, der aber meist zunächst nur wie mehrere blasenförmig gereihte Glieder erscheint und dann erst allmählich mehr fadenförmig weiter wächst. Bei solchen Sporenaussaaten im Hängetropfen konnte ich den Pilz zu kräftiger Myceliumbildung und in kurzer Zeit auch wieder zur Bildung seiner typischen Pykniden bringen. Derselbe gehört also zu den Pilzen, welche fakultativ sowohl parasit wie saprophyt wachsen können. Bei den weiteren Untersuchungen, welche in meinem Institute von Krüger[1]) angestellt worden sind, ist die Übertragung des Pilzes durch Infektionsversuche mit Sporen auf gesunde Rüben, auf Rübensamen, Rübenkeimpflänzchen und auf junge Rübenblätter nachgewiesen worden. Die Keimpflänzchen werden von dem Pilze unter den Symptomen des sogenannten Wurzelbrandes oder der schwarzen Beine, was auch durch andre Pilze veranlaßt werden kann (S. 89), getötet, d. h. sie fallen um unter Schwärzung des verpilzten hypokotylen Gliedes. In den letzten Jahren haben wir vielfach an wurzelbrandigen Rübenkeimpflänzchen, welche aus verschiedenen Gegenden eingesandt wurden, Phoma Betae in den Pykniden konstatieren können. Dagegen hat sich eine Übertragbarkeit auf andre Pflanzen als wenig wahrscheinlich erwiesen. Da der Pilz auf die oberen Teile der Samenrübenstengel und bis auf die Früchte geht, so ist die Möglichkeit der Übertragung des Pilzes durch den Samen gegeben; ich habe in der That bei Durchmusterung beliebig gewählter käuflicher Rübensamen auf einzelnen Samenknäueln Phoma-Pykniden konstatieren können. Der Gedanke liegt also nahe, daß in Rübensamenzüchtereien bereits verpilzte Samenknäuel ins Saatgut gelangen. Die kürzlich von mir vorgeschlagene Samenbeize der Rübensamen in Kupfervitriol-Kalkbrühe vor der Aussaat ist daher ein Mittel gegen die Einschleppung des Pilzes. Aus der Übertragung der parasitären Pilzkeime mittelst der Rübensamen erklärt sich auch die von Hellriegel[2]) gemachte Beobachtung, daß alle aus einem Rübenknäuel hervorgegangenen Pflanzen denselben Grad starker Erkrankung an Wurzelbrand oder gesunder Entwickelung zeigen und daß durch 20 stündige Samenbeize mittelst 1 proz. Karbolsäure, wodurch allerdings die Keimfähigkeit geschwächt wurde, 98 proz. Rüben gesund blieben und ohne diese Beize nur 13 Prozent. Auch die Beobachtungen, welche Karlson[3]) am Wurzelbrand der Rüben im Gouvernement Charkow gemacht hat, ergaben, daß nicht Insekten, sondern Pilzmycelien die Ursache sind, welche aber, da sie ohne Fruktifikation auftraten, unbestimmbar sind. Karlson wies auch nach, daß die Keime dieser Pilze schon an den Samen vorhanden

[1]) Zeitschr. f. Rübenzucker-Industrie 1893, pag. 90.

[2]) Schädigung junger Rüben durch Wurzelbrand ꝛc. Deutsche Zuckerindustrie XV, pag. 745.

[3]) Der Wurzelbrand, Mitth. der Petrowski'schen Akad. f. Landwirtsch. 1890, refer. in Zeitschr. f. Pflanzenkrankh. II., 1892, pag. 112.

sind. Desinfektion der Samen mit Karbolsäure oder Kupfervitriol verminderte daher die Häufigkeit des Wurzelbrandes, beseitigte ihn aber nicht, weil auch der Erdboden diese Keime enthält. Nach Karlson sollen aber nur schwächliche Keimpflanzen vom Wurzelbrand befallen werden und die Rübe überhaupt nur in der Periode der Keimpflanze dafür empfänglich sein; er rät daher Auswahl des besten Samens und möglichste Vervollkommnung der Rübenkultur betreffs Bodenwahl, Düngung und Bearbeitung.

Begünstigung durch Trockenheit.

Die Jahre 1892 und 1893, in denen die Herzfäule der Rüben sehr stark aufgetreten ist, zeichneten sich durch sehr trockene Sommer aus. Trockenheit während der Hauptentwickelungsperiode der Rübenpflanze scheint die Krankheit zu begünstigen. Auch zeigten in den kranken Rübenschlägen die Streifen, in denen Drainstränge liegen, sowie Stellen mit stark Wasser haltendem Thon oder Lehm oder auf zugepflügten, tiefen Grasgräben auffallend gesündere Pflanzen. Die Erklärung hierfür ergiebt sich nach meinen neuesten Untersuchungen daraus, daß Phoma Betae in vollständig frische und unversehrte Rübenblätter nicht eindringt, wohl aber leicht und schnell, wenn dieselben durch Abwelken geschwächt oder mit Wundstellen versehen sind. Hiermit hängt auch die Beobachtung zusammen, daß auf dem Gute Winterbergshof in der Uckermark, wo die Krankheit seit 1886 sehr stark auftritt, diejenigen Schläge zuerst die Krankheit bekommen, auf welche einige Jahre vorher die aus der Zuckerfabrik stammende, Scheidekalk enthaltende Schlammerde aufgebracht worden ist; denn Kalkzusatz zum Erdboden wirkt austrocknend. Auf den einmal verseuchten Stellen erscheint die Krankheit immer wieder, sobald nach einigen Jahren wiederum Rüben daselbst gebaut wurden. Aus meinen jüngsten, noch nicht publizierten Versuchen hat sich ergeben, daß die Sporen des Pilzes im Erdboden ohne zu keimen keimfähig überwintern, und daß man sie dann im Frühlinge zur charakteristischen Keimung gelangen sieht, wenn man sie z. B. in Rübenblätterdecoct bringt. Durch diese Beobachtung wird erklärlich, warum der Erdboden bei dieser Krankheit auf Jahre hinaus seine Infektionskraft behält.

Verbreitung.

Die gegenwärtig und besonders in dem trocknen Sommer 1893 in bedenkenerregender Weise aufgetretene Herzfäule hat sich nach den übereinstimmenden Beobachtungen, die auf den besonders heimgesuchten Gütern der Provinzen Brandenburg und Schlesien gemacht wurden, seit der Mitte der 80 er Jahre gezeigt. Nach Entdeckung des Pilzes wurden von mir genauere Erhebungen über die Verbreitung der Krankheit angestellt; im Jahre 1893 wurde dieselbe konstatiert in den Ländern Schlesien, Posen, Westpreußen, Pommern, Mecklenburg, Brandenburg, Provinz Sachsen, Hannover, Hessen, Rheinprovinz. Im Jahre 1892 haben auch Prillieux und Delacroix[1]) in Frankreich bei Mondonbleau (Loir et Cher) die Herzfäule der Rüben beobachtet und beschreiben einen dabei gefundenen Pilz unter dem Namen Phyllosticta tabifica, der nach der gegebenen Beschreibung mit Phoma Betae völlig übereinzustimmen scheint; der Name Phyllosticta paßt für unsern Pilz nicht, da er streng blattfleckenbildende Pilze bezeichnet. Auf den weißlichen Flecken der getöteten Blattstiele fanden Prillieux und Delacroix eine Perithecienform, welche sie Sphaerella tabifica nennen und von der sie vermuten, daß sie zu Phoma Betae gehört

---

[1]) Refer. in Zeitschr. f. Pflanzenkrankheiten II., 1892, pag. 108.

Inzwischen ist auch in Belgien der neue Rübenpilz konstatiert worden. Ob in früheren Jahren beobachtete ähnliche Rübenkrankheiten von dem nämlichen Pilze veranlaßt waren, läßt sich jetzt nicht mehr entscheiden. Möglicherweise aber ist dieser Pilz auch die Ursache gewesen einer Rübenkrankheit, welche beobachtet wurde in Frankreich zuerst 1845 und daselbst 1851 einen Verlust von 400000 Ctr. Zucker verursachte[1]; später auch in England und in Deutschland, hier z. B. von Kühn[2]) bei Bunzlau von 1848 bis 1854, wo sie in manchen Jahren äußerst heftig auftrat. Sie zeigte sich gewöhnlich schon auf dem Felde im September an einem Schwarzwerden der Herzblättchen der Rübenpflanzen, von wo aus die Erkrankung auch allmählich auf die Rüben sich verbreitete, so daß diese bei der Aufbewahrung im Winter nach und nach vollständig in Fäulnis übergingen. Dieselbe Fäulnis beobachtete Kühn ebendaselbst auch an den Möhren[3]) und an den Kohlrüben[4]). Trotz der Ähnlichkeit der Symptome bleibt die Identität mit der jetzigen Krankheit zweifelhaft, da Kühn von Pilzmycelium in den kranken Partien und von Phoma-Pykniden nichts erwähnt.

Als Bekämpfungsmittel hat sich nach meinen neuesten Untersuchungen Bespritzung der Rübenpflanzen mit Kupfervitriolkalkbrühe nicht bewährt. Vermeidung leicht austrocknender Lagen für die Anlegung der Rübenfelder und möglichst frühe Entfernung des kranken Pflanzenmaterials von den Rübenschlägen sind vorläufig die einzigen Gegenmittel. **Bekämpfungsmittel.**

6. Phoma rheïna *Thüm.*, auf Blättern von Rheum Rhaponticum in Görz. **Auf Rheum.**

7. Phoma Mahoniae *Thüm.* und Phoma Mahoniana *Sacc.*, auf trocknen Blattflecken von Mahonia Aquifolium. **Auf Mahonia.**

8. Phoma nobilis *Thüm.*, auf trocknen Blattflecken von Laurus nobilis in Portugal. **Auf Laurus.**

9. Phoma siliquarum *Sacc.* et *Roum.*, auf ausbleichenden Flecken der Schoten des Kohls; die als dunkle Pünktchen erscheinenden Pykniden sind 0,2 mm groß; die oblongen Sporen 0,008 mm lang. **Auf Kohl.**

10. Phoma Siliquastrum *Desm.*, auf ebensolchen Fruchtflecken des Kohls, mit sehr kleinen, zahlreichen Pykniden und 0,005 mm langen oblongen Sporen; vielleicht mit dem vorigen Pilze identisch.

11. Phoma Brassicae *Frank*, auf noch grünen Rapsstengeln lange, bleiche Flecke erzeugend, auf denen die braunen, mit dunkler, runder Mündung versehenen, 0,12 mm großen Pykniden sitzen, welche sehr kleine, 0,0027 bis 0,0036 mm lange ovale Sporen enthalten. **Auf Raps.**

12. Phoma herbarum *West.*, auf schwärzlichen Flecken der Stengel des Flachses; die zahlreichen Pykniden enthalten eiförmige, farblose, 0,006 bis 0,011 mm lange Sporen. Diese Species kommt auch auf den Stengeln der verschiedensten Kräuter vor, aber wohl in der Regel nur saprophyt auf schon abgestorbenen Pflanzen. **Auf Flachs.**

13. Phoma uvicola *B.* et *C.*, ist die Ursache einer in Nordamerika seit 1848 beobachteten und jetzt unter dem Namen Black-rot, Schwarz- **Schwarzfäule der Weinbeeren.**

[1]) Payen, Les maladies des pommes de terre et des betteraves. Paris 1853.

[2]) Krankheiten der Kulturgewächse, pag. 232.

[3]) l. c. pag. 241.

[4]) l. c. pag. 254.

fäule bekannten Krankheit der Weinbeeren, die in manchen Staaten eine gänzliche Zerstörung der Traubenernte veranlaßt. Sie ist ursprünglich auf den wilden Reben in Nordamerika zu Hause, von diesen aber auf die kultivierten übergegangen und seit 1885 auch in Frankreich beobachtet worden. Nach Briosi[1]) wäre sie auch in Italien vorhanden. Scribner[2]) giebt folgende Beschreibung der Krankheit. Einzelne Beeren der Traube erkranken, etwa wenn sie $^{2}/_{3}$ der normalen Größe erreicht haben; ein mißfarbig brauner Fleck verbreitet sich allmählich über die ganze Beere, so daß schließlich die letztere hart und geschrumpft erscheint und die Haut dicht auf den Kernen aufliegt, während auf der kranken Stelle schwarze Pusteln erscheinen. Letztere sind teils Spermogonien mit cylindrischen, 0,005—0,008 mm langen keimungsunfähigen Spermatien, teils die größeren Phoma-Pykniden mit runden oder länglichen, 0,008 mm großen Sporen, die in Schleimranken ausgestoßen werden und leicht keimen. Von Bidwill sollen im Mai an hängengebliebenen geschrumpften Beeren, und von Ellis an Beeren, die über Winter auf der Erde gelegen hatten, den Pykniden ähnliche, mit ihrer Mündung durch die Oberhaut hervorbrechende Perithecien mit achtsporigen Schläuchen und eiförmigen, einzelligen, 0,012—0,014 mm langen Sporen gefunden worden sein, welche als Physalospora Bidwillii *Sacc.* bezeichnet und für die Schlauchform des Phoma uvicola gehalten wurden. Nach Fréchon[3]) sollen in denselben Behältern, welche früher Pykniden waren, später die Sporenschläuche entstehen. Diese Ansicht vertreten auch Viala und Ravaz[4]), welche durch Aussaat der Ascosporen auf den Weinblättern Black-rot erzeugt haben wollen, übrigens den Pilz wegen des Fehlens der Paraphysen Laestadia Bidwillii nennen, kürzlich ihn aber in Guignardia Bidwillii umtauften. Es ist auch eine Physalospora Baccae *Cavara* beschrieben worden, auf noch unreifen Weinbeeren in Norditalien; die Perithecien sitzen zerstreut unter der Oberhaut der Beeren und brechen zuletzt hervor; die Ascosporen sind elliptisch, 0,015—0,016 mm lang. Dieser Pilz ist vielleicht von jenem verschieden. Viala und Ravaz fanden auch auf am Boden liegenden Beeren kleine Sklerotien mit weißem Mark und schwarzer Rinde, auf welchen sich einfache Conidienträger mit ovalen einzelligen Conidien entwickelten.

Der Pilz tritt außer auf den Beeren auch auf allen vegetativen Organen auf, verschont jedoch das ausgereifte Holz. Die Reben selbst werden auch durch den Pilz nicht getötet. Auf den Blättern erzeugt er scharf begrenzte Flecke, die von denen, welche Sphaceloma ampelinum verursacht, verschieden sind durch ihre bedeutendere Größe, durch ihre gleich von Anfang an dürre, abgestorbene Beschaffenheit und durch die mit bloßem Auge noch sichtbaren schwarzen Pusteln, die aus den Pykniden bestehen. In den Vereinigten Staaten ebenso wie in Frankreich tritt die Krankheit nur auf, wo das Klima sehr warm und sehr feucht ist; daher scheint sie sich auch

---

1) Bolletino di Notizie agrarie. Rom 1886, pag. 1613.

2) Report of the fungus diseases of the grape vine. Departem. of agricult. Section of plant pathologie. Washington 1886.

3) Compt. rend. T. CVI. 1888, pag. 1361.

4) Compt. rend. CVI. 1888, pag. 1711, u. Soc. Mycol. de France VIII. 1892, pag. 63. Vergl. auch Prillieux, in Bull. Soc. Mycol. France 1888, pag. 59, und Rathay, der Black-root. Zeitschr. f. Pflanzenkrankh. I. 1891, pag. 306, und II. 1892, pag. 111.

bis jetzt nicht nach Österreich und Deutschland verbreitet zu haben. Als Gegenmittel wird von Scribner geraten, die kranken Beeren zu sammeln und zu verbrennen, sowie die Trauben durch Einhüllen in Papierbeutel oder durch Bedachung der Spaliere vor Regen und Tau zu schützen, weil die Phoma-Sporen bei Trockenheit nicht keimen und die Fäulnis bei trocknem Wetter verschwindet. Galloway[1]) und andre haben vom Bespritzen der Weinstöcke mit Bordelaiser Brühe zur Zeit, wo die Blüten sich öffnen, guten Erfolg gehabt. Entgegen der Behauptung Rösler's und Göthe's, daß der Black-rot seit Jahren auch in Österreich vorhanden sei, machte Rathay[2]) geltend, daß dies nicht erwiesen sei, vielmehr auf einer Verwechselung mit Phoma Vitis *Bon.* (s. unten) beruhe, und daß das Verbot der Österreichisch-Ungarischen Regierungen gegen die Einfuhr amerikanischer Schnittreben wegen der Black-rot-Gefahr zweckmäßig sei.

Andre Phoma-Arten auf Weinbeeren.

14. Phoma baccae *Catt.*, auf den Beeren des Weinstockes kleine braune Flecke erzeugend, die jedoch die Entwickelung der Beeren nicht wesentlich beeinträchtigen. Die auf den Flecken stehenden punktförmigen, schwarzen Pykniden enthalten eiförmige, farblose, 0,012 mm lange Sporen.

15. Phoma lenticularis *Cav.*, Pykniden linsenförmig abgeflacht auf den Beeren des Weinstocks in Italien; Sporen cylindrisch-elliptisch, 0,0075—0,0085 mm lang.

16. Phoma ampelocarpa *Pass.*, auf braunen Flecken der Weinbeeren in Italien; Sporen länglich-elliptisch, 0,0075 mm lang.

17. Macrophoma acinorum *Pass.*, auf braunen Flecken reifer Weinbeeren in Italien; Sporen 0,020—0,028 mm lang, spindelförmig.

18. Macrophoma flaccida *Cav.*, auf trocknen Weinbeeren in Südfrankreich und Italien; Sporen 0,016—0,018 mm lang, spindelförmig.

19. Macrophoma reniformis *Cav.*, auf trocknen Weinbeeren in Frankreich und Italien; Sporen 0,022—0,028 mm, cylindrisch.

Auf Zweigen des Weinstocks.

20. Phoma Cookei *Pirotta*, an den Knoten der Zweige des Weinstockes in England; Sporen 0,013 mm lang.

21. Phoma ampelina *B.* et *C.*, Phoma confluens *B.* et *C.* und Phoma pallens *B.* et *C.* sind ähnliche, an den Zweigen des Weinstockes in Amerika beobachtete Formen, von denen es auch fraglich ist, ob sie parasitär sind.

22. Phoma viticola *Sacc.*, auf den Zweigen des Weinstockes, mit zerstreut stehenden, wie schwarze Pünktchen erscheinenden Pykniden, ohne kranke Flecke zu bilden; Sporen ellipsoidisch, farblos, 0,007 mm lang. Es ist fraglich, ob dieser Pilz parasitär ist.

23. Phoma Vitis *Bon.*, wie der vorige Pilz auf den Zweigen des Weinstockes; Sporen eiförmig-elliptisch, farblos, 0,003—0,0035 mm lang. Von diesem Pilze gilt dasselbe wie vom vorigen.

24. Phoma longispora *Cooke*, auf bleichen, trockenen Flecken der Zweige des Weinstockes; die dicht beisammenstehenden, punktförmig kleinen, schwarzen Pykniden haben cylindrisch-gerade oder gekrümmte, farblose, 0,020 mm lange Sporen.

---

[1]) Journ. of Mycology V., pag. 204, 219, und Bull. Soc. Myc. de France V. 1890, pag. 124.

[2]) Refer. in Zeitschr. f. Pflanzenkrankh. I. 1891, pag. 180.

Auf Blättern des Weinstocks. 25. Phoma Negriana *Thüm.*, auf regellosen und verschiedengestalteten trocknen Flecken der Blätter des Weinstocks; die Flecken sind oberseits weißlichgrau, unterseits braun; die kleinen, punktförmigen Pykniden befinden sich an der Oberseite; die Sporen sind cylindrisch-elliptisch, farblos, 0,005 bis 0,007 mm lang. In Oberitalien, wo die Krankheit Giallume genannt wird.

26. Phoma Farlowiana *Viala* et *Sacc.*, auf den Blättern von Vitis Labrusca und riparia in Nordamerika; Sporen länglich eiförmig, 0,021 mm lang.

27. Macrophoma viticola *Berl.* et *Vogl.*, auf Blättern des Weinstockes in Amerika, aber fraglich ob parasitär. Sporen 0,022—0,024 mm lang.

Auf Wallnüssen. 28. Phoma Juglandis *Sacc.*, auf der grünen Fruchtschale der Wallnußfrüchte dunkle, trockne Flecke bildend; Pykniden punktförmig, schwarz; Sporen spindelförmig, farblos.

Auf Morus. 29. Phoma Morum *Sacc.*, auf noch lebenden Zweigen von Morus alba, in Italien im Frühlinge 1884 häufig und schädlich nach Saccardo[1]).

Auf Citrus. 30. Phoma enstuga *Penz.* et *Sacc.*, auf bleichen Blattflecken von Citrus Limonum in Italien.

31. Dendrophoma valsispora *Penz.*, auf trocknen Blattflecken von Critrus Limonum in Italien.

Auf Epheu. 32. Phoma hederacea *Arc.*, auf Blättern des Epheus in Italien.

Auf Äpfeln. 33. Phoma pomorum *Thüm.*, auf reifen Äpfeln, auf runden weißen, trocknen Flecken.

Auf Aprikosen. 34. Phoma Armeniacae *Thüm.*, erzeugt auf den fast reifen Früchten der Aprikosen rundliche, weiße, dann schmutziggraue Flecke, auf denen punktförmige, schwarze Pykniden stehen; Sporen oval, farblos oder hellgrau, 0,002—0,003 mm lang.

Auf Hardenbergia. 35. Phoma Hardenbergiae *Penz.* et *Sacc.*, auf den Blättern von Hardenbergia ovata trockne Flecke erzeugend, wodurch die Blätter getötet werden; in Italien.

Auf Oliven. 36. Phoma Oleae *Sacc.*, auf den Früchten des Ölbaumes in Italien harte, schwarze, runde Flecke erzeugend, Sporen 0,0045 mm lang, und Phoma incompta *Sacc.* et *Mort.*, ebendaselbst, auf rötlichen Flecken, Sporen 0,006—0,008 mm lang.

37. Phoma Olivarum *Thüm.*, auf Früchten des Ölbaumes in Österreich; Sporen 0,003—0,005 mm lang.

38. Phoma dalmatica *Sacc.*, ebendaselbst, Sporen 0,022 mm lang.

Auf Hoya. 39. Phoma Bolleana *Thüm.*, auf trocknen Blattflecken von Hoya carnosa in Gewächshäusern in Görz.

Auf Kartoffeln. 40. Phoma solanicola *Prill.* et *Delacr.*, auf den Stengeln der Kartoffelpflanze (Richter's Imperator) weiße oder gelbliche, große, ovale Flecke erzeugend; die Pykniden brechen nur mit ihren Hälsen hervor. Die eiförmigen, farblosen Sporen sind 0,0075 mm lang und 0,003 mm breit. Der Pilz wurde in Frankreich von Prillieux und Delacroix[2]) beobachtet.

Auf Kürbis. 41. Phoma Cucurbitacearum *Sacc.*, bildet kleine, schwarze Fleckchen auf den Kürbisfrüchten; Pykniden aus der Epidermis hervorragend; Sporen oblong, 0,0075 mm lang.

---

[1]) Boll. mens. di Bachicoltura. Padua 1884, Nr. 4, pag. 15.

[2]) Bull. Soc. Mycol. de France VI. 1890, pag. 174.

42. **Phoma subvelata** *Sacc.*, wie der vorige Pilz auf den Früchten der Kürbisse, Pykniden von der Epidermis bedeckt; Sporen oblong, cylindrisch, in der Mitte etwas eingeschnürt, 0,008—0,009 mm lang.

Auf Gurke.

43. **Phoma decorticans** *de Not.*, auf den Früchten der Gurke kleine, schwarze Pünktchen bildend, welche von der später zerreißenden Epidermis bedeckt sind; Sporen oblong-spindelförmig, farblos, 0,010 mm lang.

Auf Hieracium.

44. **Phoma Hieracii** *Rostr.*, auf den Blättern] von Hieracium prenanthoides in Grönland.

V. Sphaeronema. *Fr.*

Sphaeronema.

Die Sporen stimmen mit denen von Phoma überein, die Pykniden sind in der Unterlage eingesenkt oder mehr oder weniger oberflächlich und unterscheiden sich von denen von Phoma durch eine halsförmig verlängerte Mündung.

Auf Bataten.

1. **Sphaeronema fimbriatum** *Sacc.*, auf den Knollen von Batatas edulis, welche dadurch erkranken, in Nordamerika. Die Pykniden besitzen einen gewimperten Mündungshals; die Sporen sind kuglig-elliptisch, farblos, 0,005—0,009 mm lang.

Auf Tomaten.

2. **Sphaeronema Lycopersici** *Plowr.*, auf Früchten der Tomaten in England, mit kreisförmig angeordneten Pykniden; Sporen cylindrisch, 0,010 mm lang.

VI. Chaetophoma *Cooke.*

Chaetophoma.

Die Pykniden sind denen von Phoma in Bau und Sporen im wesentlichen gleich, sitzen aber oberflächlich auf dem Pflanzenteile auf einem sichtbaren, braunfädigen Myceliumgeflecht. Es sind wohl meist Pykniden der Gattung Capnodium oder Meliola (S. 270 und 276); von den folgenden Arten sind noch keine Perithecien bekannt.

Auf Musa.

1. **Chaetophoma Musae** *Cooke*, auf braunschwarzen Flecken der Blätter von Musa, zugleich mit Cladosporium-Conidienträgern.

Auf Sabal.

2. **Chaetophoma Sabal** *Cooke*, bildet sammetartige, braune Flecke auf Sabal, zugleich mit Macrosporium-Conidienträgern.

Auf Cycas.

3. **Chaetophoma Cycadis** *Cooke*, auf braunen Flecken an der Unterseite der Fiedern von Cycas, ebenfalls mit Macrosporium-Conidienträgern.

VII. Asteroma *DC.*

Asteroma.

Kleine, schwarze, aus dem Pflanzenteile hervorragende, kugelige Pykniden sitzen dicht beisammen auf einem schwarzen oder braunen Mycelium, welches strahlig verlaufende, am Rande sternartig ausstrahlende, in den Pflanzenteil eingewachsene Fäden darstellt; Sporen einzellig, farblos, eiförmig oder kurz cylindrisch. Diese Pilze erscheinen als strahlig-faserige, schwarze Flecke auf den Blättern, doch meist auf toten Teilen; nur die parasitischen sind hier erwähnt.

Auf Kohl.

1. **Asteroma Brassicae** *Chev.*, bildet bleiche Flecke auf den Blättern des Kohls, auf deren Mitte die sternförmig angeordneten Pykniden stehen, die vielleicht zu Sphaerella brassicaecola (S. 311) gehören.

Auf Erysimum. 2. Asteroma Alliariae *Fuckel*, auf Blättern von Erysimum Alliariae.

Auf Dentaria. 3. Asteroma radiatum *Fuckel*, auf Blättern von Dentaria pentaphyllum.

Auf Ulmus. 4. Asteroma Ulmi *Grev.* (Piggotia astroidea *B.* et *Br.*), auf Blättern von Ulmus campestris.

Auf Populus. 5. Asteroma Fuckelii *Sacc.*, auf der Unterseite der Blätter von Populus tremula und monilioides.

Auf Dianthus. 6. Asteroma Dianthi *Cooke*, auf Blättern und Stengeln von Dianthus.

Auf Himbeeren. 7. Asteroma Rubi *Fuckel*, bildet olivenbraune, feinfaserige Flecke auf den Zweigen der Himbeere.

Auf Rosen. 8. Asteroma punctiforme *Berk.*, auf den Blättern der Rosen in Nordamerika.

Auf Mispeln. 9. Asteroma Mespili *Rob.* et *Desm.*, bildet rundliche, am Rande strahlige, braune Flecke auf den beiden Blattseiten der Mispeln.

Auf Apfel-, Birnbaum rc. 10. Asteroma geographicum *Desm.*, bildet auf der Oberseite der Blätter des Apfelbaumes, Birnbaumes, von Sorbus Aria und torminalis, auch auf Prunus serotina, virginiana etc. schwärzliche Flecke, die aus landkartenähnlich durcheinander laufenden schwarzen Linien gebildet werden; Sporen oblong, 0,02 mm lang.

Auf Prunella. 11. Asteroma Prunellae *Purt.*, auf Stengeln, Blättern und Kelchen von Prunella vulgaris.

Auf Tussilago. 12. Asteroma impressum *Fuckel*, auf Blättern von Tussilago Farfara.

Auf Solidago. 13. Asteroma Solidaginis *Cke.*, auf Solidago elliptica in Kiew.

VIII. Vermicularia *Fr.*

Vermicularia. Die schwarzen, kugeligen oder kegelförmigen Pykniden sitzen ziemlich oberflächlich und sind mit langen, starren, durch Querwände gegliederten, dunkelbraunen Borsten bekleidet; die Sporen sind einzellig, farblos, spindelförmig oder cylindrisch. Die meisten Arten sind saprophyt und bleiben hier unberücksichtigt.

Auf Colchicum. 1. Vermicularia circinans *Berk.*, erzeugt graubraune, trockne Flecke auf Blättern und Stengeln der Zwiebeln, auf denen die sehr kleinen punktförmigen, schwarzen Pykniden kreisförmig angeordnet stehen. Sporen oblong, schwach gekrümmt.

2. Vermicularia Schoenoprasi *Fuckel*, auf Blättern und Zwiebeln von Allium Schoenoprasum.

Auf Trillum. 3. Vermicularia Colchici *Fuckel*, auf Blättern von Colchicum autumnale.

4. Vermicularia Peckii *Sacc.*, auf Blättern von Trillium erythrocarpum in Amerika.

Auf Ficus. 5. Vermicularia religiosa *Thüm.*, auf Blättern von Ficus religiosa.

Auf Stachelbeeren. 6. Vermicularia Grossulariae *Fuckel*, auf halbreifen Stachelbeeren, anfangs kleine, schnell sich vergrößernde, braune Flecke bildend, welche ein frühes Abfallen der Früchte zur Folge haben. Auf den Flecken brechen die Pykniden als zahlreiche, kleine, dunkelolivenbraune, konvexe, runde Wärzchen hervor, welche dicht mit ebenso gefärbten Haaren bedeckt sind. Die Sporen sind spindelförmig, gekrümmt, 0,02 mm lang.

7. Vermicularia trichella *Fr.*, auf braunen, sich vergrößernden Flecken der Blätter des Apfelbaums, Birnbaums 2c.; Sporen gekrümmt, spindelförmig, 0,016–0,025 mm lang. Auf Apfel-, Birnbaum 2c.

8. Vermicularia atramentaria *Berk. et Br.*, bildet strahlige schwarze Flecke auf den Stengeln der Kartoffel, auf denen die kleinen, punktförmigen, schwarzen, langborstigen Pykniden gesellig stehen; Sporen kurz cylindrisch. Auf Kartoffeln.

9. Vermicularia Ipomoearum *Schw.*, auf Stengeln von Ipomoea purpurea und coccinea. Auf Ipomoea.

10. Vermicularia Cucurbitae *Cooke*, auf Früchten der Kürbisse. Auf Kürbissen.

IX. Discosia *Lib.*

Die Pykniden sind im Umrisse rund, aber sehr flach konvex, schildförmig, schwarz, zwischen der Epidermis und der Cuticula eingewachsen, zuletzt am Scheitel unregelmäßig sich öffnend, auf ihrem Boden das Sporenlager tragend (Fig. 74); die Sporen sind gekrümmt, cylindrisch, einzellig, farblos, an der Spitze oft mit einem feinen wimperartigen Anhängsel. Discosia.

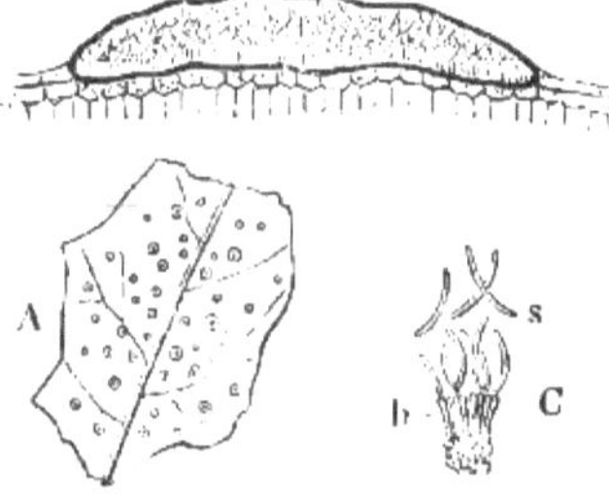

Fig. 74.
Discosia alnea. A Stück eines Erlenblattes mit Pykniden. B Durchschnitt durch eine Stelle eines Blattes mit darauf sitzender, flach konvexer Pyknidie, im Innern derselben zahlreiche Sporen, schwach vergrößert. C ein Stückchen des Sporenlagers in der Pyknide, bei b die sporenbildenden Zellen, bei s Sporen. Stark vergrößert.

Dicosia alnea *Fr.* (Sphaeria alnea *Link.*, Dothidea alnea *Fr.*) bildet auf lebenden Blättern von Alnus glutinosa und incana kohlschwarze, glänzende, runde Pünktchen von $\frac{1}{5}$ bis $\frac{1}{4}$ mm Durchmesser, welche in großer Anzahl nahe beisammen auf einem Teile des Blattes stehen oder über das ganze Blatt sich verbreiten, zahlreicher auf der Ober- als auf der Unterseite. Diese Pykniden bilden sich zwischen der Cuticula und der eigentlichen Epidermis, welche darunter oft bis zur Unkenntlichkeit zusammengedrückt wird. Das Mycelium befindet sich im Innern des Blattes. Die befallenen Blattstellen erhalten sich ziemlich lange grün; später werden sie allmählich mehr gelb, während der übrige Teil des Blattes gesund bleibt. Einen erheblichen Schaden dürfte dieser Parasit nicht verursachen. Ob der Pilz den Spermogonienzustand von Gnomonia tubaeformis, welche sich auf toten Erlenblättern bildet, darstellt, wie Fuckel annimmt, ist durch entwickelungsgeschichtliche Untersuchungen bisher nicht erwiesen. Auf Alnus.

X. Leptothyrium *Schm.* et *Kze.*, und Sacidium *Nees.*

Leptothyrium und Sacidium. Die Pykniden sind ganz flach schildförmig, ohne eigentliche Mündung wie bei der vorigen Gattung, die Sporen ei- oder spindelförmig, einzellig, farblos. Den Namen Sacidium will Saccardo für diejenigen Formen gewählt wissen, deren Pyknidenwand eine deutlich zellige Struktur zeigt; doch dürfte dieses Merkmal keinen sicheren Unterschied gewähren. Die meisten Arten sind saprophyt.

Auf Cycas. 1. Leptothyrium Cycadis *Pass.*, auf trockenen, weißlichen Flecken der Blätter von Cycas revoluta im botanischen Garten zu Parma.

Auf Fichten und Kiefern. 2. Leptothyrium Pini *Sacc*, auf den Nadeln von Fichten und Kiefern.

Auf Luzula. 3. Leptothyrium subtectum *Sacc.*, auf Blättern von Luzula in Italien.

Auf Corylus. 4. Leptothyrium Coryli *Lib.*, auf Blättern von Corylus Avellana.

Auf Quercus. 5. Leptothyrium dryinum *Sacc.*, auf Blättern von Quercus pedunculata in Italien.

Auf Castanea. 6. Leptothyrium castanicolum *Ell.* et *Ev.*, auf den Blättern von Castanea vesca in Nordamerika.

Auf Alnus. 7. Leptothyrium alneum *Sacc.*, auf Blättern von Alnus.

Auf Salix. 8. Sacidium Venetum *Speg.*, auf Blättern von Salix purpurea in Italien.

Auf Populus. 9. Leptothyrium Populi *Fuckel*, auf Blättern von Populus nigra und pyramidalis.

Auf Chenopodium. 10. Sacidium Chenopodii *Nees.*, auf Blättern von Chenopodium viride in Holland.

Auf Brassica. 11. Leptothyrium Brassicae *Fr.*, auf Blättern von Brassica oleracea.

Auf Buxus. 12. Leptothyrium Buxi *Cooke* et *Mass.*, auf weißen Flecken der Blätter von Buxus sempervirens in Frankreich.

Auf Acer. 13. Leptothyrium acerinum *Corda*, auf Blättern von Acer campestre und platanoides.

Auf Aristolochia. 14. Sacidium Spegazzianum *Sacc.*, auf Blättern von Aristolochia Clematitis etc. in Italien.

Auf Spiraea. 15. Sacidium Ulmariae *Sacc.* et *Roum.*, auf Spiraea Ulmaria in den Ardennen.

Auf Potentilla etc. 16. Leptothyrium macrothecium *Fuckel*, auf Blättern von Potentilla, Rubus, Rosa etc.

Auf Rubus. 17. Leptothyrium Rubi *Sacc.*, auf Blättern von Rubus in Frankreich.

18. Sacidium versicolor *Desm.*, auf Zweigen von Rubus fruticosus in Frankreich.

Auf Äpfeln. 19. Leptothyrium Pomi *Sacc.*, auf der Schale der Apfelfrüchte, wo die zahlreichen Pykniden wie kleine schwarze Punkte beisammenstehen, ohne daß die Fruchtschale sich entfärbt.

Auf Prunus. 20. Leptothyrium Libertianum *Sacc.*, auf Blättern von Prunus Padus.

Auf Medicago. 21. Leptothyrium Medicaginis *Pass.*, auf Stengeln von Medicago sativa in Italien.

22. Leptothyrium Melampyri *Bäuml.*, auf den Blättern von Melampyrum nemorosum in Ungarn. Auf Melampyrum.

23. Leptothyrium discoïdeum *Sacc.*, auf Blättern des Kaffeestrauches in Venezuela. Auf Kaffeestrauch.

24. Leptothyrium Periclymeni *Sacc.*, auf Blättern von Lonicera Xylosteum und Caprifolium. Auf Lonicera.

25. Leptothyrium asterinum *B.* et *Br.*, auf Blättern von Aster Tripolium in England. Auf Aster.

XI. Cryptosporium *Corda.*

Die Pykniden sind niedergedrückt kegelförmig, mit flacher Basis, dem Pflanzenteile eingewachsen und in der Mitte mit pustelförmiger Mündung hervorbrechend, aber die Wand der Pyknide ist nicht von Pilzgewebe, sondern von dem Pflanzengewebe selbst gebildet. Die Sporen spindelig-sichelförmig, einzellig, farblos. Die meisten Arten kommen saprophyt an toten Pflanzenteilen vor. Cryptosporium.

1. Cryptosporium nigrum *Bon.*, erzeugt auf den Blättern des Wallnußbaumes dunkelbraune, scharf abgegrenzte rundliche oder eckige Flecke. Auf Wallnußbaum.

2. Crytosporium viride *Bon.*, auf Blättern des Apfelbaumes, von Sorbus etc. Auf Apfelbaum.

XII. Melasmia. *Lév.*

Die flach eingedrückten Pykniden, welche ohne Mündung sind oder spaltenförmig sich öffnen, sitzen in einem schwarzen Stroma, welches unregelmäßig im Blatte ausgebreitet ist, wie bei Rhytisma (s. unten), zu welcher Gattung diese Formen wohl als Conidienfrüchte gehören. Melasmia.

1. Melasmia Berberidis *Thüm.* et *Wint.*, auf braunen Flecken auf der Blattoberseite von Berberis vulgaris in Österreich. Auf Berberis.

2. Melasmia Avicularia *West.*, auf schwarzen Blattflecken von Polygonum aviculare in Belgien. Auf Polygonum.

3. Melasmia acerina *Lév.*, und Melasmia punctata *Sacc.* et *Roum.*, auf den Blättern von Acer. wahrscheinlich zu Rhytisma acerinum (s. unten) gehörig. Auf Acer.

4. Melasmia Empetri *Magn.*, bildet schwarze, nur wenige Pykniden enthaltende Pusteln auf den jungen Zweiglein von Empetrum nigrum, auf der Insel Wollin[1]). Auf Empetrum.

XIII. Fusicoccum *Corda.*

Die Pykniden sind inwendig mehr oder weniger deutlich mehrfächerig; die Sporen spindelförmig, einzellig, farblos. Fusicoccum.

Fusicoccum abietinum *Prill.* et *Delacr.* (Phoma abietina *R. Hart.*), der Tannenrindenpilz, befällt die Rinde schwächerer und stärkerer Zweige und der Hauptaxe jüngerer bis armesdicker Tannen und bewirkt Bleichwerden und Vertrocknen der Rinde meist rings um den Zweig herum, infolgedessen der Ast oberhalb der kranken Stelle abstirbt. Auf der abgestorbenen Tannenrindenpilz.

[1]) Vergl. Magnus in Berichte d. deutsch. bot. Ges. 1885, pag. 104.

Rinde treten zahlreiche kleine, schwarze, rundliche, innen mehrfächerige Pykniden hervor, in denen zahlreiche kleine, einzellige, kurz spindelförmige, farblose Conidien erzeugt werden, die in Wasser leicht auskeimen. Die Krankheit wurde zuerst von R. Hartig[1]) sehr häufig im Bayerischen Walde, auch im Schwarzwalde und in den bayrischen Alpen beobachtet. Perithecien eines Ascomyceten waren nie zu finden; auch der Zusammenhang mit der häufig dabei auftretenden Peziza calycina blieb R. Hartig zweifelhaft. Rehm[2]) stellt jedoch diesen Pilz als Conidienform zu Dasyscypha calyciformis.

XIV. Ascochyta *Lib.*

Ascochyta.

Die Pykniden gleichen denen von Phyllosticta (S. 386), indem sie kleine, kugelige oder linsenförmige, von einer dünnen Haut vollständig umschlossene, unter der Cuticula oder der Epidermis eingewachsene, mit einem deutlichen Porus auf ihrem Scheitel nach außen sich öffnende Säckchen darstellen. Die Sporen sind ebenfalls meist farblos, aber zweizellig, eiförmig oder oblong. Diese Pilze bringen ebenfalls vorwiegend an Blättern kranke Stellen von größerer oder geringerer Ausdehnung, nicht selten scharf umschriebene kranke Blattflecken hervor.

Auf Gramineen

1. Auf Gramineen. a) Ascochyta graminicola *Sacc.*, bildet auf den Blättern des französischen Raygrases und des Honiggrases gelbe, später braun werdende Flecke von verschiedener Ausdehnung, auf denen die punktförmigen, bis 0,1 mm großen schwarzen Pykniden gesellig sitzen; Sporen ei-spindelförmig, 0,010—0,018 mm lang. Auch auf Brachypodium, Triticum repens, Molinia und Psamma beobachtet. Im Jahre 1894 habe ich den Pilz in Deutschland auf kranken Weizenblättern in Begleitung der Leptosphaeria Tritici und andrer Weizenpilze, sowie auch auf den untern Blättern des Roggens zusammen mit Leptosphaeria herpotrichoides und Sphaerella basicola gefunden.

b) Ascochyta calamagrostidis *Brun.*, auf Calamagrostis in Frankreich.

c) Ascochyta perforans *Sacc.*, auf Ammophila arundinacea in Belgien.

d) Ascochyta Ischaemi *Sacc.*, auf Andropogon Ischaemum in Italien.

e) Ascochyta zeïna *Sacc.*, erzeugt rote langgezogene Flecke auf der Blattoberseite des Mais in Oberitalien; Sporen länglich-elliptisch, in der Mitte etwas eingeschnürt, 0,0,18 mm lang.

f) Ascochyta sorghina *Sacc.*, erzeugt längliche, braune Flecke auf den Blättern von Sorgho; Sporen wie bei voriger, 0,020 mm lang.

g) Ascochyta Sorghi *Sacc.*, soll von voriger durch kleine Pykniden und 0,014 mm lange Sporen abweichen.

h) Ascochyta Oryzae *Catt.*, auf den Blättern des Reis.

[1]) Lehrb. d. Baumkrankheiten, 2. Aufl. Berlin 1889, pag. 124.

[2]) Rabenhorst, Kryptog.-Flora I. 3. Abt., pag. 835.

Auf Cyperaceen.

2. Auf Cyperaceen. a) *Ascochyta decipiens Traill.*, auf Heleocharis in Schottland.

b) *Ascochyta lacustris Pass.*, auf Scirpus lacustris in Italien.

Auf Juncaceen.

3. Auf Juncaceen. *Ascochyta teretiuscula Sacc. et Roum.*, auf Blättern von Luzula in den Ardennen.

Auf Liliaceen.

4. Auf Liliaceen. *Ascochyta Erythronii Sacc.*, auf den Blättern von Erythronium in Italien.

Auf Irideen.

5. Auf Irideen. a) *Ascochyta Iridis Oud.*, auf den Blättern von Iris Pseudacorus in Holland.

b) *Ascochyta Quercus Sacc.*, auf den Blättern von Quercus.

Auf Cupuliferen.

6. Auf Cupuliferen. *Ascochyta Coryli Sacc.*, auf den Blättern von Corylus.

Auf Betulaceen.

7. Auf Betulaceen. *Ascochyta carpinea Sacc.*, auf den Blättern von Carpinus.

Auf Salicaceen.

8. Auf Salicaceen. a) *Ascochyta populina Sacc.*, auf den Blättern von Populus.

b) *Ascochyta Tremulae Thüm.*, auf den Blättern von Populus tremula.

c) *Ascochyta Vitellinae Pass.*, auf Salix vitellina und *Ascochyta salicicola Pass.*, auf Salix alba, beide in Frankreich.

Auf Ulmaceen.

9. Auf Ulmaceen. *Ascochyta ulmella Sacc.*, auf den Blättern von Ulmus.

Auf Urticaceen.

10. Auf Urticaceen. *Ascochyta Parietariae Roum. et Fautr.*, auf Parietaria officinalis in Frankreich.

Auf Polygonaceen.

11. Auf Polygonaceen. *Ascochyta Fagopyri Thüm.*, auf trockenen Stengeln vom Buchweizen in Görz.

Auf Chenopodiaceen.

12. Auf Chenopodiaceen. a) *Ascochyta Betae Prill. et Delacr.*, auf den Blattstielen von Beta vulgaris.

b) *Ascochyta Atriplicis Desm.*, auf Atriplex.

Auf Caryophyllaceen.

13. Auf Caryophyllaceen. a) *Ascochyta Saponariae Fuckel*, auf Saponaria officinalis.

b) *Ascochyta Dianthi Berk.*, auf den Blättern von Dianthus.

Auf Ranunculaceen.

14. Auf Ranunculaceen. a) *Ascochyta clematidina Thüm.*, auf den Blättern von Clematis glauca in Sibirien.

b) *Ascochyta Hellebori Sacc.*, auf den Blättern von Helleborus.

c) *Ascochyta Trollii Thüm.*, auf Trollius europaeus in Sibirien.

d) *Ascochyta Aquilegiae Sacc.*, auf den Blättern von Aquilegia.

Auf Anonaceen.

15. Auf Anonaceen. *Ascochyta Cherimoliae Thüm.*, auf den Blättern von Anona Cherimolia.

Auf Nymphäaceen.

16. Auf Nymphäaceen. *Ascochyta Nymphaeae Pass.*, auf den Blättern von Nymphaea in Italien.

Auf Cruciferen.

17. Auf Cruciferen. a) *Ascochyta Brassicae Thüm.*, auf schmutzig gelbgrauen Flecken der Blätter des Kohls; Pykniden auf der Blattoberseite hervorragend; Sporen spindelförmig, gerade, 0,015—0,016 mm lang. In Portugal.

b) *Ascochyta Armoraciae Fuckel*, auf trockenen Blattflecken des Meerrettigs.

c) *Ascochyta Drabae Oud.*, auf Draba alpina in Norwegen.

d) *Ascochyta Thlaspeos Rich.*, auf Thlaspi perfoliatum in Frankreich.

Auf Papaveraceen.

18. Auf Papaveraceen. Ascochyta Papaveris *Oud.*, auf Papaver nudicaule in Nowaja Semlja.

Auf Violaceen.

19. Auf Violaceen. Ascochyta Violae *Sacc.*, auf den Blättern von Viola.

Auf Ternströmiaceen.

20. Auf Ternströmiaceen. Ascochyta Camelliae *Pass.*, auf Camellia japonica in Frankreich; Ascochyta heterophragmia *Pass.*, auf Camellia in Italien.

Auf Hypericaceen.

21. Auf Hypericaceen. Ascochyta Hyperici *Lasch.*, auf Blättern von Hypericum perfoliatum.

Auf Aurantiaceen.

22. Auf Aurantiaceen. a) Ascochyta Citri *Penz.*, auf den Blättern der Citrus-Arten.

b) Ascochyta Hesperidearum *Penz.*, und Ascochyta bombycina *Penz.* et *Sacc.*, auf Blättern von Citrus Limonum in Italien.

Auf Vitaceen.

23. Auf Vitaceen. a) Ascochyta ampelina *Sacc.*, an Blättern und Ranken des Weinstocks eckige, trockene, weißliche Flecke bildend, die oberseits mit einem braunen Rande umgeben sind; Pykniden 0,07 mm im Durchmesser, Sporen länglich-spindelförmig, hell olivgrün, 0,010 mm lang.

b) Ascochyta Ellisii *Thüm.*, auf Blättern von Vitis Labrusca, ist jedoch nach Viala identisch mit Phoma uvicola.

Auf Buxaceen.

24. Auf Buxaceen. Ascochyta buxina *Sacc.*, auf den Blättern von Buxus sempervirens.

Auf Malvaceen.

25. Auf Malvaceen. a) Ascochyta althaeina *Sacc.*, auf Althaea officinalis.

b) Ascochyta parasitica *Fautr.*, auf Althaea rosea.

c) Ascochyta malvicola *Sacc.*, auf Malva silvestris in Italien.

Auf Aceraceen.

26. Auf Aceraceen. Ascochyta arenaria *Lév.*, auf Acer campestre in Rußland.

Auf Garryaceen.

27. Auf Garryaceen. Ascochyta Garryae *Sacc.*, auf Blättern von Garrya elliptica in Frankreich.

Auf Rhamnaceen.

28. Auf Rhamnaceen. Ascochyta Paliuri *Sacc.*, auf Blättern von Paliurus aculeatus in Italien.

Auf Cornaceen.

29. Auf Cornaceen. Ascochyta cornicola *Sacc.*, auf Blättern von Cornus sanguinea in Italien.

Auf Umbelliferen.

30. Auf Umbelliferen. a) Ascochyta anethicola *Sacc.*, auf den Blättern von Anethum in Frankreich.

b) Ascochyta Bupleuri *Thüm.*, auf Bupleurum falcatum.

c) Ascochyta phomoides *Sacc.*, auf Stengeln von Eryngium in Frankreich.

Auf Araliaceen.

31. Auf Araliaceen. Ascochyta maculans *Fuckel*, auf den Blättern von Hedera Helix.

Auf Aristolochiaceen.

32. Auf Aristolochiaceen. Ascochyta Aristolochiae *Sacc.*, auf Blättern von Aristolochia Clematitis in Italien.

Auf Calycanthaceen.

33. Auf Calycanthaceen. Ascochyta Calycanthi *Sacc.*, auf Blättern von Calycanthus floridus in Italien.

Auf Eläagnaceen.

34. Auf Eläagnaceen. Ascochyta Elaeagni *Sacc.*, auf Blättern von Elaeagnus.

Auf Myrtaceen.

35. Auf Myrtaceen. Ascochyta Puiggarii *Speg.*, auf Blättern von Myrtaceen.

Auf Philadelphaceen.

36. Auf Philadelphaceen. Ascochyta Philadelphi *Sacc.*, auf Blättern von Philadelphus.

Auf Rosaceen.

37. Auf Rosaceen. a) Ascochyta Fragariae *Sacc.*, auf Blättern von Fragaria. Ob der Pilz zu Sphaerella Fragariae (S. 312) gehört, ist zweifelhaft.

b) Ascochyta colorata *Peck.*, auf Fragaria virginiana in Nordamerika.

c) Ascochyta Potentillarum *Sacc.*, auf Potentilla reptans in Italien.

d) Ascochyta rosicola *Sacc.*, auf Blättern von Rosa muscosa in Italien.

e) Ascochyta Feulleauboisiana *Sacc.* et *Roum.*, auf Blättern von Rubus-Arten in den Ardennen.

Auf Spiräaceen.

38. Auf Spiräaceen. Ascochyta obducens *Fuckel*, auf Spiraea Ulmaria.

Auf Pomaceen.

39. Auf Pomaceen. a) Ascochyta piricola *Sacc.*, auf trocknen, weißlichen, braunberandeten Flecken der Blätter des Birnbaums; Sporen oblong, zweizellig, hell olivenfarbig, 0,01 mm lang. Soll als Pyknidenform zu Leptosphaeria Lucilla *Sacc.*, die auf abgestorbenen Birnblättern vorkommt, gehören, und würde dann auch mit Septoria piricola *Desm.*, (s. unten) spezifisch identisch sein.

b) Ascochyta Crataegi *Fuckel*, auf Blättern von Crataegus.

c) Ascochyta Mespili *Pass.*, auf braunen, dann in der Mitte grau werdenden Flecken der Blätter von Mespilus; Sporen elliptisch, bloß olivengrün, 0,010 mm lang. In Frankreich.

Auf Amygdalaceen.

40. Auf Amygdalaceen. Ascochyta chlorospora *Speg.*, auf grauen Flecken der Blätter von Prunus domestica; Sporen elliptisch, in der Mitte eingeschnürt, hell grünlich, 0,010—0,012 mm lang. In Oberitalien.

Auf Leguminosen.

41. Auf Leguminosen. a) Ascochyta leguminum *Sacc.*, auf den Hülsen von Cytisus Laburnum in Frankreich.

b) Ascochyta Pisi *Lib.*, auf braunen Flecken der Hülsen der Erbsen, auch an Blättern und Stengeln; Sporen länglich, in der Mitte etwas eingeschnürt, farblos, 0,014—0,016 mm lang. Der Pilz ist in Deutschland nicht selten, 1889 auch in Rom von Cuboni[1]) sehr verbreitet beobachtet worden. Der Pilz geht gerade sowie Gloeosporium Lindemuthianum (S. 380) aus der Hülse bis in die Samen, welche trotzdem keimfähig ausgebildet werden, aber dann bei ihrer Keimung den Pilz auf die jungen Pflanzen übertragen.

c) Ascochyta Lathyri *Traill.*, auf Lathyrus silvestris in Schottland; Sporen cylindrisch, 0,008—0,010 mm lang.

d) Ascochyta Viciae *Lib.*, auf roten Flecken der Blätter von Vicia sepium. Sporen länglich-eiförmig, 0,012—0,014 mm lang.

e) Ascochyta vicicola *Sacc.*, auf bleichen, rotgesäumten Flecken der Blätter und Hülsen von Vicia sepium; Sporen fast cylindrisch, gelblich, 0,013—0,016 mm lang.

f) Ascochyta Orobi *Sacc.*, auf Blättern von Orobus vernus und lathyroides.

g) Ascochyta Phaseolorum *Sacc.*, auf großen, gelben Flecken der Blätter von Phaseolus; Sporen oblong, in der Mitte eingeschnürt, farblos,

[1]) Bulletino di Notzile agrarie. 1889, pag. 1220.

0,010 mm lang. In Italien. Es wäre noch zu entscheiden, ob dieser Pilz wirklich spezifisch verschieden von Ascochyta Pisi ist. Das Gleiche gilt von dem als Ascochyta Bolthauseri *Sacc.*, beschriebenen Pilz, der in der Schweiz auf Blattflecken von Phaseolus beobachtet worden ist, obgleich die Sporen desselben auf 0,022–0,028 mm Länge angegeben werden [1]).

h) Ascochyta Vulnerariae *Fuckel*, auf Blättern von Anthyllis Vulneraria.

i) Ascochyta Emeri *Sacc.*, auf Blättern von Coronilla Emerus in Italien.

k) Ascochyta Robiniae *Sacc.*, auf den Blättern von Robinia.

l) Ascochyta Siliquastri *Pass.*, auf Hülsen von Cercis Siliquastrum in Italien.

Auf Ericaceen.

42. Auf Ericaceen. Ascochyta Unedonis *Sacc.*, auf Blättern von Arbutus Unedo in Frankreich.

Auf Primulaceen.

43. Auf Primulaceen. Ascochyta Primulae *Trail.*, auf Primula vulgaris in Schottland.

Auf Oleaceen.

44. Auf Oleaceen. a) Ascochyta Ligustri *Sacc.*, und Ascochyta ligustrina *Pass.*, auf Blättern von Ligustrum.

b) Ascochyta Orni *Sacc.*, auf Blättern von Fraxinus Ornus.

c) Ascochyta metulispora *B.* et *Br.*, auf Blättern von Fraxinus in Schottland.

d) Ascochyta bacilligera *Wint.*, auf Phillyrea angustifolia in Portugal.

Auf Apocynaceen.

45. Auf Apocynaceen. Ascochyta Oleandri *Sacc.*, auf Nerium Oleander.

Auf Gentianaceen.

46. Auf Gentianaceen. Ascochyta Chlorae *Sacc.* et *Speg.*, auf Chlora perfoliata in Italien.

Auf Convolvulaceen.

47. Auf Convolvulaceen. Ascochyta Calystegiae *Sacc.*, auf Calystegia sepium in Italien.

Auf Solanaceen.

48. Auf Solanaceen. a) Ascochyta Nicotianae *Pass.*, auf unregelmäßigen, trockenen, braunen Flecken der Blätter des Tabaks, in Italien. Sporen eiförmig-länglich, in der Mitte schwach eingeschnürt, farblos.

b) Ascochyta Daturae *Sacc.*, auf den Blättern von Datura Stramonium.

c) Ascochyta Petuniae *Speg.*, auf den Blättern von Petunia in Italien.

d) Ascochyta Lycopersici *Brun.*, und Ascochyta socia *Pass.*, auf den Blättern von Solanum Lycopersicum.

e) Ascochyta physalina *Sacc.*, auf den Blättern von Physalis Alkekengi in Italien.

Auf Scrophulariaceen.

49. Auf Scrophulariaceen. a) Ascochyta Digitalis *Fuckel*, auf den Blättern von Digitalis.

b) Ascochyta Paulowniae *Sacc.* et *Brun.*, auf Blättern von Paulownia in Frankreich.

c) Ascochyta Verbasci *Sacc.* et *Speg.*, auf Blättern von Verbascum phlomoides in Italien.

d) Ascochyta verbascina *Thüm.*, auf Verbascum sinuatum in Italien.

---

[1]) Zeitschr. f. Pflanzenkrankh. I. 1891, pag. 135.

50. Auf Labiaten. Ascochyta Lamiorum *Sacc.*, auf Blättern von Lamium album in Italien. Auf Labiaten.

51. Auf Plantaginaceen. Ascochyta Plantaginis *Sacc.* et *Speg.*, auf Blättern von Plantago major in Italien. Auf Plantaginaceen.

52. Auf Caprifoliaceen. a) Ascochyta Periclymeni *Thüm.*, auf den Blättern von Lonicera Periclymenum. Auf Caprifoliaceen.

b) Ascochyta tenerrima *Sacc.* et *Roum.*, auf Lonicera tatarica.

c) Ascochyta sarmenticia *Sacc.*, auf Lonicera Caprifolium in Frankreich.

d) Ascochyta Weigeliae *Sacc.*, auf den Blättern von Weigelia.

e) Ascochyta Viburni *Sacc.*, auf den Blättern von Viburnum Opulus.

f) Ascochyta Lantanae *Sacc.*, auf Viburnum Lantana.

g) Ascochyta Tini *Sacc.*, auf Viburnum Tinus.

h) Ascochyta Sambuci *Sacc.*, auf den Blättern von Sambucus.

i) Ascochyta Symphoricarpi *Pass.*, auf Zweigen von Symphoricarpus.

53. Auf Dipsaceen. Ascochyta Scabiosae *Rabenh.*, auf den Blättern von Scabiosa. Auf Dipsaceen.

54. Auf Cucurbitaceen. a) Ascochyta Elaterii *Sacc.*, auf Blättern von Momordica Elaterium in Italien. Auf Cucurbitaceen.

b) Ascochyta Cucumeris *Fautr.* et *Roum.*, auf den Blättern der Gurke in Frankreich.

55. Auf Compositen. a) Ascochyta Lactucae *Rostr.*, auf Lactuca sativa in Dänemark. Auf Compositen.

b) Ascochyta Senecionis *Fuckel.*, auf Senecio saracenicus.

XV. Robillarda *Sacc.*

Diese Gattung stimmt mit Ascochyta überein, unterscheidet sich aber durch die langen, borstenförmigen Anhängsel an der Spitze der Sporen. Robillarda.

1. Robillarda sessilis *Sacc.*, auf kleinen, rotgesäumten Blattflecken von Rubus caesius in Italien. Auf Rubus.

2. Robillarda Vitis *Prill.* et *Delacr.*, auf runden, rotgesäumten Flecken der Weinblätter in Frankreich. Auf Weinstock.

XVI. Septoria *Fr.*

Die Pykniden gleichen denen von Ascochyta, aber die Sporen sind stäbchen- oder fadenförmig, und meist, wenigstens im Reifezustande, mit mehreren Querscheidewänden versehen, farblos (Fig. 75). Auch diese Pilze bewohnen vorwiegend Blätter und erzeugen meistens Blattfleckenkrankheiten oder erstrecken sich auch über größere Teile von Blättern und Stengeln, seltener auf Früchte. Von einigen dieser Pilze sind die zugehörigen Ascosporenfrüchte ziemlich sicher bekannt; dieselben gehören den Gattungen Sphaerella, Leptosphaeria, Phyllachora, Lophodermium an; von den meisten ist ein solcher Zusammenhang noch nicht erwiesen. Septoria.

Auf Equisetaceen. 1. Auf Equisetaceen. a) Septoria Equiseti *Desm.* (Libertella Equiseti *Desm.*), schmarotzt in den lebenden grünen Stengeln und allen Zweigen von Equisetum limosum, palustre und arvense. Die Pykniden stehen reihenweise in den Furchen der genannten Teile und stoßen weißliche Ranken aus, in denen die Sporen massenhaft enthalten sind. Sie entstehen in der Epidermis, haben daher flache oder wenig konkave Grundfläche, während die Cuticula nach außen gehoben wird. Die ganze Innenwand, besonders die Grundfläche, trägt auf einfachen, cylindrischen Tragzellen die Sporen. Das Mycel ist im ganzen Parenchym verbreitet. Die in der Umgebung der Pykniden befindlichen Zellhäute schwärzen sich, desgleichen auch die Membranen der Gefäßbündelscheide unter der Stelle, wo eine Pyknide ansitzt. Die Stengel und Zweige verlieren bei dieser Krankheit ihre grüne Farbe und werden vorzeitig dürr.

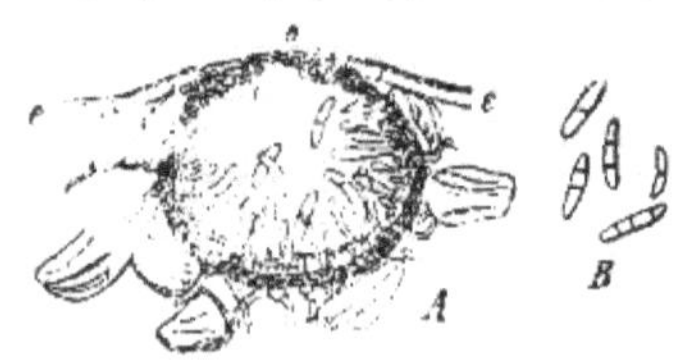

Fig. 75.
Septoria Atriplicis *Fuckel.* A. Durchschnitt durch eine Pyknide in einem Blattfleck von Atriplex latifolia. Auf der Innenwand derselben die Sporen in verschiedenen Entwickelungszuständen; o die Stelle, wo die reife Pyknide sich öffnet. e Epidermis. B reife Sporen. 300fach vergrößert.

b) Septoria equisetaria *Karst.*, auf Equisetum fluviatile in Finnland.

c) Septoria octospora *Sacc.*, auf den Stengeln von Equisetum limosum in Frankreich.

Auf Farnen. 2. Auf Farnen. a) Septoria aquilina *Pass.*, auf Pteris aquilina in Italien.

b) Septoria Scolopendrii *Sacc.*, auf Scolopendrium officinarum in Italien.

Auf Coniferen. 3. Auf Coniferen. Septoria Pini *Fuckel*, auf lebenden Nadeln der Fichte, wo die schwarzen, punktförmigen Pykniden in länglichen Gruppen stehen; es sind nach Fuckel die Vorläufer vom Lophodermium der Fichte (s. unten). Auf der Fichte wird von R. Hartig auch eine Septoria parasitica *R. Hartig*, angegeben, die sowohl in 2- bis 3jährigen Saatkämpen als auch an älteren Fichten auftreten soll[1]. Dieser Pilz könnte möglicherweise auch mit dem genannten identisch sein. Er macht die Fichtennadeln braun, worauf dieselben abfallen. Die Pykniden entwickeln sich jedoch an den abgestorbenen Zweigen. Die Sporen sind einzellig, spindelförmig, 0,013—0,015 mm lang.

Auf Gramineen. 4. Auf Gramineen. Auf Angehörigen dieser Familie sind von verschiedenen Beobachtern bereits zahlreiche Formen von Septoria beschrieben worden, wobei es zweifelhaft bleibt, ob dieselben alle selbständige Arten darstellen oder zum Teil durch die Verschiedenheit der Nährpflanze oder sonstige äußere Bedingungen modifizierte Formen sind. Auch ist für die meisten derselben der Nachweis, welchem Ascomycet sie angehören, noch zu erbringen. Wir zählen sie nachstehend auf.

---

[1]) Zeitschr. f. Forst- und Jagdwesen 1890, Heft 11, pag. 667.

a) Septoria Tritici *Desm.*, auf Weizen, auch auf Brachypodium, Festuca und Glyceria. Die unteren älteren Blätter und Blattscheiden des Weizens, und zwar der jüngeren und älteren Pflanzen bekommen bleich und trocken werdende, bisweilen braun oder dunkelrot umrandete Flecke oder werden ganz in dieser Weise verfärbt. Auf den toten Teilen erscheinen dann die sehr kleinen, schwarzen Pykniden in großer Zahl, zerstreut stehend. Die Sporen sind cylindrisch-spindelförmig, etwas gekrümmt, 0,060—0,065 mm lang, 0,0035—0,005 mm dick, mit 3 bis 5 Querwänden versehen.

b) Septoria graminum *Desm.* (Septoria cerealis *Pass.*), auf Weizen und Hirse, sowie Bromus und Brachypodium an den Blättern dieselbe Erkrankung wie der vorige Pilz verursachend; die Pykniden stehen zerstreut oder in Längsreihen; die Sporen sind sehr dünn, fadenförmig, gekrümmt oder hin- und hergebogen, 0,055—0,075 mm lang, 0,001 bis 0,0013 mm dick, ohne Scheidewände. In Italien, Frankreich, Österreich, England, Amerika 1889 von Eriksson[1]) auch bei Stockholm beobachtet. Diesen Pilz habe ich in den letzten Jahren auch in Deutschland sehr verbreitet gefunden, und zwar in konstanter Begleitung der schädlichen Leptosphaeria Tritici (s. oben S. 302), deren Pyknidenzustand er hiernach zu sein scheint.

c) Septoria Briosiana *Mor.*, auf den Blättern der älteren Weizenpflanze kleine, vertrocknete Flecke erzeugend, auf denen die kleinen, punktförmigen Pykniden stehen, die sehr dünne, gebogene, 0,009—0,01 mm lange, 0,0005—0,0007 mm dicke Sporen ohne Scheidewände enthalten. Ebenfalls bisher nur in Oberitalien beobachtet, jüngst von mir aber auch in Deutschland (in der Neumark ꝛc.) am Weizen gefunden.

d. Septoria nodorum *Berk.*, auf den Knoten der Weizenhalme runde vertrocknete Flecke erzeugend; Sporen verlängert oblong, leicht gekrümmt. Nur in England beobachtet.

e) Septoria glumarum *Pass.*, auf den Spelzen des Weizens, mit zerstreut stehenden, punktförmigen Pykniden; Sporen stäbchenförmig, gerade oder gekrümmt, 0,020—0,025 mm lang, 0,003 mm dick, mit Querwänden. Zuerst in Italien gefunden; neuerdings aber auch im Thurgau von Boltshausen[2]) beobachtet. Letzterer fand die Sporen noch im folgenden Januar im geheizten Zimmer keimfähig und hält daher diese Sporen für fähig, die Krankheit auf das folgende Jahr zu übertragen. Ich habe den Pilz im Jahre 1894 auch in verschiedenen Gegenden Norddeutschlands, und zwar auf den Blättern des Weizens, zusammen mit Septoria graminum und Leptosphaeria Tritici gefunden.

f) Septoria secalis *Prill.* et *Delacr.*, auf den Blättern und Blattscheiden von Secale cereale, von Prillieux und Delacroix[3]) in Frankreich gefunden. Sporen 0,040—0,043 mm lang, kaum gekrümmt.

g) Septoria Avenae *Frank*, auf bleichen Flecken der Blätter und Blattscheiden des Hafers, von mir 1894 in Pommern beobachtet, wobei der Hafer abstarb. Die Pykniden sind 0,13 mm im Durchmesser, die Sporen

---

[1]) Mittheil. a. d. Experimentalfelde d. Kgl. Landb. Akad. Nr. 11 Stockholm 1890, refer. in Zeitschr. f. Pflanzenkrankh. I. 1891, pag. 28.

[2]) Ref. in Zeitschr. f. Pflanzenkrankh. I. 1891, pag. 179.

[3]) Bull. soc. mycol. de France, V. 1889, pag. 124.

27*

0,028—0,043 mm lang, 0,0036 mm dick, stabförmig, gerade oder etwas gekrümmt, mit 2 bis 4 Scheidewänden.

h) Septoria arundinacea *Sacc.*, mit stäbchenförmigen, kaum gekrümmten, hell olivenfarbenen, 6—7 fach septierten, 0,06—0,07 mm langen Sporen, und Septoria Phragmitis *Sacc.*, mit cylindrischen, gekrümmten, farblosen, 0,02—0,03 mm langen Sporen, beide auf länglichen, trockenen, gelblichen oder bräunlichen, braun berandeten Blattflecken von Phragmites communis.

i) Septoria littoralis *Speg.*, auf der innern Seite der Blattscheiden von Phragmites communis in Italien; Sporen 0,05—0,065 mm lang, vierzellig.

k) Septoria Arundinis *Sacc.*, auf Halmen von Phragmites, in Frankreich; Sporen 0,02 mm lang.

l) Septoria Donacis *Pass.*, auf kranken Blattflecken von Arundo Donax in Oberitalien; Sporen 0,025—0,030 mm lang, spindelförmig.

m) Septoria oxyspora *Penz.* et *Sacc.*, auf Blättern von Arundo Donax in Italien; Sporen 0,020—0,023 mm lang.

n) Septoria Holci *Pass.*, auf grauen, rundlichen Blattflecken von Holcus lanatus; Sporen wurmförmig, mit 3 Querwänden, farblos, 0,020 bis 0,025 mm lang, 0,003 mm dick; in Oberitalien.

o) Septoria Koeleriae *Cocc.* et *Mor.*, auf Blättern von Koeleria phleoides in Italien. Sporen 0,046—0,054 mm lang, 0,0015 mm dick, einzellig.

p) Septoria Melicae *Pass.*, auf roten Flecken der Blätter von Melica uniflora in Italien. Sporen 0,028 mm lang, 0,003 mm dick, vierzellig.

q) Septoria Calamagrostidis *Sacc.*, auf Calamagrostis silvatica.

r) Septoria Phalaridis *Cocc.* et *Mort.*, auf Phalaris brachystachys in Italien.

s) Septoria Cynodontis *Fuckel*, auf Cynodon Dactylon; Sporen 0,050—0,065 mm lang, 0,0017—0,002 mm dick.

t) Septoria macropoda *Pass.*, auf Sclerochloa dura in Italien. Sporen sehr dünn, fadenförmig, einzellig.

u) Septoria Bromi *Sacc.*, auf bleichen, länglichen Flecken der Blätter und Spelzen von Bromus-Arten, Brachypodium und Alopecurus; Sporen keulig-fadenförmig, leicht gekrümmt, farblos, 0,05—0,06 mm lang, 0,002 mm dick. In Italien.

v) Septoria affinis *Sacc.*, auf mißfarbigen, trockenen Flecken der Spelzen von Bromus mollis; Sporen stäbchenförmig, mit 4—5 Querwänden, sehr hell grünlich, 0,025—0,030 mm lang, 0,002—0,0025 mm dick. In Italien.

w) Septoria Oudemansii *Sacc.*, auf Halmen von Poa nemoralis in Holland. Sporen 0,012 mm lang, zweizellig.

x) Septoria Bellunensis *Speg.*, auf Molinia coerulea in Italien; Sporen 0,02—0,03 mm lang, ein- oder mehrzellig.

y) Septoria Brachypodii *Pass.* und Septoria silvatica *Pass.*, auf Brochypodium silvaticum in Italien, erster mit 0,045—0,055 mm, letztere mit 0,028—0,030 mm langen Sporen.

z) Septoria gracilis *Pass.*, auf Blättern von Triticum repens in Italien. Sporen 0,010—0,012 mm lang, 0,0007 mm dick, einzellig.

z a) Septoria Passerinii *Sacc.*, auf Blättern von Hordeum murinum und Ähren von Lolium perenne in Italien; Sporen 0,03—0,045 mm lang und 0,002 mm dick, einzellig.

z b) Septoria Lolii *Sacc.*, auf den Spelzen von Lolium perenne in Frankreich.

z c) Septoria Grylli *Sacc.*, auf Andropogon Gryllus in Italien, Sporen 0,075—0,085 mm lang, fadenförmig.

z d) Septoria Oryzae *Catt.*, auf Blättern und Blattscheiden von Oryza sativa in Oberitalien; Sporen 0,021 mm lang, 4zellig.

Auf Cyperaceen.

5. Auf Cyperaceen. a) Septoria caricicola *Sacc.*, auf Blättern von Carex riparia in Italien.

b) Septoria caricinella *Sacc.* et *Roum.*, auf Blättern von Carex depauperata in den Ardennen.

c) Septoria Scirpi *Sacc.*, auf den Halmen von Scirpus lacustris in Italien.

d) Septoria Debauxii *Roum.*, auf Scirpus littoralis in Frankreich.

e) Septoria Holoschoeni *Pass.*, narvisiana *Sacc.* und Scirpoidis *Pass.*, auf Scirpus Holoschoenus.

f) Septoria dolichospora *Trail.*, auf Scirpus lacustris in Schottland.

g) Septoria Eriophori *Oud.*, auf Eriophorum angustifolium auf Nowaja Semlja.

Auf Juncaceen.

6. Auf Juncaceen. a) Septoria minuta *Schröt.*, auf Luzula spicata in Grönland.

b) Septoria Luzulae *Schröt.*, auf Luzula Forsteri in Serbien.

Auf Typhaceen.

7. Auf Typhaceen. Septoria menispora *B.* et *Br.*, und Septoria filispora *Sacc.*, auf Typha.

Auf Palmen.

8. Auf Palmen. Septoria Palmarum *Sacc.*, auf Latania borbonica im botanischen Garten zu Rom.

Auf Aroideen.

9. Auf Aroideen. a) Septoria Callae *Sacc.*, auf Calla palustris.

b) Septoria Aracearum *Sacc.*, auf kultiviertem Philodendron pertusum in Rom.

c) Septoria Ari *Desm.*, auf Arum maculatum und italicum in Italien und Frankreich.

Auf Alismaceen.

10. Auf Alismaceen. a) Septoria Alismatis *Oudem.*, auf kranken Blattflecken von Alisma Plantago.

b) Septoria hydrophila *Sacc.* et *Speg.*, und Septoria alismatella *Sacc.*, auf Stengeln von Alisma Plantago in Italien.

Auf Liliaceen.

11. Auf Liliaceen. a) Septoria Alliorum *West.*, auf Blättern und Stengeln von Allium Porrum trockene Flecke mit weißlicher Mitte erzeugend, auf denen die kleinen, rotbraunen Pykniden stehen; Sporen cylindrisch, gebogen.

b) Septoria alliicola *Bäumler*, auf Allium flavum in Ungarn.

c) Septoria Convallariae *West.* und Septoria brunneola *Niessl.*, auf Convallaria majalis und Polygonatum.

d) Septoria Asphodeli *Mont.*, auf Stengeln von Asphodelus fistulosus.

e) Septoria asphodelina *Sacc.*, auf Blättern von Asphodelus albus in Belgien.

f) Septoria Ornithogali *Pass.*, und Septoria ornithogalea *Oud.*, auf Blättern von Ornithogalum umbellatum.

g) Septoria Scillae *West.*, auf Scilla-Arten und Muscari comosum.

h) Septoria Urgineae *Pass.* et *Beltr.*, auf Urginea Scilla in Sicilien.

i) Septoria Bellynckii *West.*, auf Blättern von Aloë variegata in Belgien.

k) Septoria Erythronii *Sacc.* et *Spez.*, auf Erythronium Dens canis in Italien.

l) Septoria Colchici *Pass.*, auf Blättern von Colchicum alpinum in Italien.

m) Septoria Majanthemi *West.*, auf Majanthemum bifolium in Belgien.

n) Septoria Paridis *Pass.*, auf Paris quadrifolia in Italien.

Auf Dioscoreaceen.

12. Auf Dioscoreaceen. a) Septoria Tami *West.*, auf Blättern von Tamus communis in Belgien.

b) Septoria sarmenticia *Sacc.*, auf Stengeln von Tamus communis in Frankreich.

Auf Irideen.

13. Auf Irideen. a) Septoria Iridis *C. Mass.*, auf Iris germanica in Italien.

b) Septoria Gladioli *Pass.*, auf Gladiolus segetum in Italien.

Auf Amaryllidaceen.

14. Auf Amaryllidaceen. Septoria Narcissi *Pass.*, auf Narcissus in Italien.

Auf Orchideen.

15. Auf Orchideen. a) Septoria Orchidearum *West.*, auf Orchis latifolia, O. Morio, Listera ovata und Platanthera bifolia.

b) Septoria Epipactidis *Sacc.*, auf Epipactis-Arten in Italien.

Auf Betulaceen.

16. Auf Betulaceen. a) Septoria Betulae *West.*, und Septoria betulina *Pass.*, auf Blättern von Betula alba in Italien.

b) Septoria betulicola *Peck.*, auf Betula lutea in Amerika.

c) Septoria microsperma *Peck.*, auf Betula lenta in Amerika.

d) Septoria Alni *Sacc.* und alnigena *Sacc.*, auf Blättern von Alnus glutinosa, erstere braune Flecke, letztere keine Flecke bildend. In Italien.

e) Septoria alnicola *Cooke*, auf kranken Blattflecken von Alnus glutinosa in England.

Auf Cupuliferen.

17. Auf Cupuliferen. a) Septoria Avellanae *Berk.* et *Br.*, auf Blättern von Corylus Avellana.

b) Septoria corylina *Peck.*, auf Blättern von Corylus rostrata in Amerika.

c) Septoria Fagi *Awd.*, auf Fagus sylvatica.

d) Septoria quercina *Desm.*, auf Blättern von Quercus pedunculata, Sporen 0,04 mm lang, fadenförmig.

e) Septoria quercicola *Sacc.*, auf Quercus pedunculata in Frankreich und Italien. Sporen 0,025—0,030 mm lang, mit 3 Scheidewänden.

f) Septoria Quercus *Thüm.*, auf Quercus pedunculata in Portugal; Sporen 0,015—0,16 mm lang, zweizellig.

g) Septoria Querceti *Thüm.*, auf Blättern von Quercus tinctoria in Amerika.

h) Septoria dryina *Cooke*, auf Quercus falcata in Amerika.

i) Septoria serpentaria *Ell.* et *Mart.*, auf Quercus laurifolia in Amerika.

k) Septoria castaneaecola *Desm.*, auf braunen Flecken der Blätter von Castanea vesca; Sporen 0,03—0,04 mm lang, 0,0045 mm breit, mit 3 Scheidewänden.

l) Septoria Gilletiana *Sacc.*, daselbst, ohne Blattflecke zu erzeugen; Sporen ebensolang, aber halb so breit.

m) Septoria Castaneae *Lév.*, daselbst; Sporen einzellig.

18. Auf Salicaceen. a) Septoria salicicola *Sacc.*, auf weißlichen, rot umrandeten Blattflecken von Salix viminalis, cinerea etc. Auf Salicaceen.

b) Septoria Capreae *West.*, auf den Blättern von Salix Caprea und atrocinerea.

c) Septoria didyma *Fuckel* und Salicis *West.*, auf Salix amygdalina.

d) Septoria salicina *Peck.* und albaniensis *Thüm.*, auf Blättern von Salix lucida in Amerika.

e) Septoria Populi *Desm.*, auf den Blättern von Populus nigra und suaveolens.

f) Septoria candida *Sacc.*, auf Populus alba.

g) Septoria Tremulae *Pass.*, auf Populus tremula.

h) Septoria osteospora *Briard.*, auf Populus nigra in Frankreich.

i) Septoria populicola *Peck.*, auf Populus balsamifera in Nordamerika.

k) Septoria musiva *Peck.*, auf Populus monilifera in Amerika.

19. Auf Urticaceen. a) Septoria Urticae *Desm.*, auf den Blättern von Urtica dioica. Auf Urticaceen

b) Septoria Humuli *West.*, auf kleinen, bräunlichen, trocknen, schwärzlich berandeten Blattflecken des Hopfens; Sporen fadenförmig, schwach gekrümmt, 0,025—0,035 mm lang.

c) Septoria lupulina *E.* et *K.*, auf Hopfenblättern in Nordamerika; Sporen gekrümmt, 0,035—0,045 mm lang.

d) Septoria Cannabis *Sacc.*, auf braunen, trocknen Blattflecken des Hanf, Pykniden dicht beisammenstehend, meist auf der Blattoberseite; Sporen stab- oder fadenförmig, gerade oder gekrümmt, mit 3 undeutlichen Querwänden, 0,045—0,055 mm lang.

e) Septoria cannabina *Peck.*, auf Blättern des Hanf in Amerika, Sporen gekrümmt, 0,020—0,030 mm lang.

f) Septoria tenuissima *Wint.*, auf Böhmeria cylindrica in Amerika.

g) Septoria Pipulae *Cooke*, auf den Blättern von Ficus religiosa.

h) Septoria brachyspora *Sacc.*, auf den Blättern von Ficus elastica in den Kalthäusern.

20. Auf Garryaceen. Septoria Garryae *Roum.*, auf Blättern von Garrya elliptica in Frankreich. Auf Garryaceen.

21. Auf Platanaceen. Septoria platanifolia *Cooke*, auf Blättern von Platanus occidentalis in Amerika. Auf Platanaceen.

22. Auf Polygonaceen. a) Septoria Rumicis *Trail.*, auf Rumex Acetosa in Norwegen. Auf Polygonaceen.

b) Septoria polygonicola *Sacc.*, auf Polygonum orientalis.

c) Septoria Polygonorum *Desm.*, auf Polygonum Bistorta, amphibium, Persicaria, nodosa und Sieboldii.

d) Septoria Rhapontici *Thüm.*, auf Rheum Rhaponticum in Sibirien.

Auf Chenopodiaceen.

23. Auf Chenopodiaceen. a) Septoria Betae *West.*, auf trockenen, hellbraunen, in der Mitte weißlichen, braunumrandeten Blattflecken der Runkelrüben; Pykniden an der oberen Blattseite; Sporen cylindrisch, gerade oder gekrümmt. In Belgien beobachtet.

b) Septoria Spinaciae *West.*, auf zerstreuten, rundlichen gelben Flecken der Blätter des Spinat; Sporen cylindrisch gekrümmt.

c) Septoria Atriplicis *Fuckel*, auf größeren, bleich und trocken werdenden Flecken der Blätter der Atriplex-Arten.

d) Septoria Chenopodii *West.*, auf Blattflecken der Chenopodium-Arten. Identisch damit ist wohl Septoria Westendorpii *Wint.*, auf Chenopodium-Arten in Belgien und Amerika.

Auf Caryophyllaceen.

24. Auf Caryophyllaceen. a) Septoria Spergulae *West.*, auf anfangs bleichen, dann schwarzen trocknen Flecken der Blätter von Spergula arvensis; Pykniden dicht stehend, Sporen cylindrisch, gerade oder gekrümmt, 0,030 mm lang. Auf abgestorbenen Blättern kommt der Perithecienpilz Spaerella isariphora *Ces.* et *de Not.*, vor; ob er hierzu gehört, ist unbekannt.

b) Septoria Stellaria *Rob.* et *Desm.*, auf Stellaria media, oft alle Blätter und die Stengel eines Triebes unter Gelbwerden und Absterben der Pflanze befallend; Sporen fadenförmig.

c) Septoria Stellariae nemorosae *Roum.*, auf Stellaria nemorum.

d) Septoria Cerastii *Rob.* et *Desm.*, auf Cerastium-Arten.

e) Septoria nivalis *Rostr.*, auf Sagina nivalis in Grönland.

f) Septoria Scleranthi *Desm.*, auf Scleranthus.

g) Septoria Saponariae *Desm.*, auf Saponaria officinalis und Silene inflata.

h) Septoria Dianthi *Desm.*, auf den Blättern von Dianthus barbatus, Armeria etc.

i) Septoria dianthicola *Sacc.*, auf Dianthus barbatus und Caryophyllus.

k) Septoria calycina *Kickx*, auf den Kelchen von Dianthus Carthusianorum.

l) Septoria Sinarum *Speg.*, auf den Blättern von Dianthus sinensis.

m) Septoria Silenes *West.*, auf Silene Armeria in Belgien.

n) Septoria dimera *Sacc.*, auf Silene nutans in Frankreich.

o) Septoria Lychnidis *Desm.*, auf Lychnis dioica.

p) Septoria Melandrii *Pass.*, auf Lychnis vespertina und diurna.

q) Septoria Lychnidis *Desm.*, auf Lychnis diurna in Schottland.

r) Septoria Viscariae *Rostr.*, auf Viscaria alpina in Grönland.

Auf Ranunculaceen.

25. Auf Ranunculaceen. a) Septoria Anemones *Fuckel*, und Septoria silvicola *Desm.*, auf den Blättern von Anemone nemorosa.

b) Septoria Hepaticae *Desm.*, auf Hepatica triloba.

c) Septoria Clematidis *Rob.*, auf den Blättern von Clematis Vitalba und glauca.

d) Septoria Viticellae *Pass.*, auf Clematis Viticella.

e) Septoria Clematidis rectae *Sacc.*, auf Clematis recta.

f) Septoria Flammulae *Pass.*, und Septoria Clematidis-Flammulae *Roum.*, auf Clematis Flammula.

g) Septoria Ficariae *Desm.*, und ficariaecola *Sacc.*, auf Ficaria ranunculoides.

h) Septoria Ranunculacearum *Lév.*, auf Ranunculus acris und Cymbalaria.

i) Septoria Ranunculi *West.*, auf Ranunculus sceleratus in Belgien.

k) Septoria oreophila *Sacc.*, auf Ranunculus aconitifolius in Italien.

l) Septoria Cajadensis *Speg.*, auf Eranthis hiemalis in Italien.

m) Septoria Hellebori *Thüm.*, auf Helleborus niger und foetidus.

n) Septoria Trollii *Sacc.*, auf Trollius europaeus in der Schweiz.

o) Septoria Penzigi *Cocc.* et *Mor.*, auf Aquilegia vulgaris in Italien.

p) Septoria Aquilegiae *Penz.* et *Sacc.*, auf Aquilegia atrata.

q) Septoria Delphinella *Sacc.*, auf Delphinium Ajacis in Frankreich.

r) Septoria Lycoctoni *Speg.*, auf Aconitum Lycoctonon in Italien.

s) Septoria Napelli *Speg.*, auf Aconitum Napellus in Italien.

t) Septoria Paeoniae *West.*, und Septoria macropora *Sacc.*, auf Paeonia officinalis und sinensis.

u) Septoria Martianoffiana *Thüm.*, auf Paeonia anomala.

26. Auf Magnoliaceen. Septoria Magnoliae *Cooke*, und Septoria niphostoma *B.* et *C.*, auf Magnolia in Amerika. Auf Magnoliaceen.

27. Auf Berberidaceen: a) Septoria Berberidis *Niessl.*, auf Berberis vulgaris in Italien. Auf Berberidaceen.

b) Septoria Mahoniae *Pass.*, auf Mahonia Aquifolium in Italien.

28. Auf Cruciferen. a) Septoria Cheiranthi *Rob.*, auf Blättern von Cheiranthus Cheiri. Auf Cruciferen

b) Septoria Henriquesii *Thüm.*, auf Blättern von Matthiola incana.

c) Septoria Armoraciae *Sacc.*, auf hellen oder bräunlichen trocknen Blattflecken des Meerrettigs; Sporen stäbchenförmig, gekrümmt, mit 1—3 Querwänden, 0,015—0,020 mm lang.

d) Septoria Lepidii *Desm.*, auf den Blättern von Lepidium sativum; Sporen cylindrisch, gekrümmt, 0,05—0,06 mm lang.

e) Septoria Berteroae *Thüm.*, auf Berteroa incana.

f) Septoria arabidicola *Rostr.*, auf Arabis alpina in Grönland.

g) Septoria Arabidis *Sacc.*, auf Arabis ciliata in Italien.

h) Septoria Cardamines *Fuckel*, auf Cardamine pratensis.

i) Septoria Erysimi *Niessl.*, auf Erysimum cheiranthoides.

29. Auf Capparidaceen. Septoria Capparadis *Sacc.*, auf Capparis rupestris in Italien. Auf Capparidaceen.

30. Auf Papaveraceen. Septoria Chelidonii *Desm.*, auf Chelidonium majus. Auf Papaveraceen.

31. Auf Violaceen. a) Septoria Violae *West.*, auf den Blättern von Viola canina, silvestris und pinnata. Auf Violaceen.

b) Septoria violicola *Sacc.*, auf Viola biflora.

32. Auf Tiliaceen. Septoria Tiliae *West.*, auf Blättern von Tilia europaea. Auf Tiliaceen.

33. Auf Malvaceen. a) Septoria Fairmanni *Ell.* et *Ev.*, und Septoria parasitica *Fautr.*, auf Althaea rosea, erstere in Amerika, letztere in Frankreich. Auf Malvaceen.

b) Septoria Hibisci *Sacc.*, auf Hibiscus syriacus in Italien und Septoria simillima *Thüm.*, auf Hibiscus rosa sinensis in Görz.

c) Septoria Althaeae *Thüm.*, auf Althaea rosea in Böhmen.

d) Septoria gossypina *Cooke*, auf Gossypium in Amerika.

Auf Hyperikaceen. 34. Auf Hyperikaceen. Septoria Hyperici *Desm.*, auf Hypericum perforatum und hirsutum.

Auf Aurantiaceen. 35. Auf Aurantiaceen. a) Septoria Arethusa *Penz.*, auf den Blättern der Citrus-Arten in Kalthäusern in Italien; Sporen mit 1—3 Scheidewänden.

b) Septoria Citri *Pass.*, auf den Blättern der Citrus-Arten in Italien. Sporen ohne oder mit einer Scheidewand, 0,014—0,018 mm lang.

c) Septoria Limonum *Pass.*, auf Blättern und überreifen Früchten der Citronen. Sporen 0,008—0,015 mm lang, einzellig.

d) Septoria Tibia *Penz.*, auf Blättern von Citrus Limonum var. Limetta in den Kalthäusern. Sporen 0,010—0,014 mm lang, meist einzellig.

e) Septoria Cattaneï *Thüm.*, auf Blättern von Citrus medica. Sporen 0,009—0,012 mm zweizellig.

f) Septoria aurantiicola *Speg.*, auf Blättern von Citrus Aurantium in Brasilien.

Auf Ternströmiaceen. 36. Auf Ternströmiaceen. Septoria Theae *Cav.*, auf Theeblättern im botanischen Garten zu Pavia.

Auf Anacardiaceen. 37. Auf Anacardiaceen. a) Septoria Pistaciae *Desm.*, auf Blättern von Pistacia vera und Lentiscus in Frankreich und Italien.

b) Septoria Rhois *Sacc.*, auf Blättern von Rhus typhina.

c) Septoria rhoïna *B.* et *C.*, auf Blättern von Rhus Cotinus in Amerika.

d) Septoria irregularis *Peck.*, auf Blättern von Rhus Toxicodendron in Amerika.

Auf Juglandaceen. 38. Auf Juglandaceen. Septoria nigro-maculans *Thüm.*, mit cylindrischen, mit einer undeutlichen Querwand versehenen, 0,008 bis 0,012 mm langen Sporen, und Septoria epicarpii *Thüm.*, mit spindelförmigen, cylindrischen, mit 2—3 undeutlichen Querwänden versehenen, 0,022 mm langen Sporen, beide auf der grünen Fruchtschale von Juglans regia.

Auf Rutaceen. 39. Auf Rutaceen. Septoria Dictamni *Fuck.*, auf Dictamnus albus.

Auf Iliaceen. 40. Auf Ilicineen. Septoria orthospora *Lév.*, auf Ilex aquifolium.

Auf Celastraceen. 41. Auf Celastraceen. Septoria Evonymi *Rabenh.*, auf Evonymus europaeus.

Auf Euphorbiaceen. 42. Auf Euphorbiaceen. a) Septoria Euphorbiae *Guep.*, auf Euphorbia Esula und angulata.

b) Septoria Kalchbrenneri *Sacc.*, auf Euphorbia silvatica, palustris und aspera.

c) Septoria bractearum *Mont.*, auf Euphorbia serrata in Frankreich.

d) Septoria media *Sacc.* et *Brun.*, auf Euphorbia palustris in Frankreich.

e) Septoria Mercurialis *West.*, auf Mercurialis annua in Belgien.

43. Auf Buxaceen. Septoria phacidioides *Desm.*, auf Buxus in Belgien und Frankreich. Auf Buxaceen.

44. Auf Empetraceen. Septoria Empetri *Rostr.*, auf Empetrum nigrum in Grönland. Auf Empetraceen.

45. Auf Zanthoxylaceen. Septoria Pteleae *Ell.* et *Ev.*, auf Ptelea trifoliata in Nordamerika. Auf Zanthoxylaceen.

46. Auf Coriariaceen. Septoria Coriariae *Pass.*, auf Coriaria myrtifolia in Italien. Auf Coriariaceen.

47. Auf Staphyleaceen. Septoria cirrhosa *Wint.*, auf Staphylea trifoliata in Amerika, und Septoria Staphyleae *Pass.*, daselbst in Italien. Auf Staphyleaceen.

48. Auf Aceraceen. a) Septoria Pseudoplatani *Rob.*, auf den Blättern von Acer Pseudoplatanus. Auf Aceraceen.

b) Septoria seminalis *Sacc.*, auf den Cotyledonen von Acer campestre.

c) Septoria acerella *Sacc.*, auf den Blättern von Acer campestre in Frankreich.

d) Septoria Salliae *W. K.*, auf Acer saccharinum in Amerika.

e) Septoria incondita *Desm.*, auf Acer platanoides, Pseudoplatanus und campestris in Frankreich und Italien.

49. Auf Hippocastanaceen. Septoria Aesculi *West.*, Septoria Hippocastani *Berk.* et *Br.*, Septoria aesculina *Thüm.*, und Septoria aesculicola *Sacc.*, auf den Blättern von Aesculus Hippocastanum. Auf Hippocastanaceen.

50. Auf Vitaceen. a) Septoria Badhami *Berk.* et *Br.*, auf unregelmäßigen, violettbraunen Blattflecken des Weinstocks; Pykniden auf beiden Blattseiten; Sporen verlängert keulenförmig, 0,05 mm lang. Auf Vitaceen.

b) Septoria ampelina *Berk.* et *Br.*, erzeugt zahlreiche kleine, rotbräunliche, zuletzt sich vergrößernde, braun oder schwarz und trocken werdende Flecke auf den Blättern amerikanischer Reben. Die Krankheit ist als „Melanose" bezeichnet worden, kommt in Amerika vor, ist aber auch bisweilen nach Europa eingeschleppt worden[1]. Die Sporen sind cylindrisch, gekrümmt, mit 2—4 Querwänden und mit einer Art Stielchen versehen, 0,012—0,018 mm lang.

c) Septoria vineae *Pass.*, auf zahlreichen kleinen, rotbraunen Flecken, besonders am Blattrande des Weinstockes in Italien. Die Pykniden stehen auf der Blattoberseite. Die Sporen sind fadenförmig, ohne Querwände 0,012—0,018 mm lang.

51. Auf Geraniaceen. a) Septoria Geranii *Rob.* et *Desm.*, auf Geranium Robertianum, molle und pusillum. Auf Geraniaceen.

b) Septoria expansa *Niessl.*, auf Geranium dissectum.

52. Auf Balsaminaceen. a) Septoria Balsaminae *Pass.*, auf Blättern von Balsamina hortensis. Auf Balsaminaceen.

b) Septoria Nolitangere *Thüm.*, auf Impatiens Nolitangere in Rußland.

53. Auf Rhamnaceen. a) Septoria rhamnigena *Sacc.*, Septoria cathartica *Pass.*, und Septoria Rhamni catharticae *Ces.*, auf Blättern von Rhamnus cathartica. Auf Rhamnaceen.

---

[1]) Vergl. Viala et Ravaz, Sur la melanose. Compt. rend. CIII. 2. sem., pag. 706, und Revue Mycol. X, 1888, pag. 193.

b) Septoria rhamnella *Oud.*, und Septoria Frangulae *Guep.*, auf Rhamnus Frangula.

c) Septoria Rhamni *Dur.*, nitidula *Dur.*, Saccardiana *Roum.* und Alaterni *Pass.*, auf Rhamnus Alaternus.

d) Septoria Zizyphi *Sacc.*, auf Zizyphus vulgaris in Italien.

e) Septoria ascochytella *Sacc.*, Paliurus aculeatus in Italien.

Auf Saxifragaceen.

54. Auf Saxifragaceen. a) Septoria Posoniensis *Bäumler*, auf Chrysosplenium alternifolium bei Preßburg.

b) Septoria Saxifragae *Pass.*, auf Saxifraga rotundifolia.

c) Septoria Hydrangeae *Bizz.*, auf Blattflecken von Hydrangea.

Auf Crassulaceen.

55. Auf Crassulaceen. Septoria Telephii *Karst.* und Septoria Sedi *West.*, auf Sedum Telephium.

Auf Ribesiaceen.

56. Auf Ribesiaceen. a) Septoria Grossulariae *West.*, auf braunen, dann weißlichen, in der Mitte trocken werdenden, braungesäumten Blattflecken der Stachelbeeren; Pykniden an der Blattoberseite, Sporen cylindrisch, gekrümmt, 0,012—0,016 mm lang.

b) Septoria Ribis *Desm.*, auf Blättern von Ribis nigrum. Eine Septoria-Form auf Blattflecken der Johannisbeeren wird mit dem Perithecienpilz Sphaerella Ribis *Fuckel*, auf abgestorbenen Blättern in Beziehung gebracht. In Amerika hat man Bespritzung mit Bordelaiser Brühe erfolgreich dagegen angewandt.

c) Septoria sibirica *Thüm.*, auf Blättern von Ribes acicularis in Sibirien.

Auf Philadelphaceen.

57. Auf Philadelphaceen. Septoria phyllostictoides *Sacc.*, auf Blättern von Deutzia scabra in Frankreich.

Auf Onagraceen.

58. Auf Onagraceen. a) Septoria Fuchsiae *Roum.*, auf Blättern von Fuchsia coccinea.

b) Septoria Epilobii *West.* und Septoria Chamaenerii *Pass.*, auf Epilobium-Arten.

c) Septoria Oenotherae *West.*, auf Oenothera biennis.

Auf Lythraceen.

59. Auf Lythraceen. Septoria Brissaceana *Sacc.* et *Let.*, auf Lythrum Salicaria in Frankreich.

Auf Thymeläaceen.

60. Auf Thymeläaceen. Septoria Daphnes *Desm.*, auf Daphne Mezereum.

Auf Eläagnaceen.

61. Auf Eläagnaceen. a) Septoria argyraea *Sacc.*, auf Elaeagnus argentea in Italien.

b) Septoria Elaeagni *Desm.*, auf Elaeagnus angustifolia in Frankreich.

c) Septoria Hippophaës *Desm.* et *Rob.*, auf Hippophaë rhamnoides in Frankreich.

Auf Aristolochiaceen.

62. Auf Aristolochiaceen. a) Septoria Aristolochiae *Sacc.*, auf Aristolochia Clematitis in Frankreich und Italien.

b) Septoria Asari *Sacc.*, auf Asarum europaeum in Italien.

Auf Umbelliferen.

63. Auf Umbelliferen. a) Septoria Hydrocotyles *Desm.*, auf Hydrocotyle vulgaris.

b) Septoria Eryngii *West.*, und Septoria eryngicola *Oud.*, et. *Sacc.* auf Eryngium.

c) Septoria Pastinacae *West.*, auf hellbraunen, trocknen Flecken der Blätter von Pastinaca sativa; Sporen stäbchenförmig, mit 16—20 Querwänden, 0,06 mm lang.

d) Septoria pastinacina *Sacc.*, auf braunen Flecken von unbestimmter Gestalt auf den Stengeln von Pastinaca sativa; Sporen fadenförmig, gebogen, 0,02—0,03 mm lang. In Italien beobachtet.

e) Septoria Petroselini *Desm.*, auf bräunlichen, zuletzt bleich werdenden, trocknen Blattflecken von Petroselinum sativum; Sporen fadenförmig, gebogen, mit 6—10 undeutlichen Querwänden, 0,035—0,040 mm lang.

f) Septoria Heracleï *Lib.*, auf den Blättern von Heracleum Sphondylium.

g) Septoria Bupleuri *Desm.*, auf Bupleurum fruticosum und frutescens.

h Septoria Aegopodii *Sacc.*, aegopodina *Sacc.*, und Podagrariae *Lasch.*, auf Aegopodium Podagraria.

i) Septoria Sii *Rob.* et. *Desm.*, auf Sium latifolium und angustifolium.

k) Septoria Sisonis *Sacc.*, auf Sison Amomum in Frankreich.

l) Septoria Levistici *West.*, auf Ligusticum Levisticum in Belgien.

m) Septoria Oreoselini *Sacc.*, auf Peucedanum Oreoselinum.

n) Septoria Anthrisci *Pass.* et. *Brun.*, auf Anthriscus vulgaris in Frankreich.

o) Septoria Weissii Allesch, auf Chaerophyllum hirsutum.

64. Auf Araliaceen. a) Septoria Hederae *Desm.*, auf den Blättern von Hedera Helix, Sporen 0,03—0,04 mm lang. Auf Araliaceen.

b) Septoria Desmazieri *Sacc.*, daselbst, mit 0,02 mm langen Sporen.

65. Auf Cornaceen. a) Septoria Aucubae *West.*, auf Blättern von Aucuba japonica in Belgien. Auf Cornaceen.

b) Septoria Corni maris *Sacc.*, auf Cornus mas.

c) Septoria cornicola *Desm.*, auf Cornus sanguinea.

66. Auf Rosaceen. a) Septoria sparsa *Fuckel*, auf den Blättern von Potentilla-Arten. Auf Rosaceen.

b) Septoria purpurascens *Ell.* et. *Mart.*, auf Potentilla norvegica in Amerika.

c) Septoria Tormentillae *Desm.* et *Rob.*, auf Tormentilla und Potentilla reptans.

d) Septoria Fragariae *Desm.*, auf Blattflecken der Erdbeeren und von Potentilla verna. Der Pilz gehört vielleicht zu Sphaerella Fragariae. (S. 312).

e) Septoria aciculosa *Ell.* et. *Ev.*, auf Blättern kultivierter Erdbeeren in Amerika.

f) Septoria Gei *Rob.* et. *Desm.*, auf Geum urbanum.

g) Septoria Comari *Lasch.*, auf Comarum.

h) Septoria Rosae *Desm.*, auf kranken, rot umsäumten Blattflecken von Rosa canina, pumila, scandens, sempervirens.

i) Septoria Rosarum *West.*, auf Blattflecken von Rosa canina, pumila und den kultivierten Varietäten.

k) Septoria Rosae arvensis *Sacc.*, auf den Blättern von Rosa arvensis, sempervirens und den kultivierten Varietäten.

l) Septoria semilunaris *Johans*, auf Dryas octopetala in Schweden und Island.

m) Septoria Agrimonii Eupatoriae *Bomm.* et *Rouss.*, in Belgien.

n) Septoria Rubi *West.*, auf bleichen, trocknen, rotumrandeten Blattflecken der Brombeeren und Himbeeren; Sporen fadenförmig, mit 2 oder mehreren undeutlichen Querwänden, 0,040—0,055 mm lang

Auf Spiräaceen

67. Auf Spiräaceen. a) Septoria Arunci *Pass.*, auf Spiraea Aruncus.

b) Septoria Ulmariae *Oud.* und Septoria quevillensis *Sacc.*, auf Spiraea Ulmaria.

c) Septoria ascochytoides *Sacc.*, auf Spiraea decumbens.

d) Septoria Salicifoliae *Berl.* et *Vogl.*, auf Spiraea salicifolia.

Auf Pomaceen.

68. Auf Pomaceen. a) Septoria piricola *Desm.*, auf braunberandeten, runden, weißlichen Flecken der Blätter des Birnbaumes. Sporen fadenförmig, dreizellig, 0,060 mm lang. Soll zu Leptosphaeria Lucilla *Sacc.* gehören, deren Perithecien auf abgestorbenen Birnblättern vorkommen. Eine andere Perithecienform, die ebenfalls zu blattfleckenbewohnenden Pykniden der Birnblätter in Beziehung gebracht wird, ist die Sphaerella sentina *Fuckel*, auf abgestorbenen Birnblättern. Die als Septoria nigerrima *Fuckel* bezeichnete Form ist zu ungenau beschrieben, sie dürfte mit dieser identisch sein.

b) Septoria Mespili *Sacc.*, auf trocknen, hellbraunen, dunkler berandeten Flecken der Blätter von Mespilus germanica: Sporen stabförmig, gekrümmt, ohne Querwände, farblos, 0,030—0,035 mm lang.

c) Septoria Cydoniae *Fuckel*, mit fadenförmigen, querwandlosen, farblosen Sporen, und Septoria cydonicola *Thüm.*, mit cylindrischen, mit 2—3 Querwänden versehenen, farblosen, 0,010—0,014 mm langen Sporen, beide auf grauen, trocknen Blattflecken von Cydonia vulgaris.

d) Septoria Crataegi *Kickx.*, auf Blattflecken von Crataegus Oxyacantha in Frankreich, Belgien, Italien.

e) Septoria Sorbi hybridi *Ces.*, auf Sorbus hybrida in Italien.

f) Septoria hyalospora *Sacc.*, auf Sorbus torminalis.

Auf Calycanthaceen.

69. Auf Calycanthaceen. Septoria Calycanthi *Sacc.* et *Speg.*, auf Blättern von Calycanthus in Italien und Portugal

Auf Amygdalaceen.

70. Auf Amygdalaceen. a) Septoria effusa *Desm.*, auf rötlichen Blattflecken von Prunus Cerasus; Sporen stabförmig gekrümmt, farblos, mit 3—4 Querwänden, 0,020—0,025 mm lang. In Frankreich und Südösterreich; neuerdings auch in Schlesien von Sorauer[1]) beobachtet.

b) Septoria Cerasi *Pass.*, auf rundlichen, dunkelroten Blattflecken von Prunus Cerasus; Sporen fadenförmig, ohne Querwände, farblos, 0,015—0,030 mm lang. In Frankreich.

c) Septoria Padi *Lasch* und Septoria stipata *Sacc.*, auf Prunus Padus.

d) Septoria Pruni Mahaleb *Therry*, auf Prunus Mahaleb.

e) Septoria Laurocerasi *Desm.*, auf Prunus Laurocerasus.

f) Septoria Pruni *Ellis.*, auf der wilden Pflaume (Prunus americana) in Amerika; Sporen 0,030—0,050 mm lang.

g) Septoria cerasina *Peck*, auf Prunus serotina, aber auch auf kultivierten Kirschen, Pflaumen, Aprikosen und Pfirsich in Amerika; zer-

[1]) Jahresb. d. Sonder-Aussch. f. Pflanzenschutz in Jahrb. d. deutschen Landw. Ges. 1893, pag. 429.

streute, kleine, scharf begrenzte, braune, im Centrum weißwerdende Flecke auf den Blättern bildend. Die Sporen sind 0,050—0,075 mm lang. Beim Absterben der Blätter soll nach Arthur[1]) eine Phoma-Fruktifikation auf denselben Blattflecken an der Unterseite entstehen. Der Pilz wird mit dem vorigen für identisch gehalten.

h) Septoria Myrobolanae *Brun.*, auf Prunus Myrobolana in Frankreich.

71. Auf Leguminosen. a) Septoria Cytisi *Desm.*, und Septoria Laburni *Pass.*, auf den Blättern von Cytisus Laburnum. Auf Leguminosen.

b) Septoria scopariae *West.*, auf Hülsen von Spartium scoparium in Belgien.

c) Septoria Spartii *Rob.* et *Desm.*, auf Blättern von Spartium junceum in Frankreich.

d) Septoria Robiniae *Desm.*, auf Blättern von Robinia Pseudacacia.

e) Septoria compta *Sacc.*, auf schwarz umgrenzten, eckigen, bräunlichen Blattflecken von Trifolium incarnatum; Sporen cylindrisch, gekrümmt, mit 3—5 Querwänden, 0,020—0,025 mm lang. In Portugal.

f) Septoria Melilti *Sacc.*, auf Melilotus vulgaris; Sporen cylindrisch, 0,021—0,022 mm lang.

g) Septoria Medicaginis *Rob.* et *Desm.*, auf weißlichen, braunberandeten Flecken der Blätter der Luzerne; Pykniden auf der Blattunterseite; Sporen cylindrisch, 0,020 mm lang.

h) Septoria Astragali *Desm.*, auf Blättern von Astragalus glycyphyllos.

i) Septoria sojina *Thüm.*, auf Blättern von Soja hispida in Görz.

k) Septoria Anthyllidis *Sacc.*, auf weißlichen, allmählich sich vergrößernden Blattflecken von Anthyllis Vulneraria; Sporen stäbchenförmig, schwach gekrümmt, 0,025—0,030 mm lang.

l) Septoria Emeri *Sacc.*, auf Blättern von Coronilla Emerus in Italien.

m) Septoria Viciae *West.*, auf trocknen, gelben, braunberandeten Blattflecken von Vicia sativa; Sporen cylindrisch, querwandlos, ziemlich gerade, 0,030—0,060 mm lang.

n) Septoria Pisi *West.*, auf großen, unregelmäßigen, weißlichen oder hellbraunen Blattflecken der Erbsen. Sporen cylindrisch, gerade, 0,040 mm lang. In Belgien.

o) Septoria leguminum *Desm.*, auf kleinen, trocknen, scharf umgrenzten Flecken der Hülsen der Erbsen und Gartenbohnen. Sporen stäbchenförmig, ziemlich gerade, ohne oder mit sehr undeutlichen Querwänden, 0,030—0,045 mm lang.

p) Septoria orobina *Sacc.*, und orobicola *Sacc.*, auf Orobus vernus in Italien, erstere mit 0,03, letztere mit 0,06—0,07 mm langen Sporen.

q) Septoria fulvescens *Sacc.*, und silvestris *Pass.*, auf Lathyrus silvestris in Italien, erstere mit 0,05—0,06, letztere mit 0,03—0,05 mm langen Sporen.

r) Septoria stipularis *Pass.*, auf den Nebenblättern von Lathyrus Aphaca in Italien.

---

[1]) Report of the Botanist to the New-York Agricult. Exper. Station by J. C. Arthur. Albany 1887.

s) Septoria Fautreyana *Sacc.*, auf Lathyrus sylvestris in Frankreich.

t) Septoria Ceratoniae *Pass.*, und Carrubi *Pass.*, auf Blättern von Ceratonia siliqua.

u) Septoria Cercidis *Fr.*, und Septoria Siliquastri *Pass.*, auf Blättern von Cercis Siliquastrum.

Auf Ericaceen. 72. Auf Ericaceen. a) Septoria stemmatea *Berk.*, auf braunberandeten trocknen Flecken von Vaccinium vitis Idaea.

b) Septoria difformis *Cook.* et *P.*, auf Vaccinium pensylvanicum.

c) Septoria Unedonis *Rob.* et *Desm.*, und Septoria Arbuti *Pass.*, auf Arbutus Unedo in Italien.

Auf Pyrolaceen. 73. Auf Pyrolaceen. a) Septoria pyrolata *Rostr.*, auf Blättern von Pirola grandiflora in Grönland.

b) Septoria Pirolae *Ell.* et *M.*, auf Pirola secunda in Amerika.

c) Septoria Schelliana *Thüm.*, auf Pirola secunda in Rußland.

Auf Primulaceen. 74 Auf Primulaceen. a) Septoria Cyclaminis *Dur.* et *Mont.*, auf den Blättern von Cyclamen europaeum und hederifolium.

b) Septoria Trientalis *Sacc.*, auf Trientalis.

c) Septoria Anagallidis *Rich.*, auf Anagallis in Frankreich.

d) Septoria Primulae *Bucknall*, auf Primula in England.

e) Septoria Soldanellae *Speg.*, auf Soldanella alpina in Italien.

f) Septoria Lysimachiae *West.*, auf Lysimachia nummularia und vulgaris.

Auf Oleaceen. 75. Auf Oleaceen. a) Septoria Fraxini *Desm.*, elaeospora *Sacc.* et Orni *Pass.*, auf den Blättern von Fraxinus excelsior und Ornus.

b) Septoria Syringae *Sacc.* et *Sp.*, auf Syringa vulgaris in Italien und Frankreich.

c) Septoria Ligustri *Kickx.*, auf Blättern von Ligustrum vulgare, Septoria oleaginea *Thüm.*, auf Früchten des Ölbaumes.

Auf Jasminaceen. 76. Auf Jasminaceen. a) Septoria Jasmini *Roum.*, auf den Blättern von Jasminum in Frankreich.

b) Septoria Sambac *Pass.*, auf Jasminum Sambac in Italien.

Auf Gentianaceen. 77. Auf Gentianaceen. a) Septoria rhaphidospora *C. Mass.* auf Gentiana utricolosa in Italien.

b) Septoria microsora *Speg.*, auf Gentiana asclepiadea in Italien.

c) Septoria Menyanthes *Desm.*, auf Menyanthes trifoliata.

d) Septoria Villarsiae *Desm.*, auf Villarsia nymphoides.

Auf Asclepiadeen. 78. Auf Asclepiadeen. a) Septoria maculosa *Lév.*, auf Cynanchum erectum in Frankreich.

b) Septoria Vincetoxici *Awd.*, und asclepiadea *Sacc.*, auf Cynanchum Vincetoxicum.

c) Septoria Hoyae *Sacc.*, auf Hoyacarnosa in Italien.

Auf Apocynaceen. 79. Auf Apocynaceen. a) Septoria Vincae *Desm.*, auf Vinca minor in Frankreich, und Septoria Holubyi *Bäuml.*, daselbst in Ungarn.

b) Septoria neriicola *Pass.*, und Septoria oleandrina *Sacc.*, auf Nerium Oleander.

c) Septoria littorea *Sacc.*, auf Apocynum Venetum in Italien.

Auf Convolvulaceen. 80. Auf Convolvulaceen. a) Septoria Convolvuli *Desm.*, auf Convolvulus arvensis und Calystegia sepium.

b) Septoria Calystegiae *West.*, auf Convolvulus arvensis.

Auf Polemoniaceen.

81. Auf Polemoniaceen. Septoria Phlogis *Sacc.* et *Speg.*, auf Phlox paniculata in Italien.

Auf Solanaceen.

82. Auf Solanaceen. a) Septoria Lycopersici *Speg.*, auf den Blättern von Solanum Lycopersicum in Argentinien.

b) Septoria Dulcamarae *Desm.*, auf Solanum Dulcamara.

Auf Asperifoliaceen.

83. Auf Asperifoliaceen. Septoria Pulmonariae *Sacc.*, auf Pulmonaria officinalis in Italien.

Auf Globulariaceen.

84. Auf Globulariaceen. Septoria Globulariae *Sacc.*, auf Globularia vulgaris in Italien.

Auf Verbenaceen.

85. Auf Verbenaceen. Septoria Verbenae *Rob.* et *Desm.*, auf Verbena officinalis.

Auf Plantaginaceen

86. Auf Plantaginaceen. Septoria plantaginea *Pass.*, und Septoria Plantaginis *Sacc.*, auf Plantago lanceolata und major.

Auf Scrofulariaceen.

87. Auf Scrofulariaceen. a) Septoria Mimuli *Ell.* et *C.*, auf Mimulus ringens in Amerika.

b) Septoria veronicicola *Karst.*, auf Veronica officinalis in Finnland.

c) Septoria Veronicae *Desm.*, auf Veronica hederifolia.

d) Septoria Gratiolae *Sacc.* et *Speg.*, auf Gratiola officinalis in Italien.

e) Septoria Digitalis *Pass.*, auf Digitalis lutea in Italien.

f) Septoria Cymbalariae *Sacc.* et *Speg.*, auf Linaria Cymbalaria.

g) Septoria Paulowniae *Thüm.*, auf Paulownia tomentosa in Frankreich und Italien.

Auf Bignoniaceen.

89. Auf Bignoniaceen. Septoria Catalpae *Sacc.*, auf den Kapseln von Catalpa syringaefolia in Italien.

Auf Labiaten.

90. Auf Labiaten. a) Septoria Lavendulae *Desm.*, auf Lavandula in Italien, Frankreich und England.

b) Septoria Salviae *Pass.*, auf Salvia pratensis.

c) Septoria Menthae *Oud.*, und menthicola *Sacc.* et *Let.*, auf Menthan arvensis.

d) Septoria Lycopi *Pass.*, auf Lycopus europaeus in Frankreich.

e) Septoria Lamii *Pass.*, auf Lamium purpureum und maculatum in Italien.

f) Septoria lamiicola *Sacc.*, auf Lamium album und Orvala.

g) Septoria Melissae *Desm.*, auf Melissa officinalis in Frankreich und Italien.

h) Septoria Melittidis *Sacc.*, auf Melittis Melissophyllum in Italien.

i) Septoria Galeopsidis *West.*, auf Galeopsis Tetrahit und grandiflora.

k) Septoria Stachydis *Rob.* et *Desm.*, auf Stachys silvatica, palustris und annua.

l) Septoria Scorodoniae *Pass.*, auf Teucrium Scorodonia in Frankreich.

m) Septoria Teucrii *Sacc.*, auf Teucrium Chamaedrys in Italien.

n) Septoria Trailiana *Sacc.*, auf Prunella vulgaris in Schottland, und Septoria Brunellae *E.* et *H.*, daselbst in Amerika.

Auf Rubiaceen.

91. Auf Rubiaceen. a) Septoria Cruciata *Rob.* et *Desm.*, auf Galium-Arten.

b) Septoria urens *Pass.*, auf Galium tricorne in Italien.

c) Septoria Asperulae *Bäuml.*, auf Asperula odorata in Ungarn.

d) Septoria Cephalanthi *Ell.* et *K.*, auf Cephalanthus occidentalis in Amerika.

Auf Caprifoliaceen. 92. Auf Caprifoliaceen. a) Septoria Adoxae *Fuckel*, auf Adoxa Moschatellina.

b) Septoria Ebuli *Desm.* et *Rob.*, auf Sambucus Ebulus.

c) Septoria Diervillae *Peck.*, und diervillicola *E.* et *L.*, auf Diervilla trifida in Amerika.

d) Septoria Symphoricarpi *E.* et *E.*, auf Symphoricarpus in Amerika.

e) Septoria Tini auf Viburnum Tinus in Italien.

f) Septoria Viburni *West.*, auf Viburnum Opulus und Lantana.

g) Septoria Lonicerae *Allesch.*, und Septoria Xylostei *Sacc.* et *Winter*, auf Lonicera Xylosteum.

h) Septoria Linnaeae *Sacc.*, auf Linnaea borealis.

Auf Campanulaceen. 93. Auf Campanulaceen. a) Septoria Phyteumatis *Siegm.*, und Septoria Phyteumatum *Sacc.*, auf Phyteuma-Arten.

b) Septoria Prismatocarpi *Desm.*, auf Specularia in Frankreich und Italien.

c) Septoria obscura *Trail.*, auf Campanula rotundifolia in Schottland.

Auf Valerianaceen. 94. Auf Valerianaceen. Septoria centranthicola *Brun.*, auf Centranthus ruber in Frankreich.

Auf Dipsaceen. 95. Auf Dipsaceen. a) Septoria Dipsaci *West.*, mit sehr kleinen Pykniden und cylindrischen, geraden, 0,060 mm langen Sporen, und Septoria fullonum *Sacc.*, mit 0,12 mm großen Pykniden und fadenförmigen, 0,06—0,08 mm langen Sporen, beide auf trocknen, bleichen Blattflecken von Dipsacus Fullonum.

b) Septoria Cephalariae alpinae *Roum.*, auf Cephalaria alpina in Frankreich.

c) Septoria scabiosicola *Desm.*, auf weißen, dunkelrot gesäumten Blattflecken von Scabiosa-Arten und Succisa.

d) Septoria succisicola *Sacc.*, auf Succisa pratensis undeutliche Flecke bildend.

Auf Cucurbitaceen. 96. Auf Cucurbitaceen. a) Septoria Cucurbitacearum *Sacc.*, auf kleinen, rundlichen oder eckigen, trocknen, weißen Flecken der Blätter des Kürbis; Sporen wurmförmig gebogen, mit Querwänden, 0,060—0,070 mm lang.

b) Septoria vestita *B.* et *C.*, auf Flecken der Kürbisfrüchte in Amerika.

c) Septoria Sicyi *Peck.*, auf Sicyos in Amerika.

Auf Compositen. 97. Auf Compositen. a) Septoria Farfarae *Pass.*, Tussilaginis *West.*, und Fuckelii *Sacc.*, auf Tussilago Farfara.

b) Septoria Eupatorii *Rob.* et *Desm.*, auf Eupatoria cannabina in Frankreich und Italien.

c) Septoria Virgaureae *Desm.*, auf Solidago Virgaurea.

d) Septoria Tanaceti *Niessl.*, auf Tanacetum vulgare.

e) Septoria Artemisiae *Pass.*, auf Artemisia vulgaris in Italien.

f) Septoria Arnicae *Fuckel*, auf Arnica montana in der Schweiz.

g) Septoria Ptarmicae *Pass.*, auf Achillea Ptarmica in Italien.

h) Septoria socia *Pass.*, und Leucanthemi *Sacc.* et *Speg.*, auf Chrysanthemum Leucanthemum in Italien.

i) Septoria cercosporoides *Trail.*, auf Chrysanthemum Leucanthemum in Schottland.

k) Septoria Doronici *Pass.*, auf Doronicum Pardalianches in Italien.

l) Septoria Inulae *Sacc.* et *Speg.*, auf Inula salicina in Italien.

m) Septoria Bidentis *Sacc.*, auf Bidens tripartita in Italien.

n) Septoria Senecionis *West.*, auf Senecio sarracenicus, nemorensis und campestris.

o) Septoria anaxaea *Sacc.*, auf Senecio praealtus in Italien.

p) Septoria Helianthi *E.* et *K.*, auf Helianthus in Nordamerika.

q) Septoria Bellidis *Desm.* et *Rob.*, und bellidicola *Desm.* et *Rob.*, auf Bellis perennis.

r) Septoria Xanthii *Desm.*, auf Xanthium strumarium in Frankreich und Italien.

s) Septoria Centaureae *Sacc.*, auf Centaurea nigra in Frankreich.

t) Septoria centaureicola *Brun.*, auf Centaurea Scabiosa in Frankreich.

u) Septoria Cardunculi *Pass.*, auf Blättern von Cynara Cardunculus in Italien.

v) Septoria Scolymi *Pass.*, auf Scolymus hispanicus in Italien.

w) Septoria Silybi *Pass.*, auf Silybum Marianum in Italien.

x) Septoria Serratulae *Sacc.*, auf Serratula arvensis.

y) Septoria Lapparum *Sacc.*, auf Lappa minor in Italien.

z) Septoria Cirsii *Niessl.*, auf Cirsium arvense.

za) Septoria Sonchi *Sacc.*, auf Sonchus oleraceus in Italien.

zb) Septoria Lactucae *Pass.*, auf kleinen, braunen Blattflecken von Lactuca sativa: Sporen fadenförmig, einzellig, 0,025—0,030 mm lang. Septoria consimilis *Ell.* et *M.*, auf derselben Pflanze in Amerika.

zc) Septoria Endiviae *Thüm.*, auf trocknen, braunen Blattflecken von Cichorium Endivia: Sporen fadenförmig, ohne oder mit einer undeutlichen Querwand, 0,024—0,030 mm lang.

zd) Septoria Mougeotii *Sacc.* et *Roum.*, auf Hieracium-Arten in den Ardennen.

XVII. Brunchorstia *Eriks.*

Die Pykniden sind in die Pflanzenteile eingesenkte Kapseln, die nach außen sich öffnen; bei den kleineren ist die Höhlung einfach, bei den größeren aber durch mehrere vollständige oder unvollständige Scheidewände in nebeneinanderliegende Fächer geteilt. Auf der Innenwand und auf den Scheidewänden stehen die zahlreichen Tragzellen, welche die länglichen, gebogenen, farblosen, mit 3 bis 4 Scheidewänden versehenen Conidien abschnüren. Diese Gattung dürfte indes von der bekannten alten Gattung Cytispora nicht wesentlich verschieden sein. Brunchorstia.

Brunchorstia destruens *Eriks.*, der Schwarzkiefernpilz, ist von Brunchorst[1]) als die Ursache einer verheerenden Krankheit der Schwarz- Der Schwarzkiefernpilz.

[1]) Über eine neue, verheerende Krankheit der Schwarzföhre. Bergens museums aarsberetning. Bergen 1888.

28*

kiefer (*Pinus austriaca*) und der *Pinus montana* im Süden Norwegens erkannt worden. Auch durch ganz Deutschland soll nach R. Hartig[1]) diese Krankheit verbreitet sein. Die im besten Wuchse stehenden Pflanzen zeigen im Frühlinge beginnend an den einjährigen Trieben ein Bleichwerden der Nadeln und Absterben der Knospen. Die absterbenden Nadeln werden am Grunde braun, später blaß gelblich-weiß, während der obere Teil der Nadel zunächst noch grün und gesund ist, aber ebenfalls bald abstirbt. Aber auch die Triebe, welche solche Nadeln tragen, sind erkrankt, und ihre Entwickelung ist sistiert. In allen toten Teilen der Nadel sowie in der Rinde und im Marke des erkrankten Triebes, zuletzt auch im Holze desselben hat Brunchorst ein Pilzmycelium aufgefunden, außerdem in der Basis der abgestorbenen Nadeln und an den Trieben, besonders auf den nach dem Abfall des Nadelbüscheltriebes zurückbleibenden Narben, schwarze Pykniden, deren Bau der oben gegebenen Beschreibung entspricht. An den Nadeln sind die Pykniden kleiner, oft einfächrig, an den Trieben größer, meist mehrfächrig, sonst einander gleich. Die Sporen sind cylindrisch, halbmondförmig gebogen, 0,033—0,050 mm lang, farblos, mit 2 bis 5 Querwänden versehen. Die Sporen keimen im Wasser nach etwa 24 Stunden. Die Infektion scheint an den Befestigungsstellen der Nadelbüschel zu erfolgen. Ascosporenfrüchte sind bisher nirgends gefunden worden. Der Pilz ist von Brunchorst nicht benannt worden; Erikson[2]) hat ihm obigen Namen gegeben, obgleich der Pilz in die Gattung *Cytispora* eingereiht werden müßte. In Norwegen sind große Bestände durch diese Krankheit verwüstet worden. Wo sich dieselbe zu zeigen beginnt, dürfte ein Ausschneiden und Verbrennen der erkrankten Teile anzuraten sein.

XVIII. Stagonospora *Sacc.*

Stagonospora.

Von den übrigen Gattungen durch die ellipsoidischen oder länglichen, mit 2 oder mehr Scheidewänden versehenen farblosen Sporen unterschieden, also der Gattung *Hendersonia* am nächsten verwandt, welche jedoch braun gefärbte Sporen besitzt. Außer vielen saprophyten Arten werden folgende Parasiten erwähnt.

Auf Gräsern.

1. Stagonospora macrosperma *Sacc.* et *Roum.*, auf Blättern von Gräsern, Sporen spindelförmig, schwach gekrümmt, 0,085—0,095 mm lang.

Auf Carex.

2. Stagonospora Caricis *Sacc.* (Hendersonia Caricis *Oud.*), auf Blättern von Carex muricata.

Auf Scirpus und Juncus.

3. Stagonospora aquatica *Sacc.*, auf Halmen von Scirpus lacustris und Juncus effusus.

Auf Luzula.

4. Stagonospora Luzulae *Sacc.* (Hendersonia Luzulae *West.*), auf Luzula.

Auf Typha und Sparganium.

5. Stagonospora Typhoidearum *Sacc.* (Hendersonia Typhoidearum *Desm.*), auf Blättern von Typha und Sparganium.

Auf Iris.

6. Stagonospora Iridis *C. Mass.*, auf Iris germanica in Italien.

Auf Apfelblättern.

7. Stagonospora Mali *Delacr.*, auf Apfelblättern in Frankreich; Sporen 0,014—0,015 mm lang.

8. Stagonospora prominula *Sacc.* (Hendersonia prominula *B.* et *C.*), auf Blättern des Apfelbaumes in Nordamerika.

---

[1]) Lehrbuch d. Baumkrankheiten. 2. Aufl. Berlin 1889, pag. 126.

[2]) Botan. Centralbl. 1891, pag. 298.

9. Stagonospora Mespili *Sacc.* (Hendersonia Mespili *West.*), auf Blättern von Mespilus in Belgien. Auf Mespilus.

10. Stagonospora Fragariae *Br.* et *Har.*, auf Blättern von Fragaria vesca in Frankreich. Auf Fragaria.

11. Stagonospora Ilicis *Grove*, auf Blättern von Ilex Aquifolium in England. Auf Ilex.

12. Stagonospora ulmifolia *Sacc.* (Hendersonia ulmifolia *Pass.*), auf Blättern von Ulmus campestris in Italien. Auf Ulmus.

13. Stagonospora hortensis *Sacc.* et *Malbr.*, auf Stengeln von Phaseolus in Frankreich; Sporen 0,018—0,022 mm lang. Auf Phaseolus.

14. Stagonospora innumerabilis *Fuck.*, auf den Stengelflügeln von Cytisus sagittalis. Auf Cystisus.

15. Stagonospora Trifolii *Fautr.*, und Stagonospora Dearnessii *Sacc.*, auf Blättern von Trifolium repens, erstere in Frankreich, letztere in Amerika, beide vielleicht identisch. Auf Trifolium.

16. Stagonospora carpathica *Bäuml.*, auf Blättern von Melilotus alba in Ungarn. Auf Melilotus.

XIX. Coniothyrium *Corda*.

Die Pykniden sind wie bei Phoma häutige, schwarze, kleine, kuglige oder abgeflachte Kapseln, welche unter der Oberhaut der Pflanzenteile mit einer papillenförmigen Mündung hervorbrechen; die Sporen, welche in ihnen gebildet werden, sind kugelig bis ellipsoidisch, einzellig, braun gefärbt. Auch diese Pilze kommen auf krankhaft verfärbten Teilen von Zweigen, Blättern oder Früchten vor; manche Formen nur saprophyt auf schon toten Teilen. Coniothyrium.

1. Coniothyrium Oryzae *Cav.*, auf den Blättern von Oryza sativa in Italien. Auf Oryza.

2. Coniothyrium concentricum *Sacc.* (Phoma concentricum *Desm.*), auf Blättern von Agave, Fourcroya, Yucca. Auf Agave etc.

3. Coniothyrium Palmarum, auf Blättern von Chamaerops und Phoenix. Auf Chamaerops und Phoenix.

4. Coniothyrium borbonicum *Thüm.*, auf Blättern von Latania borbonica. Auf Latania.

5. Coniothyrium Gastonis *Berl. et Vogl.*, auf den Blättern von Musa sapientum in Australien. Auf Musa.

6. Coniothyrium microscopicum *Sacc.*, auf der Unterseite der Eichenblätter. Auf Eichen.

7. Coniothyrium Delacroixii *Sacc.*, auf Blättern von Helleborus viridis in Frankreich. Auf Helleborus.

8. Coniothyrium Berberidis *Fautr.*, auf den Ästchen von Berberis vulgaris in Frankreich. Auf Berberis.

9. Coniothyrium Bergii *Speg.*, auf den Dornen von Berberis heterophylla.

10. Coniothyrium Diplodiella *Sacc.* (Phoma Diplodiella *Speg.*), auf den Trauben- und Beerenstielen, sowie auf den Beeren des Weinstockes selbst graue, dunkelgesäumte Flecke erzeugend, in denen die punktförmigen, schwarzen Pykniden sitzen. Die Beeren werden dadurch mißfarbig, weich und ver- Auf Weinstock.

trocknen vorzeitig; auch kann bei Infektion des Traubenstieles die ganze Traube absterben und abfallen. Der Pilz ist seit 1878 in Italien, seit 1886 in Frankreich („Rot blanc", Weißfäule)[1]), dann aber auch in Nordamerika (White-rot genannt)[2]), 1891 auch in Ungarn[3]) beobachtet worden. Sporen sind eiförmig oder ellipsoidisch, 0,007—0,011 mm lang. Bei den Kulturversuchen, welche Baccarini[4]) mit den Sporen anstellte, konnte der Pilz auch auf zuckerhaltiger Flüssigkeit bis zur Bildung zahlreicher Pykniden erzogen werden. In andre Teile als in die Früchtchen des Weinstockes drangen die Keimschläuche aber nicht ein; auch sind einzelne Rebensorten in ihren Beeren widerstandsfähiger.

Auf Vitis. 11. **Coniothyrium Berlandieri** *Viala et Sacc.*, auf den Blättern von **Vitis Berlandieri, cinerea** und **candicans** in Nordamerika, Sporen birnförmig. 0,016 mm lang.

Auf Euphorbia. 12. **Coniothyrium Euphorbiae** *Berl. et Vogl.*, auf Blättern von **Euphorbia silvatica** in Frankreich.

Auf Jasminum. 13. **Coniothyrium Jasmini** *Sacc*, auf Zweigen von Jasminum officinale.

XX. Diplodia *Fr.*

Diplodia. Die Pykniden haben eine sehr dicke, d. h. aus vielen Zellschichten bestehende Haut und stellen schwarze, kugelige Kapseln dar, die mit papillenförmiger Mündung durch die Oberhaut der Pflanzenteile hervorbrechen; ihre Sporen sind bald farblos, bald braun, einzellig oder im reifen Zustande oft zweizellig. Die meisten dieser Pilze leben saprophyt auf toten Pflanzenteilen, parasitär kennt man den folgenden, der, weil er kropfförmige Hypertrophien an den Zweigen von Holzpflanzen erzeugt, abweichend von den verwandten Pilzen sich verhält.

Holzkropf von Populus tremula. **Diplodia gongrogena** *Temme*, verursacht den Holzkropf von Populus tremula. Über diese Krankheit ist von Thomas[5]), der sie in Thüringen beobachtete, folgendes mitgeteilt worden. An Stämmen und Zweigen trifft man in größerer Anzahl beisammen Anschwellungen von meist Haselnuß- bis Taubeneigröße, doch sind an Stämmen auch solche von über 65 cm Durchmesser vorgekommen. Sie haben eine unbegrenzte, viele Jahre fortgehende Weiterentwickelung. Die ersten Anfänge wurden an zweijährigen Zweigen in der Nähe der Blattnarben gefunden. Diese bestehen in kleinen Anschwellungen von etwa 1 mm Durchmesser. Die Hypertrophie findet im Rindengewebe statt, und kann den ganzen Zweig umfassen oder einseitig bleiben. Dann tritt auch eine Anschwellung des Holzkörpers ein.

---

[1]) Vergl. Prillieux in Compt. rend. CIII. 2. sem. pag. 652. CV. pag. 1037, und Viala und Ravaz in Compt. rend. CVI. 1888, pag. 1711.

[2]) Report of the chief of the Section of veget. Pathol. for the year 1887. Departement of agric. Washington 1888.

[3]) Zeitschr. f. Pflanzenkrankh. II. 1892, pag. 49.

[4]) Appunti per la biologia del Coniothyrium Diplodiella. Malpighia II. 1888, pag. 325.

[5]) Verhandl. des bot. Ver. d. Prov. Brandenburg 1874, pag. 42. Vergl. auch Temme, über die Pilzkröpfe der Holzpflanzen. Landwirtsch. Jahrb. XVI, pag. 439.

Später kann die verdickte Holzstelle durch Verwitterung der darüber liegenden Rinde freigelegt werden. An der Oberfläche der Anschwellungen bemerkt man, so lange die Rinde noch nicht durch Verwitterung zerstört ist, und zwar schon von den ersten Entwickelungsstadien an, feine, schwarze Punkte, die Mündungen runder, schwarzwandiger Pykniden, auf deren Innenwand an kurzen Tragzellen länglich elliptische, 0,03—0,04 mm lange einzellige, farblose Sporen abgeschnürt werden. Das Mycelium findet man stets in dem hypertrophirten Rindengewebe quer durch die Zellen desselben hindurchwachsend, bis in das Holz ist es jedoch nicht zu verfolgen. Die Anschwellungen wären hiernach Mycocecidien. Thomas vermutet, daß das Eindringen des Pilzes an den Blattnarben und an Lenticellen erfolgt.

XXI. Hendersonia *Berk.*

Die Pykniden sind dünn- oder dickhäutige, schwarze, kugelige oder niedergedrückte, mit einfacher Mündung durch die Oberhaut der Pflanzenteile hervorbrechende Kapseln, deren Sporen braun, länglich oder spindelförmig, mit zwei oder mehreren Querwänden versehen sind. Die meisten dieser Pilze wachsen saprophyt an toten Pflanzentheilen; parasitische sind folgende bekannt. Hendersonia.

1. Hendersonia foliicola *Fuckel*, und Hendersonia notha *Sacc. et Br.*, auf den Nadeln von Juniperus communis. Auf Juniperus.

2. Hendersonia Aloides *Sacc.*, auf braungesäumten, trockenen Blattflecken von Populus nigra in Italien. Auf Populus.

3. Hendersonia corylaria *Sacc.*, auf braunen Blattflecken des Haselstrauches in Italien. Auf Hasel.

4. Hendersonia Lupuli *Mong. et Lév.*, kommt an den Zweigen des Hopfens vor, wo der Pilz kleine, schwarze Flecke bildet, die keinen bemerkbaren Schaden verursachen; die Pykniden sind kugelig, die Sporen verlängert, spindelförmig, meist gekrümmt, mit 3—4 Querwänden. Auf Hopfen.

5. Hendersonia Magnoliae *Sacc.*, auf weißen Blattflecken von Magnolia in Italien und Frankreich. Auf Magnolia.

6. Hendersonia rupestris *Sacc. et Speg.*, auf weißen Blattflecken von Capparis rupestris in Italien. Auf Capparis.

7. Hendersonia theicola *Cooke*, auf den Blättern des Theestrauches schädlich, in Ostindien. Auf Theestrauch.

8. Hendersonia maculans *Lév.*, auf weißen Blattflecken der Camellien. Auf Camellien.

9. Hendersonia acericola *Sacc.*, auf braunen Blattflecken von Acer campestre in Italien. Auf Acer.

10. Hendersonia cornicola (*DC.*) auf trockenen Blattflecken von Cornus in Frankreich. Auf Cornus.

11. Hendersonia Mali *Thüm.*, mit flach scheibenförmigen, schwarzen Pykniden auf der Oberseite runder, vertrockneter, violett gesäumter Blattflecke der Apfelbäume im österreichischen Küstenlande. Sporen keulenförmig, mit 2—3 Scheidewänden, 0,012—0,015 mm lang, hellgrau. Auf Apfelbaum.

12. Hendersonia piricola *Sacc.*, auf grauen Blattflecken des Birnbaums in Italien. Auf Birnbaum.

13. Hendersonia Torminalis *Sacc.*, auf kastanienbraunen Flecken an der Blattoberseite von Sorbus torminalis und Aria. Auf Sorbus.

Auf Rosa. 14. Hendersonia Cynosbati *Fuckel*, (Cryptosticis Cynosbati *Sacc.*), auf vertrockneten Früchten von Rosa: die Sporen sind mit einem wimperartigen Anhängsel versehen. Eine verwandte, nicht näher benannte Form beobachtete Sorauer[1]) auf Rosenzweigen vieler Stämme einer Rosenschule, wo die Pykniden auf muldenförmig vertieften Wundstellen saßen und Mycelium bis in den Markkörper nachzuweisen war, so daß der Pilz als der Veranlasser dieser kranken Stellen angesehen wurde.

Auf Zwetschen, Quitten etc. 15. Hendersonia foliorum *Fuckel*, auf kleinen, rundlichen, bräunlichen, trocknen Flecken der Blätter der Zwetschen, Quitten und auch anderer Holzpflanzen; Sporen länglich, etwas gekrümmt, mit 3 Querwänden, 0,015 mm lang, gelb, die oberste Zelle farblos.

Auf Rhododendron. 16. Hendersonia Rhododendri *Thüm.*, auf Blättern von Rhododendron hirsutum.

Auf Solanum. 17. Hendersonia Dulcamarae *Sacc.*, auf trocknen Blattflecken von Solanum Dulcamara in Italien.

Auf Viburnum. 18. Hendersonia Tini *Ell.* et *Langl.*, auf grauen, purpurrandigen Blattflecken von Viburnum Tinus in Nordamerika.

XXII. Pestalozzia *de Not.*

Pestalozzia. Die Pykniden stellen kleine, scheiben- oder polsterförmige, dunkle Sporenhäufchen dar, welche unter der Oberhaut der Pflanzentheile angelegt werden und zuletzt hervorbrechen, aber keine eigentliche, mündungbildende Hülle besitzen, sondern nur von der zuletzt über ihnen zerreißenden Oberhaut bedeckt sind. Die Sporen sind länglich, mit zwei oder mehr Querwänden versehen und braun gefärbt, also wie bei Hendersonia, aber an der Spitze mit einer oder mehreren farblosen Haarzellen besetzt. Hierher gehört eine Anzahl parasitärer Pilze, welche teils auf Blättern, teils auf Stengeln wachsen und verschiedenartige, pathologische Wirkungen hervorbringen.

An Fichten und Tannen. 1. Pestalozzia Hartigii *Tubeuf.*, kommt an jungen Fichten und Tannen in den Saat- und Pflanzkämpen vor und veranlaßt ein Absterben und Vertrocknen der Rinde unmittelbar über dem Erdboden; der Stamm zeigt über dieser Stelle eine Verdickung in Folge des fortgesetzten Dickenwachstum; zuletzt aber werden im Laufe des Sommers die Pflanzen bleich und sterben ab. R. Hartig[2]) hatte früher die Erscheinung für die Folge von Quetschung der Rinde und des Cambiums durch Glatteisbildung gehalten; Tubeuf[3]) hat in der erkrankten Rinde das Mycelium und die Pykniden des genannten Pilzes gefunden, und sieht diesen als die Ursache an. Die Conidien stehen auf kurzen oder langen Stielen, sind anfangs farblos und einzellig, später ellipsoidisch, durch Querteilung vierzellig, die beiden großen, mittleren Zellen sind dunkel gefärbt, die kleineren Endzellen und die von der oberen Endzelle ausgehenden haarförmigen Anhängsel farblos. Bei der Keimung wird der Keimschlauch nur von einer der drei

---

[1]) Pflanzenkrankheiten, 2. Aufl. II, pag. 388.

[2]) Allgem. Forst- und Jagdzeitung 1883.

[3]) Beiträge zur Kenntnis der Baumkrankheiten Berlin 1888, pag. 40.

unteren Zellen getrieben. Die Krankheit ist nach R. Hartig in ganz Deutschland allgemein verbreitet; Ausziehen und Verbrennen der infizierten Pflanzen in den Kämpen ist angezeigt.

Auf Corypha.

2. Pestalozzia fuscescens *Sorauer*[1]), auf bleich und zuletzt dunkelbraun werdenden, eingesunkenen Flecken der Blattstielbasen von Corypha australis in den Palmenzüchtereien, an jungen Exemplaren, welche unter Grau- und Gelbwerden der Blätter und unter Wurzelerkrankung zu Grunde gehen. Die punktförmigen, glänzend schwarzen Sporenlager, welche zahlreich auf den kranken Flecken stehen, enthalten spindelförmige, 0,032—0,038 mm lange, fünffächerige Conidien, deren untere Zelle stielförmig, deren mittlere am größten und dunkelsten gefärbt ist, und deren Endzelle 2—3 farblose, divergirende Borsten trägt; der Keimschlauch entwickelt sich meist aus dem der Stielzelle zunächst liegenden Fache. Die von Sorauer ausgesprochene Ansicht, daß dieser Pilz das Eingehen der jungen Corypha-Pflanzen verursacht, ist durchaus unbewiesen; Impfversuche gelangen ihm nicht, und er hat das Mycelium nur unter der Oberhaut der eingesunkenen Blattstellen in die tiefer liegenden Gewebeschichten eindringen sehen. Es macht eher den Eindruck, daß der Pilz auf den schon erkrankten Pflanzen stellenweise sich angesiedelt hat.

Auf Phoenix und Latania.

3. Pestalozzia Phoenicis *Grev.*, auf Blättern von Phoenix dactylifera und Pestalozzia palmarum Lataniae auf Latania borbonica.

Auf Alnus.

4. Pestalozzia alnea *Hav.* et *Br.*, auf Blättern von Alnus glutinosa in Frankreich.

Auf Laurus.

5. Pestalozzia laurina *Mort.*, auf Blättern von Laurus nobilis in Frankreich.

Auf Camellia etc.

6. Pestalozzia Guepini *Desm.*, auf Blättern von Camellia, Citrus, Magnolia, Amygdalus, Rhododendron und anderen Pflanzen; Sporen *Karst.*, auf 0,020 mm lang.

7. Pestalozzia Camelliae *Pass.*, und Pestalozzia inquinans Camellia japonica.

Auf Ilex.

8. Pestalozzia Ilicis *West.*, auf Blättern von Ilex aquifolium in Belgien.

Auf Weinbeeren.

9. Pestalozzia Thümenii *Speg.*, auf kleinen, rundlichen, schwarzen, erhärteten Flecken reifer Weinbeeren, auf denen die länglich hervorbrechenden schwarzen Pyknıden stehen, deren Sporen keilförmig, oben verschmälert, fünffächerig, hell olivenbraun, 0,035 mm lang sind; die untere Zelle der Spore ist stielförmig, die obere schief kahnförmig, mit zwei ziemlich dicken, farblosen Borsten. Nur in Italien beobachtet.

10. Pestalozzia uvicola *Speg.*, auf eben solchen Flecken der Weinbeeren, wie der vorige Pilz, sowie auf Weinblättern, in Italien und Frankreich beobachtet. Die Conidien sind spindelformig, fünffächerig, 0,025 bis 0,030 mm lang, die 3 mittleren Zellen olivenbraun, die Endzellen farblos, die oberen mit drei Borsten.

11. Pestalozzia viticola *Cav.*, auf braunen Flecken von Weinbeeren in Italien; Sporen 0,014—0,020 mm lang, mit einer einzigen Borste.

Auf Fuchsia.

12. Pestalozzia Fuchsii *Thüm.*, auf Blättern von Fuchsia coccinea im botanischen Garten zu Coimbra.

---

[1]) Pflanzenkrankheiten, 2. Aufl. II. pag. 399.

Auf Rosa. 13. Pestalozzia compta *Sacc.*, auf Blättern von Rosa muscosa: Sporen mit einer Borste.

Auf Rubus. 14. Pestalozzia longiseta *Speg.*, auf Blättern von Rubus caesius: Sporen mit mehreren Borsten.

15. Pestalozzia phyllostictea *Sacc.*, auf Blättern von Rubus fruticosus in Frankreich.

Auf Birnbaum. 16. Pestalozzia breviseta *Sacc.*, auf trockenen, grauen, rundlichen Flecken der Blätter des Birnbaumes; Sporen oblong, 0,025—0,026 mm lang, fünffächerig, die 3 mittleren Zellen rußfarben, die obere mit 3 fadenförmigen Anhängseln. Nur in Oberitalien beobachtet.

Auf Pirus etc. 17. Pestalozzia concentrica *Berk.* et *Br.*, auf den Blättern von Pirus, Crataegus, Castanea und Quercus: Sporen mit einer Borste.

Auf Photinia. 18. Pestalozzia Photiniae *Thüm.*, auf Blättern von Photinia serrulata in Italien.

Auf Myrtaceen. 19. Pestalozzia decolorata *Speg.*, auf Blättern von Myrtaceen.

Auf Banksia. 20. Pestalozzia Banksiana *Cavara*, auf Blättern einer kultivierten Banksia in Italien.

Auf Prunus. 21. Pestalozzia adusta *E.* et *E.*, auf Blättern von Prunus domestica in Amerika.

Auf Cercis. 22. Pestalozzia Siliquastri *Thüm.*, auf Cercis Siliquastrum.

Auf Acacia. 23. Pestalozzia Acaciae *Thüm.*, auf Blättern von Acacia longifolia und saligna.

Auf Arbutus. 24. Pestalozzia depazeaeformis *Aud.*, auf den Blättern von Arbutus Uva ursi in Tirol.

Auf Lysimachia. 25. Pestalozzia Nummulariae *Har.* et *Br.*, auf Blättern von Lysimachia Nummularia in Frankreich.

Kropfgeschwulst an Salix. Anhang. Ein mit dem Namen Pestalozzia gongrogena *Temme* belegter Pilz ist der Veranlasser einer Kropfgeschwulst an den Zweigen von Salix viminalis, die von Temme[1]) in einer Korbweidenzucht in der Provinz Posen in der Nähe des Wartheflusses beobachtet wurde. An verschiedenalterigen Zweigen saßen bis hühnereigroße, beulenartige Geschwülste. Die Hypertrophie beruht vorwiegend auf einer mächtigen Entwickelung des Rindenkörpers, welcher hauptsächlich aus weiten, unverholzten Parenchymzellen besteht, stellenweise aber Partien meristematischen Gewebes und inselförmige Komplexe von Holzzellen aufweist. Mycelfäden wachsen zwischen den Zellen des Rindengewebes und quer durch die Zellen hindurch; an einzelnen Stellen unter dem Periderm der Geschwulst treten die Mycelfäden reichlicher auf und bilden hier kleine, rundliche Pykniden, welche von einer dünnen, aus braunzelligem Pilzgewebe bestehenden, zuletzt zerreißenden Hülle umgeben, aus dem Periderm ziemlich frei hervortreten. Am Grunde und am unteren Theile der Seitenwand werden im Innern der Pyknide auf kurzen Tragzellen cylindrisch keulenförmige, schwach gekrümmte, 0,024 mm lange, farblose Sporen gebildet, welche 2—3 Querwände und an der Spitze eine leicht abgehende, feine Borste besitzen. Hiernach zeigt der Pilz allerdings gewisse Abweichungen von den eigentlichen Pestalozzia-Arten, und auch seine abweichende, pathologische Wirkung, insofern er ein Mycocecidium ähnlich wie Diplodia gongrogena (S. 438), erzeugt, lassen es vielleicht passender erscheinen, ihn als Vertreter einer eigenen Gattung aufzustellen.

---

[1]) Über die Pilzkröpfe der Holzpflanzen, Landw. Jahrb. XVI, pag. 441.

XXIII. Coryneum *Nees.*

Coryneum.

Die Pykniden stimmen mit denen der vorigen Gattung überein, aber die länglichen oder spindelförmigen, mit zwei bis mehreren Scheidewänden versehenen braunen Sporen besitzen keine Haarzellen. Die meisten Arten sind saprophyt.

1. Coryneum juniperinum *Ellis.*, auf Nadeln von Juniperus communis in Nordamerika; Sporen 0,035—0,040 mm lang. Auf Juniperus.
2. Coryneum foliicolum *Fuckel*, auf braunen Blattflecken von Quercus, Crataegus und Rubus; Sporen 0,017 mm lang. Auf Quercus etc.
3. Coryneum concolor *Penz.*, auf Blättern von Citrus-Arten in Gewächshäusern in Italien; Sporen 0,010—0,011 mm lang. Auf Citrus.
4. Coryneum pestalozzioides *Sacc.*, auf Blättern von Crataegus Oxyacantha in Italien; Sporen 0,069 mm lang. Auf Crataegus.

XXIV. Camarosporium *Schulze.*

Camarosporium.

Die Pykniden sind dickhäutige Kapseln, wie bei Hendersonia, aber die Sporen sind durch Quer- und Längswände mauerförmig vielzellig, braun gefärbt. Die meisten Arten sind Saprophyten auf toten Zweigen; parasitisch sind folgende bekannt geworden.

1. Camarosporium Cookeanum *Sacc.* (Hendersonia Cookeanum *Speg.*), auf weißlich-grauen Flecken der Weinblätter in Italien. Auf Weinblättern.
2. Camarosporium suseganense *Sacc.*, auf Blättern von Capparis rupestris in Italien. Auf Capparis.
3. Camarosporium Roumeguerii *Sacc.*, auf Salicornia und Kochia in Frankreich. Auf Salicornia und Kochia.
4. Camarosporium Grossulariae *Briard.* et *Har.*, auf lebenden Zweiglein der Stachelbeeren in Frankreich. Auf Stachelbeeren.
5. Camarosporium Lantanae *Sacc.*, (Hendersonia Lantanae *Fleisch.*) auf Blättern von Viburnum Lantana. Auf Viburnum.

G. Pyrenomyceten, welche regelmäßig Perithecien bilden, die zahlreich beisammen meist als Höhlungen in einem in der Blattmasse gebildeten Stroma auftreten und durch geschlechtliche Befruchtung mittelst Spermatien, die aus vorausgehenden Spermogonien kommen, entstehen.

Pyrenomyceten, welche Perithecien und Spermogonien bilden.

In der Überschrift sind die sehr charakteristischen mykologischen Merkmale ausgedrückt, durch welche diejenigen parasitischen Pilze ausgezeichnet sind, welche wir im folgenden zusammenstellen. Es sind sämtlich Blätter bewohnende Parasiten, deren Mycelium das ganze Blattgewebe durchdringt und im lebenden Zustande des Blattes keine andern Organe als Spermogonien bildet, deren Spermatien um diese Zeit bereits die Anlagen der zukünftigen Perithecien befruchten. Conidien werden nicht gebildet. Erst im abgestorbenen Blattkörper, der sich oft durch die weitere Verdichtung der Myceliumfäden zu einem Stroma von pilzlicher Struktur umwandelt, werden nach Ablauf des Winters die in der Blattmasse, beziehentlich im Stroma eingesenkten durch einen halsförmigen Porus nach außen geöffneten, punktförmig kleinen Perithecien reif und spritzen ihre Sporen aus dem Porus in die Luft, auf welchem Wege sie zu den neuen Frühlingsblättern gelangen und dieselben infizieren. Wegen dieser bei allen sicher hierher gehörigen Pilzen gleichförmigen Lebensweise liegt auch das allgemeine Bekämpfungsmittel derselben in der Vernichtung der pilzbefallenen Blätter vor Beginn des Frühlings.

I. Polystigma *Tul.*

Polystigma. Das Stroma dieser Pilze ist ein die ganze Dicke der Blattmasse einnehmendes flaches Lager, von leuchtend roter Farbe und von fleischiger Beschaffenheit. Am grünen Blatte enthält es zahlreiche, durch ebensoviele punktförmige Mündungen sich nach außen öffnende, kugelige Höhlungen, welche Spermogonien darstellen (Fig. 76 A u. B), aus denen

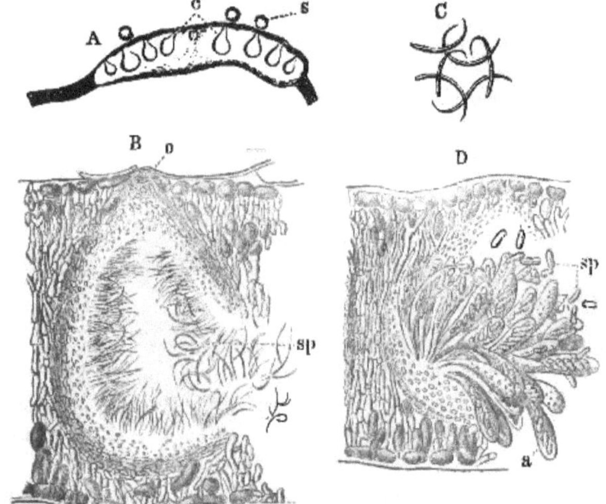

Fig. 76.

Polystigma rubrum *Tul.* A Durchschnitt durch das rote Stroma auf einem Pflaumenblatte; c die an der Oberfläche mündenden Spermogonien; bei ss ausgestoßene Schleimtröpfchen mit Spermatien. Schwach vergrößert. B Durchschnitt eines Spermogoniums, o Mündung, sp Spermatien. Stark vergrößert; nach Tulasne. C Spermatien, sehr stark vergrößert. D Durchschnitt durch ein überwintertes Stroma mit einem darin eingesenkten Perithecium a mit reifen Sporenschläuchen und Sporen sp. Stark vergrößert. Nach Tulasne.

fadenförmige, hakig gekrümmte Spermatien entlassen werden. Die Perithecien entwickeln sich erst während des Winters an dem abgefallenen Blatte, wo das Stroma dann braun geworden ist und die Spermogonien verschwunden sind. Sie enthalten keulenförmige Sporenschläuche mit je acht oblongen, einzelligen, farblosen Sporen.

1. Polystigma rubrum *Tul.* (Xyloma rubrum *Pers.*, Dothidea rubra *Fr.*), die Ursache der Rotflecken der Pflaumenblätter. Die auf den Blättern der Pflaumenarten und der Schlehen im Hochsommer häufig vorkommenden feuerroten Flecke sind das Stroma des genannten Pilzes. Sie sind auf beiden Seiten des Blattes zu sehen, wenig dicker als dieses, im allgemeinen von rundlichem, jedoch nicht ganz regelmäßigem Umriß und meist ansehnlicher Größe, indem nicht selten ein einzelnes Stroma die Hälfte und mehr der ganzen Blattfläche einnimmt oder mehrere zusammengeflossene auf einem Blatte sich zeigen. Das Stroma wird vom Blattgewebe und vom Pilze zugleich gebildet. Die Epidermis bleibt nämlich unversehrt erhalten und das Mesophyll wird sogar etwas hypertrophisch, es entwickelt sich zu einem parenchymatösen, von den Fibrovasalsträngen durchzogenen Gewebe, dessen Zellen chlorophyllos sind und welches reichlich durchwuchert ist von den kräftigen Fäden des Pilzes. Das Stroma ist daher von etwas fleischiger Beschaffenheit; die rötliche Farbe ist den Pilzfäden eigen. Das stärkere Wachstum des Mesophylls hat zur Folge, daß das Stroma an der Unterseite des Blattes ein wenig erhaben wird. An dieser Seite bemerkt man auf demselben sehr kleine, dunklere Pünktchen, die porenförmigen Mündungen der Spermogonien. Letztere bilden sich im Stroma dadurch, daß an gewissen Stellen die Pilzfäden zu dichten Knäueln sich verflechten und letztere sich zu einem kugeligen Behälter erweitern, welcher mit seinem zur Mündung sich ausbildenden Scheitel die Epidermis der unteren Seite des Stroma durchbricht und auf seiner Innenwand mit dichtstehenden, geraden, einfachen Fäden bekleidet ist, auf denen die Spermatien abgeschnürt werden. Letztere sind fadenförmig, 0,03 mm lang, nach oben verdünnt und hakenförmig gekrümmt (Fig. 76 C). Dieselben werden aus der Mündung der Spermogonien in Menge ausgestoßen, und zwar in einer schleimigen Masse eingebettet, die man als kleine Schleimtröpfchen oft auf den Mündungen der Spermogonien bemerkt. Anderweite Organe, insbesondere Conidien oder Pykniden bildet der Pilz in diesem Zustande nicht. Erst wenn das Blatt abgefallen ist, werden in dem Stroma die Perithecien ausgebildet, welche zuerst von Tulasne[1]) gefunden wurden. Über ihre Entstehung und über die Rolle, welche die Spermogonien dabei spielen, ist aber erst durch die gleichzeitigen übereinstimmenden Beobachtungen von Fisch[2]) und mir[3]) Aufklärung erfolgt. Wir fanden, daß die ersten Anlagen der künftigen Perithecien schon im Juli in dem Stroma des noch lebenden Blattes auftreten in Form rot-

Rotflecken der Pflaumenblätter.

[1]) Selecta Fungorum Carpologia II, pag. 76.

[2]) Beiträge zur Entwickelungsgeschichte einiger Ascomyceten. Bot. Zeitg. 1882, Nr. 19.

[3]) Über einige neue und weniger bekannte Pflanzenkrankheiten. Landwirtsch. Jahrbücher XII, pag. 528, u. Berichte d. deutsch. bot. Gesellsch. I. 1883, pag. 58.

gefärbter, kleiner, rundlicher Ballen pseudo-parenchymatischen Pilzgewebes, welche ebenso wie die Mündungen der Spermogonien und zerstreut zwischen ihnen an der Unterseite des Stromas sich befinden, und zwar liegt jede solche Anlage jedesmal unter einer Spaltöffnung. In dieser Anlage differenziert sich ein dickerer, schraubig gewundener Pilzfaden, dessen Ende aus der Spaltöffnung als ein gerader, ziemlich dicker Faden frei an die Oberfläche hervorragt. An diesem Faden fangen sich die hakig gekrümmten Spermatien und verwachsen und verschmelzen mit ihm. Später werden diese hervorgestreckten Fäden wieder undeutlich und verschwinden; die durch jenen Vorgang befruchtete Perithecienanlage beginnt aber nun sich allmählich zu entwickeln. Der Vorgang ist also als ein Befruchtungsakt anzusehen, der, was die beteiligten Organe anlangt, die größte Übereinstimmung mit demjenigen der Florideen und mancher Flechten zeigt. Der spiralige Faden in den Perithecienanlagen entspricht dem Askogon, aus welchem später die Sporenschläuche durch Sprossung hervorgehen, sein frei hervorragendes Ende der Trichogyne; die Spermogonien aber sind die männlichen Organe, ihre Spermatien keine Sporen, sondern die Befruchtungskörperchen. Während des Winters ruht die Entwickelung der jungen Perithecien; ungefähr im April aber erreichen sie ihre Reife. Bis dahin hat auch das Stroma bemerkenswerte Veränderungen erfahren, durch welche augenscheinlich in vorteilhafter Weise für die Aussaat der nun allmählich reifenden Sporen gesorgt wird. Der übrige Teil des Blattes ist während des Liegens auf dem Erdboden bis dahin meist verwest, und es sind nur die Stromata übrig geblieben; diese sind jetzt härter, mehr korkartig, braun oder schwärzlich geworden und haben sich meist noch stärker gekrümmt, indem sie sattelförmig oder etwa wie eine Krebsschale aussehen und in dieser Form reichlich auf dem Boden liegen unter solchen Bäumen, welche den Pilz im Jahre vorher gehabt haben. Die nach außen gekehrte Konvexität dieser Körperchen entspricht der morphologischen Unterseite, an welcher die Perithecien angelegt worden und an welcher jetzt die porenförmigen Mündungen derselben gelegen sind, aus denen die reifen Sporen ins Freie gelangen müssen. Das reife Perithecium (Fig. 76 D) hat sich zu einer Höhlung im Stroma erweitert, auf deren Innenwand zahlreiche Sporenschläuche sitzen. Jeder der letzteren enthält acht länglichrunde, einzellige, farblose, 0,009 bis 0,012 mm lange Sporen. Auf welche Weise diese Sporen aus den auf dem Erdboden liegenden Stromaten befreit und behufs Infektion des neuen Laubes in die Höhe gelangen, war zunächst weder mir noch Fisch klar geworden. Nachträglich habe ich diesen Vorgang genau ermittelt[1]). Die Sporen werden durch einen eigentümlichen Mechanismus aus den Mündungen des Perithecium mit Gewalt herausgespritzt. Die Sporenschläuche erreichen ihre Reife nicht gleichzeitig, sondern einer nach dem andern. In dieser Aufeinanderfolge wachsen sie mit ihrem Scheitel in den Porus des Peritheciums von innen hinein; sie befinden sich dann im höchsten Zustande der Turgescenz, der endlich ein plötzliches Aufplatzen am Scheitel bedingt, wodurch der Inhalt des Sporenschlauches aus der Perithecium-Mündung herausschießt. Wenn ich in einiger Höhe über angefeuchteten Stromaten eine Glasplatte anbrachte, so wurden die Sporen reichlich an der Unterseite

---

[1]) Die jetzt herrschende Krankheit der Süßkirschen im Altenlande. Landwirtsch. Jahrbuch 1887.

der Platte angeworfen, wo sie kleben blieben und unter dem Mikroskope erkannt werden konnten. Die Sporen werden also thatsächlich von den am Boden liegenden Pilzkörpern in die Luft emporgeschossen, wo sie dann natürlich durch die Luftströmungen auch passiv nach den Blättern des Baumes getragen werden. Durch Auslegen pilzbehafteter Herbstblätter unter junge Pflaumenbaumpflanzen im Frühlinge ist mir auch wiederholt mit Leichtigkeit und Sicherheit die Infektion gelungen, sowohl wenn die Pflanzen unter Glasglocken gehalten wurden als auch wenn ich den Versuch im Freien vornahm. An fast allen Blättern solcher Pflanzen kamen im Juli die charakteristischen roten Polystigma-Flecke zur Entwickelung. Auch mikroskopisch konnte ich die Infektion verfolgen. Die Sporen sind nach Befreiung aus den Ascis sofort keimfähig; auf Wasser oder sonst auf feuchter Unterlage treiben sie einen kurzen Keimschlauch, der an seiner Spitze zu einer Anschwellung wird, die den ganzen Inhalt der Spore aufnimmt, sich durch eine Querwand abgrenzt und bräunliche Farbe annimmt; es ist ein Haftorgan (Appressorium), welches der Unterlage dicht anliegt, und wenn diese ein Pflaumenblatt ist, einen schlauchartigen Fortsatz durch die Außenwand der Epidermiszelle treibt, welcher dann zu dem endophyten Mycelium heranwächst. Am 24. April mit Sporen infizierte Blätter hatten am 20. Mai gelbliche oder rötliche Flecke an den besäeten Stellen bekommen und zeigten am 30. Mai bereits die ersten Spermogonien in dem inzwischen zum Stroma erstarkten Pilze. Die Krankheit wird also jedes Jahr von neuem durch direkte Sporeninfektion erzeugt. Ein Perennieren des Myceliums in den Zweigen des Baumes findet nicht statt, wie ich gezeigt habe; das Mycelium bleibt auf die roten Flecke in den Blättern beschränkt.

Die Krankheit ist für den Baum jedenfalls nachteilig. Man sieht oft Pflaumenbäume, deren ganzes Laub rotfleckig ist. Zwar bleiben die befallenen Blätter ziemlich lange lebend am Baume, aber die zahlreichen großen Flecke an und für sich verkleinern den grünen Teil der Blattfläche und beeinträchtigen somit die Assimilation.

Nach der jetzt vollständig bekannt gewordenen Lebensweise des Pilzes beruht die Bekämpfung der Krankheit auf der Vernichtung der pilzbefallenen alten Pflaumenblätter, durch welche allein der Pilz von einem Jahre auf das andre sich fortpflanzt. Also Zusammenharken des abgefallenen Herbstlaubes unter den Bäumen und Verbrennen desselben oder frühes Umgraben des Bodens unter den Bäumen vor dem Laubausbruch, um die daselbst liegenden Blätter und Stromata unschädlich zu machen.

2. Polystigma ochraceum *(Wahlenb.) Sacc.* (Polystigma fulvum *Tul.*, Dothidea fulva *Fr.*), auf den Blättern von Prunus Padus dem vorigen Pilze fast ganz gleiche, aber lebhaft orangegelbe Flecke bildend, häufiger in den Gebirgsgegenden als im Tieflande. Die Entwickelung des Pilzes dürfte mit derjenigen des vorigen ganz übereinstimmend sein. Nach Cornu[1]) soll derselbe Pilz auch auf den Mandelbäumen in Südfrankreich auftreten. Auf Prunus Padus.

II. Gnomonia *Ces.* et *de Not.*

Die Perithecien sitzen ebenfalls gesellig in fleckenförmigen Stellen von Blättern, jedoch ohne deutliche Stromabildung, vielmehr jedes Gnomonia.

[1]) Compt. rend. 1886, pag. 981.

mit eigener, dunkelbraun gefärbter Perithecienwand umgeben, welche an der Blattoberfläche mittelst einer cylindrischen, schnabelförmig verlängerten Mündung hervorragt (Fig. 79). Die Sporenschläuche sind denen der vorigen Gattung ziemlich ähnlich, ohne Paraphysen, mit am Scheitel ringförmig verdickter Haut, und enthalten ebenfalls je acht länglich ei- oder keulenförmige, ein- oder zweizellige farblose Sporen, welche bei der Reife ebenso wie bei der vorigen Gattung ausgespritzt werden. Die Perithecien reifen meist erst am abgestorbenen Blatte; bei einigen Arten gehen denselben am noch lebenden Blatte Spermogonien voraus, welche in einem bekannten Falle ebenso wie bei der vorigen Gattung als männliche Befruchtungszellen fungieren. Trotz gewisser Verschiedenheiten ist die natürliche Verwandtschaft dieser Gattung mit der vorigen eine sehr innige. Bisher sind freilich von den Mykologen eine Menge Formen in diese Gattung gestellt worden, die vielleicht in ihrer Entwickelungs- und Lebensweise, die noch unbekannt ist, weiter abweichen. Von den meisten Formen kennt man nur die auf abgestorbenen Pflanzenteilen zu findenden Perithecien. Ob diesen ein parasitärer Zustand bei Lebzeiten des Pflanzenteiles vorausgeht, ist unbekannt. Wir führen hier nur die sicher als parasitär erkannten Formen an und bemerken, daß die mit einzelligen Sporen versehenen Arten von Saccardo als **Gnomoniella** unterschieden werden, doch ist oft die Scheidewandbildung undeutlich und unsicher.

Blattseuche der Süßkirschen.

1. Gnomonia erythrostoma *Fuckel* (Sphaeria erythrostoma *Pers.*). Die Ursache der Blattkrankheit oder Blattseuche der Süßkirschen. Über die Entwickelungsgeschichte dieses Pilzes und über die Krankheit, die er verursacht, sind von mir Untersuchungen veröffentlicht worden[1]), denen die folgenden Angaben entnommen sind. Bei dieser Krankheit bekommen die erwachsenen Blätter im Laufe des Sommers Flecke etwa von der Größe eines Fünfpfennigstückes oder noch größer, die jedoch anfangs nur wenig bemerkbar sind, weil sie nur durch einen etwas mehr gelbgrünen Farbenton von dem übrigen Blatte sich abheben, und lange Zeit frisch bleiben. Man findet in diesen Blattpartien ein endophytes Mycelium, bestehend aus sehr dicken, schlauchförmigen, hier und da mit Querwänden versehenen Fäden, welche sich zwischen den Mesophyllzellen verbreiten und sich dicht an dieselben anlegen. Seltener und namentlich bei Infektion jüngerer Blätter erscheint die Krankheit in Form kleiner, aber rasch trocken und bräunlich werdender Spritzfleckchen in dem im übrigen grün bleibenden Blattkörper; und auch hier läßt sich das Pilzmycelium in dem toten Blattfleck nachweisen. Die Spermogonien entstehen in den gewöhnlichen, lange frisch bleibenden Flecken erst im Laufe des Juli und August, und zu dieser Zeit tritt auch der Blattfleck durch Gelb- oder Bräunlichwerden, also durch den Beginn des Absterbens schärfer hervor. Die Spermogonien stehen zahlreich und zerstreut

[1]) Die jetzt herrschende Krankheit der Süßkirschen im Altenland. Berlin 1887. Separatabdruck aus Landw. Jahrbücher 1887.

auf der Unterseite der Blattflecke, als 0,07—0,09 mm große, rundliche Säckchen, welche unmittelbar unter der Epidermis sitzen. Wegen ihrer Kleinheit sind sie nur mit der Lupe deutlich als kleine hellbräunliche Pünktchen zu erkennen. An ihrem Scheitel zerreißt ihre Wand unregelmäßig und läßt eine Menge von Spermatien hervorquellen, welche 0,014—0,016 mm lang sind und in der sichel- oder hakenartig gekrümmten fadenförmigen Gestalt sehr denen von Polystigma gleichen. Mit der letzteren haben sie auch die gleiche physiologische Bedeutung; es sind nämliche Befruchtungszellen, welche mit trichogyneartigen Pilzfäden kopulieren, die zahlreich ringsum jedes Spermogonium aus den Spaltöffnungen der Epidermis um die Zeit hervorgestreckt werden, wo die Spermogonien reif sind, d. h. ihre Spermatien austreten lassen. Jede solche Trichogyne entspringt von einem kleinen Knäuel von Pilzfäden, welcher unmittelbar unter der Spaltöffnung liegt; er stellt die Anlage des zukünftigen Peritheciums dar und entwickelt sich infolge der Befruchtung zu einem solchen. Auch hier geschieht diese Perithecien-Entwickelung während der Zeit vom Spätsommer bis zum nächsten Frühlinge, aber die Verhältnisse weichen von denen bei Polystigma insofern ab, als die pilzbehafteten Blätter hier nicht vom Baume abfallen, sondern mit ihren Stielen, die sich dann hakenförmig umkrümmen und nicht abbrechen, fest an den Zweigen auf dem Baume sitzen bleiben. Die kranken Bäume bieten daher, besonders wenn die meisten ihrer Blätter befallen sind, während des Winters ein eigentümliches Bild dar; sie tragen ihre braunen, vertrockneten Blätter an den Zweigen und sehen aus, als wenn ein Feuerbrand über sie gegangen wäre. Durch das Sitzenbleiben an den Zweigen im Winter verrät sich aber auch jedes einzelne pilzbehaftete Blatt, denn die gesunden fallen regelmäßig ab. Selbst im Frühling, wenn das neue Laub erscheint, sitzen noch alle verpilzten Herbstblätter an den Zweigen und trotzen den stärksten Winden. Die Reifung der Perithecien vollzieht sich also hier an der Luft, nicht auf dem Erdboden, wie bei Polystigma. In dieser Beziehung erweist

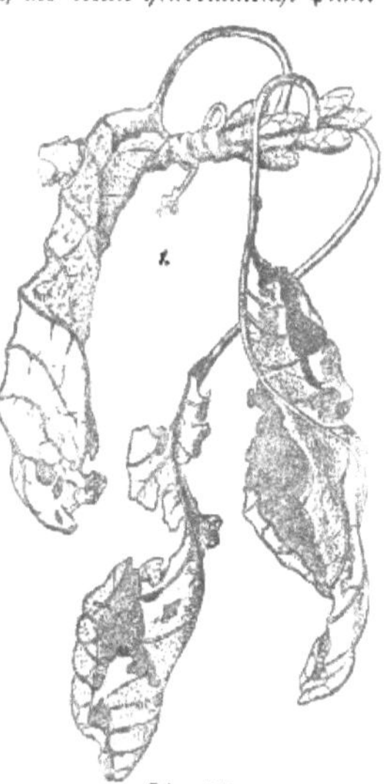

Fig. 77.
Winterzweig eines Kirschbaums mit sitzen gebliebenen, verpilzten Blättern, welche Perithecien von Gnomonia erythrostoma tragen.

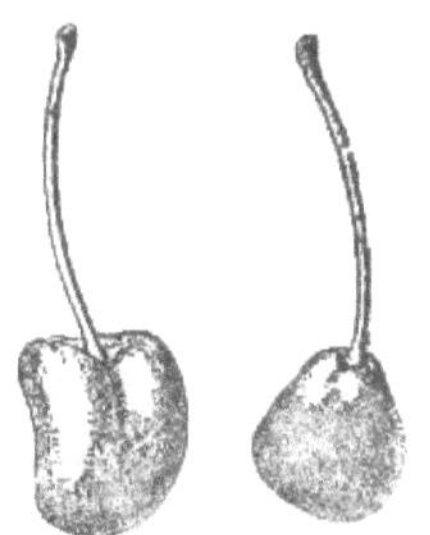

Fig. 78.
Von **Gnomonia erythrostoma** befallene und verkrüppelte Kirschen.

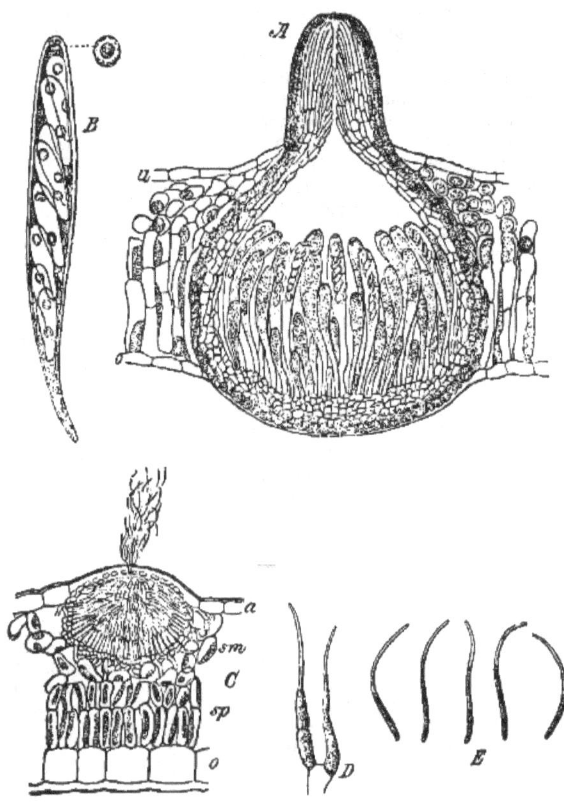

Fig. 79.

Gnomonia erythrostoma. A ein reifendes Perithecium in einem überwinterten Kirschblatte im Frühling. Die halsförmige Mündung ragt über die Epidermis der Blattunterseite u hervor; o Blattoberseite. Im Grunde der Peritheciumhöhle die Sporenschläuche, 260fach vergrößert. B ein Sporenschlauch mit acht Sporen, 660 fach vergrößert. Oben die ringförmige Membranverdickung des Sporenschlauches, welche zur Ejakulation der Sporen behilflich ist, zur Seite in der Scheitelansicht gesehen. C Durchschnitt durch ein noch lebendes Blatt im Sommer mit einem Spermogonium, welches durch die Epidermis der Blattunterseite a Spermatien nach außen ausstößt; o Epidermis der Blattoberseite, sp Palissadenparenchym, sm Schwammparenchym. 260 fach vergrößert. D Spermatien abschnürende Fäden aus der inneren Wandbekleidung des Spermogoniums. E isolierte Spermatien. D und E 660 fach vergrößert.

sich aber das Hängenbleiben des Blattes als ein für den Pilz äußerst vorteilhafter Umstand. Das Blatt wird dadurch vor den raschen Zersetzungen, die es beim Liegen auf dem feuchten Erdboden bis zum Frühjahre erleiden würde, geschützt, denn die abgefallenen Kirschenblätter sind bis zum Frühling verwest, während die an den Zweigen verbliebenen noch kaum verändert sind. Damit hängt es aber auch andererseits zusammen, daß Gnomonia erythrostoma kein Stroma wie Polystigma in der Blattmasse entwickelt; hier sitzen in der letzteren die Perithecien unmittelbar; sie würden also durch die Verwesung der Blattmasse am Boden aus dieser gelöst werden und verloren gehen. Polystigma, welches seine Blätter abfallen läßt, muß für die Erhaltung seiner Perithecien durch die Entwickelung eines resistent bleibenden Stromas sorgen. Nun ist aber das Sitzenbleiben der Kirschenblätter auch ein Werk des Pilzes, wie ich nachträglich nachgewiesen habe[1]). Es ist nicht die bloße Folge des vorzeitigen Absterbens und Trockenwerdens des Blattes bevor die natürliche Trennungsschicht im Grunde des Blattstieles gebildet ist, sondern die Myceliumfäden des Pilzes dringen in jedem pilzbefallenen Blatte bis in den Stiel desselben rückwärts, durchwuchern denselben so reichlich, daß sie mit den Zellen desselben zu einem mumienartig erhärtenden Gewebe sich vereinigen, also ein Stroma bilden, so daß man also sagen kann, die Bildung eines Stroma, in welchem allerdings keinerlei Perithecien des Pilzes gebildet werden, ist hier in den Blattstiel verlegt, im Einklange mit den andern biologischen Verhältnissen der Gnomonia. Keine Winterkälte vernichtet den Pilz in den Blättern, er reift sicher seine Perithecien im Frühling; aber erst gegen Ende April, also zur Zeit, wo das neue Laub erscheint, erreichen die Perithecien ihre Reife, indem sie jetzt erst fertige Sporen enthalten. Dem unbewaffneten Auge erscheinen sie als zahlreiche schwarze Pünktchen, welche auf dem ehemals kranken Blattfleck zerstreut stehen. Ein reifes Perithecium nimmt den ganzen Dickendurchmesser des Blattes ein, etwa 0,3 mm im Längsdurchmesser, von der Form einer Flasche, deren runder, braungefärbter Bauch in der Blattmasse sitzt und deren cylindrisch verlängerter, rötlichbrauner Hals an der Unterseite des Blattes ziemlich weit hervorragt (Fig. 79 A). Im Grunde des Bauches sitzen zahlreiche Sporenschläuche, ohne Paraphysen, jeder mit acht ellipsoidisch eiförmigen, 0,014—0,016 mm langen, einzelligen, farblosen Sporen. Ich habe gezeigt, daß auch hier die Sporen aus den Hälsen der reifen Perithecien ausgespritzt werden, und daß dazu ein Wechsel in den Feuchtigkeitsverhältnissen des Blattes und der Perithecien Bedingung ist, bei anhaltender Trockenheit also beeinträchtigt wird, ferner daß die Sporenschläuche nach und nach reifen und zur Sporen-Ejakulation kommen, und daß dies bis weit in den Sommer hinein fortgeht. Da die alten Blätter mit den Perithecien hier in unmittelbarer Nähe der neuen Blätter sich befinden, so wird durch das fortdauernde Ausschießen der Sporen in die Luft die Infektion eine sehr ausgiebige. Auch die Infektion selbst ist von mir verfolgt worden. Die Sporen keimen auf feuchter Unterlage schon nach fünfzehn Stunden; sie treiben einen Keimschlauch, der oft mit erweiterten, sich bräunenden Aussackungen (Appressorien) an der Unterlage sich anlegt. Erfolgt die Keimung auf einem Kirschenblatte oder einer Kirsche, so bohrt sich der

[1]) Zeitschrift für Pflanzenkrankheiten I. 1891, pag. 17.

Keimschlauch meist unmittelbar nach seinem Austreten aus der Spore durch die Außenwand in die Epidermiszelle ein.

Das Mycelium des Pilzes ist auf die Blätter, beziehentlich auf die Früchte beschränkt; es dringt nicht in die Zweige ein und perenniert also auch nicht in denselben. Der einzig mögliche Weg der Wiederentstehung der Krankheit in jedem Jahre liegt also in der Neuinfektion vermittelst der Sporen, welche in den überwinterten Perithecien alljährlich erzeugt werden.

Der Charakter dieser Krankheit liegt einesteils in der Beschädigung der grünen Blätter. Wenn der größte Teil des Laubes alljährlich in dieser Weise erkrankt, so leidet darunter der Gesundheitszustand des ganzen Baumes; allmählich zunehmendes Absterben der Äste, die wegen der Störung des Blattapparates nicht mehr genügend ernährt werden, schreitet immer weiter fort und kann den Baum zum Absterben bringen. Besonders verderblich wird der Pilz aber dadurch, daß er auch die Kirschenfrüchte kurz vor der Reife befällt, wodurch das Fruchtfleisch in seiner Ausbildung behindert wird, die Kirschen verkrüppeln (Fig. 78), oft aufspringen und verderben und unverkäuflich werden. Letzterer Schaden ist besonders dann zu erwarten, wenn der Pilz bis zu hochgradiger Laubbefallung gekommen ist, wie bei dem gleich zu erwähnenden epidemischen Auftreten der Krankheit. In so erkrankten Kirschen konnte ich ebenfalls das Mycelium der Gnomonia nachweisen; Spermogonien bildet der Pilz jedoch hier nicht, natürlicherweise auch keine Perithecien.

Der Kirschblattpilz wächst nur auf den Süßkirschenbäumen, die Sauerkirschbäume sind dagegen immun und selbst bei stärkstem Auftreten des Pilzes auf den Süßkirschen völlig gesund. Auch an den Pfropfungen einer Art auf die andre markiert sich dies auffallend.

Der Pilz ist in Europa weit verbreitet[1]), tritt jedoch meistens nur vereinzelt an den Blättern auf und macht dann keinen bemerkenswerten Schaden. Daß er aber zu einer großen, verderblichen Epidemie sich entwickeln kann, beweist der von mir näher untersuchte Fall im Altenlande. In diesem ca. $2^1/_2$ Quadratmeilen umfassenden, im Marschgebiete an der Unterelbe zwischen Harburg und Stade gelegenen, fast ausschließlich Obstbau treibenden Lande hatte sich die Krankheit seit dem Jahre 1879 alljährlich immer weiter ausgebreitet und derart verstärkt, daß bis 1886, wo ich die Untersuchung begann, die Kirschbäume, welche dort in vielen Obsthöfen fast das einzige Obst sind, dem Untergange entgegen zu gehen schienen. Fast kein einziges Blatt fiel mehr im Herbste ab, und die Kirschenernte war wegen des Mißratens fast aller Früchte jedes Jahr fast vernichtet. Die Erklärung dafür, daß der ziemlich verbreitete Pilz im Altenlande zu einer solchen Epidemie sich entwickeln konnte, liegt erstens darin, daß die Bedingungen für seine Entwickelung dort ungemein günstige sind: das feuchte Seeklima, die Feuchtigkeit des Bodens, welche durch die stets mit Wasser sich füllenden Gräben, die die Ackerstücke durchziehen, bedingt wird, sowie die dichte Stellung der Obstbäume, welche ein abgeschlossenes Laubdach über den Ackerstücken bilden; zweitens aber auch dadurch, daß gegen die einmal aufgekommene Epidemie keinerlei Maßregeln ergriffen wurden.

Das sichere Mittel zur Bekämpfung und Ausrottung des Pilzes liegt darin, daß die auf den Bäumen den Winter über sitzen bleibenden, pilz-

[1]) Vergl. Frank, in Hedwigia 1888, pag. 18.

behafteten Blätter vor Beginn des Laubausbruches abgepflückt und verbrannt werden, um die Perithecien des Pilzes zu zerstören. In der Altenländer Kalamität wurde diese von mir angeordnete Maßregel durch polizeiliche Verfügung systematisch im ganzen Lande durchgeführt. Schon nach dem ersten Jahre zeigte sich der Erfolg auffallend[2]), und nach dem zweiten Jahre waren überhaupt nur noch mit Mühe einzelne sitzengebliebene Blätter im Winter an den Bäumen zu finden, die Kirschenernte aber seit acht Jahren zum erstenmal wieder reichlich und gesund.

2. Gnomonia leptostyla *Ces. et de Not.*, erzeugt auf den Blättern des Walnußbaumes rundliche oder unregelmäßige, graubraune Flecke. Der Pilz bildet an der Blattunterseite Conidienträger in braunen Häufchen mit 0,020—0,025 mm langen, spindelförmigen, gekrümmten, an den Enden zugespitzten, zweizelligen, farblosen Conidien (die als Marsonia Juglandis *Lib.* bezeichnete Form). Später bilden sich an der Unterseite die dicht und zahlreich in der Blattmasse ohne Stroma nistenden schwarzen, mit steifen, dick cylindrischen Hälsen aus der Epidermis hervorragenden Perithecien; die Ascosporen sind ungleichseitig spindelförmig, zweizellig, farblos, 0,017 bis 0,021 mm lang. Die Entwickelungsgeschichte dieses Pilzes ist nicht bekannt. Auf Walnußbaum.

3. Gnomonia fimbriata *Awd.* (Sphaeria fimbriata *Pers.*, Gnomoniella fimbriata *Sacc.*, Mamiania fimbriata *Ces. et de Not.*), auf kranken Flecken lebender Blätter von Carpinus Betulus im Spätsommer. Die Perithecien treten auf der Unterseite des Blattes als halbkugelige, glänzend schwarze Höcker von fast ½ mm Durchmesser hervor, welche einzeln, häufiger in kleinen Gruppen dicht beisammen stehen. Jedes hat an der Spitze einen nadelförmigen Hals, welcher an seinem Grunde von weißen Fransen, den Resten der Epidermis des Blattes umgeben ist. Rings um jedes Perithecium oder um die Gruppen derselben ist die Blattmasse gebräunt, und dies rührt von einer wirklichen Stromabildung her, welche aus einer braunen, pseudoparenchymatischen Rindenschicht und einem hellen Innengewebe besteht. Die Perithecien reifen erst im folgenden Frühling. Die Sporen sind eiförmig, elliptisch, nahe dem unteren Ende mit einer Querwand versehen, farblos, 0,009—0,011 mm lang. Auch von diesem und den folgenden Pilzen ist die Entwickelung noch nicht verfolgt worden. Auf Carpinus Betulus.

4. Gnomonia Ostryae *de Not.*, auf der unteren Blattseite von Ostrya carpinifolia in Italien. Auf Ostrya.

5. Gnomonia Coryli *Awd.* (Sphaeria Coryli *Batsch*, Gnomoniella Coryli *Sacc.*, Mamiana Coryli *Ces. et de Not.*), auf Blättern von Corylus Avellana, der Gnomonia fimbriata sehr ähnlich; Sporen einzellig, oblongeiförmig, 0,008—0,009 mm lang. Für den Spermogonienzustand wird Leptothyrium Coryli *Fuckel*, gehalten. Auf Corylus.

6. Gnomonia amoena *Fuckel* (Gnomoniella amoena *Sacc.*,) auf den Blattstielen von Corylus Avellana.

7. Gnomonia suspecta *Sacc.* (Plagiostoma suspecta *Fuckel*), auf der Blattunterseite längs der Nerven von Quercus. Auf Quercus.

---

[2]) Über die Bekämpfung der durch Gnomonia erythrostoma verursachten Kirschbaumkrankheit im Altenlande. Berichte d. deutsch. bot. Ges., 24. Juli 1887, und Gartenflora 1889, pag. 12.

Auf Quercus. 8. Gnomonia lirelliformis *Pass.*, auf den Blättern von Quercus Robur, von der geschwärzten Epidermis bedeckt. In Italien.

Auf Alnus, Betula, Carpinus. 9. Gnomonia tubiformis *Awd.* (Gnomoniella tubiformis *Sacc.*) auf Blättern von Alnus, Betula, Carpinus. Perithecien mit langem Hals. Als zugehöriger Spermogonienzustand wird Leptothyrium cylindrospermum *Bon.*, angesehen.

H. Dothideaceae, oder Pyrenomyceten, welche ein in der Blattmasse gebildetes schwarzes, innen weißes Stroma besitzen, in welchem die Perithecien ohne eigene Wand, als bloße Höhlungen des Stromas nisten.

Dothideaceae. Die hierher gehörigen Pilze sind durch ihr Stroma leicht kenntlich. Dasselbe bildet eine die ganze Dicke der Substanz des Blattes einnehmende, wenig erhabene, tief schwarze, mehr oder weniger glänzende Kruste von unbestimmtem Umriß und verschiedener Größe. Darin befinden sich als Höhlungen ohne eigene Wand die Perithecien, und zwar, da sie fast die Dicke des Stroma erreichen, meist in einer einfachen Schicht neben einander, als runde Fächer, deren jedes mit einem Porus an der Oberfläche des Stroma mündet. Ihre vollständige Reife erlangen die Perithecien erst an dem verwelkten oder abgefallenen Blatte im Herbste oder im Winter. Teile, die mit solchen Schorfen behaftet sind, werden bald schneller bald langsamer gelb oder braun und vertrocknen. Über die Entwickelung dieser Pilze aus ihren Sporen sind bis jetzt keine Versuche gemacht worden.

I. Phyllachora *Nitzschke* und Dothidella *Speg.*

Phyllachora und Dothidella. Das Stroma bildet meist verlängerte oder elliptische, schwarze Flecke auf den Blättern und erscheint durch die Perithecien oft höckerig. Die Sporen sind einzellig oder zweizellig, eiförmig oder oblong, farblos. Manche neuere Mykologen haben für die Formen mit zweizelligen Sporen die besondere Gattung Dothidella aufgestellt; doch ist dieses Unterscheidungsmerkmal mitunter schwierig. Bei manchen Arten hat man auch Spermatien oder Conidien gefunden, welche in den Höhlungen der jungen Perithecien gebildet werden sollen, über deren biologische Bedeutung aber nichts bekannt ist. Bei einigen Arten kommen auch Conidienträger auf der Oberfläche des Stromas vor. Viele Arten sind nur auf abgestorbenen Blättern beobachtet worden; wir führen hier nur die parasitischen auf.

Auf Gräsern. 1. Phyllachora graminis *Fuckel* (Sphaeria graminis *Pers.*, Dothidea graminis *Fr.*), auf Grasblättern längliche, schwarze, schwach glänzende, etwas erhabene, an beiden Blattseiten sichtbare Krusten bildend, in denen die Perithecien noch bei Lebzeiten des Blattes angelegt werden (Fig. 80). Die Sporen sind eiförmig, 0,010—0,013 mm lang. Das Stroma besteht aus zahlreichen, feinen Pilzfäden, welche zwischen und in den Zellen des Gewebes wachsen und dadurch das letztere mit Ausnahme der Fibrovasalstränge verdrängen, so daß an Stelle des Gewebes das Stroma tritt. Alle Grenzen des letzteren, sowohl die an der Oberfläche des Blattes, als auch die im Innern befindlichen, sind durch eine Schwärzung der Pilzfäden bezeichnet. Die schwarze Grenzschicht liegt innerhalb der Epidermis. Am häufigsten ist dieser Pilz auf Triticum repens, dessen befallene Blätter bald gelb werden. In der Regel werden alle Blätter eines Triebes nach einander fleckig und krank. Außerdem ist der Pilz noch gefunden worden auf Hirse, Festuca, Dactylis, Bromus, Phleum, auf Aira flexuosa (wo das Stroma an den sehr schmalen Blättern eine oder mehrere über einander stehende, ringsum gehende, schwarze Verdickungen bildet), auch auf Carex- und Luzula-Arten, wo aber möglicherweise verschiedene Arten unterscheidbar sein dürften.

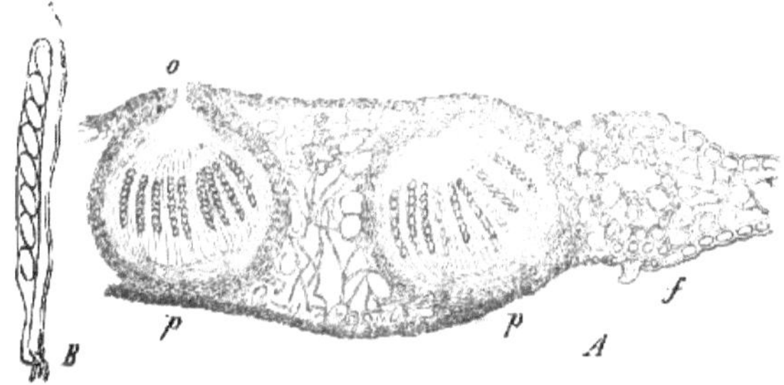

Fig. 80.

Phyllachora graminis *Fuckel.* A Querschnitt durch das in der Blattsubstanz entwickelte, an seiner Oberfläche (dem in der Epidermis liegende Teile) geschwärzte Stroma; der Schnitt ist durch zwei im Stroma neben einander liegende Perithecien pp gegangen. o Mündung des einen Peritheciums. f Fibrovasalstrang. 200fach vergrößert. B Ein Sporenschlauch und eine Paraphyse aus einem Perithecium. 500 fach vergr.

2. Phyllachora silvatica *Sacc.*, auf den Blättern von Festuca duriuscula in Italien. Das Stroma ist mehr oblong, schwarzbraun, die Sporen 0,017—0,018 mm lang. Auf Festuca.

3. Phyllachora Cynodontis *Niessl.*, auf den Blättern von Cynodon Dactylon, mit kleinen, mehr rundlichen Stromata und zahlreichen, dicht stehenden Perithecien; Sporen eiförmig, 0,008—0,010 mm lang, gelblich. Auf Cynodon.

4. Phyllachora Setariae *Sacc.*, auf Setaria glauca in Italien, nur unreif bekannt. Auf Setaria.

5. Dothidella fallax *Sacc.*, auf Andropogon Ischaemum und Gryllus in Österreich und Italien. Auf Andropogon.

6. Phyllachora Luzulae *Cooke* (Sphaeria Luzulae *Rabenh.*), auf den Blättern von Luzula. Auf Luzula.

7. Phyllachora epitypha *Sacc.*, auf den Stengeln von Typha in England. Auf Typha

Auf Convallaria und Veratrum.

8. **Phyllachora melanoplaca** *(Desm.) Sacc.*, auf den Blättern von Convallaria und Veratrum in Frankreich und Italien.

Auf Salix.

9. **Phyllachora amenti** *Rostr.*, auf den Kätzchenstielen und Kapseln von Salix reticulata in Norwegen.

Auf Betula.

10. **Dothidella betulina** *Sacc.*, (Xyloma betulinum *Fr.*, Dothidea betulina *Fr.*, Phyllachora betulina *Fuckel*), auf den Blättern von Betula alba und in Norwegen und Lappland auch auf Betula nana beobachtet, bildet im Spätsommer kleine, rundliche, schwarze, höckerige Schorfe, die oft in unzähliger Menge beisammenstehen oder zusammenfließen, über die ganze Oberseite des Blattes verbreitet. Die Perithecien erreichen ihre Reife erst an den verwesenden Blättern im folgenden Frühling. Die Sporen sind 0,014 mm lang, elliptisch, mit weit über der Mitte stehender Querwand. Fuckel[1]) beobachtete den Pilz an einem Standorte seit acht Jahren alljährlich immer nur an zwei kleinen Bäumen, während die umstehenden gesund waren, was jedoch nicht notwendig auf ein Perennieren des Myceliums im Baume hindeutet, sondern ebensogut aus einer alljährlichen Infektion durch die am Boden liegenden verpilzten Blättern zu erklären wäre.

Auf Ulme.

11. **Dothidella Ulmi** *Winter* (Sphaeria Ulmi *Dur.*, Dothidea Ulmi *Fr.*, Phyllachora Ulmi *Fuckel*), an der Oberseite der Blätter der Ulmen im Spätsommer rundliche, verschieden große, oft sehr zahlreiche Krusten bildend. Das befallene Blatt entfärbt sich schneller oder langsamer. Die Perithecien reifen am abgefallenen Laub. Die Sporen sind 0,010—0,012 mm lang länglich eiförmig, nahe dem unteren Ende mit Querwand. Winter hält eine als Pigottia astroidea *Berk.* et *Br.* bezeichneten Pyknidenform als zu diesem Pilz gehörig.

Auf Buxus.

12. **Phyllachora depazeoides** *Desm.*, auf weißen Flecken der Unterseite der Blätter von Buxus sempervirens in Frankreich und Belgien.

Auf Vitis.

13. **Phyllachora picea** *B.* et *C.*, auf Zweigen von Vitis aestivalis in Nordamerika.

Auf Aegopodium.

14. **Phyllachora Podagrariae** *Karst.* (Sphaeria Podagrariae *Roth.*, Dothidea Podagrariae *Fr.*, Phyllachora Aegopodii *Fuckel*). Auf bleichen Flecken der Blätter von Aegopodium Podagraria bilden sich kleine, schwarze Stromata in unregelmäßigen Gruppen. Darin finden sich anfangs Pykniden oder Spermogonien, nämlich die als Septoria Podagrariae *Lasch* bezeichnete Fruktifikation. Die wahrscheinlich später sich entwickelnden Perithecien sind bisher noch unbekannt; die Stellung des Pilzes in dieser Gattung ist also noch zweifelhaft.

Auf Heracleum.

15. **Phyllachora Heracleï** *Fuckel* (Dothidea Heracleï *Fr.*), auf den Blättern von Heracleum Sphondylium ebensolche schwarze Stromata bildend. Auch von diesem Pilze sind zwar Pykniden (Septoria Heracleï *Lib.*), aber noch nicht die reifen Perithecien bekannt.

Auf Chaerophyllum.

16. **Phyllachora Morthieri** *Fuckel*, ähnlich den vorigen Arten auf Chaerophyllum aureum, ebenfalls nicht im reifen Zustande bekannt.

Angelica und Archangelica.

17. **Phyllachora Angelicae** *Fuckel*, auf Angelica und Archangelica; auch hier sind nur Conidienträger (Passalora depressa *Sacc.*), und Pykniden (Phyllosticta Angelicae *Sacc.*), bekannt.

Schwarzwerden des Klees.

18. **Phyllachora Trifolii** *Fuckel* (Sphaeria Trifolii *Pers.*, Dothidea Trifolii *Fr.*), verursacht das Schwarzwerden des Klees, eine besonders

[1]) l. c. pag. 217.

in feuchten Jahren und Lagen nicht seltene Krankheit bei Trifolium pratense, repens, hybridum, medium, alpestre, scabrum. Auf den noch grünen Blättern erscheinen, vorwiegend unterseits, ungefähr runde, bis 1 mm und darüber große, schwarze, glanzlose Flecke in Mehrzahl. Jeder Fleck besteht aus zahlreichen, dicht beisammenstehenden, halbkugeligen Polsterchen, welches Gruppen von Conidienträgern sind, die aus dem Innern des Blattes durch die Epidermis hervorbrechen. Die conidientragenden Fäden sind dunkelbraun, ziemlich gerade und durch zahlreiche, in fast gleichen Abständen stehende Einschnürungen, in denen meist Scheidewände sich befinden, fast perlschnurförmig gegliedert. Jeder schnürt nur eine Spore auf einmal an seiner Spitze ab. Die ebenfalls braunen Sporen sind 0,024 mm lang, ei- bis birnförmig, durch eine Scheidewand in zwei ungleiche Zellen geteilt. Dieser Conidienzustand ist mit dem Namen Polythrincium Trifolii *Kze.*, belegt worden. Eine Zeit lang bleiben die befallenen Blätter grün, dann vergilben und vertrocknen sie. Gegen den Herbst, während des Absterbens der befallenen Blätter, bildet sich unter den Conidienträgern, welche nun allmählich verschwinden, ein der Gattung Phyllachora entsprechendes schwarzes Stroma aus, in welchem zunächst kleine Höhlungen mit Spermatien auftreten, später aber Perithecien erscheinen, welche dicht beisammen stehen und keulenförmige Sporenschläuche mit elliptischen, 0,010—0,012 mm langen Sporen enthalten. Die Krankheit ist bisweilen dem Klee ziemlich schädlich, ihre Entstehung und die Entwickelungsgeschichte des Pilzes aber sind noch unbekannt. Anbau des Klees in Gemenge mit Gräsern, wie es Kühn[1]) dagegen anrät, dürfte die Gefahr allerdings vermindern.

19. Dothidella frigida *Rostr.*, auf den Stengeln von Phaca frigida in Norwegen und Island. Auf Phaca.

20. Dothidella Vaccinii *Rostr.*, auf den Blättern von Vaccinium uliginosum in Grönland. Auf Vaccinium.

21. Phyllachora Wittrockii (*Erikss.*) *Sacc.*, auf Stengeln von Linnaea borealis in Schweden. Auf Linnaea.

22. Phyllachora punctiformis *Fuckel*, auf Galium silvaticum, nur unreif bekannt. Auf Galium.

23. Phyllachora Campanulae *Fuckel*, auf Campanula Trachelium in Frankreich und der Schweiz, nur unreif bekannt. Auf Campanula.

24. Eine sehr große Anzahl von Arten ist bekannt auf den Blättern der verschiedensten Pflanzen in den Tropen, besonders in Südamerika und Australien[2]).

II. Scirrhia *Nitzschke*.

Von vorigen Gattungen nur durch die sehr verlängert linealischen gruppenweise und parallel unter einander angeordneten Stromata unterschieden; die Sporen sind zweizellig. Scirrhia.

1. Scirrhia rimosa *Fuckel* (Sphaeria rimosa *Alb.* et *Schw.*, Dothidea rimosa *Fr.*, Scirrhia depauperata *Fuckel*). Auf der Außenseite bleicher Flecke lebender Blattscheiden von Phragmites communis fand Auf Phragmites.

[1]) Fühling's landw. Zeitg. 1876, pag. 820.

[2]) Vergl. Saccardo, Sylloge Fungorum II, pag. 594, und IX, pag. 1006.

Fuckel[1]) einen Conidienträgerpilz (Hadrotrichum Phragmites *Fuckel*), welcher in dunklen Räschen aus der Epidermis bricht. Diese bestehen aus aufrechten, dichtstehenden, einfachen, dicken Hyphen, die an der Spitze je eine kugelige, einzellige, braune Spore abschnüren. Später am dürren Blatte entsteht nach Fuckel in den Räschen ein Stroma von der oben beschriebenen Form, in welchem sehr dicht stehend und in einfacher Schicht liegend, zahlreiche Perithecien sich befinden; die Sporen sind 0,017—0,020 mm lang, schwach keulenförmig, mit in der Mitte liegender Scheidewand.

Auf Agrostis. 2. Scirrhia Agrostidis *Winter* (Phyllachora Agrostidis *Fuckel*, Dothidella Agrostidis *Sacc.*), auf den Blättern von Agrostis stolonifera denjenigen des vorigen Pilzes ähnliche schwarze Stromata bildend, denen auch ein ebensolcher Conidienzustand vorausgeht. Die Ascosporen sind 0,024 mm lang, länglich-keulenförmig, mit im oberen Teile befindlicher Querwand.

III. Homostegia *Fuckel.*

Homostegia. Das Stroma ist ebenfalls dem Blatte eingewachsen, mit schwarzer Rinde und braunem aus Hyphengeflecht bestehenden Marke, in welchem die Perithecien mit eigener dicker, schwarzbrauner Wand eingesenkt sind. Die Ascosporen sind oblong, mit mehreren Querwänden versehen, braun oder farblos.

Auf Imbricaria. 1. Homostegia Piggottii *Karst.*, (Sphaeria homostegia *Nyl.*, Dothidea Piggottii *Berk.* et *Br.*, Homostegia adusta *Fuckel*), auf dem Thallus der Flechte Imbricaria saxatilis rundliche oder unregelmäßige schwarze Stromata bildend. Sporen 0,021—0,023 mm lang, braun, vierzellig.

Auf Poa. 2. Homostegia gangraena *Winter* (Sphaeria gangraena *Fr.*, Sphaerella gangraena *Karst.*, Phyllachora gangraena *Fuckel*), auf Blättern und Scheiden von Poa nemoralis und bulbosa schwarze, längliche Stromata bildend, die oft zusammenfließen zu einer ringsum greifenden verdickten Kruste. Die Sporen sind 0,016—0,018 mm lang, verlängert oblong, mit zwei Querwänden, farblos.

J. Chromopyrenomycetes oder Pyrenomyceten, welche ein rot oder hellgelb gefärbtes, auf der Oberfläche des Pflanzenteiles als Polster oder Lager frei hervortretendes, die Perithecien tragendes Stroma besitzen.

Chromopyrenomycetes. Durch die in der Überschrift genannten Merkmale sind die hierher gehörigen Pilze außerordentlich auffallend und leicht kenntlich, bei den parasitären Formen umsomehr als die so beschaffenen Pilzbildungen bereits an der lebenden Pflanze auftreten. Es giebt indessen auch hier neben den vielen saprophyt lebenden Pilzen nur wenige parasitär.

I. Epichloë *Fr.*

Epichloë. Der in diese Gattung gehörige Pilz hat ein hellfarbiges, fleischiges, die Grashalme ringsum scheidenförmig umfassendes Stroma, welches

[1]) l. c. pag. 221.

im jungen Entwickelungszustande an seiner Oberfläche eine Conidienbildung und darauf ebenfalls Perithecien entwickelt.

Epichloë typhina *Tul.* (Sphaeria typhina *Pers.*, Polystigma typhinum *DC.*, Dothidea typhina *Fr.*), ist die Ursache einer sehr charakteristischen Krankheit, die man passend als **Kolbenpilz der Gräser** bezeichnen kann. Sie kommt an verschiedenen Gramineen, besonders am Timothegras (Phleum pratense), und zwar sowohl an der wildwachsenden als an der angebauten Pflanze vor; außerdem beobachtete ich sie an Dactylis glomerata, Poa nemoralis, Holcus lanatus, Agrostis vulgaris und Brachypodium sylvaticum. An dem jungen, noch nicht blühenden Halme bekommt die Scheide des obersten Blattes, welche die jüngsten Blätter noch umhüllt, ringsum in ihrer ganzen Länge und bisweilen noch ein kleines Stück auf der Unterseite der noch nicht völlig ausgebreiteten Blattfläche sich fortsetzend, ein weißliches Aussehen. Von diesem Zeitpunkte an verlängert sich diese Scheide nicht mehr erheblich, bleibt also kürzer als im normalen Zustande, und auch das weitere Wachstum der ganzen von dieser Scheide umhüllten Triebspitze kommt in der Regel zum Stillstand. Nun vergrößert sich die weiße Walze, indem sie etwas länger und verhältnismäßig dicker wird (Fig. 81 A), wobei allmählich ihre Farbe in Goldgelb, endlich in Rot-

Kolbenpilz der Gräser.

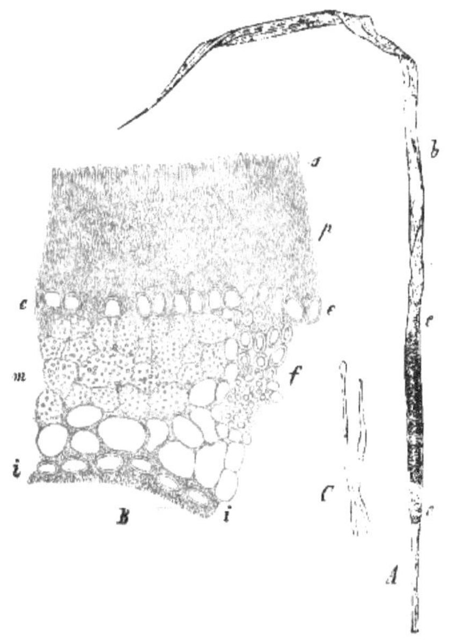

Fig. 81.

Stroma der Epichloë typhina auf der obersten Blattscheide von Phleum pratense. A der obere Teil des erstickten Halmes mit dem letzten entwickelten Blatte b, auf dessen Scheide das Stroma e e entstanden ist. B Stück eines Durchschnittes durch ein solches Stroma von Agrostis vulgaris, m das vom Mycelium durchwucherte Blattgewebe, f Fibrovasalstrang, i i die Epidermis der Innenseite der Scheide, zwischen deren Zellen das Mycelium nach den inneren Teilen der Knospe dringt. e e Epidermis der Außenseite der Scheide, zwischen den Zellen derselben wächst das Mycelium hervor, um sich zu dem Stroma p zu entwickeln, dessen Fäden an der Oberfläche ein conidienabschnürendes Hymenium s bildet. 200 fach vergrößert. C Zwei conidienbildende Fadenenden. 500 fach vergrößert.

braun übergeht. Da nun inzwischen das oberste Blatt, welches zu der erkrankten Scheide gehört, allmählich verwelkt und verdirbt, und die eingeschlossene Triebspitze erstickt ist, so trägt der Halm eigentlich nur den beschriebenen Pilzkörper, der daher jedesmal an seiner Basis von dem letzten Halmknoten begrenzt ist, und steht einem kleinen Rohrkolben nicht unähnlich. Seine Größe richtet sich nach der Größe des Grases; bei Phleum und Dactylis wird er bis 9 cm lang und 2—4 mm dick, bei Agrostis vulgaris ungefähr 1 cm lang und kaum 2 mm dick. Es ist das Stroma des Pilzes, an dessen Bildung der Blattkörper und der Pilz zusammen beteiligt sind. Der Querdurchschnitt durch das sehr junge Stroma (Fig. 81 B) zeigt das Zellgewebe sowohl der äußeren Scheide als auch der von ihr umschlossenen jüngeren Teile ziemlich deutlich erhalten, aber alles durchwuchert von einer Menge Pilzfäden, die vorzugsweise zwischen den Zellen wachsen, hier und da auch in dieselben eindringen. Vielfach sieht man die Fäden auch aus der äußeren Scheide in die inneren Teile hinüber wachsen, und stellenweise ist der Raum dazwischen sogar von einer dicht verfilzten Masse von Pilzfäden ausgefüllt. Die mächtigste Entwickelung erreicht der Pilz an der Außenfläche der Scheide. Hier durchbrechen die Fäden überall die Epidermis, meist indem sie die Epidermiszellen auseinanderdrängen, und vereinigen sich auf der Außenfläche der Scheide zu einem Filzgewebe, welches als eine fest angewachsene, fleischige, weißliche Hülle das Ganze vollständig bedeckt (Fig. 81 B). Dieser Pilzmantel wird nun immer dicker, indem die Fäden, welche, obgleich sie dicht mit einander verfilzt sind, doch vorwiegend in radialer Richtung st.hen, an ihren äußeren Enden wachsen und durch Verzweigung sich vermehren. Auf diese Weise kann dieser Teil den Durchmesser der Blattscheide erreichen. Auch in der letzteren vermehren sich die Pilzfäden, doch bleibt das Blattgewebe ziemlich deutlich erhalten und die Grenze ist immer zu finden an den noch deutlich erkennbaren, in einer Reihe liegenden, nur etwas verschobenen Epidermiszellen. Die äußersten kleinen Ästchen der Fäden des jungen, noch weißen Stroma schnüren kleine, eiförmige, 0,005 mm lange Conidien ab (Fig. 81 B. u. C). Die ganze Oberfläche des Stroma ist daher zunächst ein Lager von Conidien. Später hört die Conidienbildung auf; nun bilden sich auf der ganzen Oberfläche des Stroma dicht nebeneinander stehende, zahllose, kleine, fast kugelrunde, fleischig weiche, gelbliche Perithecien, die eine Farbenveränderung des Stroma bedingen und durch die dasselbe wie punktiert erscheint. Sie haben am Scheitel eine porenförmige Mündung und enthalten achtsporige Schläuche mit fadenförmigen, 0,13 bis 0,16 mm langen, nur 0,0015 mm dicken, farblosen Sporen. Dieselben erreichen bereits im Sommer auf der Pflanze ihre Reife. Die Entwickelung des Pilzes aus Sporen ist noch nicht aufgeklärt. De Bary[1]) hat nachgewiesen, daß das Mycelium vom Grunde der Graspflanze im Halme, und zwar in den Intercellularräumen des Markes emporsteigt. Ob es in den perennierenden Teilen überwintert, ist unbekannt. Die Conidien sind sogleich nach ihrer Reife keimfähig. Was aus ihnen und was aus den Ascosporen der Perithecien wird, weiß man ebenfalls nicht. Der Pilz bewirkt Vereitelung der Blüten- und Fruchtbildung, und die erstickten Halme bleiben niedriger als die normalen. Nur einmal fand ich Pflanzen von Poa nemoralis, wo trotz des Befallens die Rispe zur vollständigen Entwickelung ge-

[1]) Flora 1863, pag. 401.

kommen war, was offenbar von einer Verspätung der Pilzentwickelung herrührte. Ein Fall epidemischen Auftretens ist zuerst von Kühn[1]) beobachtet worden, wo in einem großen, mit Timothegras gemengten Kleeschlag ein Dritteil der Pflanzen befallen war. Bei Woltenstein im Erzgebirge fand ich 1879 die Krankheit über einen großen, mit Timothegras bestellten Acker ganz gleichmäßig und so stark verbreitet, daß das Feld zwar obenhin grün erschien, weil dort nur die aufgekommenen gesunden Pflanzen zu sehen waren, aber überall, wo man bereits abgemäht hatte, vom Boden an etwa $^1/_3$ m hoch ein gleichmäßiger brauner Gürtel sich zeigte, der schon aus weiter Ertfernung ziemlich scharf von dem Grün der höheren Partie abstach und von den zahllosen erstickten Pflanzen herrührte. Bei unsrer Unkenntnis der Entwickelungsweise des Parasiten läßt sich gegenwärtig über die Bekänpfung der Krankheit nichts sagen.

II. Nectria *Fr.*

Diese Gattung hat fleischige, hochrote Perithecien, welche einzeln Nectria. oder häufiger zu mehreren rasenweise beisammen auf der Oberfläche eines ebenso gefärbten kleinen, warzenförmigen Stroma frei aufsitzen; sie enthalten Schläuche mit je 8 länglichen, zweizelligen, farblosen Sporen. Als conidientragende Form gehört mit Sicherheit zu diesen Pilzen diejenige, die als Tubercularia beziehentlich Fusidium bezeichnet wird. Dies sind kleine, meist rote oder weiße, wärzchenförmige Stromata, auf deren Oberfläche Conidien abgeschnürt werden. Die Perithecienfrüchte, wenn solche überhaupt gebildet werden, was nicht immer eintritt, folgen ihnen nach, ja nicht selten entstehen auf demselben Stroma, welches anfänglich Conidien abschnürte, nachher die Perithecien. Viele Formen von **Nectria**, vorzüglich diejenigen, welchen die **Tubercularia** vorausgeht, finden wir als Saprophyten auf faulendem Holze. Doch können diese Pilze fakultativ auch wirklich parasitisch die lebenden Gewebe ergreifen und zum Absterben bringen; manche treten daher auch bei gewissen Erkrankungen der Rinde der Holzpflanzen auf.

1. Nectria ditissima *Tul.*, ist nach R. Hartig[1]) die Ursache einer Rotbuchenkrebs. Art des Rotbuchenkrebses, der durch ganz Deutschland verbreitet ist, bringt aber auch an Eichen, Haseln, Eschen, Hainbuchen, Erlen, Ahorn, Linden, Faulbaum, Traubenkirschen und Apfelbaum ebensolche Erkrankungen hervor. Sie veranlaßt Krebsgeschwülste (Bd. I, S. 209), die bisweilen in ganzen Beständen die Triebe der befallenen Buchen von unten bis zur Spitze bedecken und sowohl ganz junge als auch bis zu 10 Jahre alte Stammteile ergreifen, indessen auch auf den Zweigen 140 jähriger Buchen vorkommen. Das Mycelium perenniert im Rindengewebe der Krebsgeschwulst und breitet sich in demselben weiter aus, was oft aus verschiedenen Gründen ungleich-

---

[1]) Zeitschr. des landw. Centralver. d. Prov. Sachsen. 1870. Nr. 12.

[2]) Zeitschr. für Forst- und Jagdwesen, 1877 pag. 377 ff.; referiert in Just bot. Jahresber. für 1877, pag. 148: Untersuchungen aus d. forstbot. Inst. I., pag. 209. Vergl. auch Göthe, Landwirtsch. Jahrb. 1880, pag. 837.

mäßig geschieht, wodurch die Krebsstelle unregelmäßig wird. An den in der Rinde sich verbreitenden Myceliumfäden bilden sich nach R. Hartig zahllose äußerst kleine Conidien, und in der Peripherie der noch in der Ausbreitung begriffenen Krebsstelle treten weiße Conidienpolster zum Vorscheine, welche schon von Willkomm[1]) beobachtet und als Fusidium candidum *Link.*, bestimmt worden sind. Die Conidien sind spindelförmig, mit mehreren Querwänden versehen. Später entstehen auf den Polstern die sehr kleinen, tiefroten Perithecien, deren Sporen länglich-elliptisch, 0,012 bis 0,014 mm lang sind. R. Hartig hat Infektionsversuche angestellt, indem er Nectria-Sporen in eine Wunde der Rinde brachte; es entwickelten sich danach an der Infektionsstelle die conidientragenden Fruchtkörper, und nach einigen Wochen traten daselbst Stromata mit Nectria-Früchten auf. Die Conidien keimen schnell und entwickeln schimmelartige Bildungen, an denen wieder ähnliche Conidien, aber mit wenigen Querscheidewänden gebildet werden. R. Hartig und Göthe haben die parasitische Wirkung des Pilzes auch durch Aussaat der Nectria-Sporen auf andre lebende Teile der Rotbuche, beziehentlich von Birnbäumen zu erweisen gesucht. Auf grünen Blättern hatte dies die Entstehung erbsengroßer, brauner Flecke, auf treibenden Knospen Verkümmerung aller Blätter, aber keine weitere Erkrankungen der Triebe zur Folge. Nach R. Hartig gelangt der Pilz in das Rindengewebe nur durch Wundstellen, besonders an Hagelstellen, welche, wenn sie von Sporen des Pilzes infiziert werden, nicht durch Überwallung heilen, sondern Absterben und Bräunung der Rinde allseitig fortschreiten lassen. Im Laufe der Jahre erscheint die kranke Stelle vertieft, weil in der Umgebung das Dickenwachstum fortgeht und wie gewöhnlich oberhalb von Wunden noch gesteigert wird. Auch Wunden in der Gabel zweier Äste sind oft Ausgangsstellen. Nach R. Hartig tritt der Pilz auch gern in Gemeinschaft mit verschiedenen Baumläusen, besonders mit Lachnus exsiccator und Chermes Fagi auf, wo sich sein Mycelium in der durch diese Thiere befallenen Rinde rasch verbreitet und sie zum Absterben bringt. R. Hartig vermutet, daß unter gewissen Umständen das Mycelium aus der Rinde auch in den Holzkörper gelange, in welchem es aufwärts wandernd hier und da von innen in das Rinden- und Cambiumgewebe gelange und auf diesem Wege Krebsstellen, also ohne äußere Verwundung erzeuge. Damit soll die Erscheinung in Zusammenhang stehen, daß einzelne Baumindividuen mit Krebsstellen übersäet sind, während die Nachbarbäume ziemlich verschont sind. Oft kommt dieser Krebs nach einer Reihe von Jahren zum Stillstand und kann dann durch Überwallungen völlig zuwachsen. Die beschädigten Buchenstämme bleiben in der Regel am Leben und geben Brennholz. R. Hartig empfiehlt daher bei Durchforstungen die Krebsstämme zwar möglichst wegzuhauen, widerrät jedoch eine vollständige Entfernung aller Krebsstämme, wenn dadurch der Bestand wesentlich durchlöchert werden würde.

Auf verschiedenen Laubhölzern.

2. Nectria cinnabarina *Fr.* (Sphaeria cinnabaria *Tode*). Dieser Pilz ist auf den verschiedensten Laubholzbäumen und Sträuchern außerordentlich häufig, besonders an den durch Frost getöteten Ästen und Zweigen und an abgestorbenen Aststumpfen, wo im Herbst oder erst im nächsten Frühjahr aus der Rinde der abgestorbenen Teile die zinnoberroten Conidienpolster in

[1]) Die mikroskopischen Feinde des Waldes 1866. I. pag. 101.

großer Zahl neben einander zum Vorschein kommen, welche unter dem Namen Tubercularia vulgaris *Tode* bekannt sind. Die Conidien derselben sind oval, einzellig. Später kommen oft die noch dunkler rot gefärbten, in dichten Rasen stehenden Perithecien zur Entwickelung. Die Sporen derselben sind länglich, gerade oder schwach gekrümmt, 0,012—0,020 mm lang. Nach den Infektionsversuchen von H. Mayr[1]) kann dieser Pilz aber auch saprophyt auftreten, besonders an Acer, Aesculus, Tilia, Alnus, Robinia, Ulmus, Spiraea etc., an Astwunden, sowie an Wurzelwunden, die beim Verpflanzen entstehen. Sein Mycelium wächst dann in den Gefäßen des Holzkörpers, dringt auch in alle andern Organe des Holzkörpers ein, das Stärkemehl in denselben zersetzend und Schwärzung des Holzkörpers bedingend, verschont aber Cambium und Rinde, in die er erst eindringt, wenn dieselben abgestorben sind. Der so verpilzte Holzkörper verliert die Saftleitungsfähigkeit, so daß die Blätter vorzeitig vertrocknen und abfallen. Die durch die roten Pilzpolster kenntlichen befallenen Äste und Zweige sind zurückzuschneiden und die Schnittflächen zu theeren.

3. Nectria Cucurbitula *Fr.* (Sphaeria Cucurbitula *Tode*) auf der Rinde der Fichten, seltener der Tanne und Kiefer. Besonders auf den Stellen, welche durch den Rindenwickler (Grapholitha pactolana) angegriffen sind, seltener auf Hagelschlagstellen und andern Wunden dringt der Pilz nach R. Hartig[2]) in die Rinde ein und verbreitet sich namentlich in den Siebröhren und in den Intercellularräumen zwischen denselben, das gesunde Gewebe allmählich tödtend und bräunend. Unter den Quirlzweigen nimmt die Krankheit häufig ihren Anfang, und wenn ein solcher Stamm nicht dick ist, so vertrocknet auch der Holzkörper, worauf Gipfeldürre eintritt. Ist die Rinde nur einseitig befallen, so vertrocknet sie daselbst schon im Anfange des Sommers, besonders wenn sie der Sonne exponiert ist. Oft grenzen sich die gesund gebliebenen Teile durch eine Korkschicht von dem getöteten Gewebe ab, wodurch das Weiterwachsen des Parasiten verhindert wird. Auf dem erkrankten Rindenkörper erscheinen die Fruktifikationen des Pilzes nur dann, wenn er feucht erhalten bleibt, wie es an den unteren Rindenpartien der Fall ist, während an den dürren Gipfeln oft keine Spur davon zu finden ist. Etwa stecknadelkopfgroße, weiße oder gelbliche Stromapolster brechen durch die äußeren Korkschichten hervor. Sie tragen zuerst Conidien, von denen es gekrümmte, langspindelförmige und kleine, fast kugelige giebt. Später bilden sich auf ihnen zahlreiche rote, rundlich kürbisförmige Perithecien, deren elliptische, 0,014 mm lange Sporen im Winter oder Frühjahr ausgestoßen werden. Nach R. Hartig vermindert sich mit dem Verschwinden des Rindenwicklers die Krankheit, die in den Fichtenschonungen durch Absterben der Gipfel großen Schaden macht, während nur von der Motte befallene Fichten fast niemals zu Grunde gehen. Aushieb und Verbrennen der vom Pilz befallenen getöteten Gipfel ist anzuraten.

Auf Fichte, Tanne u. Kiefer.

4. Nectria Pandani *Tul.*, soll nach Schröter[3]) eine Stammfäule der Pandaneen veranlassen. Ein großes Exemplar von Pandanus odoratissimus des Breslauer botanischen Gartens wurde von einer Fäule ergriffen, wie solche ähnlich schon mehrfach an Pandaneen in den

Stammfäule der Pandaneen.

[1]) Über den Parasitismus von Nectria cinnabarina. Untersuchungen aus d. forstbot. Inst. III. 1882.

[2]) Untersuchungen aus dem Forstbotan. Inst. I, pag. 88.

[3]) Cohn, Beitr. z. Biologie d. Pfl. I., pag. 97.

Glashäusern beobachtet wurde. Überall begann die Krankheit nahe unter dem Ansatz der Blätterkrone der Zweige als eine Erweichung des Gewebes und schritt von da aus abwärts, während unmittelbar unter den Kronen der Stamm gesund blieb. Unter dieser Demarkationslinie drang die Erweichung durch den ganzen Stamm hindurch, so daß die Krone sich umneigte. In dem gebräunten und erweichten Gewebe war ein Pilzmycelium verbreitet, bestehend aus vielverzweigten, zwischen den Zellen wachsenden Hyphen. An der Oberfläche des Stammes erschienen die Früchte des Pilzes, und zwar auch schon an tiefer gelegenen Stellen, die die Krankheit noch nicht zeigten, so daß letztere erst nach dem Auftreten des Pilzes sich einstellte. Die Früchte sind dunkelgraue, ähnlich wie Lenticellen durch eine Spalte der Oberhaut hervorbrechende, meist etwas in die Breite gezogene Warzen, in denen eine oder mehrere Kammern sich befinden, auf deren Wand eine Schicht von Basidien steht, welche länglich-elliptische, einzellige, anfangs farblose, später graugrüne Sporen abschnüren. Durch eine am Scheitel liegende Mündung werden diese in Schleim eingehüllt ausgestoßen und sammeln sich als schwarzgrüne Schleimmassen an der Oberfläche. In diesen Früchten erkennt Schröter das Melanconium Pandani *Lév.* Außerdem fand er bisweilen eine ähnliche Frucht, welche die Sporen in weißen Ranken ausstieß, die sich an der Luft schwärzten, wobei die Sporen schwarzgrüne Farbe annahmen und zweizellig wurden, und welche einer Stilbospora entsprach. Er hält sie nicht für eine Angehörige jenes Pilzes. Wohl aber wird eine Nectriafrucht, welche in orangeroten Krusten, bestehend aus kugeligen, auf gemeinschaftlichem Stroma sitzenden Perithecien mit elliptischen, 0,010—0,011 mm langen zweizelligen Sporen an dem abgestorbenen Pandanus mit großer Regelmäßigkeit dem Melanconium folgte, für die vollendete Ascosporenfrucht des letzteren gehalten. Diese Behauptung ist jedenfalls unerwiesen, und bei der Häufigkeit, in welcher Nectriaarten sich an faulenden Pflanzenteilen zeigen, und weil Melanconium als Vorform von Nectria ohne gleichen ist, sogar wenig wahrscheinlich. Saccardo hält die Nectria für einen Parasiten auf dem Melanconium. Als unzweifelhaften Vorläufer von Nectria dagegen wurde von Schröter bei dieser Fäule oft Tubercularia gefunden, manchmal auch schimmelartige Conidienträger, von der Form eines Verticillium, mitunter auch in der Form von Stilbum, d. h. mehrere Conidienträger zu säulenförmigen Körpern verbunden.

Flechtenbewohnende Nectria-Arten.

5. Flechtenbewohnende Nectria-Arten a. Nectria lichenicola *Winter*, (Cryptodiscus lichenicola *Ces.* Nectriella carnea *Fuckel*), bringt nach Fuckel[1]) auf dem lebenden Thallus der Hundsflechte (Peltigera canina) mißfarbige Flecke hervor, auf denen Conidienstromata und Perithecien des Pilzes vegetieren. Über das Verhalten des Myceliums ist nichts mitgeteilt. Die Conidienträger stellen das auf Flechten seit langer Zeit bekannte Illosporium carneum *Fr.* dar, kleine, fleischrote, pulverig zerfallende Sporenhäufchen. Die eirunden, an der Spitze mit konischer Mündung versehenen Perithecien kommen mit jenem in Gesellschaft vor, oft unmittelbar unter ihnen hervortretend. Sie enthalten achtsporige Schläuche mit länglich eiförmigen, stumpfen, zweizelligen, farblosen Sporen.

b. Nectria Fuckelii *Sacc.* (Nectriella coccinea *Fuckel*) samt der Conidienform Illosporium coccineum *Fr.*, auf dem Thallus und den Apothecien von Hagenia ciliaris.

---

1) l. c. pag. 176.

c. Die Conidienform Illosporium roseum *Fr.*, findet sich auf dem Thallus von Physcia parietina und Parmelia stellaris.

III. Nectriella *Sacc.*

Die lebhaft gefärbten Perithecien wachsen in kleinen Räschen an der Oberfläche von Pflanzenteilen und unterscheiden sich von der Gattung Nectria hauptsächlich durch einzellige Sporen. Nectriella.

Nectriella Rousseliana *Sacc.* (Nectria Rousseliana *Mont.*, Stigmatea Rousseliana *Fuckel*), verursacht eine Zweigdürre des Buchsbaumes. Die Triebe welken und vertrocknen samt allen ihren Blättern. Während der Krankheit werden auf der Unterseite der Blätter zahlreiche zerstreut stehende, kleine, runde Polster von anfangs weißer, dann fleischroter Farbe sichtbar, von denen bei Benetzung Massen von Sporen sich ablösen. Diese Pilzform, Volutella Buxi *Berk.* (Chaetostroma Buxi *Corda*), bildet ein aus den Spaltöffnungen hervortretendes, mit dem endophyten Mycelium zusammenhängendes, warzenförmiges Stroma, welches ringsum von radial abstehenden, steifen, langen Borsten eingefaßt ist, die aus dem Grunde des Stroma entspringen. Auf der ganzen freien Oberfläche des letzteren werden einzellige, spindelförmige Conidien abgeschnürt. Unmittelbar nach der Reife dieser Conidienstromata entwickelt sich aus den meisten derselben je ein Perithecium, so daß die Zusammengehörigkeit beider Formen keinem Zweifel unterliegt. Die Conidienbildung hört auf, und aus dem kleinen, jetzt unkenntlich gewordenen Stroma wächst ein jenes mehrmals an Größe übertreffendes, fast kugelrundes, am Scheitel mit einer halsförmigen Mündung versehenes und mit einigen aufrechtstehenden Haaren bekleidetes Perithecium von meist grünlicher Farbe und weicher, fleischiger Beschaffenheit hervor. Diese Früchte erscheinen als kleine, oft ziemlich dicht stehende grünliche Pünktchen auf der Unterseite des inzwischen völlig dürr gewordenen Blattes. Sie enthalten cylindrische Sporenschläuche mit je 8 eiförmigen, farblosen, einzelligen, 0,016 bis 0,018 mm langen Sporen. Auf Buchsbaum.

IV. Bivonella *Sacc.*

Die zerstreut oder gruppenweise stehenden Perithecien sind weichfleischig, durchsichtig, mit einer schnabelförmigen Mündung versehen; die Sporen sind mauerförmig vielzellig, braun. Bivonella.

Bivonella Lycopersici *Pass.*, auf Stengeln von Solanum Lycopersicum in Italien. Auf Solanum Lycopersicum.

V. Hypomyces *Fr.*

Die Perithecien wachsen gesellig auf größeren Schwämmen, oft einem fädigen Stroma aufsitzend, sind blaß oder lebhaft gefärbt, weich, mit papillen- oder kurz schnabelförmiger Mündung; die Sporen sind länglich, zweizellig, farblos oder blaß gelbbraun. Häufig treten auf dem Stroma verschiedene Conidien- und Chlamydosporenformen auf[1]). Diese Pilze wachsen auf faulenden Schwämmen, bisweilen aber auch Hypomyces.

[1]) Vergl. Tulasne, Selecta Fung. Carpolog. III, pag. 38.

parasitisch auf noch lebenden; manche sind daher gewissen eßbaren Pilzen schädlich.

Auf Champignon. Es giebt mehrere Arten von Hypomyces, welche auf noch lebenden Schwämmen wachsend beobachtet worden sind; so Hypomyces chrysospermus *Tul.*, ochraceus *Tul.*, lateritius *Tul.*, viridis *Berk et Br.* etc. Magnus[1]) fand als einen Feind der Champignonkulturen eine Art, welche in ihrer zweizelligen Chlamydosporenform als weißer Überzug auf den Champignons auftritt und die er als Hypomyces perniciosus *Magn.* bezeichnet; er hält den Pilz für die Ursache der Erscheinung, daß oft Champignon-Kulturen an Orten, die eine längere Reihe von Jahren benutzt worden sind, nicht mehr gedeihen wollen. Später berichtete Prillieux[2]), daß die Champignonkulturen in der Umgebung von Paris von einer eigentümlichen Krankheit, von den Praktikern „Molle" genannt, befallen werden, wobei einzelne Champignons sich abnorm vergrößern zu unregelmäßig aufgetriebenen, mißgestalteten, schwammigen Massen, welche schnell in Fäulnis übergehen. Es wurde ein weißer, später bräunlicher Schimmel, Mycogone rosea, also ein zu Hypomyces gehöriger Entwickelungszustand, als Ursache gefunden. Über dieselbe Krankheit berichten Constantin und Dufour[3]), sie finden ebenfalls Mycogone, jedoch auf den weniger umgestalteten Champignons, während auf den am meisten mißgebildeten der Verticillium-Schimmel gefunden wurde; beide Formen gehören indes zusammen zu einem Hypomyces. Auch das Mycelium des Champignons wird nach Constantin durch verschiedene Parasiten angegriffen. Bei einer dieser Krankheiten, welche als „Vert-de-gris" bezeichnet wird, soll ein gelber, in 1—2 mm großen Flöckchen auftretender Pilz, welcher Myceliophthora lutea *Const.* genannt wurde, vorhanden sein; bei der Krankheit, welche man „Plâtre" nennt, ist ein weißer, auf dem Mist sich entwickelnder, wie Gipspulver aussehender Schimmel zu sehen, der mit dem Namen Verticilliopsis infestans *Const.* belegt wurde; der sogenannte „Chanci" soll nur durch einen ranzigen Geruch des Champignonmycels erkannt werden vielleicht mit Einwirkung der Kälte im Zusammenhange stehen und feine, verzweigte, aber sterile Myceliumfäden erkennen lassen.

K. Pyrenomycetes sclerotioblastae oder Pyrenomyceten, welche ein Sclerotium erzeugen, aus welchem nach Ueberwinterung erst die die Perithecien tragenden Früchte aufkeimen.

Pyrenomyceten mit Sclerotien. Von allen übrigen Pyrenomyceten sind die hierher gehörigen biologisch sehr abweichend, indem sie im Zustande eines Sclerotiums überwintern, d. h. eines massiv knollenförmigen Körpers, der sich meist von der Nährpflanze ablöst und einen mit Reservenährstoffen erfüllten ruhenden Dauerzustand des Myceliums darstellt. Erst bei der Keimung desselben im Frühling wachsen aus demselben eigentümliche Fruchtkörper (Stromata) hervor, welche sogleich die Perithecien zur Ent-

[1]) Naturforscher-Versammlung zu Wiesbaden, 21. Sept. 1887.

[2]) Bullet. de la soc. mycol. de France VIII. 1892, pag. 24.

[3]) Compt. rend. 1892, I, pag. 498 und 849.

wickelung und schnellen Reife bringen. Diese Abteilung wird vertreten durch die einzige Gattung.

Claviceps *Tul.*, Mutterkornpilz.

Die Gattung ist charakterisiert durch die aufrechten, lebhaft gefärbten Stromata, welche aus einem langen, unfruchtbaren Stiel und aus einem kugelig kopfförmigen, fruchtbaren Teil bestehen, in dessen ganzer Oberfläche die Perithecien als flaschenförmige Höhlungen eingesenkt, und mit halsförmigen Mündungen nach außen gerichtet sind; sie enthalten zahlreiche cylindrische Sporenschläuche, deren jeder 8 fadenförmige, einzellige farblose Sporen entwickelt (Fig. 84). Claviceps.

1. Claviceps purpurea *Tul.*, die Ursache des Mutterkorns des Getreides und der Gräser. Mutterkorn, Hungerkorn, auch Hahnensporn wird eine aus einem Pilz bestehende krankhafte Bildung in den Blüten zahlreicher Gramineen genannt, die am häufigsten und allgemein bekannt am Roggen ist. Man versteht darunter einen unregelmäßig walzenförmigen, schwach hornförmig gekrümmten, der Länge nach mehr oder weniger gefurchten, schwarzen, inwendig weißen, wachsartig harten Körper, welcher an Stelle des verdorbenen Kornes steht und mehr oder weniger weit aus den Spelzen hervorragt. Seine Größe steht in einem gewissen, wenn auch nicht strengen Verhältnis zur Größe der Blüte, beziehentlich der Blütenspelzen. Das Mutterkorn ist um so kleiner, je kleiner die Blüte ist, und für die Mehrzahl der Fälle darf die Regel gelten, daß es 1 bis 2 mal so lang als die Blütenspelze wird. Beim Roggen ist es 1 bis 3,5 cm lang, 3—4 mm dick, bei Lolium perenne nur 6 bis 8 mm lang und kaum über 1 mm dick, bei Molinia coerulea 4 bis 6 mm lang und 1—1 $^1/_2$ mm dick, bei Poa annua kaum 3 mm lang. Die Gestalt ist weniger variabel. Abweichend ist sie bei Nardus stricta: hier ist das Mutterkorn am Grunde am breitesten, etwa 1 mm im Durchmesser, nach oben allmählich verdünnt, am obersten Ende zugespitzt, daher von kegel- oder pfriemenförmiger Gestalt, und nicht selten verlängert sich der obere dünnere Teil beträchtlich, so daß hier manches Mutterkorn einen wurmförmigen, schwach geschlängelten Körper bis zu 2,5 cm Länge bei wenig über $^1/_2$ mm Dicke darstellt. Mutterkorn.

In einem Blütenstande findet sich häufig nur ein einziges Mutterkorn oft mehrere, aber selten betrifft es die Mehrzahl der Blüten. Eine anderweitige krankhafte Veränderung, die mit der Mutterkornbildung zusammenhinge, ist an der Pflanze nicht zu entdecken; letztere ist in allen Teilen wohlgebildet, bringt auch die Körner der nicht befallenen Blüten zur normalen Ausbildung. Besonders gut sind freilich die gesunden Körner solcher Ähren, die viele oder große Mutterkörner tragen, nicht gebildet, was wohl daher rühren mag, daß die Mutterkörner viel Nahrung zu ihrem Wachstum beanspruchen. Jedenfalls aber wird ein Ausfall an Körnern in der Ernte bedingt, welcher der Zahl der Mutterkörner gleich ist. Schädlicher ist der Pilz insofern, als das Mutterkorn ein giftiger Körper ist, und das Mehl, welches stark mit solchem vermengt ist, gesundheitsnachteilige Eigenschaften bekommt[1]).

[1]) Das Mutterkorn enthält 46 % Cellulose, 35 % fettes Öl, außerdem in geringer Menge mehrere noch nicht genau bekannte Alkaloide, welche die Ur-

Vorkommen des Mutterkorns.

Mutterkorn kommt wahrscheinlich auf den allermeisten Gramineen vor. Außer auf Roggen ist es beobachtet worden auf allen Arten Weizen, Gerste, Hafer, auf Lolium perenne, italicum und temulentum, Triticum repens, Brachypodium pinnatum und sylvaticum, Elymus arenarius und sylvaticus, Glyceria fluitans und spectabilis, Bromus secalinus, mollis, inermis, Festuca gigantea, Poa annua, sudetica, compressa, Dactylis glomerata, Hordeum murinum, Avena pratensis, Arrhenatherum elatius, Phleum pratense, Alopecurus pratensis und geniculatus, Anthoxanthum odoratum, Panicum miliaceum, Phalaris arundinacea und canariensis, Agrostis vulgaris, Oryza sativa, Nardus stricta, Andropogon Ischaemum, Molinia coerulea; nur möchte es noch zweifelhaft sein, ob die auf allen diesen Gräsern auftretenden Pilze zu einer und derselben Species gehören. Die geographische Verbreitung ist dieselbe wie die der Nährpflanzen; wenigstens vom Mutterkorn des Roggens ist es gewiß, daß dasselbe eben so weit verbreitet ist, wie der Anbau dieser Pflanze, insbesondere geht es auch in den Gebirgen bis an die obere Grenze des Getreidebaues und ist hier oft häufiger als in tieferen Lagen.

Entstehung des Mutterkorns.

Die Krankheit ist auf die einzelne Blüte beschränkt, weil der Parasit, der sie hervorruft, nur in der Blüte sich entwickelt. Er entsteht hier, wenn die Sporen desselben in die Blüte gelangen und entwickelt sich in dem jungen Fruchtknoten. Während letzterer in der gesunden Blüte des Roggens ein fast kugelrundes, oben behaartes und am Scheitel in zwei lange, federförmige Narben übergehendes Körperchen ist, hat er in der infizierten Blüte

---

sache der giftigen Wirkung sind. Seine medicinische Anwendung (Secale cornutum) zur Beförderung der Geburtswehen bei schweren Geburten (daher der Name Mutterkorn) datiert seit der Mitte des 16. Jahrhunderts. Der fortgesetzte Genuß mit Mutterkorn vermengten Mehles und daraus bereiteten Brotes in Jahren und Gegenden, wo der Pilz reichlich im Roggen vorkommt, hat eine eigentümliche Krankheit (Kriebelkrankheit) zur Folge, deren Existenz und Verlauf wissenschaftlich konstatiert sind. Sie fängt mit einem schmerzhaften Kriebeln an, welches in den Fingern und Zehen beginnt und allmählich über den ganzen Körper sich verbreitet; es treten noch andre Zufälle, zuletzt heftige, schmerzhafte Krämpfe in den Gliedern ein. Bisweilen geht die Krankheit sogar in bösartige Entzündungsgeschwülste und selbst in Brandigwerden der Gelenke über. Die Kriebelkrankheit tritt, wie ihre Veranlassung es mit sich bringt, in Epidemien auf. Solche sind beobachtet worden 1577 in Hessen, 1588 in Schlesien, 1648 im Voigtlande, 1736 wieder in Schlesien, 1761 in Schweden und Dänemark, 1709 in der Schweiz, 1747 in der Sologne, 1749 in Flandern und der Umgegend von Lille, 1770 und 1771 in Westfalen, Hannover, Lauenburg; hier war die Sterblichkeit in einigen Ortschaften so groß, daß von 120 kaum 5 gerettet wurden. Einzelne Fälle kamen unter andern vor 1831 in Berlin, 1851 in Pommern, 1855 in einigen braunschweigischen Ortschaften, 1855--1856 in Nassau. Roggen, der diese Krankheit verursachte, enthielt $\frac{1}{20}$ oder $\frac{1}{32}$ Mutterkorn. Auch Thiere erliegen dadurch ähnlichen Krankheiten. Mehl, welches stark damit verunreinigt ist, hat eine bläuliche Farbe. Mutterkorn läßt sich im Mehle oder Gebäck noch nachweisen, wenn dieses nur 2% davon enthält, indem alkalisches Wasser dadurch violett und bei Säurezusatz rot gefärbt wird, oder Erwärmung mit Kalilauge einen Geruch nach Häringen hervorbringt.

eine mehr längliche Gestalt, und seine beiden Narben sind im Absterben und Einschrumpfen begriffen (Fig. 83). Der Längsdurchschnitt zeigt, daß der ursprüngliche Fruchtknoten, dessen Höhlung man noch deutlich erkennt, den oberen Theil des Körpers einnimmt, und daß der ganze darunter befindliche Theil aus einem weißen, weichen Pilzgewebe besteht, welches also an

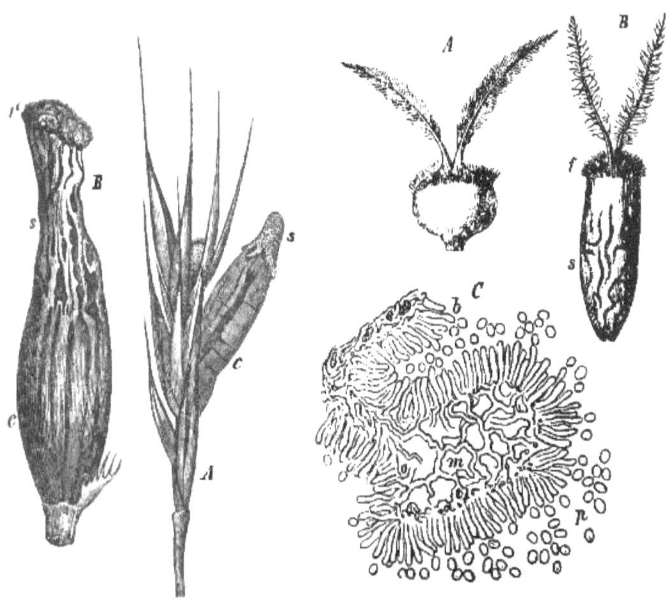

Fig. 82.
Das Mutterkorn. A eine Roggenähre mit einem Mutterkorn c, auf welchem noch die vertrocknete Sphacelia s sitzt. B der Zustand, in welchem die Sphacelia s in ihrem unteren Teil c sich zum Sclerotium (Mutterkorn) umwandelt. p der Rest des verdorbenen Fruchtknotens. Schwach vergrößert.

Fig. 83.
Claviceps purpurea *Tul.* in seinem ersten Entwickelungsstadium. A gesunder Fruchtknoten der Roggenblüte. B ein vom Pilze veränderter Fruchtknoten, f der absterbende, einschrumpfende Fruchtknoten mit den beiden Narben s der Pilzkörper (Sphacelia). C Stück eines Querschnittes durch die Sphacelia, m die locker verflochtenen Pilzfäden im Innern derselben, b die an der gefurchten Oberfläche befindliche Schicht der sporentragenden Fäden, welche die Conidien p abschnüren; stark vergrößert, nach Tulasne.

der Basis des Fruchtknotens sich entwickelt und durch sein Wachstum den letzteren emporgehoben hat. Da nun der Pilz die ganze Nahrung an sich zieht, so verkümmert in der Regel der Fruchtknoten und wird samt seinen Narben bald unkenntlich. Inzwischen entwickelt sich der Pilzkörper immer kräftiger, so daß er bald den Raum zwischen den Spelzen ausfüllt als ein fast käseartig weicher, unrein weißer Körper, welcher an seiner Oberfläche viele gewundene Furchen hat, ähnlich wie ein Gehirn. Dieser Körper ist ein conidienbildendes Stroma. Im Innern besteht er aus locker verwebten Hyphen, welche gegen die Oberfläche hin dichter sich verflechten und nach außen hin zahlreiche, dicht beisammenstehende, kurz cylindrische, einfache, sporentragende Fäden, alle rechtwinkelig zur Oberfläche gerichtet, treiben, auf deren Spitzen ovale, einzellige, farblose Conidien abgeschnürt werden (Fig. 83). Dieser Zustand stellt den früher als *Sphacelia segetum Lév.* bezeichneten Pilz dar. Er hat bald nach der Blüte des Roggens seine Reife erreicht. Während der Sporenbildung scheidet der Pilz reichlich eine kleberige, süßschmeckende Flüssigkeit ab, in welcher die Sporen in solcher Menge verteilt sind, daß dieselbe milchig trübe erscheint. Sie quillt eine Zeitlang zwischen den Spelzen hervor, rinnt in großen Tropfen ab und verrät dadurch das Vorhandensein des Parasiten; sie stellt den sogenannten Honigtau im Getreide dar. Die verbreitete Meinung, daß je mehr solcher Honigtau sich zeigt, desto mehr Mutterkorn später entsteht, ist daher wohl begründet. Nach einiger Zeit ist die Sporenbildung der Sphacelia beendigt, und der Pilz tritt jetzt in das zweite Entwickelungsstadium, welches durch die Bildung des eigentlichen Mutterkornes bezeichnet ist. Das letztere entsteht in der Basis des Stroma durch Umwandlung des Gewebes; die Hyphen vermehren sich, verflechten sich auf das innigste und bilden ein festes, pseudoparenchymatisches Gewebe von derjenigen Beschaffenheit, wie sie das Mutterkorn zeigt, d. h. es besteht aus rundlich polygonalen, regellos, aber ohne Zwischenräume zusammenhängenden Zellen mit mäßig dicken Membranen und ölreichem Inhalt. Die Membranen der oberflächlichen Zellen des neuen Gewebes färben sich dunkelviolett, während das Innere farblos bleibt. Nur in der Nähe der Basis der Sphacelia tritt diese Veränderung ein, die Neubildung grenzt sich durch diese Beschaffenheit immer schärfer von dem übrigen Teile der Sphacelia ab (Fig. 82 B), welche nun allmählich ohne sonstige Veränderung vertrocknet und endlich wie ein bräunliches Mützchen auf dem unter ihr entstehenden jungen Mutterkorn aufsitzt. Letzteres wächst nun an seinem untersten, in der Blüte sitzenden Teile so lange, bis es seine endliche Größe erreicht hat. Dort bleibt nämlich das Pilzgewebe weich, gleichförmig und in der Fortbildung begriffen; in dem Maße als der Zuwachs dort erfolgt, nimmt das Neugebildete die Beschaffenheit des Mutterkorngewebes an. Infolge dieses Wachstums schiebt sich der Körper allmählich zwischen den Spelzen hervor, noch eine geraume Zeit das Mützchen der alten Sphacelia auf seinem Scheitel tragend (Fig. 82 A). Es wurde schon oben hervorgehoben, daß in der Regel der Fruchtknoten durch die Sphacelia-Bildung bald vollständig verdorben wird und verschwindet. In seltenen Fällen, wahrscheinlich bei später und langsamer Entwickelung des Pilzes, gewinnt der Fruchtknoten einen Vorsprung und entwickelt sich zu einem kleinen vollständigen Korn, welches dann auf der Spitze des Mutterkorns sich befindet. Diese Fälle beweisen sehr anschaulich, daß Mutterkorn und Roggenfrucht verschiedene Dinge sind, ersteres also nicht eine Entartung der letzteren sein kann. In einem Weizen, welcher stark am Steinbrand litt und auch Mutterkorn hatte, fand ich sogar eine Kombination von Mutterkorn und Brandkorn: auf der Spitze des ersteren saß das letztere.

Entwickelung u. Überwinterung des Pilzes.

Das Mutterkorn ist seiner biologischen Bedeutung nach ein Sclerotium, d. h. ein zur Überwinterung bestimmter Ruhezustand des Pilzes. Es besteht nur aus dem oben beschriebenen Gewebe; man bemerkt an ihm keinerlei Sporenbildung, weder außen noch inwendig, und ebensowenig irgend ein weiteres Wachstum noch sonstige Veränderung, sobald die normale Größe erreicht ist. In diesem ausgebildeten Zustande löst sich das Mutterkorn leicht aus den Spelzen heraus, fällt bei der Ernte aus und gelangt ent-

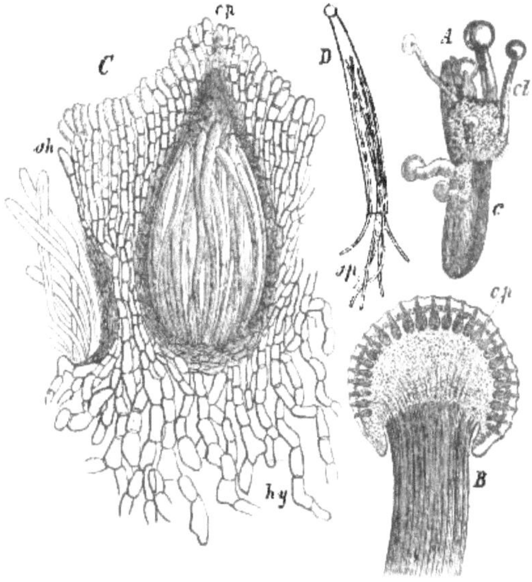

Fig. 84.

Claviceps purpurea *Tul.* A Ein Sclerotium (Mutterkorn) keimend, mehrere gestielte, kopfförmige Früchte treibend. B der Kopf einer solchen im Längsschnitte, zeigt die in der Peripherie eingesenkten Perithecien cp, vergrößert. C Durchschnitt durch ein Perithecium; cp die Mündung desselben; hy das innere, aus locker verflochtenen Hyphen bestehende Gewebe des Kopfes, sh die äußere Gewebeschicht, stark vergrößert. D Ein Sporenschlauch, zerrissen und die fadenförmigen Sporen sp entlassend, stark vergrößert. Nach Tulasne.

weder unmittelbar in den Boden oder unter die ausgedroschenen Körner und bleibt unverändert bis zum nächsten Frühjahr. Wenn es dann auf feuchtem Boden liegt, so entwickeln sich auf ihm die vollkommenen Ascosporenfrüchte, nämlich eigentümliche Fruchtkörper mit den Perithecien. Zu dieser Bildung sind nicht bloß unversehrte, sondern selbst Stücke von Mutterkörnern (z. B. von Schnecken u. dergl. angefressene) fähig. Die Bildung geschieht auf Kosten der Reservenährstoffe, welche das Mutterkorn in seinen Zellen enthält (Ölgehalt). An mehreren, bisweilen an zahlreichen Punkten brechen aus dem Sclerotium zuerst kleine, weiße Wärzchen durch die Rindeschicht und werden zu gestielten, ziemlich kugelrunden, stecknadelkopfgroßen Köpfchen (Fig. 84 A). Die hellen Stiele strecken sich um so länger, je tiefer und verborgener das ausgesäete Mutterkorn liegt, indem sie immer die rötlichen Köpfchen ans Licht und Freie hervorzuschieben suchen. Die letzteren tragen die oben beschriebenen Perithecien. Die reifen, 0,050—0,060 mm langen Sporen werden aus den Mündungen der Perithecien hervorgepreßt und gelangen auf diese Weise ins Freie.

Mit der Keimung der eben beschriebenen Ascosporen beginnt der Pilz seine Entwickelung im Frühling von neuem. Bei der Keimung baucht sich die Membran der Sporen an einzelnen Stellen etwas aus, wodurch Anschwellungen entstehen, von denen dann ein oder mehrere Keimschläuche auswachsen. Wenn solche Sporen in Getreideblüten gelangen, so dringen die Keimschläuche in den Fruchtknoten ein, und es entwickelt sich das Stroma der Sphacelia und nach diesem das Mutterkorn. Man kann sich durch einen einfachen Versuch davon überzeugen, daß durch Mutterkörner, die auf dem Erdboden liegen, der in der Nähe wachsende Roggen wieder mit Mutterkorn behaftet wird. Wenn man im Herbst Mutterkörner im Freien auf den Boden legt und darauf Roggen aussäet, oder wenn man zwischen blühenden Roggen eine Schale mit Erde stellt, in welche man im Herbst vorher Mutterkörner gestreut hat, die nun in Fruktifikation sind, so kommen an dem Roggen zahlreiche Mutterkörner zum Vorschein. Mir ist dieser Versuch jedesmal gelungen. Die Conidien der Sphacelia, welche kurz nach der Roggenblüte gebildet werden, sind ebenfalls sofort keimfähig. Sie treiben aus einem ihrer Enden einen Keimschlauch, der bisweilen wieder sekundäre Conidien abschnürt. Wenn sie in Getreideblüten gelangen, so erzeugen sie sogleich wieder einen Pilz. Durch sie wird also, ebenso wie bei andern Pyrenomyceten durch die Coniden, der Pilz schon in demselben Jahre sehr reichlich vermehrt. Denn der Honigtau, welcher jene Sporen verbreitet, dringt leicht in andre Blüten ein und wird auch durch den Regen und durch den Wind, bei dem sich die Ähren des Getreides berühren, übertragen; auch besorgen dieses Geschäft die Fliegen, welche man fleißig dem süßen Safte nachgehen sieht. Daß oft mehrere unmittelbar untereinander stehende Blüten einer Ähre Mutterkörner zeigen, erklärt sich offenbar aus sekundärer Infektion durch herabrinnenden Honigtau. Ebenso erklärlich ist es, daß auf den spät entwickelten Roggenhalmen Mutterkorn besonders häufig ist, weil zuletzt, wo die meisten Ähren über das zur Infektion geeignete Alter hinaus sind, die Ansteckung sich auf solche Spätlinge konzentrieren muß.

Bekämpfung des Mutterkorns.

Die Maßregeln zur Bekämpfung des Mutterkornes sind nach den eben erörterten Thatsachen folgende. Da hier die Infektion erst an der jungen Blüte erfolgt, so kann selbstverständlich durch eine Beizung des Saatgutes, wie sie z. B. bei den Brandkrankheiten des Getreides erfolgreich angewendet wird, nichts erzielt werden. Man muß den Ausgangspunkt der nächstjährigen Pilzentwickelung, d. i. das vorhandene Mutterkorn, beseitigen. Da dasselbe zur Reifezeit sehr leicht aus den Spelzen ausfällt, so kommen beim Mähen des Getreides eine Menge Mutterkörner in den Boden, die übrigen unter die geernteten Körner. Mutterkörner, die mit dem Saatgut wieder auf den Acker gebracht werden, und solche, die schon bei der Ernte in den Boden gefallen sind, keimen in gleicher Weise spätestens im folgenden Frühjahre und geben damit zur ersten Entwickelung des Pilzes Veranlassung. Das beste und bei reichlichem Auftreten des Mutterkornes dringend anzuratende Mittel, um den Sclerotien die beiden bezeichneten Wege abzuschneiden, besteht darin, daß man, so lange das Getreide noch auf dem Halme steht, den Acker durchgehen und das Mutterkorn einsammeln läßt. Die Arbeit lohnt sich überdies dadurch, daß das Mutterkorn in den Apotheken gesucht wird und hoch im Preise steht, indem der Bedarf in der neueren Zeit durch inländische Ware nicht gedeckt und viel aus Amerika eingeführt wird. Ferner muß selbstverständlich auch auf mutterkornfreies Saatgut gehalten werden. Durch Absieben oder durch Werfen lassen sich leicht die ausgedroschenen Sclerotien von den Körnern trennen. Damit sind die Verhütungsmaßregeln nicht erschöpft, da Mutterkorn auch auf zahlreichen wildwachsenden Gräsern vorkommt. Nun ist zwar noch nicht nachgewiesen, daß die Sporen dieser Pilze auch auf dem Getreide entwickelungsfähig sind; es könnte sein, daß die auf den verschiedenen Gramineen wachsenden Claviceps-Pilze ebensoviele Rassen darstellen, welche allein oder am leichtesten wieder ihre spezifische Nährpflanze befallen. Allein es ist äußerst wahrscheinlich, daß der Pilz der größeren, dem Getreide ähnlicheren Gräser von diesen auf den Roggen übergehen kann. An Feldrainen, Weg- und Grabenrändern sind die dort gewöhnlichen Gräser, vor allen Lolium perenne häufig strotzend mit Mutterkorn bedeckt. Hier geht die Entwickelung des Pilzes ganz ungestört vor sich, und es können sowohl die Claviceps-Sporen der im Frühlinge aufgekeimten Sclerotien, als auch die von den kranken Blüten dieser Gräser ausgehenden Sphacelia-Sporen leicht auf benachbarte Getreidepflanzen gelangen. Die Thatsache, daß immer an den Rändern der Äcker das Mutterkorn besonders reichlich auftritt, hängt wahrscheinlich mit diesem Umstande zusammen. Es ist daher ratsam, solche Gräser vor der Blüte abzumähen oder überhaupt derartige Grasränder zu beseitigen. Selbstverständlich wird auch unter sonst gleichen Umständen weniger Mutterkorn entstehen, je mehr es gelingt, sämtliche Getreidepflanzen zu gleichzeitiger Entwickelung zu bringen, also namentlich durch Drillsaaten, weil dann die Zeit, wo für die Ansteckung empfängnisfähige Roggenblüten vorhanden sind, die möglichst kürzeste wird.

Frühere Ansichten über die Natur des Mutterkorns.

Nach den früheren Ansichten über die Natur des Mutterkornes war dasselbe eine Entartung des Fruchtknotens oder auch, mit Bezug auf den ihm vorausgehenden Honigtau, das Produkt eines Gährungsprozesses, womit freilich eine klare Vorstellung von der Ursache dieser Veränderung nicht verbunden war. Auch einen Käfer, die auf Roggen häufige Cantharis melanura, hatte man im Verdacht, daß er durch seinen Stich das Mutterkorn erzeuge; derselbe geht aber ebenso wie die Fliegen nur dem süßen Honigtau nach. Zuerst hat Münchhausen[1]) 1765 das Mutterkorn als einen Pilz bezeichnet unter dem Namen Clavaria solida. Dann erhielt der Pilz von den Botanikern nacheinander die Namen Clavaria Clavus *Schrank*, Spermoedia Clavus *Fr.* und Sclerotium Clavus *DC.* Das conidientragende Stroma in der Grasblüte wurde 1827 von Léveillé[2]) erkannt und unter dem Namen Sphacelia segetum *Lév.* als ein parasitisches Gebilde in der Blüte erklärt, welches unabhängig vom Mutterkorn sei, welches Léveillé auch noch für eine krankhafte Entartung des Fruchtknotens hielt. Meyen[3])

[1]) Der Hausvater. Hannover 1765. I, pag. 244.

[2]) Mém. de la soc. Linn. de Paris. V. 1827, pag. 365 ff.

[3]) Pflanzenpathologie, pag. 192 ff.

hat 1841 nachgewiesen, daß die Sphacelia als ein Vorstadium des Mutterkornpilzes im jungen Fruchtknoten der Blüten sich entwickelt und denselben zerstört. Die Entwickelung der ascosporenbildenden Früchte aus den Mutterkörnern ist zwar schon von Tulasne beobachtet worden, aber man hielt dieselben für fremde Bildungen, die auf dem verwesenden Mutterkorn sich angesiedelt haben; Fries nannte sie Sphaeria purpurea, Wallroth Kentrosporium purpureum. Tulasne[1]) hat zuerst nachgewiesen, daß sie ein Entwickelungszustand des Mutterkornpilzes selbst sind. Die eigentliche Entwickelungsgeschichte der Perithecien ist genauer von Fisch[2]) verfolgt worden, welcher dabei konstatieren konnte, daß hier nicht, wie bei Polystigma und Gnomonia ein Sexualakt vorhanden ist. Den Nachweis, daß die Ascosporen der Claviceps-Früchte, in Getreideblüten gelangt, dort wieder Mutterkorn hervorbringen, verdanken wir Durieu[3]) und Kühn[4]). Versuche, die Sphacelia durch ihre Sporen auf gesunde Blüten zu übertragen, sind schon von Meyen[5]) gemacht worden, der jedoch keinen ganz unzweifelhaften Erfolg erzielt zu haben scheint; erfolgreich geschah es zuerst durch Kühn (l. c).

Auf Phragmites. 2. Claviceps microcephala *Tul.*, bildet Mutterkorn auf Phragmites communis; vielleicht gehört auch die auf Molinia coerulea und Nardus stricta wachsende Form hierher. Der Pilz ist dem vorigen ganz gleich, nur in allen Teilen kleiner, besonders in den Köpfchen.

Auf Glyceria. 3. Claviceps Wilsoni *Cooke*[6]), in den Blüten von Glyceria fluitans in England; die Fruchtkörper haben ein länglich-keulenförmiges Köpfchen. Ob das in Deutschland auf Glyceria fluitans häufige Mutterkorn zu diesem Pilze gehört, ist noch zu untersuchen.

Auf Andropogon. 4. Claviceps pusilla *Ces.*, in den Blüten von Andropogon in Italien. Die Fruchtkörper sollen mehr strohgelbe Farbe und die Köpfchen am Grunde ein kragenförmiges Anhängsel haben.

Auf Poa. 5. Claviceps setulosa *Sacc.*, in den Blüten von Poa-Arten. Fruchtstiele lang und dünn, gebogen.

Auf Heliocharis und Scirpus. 6. Claviceps nigricans *Tul.*, bildet Mutterkorn in den Blüten von Heleocharis und Scirpus. Das Stroma ist durch schwarzviolette Farbe unterschieden.

Vierzehntes Kapitel.

Discomycetes.

Discomyceten. Die Discomyceten bilden neben den Pyrenomyceten die größte Abteilung der Ascomyceten. Von jenen unterscheiden sie sich durch die eigene Art ihrer Fruchtkörper; diese haben, so verschiedenartig auch

[1]) Ann. des sc. nat. 3 sér. T. XX, pag. 56.

[2]) Beitr. zur Entwickelungsgeschichte einiger Ascomyceten. Botan. Ztg. 1882, pag. 882.

[3]) Vergl. Tulasne, Selecta Fung. Carpol. I, pag. 144.

[4]) Mittheil. aus d. phys. Laborat. d. landw. Inst. d. Univ. Halle 1863.

[5]) l. c. pag. 203.

[6]) Grevillea XII, pag. 77.

ihre Gestalt sein mag, das Charakteristische, daß die Sporenschläuche in großer Anzahl zu einer Schicht, der Fruchtscheibe oder Fruchtschicht, vereinigt sind, welche wenigstens zur Reifezeit frei an der Oberfläche des Fruchtkörpers sich befindet. Man nennt diese für die Discomyceten charakteristische Form des ascusbildenden Fruchtkörpers ein Apothecium. Wie die Perithecien bei den Pyrenomyceten, so bezeichnen die Apothecien bei den Discomyceten den Höhepunkt der Entwickelung. Ihnen gehen nicht selten gewisse andre Fruktifikationen voraus, welche analoge, conidienbildende Früchte oder Spermogonien, wie die gleichnamigen Gebilde bei den Pyrenomyceten darstellen.

I. Lophodermium *Chev.*, der Ritzenschorf.

Die Apothecien sind längliche, elliptische oder strichförmige, in die Oberhaut des Pflanzenteiles ganz eingewachsene, kleine, schwarze Gehäuse, deren dünne, häutige Wand anfangs vollständig geschlossen ist, zuletzt aber in ihrer ganzen Länge durch einen feinen, das Gehäuse oben in zwei Lippen trennenden Spalt bis auf die freigelegte flache schmale Fruchtscheibe geöffnet sind (Fig. 87). Die letztere besteht aus fädigen, an der Spitze meist gebogenen Paraphysen und aus keulenförmigen Sporenschläuchen mit je 8 fadenförmigen, einzelligen, farblosen, im Ascus parallel neben einander liegenden Sporen. Die meisten dieser Pilze wachsen auf abgestorbenen Pflanzenteilen; die im folgenden erwähnten parasitären treten schon auf den noch lebenden Nadeln von Koniferen auf und bewirken schädliche Erkrankungen der Nadeln; aber auch bei diesen reifen die Apothecien erst auf der abgestorbenen Nadel. Lophodermium.

1. Der Kiefern-Ritzenschorf, Lophodermium Pinastri *Chev.* (Hysterium Pinastri *Schrad.*), vorzugsweise ein Parasit der gemeinen Kiefer, wird aber von Rehm[1]) auch auf Pinus Strobus und Cembra, Abies pectinata und excelsa angegeben. Im Riesengebirge und in den Alpen beobachtete ich mehrfach gelbnadelige Knieholzbüsche, deren ältere, absterbende Nadeln ein mit der Kiefer übereinstimmendes Lophodermium trugen. Die Apothecien sitzen einzeln oder zerstreut auf verblaßten, meist durch eine feine, schwarze Linie abgegrenzten Stellen der Kiefernadel (Fig. 85), sind etwa $^1/_2$ bis $2^1/_2$ mm lang, rundlich oder länglich elliptisch, glänzend schwarz, mit blaßer Fruchtscheibe. Die Paraphysen sind fast gerade, die Sporen 0,075—0,140 mm lang, fast die Länge des Ascus ausfüllend. Der Pilz bringt an der gemeinen Kiefer die häufige und schädliche, als Schütte bekannte Krankheit hervor. Mit dieser parasitären Erkrankung darf jedoch die unter den gleichen Symptomen sich zeigende, daher auch Schütte genannte Krankheit, welche durch Kältewirkung und Vertrocknen ohne Parasitenbeteiligung hervorgerufen wird (Bd. I S. 222) nicht verwechselt werden. Die von Göppert[2]) und später Kiefern-Ritzenschorf.

[1]) Rabenhorst, Kryptogamenflora I. 3. Abth. pag. 43.

[2]) Verhandl. des schlesischen Forstvereins 1852, pag. 67.

von Prantl[1]) ausgesprochene Ansicht, daß die Kiefernschütte überhaupt parasitären Charakters sei, ist nicht gerechtfertigt. Daß in vielen Fällen Witterungsverhältnisse allein die Ursache sind, ist von Ebermayer schon geltend gemacht worden; auch R. Hartig[2]) unterscheidet bestimmt von dieser Form diejenige, welche parasitären epidemischen Charakters und in manchen Revieren zu einer Kalamität geworden ist. Der Nachweis, daß gesunde Kiefernadeln durch den Pilz infiziert werden, ist von Prantl (l. c.) geliefert worden; nach Anbringung von Nadeln mit reifen Früchten an jungen Kieferntrieben sah er Infektion eintreten, wobei das Mycelium sich von den Spaltöffnungen aus verbreitete. Auch von Tursky[3]) sind erfolgreiche Infektionsversuche gemacht worden. Die Krankheit befällt jüngere und ältere Kiefern, ist aber besonders verheerend in den jüngeren Saaten und Pflanzungen. Schon an Kiefernkeimlingen kann im Herbste des ersten Jahres die Krankheit auftreten. Sie zeichnet sich durch ein Braunfleckigwerden oder eine gänzliche Bräunung der Nadeln, in der Regel auch durch ein vorzeitiges Abfallen derselben aus. Dies geschieht oft im März oder April. Das Abfallen der nadeltragenden Kurztriebe ist dann nach R. Hartig die Folge davon, daß mit dem Erwachen der Vegetationsthätigkeit die kranken Kurztriebe durch Korkbildung am Grunde derselben abgestoßen werden. In den gebräunten Teilen der Nadel ist immer das Mycelium des Pilzes zu finden. Die Apothecien sind jedoch im ersten Sommer und Herbst in der Regel noch nicht gebildet. Wohl aber treten in dieser Zeit oft Spermogonien auf, welche früher unter dem Namen Leptostroma Pinastri *Desm.* beschrieben worden sind; sie erscheinen als kleine, schwarze, oft in einer Reihe stehende Pünktchen und enthalten cylindrische, einzellige, 0,006 – 0,008 mm lange, vielleicht nicht keimfähige Spermatien. Die Apothecien entwickeln sich in der Regel im nächsten oder selbst erst im dritten Jahre, wenn die Nadel bereits abgefallen ist; doch reifen sie manchmal auch an der an der Pflanze noch haftenden Nadel. Wenn Sämlinge durch die Schütte befallen werden, so gehen sie meistens zu grunde. Ältere Pflanzen können sich, unter günstigen Umständen, wieder erholen. Nach R. Hartig soll das aber dann nicht möglich sein, wenn das Pilzmycelium aus den Nadeln in die Gewebe der Axe, besonders in die Markröhre der Pflanze eingedrungen ist. Die Öffnung der Apothecien erfolgt nur nach völliger Durchweichung, also bei andauerndem Regen. Nach R. Hartig ist Infektion zu erwarten teils durch abfallende schüttekranke Nadeln aus den Kronen älterer Kiefern oder durch von dort abtropfendes Regenwasser,

Fig. 85.
Lophodermium pinastri. a einjährige Kiefernadeln im April mit braunen Infektionsflecken, die Basis noch grün. b. zweijährige Kiefernadeln im April, abgestorben, mit reifen Apothecien x und entleerten Spermogonien y. Nach R. Hartig.

[1]) Flora 1877, Nr. 12.
[2]) Lehrbuch d. Baumkrankheiten. 2. Aufl. Berlin 1889, pag. 105.
[3]) Botan. Centralbl. 1884. XVII, pag. 182.

hauptsächlich aber durch Regenwinde, die über erkrankte Kulturflächen hingestrichen sind. Als Gegenmaßregeln sind zu beachten: in erkrankten Kämpen alles Pflanzenmaterial zu vernichten, ehe neue Saaten angelegt werden; die Saatbeete in möglichster Entfernung von schüttekranken Kulturen oder doch so anzulegen, daß sie nach der Westseite hin nicht an solche angrenzen, oder sie gegen die Waldseiten hin zu schützen durch vorhandene ältere Fichtenpflanzkämpe oder durch Einfassung mit 2 m hohen dichten Bretterwänden. Schläge sollen unter Umständen durch horstweise Verjüngung gegen Schütte zu schützen sein; völlig erkrankte Schläge sind mit andern, schüttefreien Holzarten anzubauen. Nach Bartet und Vuillemin[1]) soll Bordelaiser Brühe als Gegenmittel sich bewährt haben.

Fichten-Ritzenschorf.

2. Der Fichten-Ritzenschorf, Lophodermium macrosporum (*R. Hart.*), *Rehm.* (Hypoderma macrosporum *R. Hart.*), befällt ebenfalls die noch grünen Nadeln bei der Fichte und zeigt sich besonders in 10- bis 40-jährigen Be-

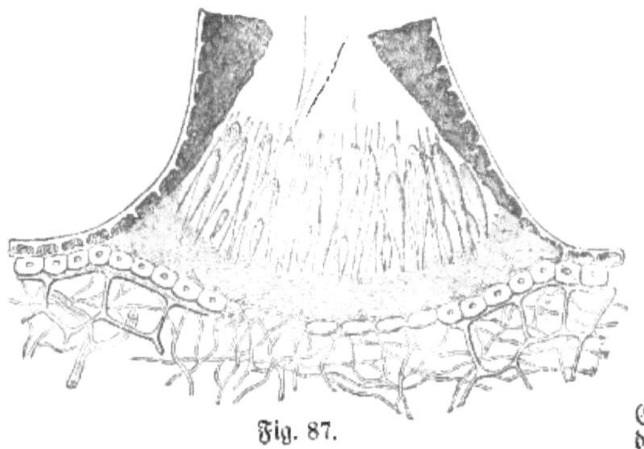

Fig. 87.
Lophodermium macrosporum. Querschnitt durch ein reifes aufgeplatztes Apothecium auf einer Fichtennadel, mit reifen und unreifen Sporenschläuchen und dazwischen stehenden Paraphysen. Nach R. Hartig.

Fig. 86.
Eine Fichtennadel mit Apothecien von Lophodermium macrosporum. Nach R. Hartig.

ständen[2]). Die befallenen Nadeln nehmen im Frühling und Sommer eine hellbraune bis rötlichbraune Farbe an, werden dürr und fallen noch in demselben Sommer ab oder bleiben noch während des Winters hängen. Die Krankheit ist daher auch Fichtennadelbräune genannt worden. Erst an den abgestorbenen, vorzüglich an den abgefallenen Nadeln entwickeln sich die Apothecien, die an jeder der vier Seiten der Fichtennadel hervorbrechen können; viele Nadeln verderben auch ohne daß Früchte sich bilden. In der Regel sind es die Nadeln der vorjährigen Triebe, welche sich bräunen und dann bereits das Mycelium im Innern nachweisen lassen. Die Apothecien kommen dann meist erst an den dreijährigen Nadeln zur Anlage und erreichen im Frühling des folgenden Jahres ihre Reife. Sie sind linienförmig, schwarz, bis 3 ½ mm lang, mit feingezähnter Längsspalte (Fig. 86 u. 87). Die

[1]) Compt. rend. T. CVI 1888, pag. 628.
[2]) Vergl. R. Hartig l. c., pag. 101.

Paraphysen sind oben hakig oder lockig gedreht, die Sporen ungefähr 0,075 mm lang, die Länge des Ascus nicht erreichend. Vielleicht gehört als Pyknidenform die Septoria Pini *Fuckel* (S. 418) hierher.

Weißtannen-Ritzenschorf.

3. Der Weißtannen-Ritzenschorf, Lophodermium nervisequium *(DC.) Rehm.* (Hypoderma nervisequium *DC.*, Hysterium nervisequium *Fr.*), an der Weißtanne, befällt immer nur die einzelne Nadel, doch sind an einem Zweige oft zahlreiche Nadeln erkrankt, und zwar vorzüglich ein- bis dreijährige. Dieselben werden gelb oder hellbraun; danach bilden sich im Sommer auf ihrer Oberseite oft Spermogonien mit zweizelligen, länglich-keulenförmigen Sporen, die als Septoria Pini *Fuckel* bezeichnet worden sind. Später erscheinen die Perithecien als schwarze, strichförmige, 1—1½ mm lange Längspolster in einer einzigen Reihe auf der Mittelrippe an der Unterseite; bisweilen nimmt ein einziger fast die ganze Länge der Nadel ein. Dieselben erreichen ihre Reife erst im nächsten Frühjahr, nachdem die Nadeln inzwischen abgestorben sind; reife Sporenschläuche finden sich nur an ganz dürren Blättern. Bisweilen bleibt die Nadel bis dahin am Zweige; öfter fällt sie eher ab, mitunter auch ohne Perithecien gebildet zu haben. Reif findet man die letzteren daher vorzüglich an den abgefallenen, unter den kranken Pflanzen auf dem Boden liegenden Nadeln im Frühjahr. Die Paraphysen sind an der Spitze hakig gerollt, die fadenförmigen Sporen nur 0,05—0,06 mm lang, fast nur halb so lang als der Ascus. Nach Prantl (l. c.) dringen die Keimschläuche der Sporen nicht durch die Spaltöffnungen, sondern durch die Wandung der Epidermiszellen ein. Die Krankheit ist wohl ebensoweit verbreitet wie die Tanne, aber meist wenig gefährlich, indem nur wenige Nadeln erkranken, doch sind auch Fälle beobachtet worden, wo die Mehrzahl der Nadeln verloren ging.

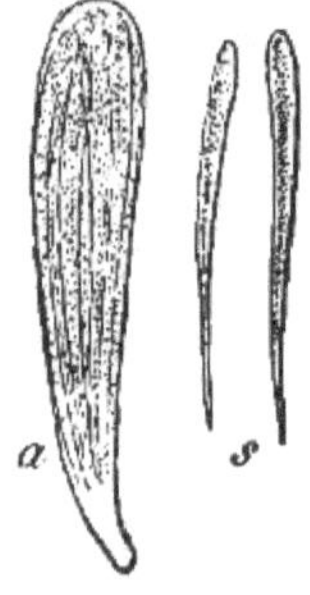

Fig. 88.
Lophodermium laricinum, a Sporenschlauch mit Sporen, s zwei isolierte Sporen.

Lärchen-Ritzenschorf.

4. Der Lärchen-Ritzenschorf, Lophodermium laricinum *Duby.* An den Lärchen in den Alpen kommt bisweilen in weiter Ausdehnung im Sommer ein Braunwerden der Nadeln zum Ausbruch, woran der genannte Pilz schuld ist, dessen glänzend schwarze $^1/_{10}$—1 mm lange Apothecien in der abgestorbenen Nadel gegen den Herbst zur Entwickelung kommen. Die Paraphysen sind gerade, die Sporen keulig-fadenförmig, 0,070—0,075 mm lang, wenig kürzer als die Sporenschläuche (Fig. 88). Nach Fuckel soll Leptostroma laricinum mit sehr kleinen, eiförmigen Sporen das dazu gehörige Spermogonium sein.

Wachholder-Ritzenschorf

5. Der Wachholder-Ritzenschorf, Lophodermium juniperinum *de Not.* (Hysterium Pinastri juniperinum *Fr.*), auf dürren, noch hängenden Nadeln von Juniperus communis, nana und Sabina in den Gebirgen. Daß auch dieser Pilz im ersten Stadium als Parasit auf der noch grünen Nadel auftritt, ist unbekannt, aber wahrscheinlich. Die Sporen sind 0,065 bis 0,075 mm lang, fast so lang als die Asci; die Paraphysen fast gerade.

Auf Weymuthskiefer und Schwarzkiefer.

6. Lophodermium brachysporum *Rostr.*, wird von Rostrup[1])

[1]) Forstatte Undersøgelser etc. Kopenhagen 1883.

als auf den Nadeln von Pinus Strobus vorkommend beschrieben und wurde dann von Tubeuf[1]) zum erstenmal in Deutschland bei Passau beobachtet. Die Sporen sind ellipsoidisch bis rübenförmig, nur 1/4 so lang als der Ascus. Ebenfalls von Rostrup wird ein Lophodermium gilvum *Rostr.* auf den Nadeln der Schwarzkiefer auf Fünen mit bleichgelben Apothecien angegeben.

II. Phacidium *Fr.*, der Klappenschorf.

Phacidium.

Die Apothecien sind ebenfalls schwarze, dickhäutige Gehäuse, welche in den Pflanzenteil eingewachsen und mit den äußeren Schichten des Substrates zu einer Decke verwachsen sind, aber von rundlichem Umriß, also linsenförmig; die Decke öffnet sich, indem sie vom Mittelpunkt der Wölbung klappenartig in mehrere Lappen über der Fruchtscheibe zerreißt. Die letztere besteht aus fadenförmigen Paraphysen und keulenförmigen Sporenschläuchen mit je 8 länglich-eiförmigen, einzelligen, farblosen Sporen. Mit Ausnahme der hier erwähnten Art bewohnen diese Pilze abgestorbene Blätter.

Auf Galium.

Phacidium repandum *Fr.* (Pseudopeziza repanda *Karst.*), verursacht an verschiedenen Galium-Arten, besonders Galium boreale, auch an Asperula odorata und Rubia tinctorum eine sehr ausgeprägte Krankheit, wobei an den grünen Trieben schon vor dem Blühen zahlreiche Blätter gelb werden und an den Stengeln gelbe Stellen entstehen. Die kranken Blätter zeigen sich unterseits bedeckt mit zahlreichen, kleinen Flecken, welche anfangs hellbraun sind und immer dunkler, endlich schwarz werden. Auch auf den kranken Stellen der Stengel sind dieselben vorhanden. Sie stellen die Spermogonien des Pilzes dar. Unter der Epidermis breiten sich zahlreiche, vielfach gewundene Myceliumfäden aus, die in geringerer Zahl auch zwischen den Mesophyllzellen wachsen. Die Spermogonien nisten unter der Epidermis in der subepidermalen Myceliumschicht, deren Fäden hier, indem sie dichter sich verflechten und sich bräunen, die dünne Wand der Spermogonien bilden. Letztere haben geschlängelte Seitenwände und grenzen mit diesen oft unmittelbar an einander, gleichsam mehrfächerige Spermogonien darstellend. Der Boden und die ganzen Seitenwände sind mit der Schicht sporenbildender Fäden überzogen, auf denen länglich elliptische Sporen abgeschnürt werden. Dieser Zustand ist als Phyllachora punctiformis *Fuckel* bezeichnet worden. Auf den untersten, älteren, im Absterben begriffenen Teilen bilden sich einige dieser Behälter zu den Apothecien aus, die dann sogleich zur Reife kommen. Diese zerreißen am Scheitel in mehrere Lappen, die auf den Stengeln sitzenden, mehr langgestreckten oft nur mit einer einfachen Längsspalte. Sie haben gestielte Asci mit 8 länglich keulenförmigen 0,010 bis 0,020 mm langen Sporen. Fuckel[2]) trennt die Fries'sche Art in Phacidium autumnale, welches im Herbst auf Galium boreale, und in Phacidium vernale, welches im Frühling auf Galium Mollugo vorkommen soll; allein ich fand das erstere auch im Frühling; beide Formen gehören jedenfalls zusammen.

---

[1]) Allgem. Forst- u. Jagdzeitg. 1890, pag. 82.

[2]) Symb. mycol., pag. 262.

III. Schizothyrium *Desm.*

Schizothyrium. Die Apothecien stimmen mit denen der vorigen Gattung überein, sind rundlich oder länglich und öffnen sich zweilappig oder mit einem feinlappigen Längsspalt; die Sporen sind länglich, zweizellig, farblos.

Auf Achillea. Schizothyrium Ptarmicae *Desm.* (Phacidium Ptarmicae *Schröt.*), befällt die lebenden Blätter von Achillea Ptarmica; die ergriffenen Stellen bleiben lange grün, färben sich erst später etwas gelb und tragen die gesellig stehenden, rundlichen, schwarzen, ¼ mm oder etwas breiteren Apothecien; die Sporen sind 0,012—0,014 mm lang, meist in geringerer Zahl als 8 in den Schläuchen enthalten. Der Pilz bildet auch Spermogonien, die als Labrella Ptarmicae *Desm.* (Leptothyrium Ptarmicae *Sacc.*), bezeichnet worden sind; sie enthalten farblose, länglich-eiförmige, 0,001 mm lange Sporen.

IV. Rhytisma *Fr.*, der Runzelschorf.

Rhytisma. In diese Gattung gehören blätterbewohnende Parasiten, welche ein in der Blattmasse befindliches, einen schwarzen, krustigen Fleck darstellendes Stroma besitzen, welches aus dem mit dem Pilze vereinigten Gewebe des Blattes besteht, und in welchem an der Oberseite des Blattes die zahlreichen Apothecien gelegen sind (Fig. 89). Letztere sind mehr oder weniger langgestreckt und öffnen sich am Scheitel mit einer Längsspalte, sind aber nicht geradlinig, sondern unregelmäßig hin und her gebogen und geschlängelt, so daß die Oberfläche des Stroma lirellenförmige Runzeln zeigt. Die Sporenschläuche entwickeln sich in ihnen erst im Winter, wenn das Blatt abgefallen ist und auf dem Boden liegend verfault, so daß die Perithecien im folgenden Frühjahr reif sind. Die Sporenschläuche, zwischen dem sich fadenförmige, oft an der Spitze gebogene Paraphysen befinden, enthalten je 8 dünne, fadenförmige, farblose Sporen. Die durch diese Pilze verursachten Krankheiten sind daher durch das Auftreten großer, schwarzer, krustiger Flecke auf den Blättern charakterisiert. Solche Blätter behalten, höchstens mit Ausnahme eines gelben oder braunen, den Fleck umsäumenden Hofes, ihre grüne Farbe und werden kaum eher als die gesunden zur Zeit des herbstlichen Laubfalles abgeworfen. Aber die großen und oft in ansehnlicher Zahl auf einem Blatte vorhandenen schwarzen Flecke bedingen, daß nur ein Bruchteil der Blattfläche für die normale assimilierende Thätigkeit übrig bleibt.

Auf Ahorn. 1. Rhytisma acerinum *Fr.*, auf unsern drei häufigen deutschen Ahornarten, Acer campestre, platanoides und Pseudoplatanus, die letztere in den Gebirgen bis an die obere Grenze ihrer Verbreitung begleitend und gerade dort in verstärktem Grade auftretend. Der Pilz bildet auf den Blättern 3 bis 20 mm große, kohlschwarze, gelbgesäumte, meist runde, etwas convexe, runzelige Flecke, die bisweilen in so großer Anzahl vorhanden sind, daß sie sich berühren und den größten Teil der Blattfläche einnehmen (Fig. 89). Zuerst entstehen im Sommer gelbe Flecke von der Größe und Form der späteren schwarzen. Bald darauf tritt gleichzeitig an vielen Punkten die Schwärzung ein; die gefärbten Punkte vergrößern sich und fließen allmählich zusammen. Die Myceliumfäden vermehren sich an diesen Stellen in einem solchen Grade, daß alle Räume der Gewebe erfüllt sind mit den fast lückenlos verflochtenen Fäden. Diese sind innerhalb der Zellhöhlen regellos durch einander gewunden, nur in den Pallisadenzellen vorwiegend der Längsrichtung dieser folgend. In diesem Fadengewirr kann man trotzdem

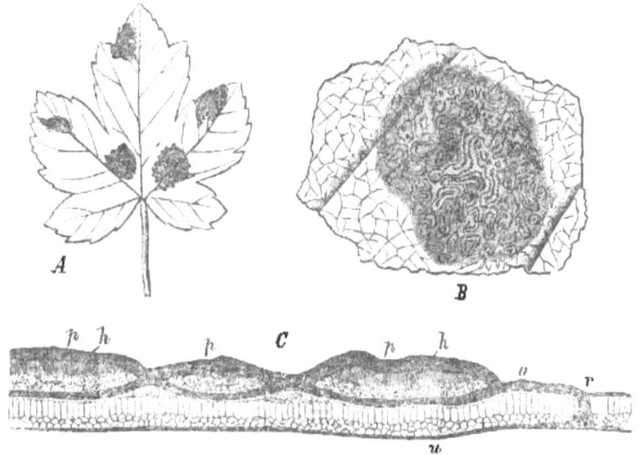

Fig. 89.

Rhytisma acerinum auf Acer pseudoplatanus. A Ein Blatt mit mehreren schwarzen Flecken, verkleinert. B Einer der schwarzen Flecke (Stroma), schwach vergrößert, um die lirellenförmigen Apothecien zu zeigen. C Durchschnitt durch ein Stück des Stroma. o Ober-, u Unterseite des Blattes; bei r der Rand des Stroma; p p p Apothecien, die im Innern der Rindeschicht angelegt und noch völlig geschlossen sind; h Anlage der Scheibe, zunächst nur aus einer Schicht fadenförmiger Paraphysen bestehend, die aus der subhymenialen Schicht entspringen. 90fach vergrößert.

vielfach die Membranen der ursprünglichen Zellen noch erkennen, besonders die derberen Elemente der Fibrovasalbündel und die Epidermiszellwände beider Blattseiten. Eine kontinuierliche peripherische Lage dieses Stroma verdichtet sich zu einem kleinzelligen Pseudoparenchym mit geschwärzten Membranen und bildet dadurch eine dunkle, krustige Rinde. An den beiden Seiten des Blattes geschieht dies ungefähr in einer Dicke, die derjenigen der Epidermis gleich ist. Aber auch am Rande grenzt sich das Stroma von dem benachbarten Blattgewebe durch eine ebensolche, schwarze, quer durch das Blatt hindurch gehende Rindenzone ab. Alles innere Gewebe des Stroma bleibt farblos und erfüllt sich reichlich mit Öltropfen. Die Beschaffenheit erinnert also an die eines Sclerotiums. An allen den Punkten, wo an der Oberseite des Stroma die lirellenförmigen Perithecien angelegt werden, besteht nur in der Ausbildung der Rindenschicht eine Abweichung;

diese wird hier in viel größerer Mächtigkeit gebildet, so daß die Epidermiszellen, in denen dies geschieht, bedeutend ausgeweitet werden und die Cuticula weit abgehoben wird. Das so gebildete Gewebe schwärzt sich nicht in seiner Totalität; vielmehr bleibt eine centrale Partie in Form eines farblosen, kleinzelligen Pseudoparenchyms von der Schwärzung ausgeschlossen. Es ist die Anlage der subhymenialen Schicht des zukünftigen Apotheciums. Dasselbe ist also nach außen von der dicken, gemeinschaftlichen Rinde des Stroma überzogen, aber auch nach innen durch eine dünnere, braune Rindenschicht vom Mark des Stroma abgegrenzt. Von der subhymenialen Schicht erheben sich nun, den Raum noch mehr ausweitend, rechtwinkelig gegen die äußere Rindenschicht die feinen, parallel und dicht beisammen stehenden Paraphysen, die Anlage der Scheibe bildend (Fig. 89 Ch); zwischen ihnen entstehen erst zur Zeit der Reife die Sporenschläuche; die Sporen sind 0,06—0,08 mm lang. Die Apothecien werden hiernach aus dem in der Epidermis befindlichen Teile des Stroma gebildet. Auf den isolierten, schwarzen Punkten, mit deren Auftreten auf den anfänglich gelben Flecken die Bildung des Stroma beginnt, befinden sich Spermogonien, hin und wieder als sehr kleine, schwarze, halbkugelige Pünktchen in der Mitte eines schwarzen Fleckchens, sie enthalten zahlreiche, 0,006 bis 0,009 mm lange, kurz stäbchenförmige, farblose Spermatien. Dieser Spermogonienzustand wurde als Melasmia acerinum *Lév.* bezeichnet. Später ist jede Spur desselben verschwunden und man findet nur die Apothecien, die im Frühling reif sind. Mit diesem Parasiten hat Cornu[1]) Infektionsversuche durch Auflegen von Schnitten durch reifes Stroma auf die Pflanze gemacht und gefunden, daß nur bei Infektionen der Blattflächen die Flecke auf denselben sich erzeugen ließen. Der Pilz überwintert also nicht auf der Pflanze, sondern geht von dem auf der Erde liegenden alten, faulen Laub wieder auf die neuen Blätter, was wohl auch für die übrigen Arten dieser Gattung anzunehmen ist. Daß die Sporen aus den Apothecien in Wölkchen in die Luft ausgestoßen werden, beobachtete Klebahn[2]). Die Verhütung der Krankheit würde also darin bestehen, daß man das Laub im Herbste unter den Pflanzen zusammenkehren und entfernen läßt; R. Hartig[3]) macht auch darauf aufmerksam, daß da, wo letzteres geschieht wie in Gärten und Parkanlagen, man kein Rhytisma an den Blättern des Ahorn antrifft.

Auf Acer. 2. **Rhytisma punctatum** *Fr.*, ebenfalls auf den Blättern von Acer Pseudoplatanus, aber von dem vorigen Pilze dadurch unterschieden, daß die Apothecien nicht in einem schwarzen Stroma eingewachsen, sondern isoliert zu 20 bis 30 in Gruppen stehend einem $^1/_2$ bis $1\,^1/_2$ cm breiten gelblichen Blattfleck eingewachsen sind. Die Apothecien sind länglich und gebogen, 1—$1\,^1/_4$ mm breit. Die Ascosporen sind 0,030—0,036 mm lang. Auch hier gehen den Apothecien Spermogonien voraus.

Auf Salix. 3. **Rhytisma salicinum** *Fr.*, bildet auf den Blättern von Salix Caprea und aurita oberseits stark konvexe und glänzende, schwarze, runzelige Krusten von ungefähr rundem Umriß und 10 mm und mehr Durchmesser, meistens nur lokal auf einzelnen Blättern, daher nicht erheblich schädlich. Der Pilz findet sich von der Ebene bis in das Hochgebirge; hier besonders

---

[1]) Compt. rend., 22. Juli 1878.

[2]) Hedwigia 1888. Heft 11 u. 12.

[3]) l. c. pag. 99.

häufig. Die Apothecien reifen erst während des Winters; die Sporen sind 0,06 bis 0,09 mm lang. Nach Tulasne[1]) gehört zu diesem Pilz als Spermogonium Melasmia salicinum mit cylindrischen Spermatien und eirunden Stylosporen.

4. Rhytisma Andromedae *Fr.*, auf der Oberseite der Blätter der Andromeda polifolia glänzend schwarze, stark konvexe, runzelige und höckerige Krusten bildend, welche oft die ganze Breite und nicht selten auch den größten Teil der Länge des Blattes einnehmen. Die erkrankten Blätter dieses immergrünen Sträuchleins bleiben meist bis zum nächsten Jahre stehen. Auf dem Brocken fand ich fast alle Individuen von dieser Krankheit befallen und teilweis fast in allen Blättern erkrankt, so daß viele deshalb zu sehr kümmerlicher Entwickelung gekommen waren. Auf Andromeda.

5. Rhytisma Onobrychis *DC.*, auf beiden Seiten der Blätter von Onobrychis sativa und Lathyrus tuberosus rundliche, schwarze Flecke bildend, auf denen am lebenden Blatte Spermogonien sich befinden, welche zahlreiche 0,007—0,010 mm lange, eiförmige, farblose Sporen enthalten und als Placosphaeria Onobrychidis *Sacc.* bezeichnet worden sind. Die noch unbekannten Apothecien entstehen wahrscheinlich erst an den abgefallenen Blättern. Prillieux[2]) berichtet von einem Fall in Frankreich, wo durch diesen Pilz neun zehntel der Ernte der Esparsette vernichtet wurde. Auf Onobrychis und Lathyrus.

V. Cryptomyces *Grev.*

Die Apothecien sind anfangs in den Pflanzenteil eingesenkt, zerreißen aber zuletzt die bedeckenden Schichten desselben und spalten sich oben unregelmäßig, die Fruchtscheibe entblößend; sie sind flächenförmig ausgebreitet, schwarz, von kohliger Beschaffenheit. Die Sporenschläuche enthalten je 8 längliche, einzellige, farblose Sporen. Cryptomyces.

Phyllachora Pteridis *Fuckel* (Cryptomyces Pteridis *(Rebent.) Rehm.*, Sphaeria Pteridis *Rebent.*, Dothidea Pteridis *Fr.*). Dieser Pilz bewirkt eine sehr ausgezeichnete Krankheit des Adlerfarns (Pteris aquilina). Im Sommer bekommt der ganze bereits vollständig entwickelte und manchmal auch noch fruktifizierende Wedel eine weniger lebhafte grüne Farbe. Auf der Unterseite sämtlicher Fiederchen zeigen sich längliche, schwarze, glanzlose Flecke, welche regelmäßig zwischen den von der Mittelrippe gegen den Rand des Fiederchens laufenden Seitennerven liegen und daher diesen gleich gerichtet sind. Der leidende Zustand des Wedels steigert sich, indem das Kolorit immer mehr in gelb übergeht und die schwarzen Flecke immer deutlicher und vollständiger auftreten, so daß der Wedel unterseits wie schwarz bemalt erscheint. Endlich tritt Absterben und Dürrwerden ein. An dem noch lebenden kranken Wedel sieht man nicht selten auf den schwarzen Flecken kleine, hellbraune Gallerttröpfchen, in denen zahllose, cylindrisch-spindelförmige, einzellige, farblose Spermatien enthalten sind. Dieselben sind aus Spermogonien hervorgequollen, die in dieser Periode auf manchem Stroma gebildet werden und Fusidium Pteridis *Kalchbr.* genannt worden sind. Die Apothecien entstehen in den schwarzen Flecken erst nach dem Tode und reifen nach Ablauf des Winters. Die Sporen sind elliptisch, 0,008 bis 0,010 mm lang. Auf Pteris aquilina.

[1]) Selecta Fungorum Carpologia III, pag. 119.

[2]) Refer. in Centralbl. f. Agrikulturchemie 1885, pag. 819.

VI. Pseudopeziza *Fuckel.*

Pseudopeziza.

Die Apothecien brechen aus der Pflanzenoberhaut hervor, sind sehr klein, hell, rundlich, schüsselförmig, anfangs kugelig geschlossen, dann ihre flache, hellfarbige Fruchtscheibe entblößend, von fleischig oder wachsartig weicher Beschaffenheit, äußerlich kahl. Die Sporen sind eiförmig oder elliptisch, einzellig, farblos. Alle Pilze dieser Gattung sind Parasiten in Pflanzenblättern, an denen sie Blattfleckenkrankheiten hervorrufen. Auf den kranken, gelb oder braun werdenden Blattflecken kommen die beschriebenen kleinen Apothecien zum Vorschein.

Blattfleckenkrankheit des Klees.

1. Pseudopeziza Trifolii *Fuckel* (Ascobolus Trifolii *Bernh.*, Phyllachora Trifolii *Sacc.*). Durch diesen Pilz wird eine Blattfleckenkrankheit des Klees, und zwar auf Trifolium pratense und repens verursacht, welche bisweilen ganze Kleefelder befällt. Es entstehen auf den noch lebenden Blättern, sowohl im Frühling, wie im Sommer, kleinere und größere, braune bis schwärzliche, allmählich vertrocknende Stellen, auf deren Mitte alsbald, sowohl ober- wie unterseits ein oder mehrere, etwa $^1/_4$ mm große, sitzende, rundliche, braune, mit blaßbrauner Scheibe versehene Schüsselchen erscheinen. Die Sporenschläuche enthalten je 8 meist zweireihig liegende, länglich lanzettförmige, einzellige, farblose, 0,010—0,014 mm lange Sporen.

Eine Form desselben Pilzes tritt auch auf auf Medicago-Arten, besonders auf Luzernen auf; sie wurde früher als besonderer Pilz unter dem Namen **Phacidium** Medicaginis *Lib.* (Phyllachora Medicaginis *Sacc.*), beschrieben. Die Flecke, die er auf den Luzerneblättern erzeugt, sind heller, und auch die Apothecien weniger dunkel als beim Klee. Rieß[1]) hat auf solchen kranken Blattflecken des Rotklees im Frühling statt der ascustragenden Becher sehr kleine, durch die Epidermis hervorbrechende, napfförmige Organe gefunden, auf denen kleine, länglich cylindrische, stumpfe, hyaline, einzellige Spermatien abgeschnürt werden. Es ist wahrscheinlich, daß diese als Sporonema phacidioides bezeichneten Organe, wie Rieß behauptet, der Pseudopeziza angehören und dann wohl als die Spermogonien derselben zu betrachten sein würden.

Auf Polygonum Bistorta und viviparum.

2. Pseudopeziza Bistortae *Fuckel.* Die Blätter von Polygonum Bistorta erkranken oft, häufiger auf den Gebirgen als in der Ebene, und dort auch diejenigen von Polygonum viviparum, unter Auftreten großer, schwarzer, von einem gebräunten Hof in der Blattsubstanz umsäumter Flecke, welche allmählich an Umfang zunehmen und einem Rhytisma ähnlich sehen. In denselben ist das Mycelium durch dichte Verflechtung der Fäden zu einem feinen Pseudoparenchym in der Epidermis und im Mesophyll entwickelt; die Gliederzellen desselben bräunen sich stellenweise und erzeugen dadurch die schwarze Färbung. Letztere breitet sich am Rand der Flecke in dem braunen Saume derselben dendritisch aus. Diese dendritischen Strahlen sind die feinen Blattnerven, auf denen die Bräunung zuerst beginnt. Diese Flecke für sich allein waren den älteren Mykologen unter dem Namen Xyloma Bistortae *DC.* bekannt. Auf der Unterseite derselben entwickeln sich aber bald heerdenweis die etwa $^1/_2$ mm breiten, kreisrunden, länglichen oder unregelmäßig zusammenfließenden, dunkelbraunen Apothecien, deren

[1]) Vergl. Rabenhorst, Fung. europ. Nr. 2057.

Schläuche je 8 länglich-keulenförmige, etwas gekrümmte, 0,012—0,014 mm lange, einzellige, farblose Sporen enthalten.

Auf Saxifraga.

3. Pseudopeziza axillaris *Rostr.*, in den Blattachseln von Saxifraga stellaris in Grönland, mit 1—1,5 mm großen dunkelbraunen Apothecien.

Auf Alisma.

4. Pseudopeziza Alismatis *Sacc.*, auf gelbbräunlichen Blattflecken von Alisma Plantago, auf denen gesellig die fast farblosen oder blaßbräunlichen, schüsselförmigen Apothecien sitzen, welche nur 0,1—0,25 mm Durchmesser haben. Die Sporen sind länglich, 0,012—0,014 mm lang.

VII. Fabraea *Sacc.*

Fabraea.

Diese Gattung stimmt mit der vorigen ganz überein bis auf die zweizelligen Sporen.

Auf Ranunculus.

1. Fabraea Ranunculi *(Fr.) Karst.* (Dothidea Ranunculi *Fr.*, Pseudopeziza Ranunculi *Fuckel*, Peziza Ranunculi *Chaillet in litt. Herb. Lips.*, Phlyctidium Ranunculi *Wallr.*, Expicula Ranunculi *Rabenh.*), erzeugt auf den lebenden Blättern verschiedener Ranunculus-Arten große, gelbe, später bräunliche, zuletzt dürr und schwärzlich werdende Flecke. Auf der Unterseite der noch gelben Flecke zeigen sich schon die jugendlichen, auf den tiefer verfärbten die vollständig entwickelten, schwärzlichen, 0,2—0,8 mm breiten Schüsselchen, welche gestielte, keulenförmige Schläuche mit je 8 zweireihig liegenden, keulenförmigen, zweizelligen, 0,012—0,015 mm langen, hyalinen Sporen enthalten.

Auf Caltha.

2. Fabraea Rousseauana *Sacc.* et *Bomm.* (Naevia Calthae *Karst.*), auf braunen, später gelblichen, endlich grauen Flecken der Blätter von Caltha palustris. Die Apothecien stehen auf beiden Blattseiten und sind gelbrötlich, die Sporen elliptisch, zuletzt zweizellig, 0,05—0,06 mm lang.

Auf Cerastium.

3. Fabraea Cerastiorum *(Wallr.) Sacc.*, (Pseudopeziza Cerastiorum *Fuckel*, Peziza Cerastiorum *Fr.* Phyctidium Cerastiorum *Wallr.*), auf den lebenden Blättern von Cerastium triviale, glomeratum und andern Arten, wo sie gelbe Flecke und bald völliges Vergilben des Blattes hervorbringt. Auf der Unterseite der erkrankten Blätter finden sich die bis $1/2$ mm großen, runden, braunen Apothecien mit hellbrauner Scheibe, die Sporen sind länglich, 0,007—0,010 mm lang.

Auf Sanicula und Astrantia.

4. Fabraea Astrantiae *(Ces.) Sacc.* (Phacidium Astrantiae *Ces.*, Pseudopeziza Saniculae *Niessl.*, Excipula Saniculae *Rabenh.*), erzeugt auf lebenden Blättern von Sanicula europaea und Astrantia major große, gelbe, vom Centrum aus dendritisch sich bräunende Flecke, auf deren Unterseite die 0,2—0,4 mm breiten, bräunlichen Apothecien hervorbrechen. Sporen 2—4 zellig, länglich, 0,015—0,018 mm lang. Ein conidientragender Zustand dieses Pilzes, Rhytisma stellare *Strauss*, genannt, ist auf den Blättern von Astrantia major gefunden worden[1]. Brefeld[2] hat bei seinen Kulturen dieses Pilzes ebenfalls Conidienbildung beobachtet.

VIII. Keithia *Sacc.*

Keithia.

Von den vorigen Gattungen nur durch die zweizelligen, braunen Sporen und viersporigen Asci unterschieden.

---

[1] Flora 1850; Beilage, pag. 50.

[2] Mycologische Untersuch. IX, pag. 51, 325.

Auf Juniperus. Keithia tetraspora *Sacc.* (Phacidium tetraspora *Phill.*), auf gelbbraunen Flecken der Nadeln von Juniperus in England.

IX. Beloniella *Sacc.*

Beloniella. Die Apothecien treten weit aus dem Pflanzenteile hervor, sind anfangs kuglig geschlossen, dann entblößen sie die krug-, später schüsselförmige, flache, feinfaserig berandete, hellfarbige Fruchtscheibe und sind außen braun und glatt, wachsartig weich. Die Sporen sind meist spindelförmig, 2 bis 4zellig.

Auf Potentilla. Beloniella Dehnii (*Rabenh.*) *Rehm.* (Peziza Dehnii *Rabenh.*[1]), Pseudopeziza Dehnii *Fuckel*), bringt auf Potentilla norvegica eine Krankheit hervor, die dadurch ausgezeichnet ist, daß die grünen, kaum blühenden Triebe von der Basis an successiv aufwärts, die Stengel, die Blattstiele, die Hauptrippen und die Seitennerven des Blattes unterseits sich mit den zahlreichen, schwarzbraunen, im feuchtem Zustande hellbraunen Apothecien bedecken, deren Größe auf den dickeren Teilen $^1/_2$—1 mm ist, aber mit der Stärke der Blattrippen und Nerven abnimmt. Die Sporen sind lang spindelförmig, zweizellig, 0,012—0,015 mm lang.

X. Dasyscypha *Fr.*

Dasyscypha. Die Apothecien brechen aus dem Pflanzenteile hervor als sitzende oder kurz gestielte, anfangs kuglig geschlossene, dann rundlich geöffnete Schüsselchen, welche eine zart berandete Fruchtscheibe besitzen und äußerlich mehr oder weniger dicht bedeckt sind mit meist langen Haaren. Die achtsporigen Schläuche haben Paraphysen zwischen sich und enthalten längliche oder spindelförmige, meist einzellige, farblose Sporen. Die meisten Arten sind Saprophyten.

Lärchenkrebs. Dasyscypha Willkommii *R. Hart.* (Corticium amorphum *Fr.*, Peziza calycina *Schum.*, Dasyscypha calycina *Fuckel*, Helotium Willkommii *Wettst.*) Dieser Pilz ist die Ursache des Lärchenkrebses, einer Krankheit der Lärchen, welche durch Willkomm[2]) genauer bekannt und weiter von R. Hartig[3]) untersucht worden ist. Nach letzterem Forscher wird die Rinde der Lärche durch diesen Pilz nur an irgend einer Wundstelle infiziert, insbesondere an solchen Stellen, die durch das Herunterbeugen der Zweige bei Schnee oder Duftanhang im oberen Wickel an der Basis des Zweiges entstehen, oder die durch Hagelschlag oder durch Insektenfraß, namentlich durch die Lärchenmotte, veranlaßt werden. An solchen Punkten entwickelt sich das kräftige, septierte Mycelium in der Rinde teils intercellular, teils innerhalb der Siebröhren fortwachsend, die Gewebe tötend und bräunend und auch in den Holzkörper bis ins Mark eindringend. Der gesund gebliebene Teil des Zweigumfanges grenzt sich gegen die getötete Rindenstelle

[1]) Botan. Zeitg. 1842, pag. 12.

[2]) Die mikroskopischen Feinde des Waldes II, pag. 167 ff.

[3]) Untersuchungen aus d. forstbot. Institut I., pag. 63; II, pag. 167, und Lehrbuch der Baumkrankheiten. 2. Aufl., pag. 109.

durch eine breite Korkschicht in der Rinde ab und setzt nun das Dickenwachstum seines Holzkörpers fort, so daß der Zweig hier weiter in die Dicke wächst, während die getötete Rindenstelle vertrocknet und gewöhnlich unter Ausfließen von Harz platzt. Wir haben dann eine sogenannte Krebsstelle vor uns. Diese vergrößert sich nun alljährlich in der ganzen Peripherie, indem die Erkrankung trotz der gebildeten Korkschicht über dieselbe hinausschreitet, weil das Mycelium entweder durch die Cambiumschicht oder durch den Holzkörper wieder in die lebende Rinde eindringt. Der neu erkrankte Rindenteil wird dann im Sommer wieder durch eine neue Korkschicht abgegrenzt. Je öfter dies geschieht, desto mehr wird der noch lebende Teil des Zweigumfanges eingeschränkt und der Zuwachs immer einseitiger, und hat endlich der Krebs den ganzen Zweig oder Stamm umfaßt, so stirbt der letztere oberhalb dieser Stelle ab. Dieser Zeitpunkt kann schnell oder manchmal sehr spät eintreten. Die Keimung der Sporen des Pilzes ist schon von Willkomm beobachtet worden. R. Hartig konnte durch künstliche Infektion mit den Sporen an jeder Stelle einer gesunden Lärche eine Krebsstelle erzeugen. Bald nach dem Tode der harzdurchtränkten Rinde brechen auf der Krebsstelle stecknadelkopfgroße, gelbweiße Polsterchen hervor, welche eine Conidienfruktifikation darstellen; sie enthalten im Innern rundliche oder wurmförmige Höhlungen, auf deren Wänden zahllose äußerst kleine Sporen gebildet werden. Diese Polster vertrocknen sehr leicht und entwickeln sich nur an Stellen, wo sie von anhaltend feuchter Luft umgeben sind. Unter dieser Bedingung erscheinen dann auf ihnen die eigentlichen Apothecien als kurz gestielte, äußerlich weiße und filzige Schüsselchen mit einer zart berandeten, orangerothen Fruchtscheibe; die Sporen sind länglich-elliptisch oder verlängert keulenförmig, 0,016–0,025 mm lang und 0,006 bis 0,008 mm breit. Nach R. Hartig erkranken die Lärchen in feuchten Lagen schnell und sterben ab, und aus der toten Rinde treten dann die Apothecien hervor, ohne daß große Krebsstellen sich gebildet haben. Der Pilz ist in den Beständen der Lärchen auf den Alpen ursprünglich einheimisch, gefährdet hier aber den Baum fast nur in dumpferen Lagen der Thäler und in der Umgebung der Seen. Nach R. Hartig waren die Lärchenkulturen, welche man im Anfange dieses Jahrhunderts in Deutschland bis zu den Küsten der Nord- und Ostsee anlegte, lange Zeit gesund, sind aber nach und nach durch den aus den Alpen niedersteigenden Pilz und durch Versendung kranker Lärchen aus den Baumschulen und von Revier zu Revier verseucht worden, indem der Pilz in der feuchteren Luft der Ebene und in den hier auftretenden Beschädigungen durch Insekten günstige Bedingungen vorfand. Sorauer[1]) ist der Ansicht, daß besonders Frostbeschädigungen, denen die Lärche in der Ebene mehr ausgesetzt sei, die erste Veranlassung des Lärchenkrebses sei; er scheint sogar den Frost allein für die Ursache der Krankheit zu halten. Als Gegenmittel werden von R. Hartig angegeben: Anbau des Baumes nur im einzelnen Stande, vorwüchsig unter andre Holzarten eingesprengt, nur in freien Lagen, und nie in reinen Beständen; Vorsicht beim Bezug fremder Pflanzen; Beseitigung und Verbrennen etwa erkrankter Pflanzen in den Saat- und Pflanzbeeten.

Unentschieden ist, ob die als Kanker oder Krebskrankheit der Chinabäume auf der Insel Java bekannte Erkrankung hierher gehört. **Krebskrankheit der Chinabäume.**

[1]) Pflanzenkrankheiten. 2. Aufl. II, pag. 305.

Warburg[1]), welcher über dieselbe berichtet, unterscheidet einen Stamm- oder Astkrebs, bei welchem er einen der Dasyscypha ähnlichen Pilz einige-male auffinden konnte, und einen Wurzelkrebs, wobei sich Mycelbildungen ähnlich denen des Agaricus melleus (S. 236) zeigten.

XI. Rhizina *Fr.*

Rhizina. Große, erdbodenbewohnende Schwämme, in Gestalt eines ausgebreiteten, unebenen, in der Mitte unterseits ohne Stiel auf dem Erdboden festsitzenden Fruchtkörpers, deren im Boden wachsendes Mycelium auf den Baumwurzeln parasitisch leben soll.

Ringseuche der Seekiefern. Rhizina undulata *Fr.*, wächst mit seinem 2,5—8 cm breiten, kastanienbraunen Fruchtkörpern auf Sandboden in Nadelwäldern. Bei einer in den 70er Jahren in Südfrankreich an den Seekiefern aufgetretenen Krankheit, Ringseuche, maladie du rond, genannt, wo die Bäume auf kreisförmigen Fehlstellen absterben, hat man rings um die Fehlstellen die Fruchtkörper dieses Pilzes gefunden. Die Wurzeln sterben ab, indem sie von einem Mycelium durchwuchert sind, welches mit den Fruchtkörpern des Pilzes zusammenhängen soll. Das Absterben der Wurzeln erfolgt unter Erguß von Harz, welches mit der umgebenden Erde verbäckt. Die Erscheinung erinnert daher an Agaricus melleus oder Trametes radiciperda; doch sollen diese Pilze hierbei nicht, wohl aber der vorgenannte gefunden worden sein, weshalb dieser von Prillieux und Roumeguère als die Ursache der Krankheit betrachtet wird[2]). Neuerdings hat auch R. Hartig[3]) beobachtet, daß dieser Pilz auf einer 1 ha großen Fläche die etwa vierjährigen Pflanzen von Abies pectinata, Pinus Strobus, Picea Sitkaensis, Larix europaea, Tsuga Mertensiana und Pseudotsuga Douglasii tötete.

XII. Sclerotinia *Fuckel.*

Sclerotinia. Alle hierher gehörigen Pilze stimmen darüber überein, daß ihr in der Nährpflanze parasitierendes Mycelium Sclerotien bildet, d. h. überwinternde Dauerzustände, in Form unregelmäßig knolliger Körper, und daß diese, mögen dieselben nun an den toten Teilen der Nährpflanze verblieben sein oder davon sich getrennt haben, im nächsten Frühlinge erst aufkeimen, indem dann aus ihnen die Apothecien hervorwachsen. Diese Pilze sind also unter den Discomyceten das Analogon der Pyrenomycetes sclerotioplastae (S. 466). Die Apothecien stellen hier ziemlich große, trompetenförmige Körper dar, d. h. sie haben einen langen, geraden oder gebogenen Stiel, welcher oben in die schüsselförmige, zartberandete Fruchtscheibe übergeht. Die Apothecien kommen einzeln oder zu mehreren aus einem Sclerotium und sind außen glatt, blaß-bräunlich, von wachsartiger Konsistenz. Die mit Paraphysen gemengten Sporenschläuche enthalten je 8 längliche oder elliptische,

---

[1]) Berichte d. Ges. f. Botan. zu Hamburg III. 1887, pag. 309.

[2]) Refer. in Just, botan. Jahresber. für 1887, pag. 100.

[3]) Botan. Centralbl. XXXXV. 1891, pag. 237.

einzellige, farblose Sporen. Nicht selten kommt bei diesen Pilzen auch eine Conidienfruktifikation vor, in Form conidientragender Fäden, die früher als Botrytisformen bezeichnet worden; diese grauen, schimmelartigen Bildungen werden oft von dem parasitären Mycelium auf der noch lebenden oder absterbenden Nährpflanze gebildet oder wachsen auch auf den Sclerotien. Die Sclerotinia-Arten sind teils vielleicht obligate Parasiten, die also nur parasitär auf ihren Nährpflanzen wachsen können; manche aber sind fakultative Parasiten, sie wachsen auch auf toter Unterlage, können aber unter Umständen sehr heftig parasitär auftreten. Die Krankheiten, die sie an den Nährpflanzen hervorbringen, sind ziemlich mannigfaltiger Art, indem manche Arten nur ganz bestimmte Teile der Nährpflanze bewohnen und in diesen ihr Sclerotium entwickeln, während andre die Pflanze in den verschiedensten Teilen und auch in den verschiedensten Lebensaltern befallen können, so daß ein und derselbe Pilz bald Krankheiten der Keimpflanze, bald solche der erwachsenen Pflanze und zwar Verderbnis der Stengel oder der Blätter oder der Früchte, selbst der Zwiebeln veranlassen kann.

Sclerotienkrankheit des Klees.

1. Sclerotinia Trifoliorum *Eriks.* (Peziza ciborioides *Hoffmann*, Sclerotinia ciborioides *Rehm*) ist die Ursache der Sclerotienkrankheit des Klees oder des Kleekrebs. Unsre Kenntnisse über diese Krankheit verdanken wir den Mitteilungen Kühns[1]) und Rehm's[2]), denen die folgenden Angaben entnommen sind. Die Krankheit ist zwar ziemlich selten, allein sie kann, wo sie einmal erscheint, epidemisch in den Kleefeldern auftreten. Man hat sie beobachtet auf Rotklee, Weißklee, Bastardklee und Inkarnatklee. In Frankreich soll sie auch auf Esparsette sehr schädlich auftreten[3]) und nach Rostrup[4]) in Dänemark am stärksten auf Medicago lupulina. Ich beobachtete auch Pflanzen von Arachis hypogaea, welche unter Bildung zahlreicher Sclerotien erkrankten und abstarben; doch in Ermangelung von Fruktifikation könnte es noch zweifelhaft sein, ob der Pilz hierher gehörte. Ein Mycelium beginnt an irgend einer Stelle der oberirdischen Teile lokal sich zu entwickeln und durchzieht die letzteren endlich vollständig. Seine Fäden sind 0,01 bis 0,015 mm dick, septiert, reichlich verzweigt und drängen sich durch die Intercellulargänge hindurch. Soweit das Mycelium sich erstreckt, wird der Inhalt der Parenchymzellen gebräunt, der Pflanzenteil verfärbt sich. In dem befallenen Gewebe nimmt die Zahl der Myceliumfäden infolge reichlicher Verzweigung immer mehr zu; dabei werden die Parenchymzellen immer undeutlicher, ihre Membranen verschwinden; nur die Epidermis und die derberen Teile der Fibrovasalbündel bleiben intakt; das Parenchym ist zuletzt ziemlich ganz von Massen verzweigter und verflochtener

[1]) Hedwigia 1870, Nr. 4.

[2]) Entwickelungsgeschichte eines die Kleearten zerstörenden Pilzes. Götting. 1872.

[3]) Bulletin soc. mycol. VIII, pag. 64.

[4]) Tidsskrift for Landokonomi. Kopenhagen 1890. Ref. in Zeitschr. f. Pflanzenkrankh. II. 1892, pag. 107,

Myceliumfäden verdrängt. Die Pflanze ist dann tot. Das Mycelium sendet nun an diesen Stellen schimmelartige, weiße Büschel dicker Hyphen durch die Epidermis hervor. Diese verzweigen sich reichlich, die Zweige verflechten sich nach allen Richtungen mit einander; es entsteht ein flockiges, weißes, ungefähr rundes Räschen. Nach wenigen Tagen nimmt das Innere desselben die Beschaffenheit eines festeren, wachsartigen Kernes an, der von dem wolligen Überzuge bedeckt ist. Dieser Kern, die Anlage des Sclerotiums, kommt durch eine dichtere Vereinigung der Hyphen zu stande, wobei dieselben reichlicher Scheidewände bekommen und dadurch zu dem Pseudoparenchym werden, aus welchem das Sclerotium besteht. Die flockige Hülle vertrocknet und verschwindet allmählich. Die ausgebildeten Sclerotien sitzen den abgestorbenen Teilen der Kleepflanzen äußerlich an als schwarze, innen weiße, knollenförmige Körperchen, an den Blättern meist als mohnsamengroße Körnchen, an den Stengeln bis zum Wurzelhals und noch etwas tiefer mehr als flache, kuchenförmige Ausbreitungen bis zu 12 mm Länge und 3 mm Dicke. Ihr weißes Mark besteht aus größeren, verschlungenen, mehr cylindrischen Zellen, die schmale, schwarze Rinde aus kürzeren, derbwandigen, dunklen Zellen. Diese Sclerotien (früher als Sclerotium compactum *DC.* bezeichnet) bilden sich an den im Sommer abgestorbenen Kleestöcken vom November bis April und bleiben nach Verwesung der letzteren allein im Boden zurück. Im Sommer bei Anwesenheit von Feuchtigkeit findet die Keimung derselben statt, d. h. die Entwickelung der Fruchtkörper auf ihnen. Doch können die Sclerotien auch 2½ Jahr trocken aufbewahrt werden, ohne ihre Keimfähigkeit zu verlieren. Die Fruchtkörper sind gestielt, bräunlich; ihre flache, zuletzt sogar etwas convexe, blaßbräunliche, bereifte Scheibe hat bei den größten 10 mm, bei den kleinsten 1 mm Durchmesser. Der Stiel kommt bis zu 28 mm Länge vor; es hängt dies davon ab, wie tief das Sclerotium im Boden sich befindet oder durch Blätter ꝛc. verdeckt ist; denn der Stiel wächst oft unter Windungen, so lange, bis die Scheibe ans Licht gekommen ist. Die Länge der Sporen wird zu 0,016—0,02 mm, die Breite zu 0,008—0,01 mm angegeben. Bei Anwesenheit von Feuchtigkeit keimen die Sporen nach Rehm nach 4 bis 6 Tagen unter Bildung eines Keimschlauches, welcher meist mehrere Zweige bildet, auf denen ein oder mehrere kugelige Sporidien abgeschnürt werden. Rehm erhielt an jungen, aus Samen erzogenen Kleepflanzen, die unter einer Glasglocke kultiviert wurden und auf welche er Sporen gelangen ließ, Anfänge des Myceliums im Innern der Blätter. Den Vorgang des Eindringens der Keimschläuche hat er nicht näher beobachtet. Nach Vorstehendem sind die Sclerotien die Überträger des Pilzes auf die nächstjährige Kleevegetation. Die übliche 2- bis 3jährige Benutzung der Kleeschläge würde also dem Umsichgreifen der Krankheit günstig sein. Wo die letztere daher irgend auffällig in einem Kleefelde sich zeigt, wäre eine nur einjährige Benutzung und Umbrechen des Feldes nach der Ernte angezeigt. Indessen soll nach Rostrup's (l. c.) Beobachtungen die Krankheit nur im ersten Jahre in augenfälligem Maße auftreten, die zweijährige Pflanze unempfänglich sein; Latrinendünger scheine die Entwickelung der Krankheit zu fördern, desgleichen dichter Wuchs. Rostrup empfiehlt daher, den Klee mit reichlicher Grasmischung auszusäen und ergriffene Felder nicht zu bald wieder mit Klee zu bestellen.

Sclerotinia Libertiana.

2. Sclerotinia Libertiana *Fuckel* (Peziza Sclerotiorum *Libert*, Peziza Kauffmannia *Tichomiroff.*, Rutstroemia homocarpa *Karst.*). Dieser

Pilz ist ein Parasit vieler verschiedener Pflanzen und es sind daher auch verschiedene Pflanzenkrankheiten hier aufzuführen. Im allgemeinen ist aber das Krankheitbild bei dem Befall durch diesen Pilz überall das gleiche. Das Mycelium durchzieht die Stengel krautartiger Gewächse, bald schon im Keimlingsstadium, und dann ein Umfallen der Keimpflanzen bewirkend, bald im älteren und selbst im erwachsenen Zustande, hier gewöhnlich in der Markhöhle der dicken Stengel bis zur Wurzel herab Sclerotien bildend. Diese zeichnen sich durch bedeutende Größe und durch die Gestalt von unregelmäßigen, feinhöckerigen, schwarzen, innen weißen Knollen aus. Sie werden bis über 1 cm dick, doch richtet sich das nach dem Raume der Markhöhle; in dünneren Stengeln haben sie mehr langgestreckte, an Mäuseexkremente erinnernde Form. Solche Sclerotien hat man früher bereits in faulenden Stengeln der betreffenden Pflanzen gefunden[1]; man beschrieb sie unter dem Namen Sclerotium compactum *DC.* Manchmal bilden sich Sclerotien auch in der Rinde, mehr oberflächlich und haben dann polsterförmige oder kuchenförmige platte Gestalt und eine Dicke von 1 bis einigen Millimetern. Die letzteren Formen sind früher Sclerotium varium *Pers.* und die ganz dünnen, oft langgestreckten Sclerotium Brassicae *Pers.* genannt worden. Aus den verpilzten Stengeln wachsen bisweilen Conidienträger in Form eines mausgrauen Schimmels hervor, welche früher als Botrytis cinerea *Pers.*, beschrieben worden sind (Fig. 91). Daß de Bary[2]) die Botrytis-Fruktifikation nur für Sclerotinia Fuckeliana charakteristisch ansieht und sie der Sclerotinia Libertiana abspricht, indem er meine Beobachtungen über die Botrytis-Bildung des Rapskrebs-Pilzes in Zweifel zieht, ist ungerechtfertigt und steht auch nicht im Einklange mit den Beobachtungen von Behrens an dem unten zu erwähnenden Hanfkrebs, der, obgleich man ihn zu Sclerotinia Libertiana rechnet, doch bald mit, bald ohne Botrytis-Fruktifikation auftrat. Auf den überwinterten, auf feuchtem Boden liegenden Sclerotien entstehen im Frühling die blaßbräunlichen Apothecien einzeln oder zu wenigen; sie unterscheiden sich von den verwandten Arten durch ihre im Centrum trichterförmig vertiefte Fruchtscheibe, welch 4—6 mm breit ist; der Stiel ist 2—3 cm lang, cylindrisch, von einem engen Kanal durchzogen. Die elliptischen Sporen sind 0,009—0,013 mm lang; sie werden aus den Schläuchen herausgeschleudert und sind sofort nach der Reife keimfähig. Über gelungene Infektionsversuche sowohl mit den Botrytis-Conidien, als auch mit den Ascosporen ist zuerst von mir in der vorigen Auflage dieses Buches S. 536—537 berichtet worden. Zugleich habe ich daselbst auch bereits gezeigt, daß der Pilz auch saprophyt kräftig zu gedeihen vermag. Das Mycelium bricht leicht überall aus den getöteten Teilen der Rapspflanze hervor; Stengel und Wurzeln, in einen abgeschlossenen, feuchten Raum gelegt, hüllen sich binnen einem Tage in eine dicke Watte eines flockigen, weißen Myceliums. Im Boden wuchert das letztere kräftig weiter; um die befallenen Wurzeln findet es sich in der Erde bald in Form zahlreicher, locker spinnewebartiger Fäden, bald in dichten, weißen Häuten, bald in

[1]) Vergl. Coemans in Bulletin de l'academie roy. des sciences de Belgique. 2. sér. T. IX. (1860), pag. 62 ff. Daß sie von einem parasitischen Pilze herrühren, war nicht bekannt.

[2]) Über einige Sclerotinien und Sclerotienkrankheiten. Botan. Zeitg. 1886, Nr. 22—27.

feinen, wurzelartigen, parallelfaserigen Strängen. Bisweilen tritt das Mycelium aus den toten Stengeln in einer weniger voluminösen Form hervor, nämlich um auswendig Sclerotien zu bilden. Kleine Büschel von Fäden wachsen über die Epidermis hervor, verzweigen sich ähnlich wie Conidienträger, aber ohne Sporen zu bilden, und werden durch fortgesetzte starke Verzweigung und Verflechtung zu weißen, flockigen Ballen, aus denen in wenig Tagen ein kugeliges Sclerotium sich bildet. Selbst an der inneren Wand von Glasglocken, unter welche abgestorbene Stengelstücke gelegt worden sind, breitet sich das Mycelium aus und bildet Sclerotien. Auch die Conidien sind, wenn sie zu einem neuen Mycelium auskeimen, zu einer saprophyten Ernährung befähigt. Ich fand sie sofort nach der Reife keimfähig; sie trieben, z. B. auf Pflaumendecoct ausgesäet, schon nach 14 Stunden kräftige Keimschläuche, die sich wie die parasitischen Myceliumfäden durch Scheidewände in Gliederzellen teilten und sich verzweigten. Sie entwickelten sich auf diesem Substrat weiter zu einem überaus üppigen Mycelium, in Glasschalen die ganze Oberfläche der Flüssigkeit endlich wie mit einer dicken, gallertartigen Haut überziehend, an den Gefäßwänden emporsteigend. Bald bedeckt sich die ganze Oberfläche dieses Myceliums mit einem dichten, gleichmäßigen Rasen von Botrytis-Conidienträgern, denjenigen gleich, die auf lebenden Stengeln erscheinen. Vor dem Erscheinen der Conidienträger entstehen an zahllosen Stellen des Myceliums durch Bildung wiederholt sich kurz dichotomisch verzweigender und verflechtender Seitenästchen sehr kleine, sclerotiumartige, allmählich sich bräunende, rundliche Körperchen. Diese bleiben unverändert bei Nahrungsmangel; bei reichlicher Nahrung sproßt auf ihnen je ein Büschel von Conidienträgern empor. Sie sind daher vielleicht weniger eigentliche Sclerotien, als vielmehr den Zellenconglomeraten zu vergleichen, die auch den Conidienträgern des parasitischen Pilzes als Basis dienen. Nach den neueren Untersuchungen de Bary's (l. c.) wird die Infektionskraft des Myceliums dadurch bedeutend erhöht, daß es vorher saprophytisch zu kräftiger Ernährung gebracht worden ist. Denn wenn er auf Stücke von Mohrrüben welche durch Eintauchen in heißes Wasser getötet worden waren, Ascosporen aussäete, so wurde schon nach 24 Stunden das weiße Mycelium sichtbar, bildete Sclerotien und verbreitete sich schnell weiter; dagegen blieben ungebrühte Mohrrübenstücke wochenlang gesund, obgleich viele Ascosporen auf ihnen lagen, welche nur kurze Keimschläuche getrieben hatten. Sobald aber ein Tropfen Nährlösung auf das lebende Stück zu den keimenden Sporen gebracht wurde, erlag dasselbe wie ein gebrühtes. Ebenso sah de Bary Keimlinge von Petunia erst dann infiziert werden und absterben, wenn mit den ausgesäeten Sporen Nährlösung auf die Oberfläche der Pflänzchen gebracht wurde. Nach de Bary wächst der Pilz schon bei einigen Graden über 0, sehr üppig bei + 20° C. Für seine saprophyte Ernährung sind Fruchtsäfte, 5—10 proc. Lösungen von Traubenzucker mit Pepton oder mit weinsaurem Ammoniak, oder mit Salmiak neben den nötigen Aschenbestandteilen geeignet; sowohl saure wie neutrale Lösungen sind tauglich. Nach de Bary bildet das Mycelium beim parasitären Eindringen in die Nährpflanze Haftbüschel, nämlich quastenartige Büschel kurzzelliger Zweige, welche sich mit ihren Enden auf die Epidermis aufsetzen; die davon berührten Epidermiszellen beginnen dann abzusterben und die Bräunung und Erweichung des Gewebes schreitet von dort aus in die Tiefe fort; erst nachdem dies geschehen ist, treiben die Enden des Haftbüschels Fäden, welche in die getöteten Epidermiszellen eindringen. Auch geht immer das Absterben der Zellen und das Verschwinden der Luft aus den Intercellulargängen weit über die Orte hinaus, welche von dem Mycelium bereits befallen sind. de Bary schließt daraus, daß das Mycelium des Pilzes zuerst durch Abgabe einer Flüssigkeit die Gewebe der Nährpflanze vergiftet und daß der Saft der so getöteten Zellen dann erst dem Mycelium zur Ernährung dient. In der That zeigte sich, daß der aus verpilztem Gewebe ausgepreßte Saft an gesundem Pflanzengewebe Plasmolyse der Zellen, Quellung der Zellwände und Lockerung des Zellverbandes hervorbrachte; er enthält außer gewöhnlichen Pflanzenstoffen ziemlich viel Oxalsäure, doch bringt diese für sich allein nicht jene zersetzenden Wirkungen hervor; vielmehr scheint es ein ungeformtes Ferment zu sein, welches in saurer Lösung die Zellwände auflöst; denn durch Aufkochen verliert der Saft seine Giftwirkung. de Bary führt eine Anzahl von Gründen an, welche beweisen sollen, daß auch eine Prädisposition der Nährpflanze dazu gehört, um von dem Pilze und von der Krankheit befallen zu werden. Daß der Pilz verschiedene Nährpflanzen befallen kann, ist schon von mir in der ersten Auflage dieses Buches S. 538 erwähnt worden, denn es gelang, den Rapspilz und die Krankheit auch auf Keimpflanzen von Sinapis arvensis und von Klee zu übertragen. Vielfache weitere Übertragungen sind von de Bary erfolgreich ausgeführt worden. Dabei zeigte aber der Jugendzustand der Pflanze eine besonders große Empfänglichkeit, denn es fand sich, daß außer den unten anzuführenden Nährpflanzen junge Keimpflanzen von Datura Stramonium, Lycopersicum esculentum, Trifolium, Viola tricolor, Helianthus annuus, Senecio vulgaris, Lepidium sativum, sowie junge Kartoffeltriebe dem Pilze erliegen, so daß vielleicht alle dikotylen Pflanzen in diesem Lebensalter infektionsfähig sind, während die meisten dieser Pflanzen im späteren Alter nicht mehr angegriffen werden. Auch die Thatsache des nach Gegenden sehr ungleichen Befalles der verschiedenen Nährpflanzen will de Bary aus ungleichen Prädispositionen erklären. Von mir sind noch folgende Übertragungsversuche gemacht worden und zwar immer unter Benutzung der Conidien von Botrytis cinerea. Auf kranken Buchweizenblättern entstandene Conidien wurden auf unverwundete Blätter von Buchweizen sowie auf solche ausgesäet, an welchen auf kleinen, ca. 1 □mm großen Stellen die Epidermis abgezogen worden war; es erkrankten nur die verwundeten Blätter. Zwiebeln wurden unverletzt und absichtlich verwundet mit von Buchweizen herrührenden Conidien infiziert; die verwundeten erkrankten schnell und bildeten reichlich wieder Conidien und Botrytis; die unverletzten erkrankten langsamer, eine gar nicht. Keimpflanzen von Buchweizen und von Rübsen wurden mit Botrytis-Sporen, welche auf Buchweizen entstanden waren, geimpft; die Buchweizenpflänzchen erkrankten viel schneller als die Rübsenpflänzchen. Von Buchweizen ließ sich der Pilz auch auf Weinblätter unter Bildung von Botrytis und Sclerotien übertragen, ebenso von Phaseolus auf Wein- und Buchweizenblätter, desgleichen von Pelargonium auf Weinblätter, und zwar trat die Wirkung auf die jungen Weinblätter rascher ein als auf ältere.

Die häufigsten Nährpflanzen dieses Pilzes sind in der folgenden Aufzählung der wichtigsten durch ihn verursachten Krankheiten erwähnt.

a) **Die Sclerotienkrankheit des Rapses** oder der **Rapskrebs**. Diese zuerst durch mich (vorige Auflage dieses Buches, S. 531, wo die Sclerotienkrankheit des Rapses.

folgenden Angaben bereits gemacht worden sind) genauer bekannt gewordene Krankheit trat im Jahre 1879 in der Gegend von Leipzig auf verschiedenen Rapsfeldern auf. Nach den mir darüber gewordenen Mitteilungen zeigte sie sich meistens vereinzelt, auf einem Felde aber epidemisch, in sehr starkem Grade und gleichmäßig über dasselbe verbreitet, so daß kranke und gesunde Pflanzen überall durcheinander standen. Man bemerkte Anfang Juli, daß das Rapsfeld vorzeitig gelb wurde, sogenannte Früh- oder Notreife eintrat.

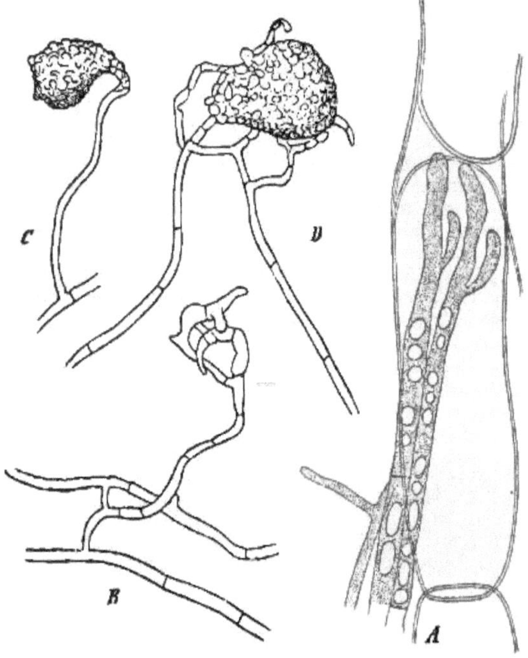

Fig. 90.
Sclerotienkrankheit des Rapses. A Einige Zellen des Rindeparenchyms eines durch künstliche Infektion erkrankten Stengelchen einer Rapskeimpflanze, mit einigen kräftigen, zwischen den Zellen emporwachsenden Mycelfäden. 300 fach vergrößert. B, C, D verschiedene Stadien der Entwickelung der Sclerotien durch Verflechtung von Mycelfäden. 200 fach vergrößert.

In mittlerer Höhe, häufiger im unteren Stück des Stengels bis zur Wurzel, zeigte sich eine spezifische Erkrankung als nächste Ursache des frühzeitigen Gelb- und Dürrwerdens der oberen Teile. Gewöhnlich ist im ganzen Umfange diese Stelle bleich, fast weiß, mitunter auch rötlich. Unten und oben, beziehentlich nur oben grenzt das bleiche Stück noch an gesunde grüne Partien. Soweit als die Entfärbung sich erstreckt, ist die Rinde zusammengefallen oder fast verzehrt, so daß die Epidermis fast lose dem Holzkörper aufliegt und äußerst leicht sich abschälen läßt. Bricht man die kranken Stengel auf, so zeigen sie vorwiegend im unteren Teile in ihrem Marke die schwarzen, knollenförmigen Sclerotien. Ein üppiges Mycelium hat hier die Rinde durchwuchert und fast vollständig zerstört, so daß eine Masse von Myceliumfäden die Stelle der Rinde einnimmt. An der Grenze der gesunden und kranken Partie sieht man auf Längsschnitten die Pilzfäden aus dieser in jene vordringen und sich zwischen die Längsreihen der Parenchymzellen eindrängen (Fig. 90 A). Sie sind bis 0,02 mm dick, mit häufigen Scheidewänden versehen, sehr reich erfüllt mit farblosem, körnigem, oft viele, große Vacuolen enthaltendem Protoplasma und verzweigen sich in lange Äste, welche zwischen den Nachbarzellen in gleicher Richtung vorwärts wachsen und anfänglich oft mehrmals dünner (bis 0,003 mm) sind, aber bald ebenso stark werden. Bei der bedeutenden Dicke der Fäden, die derjenigen der Rindezellen manchmal fast gleichkommt, und bei der starken Vermehrung derselben ist es begreiflich, daß Rinde und Phloëm bald verdrängt werden. Nur in der ersten Periode der Krankheit ist die Rinde allein, das Mark nicht oder nur von spärlichen Myceliumfäden durchzogen. Diese gelangen dorthin durch die Markstrahlen und besonders durch die Unterbrechungen des Holzringes an den Insertionen der Blätter und Zweige. Im Marke vermehrt sich das Mycelium sehr bald bedeutend; der Stengel wird an diesen Stellen teilweise hohl oder enthält die Reste des geschrumpften und vertrockneten Markes und immer eine Masse weißen, lockeren, faserigen oder flockigen Myceliums. Im letzteren beginnt dann sogleich die Bildung von Sclerotien. An einzelnen Punkten entstehen durch vermehrte Verzweigung und Verflechtung der Myceliumfäden (Fig. 90 B, C, D) weiße, weiche Ballen von der Größe des zu bildenden Sclerotiums, welche zunächst noch ganz locker sind und sich auf ein sehr kleines Volumen zusammendrücken lassen. Im Centrum des Ballens beginnt dann die Verdichtung zu fleischiger Beschaffenheit, indem die Fäden sich vermehren, dichter sich verflechten, und die lufthaltigen Lücken zwischen ihnen verschwinden. Dieser Prozeß schreitet gegen die Peripherie fort, und so erreicht endlich das Sclerotium seine Ausbildung; die oberflächliche Partie nimmt aber daran nicht teil, sondern verbleibt als ein filziger, weißer Überzug, oder das Sclerotium ist ganz von dichten, faserigen Myceliummassen eingehüllt. Zuletzt grenzt sich unter dieser Hülle die schwarze Rinde ab von dem übrigen weißen inneren Teile oder dem Marke des Sclerotiums. Letzteres zeigt auf dem Durchschnitte wegen der regellosen Verflechtung der Hyphen diese in allen möglichen Richtungen durchschnitten; die Rinde besteht aus mehreren Lagen festverbundener, isodiametrischer Zellen, indem hier die Hyphen sehr kurzgliederig werden, und diese haben dickere und braungefärbte Membranen. Schließlich fällt die vom Mycelium herrührende, filzige, weiße Hülle der Sclerotien zusammen und wird teilweis unkenntlich, das reife Sclerotium löst sich ringsum aus ihr und aus dem vertrockneten Stengelmark, dem es etwa noch eingebettet ist, heraus. Die ausgebildeten Sclerotien, deren manchmal wohl 50 und mehr in einem Stengel liegen, finden sich von allen Größen von 2 bis 10 mm Durchmesser; die größten füllen die ganze Breite der Markhöhle aus. Die zahlreichsten und größten liegen am Grunde des Stengels, an der Grenze der Wurzel; sie sind sehr unregelmäßig rund, länglichrund, höckerig oder gelappt, feucht sind sie fleischig weich, trocken korkartig. Außerdem bilden sich Sclerotien auch, wiewohl weniger zahlreich, in der Rinde des Stengels und der Wurzel aus dem dort befindlichen Mycelium, und haben hier die oben beschriebene mehr abgeplattete Form; auch innerhalb der Stengelhöhle kommen solche Formen der Innenfläche des Holzes aufsitzend vor. Die Anfänge der Stengelerkrankung bemerkte ich in einer gewissen Höhe über dem Boden, mitunter erst in Fußhöhe. Bis dorthin waren das untere Stück und die Wurzeln völlig gesund. Einige Pflanzen sah ich, wo die kranke Stelle erst wenige Centimeter sich ausgebreitet hatte. Das Mycelium schreitet von diesen Angriffspunkten aus im

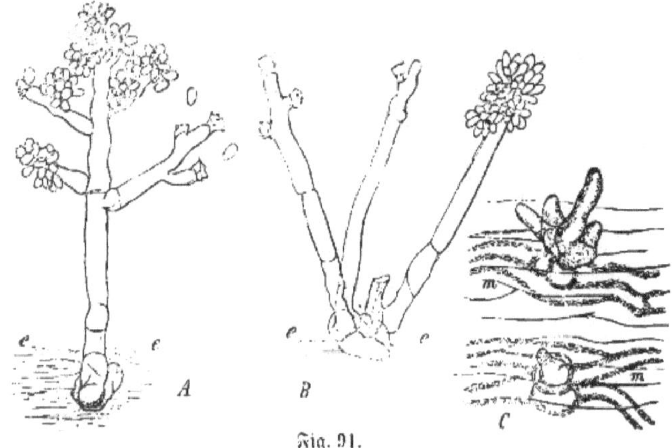

Fig. 91.

Botrytis cinerea *Pers.*, Conidienträger der Sclerotinia Libertiana auf den kranken Stengeln der Rapspflanzen. A und B zwei verschiedene Formen von Conidienträgern, aus der Epidermis ee hervorbrechend. C Anfang der Entstehung der Conidienträger, als Zweige der unter der Epidermis liegenden und durchscheinenden Mycelinmfäden mm, büschelweise hervortretend, der obere Büschel zwischen zwei Epidermiszellen, der untere durch eine Spaltöffnung. 200 fach vergrößert.

Stengel weiter, aber augenscheinlich nach abwärts viel leichter und rascher als nach oben; es erreicht daher bald die Wurzel und dringt auch in dieser vorwärts, nicht selten den ganzen stärkeren Teil der Pfahlwurzel durchziehend. Auch hier wächst es sowohl im Marke als auch in der Rinde, die sich infolge dessen bräunt und abstirbt. Aus den in der Luft befindlichen, und zwar sowohl aus den schon abgestorbenen als auch aus den noch lebenden erkrankten Teilen treibt der Pilz bisweilen zahlreiche conidientragende Fruchthyphen hervor, die oben erwähnte Botrytis cinerea *Pers.* (Fig. 91). Bedingungen hierzu sind unbewegte Luft und ein gewisser Grad von Feuchtigkeit. Wenn kranke Stengel zwischen Papier gelegt werden oder in Mehrzahl beisammen stehen oder liegen, so überziehen sich manche in kürzester Zeit mit diesem dichten, grauen oder bräunlichen Schimmel, der streng auf die Stellen beschränkt ist, wo innen das Mycelium sich befindet. Auch auf dem Rapsfelde sind bei etwas dichtem Stande an den verborgenen unteren und mittleren Stengelteilen jene Bedingungen gegeben. Diese Fruchthyphen entstehen dadurch, daß von den unter der Epidermis liegenden zahlreichen Myceliumfäden ein kurzer, papillenförmiger Zweig sich nach außen wendet, entweder indem er sich durch eine Spaltöffnung oder zwischen den mürbe und locker gewordenen Epidermiszellen selbst hinausdrängt (Fig. 91 C). Er verzweigt sich gewöhnlich sogleich wieder in einige wiederum papillenförmige Zellen, und diese wachsen nun in je eine Fruchthyphe aus (Fig. 91 A, B). Darum stehen häufig mehrere Conidienträger büschelförmig auf einer gemeinsamen, aus einigen halbkugeligen oder papillösen Zellen bestehenden Basis. Sie erheben sich ungefähr rechtwinkelig von der Stengeloberfläche; jeder ist ein ziemlich dickes, meist durch ein oder mehrere Querscheidewände gegliedertes, später, besonders an den unteren Teilen, in den Zellmembranen gebräuntes Stämmchen von $^1/_4$ bis 2 mm Höhe. Ihre Form zeigt Verschiedenheiten, die durch Übergänge verbunden sind. Entweder sind sie einfach und zeigen an der Spitze die für Botrytis charakteristischen traubenförmig angeordneten Sporenköpfchen (Fig. 91 B). Jedes Köpfchen besteht aus einer dem Stämmchen seitlich aufsitzenden, durch eine Scheidewand von ihm abgegrenzten, kurzen, ungefähr kugeligen Zelle mit vielen kleinen, spitzen Fortsätzen, deren jeder eine eiförmige Conidie abschnürt. Nach dem Abfallen der Sporen sinkt die Trägerzelle wegen ihrer zarten Membran zusammen und wird undeutlicher. Die Stämmchen kommen aber auch verzweigt vor, entweder indem die Trägerzellen der untersten Sporenköpfchen auf einfachen Zweigen des Stämmchens sitzen, oder indem diese untersten Zweige selbst wieder in traubiger Anordnung Sporenköpfchen tragen, so daß das Ganze Rispenform annimmt (Fig. 91 A). Endlich können die Sporenstände nach geschehener Fruktifikation durchwachsen werden, indem das Stämmchen sowie ein oder mehrere Zweige kräftig weiter wachsen und dann an ihrer Spitze neue Sporenstände bilden; die Reste der alten Trägerzellen und nicht verlängerten Zweige bleiben dann noch lange, wenn auch undeutlich kenntlich. So erreichen die Conidienträger die größte angegebene Höhe, und von der Zahl, Stellung und Erstarkung der durchwachsenden Äste hängt es ab, ob der Conidienträger dann gabelig oder dreiteilig oder trugdoldig oder monopodial traubig verzweigt erscheint. Je nach diesen Verschiedenheiten sind diese Conidienträger früher als verschiedene Species beschrieben worden, wie Botrytis vulgaris *Fr.*, Botrytis cana *Kze. et Schm.*, Botrytis plebeja *Fres.*, Botrytis furcata *Fres.*, und fast alle von Fresenius (Beitr. z. Mykologie, Taf. II) abgebildeten Formen sind hier inbegriffen. Hiernach sind dies keine Speziesunterschiede, und man bezeichnet den Conidienzustand dieses Pilzes, um einen Namen zu haben, am besten mit Botrytis cinerea, von der sich die übrigen Formen ableiten lassen.

Die nach der Krankheit zurückgebliebenen Sclerotien, welche ich im August in Erde ausgesäet hatte, keimten Anfang März des nächsten Jahres und brachten die oben beschriebenen Sclerotinia-Apothecien zur Entwickelung (Fig. 92). Dieselben Früchte hat auch Coemans (l. c.) aus seinen Sclerotien erhalten.

Gesunde Rapspflanzen sind leicht durch den Pilz zu infizieren und erkranken dann unter denselben Symptomen, und zwar kann dies sowohl durch das auf den verwesenden alten Rapsteilen und im Boden wuchernde Mycelium, als auch durch Aussaat der Botrytis-Sporen sowie der Ascosporen geschehen. Ich säete in Blumentöpfe, in deren Erde Stücken mycelhaltiger abgestorbener Rapsstengel ausgelegt waren, Raps, welcher aus einer andern Quelle stammte. Nach 14 Tagen begannen einzelne der aufgegangenen Keimpflanzen zu erkranken, nach wenigen Tagen folgten fast sämtliche übrigen nach. Die Pflänzchen fielen um, weil das hypokotyle Stengelglied unmittelbar am Boden welk wurde, stark zusammenschrumpfte und wie gekocht aussah. Auch die Wurzel zeigte dieselbe Erkrankung. In der Rinde des welken Stengelstückes wuchsen zahlreiche Myceliumfäden fast in geschlossener Lage empor und hatten das Rindengewebe beinahe völlig verdrängt. Sie stimmten, eine durchschnittlich etwas geringere Dicke abgerechnet, vollständig mit denen in den erwachsenen kranken Rapspflanzen überein. Die Keimpflänzchen blieben die ersten Tage nach der Erkrankung in ihren oberen Teilen noch frisch, da ihnen die Fibrovasalbündel noch Wasser zuführten; dann begannen sie im Sonnenschein schon leicht zu welken und bald siechten sie rapid dahin. Der vom Pilze befallene untere Stengelteil schwand in trockener Luft zu Fadendünne zusammen, in feuchter Umgebung löste er sich rasch in fauler Zersetzung auf, wobei oft wieder die Myceliumfäden als weiße Schimmelflocken daraus hervorbrachen. Ferner habe ich eine Ansaat von Rapskeimpflanzen, die sich gesund entwickelt hatten, durch Ausstreuen von Botrytis-Sporen, die ich dem alten kranken Material entnahm, infiziert. Sie wurde dann unter einer Glasglocke gehalten, und nach Verlauf einer Woche waren von den vorhandenen 45 Pflänzchen 25 Stück, und einige Tage später weitere 15 Stück erkrankt, indem wiederum die unmittelbar über dem Boden befindlichen Stücke der Stengel unter den beschriebenen Symptomen zu verderben begannen. Die Pilzfäden wachsen hier auf der Oberfläche des Bodens, sowie oberflächlich auf der Epidermis des Stengelchens, oft der Furche zwischen zwei Epidermiszellen fast eingedrückt; an diesen Teilen bemerkt man meist auch schon unter der Epidermis eingedrungenes Mycelium mitunter von gewissen Centren aus strahlig sich ausbreitend; hin und wieder gelingt es auch, eine Stelle zu finden, wo ein auswendig befindlicher Myceliumfaden an der Grenze zweier Epidermiszellen die Seitenwand derselben spaltend, nach innen dringt. Es ist hiernach außer Zweifel, daß der einmal auf einem Rapsfelde vorhandene Pilz durch die Conidien und mit ihm die Krankheit daselbst weiter verbreitet wird. Mit den aus den Apothecien

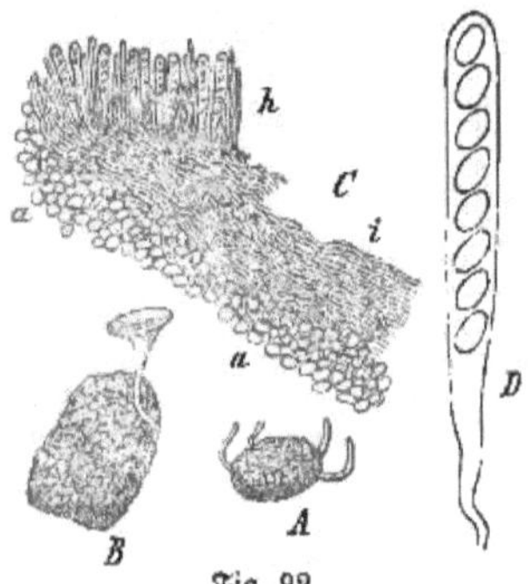

Fig. 92.
Entwickelung der **Sclerotinia Libertiana** aus dem **Sclerotium.** A ein keimendes Sclerotium mit mehreren Anfängen von Apothecien. B ein Sclerotium mit einem ausgebildeten Apothecium, in natürlicher Größe. C Durchschnitt durch den Rand eines reifen Apothecium, bestehend aus verflochtenen Fäden (i), welche nach außen (a a) in größere gegliederte Zellen übergehen. h ein Stück der Scheibe, in welcher man die Sporenschläuche und die Paraphysen erkennt, 150fach vergrößert. D ein Sporenschlauch mit reifen Sporen, 300fach vergrößert.

entnommenen Ascosporen hat Herr Hamburg im Laboratorium des Leipziger botanischen Instituts erfolgreiche Infektionsversuche auf Rapskeimpflanzen angestellt. Die Keimschläuche dringen in Menge in die Blätter ein, teils durch die Spaltöffnungen, teils zwischen je zwei benachbarten Epidermiszellen (wie oben von den Conidien angegeben) sich einbohrend (Fig. 93). Im inneren Gewebe wachsen die Keimschläuche zu einem neuen Mycelium heran. An den infizierten Pflänzchen traten wieder dieselben Krankheitserscheinungen ein, der Pilz bildete auf ihnen stellenweise wieder die Botrytis-Conidienträger, und das aus den sterbenden Pflänzchen hervorwachsende Mycelium entwickelte auch mehrfach wieder Sclerotien. Der Entwickelungsgang des Pilzes und die Krankheitsgeschichte sind damit lückenlos dargelegt.

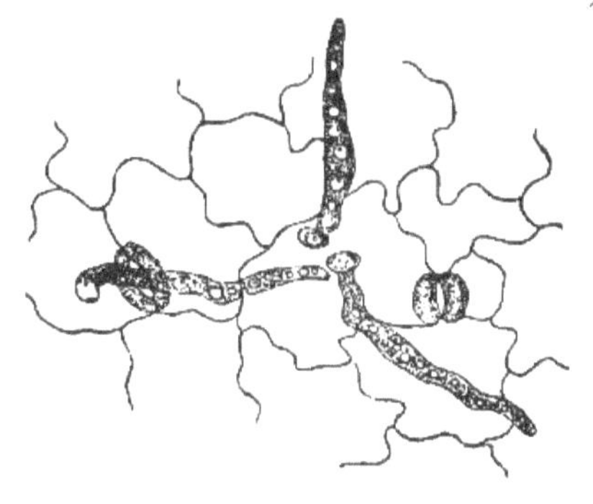

Fig. 93.
Keimung und Eindringen der Ascosporen von Sclerotinia Libertiana in die Epidermis eines lebenden Rapsblattes. Der Keimschlauch der oben liegenden Spore ist nur auf der Epidermis hingewachsen, noch nicht eingedrungen. Die Keimschläuche der beiden andern Sporen sind eingedrungen, der rechtsliegende neben einer Spaltöffnung an der Grenze zweier Epidermiszellen, der linksliegende durch eine Spaltöffnung. Die heller gezeichneten Stücke der Keimschläuche sind die eingedrungenen unter der Epidermis liegenden. 300fach vergrößert. Nach einer von Herrn Hamburg gefertigten Zeichnung.

Die Maßregeln zur Bekämpfung dieser, sowie der folgenden durch den nämlichen Schmarotzer hervorgerufenen Krankheiten werden bestehen müssen erstens in der Vernichtung der Sclerotien, da von ihnen die nächstjährige Entwickelung des Pilzes ausgeht, sowie in der Vernichtung des kranken Strohes, da auch auf diesem der Pilz zu vegetieren vermag. Das wird zu erreichen sein durch sorgfältiges Abräumen des Rapsstrohes und Verbrennen desselben, sowie durch tiefes Umbrechen des Bodens. Eine andre Quelle der Ansteckung liegt jedoch auch in dem Vorkommen dieses Pilzes auf verschiedenen andern Nährpflanzen.

Sclerotienkrankheit des Hanfes.

b) Die Sclerotienkrankheit des Hanfes oder der Hanfkrebs, eine bisher nur in Rußland, und zwar im Gouvernement Smolensk von Tichomiroff[1]) beobachtete Krankheit des Hanfes, bei welcher im Marke der kranken Stengel im September knollenförmige, sehr verschieden gestaltete, bis 2 cm große, schwarze Sclerotien gefunden werden. Mycelinmfäden wuchern in der Rinde und im Bast und dringen durch die Markstrahlen

---

[1]) Bull. soc. naturalistes de Moscou 1868. Vergl. Hoffmann's mykologische Berichte 1870, pag. 42.

32*

in die Markhöhle ein, die sie als schimmelartiges Gewebe erfüllen. In dem letzteren bilden sich die Sclerotien aus, indem die Mycelfäden stellenweise sich durch Zweigbildung stark vermehren und sich verflechten. Die Blätter und die Wurzeln werden durch den Pilz nicht affiziert, und bisweilen vermag die Pflanze auch noch ihre Früchte zu bilden. Aber die Bastfasern des Stengels werden durch die Zerstörungen, die der Pilz in den Geweben anrichtet, verdorben. Tichomiroff hat durch Kultur der Sclerotien die Fruchtkörper einer Peziza erhalten und den Pilz danach Peziza Kauffmanniana *Tich.* genannt. Doch ist derselbe mit Sclerotinia Libertiana wohl identisch; auch hat de Bary (l. c.) den letztgenannten Pilz erfolgreich auf Hanf übertragen können. Im November oder meist im folgenden April erscheinen an den keimenden Sclerotien die gestielten oder ungestielten, hellbraunen, bis $^1/_2$ cm großen Apothecien, zu 2 bis 7 an einem Sclerotium. Kürzlich ist von Behrens[1]) über das Vorkommen der Krankheit im Elsaß berichtet worden. Nach der Beschreibung desselben verhält sich der Pilz ganz ähnlich dem Rapspilz; bald trat er mit, bald ohne Botrytis cinerea auf; Behrens hält daher das Auftreten dieser Conidienform für ein nicht konstantes, sondern von Ernährungsverhältnissen bedingtes, läßt es jedoch noch zweifelhaft, ob der Pilz zu Sclerotinia Libertiana oder Sclerotinia Fuckeliana gehört, weil de Bary nur der letzteren die Botrytis-Fruktifikation zuschrieb. In wenigen Fällen fand er auch eine Spermogonienform auf den kranken Stengeln die er zu Sclerotinia gehörig betrachtete. Zugleich mit dem Hanfkrebs beobachtete Behrens einen saprophyten Pilz, welcher einen orangeroten schimmelartigen Conidienzustand darstellte und aus dem auch Perithecien sich erziehen ließen, wonach der Pilz Melanospora Cannabis benannt wurde. Er soll für die Hanffaser bei weitem schädlicher sein als die Sclerotinia, weil sein Mycelium in dem abgestorbenen Hanfstengel auch durch die Bastfasern hindurchwächst und sie brühig macht.

Sclerotienkrankheit der Kartoffel.

c) Die Sclerotienkrankheit der Kartoffel, bei welcher bald nach der Blütezeit die Stengel der Kartoffelpflanze erkranken und absterben und in ihrem Marke ebensolche Sclerotien wie bei den vorigen Krankheiten enthalten. Dieser Pilz ist wahrscheinlich mit der Sclerotinia Libertiana identisch; sein hauptsächliches Vorkommen ist jedoch Norwegen, wo die Ernte durch ihn bisweilen bedeutend geschädigt wird. In Deutschland ist die Krankheit neuerdings von Cohn[2]) beobachtet worden. de Bary (l. c.) hat den Pilz von andern Pflanzen auf Kartoffelknollen und auf junge Kartoffeltriebe übertragen können.

Sclerotienkrankheit der Georginen.

d) Eine Sclerotienkrankheit der Georginen erwähnt Sorauer[3]). In den Stengeln von Georginen, welche dabei absterben, fand sich das Sclerotium varium.

Krankheit der Topinamburknollen.

e) Bei einer Krankheit der Topinamburknollen (Helianthus tuberosus) fand Brefeld[4]) Sclerotien, auf denen er die Sclerotinia Libertiania erzog.

---

[1]) Auftreten des Hanfkrebses im Elsaß. Zeitschr. f. Pflanzenkrankh. I. 1891, pag. 208.

[2]) Illustr. landw. Zeitung 1887, Nr. 4.

[3]) Krankheiten der Pflanzen. 2. Aufl. II., pag. 298.

[4]) Botan. Zeitg. 1876, pag. 265 und Schimmelpilze IV. 1881, pag. 118.

f) Auf den Rüben von Brassica, Beta, auf den Wurzeln der Mohrrüben und der Cichorien, sowie auf den Rettigen, wo zum Teil schon von Coemans (l. c.) Sclerotien beobachtet wurden, hat de Bary (l. c.) die Erkrankung durch Sclerotinia nachgewiesen, die besonders in den Aufbewahrungsräumen für die Rüben gefährlich werden kann. Der Rübenkörper wird von einem bis 1 cm hohen weißen Myceliumflaum umwachsen, von welchem auch Fäden zwischen und durch die Zellen des Rübengewebes eindringen, wodurch die Rübe weich und jauchig wird und wobei sich auf der Oberfläche unter dem Myceliumfilz die kuchenförmigen Sclerotien bilden.

Auf Wurzeln von Brassica, Beta, Mohrrüben, Cichorien, Rettigen.

g) Die Stengel von Phaseolus vulgaris sterben nach Prillieux[1]) und nach de Bary (l. c.) leicht durch die Sclerotinia ab, wobei sich in dem engen Markraume die langgestreckten Sclerotien finden. Im Innern der Bohnenhülsen nehmen die Sclerotien sehr unregelmäßige Gestalt an.

Auf Phaseolus.

h) Die Stengel der Petunien (Petunia violacea und nyctaginiflora) und der Zinnia elegans werden nach de Bary (l. c.) ebenfalls besonders leicht von diesem Pilze befallen.

Auf Petunia und Zinnia.

3. Sclerotinia Fuckeliana *Fuckel* (Peziza Fuckeliana *de By.*). Diese Species ist vielleicht auch auf sehr vielen Nährpflanzen heimisch, wiewohl ihre vollständige Entwickelung, d. h. ihre Fruktifikation mit Apothecien nur auf den Blättern des Weinstocks bekannt ist. Absterbende Weinblätter zeigen im Spätjahr auf den Nerven der Unterseite runde oder längliche, 2 bis 5 mm lange, flache, schwielenförmige, schwarzbraune Sclerotien, welche ein feinwarziges oder stacheliges Aussehen haben, weil die Myceliumfäden auch die Haare des Weinblattes mit einspinnen und so in den Sclerotienkörper mit hineinziehen. Dieser Zustand des Pilzes ist darum als Sclerotium echinatum *Fuckel* bezeichnet worden. Sehr häufig wächst auf diesem Sclerotium, wie schon Fuckel beobachtete, die dazu gehörige Conidienform, welche auch hier der als Botrytis cinerea *Pers.* bezeichneten Form entspricht, welche bereits oben S. 497 beschrieben wurde. Wenn mit solchen Sclerotien behaftetes Weinlaub fault, so trifft man im Frühjahr auf den Sclerotien die kleinen, 0,2—0,5 mm breiten, 2—10 mm lang gestielten, blaß bräunlichen, schüsselförmigen Apothecien, deren Sporen länglich elliptisch, 0,009—0,011 mm lang sind.

Sclerotinia Fuckeliana.

Über den Umfang dieser Pilzspecies fehlt es noch an genügenden Untersuchungen. Ich stelle die verschiedenen Pilzformen und Pflanzenkrankheiten, welche dermalen von den Pathologen[2]) und Mycologen[3]) unter dieser Species vereinigt werden, hier zusammen, nur weil ich die richtige Stellung selbst nicht kenne, und obgleich ich ihre Zusammengehörigkeit für gänzlich unerwiesen halte. Denn die letztere hat man nur darauf gegründet, daß die Sclerotien und Mycelien der betreffenden Nährpflanzen mit derselben Botrytis-Conidienform fruktifizieren, wie das Sclerotium der Weinblätter. Dies ist schon deshalb ein fehlerhafter Schluß, weil die Botrytis-Conidien auch andern Sclerotinia-Arten eigen sind, insbesondere der vorhergehenden

[1]) Botan. Centralbl. 1882, XI, pag. 75.

[2]) Vergl. Sorauer, Pflanzenkrankheiten, 2. Aufl. II, pag. 294, 299, und Kirchner, Krankheiten und Beschädigungen unsrer landw. Kulturpfl. Stuttgart 1890, pag. 422.

[3]) Rehm in Rabenhorst Kryptogamenflora, 1, 3. Abt., pag. 812.

Species. Apothecien sind aber aus den Sclerotien der andern hierhergezogenen Formen bisher nicht gezüchtet worden, und darum fehlt das einzig entscheidende Merkmal, welches diesen Pilzen ihre richtige Stellung anweisen würde.

Botrytis cinerea des Weinstocks.

a) Die Botrytis cinerea des Weinstockes. Wie eben erwähnt, findet sich diese Conidienform im Herbst auf absterbenden Weinblättern und dem auf diesem sitzenden Sclerotium echinatum. Außerdem tritt diese Botrytis nach Müller-Thurgau[1]) auch auf den Weinbeeren auf und ist hier die Ursache der sogenannten Edelfäule der Trauben. An einzelnen Beeren reifer Trauben zeigt sich oft eine Fäulnis unter Auftreten dieses grauen Schimmels. Dabei bräunt sich die Beere und verliert an Saft; ihr Zuckergehalt, Säuregehalt und Stickstoffgehalt vermindert sich, aber weil sie schneller ihr Wasser abgiebt und in einen rosinenähnlichen Zustand übergeht, wirkt die Edelfäule veredelnd auf die Traube. Der Pilz vermag in die reifen Beeren nur einzudringen, weil deren Epidermiszellen schon im Absterben begriffen sind; in unreife Beeren kann der Pilz nur in besonderen für ihn günstigen, für die Beere ungünstigen Verhältnissen, z. B. bei andauernd nassem Wetter, bei Verletzung durch den Sauerwurm ꝛc. eindringen. Solche in unreifem Zustande befallenen Beeren nennt man „sauerfaul", „naßfaul" oder „mastfaul"; sie sind für gute Weine nicht anwendbar. Auch in die unverletzte Beere kann der Pilz eindringen; besonders leicht an der Anheftungsstelle und an den Korkwarzen. Auch Sclerotien, mit denen auf den Blättern vollkommen übereinstimmend, sah Müller-Thurgau auf den abgestorbenen Beeren entstehen (wohl übereinstimmend mit den früher als Sclerotium uvae *Desm.* und Sclerotium Vitis *Peyl.* beschriebenen Bildungen). Thümen[2]) hat den Pilz als Botrytis acinorum bezeichnet, doch fallen die dafür angegebenen Charaktere mit unter die Merkmale der sehr variabeln Botrytis cinerea.

Edelfäule der Trauben.

Nach Müller-Thurgau sind die chemischen Veränderungen bei der Botrytis-Fäulnis anders, als wenn der gewöhnliche Schimmel, Penicillium glaucum, als Fäulniserreger auf den Beeren auftritt. Von letzterem wird der Säuregehalt nur langsam, der Zuckergehalt außerordentlich rasch verzehrt, während bei Botrytis der Zucker nur langsam abnimmt. Durch die Botrytis-Fäulnis wird in erster Linie Gerbsäure, dann freie Weinsäure und Apfelsäure verzehrt, der Säuregehalt ist dann hauptsächlich durch Weinstein bedingt. Zu den Nachteilen der Edelfäule gehört auch, daß etwas von den Bouquetstoffen verloren geht. Während das Aroma schon in der Beere fertig vorhanden ist, wird das Bouquet erst bei der Gärung erzeugt. Die bouquetbildenden Stoffe sind aber vorzugsweise in der Haut der reifen Beere zu finden und werden darum hier durch den Pilz teilweise zerstört. Durch Regen werden aus edelfaulen Trauben Zucker und Säure und auch bouquetbildende Stoffe ausgewaschen.

Bisweilen tritt ein vorzeitiges Vertrocknen der Traubenstiele am Weinstock ein, womit ein Welken der Beeren im unreifen Zustande verbunden ist, und wobei auch bisweilen Botrytis auf den kranken Stielen sich zeigt, dessen ursächliche Beziehung dazu jedoch noch zweifelhaft ist.

Fäulnis der Früchte.

b) Eine Fäulnis der Früchte kann durch das Mycelium eines vielleicht auch hierher gehörigen Pilzes verursacht werden. Die spontane Fäul-

[1]) Die Edelfäule der Trauben. Landwirtsch. Jahrb. 1888, pag. 83.

[2]) Pilze des Weinstockes. Wien 1878.

nis, welche regelmäßig auf die erlangte Vollreife der Früchte folgt und in dem natürlichen Absterben des Zellgewebes ohne Beteiligung von Pilzen besteht, ist von dieser durch Pilze verursachten zu unterscheiden, wiewohl deren Symptome dieselben sind. Nach Brefeld[1]) bringen diese Pilze nur dann Fäulnis hervor, wenn sie durch eine Wunde in das Fruchtfleisch eindringen können, und die Fäulnis hält dann in ihrer Ausbreitung Schritt mit dem Fortwachsen der Pilzhyphen im Gewebe. Der Pilz kann um so leichter sich ausbreiten, je reifer und weicher die Frucht ist; weniger reife, härtere Früchte leisten mehr Widerstand. Gewöhnlich findet sich ein aus septierten und verzweigten Fäden bestehendes Mycelium, welches Conidienträger in der Form von Botrytis cinerea (s. S. 496) bildet. Außerdem kann nach Brefeld auch Mucor stolonifer, für gewöhnlich ein saprophyter Schimmel, der an seinen unseptierten, dicken Myceliumfäden leicht von jenem Pilze zu unterscheiden ist, diese Fäulnis veranlassen; auch Penicillium glaucum ist oft, gewöhnlich sekundär, beteiligt. Auf im Keller aufbewahrten, pilzfaulen Birnen fand Schenk zahlreiche, ungefähr rapskorngroße, mehr oder minder kugelrunde, schwarze Sclerotien (dem Sclerotium Semen am ähnlichsten), welche stellenweise die Oberfläche der Früchte ganz bedeckten und selbst an den Stielen sich zeigten. Auf vielen bildeten sich Büschel von Botrytis-Conidienträgern. Sclerotina-Apothecien haben wir daraus nicht erhalten können.

Sclerotienkrankheit der Speisezwiebeln.

c) Das Verschimmeln und die Sclerotienkrankheit der Speisezwiebeln. Auf Allium Cepa tritt häufig eine Krankheit auf, welche hauptsächlich den Zwiebelkörper befällt, bei der Ernte oft noch wenig entwickelt ist, aber während des Winters, wo die Zwiebeln aufbewahrt oder in den Handel gebracht werden, Fortschritte macht und eine Verderbnis zur Folge hat. Sie beginnt am Zwiebelhals; hier erscheint die Schale von außen vertrocknet und eingesunken. Beim Durchschneiden erweisen sich die saftigen Zwiebelschuppen in ihren oberen Teilen erkrankt; sie sehen aus wie gekocht, sind weich und von bräunlicher Farbe, und zwischen den Schalen, besonders unter den äußeren, bemerkt man einen weißen, mausgrauen oder grünlichschwarzen Schimmel, der aus Botrytis cinerea besteht; auch finden sich nicht selten in den oberen, am stärksten verdorbenen Teilen der Zwiebelschuppen stecknadelkopf- bis gerstenkorngroße, kugelige bis längliche, schwarze Sclerotien. In dem erkrankten Gewebe der Zwiebelschuppen haben die Zellen ihren Turgor verloren, sind zusammengefallen, und daher ist auch regelmäßig eins der ersten Symptome das Verschwinden der Luft aus den Intercellulargängen. In dem erkrankten Gewebe wachsen in den Intercellulargängen zahlreiche kräftige Myceliumfäden; sie haben 0,009 mm Dicke, Querscheidewände, reichliches Protoplasma und treiben Zweige von gleicher bis halber Dicke, sind daher von denen der Sclerotinia Libertiana kaum zu unterscheiden. Auch zwischen den Schuppen auf den aneinander liegenden Epidermen breitet sich das Mycelium aus und wuchert hier sogar rascher als im Gewebe. Damit hängt zusammen, daß auf dem Längsschnitte der Zwiebel die erkrankte Partie jeder Schale in der Nähe der Epidermis, besonders derjenigen der Innenseite, etwas weiter herabreicht als im inneren Parenchym. So schreitet die Krankheit immer tiefer gegen die Basis und gegen das Innere der Zwiebel fort und kann endlich noch während des Winters deren vollständige Verderbnis herbeiführen, was bald unter trockener

[1]) Bot. Zeitg. 1876, pag. 282 ff.

Verwesung, bald unter Verjauchung eintritt, je nachdem die Zwiebeln an trockeneren oder feuchteren Orten liegen. Sind dagegen die inneren Blätter und die Knospe noch nicht ergriffen, so können diese im Frühjahre gesund austreiben. An der unverletzten kranken Zwiebel zeigt der Pilz äußerlich gewöhnlich keine Conidienträger; aber man trifft sie da, wo ein etwas geräumiger Zwischenraum zwischen zwei erkrankten Zwiebelschuppen sich befindet. Schön und schnell erhält man sie auch auf den Schnittflächen durchschnittener kranker Zwiebeln unter Glasglocken. Wenn sie auf der unverletzten Epidermis der Schuppen entstehen, so wenden sich dünnere Zweige des endophyten Myceliums durch die Epidermis, entweder die Scheidewand zweier benachbarten Oberhautzellen spaltend oder quer durch das Lumen und die Außenwand derselben hervorwachsend, und schwellen beim Hervortreten sogleich bedeutend zu den senkrecht von der Epidermis sich erhebenden Stämmchen der Conidienträger an. Die Sclerotien bilden sich in dem oberen, bereits verdorbenen Teile der Zwiebel, teils zwischen den Schalen, indem sie auf der Epidermis derselben als scharf umschriebene, ungefähr kugelige oder halbkugelige Knöllchen aufsitzen, teils im Innern der mycelerfüllten Zwiebelschuppe, deren inneres Parenchym hier von dem üppig entwickelten Mycelium fast verdrängt und verzehrt ist. An zahlreichen Punkten verflechten sich die Fäden dieser Myceliummassen zu dichteren Knäueln, den Anfängen der Sclerotien, die auch zu größeren, ganz unregelmäßigen Körpern zusammenfließen können, wenn sie nahe beisammen entstehen. Durch ihre weit geringere Größe, sowie durch kleinere Zellen unterscheiden sie sich allerdings von den Sclerotien der Sclerotinia Libertiana, aber der Typus des anatomischen Baues zeigt Übereinstimmung. Apothecien hat man aus diesen Sclerotien bis jetzt nicht erhalten. Sorauer[1]) hat diese Krankheit, sowie den Pilz und dessen Sclerotien und Conidienträger schon beobachtet; er nennt die letzteren Botrytis cana *Pers.*; nach den Bemerkungen über die Conidienträger des Rapspilzes ist die Bezeichnung Botrytis cinerea *Pers.* wohl ebenso richtig. Die Sclerotien sind in verdorbenen Zwiebeln schon früher gefunden und als Sclerotium Cepae *Berk.* et *Br.* bezeichnet worden. Daß das Mycelium dieser Botrytis die wahre Ursache der Zwiebelfäule ist, geht schon aus dem Umstande hervor, daß dasselbe ausnahmslos die Krankheit begleitet und in der ganzen Ausdehnung des erkrankten Gewebes zu finden ist, besonders aber daraus, daß an der Grenze der gesunden und kranken Partien die ersten Myceliumfäden schon zwischen die noch lebenden Zellen hineinreichen. Ihre verderbliche Wirkung ist so bedeutend, daß sehr bald nach ihrem Eintreffen die Zelle getötet wird. Überdies hat Sorauer (l. c.) durch Infektionsversuche bewiesen, daß die Botrytis die Ursache der Krankheit ist: Conidien, auf die Oberfläche der Zwiebeln gesäet, keimten daselbst; die Keimschläuche entwickeln sich zunächst zu einem auf der Oberfläche der Zwiebelschuppe hinkriechenden Mycelium, und erst die Äste desselben dringen in das Gewebe ein. Danach erkrankten die infizierten Zwiebeln unter Entwickelung des Myceliums und der Sclerotien. Feuchtigkeit und unbewegte Luft war eine Bedingung für diese Wirkung. Die weiße Silberzwiebel soll nach Sorauer eine besonders für die Krankheit empfängliche Sorte sein. Er beobachtete hier an 50 Proz. Erkrankungen, während

[1]) Österreichisches landwirtsch. Wochenbl. 1876, pag. 147; und Pflanzenkrankheiten, 2. Aufl. II, pag. 295.

die schwefelgelbe, die birnförmige und die violette nur in geringem Grade, die Kartoffelzwiebeln gar nicht erkrankt waren. Ich fand, daß auch die grünen Teile der Pflanze durch den Pilz infiziert werden und erkranken können. Aus Sporen, die auf die Mitte eines völlig gesunden, soeben ausgetriebenen, jungen, grünen Zwiebelblattes gebracht waren, entwickelte sich der Pilz und erzeugte sehr bald wieder Conidienträger. Dies fand anfänglich nur im nächsten Umkreise der besäeten Stelle statt, und in derselben Ausdehnung verlor das Blatt die grüne Färbung, ward mißfarbig, das Gewebe schlaff und weich infolge des Verlustes des Zellenturgors und Verschwindens der Luft aus den Intercellulargängen, und von da breitete sich in demselben Maße, wie der Pilz, auch die Erkrankung aus, während der übrige Teil des Blattes gesund war. Hiernach wird die Krankheit durch die verdorbenen Zwiebeln wegen der an diesen haftenden Botrytis-Sporen verbreitet, und da in diesen auch die Sclerotien, die wahrscheinlich den ascosporenbildenden Apothecien des Pilzes den Ursprung geben, enthalten sind, so würde die Beseitigung der erkrankten Zwiebeln ein Vorbeugungsmittel sein. Ob eine von den andern hier beschriebenen Sclerotienkrankheiten mit dieser identisch ist, der Pilz also von andern Nährpflanzen auf die Zwiebeln übergehen kann, ist unbekannt.

Auch Allium ursinum stirbt in den Wäldern nach Schröter[1]) bisweilen bald nach der Blütezeit unter Auftreten von Botrytis ab. Ich beobachtete dies auch bei Leipzig.

d) Bei einer Erkrankung der Maiblumen-Kulturen (Convallaria majalis) in Ahrensburg bei Hamburg 1892 fand Sorauer[2]) einen nicht näher bestimmten Pilz, der einer Botrytis ähnliche kurze Conidienträger aus den Spaltöffnungen der befallenen Blätter hervortreibt. Bestäuben mit Kupfervitriol-Speckstein nützte nichts. Auf Convallaria.

e) Auf Polygonum Fagopyrum beobachtete ich spontan und infolge von Infektionen Botrytis cinerea zugleich mit Sclerotienbildung auf den Blättern. Auf Polygonum Fagopyrum.

f) Eine ganze Reihe weiterer Pflanzenerkrankungen, wo überall Botrytis cinerea erscheint, wird von Kißling[3]) als zu Sclerotinia Fuckeliana gehörig zusammengestellt, was jedoch aus den oben erwähnten Gründen als sehr zweifelhaft zu betrachten ist. Brefeld[4]) erklärt sogar überhaupt die Zugehörigkeit von Botrytis zu Sclerotinia noch als anfechtbar, da man aus den conidientragenden Sclerotien keine Apothecien erziehen kann. Hier sind besonders folgende Fälle gemeint, unter denen jedoch wohl manche Fälle von bloß saprophyter Pilzbildung sein mögen. Botrytis cinerea auf andern Pflanzen.

aa) Das Sclerotium durum *Pers.*, charakterisiert durch seine stark abgeflachte, fast hautartig dünne, langgestreckte Form, kommt äußerlich und bisweilen auch auf der Wand der Markhöhle aufgewachsen an alten Stengeln der Umbelliferen, Labiaten, des Spargels 2c. vor. Auf diesem Sclerotium ist Botrytis cinerea gezogen worden.

---

[1]) Hedwigia 1879.

[2]) Jahresber. d. Sonderaussch. f. Pflanzenschutz in Jahrb. d. Deutsch. Landw. Gesellsch. 1893, pag. 447.

[3]) Beitrag zur Biologie der Botrytis cinerea. Hedwigia 1889, Nr. 4.

[4]) Mykologische Untersuchungen, X, pag. 315.

bb. Auf abgestorbenen Lupinenstengeln fand Cohn mohn- bis hanfkorngroße, schwarze, kugelige Sclerotien; Eidam[1]) erzog auf solchen Stengeln „Botrytis elegans *Link*“ und erzielte durch Aussaat dieser Conidien auf Pflaumendecoct eine ganz analoge üppige Entwickelung von Mycelium, neuen Conidienträgern und Sclerotien. Ich fand mehrfach Botrytis cinerea am hypokotylen Glied der Keimpflanzen von Lupinen, unter der Erscheinung des Umfallens der Keimpflanzen. Denselben Pilz fand ich auch am Stengel junger Pflanzen von Ervum Lens.

cc) In zur Blütezeit abgestorbenen Köpfchen von Aster chinensis fand Rabenhorst[2]) das bis 3 mm lange, unregelmäßig runde oder längliche schwarzbraune, oft zu mehreren zusammengeklebte Sclerotium anthodiophilum *Rabenh.*

dd) Auf Gentiana lutea beobachtete Kißling (l. c.) im Juni 1888 eine epidemische Erkrankung, wobei Stengelteile blühender Sprosse abstarben und umknickten, und wobei Botrytis cinerea die Ursache war.

ee) Unter dem Namen „grauer Schimmel“ ist auf vielen Gewächshauspflanzen eine entschieden parasitäre, in hohem Grade verderbliche Pilzbildung bekannt, welche aus Botrytis cinerea besteht und wobei die mit diesem Schimmel sich bedeckenden Pflanzenteile rasch absterben. Begonia, Primula chinensis, Pelargonium und viele andre Kalthauspflanzen, selbst Succulenten werden davon besonders im Herbst und Winter befallen, auch im Gewächshaus stehende Rosen. An verschiedenen Gartenpflanzen, wie Lilien[3]), Tulpen ꝛc. kommt der Pilz vor und macht Schaden. Auch ist er an männlichen Blütenkätzchen von Juniperus, Thuja, Taxus beobachtet worden. Hierher dürfte auch eine Botrytis Douglasii *Tubeuf* zu rechnen sein, welche neuerdings an den in Deutschland angebauten Douglastannen von Tubeuf[4]) beobachtet worden ist. Die jungen, noch unvollständig ausgebildeten Triebe, zum Teil auch die vorjährigen Triebe sterben unter Bräunung ab und man bemerkt später an den Nadeln und Trieben bis stecknadelkopfgroße, schwarze Sclerotien, aus denen leicht Botrytis-Conidienträger hervorsprossen. Auch Tannen, Fichten und Lärchen werden nach Tubeuf von diesem Pilze infiziert.

Als Botrytis corolligena *Cooke* et *Mass.* hat man eine auf den Blüten kultivierter Calceolaria in England auftretende Form bezeichnet und als Botrytis parasitica *Cav.* eine solche auf Blättern, Stengeln und Blüten von Tulipa Gesneriana in Italien.

Weißer Rotz der Hyacinthen.

4. Sclerotinia bulborum (*Wakker*) *Rehm.* (Peziza bulborum *Wakker*), verursacht den weißen Rotz der Hyacinthen, ist aber auch auf den Zwiebeln von Scilla und Crocus beobachtet worden. Diese Krankheit vernichtet in Holland die Hyacinthenkulturen felderweise. Nach den bei Meyen[5]) zusammengestellten ausführlichen Mitteilungen soll man von diesem Übel vor einer gewissen Zeit noch nichts gewußt haben und genau nachweisen können, in welchen Gärten um Harlem im letzten Drittel des vorigen Jahr-

[1]) Sitzungsber. der schles. Gesellsch. f. vaterl. Cult. 29. Nov. 1877. Vergl. Bot. Zeitg. 1878, pag. 174.

[2]) Siehe dessen Fungi europaei, Nr. 2461.

[3]) The Lily disease in Bermuda, refer. in Journ. de Bot. März 1891.

[4]) Beiträge zur Kenntnis der Baumkrankheiten. Berlin 1888.

[5]) Pflanzenpathologie, pag. 164—172.

hunderts der Rotz zuerst entdeckt wurde. Weitere Ausbreitung scheint er erst in diesem Jahrhundert gewonnen zu haben und wurde 1830 auch in Berlin beobachtet. Der weiße Rotz wird durch eine eigentümliche Schimmelart verursacht, welche in den ausgenommenen Hyacinthenzwiebeln entsteht und ihre Zerstörung vom Zwiebelhalse aus beginnt, von wo aus sie sich in die Tiefe der Zwiebeln hinein verbreitet. Die Beschaffenheit dieses Myceliums, die Art und Weise seines Auftretens und seiner Verbreitung in den Zwiebelschuppen, sowie die Krankheitssymptome, die es bewirkt, haben große Ähnlichkeit mit der vorher erwähnten Krankheit der Speisezwiebeln. Der sogenannte schwarze Rotz ist nach jenen Mitteilungen nichts andres als dieselbe Krankheit wie der weiße Rotz, nur ausgezeichnet durch die Anwesenheit schwarzer Sclerotien im Innern der erkrankten Zwiebelschuppen. Der schwarze Rotz macht sich aber schon an den im Boden stehenden Pflanzen bald nach der Blütezeit im Mai oder Juni bemerklich, scheint also durch eine zeitigere und schnellere Entwickelung des Parasiten verursacht zu werden. Die Blätter bekommen gelbe Spitzen, sind in wenigen Tagen ganz gelb, sinken um und lassen sich bei der geringsten Berührung herausziehen. Beim Ausnehmen der Zwiebeln findet man sie vom Halse aus mehr oder weniger gefault, oder vertrocknet und schwarzbraun gefärbt. Die schwarzen Sclerotien finden sich sowohl äußerlich auf den Zwiebelschuppen, als auch beim Durchschneiden in einer je nach dem Grade des Erkranktseins mehr oder weniger großen Anzahl von Schuppen. Die Sclerotien sind außen tief schwarze, im Innern feste, weiße, bis 12 mm dicke Körper, von denen die kleineren bis zu 10 und 20 in einer einzelnen Schuppe sich finden und dann oft mit einander zusammenwachsen. Bleiben die erkrankten Zwiebeln im feuchten Boden, so verjauchen sie bald zu einer übelriechenden Masse. Aus dem Boden ausgenommen, verderben sie schließlich auch, indem sie auffallend rasch vertrocknen, zu kleinen, unansehnlichen, schwarzen Körperchen zusammenschrumpfen und dann bei gelindem Druck auseinanderfallen. Nach den Untersuchungen Wakker's[1]) entwickeln sich aus den Sclerotien im Frühling Apothecien, welche einen 13—19 mm langen aus der Erde hervorwachsenden graubräunlichen Stiel besitzen, der sich nach oben allmählich verbreitert in die 3—5 mm breite, etwas dunklere, trug-trichterförmige, zuletzt etwas gewölbte Fruchtscheibe; die Sporen sind eiförmig, elliptisch, 0,016 mm lang. Nach Wakker erfolgt die Infektion der Zwiebeln meist durch ein direkt aus den Sclerotien sich bildendes Mycelium. Infektionen mit Ascosporen gelangen aber nur dann, wenn diese vorher zu reichlicher Myceliumentwickelung durch saprophyte Ernährung gebracht worden waren. Wakker hält die Species für eine selbständige, da ihm Infektion mit Sclerotinia Trifoliorum und umgekehrt nicht gelang. Nach Oudemans[2]), der auch eine Beschreibung des Pilzes giebt, ist ein Conidienpilz von Botrytis hier nicht aufgefunden worden. Auch von den Gärtnern wird die Krankheit für ansteckend gehalten. Man weiß, daß die Zwiebeln, während sie in der Erde liegen, vom weißen Rotz in noch weit größerer Anzahl als später befallen werden; doch ist das

[1]) Onderzoek der ziekten van hyacinthen etc. 1883. La morphe noire des jacinthes et plantes analogues, producte par le Peziza bulborum. Arch. Neerland. T. XXIII, pag. 25. Botan. Centralbl. 1883, pag. 316 und 1887, XXXIX, Nr. 10.

[2]) Ned. Kruidk. Arch. Ser. II. T. 4. pag. 260.

Nichteinschlagen kein unfehlbares Mittel gegen das Entstehen desselben. Sehr feuchter Boden, viel Regen, zu starke Düngung scheinen die Krankheit zu befördern. In Holland wirft man die angesteckten Zwiebeln sogleich weg und nimmt die Erde um die zunächststehenden so weit fort, als man kann, damit keine weiter angesteckt werden. Die Aufbewahrungsräume müssen möglichst trocken gehalten und durch häufiges Besehen der ausgenommenen Zwiebeln ein Umsichgreifen der Krankheit verhütet werden. Auch kann man diejenigen, deren Erkrankung früh genug erkannt wird, durch starkes Fortschneiden am Zwiebelhalse retten.

Auf Galanthus.

5. Sclerotinia Galanthi *Ludw.* Auf den aus der Erde hervorbrechenden Blättern und Blütenanlagen von Galanthus nivalis wurde von Ludwig[1]) eine graue Botrytis-Fruktifikation und in Zwiebeln solcher Pflanzen schwärzliche Sclerotien gefunden, deren Weiterentwickelung jedoch nicht beobachtet wurde.

In Wurzelstöcken von Anemone.

6. Sclerotinia tuberosa *Fuckel* (Peziza tuberosa *Bull.*, Rutstroemia *Karst.*), bildet nach de Bary[2]) und Tulasne[3]) in den Wurzelstöcken von Anemonene morosa Sclerotien von rundlicher oder länglicher Gestalt, von einer Länge bis 3 cm, die außen schwarz und uneben, innen weiß sind, und aus denen vereinzelt oder zu mehreren die 1—3 cm breiten, dunkelbraunen, trichterförmigen Apothecien, mit hell kastanienbrauner Scheibe und mit braunzottigem, 2—10 cm langem, unten etwas knollig verdicktem Stiel aufkeimen, die Sporen sind 0,015—0,018 mm lang. Conidienbildung in Form kettenförmig gereihter kugeliger Conidien hat Brefeld[4]) beobachtet. Nach Wakker[5]) beschädigt dieser Pilz in den holländischen Blumenzüchtereien die Anemonen.

Auf Zweigen der Tanne.

7. Sclerotinia Kerneri *Wettst.* bringt an den Zweigen der Tanne nach Wettstein[6]) eine Erkrankung hervor, wobei dieselben sich verdicken, ihre männlichen Blütenknospen vermehren und die stehenbleibenden Hüllblättern derselben anschwellen. Im Innern dieser Organe wuchert das Mycelium und bildet später zwischen den abgestorbenen Hüllblättern 4—6 m breite, kugelige oder zusammengedrückt kugelige, außen schwarze Sclerotien. Auf diesen entstehen die kleinen, blaßbraunen Apothecien gesellig; diese haben einen 1—1,5 mm langen Stiel und eine krugförmige, 1—4 mm breite braune Fruchtscheibe; die elliptischen Sporen sind 0,020—0,026 mm lang.

Sclerotienkrankheit der Carex-Halme.

8. Sclerotinia Duriaeana *Quél.* (Peziza Duriaeana *Tul.*), verursacht eine Sclerotienkrankheit der Carex-Halme. In verschiedenen Carex-Arten, wie Carex arenaria, vulpina, acuta, ligerica ist in Frankreich schon seit 1854 von Durieu de Maisonneuve, später auch in der Schweiz ein Schmarotzer gefunden worden, der im Anfang des Frühlings im Mark der jungen, im Austreiben begriffenen Halme ein Mycelium und daselbst auch 8—20 mm lange, 2 mm dicke, schwarze Sclerotien, das Sclerotium sulcatum *Desm.*, bildet, infolgedessen die Halme dürr werden und verkümmern, so daß diese Riedgräser an den vom Pilze befallenen Plätzen steril bleiben.

[1]) Lehrb. d. niedern Kryptogamen, pag. 355.
[2]) Botan. Zeitg. 1886, Nr. 22—27.
[3]) Selecta Fung. Carpologia III, pag. 200.
[4]) Mykolog. Untersuch. IV, pag. 155, X, pag. 315.
[5]) Archives Neerland. XXIII, pag. 373.
[6]) Berichte d. Akad. d. Wissensch. Wien XCIV, pag. 72.

Halm aufspringt, heraus, bleiben zwischen dem Grase liegen und fruktifizieren im nächsten Frühjahre, indem sie die von Tulasne[1]) beobachteten Apothecien austreiben. Diese haben einen 1—2 cm langen bräunlichen Stiel und eine 3—7 mm breite hellbraune Fruchtscheibe; die Sporen sind 0,012 bis 0,018 mm lang. Nach Brefeld[2]) gehört als Conidienfrucht hierzu das in Gesellschaft der Sclerotien auf den Carex-Halmen auftretende Epidochium ambiens *Desm.*, mit kugeligen, einzelligen, 0,0015—0,002 mm dicken, farblosen Sporen.

An dürren Halmen von Juncus.

9. Sclerotinia Curreyana *Karst.* (Peziza Curreyana *Berk.*) In dürren Halmen von Juncus-Arten findet sich im Herbst ein Sclerotium roseum *Fr.*, von 3—4 mm Länge und schwarzer Farbe, welches daraus hervorbricht und im Frühling bis 5 mm lang gestielte, höchstens 4 mm breite, braune Apothecien mit 0,007—0,012 mm langen Sporen erzeugt[3]).

Auf Scirpus.

Eben dieses Sclerotium kommt auch an den toten Halmen von Scirpus lacustris vor und erzeugt ein Apothecium, welches Rehm[4]) von dem vorigen auf Juncus als besondere Art Sclerotinia scirpicola *Rehm.*, trennt. Es ist noch unbekannt, ob diese Pilze anfänglich mit ihrem Mycelium parasitisch auf den genannten Pflanzen wachsen.

Auf Eriophorum.

10. Sclerotinia Vahliana *Rostr.*, bildet schwarze Sclerotien zwischen den Blattscheiden von Eriophorum Scheuchzeri in Grönland. Die 4 bis 8 mm großen, halbkugeligen Apothecien entspringen mit einem 10—30 mm langem Stiel aus den Sclerotien; die Sporen sind ellipsoidisch, 0,011 bis 0,013 mm lang[5]).

Sclerotienkrankheit der Preißelbeeren.

11. Sclerotinia Urnula (*Weinm.*) *Rehm.*, (Ciboria Urnula *Weinm.*, Sclerotinia Vaccinii *Woron.*), ein Parasit der Preißelbeeren, der sein Sclerotium nur in den Beeren entwickelt und hier die Sclerotienkrankheit der Preißelbeeren erzeugt. Nach den eingehenden Untersuchungen Woronin's[6]) erkranken im Frühling die jungen Triebe der Pflanze etwas unter ihrer Spitze, schrumpfen, trocknen und bräunen sich samt den daransitzenden Blättern; aus einem in der Rinde liegenden Pseudoparenchym brechen Conidienträger hervor, welche der Form Torula oder Monilia entsprechen; sie haben dichotom verzweigte perlschnurförmige Conidienketten deren einzelne citronenförmige, 0,031—0,042 mm lange farblose Conidien durch ein spindelförmiges Cellulosestück, den sogenannten Disjunctor, getrennt sind. Die Sporen dieses pulverförmigen, angenehm nach Mandeln duftenden Schimmels werden von Insekten, die dadurch sich anlocken lassen, auf die Narben der sich öffnenden Blüten übertragen. Sie keimen hier und erzeugen ein Mycelium, welches der Placenta sich fest anschmiegt, dann auch in die Fruchtknotenwand bis zur Oberfläche der Beeren eindringt. Es bildet sich dann auf der Innenwand ein Sclerotium, welches nach der Gestalt der Fruchtknotenwand eine oben und unten offene Hohlkugel, die äußer-
Zuletzt fallen die Sclerotien aus den Längsspalten, in die der vertrocknete

---

[1]) Selecta Fungorum Carpologia I, pag. 103 ff.

[2]) Mykolog. Untersuch. X, pag. 317.

[3]) Vergl. Tulasne, l. c., pag. 105.

[4]) l. c., pag. 822.

[5]) Rostrup in Meddelelser om Grönland III, 1891.

[6]) Über die Sclerotien-Krankheit der Vaccinien-Beeren. Mém. Acad. St. Petersbourg 1888. T. XXXVI, pag. 3.

lich und innerlich mit schwarzer Rinde überzogen ist, darstellt. Solche Preißelbeeren werden daher zuletzt kastanienbraun, und da sie außen faltenartig schrumpfen, nehmen sie die Gestalt eines gerippten, melonenartigen Körpers an. Die so mumifizierten Beeren fallen ab und entwickeln gleich nach der Schneeschmelze die Apothecien mit 2—10 cm langem, braunem und am Grunde braunhaarigem Stiel, 5—15 mm breiter Scheibe und cylindrischen, 0,012—0,015 mm langen und 0,005—0,006 mm breiten Sporen. Der Pilz ist nach Woronin ebenso wie die folgenden in Früchten Sclerotien bildenden Arten strenger Parasit, zum Unterschied von den fakultativ parasitären, nämlich auch saprophyten vorhergehenden Arten. Infektionen mit Ascosporen gelangen im Frühjahr leicht; die besäeten Triebe zeigten nach 14 Tagen alle Symptome der Erkrankung. Diese Krankheit ist nach Ascherson und Magnus[1]) ziemlich weit verbreitet, besonders häufig in Schlesien und im Fichtelgebirge.

Auf Beeren von Vaccinium Oxycoccus.

12. Sclerotinia Oxycoccii *Woron.*, tritt in gleicher Weise wie der vorige Pilz auf den Beeren von Vaccinium Oxycoccus auf und gleicht demselben auch in der Entwickelung und in den Apothecien sehr, unterscheidet sich aber nach Woronin[2]) durch die 0,025—0,028 mm langen Conidien. Nach Ascherson und Magnus (l. c.) ist dieser Pilz besonders in den östlichen und nördlichen Gegenden Deutschlands verbreitet.

In Fruchtknoten von Rhododendron.

13. Sclerotinia Rhododendri *Fischer* bildet sein Sclerotium in den Fruchtknoten von Rhododendron ferrugineum und hirsutum in den Alpen; es füllt nach Fischer[3]) den ganzen Hohlraum der Fächer des Fruchtknotens aus, der von den gesunden nur durch Kürze und Dicke, größere Härte und leichteres Abfallen sich unterscheidet. Wahrlich[4]) erhielt aus den Früchten von Rhododendron dahuricum aus Sibirien gestielte, bräunlichgelbe Apothecien mit schmutzig braunroter Fruchtscheibe und eiförmigen, 0,0144 mm langen Sporen.

Sclerotienkrankheit der Heidelbeeren.

14. Sclerotinia baccarum *Rehm.* (Rutstroemia baccarum *Schröt.*), verursacht die Sclerotienkrankheit der Heidelbeeren, welche dadurch weiße Beeren bekommen, die jedoch nicht mit der echten, weißfrüchtigen Varietät der Heidelbeere verwechselt werden dürfen. Dieser Pilz, über den wir auch Woronin[5]) nähere Untersuchungen verdanken, unterscheidet sich von dem der Preißelbeeren dadurch, daß sich das Conidienlager nur an den Stengeln und zwar an der konkaven Seite herabgebogener Triebe entwickelt, auch fehlt ihm das in der Rinde nistende pseudoparenchymatische Polster; die Conidien sind kugelig, mit sehr kleinen Disjunctoren. Das Sclerotium ist gewöhnlich nur am oberen Pol offen und hat demnach die Form einer Schale. Die Apothecien haben einen 0,5—5 cm langen, aber nicht braunhaarigen Stiel und eine stets pokalförmig bleibende, nicht sich abflachende Scheibe; die Sporen sind länglich elliptisch, 0,017—0,021 mm lang. Der Pilz ist nach Ascherson und Magnus[6]) durch ganz Deutschland, Österreich und die Schweiz verbreitet.

[1]) Verhandl. d. zool. bot. Gesellsch. 1891, pag. 697.

[2]) l. c. pag. 28.

[3]) Mitteil. d. naturf. Gesellsch. Bern 1891, pag. 25.

[4]) Berichte d. deutsch. bot. Gesellsch. X, pag. 68.

[5]) l. c. und Berichte d. deutsch. bot. Gesellsch. III. 1885, pag. 59.

[6]) l. c. und Berichte d. deutsch. bot. Gesellsch. VII. 1889, pag. 387.

Auf Früchten von Vaccinium uliginosum.

15. Sclerotinia megalospora *Woron.*, erzeugt eine Sclerotienkrankheit an den Früchten von Vaccinium uliginosum. Nach der von Woronin (l. c.) gegebenen Beschreibung entwickeln sich Conidien im Frühjahr zur Blütezeit in Form eines dichten, weißgrauen Anfluges auf der Unterseite der dann welkenden und sich bräunenden Blätter, dem Hauptnerv entlang, seltener an den Blattstielen. Die 0,024—0,030 mm langen Conidien sind fast kugelrund und haben sehr kleine Disjunktoren. In den Beeren entwickelt sich ein Sclerotium als ein von allen Seiten geschlossener kugeliger, vier- bis fünfrippiger, äußerlich schwarz berindeter Körper. Die erkrankten Beeren färben sich blaß, schmutzig rot oder violett und schrumpfen allmählich zusammen. Die Apothecien haben einen 2—4 cm langen, unten knollig verdickten Stiel ohne Behaarung und eine 3—7 mm breite, krugförmige Fruchtscheibe. Die Sporen sind 0,019—0,025 mm lang, eiförmig. Der Pilz kommt außer in Rußland nach Ascherson und Magnus (l. c.) auch im nordöstlichen Deutschland vor.

Auf Früchten der Eberesche.

16. Sclerotinia Aucupariae *Ludw.* Die Früchte der Eberesche werden durch diesen Pilz mumifiziert, wie Ludwig[1]) zuerst im Erzgebirge als eine ziemlich häufig auftretende Krankheit beobachtete. Woronin[2]) hat den Pilz auch in Finnland gefunden; nach ihm sollen die Ascosporen die jungen Blätter der Ebereschen infizieren, worauf sich auf diesen eine Conidienfruktifikation entwickelt, wobei die Blätter frühzeitig absterben.

Auf Früchten von Mespilus und Cydonia.

17. Sclerotinia Mespili *Woron.* Sclerotien in mumifizierten Früchten von Mespilus und Cydonia sind ebenfalls von Woronin (l. c.) angegeben worden. Nach demselben Beobachter soll als Conidienzustand hierzu gehören die auf den Blättern der genannten Bäume vorkommende Ovularia necans (S. 349).

Auf Kirschenfrüchten und in Früchten von Betula.

18. Sclerotinia Cerasi *Woron.* Auch aus mumifizierten Kirschenfrüchten hat Woronin (l. c.) eine Monilia-artige Conidienfruktifikation, sowie aus Sclerotien in Früchtchen von Betula im Frühjahre Sclerotinia-Apothecien herauswachsen sehen. Er vermutet auch, daß die Monilia fructigena (S. 360) die Conidienform eines verwandten Discomyceten sei.

Auf Beeren von Streptopus.

19. Sclerotinia baccarum *Rostr.*, ist nur im Sclerotienzustand auf den Beeren von Streptopus amplexifolius in Grönland gefunden worden.

Sclerotienkrankheit der Grasblätter.

20. Die Sclerotienkrankheit der Grasblätter. Von dieser Krankheit werden verschiedene Gramineen an ihren jungen Trieben befallen, die dadurch lange bevor sie ihre natürliche Höhe erreicht und den Blütenstand entwickelt haben, zu Grunde gehen. Schon von ferne zeigen sich sämtliche Blätter, mit Ausnahme der jüngsten, an denen die Krankheit erst beginnt, von den Spitzen aus zum größten Teil vertrocknet, verblichen und verbogen oder eingeknickt. In der ganzen Länge des erkrankten Teiles ist das Blatt mit den Rändern eingerollt wie in der Knospe, und da gewöhnlich das untere Blattstück grün und normal ausgebreitet ist, so sieht es aus, als endigte jedes Blatt in eine lange, blasse Ranke. Regelmäßig steckt aber die Spitze jeder Ranke in der Rolle des nächst älteren Blattes, sogar wenn die Blätter durch Streckung ihrer Scheiden schon sehr weit auseinander gerückt

---

[1]) Berichte d. deutsch. botan. Gesellsch. VIII, 1890, pag. 219; IX, 1891, pag. 189.

[2]) Berichte d. deutsch. botan. Gesellsch. IX, 1891, pag. 102.

sind. Der Halm erhält dadurch eine seltsame, verkettete Tracht. Aus jeder Blattrolle kommt unten ein weißer Myceliumstrang hervor, der sich, bevor er endigt, noch ein Stück auf dem ausgebreiteten, grünen Blattstück fortsetzt, aber auch hier seine Anwesenheit durch einen ihm folgenden, verblichenen, dürren Streifen im Blatte kennzeichnet. In diesem Myceliumstrange befinden sich in Entfernungen einzeln stehende oder perlschnurartig gereihte, länglichrunde, anfangs weiße, dann lichtbraune, endlich schwärzliche Sclerotien, im Durchmesser 1 bis 2 mm. Sie entstehen immer in der Achse des Stranges, so daß sie ringsum von den weißen Fasern desselben eingehüllt sind. Man findet sie teils in dem aus der Rolle herausragenden Stück, teils und hauptsächlich in der Rolle, wo sie wegen ihrer Größe die gerollten Blattränder aus einander drängen und frei vorstehend sichtbar sind. Der Myceliumstrang füllt in der Blattrolle alle Zwischenräume aus, und seine Fäden dringen hier auch in das Blattgewebe ein, verdrängen und verzehren hauptsächlich die zartwandigen Elemente, dringen aber auch in die Lumina der derbwandigeren Zellen und selbst der Gefäße ein. Oft ist daher an Stelle des Mesophylls ein ähnliches, dichtes Geflecht von Myceliumfäden getreten, wie es außerhalb des Blattkörpers in den Zwischenräumen der Blattrolle sich befindet. So wird durch das Mycelium die ganze Rolle zu einer zusammenhängenden Masse verwebt; dies erstreckt sich daher auch auf die in jeder Rolle steckende Spitze des nächst jüngeren Blattes. Der Pilz wuchert also nur in der Knospe des Halmes zwischen den in einander steckenden jungen Blättern. Weder Conidienträger am Mycelium, noch Fruchtkörper aus den Sclerotien sind bis jetzt beobachtet; der Pilz ist also noch mit Vorbehalt zu Sclerotinia zu stellen. Das Sclerotium hat ein weißes Mark, welches aus ziemlich dicht verflochtenen Hyphen, deren Verlauf kaum zu verfolgen ist, besteht und eine dunkle Rinde, deren Zellen braunwandig, enger, dichter verflochten, daher pseudoparenchymatisch sind. Dasselbe ist zuerst von Auerswald bei Leipzig auf Calamagrostis gesammelt und als Sclerotium rhizodes *Awd.* in Rabenhorst, Herb. mycol. Nr. 1232, verteilt worden. Fuckel[1]) hat dasselbe Sclerotium im Rheingau auf einer Sumpfwiese in einem Grase, das er zweifelhaft als eine Poa-Art bezeichnet, gefunden. Im Frühjahr 1879 trat die Krankheit in den Auenwäldern von Leipzig epidemisch auf; ich fand an einem feuchten Waldrande in weiter Ausdehnung zahlreiche Pflanzen von Dactylis glomerata daran erkrankt, an einem andern Orte trat der Pilz auf einer feuchten Waldwiese an Phalaris arundinacea auf, deren junge Triebe kaum fußhoch dadurch vernichtet wurden, so daß ein ganzer Strich der Wiese dürr und weiß geworden war. Auf dieses Vorkommnis bezieht sich meine obige, schon in der ersten Auflage dieses Buches, S. 545, gegebene Beschreibung der Krankheit.

Sclerotienkrankheit der Reispflanze.

21. Die Sclerotienkrankheit der Reispflanze. In Italien ist eine für die Reispflanze verderbliche Krankheit bekannt geworden, welche durch ein von Cattaneo[2]) Sclerotium Oryzae genanntes, in ungeheurer Menge in den Hohlräumen der unteren Halmteile und Blattscheiden vorkommendes Sclerotium hervorgerufen wird. Letzteres sitzt anfangs einem

[1]) Symb. mycolog. 2. Nachtr. pag. 84.

[2]) Archiv triennale de Labor. di Bot. crittog. di Pavia 1877, pag. 10. Vergl. Just, bot. Jahresb. f. 1877, pag. 154.

zarten, weißen Mycelium an und ist kugelrund, nur etwa $^1/_{10}$ mm groß glatt, fast glänzend, schwarz. Der unter Wasser befindliche Teil des Halmes, in welchem hauptsächlich der Pilz sich entwickelt, wird schwarzfleckig, reißt auf und wird schließlich ganz zerstört, infolgedessen der Halm zu grunde geht. Ob der Pilz zu Sclerotinia gehört, ist noch fraglich.

Stengelfäule der Balsaminen.

22. Die Stengelfäule der Balsaminen, durch einen von mir schon in der vorigen Auflage dieses Buches S. 544 beschriebenen und Sclerotium Balsaminae *Frank*, genannten Pilz verursacht. Am Stengel der Balsaminen verlieren ein oder mehrere unterste, zunächst über dem Boden stehende Internodien ihren Turgor und sehen wie gekocht aus, so daß man leicht den Saft aus ihnen drücken kann, worauf die Pflanze zu welken beginnt, umfällt und rasch abstirbt. Diese Krankheit beobachtete ich in einem Beete von Impatiens glandulifera, von welchem nur einige wenige Individuen erkrankten. Zwischen den Zellen der erkrankten Teile fand sich ein üppig entwickeltes Mycelium, dessen Fäden bis zu 0,01 mm dick, mit Scheidewänden versehen, reich an Protoplasma war und in gleich dicke und mehrmals dünnere Fäden sich verzweigten. Das Mycelium durchwucherte alle Gewebe. An diesem Mycelium bildeten sich zahllose kleine, kugelige, schwarze Sclerotien von nicht über $^1/_{10}$ mm Durchmesser; sie waren ebenfalls durch alle Gewebe verbreitet, von der Epidermis an, selbst zwischen und in den weiten Gefäßen. Ihre Bildung begann damit, daß in eine oder mehrere benachbarte Zellen Myceliumfäden zahlreich eindrangen und sich zu einem das Lumen der Zellen ausfüllenden Knäuel verbanden. Aus diesem entwickelte sich das Sclerotium. Einige abgestorbene Exemplare, welche in einen feuchten Raum gelegt worden waren, zeigten sich nach einigen Tagen in fast allen Teilen, nämlich in den Wurzeln, in den Stengeln und selbst in mehreren Blättern vom Mycelium durchwuchert und mit Sclerotien durchsäet. Conidienträger habe ich nicht beobachtet; auch das Schicksal der Sclerotien ist mir unbekannt. Es ist also auch noch unentschieden, ob dieser Pilz zu Sclerotinia gehört.

XIII. Vibrissea *Fr.*

Vibrissea.

Die Apothecien haben die Form kleiner, auf einem dünnen Stiel stehender kugeliger Köpfchen, deren ganze Außenfläche mit der Fruchtschicht überzogen ist. Letztere besteht aus Paraphysen und achtsporigen Schläuchen mit sehr kleinen, elliptischen, einzelligen, farblosen Sporen. Die Apothecien entspringen bei dem hier zu erwähnenden Pilze aus Sclerotien, weshalb wir diese Gattung hier anschließen.

Sclerotienkrankheit des Hopfenklees.

Vibrissea sclerotiorum *Rostr.*, verursacht nach Rostrup[1]) eine Sclerotienkrankheit des Hopfenklee's (Medicago lupulina) in Dänemark. Sehr viele Pflanzen eines Kleeschlages starben ab und die abgestorbenen Wurzeln und Stengel zeigten sich mit schwarzen knollenförmigen Sclerotien besetzt. Aus den im März ausgesäeten Sclerotien erhielt Rostrup im Juni je 1 bis 10 Apothecien mit dünnen, 5—8 mm langem, weißem, an der Basis rötlichem Stielchen und hellrotem 0,5 mm dicken Köpfchen.

[1]) Oversigt over de i 1884 indlobene Forespörgsler angaaende Sygdomme hos Kulturplanter. Ref. in Botan. Centralbl. XXIV. 1885, pag. 48.

XIV. Roesleria *Thüm.* et *Pass.*

Roesleria.

Die Apothecien stellen ebenfalls gestielte, kugelige Köpfchen dar, die aber aus keinem Sclerotium, sondern aus abgestorbenen Pflanzenwurzeln entspringend unterirdisch wachsen. Die achtsporigen Schläuche zeichnen sich durch kugelrunde Sporen und dadurch aus, daß sie rasch vergänglich sind, indem die sich vergrößernden Sporen den Schlauch ausweiten, der dadurch ein perlschnurförmiges Aussehen bekommt und einer einfachen Sporenkette gleicht, zumal da die Sporen dann sich von einander abgliedern.

Am Weinstock.

Roesleria hypogaea *Thüm.* et *Pass.* Die kleinen, silbergrauen, kugeligen oder etwas zusammengedrückten Köpfchen dieses Pilzes sitzen mit ihren weißlichen, meist gebogenen, ½ bis 2 cm langen Stielen gesellig auf der Oberfläche im Erdboden faulender Wurzeln von Holzpflanzen, besonders häufig am Weinstock. Dieser Pilz scheint indessen nur ein Saprophyt zu sein, denn er ist an lebenden Wurzeln noch nicht beobachtet worden. Gleichwohl hat man[1]) in ihm die Ursache gewisser Krankheiten des Weinstockes vermutet, bei denen die Pflanzen auf größeren oder kleineren Plätzen in den Weinbergen im Laufe der Jahre allmählich zurückgehen und absterben, und wobei man die Wurzeln größtenteils verfault und nicht selten mit den Apothecien dieses Pilzes bewachsen findet. Diese Erscheinungen samt dem Pilze sind in Frankreich, in der Schweiz, in Niederösterreich und in den deutschen Rheinländern zu beobachten. Vorläufig darf noch angenommen werden, daß in solchen Fällen eine derjenigen Weinkrankheiten, die wir an andern Stellen besprochen, insbesondere Dematophora necatrix, Reblaus oder die wahrscheinlich nicht parasitäre Gelbsucht der Reben die primäre Ursache und die Roesleria erst eine sekundäre Erscheinung ist.

Fünfzehntes Kapitel.

Ascomyceten, welche nur in der Myceliumform bekannt sind. Der Wurzeltöter, Rhizoctonia *DC.*

Wurzeltöter. Rhizoctonia.

Wir haben es hier mit Schmarotzern auf Pflanzenwurzeln zu thun. Ein dickes, faserig-häutiges, violett gefärbtes Mycelium überzieht die Wurzel meist total und tötet sie, worauf die Pflanzen selbst eingehen. Diese auf sehr verschiedenen Pflanzen auftretenden Pilze sind nur in ihrer charakteristischen Myceliumform bekannt; mit Sicherheit sind noch keine Fruktifikationsorgane an diesen Mycelien nachgewiesen worden, wenigstens keine Ascosporenfrüchte, welche gestatten würden, diesen Pilzen eine Stellung unter den Ascomyceten anzuweisen. Daß sie aber Angehörige der letzteren sein dürften, wird von allen Myco-

[1]) Vergl. Prillieux, Le Pourridié des Vignes de la Haute-Marne. Extrait des Annales de l'institut nationale agronomique. Paris 1882, pag. 171.

logen angenommen. Wir führen sie daher vorläufig noch abgesondert von den eigentlichen Ascomyceten für sich auf.

1. Der Wurzeltöter der Luzerne, Rhizoctonia violacea *Tul.* (Rhizoctonia Medicaginis *DC.*, Byssothecium circinans *Fuckel*, Leptosphaeria circinans *Sacc.*, Tremmatosphaeria circinans *Winter*). In Frankreich ist diese Krankheit seit längerer Zeit beobachtet[1]), dann aber auch in Deutschland, besonders in Elsaß-Lothringen, in den Rheingegenden bis nach Mittel-Franken[2]), in den Jahren 1884 und 1885 auch in Dänemark[3]) bekannt. Dabei zeigen die Pflanzen zuvor nichts Krankhaftes, werden dann gelb, welken und sterben unaufhaltsam ab. Das Übel beginnt an einzelnen Punkten der Luzernefelder und verbreitet sich von dort aus ringsum immer weiter, so daß große, kreisrunde Fehlstellen entstehen und der Ernteertrag bis auf die Hälfte sinken kann. An den oberirdischen Teilen der kranken Pflanzen läßt sich keine Krankheitsursache entdecken; wenn man aber die Pflanzen aus der Erde zieht, so zeigen sich die Pfahlwurzel und gewöhnlich alle ihre Verzweigungen bis zu den feinsten Würzelchen total überzogen von einem schön violetten, fein faserig-häutigen Pilz, von welchem auch Fasern und dickere Fasernstränge abgehen und zwischen den die Wurzel umgebenden Erdbodenteilchen sich verbreiten. Die von dem Pilze überzogenen Wurzeln sind krank, weich und welk oder bereits getötet; sie werden bald morsch und faulig, und es ist kein Zweifel, daß dieses Absterben der Wurzeln die Ursache der Erkrankung und des endlichen Todes der grünen Teile ist. Das Mycelium steht mit der Oberfläche des Wurzelkörpers in fester Verbindung. Der letztere ist mit einer aus mehreren Zellenlagen bestehenden Korkschicht überzogen. In den äußersten Zellen derselben und auf der Oberfläche ist eine dicht verfilzte Masse von bräunlich-violetten Pilzfäden entwickelt. Die Dicke dieses Überzuges ist an verschiedenen Stellen sehr wechselnd. Nach außen zu sind die Fäden immer weniger verfilzt, nur locker verflochten und vielfach auf längere Strecken ganz frei verlaufend, wie eine lockere Watte die Wurzel umhüllend. Sie haben eine Dicke von 0,0045—0,009 mm, sind mit Querscheidewänden versehen, verzweigt und haben mäßig starke, violette Membranen. Auch ins Innere der Wurzel dringt das Mycelium ein; es hat hier farblose, zwei- bis dreimal dünnere Fäden, welche zwischen den Zellen und quer durch dieselben hindurchwachsen. Man bemerkt sie besonders im Rindengewebe. Der violette Pilz ist also nur der an der Oberfläche entwickelte Teil des Parasiten, der durch das farblose, endophyte Mycelium aus der Wurzel ernährt wird. In dem oberflächlichen violetten Filz bilden sich stellenweise kleine, kugelige, dichte, dunkel violette Wärzchen. Diese haben zunächst eine dicke, vielzellige Wand und ein aus locker verflochtenen Hyphen bestehendes Mark. Fuckel[4]) giebt an, daß sich diese Gebilde zu Pykniden entwickeln, indem auf ihrer Innenwand längliche,

Wurzeltöter der Luzerne.

---

[1]) Zuerst erwähnt von Decandolle, Mém. d. Mus. d'hist. nat., 1815. Der Pilz wurde zuerst von Vaucher 1813 bei Genf auf Luzerne entdeckt.

[2]) Vergl. Wagner in Jahresbericht des Sonderaussch. f. Pflanzenschutz in Jahrb. d. deutsch. Landw. Ges. 1893, pag. 419.

[3]) Vergl. Rostrup, Undersögelser over Svampes laegten Rhizoctonia. Kopenhagen 1886. Refer. Bot. Centralbl. XXX, 1887.

[4]) Botan. Zeitg. 1861, Nr. 34, und Symbolae mycol., pag. 142.

33*

vierfächerige, violette Sporen abgeschnürt werden; sie sollen sich unregelmäßig am Scheitel öffnen, und ihren Inhalt als einen violetten Schleim entlassen. An stark befallenen Wurzeln, welche zahlreiche solche Wärzchen trugen, und welche ich den Winter über im Erdboden ließ, konnte ich im Frühlinge diese Fruktifikation nicht beobachten; im Gegenteil waren diese Gebilde ausnahmslos auf ihrem Zustande stehen geblieben und anscheinend abgestorben. Wenn daher auch aus diesen Körperchen Pykniden werden können, so nimmt doch jedenfalls ihre Entwickelung nicht immer diesen Verlauf. Fuckel will sogar die dem Pilze zugehörigen Perithecien, also die Ascosporenfrüchte gefunden haben. Diese entwickelten sich erst im Herbst an den schon ganz in Fäulnis übergegangenen Wurzeln, die durch die Rhizoctonia getötet worden waren. Sie hatten eine porenförmige Mündung und schlossen Sporenschläuche ein, deren jeder 8 länglich-eiförmige, vierzellige violette Sporen enthielt. Fuckel hat danach für unsern Pilz den Namen Byssothecium circinans aufgestellt und Saccardo hat, die Fuckel'sche Annahme acceptierend, dem Wurzeltöter den Namen Leptosphaeria circinans geben zu müssen geglaubt, in welche Gattung allerdings die erwähnten Perithecien zu rechnen sein würden. Winter[1]) bezeichnet die Fuckel'schen Perithecien mit dem Namen Trematosphaeria circinans *Winter*, hält jedoch die Zugehörigkeit zu dem Rhizoctonia-Pilze für unwahrscheinlich. Rostrup (l. c.) will im Frühjahr auf den befallen gewesenen Wurzeln Pykniden mit zahlreichen Sporen und auf sclerotienartigen Knollen Conidien, aber keine Perithecien gefunden haben; nur an den Wurzeln erkrankt gewesener Exemplare von Ligustrum fand er der Rhizoctonia ähnliche rote Fäden und Perithecien mit achtsporigen Schläuchen, welche der Gattung Trichosphaeria entsprachen und die Rostrup möglicherweise als die Perithecien von Rhizoctonia bezeichnet. Jedenfalls ist die Annahme, daß die hier und da gefundenen Perithecien wirklich der Rhizoctonia angehören, durchaus willkürlich und unbewiesen; im Gegenteil könnte es sich bei diesen Perithecien um einen der vielen saprophyten Pyrenomyceten handeln, wie sie auf abgestorbenen Pflanzenteilen überhaupt und sehr häufig aufzutreten pflegen. Auf den von mir untersuchten, von Rhizoctonia stark befallenen und im Winter im Boden liegen gebliebenen Wurzeln waren diese Perithecien nicht zu finden. Fuckel hat den Schneeschimmel (Lanosa nivalis *Fr.*) für den ersten Entwickelungszustand des Wurzeltöters erklärt. Dies ist ein bisweilen zu Ende des Winters unter dem Schnee auf der Erde und auf Pflanzen sich zeigendes spinnewebartiges, aus weißen Fäden bestehendes Mycelium, welches an den Seiten der Fäden büschelweise stehende, länglich-keulenförmige, 2- bis 5 zellige, blaß-rötliche Conidien abschnürt[2]). Allein mit Sicherheit ist der Nachweis des Zusammenhanges nicht geliefert worden. Was die Überwinterung der Rhizoctonia im Erdboden anlangt, so wissen wir nicht, ob dazu Sporen erforderlich sind. Wir wissen auch noch nicht, ob dazu im Erdboden zurückgebliebene Teile des alten Myceliums genügen; aber wir dürfen das letztere für sehr wahrscheinlich halten. Sicher ist nur, daß der Pilz, wenn er einmal vorhanden ist, unterirdisch durch sein Mycelium sich auf benachbarte gesunde Pflanzen verbreitet und diese ebenfalls tötet. Feuchter

---

[1]) Kryptogamenfloren. Die Pilze, II, pag. 277.

[2]) Vergl. Näheres über diesen Pilz bei Pokorny in Verh. d. zool. bot. Ges. Wien 1865, pag. 281.

Boden, namentlich nasser Untergrund scheint die Entwickelung zu begünstigen, doch schließt trockener die Krankheit nicht aus. In trockenen Jahren greift die Krankheit langsam um sich und wird im Juni auch später als sonst sichtbar, nach Wagner (l. c.).

Erfolgreiche Mittel zur Vertilgung der Krankheit besitzen wir bis jetzt nicht. Um die Weiterverbreitung des Pilzes zu verhindern, empfiehlt es sich, rings um die verwüsteten Stellen Gräben zu ziehen von der Tiefe der Wurzeln. Da wir nicht wissen, wie lange der Pilz nach einer stattgefundenen Krankheit an den Wurzelresten im Boden lebendig bleibt, so läßt sich auch kein Rat geben, wie lange man warten muß, ehe auf einem verpilzten Acker wieder die Nährpflanze gebaut werden darf. Da nun aber der Pilz außer auf der Luzerne höchst wahrscheinlich auch noch auf vielen andern Nährpflanzen wachsen kann, worüber sogleich weiteres zu erwähnen ist, so würde der Versuch einer systematischen Aushungerung des Pilzes im Boden wenig Hoffnung auf Erfolg erwecken. Eher dürfte vielleicht Desinfektion in den infizierten Bodenstellen mit Karbolsäure, Schwefelkohlenstoff oder einem ähnlichen kräftig wirkenden Desinfektionsmittel angezeigt sein.

Wurzeltöter andrer Pflanzen.

2. Der Wurzeltöter andrer Pflanzen. Mit dem Wurzeltöter der Luzerne sehr übereinstimmende Pilze von gleich verderblicher Wirkung sind auch auf einer Reihe andrer Pflanzen bekannt und zwar ebenfalls nur in der Mycelform. Tulasne[1]) hält wohl mit Recht alle diese für eine und dieselbe Species und hat daher für alle den Namen Rhizoctonia violacea eingeführt. Bei aller Wahrscheinlichkeit, die diese Ansicht hat, darf sie doch so lange nicht als erwiesen betrachtet werden, als noch kein Versuch gemacht worden ist, diesen Parasiten von der einen auf eine andre Nährspecies zu übertragen. Wir führen die bekannt gewordenen weiteren Nährpflanzen des Wurzeltöters im folgenden auf.

Auf Rotklee.

a) Auf Rotklee kommt nach Tulasne (l. c.) der Pilz auch unter denselben Erscheinungen wie an der Luzerne vor. In Dänemark hat ihn Rostrup[2]) in den Jahren 1884 und 1885 auf dieser und den folgenden Kleearten sehr schädlich auftreten sehen.

Auf Weißklee.

b) Auf Weißklee, Bastardklee, Serradella, Ononis spinosa ist der Wurzeltöter ebenfalls beobachtet worden.

Auf Färberröte.

c) Auf der Färberröte (Rubia tinctorum) wird der Pilz von Tulasne angegeben. Nach Decaisne[3]) soll der Pilz im südlichen Frankreich mit außerordentlicher Schnelligkeit die Wurzeln dieser Pflanze befallen und sehr schädlich wirken.

Auf Sambucus.

d) Auf Sambucus Ebulus nach Tulasne (l. c.) und Rostrup (l. c.)

Auf Orangenbäumen.

e) Auf den Wurzeln der Orangenbäume, ebenfalls nach Tulasne's Angaben.

Auf Möhren, Fenchel u. andern Umbelliferen.

f) Auf Möhren, Fenchel und andern Umbelliferen hat Kühn[4]) zuerst den Wurzeltöter unter den gleichen Symptomen, wie an den andern Pflanzen beobachtet.

Auf Zucker- und Futterrüben.

g) Auf den Zucker- und Futterrüben kommt der Pilz, hier auch zuerst von Kühn (l. c.) beobachtet, durch ganz Deutschland verbreitet vor, ohne

---

[1]) Fungi hypogaei, pag. 188.

[2]) Kgl. danske Vidensk Selsk. Forhandl. 1886, pag. 59.

[3]) Recherches anat. et physiol. sur la Garance. Bruxelles 1837, pag. 55.

[4]) Krankheiten der Kulturgewächse, pag. 224.

jedoch ausgedehntere bedeutende Beschädigungen zu veranlassen. Er zeigt sich hier besonders in feuchtem, undrainiertem Lande. Die Zersetzung beginnt am unteren Ende der Rüben und schreitet nach oben fort, indem der Pilz zuerst in kleinen, bräunlich purpurroten Warzen auftritt, die sich vergrößern und vereinigen. Das Mycelium wächst anfangs nur in der Rinde, später dringt es tiefer ein und veranlaßt Fäulnis. Nach Eidam[1]) sollen auch Keimlinge der Rübenpflanzen von Rhizoctonia befallen werden, so daß also die Erscheinung des Wurzelbrandes der Rüben auch durch diesen Pilz verursacht werden kann. Einen ähnlichen Pilz will derselbe auch auf Seradella-Samen gefunden haben.

An Knollen der Kartoffeln. h) An den Knollen der Kartoffeln hat ebenfalls zuerst Kühn (l. c.) den Pilz gefunden. Hier sind nach Hallier's[2]) Beobachtungen die Knollen zuerst im Innern vollkommen gesund; die Schale ist unverletzt, aber mit dem purpurvioletten Mycelium bekleidet. Die davon überzogenen Stellen erscheinen dann etwas eingesunken. An dem Mycelium entstehen inzwischen zahlreiche schwarze Punkte; es sind knollenförmige Bildungen desselben, deren äußere Zellen schwarz purpurrot sind und nach innen in farblose übergehen. Diese Körper sind offenbar mit den oben bei der Luzerne erwähnten Wärzchen identisch, vielleicht stellen sie Sclerotien dar. Nur da, wo sie der Kartoffelschale aufsitzen, dringen auch Myceliumfäden in das Innere des Knollens. Zuletzt tritt Fäulnis ein, und zwar beginnend an den am stärksten ergriffenen Stellen, wo dann die Schale sich völlig zerstört erweist.

Auf Rumex und Geranium. i) Auf den Wurzeln von Rumex crispus und Geranium pusillum hat Rostrup (l. c.) den Pilz in Dänemark gefunden.

Auf Spargel. k) Auf Spargel, wo schon Tulasne (l. c.) den Pilz beobachtet hat. In den Spargelkulturen Rheinhessens hat sich neuerdings die Krankheit recht schädlich gezeigt. Ich fand die Wurzeln der kranken und eingehenden Spargelpflanzen stark mit dem violetten Mycelium überzogen, welches in seiner Beschaffenheit sowie in dem Auftreten zahlreicher violetter Wärzchen ganz dem der Luzerne glich.

Safrantod. l) Als Safrantod (Rhizoctonia crocorum *DC.*, Rhizoctonia violacea *Tul.*), ist ein ganz ähnlicher Parasit der Zwiebelknollen des Safrans bezeichnet worden. Er bildet anfangs auf der Innenseite der Zwiebelschale kleine, weiße, flockige Häufchen, deren Fäden dann sich nach allen Seiten ausbreiten und allmählich einen dünnen Überzug auf der Innenseite der Schale bilden. An Stelle der flockigen Häufchen entwickeln sich dichtere, fleischig weiche, kegelförmige Wärzchen. Alle diese Teile nehmen allmählich violette Farbe an; später dringt das Mycelium auch nach außen, umspinnt und verklebt die Schalen und wuchert nun auf der Oberfläche derselben üppig weiter als eine violette, faserige Hülle, auch reichlich Fadenstränge in den Boden sendend. An diesem äußerlichen Mycelium, sowohl auf den Zwiebeln als auch auf den im Boden wachsenden Strängen, entstehen rundliche oder längliche knollenartige Bildungen (Sclerotien). Das im Boden wachsende Mycelium dringt bis zu benachbarten Zwiebeln, die dann von dem Pilze in derselben Weise befallen werden. Zuletzt wird die Zwiebel bis auf die härteren Teile, nämlich bis auf die Gefäßbündel, die als ein

[1]) Refer. in Centralbl. f. Agrikulturchemie 1889, pag. 405.

[2]) Zeitschr. f. Parasitenkunde, 1873. I, pag. 48.

gelblicher Kern zurückbleiben, und bis auf die faserigen, vom Mycelium bedeckten Zwiebelhäute zerstört. Der Pilz richtet auf den Safranfeldern in Südfrankreich, wo er ebenfalls kreisförmige Fehlstellen erzeugt, große Verheerungen an; dort zeigte sich die Krankheit („mort du safran") schon Mitte des vorigen Jahrhunderts in solchem Grade, daß die Akademie der Wissenschaften zu Paris um Aufklärung und Hilfe befragt wurde und auf ihre Veranlassung Duhamel[1]) zuerst die Krankheit genauer untersuchte. Dieser beobachtete bereits die erwähnten fleischigen Wärzchen, weshalb er den Pilz für eine kleine Trüffelart hielt, und erkannte auch, daß derselbe sich vermehrt durch eine große Menge von Mycelfäden, die er Wurzeln nannte, und welche die Decken der Zwiebeln durchdringen und das Fleisch aussaugen. Tulasne (l. c.) hat den Pilz von neuem untersucht und das Weitere, was soeben über ihn mitgeteilt wurde, ermittelt. Er zieht, wie schon erwähnt, auch diesen Parasiten zu Rhizoctonia violacea. Prillieux[2]) fand, daß die Infektion der gesunden Zwiebelschuppen dadurch erfolgt, daß die Myceliumfäden des Pilzes durch die Spaltöffnungen in das Gewebe der Schuppen eindringen.

m) Auf Allium ascalonicum wird eine Rhizoctonia Allii *Grev.* angegeben. Sie soll nach Passerini[3]) in Oberitalien in nassen Sommern auch die Zwiebeln von Allium sativum zerstören. **Auf Allium ascalonicum.**

n) Auf Bataten in Nordamerika wird von Fries[4]) eine Rhizoctonia Batatas *Fr.* erwähnt. **Auf Bataten.**

o) Von der Rhizoctonia Mali *DC.*, welche Decandolle auf den Wurzeln junger Apfelbäume gefunden hat, ist es wahrscheinlicher, daß sie das Mycelium des Agaricus melleus (s. S. 236) gewesen ist. **Auf Apfelbaum.**

3. Die Pockenkrankheit der Kartoffeln, Rhizoctonia Solani *Kühn.* Mit diesem Namen wird eine zuerst von Kühn (l. c.) beobachtete Krankheit der Kartoffelknollen bezeichnet, bei welcher an einzelnen Stellen stecknadelkopfgroße oder etwas größere, anfangs weißliche, später dunkelbraune Pusteln auf der Schale auftreten. Dieselben haben den Bau von Sclerotien, d. h. sie bestehen aus fest verwachsenen, parenchymähnlichen Pilzzellen, von ihrer Oberfläche ziehen sich einzelne braune, septierte Myceliumfäden freiwachsend auf der Schale hin. Sorauer beobachtete an den Myceliumfäden die Bildung von Conidien in der Form von Helminthosporium, d. h. von verkehrt-keulenförmiger Gestalt, mit 3 bis 6 Querwänden. Soweit die Beobachtungen reichen, werden die Knollen durch diesen Pilz nicht weiter beschädigt, sie bleiben zu allen ihren Verwendungen, insbesondere zur Verfütterung und zur Brennerei tauglich; bei den Speisekartoffeln wird nur durch das Unansehnlichwerden der Wert vermindert. Der Pilz scheint von der Rhizoctonia violacea auf der Kartoffel nach Vorstehendem verschieden zu sein; doch ist darüber nicht eher etwas entschieden, als bis seine weitere Entwickelung bekannt ist. Vom Schorf der Kartoffeln (S. 25) ist diese Krankheit wohl zu unterscheiden; Sorauer hat den **Pockenkrankheit der Kartoffeln.**

---

[1]) Vergl. Decandolle in Mém. du Mus. d'hist. nat. 1815.

[2]) Sur la maladie des Safrans. Compt. rend. XCIV und XCV; refer. in Botan Zeitg. 1883, pag. 178.

[3]) Vergl. Hoffmann's mykologische Berichte in Bot. Zeitg. 1868, pag. 180.

[4]) Systema mycologium.

Namen Grind für die Rhizoctonia-Krankheit vorgeschlagen, mit welchem Ausdruck jedoch bisher in der Praxis wohl auch oft der Schorf bezeichnet worden ist.

II. Abschnitt.

Schädliche Pflanzen, welche nicht zu den Pilzen gehören.

1. Kapitel.

Parasitische Algen.

Parasitische Algen. Obgleich die Algen Chlorophyll besitzen und daher selbständig assimilieren, so leben doch manche mikroskopische Arten schmarotzend in andern Pflanzen. Durch letztere erhalten sie die mineralischen Nährstoffe aus dem Erdboden, aber sie entziehen denselben vielleicht keine assimilierte Nahrung. Wenigstens üben sie mit einer einzigen bis jetzt bekannten Ausnahme keinen bemerkbaren schädlichen Einfluß auf ihre Nährpflanzen aus, so daß diese Lebensgemeinschaft mehr den Charakter einer gutartigen Symbiose als den eines Parasitismus hat. Die Betrachtung dieser Algen gehört daher nicht hierher. Wohl aber führen wir die wenigen bekannt gewordenen Beispiele solcher parasitischer Algen an, welche an ihren Nährpflanzen Krankheitserscheinungen hervorrufen.

Auf Arum. 1. Phyllosiphon Arisari *Kühn*, eine von Kühn[1]) in den Blättern von Arum Arisarum bei Nizza entdeckte Siphonee, deren durchschnittlich 0,04 mm dicke, verzweigte, mit Chlorophyllkörnern dicht erfüllte Schläuche zwischen den Parenchymzellen wachsen und an den befallenen Stellen der Blätter und Blattstiele gelblich werdende Flecke hervorrufen.

Auf Lysimachia. 2. Phyllobium dimorphum *Klebs.*[2]). In den Blättern von Lysimachia Nummularia, Ajuga reptans, Chlora serotina und Erythraea Centaurium bewohnen die dunkelgrünen, meist ellipsoidischen Zellen dieser Alge das Gewebe längs der Gefäßbündel und bringen daselbst kleine, knotige Erhabenheiten auf den Blättern hervor.

Mycoidea parasitica. 3. Mycoidea parasitica *Cunn.* Diese Alge aus der Familie der Coleochäteen bewohnt in Ostindien die Blätter des Mangobaumes, sowie von Croton, Thea, Camellia, Rhododendron und oft auch der Farne. Bei Camellia japonica bekommen nach Cunningham[3]) die befallenen Blätter zahlreiche hellgrüne bis orangegelbe Flecke und Löcher mit so gefärbtem Rande. Der Parasit siedelt sich während der Regenzeit zwischen Epidermis und Cuticula an in Form rundlicher Scheiben, welche aus dicht aneinander-

---

[1]) Sitzungsber. d. naturf. Gesellsch. Halle 1878. Vergl. noch Just, bot. Zeitg. 1882, Nr. 1, und Schmitz daselbst 1882, Nr. 32.

[2]) Botan. Zeitg. 1881, Nr. 16—20.

[3]) Über Mycoidea parasitica, ein neues Genus parasitischer Algen. Transact. Lin. Soc. Ser. II. Bot. Vol. I., citiert in Just, Botan. Jahresb. 1879. I, pag. 470.

liegenden, dichotom verzweigten, gegliederten grünen Zellfäden bestehen. Die Zoosporangien bilden sich an dem köpfchenförmig angeschwollenen Ende von orangefarbenen Fäden, welche sich senkrecht erhebend die Cuticula in die Höhe heben und zum Teil durchbrechen. Obgleich die Alge gewöhnlich keine Zweige in das tiefer liegende Gewebe sendet, so sterben doch während ihrer Entwickelung die darunter liegende Epidermis und das Mesophyll ab.

---

2. Kapitel.

Flechten und Moose an den Bäumen.

Flechten und Moose an den Bäumen.

Auf den Rinden der Stämme, der Äste und sogar der dünnen laubtragenden Zweige der Bäume wachsen oft allerhand Moose und Flechten, deren Auftreten als Baumkrätze oder Baumrände bezeichnet und mit Recht als den Bäumen für schädlich gehalten wird.

Lebensweise derselben.

Bei uns sind dies hauptsächlich folgende Flechten: Usnea barbata, Bryopogon jubatum (diese beiden besonders in Gebirgswäldern an den Nadelbäumen, Ebereschen rc.), Imbricaria physodes und J. caperata, Evernia prunastri (vorzüglich an den Obstbäumen), Evernia furfuracea, Ramalina calicaris, Physcia parietina (diese beiden besonders an Alleebäumen), außerdem an glattrindigen Stämmen verschiedene Arten von Lecanora, Lecidella, Graphis etc. Von Moosen sind es namentlich Arten von Orthotrichum, Neckera und Hypnum, sowie kleinere Lebermoose, besonders Radula complanata, Frullania dilatata. Diese Pflänzchen bedürfen zu ihrem Gedeihen einen gewissen Grad von Feuchtigkeit und Licht, daher wachsen sie am reichlichsten an den vor den austrocknenden Strahlen der Mittagssonne geschützten Nord- und Ostseiten der Baumstämme und lieben die Wälder, besonders die Gebirgsgegenden, zeigen sich jedoch hier vorwiegend an den Rändern der Bestände und an den durch dieselben führenden Straßen und Wegen und an den auf diesen gepflanzten Bäumen, während unter Hochwald die genannten Flechten weniger und höchstens in den mehlig-staubigen Formen der sogenannten Sorediенanflüge sich entwickeln. Diese Kryptogamen sind keine Parasiten, denn wir sehen sie auch an dem toten Holze von Zäunen u. dergl. sowie an dürren Ästen vegetieren; es ist kein Gedanke daran, daß sie den Bäumen Nahrungssäfte entziehen. Das geht auch aus der Art hervor, wie sie den Rinden aufgewachsen sind: bei allen derartigen Flechten, die ich untersuchte, dringt der Thallus nicht in die lebenden Gewebe der Rinde ein, sondern ist nur in den äußeren Teilen des Periderms oder der Borkenschuppen entwickelt, beziehentlich mit seinen Rhizinen daselbst befestigt. Inwieweit diese Pflänzchen ihre Nahrung aus diesen toten Geweben ziehen oder aus atmosphärischem Staub und Niederschlägen empfangen, ist nicht bekannt. Schaden bringen sie nur indirekt. Starke Überzüge mit Moos können den Stämmen allerdings schädlich werden. Denn dieses hält die Feuchtigkeit fest und bildet sogar leicht unter sich eine dünne Humusschicht. Den Baumstämmen ist dies in ähnlicher Weise nachteilig, als wenn man sie ganz mit Erde verschüttet (Bd. 1, S. 254), sehr schädlich aber ist der Moosüberzug an allen Wunden, weil hier Wundfäule und Brand (Bd. 1, S. 106) durch die festgehaltene Feuchtigkeit hervorgebracht werden.

Von den Flechten leiden die Baumstämme entschieden weniger; sie sind manchmal ganz darin eingehüllt, ohne daß man dem Baume ein Leiden anmerkt. Mit den dünneren Zweigen verhält es sich aber bezüglich der Flechten ungleich. Die Ebereschen an den Straßen auf den höchsten Teilen des Erzgebirges sind oft von unten bis an die Spitzen der Zweige in graue Flechtenmassen gehüllt, zwischen denen sogar das Laub dem Auge verschwindet und nur die vielen roten Früchte von ferne hervorleuchten. Hier kann also der schädliche Einfluß kein großer sein. Aber vielfach bringt der Flechtenanhang Zweigdürre hervor, z. B. an den Buchen und besonders an den Fichten ganz gewöhnlich. Das ist freilich ein sehr langsamer Prozeß, dessen Ursache noch nicht genügend aufgeklärt ist. Sobald der Zweig abgestorben und dürr ist, nimmt der Flechtenanhang an ihm rasch überhand; man sieht deutlich, daß der tote Zweig den Flechten ungleich günstigere Bedingungen gewährt, und zwar weil hier die Rinde brüchig und rissig wird und sich abblättert, was den Flechten viel mehr Befestigungspunkte bietet, als auf der glatten, gesunden Rinde. Trotzdem darf man daraus nicht schließen, daß Zweige, auf denen sich Flechten ansiedeln, immer schon krank oder im Absterben begriffen sein müssen. Man sieht oft die noch grünenden Äste mit Flechten behangen, an Laub- wie an Nadelholz, besonders an den Fichten, wo Massen von Usnea und Bryopogon dicht verwickelt Zweige samt Nadeln umstricken. An solchen Ästen beginnt dann ein Siechtum, welches aber oft erst nach Jahren zum Tode führt. Die Jahrestriebe und die Belaubung werden immer dürftiger, ein Zweiglein nach dem andern wird trocken, die Dicke der Jahresringe des Holzes solcher Äste zeigt sich von Jahr zu Jahr gesunken, bis zuletzt, wo nur noch wenige grüne Zweiglein da sind, der Zuwachs ganz aufhört.

Bekämpfung. An den Stämmen der Obstbäume sind Moos und Flechten durch Abkratzen oder Abbürsten nach einem Regen, wo sie sich am leichtesten ablösen, sowie durch Anstrich mit Kalkwasser zu vertilgen. Kränkelnde Zweige, die starken Flechtenanhang zeigen, müssen zurückgeschnitten werden. Durch möglichste Lichtstellung der Bäume kann man diesen Kryptogamen sehr entgegenarbeiten.

---

3. Kapitel.

Phanerogame Parasiten.

Phanerogame Parasiten. Unter den Phanerogamen giebt es eine Anzahl echter Parasiten, welche auf andern Pflanzen schmarotzen. Es gehören dazu teils Gewächse, denen das Chlorophyll ganz oder fast ganz fehlt, welche also keine grünen Blättern besitzen und somit ihren ganzen Bedarf an assimilierten Stoffen aus ihrer Nährpflanze beziehen müssen, teils solche, welche mit grünen Blättern ausgestattet sind, also selbständig Kohlensäure assimilieren, aber vielleicht gleichwohl organische Verbindungen aus ihren Nährpflanzen erhalten, jedenfalls aber alles nötige Wasser nebst den anorganischen Nährstoffen von denselben beziehen. Es ist daher auch zu erwarten, daß die Pflanzen, auf denen diese phanerogamen Parasiten leben, mehr oder weniger beschädigt werden, und es ist leicht erklärlich, daß dies in besonders auffallendem Grade bei den chlorophylllosen oder chlorophyllarmen Parasiten der Fall ist, eben weil hier dem Wirte die gesammten für die Ernährung des Parasiten erforderlichen organischen Verbindungen, also eigene Bestandteile seines Körpers entzogen werden. Dagegen ist bei vielen der mit Chorophyll versehenen Parasiten von einer schädlichen Wirkung auf die Nährpflanze nichts zu bemerken; bei einigen derselben sind aber doch auch gewisse Störungen an der Nährpflanze deutlich nachweisbar. Wir behandeln hier selbstverständlich die phanerogamen Parasiten nicht in ihrer Gesamtheit als solche, sondern führen nur diejenigen an, bei welchen man von einem wirklich schädlichen Einflusse auf die Nährpflanze etwas sicheres weiß. Als solche würden folgende in Betracht kommen.

I. Die Seide, Cuscuta.

Die Seide, Cuscuta.

Diese mit den Windengewächsen (Convolvulaceen) nächstverwandte Gattung hat keine grünen Blätter, sondern nur eine Menge Stengel, die wie lange, dünne, bleiche oder rötliche Fäden aussehen, und an denen die rundlichen, blaß rosenroten Blütenköpfchen sitzen. Diese Stengel umspinnen die Blätter und Stengel andrer Pflanzen meist so reichlich, daß die letzteren dadurch ausgesogen und unterdrückt werden und daß in den Feldern an den Punkten, wo dieser Parasit aufgekommen ist, Fehlstellen sich bilden. Die Cuscuta-Stengel wurzeln nicht im Erdboden, sondern sind an zahlreichen Punkten durch eigentümliche Organe, die Saugwarzen oder Haustorien, mit den Nährpflanzen organisch verwachsen (Fig. 93 u. 94) und saugen mit Hilfe derselben ihren sämtlichen Nährstoff aus dem Körper des Wirtes[1]).

Über die Lebensweise der Cuscutaceen ist folgendes zu bemerken. Es sind einjährige Pflanzen, welche alljährlich aus ihren Samen von neuem entstehen. Letztere keimen bei gewöhnlicher Temperatur in etwa 5—8 Tagen. Der im Endosperm spiralig eingerollte fadenförmige, kotyledonenlose Embryo wächst dann als ein feines hellgelbliches Fädchen aufrecht, indem er durch ein ganz kurzes, etwas verdicktes Wurzelende, welches aber nicht den Bau einer eigentlichen Wurzel zeigt, im Boden Halt findet. Dieses feine Stengelchen beschreibt dann mit seinem freien Ende Nutationsbewegungen, wodurch das Auffinden und Erfassen einer Nährpflanze erleichtert wird. Ist letzteres geschehen, so umschlingt der junge Seidenstengel die Nährpflanze mit 3 bis 5 engen Windungen, und bildet alsbald an den Contaktstellen Haustorien, durch die er mit der Nährpflanze verwächst, und dann erst stirbt der ganze untere Teil des Parasiten ab, so daß letzterer nun nicht mehr mit dem Erd-

[1]) Vergl. Solms-Laubach in Pringsheim's Jahrb. f. wiss. Bot. VI, pag. 575 ff. Frank, über Flachs- und Kleeseide in Georgita, Leipzig 1870. Haberland in Österreichisches landw. Wochenblatt 1876, Nr. 39 u. 40. Koch, die Klee- und Flachsseide 2c. Heidelberg 1883.

boden in Berührung sich befindet. Der fortwachsende Seidenstengel läßt dann auf die ersten engen Windungen mit Haustorien weitere Schlingen ohne Saugorgane folgen, und auch weiterhin wechseln enge mit weiteren Windungen ab, wodurch ein schnelleres Emporklettern ermöglicht wird. Das feste Umlegen der engen Windungen beruht auf einer Reizbarkeit des Cuscuta-Stengels und ist also den Bewegungen der Ranken der Kletterpflanzen zu vergleichen. Die Haustorien entstehen an der Innenseite der Windungen, die der Seidenstengel um die Nährpflanze macht, als Wärzchen, durch papillenförmiges Auswachsen einer Gruppe von Epidermiszellen und der darunter liegenden Rinde. Die Wärzchen pressen sich fest an den Nährstengel an. Dies geschieht dadurch, daß die Epidermiszellen an der in der Mitte gelegenen Stelle im Wachstum zurückbleiben, während sie rings im Umkreise um diese Partie eine starke Streckung nach der Nährpflanze hin erfahren und daher einen kranzförmigen Wulst um die zurückgebliebene centrale Stelle bilden. Dann erst entsteht in diesem Wärzchen der wichtigste Teil dieses Organes, der Haustorialkern oder der eigentliche Saugfortsatz, welcher das Wärzchen durchbricht und sich in den Nährstengel bis zu den Gefäßbündeln hineinbohrt (Fig. 95). Die zweite subepidermale Rindenschicht ist es, welche durch wiederholte Zellteilungen einen Meristemherd bildet, welcher dem Haustorialkern den Ursprung giebt, der also nicht in der Weise wie eine echte Wurzel entsteht. Der gegen den Nährstengel hin wachsende Haustorial-Körper erscheint aus reihenweise geordneten, an der Spitze schlauchförmigen Zellen zusammengesetzt, welche nach rückwärts mit den Gefäßbündeln und den tieferen Rindenlagen des Seidenstengels in Verbindungen stehen; mit ihrem Eintritt in das Gewebe der Nährpflanze beginnen diese Zellenreihen mehr ein selbständiges Wachstum; besonders die peripherischen Reihen breiten sich allseitig in der Rinde der Nährpflanze pinselartig aus und ähneln daher sehr den Fäden eines Pilzmyceliums. In der Mittelpartie des Haustorialkörpers bleiben die schlauchförmigen Zellen mehr im Zusammenhange und stoßen so direkt auf den Holzkörper und das Phloëm des Nährstengels. Alle diese schlauchförmigen Zellen des Haustorialkörpers schwellen an ihrer

Fig. 94.
Die Kleeseide A Stück einer Kleepflanze mit blühenden Seidestengeln. B Stück eines Seidestengels mit einem Blütenköpfchen und mehreren Saugwarzen, etwas vergrößert. C eine Blüte der Cuscuta.

Spitze mehr oder weniger an und gelangen so in möglichst große Berührung mit den Gewebeelementen der Nährpflanze. Zuletzt tritt in dem centralen Strange des Haustorialkörpers Gefäßbildung ein, indem die dort befindlichen Elemente ring- oder netzförmig sich verdicken und in Tracheïden sich umwandeln. Auf diese Weise stellt sich eine vollständige Verbindung des Gefäßkörpers des Haustoriums mit dem centralen Gefäßbündelstrange der Mutteraxe einerseits und mit den Gefäßen der Nährpflanze anderseits her. Durch diese Verbindung der gleichartigen Gewebe zwischen Nährpflanze und Parasit wie sie in den zahlreichen gebildeten Haustorien erzielt wird, ist also in der vollkommensten Weise die Überführung der Nahrung in den Parasiten

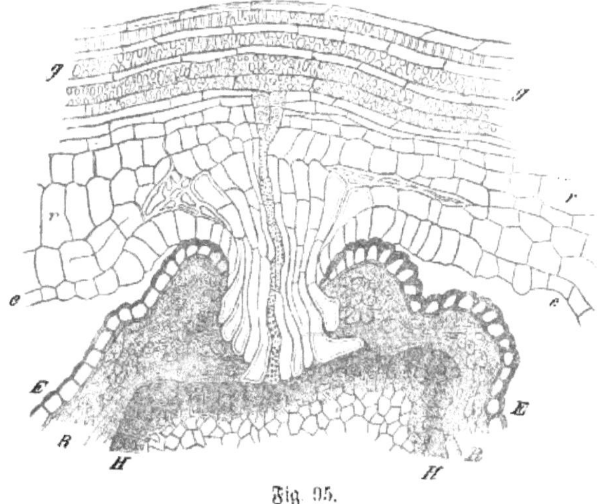

Fig. 95.
Haustorium von Cuscuta epilinum. Dasselbe entspringt aus dem Seidestengel und zwar am Gefäßbündel g derselben, unter der Rinde rr; ee Epidermis des Seidestengels. Das Haustorium ist eingedrungen in dem im Querschnitt gesehenen Leinstengel, dessen Epidermis EE und Rinde RR durchbrechend und bis an das Holz HH vordringend. Vergrößert. Nach Sachs.

ermöglicht. Mit der zunehmenden Menge der Haustorien wird denn auch die Entwickelung der Seidepflanze und die Vermehrung ihrer Stengel durch Verzweigung sehr beschleunigt. Der Umstand, daß in den Achseln der kleinen schuppenförmigen Blätter des Cuscuta-Stengels mehrere Knospen angelegt werden, die zu Zweigen auswachsen können, und daß an den Contaktstellen mit der Nährpflanze nicht selten Adventivsprosse entstehen, trägt zur Vermehrung der Stengelbildung ebenfalls bei. Es ist bemerkenswert und bei den Vertilgungsarbeiten wohl zu berücksichtigen, daß auch abgerissene Stücke von Seidestengeln auf feuchter Erde liegend längere Zeit am Leben bleiben und benachbarte Nährpflanzen wieder erfassen können. Während die Cuscutaceen bisher wegen ihrer blassen Farbe für chlorophylllos gehalten wurden ist durch eine von Temme[1]) bei mir ausgeführte Untersuchung nachgewiesen worden, daß diese Pflanzen besonders in den Blütenknäueln doch etwas Chlorophyll enthalten und demgemäß auch im Sonnenlichte Sauerstoff ausscheiden, also etwas Kohlensäure assimilieren. Immerhin ist die Erwerbung kohlenstoffhaltiger Pflanzensubstanz auf diesem Wege hier völlig unzureichend für die Ernährung, so daß der Parasitismus unentbehrlich ist. Der aussaugende und allmählich tötende Einfluß, den die Seide auf die von ihr befallenen Pflanzen ausübt, ist daher sehr wohl erklärlich. Die Beschädigungen, welche sie hervorbringt, sind um so intensiver je kleiner die befallenen Pflanzen gegenüber der Massenentwickelung der Parasiten sind; so werden Sträucher, Hopfen und andre kräftige Pflanzen, wenn sie von Cuscuta angegriffen werden, nicht eigentlich getötet, wie es mit dem niedrigen Klee fast immer der Fall ist. Die Wirkung ist wohl auch zum Teil eine rein mechanische; die Pflanzen werden durch die oft ungeheure Masse der um sie gewundenen Schlingpflanze niedergedrückt und erwürgt, sie vermögen kein einziges Blatt ordentlich zu entfalten und werden wegen Mangel an Raum Luft und Licht erstickt.

Die Gattung Cuscuta ist in allen Erdteilen in zahlreichen Arten vertreten, von denen auf Europa 9, auf Deutschland 5 kommen. Schädlich sind besonders folgende Arten.

Kleeseide. 1. Die Kleeseide (Cuscuta epithymum L., Cuscuta Trifolii *Babingt.*). Stengel ästig, Blüten sitzend, Röhre der Blumenkrone so lang wie ihr Saum, durch die großen zusammenneigenden Kronenschuppen geschlossen, Staubgefäße herausragend, Narbe fadenförmig. Die liebsten Nährpflanzen dieser Species sind Papilionaceen, in erster Linie der Rotklee, die Luzerne und die Wicke, welche durch sie sehr stark beschädigt werden. Außerdem tritt sie auch auf Weiß- und Bastardklee auf Melilotus, Lotus, Onobrychis, Ononis, Genista auf; von mir wurde sie auch auf Lupinen beobachtet; selten werden Phaseolus und Cicer befallen. Ferner ist diese Species noch gefunden worden auf Kartoffeln, Runkelrüben, Mohrrüben, Leindotter, Fenchel, Anis, Coriander, Brennessel; dagegen sollen Lein, Hanf, Sonnenblumen nach Haberlandt den Parasiten nicht annehmen. Anderweitige Nährpflanzen sind Thymus Serpyllum, Rumex Acetosella, Plantago lanceolata, Ranunculus arvensis, Cerastium. Calluna vulgaris: ferner Compositen wie Matricaria, Chrysanthemum Leucanthemum, Carduus crispus, sowie viele Gräser, wie Anthoxanthum odoratum, Phleum pratense, Holcus lanatus, Poa pratensis und Mais. Diese Seide findet sich nämlich auch sehr häufig auf Heiden, Wiesen, Weiden, Rainen u. s. w., hier besonders gern auf Calluna, Genista, Thymus, Gräsern 2c. und kann von diesen Stellen aus auf die Felder gelangen. In Südtirol ist sie auch auf dem Weinstock angetroffen worden[2]).

Gemeine Seide. 2. Die gemeine Seide (Cuscuta europaea *L.*) Wie vorige, aber mit aufrechten, der Röhre angedrückten Kronenschuppen und nicht herausragenden Staubgefäßen und fadenförmiger Narbe. Diese Art wächst am häufigsten in Feldgebüschen auf Brennesseln, Hopfen, jungen Pappeln und Weiden, Schwarzdorn, Tanacetum und andern wilden Pflanzen, geht aber

[1]) Landwirtsch. Jahrb. 1883, pag. 173.
[2]) Verhandl. d. K. K. Zoolog. bot. Ges. in Wien. April 1867.

auch auf die Kleearten, Wicken, Ackerbohnen, Hanf und Kartoffeln über. Sie kann der Korbweiden-Kultur schädlich werden[1]).

3. Cuscuta racemosa *Mart.* Wie vorige, aber Blüten gestielt, in Büscheln, Blumenkronröhre von den zusammenneigenden Schuppen geschlossen, mit kopfförmiger Narbe. Diese Art ist mit französischem Luzernesamen eingeschleppt worden und kommt manchmal in der Luzerne vor. Auf Luzerne.

4. Cuscuta Solani *Hol.*, mit kugeliger Blumenkronröhre ohne Kronenschuppen, ist auf Kartoffeln von Holuby[2]) beobachtet worden. Auf Kartoffeln.

5. Die Flachsseide (Cuscuta Epilinum *Weihe.*), mit nicht ästigem Stengel und fast kugeliger Blumenkronröhre mit kleinen, aufrechten, angedrückten Schuppen und nicht herausragenden Staubgefäßen. Diese ist im Flachs ein schon lange Zeit bekannter Schmarotzer, der aber nach Robbe[3]), auch auf Hanf und Spergula wachsen kann. Flachsseide.

6. Cuscuta Cesatiana *Bertol.* mit dickem Stengel, gestielten Blüten, offenem zurückgebogenem Blumenkronsaum, cylindrischer Blumenkronröhre, kopfförmiger Narbe und kugeliger Fruchtkapsel. Schmarotzt nur auf der Weide. Auf Weide, Pappel ꝛc.

7. Cuscuta lupuliformis *Krocker* (Cuscuta monogyna *Vahl*), mit sehr dickem, ästigem Stengel und in ährenförmigen Rispen stehenden Blüten, durch einen einzigen Griffel von den übrigen Arten unterschieden. Sie findet sich besonders im östlichen Deutschland auf Korbweiden und Pappeln, ist auch auf Weinstock und Lupinen gefunden worden.

8. Auf Weiden sind außerdem beobachtet worden die aus Amerika stammende Cuscuta Gronovii *Willd.*, und die in Ungarn vorkommende Cuscuta obtusiflora *Hamb.*[4]).

9. Auf Himbeeren ist in Nordamerika eine nicht näher bestimmte Cuscuta gefunden worden[5]). Auf Himbeeren.

Das beste Verhütungsmittel der Seide, besonders der Kleeseide besteht in der Verwendung seidefreien Saatgutes. Die Samenkontrolstationen befassen sich hauptsächlich mit der Untersuchung der Kleesaat auf Seidesamen. Die Unterscheidung der letzteren von den Kleesamen ist nicht schwer. Die Samen der Flachsseide sind 1,5 mm, die der Kleeseide 0,7–1,3 im Durchmesser, beide rundlich, undeutlich kantig, hellgrau oder bräunlich, etwas rauh und gänzlich glanzlos. Um seidehaltige Kleesaat zu reinigen, hat Kühn[6]) das Absieben mittelst Sieben vorgeschlagen, welche genau 22 Maschen auf 7 qcm haben. Nach Robbe's[7]) Erfahrungen kann man sich aber nicht sicher auf die Siebe verlassen, denn abgesehen davon, daß die Samen des weißen und schwedischen Klees nahezu mit denen der Cuscuta übereinstimmen, Bekämpfung.

---

[1]) Vergl. Kühn, seidebefallene Korbweiden. Wiener landw. Zeitg. 1880, pag. 751.

[2]) Eine neue Cuscuta. Österr.-botan. Zeitg. 1874, pag. 304.

[3]) Wiener landw. Zeitg. 1873, Nr. 31, und landw. Versuchsstationen 1878, pag. 411.

[4]) Vergl. Prantl, Cuscuta Gronovii, Centralbl. f. d. ges. Forstwesen 1878, pag. 95.

[5]) Wiener Obst- u. Gartenzeitg. 1876, pag. 145.

[6]) Zeitschr. des landw. Central-Ver. d. Prov. Sachsen, 1868, pag. 131 u. 304.

[7]) Wiener landw. Zeitg. 1873, pag. 299.

sind die letzteren mitunter so groß, daß sie eine Siebmasche von 1 mm nicht passieren können. Übrigens darf der Siebabfall nicht dem Futter beigemengt werden, da die Seidesamen unverdaut und keimfähig durch den thierischen Darmkanal gehen. Auch durch Timotheegrassaat wird Seidesamen mitunter verbreitet. Sempolowski[1]) teilt einen Fall mit, wo ein Kleefeld durch Aufbringen von Jungviehdünger infiziert wurde, weil Raps- und Leinkuchen verfüttert wurden, welche unzerstörten Kleeseidesamen enthielten. Auch gehört möglichste Vertilgung der in der Nähe der Felder wild wachsenden Seide zu den Verhütungsmitteln. Die Vertilgung der auf den Feldern vorhandenen Seide besteht in sorgfältigem Abmähen der befallenen Stellen, bevor die Seide zur Blüte gelangt ist, oder das Abstoßen der befallenen Pflanzen mit einer geschärften Schaufel dicht an der Erde, worauf die Seide sorgfältig vom Felde abzuräumen ist[2]). Sicherer wirken chemische Mittel: Übergießen mit verdünnter Schwefelsäure (1 auf 200 bis 300 Wasser)[3]), oder dichtes Bestreuen mit rohem schwefelsaurem Kali[4]), oder Begießen mit Eisenvitriol[5]), oder nach Nobbe Bedecken der befallenen Stellen und deren nächster Umgebung mit einer 20—30 cm hohen Schicht kurzgeschnittenen Strohes, welches mit Petroleum befeuchtet und dann angezündet wird. Ebenso günstig dürften Mittel wirken, welche die Seide ersticken, wie z. B. eine fest angeschlagene, etwa 10 cm hohe Schicht kurzgeschnittenen Häcksels oder Lohe und dergl., oder Gips, einige Centimeter hoch mit Feinerde bedeckt und mit Jauche begossen, oder Ätzkalkstaub, zur Winterszeit aufgestreut. Der Klee durchbricht meist diese Deckschichten, während die Seide das nicht vermag.

II. Die Orobanche-Arten.

Orobanche-Arten.

Diese mit den Scrofulariaceen verwandten chlorophylllosen Gewächse haben einen aus der Erde hervorkommenden, 10—60 cm langen, geraden, mit Schuppen besetzten und in eine Blütenähre endigenden Stengel, dessen in der Erde befindliche Basis knollig angeschwollen ist und ein Saugorgan darstellt, welches mit der Wurzel einer benachbarten Pflanze verwachsen ist und damit die Nahrung aus derselben aussaugt. Die Nährpflanzen werden durch diese Parasiten mehr oder weniger stark beschädigt[6]).

Die Kapseln von Orobanche enthalten zahlreiche, sehr kleine Samen mit Endosperm und einem kugeligen, kotyledonenlosen Embryo. Diese kommen nur dann zur weiteren Entwickelung, wenn sie eine ihnen zusagende Nährwurzel als Unterlage finden, und können andernfalls mehrere Jahre keimfähig bleiben. Bei der Keimung wächst die haubenlose Wurzelhälfte

---

[1]) Zeitschr. d. landw. Centralver. d. Prov. Sachsen 1881, pag. 19.

[2]) Daselbst 1870, pag. 24.

[3]) Fühling's Neue landw. Zeitg. 1871, pag. 475.

[4]) Daselbst pag. 794.

[5]) Botan. Zeitg. 1864, pag. 15.

[6]) Solms-Laubach, l. c., pag. 522 ff. — Koch, Untersuchungen über die Entwickel. d. Orobanchen. Berichte d. deutsch. bot. Ges. 1883, Heft 4, und Entwickelungsgeschichte der Orobanchen. Heidelberg 1887.

hervor, und aus dieser entwickelt sich der dünne, fadenförmige Keimling, dessen oberes Ende im Endosperm stecken bleibt. Hat das kleine Keimfädchen eine Nährwurzel erreicht, so verwächst es mit ihr und verdickt sich an dieser Stelle zu einem innerhalb der Nährwurzel sitzenden primären Haustorium, dessen nach innen gewendete Spitze ihre Zellen reihenweise in das Gefäßbündel und in die Rinde des Wirtes sendet. Der Parasit übt auf die stärkeren Nährwurzeln einen Reiz aus, der sich in einer von der Cambiumschicht derselben ausgehenden Zellvermehrung äußert, die zur Bildung eines Ringwulstes um den äußeren Teil des Parasiten führt. Zugleich werden aus dem Cambium Tracheïden gebildet, durch welche die tracheale Verbindung zwischen dem Haustorium und dem Gefäßbündel der Nährwurzel hergestellt wird. Aus den peripherischen Teilen des primären Haustoriums gehen neue, dem Hauptkörper ähnlich gebaute Wucherungen hervor, wodurch der junge Parasit das Aussehen eines Backenzahnes bekommt, dessen Zahnwurzeln in der Nährwurzelanschwellung ruhen. Der außerhalb der Wirtspflanze verbliebene Teil entwickelt sich zu einem knolligen Körper, welcher dem Haustorium direkt aufsitzt und zum Erzeuger der Stamm- und Wurzelvegetationspunkte der Orobanche wird. Die Wurzeln kommen in bedeutender Menge aus dem unteren Teile des Knollens hervor, während aus dem oberen Teile der junge Sproß entspringt. Erreichen diese Wurzeln eine Nährwurzel, so dringen sie wieder in dieselbe ein und erzeugen ein sekundäres Haustorium, durch welches wiederum eine tracheale Verbindung zwischen Wirt und Parasit hergestellt wird.

Der Einfluß auf die Nährpflanze hängt von der Stärke der Entwickelung ab, welche die Orobanche erreicht. Im gelindesten Falle wird nur die Vegetationszeit der Nährpflanze um einige Wochen verlängert. Es können aber auch die Pflanzen mehr und mehr unterdrückt werden, so daß sie zwar niedriger bleiben, aber doch noch zur Fruchtbildung gelangen oder aber auch die Blütenbildung ganz vereitelt wird.

Von den zahlreichen bekannten Orobanche-Arten, die alle meist auch ihre besonderen Nährpflanzen haben, führen wir nur die besonders schädlichen an.

1. Orobanche minor *Sutt.*, der Kleeteufel oder Kleewürger, 30—50 cm hoch, braunviolett, mit lilaen oder purpurnen Blüten, blüht im Juni und Juli, bisweilen im August zum zweitenmal. Hauptsächlich im Klee, und zwar Rot-, Weiß- und Bastardklee, schädlicher Parasit, der besonders häufig in Thüringen und in den Rheinländern, vorzüglich in Baden auftritt, außerdem auch auf Hornklee, Serradella, Mohrrübe und Weberkarde beobachtet worden ist. Im Badenschen ist der Parasit in den Kleeschlägen oft so häufig, daß auf dem Quadratfuß 1 bis 5 Stück Orobanchen stehen und daß manchmal der Kleeschnitt ruiniert wird. Da an einer Orobanche bis 70 und 90 Kapseln mit je etwa 1500 staubfeinen Samen sich befinden können, so ist die Vermehrung der Pflanze eine sehr leichte. Die Ausrottung geschieht durch Ausstechen der leicht sichtbaren Schmarotzerpflanze vor der Samenbildung. Befallene Äcker sind zeitig tief umzubrechen, so daß die Kleepflanzen mit ausgerissen werden, worauf mehrere Jahre lang mit andern Kulturpflanzen zu bestellen ist[1]). Entsprechende Polizeiverordnungen sind auch in den Rheinländern erlassen worden. Der Kleeteufel.

[1]) Vergl. Just, Wochenschr. d. landw. Ver. im Großh. Baden 1885, pag. 221, u. Dritter Bericht über d. Badische pflanzenphysiol. Versuchsanstalt zu Karlsruhe. Karlsruhe 1887, und Koch, l. c., pag. 344.

Auf Luzerne. 2. Orobanche rubens *Wallr.*, bis 60 cm hoch, mit hellgelben bis bräunlich-rötlichen Blüten. Im Mai und Juni auf Luzerne.

Auf Esparsette ꝛc. 3. Orobanche gracilis *Sm.*, bis 30 cm hoch, mit außen braunen, innen blutroten Blüten. Im Juni und Juli auf Esparsette, Steinklee, Hornklee und Lathyrus pratensis.

Auf Erbsen ꝛc. 4. Orobanche speciosa *Dl.*, mit weißen, violett geaderten Blüten. Im Mai und Juni auf Erbsen, Linse, Ackerbohne und Lupine.

Auf Picris und Mohrrüben. 5. Orobanche Picridis *Schultz*, bis 30 cm hoch, mit hellgelben Blüten. Im Juni und Juli außer auf Picris hieracioides auf Mohrrüben.

Auf Mohrrüben. 6. Orobanche amethystea *Thuill.*, 30—50 cm hoch, mit weißlichen oder violetten, purpurn geaderten Blüten. Im Juni und Juli außer auf Eryngium campestre auf Mohrrüben.

Auf Epheu ꝛc. 7. Orobanche Hederae *Dub.*, auf Epheu am Mittelrhein, aber auch auf Conyza und Pelargonium zonale beobachtet.

Der Hanfwürger. 8. Orobanche ramosa *L.* (Phelipaea ramosa *C. A. Mey.*), der Hanfwürger oder Hanftod, 10—30 cm hoch, mit weißen oder bläulichen Blüten, an denen außer dem Deckblatte noch zwei Vorblätter stehen, weshalb diese Art zur Gattung Phelipaea gerechnet wird. Die Pflanze zeigt sich im Juni, Juli und August bisweilen sehr schädlich in den Kulturen des Hanf und des Tabak, ist auch auf Sonnenrose und Meerrettig beobachtet worden. Gegenmittel sind das Ausraufen des Schmarotzers vor der Samenbildung. Hanffelder sind nach der Ernte sofort umzupflügen. Vom Tabak sind die entblätterten Stengel samt Wurzeln auszuraufen und zu verbrennen[1]) Tabaksamen von befallenen Feldern, auf denen die Samen der Orobanche reif geworden sind, dürfen nicht verwendet werden, weil sie sich von denen des Schmarotzers schwer trennen lassen.

Auf Achillea. 9. Orobanche caerulea *Vill.* (Phelipaea coerulea), 15—50 cm hoch, Blüten wie bei voriger, aber amethystfarben. Im Juni und Juli auf Achillea Millefolium.

In Melonenpflanzungen. 10. Orobanche Delilii *Desn.* (Phelipaea aegyptiaca *Walp.*), nach Baillon[2]) im Jahre 1879 in mehreren persischen Provinzen sehr schädlich in Melonenpflanzungen.

III. Die Loranthaceen.

Loranthaceen. Die ganze Familie der Loranthaceen besteht aus Schmarotzerpflanzen. Es sind Holzgewächse, welche grüne Blätter besitzen, aber nicht im Erdboden wurzeln, sondern auf den Ästen andrer Bäume wachsen. Wegen ihres normalen Gehaltes von Chlorophyll assimilieren sie Kohlensäure; aus ihren Nährpflanzen beziehen sie aber den mineralischen Nährstoff sowie organische Substanzen und das für sie nötige Wasser[3]). Die

[1]) Vergl. Just, l. c., und Koch, l. c., pag. 335.

[2]) Bull. de la soc. Linn. de Paris. Februar 1880, cit. in Botan. Centralbl. 1880, pag. 231.

[3]) Solms-Laubach, l. c., pag. 575 ff. — R. Hartig, Zeitschr. für Forst- u. Jagd-Wesen 1876, pag. 321. — Nobbe, Über die Mistel, ihre Ver-

Loranthaceen gehören größtenteils den Tropen an; in Europa kommen folgende in Betracht.

1. Die Mistel, *Viscum album L.*, ein bekanntes Gewächs, welches immergrüne Büsche in den Kronen der Bäume bildet und in ganz Deutschland auf einigen 50 verschiedenen Baumarten wächst, sowohl Laub- als Nadelhölzern; sie bevorzugt indes die Kiefer, die Pappeln und Obstbäume. Selbst an Sträuchern wie *Rosa* und *Azalea* ist sie beobachtet worden. Die Mistel wird verbreitet durch Verschleppung ihrer Beeren, besonders durch die Drossel, wobei die klebrigen Samen an die Zweige festgeklebt werden. Die Samen enthalten einen vollkommenen Embryo mit zwei Kotyledonen und Mistel.

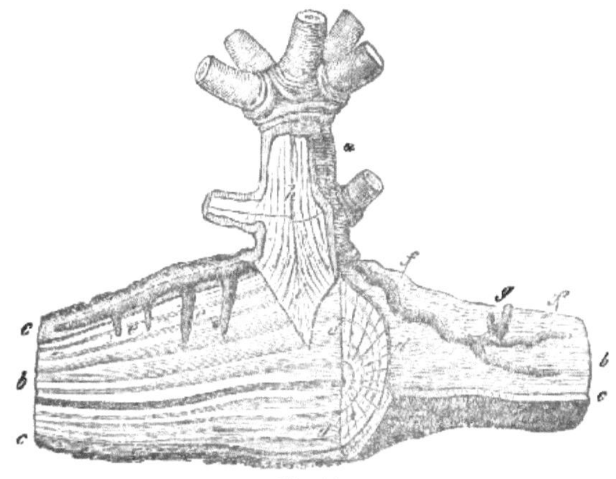

Fig. 95.
Unterer Teil des Stammes a von *Viscum album*; h sein Holz; i seine Hauptwurzel; ff die in der Rinde des Nährastes c wachsenden Rindenwurzeln, bei g zwei Knospen erzeugend; ee die Senker, welche durch das Cambium in das Holz eindringen; bei dd ist das letztere halb quer durchschnitten, die Jahresringe zeigend. Natürliche Größe. Nach Sachs.

Endosperm. Bei der Keimung tritt das Wurzelende hervor, verdickt sich kopfförmig und kittet sich an die Oberfläche des Zweiges an. Aus dem centralen Gewebe des Köpfchens entsteht die eigentliche Wurzel, welche in die Rinde des Nährzweiges eindringt bis an den Holzkörper. Damit ist das Längenwachstum dieser Wurzel beendigt; aber durch ein hinter ihrer Spitze befindliches teilungsfähiges Gewebe, welches in der Cambialregion des Nährzweiges gelegen ist, vermag sich die Wurzel in demselben Maße zu verlängern, als der Holz- und Rindering des Zweiges sich verdicken; die Spitze der Mistelwurzel wird also von dem Holzring umschlossen und

breitung rc. Tharander forstl. Jahrb. 1884. — Tubeuf, Beitr. z. Kenntnis d. Baumkrankheiten. Berlin 1888, pag. 9.

34*

kommt mit jedem Jahre tiefer in den Holzkörper zu liegen, ist also nicht selbst in denselben eingedrungen. An dem in der Rinde gelegenen Teile der Keimwurzel entstehen mehrere Seitenwurzeln, welche in der Rinde nahe dem Cambium in der Längsrichtung des Zweiges verlaufen; sie werden die Rindenwurzeln genannt. Während sie vorwärts wachsen, lassen sie in ein- oder zweijährigen Pausen nahe ihrer Spitze in radialer Richtung nach innen einen sogenannten Senker, d. h. einen keilförmigen Auswuchs von der Breite der Rindenwurzel eindringen, welcher wiederum bis zum Holzkörper wächst und nun dieselbe eigentümliche Verlängerung zeigt, wie sie für die Keimwurzel beschrieben wurde. Mittelst der Senker werden dem Holze des Nährzweiges Wasser und anorganische Nährstoffe entzogen, den Rindenwurzeln und durch diese dem Mistelstamme zugeführt. Wie lange ein Senker mit der Mistel im Zusammenhange sich erhält, hängt davon ab, wie lange der Zweig glattrindig bleibt, d. h. wann seine Borkebildung eintritt. Eine Rindenwurzel stirbt ab, sobald in demjenigen Teile der Rinde, in welcher sie sich befindet, die Borkebildung beginnt. Der Zusammenhang mit den Senkern wird dann unterbrochen und der Baum sucht nun die letzteren außen mit neuen Holzringen zu schließen. Auf der Außenseite der lebenden Teile der Rindenwurzeln können Brutknospen entstehen, aus denen neue Mistelausschläge hervorgehen, die nun auch wieder ein neues System von Rindenwurzeln bilden. Durch diese fortwährende Verjüngung können ziemlich große Mistelbestände auf den Ästen entstehen. Da die alten absterbenden Senker ziemlich breit sind und zahlreich beisammen stehen, so wird dadurch die weitere Entwickelung des Nährzweiges in die Dicke leicht gestört, weil die Neubildung von Holz aufhört. Die gesamte Rinde nebst den in ihr liegenden Teilen des Parasiten stirbt dann ab und vertrocknet. Diese entrindeten, abgestorbenen Krebsstellen beginnen dann von den Rändern aus überwallt zu werden. Durch dieses lokale Absterben können die in der Rinde verbreiteten Teile der Misteln außer Zusammenhang mit einander gesetzt werden. Außer dieser lokalen Störung der Gewebebildung ist auch ein schädlicher Einfluß der Mistel auf das Gesamtbefinden des Baumes bemerkbar, wenn sie in so zahlreichen Individuen auf demselben sich angesiedelt hat, daß sie mit der Belaubung des Baumes in Konkurrenz tritt; der letztere zeigt dann eine kümmerliche Entwickelung, schwächere Astbildung, Überhandnehmen von Zweigdürre. Ganz junge Misteln wird man durch Ausbrechen zerstören können, ältere Büsche müssen dadurch entfernt werden, daß man den Ast, auf dem sie sitzen, ein Stück weit zurückschneidet, damit der Parasit nicht aus entfernteren Adventivknospen wieder ausschlägt.

Arceuthobium Oxycedri auf Juniperus.

2. Arceuthobium Oxycedri, wächst in Südeuropa und bildet kleine, kantige Stämmchen, welche dicht gedrängt auf angeschwollenen Stellen der Zweige von Juniperus Oxycedrus sitzen. Der Parasit bildet nach Solms-Laubach (l. c.) ebenfalls Rindenwurzeln, die sehr fein verästelt sind, und Senker. Auf den nordamerikanischen Koniferen kommt eine größere Anzahl Arten von Arceuthobium vor, welche zum Teil, wie z. B. Arceuthobium Douglasii nach Tubeuf (l. c.) die Entstehung von Hexenbesen veranlassen, indem die befallenen Zweige eine erhebliche Streckung erleiden und zerstreut zahlreiche kurze Sprossen aus der Rinde hervorbrechen lassen.

Eichenmistel.

3. Die Riemenblume oder Eichenmistel, Loranthus europaeus, findet sich besonders in Österreich auf Eichen, aber auch auf Casta-

nea vesca. Diese Pflanze hat sommergrüne Blätter. Ihre Samen werden ebenfalls durch Drosseln verbreitet. Nach den Untersuchungen von R. Hartig (l. c.) nehmen bei diesem Parasiten die Wurzeln ohne Senker zu bilden direkt die Nahrung aus dem Holze. Die Wurzelspitze wächst nämlich nicht außerhalb der Cambiumzone, sondern im Jungholze, genau parallel mit dem Längsverlauf der Elementarorgane des Holzes, die noch unverholzten Gewebeteile nach außen drückend und abspaltend. Dies geschieht solange fort, bis die stärker werdende Verholzung das Weiterwachsen der Wurzel verhindert. Letztere bildet dann an ihrer Außenseite hinter der Spitze einen neuen Vegetationspunkt, welcher das Wachstum in der weiter nach außen gelegenen Jungholzzone fortzusetzen vermag. Es bilden sich dementsprechend an der Innenseite der Wurzel stufenförmige Absätze, die mit entsprechenden Vorsprüngen des Holzes korrespondieren. Da die Wurzeln des Loranthus immer nach unten, dem Wasserstrome des Stammes entgegenwachsen, so ergießt sich das Wasser aus den leitenden Organen des Holzes an den Absätzen direkt in die Parasitenwurzel. Die letztere hält durch ein lebhaftes Dickenwachstum einige Jahre lang mit dem des Nährastes gleichen Schritt. Unterhalb der Ansatzstelle des Loranthus bildet die Eiche große, maserkopfartige, den unteren Teil der Mistelpflanze umschließende Anschwellungen, während der darüber gelegene Teil des Eichenastes abstirbt. Der Parasit ist daher durch das Töten der Eichengipfel sehr nachteilig. Die Bekämpfung ist die gleiche wie bei Viscum.

Loranthus longiflorus auf Citrus

4. Loranthus longiflorus wächst nach Scott in Ostindien auf sehr verschiedenen Bäumen und wird insbesondere den Citrus-Arten schädlich, welche von diesem Parasiten befallen, kleine, trockene und geschmacklose Früchte bekommen oder selbst ganz eingehen können.

---

4. Kapitel.

Gegenseitige Beschädigungen der Pflanzen.

Gegenseitige Beschädigungen der Pflanzen.

Die Pflanzen können sich auch gegenseitig durch ihre bloße Nähe beschädigen. Dieses kann aus verschiedenen Gründen geschehen. Bei den sogenannten Schlingpflanzen handelt es sich, wenn dieselben sich um andere Pflanzen schlingen, für die letzteren um mechanische Störungen. Die Schlingpflanzen können mit ihren Stengeln andere Pflanzen so umstricken, daß sie dieselben an der freien Ausbreitung ihrer Teile hindern, niederziehen, und wenn es kräftige, verholzende Schlingpflanzen sind, sogar Einschnürungen und damit Verwundungen an den fremden Stämmen hervorbringen.

Dichtsaaten.

Allgemein ist diejenige Schädigung, welche sich die Pflanzen gegenseitig dann zufügen, wenn sie zu dicht beisammen wachsen, indem sie gegenseitig in der Ausnutzung des Bodens für ihre Ernährung, sowie auch im Genusse von Luft und Licht mit einander konkurrieren, wobei der stärkere Teil den schwächeren mehr oder weniger benachteiligt. Daß größere Pflanzen kleineren durch die Beschattung schädlich werden können, wie es bei der Unterdrückung des Unterholzes im Walde, bei Kultur von Pflanzen und Obstbäumen und bei dem Ersticken von Saaten unter einer Überfrucht vorkommt, ist schon Bd. I, S. 159 besprochen worden. Sehr auffallend ist aber auch die gegenseitige Benachteilung dicht beisammen wachsender Pflanzen infolge der Concurrenz in der Erwerbung der Nährstoffe aus dem Boden. Überall, wo sich mehrere Individien mit ihren Wurzeln in einen mäßig großen Bodenraum teilen müssen, bleiben die Individuen kleiner, als wenn nur ein einziges Individuum diesen Raum einnimmt, und unter den einzelnen Individuen wird meist eine Ungleichheit der Entwickelung bemerkbar, indem gewöhnlich eins von ihnen schneller als die anderen wächst, die dann entsprechend schwächer sich entwickeln oder ganz zwerghaft bleiben. Wenn bei Topfkulturen in mäßig großen Blumentöpfen mehrere Samen zugleich ausgesäet werden, kann man diese Erscheinung in der Regel beobachten. Auch bei Kulturen im freien Lande findet man bei Dichtsaaten das gleiche. An jedem Getreidefelde und auch bei anderen Kulturen, wo viele Pflanzen sehr dicht beisammen wachsen, sind die an den Rändern des Feldes stehenden Halme die größten und kräftigsten, weil sie nach der Außenseite des Feldes Wurzeln senden können, welche in keine Konkurrenz mit ebenbürtigen Nachbarn geraten. Mitten im Felde haben die meisten Pflanzen mehr eine mittelmäßige Entwickelung, aber auch viele findet man zwischen ihnen, welche augenscheinlich durch die andern unterdrückt, auffallend klein und schwach geblieben sind. Große, kräftige Pflanzenarten, welche sich mit ihren Wurzeln auch nach der Seite weit auszubreiten pflegen, können sogar auf weitere Entfernung hin ihre Nachbarn, besonders wenn dies von Natur kleinere und langsamer sich entwickelnde sind, beeinträchtigen. Wenn z. B. neben Beeten, auf denen Helianthus-Arten stehen, andre Kräuter gebaut werden, so sind die jenen zunächst stehenden Nachbarn am kleinsten, können sogar gänzlich zurückbleiben, und mit zunehmender Entfernung sehen wir die Pflanzen entsprechend größer und kräftiger. Unter den Bäumen ist es die Pappel, welche auf ihre Nachbarschaft insofern schädigend einwirkt, als man da, wo dieser Baum in Alleen steht, auf den angrenzenden Feldern im Umkreise der Stämme, soweit die Baumwurzeln reichen einen schlechteren Stand der Feldfrüchte mehr oder weniger deutlich beobachtet; ebenso haben angrenzende Wiesenflächen in dem gleichen Bereiche von ferne gesehen eine mehr graue Farbe, während die übrigen Teile der Wiese wegen besseren Bestandes rein grün aussehen. Da andre, selbst mehr Schatten werfende Bäume die gleiche Erscheinung nicht hervorbringen, so kann es nur eine Wirkung der Baumwurzeln sein, welche bei der Pappel durch die starke Ausläufer- und Wurzelschößlingbildung ausgezeichnet sind.

Unkräuter.

Selbstverständlich findet eine solche Konkurrenz nicht nur zwischen Kulturpflanzen derselben Art oder verschiedener Arten statt, sondern es gehört hierher auch die Beschädigung der Kulturpflanzen durch Unkräuter, die mit ihnen gemeinsam wachsen. Sehr oft sind die Unkräuter gegenüber den Kulturpflanzen im Vorteil. Oft ist dies schon durch die große Individuenzahl, welche auf der reichlichen Samenbildung vieler Unkräuter beruht, bedingt. Aber es kommen auch andre natürliche Eigenschaften der Unkräuter hinzu. Viele derselben sind gegenüber den Boden- und Witterungsverhältnissen weniger anspruchsvoll als unsre Kulturpflanzen und dadurch im Kampfe ums Dasein bevorzugt. Viele haben auch eine raschere natürliche Entwickelung, wodurch sie die Kulturpflanzen überholen; dies wird bei den perennierenden Unkräutern noch dadurch begünstigt, daß sie nicht aus Samen langsam sich zu entwickeln brauchen, sondern aus vorhandenen unterirdischen Wurzeln und Stöcken schnell emporwachsen. Die Beschädigung, welche die Kulturpflanzen durch Unkräuter erleiden können und die bis zu vollständiger Mißernte gehen kann, ist in der Praxis genügend bekannt. Wollny[1]) hat sie durch Zahlen auszudrücken versucht, indem er die Ernte von je zwei gleichmäßig beschaffenen und bestellten Parzellen, von denen die eine gejätet, die andre sich selbst überlassen wurde, bestimmte. Es ergaben z. B. Sommerrübsen mit Unkraut 266,2 g Körner und 1010 g Stroh, ohne Unkraut 349,0 g Körner und 1361 g Stroh; Ackerbohnen mit Unkraut 470 g Körner und 910 g Stroh, ohne Unkraut 850 g Körner und 1390 g Stroh. Wollny fand auch, daß ein verunkrauteter Boden in 10 cm Tiefe um 2,35 bis 3,99°C kälter, sowie auch um einige Prozente trockner war als der unkrautfreie.

Bekämpfung der Unkräuter.

Für die Bekämpfung der Unkräuter lassen sich folgende allgemeine Regeln geben. Bekanntlich wird durch den Anbau von Hackfrüchten dem Unkraut wirkungsvoll entgegengearbeitet, weil hier eine direkte mechanische Zerstörung der Unkräuter stattfindet. Indessen lassen sich perennierende Unkräuter nur durch Ausstechen oder sonstiges Entfernen ihrer Wurzeln und unterirdischen Stöcke aus dem Boden gründlich ausrotten; freilich wird dies bei manchen Unkräutern, die mit ihren unterirdischen Trieben sehr tief in den Boden eindringen, zur Unmöglichkeit. Alle Unkräuter, und besonders gilt dies von den einjährigen,

[1]) Forschungen auf d. Geb. d. Agrikulturphysik 1884, VII, pag. 342.

werden durch ihre Samen von neuem erzeugt. Letztere werden vielfach durch das Saatgut verschleppt; Verwendung reinen Saatgutes ist also in dieser Beziehung von Wichtigkeit. Oft streuen aber die Unkräuter schon im Freien ihre Samen aus, wobei manche durch besondere Flugapparate an Samen oder Früchtchen begünstigt sind, indem diese durch den Wind weit verbreitet werden; in dieser Beziehung ist die Beseitigung der Unkräuter vom Felde vor erlangter Sommerreife empfehlenswert. Zur Erklärung des Erscheinens von Unkräutern auf Kulturländereien ist auch die Thatsache festzuhalten, daß bei manchen die Samen bis zum Eintritte der Keimung lange liegen müssen. Nach Hänlein[1]) dauerte es bis zum Eintritt der Keimung bei Campanula Trachelium 519, bei Lysimachia vulgaris 714, bei Chaerophyllum temulum und Plantago major 1173 Tage bis zur ersten Keimung. Auch kommt das sehr ungleichzeitige Aufkeimen trotz gegebener Keimungsbedingungen in betracht; bei Papaver Argemone, der im allgemeinen rasch keimt, dauerte es 513 Tage, bis die letzten Samen keimten, bei Lithospermum arvense dehnte sich diese Zeit bis 710 Tagen aus.

Von den Unkräutern sind folgende die bemerkenswertesten.

Moose. 1. **Moose**, auf den feuchten Wiesen, wo diese Pflänzchen leicht die Phanerogamen zurückdrängen. Das beste Mittel gegen dieselbe ist Dränage, daneben auch Kalidüngung, weil dadurch den besseren Wiesenpflanzen geeignetere Bedingungen geschaffen und sie dadurch im Existenzkampfe begünstigt werden[2]). Auch Eisenvitriol ist zur Vertilgung des Mooses auf Wiesen empfohlen worden.

Schachtelhalm. 2. Der **Schachtelhalm**, Equisetum arvense, auf den Äckern, und Equisetum palustre auf den Wiesen, perennierende Gefäßkryptogamen, welche sich nur durch Sporen fortpflanzen, aber wegen ihrer überaus tief gehenden unterirdischen Triebe mechanisch nicht auszurotten sind. Düngung mit Kochsalz vertragen diese Gewächse nicht; durch wöchentliches Begießen vom Oktober bis Februar mit Kochsalzlösung wurde der Schachtelhalm auf einer Wiese vertilgt[3]). Auch durch Mistdüngung, wodurch die besseren Wiesenpflanzen die Oberhand gewinnen, soll man den Duwok verdrängen können.

Quecke. 3. Die **Quecke**, Triticum repens, ein perennierendes Gras, dessen weithin kriechende Ausläufer schwer aus dem Boden zu entfernen sind. Die scharfen Spitzen der Queckentriebe können sogar bei ihrem Wachstum weichere Pflanzenteile durchbohren, wie es an Kartoffelknollen und an Eichenwurzeln beobachtet worden ist, wodurch jedoch diesen Pflanzenteilen kein bemerkbarer Schaden zugefügt wird. Das erfolgreichste Bekämpfungsmittel ist die mechanische Zerstörung: nachdem durch Schälen des Ackers

[1]) Über die Keimkraft der Unkrautsamen. Landw. Versuchsstation XXV, Heft 5 u. 6.

[2]) Vergl. Centralbl. f. Agrikulturchemie 1877, pag. 496.

[3]) Landw. Annalen d. patriot. Mecklenb. Ver. 1878, Nr. 13.

mit dem Schälschar die Köpfe der Quecke abgeschnitten, werden durch Eggen die Ausläufer soweit bloßgelegt, daß sie an der Sonne vertrocknen. Durch Abweiden der wieder aufkommenden Queckenreste durch Schafe, sowie durch erneutes Aufeggen und schließlich durch tiefes Umpflügen wird die Pflanze dermaßen beunruhigt und geschwächt, daß sie endlich erstickt wird[1]).

Herbstzeitlose.

4. Die Herbstzeitlose, Colchicum autumnale, ein bekanntes häufiges Unkraut feuchter Wiesen, welches im Herbst hellrosenrot blüht und die Frucht nebst den grünen Blättern im nächsten Frühling hervorbringt. Die perennierenden Knollen stecken tief im Boden. Das Ausstechen ist daher mühsam. Wenn dagegen durch zeitiges Abmähen der Wiesen oder besser durch Abschneiden der Herbstzeitlosen im Mai auf den Wiesen die Blätter und unreifen Früchte der Pflanze frühzeitig genommen werden und man diese Maßregel einige Jahre hindurch wiederholt, so gehen die Knollen schließlich an Entkräftung zu Grunde.

Hederich und Ackersenf.

5. Der Hederich (Raphanus Raphanistrum) und der Ackersenf (Sinapis arvensis) der oft auch mit dem erstgenannten Namen belegt wird, bekannte gelbblühende Unkräuter, welche einjährig sind, daher nur aus Samen wieder entstehen. Bei Hackkulturen ist möglichst frühes Behacken bei trockner Witterung, auch wohl Ausjäten empfehlenswert. Nach Getreide und Futterpflanzen ist ein flaches Umbrechen der Stoppel empfehlenswert, worauf die aufgehenden Unkrautpflänzchen durch Umpflügen zu ersticken sind. Die gleichen Mittel empfehlen sich auch gegen die andern ein- oder zweijährigen Unkräuter, wie Mohn, Kornblumen, Kamillen, Melde, Saatwucherblume (Chrysanthemum segetum), Frühlingskreuzkraut (Senecio vernalis), Galinsoga parviflora (Franzosenkraut) ꝛc. Gegen die letztere aus Peru stammende Pflanze, die erst in den letzten Jahrzehnten eine auffallende Verbreitung in Deutschland genommen hat, sind sogar behördliche Anordnungen erlassen worden, dahin gehend, die abgemähten oder ausgerissenen Pflanzen zu verbrennen oder in tiefe Gruben einzugraben. Das Mittel hat sich nicht bewährt. Danger[2]) empfiehlt gegen diese sowie die ähnlichen Unkräuter das Ausziehen der Pflanzen vor der Samenbildung, worauf sie an der Sonne trocknen gelassen, bei nassem Wetter mit einer Erdschicht überdeckt werden sollen. Anbau von weißem Senf zu Futterzwecken in dichter Saat mehrmals nacheinander und unterstützt durch etwas Chilisalpeter soll diese Unkräuter ersticken.

Sauerampfer.

6. Der Sauerampfer (Rumex Acetosella). Die Wurzeln dieser Pflanze entwickeln leicht Adventivknospen, weshalb die Pflanze schwer auszurotten ist. Da sie Feuchtigkeit liebt, so ist Dränierung sowie Zufuhr von Kalk und reiche Düngung behufs Verdrängung angezeigt.

Distelarten.

7. Die Distelarten, besonders Cirsium arvense auf den Feldern, sind als perennierende, sehr tief wurzelnde Pflanzen schwer zu vertilgen; auch ist ihre Besamung eine sehr reichliche. Beharrliches Ausstechen der jungen Pflanzen, sowie Hackfruchtbau sind Gegenmittel.

Ackerwinde.

8. Die Ackerwinde, Convolvulus arvensis, als kräftige Schlingpflanze ein häßliches Unkraut, besonders in Halmfrüchten, und wegen der sehr tief gehenden unterirdischen Stöcke kaum mechanisch ausrottbar. Auch diese Pflanze ist durch wiederholten Hackfruchtbau noch am ersten zu vertilgen.

---

1) Vergl. Werner in Fühling's landw. Zeitg. 1880, pag. 441.

2) Der Garten 1891, pag. 329.

Gaisblatt. 9. Das Gaisblatt (Lonicera Periclymenum), als holzige Schlingpflanze den Stämmen junger Bäume dadurch schädlich, daß sie mit ihrem Stengel eine in spiraliger Richtung gehende feste Umschlingung um die Baumstämmchen bildet, infolge des Druckes, den die zunehmende Dicke des Stammes veranlaßt, wodurch die in der Rinde absteigenden Nahrungsstoffe des Baumes am oberen Rande der Einschnürungen aufgestaut und in eine spiralige Bahn gelenkt werden. Der Vorgang ist demjenigen bei der Verwundung der Stämme durch Ringelung (Bd. I, S. 130) durchaus analog, hat hier auch entsprechende Folgen, d. h. es wird der oberhalb des Schlingstengels gelegene Wundrand im Laufe der Zeit immer stärker wulstartig verdickt, während der untere Wundrand im Dickenwachstum zurückbleibt oder wohl auch gänzlich absterben kann.

Berichtigung.

Seite 84 Zeile 5 von unten lies candida statt canida.
" 87 " 22 " oben " Pythium statt Peronospora.
" 92 " 21 " " " Protomyces statt Peronospora.
" 208 " 4 " unten " Vialae statt Violae.
" 250 " 22 " oben " Eremothecium statt Eremothecicum.
" 318 " 23 " " " Amygdalearum statt Amyglalearum.
" 343 " 17 und 18 von oben: Cercospora bis Frankreich sind zu streichen.
" 356 " 7 von oben lies Thrincia statt Thrineca.
" 376 " 6 " unten " derjenige Pilz statt der junge Pilz.
" 403 " 22 " oben " Rheum statt Rhemu.
" 413 " 4 " " " teretiuscula statt teretirscula.
" 424 " 16 " " " Sphaerella statt Spaerella.
" 427 " 27 " " " ampelina statt ameplina.
" 428 " 1 " " " Frangulae statt Fragulae.

Register.

36*

Breslau, Eduard Trewendt's Buchdruckerei (Setzerinnenschule).

Zeitfracht Medien GmbH
Ferdinand-Jühlke-Straße 7
99095 Erfurt, Deutschland
produktsicherheit@kolibri360.de